Buch-Updates
Registrieren Sie dieses Buch auf unserer Verlagswebsite. Sie erhalten dann Buch-Updates und weitere, exklusive Informationen zum Thema.

Galileo BUCH UPDATE

Und so geht's

> Einfach **www.galileocomputing.de** aufrufen

<<< Auf das Logo **Buch-Updates** klicken

> Unten genannten **Zugangscode** eingeben

Ihr persönlicher Zugang zu den Buch-Updates 05GP66820679

Sascha Kersken

Handbuch für Fachinformatiker

Der Ausbildungsbegleiter

Galileo Computing

Liebe Leserin, lieber Leser,

Sie haben sich für eine Ausbildung im Bereich der Informationstechnik und Mediengestaltung entschieden? Dann benötigen Sie ein praxisorientiertes Lehr- und Nachschlagewerk, das Sie darin von Anfang an begleitet und unterstützt.

Sascha Kersken ist nicht nur mit den verschiedenen Ausbildungsmöglichkeiten vertraut, sondern kennt alle relevanten Inhalte aus eigener Anschauung. Seine jahrelange Ausbildungserfahrung garantiert, dass theoretische Grundlagen sowie praktische Beispiele optimal ausgewählt und erklärt sind. Er hat die faszinierende Gabe, auch komplizierte Sachverhalte einfach zu vermitteln: Auf jeder Zeile des Buches werden Sie ihm gerne und mit großem Vergnügen durch die Welt der modernen Informationstechnik folgen.

Dieses Buch ist auf die Bedürfnisse von Fachinformatikern der Fachrichtungen Anwendungsentwicklung und Systemintegration ausgerichtet. Es ist daher der ideale Unterrichtsbegleiter – auch zum Selbststudium. Aber auch als Mediengestalter, oder wenn Sie sich einfach nur so für Computer, Programmierung und Gestaltung interessieren, Sie werden sich immer wieder »festlesen«: Es macht einfach Spaß, dieses Buch in die Hand zu nehmen.

Sollten nach der Lektüre noch Fragen offen geblieben sein, oder wenn Sie uns einfach Ihre kritischen Anmerkungen, Ihr Lob oder Ihre Verbesserungsvorschläge zukommen lassen möchten, dann freue ich mich, wenn Sie sich an mich wenden oder den Kontakt zum Autor in seinem Forum zum Buch unter **http://buecher.lingoworld.de/fachinfo/index.html**

Ihr Stephan Matteschek

stephan.matteschek@galileo-press.de
www.galileocomputing.de

Galileo Press • Rheinwerkallee 4 • 53227 Bonn

Auf einen Blick

Vorwort 17
1 Einführung 25
2 Mathematische und technische Grundlagen 53
3 Hardware 95
4 Betriebssysteme 145
5 Grundlagen der Programmierung 227
6 Konzepte der Programmierung 277
7 Software-Engineering 325
8 Datenbanken 355
9 Bildbearbeitung und Grafik 387
10 DTP und digitale Druckvorstufe 421
11 Multimedia 451
12 Datei- und Datenformate 515
13 Netzwerktechnik 537
14 Netzwerkanwendungen 635
15 XML 685
16 HTML, CSS und Webdesign 719
17 Webanwendungen 807
18 JavaScript 855
19 Flash MX 2004 915
20 Computer- und Netzwerksicherheit 971
A Glossar 991
B Kommentiertes Literaturverzeichnis 1005
Index 1019

Bibliografische Information Der Deutschen Bibliothek
Die Deutsche Bibliothek verzeichnet diese Publikation in der Deutschen Nationalbibliografie; detaillierte bibliografische Daten sind im Internet über http://dnb.ddb.de abrufbar.

ISBN 3-89842-668-8

2., erweiterte Auflage, 1., korrigierter Nachdruck 2005

Der Name Galileo Press geht auf den italienischen Mathematiker und Philosophen Galileo Galilei (1564–1642) zurück. Er gilt als Gründungsfigur der neuzeitlichen Wissenschaft und wurde berühmt als Verfechter des modernen, heliozentrischen Weltbilds. Legendär ist sein Ausspruch **Eppur se muove** (Und sie bewegt sich doch). Das Emblem von Galileo Press ist der Jupiter, umkreist von den vier Galileischen Monden. Galilei entdeckte die nach ihm benannten Monde 1610.

Lektorat Stephan Matteschek
Fachgutachter Ralf Bokelberg, Johannes Plötner, Steffen Wendzel
Korrektorat Harriet Gehring
Einbandgestaltung Barbara Thoben
Herstellung Iris Warkus
Titelbild Barbara Thoben
Satz SatzPro, Krefeld
Druck und Bindung Bercker Graphischer Betrieb, Kevelaer

Galileo Computing

Inhalt

Vorwort 17

Kompendium der Informationstechnik – The Next Generation 17
Worum geht es in diesem Buch? 18
Für wen ist dieses Buch geeignet? 22
Danksagungen 23

1 Einführung 25

1.1 Informationstechnik, Informatik und EDV 25
1.1.1 Fachrichtungen der Informatik 25
1.1.2 Überblick über die IT-Ausbildung 26
1.2 Die Geschichte der Rechenmaschinen und Computer 32
1.2.1 Die Vorgeschichte 34
1.2.2 Die Entwicklung der elektronischen Rechner 35
1.2.3 Entwicklung der Programmiersprachen 43
1.3 Digitale Speicherung und Verarbeitung von Informationen 48
1.3.1 Digitale Bilddaten 50
1.3.2 Digitale Audiodaten 50
1.3.3 Digitale Speicherung von Text 51
1.4 Zusammenfassung 52

2 Mathematische und technische Grundlagen 53

2.1 Einführung in die Logik 53
2.1.1 Aussagen 53
2.1.2 Aussageformen 54
2.1.3 Logische Verknüpfungen 55
2.1.4 Mengenoperationen 60
2.2 Informationsspeicherung im Computer 64
2.2.1 Bits und Bytes 64
2.3 Elektronische Grundlagen 73
2.3.1 Einfache Schaltungen 73
2.3.2 Zusammengesetzte Schaltungen 76
2.4 Automatentheorien und -simulationen 79
2.4.1 Algorithmen 80
2.4.2 Die Turing-Maschine 84

2.4.3 Der virtuelle Prozessor ... 87

2.5 Zusammenfassung ... 93

3 Hardware ... 95

3.1 Grundlagen ... 95

3.2 Die Zentraleinheit ... 98

3.2.1 Aufbau und Aufgaben des Prozessors ... 99
3.2.2 Der Arbeitsspeicher ... 108
3.2.3 Das BIOS ... 110
3.2.4 Bus- und Anschlusssysteme ... 115

3.3 Die Peripherie ... 123

3.3.1 Massenspeicher ... 124
3.3.2 Eingabegeräte ... 134
3.3.3 Ausgabegeräte ... 136
3.3.4 Sound-Hardware ... 142

3.4 Zusammenfassung ... 143

4 Betriebssysteme ... 145

4.1 Entwicklung der Betriebssysteme ... 146

4.1.1 Die Geschichte von UNIX ... 147
4.1.2 PC-Betriebssysteme ... 149

4.2 Aufgaben und Konzepte ... 151

4.2.1 Allgemeiner Aufbau von Betriebssystemen ... 151
4.2.2 Prozessverwaltung ... 158
4.2.3 Speicherverwaltung ... 161
4.2.4 Dateisysteme ... 163

4.3 Linux ... 169

4.3.1 Arbeiten mit der Shell ... 171
4.3.2 Wichtige Systembefehle ... 179
4.3.3 Editoren ... 192
4.3.4 Grafische Benutzeroberflächen ... 198
4.3.5 Linux-Installation und -Konfiguration ... 201

4.4 Mac OS X ... 206

4.4.1 Mit Aqua arbeiten ... 208
4.4.2 Systemkonfiguration ... 211

4.5 Windows ... 213

4.5.1 Die verschiedenen Windows-Versionen ... 213
4.5.2 Die Windows-Benutzeroberfläche ... 216
4.5.3 Die Windows-Konsole ... 221
4.5.4 Windows-Konfiguration ... 223

4.6 Zusammenfassung ... 226

5 Grundlagen der Programmierung 227

5.1 Die Programmiersprache C ... 228
- 5.1.1 Das erste Beispiel ... 229
- 5.1.2 Elemente der Sprache C ... 231
- 5.1.3 Die C-Standardbibliothek ... 247

5.2 Java ... 251
- 5.2.1 Grundlegende Elemente der Sprache Java ... 253
- 5.2.2 Objektorientierte Programmierung mit Java ... 257
- 5.2.3 Dateizugriffe in Java ... 263

5.3 Perl ... 264
- 5.3.1 Das erste Beispiel ... 266
- 5.3.2 Elemente der Sprache Perl ... 267

5.4 Zusammenfassung ... 276

6 Konzepte der Programmierung 277

6.1 Algorithmen und Datenstrukturen ... 277
- 6.1.1 Ein einfaches Praxisbeispiel ... 277
- 6.1.2 Sortier-Algorithmen ... 279
- 6.1.3 Such-Algorithmen ... 284
- 6.1.4 Ausgewählte Datenstrukturen ... 285

6.2 Reguläre Ausdrücke ... 290
- 6.2.1 Muster für reguläre Ausdrücke ... 291
- 6.2.2 Programmierung mit regulären Ausdrücken ... 293

6.3 Systemnahe Programmierung ... 295
- 6.3.1 Prozesse und Pipes ... 296
- 6.3.2 Threads ... 299

6.4 GUI- und Grafikprogrammierung ... 303
- 6.4.1 Zeichnungen und Grafiken erstellen ... 304
- 6.4.2 Animation ... 309
- 6.4.3 Programmierung fensterbasierter Anwendungen ... 310
- 6.4.4 Java-Applets ... 316

6.5 Die Entwicklungsumgebung Eclipse ... 317
- 6.5.1 Überblick ... 318
- 6.5.2 Java-Entwicklung mit Eclipse ... 319

6.6 Zusammenfassung ... 323

7 Software-Engineering 325

7.1 Überblick ... 326
- 7.1.1 Der Entwicklungszyklus ... 326
- 7.1.2 Planung und Analyse ... 327

7.1.3 Entwurf ... 333
7.1.4 Implementierung und Test ... 334
7.1.5 Dokumentation ... 335
7.1.6 Konkrete Entwicklungsverfahren ... 336

7.2 Werkzeuge ... 339

7.2.1 UML ... 339
7.2.2 Entwurfsmuster ... 345
7.2.3 Unit-Tests ... 348

7.3 Zusammenfassung ... 353

8 Datenbanken 355

8.1 Die verschiedenen Datenbanktypen ... 356

8.1.1 Einzeltabellendatenbanken ... 357
8.1.2 Relationale Datenbanken ... 358
8.1.3 Objektorientierte Datenbanken ... 365

8.2 MySQL – ein konkretes DBMS ... 368

8.2.1 MySQL installieren und konfigurieren ... 368
8.2.2 Erste Schritte mit dem mysql-Client ... 372

8.3 SQL-Abfragen ... 372

8.3.1 Datenbanken und Tabellen erzeugen ... 373
8.3.2 Auswahlabfragen ... 377
8.3.3 Einfüge-, Lösch- und Änderungsabfragen ... 380

8.4 Grundlagen der Datenbankprogrammierung ... 382

8.5 Zusammenfassung ... 385

9 Bildbearbeitung und Grafik 387

9.1 Theoretische Grundlagen ... 388

9.1.1 Licht und Farbe ... 388
9.1.2 Bildgröße und Auflösung ... 392

9.2 Bildbearbeitung mit Adobe Photoshop ... 394

9.2.1 Auflösung, Farbmodus und Farbtiefe einstellen ... 395
9.2.2 Auswahlwerkzeuge und -techniken ... 399
9.2.3 Malwerkzeuge und Malfunktionen ... 404
9.2.4 Arbeiten mit Ebenen ... 407

9.3 Bearbeiten von Vektorgrafik mit Adobe Illustrator ... 412

9.3.1 Mit Pfaden arbeiten ... 412
9.3.2 Transformationen und andere Änderungen ... 418

9.4 Zusammenfassung ... 419

10 DTP und digitale Druckvorstufe 421

10.1 Satz, Layout und Typographie ... 421
10.1.1 Grundlagen der Typographie ... 421
10.1.2 Grundlagen der Gestaltung ... 433
10.2 DTP-Grundlagen ... 437
10.2.1 Der DTP-Workflow ... 437
10.2.2 Elektronische Schriften ... 439
10.3 InDesign ... 440
10.3.1 Arbeitsoberfläche und Werkzeuge ... 440
10.3.2 Der InDesign-Arbeitsablauf ... 443
10.4 PDF und Acrobat ... 447
10.4.1 PDF-Dokumente erstellen ... 448
10.5 Zusammenfassung ... 449

11 Multimedia 451

11.1 Einführung ... 451
11.2 Audiobearbeitung mit Adobe Audition ... 453
11.2.1 Einstellungen und Effekte in Audition ... 455
11.2.2 Arrangements erstellen ... 458
11.3 Videoschnitt mit Adobe Premiere ... 459
11.3.1 Die Arbeitsmittel von Premiere ... 460
11.3.2 Einen Film schneiden und erstellen ... 463
11.4 3-D-Grafik und -Animation mit 3ds max ... 467
11.4.1 3ds max im Überblick ... 468
11.4.2 Objekte modellieren ... 470
11.4.3 Materialien zuweisen ... 472
11.4.4 Kameras und Licht hinzufügen ... 472
11.4.5 Einfache Animation ... 473
11.4.6 Rendern ... 474
11.5 Das Autorensystem Macromedia Director ... 474
11.5.1 Director-Grundlagen ... 475
11.5.2 Darsteller erstellen und bearbeiten ... 483
11.5.3 Lingo-Grundlagen ... 494
11.5.4 Director-Filme veröffentlichen ... 511
11.6 Zusammenfassung ... 513

12 Datei- und Datenformate 515

12.1 Textdateien und Zeichensätze ... 515
12.1.1 Das Problem des Zeilenumbruchs ... 516

12.1.2 Zeichensätze ... 518
12.1.3 Textbasierte Dateiformate ... 524

12.2 Binäre Dateiformate ... 527

12.2.1 Bilddateiformate ... 530
12.2.2 Multimedia-Dateiformate ... 533

12.3 Zusammenfassung ... 535

13 Netzwerktechnik ... 537

13.1 Grundlagen ... 537

13.1.1 Was ist ein Netzwerk? ... 537
13.1.2 Entstehung der Netzwerke ... 539

13.2 Funktionsebenen von Netzwerken ... 543

13.2.1 Das OSI-Referenzmodell ... 543
13.2.2 Das Schichtenmodell der Internetprotokolle ... 545
13.2.3 Netzwerkkommunikation über die Schichten eines Schichtenmodells ... 547

13.3 Klassifizierung von Netzwerken ... 550

13.3.1 Die Reichweite des Netzwerkes ... 551
13.3.2 Die Netzwerktopologie ... 552
13.3.3 Der Zentralisierungsgrad des Netzwerkes ... 553

13.4 Netzwerkkarten, -kabel und Netzzugangsverfahren ... 558

13.4.1 Die verschiedenen Ethernet-Standards ... 558
13.4.2 Token Ring ... 563
13.4.3 Drahtlose Netze ... 564
13.4.4 Sonstige Zugangsarten ... 568

13.5 Datenfernübertragung ... 569

13.5.1 Netzwerkzugang per Modem (analoge Telefonleitung) ... 570
13.5.2 ISDN ... 571
13.5.3 DSL-Dienste ... 573

13.6 Die TCP/IP-Protokollfamilie ... 575

13.6.1 Netzzugang in TCP/IP-Netzwerken ... 576
13.6.2 IP-Adressen, Datagramme und Routing ... 577
13.6.3 Transportprotokolle ... 601
13.6.4 Das Domain Name System (DNS) ... 606
13.6.5 Verschiedene Internet-Anwendungsprotokolle ... 615

13.7 Andere Protokollstapel ... 629

13.7.1 Die AppleTalk-Protokollfamilie ... 629
13.7.2 Novell IPX/SPX ... 632
13.7.3 NetBEUI/SMB ... 633

13.8 Zusammenfassung ... 633

14 Netzwerkanwendungen 635

14.1 Netzwerkkonfiguration unter verschiedenen Betriebssystemen ... 635
14.1.1 Linux ... 635
14.1.2 MacOS X ... 637
14.1.3 Windows ... 639
14.1.4 TCP/IP-Dienstprogramme ... 640
14.2 Server konfigurieren ... 643
14.2.1 Mac OS X ... 643
14.2.2 Windows ... 644
14.2.3 UNIX/Linux ... 647
14.2.4 Der Webserver Apache ... 652
14.3 Einführung in die Netzwerkprogrammierung ... 664
14.3.1 Die Berkeley Socket API ... 664
14.3.2 Ein praktisches Beispiel ... 671
14.4 Verteilte Anwendungen mit J2EE ... 674
14.4.1 Enterprise Java Beans (EJB) ... 675
14.4.2 Java Servlets ... 680
14.4.3 Web Services ... 681
14.5 Zusammenfassung ... 683

15 XML 685

15.1 Der Aufbau von XML-Dokumenten ... 687
15.1.1 Die grundlegenden Bestandteile von XML-Dokumenten ... 687
15.1.2 Wohlgeformtheit ... 693
15.2 DTDs und XML Schema ... 695
15.2.1 Document Type Definitions (DTDs) ... 696
15.2.2 Namensräume ... 705
15.2.3 XML Schema ... 706
15.3 XSLT ... 709
15.4 Grundlagen der XML-Programmierung ... 712
15.4.1 SAX ... 713
15.4.2 DOM ... 716
15.5 Zusammenfassung ... 718

16 HTML, CSS und Webdesign 719

16.1 HTML und XHTML ... 719
16.1.1 Die Grundstruktur von HTML-Dokumenten ... 720
16.1.2 Textstrukturierung und -formatierung ... 722
16.1.3 Listen und Aufzählungen ... 730
16.1.4 Farben in HTML ... 734

16.1.5 Hyperlinks ... 735
16.1.6 Bilder in Webseiten einbetten ... 739
16.1.7 Tabellen ... 742
16.1.8 Formulare ... 749
16.1.9 Einbetten von Multimedia-Dateien ... 753
16.1.10 Frames ... 755
16.1.11 Meta-Tags und Suchmaschinen ... 759

16.2 Cascading Stylesheets (CSS) ... 762

16.2.1 Platzieren von Stylesheets ... 763
16.2.2 Stylesheet-Wertangaben ... 765
16.2.3 Stylesheet-Eigenschaften ... 766
16.2.4 Layer erzeugen und positionieren ... 769

16.3 Grundgedanken zum Webdesign ... 771

16.3.1 Bildschirmauflösung und Farbtiefe ... 772
16.3.2 Die technischen Fähigkeiten der Browser ... 775

16.4 Web-Bildbearbeitung mit Fireworks MX 2004 ... 776

16.4.1 Bilder optimiert für das Web speichern ... 777
16.4.2 Das passende Dateiformat wählen ... 779
16.4.3 Den Export des Bildes vorbereiten und durchführen ... 781
16.4.4 Animierte GIFs erstellen ... 785
16.4.5 Segmente und Verhalten ... 786

16.5 Webdesign mit Macromedia Dreamweaver MX 2004 ... 790

16.5.1 Bearbeiten von HTML-Dokumenten ... 790
16.5.2 Hinzufügen verschiedener Elemente ... 793
16.5.3 Website-Funktionen ... 798
16.5.4 Layers und Verhalten ... 802

16.6 Zusammenfassung ... 804

17 Webanwendungen 807

17.1 Grundlagen ... 807

17.1.1 Konkurrenztechnologien ... 807
17.1.2 Content-Management, Weblogs & Co. ... 808

17.2 PHP ... 810

17.2.1 PHP installieren ... 811
17.2.2 Die PHP-Konfigurationsdatei php.ini ... 814
17.2.3 Die ersten PHP-Beispiele ... 817
17.2.4 PHP-Sprachgrundlagen ... 818
17.2.5 Webspezifische Funktionen ... 830
17.2.6 Gästebücher und Counter mit Textdateien ... 835
17.2.7 Zugriff auf MySQL-Datenbanken ... 845
17.2.8 Zwei größere Beispiele ... 850

17.3 Zusammenfassung ... 852

18 JavaScript 855

18.1 JavaScript-Einführung ... 855
18.2 JavaScript im HTML-Dokument ... 856
18.2.1 Erstes Beispiel: Ausgabe ins Dokument ... 857
18.3 Formulare und Event-Handler ... 861
18.3.1 Zugriff auf Formulare und ihre Elemente ... 862
18.3.2 Kleiner Rechner mit einem Formular ... 863
18.3.3 Die Hintergrundfarbe dynamisch ändern ... 865
18.3.4 Formularauswertung ... 868
18.4 Datums- und Uhrzeit-Funktionen ... 873
18.4.1 Datums- und Uhrzeit-Methoden ... 874
18.4.2 Timeout – die JavaScript-»Stoppuhr« ... 875
18.4.3 Ein ausführliches Beispiel ... 876
18.5 Manipulation von Bildern ... 876
18.5.1 Erstes Beispiel: Austauschen eines Bildes auf Knopfdruck ... 877
18.5.2 Vorausladen von Bildern ... 878
18.5.3 Eine gut funktionierende Rollover-Lösung ... 879
18.5.4 Weitere Beispiele ... 883
18.6 Browser- und Fenster-Optionen ... 888
18.6.1 Browser-Eigenschaften ... 888
18.6.2 Automatische Hyperlinks – History und Location ... 889
18.7 DHTML und DOM ... 896
18.7.1 W3C-DOM ... 897
18.7.2 Das klassische Internet-Explorer-Modell ... 906
18.7.3 Das klassische Netscape-Modell ... 907
18.7.4 Browserübergreifende Lösungen ... 909
18.8 Zusammenfassung ... 914

19 Flash MX 2004 915

19.1 Arbeitsumgebung und Werkzeuge ... 916
19.1.1 Zeichnungen erstellen ... 917
19.1.2 Mit Text arbeiten ... 925
19.1.3 Die restlichen Werkzeuge ... 928
19.2 Animationstechniken ... 928
19.2.1 Elemente und Begriffe der Zeitleiste ... 929
19.2.2 Bewegungs-Tweening ... 932
19.2.3 Maskenebenen verwenden ... 935
19.2.4 Form-Tweening ... 936
19.2.5 Arbeiten mit Symbolen und Instanzen ... 937
19.2.6 Anwendungsbeispiel: Bauanleitung für ein Fahrrad ... 939
19.2.7 Arbeiten mit Farbeffekten ... 942
19.3 Medienintegration ... 942
19.3.1 Sound ... 943

19.3.2 Bitmaps importieren und verwenden ... 944
19.3.3 Digitalvideo ... 945

19.4 Filme exportieren und in Webseiten einbetten ... 946

19.4.1 Überblick über die Exportfunktionen ... 946
19.4.2 Der einfache Export einer SWF-Datei ... 947
19.4.3 SWF-Filme in HTML einbetten ... 948
19.4.4 Die Funktion »Veröffentlichen« ... 951

19.5 Interaktivität mit ActionScript ... 952

19.5.1 Erstes Beispiel: ein Film, der am Ende anhält ... 953
19.5.2 Schaltflächen verwenden ... 954
19.5.3 Navigation ... 955
19.5.4 Andere Filme laden: die loadMovie-Funktionen ... 956
19.5.5 Steuern von Movieclips ... 957
19.5.6 Eigenschaften von Movieclip-Instanzen ... 962
19.5.7 Verschiedene ActionScript-Lösungen ... 963

19.6 Zusammenfassung ... 970

20 Computer- und Netzwerksicherheit 971

20.1 PC-Gefahren ... 972

20.1.1 Viren und Würmer ... 972
20.1.2 Trojaner und Backdoors ... 976
20.1.3 Weitere Schädlinge ... 977

20.2 Netzwerk- und Serversicherheit ... 982

20.2.1 Servergefahren ... 982
20.2.2 Wichtige Gegenmaßnahmen ... 985
20.2.3 Kryptografie ... 986

20.3 Zusammenfassung ... 989

A Glossar 991

B Kommentiertes Literaturverzeichnis 1005

B.1 Allgemeine Einführungen und Überblicke ... 1005

B.2 Mathematische und technische Grundlagen ... 1005

B.3 Hardware ... 1006

B.4 Betriebssysteme ... 1006

B.5 Grundlagen der Programmierung ... 1007

B.6 Konzepte der Programmierung ... 1008

B.7 Software-Engineering ... 1009

B.8 Datenbanken ... 1010

B.9 Bildbearbeitung und Grafik ... 1010

B.10 Desktop Publishing und digitale Druckvorstufe 1011
B.11 Multimedia 1011
B.12 Datei- und Datenformate 1011
B.13 Netzwerktechnik 1012
B.14 Netzwerkanwendungen 1013
B.15 XML 1013
B.16 HTML, CSS und Webdesign 1014
B.17 Webanwendungen 1015
B.18 JavaScript 1015
B.19 Flash MX 2004 1016
B.20 Computer- und Netzwerksicherheit 1017

Index 1019

Vorwort

Warum beglückt uns die herrliche, das Leben erleichternde, Arbeit ersparende Technik so wenig? Die einfache Antwort lautet: Weil wir noch nicht gelernt haben, einen vernünftigen Gebrauch von ihr zu machen. Im Kriege dient sie dazu, dass wir uns gegenseitig verstümmeln. Im Frieden hat sie unser Leben hastig und unsicher gestaltet. Statt uns weitgehend von geisttötender Arbeit zu befreien, hat sie die Menschen zu Sklaven der Maschine gemacht, die meist mit Unlust ihr eintöniges, langes Tagewerk vollbringen und stets um ihr armseliges Brot zittern müssen.
– Albert Einstein

Kompendium der Informationstechnik – The Next Generation

Eins vorweg: Wie die meisten Geeks[1] bin ich ein Fan der Sciencefiction-Serie »Star Trek«. Sie zeigt nicht nur technisches Spielzeug, das sich jeder Computerfreak wünscht (oder möchten Sie kein Holodeck?), sondern vor allem eine Welt, in der Einsteins Kritik aus dem Motto dieses Kapitels überwunden wurde. Die heutige Welt ist weit von diesem Zustand entfernt, und einige Entwicklungen der letzten Jahre geben Anlass zu der Befürchtung, dass das fortschrittsgläubige »*noch* weit davon entfernt« fehl am Platz sein könnte. Die Menschheit scheint zu dumm oder zu faul zu sein, um drängende, selbst gemachte Probleme in den Griff zu bekommen; Hunger und unmittelbare materielle Not nehmen sogar noch zu.

Dies ist kein Buch über Politik, Wirtschafts- und Sozialwissenschaften, Zukunftsforschung oder Philosophie. Dennoch sollte jeder Mensch – egal, worauf er sich im Leben spezialisiert – die Augen für seine Umgebung und die Welt, in der er lebt, offen halten. Nur interessierte, informierte und gut ausgebildete Menschen werden in der Lage sein, vielleicht doch noch den Weg in die Star Trek-Gesellschaftsordnung zu finden. In der Informations- und Kommunikationstechnik finden sich einige vielversprechende Ansätze dazu. Und zumindest zu einer guten, umfassenden Ausbildung möchte ich mit diesem Buch beitragen.

Wie Sie der Überschrift entnehmen können, ist dieses Buch die zweite Auflage meines Buches »Kompendium der Informationstechnik«. Der neue Titel wurde gewählt, um zu verdeutlichen, dass es noch stärker an die Erfordernisse der IT-Ausbildung angepasst wurde (siehe den Abschnitt »*IT-Ausbildung*« in Kapitel 1, *Einführung*). Die aus der vorigen Auflage übernommenen Inhalte wurden aktualisiert; außerdem sind einige Themen hinzugekommen, darunter die beiden neuen Kapitel über Software-Engineering und IT-Sicherheit.

Wenn Sie die vorige Auflage kennen, werden Sie feststellen, dass dieses Buch trotz der Erweiterung etwas dünner (und daher kostengünstiger) geworden ist. Dies wurde vor

1 Geek, Nerd, Hacker und so weiter: diverse zwischen Respekt und Belustigung oszillierende Bezeichnungen für heillos Computer-Infizierte

allem durch die Auslagerung umfangreicher Listings ins Web und durch einen etwas kompakteren Textsatz erreicht; an einigen Stellen habe ich auch behutsame Kürzungen vorgenommen. Das nunmehr veraltete Thema MacOS 9 wurde ganz weggelassen – falls Sie dennoch Bedarf haben, finden Sie die entsprechenden Seiten auf der Website zum Buch (**http://buecher.lingoworld.de/fachinfo**).

Und nun wünsche ich Ihnen viel Spaß beim Lesen und Durcharbeiten dieses Buches und viel Erfolg in Ihrer Ausbildung. Ich freue mich auf Ihre Hinweise, Kommentare und Kritik, um dieses Buch noch weiter zu verbessern. Kontaktinformationen erhalten Sie ebenfalls auf der genannten Website.

Worum geht es in diesem Buch?

In diesem Buch werden viele verschiedene Themengebiete behandelt, die mit Computersystemen zu tun haben. Sie lernen zahlreiche Geräte, Betriebssysteme, Programmiersprachen und Anwendungsprogramme kennen und erfahren viel Wissenswertes über Netzwerke und das Internet. Bei allen Themen habe ich versucht, die Balance zwischen Theorie und Praxis zu wahren: Es werden weder die technischen und theoretischen Details verschwiegen, wie in zahlreichen Büchern für absolute Einsteiger, noch kommen die praktischen Anwendungsbeispiele zu kurz, was in manchen akademischen Lehrwerken der Fall ist.

Die einzelnen Kapitel dieses Buches widmen sich den folgenden Themen:

- **Kapitel 1**, *Einführung*, behandelt die Geschichte und grundlegende Funktionsweise des Computers. Außerdem werden einige wichtige Grundlagen der Informationstechnik erläutert; sie bilden die Voraussetzung für das Verständnis späterer Kapitel.
- In **Kapitel 2**, *Mathematische und technische Grundlagen*, werden zunächst die mathematischen und logischen Prinzipien erläutert, auf denen der Computer basiert. Anschließend lernen Sie die wichtigsten elektrotechnischen Grundbausteine kennen. Abgerundet wird das Kapitel durch die Vorstellung von Automatentheorien und Rechnersimulationen.
- **Kapitel 3**, *Hardware*, beschäftigt sich mit den diversen Bauteilen, aus denen ein Computer besteht, sowie mit zahlreichen wichtigen Peripheriegeräten. Sie erfahren nicht nur die wichtigsten technischen Details über Elemente wie den Mikroprozessor, verschiedene Laufwerke und Datenträger oder andere Ein- und Ausgabegeräte, sondern es werden auch praktische Informationen vermittelt. Zum Beispiel werden Einbau und Anschluss von Komponenten oder das BIOS-Setup angesprochen.
- In **Kapitel 4**, *Betriebssysteme*, werden zunächst allgemeine Konzepte erklärt, zum Beispiel die Verwaltung von Prozessen, das Speichermanagement oder die Dateiverwaltung. Anschließend werden die folgenden Betriebssysteme konkret beschrieben: Linux, MacOS X und Windows.
- In **Kapitel 5**, *Grundlagen der Programmierung*, werden drei verschiedene wichtige Programmiersprachen eingeführt, die unterschiedliche Entwicklungsstufen und Aspekte des Programmierens abdecken: C, Java und Perl.

- **Kapitel 6**, *Konzepte der Programmierung*, baut auf diese Grundlagen auf und erläutert verschiedene Aspekte, die die Programmierung in der Praxis ausmachen: Algorithmen und Datenstrukturen, Reguläre Ausdrücke (mächtige Suchmuster), Elemente der systemnahen Programmierung oder die Entwicklung von Programmen für grafische Oberflächen. Den Abschluss bildet eine Einführung in die freie Entwicklungsumgebung Eclipse.
- Das in **Kapitel 7** behandelte *Software-Engineering* geht weit über reine Programmiertechniken hinaus: Sie lernen viele unterschiedliche Methoden zur Bearbeitung und Verwaltung von Softwareprojekten kennen. Unter anderem werden die Anwendungsmodellierung mit der UML, Grundlagen des Projektmanagements und verschiedene Ansätze des Software-Engineerings wie der Unified Process oder Extreme Programming vorgestellt. Für die in vielen Ausbildungsberufen fällige Projektarbeit sind diese Themen überlebenswichtig.
- **Kapitel 8**, *Datenbanken*, befasst sich mit einer der wichtigsten Funktionsgrundlagen vieler Programmierprojekte und Anwendungen. Nach der üblichen Erläuterung von Begriffen und Konzepten wird als konkretes Datenbanksystem der weit verbreitete Open-Source-Datenbankserver MySQL eingeführt.
- **Kapitel 9**, *Bildbearbeitung und Grafik*, erläutert den Umgang mit Bildern und Zeichnungen am Computer. Für die Bildbearbeitung wird das Programm Photoshop behandelt, als Vektorgrafikprogramm wird Illustrator vorgestellt.
- Thema von **Kapitel 10**, *DTP und digitale Druckvorstufe*, ist die Aufbereitung von Dokumenten für den professionellen Druck. Neben der Satz- und Layout-Praxis mit Adobe InDesign kommen dort auch einige theoretische Grundlagen der Typographie und Gestaltung zur Sprache.
- In **Kapitel 11**, *Multimedia*, geht es um die Herstellung animierter, interaktiver Präsentationen für CD-ROMs, öffentliche Informationsterminals oder Lernsoftware. Zunächst wird die Verarbeitung der wichtigsten »Zutaten« erläutert: Audiobearbeitung mit Adobe Audition, digitaler Videoschnitt mit Adobe Premiere und 3-D-Animation mit 3d s max. Anschließend wird das umfangreiche Autorensystem Macromedia Director vorgestellt, mit dem diese Bestandteile zur fertigen Präsentation zusammengebaut werden.
- **Kapitel 12**, *Datei- und Datenformate*, widmet sich den wichtigsten Formaten für Text, Bild und Multimedia. Es geht zunächst um Text und Zeichensätze, anschließend werden verschiedene textbasierte und binäre Dateiformate konkret erläutert.
- In **Kapitel 13**, *Netzwerktechnik*, wird die Entwicklung der Netzwerke und des Internets beschrieben, und Sie erhalten eine Einführung in die Begriffswelt der Netzwerke. Beispielsweise werden Schichtenmodelle und Netzwerkarchitekturen vorgestellt. Danach wird die genaue Funktionsweise verschiedener Arten von Netzwerkkarten und -anschlüssen erläutert; außerdem werden diverse Netzwerkprotokolle beschrieben. Den Schwerpunkt bildet die TCP/IP-Protokollfamilie, die für das Internet entwickelt wurde und inzwischen der wichtigste Kommunikationsstandard für alle Arten von Netzwerken ist.
- In **Kapitel 14**, *Netzwerkanwendungen*, erhalten Sie einen Überblick über einige wichtige Aspekte der praktischen Verwendung von Netzwerken: Sie erfahren, wie Sie die Netzwerkunterstützung in den drei weiter oben genannten Betriebssystemen aktivieren und

konfigurieren, wie Sie einige wichtige Serverdienste in Betrieb nehmen können und wie Netzwerkanwendungen programmiert werden. Den Abschluss bildet eine Einführung in die Programmierung verteilter Anwendungen mit der Java 2 Enterprise Edition und in Web Services.

- **Kapitel 15**, *XML*, stellt die eXtensible Markup Language vor, eine Sprache, die der Definition beliebiger hierarchisch gegliederter Dokumentformate dient. In zahlreichen Anwendungen wird XML inzwischen eingesetzt, so dass es nützlich ist, die Konzepte dieses Formats zu kennen. Sie erfahren das Wichtigste über wohlgeformte Dokumente, über Formatbeschreibungen mit Hilfe von DTDs und XML Schema, die Umwandlung von XML-Dokumenten mit XSLT sowie über die Programmierung XML-basierter Anwendungen.
- In **Kapitel 16**, *HTML, CSS und Webdesign*, wird HTML beziehungsweise XHTML vorgestellt, die Sprache, in der Webseiten verfasst werden. Hier werden verschiedene konkrete Aspekte der Webseitenerstellung erläutert, etwa die Text- und Schriftformatierung, der Listen- und Tabellensatz, das Einbetten von Bildern, Hyperlinks und Webformulare. Anschließend werden einige wichtige Grundregeln für die Gestaltung von Webseiten vermittelt, und es werden zwei konkrete Programme vorgestellt, mit denen Sie diese Arbeit erledigen können: das Web-Bildbearbeitungsprogramm Fireworks und der grafisch orientierte Webseiten-Editor Dreamweaver.
- In **Kapitel 17**, *Webanwendungen*, erfahren Sie, wie man Websites erstellt, die nicht nur aus statischen HTML-Dokumenten, sondern auch aus dynamisch generierten Inhalten bestehen. Konkret wird die Programmiersprache PHP 5 behandelt. Neben den allgemeinen Konzepten wird die Programmierung konkreter Anwendungen beschrieben: Sie erfahren, wie man Gästebücher, Counter oder Diskussionsforen schreibt, und zwar sowohl auf der Basis von Textdateien als auch mit Hilfe einer (MySQL-)Datenbank.
- **Kapitel 18**, *JavaScript*, stellt die wichtigste clientseitige Programmiersprache vor, mit der Sie die Inhalte einer Webseite »zum Leben erwecken« können. Zunächst werden die klassischen Anwendungen wie die Ausgabe ins Dokument selbst, die Verarbeitung von Formularen oder der Austausch von Bildern behandelt, anschließend erfahren Sie das Wichtigste über »Dynamic HTML« – eine Sammlung von Techniken, mit deren Hilfe Sie die Elemente eines Dokuments nachträglich modifizieren können.
- In **Kapitel 19**, *Flash MX 2004*, wird das gleichnamige Programm vorgestellt, mit dessen Hilfe Sie Animationen und interaktive Anwendungen für den Webeinsatz auf der Basis von Vektorgrafik erstellen können. Nach einer ausführlichen Einführung in Zeichen- und Animationstechniken lernen Sie die wichtigsten Aspekte der eingebauten Programmiersprache ActionScript kennen.
- **Kapitel 20**, *Computer- und Netzwerksicherheit*, befasst sich mit verschiedenen Themen der immer wichtiger werdenden Sicherheit: Der Schutz vor Viren, Würmern und Trojanern wird ebenso behandelt wie Kryptographie, Firewalls oder Fragen der Datensicherheit.

Wie Sie bereits an dieser Aufzählung bemerken, besitzt dieses Buch einen Schwerpunkt: Die Netzwerk- und Internetthemen werden ausführlicher behandelt als andere Aspekte der Informationstechnik. Das liegt nicht nur daran, dass sie seit Jahren den Schwerpunkt meiner Arbeit als Trainer bilden, sondern auch daran, dass sie besonders wichtig sind: Das

Internet hat die Art und Weise, wie mit einem Personal Computer gearbeitet wird, erheblich stärker revolutioniert, als Ihnen bewusst sein könnte. Außerdem werden diese Techniken im Wesentlichen auch dann noch weiter existieren, wenn der PC als dominierendes Gerät für den Internetzugang durch kleinere, leichter zu bedienende Mobilgeräte ersetzt werden sollte, wie das einige vermuten.

Wichtiger Hinweis

Viele Anwendungsprogramme, die hier vorgestellt werden, sind in Versionen für Windows und Mac OS erhältlich. Da ich das Buch an einem Windows-PC geschrieben habe, wurden auch alle beschriebenen Arbeitsschritte an diesem Rechner ausprobiert und nachvollzogen; auch die Screenshots der Programme stammen vom PC. Aus diesem Grund hier ein wichtiger Hinweis für die Mac-Anwender: Fast alle Tastenkürzel, die unter Windows mit der Taste [Strg] gebildet werden, erzeugt man auf dem Mac stattdessen mit der [⌘]-Taste (Befehl- oder Apfel-Taste). Soweit dies der Fall ist, habe ich entsprechende Hinweise weggelassen. Der Text eines Fachbuches wird nämlich gewiss nicht besser lesbar, wenn Sie sich andauernd durch Konstrukte wie »Drücken Sie [Strg] + [B] beziehungsweise [⌘] + [B] ...« quälen müssen.

Was Sie hier nicht finden

Trotz des immensen Seitenumfangs kann in einem Buch wie diesem nicht jedes Thema behandelt werden. Ich hoffe, Sie finden die Auswahl genauso sinnvoll wie ich. Zu den wichtigsten Inhalten, die nicht in diesem Buch behandelt werden, gehören folgende:

- **Nichttechnische Ausbildungsinhalte**. Die Ausbildung zum Fachinformatiker, Mediengestalter oder für andere IT-Berufe enthält neben den fachspezifischen Inhalten auch Aspekte wie Wirtschafts- und Sozialwissenschaften, Rechtskunde oder Betriebsorganisation. Solche Themen können in diesem Buch nicht berücksichtigt werden.
- **Office-Anwendungen**. Anleitungen zu Word, Excel & Co. gibt es wirklich genügend; der Platz in diesem Buch reicht nicht aus, um auch noch darauf einzugehen. Nichtsdestotrotz ist gerade die Tabellenkalkulation Excel ein sehr praktisches und spannendes Programm – zum Beispiel, um die mathematischen Grundlagen aus Kapitel 2 nachvollziehen zu können.
- **Speziellere Anwendungsprogramme**. Wie Sie an der Kapitelübersicht oben gesehen haben, werden in diesem Buch zahlreiche Anwendungen besprochen. Allerdings gibt es viele Branchen- und Spezialistenlösungen, die in einem so allgemeinen Buch wie diesem nichts zu suchen haben. Beispiele sind etwa CAD-Software, MIDI-Sequencer (mit denen man nur dann arbeiten kann, wenn man eben Musik machen kann) oder Warenwirtschaftssysteme. Gerade zu Letzteren, genauer gesagt zu SAP R/3, existiert ohnehin ein kompletter Verlagsbereich bei Galileo Press.

Für wen ist dieses Buch geeignet?

In erster Linie können Sie mit diesem Handbuch etwas anfangen, wenn Sie eine Ausbildung im IT-Bereich oder verwandten Berufen absolvieren. Es wurde insbesondere für den im Titel genannten Ausbildungsberuf des Fachinformatikers in den beiden Fachrichtungen Anwendungsentwicklung und Systemintegration geschrieben, dürfte aber auch für IT-Systemelektroniker oder IT-Systemkaufleute gut geeignet sein. Genau wie in Ihrer Ausbildung werden auch in diesem Buch viele verschiedene Themenbereiche behandelt: Da Computer sehr komplexe Maschinen sind, ist es erforderlich, sich selbst dann ein großes Spektrum verschiedener Kenntnisse anzueignen, wenn Sie nur in einem bestimmten Fachbereich arbeiten möchten.

Eine weitere Gruppe von Ausbildungsberufen, für die die Arbeit mit diesem Buch sinnvoll sein dürfte, sind die diversen Ausprägungen des Berufsbildes Mediengestalter für Digital- und Printmedien. Selbstverständlich erfolgt die Behandlung der Grafik-, Design- und DTP-Themen hier nicht in der Ausführlichkeit, die Sie benötigen. Aber zu Ihrer Ausbildung gehören eben auch Themen wie allgemeine EDV, Netzwerktechnik oder grundlegende Informationen über Datenbanken. Darüber hinaus macht sich gerade auf einem (leider) engen Arbeitsmarkt jedes zusätzliche Wissen bezahlt: Gerade kleinere Betriebe können sich keine Vollzeit-Administratoren leisten und stellen bevorzugt Mitarbeiter ein, die neben ihrer gestalterischen Arbeit auch die Computertechnik selbst beherrschen.

Auch für Studenten im Grundstudium der Informatik oder in den Informatik-Kursen anderer Studienrichtungen ist das Buch durchaus geeignet. Gerade der Mittelweg zwischen Darstellung der theoretischen Grundlagen und praktischer Anleitung dürfte für Sie eine wichtige Lücke schließen.

Zu guter Letzt ist dieses Buch aber natürlich auch für alle anderen geeignet, die an Computern, Programmierung oder Netzwerken interessiert sind. Es eignet sich nicht nur als Unterrichtsbegleiter, sondern auch zum Selbststudium einzelner Themen. Die einzige Voraussetzung ist im Grunde genommen, dass Sie einen Computer zur Verfügung haben und grundsätzlich wissen, wie man damit umgeht.

Zum Komplexitätsniveau ist noch anzumerken, dass dies weder ein Buch für absolute Neueinsteiger noch ein Begleiter für vollkommene Experten ist. Wenn Sie noch nie mit einem Computer gearbeitet haben, benötigen Sie eine grundlegendere Anleitung; im vorliegenden Buch erfahren Sie nicht, wie man das Gerät in Betrieb nimmt, seine Arbeit als Datei speichert, einen Ordner anlegt oder einen Webbrowser bedient. All diese Dinge (und noch einige mehr) müssen klar sein, bevor Sie etwas Sinnvolles mit diesem Handbuch anfangen können. Wenn Sie dagegen bereits Erfahrung haben, gibt es wahrscheinlich einige Themen, über die Sie noch nicht Bescheid wissen. In diesem Fall finden Sie möglicherweise hier, was Sie suchen.

Icons

Um das Buch für Sie übersichtlicher und damit noch nützlicher zu machen, finden Sie an manchen Stellen die folgenden drei Symbole in der Randspalte:

Dieses Icon markiert einen hilfreichen Tipp, eine Abkürzung oder eine nützliche Zusatzinformation.

Mit diesem Symbol werden Warnungen gekennzeichnet. Sie sollten sie ernst nehmen, um keine unnötigen Datenverluste oder Fehlfunktionen zu erleiden.

Um dieses Buch nicht noch dicker zu machen, habe ich einige besonders umfangreiche Programmlistings ins Web ausgelagert. Auf der Website zum Buch (**http://buecher.lingoworld.de/fachinfo**) brauchen Sie nur den Link **Listings** anzuklicken, und Sie finden die entsprechend nummerierten Listings sowohl zum Online-Lesen als auch gezippt zum Download.

IHK-Fragen und Beispiellistings im Internet

Unter **http://www.buecher.lingoworld.de/fachinfo** finden Sie nicht nur die genannten langen Listings, sondern auch die im Buch abgedruckten Beispiele, so dass Sie diese nicht abtippen müssen. Außerdem finden Sie dort Fragen, mit denen Sie sich auf die IHK-Prüfung vorbereiten können, sowie jeweils aktualisierte Literatur- und Linklisten.

Danksagungen

Zunächst einmal, wie immer, vielen Dank an meinen Lektor Stephan Mattescheck, an die Korrektoren und an das Team von Galileo Computing. Dies ist bereits das dritte gemeinsame Projekt, und aufgrund der stetigen Ermutigung und unermüdlichen Geduld des Verlags macht die Zusammenarbeit von Buch zu Buch noch mehr Spaß.

Vielen Dank auch an die technischen Gutachter der beiden neuen Kapitel, Ralf Bokelberg sowie Steffen Wendzel und Johannes Plötner, für ihre wertvollen Hinweise.

Ich danke auch den zahlreichen Lesern der ersten Auflage, die mir nette Kommentare und auch Hinweise auf Fehler zugeschickt haben. Durch diesen wertvollen Beitrag konnte ich viele Stellen noch entscheidend verbessern oder klarer formulieren. Die fast durchweg positive Resonanz auf die Vorauflage – das »Kompendium der Informationstechnik« – hat nicht nur zu meinem Wohlbefinden beigetragen, sondern auch die Motivation zum Schreiben des vorliegenden Buches gesteigert ;-).

Eine Danksagung wäre nicht komplett, wenn sie nicht auch die wichtigsten Menschen in meinem Leben einschließen würde: meine Familie. Vor allem mein Sohn und meine Frau haben wieder einmal unzählige Stunden auf mich verzichten müssen und waren selbst immer für mich da.

1 Einführung

In der Informatik geht es genauso wenig um Computer, wie in der Astronomie um Teleskope.
– Edsger W. Dijkstra

In diesem Kapitel erhalten Sie einen Überblick über die wichtigsten Grundlagen der Informationstechnik: eine Abgrenzung der verschiedenen Fachrichtungen und Ausbildungsgänge der Informatik, die Entwicklungsgeschichte der Computer sowie eine allgemeine Übersicht über die digitale Speicherung verschiedener Arten von Informationen.

1.1 Informationstechnik, Informatik und EDV

Allgemein gesprochen geht es in diesem Buch um **Informationstechnik** (englisch: Information Technology oder kurz IT). Der traditionelle Begriff für diese Art der Technik lautet **Elektronische Datenverarbeitung** (EDV). **Daten** oder **Informationen** sind Werte, die im Zusammenhang mit beliebigen Sachverhalten angelegt werden oder die im Rahmen von Mess- oder Rechenvorgängen anfallen. **Datenverarbeitung** ist der Vorgang der Sammlung, Speicherung und Manipulation dieser Informationen. Im Lauf der Zeit haben sich unterschiedliche Verfahren der Datenverarbeitung entwickelt:

Arten der Datenverarbeitung

- Die **manuelle Datenverarbeitung** führt Berechnungen und Datenmanipulationen ohne jegliche Hilfsmittel durch; sie basiert auf Kopfrechnen und Auswendiglernen. Das äußerste erlaubte Hilfsmittel ist ein Schreibblock, um Daten oder Zwischenergebnisse zu notieren.
- Die **mechanische Datenverarbeitung** verwendet mechanische Hilfsmittel für die Verarbeitung von Informationen, beispielsweise eine mechanische Schreibmaschine oder einen Rechenschieber.
- Bei der **elektrischen Datenverarbeitung** werden elektrisch betriebene Geräte als Hilfsmittel eingesetzt, zum Beispiel elektrische Schreibmaschinen oder Registrierkassen.
- Die **elektronische Datenverarbeitung** verwendet schließlich elektronisch gesteuerte Arbeitsmittel, also Elektronenrechner oder Computer.

1.1.1 Fachrichtungen der Informatik

Die wissenschaftliche Fachrichtung, die sich mit den verschiedenen Aspekten der Computertechnik auseinander setzt, wird seit den 60er-Jahren des 20. Jahrhunderts als **Informatik** (englisch: Computer Science) bezeichnet. Die akademische Informatik wird üblicherweise in vier Fachrichtungen unterteilt:

- Die **theoretische Informatik** betrachtet insbesondere die mathematisch-logischen Grundlagen, die der Verwendung und Programmierung von Computern zugrunde liegen. Es geht beispielsweise um die **Berechenbarkeit** (ist ein Problem überhaupt durch Berechnung lösbar?) und um Automatentheorien – die mathematisch-formalen Modelle, auf denen Rechner unabhängig von der elektronischen Machbarkeit aufbauen.

- Die **technische Informatik** beschreibt die elektronisch-technischen Eigenschaften der Bauteile, aus denen Computer zusammengesetzt sind. Ein wichtiges Teilgebiet der technischen Informatik ist die **Schaltalgebra**, die Umsetzung logischer Operationen durch elektronische Schaltungen.
- In der **praktischen Informatik** geht es im Großen und Ganzen um die **Programmierung** von Computern und die Mittel, die dazu erforderlich sind. Die Erforschung des Aufbaus von Betriebssystemen und Programmiersprachen-Compilern sowie deren Implementierung (praktische Umsetzung) sind die wichtigsten Teilgebiete.
- Die **angewandte Informatik** kümmert sich gewissermaßen um alles andere, nämlich um sämtliche Nutzanwendungen von Computern. Das reicht von Datenbanken über die Netzwerkkommunikation bis hin zu Grafik, Animation und Audio-/Videobearbeitung.

Da es sich bei diesem Buch um ein Praxisbuch handelt, das nicht für das trockene Auswendiglernen von Lehrsätzen geschrieben wurde, sondern für die alltägliche Nutzung von Computern, ist es kaum verwunderlich, dass sich fast alle Kapitel mit Aspekten der angewandten Informatik beschäftigen. In den Kapiteln 4 bis 7 werden auch die wichtigsten Ansätze der praktischen Informatik, nämlich Betriebssysteme und diverse Themen der Programmierung, behandelt.

Einige grundlegende Aspekte der theoretischen Informatik lernen Sie in Kapitel 2, *Mathematische und technische Grundlagen*, kennen: Dort werden die wichtigsten mathematischen und logischen Operationen besprochen, die Computer ausführen. Außerdem wird beispielhaft auf die Realisierung einiger dieser Funktionen durch elektronische Bauteile eingegangen, also auf einige Ansätze der technischen Informatik.

Im Übrigen gibt es noch ein eigenes Kapitel zum Thema Hardware, die ebenfalls dem Gebiet der technischen Informatik zugeordnet werden kann (Kapitel 3).

1.1.2 Überblick über die IT-Ausbildung

Das Berufsfeld der Informationstechnik und der Mediengestaltung ist vielfältig. Deshalb gibt es zahlreiche unterschiedliche Möglichkeiten einer Ausbildung in diesem Bereich. Sie lassen sich zum einen nach Fachgebieten wie Anwendungsentwicklung, kaufmännischem EDV-Einsatz oder Mediengestaltung unterscheiden. Zum anderen gibt es zwei grundlegende Ausbildungsformen: Berufsausbildung und Studium.

Überblick Ausbildungsgänge

Aus diesen beiden Unterteilungen ergeben sich unter anderem folgende konkreten Ausbildungsgänge:

- Ausbildungsberufe
  - Fachinformatiker
  - IT-Systemelektroniker
  - IT-Systemkaufmann
  - Informatikkaufmann
  - Mediengestalter für Digital- und Printmedien
  - Mediengestalter Bild/Ton

- Studiengänge
  - Informatik
  - Informatik (FH)
  - Wirtschaftsinformatik
  - Medieninformatik
  - Bioinformatik
  - Medizinische Informatik

Ausbildungsberufe

Bis vor wenigen Jahren galt die Informationstechnik als zu komplex, um in einer praxisorientierten Berufsausbildung im klassischen dualen System (Ausbildungsbetrieb – Berufsschule) gelehrt zu werden. Die beiden angebotenen Ausbildungen zum EDV-Kaufmann und Büromaschinenelektroniker hatten andere Schwerpunkte, nämlich einen kaufmännischen beziehungsweise elektrotechnischen.

IT-Berufe

Erst 1996 wurden die IT-Berufe in der Bundesrepublik durch ein Übereinkommen von Arbeitgeberverbänden und Gewerkschaften unter Beratung des Bundesinstituts für Berufsbildung (BiBB) neu geordnet. Seitdem gibt es vier verschiedene IT-Ausbildungsberufe. Sie bereiten auf Tätigkeiten im Bereich der Informations- und Telekommunikationstechnik vor, die früher Bewerbern mit Studienabschluss vorbehalten waren oder in Einzelfällen an qualifizierte Quereinsteiger vergeben wurden.

Im Einzelnen handelt es sich um folgende Ausbildungsgänge:

- Fachinformatiker (Fachrichtungen Anwendungsentwicklung und Systemintegration)
- IT-Systemelektroniker
- IT-Systemkaufmann
- Informatikkaufmann

Fachinformatiker

Aufgabe der **Fachinformatiker** ist es gemäß offizieller Definition, »fachspezifische Anforderungen in komplexe Hard- und Softwaresysteme« umzusetzen. Diese recht ungenaue Beschreibung läuft in der Praxis auf sehr vielfältige Anforderungen hinaus, da sich nicht nur die beiden Fachrichtungen Anwendungsentwicklung und Systemintegration, sondern vor allem auch Ausbildungsbetriebe und Einsatzumgebungen oft stark voneinander unterscheiden. Gemeinsam ist ihnen allen lediglich der Umgang mit Computersystemen, mit Netzwerken, mit der unterschiedlichsten Software und dem komplexen Zusammenspiel dieser Komponenten.

Die beiden Berufsbilder sollen sich im Laufe der drei Ausbildungsjahre allmählich auseinander entwickeln. Bei Ausbildungsbeginn stehen gemeinsame Grundlagen im Vordergrund. Dazu gehören nicht nur fachspezifische Themen, wie sie in diesem Buch behandelt werden, sondern auch wichtige Informationen zum Arbeitsablauf und zum betrieblichen Umfeld. Dies sind insbesondere Grundlagen der Betriebswirtschaftslehre, der Projekt- und Betriebsorganisation, des Arbeits- und Ausbildungsrechts sowie der betrieblichen Buchführung. Diese Kenntnisse werden vor allem in der Berufsschule (60 Tage pro Ausbildungsjahr) vermittelt.

Anwendungsentwicklung

Der Schwerpunkt des **Fachbereichs Anwendungsentwicklung** ist die Erstellung von Software für den eigenen Betrieb oder für Kunden. Der erste Schritt ist die Entwicklung neuer oder die Anpassung vorhandener Programme gemäß den Anforderungen der späteren Anwender. Es folgt die Einrichtung der Software auf den gewünschten Systemen, die gegebenenfalls dafür angepasst werden müssen. Anschließend sollen die Benutzer informiert oder gar geschult werden. In das Umfeld des Berufsbildes gehört demzufolge auch die Erstellung brauchbarer Dokumentationen für Entwickler, Administratoren und Endanwender.

Systemintegration

Im **Fachbereich Systemintegration** liegen die Hauptaufgaben im Bereich der Hardware-, Software- und Netzwerkeinrichtung. Hier sind gute Kenntnisse der verschiedenen Hardwarekomponenten, Betriebssysteme sowie der Netzwerkgeräte und -dienste gefragt. Auch die Schnittstellen zwischen der Informations- und der Telekommunikationstechnik spielen in diesem Beruf eine wichtige Rolle.

IT-Systemelektroniker

Der Beruf des **IT-Systemelektronikers** ist elektrotechnischer orientiert als der des Fachinformatikers. Mehr als beim Fachinformatiker der Fachrichtung Systemintegration liegt der Schwerpunkt hier im Bereich der Hardware. Zu den wichtigsten Aufgaben gehört die Verkabelung von Computern und Netzwerken, angefangen bei der Stromversorgung über den Anschluss von Peripheriegeräten bis hin zu Besonderheiten der Netzwerkinfrastruktur. Dazu benötigen IT-Systemelektroniker ein umfangreiches Know-how über Hardwarekomponenten und Treiber sowie über deren Zusammenarbeit mit Betriebssystemen und Anwendungsprogrammen.

IT-Systemkaufleute

IT-Systemkaufleute sind im Wesentlichen die Kundenberater für Hard- und Softwareprojekte. Sie verfügen über technisches Know-how, so dass sie die Einzelheiten von IT-Projekten verstehen und den Kunden erklären können, und benötigen umfangreiche betriebswirtschaftliche und kaufmännische Kenntnisse, um die Kalkulation für ein solches Projekt durchführen zu können. Sie sind für alle Phasen der Kundenbetreuung für IT-Lösungen zuständig: angefangen bei der Marktanalyse über Beratung und Marketing bis hin zum Vertrieb sowie Einarbeitung und Schulung.

Informatikkaufleute

Bei den **Informatikkaufleuten** stehen die kaufmännischen Aufgaben stärker im Vordergrund, während die technischen Aspekte etwas weniger ausgeprägt sind. Sie bilden das Bindeglied zwischen wirtschaftlichen und technischen Abteilungen. Typischerweise vermitteln sie zwischen den Kunden, die vor allem wirtschaftliche Fragen haben, und den Beratern der Hard- und Softwarehersteller (oft den oben genannten IT-Systemkaufleuten), die eine eher technische Sicht auf Vorgänge benötigen. Beispielsweise könnten Informatikkaufleute die technische Umsetzung von Geschäftsprozessen anleiten und entsprechende Pflichtenhefte erstellen. Eine weitere Aufgabe wäre es, die Unterschiede verschiedener IT-Lösungen in kaufmännisch kalkulierbaren Zahlen auszudrücken.

Alle IT-Berufe beinhalten eine (ausschließlich theoretische) Zwischenprüfung. Es besteht Teilnahmepflicht, aber das Ergebnis ist ausschließlich informativ – sowohl für die Auszubildenden als auch für die Betriebe. Die Abschlussprüfung besteht aus einer selbst gewählten Projektarbeit, die von der jeweils zuständigen Industrie- und Handelskammer genehmigt werden muss, einer Präsentation dieser Arbeit mit zusätzlichen offenen, mündlichen Fragen der Prüfungskomission sowie einem schriftlichen Teil mit allgemeinen Fragen zur Theorie.

Mediengestalter

Neben den genannten IT-Berufen ist dieses Buch auch für Auszubildende der Medienbranche nützlich. Auch diese Ausbildungsgänge wurden vor einigen Jahren neu geordnet und in den verschiedenen Fachrichtungen der **Mediengestalter für Digital- und Printmedien** zusammengefasst. Dabei wurden altehrwürdige Berufsbilder wie Schriftsetzer, Lithograph oder Druckvorlagenhersteller mit neuen Anforderungen der digitalen Medientechnik kombiniert. Das ist nicht nur vorteilhaft – mitunter macht es einen ähnlichen Eindruck, als würde man Berufe wie Architekt, Statiker, Maurer, Schreiner, Elektriker und Installateur zum »Gebäudehersteller« zusammenfassen.

Die Berufsausbildung kann in vier verschiedenen Fachrichtungen mit gemeinsamen Grundlagen und leicht unterschiedlicher Spezialisierung (vor allem im letzten der drei Ausbildungsjahre) absolviert werden:

- In der Fachrichtung **Medienberatung** liegt das Hauptaugenmerk auf der Zusammenarbeit mit den Kunden: Ihre Anforderungen müssen durch die fachliche Unterstützung der Medienberater ein konkretes Profil ergeben, nach welchem deren gestalterisch und technisch orientierte Kollegen arbeiten können. Dieses Profil muss zudem für beide Seiten annehmbar kalkuliert werden, so dass Medienberater auch die umfangreichsten wirtschaftlichen Kenntnisse der Branche benötigen.
- Die Fachrichtung **Mediendesign** kümmert sich um die konkrete Umsetzung der Kundenanforderungen und des daraus entwickelten Profils. Sie erarbeiten Entwürfe – zunächst meist zeichnerisch, ohne Rechnereinsatz – und setzen diese dann mit Hilfe geeigneter Spezialsoftware um. Sie benötigen vor allem ein gutes Auge für Formen und Farben, hervorragende Kenntnisse der Typografie und Gestaltung sowie ein sicheres Gespür für die Aussagewirkung der gewählten Gestaltungsmittel.
- Die Hauptaufgabe der Fachrichtung **Medienoperating** ist die Erstellung ausgabefertiger Endprodukte aus den Entwürfen und Dateien der Mediendesigner. Medienoperatoren müssen insbesondere über Datei- und Datenformate, Farbkorrektur und Druckverfahren Bescheid wissen.
- Mediengestalter der Fachrichtung **Medientechnik** beschäftigen sich vor allem mit den speziellen Geräten und Techniken der Medienherstellung: Sie kennen die verschiedensten Scan-, Druck- und Reproduktionsverfahren, so dass sie den Mediendesignern digitalisierte Vorlagen bereitstellen und die fertigen Dateien der Medienoperatoren für die Endausgabe vorbereiten.

Auszubildende können in jeder der vier Fachrichtungen zwischen den beiden Schwerpunkten Digital- oder Printmedien wählen. Der Begriff Digitalmedien umfasst alle Arten von Multimedia-Präsentationsformen wie digitale Diashows, CD- und DVD-ROM sowie – vor allem – das Web. Printmedien sind sämtliche durch Druckverfahren hergestellten Informationsträger wie Broschüren, Briefbögen, Visitenkarten, Plakate oder Zeitschriften.

Etwas abseits von den anderen Mediengestalter-Ausbildungen steht der Beruf des **Mediengestalters Bild/Ton**. Hier geht es speziell um Verfahren der Audio- und Videobearbeitung, wie sie für Multimedia-Produktionen, Werbespots oder auch allgemein im Film- und Fernsehbereich benötigt werden.

Auch bei den Mediengestaltern gibt es nach der halben Ausbildungsdauer eine rein informative Zwischenprüfung. Die Abschlussprüfung besteht aus zwei Teilen: Zunächst muss eine Praxisarbeit erstellt werden; für die Projektplanung gibt es etwa zwei Wochen Zeit, während die eigentliche Durchführung an ein bis zwei Tagen im Ausbildungsbetrieb stattfinden soll. Für die vier Fachrichtungen und die beiden Schwerpunkte sind dabei unterschiedliche Aspekte desselben Gesamtprojekts vorgesehen. Der zweite Teil ist eine schriftliche Prüfung, in der die verschiedensten offenen Fragen ausführlich beantwortet werden müssen.

Ausbildung und dieses Buch

In Tabelle 1.1 sehen Sie, welche Kapitel dieses Buches für die Auszubildenden der einzelnen Fachrichtungen besonders nützlich (x) beziehungsweise unerlässlich (+) sind. Wenn ein Kapitel für Ihren Beruf nicht angekreuzt wurde, bedeutet dies nicht, dass Sie sich gar nicht mit diesem Thema beschäftigen sollten! Wie bereits im Vorwort erwähnt, ist ein möglichst gründliches Allgemeinwissen eine der wichtigsten Voraussetzungen für beruflichen Erfolg. Zudem verstehen Sie Zusammenhänge der IT- und Medienwirtschaft umso besser, je größer Ihr Überblick ist.

Kapitel	**Fachinf. Anwend.**	**Fachinf. Systemint.**	**Kaufl.**[1]	**IT-Systemelektr.**	**MG Digital**	**MG Print**	**MG Bild/ Ton**
1	+	+	+	+	+	+	+
2	+	+	x	+	x	x	x
3	x	+	x	+	x	x	x
4	+	+	x	+	x		
5	+	+	x	+	x		
6	+	x		x			
7	+	+	+	+			
8	+	+	x	x			
9	x				+	+	+
10					+	x	x
11	x				+	x	+
12	+	+	x	x	+	x/+[2]	x
13	+	+	x	+	x	x	x
14	x	+		x	x		

Tabelle 1.1 Die einzelnen Kapitel dieses Buches und ihre Relevanz für verschiedene Ausbildungsberufe

1 Betrifft im Wesentlichen sowohl IT-Systemkaufleute als auch Informatikkaufleute.
2 Schwerpunktthema der Fachrichtung Medienoperating

Kapitel	Fachinf. Anwend.	Fachinf. Systemint.	Kaufl.[1]	IT-Systemelektr.	MG Digital	MG Print	MG Bild/ Ton
15	+	+			x	x	
16	+	x	x	x	+	x	x
17	+	x			x		
18	+	x			x		
19	+	x			+	x	x
20	x	+	x	+	x	x	x

Tabelle 1.1 Die einzelnen Kapitel dieses Buches und ihre Relevanz für verschiedene Ausbildungsberufe (Forts.)

Studiengänge

Die Studiengänge im Bereich der Informationstechnik sind wesentlich gründlicher, dafür aber auch viel theoretischer orientiert als die betrieblichen Ausbildungsgänge. Neben den hier behandelten Studienfächern der Informatik gibt es übrigens auch angrenzende Fachgebiete wie Telematik, Elektrotechnik oder angewandte Mathematik.

Informatik

Das allgemeinste Spektrum bietet das Studium der **Informatik**. Das Grundstudium beinhaltet Einführungen in alle vier Disziplinen des Faches (theoretische, technische, praktische und angewandte Informatik). Im Hauptstudium ist dagegen eine Spezialisierung auf einen bestimmten Bereich innerhalb eines dieser Zweige vorgesehen. Denkbar wären etwa Betriebssysteme aus dem Gebiet der praktischen Informatik oder Datenbanken, die zur angewandten Informatik zählen.

Das Informatikstudium wird sowohl an Universitäten als auch an Fachhochschulen angeboten. Naturgemäß ist Letzteres etwas praktischer orientiert; das Lernen erfolgt besonders im Grundstudium schulähnlicher. In beiden Lehreinrichtungen ist der typische Abschluss das klassische Diplom; dazu muss eine Diplomarbeit über ein bestimmtes, selbst gewähltes Forschungsthema verfasst werden. Daneben bieten immer mehr Hochschulen und Fachhochschulen auch internationale Abschlüsse wie Bachelor und Master an, deren Anerkennung durch (insbesondere deutsche) Arbeitgeber allerdings noch im Zweifel steht.

Nebenfächer

Wie in jedem naturwissenschaftlichen Studium müssen auch bei der Informatik Nebenfächer belegt werden. Die Auswahl ist so vielfältig wie die Anwendungsbereiche der Informationstechnik: Für theoretisch ausgerichtete Forschungen wäre etwa die Mathematik interessant; ein Fach aus dem Bereich der Wirtschaftswissenschaften eröffnet den Zugang zur Entwicklung kaufmännischer Systeme und Anwendungen. In diversen Bereichen der angewandten Informatik könnten auch Fächer wie Biologie oder Physik von Interesse sein. Spannend ist auch die Kombination mit philologischen Fächern, besonders mit den Sprachwissenschaften oder der philosophischen Logik.

Umgekehrt kann Informatik auch für Studiengänge in allen genannten Fächern als Nebenfach belegt werden.

Spezielle Studiengänge

Einen Schritt weiter als die Wahl eines bestimmten Nebenfaches gehen gezielte Kombinationsstudienfächer. Die wichtigsten von ihnen sind folgende:

- **Wirtschaftsinformatik**. Eine gezielte Kombination aus Themen der (insbesondere angewandten) Informatik und der Betriebswirtschaftslehre. Wirtschaftsinformatiker können in allen Bereichen der kaufmännischen IT-Anwendung arbeiten, vor allem in Banken, Versicherungen oder den Fachabteilungen großer Unternehmen, aber auch in der Entwicklung kaufmännischer Softwarelösungen.
- **Medieninformatik**. Dieser Studiengang stellt den Bereich der multimedialen IT-Anwendung in den Mittelpunkt. Neben den Grundlagen der Informatik lernen die Studierenden vor allem den praktischen IT-Einsatz kennen: Grafik- und Bildbearbeitung, Audio- und Videoschnitt und die Erstellung multimedialer Präsentationen. Von allen IT-Studiengängen erfordert dieser das größte kreative Potential.
- **Bioinformatik**. Die Forschungsergebnisse der modernen Biologie, besonders der Mikrobiologie und der Gentechnik, könnten ohne umfangreiche IT-Unterstützung nicht ausgewertet werden. Bioinformatiker bilden die Schnittstelle zwischen Biologie und Informationstechnik; sie erstellen die Anwendungen zur Analyse biologischer Forschungen, etwa der Sequenzanalyse von Genen. Die Bioinformatik ist möglicherweise der wachstumstärkste Sektor in der gesamten IT-Landschaft.
- **Medizinische Informatik**. Auch in der modernen Medizin spielt Computertechnik eine überaus wichtige Rolle: Von der Verwaltung der Patienten- und Diagnosedaten über die automatisierte Analyse von Laborproben bis hin zum halbautonom arbeitenden OP-Roboter ist der Praxis- und Klinikalltag ohne IT nicht mehr denkbar. In der medizinischen Informatik erwerben die Studierenden sowohl fundierte medizinische als auch wichtige informationstechnische Fachkenntnisse, so dass sie in den verschiedensten Bereichen der Medizintechnik und -praxis arbeiten können.

Studium und dieses Buch

Die Tiefe des für ein Studium erforderlichen Wissens geht weit über das hinaus, was ein einzelnes allgemeines Grundlagenbuch wie das vorliegende leisten kann. Dennoch kann dieses Buch auch im Studium ein unentbehrlicher Begleiter sein: Hier können Sie die Grundlagen der Theorie und Praxis der unterschiedlichen Themen schnell und übersichtlich nachschlagen – als letzte Absicherung vor der entscheidenden Fachklausur oder auch als Anleser für die Veranstaltungsplanung des kommenden Semesters.

1.2 Die Geschichte der Rechenmaschinen und Computer

In diesem Buch ist von Computern die Rede, und natürlich wissen Sie ganz genau, was das ist. Wenn Sie allerdings den Versuch machen sollten, einen Computer mit allen Dimensionen seiner heutigen Möglichkeiten griffig zu definieren – wie würde diese Definition lauten? Vergangene Generationen sprachen etwa von **programmgesteuerten Rechenautomaten**, und gerade Fachleute scheinen noch heute lieber Rechner als Computer zu dieser Maschine zu sagen.

Sind Computer nur Rechner?

Aber ist Rechnen heutzutage die wichtigste Aufgabe der Computer? Es scheinen schließlich mehr Leute einen Webbrowser zu verwenden als die Tabellenkalkulation Excel, und das Bildbearbeitungsprogramm Photoshop ist erheblich populärer als spezielle Mathematikersoftware wie Mathematica oder Maple.

Trotzdem ist ein Computer ein Gerät, das Probleme durch Berechnungen löst: Er kann nur diejenigen Sachverhalte »verstehen«, die man in Form von Zahlen und mathematischen Formeln darstellen kann. Dass es sich dabei heute auch um Bilder, Töne, Animationen, 3-D-Welten oder Filme handeln kann, liegt einfach an der enormen Rechengeschwindigkeit und Kapazität moderner Rechner.

Sehen Sie sich den Begriff »programmgesteuerter Rechenautomat« noch einmal genau an: Ein »Rechenautomat« ist ein Gerät, das automatisch etwas berechnet, so dass man dies nicht manuell erledigen muss. Das kann auch ein Taschenrechner oder sogar eine mechanische Rechenmaschine. Das Besondere, was ein Computer zu bieten hat, beschreibt der Begriff »programmgesteuert«. Ein Computerprogramm ist eine Abfolge von Rechenvorschriften, die aufeinander aufbauen können und Schritt für Schritt ausgeführt werden.

Algorithmen

Mit anderen Worten ist ein Computer nicht nur ein Rechenautomat, sondern ein Algorithmen-Automat. Ein **Algorithmus**, benannt nach dem arabischen Mathematiker **Mohamed Ibn Musa Al Chwarismi**, ist eine Schritt-für-Schritt-Anleitung zum Lösen mathematischer Probleme. Jeder Computer versteht eine oder mehrere formale Sprachen, in denen man ihm solche Algorithmen einprogrammieren kann. Ist ein Algorithmus erst einmal im Computer gespeichert, kann er immer wieder mit anderen Daten ausgeführt werden. Betrachten Sie etwa den folgenden Algorithmus aus dem Alltagsleben, der die Internet-Nutzungskosten verschiedener Kunden eines Providers berechnet:

1. Eingabe Tarif: Flatrate oder minutenbasiert?
2. War es die Flatrate? Macht 19,99 €. Berechnung beendet.
3. Minutenbasiert: Eingabe der Minuten.
4. Multipliziere die Minuten mit 0,01 €.
5. Addiere die Grundgebühr von 2,49 € hinzu. Berechnung beendet.

Dieser einfache Algorithmus kann natürlich ohne weiteres von einem Menschen abgearbeitet werden. Er wird zwar langsamer rechnen als ein heutiger Computer, aber durchaus innerhalb einer annehmbaren Zeit damit fertig werden. Andererseits kann der Computer Millionen solcher Berechnungen in der Sekunde ausführen. Zwar wird er gewisse Leistungen des menschlichen Geistes wahrscheinlich niemals erreichen, aber schneller rechnen kann er allemal.

Darüber hinaus gibt es Algorithmen, an denen wir Menschen schlichtweg verzweifeln würden: Oder hätten Sie Lust, jeden einzelnen Pixel eines 10 x 10 cm großen hochauflösenden Bildes anhand der Farben seiner acht umgebenden Pixel neu zu berechnen, um das Bild zu vergrößern oder zu verkleinern? Ohne Sie entmutigen zu wollen: Ein solches Bild besteht, wenn es für den Druck geeignet sein soll, aus etwa 1.392.400 Pixeln – viel Spaß beim Rechnen![3]

So macht der Computer sich selbst immer unentbehrlicher: Sobald Computersysteme eine gewisse Komplexität erreichen, wird eine Anwendung erfunden, die ohne sie nicht zu bearbeiten wäre. Um diese Anwendung dann schneller und effizienter ausführen zu kön-

3 Zugrunde gelegt wurde hier die gängige Druckauflösung 300 Pixel/Inch, was etwa 118 Pixeln/cm entspricht (1 Inch = 2,54 cm).

nen, entsteht die nächste Computergeneration, für die dann wieder neue Anwendungsgebiete gefunden werden. Auf diese Weise ist der Fortschritt in der Computerentwicklung nicht aufzuhalten, und was auch immer als unüberwindbare Grenze galt, wurde von cleveren Ingenieuren irgendwann überschritten. Der vorliegende Abschnitt versucht, diesen Weg ein wenig konkreter zu beschreiben.

Seit Menschen überhaupt sesshaft in größeren Gemeinschaften zusammenleben, sind sie zum Rechnen gezwungen, um diese Gemeinschaften zu organisieren. Zu diesem Zweck wurden im Laufe der Zeit immer komplexere und ausgeklügeltere Geräte erfunden.

1.2.1 Die Vorgeschichte

Das erste Rechenhilfsmittel in der Geschichte war die Rechentafel oder der Abakus. Ähnliche Geräte wurden unabhängig voneinander zum Beispiel in China und im alten Rom entwickelt. Es handelte sich um eine Tafel mit verschiebbaren Steinen, die in mehreren Spalten angeordnet waren – das Ganze ähnelte den heutigen kugelbestückten Rechenhilfen, wie sie etwa in Grundschulen eingesetzt werden. Interessant ist, dass die Römer gar nicht erst versuchten, ihr recht umständliches Zahlensystem auf den Abakus zu übertragen, sondern ein modernes Stellenwertsystem darauf verwendeten.

Stellenwertsysteme

Überhaupt kann die Erfindung der Stellenwertsysteme zum Schreiben von Zahlen als eine der wichtigsten Errungenschaften auf dem Weg zum Computer betrachtet werden: Die brillante Idee, den Wert einer Ziffer von ihrer Position innerhalb der ganzen Zahl abhängig zu machen, hatten die Inder; die heutigen »arabischen« Zahlen wurden in Indien erfunden und später von den Arabern – erstmals durch den bereits genannten Al Chwarismi im 9. Jahrhundert – übernommen. Die wichtigste Erfindung überhaupt ist in diesem Zusammenhang die Null. Die indischen Mathematiker notierten sie zunächst als Punkt und dann – bis heute – als Kreis. Ohne die Null ist es nicht möglich, den Wert einer einzelnen Ziffer zu vervielfachen: Auch wenn sie für sich allein keinen mathematischen Wert besitzt, werden Sie zugeben, dass 2.000 etwas völlig anderes bedeutet als 2.

Die Erfindung der Stellenwertsysteme war der Ausgangspunkt für die Konstruktion immer ausgefeilterer mechanischer Rechenmaschinen: Im 17. Jahrhundert konstruierte der französische Mathematiker und Philosoph **Blaise Pascal** eine Addiermaschine; 1722 erfand **Gottfried Wilhelm Leibniz** eine komplexere Maschine, die bereits sämtliche Grundrechenarten beherrschte. Solche mechanischen Rechenapparaturen arbeiteten mit einem komplexen Gefüge aus Zahnrädern und ähnlichen Bauteilen, die aus der Uhrmacherei übernommen wurden.

Babbages Analytical Engine

Erst im 19. Jahrhundert entstand die Idee zu einer Apparatur, die mit heutigen Computern vergleichbar ist. Der britische Wissenschaftler **Charles Babbage** hatte bereits eine klassische mechanische Rechenmaschine namens **Differential Engine** gebaut und plante um 1850 den Bau eines weiteren mechanischen Geräts namens **Analytical Engine**. Es sollte der erste frei programmierbare Rechenautomat der Welt werden. Ohne es zu ahnen, nahm Babbage einige der wichtigsten Designprinzipien des Computers vorweg: Das Gerät sollte aus einem Rechenwerk namens »mill«, einem Programm- und Datenspeicher und einer Ein- und Ausgabeeinheit bestehen. Auch wenn spätere Rekonstruktionen auf der Basis von

Babbages Aufzeichnungen ergaben, dass die Maschine funktioniert hätte, konnte Babbage selbst sie nicht fertig stellen, weil die damalige Mechanik keine Bauteile in ausreichender Präzision liefern konnte.

Interessant ist dagegen, dass es Grundideen einer Programmiersprache für die Analytical Engine gab. Babbage engagierte **Ada Lovelace**, die Tochter des berühmten Dichters Lord Byron, für die Entwicklung einer solchen Sprache. Ihr zu Ehren wurde eine in den 70er-Jahren entwickelte Programmiersprache **Ada** genannt.

Die Zuse Z3

Während die Rechenmaschinen in der zweiten Hälfte des 19. Jahrhunderts immer leistungsfähiger und komplexer wurden, beachtete dennoch niemand den Gedanken der Programmierbarkeit. Alle Rechenmaschinen bis etwa 1940, auch die elektrischen, waren auf die Berechnung einzelner eingegebener Rechenaufgaben beschränkt. Erst um diese Zeit erfand der Bauingenieur **Konrad Zuse** in Berlin programmierbare elektromechanische Rechenautomaten. Sein dritter Versuch, die Z3, funktionierte tatsächlich. Die Maschine arbeitete mit Relais, elektromagnetischen Schaltern aus der Telefontechnik. Sie verwendete eine binäre Fließkommaarithmetik mit einer Wortbreite von 22 Bit: 1 Bit für das Vorzeichen, 14 Bit für die Mantisse und 7 Bit für den Exponenten. Der Hauptspeicher besaß eine Kapazität von 64 Maschinenwörtern, also 64 x 22 Bit.

Elektrizität, Elektromechanik und Elektronik

Bereits Anfang des 20. Jahrhunderts wurden die ersten elektrischen Rechenmaschinen konstruiert. Die Rechner, die Konrad Zuse seit den 30er-Jahren baute, waren elektromechanisch. In den 40er-Jahren begann man in den USA und Großbritannien mit der Entwicklung elektronischer Rechner.

In diesem Zusammenhang ist es wichtig, den Unterschied zwischen Elektrizität, Elekromechanik und Elektronik herauszustellen:

- Ein **elektrisches** Gerät ist jede Maschine, bei der mechanische Bauteile durch elektrischen Strom angetrieben werden.
- **Elektromechanisch** werden alle Schaltelemente genannt, die durch einen Elektromagneten gesteuert werden, beispielsweise die Relais, die Zuse für seine ersten Computer verwendet hat. Mit anderen Worten geschieht die Steuerung des Geräts durch elektrischen Strom, allerdings indirekt durch mechanische beziehungsweise magnetische Bauteile.
- **Elektronische Geräte** schließlich werden allein durch elektrischen Strom gesteuert – Bauteile wie die klassische Elektronenröhre oder der neuere Transistor dienen als elektrisch gesteuerte Schalter ohne mechanische Teile.

1.2.2 Die Entwicklung der elektronischen Rechner

Computer im heutigen Sinne sind alle programmierbaren Rechner, die elektronisch arbeiten. Die elektronischen Computer lassen sich grob in vier Generationen einteilen:

- 1. Generation: **Röhrenrechner**
  Seit den 40er-Jahren wurden Rechner auf der Basis von **Elektronenröhren** entwickelt.
- 2. Generation: **Transistorrechner**
  Ab den 50er-Jahren wurden die teuren und stromhungrigen Röhren durch **Transistoren** ersetzt.
- 3. Generation: **Rechner mit integrierten Schaltkreisen**
  In den 60er-Jahren gelang es, durch fotolithografische Verfahren große Mengen von Transistorschaltungen auf Halbleiterplatten unterzubringen – es begann die Entwicklung der **integrierten Schaltkreise** (englisch: Integrated Circuits, abgekürzt ICs oder Chips).
- 4. Generation: **Rechner mit Mikroprozessor**
  Die frühen ICs waren fest verdrahtet – sie konnten nur eine einzelne, festgelegte Aufgabe erfüllen. Solche Chips für spezielle Anwendungszwecke gibt es noch heute. Anfang der 70er-Jahre wurden zusätzlich frei programmierbare ICs entwickelt, die man **Mikroprozessoren** nannte. Es dauerte allerdings noch über fünf Jahre, bis die ersten Computer mit diesen Prozessoren konstruiert wurden.

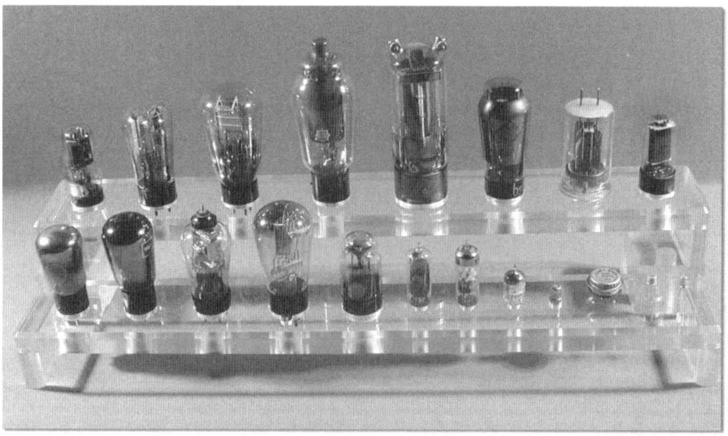

Abbildung 1.1 Eine kleine Auswahl verschiedener Elektronenröhren

Röhrenrechner

Auf der Grundlage der Forschungen von **John von Neumann**, der das theoretische Modell eines Computers formulierte, wurden in den USA Geräte wie Harvard Mark I und Mark II oder der berühmte ENIAC gebaut. Diese erste Generation elektronischer Computer arbeitete mit **Elektronenröhren** als Schaltelementen. Diese mit den Glühlampen verwandten Vakuumbauteile wurden seit Ende des 19. Jahrhunderts entwickelt und dienten verschiedenen Zwecken – denken Sie beispielsweise an das Röhrenradio, in dem die Elektronenröhre als Verstärkerelement eingesetzt wird. Abbildung 1.1 zeigt eine Auswahl verschiedener Elektronenröhren, die zwischen 1927 und 1960 hergestellt wurden. Das Bild stammt übrigens aus dem virtuellen Physik-Museum der Universität Innsbruck (**http://exphys.uibk.ac.at/museum/**); Herr Professor Denoth stellte es mir freundlicherweise zur Verfügung. Auf der angegebenen Website finden Sie noch viele weitere interessante Bilder und Informationen zur Physikgeschichte, darunter auch weitere Röhren, die seit 1870 entwickelt wurden.

Das für die Computertechnik interessanteste Röhrenmodell war die **Triode**, die mit ihren drei Anschlüssen die früheste Verwirklichung eines rein elektronischen Schalters darstellt: Einer der drei Anschlüsse dient der Steuerung; wenn dort eine Spannung anliegt, fließt auch Strom durch die beiden anderen Anschlüsse.

Programmiert wurden die meisten Röhrenrechner durch Schalter und Steckverbindungen an großen Schalttafeln. Die einzige Möglichkeit, ein bestimmtes Programm für die spätere erneute Ausführung zu »speichern«, bestand darin, den Zustand der Schalttafel aufzumalen oder zu fotografieren. So dauerte es oft mehrere Stunden, den Computer in die Lage zu versetzen, komplexe Aufgaben zu erfüllen.

Erst allmählich begann man mit der Verwendung von Lochkarten zur Programm- und Dateneingabe. Die Lochkarte selbst wurde im 19. Jahrhundert erfunden, um mechanische Webstühle zu steuern; der Ingenieur **Hermann Hollerith**, ein Mitbegründer der späteren IBM, setzte sie um 1900 zur Speicherung von Daten einer US-Volkszählung ein, was die Berechnung der Ergebnisse mit Hilfe von Rechenmaschinen von den erwarteten Jahren auf wenige Wochen reduzierte.

Transistorrechner

Röhrenrechner hatten einige gravierende Nachteile: Sie waren zu groß, zu stromhungrig und wegen der gewaltigen Hitzeentwicklung zu störanfällig. Aus diesen Gründen wurde bald der 1947 erfundene **Transistor** für die Computerentwicklung eingesetzt. Transistoren sind **Halbleiterbauteile**, die prinzipiell dieselben Schaltaufgaben erledigen können wie die verschiedenen Arten von Röhren, aber kleiner, billiger und weniger stromhungrig sind. Der Begriff »Halbleiter«, der im Zusammenhang mit Computern immer wieder genannt wird, bezeichnet übrigens ein Material, dessen elektrische Leitungsfähigkeit etwa in der Mitte zwischen den Leitern (vielen Metallen) und Isolatoren liegt – das beliebteste chemische Element zur Fertigung von Halbleiterbauteilen ist Silizium, was der berühmten Gegend in Kalifornien, in der sich in den 60er-Jahren zahlreiche Elektronikfirmen ansiedelten, den Namen Silicon Valley eingebracht hat.

Miniaturisierung durch Transistoren

Erst durch die Einführung des Transistors gelangte die Elektronik zu ihrer vollen Blüte. Dies zeigte sich vor allem an den Transistorradios, die seit den 50er-Jahren zuhauf verkauft wurden. Auch für die entstehende Computerindustrie ergaben sich neue Impulse: Durch die Transistortechnik ließen sich kleinere, leistungsfähigere und weniger störanfällige Rechner konstruieren. Natürlich ist »klein« und »leistungsfähig« relativ – angesichts eines heutigen PCs oder gar Notebooks waren auch die Transistorrechner monströs, mindestens so groß wie eine ganze Reihe gewaltiger Kleiderschränke.

Auch die Transistorrechner wurden anfangs vor allem durch Lochkarten gesteuert. Mitte der 60er-Jahre begann man allerdings mit der Entwicklung von **Terminals** für den direkten Dialog mit dem Computer. Ein Programmierer konnte über eine Tastatur Befehle eingeben und ein unmittelbares Feedback erhalten, anfangs über einen Fernschreiber-Endlosdrucker, später über einen Monitor. Die Geschichte der Steuerung von Computern wird in Kapitel 4, *Betriebssysteme*, genauer behandelt.

Abbildung 1.2 Eine VAX von Digital Equipment mit Terminals verschiedener Generationen. Quelle: Wikipedia

Computer mit integrierten Schaltkreisen

Der Übergang von Transistorrechnern zu Computern mit ICs verlief unspektakulär und allmählich. Bereits in den frühen 70er-Jahren waren deshalb Computer in verschiedenen Größen verfügbar: Die Großrechner oder Mainframes – vor allem von IBM produziert – bildeten die Rechenzentren von großen Behörden, Versicherungskonzernen oder Universitäten. Daneben kamen die so genannten Kleincomputer auf (noch immer größer als die meisten Kleiderschränke); einer der führenden Hersteller war die Digital Equipment Corporation (DEC). Die Kleincomputer waren zwar nicht ganz so leistungsfähig wie Mainframes, dafür aber flexibler und sogar – mit entsprechend großen LKWs – transportfähig. Besonders wichtige Beispiele für Kleincomputer sind die Geräte der DEC-PDP-Baureihe, die untrennbar mit der Geschichte des Betriebssystems UNIX verknüpft ist.

Durch die Verwendung von ICs kam eine weitere Klasse von Geräten hinzu: die so genannten Minicomputer. Sie waren etwa so groß wie eine größere Kommode und verhältnismäßig leicht, aber durch die fortschreitende Miniaturisierung nicht viel weniger leistungsfähig als Kleincomputer. Ein herausragendes Beispiel für den Minicomputer sind spätere Ausgaben der ebenfalls von DEC stammenden VAX-Baureihe (ein älteres Modell sehen Sie in Abbildung 1.2).

Für Klein- und Minicomputer wurden übrigens die ersten standardisierten Betriebssysteme und Anwendungsprogramme entwickelt. Dies erforderte die Entwicklung leicht kopierbarer Speichermedien. Ein wichtiger Schritt in diese Richtung war die Verwendung von Magnetbandspulen als Datenspeicher, ihr Aussehen und ihre Funktionsweise entsprachen den etwa zur selben Zeit verbreiteten Tonbändern.

Mikrocomputer

1971 wurde der erste programmierbare Mikrochip entwickelt, genannt **Mikroprozessor**. Allgemein wird der Intel 4004 als erster Prozessor betrachtet; später stellte sich aber heraus, dass ein anderes Unternehmen bereits einige Monate vor Intel einen ähnlichen Chip entwickelt hatte. Allerdings wussten die Intel-Entwickler nichts davon.

Der 4004 war ein 4-Bit-Mikroprozessor. Er konnte also Informationen verarbeiten, die aus einer Abfolge von vier Einsen oder Nullen bestanden. Mit dieser **Wortbreite** lassen sich sechzehn verschiedene Werte darstellen, zum Beispiel die Zahlen 0 bis 15. Der Prozessor verstand verschiedene Arten von grundlegenden Befehlen: Er beherrschte arithmetische Operationen, also Berechnungen in den Grundrechenarten, und konnte logische Verknüpfungen und Vergleiche durchführen und auf der Basis ihrer Ergebnisse die »Entscheidung« treffen, an einer anderen Stelle im Programm fortzufahren. Die mathematisch-logischen Grundlagen und ihre Verwirklichung durch elektronische Bauteile werden im nächsten Kapitel, *Mathematische und technische Grundlagen*, vorgestellt.

Die ersten Personal Computer

Intel unterschätzte zu Anfang die Möglichkeiten des Mikroprozessors; er wurde in Rechenmaschinen und Ampelanlagen eingebaut, aber nicht in einen Computer. Erst 1975 baute die Rechenmaschinenfirma MITS einen einfachen Mikrocomputer-Bausatz, den Altair 8800. Er war mit einer Reihe von DIP-Schaltern für die Eingabe der einzelnen Bits und einer Reihe von Leuchtdioden zur Anzeige der Ergebnisse ausgestattet. Der verwendete Mikroprozessor war der Intel 8080, der bereits 8 Bit verarbeiten konnte. Für dieses zunächst nicht besonders nützliche Gerät entwarfen Bastler Schnittstellen für Monitor und Tastatur, und ein junger Programmierenthusiast schrieb einen Interpreter (zeilenweisen Übersetzer) für die einfache Großrechner-Programmiersprache BASIC, der auf dem Gerät lief. Der Programmierer war **Bill Gates**. Die Entwicklung von Programmiersprachen-Paketen für die beginnende Personal- und Homecomputer-Industrie war das erste Geschäftsfeld seiner 1976 gegründeten Firma **Microsoft**.

Große Verdienste im Zusammenhang mit der PC-Entwicklung haben übrigens die Forscherinnen und Forscher des **XEROX PARC** (der Name PARC steht für Palo Alto Research Center). Diese Forschungseinrichtung in Kalifornien hat eine interessante Geschichte: Zu Beginn der 70er-Jahre bekamen die Manager der renommierten Papier-, Druckmaschinen- und Kopiererfirma XEROX langsam Angst, denn sie sahen angesichts der schnellen Weiterentwicklung der Computer das Schreckgespenst des »papierlosen Büros« auf sich zukommen. Natürlich weiß man es heute besser; der Papierverbrauch in den Büros hat sich seitdem vervielfacht, weil es einfach und billig ist, Dokumente mal eben auszudrucken und dann auf Papier zu kontrollieren.

Aber damals konnte das natürlich niemand ahnen. Und so beschloss die Firma XEROX: Wenn die Leute im Büro kein Papier mehr brauchen, dann müssen wir ihnen eben das liefern, was sie statt dessen dort benötigen. Dies war der Grundgedanke für die Einrichtung dieses Forscherparadieses. Einige der brillantesten Köpfe der Computertechnik und Informatik wurden eingeladen, jeweils fünf Jahre lang, mit fast unbegrenzten finanziellen Mitteln ausgestattet, zu erforschen, was immer sie wollten. So kam es, dass hier schon Mitte der 70er-Jahre Neuerungen wie eine grafische Benutzeroberfläche, WYSIWYG (»What You See Is What You Get«-Dokumentenbearbeitung) oder ein Laserdrucker entwickelt wurden.

Im Prinzip existierte dort ein marktreifes Personal-Computer-System, dessen technische Fähigkeiten erst über 15 Jahre später zum allgemeinen Standard wurden. Der einzige Nachteil dieses Systems, des **ALTO**, war nämlich sein außerordentlich hoher Preis von ca. 100.000 US-Dollar. Jedenfalls ist XEROX PARC so auch die Wiege des lokalen Netzwerkes geworden: Die Vision war, dass jeder Mitarbeiter eines Unternehmens ein solches Gerät auf seinem Schreibtisch stehen hat und der Austausch von Daten ganz einfach ist. So entstand Ethernet, diejenige Form des lokalen Netzes, die heute am häufigsten genutzt wird.

Sollten Sie sich jetzt wundern, warum keine dieser bahnbrechenden Entwicklungen heute den Namen XEROX trägt, so liegt dies daran, dass die Führungsetage des Unternehmens im fernen New York deren Brillanz und zukunftsweisende Eigenschaften nicht erkannte. So wurden die Entwicklungsergebnisse der meisten Forscher von diesen mitgenommen, jahrelang in die Schublade gelegt und später oftmals zur Gründung anderer Firmen verwendet.

John Warnock etwa, eine Zeit lang Forschungsleiter von PARC, gründete die Firma **Adobe** und konzentrierte sich besonders auf die Bereiche WYSIWYG und den Laserdrucker. Andere Ergebnisse wurden freimütig an Fremde weitergegeben, so etwa die Geheimnisse der grafischen Oberfläche an den **Apple**-Mitbegründer Steve Jobs, der darin die Grundlage für den Computer der Zukunft erkannte. Zusammen mit dem Bastelgenie **Steve Wozniak** entwarf er den ersten verbreiteten »richtigen« Personal Computer auf Mikroprozessorbasis: **Apple II** hieß das 1977 entstandene Gerät, das sich in seinen verschiedenen Versionen bis 1984 Millionen Mal verkaufte. Dieser Computer definierte für fast zehn Jahre, was ein Homecomputer haben musste: einen eingebauten BASIC-Interpreter, eine fest in das Gerät integrierte Tastatur, gewöhnliche Audiokassetten und später Disketten als Datenspeicher sowie einen Anschluss für die Bildausgabe auf einem gewöhnlichen Fernseher (die privaten User oder kleine Unternehmen konnten sich nicht auch noch einen Monitor leisten, zumal es ihn zu dem Zeitpunkt nur einfarbig gegeben hätte).

Der IBM PC

1981 stieg auch der Großrechner-Multi IBM in das Geschäft mit Personal Computern ein. Es war zwar untypisch für dieses Unternehmen, nicht alle Bauteile eines Computers selbst zu entwickeln, aber aus Gründen des Zeitdrucks kauften sie sich die Bestandteile ihres Geräts auf dem freien Markt zusammen. Der IBM PC war nicht unbedingt besser als seine Vorgänger, aber allein der gute Name des Herstellers schaffte das Vertrauen der Wirtschaft und der Industrie, dass PCs eine solide und zukunftsträchtige Technologie seien.

Einige Jahre war IBM Marktführer im Bereich der Personal Computer. Da jedoch immer mehr Hersteller kompatible Nachbauten auf den Markt brachten, die zunehmend billiger wurden, verlor der Konzern irgendwann den ersten Platz. Zudem zerstritten sie sich 1990 mit ihrem Betriebssystemlieferanten Microsoft. Seitdem wird nicht mehr von IBM definiert, wie ein »richtiger PC« auszusehen hat, sondern von Intel und Microsoft – wegen der Kombination aus Intel-Prozessoren und Microsoft-Windows-Betriebssystemen werden PCs heute mitunter als »WinTel«-PCs bezeichnet.

8-Bit-Homecomputer

Parallel blühte in der ersten Hälfte der 80er-Jahre der Markt mit reinen Homecomputern ohne professionelle Ambitionen. Interessant war auf diesem Gebiet zunächst der ZX81 (siehe Abbildung 1.3), den der Brite Clive Sinclair entwickelt hatte. Trotz seiner bescheidenen Ausstattung mit 1 kByte Arbeitsspeicher, Schwarzweißgrafik und Folientastatur verkaufte sich das Gerät vorzüglich, weil es der erste Computer war, der weniger als 100 £ kostete.

Abbildung 1.3 Der Sinclair ZX81 – hier in der US-Variante Timex 1000. Quelle: Wikipedia

Der beliebteste Homecomputer der 8-Bit-Generation wurde allerdings der 1983 auf den Markt gebrachte **Commodore C64**. Eines der wichtigsten Verkaufsargumente war die reichhaltige Auswahl an Software, vor allem Computerspielen. In Abbildung 1.4 wird dieses Gerät gezeigt. Ein nicht ganz so beliebtes, aber durchaus konkurrenzfähiges Gerät war der **Atari 800 XL**; für diesen gab es zwar weniger Spiele, aber dafür war er besser programmierbar. Die Unterschiede zwischen diesen beiden Geräten waren allerdings relativ gering. Beide waren mit dem 8-Bit-Prozessor 6502 von MosTek ausgestattet, verfügten über 64 kByte RAM, Grafik mit 320 x 240 Pixeln und 16 Farben (Atari bei einer geringeren Auflösung sogar 256) sowie mehrstimmigen Synthesizer-Sound, der an das angeschlossene Fernsehgerät übertragen wurde. Obwohl die beiden Rechner sich also technisch sehr ähnlich waren, tobten zu jener Zeit »Systemkriege«, die sich ohne weiteres mit den heutigen PC/Macintosh- oder Linux/Windows-»Glaubenskriegen« vergleichen lassen.[4]

16-Bit-Homecomputer

Die nächste Generation von Homecomputern, die in der zweiten Hälfte der 80er-Jahre erschien, basierte auf dem 16-Bit-Prozessor 68000 von Motorola und seinen Nachfolgern und war mit »richtigen« Betriebssystemen mit grafischer Benutzeroberfläche ausgestattet. Wieder stritten sich Commodore und Atari um den ersten Platz; auch die verschiedenen Modelle von Commodore Amiga und Atari ST waren mit vergleichbaren Features ausgestattet. Schon früher, nämlich 1984, war der ähnlich gestaltete **Apple Macintosh** erschienen; allerdings war er nicht für Heimanwender konzipiert.

---

4 Um mich selbst zu outen: Mein eigener erster Rechner war ein ZX81, dem ein Atari 800 XL folgte. Später hatte ich dann sehr lange nur noch »IBM-kompatible« PCs; inzwischen gehört auch ein Mac zur Familie. Sämtliche in Kapitel 4 beschriebenen Betriebssysteme sind auf diesen Rechnern im Einsatz und kommen prima miteinander aus.

Abbildung 1.4 Commodore C64, der berühmte »Brotkasten«. Quelle: Wikipedia

Bemerkenswert ist, dass Standard-PCs erst viele Jahre später mit Multimedia-Fähigkeiten ausgestattet wurden, die auch nur ansatzweise mit Geräten wie Amiga oder ST vergleichbar waren. Noch heute sind diese Rechner bei manchen Künstlern oder Musikern beliebt.

Ausblick in die nähere Zukunft

Offiziell zählen alle heutigen Computer zur vierten Generation, zu den Computern mit Mikroprozessoren. Selbst mächtige Servermaschinen oder Großrechner werden durch zahlreiche parallel betriebene Prozessoren realisiert. Eine offizielle fünfte Generation ist niemals ausgerufen worden.

Dennoch zeichnen sich zurzeit verschiedene Entwicklungen ab, die in Zukunft zu einem Wandel auf dem Computermarkt führen könnten. Die wichtigsten sind Folgende:

- Es entstehen immer mehr spezielle mobile Geräte, die Teile der Funktion des universellen PCs übernehmen. Dazu gehören Mobiltelefone mit Internet- und Multimedia-Funktionen, PDAs oder spezielle Geräte, die wie eine Armbanduhr oder ein Gürtel getragen werden können oder in Kleidungsstücke eingebaut sind (»Wearable Computers«). Im gleichen Maße wird das Internet, besonders in seiner drahtlosen Form, immer wichtiger.
- Über die klassische binäre Elektronik hinaus entstehen neue Ansätze für den Bau von Computern. Dazu gehören beispielsweise DNA-basierte »Bio-Rechner« oder Computer auf der Basis von **Lichtwellenleitern**. Ein weiteres interessantes Projekt ist der **Quantencomputer**: Da die Quantenmechanik besagt, dass ein Teilchen mehrere Zustände zur selben Zeit aufweisen kann, können so genannte **QBits** (Quanten-Bits) codiert werden, die »1 und 0 gleichzeitig« beinhalten – das Durchprobieren zahlreicher verschiedener Fälle muss nicht mehr nacheinander geschehen, sondern kann gleichzeitig erfolgen.

- Überraschend ruhig ist es dagegen in den letzten Jahren in der Öffentlichkeit um die »künstliche Intelligenz« geworden. Inzwischen hat sich die Forschung vorläufig von dem Gedanken verabschiedet, das komplexe menschliche Gehirn nachzuahmen. Stattdessen betreibt man erst einmal Grundlagenforschung und simuliert beispielsweise das Zusammenspiel weniger einzelner Nervenzellen in so genannten **neuronalen Netzen**.

1.2.3 Entwicklung der Programmiersprachen

Damit ein Computer nützliche Aufgaben erledigen kann, muss er programmiert werden. Da in der kurzen Übersicht über die Computergeschichte bereits von Programmiersprachen die Rede war, folgt hier ein kurzer Abriss über ihre Entwicklung.

Die Maschinensprache des Prozessors

Die einzige Sprache, die ein Mikroprozessor wirklich versteht, ist seine **Maschinensprache**. Sie besteht aus nichts weiter als Zahlen: Jeder Befehl, den der Prozessor »versteht«, besitzt einen bestimmten numerischen Code. Je nach Art des Befehls folgen auf die Befehlsnummer ein oder mehrere Argumente verschiedener Länge.

Ein Maschinenprogramm ist für Menschen so gut wie unlesbar und schon gar nicht schreibbar. Wenn Sie eine binäre Programmdatei mit einem Texteditor öffnen, werden die gespeicherten Zahlen als Zeichen interpretiert; es erscheint merkwürdiger Zeichensalat, an manchen Stellen unterbrochen von kleinen Textblöcken, wenn das Programm normalen Text enthält.

Angenommen, ein Programm enthält den folgenden Befehl:

```
65 0 0 0 98
```

Bei dem Befehl 65 könnte es sich beispielsweise um die Anweisung handeln, einen bestimmten Wert auf einen Speicherstapel zu legen; der Wert wird als 32-Bit-Ganzzahl angegeben, hier 98. Im Texteditor würde dies etwa so aussehen:

```
A   b
```

Das große A besitzt den Zeichencode 65, das kleine b 98. Die drei Null-Bytes werden in manchen Editoren als merkwürdige Sonderzeichen, in anderen als Leerzeichen angezeigt. Ein Rückschluss auf die tatsächlichen Befehle ist so gut wie unmöglich.

Wenn Sie überhaupt jemals gezwungen sein sollten, Maschinensprachdateien von Hand zu modifizieren (zum Beispiel, um ein Computerspiel zu überlisten), verwenden Sie besser einen **Hex-Editor**, der die einzelnen Werte nicht nur als ASCII-Zeichen, sondern zusätzlich auch hexadezimal darstellt. Hier könnte das Ganze folgendermaßen aussehen:

```
41 00 00 00 52   A   b
```

Assembler – die »benutzerfreundliche« Maschinensprache

Um Maschinensprache halbwegs benutzbar zu machen, wurde der **Assembler** entwickelt. Statt die Befehle mit ihren tatsächlichen Zahlencodes zu schreiben, werden sie durch Kürzel dargestellt, die man sich mehr oder weniger gut merken kann – daher auch der Name »Mnemonics«. In der Regel werden diese Namen für die jeweiligen Assembler-Befehle unmittelbar vom Prozessorhersteller selbst festgelegt, um jegliches Chaos zu vermeiden.

Die Assembler-Sprache ist von Prozessor zu Prozessor völlig verschieden. Jede Prozessorarchitektur versteht ihre ganz eigenen Arten von Befehlen, die entsprechend unterschiedlich in Assembler umgesetzt werden.

Assembler ist sowohl der Name für diese vereinfachte Schreibweise der Maschinensprache als auch der Name für das Programm, das diese Sprache in die eigentliche Maschinensprache umsetzt (im Englischen wird die Sprache allerdings eher als Assembly Language bezeichnet).

Das Assembler-Programm führt gegenüber der eigentlichen Maschinensprache oft eine Reihe von Erleichterungen ein. Viele Assembler beherrschen etwa die Definition so genannter Makros: Immer wiederkehrende Abfolgen von Befehlen erhalten einen eindeutigen Namen und können dann später unter diesem Namen aufgerufen werden.

Assembler – praktischer Einsatz

Assembler wird heutzutage kaum noch zur Programmierung verwendet, zumindest nicht zur Erstellung vollständiger Programme. Wichtige Ausnahmen sind folgende:

1. In Betriebssystemen sind einige der besonders hardwarenahen Kernroutinen im Assembler des jeweiligen Prozessors geschrieben, und zwar vor allem deswegen, damit der gesamte Rest des Systems so weit von der Hardware abstrahiert wird, dass er vollständig in einer höheren Sprache – meist C – geschrieben werden kann. Diese Vorgehensweise wurde in den 70er-Jahren bei der Implementierung von UNIX entwickelt und gilt noch heute.
2. Auch Gerätetreiber, die zu den wichtigsten Bestandteilen der Betriebssysteme gehören, müssen manchmal in Assembler geschrieben werden.
3. Bestimmte Teile von Computerspielen werden hin und wieder in Assembler geschrieben. Spiele-Programmierern, besonders von schnellen 3-D-Spielen, kommt es vor allem auf Geschwindigkeit an.
4. Besonders systemnahe Computerviren (Bootsektorviren, die den Startbereich eines Datenträgers infizieren, und Programmviren, die ausführbare Programme befallen) sind meistens vollständig in Assembler geschrieben.

Die ersten höheren Programmiersprachen (Fortran, Cobol, BASIC)

Als praktischen Ersatz für die maschinenorientierten Sprachen wurden seit Mitte der 50er-Jahre die problem- oder benutzerorientierten Programmiersprachen eingeführt. Ihr Vorrat an möglichen Befehlen und ihre Syntax orientierten sich eher an den Bedürfnissen der Programmierer als an denen des Rechners.

Diese Programmiersprachen müssen in die Maschinensprache des konkreten Prozessors übersetzt werden. Dazu wurden zwei grundlegende Vorgehensweisen entwickelt:

- Der **Compiler** erzeugt ein dauerhaft lauffähiges Maschinensprachprogramm und speichert es als ausführbares Programm (binary executable) ab.

- Der **Interpreter** übersetzt den Quellcode dagegen Zeile für Zeile; der Code wird also während der Ausführung (zur Laufzeit) übersetzt. Interpretierte Sprachen werden häufig auch als Skriptsprachen bezeichnet.

Die erste Generation der höheren Programmiersprachen war sehr einfach. Beispielsweise gab es noch keine echte Programmstrukturierung. Das ursprüngliche BASIC verwendete etwa Zeilennummern, zu denen gesprungen werden konnte; Fortran benutzte spezielle Sprungmarken.

Jede dieser frühen Sprachen hatte eine spezielle Ausrichtung oder einen besonderen Verwendungszweck:

- **Fortran**, entwickelt in den 50er-Jahren, ist die Abkürzung für »Formula Translator«. Es handelt sich um eine besonders im Hinblick auf mathematische Bedürfnisse geschriebene Sprache. Sie wird zum Teil auch heute noch von Ingenieuren oder Mathematikern gern verwendet.
- **Cobol** wurde ebenfalls in den 50er-Jahren entwickelt. Der Name ist die Abkürzung für »Common Business-Oriented Language«; es handelt sich also um eine Sprache für kaufmännische Anwendungszwecke, für Handel und Wirtschaft. Cobol ist eine ziemlich »geschwätzige« Sprache. Es braucht relativ viele Worte, um verhältnismäßig kurze Anweisungen auszudrücken. Beispielsweise können Sie in fast jeder Programmiersprache folgendermaßen den Wert der Variablen `b` durch 7 teilen und das Ergebnis in einer zweiten Variablen namens `a` speichern:

  ```
  a = b / 7
  ```

  In Cobol wird dagegen folgende Anweisung verwendet:

  ```
  DIVIDE B BY 7 GIVING A
  ```

- **BASIC** wurde 1960 am britischen Dartmouth College entwickelt. Der Name steht für »Beginners' All-purpose Symbolic Instruction Code«; es handelt sich also um eine eher einfache Sprache für Anfänger. Die Sprache fand seit der zweiten Hälfte der 70er-Jahre, als die neu gegründete Firma Microsoft sie zum ersten Mal für Personal Computer anpasste, eine gewaltige Verbreitung: So gut wie jeder 80er-Jahre-Homecomputer hatte irgendeine BASIC-Variante im ROM eingebaut.

  Ein BASIC-Beispiel

  Zur Verdeutlichung sehen Sie hier ein kleines Beispielprogramm in »allgemeinem« BASIC, das fast jeder klassische BASIC-Interpreter verstehen würde:

  ```
  10 PRINT "Wie heißt du?"
  20 INPUT A$
  30 PRINT A$; " ist ein interessanter Name."
  40 PRINT "Noch mal (j/n)?"
  50 INPUT J$
  60 IF J$ = "j" THEN GOTO 10
  ```

  Die einzelnen Programmzeilen bedeuten Folgendes:

  - Ausgabe des Textes »Wie heißt du?«.
  - Eingabe der Variablen `A$`, die durch das Dollarzeichen als String-Variable (Textinhalt) gekennzeichnet wird.

- Der eingegebene Name wird ausgegeben, gefolgt von »ist ein interessanter Name«.
- Der User wird gefragt, ob er einen weiteren Durchgang wünscht.
- Eingabe der Variablen `J$`.
- Hat `J$` den Wert »`j`«, dann geht es weiter bei Zeile 10; das Programm wird erneut ausgeführt.

Imperative oder prozedurale Programmiersprachen (Pascal, C)

Diese Programmiersprachen erlauben eine **Strukturierung** von Programmen, darüber hinaus ist eine gewisse **Modularisierung** möglich: Programme können in kleinere logische Einheiten eingeteilt werden, Prozeduren oder Funktionen genannt. Diese sind bis zu einem gewissen Grad wieder verwendbar.

Pascal wurde seit 1968 von dem Schweizer Mathematikprofessor **Niklaus Wirth** ausdrücklich als Lehrsprache entwickelt. Noch heute ist Pascal eine der beliebtesten Sprachen, um Schülern oder Studenten das Programmieren beizubringen, weil die Sprache zu einer klaren Programmstrukturierung zwingt.

C wurde 1971 von **Dennis Ritchie** und **Brian Kernighan** bei AT&T entwickelt, insbesondere, um eine portierbare (auf andere Rechnerplattformen übertragbare) Version des Betriebssystems UNIX zu schreiben. Ursprünglich wurde C für einen ganz bestimmten Computer und dessen Besonderheiten entwickelt, den DEC PDP-7. Aus diesem Grund ist C erstaunlich nah an den Fähigkeiten von Assembler, ohne so benutzerunfreundlich zu sein wie dieser.

Ein Pascal-Beispiel

Hier sehen Sie zunächst ein einfaches Pascal-Programm:

```
PROGRAM tagesgruss;
VAR name: STRING;
    zeit: INTEGER;

BEGIN
   writeln ('Hallo. Gib deinen Namen ein!');
   readln (name);
   writeln ('Gib die Uhrzeit ein - nur Stunde!');
   readln (zeit);
   IF zeit < 12 THEN
      writeln ('Guten Morgen ', name)
   ELSE
      IF zeit < 18 THEN
         writeln ('Guten Tag ', name)
      ELSE
         writeln ('Guten Abend', name);
END.
```

Das Programm begrüßt den User freundlich mit »Hallo«, und er wird aufgefordert, seinen Namen einzugeben. Daraufhin wartet es auf die Eingabe, die in der Variablen `name` gespeichert wird. Als Nächstes fragt das Programm nach der Uhrzeit beziehungsweise genauer nach der Stunde.

In den verschachtelten `IF-ELSE`-Bedingungen wird dann je nach Tageszeit »Guten Morgen«, »Guten Tag« oder »Guten Abend« ausgegeben.

C wird in Kapitel 5, *Grundlagen der Programmierung*, ausführlich behandelt. Trotzdem sehen Sie hier als Kontrast zu Pascal bereits ein kleines C-Beispielprogramm:

Ein C-Beispiel

```
#include <stdio.h>

int main ()
{
   int a, b;
   printf ("Geben Sie die erste Zahl ein: ");
   scanf ("%d", &a);
   printf ("Geben Sie die zweite Zahl ein: ");
   scanf ("%d", &b);
   if (a < b)
      printf ("%d ist kleiner als %d.\n", a, b);
   else if (a > b)
      printf ("%d ist groesser als %d.\n", a, b);
   else
      printf ("Zweimal die Zahl %d.\n", a);
   return 0;
}
```

Es wird die Eingabe zweier Zahlen erwartet. Anschließend werden die beiden Zahlen verglichen; je nach Größe der beiden Zahlen wird eine entsprechende Meldung ausgegeben.

Die wichtigste Besonderheit ist, dass es kein **Hauptprogramm** gibt wie in Pascal, sondern nur die spezielle Funktion `main()`, die vom Betriebssystem aufgerufen wird. Die weiteren Eigenheiten von C werden, wie gesagt, in Kapitel 5 erläutert.

Objektorientierte Programmiersprachen (Smalltalk, C++, Java, C#)

In einer objektorientierten Sprache wird in wieder verwendbaren Paketen programmiert, den so genannten **Klassen**. Eine Klasse ist eine allgemeine Vorlage für die Konstruktion von Objekten. Ein Objekt ist eine Datenstruktur, die selbst Funktionen enthält, um sich auf die gewünschte Art und Weise zu »verhalten«.

Die wichtigsten Vorteile dieser Art der Programmierung sind die Folgenden:

- **Kapselung.** Datenstrukturen außerhalb eines Objekts können nicht direkt dessen innere Daten manipulieren, sondern nur seine offiziellen Methoden (Schnittstellen nach außen) benutzen. Dies sorgt für ein klares Programmdesign und schützt vor vielen Fehlern.
- **Vererbung.** Klassen können ihre Eigenschaften und Methoden an »Kind-Klassen« abgeben, in denen nur noch die Unterschiede programmiert werden müssen. Dies beschleunigt die Softwareentwicklung und macht Programme noch einmal erheblich übersichtlicher.

Zu den wichtigsten objektorientierten Programmiersprachen gehören folgende:

- **Smalltalk** war die erste objektorientierte Sprache überhaupt. Sie wurde in den 70er-Jahren zur Programmierung der ersten grafischen Benutzeroberfläche entwickelt.
- **C++** ist die objektorientierte Erweiterung der Programmiersprache C und wurde von **Bjarne Stroustrup** entwickelt. Da C++ abwärts kompatibel mit C ist, wurde die Sprache bald von C-Programmierern eingesetzt; ihre besonderen Vorteile als objektorientierte Sprache wurden aber erst langsam angenommen.
- **Java** besitzt vor allem die Besonderheit, dass es sich um eine plattformunabhängige Sprache handelt. Sie brauchen ein Java-Programm nur einmal zu kompilieren, es läuft innerhalb eines speziellen Programms für die verschiedenen Plattformen, der virtuellen Java-Maschine (JVM).
- **C#** ist eine recht neu entwickelte Sprache von Microsoft. Es handelt sich um eine der Sprachen, mit denen Anwendungen für das .NET-Framework entwickelt werden können. Zwar betont Microsoft aus Marketing-Erwägungen stets die Verwandtschaft mit C++, aber dennoch hat C# mehr mit Java gemeinsam als mit C++.

Logische Programmiersprachen (LISP, Prolog, Logo)

Einen völlig anderen Ansatz als die bisher behandelten Sprachen versprechen die **logischen Programmiersprachen**: Die Grundidee besteht darin, nicht den fertigen Algorithmus einzutippen und mit wechselnden Wertbelegungen vom Computer berechnen zu lassen, sondern das Grundproblem selbst zu formulieren und die Erzeugung einer möglichst optimalen Lösung dem Compiler zu überlassen.

Die Idee der logischen Programmierung stammt bereits aus den 1960er-Jahren. Wegweisend waren die Arbeiten des Linguisten **Noam Chomsky**, der als Erster eine Verbindung zwischen Sprachwissenschaft und Informationstechnik herstellte. Auf dieser Grundlage entwickelten sich so genannte Expertensysteme, die Fragen durch logische Schlussfolgerungen aus bereits bekannten Informationen beantworten können. Die logischen Programmiersprachen erwiesen sich als ideales Hilfsmittel zur Implementierung solcher Systeme.

Logische Sprachen im engeren Sinne verwenden die **Prädikatenlogik** (Näheres dazu im folgenden Kapitel) zur Formulierung von Ausdrücken oder Termen; der wichtigste Vertreter ist **Prolog**. Sprachen mit ähnlichem Ansatz aber anderer Syntax werden auch als **funktionale Sprachen** bezeichnet; dazu gehört vor allem **Lisp**, aber auch die Sprache **Logo**, die hauptsächlich entworfen wurde, um Kindern die Denkweise der Computerprogrammierung beizubringen. Als gemeinsamen Oberbegriff verwendet man manchmal die Bezeichnung **deklarative Programmiersprachen**.

1.3 Digitale Speicherung und Verarbeitung von Informationen

In diesem Abschnitt wird kurz erläutert, wie ein Computer Informationen speichert und verarbeitet. Es gibt einen grundsätzlichen Unterschied zwischen analogen und digitalen Daten: Analoge Informationen lassen sich in einer kontinuierlichen Wellenform wie in Abbildung 1.5 darstellen, die in immer kleinere Einheiten unterteilt werden können.

In der Natur liegen alle Informationen zunächst in analoger Form vor: Das Bild, das Sie sehen, oder der Ton, den Sie hören, besitzt prinzipiell keine kleinste Informationseinheit oder Auflösung. Mit dieser Art von Informationen kann ein Computer heutiger Bauart nichts anfangen. Die besonderen Eigenschaften der Elektronik haben dazu geführt, dass Computer digital entworfen wurden. »Digital« stammt vom englischen Wort »digit« (Ziffer); dieses Wort ist wiederum vom lateinischen »digitus« (Finger) abgeleitet, da die Finger von jeher zum Zählen eingesetzt wurden.

Digital sind Informationen also immer dann, wenn sie in Form von Zahlen dargestellt werden können. Genauer gesagt werden die Daten **binär** gespeichert, das heißt als Abfolge von Einsen und Nullen. Das ist nicht genau dasselbe wie **dual**. Das Dualsystem ist das mathematische Zweiersystem, während binär allgemein die Speicherung beliebiger Daten durch zwei verschiedene Zustände bezeichnet.

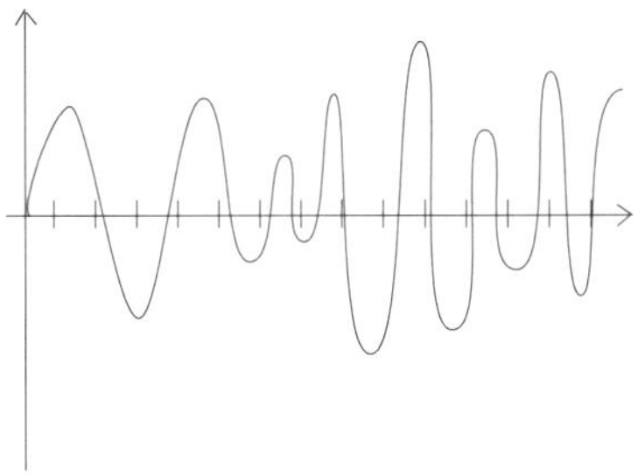

Abbildung 1.5 Schematische Darstellung von Analogdaten als Welle

Die Speicherung von Zahlen erfolgt übrigens in der Tat dual, solange es sich um ganze Zahlen handelt. Eine Besonderheit gilt dabei für vorzeichenbehaftete (positive oder negative) Zahlen, bei denen das vorderste Bit für das Vorzeichen steht. Kompliziert wird es dagegen bei Fließkommazahlen, die in Exponentialschreibweise gespeichert werden. Auf die Darstellung von Zahlen im Computer wird in Kapitel 2, *Mathematische und technische Grundlagen*, näher eingegangen.

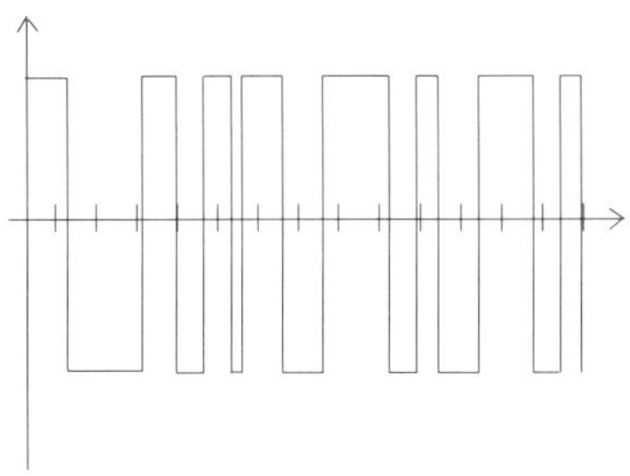

Abbildung 1.6 Schematische Darstellung binärer Digitaldaten

Charakteristisch für digitale Daten ist, dass es eine kleinste Informationseinheit gibt und dass die Information nicht mehr weiter aufgelöst werden kann. Während Analogdaten also durch die Wellenform gekennzeichnet sind, lassen sich Digitaldaten durch eine rechteckige Form darstellen (Abbildung 1.6). In der Mathematik werden Reihen mit einem solchen »Mindestabstand« als **diskrete Mengen** bezeichnet. Ein Alltagsbeispiel ist die Reihe der ganzen Zahlen – im Unterschied zu den rationalen oder gar reellen Zahlen, bei denen zwischen zwei beliebigen Elementen immer noch unendlich viele Zwischenwerte liegen.

Digitalisierung

Die Umwandlung der analogen Eindrücke aus der Realität in computergeeignete digitale Daten wird als **Digitalisierung** bezeichnet. Je nach Datenart wird sie zum Beispiel von einem Scanner oder einer Digitalkamera bei Bildern oder durch eine Soundkarte bei Tönen durchgeführt. Die folgenden Unterabschnitte sollen einen groben Eindruck davon vermitteln, wie verschiedene Arten von Daten grundsätzlich gespeichert werden.

1.3.1 Digitale Bilddaten

Wie Hardware zur Bilddigitalisierung funktioniert, also Scanner und Digitalkameras, wird kurz in Kapitel 3, *Die Hardware*, angeschnitten. Beachten Sie, dass es zwei grundlegende Arten von Computergrafik gibt. Die **Pixelgrafik** (auch Bitmap-Grafik genannt), von der hier die Rede ist, speichert ein Bild als rechteckiges Raster quadratischer Farbinformationen ab, den so genannten Pixeln. Die **Vektorgrafik** speichert dagegen Umrisslinien und Kurven von Zeichnungen in Form mathematischer Formeln. In Kapitel 9, *Bildbearbeitung und Grafik*, wird auf diesen Unterschied näher eingegangen.

Die Qualität eines gespeicherten Pixelbildes lässt sich durch die folgenden Sachverhalte charakterisieren:

- Die **Auflösung** gibt die Größe der einzelnen Pixel an. Die Angabe besagt, wie viele Pixel pro Zentimeter beziehungsweise Inch gespeichert werden. Beachten Sie, dass für den Druck erheblich höhere Auflösungen erforderlich sind (etwa 300 Pixel pro Inch) als für eine gleich große Bildschirmfläche (gerechnet wird hier – unabhängig von der tatsächlichen Monitorgröße – mit 72 Pixeln pro Inch).
- Die **Farbtiefe** gibt an, wie viele Bits zur Speicherung der Informationen eines einzelnen Pixels verwendet werden. Je nach Farbtiefe kann eine bestimmte Anzahl verschiedener Farben eingesetzt werden. Beispielsweise ermöglicht eine Farbtiefe von 8 Bit nur 256 verschiedene Farben, 16 Bit bieten 65.536 Farben und 24 Bit sogar mehr als 16,7 Millionen (genauer gesagt 16.777.216).
- In der Regel werden die einzelnen Farben nicht stur durchnummeriert, sondern aus einzelnen Grundfarben zusammengesetzt. Ohne hier näher darauf einzugehen, gibt es die additive Farbmischung der Lichtfarben Rot, Grün und Blau (RGB) oder die subtraktive Mischung der Druckfarben Cyan, Magenta, Gelb und Schwarz (CMYK). Normalerweise wird für die Intensität jeder einzelnen Grundfarbe ein **Farbkanal** gespeichert; die Farbtiefe wird dann pro Kanal angegeben, bei einem RGB-Bild mit 24 Bit Farbtiefe also beispielsweise 8 Bit (oder 256 Intensitätsstufen) pro Kanal.

1.3.2 Digitale Audiodaten

Töne werden mit Hilfe eines Verfahrens digitalisiert, das man **Sampling** nennt. Das Audiosignal wird in bestimmten Zeitabständen immer wieder abgetastet, genauer gesagt wird die Amplitude (das Volumen) zum jeweiligen Zeitpunkt gemessen. Die Frequenz (Tonhöhe) ergibt sich dabei aus der zeitlichen Verteilung der Amplituden. Jeder einzelne Abtastvorgang (Sample) wird als numerischer Wert abgespeichert.

In der Folge erweist sich die digitalisierte Tonabfolge als diskret in zweifacher Hinsicht: auf der X-Achse **zeitdiskret** durch das gleichbleibende Intervall zwischen den Messungen; auf der Y-Achse **wertdiskret** durch die Beschränkung auf einzelne herausgegriffene (Mittel-) Werte.

Genau wie bei Bildern gibt es auch hier verschiedene Merkmale, die die Datenmenge und die Qualität der gespeicherten Daten betreffen:

- Die **Sampling-Rate** gibt die Anzahl der Messvorgänge pro Sekunde an. Je höher die Frequenz dieser Messungen, desto höher ist die Tonqualität. Audio-CDs haben beispielsweise eine Sampling-Rate von 44,1 kHz (Kilohertz), es wird also 44.100 mal pro Sekunde gemessen. Multimedia-Produktionen wie Computerspiele oder Infotainment-Titel verwenden dagegen häufig die halbe Sampling-Rate von 22,05 kHz.
- Die **Sampling-Tiefe** gibt die Datenbreite des einzelnen gespeicherten Tons an, legt also fest, wie viele verschiedene Amplituden unterschieden werden. Bei Audio-CDs sorgt eine Sampling-Tiefe von 16 Bit (65.536 unterschiedliche Werte) für guten Ton; niedrigere Sampling-Tiefen klingen nicht besonders gut.
- Die Anzahl der **Tonkanäle** besagt, ob irgendeine Art von Raumklang gespeichert wird oder nicht. Wenn Audiodaten mono gespeichert werden, gibt es nur einen einzigen Kanal. Stereo verwendet zwei getrennte Kanäle, die über einen linken und einen rechten Lautsprecher ausgegeben werden können. Eine noch höhere Anzahl von Kanälen wie bei Quadrophonie, Dolby Surround oder 5.1-Sound bewirkt ein noch realistischeres Hörerlebnis.

Tabelle 1.2 stellt die verschiedenen Merkmale von Bilddaten den vergleichbaren Eigenschaften von Tondaten gegenüber, um die entsprechenden Beziehungen zwischen verschiedenen Arten von Digitaldaten zu verdeutlichen.

Informationsart	Bilddaten	Audiodaten
Auflösung	Bildauflösung, in Pixeln pro cm oder Inch	Sampling-Rate in Samples pro Sekunde (kHz)
Datenbreite	Farbtiefe	Sampling-Tiefe
Anzahl Kanäle	Farbkanäle	Tonkanäle

Tabelle 1.2 Vergleich der Merkmale von Bild- und Audiodaten

1.3.3 Digitale Speicherung von Text

Reiner Text (nicht der formatierte Text in Textverarbeitungsprogrammen) wird als Abfolge nummerierter Zeichen eines **Zeichensatzes** gespeichert. Je nach Datenbreite des verwendeten Zeichensatzes können unterschiedlich viele verschiedene Zeichen verwendet werden. Der grundlegende Computerzeichensatz ist noch heute **ASCII**. Es handelt sich um einen 7 Bit breiten Zeichensatz; er enthält also 128 Zeichen. Es sind sämtliche Zeichen für die Darstellung englischsprachiger Texte verfügbar.

Um auch Texte mit den Sonderzeichen der diversen europäischen Sprachen darstellen zu können, werden verschiedene Erweiterungen des ASCII-Codes verwendet. Da die 7 Bit der ASCII-Zeichen gewöhnlich in 8 Bit breiten Feldern gespeichert werden, steht Platz für weitere 128 Zeichen zur Verfügung. Auf diese Weise lassen sich lateinisch geschriebene Sprachen mit Sonderzeichen wie deutschen Umlauten darstellen, aber auch andere Buchstabenalphabete wie Arabisch, Russisch oder Griechisch. Silbenschriften wie Chinesisch oder Japanisch lassen sich dagegen auf diese Weise nicht speichern.

Um viele verschiedene Zeichensätze unter einen Hut zu bringen, wurde der **Unicode**-Standard eingeführt. Es handelt sich um einen Zeichensatz mit 16 bis 32 Bit breiten Zeichen; es können also mindestens 65.536 verschiedene Zeichen, in neueren Versionen sogar noch mehr, gespeichert werden. Auf diese Weise bietet Unicode genügend Platz für die Schriftzeichen der meisten Sprachen der Welt sowie für mathematische, technische und andere Sonderzeichen.

Die verschiedenen Zeichensätze werden in Kapitel 12, *Datei- und Datenformate*, genauer besprochen.

1.4 Zusammenfassung

Die Wissenschaft vom Umgang mit Computersystemen, um die es in diesem Buch geht, wird allgemein Informatik genannt. Der praktische Einsatz dieser Systeme heißt dagegen meist Informationstechnik (IT). Es gibt verschiedene Ausbildungsgänge, die auf Berufe in diesem Fachbereich vorbereiten: Zum einen praktische Berufsausbildungen wie die im Titel dieses Buches erwähnten Fachinformatiker, zum anderen die erheblich umfangreicheren, aber theoretischeren Studiengänge.

Die Entwicklung des Computers war letztlich eine Folge des wissenschaftlichen Fortschritts: Die seit Jahrtausenden bekannten Gesetzmäßigkeiten der Mathematik und der Logik wurden mit modernen Erkenntnissen der Elektrotechnik beziehungsweise Elektronik kombiniert, um einen frei programmierbaren Rechenautomat zu erhalten. Die fortschreitende Miniaturisierung und eine effiziente industrielle Fertigung sorgten dafür, dass die Computer sich im Laufe von etwa sechzig Jahren von beinahe unbezahlbaren Einzelexemplaren an Universitäten zum allgegenwärtigen Werkzeug für fast jeden Anwendungszweck und die meisten Berufe entwickeln konnten.

Parallel zu den Computern selbst hat sich auch die Art und Weise ihrer Programmierung weiterentwickelt: Anfangs musste die reine numerische Maschinensprache mit Hilfe von Schalttafeln und Steckverbindungen eingegeben werden; nach und nach wurden sowohl die Eingabemethoden als auch der Funktionskomfort der Sprachen selbst erheblich verbessert.

Interessant ist in diesem Zusammenhang, dass sich die innere Funktionsweise der Rechner von Anfang an kaum verändert hat: Bis heute werden elektronisch gesteuerte Schalter verwendet, die die beiden Zustände 0 und 1 darstellen können. Sämtliche Informationen – ob mathematische Informationen, Texte oder Multimedia-Daten – sowie die Manipulation dieser Daten müssen mit Hilfe dieser Schaltungen codiert werden. Wie dies im Einzelnen geschieht, erfahren Sie im Verlauf dieses Buches noch wesentlich genauer.

2 Mathematische und technische Grundlagen

Unser Dasein liegt zwischen zwei Ewigkeiten.
– Blaise Pascal

Dieses Kapitel bildet die Grundlage für das Verständnis von Computerprogrammen. Wer die Logik versteht, die den einzelnen Vorgängen in Computersystemen zugrunde liegt, wird geringere Schwierigkeiten haben, mit Software umzugehen. Die konkrete Verwirklichung maßgeblicher logischer Funktionen durch elektronische Bauteile wird hier ebenfalls behandelt. Das Kapitel wird durch eine einfache Prozessorsimulation abgerundet, die sowohl auf dem Papier als auch als Programm auf einem gewöhnlichen PC mit einer einfachen Sprache programmiert werden kann.

Die grundlegenden Arbeitsschritte, die ein Computer ausführt, sind mathematische und logische Operationen: Der Mikroprozessor verknüpft Werte, die ihm ein Programm übergibt oder die er auf Anweisung aus dem Speicher oder von einem Eingabegerät liest, nach verschiedenen Vorschriften. Dazu gehören Grundrechenarten, Vergleiche und Wenn-dann-Beziehungen.

2.1 Einführung in die Logik

Der Begriff **Logik** ist von dem griechischen Wort λογος (Logos) abgeleitet. Die Bedeutung dieses Wortes hat eine lange Geschichte und ist nicht ganz eindeutig. Die Wurzel des Wortes stammt von dem altgriechischen Verb λεγειν (legéin), das für zunächst für »sammeln« oder »auflesen« steht; es ist verwandt mit lateinisch »legere« und deutsch »lesen«.

Aus der Sicht der Informatik ist die wichtigste Form der Logik dic **formale Logik**. Ihre klassische Form ist die **Aussagelogik**, die Wissenschaft von der Verknüpfung und Wechselwirkung von Aussagen. Eine **Aussage** ist dabei ein beliebiger Satz, der **eindeutig wahr** oder **eindeutig falsch** ist, dessen Wahrheit also überprüft werden kann. Für die Mathematik wurde die Aussagelogik erst nutzbar, als **Gottlob Frege** 1879 die **Prädikatenlogik** entwickelte, eine mathematisch-formale Schreibweise für Aussagen, auf der einige der weiter unten verwendeten mathematischen Sätze basieren. Typische Formulierungen der Prädikatenlogik sind die bekannten Satzanfänge »Für alle x gilt: ...« ($\forall$ x) oder »Es gibt (mindestens) ein x, für das gilt: ...« ($\exists$ x).

2.1.1 Aussagen

Aussagen sind beispielsweise die folgenden Sätze:

- »Der Kölner Dom ist 157 Meter hoch.«
- »Der Kölner Dom ist 17 Meter hoch.«
- »Ich bin 17 Meter groß.«

Die folgenden Sätze sind dagegen aus verschiedenen Gründen *keine* Aussagen:

- »Der Kölner Dom ist schön.« – eine subjektive Meinungsäußerung, die für den einen wahr und für den anderen falsch sein kann.
- »Ist heute Freitag?« – eine Frage ist keine Aussage; in diesem Fall kann die Antwort eine Aussage sein.
- »Wie geht es dir?« – ebenfalls eine Frage, allerdings ist hier auch die Antwort keinesfalls eine Aussage (sie ergibt wieder eine subjektive Meinungsäußerung).

Mathematische Aussagen

Die Art von Aussagen, die im Zusammenhang mit Informatik und Computern besonders interessant ist, sind die mathematischen Aussagen. Eine **mathematische Aussage** ist ein System, das aus Termen (mathematischen Ausdrücken) besteht. Ein Term ist im einfachsten Fall eine numerische Konstante wie beispielsweise 100 oder –3,25, in komplexeren Fällen eine arithmetische Verknüpfung wie etwa 3 + 5, die sich in einen konkreten Wert auflösen lassen muss. Eine vollständige mathematische Aussage ist ein Vergleich zwischen Termen, der zwei mögliche Formen annehmen kann:

- Die **Gleichung** ist eine wahre Aussage, wenn die beiden verknüpften Terme den gleichen Wert haben.
- Die **Ungleichung** ist dagegen dann eine wahre Aussage, wenn die Werte der beiden verknüpften Terme auf eine vorgegebene Weise unterschiedlich sind.

Beispiele für mathematische Aussagen sind folgende:

- $5 + 6 = 6 + 5$ – eine Gleichung.
- $5 + 6 < 6 + 5$ – eine Ungleichung; die Beziehung lautet in diesem Fall »ist kleiner als«.

Sowohl sprachliche als auch mathematische Aussagen können, wie bereits erwähnt, wahr oder falsch sein. Hier sehen Sie einige Beispiele für wahre und falsche Aussagen:

- »Der Kölner Dom ist 17 Meter hoch.« – falsche sprachliche Aussage.
- »Ein Tag hat 24 Stunden.« – wahre sprachliche Aussage.
- $5 > 7$ – falsche mathematische Aussage (Ungleichung).
- $7 > 5$ – wahre mathematische Aussage (Ungleichung).
- $3 + 4 = 34$ – falsche mathematische Aussage (Gleichung).
- $3 + 4 = 7$ – wahre mathematische Aussage (Gleichung).

2.1.2 Aussageformen

Die in der Mathematik weit verbreiteten Formeln und verallgemeinerten Gleichungen mit Platzhaltern (Variablen oder Unbekannten) sind **keine** Aussagen. Schließlich gilt für sie die Bedingung nicht, dass sie eindeutig wahr oder falsch sein müssen. Beispielsweise lässt sich die allgemeine Gleichung $a + b = 3$ mit unendlich vielen Werten zur wahren oder auch zur falschen Aussage machen:

- $a = 2$; $b = 1$ oder $a = 3{,}5$; $b = -0{,}5$ ergeben eine wahre Aussage.
- $a = 3$; $b = 5$ oder $a = 0{,}75$; $b = 0{,}2$ ergeben eine falsche Aussage.

Ein Wert, der in eine Aussageform eingesetzt wird und diese zu einer wahren Aussage macht, wird als **Lösung** dieser Aussageform beziehungsweise genauer als Teil ihrer **Lösungsmenge** bezeichnet.

Gleichungen und Ungleichungen lösen

Das folgende Beispiel zeigt, wie die Lösungsmenge einer linearen Gleichung mit einer Unbekannten bestimmt wird:

$$2x + 7 = 21 \quad | -7$$
$$2x = 14 \quad | :2$$
$$x = 7$$

Lineare Gleichungen besitzen in der Regel genau eine Lösung. Komplexere Gleichungssysteme können dagegen auch Lösungsmengen besitzen, die aus keiner, aus mehreren oder aus unendlich vielen Lösungen bestehen.

Das Lösen von Ungleichungen ist der Versuch, eine Menge von Werten zu bestimmen, die in die Aussageform einer Ungleichung eingesetzt werden können, um eine wahre Aussage zu erhalten:

$$2x + 7 < 21 \quad | -7$$
$$2x < 14 \quad | :2$$
$$x < 7$$

Die Lösungsmenge der Ungleichung ist die Menge aller x, für die gilt, dass x kleiner als 7 ist. Mathematisch wird dies folgendermaßen ausgedrückt:

$$L = \{ x \mid x < 7 \}$$

2.1.3 Logische Verknüpfungen

Nicht immer werden nur einzelne Aussagen betrachtet. Es ist üblich und oft notwendig, mehrere Aussagen mit Hilfe verschiedener logischer Verknüpfungen zu verbinden. Dazu gehören sowohl logische Schlussfolgerungen (Wenn-dann-Beziehungen) als auch einfache Und- sowie Oder-Verknüpfungen.

Boolesche Algebra

Das gesamte Fachgebiet der logischen Verknüpfungen wird auch als boolesche Algebra bezeichnet, benannt nach dem britischen Mathematiker **George Boole**, der bereits im 19. Jahrhundert eine Algebra der binären logischen Verknüpfungen entwickelte.

Logische Schlussfolgerungen

Die Schlussfolgerung, das Lieblingsspielzeug der philosophischen Logik, ist eine Wenn-dann-Beziehung zwischen Aussagen. Auch Computerprogramme arbeiten mit dieser Art der Logik, weil sie oft anhand bestimmter Bedingungen Entscheidungen treffen müssen.

In der sprachlichen Aussagelogik sieht eine Schlussfolgerung beispielsweise folgendermaßen aus:

1. Es regnet.
2. Die Straße wird nass.

Schlussfolgerung: Wenn es regnet, dann wird die Straße nass.

Oder in formaler Schreibweise: Es regnet. $\Rightarrow$ Die Straße wird nass. Das Zeichen $\Rightarrow$ wird als »daraus folgt« aufgelöst.

Die direkte Umkehrung einer solchen Schlussfolgerung ist unzulässig: Eine Aussage wie

$A \Rightarrow B$ (aus A folgt B)

bedingt nicht den folgenden Schluss:

$B \Rightarrow A$ (aus B folgt A)

Sprachlich formuliert gilt also nicht die folgende Schlussfolgerung: Wenn die Straße nass wird, regnet es. Schließlich kann es zahlreiche Gründe dafür geben, warum eine Straße nass wird.

Umkehrschluss

Den korrekten, zulässigen Umkehrschluss bildet dagegen die verneinte Umkehrung:

$\neg B \Rightarrow \neg A$ (aus nicht-B folgt nicht-A)

Auf das Sprachbeispiel übertragen: Wenn die Straße nicht nass wird, dann regnet es nicht. Dieser Satz ist intuitiv einleuchtend und richtig.

Zur Verdeutlichung sehen Sie hier alle erlaubten Umkehrschlüsse im Überblick:

1. $A \Rightarrow B$; Umkehrung: $\neg B \Rightarrow \neg A$

   Beispiel: Wenn es regnet, dann wird die Straße nass. Umkehrung: Wenn die Straße nicht nass wird, dann regnet es nicht.

2. $A \Rightarrow \neg B$; Umkehrung: $B \Rightarrow \neg A$

   Beispiel: Wenn die Sonne scheint, dann ist nicht Nacht. Umkehrung: Wenn es Nacht ist, dann scheint nicht die Sonne.[1]

3. $\neg A \Rightarrow B$; Umkehrung: $\neg B \Rightarrow A$

   Beispiel: Wenn nicht Wochenende, Feiertag oder Urlaub ist, dann muss ich arbeiten. Umkehrung: Wenn ich nicht arbeiten muss, dann ist Wochenende, Feiertag oder Urlaub.

4. $\neg A \Rightarrow \neg B$; Umkehrung: $B \Rightarrow A$

   Beispiel: Wenn ich nicht den Führerschein habe, dann darf ich nicht Auto fahren. Umkehrung: Wenn ich Auto fahren darf, dann habe ich den Führerschein.

Und- und Oder-Verknüpfungen

Die beiden Verknüpfungen Und und Oder (AND und OR) sind die wichtigsten Mittel zur Verbindung mehrerer Aussagen oder Bedingungen.

Und-Verknüpfung

Werden mehrere Aussagen durch Und verknüpft (Konjunktion), ergibt sich nur dann eine wahre Aussage, wenn alle Teilaussagen wahr sind.

1 Natürlich gibt es Gegenden auf der Welt, wo dieser Bezug nicht zutrifft. Wie bei den meisten Aussagen gibt es Nebenbedingungen, die stillschweigend gelten – hier beispielweise: »Wenn die Sonne in Mitteleuropa scheint, dann ist nicht Nacht.«

Die Verknüpfung A ∧ B ist also nur dann wahr, wenn sowohl A als auch B wahre Aussagen sind.

Sprachlich kann dies sehr gut durch zusammengesetzte Wenn-Bedingungen bei der Schlussfolgerung gezeigt werden. Zum Beispiel:

Wenn die Glühbirne funktioniert **und** der Lichtschalter eingeschaltet wird, dann leuchtet das Licht. Oder als einzelne Aussagen:

1. Die Glühbirne funktioniert.
2. Der Lichtschalter ist eingeschaltet.
3. Das Licht leuchtet.

Die erste und die zweite Aussage werden hier durch Und verknüpft und ergeben so die dritte Aussage:

Die Glühbirne funktioniert ∧ der Lichtschalter wird eingeschaltet ⇒ das Licht leuchtet.

Schematisch lassen sich solche Verknüpfungen am einfachsten durch eine so genannte Wahrheitstabelle darstellen. In einer solchen Tabelle (wie übrigens auch bei den Abläufen innerhalb eines Computers) wird eine wahre Aussage durch den Wert 1 und eine falsche Aussage durch die 0 dargestellt. Die Wahrheitstabelle für Und sieht also folgendermaßen aus:

∧	**0**	**1**
0	0	0
1	0	1

Tabelle 2.1 Wahrheitstabelle für die Und-Verknüpfung

Oder-Verknüpfung

Werden dagegen mehrere Aussagen durch Oder verknüpft (Disjunktion), dann ist die Gesamtaussage wahr, wenn mindestens eine der Teilaussagen zutrifft.

Die Beziehung A ∨ B ist also wahr, wenn A wahr ist, wenn B wahr ist, oder auch, wenn A und B wahr sind. Hier sehen Sie zunächst wieder ein sprachliches Beispiel:

Wenn ich eine Million im Lotto **oder** bei einer Quiz-Sendung gewinne, dann bin ich Millionär. Die einzelnen Aussagen sind folgende:

1. Ich gewinne eine Million im Lotto.
2. Ich gewinne eine Million bei einer Quiz-Sendung.
3. Ich bin Millionär.

Formal sieht diese Oder-Verknüpfung der beiden ersten Aussagen so aus:

Ich gewinne eine Million im Lotto ∨ ich gewinne bei einer Quiz-Sendung ⇒ ich bin Millionär. Es ist egal, ob nur eine der beiden Voraussetzungen zutrifft oder ob beide wahr sind – in beiden Fällen stimmt die Schlussfolgerung.

Hier wieder die entsprechende schematische Darstellung als Wahrheitstabelle.

∨	**0**	**1**
0	0	1
1	1	1

Tabelle 2.2 Wahrheitstabelle für die Oder-Verknüpfung

Die folgende Tabelle zeigt eine Übersicht der Und- und Oder-Verknüpfungen aller vier möglichen logischen Belegungen zweier Wahrheitswerte A und B sowie all ihrer Verneinungen.

Verknüpfung	A=0, B=0	A=0, B=1	A=1, B=0	A=1, B=1
A ∧ B	0	0	0	1
A ∨ B	0	1	1	1
¬A ∧ B	0	1	0	0
¬A ∨ B	1	1	0	1
A ∧ ¬B	0	0	1	0
A ∨ ¬B	1	0	1	1
¬ (A ∧ B)	1	1	1	0
¬ (A ∨ B)	1	0	0	0

Tabelle 2.3 Wahrheitstabelle aller normalen und verneinten Und- beziehungsweise Oder-Verknüpfungen

Aus den Verhältnissen in Tabelle 2.3 ergeben sich die beiden folgenden wichtigen Äquivalenzen, die als **DeMorgan-Theorem** bezeichnet werden:

$$\neg A \wedge \neg B \Leftrightarrow \neg (A \vee B)$$

$$\neg A \vee \neg B \Leftrightarrow \neg (A \wedge B)$$

Diese Beziehungen müssen Sie direkt beim Programmieren beachten, wenn Sie verknüpfte Wenn-dann-Bedingungen formulieren.

XOR-Verknüpfung

Zu guter Letzt gibt es eine dritte wichtige logische Verknüpfung, die als **Exklusiv-Oder** bezeichnet wird. Da sie in der Mathematik nicht verwendet wird, besitzt sie kein traditionelles Zeichen, sondern wird in der Regel durch den abgekürzten englischen Namen XOR bezeichnet. Auch in den meisten Programmiersprachen existiert kein XOR-Operator.

Eine XOR-Verknüpfung zweier Aussagen ist nur dann wahr, wenn genau eine Teilaussage wahr ist. Es ist recht schwierig, ein anschauliches sprachliches Beispiel für diese Verknüpfung zu finden. Das XOR steht im Grunde für ein »Entweder-Oder«: Wenn ich entweder mit dem Bus oder mit dem Auto fahre, gelange ich zur Arbeit (ich kann auf keinen Fall mit Bus und Auto gleichzeitig fahren).

Tabelle 2.4 zeigt die möglichen Ergebnisse der XOR-Verknüpfung.

XOR	0	1
0	0	1
1	1	0

Tabelle 2.4 Wahrheitstabelle für die XOR-Verknüpfung

Vergleichsoperationen

Diese Art logischer Verknüpfungen erzeugt Aussagen durch die Überprüfung von Termen auf Gleichheit oder Ungleichheit. Die resultierenden Aussagen können also wahr oder falsch sein.

- Gleichheit:

  A = B (A gleich B) ist wahr, wenn A den gleichen Wert hat wie B.
- Ungleichheit:

  A ≠ B (A ungleich B) ist wahr, wenn A einen anderen Wert hat als B.
- Ungleichheit mit Richtungsangabe:
  - A < B (A ist kleiner als B) ist wahr, wenn A einen geringeren Wert hat als B.
  - A > B (A ist größer als B) ist wahr, wenn A einen höheren Wert hat als B.
  - A ≤ B (A ist kleiner oder gleich B) ist wahr, wenn A entweder einen geringeren Wert als B oder den gleichen Wert wie B hat.
  - A ≥ B (A ist größer oder gleich B) ist wahr, wenn A entweder einen höheren Wert als B oder den gleichen Wert wie B hat.
  - A ≤ B ist eine Kurzfassung für: A < B ∨ A = B
  - A ≥ B ist entsprechend eine Kurzfassung für: A > B ∨ A = B

Umgekehrte Vergleichsoperationen

Interessant sind einige Umkehrungen (gegenteilige Aussagen) der Vergleichsoperationen:

- Die Umkehraussage von A = B ist A ≠ B.
- A < B besitzt die Umkehraussage A ≥ B.
- A > B hat schließlich die Umkehraussage A ≤ B.

Tabelle 2.5 verdeutlicht dies an Beispielen für den Vergleich verschiedener ganzzahliger Werte. Beachten Sie, dass die verknüpften Werte ganze Zahlen, die Ergebnisse (1 oder 0) aber Wahrheitswerte sind.

Verknüpfung	A=2, B=2	A=2, B=3	A=3, B=2
A = B	1	0	0
A ≠ B	0	1	1
A < B	0	1	0

Tabelle 2.5 Beispiele für Vergleichsoperationen

Verknüpfung	A=2, B=2	A=2, B=3	A=3, B=2
A > B	0	0	1
A ≤ B	1	1	0
A ≥ B	1	0	1

Tabelle 2.5 Beispiele für Vergleichsoperationen (Forts.)

Logische Verknüpfungen in Computerprogrammen

Da Zeichen wie ≠, ≤ oder ∨ nicht zum ASCII-Zeichensatz (dem ursprünglichen Standard-Computerzeichensatz) gehören, haben sich die Entwickler der verschiedenen Programmiersprachen andere Zeichen beziehungsweise Zeichenkombinationen ausgedacht. Ärgerlicherweise sind diese Bezeichnungen in den verschiedenen Sprachen nicht einheitlich. Tabelle 2.6 zeigt die Schreibweisen der Programmiersprachen C und Pascal im Vergleich. Beachten Sie, dass die C-Schreibweise in einer ganzen Reihe von Sprachen verwendet wird, beispielsweise C++, Java, JavaScript, Perl, PHP und so weiter. Die Pascal-Schreibweise verwenden dagegen auch einige BASIC-Dialekte.

Mathematik	C-Schreibweise	Pascal-Schreibweise
a = b (Vergleich)	a == b	a = b
a = b (Wertzuweisung)	a = b	a := b
a ≠ b	a != b	a <> b
a < b	a < b	a < b
a > b	a > b	a > b
a ≤ b	a <= b	a <= b
a ≥ b	a >= b	a >= b
a ∧ b	a && b	a AND b
a ∨ b	a || b	a OR b

Tabelle 2.6 Schreibweise logischer Operationen in verschiedenen Programmiersprachen

Die in der Tabelle aufgeführte Wertzuweisung betrifft eine Besonderheit von Variablen in Programmiersprachen: Während eine Variable in der Mathematik lediglich ein Platzhalter ist, der für beliebige Werte stehen kann, ist sie in einer Programmiersprache ein Speicherplatz, der jederzeit einen bestimmten, wohl definierten Wert enthält. Die Wertzuweisungsoperation dient dazu, ihr einen solchen Wert zuzuteilen.

2.1.4 Mengenoperationen

Eine spezielle Form der logischen Verknüpfung beschäftigt sich mit den Beziehungen zwischen einem einzelnen Element und einer Menge beziehungsweise zwischen zwei Mengen. Eine Menge ist eine Gruppe mehrerer Werte, die entweder als Abfolge einzelner Zahlen oder durch bestimmte Regeln definiert wird.

Beachten Sie für die Umsetzung im Computer, dass Mengenoperationen nicht in jeder Programmiersprache eingebaut sind. In Kapitel 6, *Konzepte der Programmierung*, werden allerdings einige Strategien vorgestellt, wie man Listen oder Mengen in verschiedenen Sprachen erzeugen und damit arbeiten kann.

Beziehungen zwischen Mengen und einzelnen Werten

Ein Wert ist **Element** einer Menge, wenn dieser Wert in der Menge vorkommt. Ein Wert ist **nicht Element** einer Menge, wenn dieser Wert nicht in der Menge vorkommt.

Betrachten Sie zum Beispiel die Menge M, für die die folgende Definition gilt:

$M := \{3; 4; 5\}$

Es gelten die folgenden Elementbeziehungen:

- ist Element von M. Formale Schreibweise: $3 \in M$
- ist nicht Element von M. Formale Schreibweise: $2 \notin M$.

Eine weitere Menge P sei folgendermaßen definiert:

$P := \{x | x < 5 \wedge x \in \mathbb{R}\}$

P ist also die Menge aller x, für die gilt: x ist kleiner als 5 und x ist Element der Menge der reellen Zahlen. Für diese Menge gelten die folgenden Elementbeziehungen:

$4 \in P$, aber $5 \notin P$.

Beziehungen zwischen zwei Mengen

Eine Menge M heißt **Teilmenge** einer Menge N, wenn jedes Element von M auch Element von N ist, wenn also für jedes $x \in M$ auch $x \in N$ gilt.

Eine Menge M ist **nicht Teilmenge** einer Menge N, wenn es in M mindestens ein Element gibt, das nicht auch Element von N ist. Es gibt also mindestens ein $x \in M$, für das gilt: $x \notin N$.

Betrachten Sie beispielsweise die folgenden Mengendefinitionen:

$M := \{3; 4; 5; 6\}$
$N := \{2; 4; 5; 6\}$
$P := \{3; 4; 5; 6; 7\}$

Es gelten die folgenden Mengenbeziehungen:

$M \subset P$ (M ist Teilmenge von P)

$N \not\subset P$ (N ist nicht Teilmenge von P)

Echte Teilmengen

Übrigens ist die angegebene Teilmengendefinition ungenau: Die oben beschriebene Beziehung könnte ebenso gut bedeuten, dass zwei identische Mengen beschrieben werden.

Deshalb heißt eine Menge M **echte Teilmenge** einer Menge N, wenn folgende Bedingungen gelten:

- Für jedes $x \in M$ gilt auch $x \in N$.
- Es existiert mindestens ein $x \in N$, für das $x \notin M$ gilt.

Wenn man es genau nimmt, wird nur für diese echte Teilmenge die Schreibweise $M \subset N$ verwendet. Für die weiter oben definierte allgemeine Teilmenge, bei der $M = N$ als Variante zulässig ist, wird stattdessen die Formulierung $M \subseteq N$ (Teilmenge oder gleich) verwendet.

Wenn $M \subseteq N$ gilt, wird N übrigens umgekehrt als **Obermenge** von M bezeichnet. Geschrieben wird dies als $N \supseteq M$ (N ist Obermenge von oder gleich M). Die strengere Form $M \subset N$ (echte Teilmenge) bedeutet entsprechend, dass N **echte Obermenge** von M ist: $N \supset M$.

Eine Abfolge von Beziehungen echter Teilmengen beziehungsweise Obermengen lässt sich hervorragend an den offiziellen Zahlenmengen der Mathematik demonstrieren. Dies sind im Einzelnen (von der speziellsten bis zur allgemeinsten) folgende:

1. **Die Menge der natürlichen Zahlen.** Natürliche Zahlen sind alle Zahlen, mit denen sich Anzahlen ausdrücken lassen. Intuitiv ist diese Menge folgendermaßen definiert:

   $\mathbb{N} = \{1; 2; 3; 4; ...\}$

   Die 0 gehört übrigens nicht zur Menge der natürlichen Zahlen, allerdings gibt es die spezielle Menge N_0, die zusätzlich die 0 enthält.
2. **Die Menge der ganzen Zahlen.** Ebenso wie die natürlichen Zahlen sind auch die ganzen Zahlen intuitiv betrachtet Zahlen ohne Nachkommastellen, allerdings mitsamt 0 und negativen Zahlen. Es handelt sich um die folgende Menge:

   $\mathbb{Z} = \{...; -3; -2; -1; 0; 1; 2; 3; ...\}$

3. **Die Menge der rationalen Zahlen.** Es handelt sich um sämtliche Zahlen, die durch die Division zweier ganzer Zahlen gebildet werden können. Dies sind neben den ganzen Zahlen selbst alle abbrechenden und alle periodischen Dezimalbrüche. Formal lautet die Definition dieser Menge folgendermaßen:

   $\mathbb{Q} = \{x \mid x = {}^p/_q \wedge p \in \mathbb{Z} \wedge q \in \mathbb{Z} \wedge q \neq 0\}$

   Bemerkenswert an dieser Menge ist, dass zwischen zwei rationalen Zahlen immer unendlich viele weitere rationale Zahlen liegen. Bei den natürlichen und ganzen Zahlen ist das anders: Da zwei Elemente dieser Mengen jeweils einen festgelegten numerischen Abstand voneinander haben (1), ist die Anzahl der Elemente zwischen zweien von ihnen jeweils endlich und steht fest.
4. **Die Menge der reellen Zahlen.** Neben den abbrechenden und den periodischen Dezimalbrüchen gibt es auch unendlich viele nichtabbrechende, nichtperiodische. Es handelt sich also um Zahlen mit unendlich vielen Nachkommastellen ohne Wiederholung (Periode). Beispiele sind etwa die Kreiszahl π (3,1415926...), die Eulersche Zahl e (2,718281828...) – die Basis des natürlichen Logarithmus – oder $\sqrt{2}$ (1,41421356...).

Formal haben diese Zahlen miteinander gemeinsam, dass ihr Quadrat eine positive Zahl oder 0 ist:

$\mathbb{R} := \{ x \mid x^2 \geq 0 \}$

Beachten Sie, dass reelle Zahlen im Computer nicht dargestellt werden können, übrigens ebenso wenig wie periodische Dezimalbrüche. Wie weiter unten ausgeführt, verwenden Rechner eine bestimmte Anzahl von Bits und können Fließkommazahlen auf diese Weise mit einer bestimmten Genauigkeit, also nur mit einer endlichen Anzahl von Stellen, speichern.

5. **Die Menge der komplexen Zahlen.** Eine Zahl mit negativem Quadrat ist intuitiv nicht vorstellbar (da sowohl positive als auch negative Zahlen, wenn man sie mit sich selbst multipliziert, zu einem positiven Ergebnis führen). Dennoch ist es zum Beispiel für mathematische Gedankenexperimente oder bestimmte Berechnungen aus der theoretischen Physik erforderlich, die Wurzeln negativer Zahlen zu berechnen.

   Zu diesem Zweck werden die **imaginären** (oder irreellen) **Zahlen** eingeführt. Sie reduzieren das Problem der Wurzel aus negativen Zahlen auf die irrationale Komponente i, die als $\sqrt{-1}$ definiert ist (und natürlich nicht durch eine normale Berechnung aufgelöst werden kann). Jede irreelle Zahl ist deshalb als Vielfaches von i definiert.

   Die reellen und die irreellen Zahlen werden zusammengenommen als komplexe Zahlen ($\mathbb{C}$) bezeichnet und bilden die vollständigste Zahlenmenge der allgemeinen Mathematik.

Jede der fünf hier genannten Mengen enthält die vorige. Die verkettete Beziehung von Teil- beziehungsweise Obermengen lautet also:

$\mathbb{N} \subset \mathbb{Z} \subset \mathbb{Q} \subset \mathbb{R} \subset \mathbb{C}$

$\mathbb{C} \supset \mathbb{R} \supset \mathbb{Q} \supset \mathbb{Z} \supset \mathbb{N}$

Verknüpfungen von Mengen

Ähnlich, wie Sie einzelne Werte durch arithmetische Operatoren oder durch logische Verknüpfungen miteinander verbinden können, existieren spezielle Mengenoperationen, deren Ergebnis eine Verknüpfung der ursprünglichen Mengen ist.

- **Die Schnittmenge.** Eine Schnittmenge $M \cap N$ zweier Mengen M und N enthält alle diejenigen Elemente x, für die $x \in M$ und $x \in N$ gilt. Hier sehen Sie ein Beispiel:

  $M := \{1; 2; 3; 4\}$
  $N := \{4; 5; 6; 7\}$
  $M \cap N = \{4\}$

  Beachten Sie, dass das Ergebnis nicht 4 lautet, sondern »die Menge, in der nur die 4 enthalten ist«. Eine Schnittmenge ist also auch dann eine Menge, wenn sie nur ein Element enthält. Wenn die beiden verknüpften Mengen keine gemeinsamen Elemente besitzen, geschieht sogar Folgendes:

$M := \{1; 2; 3\}$
$N := \{4; 5; 6\}$
$M \cap N = \{\,\} = \varnothing$

$\{\,\}$ beziehungsweise $\varnothing$ wird dabei als leere Menge bezeichnet.

- **Die Vereinigungsmenge.** Eine Vereinigungsmenge $M \cup N$ zweier Mengen M und N ist die verbundene Menge aller $x \in M$ und aller $y \in N$. Hier ein Beispiel:

  $M := \{1; 2; 3; 4\}$
  $N := \{4; 5; 6; 7\}$
  $M \cup N = \{1; 2; 3; 4; 5; 6; 7\}$

- **Die Restmenge.** Wenn aus der Menge M alle Elemente einer Menge N entfernt werden ($M \setminus N$, gesprochen »M ohne N«), dann ist das Ergebnis eine Restmenge. Beispiel:

  $M := \{1; 2; 3; 4\}$
  $N := \{3; 4; 5\}$
  $M \setminus N = \{1; 2\}$

2.2 Informationsspeicherung im Computer

Wie Sie bereits in der Einführung erfahren haben und wahrscheinlich schon vorher wussten, speichern Computer Informationen als Abfolge von Einsen und Nullen ab. Diese Darstellungsform wird als **binäre Codierung** bezeichnet. Die duale Darstellung ganzer Zahlen im entsprechenden Zahlensystem, nämlich dem dualen oder Zweiersystem, ist nur ein Sonderfall der binären Darstellung.

2.2.1 Bits und Bytes

Eine einzelne Binärstelle, die ein Rechner speichert, wird als **Bit** bezeichnet. Das ist die Abkürzung für »BInary digiT«, also Binärziffer. Es handelt sich um die kleinste Informationseinheit, die ein Computer verarbeiten kann – gleichzeitig ist es auch die kleinste vorstellbare Informationseinheit. Um überhaupt Daten darstellen zu können, benötigt man einen Zeichencode oder ein »Alphabet« aus mindestens zwei Elementen.

Weniger Information als 1 Bit?

Natürlich könnte man Zahlen oder andere Daten auch einfach durch »Strichlisten« darstellen – eine bestimmte Anzahl des immer gleichen Informationselements steht für das jeweilige Symbol. Aber spätestens zur Darstellung der Lücke zwischen zwei auf diese Weise codierten Symbolen wäre dann doch wieder eine zweite Informationsart erforderlich.

Zahlensysteme

Für das Verständnis der Speicherung von Werten im Computer benötigen Sie Kenntnisse der verschiedenen Zahlensysteme. Bereits in Kapitel 1, *Einleitung*, wurde die Bedeutung der Stellenwertsysteme als Voraussetzung für die Erfindung von Rechenmaschinen und Computern hervorgehoben.

Stellenwertsysteme

In einem Stellenwertsystem hängt der Wert einer einzelnen Ziffer von zwei Faktoren ab: ihrem Eigenwert und ihrer Position in der Zahl. Jede Stelle besitzt einen festen Grundwert, mit dem der Wert der einzelnen Ziffer multipliziert wird. Die Basis B gibt an, wie viele verschiedene Ziffern nötig sind, denn der Grundwert jeder Stelle ist das B-fache der rechts von ihr befindlichen Stelle. Auf diese Weise werden Ziffern von 0 bis B-1 benötigt, um alle möglichen ganzen Zahlen darstellen zu können. Der Wert B selbst wird durch eine 1 auf der nächsthöheren Stelle ausgedrückt.

Nach diesen Kriterien ist etwa das römische Zahlensystem kein Stellenwertsystem. Das folgende Beispiel zeigt anschaulich, warum nicht:

In den beiden Zahlen II (2) und IV (4) steht die Ziffer I (Wert 1) an derselben Stelle, nämlich der zweiten von rechts. Aber im ersten Fall bedeutet sie, dass 1 addiert werden soll, während sie bei der zweiten Zahl aussagt, dass 1 abgezogen wird. Die Position des Zahlzeichens in der Zahl ist also kein Kriterium für seinen Wert.

Für die Arbeit mit Computern haben die folgenden Zahlensysteme eine besondere Bedeutung:

- **Das Dezimalsystem.** Computer haben eigentlich überhaupt nichts mit dem Dezimalsystem (Zehnersystem) zu tun, das im Alltag verwendet wird. Allerdings erfolgt die Ein- und Ausgabe von Zahlen üblicherweise in dieser Form, weil sie für die Benutzer am angenehmsten ist.

  Das Dezimalsystem verwendet die Basis B=10, sodass der Wert der ersten Stelle (ganz rechts) 1 ist und sich mit jeder Stelle verzehnfacht. Natürlich machen Sie sich diese Gedanken beim Dezimalsystem nicht, weil Sie als kleines Kind gelernt haben, damit umzugehen. Formal betrachtet könnte man eine Dezimalzahl dennoch so analysieren, wie es in Tabelle 2.7 am Beispiel der Zahl 3479 gezeigt wird.

Ziffern	3	4	7	9
Stellenwert	1000	100	10	1
Schema	10^3	10^2	10^1	10^0
Gesamtwert	3000	400	70	9

Tabelle 2.7 Schematische Darstellung einer Dezimalzahl

- **Das Dualsystem.** Dieses System ist für den Computer selbst das wichtigste, weil er intern damit arbeitet. Wie Sie weiter unten genauer sehen werden, betrifft dies allerdings bei weitem nicht alle binär codierten Daten.

  Das Dualsystem vewendet die Basis B=2. Demzufolge hat eine Stelle immer den doppelten Wert der weiter rechts gelegenen Stelle, und es werden zwei verschiedene Ziffern benötigt: 0 und 1. Genau aus diesem Grund ist das System gut für einen digitalen Rechner geeignet, dessen elektronische Bauteile binär arbeiten (fließt Strom oder nicht?). Tabelle 2.8 zeigt ein Beispiel für den Aufbau einer Dualzahl. Den dezimalen Wert der Zahl 101011 erhalten Sie, wenn Sie die Werte in der Zeile »Gesamtwert« addieren – das Ergebnis ist 43.

Ziffern	1	0	1	0	1	1
Stellenwert	32	16	8	4	2	1
Schema	2^5	2^4	2^3	2^2	2^1	2^0
Gesamtwert	32	0	8	0	2	1

Tabelle 2.8 Schematische Darstellung einer Dualzahl

Das Dualsystem ist das einfachste aller Zahlensysteme, da der Stellenwert hier nie mit einem Ziffernwert multipliziert werden muss: Die Stelle ist entweder gesetzt (Wert 1), sodass der Stellenwert selbst gilt, oder nicht gesetzt (Wert 0) – in diesem Fall gilt eben die 0.

- **Das Oktalsystem.** Es ist recht unbequem, Dualwerte ins Dezimalsystem umzurechnen und umgekehrt. Größere Dualzahlen sind dagegen äußerst unhandlich. Daher verwenden Informatiker gern Zahlensysteme, deren Zahlen sich leicht in Dualzahlen umwandeln lassen. Das ist bei Systemen der Fall, deren Basis in der Folge der Zweierpotenzen vorkommt, die die Stellenwerte des Dualsystems bilden. Eines dieser beiden Systeme ist das Oktalsystem (Achtersystem), das andere das unten vorgestellte Hexadezimalsystem.

  Das Oktalsystem hat die Basis B=8. Es gibt demzufolge 8 verschiedene Ziffern (0 bis 7), und jede Stelle besitzt den achtfachen Stellenwert der weiter rechts stehenden. In Tabelle 2.9 sehen Sie ein Beispiel für die systematische Analyse einer Oktalzahl. Der dezimale Wert der Oktalzahl 4361 ist übrigens 2289.

Ziffern	4	3	6	1
Stellenwert	512	64	8	1
Schema	8^3	8^2	8^1	8^0
Gesamtwert	2048	192	48	1

Tabelle 2.9 Schematische Darstellung einer Oktalzahl

- **Das Hexadezimalsystem.** Das beliebteste Zahlensystem zur Darstellung von Speicheradressen, Zeichencodes und sonstigen Byte-Inhalten ist das Hexadezimalsystem (Sechzehnersystem). Der Name ist ein wenig inkonsequent aus dem griechischen Partikel »hexa« (sechs) und dem lateinischen »dezimal« zusammengesetzt; eine rein lateinische, allerdings weniger gebräuchliche Bezeichnung ist Sedezimalsystem.

  Es handelt sich um ein Stellenwertsystem mit der Basis 16. Eine Stelle hat immer den sechzehnfachen Wert der weiter rechts gelegenen Stelle. Etwas problematisch ist die Tatsache, dass 16 verschiedene Ziffern mit den Werten 0 bis 15 benötigt werden: Da es nur die Ziffern 0 bis 9 gibt, werden die restlichen durch A bis F (für 10 bis 15) dargestellt. Tabelle 2.10 zeigt ein Beispiel für die Analyse einer Hexadezimalzahl, deren dezimaler Wert 15.028 beträgt.

Ziffern	3	A	B	4
Einzelwert	3	10	11	4
Stellenwert	4096	256	16	1
Schema	16^3	16^2	16^1	16^0
Gesamtwert	12.288	2560	176	4

Tabelle 2.10 Schematische Darstellung einer Hexadezimalzahl

Methoden zur Umrechnung von Zahlensystemen

Auch wenn es zahlreiche Computerprogramme gibt, die Ihnen das Umrechnen der Zahlensysteme abnehmen, ist es nützlich, die entsprechenden Rechenverfahren zu kennen – beispielsweise bildet die Kenntnis dieser Methoden die Grundlage dafür, solche Programme selbst schreiben zu können!

Dezimal nach Dual

Dezimalzahlen können Sie folgendermaßen in Dualzahlen umrechnen – als Beispiel wird die Zahl 374 verwendet:

1. Suchen Sie die größte in der Zahl vorkommende Zweierpotenz (2^n), eventuell durch Ausprobieren (fortgesetztes Verdoppeln von 2). Bei 374 wäre dies die 256 (2^8).
2. Ziehen Sie die entsprechende Zweierpotenz von der Gesamtzahl ab und notieren Sie im Ergebnis als vorderste Stelle eine 1. Von 374 bliebe nach diesem Schritt noch 118 übrig.
3. Kommt die nächstniedrigere Zweierpotenz in der Zahl vor? Falls dem so ist, notieren Sie wieder eine 1 und ziehen Sie die Zweierpotenz von der Zahl ab. Kommt sie dagegen nicht vor, notieren Sie eine 0. In der 118, die im vorigen Schritt als Rest geblieben ist, kommt die 128 nicht vor. Der bisher notierte Teil des Ergebnisses lautet also 10.
4. Gehen Sie nach dem Schema in Punkt 3 die Reihe der Zweierpotenzen bis hinunter zur 1 durch beziehungsweise bis zu dem Punkt, wo die umzurechnende Zahl 0 geworden ist. Im letzteren Fall müssen Sie natürlich noch die Stellen von der aktuellen Zweierpotenz bis hinunter zur 1 mit Nullen füllen. Die nächsten Schritte beim Zerlegen der Zahl 118 sehen folgendermaßen aus:
   - 64k kommt in 118 vor. Bisheriges Ergebnis: 101; Rest: 54.
   - 32k kommt in 54 vor. Ergebnis: 1011; Rest: 22.
   - 16k kommt in 22 vor. Ergebnis: 10111; Rest: 6.
   - 8k kommt in 6 nicht vor. Ergebnis: 101110.
   - 4k kommt in 6 vor. Ergebnis: 1011101; Rest 2.
   - 2k kommt in 2 vor. Ergebnis: 10111011; Rest 0.
   - Zum Schluss wird noch eine 0 für die nicht besetzte Stelle 2^0 angehängt. Endergebnis: 101110110.

Dual nach Dezimal

Das Umrechnen von Dualzahlen in Dezimalzahlen funktioniert sogar noch einfacher: Addieren Sie einfach die Stellenwerte derjenigen Stellen auf, die den Wert 1 haben – am einfachsten geht das, wenn Sie rechts bei 2^0 anfangen.

Beispiel: 1010101 soll ins Dezimalsystem umgerechnet werden. Mit 1 besetzt sind hier die Stellen 2^0, 2^2, 2^4 und 2^6. Dies ergibt die folgende Addition:

$$1 + 4 + 16 + 64 = 85$$

Dezimalzahlen in Oktal- oder Hexadezimalzahlen umzurechnen ist ein wenig komplizierter als das Umrechnen in Dualzahlen. Die Schwierigkeit besteht darin, dass jede Stelle mit unterschiedlichen Ziffern besetzt werden kann, und deshalb die einfache Überprüfung, ob der jeweilige Stellenwert in der Zahl vorkommt, nicht ausreicht.

Dezimal nach Hexadezimal

Als Beispiel sehen Sie hier das Verfahren der Umrechnung von Hexadezimalzahlen in Dezimalzahlen; bei Oktalzahlen funktioniert es schematisch gesehen genauso. Als Beispiel soll die Zahl 2345 in eine Hexadezimalzahl umgerechnet werden.

1. Finden Sie die kleinste Sechzehnerpotenz, die größer als die umzurechnende Zahl ist – dadurch wissen Sie, dass die höchste besetzte Hexadezimalstelle Ihrer Zahl um einen Schritt darunter liegt. Bei 2345 ist die erste größere Hexadezimalstelle 16^3 (4096). Begonnen wird also bei 16^2 (256).
2. Dividieren Sie die Zahl durch den soeben ermittelten höchsten Stellenwert. Das ganzzahlige Ergebnis dieser Division ist der gesuchte Ziffernwert, den Sie an der vordersten Stelle notieren können – denken Sie daran, dass Werte ab 10 als A bis F geschrieben werden. Mit dem Rest der Division wird im nächsten Schritt weitergearbeitet. 2345 : 256 = 9, Rest 41. Der Ziffernwert für die Stelle ist also 9, mit 41 wird weitergerechnet.
3. Führen Sie Schritt 2 wiederholt für die restlichen Stellen bis hinunter zu 16^0 (1) durch. Bei 41 ergeben sich die folgenden Schritte:
   - : 16 = 2, Rest 9. Der Wert der nächsten Stelle ist 2, sodass das bisherige Ergebnis 92 lautet.
   - Den Rest aus dem vorherigen Schritt, 9, können Sie einfach als Ziffernwert hinschreiben, da es sich um die Einerstelle handelt. Das Endergebnis ist also 929.

Hexadezimal nach Dezimal

Wenn Sie umgekehrt Hexadezimalzahlen in Dezimalzahlen umrechnen möchten, müssen Sie nur dem Schema aus Tabelle 2.10 folgen: Multiplizieren Sie den jeweiligen Ziffernwert einfach mit dem Wert seiner Stelle und addieren Sie die Ergebnisse zusammen. Beispielsweise lässt sich die Zahl ABCD folgendermaßen umrechnen:

ABCD

$$= 10 \times 16^3 + 11 \times 16^2 + 12 \times 16^1 + 13 \times 16^0$$

$$= 10 \times 4096 + 11 \times 256 + 12 \times 16 + 13$$

$$= 40.960 + 2816 + 192 + 13$$

$$= 43.981$$

Oktal nach Dual

Oktalzahlen lassen sich übrigens sehr leicht in Dualzahlen umrechnen und umgekehrt, was schließlich der Hauptgrund für die Verwendung des Oktalsystems ist: Von rechts an gesehen entsprechen je drei Dualstellen einer Oktalstelle; die Umrechnung dieser Dreiergruppen erfolgt nach dem folgenden festen Schema:

Dual	000	001	010	011	100	101	110	111
Oktal	0	1	2	3	4	5	6	7

Tabelle 2.11 Schema der Umrechnung von Dualzahlen in Oktalzahlen und umgekehrt

Hexadezimal nach Dual

Die Umrechnung von Hexadezimalzahlen in Dualzahlen und umgekehrt ist genau so einfach: Je 4 Dualstellen von rechts an entsprechen jeweils einer Hexadezimalstelle, umgerechnet wird fest nach dem folgenden Schema:

Dual	0000	0001	0010	0011	0100	0101	0110	0111
Hexadezimal	0	1	2	3	4	5	6	7
Dual	1000	1001	1010	1011	1100	1101	1110	1111
Hexadezimal.	8	9	A	B	C	D	E	F

Tabelle 2.12 Schema der Umrechnung von Dualzahlen in Hexadezimalzahlen und umgekehrt

Schreibweise der Zahlen verschiedener Systeme

In der Mathematik wird die Basis des jeweiligen Zahlensystems in der Regel als Index (kleine tiefgestellte Zahl) angegeben. Hier einige Beispiele:

$(1010101)_2$

$(7654)_8$

$(9AB2)_{16}$

In der Programmiersprache C und allen davon abstammenden Sprachen werden Oktalzahlen durch eine vorangestellte `0` gekennzeichnet:

`0234` bedeutet $(234)_8$, also dezimal 156.

Hexadezimalzahlen werden in C durch ein vorangestelltes `0x` gekennzeichnet:

`0x234` steht für $(234)_{16}$ oder umgerechnet $(308)_{10}$.

Bytes und Maschinenwörter

Die Speicherstellen, in denen Daten im Computer verwahrt werden, können durch Nummern angesprochen (adressiert) werden. Es wäre ineffizient und schwer realisierbar, jedem einzelnen Bit eine eigene Speicheradresse zuzuweisen. Aus diesem Grund werden mehrere von ihnen zu einer Einheit zusammengefasst, die eine gemeinsame Adresse erhält. Wenn der Prozessor den Inhalt einer Speicherstelle lesen möchte, erhält er jeweils den Wert all dieser Bits; genauso muss er beim Schreiben Werte für alle Bits eines solchen Speicherbereichs liefern.

Wortbreiten

Im Lauf der Computergeschichte war man sich lange Zeit nicht darüber einig, wie groß eine adressierbare Speicherstelle sein soll. Es gab im Grunde alle Varianten von 4 bis 36 Bit – darunter auch Werte, die man aus der Binärperspektive als »schräg« bezeichnen muss, wie die im vorigen Kapitel erwähnten 22 Bit der Z3 von Konrad Zuse oder die 18 Bit des berühmten PDP-7-Rechners von DEC, auf dem die ursprüngliche Version des Betriebssystems UNIX entwickelt wurde. Die Speicherblöcke der individuellen Größe, mit denen ein bestimmter Computer arbeitet, werden als Maschinenwörter bezeichnet. Die Anzahl der Bits eines solchen Maschinenworts wird Wortbreite des jeweiligen Prozessors genannt.

Erst in den 70er-Jahren einigte man sich darauf, bei jedem Computer die Adressierung 8 Bit großer Blöcke zu ermöglichen. Diese Blöcke werden als **Byte** bezeichnet. Dennoch besitzt jeder Prozessor seine eigene Wortbreite – es handelt sich um die Anzahl der Datenleitungen, mit denen er Bits parallel mit seiner Umgebung austauschen kann, sowie um die Anzahl der Bits innerhalb seiner Register (Rechenzellen). Die Wortbreiten von Prozessoren werden in Kapitel 3, *Hardware*, genau erläutert.

Die nächsten Vielfachen des standardisierten, 8 Bit großen Bytes haben ebenfalls festgelegte Namen: 16 Bit werden als Word bezeichnet (nicht zu verwechseln mit dem individuell unterschiedlichen Maschinenwort), während 32 Bit DoubleWord (DWord) heißen.

Messung von Speichermengen

Genau wie die physikalischen Maßeinheiten werden auch für das Byte Vervielfältigungen verwendet, die große Mengen mit einer speziellen Vorsilbe zusammenfassen. Allerdings sind Kilobyte, Megabyte und so weiter nicht jeweils das Tausendfache (Faktor 10^3) der vorigen Einheit, sondern es wird mit dem binärverträglicheren Wert 2^{10} (1024) gerechnet. Tabelle 2.13 zeigt eine Übersicht über die Vervielfältigungen des Bytes.

Maßeinheit	**Wert in Byte**	**Wert in KByte**	**Wert in MByte**
Byte	1	–	–
Kilobyte (KByte)	1024	1	–
Megabyte (MByte)	1.048.576	1024	1
Gigabyte (GByte)	1.073.741.824	1.048.576	1024
Terabyte (TByte)	1.099.511.627.776	1.073.741.824	1.048.576
Petabyte (PByte)	$> 1{,}1258999 \times 10^{15}$	1.099.511.627.776	1.073.741.824
Exabyte (EByte)	$> 1{,}152921 \times 10^{18}$	$> 1{,}1258999 \times 10^{15}$	1.099.511.627.776

Tabelle 2.13 Übersicht über die Vervielfältigungseinheiten des Bytes

MB ist nicht MByte!

Die Hersteller von Laufwerken und Datenträgern führen ihre Kunden übrigens in gewisser Weise in die Irre: Sie verwenden inoffizielle Abkürzungen wie MB und GB für die Angabe der Kapazität ihrer Geräte, um diese als Vielfache von 1000 angeben zu können: 1 »MB« ist kein Megabyte, sondern in der Angabe der technischen Daten von Festplatten 1 Million Byte; 1 »GB« ist 1 Milliarde Byte und so weiter. Aus diesem Grund ist beispielsweise eine Festplatte mit der Größenangabe 120 GB nur 112 Gigabyte groß.

Anders verhält es sich übrigens mit den Vielfachen des Bits, die für die Speicherkapazität einzelner Mikrochips sowie als Bit pro Sekunde zur Angabe der Geschwindigkeit serieller

Leitungen verwendet werden: 1 Kilobit (kBit) beträgt 1000 Bits, 1 Megabit (MBit) ist eine Million Bits groß und 1 Gigabit (GBit) 1 Milliarde Bits.

Binäre Speicherung verschiedener Daten

Die nächstliegende Verwendung der Bits einer Speicherzelle ist natürlich die Speicherung von Dualzahlen. Für ganze Zahlen wird dieses Verfahren tatsächlich eingesetzt. Allerdings gibt es zwei Arten der Speicherung solcher Zahlen: mit Vorzeichen (englisch signed) und ohne Vorzeichen (unsigned). Wenn eine Dualzahl ohne Vorzeichen in einem Feld mit einer bestimmten Anzahl von Bits gespeichert wird, ist der Wertebereich unmittelbar erkenntlich: Bei 8 Bits sind es beispielsweise $2^8 = 256$ verschiedene Werte, die als Zahlen von 0 bis 255 interpretiert werden. Die Belegung 0000 0000 bedeutet dabei 0, 1111 1111 steht für 255. Allgemeiner können Sie mit *n* Bit 2^n verschiedene Werte darstellen, in diesem Fall die Zahlen von 0 bis 2^n–1.

Dualzahlen mit Vorzeichen

Komplizierter wird es bei vorzeichenbehafteten Zahlen. Unmittelbar einzusehen ist, dass das vorderste, also höchstwertige Bit für das Vorzeichen stehen sollte. Wenn dieses Bit auf 0 steht, um eine positive Zahl auszudrücken, und 1 wird, wenn die Zahl negativ ist, können bei *n* Bit die Zahlen 0 bis 2^{n-1}–1 durch dieselbe Bit-Belegung dargestellt werden wie bei einer vorzeichenlosen Speicherung; bei 8 Bits sind dies die Zahlen 0 bis 127.

Um nun den restlichen Platz auf praktische Weise auf die negativen Zahlen zu verteilen, zieht man 1 vom jeweiligen Absolutwert dieser Zahlen ab und kehrt die Bitbelegung um: In einem 8 Bit großen Speicherbereich, in dem eine vorzeichenbehaftete Zahl gespeichert wird, steht 1111 1111 auf diese Weise für –1: Vom Wert 1 (die sieben Bits 000 0001) wird 1 abgezogen, was 0 (000 0000) ergibt. Vertauscht man die Bits dieses Wertes, erhält man entsprechend 111 1111. Der Vorteil dieses Verfahrens, das als Zweierkomplement bezeichnet wird, besteht darin, dass die Zahlen in korrekter Reihenfolge aufeinander folgen. Abbildung 2.1 verdeutlicht dies an den Verhältnissen in einer 4 Bit breiten Speicherzelle.

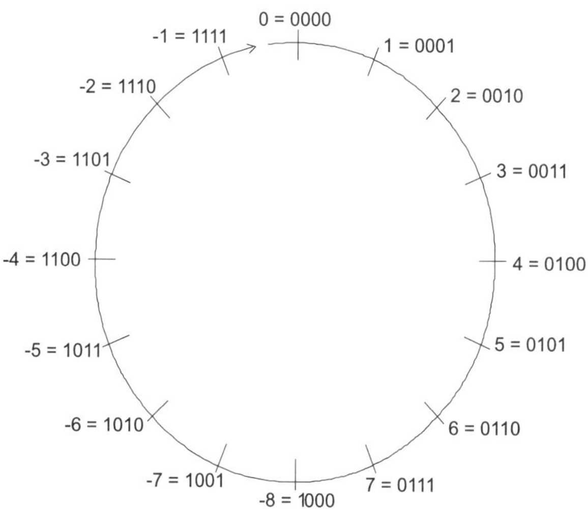

Abbildung 2.1 Die Verwendung von 4 Bit zur Speicherung positiver und negativer ganzer Zahlen

In Tabelle 2.14 sehen Sie, welche Wertebereiche man mit diversen Wortbreiten abdecken kann, jeweils einmal für vorzeichenlose und für vorzeichenbehaftete Werte.

Bits	Anzahl Zustände	Vorzeichenloser Wertebereich	Vorzeichenbehafteter Wertebereich
4	16	0 bis 15	–8 bis +7
8	256	0 bis 255	–128 bis +127
16	65.536	0 bis 65.535	–32.768 bis +32.767
24	16.777.216	0 bis 16.777.215	–8.388.608 bis +8.388.607
32	4.294.967.296	0 bis 4.294.967.295	–2.147.483.648 bis +2.147.483.647
64	> 1,8446744 x 10^{19} (über 18 Trillionen)	Zu groß, um im Normalfall sinnvoll zu sein. Speicherbereiche dieser Breite werden viel häufiger zur Darstellung besonders genauer Fließkommazahlen eingesetzt.	
128	> 3,402824 x 10^{38}		

Tabelle 2.14 Darstellungsmöglichkeiten von Ganzzahlen mit verschiedenen Bit-Anzahlen

Daneben kennen Computer auch andere Arten der binären Codierung. Es gibt beispielsweise unterschiedliche Verfahren zur Speicherung von Fließkommazahlen. Diese Zahlen werden so genannt, weil das Komma in ihnen frei verschiebbar ist und sie auf diese Weise unterschiedliche Anzahlen von Nachkommastellen haben. Die Alternative sind Festkommazahlen (mit einer festgelegten Anzahl von Nachkommastellen), deren Verwendung sich beispielsweise für das Rechnen mit Währungsbeträgen anbietet.

Fließkommazahlen

Fließkommazahlen, manchmal auch **Gleitkommazahlen** genannt (englisch Floating Point Numbers), werden grundsätzlich in der »wissenschaftlichen Schreibweise« (Exponentialschreibweise) gespeichert. In einigen Beispielen weiter oben wurde diese Art der Zahlendarstellung bereits intuitiv verwendet. In der Mathematik wird eine Zahl in dieser Form als Vielfaches einer Zehnerpotenz dargestellt. Beispielsweise könnte man 0,0000378 auch als 3,78 x 10^{-5} schreiben; 2.451.000.000 ließe sich dagegen etwa als 2,451 x 10^{9} darstellen. Der Wert vor dem Mal-Zeichen wird übrigens als Mantisse bezeichnet, die Hochzahl heißt Exponent. Bei einer bekannten Basis (hier 10) genügen diese beiden Angaben zur Darstellung einer Zahl – in vielen Programmiersprachen kann 3,78 x 10^{-5} deshalb zum Beispiel als 3.78E–5 geschrieben werden; 2,451 x 10^{9} wäre 2.451E+9 (das E steht für »Exponent«).

Aufgrund der binären Natur des Rechners werden zur internen Speicherung natürlich keine Zehnerpotenzen eingesetzt, sondern Zweierpotenzen. Die gesamte Bitbreite wird dazu aufgeteilt: 1 Bit für das Vorzeichen der Mantisse, eine bestimmte Anzahl von Bits für den absoluten Wert der Mantisse (negative Werte wie gehabt in Zweierkomplement-Schreibweise), 1 Bit für das Vorzeichen des Exponenten und die restlichen Bits für dessen Wert.

Angenommen, es stünden 16 Bits zur Verfügung (in der Praxis nur noch selten für Fließkommazahlen verwendet, da der Wertebereich zu klein ist). Diese 16 Bits ließen sich beispielsweise so aufteilen, dass 9 Bits auf den Absolutwert der Mantisse und 5 Bits auf den Absolutwert des Exponenten entfielen, natürlich jeweils plus 1 Bit für ihre jeweiligen Vorzeichen. Damit könnte die Mantisse Werte von –512 bis +511 annehmen, der Exponent wäre mit –32 bis +31 vertreten. Der größte absolut darstellbare Wert wäre 511 x 2^{31} – aufgelöst wäre dies 1.097.364.144.128. Die kleinste Zahl über 0 wäre 1 x 2^{-32}, umgerechnet etwa 4,656613 x 10^{-10}. Die absolut kleinste negative Zahl, die man so darstellen kann, ist –512 x 2^{31}, also –1.099.511.627.776.

BCD-Zahlen

Eine weitere Art der binären Codierung sind **BCD**-Werte (Binary Coded Decimals): Es handelt sich um eine ineffektive, da Speicherplatz verschwendende Art der Speicherung von Dezimalzahlen, die aber mitunter das Rechnen im Dezimalsystem beschleunigt. Dabei machen 4 Bits jeweils eine Dezimalzahl aus. Betrachten Sie als Beispiel die Zahl 354: In dualer Darstellung hat sie den Wert 101100010. Als BCD-Zahl werden die drei Ziffern der Zahl dagegen einzeln als 4 Bits große Dualzahlen geschrieben, sodass sich 0011.0101.0100 ergibt (die Punkte dienen nur der Verdeutlichung).

2.3 Elektronische Grundlagen

Die bisher in diesem Kapitel besprochenen mathematischen und logischen Funktionen werden in einem realen Computer durch elektronische Schaltungen realisiert. Das Kernstück von Logikschaltkreisen ist naturgemäß irgendeine Art von Schalter, der aber nicht von einem Menschen betätigt wird, sondern durch einen Steuerstrom. Wie im vorigen Kapitel dargelegt, wurden dazu in der Frühzeit der Computergeschichte elektromagnetische Relais verwendet, später Elektronenröhren und schließlich Transistoren – auch bei modernen integrierten Schaltkreisen handelt es sich um Transistortechnik, die einfach nur auf Mikrometergröße verkleinert wurde. Ein moderner Mikroprozessor besteht aus einigen Millionen Transistoren.

Wie ebenfalls bereits erwähnt, heißt das Fachgebiet der Informatik, zu dem der Umgang mit elektronischen Schaltungen gehört, technische Informatik. Da es sich um die technische Umsetzung der booleschen Algebra handelt, wird sie auch als Schaltalgebra bezeichnet.

2.3.1 Einfache Schaltungen

Die grundlegenden Funktionen, die im Computer stattfinden, lassen sich sehr leicht als elektrische Schaltpläne darstellen. Die beiden einfachsten Schaltungen, die man sich vorstellen kann und die sich beispielhaft durch einfaches Elektrozubehör realisieren lassen, sind die Und- und die Oder-Schaltung: Um diese Elemente isoliert (ohne vollständigen Rechner) zu bauen, benötigt man lediglich eine Batterie, eine Glühlampe, zwei Schalter und Draht.

Grundbausteine mit einfachen Schaltern

Die Und-Schaltung lässt sich durch Reihenschaltung der beiden Schalter realisieren. Die Schalter entsprechen dabei den beiden Werten, die miteinander verknüpft werden sollen. Ein geöffneter Schalter steht für 0, ein geschlossener bedeutet 1. Die Lampe zeigt das Ergebnis an: Bei einer Reihenschaltung leuchtet sie natürlich nur dann, wenn beide Schalter geschlossen sind. Abbildung 2.2 zeigt den Aufbau dieser Schaltung.

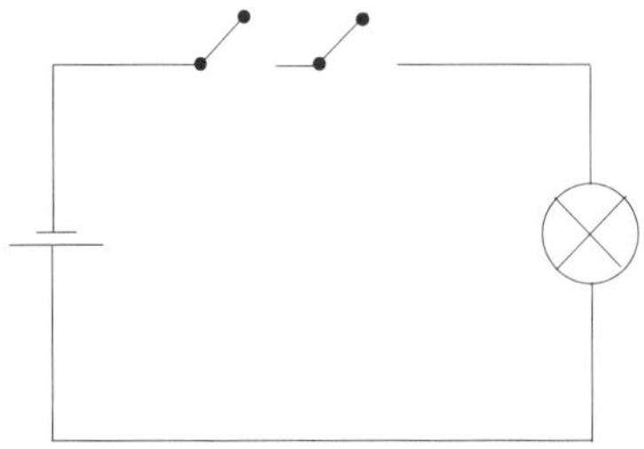

Abbildung 2.2 Logisches Und durch einfache Schalter

Wenn Sie die beiden Schalter dagegen parallel zueinander setzen, erhalten Sie eine Oder-Schaltung: Es genügt, dass einer der beiden Schalter geschlossen ist, um die Lampe zum Leuchten zu bringen (siehe Abblildung 2.3).

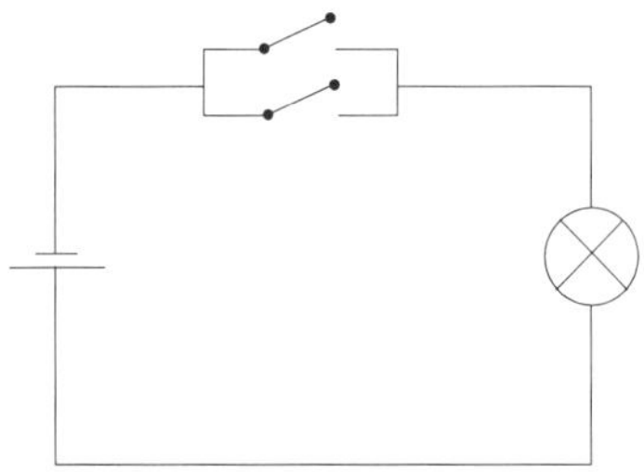

Abbildung 2.3 Logisches Oder durch einfache Schalter

In der Praxis werden die Schalter natürlich durch Transistoren ersetzt; statt der Glühlampe führt der Ausgang einer solchen Schaltung zur nächsten, um auf diese Weise komplexere logische Schaltkreise zu realisieren.

Der Transistor

Ein **MOS-Transistor** (Metal Oxide Semiconductor oder deutsch Metalloxidhalbleiter) besitzt drei Anschlüsse: einen Stromeingang (Emitter oder Source), einen Stromausgang (Kollektor oder Drain) und einen Steuerungseingang (Gate). Es fließt nur Strom zwischen Emitter und Kollektor, wenn eine Steuerspannung anliegt, sodass sich der Transistor als Schalter betrachten lässt, der durch eine Steuerspannung ein- und ausgeschaltet wird. Eine sinnvolle Anwendung ist die NOT-Schaltung, die den Eingangswert verneint. Sie wird realisiert, indem der Transistor mit einem Widerstand gekoppelt wird, wie in Abbildung 2.4 gezeigt.

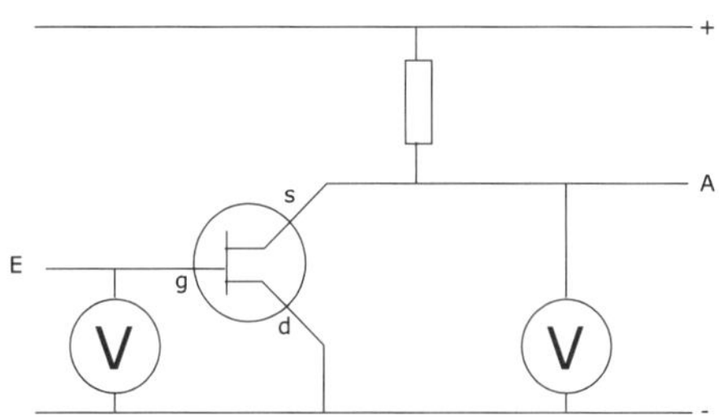

Abbildung 2.4 NOT-Schaltung durch Transistor und Widerstand

Die einfachsten Schaltungen, die sich jeweils mit Hilfe von zwei Transistoren und einem Widerstand realisieren lassen, sind die NAND- und die NOR-Schaltung. Es handelt sich um die Umkehrungen der Und- beziehungsweise Oder-Schaltungen: NAND realisiert die Schaltfunktion $\neg (A \wedge B)$ oder $\neg A \vee \neg B$, bei der die folgende Wertetabelle entsteht:

NAND	0	1
0	1	1
1	1	0

Tabelle 2.15 Wertetabelle der NAND-Schaltung

NOR stellt dagegen die Schaltfunktion $\neg (A \vee B)$ beziehungsweise $\neg A \wedge \neg B$ dar, für die die folgende Wertebelegung gilt:

NOR	0	1
0	1	0
1	0	0

Tabelle 2.16 Wertetabelle der NOR-Schaltung

Abbildung 2.5 zeigt, wie die NAND- und die NOR-Schaltung durch zwei Transistoren und einen Widerstand realisiert werden.

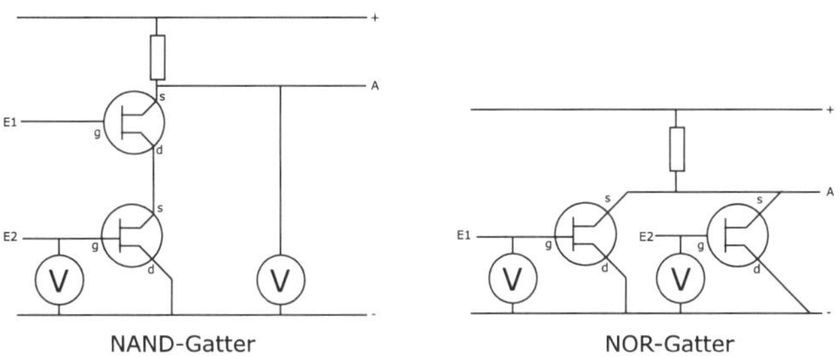

Abbildung 2.5 NAND- und NOR-Schaltung durch je zwei Transistoren und einen Widerstand

AND- und OR-Schaltung

Durch Kombination mit der weiter oben gezeigten NOT-Schaltung lassen sich diese Schaltungen zu den bekannten AND- und OR-Funktionen ausbauen.

Für die bisher dargestellten Schaltungen gelten die vereinfachenden Symbole in Abbildung 2.6, weil sich auf diese Weise komplexere Gefüge aus solchen Schaltungen übersichtlich darstellen lassen. In diesem Zusammenhang werden die grundlegenden Schaltungen wie AND und OR als **Gatter** (gates) bezeichnet.

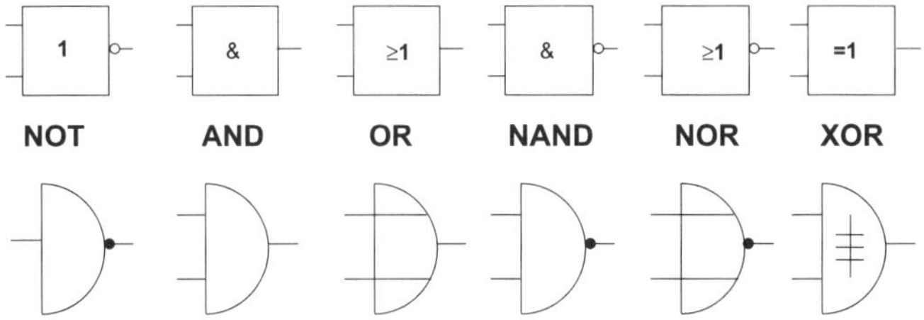

Abbildung 2.6 Gattersymbole der Logikschaltungen: oben die aktuelle DIN-Norm, unten die traditionellen Symbole

Die Negation eines Wertes wird übrigens in der Regel nicht durch ein vollständiges NOT-Symbol dargestellt, sondern durch den kleinen Kreis, der auch bei den Symbolen für NAND und NOR zu finden ist. Genau wie bei diesen Schaltungen der Ausgang negiert wird, wird bei anderen ein Eingang negiert, das heißt, ein NOT-Gatter wird vor einen der beiden Eingänge eines anderen Elements gesetzt. Beachten Sie, dass die tatsächliche technische Realisation von Schaltungen nicht mit der schematischen Darstellung übereinstimmen muss. Wie Sie weiter oben gesehen haben, werden beispielsweise nicht etwa NAND und NOR durch Verneinung von AND und OR gebaut, sondern in Wirklichkeit ist es gerade umgekehrt. Im Übrigen gibt es gerade für komplexere Verknüpfungen von Schaltungen oft eine Reihe äquivalenter Lösungen.

Die XOR-Schaltung (Exklusiv-Oder), die beispielsweise für den weiter unten besprochenen Halbaddierer benötigt wird, ist ein wenig komplexer zu realisieren. Sie besteht beispielsweise aus zwei AND-Gattern mit je einem negierten Eingang, auf die dieselben eingehenden Spannungen verteilt werden. Die Ausgänge der beiden AND-Gatter werden wiederum durch ein OR-Gatter verknüpft.

2.3.2 Zusammengesetzte Schaltungen

Ein Beispiel für die Verknüpfung mehrerer einfacher Gatter ist der Multiplexer. Er implementiert eine einfache Wenn-dann-Beziehung: Wenn der Steuereingang c mit einer Spannung belegt ist (Wert 1), wird der Wert des Eingangs x durchgeschaltet, andernfalls der Wert des Eingangs y. Abbildung 2.7 zeigt den schematischen Aufbau des Multiplexers, daneben sein Schaltsymbol. Die schrittweise Zusammenfassung immer komplexerer Schaltungen durch neue Symbole ist eine wichtige Voraussetzung für die effiziente Arbeit bei der Entwicklung elektronischer Bauteile.

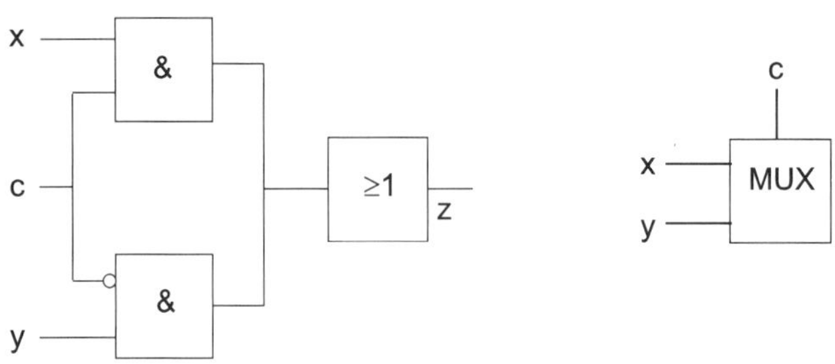

Abbildung 2.7 Aufbau eines Multiplexers

Addierer

Ein weiteres interessantes Bauteil ist der Halbaddierer. Dieser Name leitet sich aus der Tatsache her, dass die Schaltung zwar einen Übertrag berechnet, wenn beide Eingangswerte 1 sind, aber nicht in der Lage ist, den Übertrag eines vorgeschalteten Addierers entgegenzunehmen. Diese Fähigkeit besitzt nur der komplexere, weiter unten dargestellte Volladdierer. Beim Halbaddierer werden die Werte der beiden Eingänge x und y addiert. Der Ausgang s (sum, also Summe) liefert das einstellige Ergebnis der Addition, das der Verknüpfung x XOR y entspricht, während c (carry, der Übertrag) den Wert 1 für die nächste Stelle liefert, wenn x und y 1 sind. Die Funktion, die zum Ergebnis von c führt, ist demzufolge $x \wedge y$. Abbildung 2.8 zeigt den Aufbau des Halbaddierers und sein Schaltsymbol.

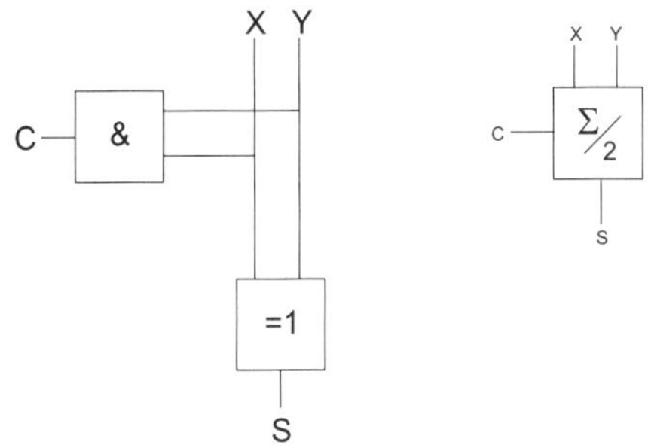

Abbildung 2.8 Aufbau eines Halbaddierers

Der Volladdierer enthält zwei Halbaddierer. Die einstellige Summe setzt sich aus der Summe der beiden eigentlichen Summanden x und y und aus dem hereinkommenden Übertrag ci (Carry-In) zusammen. Der ausgehende Übertrag co (Carry-Out) wird durch die Oder-Verknüpfung der beiden Summen gebildet. In Abbildung 2.9 sehen Sie den Aufbau des Volladdierers und sein Schaltsymbol.

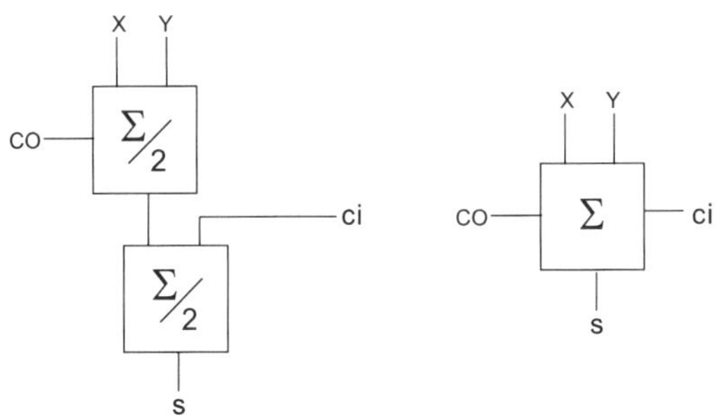

Abbildung 2.9 Aufbau eines Volladdierers

Aus einer Reihe dieser 1-Bit-Volladdierer lässt sich ein n-Bit-Addierwerk realisieren. Der Übertrag eines dieser Addierer wird dabei jeweils in den nächsten übertragen. Beachten Sie, dass der Baustein ganz rechts ein Halbaddierer ist, weil die kleinste Stelle natürlich kein Carry-In zu verarbeiten hat. Wenn Sie sämtliche s-Ausgänge von links nach rechts lesen, erhalten Sie das duale Rechenergebnis; ganz links kommt zusätzlich das Carry-Out der höchsten Stelle heraus. In Abbildung 2.10 sehen Sie beispielsweise einen 4-Bit-Addierer, mit dem sich zwei Werte von 0000 bis 1111 (0 bis 15) addieren lassen.

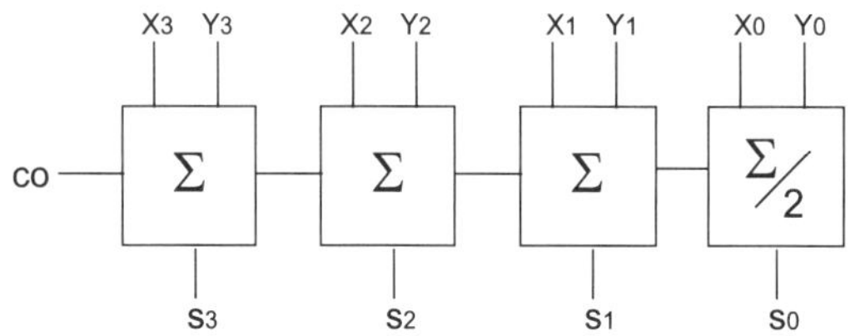

Abbildung 2.10 Aufbau eines 4-Bit-Addierwerks

Speicherbausteine

Die bisher untersuchten komplexen Schaltungen sind in der Lage, verschiedene Operationen durchzuführen. Eine andere Art von Bausteinen dient dagegen nicht als Rechenwerkzeug, sondern als Speicher, bei dem ein einmal gesetzter Wert dauerhaft vorgehalten wird. Erreicht wird dies durch verschiedene Arten der Rückkopplung: Ein Ausgang einer Schaltung wird mit einem Eingang verbunden, um einen einmal eingegebenen Wert immer wieder in die Schaltung zurückzuschreiben.

Das Flip-Flop

Der wichtigste Grundbaustein zur Realisierung von Speichern ist das Flip-Flop. Der Name dieses Bausteins beschreibt die beiden verschiedenen Zustände, die er einnehmen und dauerhaft halten kann. Die bekannteste Art des Flip-Flops ist das RS-Flip-Flop (für Set und Reset). Es handelt sich um zwei NOR-Gatter, die über je einen freien Eingang (r und s genannt) verfügen. Die beiden anderen Eingänge der NOR-Gatter werden mit den Ausgängen des jeweils anderen Gatters verbunden. In Abbildung 2.11 sehen Sie die Schaltzeichnung des RS-Flip-Flops sowie – wie immer – sein vereinfachtes Schaltsymbol zur weiteren Verwendung.

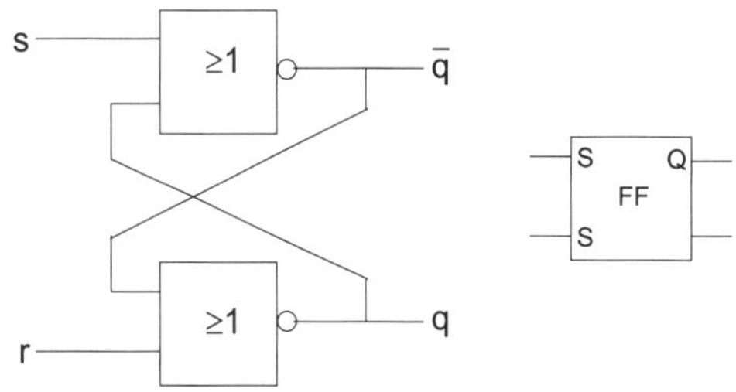

Abbildung 2.11 Aufbau eines RS-Flip-Flops

Der schaltlogisch interessante Ausgang des RS-Flip-Flops ist q: Wenn über s (Set) auch nur kurzzeitig der Wert 1 übergeben wird, liefert q diese 1 dauerhaft. Wird dagegen r (Reset) mit einer 1 belegt, dann wird q zurückgesetzt und liefert auf Dauer eine 0. Auf diese Weise dient das RS-Flip-Flop als wichtigste Komponente von Speicherbausteinen; es handelt sich um einen 1-Bit-Speicher.

Die Speicherzelle

Um vollständige Speicherbausteine zu realisieren, müssen außerhalb des RS-Flip-Flops noch einige weitere Schaltelemente hinzugefügt werden, die dazu dienen, den Eingabewert aus einer einzelnen Leitung als Wert zu interpretieren, der in der Speicherzelle abgelegt werden soll. Dazu muss ein Schalter verwendet werden, der bestimmt, dass das aktuelle Signal des Eingangs im RS-Flip-Flop gespeichert werden soll. Außerdem muss je nach zu speicherndem Wert zwischen dem Eingang s und dem Eingang r gewählt werden: Eine 1 kann einfach an die Leitung s durchgeschaltet werden, eine 0 bedeutet dagegen, dass eine 1 auf r eingegeben werden soll – der Wert muss nach Auswahl von r zusätzlich negiert werden.

Abbildung 2.12 zeigt den Aufbau einer Speicherzelle, die die beschriebene Funktionalität zur Verfügung stellt, sowie ihr Schaltsymbol. Wenn auf SELECT eine 1 eingegeben wird, kann über den mit Q AND-verknüpften Ausgang OUT der aktuelle Wert gelesen werden. Dieser Mechanismus dient in einem großen Gefüge von Speicherzellen der Adressierung, das heißt der Auswahl einer bestimmten Speicherzelle oder einer Gruppe von Speicherzellen. Werden SELECT=1 und WRITE=1 gesetzt, wird der an INPUT anliegende Wert auf die beschriebene Weise im Flip-Flop abgelegt.

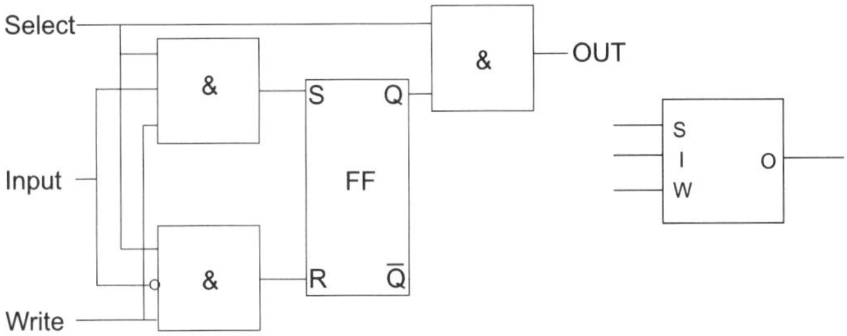

Abbildung 2.12 Aufbau einer Speicherzelle

Mehrere Speicherzellen lassen sich zu einem Register zusammenschließen. Dazu werden die SELECT- und WRITE-Eingänge aller beteiligten Zellen zusammengeschlossen, da stets das gesamte Register auf einmal gelesen oder geschrieben wird. Auf diese Weise werden die Rechenregister im Mikroprozessor realisiert, aber auch die adressierbaren Speicherblöcke im Arbeitsspeicher (RAM). Abbildung 2.13 zeigt ein Beispiel eines Vier-Bit-Registers. In der Praxis sind die meisten heutigen Register 32 oder gar 64 Bit breit, funktionieren aber nach demselben Prinzip.

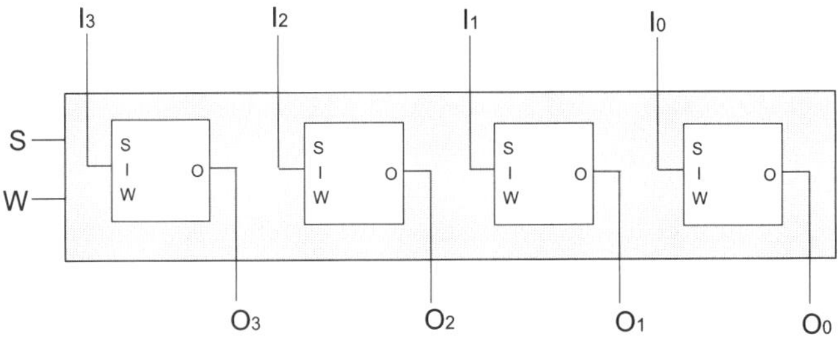

Abbildung 2.13 Aufbau eines 4-Bit-Registers

2.4 Automatentheorien und -simulationen

Um die Funktionsweise von Computern nachvollziehen zu können, wurden im Lauf ihrer Entwicklungsgeschichte zahlreiche mathematisch-theoretische Modelle entworfen, die die grundlegenden Arbeitsschritte einer solchen Maschine verdeutlichen sollen. In diesem

Abschnitt werden zwei der wichtigsten Theorien vorgestellt: der endliche Automat nach Turing sowie eine Modifikation einer Von-Neumann-Registermaschine.

2.4.1 Algorithmen

Wie bereits in Kapitel 1, *Einleitung*, erwähnt, verarbeitet ein Computer Abfolgen von Rechenvorschriften. Diese Vorschriften verarbeitet der Prozessor, indem er elektronische Schaltungen wie die im vorigen Abschnitt vorgestellten bedient. Automatentheorien beschreiben ausdrücklich nicht die elektrotechnischen Details von Computern, sondern die mathematischen Aspekte ihrer Funktionsweise. Gerade dies macht die Automatentheorien zum geeigneten Mittel, Algorithmen allgemein gültig zu formulieren, sodass sie auf vielen verschiedenen konkreten Rechnerarchitekturen realisiert werden können.

Algorithmen

Algorithmen dienen in der Mathematik der Beschreibung von Rechen-, Konstruktions- oder Beweisverfahren. In der Informatik sind sie die allgemeine Grundlage für das Schreiben von Computerprogrammen. Umgekehrt dienen sie manchmal auch der Verallgemeinerung eines bestehenden Computerprogramms aus einer konkreten Programmiersprache auf eine allgemeinere Ebene, um das Programm zum Beispiel in einer anderen Sprache neu schreiben oder einige schlecht implementierte Teilfunktionen ersetzen zu können.

Neben einem Algorithmus wird in der Regel auch eine Datenstruktur benötigt. Datenstrukturen dienen der Speicherung der Informationen, die ein Algorithmus verarbeitet. Je nachdem, wie effizient eine Datenstruktur ist und wie gut sie an ein bestimmtes Problem angepasst ist, trägt sie entscheidend zu besseren oder schlechteren Algorithmen bei. Das Thema Algorithmen und Datenstrukturen wird in diesem Buch noch einmal aus der Sicht konkreter Programmiersprachen behandelt, und zwar in einem eigenen Abschnitt in Kapitel 6, *Konzepte der Programmierung*.

Algorithmendarstellung

Es gibt verschiedene konkrete Darstellungsformen für Algorithmen:

- **Algebraische Darstellung.** Die streng mathematisch-algebraische Darstellungsform beschreibt die Datenstruktur als Algebra und die Rechenverfahren als Verknüpfungsvorschriften der Elemente dieser Algebra.

  Eine **Algebra** besteht aus einem Satz zulässiger Zeichen mit einer bestimmten Ordnung oder Abfolge sowie aus verschiedenen erlaubten Verknüpfungen dieser Zeichen. Zum Beispiel beschreibt die **lineare Algebra** sämtliche Aspekte linearer Gleichungssysteme, die Vektorrechnung und ihre Anwendungen wie etwa die euklidische Geometrie. Die Zeichen der linearen Algebra sind die reellen Zahlen beziehungsweise mehrdimensionale Vektoren aus reellen Zahlen. Die Verknüpfungsvorschriften sind die Grundrechenarten, die auf die Vektorrechnung ausgeweitet werden.

  Ein anderes Beispiel ist die weiter oben dargestellte **boolesche Algebra**, deren Zeichenvorrat aus 1 und 0 besteht; die wichtigsten zulässigen Verknüpfungen haben Sie ebenfalls bereits kennen gelernt.

  Für einen neu zu programmierenden Algorithmus eine eigene Algebra zu entwickeln, ist eine schwierige Aufgabe und erfordert umfangreiche Kenntnisse der mathematischen Formelsprache. In diesem Buch wird aus konzeptionellen Gründen nicht weiter darauf eingegangen – es ist kein Mathematikbuch. In der Literaturliste in Anhang B finden Sie Hinweise auf Bücher, in denen diese Thematik näher erläutert wird.

- **Anschaulich-sprachliche Darstellung.** Überraschend häufig ist es am sinnvollsten, einen Algorithmus als Abfolge von Schritten in normaler Alltagssprache zu formulieren. Ein Beispiel sind die Umrechnungsanleitungen für die verschiedenen Zahlensysteme weiter oben in diesem Kapitel. Der Ansatz, aus einer solchen Beschreibung ein Computerprogramm zu entwickeln, besteht darin, zunächst eine passende Datenstruktur auszuwählen und die einzelnen Schritte anschließend in Programmbefehle umzusetzen.
- **Diagrammdarstellung.** Eine beliebte Darstellungsform für Algorithmen ist das Flussdiagramm oder der konkretere, aus mehr Einzelschritten bestehende Programmablaufplan. In Kapitel 6, *Konzepte der Programmierung*, finden Sie ein Beispiel für ein einfaches Flussdiagramm nach DIN 66001. Es gibt einige andere Varianten; beliebt ist beispielsweise das Verfahren nach Nassi/Shneiderman, weil es die Funktionen moderner Prozessoren besser nachbildet und sich auf einfache Weise in Tabellenform darstellen lässt.

  Eine spezielle Variante der Diagrammdarstellung ist die Unified Modeling Language (UML). Sie dient nicht nur der Darstellung der unmittelbaren Computer-Algorithmen, sondern kann darüber hinaus ganze Geschäftsprozesse mitsamt beteiligten Ressourcen und Arbeitsabläufen abbilden. Auf diese Weise ist die UML eines der beliebtesten Instrumente im modernen Software-Engineering; sie dient dem objektorientierten Design und der Entwicklung verteilter Anwendungen. Genaueres erfahren Sie in Kapitel 7, *Software-Engineering*.
- **Pseudocode-Darstellung.** Es handelt sich um die Formulierung des Algorithmus in einer »verallgemeinerten Programmiersprache«. Diese Schreibweise kommt dem endgültigen Computerprogramm am nächsten, ist aber noch immer allgemein genug, um das Programm später in verschiedenen konkreten Sprachen implementieren zu können. Viele formalisierte Sprachen sind an Pascal oder BASIC angelehnt. Ein Beispiel auf einer anderen Ebene ist die Maschinensprache des weiter unten vorgestellten virtuellen Prozessors.

Berechenbarkeit und Komplexität

Die theoretische Informatik beschäftigt sich neben Automatentheorien vor allem mit den Problemen der Berechenbarkeit und der Komplexität.

Berechenbarkeit

Die **Berechenbarkeit** beantwortet die Frage, ob ein bestimmtes Problem überhaupt durch Berechnungen gelöst werden kann – ein Teilproblem der Berechenbarkeit ist das Halteproblem, das sich mit der Frage beschäftigt, ob ein Algorithmus bei bestimmten Eingabewerten jemals terminiert (beendet wird). Manche Programme bleiben nämlich in einer Endlosschleife hängen, entweder aufgrund eines logischen Fehlers oder eben, weil das gestellte Problem – zumindest für die eingegebenen Werte – gar nicht berechenbar ist.

Betrachten Sie als anschauliches Beispiel einen Algorithmus, der zwei Eingabewerte a und b entgegennimmt, a durch b dividiert und das Ergebnis ausgibt. Dargestellt werden könnte dieser Algorithmus etwa durch die folgende mathematische Funktion:

$$f(a,b) = a : b$$

Wie Ihnen bekannt sein dürfte, ist keine Zahl durch 0 teilbar – für b=0 ist die Funktion nicht berechenbar. Ein solcher Eingabewert heißt Undefiniertheitsstelle einer Funktion und wird so angegeben:

$$f(a,0) = \perp$$

Intuitiv können Sie allerdings erkennen, dass die Funktion allgemein berechenbar ist – es gibt unendlich viele Paare (a,b), für die sie eine definierte Lösung besitzt. Genauer gesagt ist sie für alle $a \in R$ und alle $b \in R \setminus \{0\}$ definiert.

Nicht berechenbare Probleme

Es ist schwieriger, ein nicht berechenbares Problem zu finden, also eine Aufgabenstellung, die sich nicht durch Berechnung lösen lässt. Es gibt grundsätzlich zwei Kategorien nicht berechenbarer Probleme:

- Das Problem ist seiner Natur nach nicht berechenbar.
- Eine Berechnung zur Lösung des Problems ist so komplex, dass sie nicht in annehmbarer Zeit gelöst werden kann (die Berechnung würde mit vertretbarer Rechenkapazität viele Jahre oder gar Jahrhunderte dauern).

Beispiele für den ersten Fall enthalten meist einen unauflösbaren logischen Widerspruch. Der Klassiker in dieser Hinsicht ist die folgende Aussage:

Dieser Satz ist eine falsche Aussage.

Ein Prozessor würde eher durchschmoren, als Ihnen mit Gewissheit sagen zu können, ob diese Aussage wahr ist oder nicht. Falls sie nämlich tatsächlich wahr sein sollte, würde es zutreffen, dass sie falsch ist. Damit ist sie aber eben nicht wahr. Falls sie dagegen tatsächlich falsch ist, tritt das Gegenteil in Kraft, nämlich, dass sie wahr ist ...

Die beliebte Geschichte vom Kreter, der behauptet, dass alle Kreter Lügner seien, ist dagegen kein echtes Paradoxon: Er muss ja lediglich selbst ein Lügner sein, und schon ist seine Aussage ohne jeden Widerspruch null und nichtig.

Einen viel zu hohen Aufwand stellt dagegen beispielsweise der Versuch dar, einen Algorithmus zu programmieren, der ein umfangreiches Kreuzworträtsel durch reines Ausprobieren löst oder sämtliche möglichen Züge bei einem Schachspiel durchprobiert. Letzteres scheint ein Widerspruch zu der Tatsache zu sein, dass es hervorragende Schachprogramme gibt, die sogar menschliche Weltmeister besiegen. Aber auch diese Programme versuchen gar nicht erst, jeden Zug durchzurechnen, sondern basieren auf einer Reihe von Wahrscheinlichkeitsregeln, Vereinfachungen und nicht zuletzt einer Datenbank mit sinnvollen Zügen.

Komplexität

Um die Rechenzeit zu bestimmen, die ein Algorithmus benötigt, wird dessen **Komplexität** ermittelt. Die Komplexitätsklasse gibt eine Größenordnung für die Anzahl der Durchläufe an, die bis zur Lösung des Problems zu tätigen sind. Für die tatsächliche Anzahl von Durchläufen werden drei exemplarische Werte angegeben: Der Best Case gibt die minimale Anzahl von Durchläufen an, der Average Case ist der Durchschnittswert und der Worst Case die maximale Durchlaufzahl.

Betrachten Sie als Beispiel einen Algorithmus, der die Elemente einer Menge nacheinander mit einem vorgegebenen Wert vergleicht und anhält, sobald ein Element diesem Wert entspricht oder alle Elemente verglichen wurden. Dieser Algorithmus wird als lineare Suche bezeichnet; in Kapitel 6, *Konzepte der Programmierung*, finden Sie eine Beispielimplementierung in einer echten Programmiersprache.

Der Best Case ist das Finden des Wertes beim ersten Versuch. Beim Worst Case müssen alle Elemente der Menge mit dem Suchwert verglichen werden. Der Average Case ist in diesem Fall die Hälfte der Elementanzahl. Die Komplexitätsklasse richtet sich grundsätzlich nach dem Worst Case, weil man bei der Programmierplanung berücksichtigen muss, wie lange die Ausführung eines Programms maximal dauern kann.

Der Algorithmus für die lineare Suche benötigt im Höchstfall eine Anzahl von Versuchen, die der Anzahl der Elemente entspricht. Bei n Elementen werden also maximal n Versuche gebraucht. Dies wird als lineare Komplexität bezeichnet und für eine Funktion f(N) folgendermaßen ausgedrückt:

$$k(N) = N$$

Eine andere Schreibweise ist die so genannte O-Notation: Die Komplexität einer Funktion f(N) ist von der Ordnung der Funktion g(N), wenn es eine Konstante C gibt, für die sich die Funktion f(N) den Werten aus C x g(N) von unten annähert, sodass für »große N« gilt: $f(N) \leq g(N)$. Dies lässt sich auch als $f(N) = O(g(N))$ ausdrücken. Bei der linearen Suche ist $g(N) = N$, sodass für die Funktion f(N) gilt:

$$f(N) = O(N)$$

Übrigens spricht man auch dann von ein und derselben Komplexitätsklasse, wenn sich die Anzahl der Durchläufe zweier Algorithmen um einen konstanten Faktor voneinander unterscheidet. Benötigt ein anderer Algorithmus für n Elemente beispielsweise 2n Versuche, wird dies ebenfalls als lineare Komplexität N angegeben.

Bei anderen Algorithmen kann es völlig andere Komplexitätsklassen geben. Stellen Sie sich beispielsweise ein Programm vor, das nacheinander alle erdenklichen Reihenfolgen einer Folge von n verschiedenen Werten ausgeben soll – dieses Verfahren wird als Suche nach Permutationen bezeichnet. Für die Zahlenfolge 1, 2, 3 gibt es beispielsweise die folgenden Permutationen:

1	2	3
1	3	2
2	1	3
2	3	1
3	1	2
3	2	1

Tabelle 2.17 Alle Permutationen der Zahlenfolge 1, 2, 3

Drei Elemente ermöglichen sechs verschiedene Permutationen, bei vier Elementen sind es bereits 12. Bei n Elementen sind n! (n-Fakultät, also 1 x 2 x 3 x ... x n) verschiedene Permutationen möglich. Die Komplexitätsklasse ist demnach N!.

Andere typische Komplexitätsklassen sind etwa folgende:

- O(1) – statische Komplexität: Die Rechenzeit bleibt ungeachtet der Quantität N immer etwa gleich; dies ist ein Idealzustand, der selten erreicht wird. Der aktuelle Linux-Kernel 2.6 enthält einen O(1)-Scheduler – es dauert also unabhängig von der Anzahl der laufenden Prozesse immer ungefähr gleich lang, auszuwählen, welcher als Nächster an der Reihe ist.
- O(log(N)) – die logarithmische Komplexität entsteht beispielsweise bei Teile-und-herrsche-Verfahren wie der in Kapitel 6 erläuterten binären Suche.
- $O(N^2)$ – quadratische Komplexität entsteht zum Beispiel bei Problemen, die die tabellarische Verknüpfung von Werten beinhalten.
- $O(N^K)$ – die polynomielle Komplexität herrscht bei zahlreichen mehrdimensionalen Algorithmen.
- $O(K^N)$ – exponentielle Komplexität kommt bei Problemen vor, die durch mehrfaches Ausprobieren verschiedener Kombinationsmöglichkeiten gelöst werden.

2.4.2 Die Turing-Maschine

Eine der ältesten Automatentheorien wurde 1936, also noch vor der Verwirklichung echter Computer, von dem britischen Mathematiker, Kryptologen und Informatikpionier **Alan Turing** aufgestellt. Turing ist vor allem deshalb berühmt, weil er im Zweiten Weltkrieg die entscheidende Rolle bei der Entschlüsselung des Codes der deutschen Chiffriermaschine Enigma spielte.

Der Turing-Test

Außerdem ist der von ihm erdachte Turing-Test bekannt. Dieses Konzept gilt als Maßstab dafür, wann ein Computer wirklich intelligent ist: Ein Mensch muss sich mit ihm über Monitor und Tastatur unterhalten können, ohne den Unterschied zu einer elektronischen Unterhaltung mit einem Menschen zu bemerken.

Einer der ersten Kandidaten für das Bestehen des Turing-Tests war übrigens das Programm Eliza, das in den 60er-Jahren von **Joseph Weizenbaum** geschrieben wurde: Es handelt sich um die Simulation eines Psychotherapeuten, der die Eingaben des »Patienten« in Rückfragen umwandelt (»I've got an ambivalent relationship towards computers.« – »Does it bother you that you've got an ambivalent relationship towards computers?«). Außerdem enthält das Programm eine Sammlung von Schlüsselwörtern, auf die es mit speziellen Antworten reagiert. Mit Intelligenz hat das Ganze allerdings nichts zu tun, Eliza lässt sich leicht überlisten. Im Internet finden Sie zahlreiche Online-Implementierungen sowie Downloads für die verschiedensten Plattformen, oft mitsamt Quellcode, sodass Sie das Programm analysieren können.

Übrigens kann man nicht über Alan Turing sprechen, ohne sein tragisches Schicksal zu erwähnen, zumal es ein beschämendes Beispiel dafür ist, wie weit Intoleranz getrieben werden kann: Als durch einen Zufall öffentlich bekannt wurde, dass Turing homosexuell ist, wurde er vom Gericht zu einer seltsamen Hormon-»Therapie« gezwungen. Dies zermürbte ihn letztlich so sehr, dass er sich 1954 das Leben nahm.[2]

Aufbau der Turing-Maschine

Eine der größten Leistungen Turings ist die Entwicklung des nach ihm benannten Automatenmodells, der Turing-Maschine. Eine andere Bezeichnung für dieses Modell ist »endlicher Automat«. Es besitzt den folgenden Aufbau:

- Der Speicher ist ein in einzelne Felder unterteiltes Band, das sich nach links oder rechts bewegen lässt. Aus diesem Grund wird die Turing-Maschine übrigens auch als Bandmaschine bezeichnet.
- Jedes Feld des Bandes kann einen bestimmten Wert aus dem Zeichenvorrat der Maschine enthalten.
- Je ein Feld des Bandes befindet sich unter einem Schreib-Lese-Kopf. Dieser liest die Inhalte der einzelnen Felder zeichenweise als Eingabe oder schreibt als Ausgabe neue Werte hinein.
- Je nach gelesenem Zeichen und je nach bisherigem Zustand wird die Maschine in verschiedene definierte Zustände versetzt. Die Zustände bestehen beispielsweise in der Bewegung des Bandes in eine der beiden Richtungen, das Lesen des jeweils nächsten Zeichens, das Schreiben eines Zeichens und so weiter. Ein spezielles Zeichen muss die Maschine jeweils in den Zustand »Programmende« schalten.

  Die Tatsache, dass es endlich viele verschiedene Zustände gibt, in denen sich eine solche Maschine befinden kann, begründet die Bezeichnung »endlicher Automat«.

Abbildung 2.14 zeigt den schematischen Aufbau einer Turing-Maschine. Beachten Sie, dass es neben der hier vorgestellten Ein-Band-Maschine auch Maschinen mit mehreren Bändern geben kann, die Aufgaben parallel erledigen können. Vorstellbar wäre etwa eine Turing-Maschine mit drei Bändern: Eingabeband, Rechenband und Ausgabeband.

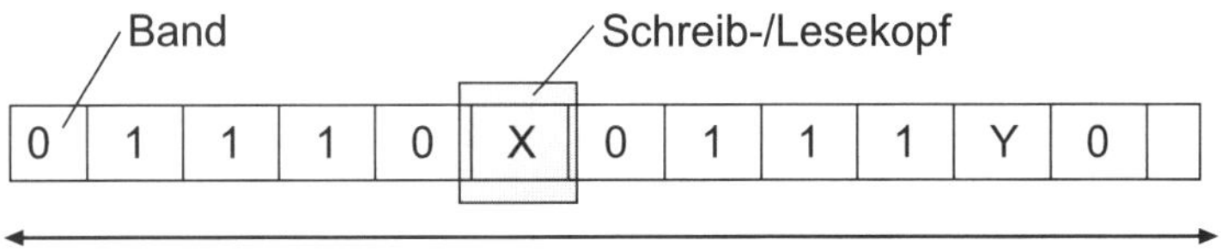

Abbildung 2.14 Aufbau einer Turing-Maschine

Beispiele

Das Prinzip lässt sich am besten anhand einer einfachen Maschine verdeutlichen, die einen kleinen Zeichenvorrat und wenige Zustände besitzt. Deshalb wird an dieser Stelle eine Turing-Maschine vorgestellt, die mit einem Alphabet aus drei Zeichen auskommt. Sie dient dazu, eine Dualzahl – bestehend aus den Symbolen 1 und 0 – bitweise zu invertieren, also aus jeder Null eine Eins zu machen und umgekehrt. Das Ende ist erreicht, wenn das spezielle Zeichen X angetroffen wird.

2 Nach einigen Quellen behauptete Turings Mutter allerdings, dass es sich bei seiner Vergiftung ganz bestimmt um einen Unfall gehandelt habe. Plausibel wäre diese Variante deshalb, weil er sich trotz der entwürdigenden Behandlung bis zum letzten Tag seines Lebens voll in allerlei Forschungsprojekten engagierte.

Das »Programm«, also die Definition der Zustandswechsel für diese Maschine, finden Sie in Tabelle 2.18. Jede Zelle in der Tabelle entspricht einer möglichen Kombination eines Zustands mit einem Wert, der zurzeit auf dem Band liegt. Jeder »Befehl« besteht aus dem neuen Wert, der geschrieben werden soll, aus dem neuen Zustand, in den gewechselt wird, sowie aus der Richtung, in die sich der Schreib-Lese-Kopf auf dem Band weiterbewegen soll. Der Anfangszustand ist 1, der Zustand 2 steht dagegen für das Programmende.

Zustand	**0**	**1**	**X**
1	1;1;R	0;1;R	X;2;-
2	Ende		

Tabelle 2.18 Zustandswechselvorschriften einer einfachen Turing-Maschine

Wird im Zustand 1 eine 0 auf dem Band gelesen, dann wird eine 1 geschrieben, die Maschine verbleibt im Zustand 1 und wandert weiter nach rechts (R). Bei einer 1 wird der Wert 0 geschrieben, abgesehen davon geschieht dasselbe. Wenn ein X gelesen wird, wechselt die Maschine in den Zustand 2, in dem die Berechnung beendet ist.

Angenommen, das Band enthält die Werte 1011X: Die Maschine führt nacheinander die in Abbildung 2.15 gezeigten Arbeitsschritte durch.

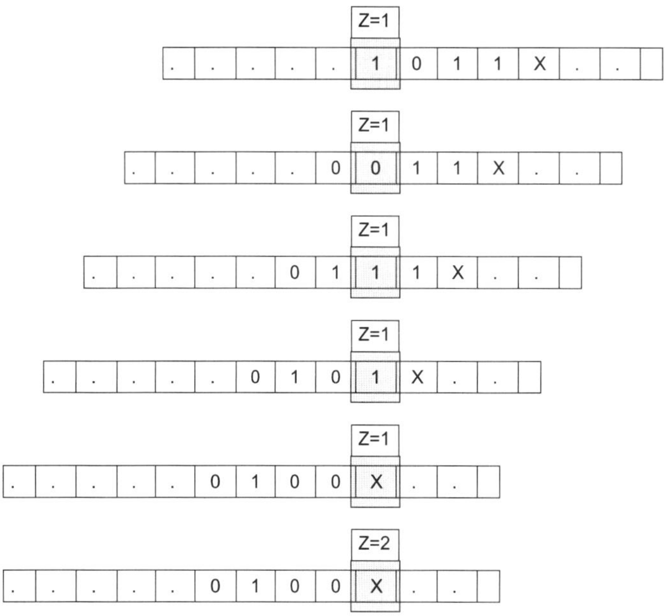

Abbildung 2.15 Arbeitsablauf eines einfachen Turing-Maschinen-Programms

Eine Maschine mit einem etwas größeren Zeichenvorrat – hinzu kommt ein Y – soll nun eine andere Aufgabe ausführen: Die einzelnen gelesenen Werte, die sich anfangs links vom X befinden, sollen hinter das X gestellt werden, und zwar in umgekehrter Reihenfolge.

Dazu bewegt die Maschine den Schreib-Lese-Kopf zunächst immer weiter nach rechts, bis sie beim X ankommt. Rechts vom X trägt sie ein Y als Stoppmarkierung ein. Hier geht sie einen Schritt zurück, um den am weitesten rechts stehenden Wert zu holen. Je nachdem, welcher Wert das ist, gibt es zwei verschiedene Zustände, die den Wert beide mit einem X überschreiben und dann immer weiter nach rechts wandern, bis das Y gelesen wird. Dort legen sie den Wert (1 oder 0) ab, für den sie zuständig sind, und notieren das Y dahinter. Anschließend geht das Ganze von vorn los.

Tabelle 2.19 zeigt die Programmvorschriften, die zur Lösung dieses Problems erforderlich sind. Das »fünfte Zeichen« mit der symbolischen Beschriftung . steht für eine leere Zelle auf dem Band.

Zustand	**0**	**1**	**X**	**Y**	**.**
1	0;1;R	1;1;R	X;2;R	–	–
2	–	–	–	–	Y;3;L
3	0;3;L	1;3;L	X;4;L	–	.;7;–
4	X;5;R	X;6;R	X;4;L	–	–
5	0;5;R	1;5;R	X;5;R	0;2;R	–
6	0;6;R	1;6;R	X;6;R	1;2;R	–
7		Ende			

Tabelle 2.19 Ein Turing-Maschinen-Programm, das die Reihenfolge einer Sequenz von Binärstellen umkehrt

Auf der Website zum Buch finden Sie Links zu einigen Turing-Maschinen-Simulationen, in denen Sie die hier dargestellten Beispiele und andere Programme ausprobieren können.

Turing-Maschinen sind in der Lage, jedes beliebige berechenbare Problem zu lösen. Deshalb ist ein wichtiges Kriterium für die Funktionalität einer Programmiersprache die Frage, ob sie Turing-vollständig ist, das heißt alle Probleme lösen kann, mit denen auch die Turing-Maschine zurechtkommt.

2.4.3 Der virtuelle Prozessor

Eine andere Art der Computersimulation ist die Registermaschine, die das Modell des Von-Neumann-Rechners simuliert. In diesem Unterabschnitt wird sie durch einen einfachen virtuellen Prozessor dargestellt. Es handelt sich um die stark vereinfachte Simulation eines Mikroprozessors. Er kann einige, aber bei weitem nicht alle Operationen durchführen, die ein echter Prozessor auch ausführen kann. Allerdings ließe sich mit etwas Mühe nachweisen, dass er Turing-vollständig ist, also alle berechenbaren Probleme lösen kann.

Auf der Website zum Buch finden Sie eine Flash-Simulation dieses Prozessors mitsamt einer Reihe von Beispielprogrammen. Alternativ können Sie die Arbeit dieses Prozessors auch mit Bleistift und Papier nachvollziehen.

In der sehr einfachen »Maschinensprache« des virtuellen Prozessors wird ein Programm geschrieben, das dann – in der Papierversion von Ihnen, in der Computersimulation durch den Rechner – ausgeführt wird.

Aufbau der virtuellen CPU

Es gelten die folgenden Designprinzipien für den Prozessor und den umgebenden Computer (der nur durch seinen Arbeitsspeicher vertreten ist):

- Der Prozessor besitzt nur zwei Rechenregister, `A` und `B`, sowie ein Statusregister `C` und einen Stack-Pointer `S`.
- Der adressierbare Arbeitsspeicher besitzt die Adressen 0–199. Das Programm als solches wird nicht als Bestandteil des Arbeitsspeichers gehandhabt (bei echten Prozessoren kann es zu Abstürzen kommen, wenn versehentlich oder absichtlich der Programmspeicher überschrieben wird). Programmstellen werden nicht durch Speicheradressen, sondern durch spezielle Sprungmarken (Labels) angegeben.

  Die Speicherstellen 100 bis 199 bilden übrigens den so genannten Stack, der weiter unten erläutert wird, und sollten deshalb nicht als normale Einzelspeicherstellen verwendet werden.
- Der Prozessor behandelt Ganzzahlen und Fließkommazahlen gleich und macht keine Unterschiede zwischen ihnen. Soll ein Speicherbereich als Adresse interpretiert werden (indirekte Adressierung), dann wird nur der ganzzahlige Anteil vor dem Komma betrachtet.
- Es gibt im Speicher keine maximale Wortlänge, er ist also nicht in Einheiten wie Bytes oder 32-Bit-Blöcke eingeteilt. Eine Speicherstelle kann eine beliebig große Zahl aufnehmen.

  Eine Einschränkung ergibt sich natürlich bei der Simulation auf einem echten Computer: Hier entspricht die maximale Aufnahmekapazität einer Speicherstelle der jeweiligen Computerarchitektur. Typischerweise können zum Beispiel 32 Bit für Ganzzahlen gespeichert werden, also sind Werte zwischen etwa –2 Milliarden und +2 Milliarden möglich.
- Eine Ebene der echten Maschinensprache, auf der jeder Befehl einer Zahl (OpCode) entspricht, wurde gar nicht erst realisiert. Die unterste Ebene ist der »Assembler« des virtuellen Prozessors, der die Befehle als benannte Kürzel – so genannte Mnemonics – abbildet. Soweit es bei einer so einfachen CPU möglich ist, wurden die Namen und Funktionen der Befehle dem Intel-Assembler angepasst.

Ein kleines Beispiel

Zum Einstieg sehen Sie hier als Erstes ein Programmbeispiel. Die Nummern in Klammern beziehen sich auf die anschließenden Erläuterungen:

```
MOV A, $0  ;(1)
ADD A, $1  ;(2)
MOV $2, A  ;(3)
HLT        ;(4)
```

Hier die Erläuterung des Programms:

1. `MOV A, $0`. Der Inhalt der Speicheradresse 0 wird in das Rechenregister A kopiert.
2. `ADD A, $1`. Der Inhalt von Adresse 1 wird zum Inhalt von Register A addiert.

3. `MOV $2, A`. Der Inhalt des Registers A wird in die Speicherstelle 2 kopiert.
4. `HLT`. Das Programm wird beendet.

Um die Simulation durchführen zu können, werden die Speicheradressen 0 und 1 mit den Anfangswerten 3 und 4 belegt. Die Ausführung des Programms kann wie folgt in einer Wertetabelle dargestellt werden:

Befehl	A	0	1	2
–	–	3	4	–
MOV A,$0	3	3	4	–
ADD A,$1	7	3	4	–
MOV $2, A	7	3	4	7

Tabelle 2.20 Darstellung eines Programmablaufs des virtuellen Prozessors in einer Wertetabelle

Befehlsreferenz

In der folgenden Referenz werden einige wichtige Abkürzungen verwendet:

- `reg` ist ein Rechenregister (A oder B).
- `addr` ist eine Datenspeicheradresse (0 bis 199).
- `val` steht für einen beliebigen ganzzahligen Wert.
- `lbl` gibt eine Sprungmarke an.

Rechenbefehle

Einer der wichtigsten Befehle ist `MOV`. Die Bezeichnung ist eigentlich unglücklich gewählt, da der fragliche Wert nicht an eine andere Stelle verschoben, sondern dorthin kopiert wird. Die allgemeine Schreibweise ist `MOV ziel, quelle` und bedeutet, dass ein Wert von `quelle` nach `ziel` kopiert werden soll. Im Einzelnen existieren die folgenden Varianten des MOV-Befehls:

- `MOV reg, reg` – Kopiert den Inhalt eines Registers in das andere. Beispiel: `MOV A, B` legt den Inhalt des Rechenregisters `B` auch im Register `A` ab.
- `MOV reg, $addr` – Dieser Befehl kopiert den Inhalt der angegebenen Adresse `addr` in das Register `reg`. Das Dollarzeichen dient der Unterscheidung zwischen einer Speicheradresse und einem konstanten Wert. Beispiel: `MOV A, $4` legt den Inhalt der Speicheradresse 4 im Register `A` ab.
- `MOV reg, val` – Kopiert den konstanten Wert `val` in das Register `reg`. Beispiel: `MOV B, 7` speichert den Wert 7 im Rechenregister `B`.
- `MOV $addr, reg` – Der Inhalt des Registers `reg` wird in die Adresse `addr` kopiert. Beispiel: `MOV $9, A` – der Inhalt von `A` wird in die Speicheradresse 9 kopiert.
- `MOV $addr, $addr` – Der Befehl kopiert den Inhalt einer Adresse in eine andere Adresse. Beispiel: `MOV $10, $11` – der Wert aus der Speicheradresse 11 wird in Adresse 10 kopiert.
- `MOV $addr, val` – Kopiert den konstanten Wert `val` in die Adresse `addr`. Beispiel: `MOV $99, 22` kopiert den Wert 22 in die Adresse 99.

Die folgenden Rechenbefehle funktionieren mit denselben Optionen:

- `ADD ziel, quelle` – Der Inhalt von `quelle` wird zu `ziel` addiert.
- `SUB ziel, quelle` – Der Inhalt von `quelle` wird von `ziel` abgezogen.
- `MUL ziel, quelle`. `ziel` wird mit dem Inhalt von `quelle` multipliziert.
- `DIV ziel, quelle`. `ziel` wird durch den Inhalt von `quelle` dividiert. Ist der Inhalt von `quelle` 0, dann bleibt der Wert von `ziel` erhalten und das ERROR-Flag `E` des Statusregisters wird auf 1 gesetzt.

Die beiden folgenden speziellen Rechenbefehle funktionieren nur mit einem Register oder einer Adresse als Ziel.

- `INC ziel` (Increment) erhöht den Wert von `ziel` um 1.
- `DEC ziel` (Decrement) vermindert den Wert von `ziel` um 1.

Vergleichsoperationen

Die nächste Kategorie von Befehlen sind die Vergleichsoperationen. Sie alle verändern die Flags im Statusregister C. Dieses Register ist folgendermaßen aufgebaut:

Z	C	O	E

Jedes der vier Flags `Z` (Zero), `C` (Carry), `O` (Overflow) und `E` (Error) ist 1 Bit groß und kann demzufolge einen der Werte 1 oder 0 annehmen.

Wie bei echten Prozessoren wird der eigentliche Vergleich als Subtraktion ausgeführt und verändert die Werte der Flags entsprechend: Bei Vergleichsoperationen wird das Zero-Flag auf 1 gesetzt, wenn die beiden Werte gleich sind (Ergebnis 0), das Carry-Flag auf 1, wenn der erste Operand kleiner als der zweite ist, und das Overflow-Flag auf 1, wenn der zweite Operand größer ist. Die beiden jeweils anderen Vergleichs-Flags werden auf 0 gesetzt. Das Overflow-Flag zeigt außer seiner Aufgabe bei Vergleichen einen Stack-Overflow (siehe unten) an.

Bei echten Prozessoren bedeutet Carry übrigens »Übertrag«; dieses Flag hat dort also die Aufgabe, anzuzeigen, dass das Ergebnis einer Operation nicht mehr in den ursprünglichen Speicherplatz der Operanden hineinpasst. Bei diesem virtuellen Prozessor kann das nicht passieren, da es keine offizielle maximale Wortlänge gibt.

Der Vergleich zweier Werte wird durch den folgenden Befehl durchgeführt: `CMP operand1, operand2`. Die beiden Operanden können alle möglichen Kombinationen sein, die auch für Rechenregister gelten. Zusätzlich können Sie hier zwei konstante Werte miteinander vergleichen, da nirgendwo ein Rechenergebnis abgelegt werden muss.

Sprungbefehle

Hinter dem Vergleichsbefehl, der die Flags in einen bestimmten Zustand versetzt, steht meist unmittelbar ein Sprungbefehl. Zu unterscheiden ist zwischen bedingten und unbedingten Sprüngen:

- Unbedingte Sprünge finden auf jeden Fall statt.
- Bedingte Sprünge finden nur dann statt, wenn die Flags aufgrund eines Vergleichs oder eines Fehlers bestimmte Werte besitzen.

Wichtig ist in diesem Zusammenhang der Befehl zum Setzen einer Sprungmarke: `LBL lbl` definiert eine Stelle im Programmspeicher, die Ziel eines Sprungs sein kann. `lbl` ist eine beliebige Kombination aus Buchstaben und Ziffern; das erste Zeichen muss ein Buchstabe sein. Es wird nicht auf Groß- und Kleinschreibung geachtet.

Die folgenden Sprungbefehle sind definiert:

- `JMP lbl` – Führt einen unbedingten Sprung zu der Stelle durch, die durch das Label `lbl` bezeichnet wird.
- `JA label` – Dieser Befehl steht für »jump if above« und springt zu `lbl`, wenn beim davor ausgeführten Vergleich der erste Operand größer als der zweite war (`O`-Flag auf 1).
- `JAE lbl` – Der Befehl »jump if above or equals« springt zu `lbl`, wenn der erste Operand größer oder gleich dem zweiten war, wenn also das `O`-Flag oder das `Z`-Flag auf 1 steht.
- `JB lbl` – Dieser Befehl – »jump if below« – springt zu `lbl`, wenn der erste Operand kleiner als der zweite war (`C`-Flag auf 1).
- `JBE lbl` (»jump if below or equals«) springt zu `lbl`, wenn der erste Operand kleiner oder gleich dem zweiten war (`C`-Flag auf 1 oder `Z`-Flag auf 1).
- `JE lbl` (»jump if equals«) springt zu `lbl`, wenn die beiden Operanden gleich waren (`Z`-Flag auf 1).
- `JNE lbl` – Der Befehl `JNE` (»jump if not equals«) springt zu `lbl`, wenn die beiden Operanden unterschiedlich waren (`C`-Flag auf 1 oder `O`-Flag auf 1).
- `JR lbl` (»jump if error«) springt zu `lbl`, wenn zuvor ein Fehler aufgetreten ist (`E`-Flag auf 1). Wird der Fehler (zum Beispiel die Division durch 0) nicht unmittelbar nach der fraglichen Operation auf diese Weise abgefangen, kommt es zum automatischen Programmhalt.
- `JO lbl` (»jump if overflow«) ist im Prinzip synonym zu `JA`, wird aber verwendet, um Stack-Overflows (siehe unten) nach `PUSH`-Befehlen abzufangen.

Stack-Befehle

Die Stack-Befehle dienen der Arbeit mit einem speziellen Speicherbereich, dem Stack (Stapel), um Werte nacheinander darauf zu legen und wieder herunterzunehmen – er arbeitet nach dem LIFO-Prinzip, also »Last In, First Out«. Schematisch ist der Stack bei diesem virtuellen Prozessor genauso organisiert wie bei echten Computerarchitekturen: Ab der Speicherstelle 199 wächst der Stack nach unten. Das spezielle Register `S` (Stack-Pointer) zeigt den obersten (also in Wirklichkeit untersten) Speicherplatz an, der zurzeit vom Stack belegt wird.

Beachten Sie, dass der Stack bei diesem virtuellen Prozessor lediglich für die Lösung von Programmieraufgaben verwendet wird. Einige solcher Probleme werden in Kapitel 6, *Konzepte der Programmierung*, näher erläutert. Bei einem echten Prozessor besitzt der Stack zusätzlich die Aufgabe, Rücksprungadressen für Unterprogramme aufzunehmen – siehe Kapitel 3, *Die Hardware*.

Der Stack kann mit Hilfe der beiden folgenden Operationen bedient werden:

- `PUSH quelle` – Der Inhalt von `quelle` wird oben auf den Stack gelegt. `quelle` kann – wie üblich – `reg`, `$addr` oder `val` sein. Ist der Stack voll (er fasst maximal 100 Werte), dann wird das `O`-Flag gesetzt. Deshalb sollte nach PUSH-Befehlen aus Sicherheitsgründen stets ein `JO`-Befehl stehen.

- POP ziel – Der oberste Wert wird vom Stack genommen und in ziel abgelegt; dieses Ziel kann reg oder $addr sein. Ist der Stack leer, bleibt der Inhalt von ziel unverändert, und das E-Flag wird gesetzt. Sinnvollerweise sollte also direkt nach jeder POP-Operation ein JR-Befehl stehen.

Zu guter Letzt bedeutet der Befehl HLT (ohne Argumente), dass das Programm gestoppt werden soll. Beim letzten Befehl hält es übrigens von selbst an; HLT ist vor allem dazu gedacht, es an einer bestimmten Stelle zu beenden, an der noch Befehle folgen.

Zwei Beispiele

Zum Schluss finden Sie hier noch zwei Beispielprogramme, die auf dem virtuellen Prozessor ausgeführt werden können. Zusätzliche Beispiele finden Sie auf der Website zum Buch. Wenn Sie selbst ein gutes Programm für den virtuellen Prozessor schreiben, können Sie es dort über ein Webformular anderen Benutzern zugänglich machen.

Beachten Sie, dass ein Semikolon in einer Zeile einen Kommentar einleitet – auch bei der Computersimulation des virtuellen Prozessors können Sie Erläuterungen dahinter schreiben.

Reihenaddition

Das erste Beispiel addiert sämtliche Werte, die auf dem Stack liegen, in der Speicherstelle 3:

```
MOV $3, 0    ; Speicherstelle 3 zurücksetzen
LBL start    ; Sprungmarke setzen
POP B        ; Wert vom Stack in B
JR  ende     ; Ende, wenn Stack leer
ADD $3, B    ; Inhalt von B zu $3 addieren
JMP start    ; Schleife: nächsten Wert verarbeiten
LBL ende
HLT
```

Wenn Sie das Programm auf dem Papier ausprobieren möchten, können Sie den Stack einfach mit einigen Beispielwerten belegen und sich anschließend eine Wertetabelle zeichnen. In der Flash-Simulation finden Sie ebenfalls Bedienelemente, um Werte vor dem Programmstart manuell auf den Stack zu legen. Anschließend können Sie das Programm laufen lassen und beobachten, was passiert.

Kostenberechnung

Das zweite Beispiel löst die in Kapitel 1, *Einleitung*, erwähnte Aufgabe, die Online-Kosten eines Internetnutzers zu berechnen. Der Provider bietet zwei Tarife an: Im Tarif 1, der Flatrate, zahlt der Kunde pauschal 29,99 €. Der Tarif 2 ist zeitbasiert; es gibt eine Grundgebühr von 5,- € und einen Minutenpreis von 0,01 €. In Speicherstelle 10 steht der Tarif (1 oder 2); Adresse 11 enthält die Minuten, die der Kunde online verbracht hat. Das Ergebnis der Berechnung wird in Adresse 20 geschrieben.

```
MOV A, $10      ; Tarif in Register A
CMP A, 1        ; Ist es Tarif 1?
JE  flat        ; - dann zum Label flat springen
MOV B, $11      ; Minuten in Register B
MUL B, 0.01     ; B mit dem Minutenpreis multiplizieren
ADD B, 5        ; Grundgebühr addieren
```

```
MOV $20, B       ; Ergebnis in Adresse 20
HLT
LBL flat         ; Hier Flatrate-Berechnung
MOV $20, 29.99   ; Pauschalpreis in Adresse 20
HLT
```

2.5 Zusammenfassung

Dieses Kapitel konnte nur einen kurzen Überblick über die faszinierende Welt der theoretischen und der technischen Informatik geben. Ausführlichere Literatur zu diesen Themenbereichen finden Sie in Anhang B.

Das Allererste, was Sie verstehen müssen, um die Arbeit von Computern nachvollziehen zu können, ist die Logik. Diese Disziplin war ursprünglich ein Teilgebiet der Philosophie und wurde erst durch die Arbeiten von Gottlob Frege und George Boole zur Mathematik hinzugefügt. Die boolesche Algebra beschreibt die logischen Verknüpfungen, mit denen Computer arbeiten.

Die Art und Weise, wie Computer in ihren binären Speicherzellen Zahlen abspeichern, geht weit über das einfache Dualsystem hinaus: Schon die Speicherung negativer Ganzzahlen, aber erst recht das Ablegen von Fließkommazahlen, funktioniert nach diversen komplexen Schemata.

Auf der Ebene der Elektrotechnik werden die arithmetischen und logischen Funktionen durch Transistorschaltungen realisiert. Verschiedene Baugruppen von Transistoren, die die einfachen logischen Operationen bereitstellen, heißen Gatter und sind wiederum die Grundbausteine für den Aufbau der verschiedenen höherwertigen Bauelemente. Millionen solcher Elemente im mikroskopisch kleinen Format bilden aktuelle Mikroprozessoren und Speicherbausteine.

Ein weiterer Ansatz, der dazu dient, Computer besser zu verstehen, ist die Beschäftigung mit Automatentheorien und -simulationen. Nachdem geklärt ist, was Algorithmen sind, geht es darum, ein universelles Maschinenmodell zu konstruieren, das Algorithmen zur Lösung aller berechenbaren Probleme ausführen kann. Einer der beiden Ansätze ist die Turing-Maschine, die ein sequenzielles Band als Speicher verwendet. Die andere Herangehensweise ist die Registermaschine, die auf dem Von-Neumann-Rechnermodell beruht. Ihr Design kommt einem modernen Computer näher als die Turing-Maschine. Die in diesem Kapitel verwendete Registermaschine ist ein virtueller Prozessor, dessen Befehlsstrukturen sich an den Intel-x86-Assembler anlehnen.

3 Hardware

I've come up with a set of rules that describe our reactions to technologies:
1. Anything that is in the world when you're born is normal and ordinary and is just a natural part of the way the world works.
2. Anything that's invented between when you're fifteen and thirty-five is new and exciting and revolutionary and you can probably get a career in it.
3. Anything invented after you're thirty-five is against the natural order of things.
– Douglas Adams

Dieses Kapitel beschäftigt sich mit dem Aufbau von Computersystemen und ihren Bestandteilen. Als Erstes werden die grundlegende Struktur und das Zusammenwirken der verschiedenen Bestandteile von Computern beschrieben. Anschließend werden die Elemente der Zentraleinheit vorgestellt und danach die einzelnen Peripheriegeräte.

Auch in diesem Kapitel wurde Wert darauf gelegt, Ihnen neben dem unvermeidlichen Prüfungswissen vor allem nützliche Informationen zu bieten. Sie erfahren zum Beispiel auf praktische Art und Weise, wie Sie Komponenten anschließen können, wie man eine CD oder DVD brennt und wie das BIOS konfiguriert wird.

Die wichtigste Art der Hardware, die in diesem Kapitel konsequent nicht behandelt wird, ist sämtliches Netzwerkzubehör. Netzwerkgeräte wie Netzwerkkarten, Modems oder verschiedene Netzwerkkabel werden ausführlich in Kapitel 13, *Netzwerktechnik*, besprochen.

3.1 Grundlagen

Computerhardware lässt sich nach einem einfachen Schema in verschiedene Bestandteile aufteilen. Dieses Schema sehen Sie in Abbildung 3.1. Die Hardware besteht grundsätzlich aus Zentraleinheit und Peripherie. Zur Zentraleinheit zählen vor allem der Mikroprozessor, der Arbeitsspeicher (RAM), die verschiedenen Bus- und Anschluss-Systeme sowie das BIOS. Zur Peripherie gehören sämtliche Bauteile, die zusätzlich an die Zentraleinheit angeschlossen werden; sie dienen der Ein- und Ausgabe sowie der dauerhaften Speicherung von Daten.

Das EVA-Prinzip

Computer arbeiten schematisch gesehen nach einem Verfahren, das als **EVA-Prinzip** (für **E**ingabe, **V**erarbeitung und **A**usgabe) bezeichnet wird: Über eine Eingabeeinheit wie die Tastatur, die Maus oder einen Datenträger gelangen Daten in den Computer, werden durch den eigentlichen Rechenkern verarbeitet und über ein Ausgabegerät wie Monitor oder Drucker wieder ausgegeben. Ein- und Ausgabe sind Sache der Peripheriegeräte, für die Verarbeitung sind die Komponenten der Zentraleinheit zuständig.

Dieses Verfahren lässt sich durch die gesamte in Kapitel 1, *Einführung*, skizzierte Geschichte der Computer verfolgen. Tabelle 3.1 zeigt eine Übersicht über die verschiedenen Computergenerationen und ihre typischen Verwirklichungen von Eingabe, Verarbeitung und Ausgabe. Beachten Sie, dass dies lediglich eine schematische Übersicht ist, der

Wechsel der dominierenden Ein- und Ausgabegeräte erfolgte allmählich und nicht genau mit dem Wechsel der Rechnergenerationen.

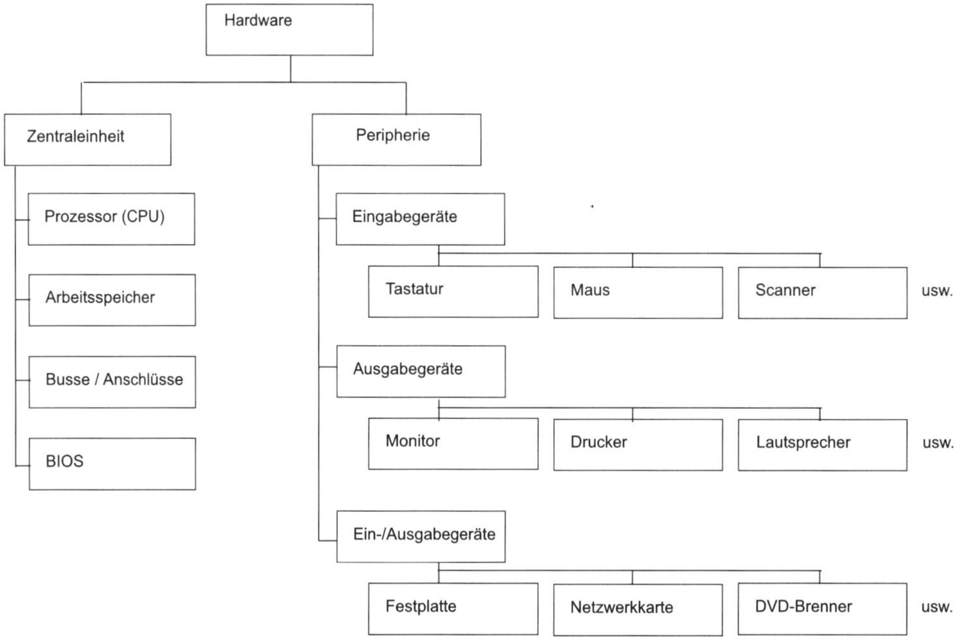

Abbildung 3.1 Schematische Übersicht über die Systematik der Hardware

Rechnergeneration	Eingabeeinheit	Verarbeitungseinheit	Ausgabeeinheit
1. Röhrenrechner	Schalttafeln	Röhrenschaltungen, Trommelspeicher	Leuchtanzeigen, Endlosdrucker
2. Transistorrechner	Lochkarten	Transistorschaltungen, Magnetkernspeicher	Endlosdrucker
3. IC-Rechner	Terminal, Magnetband	IC-Schaltungen	Terminal, Endlosdrucker, Magnetband
4. Mikrocomputer	Tastatur, Maus, Scanner, Diskette, Festplatte usw.	Mikroprozessor, IC-basierter Speicher	Monitor, Drucker, Diskette, Festplatte usw.

Tabelle 3.1 Generationswechsel bei der Eingabe-, Verarbeitungs- und Ausgabeeinheit

Von-Neumann-Rechner

Die grundlegende Beschreibung der Funktionsweise eines Computers lieferte das Konzept, das **John von Neumann** 1946 aufstellte. Mit gewissen Abwandlungen durch neuere Entwicklungen gilt dieses Prinzip noch heute. Ein Von-Neumann-Rechner besteht aus den folgenden schematisch beschriebenen Komponenten:

- Das **Steuerwerk** liest einen Befehl und seine Operanden nach dem anderen und interpretiert ihn anhand einer Befehlstabelle.

- Das **Rechenwerk** führt die diversen arithmetischen und logischen Operationen durch.
- Der **Hauptspeicher** enthält die Befehle des zurzeit ausgeführten Programms und die Daten, die gerade verarbeitet werden.
- **Ein- und Ausgabeeinheit** kommunizieren mit der Umwelt, um neue Programme und Daten entgegenzunehmen und fertig verarbeitete Daten wieder auszugeben.

Rechen- und Steuerwerk sind noch heute die wichtigsten Komponenten von Mikroprozessoren. Diese Elemente bestehen zwar heutzutage genau wie der Hauptspeicher aus völlig anderen Bauteilen, als von Neumann sich das vorstellen konnte, erfüllen aber nach wie vor die gleiche Funktion. Ein- und Ausgabeeinheit werden im Von-Neumann-Konzept ohnehin nur abstrakt beschrieben und können durch völlig beliebige Geräte verwirklicht werden.

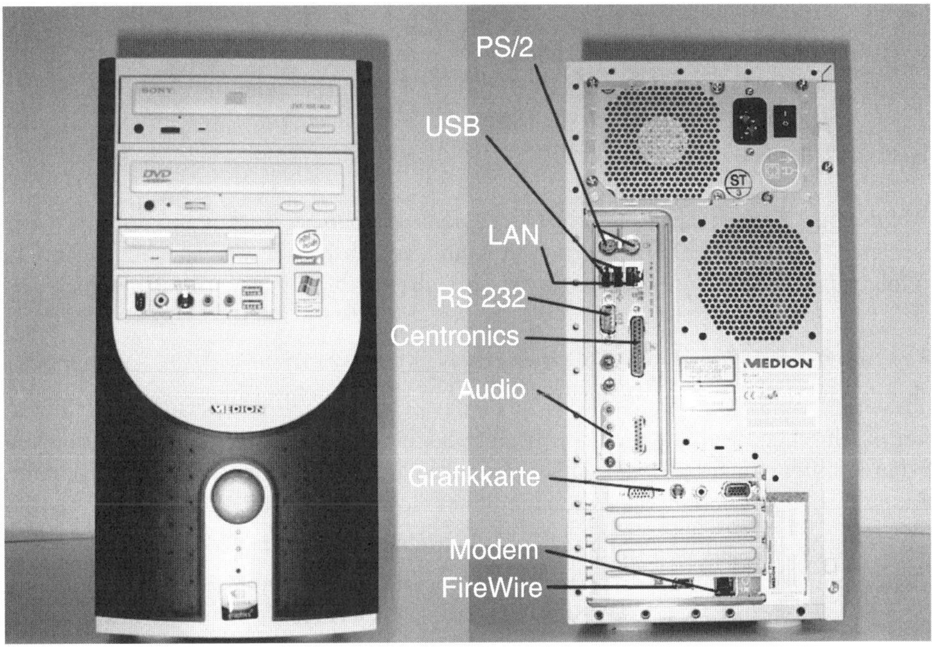

Abbildung 3.2 Vorder- und Rückseite eines modernen PCs

Abbildung 3.2 zeigt die Vorder- und die Rückseite eines gewöhnlichen PCs. Auf der Vorderseite erkennen Sie oben zunächst die verschiedenen Wechsellaufwerke: CD-Brenner, DVD-ROM-Laufwerk und Diskettenlaufwerk. Darunter befindet sich ein praktisches aufklappbares Fach mit den wichtigsten Anschlüssen, die sich zusätzlich noch einmal auf der Rückseite befinden. Unten finden Sie schließlich den Einschaltknopf, LEDs für Power und Festplattenaktivität sowie den Reset-Knopf.

Auf der Geräterückseite finden Sie zahlreiche Anschlüsse. Im oberen Bereich liegen die verschiedenen Buchsen der Onboard-Komponenten; unten sind die nach außen geführten Anschlüsse der Einsteckkarten zu finden. Der Bequemlichkeit halber sind die einzelnen Teile der Rückseite unmittelbar im Bild beschriftet.

Abbildung 3.3 Das Innenleben eines PCs

In Abbildung 3.3 sehen Sie das Innenleben desselben Rechners. Auch hier wurden die verschiedenen Komponenten im Bild beschriftet, um das Ganze übersichtlicher zu machen. In den folgenden Abschnitten werden die einzelnen Bestandteile genauer beschrieben.

3.2 Die Zentraleinheit

In diesem Abschnitt werden die Bestandteile der Zentraleinheit von Personal Computern näher beschrieben. Die Zentraleinheit besteht bei einem modernen PC im Wesentlichen aus den Komponenten der Hauptplatine, die auch Mainboard oder Motherboard genannt wird. Im Einzelnen gehören die folgenden wesentlichen Bestandteile dazu:

- Der **Mikroprozessor** (Central Processing Unit oder CPU) ist das eigentliche Herzstück des Computers, das für die Ausführung der Programme sowie für die zentrale Steuerung und Verwaltung der Hardware zuständig ist. Die meisten Desktop-PCs besitzen nur einen Mikroprozessor, maximal sind es in diesem Bereich zwei. Highend-Workstations, beispielsweise für professionelle 3D-Grafik, sowie leistungsfähige Serverrechner haben dagegen oft zwei, vier, acht oder noch mehr parallel arbeitende Prozessoren. Wichtig ist in diesem Fall, dass das verwendete Betriebssystem und die Anwendungsprogramme die Verteilung der Arbeit auf mehrere Prozessoren überhaupt unterstützen.
- Der **Arbeitsspeicher** (das Random Access Memory, kurz RAM) enthält während der Laufzeit die Programme, die gerade ausgeführt werden, sowie die von ihnen verwendeten Daten. Die meisten modernen Betriebssysteme unterstützen die virtuelle Speicheradressierung, die die von Programmen verwendeten Speicheradressen von den physikalischen Adressen abstrahiert und auf diese Weise das Auslagern nicht benötigter Inhalte auf die Festplatte ermöglicht.
- Der **ROM-Speicher** (für Read-only Memory, also Nur-Lese-Speicher) ist bei modernen PCs nicht mehr so wichtig wie früher. Statt des gesamten Betriebssystems und anderer

Programme enthält es heutzutage in der Regel nicht viel mehr als ein Programm, das beim Einschalten die wichtigsten Hardwarekomponenten überprüft und dann das Booten des Betriebssystems von einem Datenträger in Gang setzt. Dieses Progamm wird bei Intel-PCs **BIOS** genannt; beim Macintosh heißt es aus traditionellen Gründen einfach ROM.

Bei 80er-Jahre-Heimcomputern war das ROM erheblich wichtiger: Fast alle hatten ein einfaches Betriebssystem sowie einen Editor und einen Interpreter für die Programmiersprache BASIC fest im ROM eingebaut. Der Vorteil solcher Systeme war, dass sie unmittelbar nach dem Einschalten verfügbar waren. Der Nachteil bestand natürlich darin, dass es kaum möglich war, ein anderes Betriebssystem zu verwenden als das eingebaute.

Fest ins ROM eingebaute Betriebssysteme oder Anwendungsprogramme besitzen heute nur noch Spezialcomputer: kleine, leicht konfigurierbare Router-Boxen, Industrie-PCs, die aufgrund der unwirtlichen Umgebung ohne mechanische Teile auskommen müssen, oder auch die weit verbreiteten Embedded Systems, also die eingebauten Computer in Automotoren, Spülmaschinen oder Produktionsanlagen.

- Der **Chipsatz** (englisch chipset) ist in der Regel fest auf der Mainboard verlötet. Es handelt sich um eine Gruppe von Schaltkreisen, die spezielle Steuerungsaufgaben übernehmen. Sie enthalten vor allem die Steuerfunktionen für sämtliche Anschlüsse, die die Mainboard zu bieten hat. Die Qualität der unterschiedlichen Chipsätze hat einen erheblichen Einfluss auf die Performance eines Rechners.
- Die verschiedenen **Busse** und **Schnittstellen** dienen zum einen der Kommunikation zwischen den Bestandteilen der Mainboard, zum anderen dem Anschluss aller Arten von Peripheriekomponenten, angefangen bei den diversen Steckkarten wie Sound-, Grafik- oder Netzwerkkarten über verschiedene Arten von Laufwerken bis hin zu Druckern, Scannern oder Digitalkameras.

Bitte beachten Sie, dass die auf vielen Mainboards enthaltenen Onboard-Komponenten, also die fest verlöteten Grafik-, Sound- oder Netzwerkchips, formal kein Bestandteil der Zentraleinheit sind; sie gehören trotz ihrer Unterbringung auf der Hauptplatine zur Peripherie.

In älterer Literatur werden die Begriffe »Zentraleinheit« und »Central Processing Unit« (CPU) manchmal synonym gebraucht; laut einer solchen Begriffsverwendung besteht diese »CPU« aus Mikroprozessor und Arbeitsspeicher. Der Fehler kommt zustande, weil die Autoren die Verhältnisse bei Großrechenanlagen der 60er- und 70er-Jahre vor Augen hatten. Diese Geräte besaßen noch keine Mikroprozessoren, das Rechenwerk und der Arbeitsspeicher (core) ließen sich tatsächlich nicht ohne weiteres voneinander trennen. Ärgerlich ist an diesem Fehler vor allem, dass er als »Wissen« für IHK-Prüfungen verlangt wurde. Besonders in EDV-Kursen für kaufmännische Berufe war er noch in der zweiten Hälfte der 90er-Jahre verbreitet.

3.2.1 Aufbau und Aufgaben des Prozessors

Mikroprozessoren sind komplexe integrierte Schaltkreise, die anfangs aus einigen Tausend Transistoren bestanden. Heute setzen sie sich sogar aus mehreren Millionen Transistoren zusammen, sind aber nicht viel größer als die ursprünglichen Prozessoren: Wegen des Fortschritts der fotolithografischen Verfahren, mit denen die Schaltungen auf die Siliziumscheiben aufgebracht werden, wird die Integrationsdichte immer höher.

Die CPU als Bauteil

Der Mikroprozessor wird auf die Hauptplatine aufgesteckt. Es gibt zahlreiche verschiedene Bauformen und Prozessorsockel, die sich im Laufe der Jahre stark verändert haben. Selbst innerhalb der Welt der Intel-kompatiblen PCs passt bei weitem nicht jeder Prozessor auf jede Mainboard.

Bis zum Pentium Pro steckten alle Intel-Prozessoren waagerecht in einem Sockel; sie waren rechteckig (bis zum 386er-Prozessor) und später quadratisch und besaßen unterschiedliche Anzahlen von Pins (Anschlüssen). Der Pentium II, die ersten Pentium III-Modelle und manche ältere AMD-Athlon-CPUs waren erheblich größer und wurden senkrecht in einen Slot gesteckt. Das liegt daran, dass bei diesen Prozessoren erstmals der weiter unten besprochene Level-2-Cache, ein schneller Zwischenspeicher, in das Prozessorgehäuse integriert wurde.

Da die Integrationsdichte der Transistoren auf dem Prozessor jedoch immer noch weiter gesteigert werden konnte, gelang es, spätere Pentium-III-Modelle, den Pentium 4 und den AMD Athlon XP mitsamt L2-Cache wieder in die klassische Sockelform zu bringen, die weniger Strom verbraucht und besser zu kühlen ist.

Technischer Überblick

Schematisch gesehen besitzt ein Mikroprozessor die folgenden Bestandteile:

- Die **ALU** (Arithmetic-Logical Unit oder zu deutsch Arithmetisch-logische Einheit) ist die moderne Verwirklichung eines Rechenwerks. Dieser Teil des Prozessors führt mathematische Operationen und logische Verknüpfungen durch. Heutige Prozessoren besitzen in der Regel getrennte ALUs oder ALU-Teile für ganzzahlige Operationen und für Fließkomma-Operationen. Bei früheren Prozessoren mussten die Fließkomma-Operationen durch komplexe Ganzzahlberechnungen simuliert werden; später verwendete man externe Fließkomma-Einheiten, die als arithmetische Koprozessoren bezeichnet wurden.

  Bei den Intel-Prozessoren besaß erst der 486 DX eine eingebaute Fließkommaeinheit, das Vorgängermodell 486 SX konnte optional durch den Koprozessor 487 ergänzt werden. Dieses Verfahren verwendete Intel bereits seit dem 8086-Prozessor und dem separat erhältlichen Koprozessor 8087.
- Die **Register** sind einzelne, spezialisierte Speicherstellen innerhalb des Prozessorkerns. Die ALU rechnet vor allem mit Werten, die innerhalb der Register abgelegt sind. Verwechseln Sie die Register nicht mit Arbeitsspeicher; ein typischer Prozessor besitzt nur relativ wenige von ihnen (zum Beispiel 32 Stück) und verwendet sie nicht zur längerfristigen Ablage von Informationen.
- Das **Steuerwerk** übernimmt die Kontrolle über die Ausführung des Programmcodes und initiiert andere Steuerungsfunktionen. Der Befehlszeiger, ein spezielles Register, verweist auf die Speicheradresse, aus der der nächste Programmbefehl gelesen wird. Bei einem Sprung im Programm muss der Befehlszeiger auf die richtige neue Adresse

gesetzt werden. Ein weiteres Register, das vom Steuerwerk verwaltet wird, ist der weiter unten erläuterte Stack-Zeiger.

Heutzutage sind Steuerwerke recht komplizierte Bauteile, weil bereits auf Prozessorebene Unterstützung für die abwechselnde, gleichzeitige Ausführung mehrerer Prozesse (Multitasking) eingebaut ist. Aus diesem Grund genügt es nicht, dass das Steuerwerk sich um den Gang eines linear ablaufenden, höchstens durch Sprünge verzweigenden Programms kümmert, sondern es muss in Zusammenarbeit mit Mechanismen des Betriebssystems dafür sorgen, dass ein sauberer Wechsel zwischen den verschiedenen Prozessen stattfinden. Das Konzept wird in Kapitel 4, *Betriebssysteme*, genau erläutert.

- Die **Befehlstabelle** (Instruction Table) ermöglicht die Decodierung der verschiedenen Maschinenbefehle in einem Computerprogramm: Jeder Befehl, der aus dem laufenden Programm gelesen wird, besitzt einen bestimmten numerischen Wert. Je nach Befehlsnummer werden unterschiedliche Schaltungen aktiviert, die für ein bestimmtes Verhalten des Prozessors sorgen.
- Über verschiedene **Busse** (Datenleitungen) ist der Prozessor mit der Außenwelt, also mit den anderen Komponenten der Mainboard, verbunden: Der **Datenbus** dient dem Austausch von Dateninhalten mit dem Arbeitsspeicher, der **Adressbus** überträgt die zugehörigen Speicheradressen und der **Steuerbus** kümmert sich um die Ansteuerung der Peripherie-Anschlüsse.

Cache

In heutigen Prozessoren sind darüber hinaus die so genannten **Cache**-Speicher untergebracht. Es handelt sich um kleine, aber sehr schnelle Zwischenspeicher, in denen Befehle oder Daten abgelegt werden können, die bald wieder benötigt werden. Die Verwendung von Cache-Speichern macht den Bau von PCs erheblich wirtschaftlicher: Es wäre schlicht zu teuer, den gesamten Hauptspeicher aus den schnellen Bausteinen aufzubauen, aus denen der Cache besteht, und würde darüber hinaus zu viel Strom verbrauchen. Deshalb wird eine mehrstufige Speicherarchitektur verwendet:

- Der Level-1-Cache ist unmittelbar im Prozessorkern selbst untergebracht und wird mit derselben Taktrate (siehe unten) betrieben wie der Prozessor selbst. Er ist sehr klein, beim Intel Pentium 4 ist er beispielsweise nur 16 KByte (12 KByte für Befehle, 4 KByte für Daten) groß, beim AMD Athlon dagegen 128 KByte (je 64 KByte für Befehle und Daten). Den L1-Cache verwendet der Prozessor vornehmlich bei der Ausführung sehr kurzer Schleifen aus wenigen Befehlen.
- Der Level-2-Cache war bis zum ursprünglichen Pentium-Prozessor außerhalb des eigentlichen Prozessorgehäuses auf der Mainboard untergebracht. Seit dem Pentium II befindet er sich im Prozessorinneren, ohne zu dessen Kern zu gehören. Er wird mit einem Vielfachen der Geschwindigkeit des normalen Arbeitsspeichers betrieben, aber mit einem Bruchteil der Prozessorgeschwindigkeit. Dafür ist er erheblich größer als der L1-Cache, beispielsweise 512 oder 1.024 KByte.

  Ein erheblich kleinerer Level-2-Cache ist übrigens der wichtigste Unterschied zwischen den normalen Prozessoren Intel Pentium 4 und AMD Athlon auf der einen Seite und den abgespeckten Varianten Intel Celeron und AMD Duron auf der anderen. Dies führt zu CPUs, die langsamer arbeiten, aber erheblich billiger sind, darüber hinaus stromsparend arbeiten und deshalb gut für den Ausbildungsbereich oder für Notebooks geeignet sind.

- Der eigentliche Arbeitsspeicher (RAM) dient der normalen Speicherung der Programme, die zurzeit ausgeführt werden, und der von ihnen verarbeiteten Daten. Die RAM-Bausteine, aus denen der Arbeitsspeicher zusammengesetzt ist, arbeiten bei älteren PCs mit derselben Taktrate wie die Mainboard selbst, bei sehr modernen Computern dagegen mit dem 2-, 4- oder sogar 8fachen davon.
- Falls auch der normale Arbeitsspeicher nicht mehr ausreicht, um alle Daten der aktuell geladenen Programme aufzunehmen, werden Inhalte aus dem RAM, die nicht besonders dringend benötigt werden, auf die Festplatte ausgelagert. Dieser Vorgang wird je nach Prozessorarchitektur und Betriebssystem als Swapping oder Paging bezeichnet und in Kapitel 4, *Betriebssysteme*, näher beschrieben. Moderne Prozessoren unterstützen eine solche virtuelle Speicherverwaltung durch eine eingebaute Komponente namens Memory Management Unit (MMU).

Programmierer haben übrigens so gut wie keinen Einfluss darauf, welche Daten der Prozessor in einem der Cache-Speicher ablegt. Eine wichtige Entscheidungsgrundlage ist dagegen eine Einheit in der CPU, die als Sprungvorhersage (Branch Prediction) bezeichnet wird: Während der Ausführung von Programmen berechnet der Prozessor, wohin der nächste Sprung im Programm am wahrscheinlichsten führen wird. Aufgrund dieser Daten kann der Prozessor jeweils entscheiden, ob es sich lohnt, bestimmte Programmteile oder Daten im Cache abzulegen oder nicht.

Leistungsmerkmale von Prozessoren

Dass Prozessoren im Lauf der Jahre immer leistungsfähiger wurden, dürfte allgemein bekannt sein und ist für technische Geräte fast selbstverständlich. Es ist allerdings wichtig, die verschiedenen Leistungsmerkmale zu kennen und zuordnen zu können.

Die wichtigste Information über die Leistungsfähigkeit eines Mikroprozessors ist seine **Wortbreite**. Dieser Wert gibt an, aus wie vielen Bits ein Maschinenwort dieses Prozessors besteht. Je breiter ein solches Maschinenwort ist, desto mehr unterschiedliche Zustände oder Werte kann der Prozessor im gleichen Durchgang bearbeiten. Verschiedene Komponenten eines Prozessors können unterschiedliche Wortbreiten aufweisen (auch wenn dies seit langem unüblich geworden ist):

- Die Wortbreite der **Register** betrifft die Rechenfähigkeiten der ALU, nämlich die mögliche Größe von Ganzzahlen und die Genauigkeit von Fließkommawerten.
- Die Breite des **Datenbusses** bestimmt, wie viele Bits gleichzeitig aus dem Arbeitsspeicher gelesen oder in ihn geschrieben werden können. Da dieser Wert also den Datenaustausch mit Programmen betrifft, ist er für Programmierer relevant und wird deshalb als Wertangabe für die Datenbreite des Prozessors selbst verwendet.
- Die Breite des **Adressbusses** regelt die maximale Größe von Speicheradressen und bestimmt deshalb, wie viel Arbeitsspeicher ein Prozessor überhaupt adressieren kann.
- Die Breite des **Steuerbusses** ist schließlich relevant dafür, mit welchen Arten von Peripherieanschlüssen ein Prozessor überhaupt umgehen kann. Erst die Einführung der 32-Bit-Prozessoren ermöglichte deshalb die Entwicklung leistungsfähiger Peripherieschnittstellen wie PCI und AGP.

In Tabelle 3.2 finden Sie eine Übersicht über die verschiedenen Prozessorgenerationen. Das angegebene Entwicklungsjahr bezeichnet jeweils die Entstehung des ersten verfügbaren Prozessors mit der entsprechenden Wortbreite.[1]

Jahr	Wortbreite	Anzahl Zustände	Beispiele
1971	4 Bit	16	Intel 4004
1974	8 Bit	256	Intel 8080 Zilog Z80 MosTek 6502
1978	16 Bit	65.536	Intel 8086 Motorola 68000
1985	32 Bit	> 2 Milliarden	Intel 80386[2] PowerPC
1992	64 Bit	> 18 Trillionen	DEC Alpha Intel Itanium PowerPC G5

Tabelle 3.2 Übersicht über die Entwicklung der verschiedenen Prozessorgenerationen

Die Taktfrequenz

Neben der Wortbreite gibt es noch verschiedene andere Kriterien, die die Geschwindigkeit von Prozessoren bestimmen. Die bekannteste Angabe ist die vom Intel- und AMD-Marketing gern zum Hauptgesichtspunkt erklärte **Taktfrequenz** (Clock Rate). Die Taktfrequenz wird nicht vom Prozessor selbst bestimmt, sondern ist ein Vielfaches des Mainboard-Taktes (**F**ront **S**ide **B**us Clock Rate). Auf der Mainboard befindet sich eine Steckbrücke (Jumper) oder ein DIP-Schalter, mit dem der Multiplikator eingestellt wird. Er gibt an, mit dem Wieviel-Fachen der FSB-Taktrate der Prozessor arbeitet. Die günstigen Einsteiger-CPUs Intel Celeron und AMD Duron sind übrigens anders als Pentium 4 und Athlon mit einem festen Multiplikator ausgestattet und lassen sich durch eine Manipulation des Multiplikators auf der Mainboard nicht beeinflussen.

Ist die Mainboard beispielsweise mit 133 MHz getaktet, dann führt die Einstellung eines Multiplikators von 20 zu einer CPU-Taktrate von 2,66 GHz. Auch wenn es technisch möglich ist, sollten Sie davon absehen, einen Prozessor durch Erhöhung des Multiplikators über den vom Hersteller angegebenen Wert zu takten (»Overclocking«). Dies kann nämlich zu einem vorzeitigen Ende des Prozessors führen.

Die Einteilung der Prozessoren in verschiedene Taktklassen kommt durch eine Qualitätskontrolle der verwendeten Siliziumscheiben zustande: Je hochwertiger der Grundstoff, desto höher kann die daraus hergestellte CPU gefahrlos getaktet werden. Wenn Sie einen Prozessor unbedingt übertakten möchten, müssen Sie sich genau über spezielle Kühlsysteme informieren – es ist allerdings in der Regel teurer und aufwändiger, eine solche Kühlung einzubauen, als einfach den für die gewünschte Taktrate ausgelegten Prozessor zu kaufen.

1 Der Intel 80386 SX besaß zwar 32 Bit breite Register, aber nur einen 16-Bit-Datenbus. Er konnte also schneller rechnen, aber nicht schneller mit der Umgebung kommunizieren als ein 16-Bit-Prozessor. Aufgehoben wurde diese erst beim 386 DX.

Ganz davon abgesehen sagt die Taktrate viel weniger über die tatsächliche Arbeitsgeschwindigkeit einer CPU aus, als die Intel-Werbung glauben machen möchte. Je nach Komplexität bestimmter Befehle dauert ihre Ausführung mehrere Taktzyklen; unterschiedliche Prozessorfamilien lösen verschiedene Aufgaben nicht immer mit derselben Effizienz. Außerdem verbringen Prozessoren einen Großteil ihrer Zeit mit Warten: Da Ein- und Ausgabe verhältnismäßig langsam stattfinden, hat ein Prozessor häufig nichts zu tun, weil die erforderlichen Daten nicht schnell genug nachkommen.

Insofern führt zu wenig Arbeitsspeicher beispielsweise zu erheblich größeren Geschwindigkeitseinbußen als ein etwas langsamerer Prozessor: Das Auslagern nicht benötigter Speicherinhalte auf die Festplatte und das Laden der als Nächstes erforderlichen verbraucht sehr viel Zeit. Beispielsweise ist es vollkommen irrsinnig, ein speicherhungriges Programm wie die in Kapitel 9, *Bildbearbeitung und Grafik*, vorgestellte Bildbearbeitung Adobe Photoshop auf einem Rechner mit nur 64 oder 128 MByte RAM zu verwenden und zu erwarten, es würde in einigermaßen erträglicher Geschwindigkeit arbeiten.

Effizienzmesswerte

Die tatsächliche Effizienz von Prozessoren lässt sich übrigens durch andere Werte besser angeben als durch die Taktrate:

- Die Anzahl der Befehle, die in einer Sekunde ausgeführt werden können, genannt **MIPS** – Million Instructions per Second. Dieser Wert wird durch Benchmark-Tests (möglichst an realistische Anwendungen angelehnte Abfolgen von Befehlen) gemessen. Wichtig ist, dass für einen realistischen Vergleich unabhängige Benchmark-Programme verwendet werden und nicht diejenigen der Prozessorhersteller.
- Insbesondere für die Multimedia-Fähigkeiten eines Prozessors liefert die Anzahl der pro Sekunde durchführbaren Fließkommaoperationen, **FLOPS** (Floating Point Operations Per Second) einen guten Anhaltspunkt: 3-D-Grafik, Audio- und Videoperformance sind auf die Fähigkeit zu möglichst schnellen Fließkommaberechnungen angewiesen.

Prozessorarchitekturen

Es lassen sich zwei grundlegende Prozessorarchitekturen voneinander unterscheiden. Der Unterschied besteht in der Ausstattung der Befehlstabelle:

- Das klassische Modell, das auf Entwicklungen aus den 70er-Jahren basiert, versucht tendenziell, immer mehr und immer komplexere Anweisungen unmittelbar durch einzelne Prozessorinstruktionen zu verwirklichen. Aus diesem Grund wurde es – zur Unterscheidung vom später entwickelten zweiten Modell – nachträglich als **CISC** (Complex Instruction Set Computer), also als Rechner mit komplexem Befehlssatz bezeichnet.
- Ein modernerer, in den 80er-Jahren entwickelter Ansatz versucht im Gegenteil, die Struktur des Prozessors zu vereinfachen. Dazu wird der Befehlssatz auf wenige, besonders schnell und einfach auszuführende Befehle vermindert. Komplexere Funktionen lassen sich durch mehrere solcher einfachen Instruktionen verwirklichen. Dieser Konstruktionsansatz beschleunigt die Ausführung der einfachen Befehle erheblich: Sie lassen sich durch ihre simple Struktur in Pipelines (Warteschlangen) anordnen. Dadurch kann auf effiziente Weise ein Befehl nach dem anderen ausgeführt werden. Beim klassischen Prozessordesign konnte dagegen selbst das Lesen des folgenden Befehls erst beginnen, wenn der vorherige vollständig abgeschlossen war. Diese Architektur wird als **RISC** (Reduced Instruction Set Computer) bezeichnet.

Die Hauptvertreter der CISC-Architektur sind die Prozessoren von Intel und Kompatible wie der AMD Athlon. Allerdings wurden bereits in den 1993 vorgestellten Pentium-Prozessor einige Funktionen eingebaut, die bisher nur in RISC-Prozessoren verwirklicht worden waren, beispielsweise die oben genannten Pipelines.

CISC-Weiterentwicklung

Dennoch verfolgen Intel und AMD den Weg des komplexen Befehlssatzes konsequent weiter: Der 1995 erschienene Pentium Pro wurde als erster mit speziellen Befehlen für die Verarbeitung von Multimediadaten ausgestattet (MMX – MultiMedia eXtensions); AMD stattete seinen K6, den Vorläufer des Athlon, erstmals mit einer ähnlichen Erweiterung namens 3D Now! aus. Statt also die Komplexität der Befehlssätze zu beschränken, ging man den gegenteiligen Weg und stattete die Prozessoren sogar noch mit zusätzlichen Spezialbefehlen aus. In der Tat laufen grafikintensive Anwendungen wie Spiele oder Simulationen um einiges schneller, wenn sie unter Berücksichtigung dieser zusätzlichen Befehle kompiliert werden. Dafür sind sie anschließend nicht mehr kompatibel zu allgemeinem »386er-Code«. Aus diesem Grund wird Software, die von diesen Erweiterungen Gebrauch macht, zunächst einmal überprüfen, auf welchem konkreten Prozessor sie gerade läuft, und je nachdem unterschiedliche Fassungen des Programmcodes ausführen.

RISC-Beispiele

Fast alle anderen heute erhältlichen Prozessoren verwenden eine RISC-Architektur. Dazu gehören beispielsweise die von Apple, IBM und Motorola gemeinsam entwickelten PowerPC-Prozessoren, die das Herzstück der PowerMacs bilden. Auch die Prozessoren der Sun SPARC-, Digital Alpha- oder MIPS-Baureihen sind RISC-CPUs. Trotz ihres unbestreitbaren Performance-Vorteils besitzen sie auch einige Nachteile. Beispielsweise benötigt eine RISC-CPU mehr Arbeitsspeicher, weil ein Maschinenprogramm aus zahlreicheren Einzelbefehlen besteht und deshalb mehr Speicher belegt als ein CISC-Programm.

Abgesehen davon gelang es Intel und AMD nach und nach, einige der RISC-Vorzüge in ihre Prozessoren einzubauen. Vor allem werden die komplexen CISC-Befehle in einzelne, RISC-artige Mikroinstruktionen zerlegt, die anschließend vom eigentlichen Prozessorkern mit erheblich höherer Effizienz ausgeführt werden.

Wie Prozessoren arbeiten

Nach dieser theoretischen Aufbaubeschreibung von Mikroprozessoren ist es natürlich auch interessant, zu erfahren, wie ein Prozessor eigentlich arbeitet. Ein etwas konkreteres Beispiel erhalten Sie in Kapitel 2, *Mathematische und technische Grundlagen*, anhand eines virtuellen Prozessors und seiner verschiedenen Maschinenbefehle. Schematisch betrachtet geschieht bei der Ausführung eines Programms durch den Prozessor Folgendes:

1. Der aktuelle Befehl wird aus dem Programm gelesen; die Stelle wird durch den Befehlszeiger des Prozessors angezeigt.
2. Der Prozessor schlägt die Nummer des erhaltenen Befehls in der Befehlstabelle nach und liest je nach Befehl die passende Anzahl darauf folgender Bytes als Parameter dieses Befehls. Dabei rückt der Befehlszeiger hinter das letzte Parameter-Byte, um für das Lesen des nächsten Befehls bereit zu sein.
3. Der Befehl wird ausgeführt. Dies ist der komplexeste Teil der Prozessortätigkeit, denn je nach konkretem Befehl kann das Lesen von Daten aus dem Arbeitsspeicher, die Ansteuerung von Peripherieschnittstellen, das Rechnen in der ALU oder die Durchführung eines Sprungs im Programm dazugehören.

4. Falls ein Sprung stattfindet, wird der Befehlszeiger an die entsprechende neue Position gesetzt. Andernfalls geht es an der nach dem Lesen der Parameter ermittelten Stelle weiter.

Sprungbefehle

Es lohnt sich übrigens, die Funktionsweise von Sprüngen etwas genauer zu betrachten. Prozessoren beherrschen nämlich grundsätzlich zwei verschiedene Arten von Sprüngen: Ein unbedingter Sprung wird immer ausgeführt, sobald der entsprechende Befehl gelesen wird. Bedingte Sprünge werden dagegen nur dann ausgeführt, wenn bestimmte Bedingungen zutreffen. Diese Bedingungen betreffen meist die Zustände eines Flag-Registers. Flags sind Statusbits, deren Werte durch Vergleichsoperationen, Fehler oder direkte Manipulation durch ein Programm gesetzt werden.

Eine noch etwas komplexere Variante betrifft den Aufruf von Unterprogrammen: Anstatt ohne Wiederkehr zu einer bestimmten Programmstelle zu springen, wird hier die auf den Sprungbefehl folgende Adresse gespeichert. Dazu dient ein Last-In-First-Out-Speicher, der als Stack (Stapel) bezeichnet wird. Wenn am Ende des Unterprogramms der Rücksprungbefehl erfolgt, holt sich das Programm den obersten Wert vom Stack und springt zur angegebenen Programmadresse. Die Adresse, die zurzeit den Abschluss des Stacks bildet, wird von einem speziellen Steuerregister angezeigt, dem Stack Pointer.

Ein weiterer Grund, warum Programme nicht immer linear nacheinander ausgeführt werden, sind die weiter oben bereits erwähnten Prozesse: Eine CPU führt üblicherweise abwechselnd Befehle mehrerer Programme aus. Vor dem Wechsel zu einem anderen Prozess wird dessen Zustand gespeichert, das heißt, die Inhalte der Prozessorregister werden gesichert, um sie bei der späteren Wiederaufnahme dieses Prozesses zurückzusetzen – aus der Sicht des Prozesses findet seine Ausführung also ohne Unterbrechung statt.

Der gefürchtete Stack Overflow

Der Stack sorgt übrigens für eines der häufigsten Sicherheitsprobleme, das von Crackern oder Virenprogrammierern beim Einbruch in Computersysteme genutzt wird: Rekursiver Programmcode (der sich selbst als Unterprogramm aufruft, um verschachtelte Probleme zu lösen) enthält mitunter keine korrekte Abbruchbedingung, sodass der Stack irgendwann voll ist: Es kommt zum Stack-Overflow (Stapelüberlauf). In diesem Moment kann ein Angreifer die oberste Adresse auf dem Stack durch die Startadresse seines schädlichen Programms ersetzen, sodass der nächste Rücksprungbefehl direkt in die Katastrophe führt.

In manchen schlecht abgesicherten Programmen können auch andere Umstände für einen Stack-Overflow sorgen. Beispielsweise überprüfen die String-Funktionen der C-Standardbibliothek (siehe Kapitel 5, *Grundlagen der Programmierung*) nicht, ob der Speicherplatz zur Aufnahme einer Zeichenfolge genügt, so dass ungeprüfte Benutzereingaben den Stack überschreiben könnten.

Hardware-Interrupts

Im Zusammenhang mit Ein- und Ausgabevorgängen werden darüber hinaus so genannte Interrupts verwendet: Da die Anfragen, die die Hardware an den Prozessor stellt, asynchron auftreten, muss der Prozessor sich immer wieder darüber informieren, ob ein Gerät auf Antwort wartet. Zu diesem Zweck erhält er Interrupt-Anfragen von den verschiedenen Geräten und unterbricht unter Umständen den laufenden Prozess zugunsten der Hardwarekommunikation.

Maschinenbefehle

Die Maschineninstruktionen, von denen hier die Rede ist, lassen sich nicht mit den mächtigen Befehlen höherer Programmiersprachen vergleichen. Sie bewegen sich auf einem viel niedrigeren Niveau. Der Prozessor »weiß« nicht, dass er den Buchstaben A in 16-Punkt-Garamond auf den Bildschirm zeichnet, einen Videoclip abspielt oder das Spielprogramm Tomb Raider ausführt. Aus der Sicht der CPU geht es immer nur um Rechenschritte, also um die Manipulation irgendwelcher numerischen Werte.

Typische Maschinenbefehle lauten beispielsweise folgendermaßen:

- Hole den Wert aus der Speicherstelle mit der Nummer 9A33 und lege ihn im Rechenregister BX ab. In Intel-Assembler lautet diese Anweisung übrigens folgendermaßen: `MOV BX, $9A33`.
- Addiere den Wert 10 zum Inhalt des Rechenregsiters BX: `ADD BX, 10`.
- Vergleiche das Register BX mit dem Wert 20: `CMP BX, 20`.
- Falls der Vergleichsbefehl »gleich« ergeben hat (ein bestimmtes Flag enthält den Wert 0), springe zur Programmadresse C9A4: `JE $C9A4` (`je` steht für »jump if equals«, also »Sprung, falls gleich«).

Assembler kontra Maschinensprache

Beachten Sie, dass die Assembler-Sprache bereits eine vereinfachende Abstraktion der Maschinensprache ist; in Wirklichkeit bestehen alle Befehle aus Zahlen. Es gibt zum Beispiel nicht »den« `MOV`-Befehl zum Verschieben von Speicherinhalten. Es handelt sich um eine ganze Sammlung von Befehlen, die lediglich gemeinsam haben, dass sie einen bestimmten Wert an einer bestimmten Stelle ablegen sollen: Das an erster Stelle angegebene Ziel kann ein Prozessorregister, eine Speicheradresse oder eine indirekte Adresse (eine Speicheradresse, deren Inhalt als Speicheradresse interpretiert werden soll) sein. Ebenso kann der Wert, der an der angegebenen Stelle gespeichert werden soll, ein konkreter Wert, ein Register oder eine Speicheradresse sein.

Andere Prozessorhersteller haben ihre Assembler-Sprachen nicht notwendigerweise genauso definiert wie Intel, die Aufteilung der Befehle in Gruppen mit demselben Namen kann vollkommen anders geregelt sein. Letzten Endes interessiert das alles den Prozessor ohnehin nicht, weil er gar keinen Assembler versteht. Es handelt sich lediglich um eine bequemere Schreibweise der Maschinensprache für Menschen. Programme, die in Assembler geschrieben werden, müssen von einem geeigneten Programm in die eigentliche Maschinensprache übertragen (assembliert) werden. Natürlich ist dieser Vorgang einfacher als die Übersetzung einer höheren Programmiersprache, weil in der Regel jeder Assembler-Befehl für genau eine wohl definierte Maschineninstruktion steht.

Was die Übersetzung von Hochsprachen angeht, ist zudem noch folgender Umstand interessant: Wenn Sie ein Programm schreiben und mit einem Compiler übersetzen, entsteht ein Programm, das nur auf einem bestimmten Prozessor läuft, weil es Maschinenbefehle für diesen Prozessor enthält. Interessanterweise funktioniert dies aber nicht über Betriebssystemgrenzen hinweg: Wenn Sie auf Ihrem Intel-PC beispielsweise Linux und Windows installieren, unter Linux ein C-Programm schreiben und kompilieren und anschließend Windows booten, kann das Programm dort nicht funktionieren. Programme, die in Hochsprachen geschrieben werden, bestehen nämlich nicht nur aus neutralen Maschinensprachanweisungen. Zahlreiche Funktionen, etwa zur Ein- und Ausgabe, werden durch Routinen des Betriebssystems bereitgestellt, die das Programm durch so genannte Systemaufrufe anspricht. Dieser Mechanismus wird in den nächsten Kapiteln über Betriebssysteme und Programmierung noch genauer erläutert.

3.2.2 Der Arbeitsspeicher

Der Arbeitsspeicher eines Computers enthält die Programme, die zurzeit ausgeführt werden, und die Daten, die von ihnen aktuell verarbeitet werden. Weiter oben wurde bereits die mehrstufige Speicherarchitektur angesprochen, die vom Prozessor in Zusammenarbeit mit dem Betriebssystem verwaltet wird. In diesem Unterabschnitt geht es dagegen konkret um den Arbeitsspeicher als Hardwarekomponente.

Der Arbeitsspeicher besteht aus Speicherbausteinen, die als **RAM** bezeichnet werden; die Abkürzung steht für Random Access Memory (Speicher mit wahlfreiem Zugriff). Der Begriff »Random Access« bedeutet in diesem Zusammenhang zweierlei:

- Die Inhalte dieses Speichers können sowohl gelesen als auch verändert werden. Den Gegenbegriff bildet das ROM (Read Only Memory), das weiter unten im Zusammenhang mit dem BIOS behandelt wird.
- Auf jedes Byte des Speichers kann einzeln in beliebiger Reihenfolge zugegriffen werden; in diesem Zusammenhang ist Random Access der Gegenbegriff zum sequenziellen Zugriff, der beispielsweise bei Magnetbandspeichern eingesetzt wird.

DRAM und SRAM

Alle RAM-Bausteine haben gemeinsam, dass ihr Inhalt flüchtig ist. Sie müssen ständig mit Strom versorgt werden, weil es ansonsten zum vollständigen Datenverlust kommt. Es gibt allerdings zwei verschiedene konkrete Bauformen:

- Das Dynamic RAM (**DRAM**) benötigt nicht nur das Anliegen einer Spannung, sondern der Inhalt jeder einzelnen Speicherstelle muss mit jedem Taktzyklus aufgefrischt werden (Refresh). Es ist vergleichsweise günstig herzustellen und hat einen niedrigeren Stromverbrauch.
- Das Static RAM (**SRAM**) bedarf lediglich einer Spannung. Es arbeitet erheblich schneller als DRAM, verbraucht aber mehr Strom und ist viel teurer. SRAM-Bausteine werden deshalb bei PCs nicht zur Realisation des gesamten Arbeitsspeichers eingesetzt, sondern nur für die Cache-Speicher.

RAM ist stets in einzelnen Speicherzellen organisiert, die 1 Byte groß sind und jeweils eine eigene Adresse haben. Die Art und Weise, wie Speicher konkret adressiert wird, hängt vom Prozessor und indirekt vom Betriebssystem ab. Der Mechanismus der Speicheradressierung bei Intel-CPUs wird im nächsten Kapitel, *Betriebssysteme*, kurz erläutert.

Der eigentliche Arbeitsspeicher wird in Slots senkrecht auf die Mainboard aufgesteckt. Es handelt sich um kleine, rechteckige Platinen, die mit mehreren konkreten Chips versehen sind. Auf einer Seite befindet sich eine Reihe von Kontakten, die in den entsprechenden Slot gehören. Bei aktuellen **DIMM**-Modulen (Double Inline Memory Modules) für SD-RAM oder DDR-RAM müssen Sie dazu einen Hebel zur Seite ziehen und das Speichermodul fest (aber vorsichtig!) in den Slot drücken, bis es merklich einrastet und der Hebel sich automatisch in die aufrechte Position begibt.

Die veralteten **SIMM**-Module (Single Inline Memory Modules) für EDO- oder FP-RAM, die bei Pentium-I-Rechnern bis etwa 1996 verbreitet waren, müssen Sie dagegen schräg ansetzen und im Slot gerade rücken, bis sie ebenfalls einrasten. SIMM-Module sind daran zu erkennen, dass sie kürzer sind als DIMMs.

Es existieren verschiedene Bauformen von RAM-Bausteinen. Gängig sind zurzeit vor allem folgende:

- **SD-RAM** (Synchronous Dynamic RAM) besteht aus DIMM-Modulen, die 168 Kontakte besitzen. Der Zugriff auf diesen Speicher erfolgt mit der Taktfrequenz der Mainboard selbst. Entsprechend ist die neueste Form PC133-SD-RAM, das auf Mainboards mit einer Taktfrequenz von 133 MHz eingesetzt werden kann. Ältere Formen sind PC66- und PC100-SD-RAMs. PC100- und PC133-Module sind abwärts kompatibel: Werden sie auf eine langsamere Mainboard aufgesteckt, passen sie sich ihrer Taktrate an.
- Das etwas unglücklich bezeichnete **DDR-RAM** (die Abkürzung steht für »Double Data Rate«) wird ebenfalls in Form von DIMM-Modulen geliefert, ist äußerlich also baugleich mit dem SD-RAM. Die Besonderheit besteht – wie der Name schon sagt – darin, dass diese Speicherbausteine mit der doppelten Datenrate von SD-RAMs arbeiten. Pro Taktzyklus können sie mit anderen Worten doppelt so viel Inhalt aufnehmen oder abgeben und beschleunigen so einen der schlimmsten Engpässe des PC-Designs.
- Noch erheblich schneller als SD-RAM und DDR-RAM ist das **RD-RAM** oder Rambus-RAM. Es wird in Form so genannter **RIMM**-Module (Rambus Inline Memory Module) geliefert, die mit 184 Pins etwas breiter sind als DIMMs.

  Ähnlich wie ein Prozessor wird Rambus-RAM mit einem (festen) Multiplikator betrieben, wodurch sie erheblich schneller arbeiten als der Mainboard-Takt. Allerdings sind spezielle Mainboards mit besonderem Datenbus erforderlich, die nicht so verbreitet und daher teurer sind als Boards für DDR-RAM. Hinzu kommt, dass diese Speichersorte nur von der Firma Rambus hergestellt wird, sodass sie auch selbst erheblich teurer ist als ein DDR-RAM-Modul mit der gleichen Kapazität.

Empfohlene Speichermengen

Für die Performance eines Rechners ist die Menge des Arbeitsspeichers erheblich wichtiger als die Speicherbausteintechnologie. Für einen gewöhnlichen Büro-PC sind 256 MByte RAM ein vernünftiger Wert. Wenn Sie dagegen Multimedia- oder DTP-Anwendungen benutzen möchten, sollten es mindestens 512 MByte sein. Beachten Sie, dass ein Mac aufgrund der RISC-Architektur mehr Speicher benötigt; mit einem aktuellen PowerMac G4 oder gar G5 werden Sie erst dann wirklich glücklich, wenn er über 1 Gigabyte RAM verfügt. Denken Sie daran, dass all diese Werte einem sehr starken Wandel unterworfen sind – die vorliegenden Angaben gelten für Anfang 2004 und werden bald überholt sein.

3.2.3 Das BIOS

Ein besonderer Baustein, der sich seit dem ursprünglichen IBM-PC auf der Mainboard jedes PCs befindet, ist das **BIOS** (Basic Input/Output System, also etwa grundlegendes Ein-/Ausgabesystem). Dieser Chip enthält die Firmware (in Hardware gegossene Software) mit der Basis-Steuerlogik des PCs. Bei jedem Start des Rechners sehen Sie eine Reihe von Kontrollmeldungen, die das BIOS ausgibt.

ROM-Speicher

Der BIOS-Baustein ist ein ROM-Speicher (Read-Only Memory), also von der Idee her ein Speicher, der nur gelesen werden kann. Vorsichtiger muss man heute Folgendes sagen: Der Inhalt dieses Speichers kann nicht durch normale Schreibzugriffe des Betriebssystems verändert werden. Jedenfalls bleibt der Inhalt eines solchen Speichers aber auch dann erhalten, wenn er nicht mehr mit Strom versorgt wird.

ROM-Sorten

Im Laufe der Zeit wurden verschiedene Arten von ROM-Bausteinen entwickelt. Die Evolution dieser Speichersorte soll hier in einer kurzen Übersicht dargestellt werden:

- Das ursprüngliche **ROM** besitzt ab Werk eine fest verdrahtete Funktionalität, die nicht verändert werden kann.
- Der Inhalt eines **PROM**-Bausteins (Programmable ROM) kann einmal mit Hilfe eines Infrarot-PROM-Brenners programmiert werden und bleibt dann für immer unverändert erhalten.
- Das **EPROM** (Erasable PROM) ist wiederbeschreibbar: Der Inhalt kann mit einem EPROM-Brenner geschrieben und durch UV-Licht-Einwirkung wieder gelöscht werden.
- Die modernste Form ist das **Flash-EPROM**. Sein Inhalt kann mit Hilfe von Software verändert werden. Gegenüber RAM besitzt es aber immer noch den Vorteil, dass der Inhalt nicht verloren geht, wenn es nicht mit Strom versorgt wird. Heutzutage werden nicht nur BIOS-Bausteine als Flash-EPROMs realisiert. Verschiedene Arten von Flash-ROMs sind auch beliebt als Speicherkarten für Digitalkameras.

In den 80er-Jahren gab es viele Baureihen von Homecomputern, bei denen ein rudimentäres »Betriebssystem« sowie ein BASIC-Interpreter fest im ROM eingebaut waren. Nur der IBM-PC hat dieses Verfahren schon frühzeitig aufgegeben; bei ihm wurde das Betriebssystem von Anfang an vom Datenträger (damals einer $5^1/_4$-Zoll-Diskette) gestartet. Das einzige Überbleibsel war eben das BIOS.

Heute gibt es nur noch wenige Arten von Rechnern, bei denen das Betriebssystem oder gar Anwendungsprogramme im ROM untergebracht sind:

- In manchen besonders unwirtlichen Umgebungen, in denen keine mechanischen Bauteile verwendet werden können, werden spezielle Industrie-PCs mit Betriebssystem und Programmen im ROM eingesetzt.
- Es gibt im Netzwerkbereich eine Reihe von kompakten Spezialcomputern, nämlich Router-, Webserver- oder Firewall-Boxen. Sie enthalten in aller Regel ein rudimentäres Linux als Betriebssystem und können über das Netzwerk per Terminalprogramm oder Browser konfiguriert werden.

Das BIOS eines PCs

Das BIOS besitzt die folgenden elementaren Aufgaben:

- Der im BIOS gespeicherte Code ist ein Programm in der Maschinensprache des Computers. Es wird beim Einschalten automatisch auf einer bestimmten Adresse im Arbeitsspeicher abgebildet; der Prozessor weiß, dass er genau dieses Programm ausführen muss.
- Als Erstes wird die wichtigste Hardware getestet. Zunächst wird die Grafikkarte überprüft, anschließend das RAM. Dann wird geprüft, ob ein Laufwerk vorhanden ist, von dem ein Betriebssystem gestartet werden kann. Schließlich wird noch die Tastatur und manchmal auch die Maus überprüft. Dieser Prüfungsvorgang wird als POST bezeichnet (Power-On Self Test, also Selbsttest beim Einschalten).

  Falls es größere Probleme gibt, die verhindern, dass der PC ordnungsgemäß gestartet werden kann (zum Beispiel wenn die Grafikkarte oder das RAM defekt ist), ertönen bestimmte Abfolgen von Tonsignalen aus dem kleinen Lautsprecher, der in die meisten PCs eingebaut ist. Die Bedeutung dieser Tonsignale können Sie der Dokumentation Ihrer Mainboard entnehmen oder im Internet recherchieren, indem Sie Ihre BIOS-Version oder die Bezeichnung Ihrer Mainboard in eine Suchmaschine eingeben.
- Das BIOS bietet grundlegende Funktionen zur Kommunikation mit der Hardware an, auf die Betriebssysteme oder Anwenderprogramme zugreifen können. Das Betriebssystem MS-DOS, das mit dem ursprünglichen IBM PC geliefert wurde, machte regen Gebrauch davon. Moderne Betriebssysteme umgehen dagegen die vielfältigen Einschränkungen der BIOS-Routinen und kommunizieren über Gerätetreiber direkt mit der Hardware.
- Nach dem (erfolgreichen) POST übergibt das BIOS die Kontrolle über den Rechner an den Datenträger, von dem das System gestartet werden soll: Es wird das Programm im Master Boot Record (Startsektor) des Laufwerks gestartet. Hier befindet sich in der Regel ein Boot-Loader für ein bestimmtes Betriebssystem oder ein Bootmanager, der Ihnen die Auwahl zwischen verschiedenen Systemen und/oder Konfigurationen überlässt.

Das BIOS-Setup

Beim Einschalten des Rechners können Sie durch einen speziellen Tastendruck (je nach konkretem BIOS meist `F1` oder `Entf`) in das **BIOS-Setup** gelangen, ein eingebautes kleines Programm zur Konfiguration der BIOS-Parameter und der Hardware. Beachten Sie, dass es verschiedene BIOS-Varianten gibt, bei denen der genaue Inhalt dieses Programms unterschiedlich sein kann. Die wichtigsten BIOS-Marken sind Award BIOS von der gleichnamigen Firma, AMI BIOS von American Megatrends, Inc. sowie Phoenix BIOS (dieses Unternehmen wurde allerdings inzwischen von Award aufgekauft).

Das CMOS-RAM

Alle Setup-Einstellungen werden im so genannten CMOS-RAM gespeichert. »CMOS« ist der Name einer Fertigungstechnik für Speicherbausteine, die bei der Erfindung des PC-BIOS etwas Besonderes war. Heute wird dagegen jeder RAM-Speicher in CMOS-Technik hergestellt, sodass der Name eigentlich unpräzise ist. Dieses RAM wird durch eine Batterie gepuffert, welche nebenbei auch die eingebaute Uhr des PCs am Laufen hält, damit jederzeit Datum und Uhrzeit verfügbar sind.

Durch vorübergehendes Ausbauen der Batterie können Sie das CMOS löschen, um schwerwiegende Probleme wie ein vergessenes BIOS-Passwort zu lösen; allerdings wird dabei auch die Uhrzeit zurückgesetzt. Manche Boards besitzen auch einen speziellen Clear-CMOS-Jumper. Um ihn zu verwenden, müssen Sie ihn auf die Clear-Position setzen, den Rechner einmal ein- und wieder ausschalten und den Jumper anschließend wieder zurücksetzen. Dies löscht ebenfalls das CMOS, lässt aber die Uhr in Ruhe.

Wenn Sie nicht genau wissen, was eine bestimmte Einstellung im BIOS-Setup bedeutet, gilt: **Finger weg!** Womöglich versetzen Sie den Rechner in einen Zustand, in dem das System nicht mehr startet oder sonstige Schwierigkeiten bereitet. Zwar gibt es in jedem BIOS-Setup eine »Notbremse« namens Load Setup Defaults oder Load BIOS Defaults, um die Standardeinstellungen des Mainboard- beziehungsweise BIOS-Herstellers wiederherzustellen. Beachten Sie aber, dass das Resultat fast immer viel zu konservativ und vorsichtig ausfällt und so den Rechner ausbremst.

BIOS-Setup-Einstellungen

Die folgenden Beschreibungen gelten für das Award BIOS eines aktuellen Pentium-4-PCs. In anderen BIOS-Versionen oder bei älteren PC-Generationen gibt es natürlich andere Einstellmöglichkeiten. Das BIOS-Setup des besagten PCs verfügt über die folgenden Hauptkategorien:

- **Standard CMOS Features.** Hier können Datum und Uhrzeit der Systemuhr eingestellt werden (was allerdings kein Mensch im BIOS-Setup tut, weil jedes Betriebssystem über entsprechende Funktionen verfügt). Außerdem erhalten Sie eine Übersicht über alle installierten Laufwerke. Die Bezeichnungen wie »IDE Primary Master« werden weiter unten bei der Beschreibung der Schnittstellen erläutert. Darüber hinaus wird hier die BIOS-Version angezeigt, und Sie erhalten einige nicht änderbare Informationen über den Prozessor, das RAM und Ähnliches.
- **Advanced BIOS Features.** Hier wird vor allem eingestellt, wie sich der Rechner beim Einschalten beziehungsweise beim Booten verhalten soll. Quick Power On Self Test führt den POST schneller, aber weniger gründlich durch – in der Regel genügt es aber so.

  Die wichtigste Einstellung in diesem Bereich ist die Boot-Sequenz, die bestimmt, auf welchen Datenträgern und in welcher Reihenfolge nach einem startfähigen Betriebssystem gesucht werden soll. Die üblichste Einstellung wählt das CD-ROM-Laufwerk als erstes Gerät (First Boot Device), das Diskettenlaufwerk als zweites und die erste Festplatte als drittes. Falls sich alle von Ihnen verwendeten Betriebssysteminstallationen und Datenrettungsprogramme von CD-ROM starten lassen, sollten Sie das Diskettenlaufwerk weglassen, weil dies den Start erheblich beschleunigt.

  Es ergibt dagegen keinen Sinn, die Festplatte als erstes Gerät anzugeben: Da sich dort grundsätzlich ein Betriebssystem befindet, können Sie in diesem Fall gar nicht mehr von einem anderen Datenträger booten!
- Unter **Advanced Chipset Features** können Sie genaue Einstellungen für Ihr RAM und Ihren Chipsatz vornehmen. Für diesen Teil des BIOS-Setups müssen Sie die Dokumentation Ihrer Mainboard ganz genau beachten, um keine Fehler zu machen.

- **Integrated Peripherals** dient dazu, die Anschlüsse für Peripheriegeräte ein- oder auszuschalten und zu konfigurieren. Beispielsweise können Sie den altmodischen Parallelport abschalten, wenn Sie einen modernen USB-Drucker verwenden, und so Hardwareressourcen für andere Geräte frei machen. Darüber hinaus wird in diesem Dialog eventuell vorhandene Onboard-Peripherie konfiguriert.
- Mit Hilfe des **Power Management Setup** lässt sich einstellen, wie sich der Rechner bei längeren Arbeitspausen verhalten soll; es gibt diverse Optionen, die Monitorausgabe, die Festplatten und andere Hardwarekomponenten nach einiger Zeit »schlafen zu legen«, um Strom zu sparen. Die meisten dieser Einstellungen lassen sich einfacher und übersichtlicher innerhalb moderner Betriebssysteme vornehmen.
- **PNP/PCI Configurations** fragt zunächst, ob ein Plug & Play-Betriebssystem installiert ist. Plug & Play ist eine Technologie, die die automatische Erkennung neu angeschlossener Hardwarekomponenten und die automatische Zuweisung von Systemressourcen an diese Geräte ermöglicht. Falls Sie hier mit »No« antworten, weil ein nicht-PNP-fähiges System wie Windows NT 4.0 installiert ist, können Sie eine Reihe von Einstellungen von Hand vornehmen. Bei aktuellen Betriebssystemen besitzt dieser Dialog dagegen keine praktische Bedeutung mehr.
- **Load Fail-Safe Defaults** ist ein anderer Name für das klassische »Load BIOS Defaults«: Es werden die sehr vorsichtigen Einstellungen des BIOS-Herstellers geladen.
- **Load Optimized Defaults** (früherer Name »Load Setup Defaults«) lädt dagegen die besser an die konkrete Hardware angepassten Voreinstellungen des Mainboard- beziehungsweise PC-Herstellers.
- **Set Supervisor Password** ermöglicht es, ein Passwort einzustellen, das eingegeben werden muss, um wieder ins BIOS-Setup zu gelangen.
- **Set User Password** ermöglicht es dagegen, ein Passwort für den normalen Start des Rechners festzulegen.
- **Save & Exit Setup** speichert die Änderungen, die Sie eingestellt haben, und verlässt das BIOS-Setup.
- **Exit Without Saving** verlässt dagegen das Setup, ohne zu speichern.

Beachten Sie, dass Sie eine Frage nur mit Ja beantworten können, indem Sie die Taste Z drücken, weil das BIOS-Setup keinen deutschen Tastaturtreiber lädt; auf einer englischen Tastatur sind Z und Y vertauscht.

BIOS-Updates

Wie bereits erwähnt, sind BIOS-Chips so genannte Flash-EPROMs; ihr Inhalt kann durch speziell programmierte Software verändert werden. Diese Software wird als BIOS-Update-Programm bezeichnet.

Ein BIOS-Update ist nur erforderlich und sollte nur dann durchgeführt werden, wenn neue Hardware nicht mehr mit dem System harmoniert, zum Beispiel, wenn Sie sich eine Festplatte angeschafft haben, deren Größe das BIOS nicht unterstützt.

Das BIOS-Update läuft folgendermaßen ab:

1. Ermitteln Sie die genaue Bezeichnung der Mainboard und des bisherigen BIOS.
2. Suchen Sie die Website des Board-Herstellers beziehungsweise des PC-Herstellers oder -Händlers auf und laden Sie das genau passende BIOS-Update-Programm herunter.
3. Als Nächstes müssen Sie eine DOS-Bootdiskette herstellen, von der das BIOS-Update-Programm gestartet wird. Das aktuelle Betriebssystem Windows XP basiert zwar nicht mehr auf MS-DOS, bietet aber die Option **MS-DOS-Startdiskette erstellen**, wenn Sie unter **Arbeitsplatz** mit der rechten Maustaste auf das Diskettenlaufwerksymbol klicken und **Formatieren** wählen.
4. Entpacken Sie das heruntergeladene Programm (meist mit WinZip) und kopieren Sie es auf die Diskette.
5. Booten Sie den Rechner von dieser Diskette (eventuell müssen Sie im BIOS-Setup zunächst das Booten von Diskette aktivieren; siehe oben). Geben Sie an der Eingabeaufforderung `A:\>` den Namen des Update-Programms ein – heißt es beispielsweise `UPDATE.EXE`, müssen Sie `update` eingeben.
6. Leisten Sie den Anweisungen des Programms ganz genau Folge.
7. Die meisten Update-Programme bieten die Möglichkeit, zuerst den bisherigen Inhalt des BIOS auf Festplatte zu speichern. Dies ist dringend zu empfehlen, weil das neue BIOS in seltenen Fällen noch inkompatibler ist als das alte.
8. Nun wird das eigentliche Update durchgeführt. Dabei darf auf keinen Fall die Stromzufuhr zum Rechner unterbrochen werden, andernfalls verbleibt das BIOS in einem defekten Zustand und der Rechner lässt sich nicht mehr starten.

Zwar wird der BIOS-Chip selbst dadurch nicht beschädigt, aber da ein defektes BIOS-Programm den Computer nicht booten kann, können Sie kein weiteres Update durchführen, um das Problem zu lösen. In diesem Fall hilft es nur noch, den BIOS-Chip auszubauen und das erforderliche BIOS-Programm von einem anderen PC aus mit einem Flasher (einem Flash-EPROM-Brenner) darauf zu schreiben.

Das BIOS des Macintosh

Mac-Rechner sind mit einer Komponente ausgestattet, die weitgehend dem PC-BIOS entspricht. Aus traditionellen Gründen wird es in der Regel einfach als »ROM« bezeichnet. Es enthält Routinen, auf die Mac OS bis zur Version 9.x noch immer zugreift, die so genannte Toolbox.

Auch der Mac führt beim Start einen POST-ähnlichen Selbsttest durch. Es werden die folgenden möglichen Ergebnisse angezeigt:

- Ein fröhlicher »Würfelmac« zeigt an, dass alles in Ordnung ist.
- Ein trauriger »Würfelmac« deutet auf schwerwiegende Hardwareprobleme hin.
- Ein Ordnersymbol mit Fragezeichen zeigt an, dass kein Betriebssystem zum Starten vorhanden ist.

Der Macintosh besitzt kein eingebautes Programm, das dem BIOS-Setup eines PCs entspricht. Stattdessen werden die Einstellungen aus bestimmten Systemeinstellungen (Mac OS X) beziehungsweise Kontrollfeldern (Mac OS 9) in einem CMOS-ähnlichen Bereich gespeichert, der Parameter-RAM genannt wird. Wichtige Beispiele sind die Einstellung des Startvolumens (von welchem Datenträger soll das System gestartet werden?) oder die Monitorauflösung und -farbtiefe.

Bei fehlerhaften Einstellungen kann das Parameter-RAM auf einfache Weise gelöscht werden: Halten Sie beim Einschalten die Tastenkombination [⌘] + [Alt] + [P] + [R] gedrückt. Sobald der Begrüßungston zu hören ist, können Sie die Tasten wieder loslassen – der Mac startet daraufhin normal neu.

Mitunter ist beim Umstieg auf eine neue Betriebssystemversion ein Firmware-Update erforderlich, das dem BIOS-Update bei PCs entspricht. Die Update-Programme sind in diesem Fall auf der Betriebssystem-CD enthalten und sind erheblich einfacher und sicherer zu bedienen als die oben genannten BIOS-Updates.

3.2.4 Bus- und Anschlusssysteme

Ein weiterer wichtiger Aspekt der Hardware – die Schnittstelle zwischen Zentraleinheit und Peripherie – sind die diversen Bus- und Anschlusssysteme. Dazu gehören die Slots für Erweiterungskarten, die internen Anschlüsse für Laufwerke sowie die zahlreichen externen Anschlüsse für Tastatur, Maus, Monitor, Modem und viele andere Geräte.

Serielle und parallele Datenübertragung

Das relevanteste Unterscheidungsmerkmal zwischen verschiedenen Arten von Anschlüssen ist die Frage, ob sie Daten seriell oder parallel übertragen.

Bei der **seriellen Datenübertragung** werden die einzelnen Bits nacheinander, bei der **parallelen Übertragung** werden die Bits dagegen auf mehreren nebeneinander liegenden Leitungen gleichzeitig übertragen (je nach Anschlussart sind es 8, 16, 32 oder 64 Bit).

Auf der untersten Ebene muss zwischen »Sender« und »Empfänger« zunächst einmal Einigkeit darüber herrschen, wie die transportierten Ströme überhaupt als Daten interpretiert werden sollen. Es geht um die Frage, welche elektrischen Ereignisse (zum Beispiel Spannungswechsel oder Spannungszustände) überhaupt als 1 oder als 0 interpretiert werden sollen. Statt »Strom« müsste man allgemeiner eigentlich von Energie sprechen; beispielsweise übertragen Lichtwellenleiter keinen Strom, sondern Licht.

Bei seriellen Leitungen muss als Nächstes die Frage geklärt werden, in welcher Reihenfolge die aufeinander folgenden Einsen und Nullen überhaupt zu ganzen Bytes zusammengesetzt werden sollen (bei parallelen Leitungen ist dies natürlich irrelevant).

Angenommen, der Wert 77 soll als 8-Bit-Sequenz (binär 01001101) übertragen werden. Falls der Sender die Sequenz in dieser »natürlichen« Reihenfolge (die üblicher ist) überträgt, der Empfänger sie aber falsch herum interpretiert, erhält Letzterer statt 77 den Wert 178 (10110010)!

Abgesehen davon werden in der Regel nicht nur aufeinander folgende Datenbits übertragen, sondern dazwischen noch zusätzliche Kontrollbits. Es gibt drei grundsätzliche Arten solcher Zusatzbits:

- Ein Startbit zeigt den Beginn einer neuen Übertragungssequenz an, wenn es den Wert 1 hat. Startbits werden nur noch sehr selten verwendet.
- Ein Stoppbit kennzeichnet entsprechend das Ende einer Sequenz, wenn es den Wert 1 besitzt.
- Ein Prüfbit oder Parity-Bit sorgt für eine Plausibilitätskontrolle auf der untersten Ebene: Die Anzahl der 1en in den Datenbits wird gezählt. Das Parity-Bit (wörtlich: Geradheits-Bit) wird derart auf 1 oder 0 gesetzt, dass sich insgesamt immer eine gerade Anzahl von 1en ergibt. Wenn die Paritätsprüfung beim Empfänger einen Fehler ergibt (beispielsweise drei empfangene 1en, Parity 0), liegt auf jeden Fall ein Übertragungsfehler vor. Andererseits bedeutet ein korrektes Parity nicht unbedingt, dass die Übertragung fehlerfrei funktioniert hat. Aus diesem Grund verwenden die meisten Übertragungsverfahren auf einer höheren Ebene Prüfsummen.

  Die Verwendung von Parity-Bits ist mittlerweile eher unüblich geworden. Sie war vor allen Dingen für die Datenübertragung über analoge Telefonleitungen mit geringer Qualität (starken Nebengeräuschen) wichtig, weil Übertragungsfehler bei ihnen recht häufig vorkamen und auf diese Weise verringert werden konnten.

Die Leitungskonventionen werden üblicherweise durch drei aufeinander folgende Werte ausgedrückt, und zwar folgendermaßen:

- Wie viele Datenbits werden pro Sequenz verwendet? In der Regel sind es 8. Das früher übliche Telex-Verfahren verwendete dagegen nur 5 Bits; manchmal gibt es auch Übertragungsverfahren mit 7 oder 9 Datenbits.
- Ein N (No Parity) zeigt an, dass keine Paritätsprüfung verwendet wird, während ein P für Parity steht.
- Der dritte Wert gibt an, wie viele Stoppbits verwendet werden (0, 1 oder sogar 2).

Ein übliches Verfahren ist beispielsweise das für Modemverbindungen zum Internetprovider verwendete 8N1 (8 Datenbits, kein Parity, 1 Stoppbit). Eine Sequenz, die mit Hilfe dieser Methode übertragen wird, könnte zum Beispiel so aussehen:

```
01001000 0 01000001 0 01001100 0 01001100 0 01001111 1
```

Es handelt sich um die Werte 72, 65, zweimal 76 und 79 – als ASCII-Zeichen interpretiert ist es der Text »HALLO«. Die 1 hinter dem letzten Datenbit ist das gesetzte Stoppbit und besagt, dass die Übertragung nun beendet ist.

Seriell setzt sich durch

In den letzten Jahren ist zu beobachten, dass die Hersteller immer stärker auf serielle Datenleitungen setzen. So werden Drucker fast nur noch an die serielle USB-Schnittstelle statt an den alten Parallelport angeschlossen; der SCSI-Anschluss, der früher häufig für externe Laufwerke verwendet wurde, wird immer häufiger durch FireWire oder USB 2.0 ersetzt. Selbst der interne Festplattenanschluss EIDE wird nach und nach durch seine serielle Variante Serial ATA ersetzt.

Für diesen Wechsel zu seriellen Leitungen gibt es gute Gründe: Sie benötigen vor allem weniger Strom und können längere Entfernungen überwinden als parallele Leitungen. Das Problem der geringeren Datenübertragungsleistung, das die Entwickler früher in manchen Bereichen zur Verwendung der parallelen Datenübertragung zwang, konnte dadurch gelöst werden, dass die hervorragende Verarbeitungsqualität heutiger Leitungen den Transport von Daten mit hoher Frequenz ermöglicht.

Noch ein Wort zur Angabe der Übertragungsgeschwindigkeiten verschiedener Leitungen: Bei parallelen Leitungen lässt sie sich einfach in Byte pro Sekunde beziehungsweise den entsprechenden höheren Einheiten (Kilobyte/s, Megabyte/s und so weiter) angeben. Diese Einheiten werden jeweils mit 2^{10} (1024) multipliziert, um zur nächsthöheren zu gelangen – 1 Kilobyte ist also 1024 Byte, 1 Megabyte 1024 Kilobyte und so weiter.

Serielle Leitungen verwenden, wie oben erläutert, unterschiedliche Bitfolgen zur Darstellung der Datenbytes. Ein tatsächliches Datenbyte kann je nach Übertragungsstandard durch eine Bitfolge von 8, 9 oder sogar 10 Bits dargestellt werden. Deshalb lässt sich die Geschwindigkeit einer seriellen Leitung nicht in Byte/s oder Vielfachen davon angeben. Sie wird stattdessen in Bit pro Sekunde (bps) gemessen. Beachten Sie, dass die Vervielfältigungseinheiten von Bit (Kilobit, Megabit, Gigabit) nicht mit dem Faktor 1024, sondern mit der dezimalen 1000 gebildet werden.

Hat zum Beispiel ein Modem eine Übertragungsrate von 56,6 kbps (Kilobit pro Sekunde), dann bedeutet dieser Wert, dass in einer Sekunde 56.600 Bit übertragen werden. Wird der Übertragungsstandard 8N1 verwendet, dann muss dieser Wert durch 9 geteilt werden, um auf die maximal transportierbaren Bytes zu kommen: Es sind etwa 6289 Byte oder 6,14 Kilobyte. In der Praxis vereinfacht man solche Rechnungen allerdings häufig und legt 8 Datenbits zugrunde. 56.600 Bit wären demnach 7075 Byte oder 6,91 Kilobyte.

Hardware-Ressourcen

Zur Regelung der geordneten Kommunikation zwischen Prozessor, Arbeitsspeicher und Peripheriegeräten, werden verschiedene Kommunikationsressourcen verwendet. Es handelt sich um Kanäle für Hardware-Interrupts, um Speicheradressen, über die der Datenaustausch geregelt wird, und über so genannte DMA-Kanäle für die direkte Übertragung von Daten in den Arbeitsspeicher und zurück.

IRQs

Damit sich die Anfragen der verschiedenen Geräte nicht in die Quere kommen und der Prozessor sie unterscheiden kann, werden verschiedene **IRQs** (Interrupt Requests) verwendet. Dafür verwendet jedes Gerät, das kommunizieren möchte, ein einmaliges und eindeutiges Signal. Von diesen Signalen gibt es 16 verschiedene, die von 0 bis 15 durchnummeriert werden; der Prozessor untersucht sie jeweils der Reihe nach, um festzustellen, ob über den jeweiligen IRQ Kommunikation gewünscht wird.

Bei modernen PCI-Mainboards ist IRQ-Sharing möglich. Zwei oder mehr moderne Geräte können sich denselben IRQ teilen und mit Hilfe anderer Techniken erkennbar machen, um welches dieser Geräte es sich tatsächlich handelt. Zu diesem Zweck enthält der Chipsatz eine Komponente, die als programmierbarer Interrupt-Controller (PIC) bezeichnet wird. Bei Motherboards mit der veralteten ISA-Architektur ist IRQ-Sharing dagegen vollkommen ausgeschlossen.

Einige IRQs sind standardmäßig reserviert. Bei manchen von ihnen kann die voreingestellte Belegung verändert werden, andere sind dagegen fest zugewiesen. Tabelle 3.3 zeigt eine entsprechende Übersicht.

IRQ	Gerät	Änderung möglich
0	Systemtaktgeber	nein
1	Tastatur	nein
2	Programmierbarer Interrupt-Controller	nein
3	Serieller Port COM 2	ja
4	Serieller Port COM 1	ja
6	Diskettenlaufwerk	ja
7	Parallelport	ja
8	Echtzeituhr	nein
12	PS/2-Maus	ja
13	Koprozessor	nein
14	Erster IDE-Controller	ja
15	Zweiter IDE-Controller	ja

Tabelle 3.3 Fest belegte IRQs

I/O-Adressen

Eine weitere wichtige Kommunikationsressource ist die **I/O-Basisadresse**: Diese Speicheradresse markiert den Beginn eines Adressblocks, der für den Austausch von Konfigurations- und Steuerungsinformationen zwischen dem Prozessor und dem jeweiligen Gerät verwendet wird. Die jeweiligen Adressen werden hexadezimal angegeben und liegen ganz unten im adressierbaren Bereich. Die Adressbereiche werden in der Regel im Abstand von 0x20 (dezimal 32 Byte) belegt, also zum Beispiel 0x0200, 0x0220, 0x0240 und so weiter. Beachten Sie, dass es sich nicht wirklich um Adressen im Arbeitsspeicher handelt, sondern um spezielle Geräteschnittstellen, die vom Prozessor nach derselben Logik angesprochen werden wie Speicheradressen.

Eine nicht mehr besonders wichtige Ressource sind die **DMA**-Kanäle (Direct Memory Access). Bei DMA handelt es sich um ein Verfahren zur direkten Übertragung von Gerätedaten in den Arbeitsspeicher und umgekehrt, ohne dass jedes einzelne Datenbyte den Prozessor passieren muss. Diese Technik beseitigt einen der bedeutendsten Engpässe der klassischen Ein- und Ausgabesteuerung, ist also alles andere als unwichtig. Allerdings wird die DMA-Steuerung der meisten Geräte heute nicht mehr über die klassischen DMA-Kanäle durchgeführt, sondern über ein verbessertes Verfahren, das als Bus Mastering bezeichnet wird. DMA-Kanäle werden eigentlich nur noch für Soundkarten und Diskettenlaufwerke verwendet, vor allem, weil es sich nur um 8- und 16-Bit-Kanäle handelt.

Die Zuweisung der Ressourcen musste früher umständlich von Hand vorgenommen werden. Zunächst mussten sie am Gerät selbst eingestellt werden – anfangs durch Jumper, später per Software. Anschließend wurde dem Betriebssystem mitgeteilt, welche Ressourcen das jeweilige Gerät verwendete. Allzu oft kam es zu Ressourcenkonflikten, vor allem waren chronisch zu wenige IRQs vorhanden.

Ressourcen-Zuteilung

Besser wurde es erst mit der Einführung von Windows 95, das über – anfangs kein sehr gutes – Plug & Play verfügte, und vor allem mit der Abschaffung der alten ISA-Schnittstellen. »ISA-Plug & Play« ist nämlich im Grunde ein Widerspruch in sich. Es funktionierte so schlecht, dass es allgemein als »Plug & Pray« bezeichnet wurde.

Beim Mac funktioniert die Verwaltung der Hardware-Ressourcen übrigens erheblich einfacher als beim PC. Vor allen Dingen findet sie vollautomatisch statt, ohne dass Sie sich darum kümmern müssen. Dies ist einer der großen Vorteile von Hardware, die aus demselben Haus stammt wie das Betriebssystem – sie ist optimal darauf abgestimmt.

Steckplätze für Erweiterungskarten

Viele wichtige Peripheriegeräte werden schon seit den Anfangstagen der PCs als Einsteckkarten realisiert. Dies hat vor allen Dingen den Vorteil, dass diese Karten Anschlüsse nach außen führen können: Grafikkarten, Netzwerkkarten oder Soundkarten sind jeweils mit spezialisierten Schnittstellen ausgestattet, an die ein Monitor, ein Netzwerkkabel beziehungsweise Ton-Ein- und Ausgabegeräte angeschlossen werden.

Karten einbauen

Eine Karte verfügt am unteren Rand über eine lange Reihe von Anschlüssen, mit denen sie in den jeweils passenden Slot auf der Mainboard gesteckt wird. Den Abschluss nach außen, zur Geräterückseite, bildet ein Slotblech, auf dem sich die genannten externen Anschlüsse befinden. Der obere Rand des Slotblechs ist nach außen gebogen und wird mit einer Schraube fixiert.

Es gibt folgende verschiedene Arten von Kartenschnittstellen:

- Der **PCI-Anschluss** (Peripheral Component Interface) ist der Standard-Kartenanschluss für PC und Mac. Der PCI-Bus wird mit einer Takfrequenz von 33 MHz betrieben und besitzt eine Datenbreite von 32 Bit; neuere PCI-Varianten bieten sogar 64 Bit. Die Konfiguration erfolgt bei entsprechend ausgestatteten Betriebssystemen per Plug & Play.
- Der **AGP-Anschluss** (Accelerated Graphics Port) ist ein spezieller Anschluss für Grafikkarten. Die Taktfrequenz ist höher als bei PCI, sie beträgt mindestens 66 MHz. Es gibt inzwischen auch Varianten mit 100 und 133 MHz. Die Datenbreite wurde auf 64 Bit verdoppelt.
- Der veraltete **ISA-Anschluss** (Industry Standard Architecture) wird auf aktuellen Mainboards nicht mehr eingebaut. Im Vergleich zu heutigen Schnittstellen war er sehr viel langsamer: Seine Datenbreite betrug lediglich 16 Bits, die Taktfrequenz nur 16,7 MHz.

Notebooks besitzen keine internen Kartenschnittstellen, sind aber häufig mit einem externen Anschluss für spezielle kleine Einsteckkarten ausgestattet, dem PCMCIA-Anschluss

(Personal Computer Memory Card International Association[2]) oder auch PC-Card-Anschluss. Ursprünglich handelte es sich um einen Anschluss für Flash-ROM-Speicherkarten, inzwischen wird er für unterschiedliche Peripherie wie Netzwerkkarten, Modems oder externe Laufwerke genutzt.

Laufwerksanschlüsse

Für Festplatten, CD-ROM-Laufwerke und andere Massenspeicher gibt es zwei verschiedene wichtige Arten von Anschlüssen: EIDE und SCSI.

EIDE **EIDE** (Enhanced Integrated Device Electronics) wird auch **ATA** (Advanced Technology Attachments) genannt ist auf den meisten Mainboards integriert. In der Regel sind zwei Anschlüsse für 40-polige Flachbandkabel vorhanden; ein neuerer Standard namens Ultra DMA ermöglicht höhere Datenraten, benötigt aber spezielle 80-polige Kabel. Mit jedem der beiden Anschlüsse können je zwei Geräte verbunden werden. Eines der beiden Geräte wird als Master bezeichnet, das andere als Slave. Der Master hat beim Datenaustausch Priorität, im Zweifelsfall muss der Slave auf Daten warten. Deshalb sollten CD- und DVD-Brenner niemals als Slave betrieben werden, weil ein Abreißen des Schreibdatenstroms den beschreibbaren Datenträger zerstören kann.

Die Unterscheidung zwischen Master und Slave hat übrigens nichts mit der Reihenfolge am Kabel zu tun, auch wenn es bei manchen Geräten noch die historische Einstellmöglichkeit »Cable Select« gibt. Die Einstellung, ob ein Gerät als Master oder als Slave betrieben wird, erfolgt durch einen Jumper oder DIP-Schalter am Gerät selbst.

Damit die Stecker der Flachbandkabel korrekt eingesteckt werden, besitzt das Kabel eine rote Ader; diese Seite gehört an den Pin mit der Nummer 1. Sowohl die Mainboard als auch die Geräte sind meist entsprechend beschriftet. Bei den Laufwerken befindet sich die 1 meistens neben dem Stromanschluss.

Der wichtigste Vorteil gegenüber SCSI besteht darin, dass EIDE-Geräte erheblich günstiger sind. Im normalen Alltagsbetrieb an PCs ist die Leistungsfähigkeit darüber hinaus vergleichbar; SCSI ist nicht schneller, sondern nur belastbarer, und daher für Server und andere Hochleistungsmaschinen besser geeignet. Der größte Nachteil von EIDE besteht dagegen darin, dass der Anschluss elektrisch instabil ist und die maximale Kabellänge somit nur 60 cm beträgt, weshalb es keine externen EIDE-Geräte gibt.

S-ATA Vor einigen Jahren begann man mit der Entwicklung einer seriellen Variante des EIDE-Anschlusses, genannt **Serial ATA** (S-ATA). Um Verwechslungen vorzubeugen, wurde das herkömmliche ATA inzwischen in Parallel ATA (P-ATA) umbenannt.

Hauptvorteile der neuen Version sind die Möglichkeit längerer Kabel (bis zu einem Meter), eine vereinfachte Anschlusstechnik mit dünneren, flexibleren Kabeln und kleineren Steckern sowie die von USB oder FireWire bekannten Hot-Plugging-Fähigkeiten (Gerätewechsel im laufenden Betrieb, siehe unten).

---

2 Die Langform dieses Akronyms kann sich kein Mensch merken; ich habe ehrlich gesagt ebenfalls bei Google nachgeschlagen. Aus diesem Grund wird die Abkürzung häufig als »People Can't Memorize Computer Industry Acronyms« – die Leute können sich die Abkürzungen der Computerindustrie nicht merken – aufgelöst.

SCSI ist die Abkürzung für Small Computer System Interface. Wie der Name vermuten lässt, wurde diese Schnittstelle ursprünglich nicht für PCs konzipiert, sondern eben für Kleincomputer (die etwa so groß wie Kleiderschränke sind). SCSI

Eine SCSI-Schnittstelle bietet die Möglichkeit, 7 Geräte anzuschließen; der neuere Wide-SCSI-Standard erlaubt sogar 15. Bei allen älteren Macs bis zum ersten G3-PowerMac von Mitte 1998 war SCSI integriert und wurde auch für die bereits eingebauten Festplatten und CD-ROM-Laufwerke verwendet. Bei PCs ist SCSI nur sehr selten onboard und wird meist als PCI-Einsteckkarte nachgerüstet. Die meisten dieser SCSI-Karten stammen von der Firma Adaptec.

Ein SCSI-Controller verfügt in der Regel über drei Anschlüsse: zwei interne für 50-polige Flachbandkabel sowie einen externen, an den entweder ein 25-poliges Centronics-Kabel (optisch identisch mit dem klassischen Parallelport eines PCs, aber technisch abweichend) oder ein modernes SUB-D-Kabel angeschlossen werden kann.

Beachten Sie, dass Sie von diesen drei Anschlüssen nur zwei verwenden dürfen! Am SCSI-Controller dürfen Geräte nur busförmig angeschlossen werden, das heißt hintereinander in einer Kette, und nicht etwa sternförmig (mit drei Abzweigungen).

Das erste und das letzte Gerät in der Kette benötigen jeweils einen Abschlusswiderstand, auch Terminator genannt. Dieser sieht je nach Geräteart unterschiedlich aus: Die meisten internen Geräte wie Festplatten oder CD-ROM-Laufwerke verwenden hierfür einen Jumper. Bei externen Geräten (Scanner, externe Festplatten, CD-Brenner und so weiter) gibt es hingegen oft die Möglichkeit, über einen durchgeschleiften Anschluss ein weiteres Gerät anzuschließen. In diesem Fall ist der Terminator oftmals nur ein großer Stecker, der auf diesen Anschluss gesetzt wird, oder manchmal auch ein Dip-Schalter.

Wenn der SCSI-Controller selbst ein Ende der Kette bildet, weil nur einer der drei Anschlüsse genutzt wird, dann muss er ebenfalls terminiert werden: Dies geschieht oft mittels eines Jumpers oder DIP-Schalters, bessere Controller terminieren sich in diesem Fall automatisch selbst.

Damit SCSI-Geräte angesteuert werden können, benötigen sie eine eindeutige Nummer, die als SCSI-ID bezeichnet wird. Diese hat nichts mit der Reihenfolge in der Kette zu tun; wichtig ist nur, dass jede verwendete Nummer einmalig ist. Beim klassischen SCSI existieren die IDs 0 bis 7, bei Wide SCSI dagegen 0 bis 15. Je höher die Nummer eines Gerätes, desto höher ist seine Priorität. Der Controller selbst hat daher meist die ID 7 beziehungsweise 15.

Je nach Gerätesorte wird die ID auf unterschiedliche Weise eingestellt: Bei den meisten externen Geräten gibt es einen Drehschalter mit vielen Auswahlmöglichkeiten oder einen DIP-Schalter, der nur zwei Optionen bietet. Bei internen SCSI-Geräten wird die ID oft durch einen oder zwei Jumper eingestellt. Manchmal besitzen sie auch einfach eine festgelegte ID. Vor dem Kauf eines weiteren Gerätes müssen Sie deshalb darauf achten, dass Sie keines mit derselben festen SCSI-ID kaufen. Bei neueren Geräten erfolgt die Konfiguration meist bequem per Software.

USB und FireWire

Alle modernen Rechner sind mit neuartigen seriellen Schnittstellen für externe Geräte ausgestattet. Gegenüber dem schwierig einzurichtenden, fehleranfälligen SCSI-Anschluss besitzen sie den Vorteil, dass sie völlig ohne Konfigurationsaufwand benutzt werden können.

Der **USB-Anschluss** (Universal Serial Bus) existiert in zwei verschiedenen Versionen: USB 1.0 und 1.1 arbeiten mit einer Datenübertragungsrate von 12 MBit/s, USB 2.0 vervielfacht diesen Wert auf 480 MBit/s. An die USB-Anschlüsse eines Rechners können insgesamt 127 Geräte angeschlossen werden, wozu allerdings so genannte USB-Hubs als Verteilungsgeräte notwendig sind.

Die **IEEE-1394-Schnittstelle**, die von Apple unter dem Namen FireWire vermarktet wird, arbeitet mit einer Übertragungsrate von 400 MBit/s. Die neuere Variante FireWire 800 unterstützt die doppelte Geschwindigkeit. Der Hauptverwendungszweck dieses Anschlusses ist der digitale Videoschnitt, deshalb wird er auch als DV-Schnittstelle bezeichnet. An den FireWire-Port lassen sich bei entsprechender Vervielfältigung bis zu 63 Geräte anschließen.

Hot Plugging

Beide Schnittstellen unterstützen das so genannte **Hot-Plugging-Verfahren**: Es ist vorgesehen, dass Geräte im laufenden Betrieb ein- und ausgesteckt werden können. Das Betriebssystem lädt dann automatisch die passenden Treiber und sollte sie nach Gebrauch auch wieder entfernen.

USB wird nicht nur für Drucker, Modems, Scanner, Digitalkameras und externe Festplatten oder CD-Brenner eingesetzt, sondern – zumindest beim Mac – auch für Tastatur und Maus. Beim PC werden dagegen in der Regel die so genannten PS/2-Anschlüsse für Tastatur und Maus verwendet. Zu beachten ist, dass PS/2-Kabel **niemals** im laufenden Betrieb ein- oder ausgestöpselt werden dürfen, dies kann die Mainboard ernsthaft beschädigen!

Viele PCs sind neben USB und FireWire auch heute noch mit den klassischen seriellen und parallelen Schnittstellen ausgestattet. PCs, die diese Anschlüsse nicht aufweisen, werden als »Legacy-free« bezeichnet.

Die alte serielle Schnittstelle (RS-232 oder V.24) wurde ursprünglich für den Anschluss von Terminals an Kleincomputer konzipiert. Beim PC diente sie lange Jahre als Maus- und Modemanschluss. Heute hat ihre praktische Bedeutung dagegen stark nachgelassen. (Am ehesten wird sie vielleicht noch für Messgeräte verwendet, die ihre Daten zur Auswertung an spezielle Software übermitteln. Alte Macs verfügten über eine technisch sehr ähnliche Schnittstelle, die als RS-422 bezeichnet wurde. Optisch war dieser Anschluss allerdings eher mit der PS/2-Schnittstelle eines heutigen PCs vergleichbar.)

Ein weiterer klassischer Anschluss ist der Centronics-Parallelport (benannt nach einem längst vergessenen Druckerhersteller). Er wurde bis vor kurzem vor allem für Drucker eingesetzt, wird aber zunehmend durch USB verdrängt.

Drahtlose Schnittstellen

Ein moderner Rechner mit seinen zahlreichen Peripheriegeräten verursacht ein kaum zu bändigendes Durcheinander von Kabeln. Aus diesem Grund wächst die Beliebtheit von

Lösungen, die den Anschluss von Geräten ohne Kabel ermöglichen. Grundsätzlich gibt es zwei verschiedene Ansätze: Infrarot- und Funkanschlüsse.

Die Infrarot-Technologie ist von der Fernseh-Fernbedienung bekannt. Sie benötigt Sichtkontakt zwischen Gerät und Empfangsstation und arbeitet verhältnismäßig langsam. Andererseits kann es bei Infrarot-Schnittstellen nicht zu den Störungen kommen, denen Funkverbindungen ausgesetzt sein können. Infrarot-Anschlüsse sind vor allem für Tastaturen und Mäuse geeignet. Der verbreitetste Standard für Infrarot-Anschlüsse, der auch bei Handys und PDAs verbreitet ist, wird IrDA genannt.

Bluetooth

Funkanschlüsse arbeiten fast immer mit Mikrowellen im Frequenzbereich von 2,4 GHz – dieses Frequenzband hat den Vorteil, dass es lizenzfrei ist, weil es auch von Mikrowellenöfen genutzt wird. Allmählich kristallisiert sich ein einheitlicher Datenfunk-Standard für den Anschluss von Peripheriegeräten heraus: die Bluetooth-Technologie. Es handelt sich um Funkverbindungen mit einer maximalen Reichweite von etwa 10 Metern und einer Übertragungsrate von 1 MBit/s. Es gibt inzwischen Unmengen von Geräten, die über Bluetooth angeschlossen werden können, beispielsweise Tastaturen, Mäuse, Modems oder Mobiltelefone.

Sowohl Infrarot- als auch Bluetooth-Anschlüsse sind nicht auf allen Mainboards eingebaut, aber inzwischen recht günstig als PCI-Erweiterungskarten oder USB-Stecker erhältlich.

Erheblich höhere Datenübertragungsraten bieten übrigens die drahtlosen Netzwerke, die in Kapitel 13, *Netzwerktechnik*, ausführlich behandelt werden.

3.3 Die Peripherie

Wie bereits erwähnt, gehören zur Peripherie sämtliche Geräte, die zusätzlich an den Computer angeschlossen werden. Peripheriegeräte sind Eingabegeräte, Ausgabegeräte oder gleichzeitig Ein- und Ausgabegeräte. Falls sie zur Datenspeicherung eingesetzt werden, bezeichnet man sie zusätzlich als Massenspeicher. Tabelle 3.4 zeigt eine Übersicht über die wichtigsten Peripheriegeräte und ihre Eigenschaften.

Gerät	Eingabe	Ausgabe	Massenspeicher
Festplatte	X	X	X
Diskettenlaufwerk	X	X	X
CD-ROM-Laufwerk	X		X
CD-Brenner	X	X	X
Tastatur	X		
Maus	X		
Grafikkarte		X	
Monitor		X	

Tabelle 3.4 Die Eigenschaften der wichtigsten Peripheriegeräte

Gerät	Eingabe	Ausgabe	Massenspeicher
Drucker		X	
Modem	X	X	
Netzwerkkarte	X	X	
Soundkarte	X	X	
Lautsprecher		X	
Mikrofon	X		

Tabelle 3.4 Die Eigenschaften der wichtigsten Peripheriegeräte (Forts.)

Einige Arten der Ein- und Ausgabe verwenden zwei aufeinander folgende Stufen von Geräten, die man gewissermaßen in einen Digital- und einen Analogteil untergliedern kann. Beispielsweise wird das anzuzeigende Monitorbild von der Grafikkarte generiert, aber erst auf dem Monitor tatsächlich angezeigt. Auf ähnliche Weise werden Töne von der Soundkarte erzeugt und von den angeschlossenen Lautsprechern oder Kopfhörern abgespielt. Andersherum werden sie durch ein Mikrofon analog eingegeben und von der Soundkarte in digitales Audio umgewandelt.

3.3.1 Massenspeicher

Die verschiedenen Arten von Massenspeichern lassen sich in verschiedener Hinsicht unterscheiden, zum Beispiel unterscheidet man drei verschiedene Arten von physikalischen Schreib- und Leseverfahren:

- Magnetische Datenträger verwenden eine magnetisierbare Fläche als Datenspeicher; das Bitmuster wird durch magnetische Bereiche mit gegensätzlicher Polarität dargestellt. Beispiele sind etwa das Diskettenlaufwerk, die Festplatte, ZIP-Laufwerke, JAZ-Laufwerke oder Streamer (Bandlaufwerke).
- Bei optischen Datenträgern ist der Datenspeicher eine reflektierende Metallfläche, die von einem Laserstrahl abgetastet wird. Das Bitmuster wird durch hineingebohrte Vertiefungen (Pits) und unveränderte Stellen (Land) gebildet, die jeweils unterschiedlich stark reflektieren. Die wichtigsten Beispiele sind CDs und DVDs, die jeweils in nur lesbarer, einmal beschreibbarer und wiederbeschreibbarer Form erhältlich sind.
- Magneto-optische Datenträger verwenden ein Mischverfahren aus magnetischen und optischen Schreib- und Lesevorgängen: Die Oberfläche wird durch Hitzeeinwirkung, die durch einen starken Laserstrahl erzeugt wird, magnetisch veränderbar. Anschließend kann sie optisch durch einen Laserstrahl gelesen und später wiederbeschrieben werden.

  MO-Datenträger und die zugehörigen Laufwerke – zum Beispiel von SyQuest – waren eine zeitlang unter Mac-Usern recht weit verbreitet, bevor in der zweiten Hälfte der 90er-Jahre der Siegeszug der beschreibbaren CDs begann. Heute ist ihre Bedeutung stark zurückgegangen: Die MO-Technologie wird nur noch für die zu anderen wiederbeschreibbaren DVDs inkompatible DVD-RAM eingesetzt.

Weitere wichtige Unterscheidungsmerkmale betreffen nur die magnetischen Datenträger. Jeder von ihnen verwendet eines von zwei verschiedenen Grundkonzepten:

1. Der Datenträger ist eine rotierende runde Scheibe; der Schreib-/Lesekopf kann sich nach außen und innen bewegen. Eine bestimmte Region der Platte kann also gelesen oder beschrieben werden, sobald sie unter der Achse des Kopfes vorbeirotiert und der Kopf gerade den korrekten Abstand vom Mittelpunkt hat. Genau wie beim Arbeitsspeicher wird dieses Zugriffsverfahren auch hier als Random Access bezeichnet.

   Es gibt wiederum zwei verschiedene Arten von Datenträgern in Scheibenform: Bei der Festplatte bilden Laufwerk und Datenträger eine untrennbare Einheit, während die diversen Wechseldatenträger (Diskette und ähnliche) zum Arbeiten ins Laufwerk gesteckt und später wieder herausgenommen werden können. Dies macht sie zwar flexibler als Festplatten, aber dafür sind Letztere mit viel mehr Speicherkapazität ausgestattet und überdies erheblich schneller.

2. Die andere Form magnetischer Datenträger sind die verschiedenen Arten von Magnetbändern. Ein langes, dünnes Band wird unter dem statischen Schreib-/Lesekopf entlanggezogen. Der Zugriff auf die Daten findet nicht, wie bei den Platten, beliebig statt, sondern nur der Reihe nach hintereinander (sequenziell). Deshalb werden sie auch nicht für die normale Gebrauchsspeicherung von Daten verwendet, sondern dienen vor allem der Datensicherung (Backup).

   Früher wurden große Spulen mit Magnetbändern eingesetzt, die den alten Tonbandrollen entsprechen. Genau wie die Tonbänder nach und nach durch kompakte Audio- und später Videokassetten ersetzt wurden, in denen die beiden stark verkleinerten Spulen fest untergebracht waren, wurden auch entsprechende Magnetbandkassetten zur Datenspeicherung entwickelt, die man Streamer-Tapes nennt. Die bisher neueste Form ist der DAT-Streamer, bei dem die aus dem Audio-Bereich stammende Digitalkassette DAT als Datenspeicher eingesetzt wird. Der Vorteil ist, dass bei diesen speziellen Kassetten durch schnelles Spulen zu wiedererkennbaren Markierungen eine Art Random Access möglich wird.

   Vorübergehend – von den späten 70er- bis zur ersten Hälfte der 80er-Jahre – gab es für Homecomputer auch die Möglichkeit, gewöhnliche Audiokassetten als Datenspeicher zu verwenden (»Datasette« genannt).

Festplatten

Der mit Abstand wichtigste Massenspeicher in einem Computer ist die **Festplatte**. Es handelt sich um einen Stapel runder Metallplatten, die auf einer gemeinsamen drehbaren Achse angeordnet sind. Wie eine Gabel fahren die übereinander angeordneten Schreib-/Leseköpfe zwischen diese Platten. Das ganze Gebilde ist vakuumverschweißt und muss es auch bleiben, weil die Köpfe in einer Entfernung über der Platte schweben, die einem Bruchteil der Dicke eines menschlichen Haares entspricht – ein Staubkorn hätte auf dieses sensible Gefüge die Wirkung eines Felsbrockens.

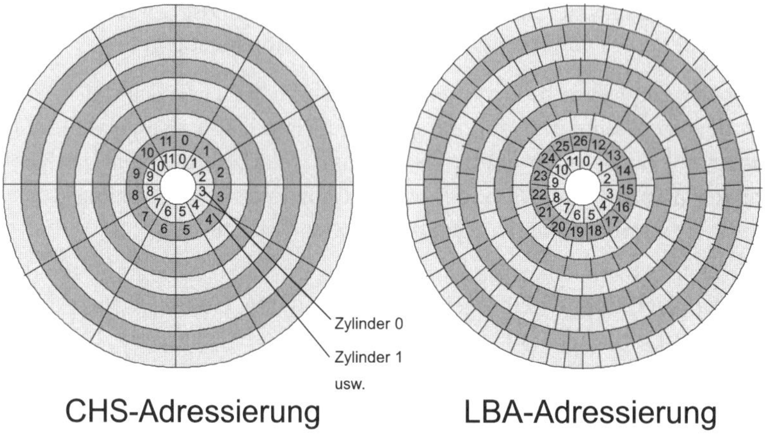

Abbildung 3.4 Schematische Darstellung des Unterschieds zwischen CHS- und LBA-Festplattenadressierung

CHS und LBA

Die einzelnen Speicherregionen der Festplatte werden traditionell nach einem Schema nummeriert, das man als **CHS**-Verfahren (Cylinder, Head, Sector) bezeichnet: Die Zylinder, auch Spuren genannt, sind konzentrische Kreise auf den einzelnen Scheiben, die von innen nach außen durchnummeriert werden. Mit den Kopfnummern werden nacheinander die einzelnen Seiten der Platten bezeichnet. Die Sektoren sind schließlich Einteilungen der Zylinder – traditionell in Form von »Kuchenstücken«, sodass die Datendichte nach außen immer weiter abnimmt und auf diese Weise Speicherplatz vergeudet. Jeder Sektor besitzt nämlich eine feste Größe von 512 Byte.

Aus diesem Grund wurde für neuere Festplatten ein Verfahren entwickelt, das den Platz ökonomischer ausnutzt: Jeder Zylinder wird individuell in verschieden viele gleich große Sektoren unterteilt. Die Sektoren aller Platten werden nacheinander durchnummeriert. Dieses Verfahren wird als **LBA** (Logical Block Addressing) bezeichnet. Abbildung 3.4 zeigt schematisch den Unterschied zwischen CHS und LBA an je einer einzelnen Platte.

Die Größe aktueller Festplatten liegt üblicherweise zwischen 160 und 250 Gigabyte. Es werden aber auch wesentlich kleinere (ab 20) und größere Festplatten (bis etwa 400 Gigabyte) angeboten. Wie bereits im vorigen Kapitel erwähnt, sind die Angaben der Festplattenhersteller, die beispielsweise »160 GB« lauten, leicht irreführend: Es handelt sich um 160 Milliarden Byte.

Partitionierung

Um diese relativ großen Platten effizienter nutzen zu können, lohnt es sich, sie zu partitionieren. Eine **Partition** ist eine Unterteilung der Festplatte, die vom Betriebssystem wie ein eigenständiges Laufwerk behandelt wird. Auf diese Weise können Sie zum Beispiel Ihre Daten und Programme logisch sortieren und sparen Zeit beim Defragmentieren (Aufräumen zerstückelter Dateien), weil Sie es reihum mit einzelnen Partitionen durchführen können. Falls Sie mehrere Betriebssysteme auf demselben Rechner installieren möchten, sind Sie in den meisten Fällen sogar zur Partitionierung gezwungen.

Eine PC-Festplatte kann in bis zu vier Partitionen unterteilt werden. Eine von ihnen kann eine so genannte erweiterte Partition sein, die wiederum bis zu 16 logische Laufwerke enthalten kann. Ein logisches Laufwerk hat aus der Sicht des Betriebssystems dieselben Eigenschaften wie eine Partition. Die normalen, nicht weiter unterteilbaren Partitionen werden als primäre Partitionen bezeichnet. Wie groß eine Partition oder ein logisches Laufwerk jeweils sein darf, regeln das jeweilige Betriebssystem und das unter ihm verwendete Dateisystem (siehe Kapitel 4, *Betriebssysteme*).

Für die Partitionierung können je nach Betriebssystem unterschiedliche Programme eingesetzt werden. MS-DOS und die von ihm abgeleiteten Betriebssysteme Windows 95, 98 und ME enthalten ein einfaches Konsolen-Dienstprogramm namens `fdisk`; unter Linux steht ein gleichnamiges Programm zur Verfügung, das allerdings mehr Komfort bietet. Windows NT, 2000 und XP enthalten ein grafisches Programm namens Festplattenmanager (NT) beziehungsweise Datenträgerverwaltung. Unter MacOS wird schließlich ein Programm namens »Laufwerke konfigurieren« mitgeliefert.

Alle genannten Systemprogramme für die Partitionierung haben einen Nachteil: Sie können Änderungen nur vornehmen, indem sie eine bestehende Partition mit allen Daten vollständig löschen und an ihrer Stelle eine oder mehrere neue anlegen. Wenn Sie dagegen bestehende Partitionen verkleinern, vergrößern, zusammenfassen oder trennen möchten, benötigen Sie einen kommerziellen Partitionsmanager wie PartitionMagic. Vor dem Einsatz eines solchen Programms ist es allerdings dringend zu empfehlen, alle wichtigen Daten zu sichern – durch diverse Fehler oder durch einen Stromausfall während der Partitionsänderung kann es zu vollständigem Datenverlust kommen.

RAID

Einen Schritt weiter als die Partitionierung von Festplatten geht übrigens die Verwendung sogenannter **RAID**-Systeme, die häufig im Serverbereich anzutreffen sind: Das **Redundant Array of Independent** (oder Inexpensive) **Disks** fasst mehrere physikalische Festplatten zu einer Einheit zusammen, entweder aus Performancegründen oder für eine Verbesserung der Datensicherheit. RAID wird entweder durch eine spezielle Hardwarekomponente namens RAID-Controller bereitgestellt, oder es wird als SoftRAID über Treiber des Betriebssystems zur Verfügung gestellt – in den Windows-Server-Systemen ist es beispielsweise bereits eingebaut.

Man unterscheidet acht verschiedene RAID-Levels, die von 0 bis 7 durchnummeriert werden und sich bezüglich der Art und Weise, wie sie die einzelnen Festplatten nutzen, voneinander unterscheiden. Die wichtigsten Levels sind 0, 1 und 5:

- **RAID Level 0**: **Stripe Set**. Die Speicherkapazitäten mehrerer Festplatten werden in einzelne »Streifen« zerschnitten. Daten werden abwechselnd auf den verschiedenen Platten gespeichert, wobei die Streifen jeder Platte fortlaufend beschrieben werden. Diese Methode steigert nur die Performance des Systems, aber nicht die Sicherheit.
- **RAID Level 1**: **Mirroring**. Die Daten einer ganzen Festplatte werden jeweils komplett auf einer zweiten Platte gespeichert. Diese Variante bietet die höchstmögliche Sicherheit, aber keinerlei Performancesteigerung.
- **RAID Level 5**: **Stripe Set mit Parity**. Diese RAID-Version bietet einen Kompromiss zwischen Geschwindigkeits- und Sicherheitsverbesserung: Es wird ein Stripe Set erzeugt wie bei Level 0; allerdings wird zusätzlich ein Bereich auf jeder Platte für Prüfsummen (Parity) verwendet, um nachtäglich Fehler beseitigen zu können.

Festplatten-Geschwindigkeit

Die Geschwindigkeit von Festplatten wird durch unterschiedliche Werte angegeben. Die erste wichtige Information ist die Umdrehungsgeschwindigkeit. Sie beträgt bei den meisten aktuellen Festplatten 7.200 Umdrehungen pro Minute; einige ältere Modelle arbeiten nur mit 5.400 U/min, während manche ganz neuen Platten oder SCSI-Festplatten für Server mit 10.000 U/min laufen. Es handelt sich hier um die Angabe einer konstanten Winkelgeschwindigkeit (Constant Angular Velocity oder kurz CAV). Bei der klassischen CHS-Adressierung werden Daten auf den Außenbezirken der Platte deutlich langsamer gelesen und geschrieben als innen, weil dieselbe Datenmenge auf einem erheblich längeren Ringabschnitt untergebracht ist.

Alle anderen Geschwindigkeitsangaben sind statistische Werte und werden durch Benchmarktests ermittelt. Die mittlere Zugriffszeit gibt an, wie lange es dauert, einen zufällig gewählten Sektor anzusteuern – man verwendet sehr viele Messungen, um die unterschiedlichsten aufeinander folgenden Sektorpositionen zu messen. Die Größenordnung der Werte liegt bei einem Bereich von 10 Millisekunden. Neben der mittleren Zugriffszeit wird noch die Geschwindigkeit des Schreib- und des Leseflusses gemessen. Diese Werte liegen bei aktuellen EIDE-Festplatten zwischen 30 und 40 MByte/s.

Zu guter Letzt sind alle modernen Festplatten mit einem internen Cache ausgestattet, dessen Größe meist zwischen 2 und 8 MByte beträgt. Er beschleunigt Zugriffe auf die Festplatte durch Pufferung des Datenstroms. Sie können davon ausgehen, dass ein größerer Cache die Schreib- und Lesezugriffe noch ein wenig schneller macht.

Magnetische Wechseldatenträger

Immer mehr PCs und alle Macs werden heute ohne das klassische Diskettenlaufwerk ausgeliefert. Das 1980 von Sony entwickelte 3,5-Zoll-Laufwerk besitzt eine maximale Speicherkapazität von 1,44 Megabyte (2 Seiten x 80 Spuren x 18 Sektoren x 512 Byte pro Sektor) und ist recht langsam. Früher gab es 3,5"-Disketten mit noch weniger Speicherkapazität; außerdem waren in der Frühzeit der PCs 5,25"-Modelle mit höchstens 1,2 Megabyte Kapazität üblich.

Eine Diskette oder Floppy Disk ist eine mit magnetisierbarem Metallstaub versetzte, runde Kunststoffscheibe, die zum Schutz in einer quadratischen Kunststoffhülle steckt, welche vollständig in das Laufwerk geschoben wird. Die 3,5-Zoll-Diskette ist mit einem kleinen Schiebeschalter ausgestattet; wird er geöffnet, dann ist die Diskette schreibgeschützt, in geschlossenem Zustand kann sie dagegen beschrieben werden.

Disketten-Alternativen

Es wurden einige Versuche unternommen, Nachfolger für das Diskettenlaufwerk mit höherer Kapazität und Geschwindigkeit zu etablieren. Die wichtigsten dieser Versuche sind die Zip- und Jaz-Laufwerke von IoMega, die 100 oder 250 Megabyte beziehungsweise ein oder zwei Gigabyte fassen. Eine weitere Alternative ist das LS-120-Laufwerk, dessen eigene Spezialdisketten 120 Megabyte fassen und das zusätzlich normale 3,5-Zoll-Disketten lesen kann. Gegen die Konkurrenz der beschreibbaren CDs, die höhere Kapazitäten ermöglichen und erheblich billiger sind, kommen sie aber alle nicht an.

CD-ROM und beschreibbare CDs

Die eigentliche Informationsfläche einer CD oder DVD besteht jeweils aus einer hauchdünnen Metallschicht, die von einem Laserstrahl mit einer bestimmten Brennweite abgetastet werden kann. Die verschiedenen Farben (Gold, Silber, Blau oder Grün) kommen durch unterschiedliche Metalllegierungen zustande. Vertiefungen in dieser Oberfläche (Pits) wechseln sich mit der normalen, unversehrten Fläche (Land) ab und bilden so das Bitmuster. Die unterschiedlichen Reflexionseigenschaften der Pit- und Land-Bereiche werden vom Lesekopf des CD- oder DVD-Players als Daten, Musik oder Video interpretiert. Zum Schutz vor Beschädigung wird die empfindliche Metallschicht durch eine verhältnismäßig dicke Schutzschicht aus durchsichtigem Kunststoff abgedeckt.

Die **Compact Disc** (CD) wurde 1982 von Sony und Philips vorgestellt, zunächst lediglich als neuartiger Tonträger (Audio-CD). Nach gut 10 Jahren war es der Musikindustrie gelungen, fast den gesamten Tonträgermarkt auf CDs umzustellen. Eigentlich kein Wunder: Mit ihrer kompakten Größe, ihrer Unempfindlichkeit, den guten Digitalaudio-Eigenschaften (44,1 kHz Sampling-Rate, 16 Bit Sampling-Tiefe, Stereo) und Platz für 74 Minuten Musik war sie für den normalen Konsumentenmarkt besser geeignet als die klassische Vinyl-LP – auch wenn HiFi-Freaks schwören, dass sie die bessere Qualität der Analogschallplatte hören können.

Dieses Speichermedium für die Speicherung von Daten zu verwenden, lag also nah. Die erste Variante war die CD-ROM, eine ab Werk mit vorgegebenem Inhalt versehene Daten-CD, die für die Lieferung von Software oder für Multimedia-Präsentationen verwendet wird. Seit etwa 1995 wird beinahe jeder PC mit einem CD-ROM-Laufwerk ausgestattet, das diese Datenträger lesen kann. Eine CD-ROM besitzt eine maximale Speicherkapazität von 650 Megabyte, bei neueren Versionen sind es 700 oder gar 800. Da Audio-CDs mit weniger Verwaltungsdaten auskommen, passt etwas mehr Musik darauf, als die direkte Umrechnung dieser Werte in 10 MByte pro Minute Musik vermuten lassen würde, nämlich 74, 80 oder 90 Minuten. Beachten Sie, dass ältere Audio-CD-Player keine CDs mit einer längeren Spieldauer als 74 Minuten abspielen können.

Die »bunten Bücher«

Die Spezifikationen für die verschiedenen CDs werden in »bunten Büchern« (englisch Rainbow Books) dokumentiert:

- Das **Red Book** spezifiziert die Audio-CD, die aus einem Inhaltsverzeichnis (Table of Contents) und bis zu 99 Audiotracks besteht. Beachten Sie, dass eine Audio-CD, auf der die ärgerlichen Kopierschutzmaßnahmen der Musikindustrie verwendet werden, nicht dem Red Book entspricht und deshalb eigentlich gar keine richtige Audio-CD ist.

  Eine aktuelle Ergänzung der Audio-CD ist dagegen ein Format, das als CD-Text bezeichnet wird: Neben den reinen Audiodaten können kurze Textinformationen wie Interpreten und Titel in die Tracks geschrieben werden. Neue CD-Player und CD-Abspielprogramme für Computer zeigen diese Informationen an; aktuelle Brennsoftware kann sie auch auf beschreibbare CDs schreiben.
- Das **Yellow Book** ist der Standard für die CD-ROM, die ursprüngliche Daten-CD. Sie war von Anfang an als Mixed-Mode-CD ausgelegt, kann also neben den Computerdaten auch Audiotracks enthalten.

- Im **Green Book** wurde das Format der Philips CDi (interactive) festgelegt; der CDi-Player war ein an den Fernseher anschließbares Gerät zum Abspielen von Multimedia-Präsentationen. Es kam kurz vor dem Siegeszug der Multimedia-CD-ROM und des Webs auf den Markt und verkaufte sich schlecht.
- Das **Orange Book** standardisiert die beschreibbare CD (CD-R, für Recordable) und die wiederbeschreibbare CD (CD-RW, ReWritable).
- Das **White Book** definiert das Format der Video-CD (nicht etwa der DVD).
- Das **Blue Book** ist eine Erweiterung des Yellow-Book-Standards im Hinblick auf Mixed-Mode-CDs: Es wird genauer festgelegt, wie Audio- und Daten-Tracks aufeinander folgen sollen, damit die CD sowohl von einem alten Audio-CD-Player als auch von einem modernen CD-ROM-Laufwerk in einem Computer abgespielt werden kann.

CD-ROM-Geschwindigkeit

Die Geschwindigkeit eines CD-ROM-Laufwerks wird als Vielfaches der Datenübertragungsrate eines Audio-CD-Players angegeben: Audio-CDs werden mit 150 KByte/s abgespielt; ein 48x-CD-ROM-Laufwerk schafft entsprechend 48 x 150 = 7.200 KByte/s oder etwa 7,03 MByte/s. Anders als bei den Festplatten handelt sich bei diesen Geschwindigkeitsangaben um eine konstante lineare Geschwindigkeit (Constant Linear Velocity, abgekürzt CLV) – trotz der unterschiedlichen Radien der verschiedenen Spuren geschieht das Lesen und Schreiben immer gleich schnell.

Bei den beschreibbaren CD-Rs werden die Pits durch einen besonders starken Laserstrahl in die Metalloberfläche gebohrt. Die wiederbeschreibbare CD-RW verwendet dagegen Pits mit einer viel geringeren Tiefe, die beim Überschreibvorgang wieder »abgeschliffen« werden können. Auf diese Weise lässt sich eine CD-RW bis zu 1.000-mal beschreiben. Beachten Sie, dass CD-ROM-Laufwerke und Audio-CD-Player, die ungefähr vor Ende 1998 gebaut wurden, keine CD-RWs lesen können.

Da das Wiederbeschreiben einer CD-RW aufwändiger ist, geschieht es beim gleichen Brenner langsamer als das Beschreiben einer normalen CD-R. Aus diesem Grund enthalten CD-RW-Brenner in der Regel drei Geschwindigkeitsangaben in ihrer Spezifikation oder gar aufgedruckt auf das Gerät selbst: 40x/12x/48x bedeutet zum Beispiel, dass der CD-Brenner CD-Rs mit 40facher Geschwindigkeit beschreibt, CD-RWs 12-fach wiederbeschreibt und sämtliche CDs mit 48facher Geschwindigkeit liest.

Als die beschreibbaren CDs eingeführt wurden, musste übrigens sämtlicher Inhalt in einem einzigen Durchgang darauf gebrannt werden. Bei Audio-CDs heißt dieses Verfahren Disc-at-once. Erst etwas später wurde ein Verfahren entwickelt, das man als Multisession-Format bezeichnet: Eine CD kann in mehreren Durchgängen (Sessions) gebrannt werden. Nach jeder neuen Session wird ein neues Inhaltsverzeichnis geschrieben. Sie können sich aussuchen, ob die Dateien der alten Sessions darin enthalten sein sollen, sodass sie weiterhin lesbar sind, oder ob sie weggelassen werden sollen – es ist, als seien sie nie auf der CD enthalten gewesen. Das spezielle Multisession-Verfahren für Audio-CDs wird als Track-at-once bezeichnet.

Jede Session besteht aus einem Anfangsbereich namens Lead-In-Area, den eigentlichen Daten und einem Abschlussbereich, der Lead-Out-Area. Da diese Grenzbereiche eine gewisse Größe haben, steht auf einer CD mit vielen Sessions etwas weniger Speicherplatz für Daten zur Verfügung als auf einer CD, die in einem einzigen Durchgang gebrannt wurde.

CD-Brenn-Software

Für das Brennen einer CD ist spezielle Software erforderlich. Für Windows ist das Programm Nero Burning ROM von Ahead Software zu empfehlen; das bekannteste Programm für den Mac ist Toast von Roxio. Allerdings beherrschen die aktuellen Betriebssysteme Windows XP und MacOS ab 9.1 auch selbst das Beschreiben von CD-Rs und CD-RWs. Wirklich empfehlenswert ist der Zugriff auf diese Bordmittel allerdings nicht, sie bieten nur sehr wenige Einstellmöglichkeiten und überlassen Ihnen so keine richtige Kontrolle über den Brennvorgang.

Welche Software Sie auch immer verwenden sollten – achten Sie darauf, dass sie mit der BURN-Proof-Technologie moderner Brenner umgehen kann, die den CD-Rohling davor schützt, dass er durch ein Abreißen des Schreibstroms (Buffer Underrun) zerstört wird.

CD-Datenformate und -Dateisysteme

Eigentlich gehört dieses Thema nicht in das vorliegende Kapitel – die verschiedenen Dateisysteme für Festplatten werden im nächsten Kapitel, *Betriebssysteme*, ausführlich beschrieben. Da für CDs und DVDs jedoch besondere Bedingungen gelten, wird das Thema hier an Ort und Stelle vorweggenommen.

Wenige Möglichkeiten für Fehler entstehen, wenn Sie eine reine Audio-CD brennen. Ihre Spezifikation nach dem Red-Book-Standard hat sich seit über 20 Jahren nicht geändert und wird von jedem CD-Brenn-Programm beherrscht. Einige ältere Audio-CD-Player mögen möglicherweise keine Track-at-Once-CDs und bestehen auf die Disk-at-Once-Variante oder spielen die CD erst ab, wenn Sie sie abschließen – mit einem endgültigen Lead-Out-Bereich versehen, der keine weiteren Sessions mehr gestattet.

Bei Daten-CDs sieht die Sache erheblich komplizierter aus. Das ursprüngliche CD-ROM-Dateiformat für PCs wird ISO 9660 genannt. Für die damaligen DOS/Windows-3.1-Rechner waren seine vielfältigen Einschränkungen kein Problem: Genau wie ISO 9660 konnten auch deren Dateisysteme beispielsweise nur mit kurzen Dateinamen im »8.3«-Format umgehen: bis zu 8 Zeichen für den eigentlichen Dateinamen und 3 Zeichen für die durch einen Punkt getrennte Erweiterung, die unter Windows den Dateityp angibt.

Problematisch wurde ISO 9660 erst mit der Einführung von Windows 95: Dieses Betriebssystem war das erste weit verbreitete PC-System, das mit langen Dateinamen (bis zu 255 Zeichen) umgehen konnte. Aus diesem Grund wurde von Microsoft eine ISO-9660-Erweiterung namens Joliet entwickelt, die bald von sämtlichen CD-ROM-Treibern unter Windows 95 und seinen Nachfolgern unterstützt wurde.

Unter MacOS wird dagegen das hauseigene HFS-Dateisystem auf die CD gebrannt. Es unterstützt sämtliche im nächsten Kapitel beschriebenen Besonderheiten von Mac-Dateien, die auch auf Festplatten unterstützt werden.

Problematisch wird es erst, wenn Sie eine CD benötigen, die unter dem klassischen MacOS 9 und Windows laufen soll. Zwar kann der Mac das ISO-9660-Format lesen, allerdings nur ohne Joliet-Erweiterung – die langen Dateinamen einer Windows-CD werden zerstückelt. Erfreulicherweise gibt es Abhilfe: Der Entwickler Thomas Tempelmann hat eine Joliet-Systemerweiterung für MacOS programmiert. Unter **www.tempel.org/joliet** können Sie eine ältere Version kostenlos herunterladen; die aktuelle Version mit zusätzlichen Features können Sie dagegen online bestellen.

Eine andere Lösung sind MacOS/Windows-Hybrid-CDs mit zwei Partitionen. Der Windows-Rechner kann dabei nur die ISO-Session lesen, während den Mac nur der HFS-Teil interessiert. Üblicherweise werden die eigentlichen Daten in Wirklichkeit nur einmal auf die CD geschrieben, und zwar in die ISO-Partition; die HFS-Partition enthält eine Verknüpfung, die dorthin verweist. Solche CDs können Sie nur auf dem Mac brennen, weil Windows nur mit komplizierter Zusatzsoftware auf das HFS-Dateisystem zugreifen kann.

Die aktuelle Toast-Version brennt CDs per Voreinstellung automatisch in diesem Format. Sie dürfen nur unter keinen Umständen mehrere Sessions auf diese Weise brennen, weil die CD sonst unbrauchbar wird: Unter MacOS wird eine neue Session als zweites Volume betrachtet (weiteres CD-Icon auf dem Desktop), während Windows bestehende Sessions wie beschrieben erweitert. Diese Session-Varianten sind zueinander inkompatibel, es werden mindestens die langen Dateinamen der vorigen Sessions zerstört.

DVDs

Die **Digital Versatile Disc** (DVD) ist äußerlich nicht von einer CD zu unterscheiden. Es handelt sich ebenfalls um einen optischen Datenträger, allerdings mit einer erheblich höheren Speicherdichte. Die so genannten Double-Layer-DVDs besitzen statt der einen Metallschicht zwei übereinander angeordnete, die von einem Laser mit unterschiedlicher Brennweite abgetastet werden. Zudem gibt es auch doppelseitige DVDs. Die Speicherkapazität beträgt 4,7 Gigabyte pro Schicht. Um einen abendfüllenden Spielfilm in hoher Qualität mitsamt Surround-Tonspuren in mehreren Sprachen, Untertiteln und einer interaktiven Menüsteuerung zu speichern, werden aber in der Regel Double-Layer-DVDs verwendet.

DVDs werden zum einen für die Verbreitung von Verleih- und Verkaufsvideos eingesetzt; der Wohnzimmer-DVD-Player hat den VHS-Videorekorder bereits weitgehend verdrängt. Zum anderen wird die DVD-ROM als Datenspeicher immer beliebter: Betriebssystem-Distributionen, Multimedia-Enzyklopädien oder aufwändige Computerspiele werden immer häufiger auf DVD ausgeliefert, weil die Arbeit mit einem Stapel CDs allmählich genau so lästig wird wie vor Jahren die Windows-3.11-Installation von 8 Disketten.[3]

DVD-ROM-Laufwerke

Um DVD-ROMs zu verwenden, benötigen Sie ein DVD-ROM-Laufwerk, das grundsätzlich auch CDs lesen kann. Die Geschwindigkeit wird als Vielfaches der Datenrate eines Video-DVD-Players (etwa 1,3 MByte/s) angegeben. Ein 16x-DVD-Laufwerk erreicht also eine

3 Der Super-GAU war dann Windows 95, das auf 45 (!) Disketten geliefert wurde. Auf einem Rechner von Bekannten, der kein CD-ROM-Laufwerk besaß, hatte ich einmal dieses Vergnügen ...

Datenübertragungsleistung von gut 20,8 MByte/s. Es werden grundsätzlich zwei Geschwindigkeitswerte wie 16x/48x angegeben, wobei der zweite Wert für die Geschwindigkeit steht, mit der das Laufwerk CD-ROMs liest (natürlich als Vielfaches der CD-Player-Rate).

Wenn Sie auf Ihrem PC Video-DVDs ansehen möchten, benötigen Sie zusätzlich eine entsprechende Software wie WinDVD oder PowerDVD. Sowohl für Wohnzimmer-DVD-Player als auch für DVD-ROM-Laufwerke gilt übrigens Folgendes: Jede Video-DVD ist mit einem so genannten Region-Code ausgestattet; jedes Laufwerk kann offiziell nur DVDs mit einem einzigen Code abspielen. Die DVD-Industrie hat die Welt zu diesem Zweck in acht Regionen unterteilt (zur Region eins gehören beispielsweise die USA; Europa und Japan bilden gemeinsam die Region zwei und so weiter).

Die Begründung für diesen merkwürdigen »Schutz« ist ein wenig abenteuerlich: Es soll verhindert werden, dass die Leute sich im Ausland die DVD-Version eines Films beschaffen, der im eigenen Land womöglich noch im Kino läuft. Für die Kunden ist der Region-Code allerdings nichts weiter als eine lästige Einschränkung. Es ist zum Beispiel ärgerlich, wenn man sich nicht die oft viel besser ausgestatteten US-Versionen seiner Lieblingsfilme beschaffen kann – abgesehen von der Schwierigkeit, einen DVD-Player dazu zu bringen, einen Film mit fremdem Region-Code abzuspielen, ist der Import solcher Filme auch noch verboten!

Das Chaos der Datei- und Datenformate, das bei den CDs immer wieder für Verwirrung sorgt, herrscht bei DVDs nicht. Alle DVDs, ob sie nun Video- oder Programmdaten enthalten, verwenden dasselbe formale Datenformat, das als UDF (Universal Disk Format) bezeichnet wird. Es kann von allen aktuellen Betriebssystemen ohne Schwierigkeiten bei den Dateinamen gelesen werden.

Beschreibbare DVDs

Für beschreibbare beziehungsweise wiederbeschreibbare DVDs gibt es insgesamt drei zueinander inkompatible Formate:

- Die DVD-R und die zugehörige DVD-RW bilden das älteste Format. Diese Datenträger können von einem normalen DVD-ROM-Laufwerk oder DVD-Player gelesen werden. Wenn Sie Video-DVDs brennen möchten, ist dieses Format vorzuziehen, weil die Videoqualität etwas besser ist als bei den anderen Formaten.
- Etwas später wurde der DVD+R- beziehungsweise DVD+RW-Standard entwickelt. Auch diese Scheiben sind für normale Player geeignet. In puncto Geschwindigkeit und Fehlervermeidung sind diese »Plus«-Formate dem »Minus«-Standard überlegen.
- Völlig inkompatibel zu den beiden anderen Formaten, aber auch zu normalen DVD-ROM-Laufwerken und Video-DVD-Playern, ist die DVD-RAM. Andererseits stellt sie von allen drei Formaten die schnellste und zuverlässigste Datenspeicherung zur Verfügung. Wenn Sie also eine verlässliche, moderne Datensicherungslösung benötigen, aber keinen Wert auf Kompatibilität legen, ist die DVD-RAM das Richtige für Sie.

Damit Sie mit allen Formaten zurecht kommen, sollten Sie sich einfach einen Kombibrenner kaufen, wie sie beispielsweise von Sony, NEC oder LG angeboten werden. Die meisten können Plus- und Minus-Datenträger beschreiben; nur wenige von ihnen können auch mit DVD-RAMs umgehen.

3.3.2 Eingabegeräte

Im Wesentlichen sind die bisher behandelten Massenspeicher sowohl Eingabe- als auch Ausgabegeräte (mit Ausnahme der CD-ROM- und DVD-ROM-Laufwerke). In diesem Unterabschnitt geht es dagegen um eine kurze Übersicht über die wichtigsten reinen Eingabegeräte.

Tastatur und Maus

Diese beiden Geräte sind derart selbstverständlich und alltäglich, dass sich wohl kaum jemand Gedanken über sie macht. Dennoch lohnt sich eine kurze Übersicht über ihre Funktionen.

Die Tastatur

Die **Tastatur** dient der Eingabe von Text und Zahlen, aber auch der Steuerung von Anwendungsprogrammen oder Spielen durch Tastenkürzel. Eine ausgewachsene PC- oder Mac-Tastatur ist in mehrere funktionale Blöcke unterteilt:

- In der obersten, abgesetzten Reihe befinden sich die Funktionstasten [F1] bis [F12] (beim Mac bis [F15]), die in verschiedenen Programmen mit speziellen Befehlen belegt sind. Die ganz links befindliche [Esc]-Taste (Escape) dient in vielen Zusammenhängen dem Abbruch von Befehlen.
- Den größten Block bildet der alphanumerische Block. In der obersten Reihe sind die Ziffern untergebracht; ganz links in dieser Reihe liegt die Taste [←] (Rückschritt-Taste), die unter den meisten Betriebssystemen das Zeichen links vom Cursor löscht. Darunter liegen sämtliche Buchstaben, flankiert von den diversen Modifikator-Tasten, die Sie beim Drücken anderer Tasten festhalten können: [⇧] (zweite Reihe von unten, ganz links und ganz rechts) erzeugt Großbuchstaben und die Sonderzeichen auf den Zifferntasten. [Strg] und [Alt] sowie die [⌘]-Taste beim Mac dienen der Aktivierung zahlreicher Sonderfunktionen in Programmen. Beim PC liegt rechts neben der Leertaste die spezielle Taste [AltGr], die einige Sonderzeichen erzeugt. Zum Beispiel ist [AltGr] + [Q] das @; [AltGr] + [E] erzeugt das €-Zeichen.
- Rechts neben dem alphanumerischen Block liegen ganz oben einige Sondertasten, darunter sechs Navigationstasten: [Einfg] schaltet in manchen Anwendungen zwischen dem Einfüge- und dem Überschreibmodus um. [Entf] löscht das Zeichen unter dem Cursor. [Pos1] bewegt den Cursor zum Zeilenanfang, [Ende] zum Zeilenende. Die Tasten [Bild ↑] und [Bild ↓] bewegen den Text in vielen Programmen um einen ganzen Bildschirm oder einen ganzen Fensterinhalt nach oben beziehungsweise unten. Ganz unten befinden sich die Pfeiltasten, die den Cursor in Textprogrammen um jeweils ein Zeichen beziehungsweise eine Zeile bewegen und in vielen Bild- und Grafikprogrammen für das präzise Verschieben von Bildinhalten sorgen.
- Ganz rechts liegt der Ziffernblock, der besonders für die schnelle Eingabe langer Zahlenkolonnen geeignet ist; er verfügt sogar über eine separate [Enter]-Taste. Auf dem PC kann durch die Taste [Num] zwischen dem Ziffernmodus und einem zweiten Satz Pfeil- und Navigationstasten hin- und hergeschaltet werden.

Die Maus

Die **Maus** ist das Eingabegerät für grafische Benutzeroberflächen: Indem Sie sie über den Tisch bewegen, wird auf dem Bildschirm ein kleiner Pfeil in die entsprechende Richtung verschoben. Mit Hilfe der Tasten können Sie an der jeweiligen Stelle Befehle geben. Mac-Mäuse besitzen nur eine Taste, während PC-Mäuse über zwei bis drei Tasten verfügen. Unter Windows wird die linke Maustaste standardmäßig für normale Befehle genutzt, während die rechte Taste an der aktuellen Mauszeigerposition ein Menü mit den wichtigsten Befehlen anzeigt, das so genannte Kontextmenü. Als Linkshänder können Sie diese Belegung umkehren.

Geändert hat sich in den letzten Jahren nur die Technik der Maus: Klassische Mäuse besitzen an der Unterseite eine frei bewegliche Kugel, deren Drehbewegungen von Achsen mit Sensoren gemessen wird. Der Nachteil besteht darin, dass die Kugel recht anfällig auf Verschmutzung reagiert. Aus diesem Grund wurde die optische Maus als Alternative eingeführt: Der Untergrund wird angeleuchtet; eine kleine eingebaute Kamera nimmt ihn immer wieder auf und berechnet aus der Differenz der Bilder die Bewegung.

Scanner und Digitalkameras

Mit Scannern und Digitalkameras können Sie Bilder in den Computer einspeisen. Die digitale Weiterverarbeitung solcher Bilder wird in Kapitel 9, *Bildbearbeitung und Grafik*, erläutert. An dieser Stelle geht es dagegen um die Technik dieser Geräte.

Scanner

Ein Scanner dient dazu, eine Bildvorlage abzutasten und in digitale Daten umzurechnen. Zu diesem Zweck wird zeilenweise jeder einzelne Punkt der Vorlage mit einem Lichtstrahl beleuchtet. Die Stärke des reflektierten Lichts wird von einer Einheit namens CCD (Charged Coupled Device) gemessen und in ein entsprechendes Digitalsignal umgewandelt.

Im Gegensatz zu diesem so genannten Auflicht-Scan wird der Durchlicht-Scan für transparente Vorlagen verwendet: Sie werden nicht von unten mit Licht angestrahlt, das reflektiert wird, sondern von oben durchleuchtet. Das hindurchscheinende Licht wird daraufhin wiederum von einer CCD-Einheit ausgewertet.

Es gibt drei verschiedene Varianten von Scannern:

- Der **Flachbettscanner** ist das übliche Desktop-Gerät zum Scannen von Fotos oder Drucken. Die Scan-Fläche ist eine flache Glasplatte, auf die die Vorlage gelegt wird; sie besitzt eine Größe zwischen A4 und A3. Das Scannen erfolgt zeilenweise durch einen beweglichen Schlitten, auf den Lampe und Spiegel montiert sind.

  Die mögliche Auflösung liegt üblicherweise zwischen 1.200 und 2.400 Pixeln pro Zoll. Die Farbtiefe beträgt bis zu 16 Bit für Graustufen (65.536 Abstufungen) beziehungsweise 48 Bit Farbe (je 16 Bit für die primären Lichtfarben Rot, Grün und Blau).

  Neben der angegebenen optischen Auflösung kann ein Flachbettscanner höhere Auflösungen durch Interpolation (Berechnung von Farbdurchschnittswerten) bilden. Beachten Sie, dass dadurch nicht mehr Details in das Bild aufgenommen werden, es handelt sich um eine rein rechnerische Erhöhung der Auflösung.

  Alle Flachbettscanner beherrschen den Auflichtmodus, über eine eingebaute Durchlichteinheit verfügen nur manche von ihnen. Für einige andere Modelle ist sie als Zubehör erhältlich und wird durch Austauschen des normalen Deckels angeschlossen.
- **Trommelscanner** bestehen aus einer zylinderförmigen Glastrommel, auf dem die Auf- oder Durchlicht-Scanvorlage befestigt wird, zum Beispiel durch Klebeband. Die Trom-

mel rotiert mit hoher Geschwindigkeit (300 bis 1300 U/min). Die Auflösung beträgt 3000 Pixel pro Zoll oder noch mehr. Die Messung erfolgt nicht durch CCDs, sondern durch erheblich präziser arbeitende Foto-Multiplier.

Der Trommelscanner ist ein professionelles, sehr teures Gerät, das in Werbeagenturen oder grafischen Betrieben verwendet wird. Er kommt mit erheblich größeren Vorlagen zurecht als der Flachbettscanner und erzielt genauere Ergebnisse.

- Der **Kleinbild-** oder **Diascanner** ist ein spezialisiertes Gerät, das lediglich für das Einscannen von Farbfilmvorlagen (Dias oder Negative) geeignet ist. Da die Vorlage mit ihren 36 x 24 mm sehr klein ist, arbeitet das Gerät mit einer hohen Auflösung um die 2800 Pixel pro Inch. Die Ergebnisse werden erheblich besser als Scans vom Fotopapier, dessen Reflexionseigenschaften schädlich für den Scanvorgang sind. Natürlich sind sie durch die höhere Auflösung und die präzise Führung der Vorlage auch dem Scan eines Dias über die Durchlichteinheit eines Flachbettscanners überlegen.

Digitalkameras

Ein weiteres interessantes Gerät, um Bildmaterial für die Weiterverarbeitung im Computer zu sammeln, ist die **Digitalkamera**. Die optische Ausstattung dieses Geräts entspricht vom Prinzip her einem herkömmlichen Fotoapparat; die Kamera ist mit einem Objektiv aus mehreren Sammellinsen ausgestattet. Sie enthält allerdings als lichtempfindliche Einheit keinen chemisch reagierenden Film, sondern einen CCD-Chip.

Da die meisten CCD-Chips eine kleinere Fläche besitzen als der 36 x 24 mm große Kleinbildfilm, arbeitet eine Digitalkamera mit einem etwas kleineren Brennweitenbereich als ein Kleinbildfotoapparat. Um mit der Digitalkamera also denselben Bildausschnitt zu fotografieren wie mit einer Kleinbildkamera, wird eine kleinere Brennweite verwendet. Um der Kleinbildgröße nahezukommen, wird eine sehr hohe Auflösung benötigt, die bisher nur wenige, sehr teure Kameras bieten.

Die Auflösung von Digitalkameras wird in Millionen Pixeln (Megapixeln) angegeben. Standardmodelle bieten zurzeit 3 bis 4 Megapixel; um die Kleinbildgröße zu erreichen, sind etwa 11(!) Megapixel erforderlich – Auflösungen dieser Größenordnung stellen nur teure Spitzenmodelle zur Verfügung. Um aus der Megapixel-Anzahl die Bildgröße zu berechnen, können Sie das 4:3-Verhältnis zugrunde legen.

Bei einer Kamera mit 3,34 Megapixeln (genau 3.338.400 Pixeln) ergibt sich beispielsweise ein Bild von 2.140 x 1.560 Pixeln Größe. Selbst für die größten zurzeit verwendeten Bildschirmauflösungen ist es zu groß. Wenn Sie es auf einer Webseite oder in einer Multimedia-Präsentation einsetzen möchten, müssen Sie es entsprechend verkleinern. Um zu berechnen, wie groß es maximal gedruckt werden kann, müssen Sie es durch die Druckauflösung teilen – üblicherweise 300 dpi. Dies ergibt eine maximale Druckgröße von 7,13 x 5,2 Zoll oder 18,11 x 13,2 cm. Genauere Informationen über Bildgröße und -auflösung finden Sie in Kapitel 9, *Bildbearbeitung und Grafik*.

3.3.3 Ausgabegeräte

In diesem Unterabschnitt werden die wichtigsten reinen Ausgabegeräte behandelt: Grafikkarten und Monitore sowie Drucker.

Grafikkarten

Die **Grafikkarte** ist dafür zuständig, das Bild zu erzeugen, das auf dem Monitor ausgegeben werden soll. Sie verfügt über einen eigenen Mikroprozessor, der verschiedene Arten der Bildberechnung durchführt, sowie eigenen RAM-Speicher zur Speicherung des Monitorbildes. Alte Grafikkarten konnten lediglich 2D-Grafik darstellen, also bestimmen, welche Farbe an welcher Pixelposition gesetzt werden soll. Seit etwa 1996 enthalten die meisten Grafikkarten 3D-Beschleuniger, die das so genannte Echtzeit-Rendering von 3D-Szenen unterstützen. Sie sind also in der Lage, die Tiefeninformation der dritten Dimension in unterschiedliche Darstellungsgrößen umzurechnen und Beleuchtungseffekte, gegenseitiges Verdecken »hintereinander liegender« Objekte oder Transparenzen zu bestimmen.

Im Lauf der PC-Geschichte wurden viele verschiedene Grafikkartenstandards mit unterschiedlicher maximaler Auflösung und Farbtiefe entwickelt. Diese Werte hängen insbesondere davon ab, wie viel eingebauten RAM-Speicher die Grafikkarte besitzt. Tabelle 3.5 zeigt einige typische Auflösungen und Farbtiefen, ihre klassischen (kaum noch verwendeten) Bezeichnungen und den erforderlichen Mindestspeicherbedarf für die 2D-Darstellung (für 3D-Features wird natürlich ein Vielfaches an Speicher benötigt). Der Speicherbedarf wird als technisch realisierbarer Wert angegeben – beispielsweise steht bei VGA 256 KByte statt der rechnerischen 150, die nicht als Speicherbaustein erhältlich sind.

Bezeichnung	Auflösung	Farbtiefe	Speicherbedarf
VGA	640 x 480	4 Bit (16 Farben)	256 KByte
SVGA	800 x 600 1024 x 768	8 Bit (256 Farben) 4 Bit (16 Farben)	512 KByte
XGA	1024 x 768	16 Bit (65.536 Farben)	2 MByte
SXGA	1280 x 1024	24 Bit (16,7 Mio. Farben)	4 MByte

Tabelle 3.5 Einige wichtige Auflösungen und Farbtiefen von Grafikkarten

Grafikkarten können auf verschiedene niedrigere Auflösungen und Farbtiefen heruntergestellt werden, um zum Beispiel ältere Monitore oder alte Software zu unterstützen, die mit den höchsten einstellbaren Werten der Karte nicht zurechtkommen. Tabelle 3.5 ist ein guter Anhaltspunkt für die Werte, die bei den meisten Karten verfügbar sind (allerdings können Sie in der Regel alle genannten Auflösungen und Farbtiefen beliebig mischen). Einige unterstützen noch einen Zwischenwert von 1152 x 864, außerdem werden manchmal andere Formate wie 16:10 oder gar 16:9 angeboten, die für manche Monitore erforderlich sind.

Arbeiten mit mehreren Monitoren

Im Übrigen können Sie an viele Grafikkarten zwei Monitore anschließen, was natürlich wiederum mehr Speicher benötigt. Mit dem Grafiktreiber wird dazu ein Konfigurationsprogramm geliefert, in dem Sie das Bild je nach Position der beiden Monitore auf dem Schreibtisch auf diese verteilen können. Für viele umfangreiche Programme mit vielen Paletten, Werkzeugen und Hilfsmitteln, beispielsweise die Bildbearbeitung Adobe Photoshop oder das Web-Animationsprogramm Macromedia Flash, ist die Arbeit mit zwei Monitoren erheblich übersichtlicher und effizienter: Im Grunde können Sie das bearbeitete Dokument exklusiv auf dem einen Bildschirm platzieren und sämtliches Werkzeug auf dem anderen.

Die Geschwindigkeit der Grafikkarte hängt von mehreren Faktoren ab:

- Eine Rolle spielt die Leistungsfähigkeit des Grafikprozessors selbst.
- Der RAM-Speicher von Grafikkarten wird durch viele unterschiedliche Speicherbausteintypen (SD-RAM, DDR-RAM oder grafikoptimierte Varianten) realisiert. Je besser die Speichersorte, desto höher die Geschwindigkeit.
- Der verwendete Anschluss hat ebenfalls Bedeutung: Wird eine Grafikkarte am PCI-Bus betrieben, muss sie sich dessen Datenkanäle mit vielen anderen Geräten teilen. Der neuere AGP-Anschluss steht der Grafikkarte dagegen exklusiv zur Verfügung und ist obendrein schneller und leistungsfähiger als PCI.
- Zudem ist die Taktfrequenz des RAMDAC wichtig. Es handelt sich um den Chip, der den digitalen Inhalt des Videospeichers in das analoge Bildsignal umwandelt, das am Monitoranschluss ausgegeben wird.

Monitore

Es gibt zwei verschiedene Grundtypen von Computermonitoren: Röhrenmonitore und LCD-Displays. Hinzu kommen speziellere Anzeigegeräte wie beispielsweise Beamer (LCD-Projektoren), die für Vorträge oder im Unterricht verwendet werden, um die Ausgabe eines Computers einer größeren Zuschauergruppe zu zeigen.

Röhrenmonitore

Der klassische Röhrenmonitor (CRT für Cathode Ray Tube oder deutsch Kathodenstrahlröhre) funktioniert nach demselben Prinzip wie ein Fernseher: Ein Elektronenstrahl in einer Vakuumröhre stimuliert eine Phosphorschicht, auf die er so das Bild zeichnet, indem er jeden einzelnen Punkt in jeder Zeile nacheinander abtastet – in Wirklichkeit sehen Sie auf einem Röhrenmonitor zu einer Zeit immer nur einen einzigen Pixel! Dass das Bild dennoch kontinuierlich als Ganzes wahrgenommen wird, liegt an der Trägheit des Auges: Sobald etwas schneller als etwa 24-mal pro Sekunde neu gezeichnet wird, erscheint es als fortlaufende Bewegung beziehungsweise als Standbild.

Ein Fernseher arbeitet mit 50 Halbbildern pro Sekunde: In einem Durchgang werden die Zeilen 1, 3, 5 und so weiter gezeichnet, im nächsten Durchgang dann 2, 4, 6 und so fort. Dieses als Interlacing bezeichnete Verfahren erscheint weniger flimmernd als 25 ganze Bilder pro Sekunde. Heutige CRT-Monitore arbeiten mit höheren Bildraten und ohne Interlacing – bei 75 Hz zeichnet ein Monitor beispielsweise 75-mal pro Sekunde den gesamten Bildschirminhalt neu. Ab etwa diesem Wert wird das Bild als vollkommen flimmerfrei wahrgenommen.

Um zu errechnen, welche Bildwiederholrate ein Röhrenmonitor bei einer bestimmten Auflösung erreichen kann, müssen Sie seine Zeilenfrequenz kennen. Dieser in kHz angegebene Wert gibt an, wie viele einzelne Zeilen der Kathodenstrahl pro Sekunde zeichnen kann – wenn Sie diesen Wert durch die Zeilenzahl der gewünschten Auflösung teilen, erhalten Sie die maximale Bildrate. Beispielsweise kann bei einer Auflösung von

1280 x 1024 Pixeln, also 1024 Zeilen, und einer Zeilenfrequenz von 80 kHz eine Bildwiederholrate von gut 78 Hz erreicht werden.

LCD-Monitore

Das LCD-Verfahren (Liquid Cristal Display, also Flüssigkristallanzeige) gibt es schon lange. Für Taschenrechner, Digitaluhren und Messgeräte wird es seit Jahrzehnten eingesetzt, seit einigen Jahren auch für Notebooks und Desktop-Monitore. Das Prinzip funktioniert folgendermaßen:

Im Hintergrund leuchtet eine gleichmäßig helle Fläche. Dieses Licht wird durch einen ersten Polarisationsfilter geschickt, der nur noch horizontale Lichtstrahlen durchlässt. Als Nächstes passiert das Licht eine Flüssigkristallschicht. Die Flüssigkristalle können durch Spannung gedreht werden, sodass sie die Polarität des Lichts an manchen Stellen um 90 drehen, an anderen dagegen nicht. Verschiedene Helligkeitswerte werden nun dadurch erreicht, dass das Licht daraufhin durch einen weiteren Polfilter muss – diesmal einen, der nur vertikale Lichtstrahlen passieren lässt. Es kommt also nur an den Stellen Licht an, wo der Flüssigkristall die Polarität gekippt hat. Zu guter Letzt wird diese Hell-Dunkel-Verteilung noch durch RGB-Folie gefiltert, die die Grundfarben Rot, Grün und Blau erzeugt, aus denen das Monitorbild zusammengesetzt wird (siehe Kapitel 9, *Bildbearbeitung und Grafik*).

Die modernste Form des LCD-Displays, die bei fast allen Notebooks und LCD-Monitoren eingesetzt wird, ist das TFT-Verfahren (Thin Flat Transistor). Hier wird jeder Flüssigkristall durch einen eigenen Transistor angesteuert, wodurch die genauesten Ergebnisse erzielt werden.

Die größten Vorteile von LCD-Displays gegenüber Röhrenmonitoren sind folgende:

- Ein solches Display kann aufgrund seiner Bauweise nicht flimmern (jeder Pixel erstrahlt so lange gleichmäßig in seiner Farbe, bis diese geändert wird) – aus diesem Grund werden LCDs mit vergleichsweise niedriger Bildrate betrieben, oft zum Beispiel 60 Hz.
- Die LCD-Anzeige ist absolut flach und rechteckig, während bei Röhren trotz aller Bemühungen noch immer eine kleine Wölbung verbleibt, die einen Teil der sichtbaren Bildfläche abzieht. Auf diese Weise erreicht beispielsweise ein 17-Zoll-TFT-Monitor fast die Anzeigegröße eines 19-Zoll-Röhrengeräts.
- Die Strahlungsbelastung, der Sie bei der ständigen Arbeit mit einem Röhrenmonitor ausgesetzt sind, ist trotz TCO-2003-Norm für Strahlungsarmut noch immer um ein Vielfaches höher als bei einem Flatscreen.
- Schließlich ist auch noch ein wichtiger praktischer Grund ausschlaggebend: Ein Röhrenmonitor benötigt durch die Tiefe der Bildröhre eine ganze Menge Platz auf dem Schreibtisch, während ein LCD-Display so flach ist wie das Telefonbuch einer Kleinstadt und so auch noch auf den kleinsten Schreibtisch passt, ohne Ihnen Freiheit für Tastatur und Maus zu nehmen.

Ein wichtiger Nachteil von LCD-Monitoren soll auch nicht verschwiegen werden: Besonders bei älteren Modellen dauert das Umschalten des Pixelzustands etwas zu lange; für schnelle Bewegungen ist ein solches Display zu träge. Erst die neuesten Modelle sind deshalb vorbehaltlos für schnelle 3-D-Spiele, DVD-Video oder Animationsprogramme geeignet. Hinzu kommt, dass sie noch immer um einiges teurer sind als Röhrenbildschirme.

Zusätzlich sind sie auch in der professionellen Bildbearbeitung und beim Desktop-Publishing problematisch, weil noch keine ausreichenden Erfahrungen mit der Farbkalibrierung vorliegen.

Drucker

Mit Hilfe eines Druckers werden Dokumente, Bilder und andere Dateien auf Papier ausgegeben. Es wurden verschiedene Arten von Druckern entwickelt – angefangen bei den Nadeldruckern über Tintenstrahl- bis zu den Laserdruckern.

Ältere Druckerarten

Die aus der Mode gekommenen Nadel- oder Matrixdrucker verwendeten sieben bis vierundzwanzig übereinander liegende kleine Nadeln, die jeweils gegen ein Farbband gedrückt wurden, um eine einzelne Punktspalte einer Druckzeile auszugeben. Ihr Druckbild war eher bescheiden; das Beste, was sie produzierten, war die durch mehrmaliges versetztes Übereinanderdrucken erreichte »Near Letter Quality« (NLQ). Heute werden Nadeldrucker nur noch für Spezialanwendungen eingesetzt, beispielsweise für den schnellen und effizienten Druck von Belegen. Immerhin hatten sie gegenüber den heute dominierenden Tintenstrahl- und Laserdruckern zwei unbestreitbare Vorteile: Sie konnten auf Endlospapierrollen drucken und waren in der Lage, Durchschläge herzustellen, weil die Nadeln mit ausreichendem Druck auf das Papier gedrückt wurden.

Noch seltener sind Typenrad- und Kugelkopfdrucker geworden. Diese der Schreibmaschinentechnik entlehnten Geräte waren mit einem Rad oder einer Kugel ausgestattet, die mit einzelnen, erhabenen Lettern versehen waren. Sie wurden ebenfalls gegen ein Farbband und dann auf das Papier gedrückt. Ihre Schriftqualität war hervorragend, aber dafür konnten sie nur eine einzige Schriftart drucken (es sei denn, man wechselte das Typenrad) und keinerlei Grafik erzeugen.

Tintenstrahldrucker

Tintenstrahldrucker schießen durch feine Düsen winzige Tintentropfen auf das Papier. Die ältesten von ihnen druckten nur mit schwarzer Tinte, die durch unterschiedlich große Rasterpunkte verschiedene Graustufen erzeugen konnte. Später kamen die ersten Farbtintenstrahldrucker auf den Markt. Viele alte Modelle waren nur mit den drei subtraktiven Grundfarben Cyan, Magenta und Gelb ausgestattet. Sie stellten das fehlende Schwarz durch Übereinanderdrucken der drei anderen Farben her. Dieser Vorgang ergibt zwar rein rechnerisch Schwarz, in der Praxis war das Ergebnis aber zu blass und kontrastarm. Aus diesem Grund sind moderne Farbtintenstrahldrucker zusätzlich mit Schwarz als vierter Druckfarbe ausgestattet und entsprechen damit dem Vierfarbdruck. Die meisten Modelle besitzen eine Patrone für Schwarz und eine für die drei anderen Farben. Nur die Farbtintenstrahler der Firma Canon sind seit jeher mit vier einzelnen Tintenkartuschen versehen.

Die Auflösung von Tintenstrahldruckern beträgt zwischen 300 und 1440 dpi (Punkte pro Zoll). Die besonders hohe Auflösung mancher Drucker wird besonders für den Fotodruck eingesetzt. Für diesen gibt es neben den Vierfarbdruckern übrigens auch noch spezielle Sechsfarbsysteme, die mit den beiden zusätzlichen Druckfarben Hell-Cyan und Hell-Magenta ausgestattet sind. Dies ermöglicht einen farbtreueren Audruck bestimmter heller Farben und Pastelltöne.

Es gibt zwei etwas unterschiedliche Verfahren für den Tintenstrahldruck: die Bubble-Technik und die Piezo-Technik. Bei einem Bubble-Drucker wird ein kleiner Draht sehr stark erhitzt und erzeugt dadurch eine Tintendampfblase, die durch die Düse auf das Papier »geschossen« wird. Beim Piezo-Verfahren wird dagegen ein so genannter Piezo-Kristall verwendet, der sich durch elektrische Spannung ausdehnt und auf diese Weise einen Tintentropfen auf das Papier drückt.

Laserdrucker

Eine noch höhere Druckqualität als der Tintenstrahldrucker bietet der **Laserdrucker**. Dieses Gerät arbeitet mit einer Technik, die vom Fotokopierer stammt: Eine rotierende, elektrisch leitfähige Trommel wird nach und nach an verschiedenen Stellen durch einen Laserstrahl belichtet, der ihre elektrische Ladung an diesen Stellen ändert. Anschließend wird die Trommel mit Toner bedeckt, der jedoch nur an den geladenen Stellen haftet und von anderen wieder abfällt. Daraufhin wird die Trommel auf einen Bogen Papier abgerollt. Anschließend wird der Toner durch Hitze fixiert: Die enthaltenen Kunststoffanteile schmelzen und verbinden sich mit dem Papier. Deshalb ist das Papier so warm, wenn es aus dem Laserdrucker kommt.

Eine günstigere, aber nicht ganz so hochwertige Alternative sind LED-Drucker, bei denen kein Laserstrahl auf einem beweglichen Schlitten die Belichtung übernimmt, sondern eine feste Reihe von Leuchtdioden.

Bei Farblaserdruckern wird der ganze Vorgang für die vier Druckfarben insgesamt viermal wiederholt; jedes Mal wird Toner einer anderen Farbe aufgetragen. Im Gegensatz zu Farbtintenstrahldruckern sind diese Geräte bisher noch recht teuer.

Sonstige Drucker

Exotischere Druckerarten sind die beiden Arten von Thermodruckern: Beim Thermotransferdrucker wird spezielles Papier durch Hitzeeinwirkung an bestimmten Stellen dunkel; diese Art des Drucks wird sehr häufig für Verkaufsbelege verwendet. Dies ist für Kunden übrigens ziemlich ärgerlich, weil die Farbe auf diesem Papier mit der Zeit verblasst und nicht mehr lesbar ist.

Der Thermosublimationsdrucker verwendet ein etwas anderes Verfahren: Die Druckfarbe wird durch Erhitzen gasförmig und dringt in ein spezielles kunststoffhaltiges Papier ein. Dort kühlt sie ab und verbindet sich mit der Struktur dieses Papiers.

Druckertreiber und -sprachen

Ein weiteres Unterscheidungsmerkmal für Drucker ist die Frage, durch welche Sprache oder Treibertechnik sie angesteuert werden. Die billigsten Modelle sind so genannte GDI-Drucker. Sie verlassen sich auf die eingebaute Windows-Grafikbibliothek und erhalten ein fertig aufbereitetes Bild, das sie eins zu eins ausdrucken. Aus diesem Grund funktionieren diese Drucker definitiv nur unter Windows.

Die Mittelklasse bilden Drucker, die eine vom Hersteller selbst definierte Druckseitenbeschreibungssprache verstehen. Dazu gehören Sprachen wie HPGL von Hewlett-Packard oder entsprechende Lösungen anderer Hersteller. Allerdings unterscheiden sich die einzelnen Sprachen erheblich in ihren Möglichkeiten und in der Exaktheit des Seitenaufbaus.

Die Lösung mit der höchsten Qualität bietet die Druckseitenauszeichnungssprache PostScript. Sie wurde von der Firma Adobe erfunden, nicht nur um Drucker anzusteuern, sondern auch Highend-Belichter und Digitaldruckmaschinen. PostScript ist in der Lage, Text, Vektorgrafik und eingebettete Bilder zu beschreiben, und zwar wesentlich exakter als andere Druckersprachen.

Bei Druckern, die über eine Seitenbeschreibungssprache angesteuert werden, ist ein weiteres wichtiges Kriterium die Frage, wie viele und welche Schriftarten unmittelbar in die Druckerhardware eingebettet sind. Wenn Schriften nicht integriert sind, müssen sie nämlich vom Druckertreiber in Vektor- oder gar Bitmap-Daten umgerechnet werden. Dies verlängert die Druckdauer und führt obendrein zu einer geringeren Schriftqualität.

3.3.4 Sound-Hardware

So gut wie jeder Rechner ist heute in der Lage, Audiodaten zu verarbeiten. Dies beinhaltet das Abspielen von Sounddateien, die Digitalisierung aufgenommener Töne sowie einen per Hard- oder Software realisierten eingebauten Synthesizer. Immer mehr Mainboards enthalten integrierte Sound-Unterstützung in ihrem Chipsatz. Wenn Sie ein Mainboard besitzen, die nicht damit ausgestattet ist, oder erweiterte Soundfähigkeiten benötigen, müssen Sie sich eine Soundkarte anschaffen. Sie werden in vielen verschiedenen Qualitäts- und Preisklassen angeboten. Achten Sie darauf, ob die Optionen, die Sie benötigen, von der gewählten Karte angeboten werden. Außerdem ist es zu empfehlen, Markenware zu kaufen, da die Treiberunterstützung bei No-Name-Karten oft mangelhaft ist.

Sound-Ein- und Ausgänge

Eine Soundkarte oder die Onboard-Sound-Hardware sind mit einer unterschiedlichen Anzahl von Anschlüssen für die Audio-Ein- und Ausgabe ausgestattet. Beim Eingang ist zwischen Line-In und Microphone-In zu unterscheiden. Ein Line-In-Eingang dient der Eingabe vorverstärkter Töne, beispielsweise aus einer Stereoanlage oder dem Verstärker eines elektronischen Musikinstruments. Microphone-In leitet die über ein Mikrofon hereingekommenen Töne dagegen zunächst an den internen Verstärker weiter. Umgekehrt sieht es bei den Ausgängen aus: Der Line-Out-Ausgang dient dem Anschluss an einen externen Verstärker oder Aktivboxen, während Speaker-Out vorverstärkten Sound an einen Kopfhörer ausgibt.

Um Audio-CDs über die Ausgänge der Soundkarte verstärken und abspielen zu können, benötigen Sie ein spezielles Audiokabel vom CD-ROM-Laufwerk zur Soundkarte. Bei den meisten externen Soundkarten wird es mitgeliefert, während es bei vielen Komplettrechnern mit Onboard-Sound bereits vorinstalliert ist.

Viele aktuelle Mainboards oder Soundkarten unterstützen mehr als bloßen Stereo-Sound: Sie können ein so genanntes 5.1-Boxenset anschließen, das mit einem Subwoofer, einem Mittellautsprecher und vier Satelliten ausgestattet ist. Dieser Surround-Sound ist beispielsweise von Vorteil, wenn Sie auf dem Computer mit entsprechender Software Video-DVDs ansehen möchten, da diese mit solchen Tonspuren ausgestattet sind.

Höherwertige Soundkarten sind nicht nur mit analogen Klinkenbuchsen versehen, sondern zusätzlich mit so genannten SP-DIF-Ein- und Ausgängen. Diese ermöglichen den Anschluss an moderne digitale Audiogeräte.

MIDI

Eine weitere Komponente von Soundkarten ist ein eingebauter MIDI-Synthesizer. MIDI ist ein in den 80er-Jahren definierter Standard zur Steuerung elektronischer Musikinstrumente. Ältere Soundkarten verwendeten zur Erzeugung von MIDI-Klängen die so genannte FM-Synthese, eine durch und durch künstliche Klangerzeugung. Das Ergebnis war wenig überzeugend; egal ob Klassik, Rock oder Jazz abgespielt wurde, klang alles wie frühe 80er-Jahre-Synthesizer. Bei neueren Soundkarten wird die so genannte Wavetable-Synthese verwendet: Ein eingebauter Speicher enthält digitalisierte Klänge von Originalinstrumenten, die zum Abspielen der MIDI-Daten verwendet werden.

Außerdem sind die meisten externen Soundkarten und manche Onboard-Lösungen mit einem externen MIDI-Anschluss ausgestattet, der dem Austausch von MIDI-Informationen mit einem externen Gerät dient. Auf diese Weise können Sie MIDI-Klänge über ein Keyboard einspielen, um sie in einem Sequencer-Programm weiterzuverarbeiten, oder aber einen hochwertigeren externen Synthesizer zum Abspielen von MIDI-Dateien verwenden. Derselbe Anschluss wird übrigens auch für Joysticks verwendet.

3.4 Zusammenfassung

Ein Computer besteht aus einem komplexen Gefüge einzelner Hardwarekomponenten. Im Grunde wird zwar noch immer das Von-Neumann-Grundprinzip der Eingabe, Verarbeitung und Ausgabe realisiert, aber mit recht komplizierten Geräten.

Die Zentraleinheit eines Mikrocomputers besteht heutzutage aus einer Mainboard (Hauptplatine), die vor allem mit dem Prozessor, dem Arbeitsspeicher und dem BIOS bestückt ist. Der Mikroprozessor oder die CPU leistet die Hauptarbeit: Er ist für die Ausführung der Programme auf dem Computer verantwortlich und steuert zusätzlich sämtliche Ein- und Ausgabeoperationen. Der Arbeitsspeicher (RAM) speichert dabei die aktuell ausgeführten Programme und die von ihnen verarbeiteten Daten.

Unter der Peripherie nehmen die Massenspeicher eine besonders wichtige Stellung ein, weil sie für die dauerhafte Speicherung der Computerdaten verantwortlich sind. Während die Festplatte das Betriebssystem, die diversen Anwenderprogramme und aktuelle Anwendungsdaten enthält, die bei jeder Arbeitssitzung mit dem Rechner zur Verfügung stehen müssen, sind die verschiedenen Wechseldatenträger für die Archivierung oder den Transport von Daten zuständig.

Die sonstigen Ein- und Ausgabegeräte wie Tastatur und Maus oder Monitor und Drucker dienen auf direktere Art und Weise dem Benutzer selbst, indem sie die manuelle Eingabe von Daten und die Steuerung von Programmen ermöglichen beziehungsweise die Arbeitssitzung und ihre Ergebnisse sichtbar machen.

Wie bereits erwähnt, wird der gesamte Themenbereich der Netzwerkhardware in Kapitel 13, *Netzwerktechnik*, behandelt. Abgesehen davon gibt es Unmengen weiterer Arten von Spezialhardware, die in diesem Rahmen nicht behandelt werden können.

4 Betriebssysteme

Really, I'm not out to destroy Microsoft. That will just be a completely unintentional side effect.
– Linus Torvalds

Damit Anwendungsprogramme auf Computern laufen können, ist ein Betriebssystem erforderlich. Dieses Kapitel beschreibt die theoretischen und praktischen Grundlagen dieser Systeme.

Das Betriebssystem ist das grundlegende Computerprogramm. Es steuert die Hardware, koordiniert die Ressourcenzugriffe der Anwendungsprogramme und stellt dem Benutzer Steuerungsmöglichkeiten zur Verfügung. Im Einzelnen erfüllen Betriebssysteme vor allem die folgenden Aufgaben:

- **Prozessmanagement.** Die Ressourcen des Computersystems müssen zwischen den verschiedenen laufenden Programmen und Systemaufgaben verteilt werden. Zu diesem Zweck werden die einzelnen Aufgaben als so genannte Prozesse ausgeführt, die vom Betriebssystem als übergeordnetem Steuerprozess verwaltet werden.
- **Speichermanagement.** Obwohl Computersysteme heutzutage über einen vergleichsweise großen Arbeitsspeicher verfügen, finden dennoch oftmals nicht alle Programme und Daten auf einmal Platz darin. Das Speichermanagement sorgt dafür, dass immer die gerade benötigten Speicherinhalte zur Verfügung stehen, ohne dass die Programmierer der Anwendungssoftware sich sonderlich darum kümmern müssten.
- **Steuerung und Abstraktion der Hardware.** Computersysteme sind hochgradig modular aufgebaut; jede Aufgabe kann durch viele verschiedene Geräte unterschiedlicher Hersteller erledigt werden. Betriebssysteme lösen dieses Problem durch den Einsatz der so genannten **Gerätetreiber**, die die Steuerlogik für bestimmte Hardware enthalten. Vor dem Programmierer werden die konkreten Einzelheiten bestimmter Geräte verborgen, weil es vollkommen unzumutbar wäre, beim Schreiben eines Anwendungsprogramms auf die Besonderheiten hunderter möglicher Geräte einzugehen.
- **Ein- und Ausgabesteuerung.** Computerprogramme sind auf die Eingabe von Daten angewiesen, ihre Benutzer erwarten die Ausgabe von Ergebnissen. Betriebssysteme steuern die Zusammenarbeit mit vielen verschiedenen Ein- und Ausgabekanälen wie Tastatur und Bildschirm, Datenträgern oder Netzwerken.
- **Dateiverwaltung.** Programme und Daten müssen auf einem Computer dauerhaft gespeichert werden, weil der Arbeitsspeicher zu klein ist und vor allem, weil sein Inhalt beim Ausschalten verloren geht. Aus diesem Grund werden Daten in Form von **Dateien** auf Datenträgern wie Festplatten, CDs oder Disketten gespeichert. Die Logik der Dateiverwaltung wird in Form so genannter Dateisysteme vom Betriebssystem zur Verfügung gestellt, damit alle Programme auf dieselbe Art und Weise darauf zugreifen.
- **Bereitstellen der Benutzeroberfläche.** Ein Spezialfall der Ein- und Ausgabesteuerung besteht im Bereitstellen der Benutzeroberfläche. Das Betriebssystem selbst und alle Programme müssen mit dem Benutzer kommunizieren, um nach dessen Wünschen Aufga-

ben zu erledigen. Es existieren zwei verschiedene Arten von Benutzeroberflächen: Die dialogorientierte **Konsole** ermöglicht das dialogbasierte Arbeiten; Benutzer geben per Tastatur Befehle ein und erhalten Antworten. Die **Grafische Benutzeroberfläche** ermöglicht dagegen die intuitive Erledigung von Aufgaben über das Aktivieren von Schaltflächen, Menüs und Symbolen mit der Maus. So gut wie alle modernen Betriebssysteme besitzen unterschiedlich leistungsfähige Varianten beider Arten von Oberflächen.

Wenn Sie dieses Kapitel durcharbeiten, lernen Sie viel über das Design und die Funktionsweise moderner Betriebssysteme. Außerdem werden mehrere aktuelle Betriebssysteme praktisch vorgestellt. Konkret wird auf Windows, Linux und Mac OS X eingegangen.

Einen Aspekt der Betriebssysteme lernen Sie in diesem Kapitel noch nicht kennen, weil an dieser Stelle jeder Bezug dazu fehlen würde: Die Netzwerkfunktionen der Betriebssysteme werden erst in Kapitel 14, *Netzwerkanwendungen*, beschrieben. Die Netzwerkfähigkeit ist zwar ein wichtiger Aspekt aller modernen Betriebssysteme, aber durch diese Darstellungsreihenfolge brauchen bestimmte Konzepte nicht mehrmals beschrieben zu werden.

4.1 Entwicklung der Betriebssysteme

In diesem Abschnitt wird kurz die Entstehung und Weiterentwicklung der Betriebssysteme nachgezeichnet. Betriebssysteme im heutigen Sinn wurden erst erforderlich, als Menschen begannen, direkt mit Computern zu kommunizieren.

Die allerersten Computersysteme der 40er und 50er-Jahre wurden über Schalter und Steckverbindungen programmiert. Dem einzigen Programm, das zu einer bestimmten Zeit auf dem Computer lief, standen sämtliche Ressourcen ungeteilt zur Verfügung. Diese Ressourcen waren den Programmierern unmittelbar bekannt, es musste keine Abstraktion der Hardwareressourcen stattfinden. Solche Rechner besaßen überhaupt kein Betriebssystem.

Als die Lochkarten Einzug in die Rechenzentren hielten, war es üblich, dass ein Programmierer dem Operator den mit Hilfe eines mechanischen Geräts gestanzten Kartenstapel übergab. Die Programmierer selbst bekamen den eigentlichen Computer möglicherweise nicht einmal zu Gesicht, weil nur die mit weißen Kitteln bekleideten Operatoren das »Allerheiligste« betreten durften. Der Operator war dafür verantwortlich, den Inhalt des Lochkartenstapels in den Computer einzulesen, und händigte dem Programmierer einen Stapel Endlospapier mit den Ergebnissen aus, falls das Programm keine Fehler enthielt.

Erst in den 60er-Jahren wurden bestimmte, häufig verwendete Programmteile oder Hilfsmittel wie Interpreter für höhere Programmiersprachen auf Magnetbändern statt auf Lochkarten abgespeichert. In der ersten Zeit waren wieder die Operatoren dafür zuständig, das richtige Band einzulesen, um die Programmlochkarten eines bestimmten Programmierers korrekt zu verarbeiten.

Automatisierung von Operator-Aufgaben

Allmählich wurden übergeordnete Steuerprogramme eingeführt, die in der Lage waren, auf Lochkarten mit speziellen Meta-Befehlen zu reagieren, welche nicht zum Programm selbst gehörten, sondern organisatorische Informationen enthielten. Auf diese Weise konnten einige der Aufgaben von Operatoren automatisiert werden, sodass die Steuerprogramme als **Operating Systems** bezeichnet wurden – noch heute das englische Wort für

Betriebssystem. Diese allerersten Systeme ermöglichten die automatisierte Abarbeitung mehrerer Lochkartenstapel; diese Form der Verarbeitung wird deshalb als **Stapelverarbeitung** (englisch batch processing) bezeichnet.

»Richtige« Betriebssysteme, wie sie bis heute verwendet werden, wurden allerdings erst eingeführt, als die **Dialogverarbeitung** entwickelt wurde. Seit Mitte der 60er-Jahre wurden immer mehr Rechenzentren mit **Terminals** ausgestattet. Ein Terminal (wegen seiner fehlenden eigenen Rechenfähigkeiten auch »dummes Terminal« genannt) ist eine Ein- und Ausgabeeinheit, die direkt am Arbeitsplatz eines Programmierers steht und mit dem eigentlichen Computer verbunden ist.

Das Betriebssystem muss die Eingabe des Benutzers in den Computer transportieren und die Antwort des Computers an das Terminal zurückmelden. Die besondere Herausforderung für die Entwickler der frühen Betriebssysteme bestand darin, die Benutzer mehrerer Terminals zeitgleich zu bedienen. Die damaligen Computersysteme waren nämlich erheblich zu selten und zu teuer, um einem einzelnen Benutzer sämtliche Ressourcen zu überlassen.

Timesharing

Aus dieser Anforderung entwickelte sich das so genannte **Timesharing**-Verfahren, das die Anfragen mehrerer Benutzer scheinbar gleichzeitig verarbeitet, indem es die Rechenzeit in kleine Einheiten (Zeitscheiben oder time slices) unterteilt und den Anforderungen der einzelnen Benutzer der Reihe nach zuweist. Aus diesem grundsätzlichen Prinzip entwickelte sich beispielsweise das moderne Multitasking, das die Ausführung mehrerer Programme auf demselben Rechner ermöglicht. Außerdem wurden allmählich Mechanismen eingeführt, um die Arbeit verschiedener Benutzer im Speicher des Rechners voneinander zu trennen – die Grundlagen der Zugriffsrechte, der persönlichen Anmeldung und des Speicher- und Ressourcenmanagements wurden entwickelt.

Die ersten Timesharing-Betriebssysteme wurden für einzelne Computer und ihre Anwender in Universitäten und anderen großen Institutionen entwickelt. Eines der wenigen frühen Beispiele, die relativ bekannt geworden sind, ist das am MIT (Massachusetts Institute of Technology) entwickelte **ITS** (**Incompatible Timesharing System**) – es wurde von Richard M. Stallman mitentwickelt, dem Begründer der Idee der freien Software.[1] Außerdem wurden einige seiner Fähigkeiten später in UNIX aufgenommen.

MULTICS

Der erste Versuch, ein kommerzielles Timesharing-System zu schreiben, erfolgte Ende der 60er-Jahre: Die Bell Laboratories, das Entwicklungszentrum der US-Telefongesellschaft AT&T, arbeitete mit einigen anderen Firmen an einem System namens MULTICS. Die Idee war, viele hundert Terminals an einem für damalige Verhältnisse recht mächtigen Rechner anzuschließen. Leider wurde MULTICS erst viel später fertig gestellt, als es kaum noch jemanden interessierte.

4.1.1 Die Geschichte von UNIX

Einige Ideen von MULTICS inspirierten jedoch **Ken Thompson** von den Bell Labs dazu, mit der Arbeit an einem eigenen Betriebssystem zu beginnen – anfangs war es als Einzel-

1 Zuvor gabe es ein – längst in Vergessenheit geratenes – System namens Compatible Timesharing System (CTS), auf das sich die Namenswahl bezog.

platzsystem geplant und wurde auf einem PDP-7-Kleincomputer von Digital Equipment (DEC) entwickelt, der verglichen mit der für MULTICS verwendeten Maschine nicht besonders leistungsfähig war. Thompson und sein späterer Mitstreiter **Dennis Ritchie** nannten ihr Betriebssystem in einer Anspielung auf MULTICS »Unics«; später wurde daraus UNIX. Die ursprünglich nicht geplante Mehrbenutzer-Fähigkeit wurde übrigens sehr schnell nachgerüstet, nachdem die ersten Versionen von UNIX gut funktionierten.

Eines der wichtigsten Designmerkmale des Betriebssystems UNIX ist seine Modularität: Jeder einzelne Befehl und jeder Bestandteil des Systems kann einzeln ausgetauscht werden, ohne das Gesamtsystem ändern zu müssen. UNIX wurde zunächst in der Maschinensprache der PDP-7 programmiert. 1971 entwickelten Dennis Ritchie und **Brian Kernighan** dann die Programmiersprache C, in der UNIX schließlich neu geschrieben wurde. Da C-Compiler bald für verschiedene Computersysteme verfügbar waren, fand UNIX schnell Verbreitung.

Eine kommerzielle Verbreitung von UNIX war zu Anfang nicht möglich. Da AT&T in den 70er-Jahren noch das US-Telekommunikationsmonopol innehatte, durfte das Unternehmen keine Geschäfte in anderen Branchen wie etwa dem Computerbereich tätigen. Deshalb wurden Lizenzen für den UNIX-Quellcode unter sehr lockeren Bedingungen an Universitäten vergeben. Das ist der Grund, warum die Grundlagen des Betriebssystemaufbaus bis heute vornehmlich am Beispiel von UNIX und seinen Nachfolgesystemen gelehrt werden.

BSD kontra System V

Die aktivste aller Universitäten, die den UNIX-Quellcode erhielten, war die University of California in Berkeley. Die dortigen Programmierer erweiterten das ursprüngliche UNIX und brachten schließlich eine eigene Version heraus, die **Berkeley System Distribution (BSD)**. Als AT&T schließlich in den 80er-Jahren doch noch die Lizenz erhielt, UNIX kommerziell zu vertreiben, hatten sich die AT&T-Version, genannt System V, und die BSD bereits erheblich auseinander entwickelt. Zudem wurde die Berkeley University verpflichtet, sämtliche Bestandteile des AT&T-UNIX aus der BSD zu entfernen.

Seitdem ist jede kommerzielle und jede freie UNIX-Version eine mehr oder weniger starke Mischung aus BSD- und System-V-Features. Allerdings haben System V und BSD wieder zahlreiche Fähigkeiten voneinander übernommen, sodass es nicht immer ganz leicht ist, sie auseinander zu halten.

Heute existiert eine Vielzahl unterschiedlicher UNIX-kompatibler Betriebssysteme. Dazu gehören kommerzielle Systeme wie **Sun Solaris**, **IBM AIX**, **HP UX** und freie Varianten wie etwa **Linux** oder **FreeBSD**. Eine Sonderstellung nimmt Apples neues Betriebssystem für Macintosh-Rechner ein: **Mac OS X** löst das technisch vollkommen veraltete Mac OS 9 ab. Es basiert auf einer Version der BSD, der Betriebssystemkern **Darwin** ist Open-Source-Software und läuft auf verschiedenen Plattformen. Die grafische Benutzeroberfläche **Aqua** ist dagegen eine kommerzielle Eigenproduktion von Apple und funktioniert bisher nur auf PowerMacs.

Der POSIX-Standard

Die Mindestanforderung dessen, was ein UNIX-System leisten muss, ist in einem Standard namens **POSIX** (Portable Operating System Interface) festgeschrieben. Allerdings werden von einem »richtigen« UNIX heute auch einige weitere Quasi-Standards verlangt, die nicht im POSIX-Standard festgelegt sind. Am wichtigsten ist dieser Standard für Programmierer.

Wenn Sie ein Programm POSIX-konform schreiben, können Sie davon ausgehen, dass es sich unter jeder beliebigen UNIX-Version kompilieren lässt.

Anfang der 90er-Jahre sah es übrigens bereits fast so aus, als würde UNIX nicht mehr lange überleben: Die verschiedenen Varianten entwickelten sich zunehmend auseinander; auf dem Desktop dominierte Microsoft Windows, während Server für die immer häufiger eingesetzten PC-Netzwerke vor allem unter Novell Netware betrieben wurden.

Zwei wichtige Umstände haben UNIX gerettet und machen es heute, über 30 Jahre nach seiner Entwicklung, zu einem der gefragtesten Betriebssystemkonzepte: Der eine Grund ist die immense Ausbreitung des Internets, dessen wichtigste Konzepte unter UNIX entwickelt wurden. Der zweite Anlass für die Verbreitung von UNIX ist die Erfolgsgeschichte des freien Betriebssystems Linux, das 1991 von dem finnischen Informatikstudenten **Linus Torvalds** entwickelt wurde und inzwischen das Betriebssystem mit dem größten jährlichen Wachstum ist.

4.1.2 PC-Betriebssysteme

Eine völlig andere Entwicklungslinie im Bereich der Betriebssysteme begann mit der Entwicklung der Personal Computer seit Mitte der 70er-Jahre. Auf das Timesharing und den Mehrbenutzerbetrieb wurde bei den ersten Versionen von PC-Betriebssystemen zugunsten der Performancesteigerung zunächst völlig verzichtet.

Apple II: BASIC-Oberfläche

Der erste weit verbreitete PC war der von **Steve Jobs** und **Steve Wozniak** 1977 entwickelte Apple II. Er besaß die Möglichkeit, an einer wenig komfortablen Konsole BASIC- und System-Befehle einzutippen. Wurde einem Befehl eine Zeilennummer vorangestellt, dann wurde er Teil eines im Arbeitsspeicher abgelegten Programms, das beispielsweise mittels `RUN` gestartet und über `LIST` auf dem Bildschirm angezeigt werden konnte. Befehle ohne Zeilennummer wurden dagegen unmittelbar ausgeführt.

Dieses Konzept wurde in den 80er-Jahren von unzähligen Homecomputern wie dem Commodore C64, dem Atari 800XL oder dem Sinclair ZX81 und ZX Spectrum nachgeahmt. Diese in das ROM eingebauten BASIC-Editoren und -Interpreter lassen sich allerdings nicht als vollwertige Betriebssysteme bezeichnen.

CP/M

Das erste »richtige« Betriebssystem für Personal Computer wurde von **Gary Kildall** entwickelt. Es hieß **CP/M** (**Control Program for Microcomputers**). Im Vergleich zu den bereits weit fortgeschrittenen Betriebssystemen für Großrechner und Kleincomputer war es ziemlich primitiv, hatte aber mehrere Vorteile: Es lief auf zwei verschiedenen zu jener Zeit weit verbreiteten Prozessorplattformen, dem Intel 8080 und dem Zilog Z80. Außerdem besaß es eine Dateiverwaltungsfunktion für Diskettenlaufwerke und konnte über verschiedene Konsolenbefehle gesteuert werden.

1981 kam dann der IBM PC auf den Markt, der bald zum erfolgreichsten Personal Computer wurde. IBM wollte ein CP/M-ähnliches Betriebssystem für diesen Rechner haben. Gary Kildall war jedoch nicht bereit, IBMs Verschwiegenheitserklärungen zu unterschreiben. Deshalb wandten sie sich an die junge Firma Microsoft, die in Seattle arbeitete und Programmiersprachen-Pakete für verschiedene PCs produzierte. **Bill Gates** fand bei einem Unternehmen namens Seattle Computer Products einen halbfertigen CP/M-Nachbau namens **QDOS** – »Quick and Dirty Operating System«. Angeblich kaufte Bill Gates alle Rechte an diesem System für 50.000 $.

MS-DOS

Microsoft verbesserte das System und lieferte es an IBM. Unter dem Namen **MS-DOS** (**Microsoft Disk Operating System**) wurde es mit jedem IBM-PC und den später erscheinenden kompatiblen Geräten ausgeliefert. Auf diese Weise entstand das bis heute andauernde Kerngeschäft von Microsoft, denn weltweit wird fast jeder neue PC mit einem Microsoft-Betriebssystem ausgeliefert.

Grafische Benutzeroberflächen

CP/M, MS-DOS und einige andere Versuche besaßen allesamt nur eine Konsole, keine grafische Benutzeroberfläche. Dabei war diese bereits seit 1968 als Designstudie von **Douglas Engelbart** entwickelt worden. Im Forschungszentrum **Xerox PARC** wurde sie etwa Mitte der 70er-Jahre fertig gestellt. Allerdings waren die Manager von Xerox nicht in der Lage, die Entwicklungen der PARC-Forscher zu verstehen und zur Marktreife zu bringen. Erst Anfang der 80er-Jahre besichtigte **Steve Jobs** von Apple das PARC und verliebte sich auf den ersten Blick in die grafische Oberfläche. Daraufhin erschien im Jahr 1983 der teure Flop Apple Lisa; 1984 kam schließlich der **Macintosh** auf den Markt. Beide waren mit Maus und grafischer Oberfläche ausgestattet.

Auf den IBM-PCs hielt die grafische Benutzeroberfläche erst Jahre später Einzug. Da der Macintosh einen gewissen, wenn auch anfangs noch keinen überwältigenden Erfolg hatte, beschloss Bill Gates, dass auch der PC ein **Graphical User Interface** (GUI) erhalten sollte. 1990 erschien schließlich die erste brauchbare Version von **Microsoft Windows**; zunächst als grafischer Aufsatz für MS-DOS.

Ebenfalls im Jahr 1990 wurde der Prozessor Intel 80386 eingeführt. Es handelte sich um den ersten 32-Bit-Prozessor der Intel-Baureihe. Der IBM PC/AT und kompatible Geräte anderer Hersteller wurden bald damit ausgestattet. Ärgerlicherweise war MS-DOS jedoch ein reines 16-Bit-Betriebssystem, das bestimmte eingebaute Fähigkeiten des 386ers wie Speicherschutz, Multitasking und die Adressierung von mehr Arbeitsspeicher nicht nutzen konnte.

Windows

In dieser Situation wurde bei IBM ein neues Betriebssystem konzipiert. Das 32-Bit-System OS/2 sollte zusammen mit dem neuartigen PC-System PS/2 verkauft werden. Dieses Computersystem sollte durch patentierte, inkompatible Schnittstellen die Hersteller IBM-kompatibler PCs ausbooten. Die Programmierung von OS/2 wurde zunächst in Zusammenarbeit mit Microsoft in Angriff genommen. Schließlich gerieten die beiden Firmen jedoch in Streit, weil IBM Windows nicht unterstützen wollte und voll auf OS/2 setzte. Letztendlich setzte sich Windows als wichtigstes PC-Betriebssystem durch. Dennoch besitzt OS/2, dessen bisher letzte Version Warp 4 im Jahr 1996 erschien, einige hervorragende Konzepte.

Microsoft blieb dagegen noch jahrelang bei DOS als Betriebssystem und Windows als grafischer Erweiterung, wobei DOS jedoch allmählich zum Windows-Starter verkam und Windows – zumindest teilweise – mit 32-Bit-Fähigkeiten ausgestattet wurde. Parallel entwickelte Microsoft ein völlig neues Betriebssystem namens Windows NT (**New Technology**). Als Chefentwickler konnte Microsoft **David Cutler** gewinnen, der das Betriebssystem **VMS** für die legendären VAX-Rechner von DEC entwickelt hatte. 1993 erschien die erste Version, die aufgrund der Windows-3.0-Benutzeroberfläche als Windows NT 3.0 bezeichnet wurde.

1995 kam Windows 95 auf den Markt, die Privatkunden-Version eines 32-Bit-Windows-Systems mit modernisierter grafischer Oberfläche. Unter der Oberfläche war es noch immer ein DOS-Betriebssystem, das die Windows-Umgebung startete. Allerdings waren die meisten 32-Bit-Errungenschaften nun auch in Windows 95 verfügbar, beispielsweise auch die sehnsüchtig erwarteten langen Dateinamen. 1996 wurde Windows NT 4.0 eingeführt, das die neue Oberfläche von Windows 95 auch in der NT-Welt einführte.

Erst das 2001 eingeführte Windows XP brachte schließlich auch in der Privatkunden-Welt den Umstieg auf NT-Technologie. Das System wird in einer Home- und einer Professional-Version angeboten. Dazwischen erschienen noch zwei Nachfolger von Windows 95 namens Windows 98 beziehungsweise Windows Me (Millenium Edition), das ursprünglich Windows NT 5.0 genannte System kam 1999 als Windows 2000 auf den Markt. Die Unterschiede zwischen den verschiedenen Windows-Versionen werden weiter unten noch genauer erläutert.

Der 386-PC war neben der Entwicklung der Windows-Familie auch der Anlass für Linus Torvalds, das Betriebssystem Linux zu entwickeln. Er war ein wenig enttäuscht von den eingeschränkten Möglichkeiten des zu Lehrzwecken entwickelten abgespeckten UNIX-Systems Minix und wollte auf keinen Fall Windows benutzen. Aus diesem Grund begann er mit der Entwicklung seines eigenen Systems.

4.2 Aufgaben und Konzepte

Dieser Abschnitt geht näher auf die weiter oben skizzierten Hauptaufgaben eines Betriebssystems ein. Hier lernen Sie nicht, wie Sie mit einem bestimmten Betriebssystem arbeiten können (das steht in den nächsten drei Abschnitten), sondern Sie erfahren, was »unter der Haube« vorgeht.

In den folgenden Unterabschnitten wird jedes wichtige Konzept zunächst allgemein und theoretisch vorgestellt. Anschließend wird skizziert, wie zwei verbreitete Betriebssysteme das jeweilige Problem lösen: Linux und Windows. Für einige der dargestellten Sachverhalte sind Programmierkenntnisse von Vorteil, auch wenn in diesem Kapitel kein Quellcode enthalten ist. Wenn Sie mit der Programmierung überhaupt noch nicht vertraut sind, sollten Sie zunächst Kapitel 5, *Grundlagen der Programmierung*, und Kapitel 6, *Konzepte der Programmierung*, lesen.

4.2.1 Allgemeiner Aufbau von Betriebssystemen

Die Überschrift dieses Unterabschnitts ist eine recht kühne Übertreibung. Sie enthält ein Versprechen, das niemand einhalten kann: Selbstverständlich gibt es gar keine allgemeine Art und Weise, wie Betriebssysteme aufgebaut sind. Die verschiedenen Systemfamilien unterscheiden sich gerade durch ihren recht andersartigen Aufbau.

Dennoch soll kurz skizziert werden, aus welchen Bestandteilen Betriebssysteme aufgebaut sind beziehungsweise sein können, bevor in den folgenden Unterabschnitten auf die einzelnen Aufgaben eingegangen wird. Gewisse Grundbestandteile besitzt tatsächlich jedes Betriebssystem, denn alle Systeme müssen Computer verwalten, die bestimmte Gemeinsamkeiten aufweisen.

Beinahe jedes neuere Betriebssystem besteht aus dem Kernel, den mehr oder weniger fest zu diesem gehörenden Gerätetreibern, den Systemprogrammen, einer Schnittstelle für Anwendungsprogramme und der Benutzeroberfläche.

Der Kernel

Der **Kernel** (englisches Wort für einen Obstkern) ist das grundlegende Computerprogramm, das unmittelbar auf dem Prozessor des Rechners ausgeführt wird. Er läuft bis zum Herunterfahren des Systems permanent im Hintergrund und steuert alle anderen Betriebssystemkomponenten sowie den Start und den Ablauf der Anwendungsprogramme. Der Kernel initialisiert die Zusammenarbeit mit der Hardware, indem er die Treiber lädt und koordiniert. Aus einer technischen Perspektive kann man sich vorstellen, dass der Kernel das einzige echte Programm ist, das permanent ausgeführt wird, während alle anderen Programme, die später geladen werden, nur Unterprogramme sind, die vom Kernel aufgerufen werden und die Kontrolle durch einen Rücksprung wieder abgeben.

Monolithischer Kernel/ Mikrokernel

Es gibt verschieden konzipierte Kernels. Das ältere Kernel-Konzept ist der so genannte **monolithische Kernel**, der so viel Funktionalität wie möglich selbst erledigt. Moderner ist das Konzept des **Mikrokernels**, der so wenig wie möglich selbst tut und die meisten Aufgaben an Prozesse delegiert, die im Benutzermodus laufen wie gewöhnliche Anwendungsprogramme.

Da Mikrokernels kleine und elegante Programme sind und da sie die einzelnen Teile des Betriebssystems nur bei Bedarf im Speicher halten, müssten Betriebssysteme auf Mikrokernel-Basis theoretisch schneller und effizienter laufen als Systeme mit monolithischen Kernels. Allerdings wird dabei oft vergessen, dass der ständige Wechsel zwischen Benutzer- und Kernel-Modus Zeit und Ressourcen verbraucht. Außerdem können auch monolithische Kernels inzwischen häufig von einem der entscheidenden Vorteile des Mikrokernels profitieren: Die meisten Gerätetreiber sind modular, können also je nach Bedarf geladen und wieder aus dem Speicher entfernt werden. Dies ist besonders wichtig für Hot-Plugging-fähige Schnittstellen wie USB, FireWire oder Bluetooth.

Ein weiterer Fortschritt ist das **Threading**-Modell, das in immer mehr Betriebssystemen zum Einsatz kommt. Die schwerfälligen Prozesse werden durch eine leichtgewichtige Alternative namens Threads ergänzt, was die Arbeit des Kernels weiter beschleunigt.

Anfang der 90er-Jahre schienen die Mikrokernels sich allmählich durchzusetzen, es wurden um diese Zeit kaum noch völlig neue Betriebssysteme auf der Basis eines monolithischen Kernels konzipiert. Eine wichtige Ausnahme ist Linux – sein Kernel ist bis heute monolithisch, verwendet aber modulare Gerätetreiber und inzwischen auch Threads. **Andrew Tanenbaum**, der Entwickler von Minix und Autor mehrerer brillanter Fachbücher über Betriebssysteme und andere Informatik-Themen, verfasste aus diesem Grund in der Minix-Newsgroup einen berühmt gewordenen Flame mit dem Titel »Linux is obsolete« (Linux ist überholt).

Ein wichtiges Betriebssystem mit Mikrokernel, und zwar dem bekannten *mach*-Mikrokernel, ist MacOS X. Die meisten anderen UNIX-Systeme besitzen dagegen wie Linux einen monolithischen Kernel. In gewisser Weise lässt sich der Kernel von Windows NT und seinen Nachfolgern als Mikrokernel beschreiben.

Der Bootvorgang

Wenn ein Computer eingeschaltet wird, führt das BIOS des Rechners zunächst einige Überprüfungen durch und übergibt die Kontrolle anschließend dem Boot Loader eines Betriebssystems. Dieser Teil des Systemstarts wurde bereits in Kapitel 3, *Hardware*, beschrieben. Der Boot Loader ermöglicht entweder die Auswahl mehrerer Betriebssysteme, die auf den Datenträgern des Rechners installiert sind, oder startet unmittelbar ein bestimmtes System. Das Booten (kurz für **Bootstrapping** – die »Stiefel schnüren«) eines Betriebssystems bedeutet zunächst, dass der Kernel geladen und ausgeführt wird. Dieser erledigt alle weiteren erforderlichen Aufgaben.

Wichtig ist es, die bei den meisten Betriebssystemen (insbesondere UNIX und Windows) zu beobachtende Trennung zwischen **Kernelmodus** und **Benutzermodus** zu verstehen. Ein Prozess, der im Kernelmodus läuft, besitzt gewisse Privilegien, die im Benutzermodus nicht gegeben sind. Bei den meisten Computern werden für die beiden Modi unterschiedliche Betriebsmodi des Prozessors selbst verwendet. Beispielsweise besitzen Intel-Prozessoren und Kompatible seit dem 386er vier verschiedene Modi, die sich durch einen unterschiedlich starken Schutz vor Interrupts, das heißt Unterbrechungsanforderungen durch Hardware oder bestimmte Programmschritte, unterscheiden. Für gewöhnlich wird der Modus mit dem stärksten Schutz als Kernelmodus und der mit dem geringsten als Benutzermodus verwendet.

Prozesse im Kernelmodus führen wichtige Betriebssystemaufgaben durch, die nicht durch Prozesse im Benutzermodus unterbrochen werden dürfen. Beispielsweise sorgen sie für die eigentliche Verarbeitung von Hardware-Interrupts, das Öffnen und Schließen von Dateien oder die Speicherverwaltung. Auch wenn ein Prozess im Kernelmodus nicht von außen unterbrochen werden kann, kann er freiwillig die Kontrolle an einen anderen Prozess abgeben. In der Regel ruft er den **Task Scheduler** auf, der ebenfalls im Kernelmodus läuft und für die Verteilung der Rechenzeit an die verschiedenen Prozesse zuständig ist.

Ein Prozess im Benutzermodus kann jederzeit unterbrochen werden, etwa durch einen Hardware-Interrupt, durch einen aufwachenden Kernelprozess oder dadurch, dass er selbst einen Befehl aufruft, der nur im Kernelmodus ausgeführt werden kann. Letzteres sind die so genannten **Systemaufrufe** (system calls), die es Programmierern ermöglichen, die eingebauten Funktionen des Betriebssystems zu nutzen.

Mikrokernel-basierte Betriebssysteme versuchen, so gut wie alle Aufgaben im Benutzermodus auszuführen. Der Kernel selbst führt im Wesentlichen nur noch die Prozessverwaltung durch; selbst das Speichermanagement und die Ein-/Ausgabekontrolle finden im Benutzermodus statt. Auf diese Weise kann ein Mikrokernel-System zwar flexibler auf Anforderungen reagieren, muss dafür aber häufiger zwischen Kernel- und Benutzermodus hin- und herschalten, was zusätzliche Performance kostet.

Windows NT, 2000 und XP verwenden einen Mittelweg zwischen Mikrokernel- und monolithischem System: Gewisse Teile wurden aus dem Kernel ausgelagert und bilden so genannte Subsysteme, die im Benutzermodus laufen und verschiedene Teilfunktionen anbieten, die Kernel-artige Aufgaben erledigen. Andere Teile des Betriebssystems laufen dagegen im Kernelmodus.

Es gibt nur noch einige alte Betriebssysteme, die keine richtige Trennung zwischen Kernel- und Benutzermodus durchführen. Dazu gehört das nicht mehr sehr häufig verwendete

MS-DOS in Kombination mit Windows 3.11, der letzten Windows-Version, die kein vollständiges Betriebssystem war. Ein anderes System, auf das diese Aussage zutrifft, ist dagegen noch weit verbreitet: MacOS bis zur Version 9.

Multitasking

Der auffälligste Unterschied zwischen einem modernen System und solchen altmodischen Betriebssystemen besteht darin, dass Letztere nur das veraltete **kooperative Multitasking** verwenden. Ein Prozess entscheidet selbst, wann er die Kontrolle an das Betriebssystem zurückgeben möchte. Stürzt ein Programm ab, das in einem solchen Prozess läuft, dann ist sehr wahrscheinlich das gesamte Betriebssystem instabil geworden. Das in modernen Systemen eingesetzte **präemptive Multitasking** entscheidet dagegen selbst, wie lange Prozesse im Benutzermodus die Rechenzeit behalten dürfen und entzieht sie ihnen bei Bedarf wieder.

Außerdem besitzen veraltete Betriebssysteme kein richtiges Speichermanagement; Prozesse können gegenseitig auf ihre Speicherbereiche zugreifen und sie versehentlich überschreiben.

Weitere Informationen über Aufgaben des Kernels finden Sie weiter unten unter den Themen Prozessverwaltung, Speichermanagement und Dateisysteme.

Gerätetreiber

Die **Gerätetreiber** (device drivers) sind spezielle kleine Programme, die sich um die Steuerung einzelner Hardwarekomponenten kümmern. In manchen Betriebssystemen sind Treiber ein fester Bestandteil des Kernels, während sie in den meisten neueren Systemen als Module vorliegen, die sich bei Bedarf laden und wieder aus dem Speicher entfernen lassen.

Es ist eine der schwierigsten Aufgaben für Programmierer, Gerätetreiber zu schreiben. Der Treiber bildet die Schnittstelle zwischen Betriebssystem und Hardware. Er muss die allgemeinen Anforderungen des Betriebssystems an eine bestimmte Geräteklasse in die spezifische Sequenz von Steuerbefehlen umsetzen, die das Gerät eines bestimmten Herstellers versteht, und umgekehrt die Antworten des Geräts wieder in eine allgemein verständliche Form bringen.

Zeichen- und Blockgeräte

Aus der Sicht von Treibern lassen sich zwei grundsätzliche Arten von Geräten unterscheiden. **Zeichengeräte** (character devices) tauschen Daten mit ihrer Umgebung als sequenzielle Datenströme aus. Die Daten werden also Zeichen für Zeichen nacheinander ausgelesen. Typische Beispiele sind die Tastatur, ein Drucker oder ein Bandlaufwerk. **Blockgeräte** (block devices) stellen sich dagegen ähnlich dar wie der Arbeitsspeicher: Der Zugriff auf den Inhalt des Geräts kann in beliebiger Reihenfolge blockweise erfolgen. Zu den Blockgeräten zählen vornehmlich die meisten Laufwerke wie Festplatte oder CD-ROM-Laufwerk, aber auch zum Beispiel Grafikkarten.

Damit ein Treiber für ein bestimmtes Gerät geschrieben werden kann, muss der Hersteller die Schnittstellen dieses Geräts veröffentlichen. Einige Hersteller wollen dies nicht und bieten stattdessen lieber selbst Treiber für die wichtigsten Betriebssysteme an. Bevor Sie sich ein bestimmtes Gerät anschaffen, müssen Sie also sicherstellen, dass ein Treiber für Ihr Betriebssystem verfügbar ist.

Systemprogramme

Diejenigen Bestandteile des Betriebssystems, die nicht zum Kernel gehören, liegen in der Regel als unabhängige Programme vor, die willkürlich geladen, ausgeführt und wieder beendet werden können. Bei einem Betriebssystem mit Konsolenoberfläche müssen Sie die Namen dieser Programme kennen, weil sie durch Eingabe ihres Namens aufgerufen werden. In einer grafischen Benutzeroberfläche werden sie dagegen hinter den Kulissen automatisch aufgerufen, wenn Sie die entsprechenden Menübefehle aufrufen oder Aufgaben per Drag and Drop erledigen, also durch das Ziehen von Symbolen und ihre Ablage an einer bestimmten Stelle.

Verschiedene Betriebssysteme verfügen über unterschiedlich mächtige Systemprogramme. UNIX-Systeme sind mit besonders leistungsfähigen Systemprogrammen ausgestattet, weshalb UNIX-Benutzer häufiger als die Anwender anderer Betriebssysteme die Konsole verwenden, obwohl auch UNIX-Systeme inzwischen mit sehr überzeugenden grafischen Oberflächen ausgestattet sind.

Bei einem UNIX-System können Sie jede beliebige Verwaltungsaufgabe über die Konsole erledigen, während unter Windows einige Werkzeuge nur unter der grafischen Oberfläche zur Verfügung stehen. Aus diesem Grund können UNIX-Rechner ohne weiteres von fern über ein Netzwerk bedient werden. Die Konsole kann über eine Terminal-Emulation zur Verfügung gestellt werden, ein Programm auf einem anderen Rechner übernimmt also die Funktion eines Terminals. Das einzige System, bei dem man Systemprogramme nicht ohne weiteres direkt aufrufen kann, weil es überhaupt keine Konsole besitzt, ist das veraltete MacOS 9.

Typische Systemprogramme sind beispielsweise Befehle zur Manipulation von Dateien und Verzeichnissen, etwa für das Umbenennen, Löschen oder Kopieren. Außerdem gehören allerlei Steuerungs- und Analysewerkzeuge dazu. Konkrete Systemprogramme werden weiter unten für die einzelnen Betriebssysteme besprochen.

Verwechseln Sie Systemprogramme übrigens nicht mit den weiter unten besprochenen Systemaufrufen. Letztere werden von Prozessen in Gang gesetzt, die auf Dienstleistungen des Kernels zugreifen müssen. Viele Systemprogramme verwenden letztendlich Systemaufrufe, um ihre Aufgabe zu erfüllen, aber nicht alle. Ebenso wenig sollten Sie Systemprogramme mit den einfachen Anwendungsprogrammen durcheinander bringen, die mit vielen Betriebssystemen geliefert werden. Ein einfacher Taschenrechner, ein Texteditor oder ein MP3-Player ist kein Systemprogramm, sondern eine Anwendung.

Die Schnittstelle für Anwendungsprogramme

Jedes Betriebssystem bietet Anwendungsprogrammen die Möglichkeit, seine Dienstleistungen in Anspruch zu nehmen. Dies ermöglicht es Programmierern, bestimmte aufwändige und hardwareabhängige Aufgaben an das Betriebssystem zu delegieren. Bei den meisten aktuellen Systemen bleibt ihnen auch gar nichts anderes übrig, weil der direkte Zugriff auf die Hardware durch Anwendungsprogramme verhindert wird.

Systemaufrufe

Um eine Funktion des Betriebssystems zu verwenden, muss ein Programm einen **Systemaufruf** (system call) durchführen. Das Betriebssystem reagiert darauf, indem es den aktuellen Prozess unterbricht, den geforderten Systembefehl im Kernelmodus ausführt und dessen Ergebnis an den aufrufenden Prozess zurückliefert.

UNIX-Systeme bieten nur verhältnismäßig wenige, dafür aber sehr mächtige Systemaufrufe an. Einige von ihnen sind auf Dateien und andere Ein- und Ausgabekanäle bezogen, beispielsweise `create()` zum Erzeugen einer neuen Datei, `open()` zum Öffnen, `read()` zum Lesen, `write()` zum Schreiben oder `close()` zum Schließen. Andere Systemaufrufe beschäftigen sich mit der Prozessverwaltung, zum Beispiel erzeugt `fork()` einen neuen Prozess als Kopie des bestehenden, `kill()` sendet Signale an Prozesse und `shmget()` fordert das weiter unten angesprochene Shared Memory an.

Neben den eigentlichen Systemaufrufen basiert jedes Betriebssystem auf der **Bibliothek** der Programmiersprache, in der es geschrieben wurde. Nach wie vor werden die meisten Betriebssysteme zu großen Teilen in der Programmiersprache C geschrieben (nur einige sehr hardwarenahe Teile des Kernels werden in Assembler verfasst). Aus diesem Grund basiert die Arbeitsweise vieler Systembereiche auf Funktionen der **C-Standardbibliothek**. UNIX, Windows und viele andere Systeme behandeln vieles aus der Sicht von Anwendungsprogrammierern recht ähnlich, weil es mit Hilfe der entsprechenden Bibliotheksroutinen realisiert wurde.

Ein Beispiel soll an dieser Stelle genügen, um einen Eindruck vom Einfluss der C-Standardbibliothek zu geben (konkret lernen Sie sie in Kapitel 5, *Grundlagen der Programmierung*, kennen): Fast alle Betriebssysteme speichern Datum und Uhrzeit als die Anzahl der Sekunden seit dem 01. Januar 1970, 00:00 Uhr UTC[2]. Dieses Datum wird als **EPOCH** bezeichnet, weil es als der »Epoche machende« Erfindungszeitpunkt von UNIX gilt. Diese Art der Speicherung von Datum und Uhrzeit ist in der C-Bibliotheksdatei `time.h` definiert.

Unter Windows gibt es eine äußerst umfangreiche Betriebssystemschnittstelle, die **Win32 API**. Sie besteht aus tausenden von Befehlen, von denen allerdings nicht alle echte Systemaufrufe sind. Viele von ihnen sind Bibliotheksfunktionen, die beispielsweise den Zugriff auf die Bestandteile der grafischen Benutzeroberfläche ermöglichen. »Win32« steht übrigens für 32-Bit-Windows, in Abgrenzung zu dem längst untergegangenen 16-Bit-Windows, dessen letzte Version Windows 3.11 war. Alle Privatkunden-Versionen seit Windows 95 und alle professionellen Versionen seit der ersten NT-Version gehören zur Win32-Familie.

In Kapitel 6, *Konzepte der Programmierung*, gibt es einen kurzen Abschnitt über systemnahe Programmierung. Dort erfahren Sie Näheres über den Einsatz von Systemaufrufen.

Die Benutzeroberfläche

Es gibt zwei grundlegende Arten von Benutzeroberflächen: die Konsole oder Kommandozeile und die grafische Oberfläche. Beide dienen dazu, mit dem Betriebssystem zu kommunizieren und stellen ihre Ein- und Ausgabefähigkeiten auch Anwendungsprogrammen zur Verfügung.

2 UTC (Universal Time Code) ist im Prinzip identisch mit der Greenwich Mean Time (GMT), verwendet allerdings keine Sommerzeit. In der UTC ist es eine Stunde früher als in Deutschland, wo die MEZ (Mitteleuropäische Zeit) gilt. Bei Sommerzeit beträgt der Unterschied entsprechend zwei Stunden.

Eine Kommandozeilenoberfläche wird (in Abgrenzung zum Kernel) auch Shell genannt. Wenn Sie die Shell verwenden möchten, müssen Sie zunächst wissen, welche Befehle unterstützt werden und wie sie funktionieren. Zu diesem Zweck hält die Windows-Konsole einen Befehl namens `help` bereit, der eine Liste aller Befehle mit einer kurzen Beschreibung anzeigt. `help BEFEHL` zeigt dagegen eine ausführliche Beschreibung eines einzelnen Befehls an. Unter UNIX heißt die entsprechende Anweisung `man BEFEHL`. Das hat übrigens nichts mit dem dummen Klischee zu tun, dass UNIX »nur was für Männer« sei – »man« ist einfach die Abkürzung für »manual«, also Handbuch.

Die unter Windows verwendete Konsole entspricht noch heute weitgehend der Benutzeroberfläche von MS-DOS. Die Befehle, die Sie eingeben können, sind fast alle kompatibel zu den alten DOS-Befehlen. Allerdings wurde inzwischen eine Reihe von Komfort-Funktionen eingebaut, die die Arbeit mit der Windows-Kommandozeile erleichtern.

UNIX-Shells sind allerdings im Vergleich zur Windows-Shell erheblich komfortabler. Das liegt natürlich zum Teil daran, dass die zugrunde liegenden Systembefehle, die Sie aufrufen können, mächtiger sind als die Windows-Konsolenbefehle. Aber auch die Shell selbst hat mehr Bequemlichkeit zu bieten als unter Windows. Beispielsweise wird unter UNIX schon seit langem die Eingabevervollständigung angeboten – wenn Sie Befehle oder Dateinamen eingeben, können Sie die [Tab]-Taste drücken, um einen begonnenen Namen zu ergänzen, falls er bereits eindeutig ist. Microsoft hat dieses Feature erst unter Windows 2000 eingeführt.

Grafische Benutzeroberflächen gibt es inzwischen für jedes Betriebssystem, und auch unter Linux und anderen UNIX-Systemen ist es heutzutage üblich, dass sie gleich die GUI starten, wenn Sie den Rechner booten. In einer grafischen Oberfläche werden die einzelnen Programme und Dokumente in Fenstern dargestellt, die frei über den Bildschirm verschoben, vergrößert und verkleinert und in einer beliebigen Stapelreihenfolge angeordnet werden können. Mit einer Maus bewegen Sie einen Zeiger über diese Oberfläche und können Menübefehle auswählen, Schaltflächen betätigen oder Symbole verschieben.

Unter Linux können Sie sich eine von vielen verschiedenen grafischen Oberflächen aussuchen. Die grundlegenden Grafikfähigkeiten werden von einer Komponente namens X-Window-Server oder kurz X-Server bereitgestellt, darauf aufbauend läuft ein Window-Manager oder ein moderner, voll ausgestatteter Desktop. Die beiden häufigsten Desktops sind KDE und GNOME (sie werden weiter unten kurz vorgestellt).

Windows und MacOS lassen Ihnen dagegen keine Wahl bei der Entscheidung für eine bestimmte GUI, weil sie ein fester Bestandteil des Betriebssystems selbst ist. Selbst einige der elementarsten Programme sind so geschrieben, dass sie diese eine Oberfläche voraussetzen. Beide Hersteller haben ihre grafischen Oberflächen in der neuesten Version ihrer Betriebssysteme modernisiert; MacOS X verwendet eine elegante Oberfläche namens Aqua, die Windows XP-Oberfläche wird Luna genannt.

Für MacOS X ist inzwischen immerhin ein X-Server verfügbar, sodass der reichhaltige Bestand X-basierter Software, der für andere UNIX-Versionen vorhanden ist, allmählich auch unter MacOS X verfügbar ist.

4.2.2 Prozessverwaltung

Jedes moderne Betriebssystem ist in der Lage, scheinbar mehrere Aufgaben gleichzeitig auszuführen. Diese Fähigkeit wird allgemein als **Multitasking** bezeichnet. Es geht dabei nicht nur um den bequemen Nebeneffekt, dass Sie mehrere Anwendungsprogramme geöffnet halten und zwischen ihnen hin- und herschalten können, sondern vor allem um Aufgaben, die das Betriebssystem im Hintergrund erledigen muss, während Sie nur eines dieser Programme verwenden.

Definition eines Prozesses

Jede der einzelnen gleichzeitig stattfindenden Aufgaben wird unter den meisten Betriebssystemen durch einen **Prozess** realisiert. Einem Prozess stehen aus seiner eigenen Sicht alle Ressourcen des Rechners exklusiv zur Verfügung: die gesamte, ungeteilte Rechenzeit des Prozessors, der vollständige Arbeitsspeicher und der alleinige Zugriff auf sämtliche Ein- und Ausgabekanäle. Es ist Sache des Betriebssystems, die Ressourcen hinter den Kulissen zu verteilen. Ein Prozess, der auf eine Ressource wartet, muss in einen Wartezustand versetzt und später wieder aufgerufen werden.

Dieser Service eines Betriebssystems erleichtert es Anwendungsprogrammierern, sich auf ihre eigentlichen Aufgaben zu konzentrieren. Wenn eine Bedingung eintritt, für die ein bestimmter Prozess nicht zuständig ist, übernimmt das System automatisch die Kontrolle, legt den Prozess schlafen, löst das anstehende Problem und ruft den Prozess anschließend wieder auf.

Stellen Sie sich zur Verdeutlichung dieses Sachverhalts vor, Sie wohnten in einem Haus, in dem es für alle Wohnungen nur einen einzigen Klingelknopf an der Haustür gäbe. Ein Druck auf diesen Knopf würde dafür sorgen, dass es in allen Wohnungen klingelt. In diesem Haus müssten alle Mieter auf das Klingeln reagieren und überprüfen, ob es für sie bestimmt ist.

Ähnlich sähe es auf einem Computer aus, wenn es kein Prozessmanagement gäbe: Jedes einzelne Programm müsste sämtliche Bedingungen überprüfen, die auf dem Rechner eintreten können, und keines könnte sich mehr auf seine Tätigkeit konzentrieren.

Das UNIX-Prozessmodell

Besonders gut verständlich ist das Prozessverwaltungssystem von UNIX, weshalb es hier näher erläutert werden soll. Für UNIX-Prozesse gelten die folgenden Aussagen:

- Jeder Prozess ist durch eine eindeutige, ganzzahlige Nummer gekennzeichnet, seine Prozess-ID (PID).
- Der erste Prozess, der auf dem Rechner gestartet wird, heißt `init`, hat die PID 1 und erzeugt alle anderen Prozesse direkt oder indirekt.
- Jeder Prozess läuft entweder im Kernelmodus oder im Benutzermodus, und zwar ein für alle Mal. Keiner kann den Modus nachträglich wechseln. Ein Anwendungsprogramm kann niemals selbst einen Prozess starten, der im Kernelmodus läuft – dafür gibt es Systemaufrufe.
- Ein neuer Prozess wird durch einen speziellen Systemaufruf namens `fork()` erzeugt. Dieser Systemaufruf erzeugt eine identische Kopie des Prozesses, der ihn gestartet hat –

der neue Prozess kann sich sogar daran »erinnern«, `fork()` aufgerufen zu haben. Lediglich die PID ist eine andere. In der Regel wird der neue Prozess anschließend für eine neue Aufgabe eingesetzt.

- Jeder Prozess besitzt einen Parent-Prozess. Dabei handelt es sich um denjenigen Prozess, der ihn aufgerufen hat. Wenn der Parent-Prozess vor dem Child-Prozess beendet wird, dann wird das Child dem Parent-Prozess seines ursprünglichen Parents zugewiesen. Auf diese Weise wird sichergestellt, dass Prozesse auch weiterhin einen Parent-Prozess besitzen. Wenn kein anderer Prozess mehr übrig ist, ist der letzte mögliche Parent `init`.
- Jeder Prozess reagiert auf eine Reihe verschiedener **Signale**. Diese Signale sind durchnummeriert, in der Praxis werden jedoch symbolische Namen für diese Signale verwendet, die irgendwo in der Betriebssystembibliothek definiert sind. Signale werden mit Hilfe des Systemaufrufs `kill()` an einen Prozess gesandt. Der etwas seltsame Name rührt daher, dass das Standardsignal den Prozess auffordert, sich zu beenden, falls kein anderes Signal angegeben wird. Wichtige Signale sind etwa folgende: `SIGTERM` beendet den Prozess normal, `SIGKILL` erzwingt einen sofortigen Abbruch, `SIGHUP` (»Hangup«) weist darauf hin, dass eine Verbindung unterbrochen wurde (etwa eine Netzwerkverbindung) und `SIGALRM` zeigt an, dass ein Timer-Alarm ausgelöst wurde, den Programmierer verwenden können, um einen Prozess nach einer definierten Zeit wieder zu wecken.
- Ein Prozess kann jederzeit selbst die Kontrolle abgeben, indem er den Systemaufruf `pause()` durchführt. In diesem Fall kann er durch ein Signal wieder geweckt werden.
- Prozesse im Benutzermodus können auch von außen unterbrochen und später wieder aufgenommen werden.

Wenn ein Prozess unterbrochen wird, muss der Systemzustand, der zurzeit herrscht, gespeichert werden, um ihn bei Wiederaufnahme erneut herzustellen. Dazu gehören vor allem die Inhalte der Prozessorregister und der Flags sowie eine Liste aller geöffneten Dateien. Wenn ein Prozess weiterläuft, findet er die Systemumgebung also genau so vor, wie er sie verlassen hat.

User- und Group-ID

Neben der Prozess-ID besitzt jeder Prozess in einem UNIX-System eine User-ID (UID) und eine Group-ID (GID). Diese beiden Informationen sind für die Systemsicherheit wichtig: Die User-ID kennzeichnet den Benutzer, dem der Prozess gehört, die Group-ID die Benutzergruppe. Ein Benutzer ist entweder eine bestimmte Person oder eine vom Betriebssystem definierte Einheit; einer Gruppe können beliebig viele Benutzer angehören. Ein Prozess reagiert nur auf Signale, die von einem anderen Prozess mit derselben UID und GID aus versandt wurden. Die einzige Ausnahme sind die UID und GID 0, die dem Superuser oder `root` vorbehalten sind. Dieser spezielle Benutzer darf auf einem UNIX-System alles, also auch jeden Prozess beenden, unterbrechen oder anderweitig steuern.

Mit Hilfe des Befehls `ps` können Sie sich auf einer UNIX-Konsole anzeigen lassen, welche Prozesse gerade laufen. Angezeigt werden die PID, die UID, die GID und der Pfad des Prozesses. Der Pfad ist die genaue Ortsangabe der Programmdatei, die in dem entsprechenden Prozess ausgeführt wird. Die Verwendung von `ps` und anderen prozessbezogenen Befehlen wird weiter unten im Linux-Abschnitt genauer erläutert.

Windows verwendet ein etwas komplexeres Prozessmodell. Vor allem wird ein neuer Prozess durch einen Systemaufruf namens `CreateProcess()` erzeugt, der keine exakte Kopie des aufrufenden Prozesses erzeugt, sondern einen »leeren« Prozess, dem anschließend eine Aufgabe zugewiesen werden muss. Außerdem ist jeder Prozess im Benutzermodus mit einer numerischen Priorität ausgestattet. Diese entscheidet im Zweifelsfall, welcher Prozess Vorrang hat.

Kommunikation zwischen Prozessen

Prozesse besitzen den Vorteil, dass sie vollkommen voneinander abgeschirmt laufen können: Sie besitzen beiderseits getrennte Speicherbereiche und können einander nicht in die Quere kommen. Manchmal kann dieser Vorteil jedoch auch ein Nachteil sein, denn mitunter müssen Prozesse miteinander kommunizieren. Eine einfache, aber auf wenige »Wörter« beschränkte Möglichkeit ist die bereits erwähnte Verwendung von Signalen.

Eine andere Option besteht in der Verwendung so genannter **Pipes**, die die Ausgabe eines Programms und damit eines Prozesses mit der Eingabe eines anderen verknüpfen. Pipes werden in den Konsolen von UNIX und Windows häufig eingesetzt, um die Ausgabe eines Programms durch ein anderes zu filtern, können aber auch aus Programmen heraus geöffnet werden. Beispiele finden Sie in den entsprechenden konkreten Abschnitten.

Die effizienteste Möglichkeit der Kommunikation zwischen Prozessen heißt **Inter Process Communication** oder **System V IPC**. Obwohl sie mit System V eingeführt wurde und nicht zum POSIX-Standard gehört, ist sie inzwischen in fast allen UNIX-Varianten verfügbar, zum Beispiel auch unter Linux. Im Wesentlichen verwendet die IPC zwei verschiedene Mechanismen: In so genannte Nachrichtenwarteschlangen (Message Queues) kann ein Prozess schreiben; ein anderer kann sequenziell daraus lesen. Gemeinsame Speicherbereiche (Shared Memory) sind dagegen einfacher zu handhaben: Was ein Prozess in diesem Speicherbereich ablegt, können andere beliebig oft lesen oder ändern.

Deadlocks

Eines der Probleme, die bei der Verwendung mehrerer Prozesse auftreten können, ist eine Situation, in der mehrere Prozesse im Wartezustand gefangen bleiben, weil sie aufeinander oder auf dieselben Ressourcen gewartet haben. Das Wettrennen um den Zugriff auf Ressourcen wird als **Race Condition** bezeichnet. Zu einem **Deadlock** (einer Verklemmung) kommt es, wenn eine solche Race Condition unentschieden ausgeht. Beispielsweise könnten zwei Prozesse in einen Deadlock geraten, weil sie den Zugriff auf ein und dieselbe Datei zu sperren versuchen, um anderweitige Änderungen dieser Datei zu verhindern. Ein Deadlock führt mindestens zum Absturz der betroffenen Prozesse, möglicherweise sogar zum Absturz des gesamten Systems.

Ein gutes Betriebssystemdesign vermeidet Deadlocks durch eine Reihe von Verfahren. Insbesondere reicht das normale Verfahren zum Sperren von Ressourcen nicht immer aus, um damit zurecht zu kommen. Das gewöhnliche Sperren einer Datei oder einer Hardwareressource überprüft zunächst, ob die Ressource nicht anderweitig gesperrt ist. Falls sie gesperrt ist, wird der Prozess blockiert und wartet, bis die andere Sperre gelöst ist. Anschließend sperrt der aktuelle Prozess selbst die Ressource, sodass andere Prozesse, die sie ihrerseits sperren möchten, wiederum warten müssen.

Statt dieses Modells sollte eine mehrstufige Anmeldung für die Verwendung von Ressourcen eingesetzt werden:

- Ein Prozess, der eine bestimmte Ressource benötigt, versucht nicht einfach, eine Sperre für diese Ressource zu errichten, sondern überprüft zunächst, ob sie nicht bereits gesperrt ist. Falls doch, gibt er die Kontrolle ab, um nicht aktiv auf das Ende der Sperre warten zu müssen, was Ressourcen kosten würde. Er sollte nach einer gewissen Zeit erneut überprüfen, ob die Ressource noch gesperrt ist.
- Wenn die Ressource frei ist, errichtet der Prozess eine Sperre, die andere Prozesse daran hindert, diese Ressource zu verwenden.
- Nachdem der Prozess die Ressource nicht mehr benötigt, löst er die Sperre und gibt die Ressource dadurch wieder frei.

Threads

Einige Prozesse müssen gemeinsam dasselbe Problem bearbeiten und ununterbrochen miteinander kommunizieren. Dies gilt insbesondere für Prozesse, die nebeneinander im gleichen Anwendungsprogramm laufen. IPC oder andere Methoden der Prozesskommunikation sind zwar möglich, verschwenden aber auf die Dauer Systemressourcen. Interessanter ist eine Prozessvariante, bei der sich mehrere Abläufe von vornherein dieselben Ressourcen teilen.

Zu diesem Zweck werden in vielen Betriebssystemen die leichtgewichtigen und schnell zu wechselnden **Threads** verwendet. Diese besitzen innerhalb desselben übergeordneten Prozesses keine voneinander getrennten Speicherbereiche, sondern greifen auf dieselbe Stelle des Speichers zu. Windows unterstützt Threads bereits seit der ersten Version von Windows NT, in UNIX-Systemen wurden sie erst später eingeführt. Zuletzt wurden sie unter Linux nachgerüstet; seit dem Kernel 2.4 können sie als stabil bezeichnet werden.

Threads übernehmen häufig Aufgaben, die parallel innerhalb desselben Programms ausgeführt werden müssen. Besonders anschaulich lässt sich dies anhand eines in Echtzeit laufenden 3-D-Computerspiels erläutern: Gleichzeitig müssen Eingaben zur Steuerung der eigenen Spielfigur entgegengenommen werden, die Umgebung muss ständig neu gezeichnet werden, und es müssen permanente Zustandskontrollen stattfinden. Es wäre für einen Programmierer ein Ärgernis, wenn er sich selbst Gedanken darüber machen müsste, in welcher Reihenfolge die einzelnen Schritte wann stattfinden sollen. Wenn die verschiedenen Aufgaben dagegen in Threads verpackt werden, führt der Prozessor sie abwechselnd in kurzen Zeitintervallen aus.

Die Verwendung von Prozessen und Threads aus Programmierersicht wird übrigens in Kapitel 6, *Konzepte der Programmierung*, erläutert.

4.2.3 Speicherverwaltung

Eine der wichtigsten Aufgaben eines Betriebssystems besteht in der Verwaltung des fast immer zu kleinen Arbeitsspeichers. So gut wie alle Betriebssysteme (außer MacOS 9) verwenden eine echte virtuelle Speicheradressierung, bei der die von Programmen angesprochenen Speicheradressen nicht identisch mit den Hardware-Adressen des RAM-Speichers sein müssen.

Genau wie Gerätetreiber und Prozessmanagement entbindet das Speichermanagement einen Programmierer von einer recht frustrierenden Aufgabe, nämlich von der Verteilung des Arbeitsspeichers an die einzelnen Prozesse beziehungsweise Programme. Da eine richtig funktionierende Speicherverwaltung jedem Programm vorgaukelt, ihm stünde der gesamte Arbeitsspeicher zur Verfügung, müssen Sie sich beim Programmieren nicht mehr viele Sorgen machen, ob der Arbeitsspeicher reicht oder nicht.

Segmentierung

In der Regel wird der virtuelle Speicherraum vom Betriebssystem in so genannte **Segmente** unterteilt. Bei modernen Computersystemen beherrscht bereits der Prozessor selbst die Speichersegmentierung und kann dadurch mehr Speicher adressieren als im physikalischen RAM zur Verfügung steht. Zu diesem Zweck enthalten aktuelle Prozessoren ein Bauteil namens **Memory Management Unit** (MMU). Spricht ein Programm eine bestimmte Speicheradresse an, dann nimmt die MMU sie entgegen und rechnet sie in die aktuell zugeordnete physikalische Speicheradresse um.

Aus der Sicht des Speichermanagements im Betriebssystem wird der Speicher in einzelne **Seiten** unterteilt, die durch das so genannte **Paging** auf die Festplatte ausgelagert werden, wenn ein Programm sie gerade nicht benötigt, und in den Arbeitsspeicher zurückgeholt, wenn es sie wieder braucht. Die Datei, in der sich die ausgelagerten Speicherseiten befinden, wird als **Auslagerungsdatei** (Page File) bezeichnet. UNIX-Systeme verwenden häufig keine einzelne Datei dafür, sondern eine Plattenpartition eines speziellen Typs, die als **Swap Partition** bezeichnet wird.

Die MMU unterhält zu diesem Zweck eine **Seitentabelle**, die zu jedem Zeitpunkt darüber Auskunft gibt, welche virtuelle Speicherseite sich gerade wo befindet, sei es im Arbeitsspeicher oder in der Auslagerungsdatei. Dass eine Speicherseite benötigt wird, die zurzeit ausgelagert ist, wird dabei durch einen **Page Fault** (Seitenfehler) zum Ausdruck gebracht.

Intel x86-Speicheradressen

Da das Speichermanagement auf den Fähigkeiten der zugrunde liegenden Hardware aufbaut, funktioniert es unter Windows und Linux, sofern sie auf Intel-Rechnern oder Kompatiblen laufen, recht ähnlich. Auf einem solchen x86-System ist eine Speicheradresse 32 Bit lang – es handelt sich schließlich um einen 32-Bit-Prozessor. Allerdings werden nicht einfach die verfügbaren physikalischen Speicheradressen durchnummeriert. Stattdessen ist die Adresse in drei Bereiche unterteilt:

- Die zehn obersten Bits (31 bis 22) geben den Eintrag im **Page Directory** (Seitenverzeichnis) an, verweisen also auf eine Adresse in einem Speicherbereich, der eine Liste von Seitentabellen enthält.
- Die nächsten zehn Bits (21 bis 12) enthalten die Nummer des Eintrags in der genannten **Page Table** (Seitentabelle). Dieser Eintrag verweist auf eine einzelne Speicherseite.
- Die letzten zwölf Bits (11 bis 0) geben schließlich den **Offset** an, das heißt das konkrete Byte innerhalb der Speicherseite. Dies führt dazu, dass eine Speicherseite eine Größe von 2^{12} oder 4.096 Byte besitzt.

Auf diese Struktur der Hardware baut die Speicherverwaltung des Betriebssystems auf. Jedes Programm kann dynamisch mehr Speicher anfordern und erhält ihn, indem zurzeit nicht benötigte Speicherseiten ausgelagert werden. Es kommt daher bei einem modernen System nicht oft vor, dass eine Anwendung wegen Speichermangels abgebrochen werden muss oder gar nicht erst startet. Allerdings wird ein Rechner, der zu wenig physikalischen Arbeitsspeicher besitzt, zu langsam, weil er mehr mit dem Paging beschäftigt ist als mit sinnvoller Arbeit.

64-Bit-Adressierung

Da sich allmählich 64-Bit-Architekturen durchsetzen, wird auch die Speicherverwaltung entsprechend angepasst. Beispielsweise verwendet Linux schon seit Kernel 2.2 intern ein dreistufiges Paging-Modell: Das Page Directory zeigt nicht gleich auf eine Page Table, sondern zunächst auf ein weiteres Verzeichnis, genannt Middle Directory. Da unter 32-Bit-Architekturen keine Verwendung dafür besteht, wird der Middle-Directory-Eintrag im Page Directory dadurch stillgelegt, dass er immer gleich lautet, also immer auf dasselbe vermeintliche Middle Directory zeigt. Da einige Linux-Versionen bereits auf konkreten 64-Bit-Prozessoren wie Itanium oder PowerPC G5 laufen, ermöglicht dieses Vorgehen die Verwendung desselben Speicherverwaltungsmodells für alle Linux-Versionen.

4.2.4 Dateisysteme

Eine der wichtigsten Aufgaben eines Betriebssystems ist die Verwaltung von **Dateien**. Eine Datei ist eine benannte Einheit, die auf einem Datenträger gespeichert wird. Die verschiedenen Arten von Datenträgern wurden in Kapitel 3, *Hardware*, vorgestellt. Dort erfahren Sie auch, wie die Daten physikalisch auf den Datenträgern organisiert sind.

Die meisten Betriebssysteme sprechen nicht direkt die Hardwaresektoren eines Datenträgers an, sondern unterteilen den Datenträger logisch in größere Abschnitte, die als **Zuordnungseinheiten** (englisch cluster) bezeichnet werden. Dies hat den Vorteil, dass das System sich nicht weiter um die tatsächliche Größe des Datenträgers kümmern muss. Ein gewisser Nachteil besteht dagegen darin, dass jede Datei mindestens eine ganze Zuordnungseinheit belegt und dass eine neue belegt wird, wenn die Datei auch nur um ein Byte zu groß ist – das Verfahren ist vergleichbar mit einem Parkhaus, in dem Sie für »angefangene Stunden« bezahlen müssen: 61 Minuten werden dort als zwei Stunden gewertet.

Die unterschiedlichen Betriebssysteme verwenden verschiedene Modelle, um Daten auf einem Datenträger abzulegen. Ein solches Modell wird als **Dateisystem** bezeichnet. Da die meisten Betriebssysteme mit mehreren konkreten Dateisystemen umgehen können, verwenden sie eine zweistufige Dateiverwaltung: Das eigentliche Dateisystem greift auf den Treiber für das Laufwerk zu und organisiert die Daten auf dem eigentlichen Datenträger, während ein **virtuelles Dateisystem** den Zugriff des Betriebssystems auf die verschiedenen tatsächlichen Dateisysteme und Datenträgerarten vereinheitlicht. Unter UNIX geht die Abstraktion von Dateien so weit, dass selbst der Zugriff auf Geräte über **Special Files** (Spezialdateien) erfolgt, die normalerweise im Verzeichnis `/dev` liegen.

Als Benutzer eines Betriebssystems werden Sie vornehmlich mit dem virtuellen Dateisystem konfrontiert. Hier wird vor allem geklärt, wie die einzelnen Datenträger und Partitionen angesprochen werden, wie Verzeichnisse organisiert sind, welche Zeichen in Dateinamen erlaubt sind, wie lang diese Namen sein dürfen und so weiter.

Das virtuelle Dateisystem, das alle UNIX-Systeme miteinander gemeinsam haben, unterstützt außerdem verschiedene Sicherheitsaspekte, insbesondere die Zugriffsrechte für einzelne Benutzer und Gruppen. Windows unterstützt ähnliche Fähigkeiten, allerdings nur für das konkrete Dateisystem NTFS.

»Verzeichnis« oder »Ordner«?

In diesem Kapitel war bisher die ganze Zeit die Rede von Verzeichnissen. Wenn Sie den Computer erst in den letzten sieben bis acht Jahren kennen gelernt haben und mit Windows oder MacOS arbeiten, werden Sie wahrscheinlich eher »Ordner« kennen. Das liegt daran, dass die symbolische Darstellung (das Icon) eines Verzeichnisses auf dem Desktop der GUI eine Aktenmappe (folder) zeigt, was in den deutschen Versionen als »Ordner« lokalisiert wurde.

In Wirklichkeit finden Sie im Dateisystem immer Verzeichnisse (directories). Sie sind die Ordnungs- und Organisationseinheiten des Dateisystems.

Das virtuelle UNIX-Dateisystem

Die in diesem Kapitel besprochenen UNIX-Systeme Linux und MacOS X haben mit allen anderen UNIX-Systemen dasselbe virtuelle Dateisystem gemeinsam. Konkrete Dateisysteme gibt es unter UNIX dagegen unzählige. Beispielsweise unterstützt MacOS X das klassische Apple-Dateisystem HFS+, das UNIX-Dateisystem UFS, das CD-ROM-Dateisystem ISO 9660 und andere, während Linux mit seinem eigenen Dateisystem ext3, reiserfs, dem Windows-Dateisystem FAT und weiteren zusammenarbeitet.

Die Gemeinsamkeiten der UNIX-Dateisysteme betreffen die Art und Weise, wie Dateien, Verzeichnisse und Datenträger organisiert sind. Außerdem sind die Zugriffsrechte für alle unter UNIX unterstützten Dateisysteme verfügbar.

Der UNIX-Verzeichnisbaum

Auf einem UNIX-Rechner existiert nur ein einziger Verzeichnisbaum, unabhängig davon, auf wie viele konkrete Datenträger er verteilt ist. Die Wurzel des gesamten Baums wird als / bezeichnet. Unterhalb dieses obersten Verzeichnisses liegen einzelne Dateien und Unterverzeichnisse; jedes von ihnen kann wiederum in Unterverzeichnisse unterteilt sein.

Die meisten Verzeichnisse, die direkt unterhalb der Wurzel des UNIX-Dateisystems liegen, haben spezielle Aufgaben, die in allen gängigen UNIX-Systemen identisch oder zumindest ähnlich sind:

- `bin` (binaries) enthält die Systemprogramme.
- `sbin` (start binaries) enthält Initialisierungsprogramme, die beim Systemstart aufgerufen werden.
- `dev` (devices) enthält Gerätedateien, also Dateien, die auf die einzelnen Hardwarekomponenten verweisen. Der Vorteil dieser Methode ist, dass sich der Zugriff auf Geräte genau wie bei einzelnen Dateien über Benutzerrechte regeln lässt.
- `usr` (user) enthält die wichtigsten Anwendungsprogramme.
- `opt` (optional) enthält zusätzliche Anwendungen, die nicht ganz so häufig benötigt werden.

- `etc` enthält allerlei Konfigurationsdateien.
- `var` enthält variable Daten, vor allen Dingen Log-Dateien, in die Systemmeldungen eingetragen werden.
- `home` enthält für jeden Benutzer, der im System angemeldet ist, ein **Home-Verzeichnis**. Hier werden alle Anwendungsdaten dieses Benutzers abgelegt. Zusätzlich werden auch die persönlichen Einstellungen dieses Benutzers für die verschiedenen Anwendungs- und Systemprogramme gespeichert. Unter MacOS X heißt dieses Verzeichnis übrigens `Users`.
- `root` ist das spezielle Home-Verzeichnis des Superusers. Es liegt nicht im Verzeichnis `home` wie die anderen Benutzerverzeichnisse. `home` könnte nämlich so eingerichtet werden, dass es auf einem anderen physikalischen Datenträger oder einer anderen Partition liegt als der Rest des Betriebssystems. Möglicherweise steht es also nicht zur Verfügung, wenn ein Fehler auftritt, den `root` beheben muss.

Absolute und relative Pfade

Der Pfad zu einer Datei wird von der Wurzel aus angegeben, indem die Namen der entsprechenden Ordner jeweils durch einen Slash voneinander getrennt werden. Das Folgende wäre beispielsweise der Pfad einer Datei in meinem Home-Verzeichnis:

```
/home/sascha/fachinformatiker/betriebssysteme.txt
```

Da jedes Programm ein **Arbeitsverzeichnis** besitzt, in dem es standardmäßig seine Daten ablegt oder nach Dateien sucht, kann ein Pfad auch relativ angegeben werden, das heißt vom aktuellen Verzeichnis aus. Angenommen, eine Anwendung hat das Arbeitsverzeichnis `/home/user` und möchte auf die Datei `info.txt` in `/home/sascha` zugreifen. Der Pfad dieser Datei kann entweder absolut als `/home/sascha/info.txt` oder relativ (von `/home/user` aus) als `../sascha/info.txt` angegeben werden: `..` spricht jeweils das übergeordnete Verzeichnis an; untergeordnete Verzeichnisse werden einfach mit ihrem Namen angegeben.

»Geschwister«-Verzeichnisse, also nebengeordnete – in diesem Fall `user` und `sascha` – können einander nie direkt ansprechen, sondern müssen mittels `..`-Angaben so weit nach oben wandern, bis ein gemeinsamer Vorfahr gefunden wurde. Im Falle von `user` und `sascha` müssen Sie nicht weit nach oben gehen; `home` ist bereits der Elternordner beider.

Eine Abkürzung für das Home-Verzeichnis des aktuell angemeldeten Benutzers ist übrigens die Tilde (~). Sie können durch Angabe der Tilde von überall aus in Ihr Home-Verzeichnis wechseln. Auf dem PC wird eine Tilde übrigens mit Hilfe der Tastenkombination [AltGr] + [+] erzeugt, auf dem Mac müssen Sie zunächst [Alt] + [N] betätigen und anschließend die [ ] drücken: Das Zeichen funktioniert wie ein Akzent und kann auf ein n gesetzt werden.

Im Übrigen sollten Sie daran denken, dass UNIX bei Datei- und Verzeichnisnamen zwischen Groß- und Kleinschreibung unterscheidet. Die Namen `hallo.txt`, `Hallo.Txt` und `HALLO.TXT` bezeichnen drei verschiedene Dateien, die alle im gleichen Verzeichnis liegen könnten. Aus Gründen der Kompatibilität mit alten Macintosh-Anwendungen ist dies ein wichtiger Unterschied zwischen MacOS X und anderen UNIX-Varianten: Auf HFS+-Partitionen unterscheidet MacOS X nicht zwischen Groß- und Kleinschreibung.

Ein Dateiname, der mit einem Punkt (`.`) beginnt, wird in der normalen Verzeichnisansicht standardmäßig ausgeblendet (versteckt). Wirkliches Verstecken ist auf diese Weise nicht möglich; effektiver ist die Verwendung von Zugriffsrechten (siehe unten).

inodes Intern werden Dateien auf dem Datenträger nicht durch ihren Namen dargestellt, sondern durch eine ganzzahlige Nummer namens **inode**. Die Einträge in einem Verzeichnis sind Verweise auf solche inodes. Interessanterweise können mehrere Verzeichniseinträge auf dieselbe inode zeigen. Ein Verzeichniseintrag wird deshalb auch als Hard Link bezeichnet, der fest auf eine bestimmte inode verweist. Eine Datei wird auf einem UNIX-System erst gelöscht, wenn Sie alle Einträge im Verzeichnisbaum entfernt haben, die auf die entsprechende inode zeigen.

Im Gegensatz zu den Hard Links werden auch symbolische Links oder Symlinks unterstützt, die nicht direkt auf eine inode zeigen, sondern auf einen anderen Verzeichniseintrag. Anders als die Hard Links können Symlinks auch auf Verzeichnisse verweisen sowie auf Dateien, die auf einem anderen physikalischen Datenträger liegen.

Datenträger mounten Die verschiedenen Datenträger und Partitionen können übrigens an einer beliebigen Stelle im Verzeichnisbaum eingehängt werden. Dieser Vorgang wird als **Mounten** bezeichnet. Solange ein Datenträger nicht gemountet ist, können die Verzeichnisse und Dateien, die darauf liegen, nicht angesprochen werden. Angenommen, Sie legen unter Linux eine CD-ROM ein, die eine Datei namens `hallo.txt` in einem Verzeichnis namens `test` enthält. Nach dem Einlegen muss die CD gemountet werden, falls das CD-ROM-Laufwerk nicht für automatisches Mounten konfiguriert ist.

Die Syntax des Befehls `mount` wird weiter unten genauer erläutert, im Moment genügt die Angabe, wie Sie ein Verzeichnis namens `cd` anlegen und die CD-ROM dorthin mounten können. Geben Sie dazu an der Konsole Folgendes ein:

```
$ mkdir /cd
$ mount /dev/hdc /cd
```

Der erste Parameter von `mount` gibt das physikalische Gerät an, das gemountet werden soll – EIDE/ATAPI-Geräte werden unter Linux als `/dev/hda` bis `/dev/hdd` geführt. `hdc` ist somit der Secondary Master. Wenn Sie nun die Datei `hallo.txt` ansprechen möchten, dann lautet der entsprechende Pfad folgendermaßen: `/cd/test/hallo.txt`.

Zugriffsrechte Eine weitere wichtige Eigenschaft der Dateien unter UNIX sind die **Benutzerrechte**. Jede Datei gehört einem bestimmten Benutzer und einer bestimmten Gruppe (berechtigte Benutzer können diese Besitzverhältnisse ändern). Da ein Benutzer beliebig vielen Gruppen angehören kann, lassen sich die Rechte an bestimmten Dateien sehr effizient über das Gruppenzugriffsrecht ändern.

Der Verzeichniseintrag einer Datei enthält die Zugriffsrechte für den Besitzer, für die Gruppe und für alle anderen Benutzer. Die drei möglichen Zugriffsrechte sind Lesen (**r** für read), Schreiben (**w** für write) und Ausführen (**x** für execute). Ein typischer Verzeichniseintrag enthält beispielsweise die folgende Angabe von Zugriffrechten:

```
-rwxr-xr-x
```

Die erste Stelle gibt den Dateityp an: – für eine gewöhnliche Datei, `d` für ein Verzeichnis oder `l` für einen Symlink. Die neun folgenden Informationen zeigen in Dreiergruppen die Zugriffsrechte an. Ein Buchstabe steht dafür, dass ein Zugriffsrecht gewährt wird, ein Strich bedeutet, dass es nicht gewährt wird. Im vorliegenden Fall darf der Eigentümer die Datei lesen, schreiben (dazu gehören auch Löschen und Umbenennen) und ausführen. Die Gruppe und der Rest der Welt dürfen nur lesen und ausführen. Das Recht der Ausführung ist nur für Programme und für Verzeichnisse sinnvoll (Letztere lassen sich ansonsten nicht als Arbeitsverzeichnis auswählen).

Intern werden die Zugriffsrechte als dreistellige Oktalzahl gespeichert. Die erste Stelle enthält die Benutzerrechte des Eigentümers, die zweite die der Gruppe und die dritte die der anderen Benutzer. Der Wert jeder Stelle ist die Summe aus den gewährten Benutzerrechten: 4 steht für Lesen, 2 für Schreiben und 1 für Ausführen. Das Zugriffsrecht `rwxr-xr-x` lässt sich also als `0755` darstellen (die vorangestellte 0 steht für eine Oktalzahl). Eine einfache Textdatei könnte dagegen beispielsweise die Zugriffsrechte `0640` aufweisen, was `rw-r-----` entspricht – der Eigentümer darf die Datei lesen und schreiben, die Gruppe darf sie lesen und alle anderen dürfen gar nichts.

Das virtuelle Windows-Dateisystem

Windows-Dateisysteme unterscheiden sich durch mehrere Merkmale von UNIX-Dateisystemen. Insbesondere ist auffallend, dass es keine gemeinsame Wurzel für alle Dateisysteme gibt, sondern dass jeder Datenträger beziehungsweise jede Partition einen eigenen Verzeichnisbaum bildet. Die einzelnen Partitionen werden durch Laufwerksbuchstaben bezeichnet; die automatisch gewählte Reihenfolge gehorcht einigen seltsamen Regeln:

Laufwerksbuchstaben

- `A:` ist das erste Diskettenlaufwerk.
- `B:` ist das zweite Diskettenlaufwerk, das aber kein Mensch mehr einsetzt.
- `C:` ist die erste Partition auf der ersten physikalischen Platte (bei einem EIDE-System dem Primary Master).
- `D:` ist die erste Partition auf der zweiten physikalischen Platte (dem Primary Slave). Falls das zweite EIDE-Gerät ein CD-ROM- oder DVD-Laufwerk ist, bekommt es einen höheren Buchstaben, und es geht zunächst mit den anderen Festplatten weiter.
- Die weiteren Buchstaben werden jeweils der ersten Partition der folgenden Platten zugewiesen, falls weitere vorhanden sind.
- Nun folgen Platte für Platte sämtliche restlichen Partitionen.
- Ganz am Schluss werden die CD-ROM- und DVD-Laufwerke in ihrer eigenen Anschlussreihenfolge berücksichtigt.

Unter Windows XP und den anderen Systemen der Windows-NT-Familie können Sie die Zuordnung mit Hilfe der Datenträgerverwaltung (**Verwaltung · Computerverwaltung · Datenträgerverwaltung**) ändern. Bei den Privatkunden-Versionen bis Windows Me ist diese Reihenfolge dagegen verbindlich.

Windows-Pfade

Pfade werden unter Windows so ähnlich angegeben wie bei UNIX. Das Trennzeichen zwischen den Verzeichnisnamen und zwischen Verzeichnis und Datei ist allerdings der Backslash (\), der umgekehrte Schrägstrich. Die Wurzel innerhalb eines bestimmten Laufwerks ist ein einzelner Backslash, während ein vollständiger absoluter Pfad mit dem Laufwerksbuchstaben beginnt. Das jeweils übergeordnete Verzeichnis wird auch unter Windows durch zwei Punkte (`..`) angegeben.

Hier sehen Sie einen Auszug aus einem Windows-Verzeichnisbaum einer Festplatte mit dem Laufwerksbuchstaben D:

```
[D:]
 |
 +-- [dokumente]
          |
          +-- [it-kompendium]
          |    |
          |    +-- betriebssysteme.doc
          |
          +-- [sonstige]
```

Wenn Sie die Datei `betriebssysteme.doc` absolut ansprechen möchten, müssen Sie ihren vollständigen Pfad `D:\dokumente\it-kompendium\betriebssysteme.doc` angeben. Falls Sie sich dagegen bereits auf Laufwerk `D:` befinden, und zwar in einem beliebigen Verzeichnis, können Sie auch `\dokumente\it-kompendium\betriebssysteme.doc` schreiben. Ein relativer Zugriff aus dem Verzeichnis `sonstige` auf `betriebssysteme.doc` erfolgt über `..\it-kompendium\betriebssysteme.doc`.

Das Konzept des Home-Verzeichnisses wird unter Windows bei weitem nicht so konsequent verfolgt wie in UNIX-Systemen. Zwar existiert auf der Systempartition ein Verzeichnis namens `Dokumente und Einstellungen`, das für jeden Benutzer ein Unterverzeichnis enthält. Darin befindet sich beispielsweise das Verzeichnis `Eigene Dateien`, in dem standardmäßig die Dateien gespeichert werden sollten, die der Benutzer in Anwendungsprogrammen anlegt. Konfigurationsdaten werden dagegen nicht an dieser Stelle abgespeichert – die meisten befinden sich ohnehin nicht in Dateien, sondern in der weiter unten behandelten Windows-Registry.

Dateiattribute

Zwar unterstützen nicht alle Windows-Dateisysteme die Verwaltung von Benutzerrechten, aber für jede Datei können vier verschiedene **Attribute** eingestellt werden: Das Attribut `r` steht für »Readonly«, also schreibgeschützt; `s` bezeichnet Systemdateien, die einen noch stärkeren Schutz genießen als schreibgeschützte. `h` oder »hidden« ist das Archiv für versteckte Dateien, die in der normalen Windows-Grundkonfiguration nicht angezeigt werden. `a` schließlich ist das Archiv-Attribut, das immer dann gesetzt wird, wenn die Datei seit dem letzten Systemstart geändert wurde – archivieren müssen Sie also nur diejenigen Dateien, bei denen `a` gesetzt ist. Wie Sie die Attribute modifizieren können, erfahren Sie weiter unten im Windows-Teil dieses Kapitels.

Dateinamen können unter Windows bis zu 255 Zeichen lang sein; zwischen Groß- und Kleinschreibung wird nicht unterschieden. Allerdings werden die Dateien genau mit der Groß- und Kleinbuchstabenkombination gespeichert, die Sie angegeben haben. Eine Reihe von Zeichen sind in Dateinamen nicht zulässig, vor allem `:`, `\`, `?`, `*`, `<`, `>` und `|`. Alle diese Zeichen besitzen in Pfadangaben oder auf der Windows-Konsole besondere Bedeutungen.

Ein wesentlicher Bestandteil des Dateinamens ist unter Windows die **Dateierweiterung** oder -endung (extension). Dieses Anhängsel, das durch einen Punkt vom restlichen Dateinamen getrennt wird, zeigt nämlich den Dateityp an: Wenn Sie unter Windows auf ein Datei-Icon doppelklicken, wird die Datei mit demjenigen Programm geöffnet, mit dem diese Endung verknüpft ist. Beispielsweise bezeichnet die Erweiterung `.txt` eine einfache Textdatei, `.jpg` ist eine Bilddatei im JPEG-Format und `.exe` kennzeichnet ein ausführbares Programm.

Unglücklicherweise wird die Dateiendung in allen Windows-Versionen seit 95 standardmäßig ausgeblendet, obwohl sie im Grunde ein normaler Bestandteil des Dateinamens ist. Sie können also nur noch an den mehr oder weniger aussagefähigen Datei-Icons erkennen, um welche Art von Datei es sich handelt. Abhilfe schafft eine Einstellung in den Ordneroptionen, deren Position und Bezeichnung in den verschiedenen Windows-Versionen leider mehrmals verändert wurde. Unter Windows XP müssen Sie einen beliebigen Ordner öffnen, den Menüpunkt **Extras · Ordneroptionen** aufrufen und auf der Registerkarte **Ansicht** die Option **Erweiterungen bei bekannten Dateitypen ausblenden** deaktivieren. In älteren Windows-Versionen befindet sich dieser Menüpunkt unter **Ansicht** statt unter **Extra**.

Bei alten Windows-Versionen bis 3.11 waren Dateinamen auf acht Zeichen für den eigentlichen Namen und drei Zeichen für die Erweiterung begrenzt. Aus Gründen der Kompatibilität erzeugt Windows bis heute für jeden Dateinamen, der länger ist, einen passenden Kurznamen. Dieser besteht aus folgenden Bestandteilen: den ersten fünf bis sechs Zeichen des eigentlichen Namens ohne Leerzeichen, einer Tilde und einer Nummer (um den Fall abzudecken, dass mehrere Dateien im gleichen Verzeichnis denselben Kurznamen erhalten würden) sowie der auf drei Zeichen gekürzten Erweiterung. Aus »`Der Name ist zu lang.doc`« würde nach diesem Schema `DERNAM~1.DOC`.

4.3 Linux

Das Betriebssystem **Linux** ist ein voll ausgestattetes, POSIX-konformes UNIX-Betriebssystem, dessen Kernel allerdings von seinem Erfinder **Linus Torvalds** vollkommen neu entwickelt wurde. Seit seiner ursprünglichen Entwicklung im Jahr 1991 wurde der Linux-Kernel durch die Mitarbeit zahlloser Freiwilliger immer weiter ausgebaut. Heute unterstützt er beinahe jede erdenkliche Hardware und läuft nicht etwa nur auf der Intel-PC-Architektur, sondern wurde auf viele verschiedene Plattformen portiert, beispielsweise PowerPC, Alpha, Sun SPARC oder diverse IBM-Großrechner. In diesem Abschnitt wird allerdings vorzugsweise die PC-Version betrachtet.

Viele, aber nicht alle Informationen aus diesem Abschnitt lassen sich nicht nur für Linux nutzen, sondern gelten auch für die meisten anderen UNIX-Varianten.

Selbstverständlich besteht ein UNIX-System wie Linux aber nicht nur aus dem Kernel. Um damit arbeiten zu können, wird eine Benutzeroberfläche in Form einer Shell oder eines grafischen Desktops benötigt (alle aktuellen Linux-Distributionen bieten beides). Ein weiterer wichtiger Bestandteil eines UNIX-Systems sind die zahlreichen Systemprogramme. Die Linux-Versionen dieser Programme sind kompatibel zu den entsprechenden Befehlen kommerzieller UNIX-Versionen, entstammen aber größtenteils dem **GNU**-Projekt.

Dieses Projekt wurde 1984 von **Richard Stallman** ins Leben gerufen und setzte sich das Ziel, freie Versionen sämtlicher UNIX-Systemprogramme zu entwickeln. Als Linus Torvalds mit der Arbeit an Linux begann, existierte bereits ein C-Compiler (der GNU C Compiler oder GCC); auch die meisten Standardbefehle waren bereits verfügbar. Die meisten GNU-Varianten der UNIX-Programme sind inzwischen sogar leistungsfähiger als die ursprünglichen Versionen. Lediglich der lange geplante GNU-Kernel Hurd ist bis heute nicht endgültig erschienen, zumal er durch die Entwicklung von Linux im Grunde überflüssig wurde.

GNU steht übrigens für »GNU's Not Unix«; es handelt sich um ein **rekursives Akronym**[3], in dem der erste Buchstabe immer wieder für den Namen des Ganzen steht – eine beliebte Form der Unterhaltung in der UNIX-Szene. Das GNU-Projekt wird von einer Organisation namens **Free Software Foundation** (FSF) gepflegt, deren Website Sie unter **www.fsf.org** erreichen.

Freie Software

Freie Software hat nicht nur etwas damit zu tun, dass die Programme kostenlos erhältlich sind, sondern auch damit, dass Sie den Quellcode erhalten und damit fast alles machen dürfen, was Sie möchten. Richard Stallman bringt es gern auf die folgende Formel: »It's a matter of free speech, not free beer.« (»Es ist eine Frage von Redefreiheit, nicht von Freibier.«) – Kommerzielle Softwarelizenzen enthalten dagegen in der Regel eine Reihe von Einschränkungen und erlauben im Grunde nichts weiter, als die Software für ihren offiziellen Anwendungszweck einzusetzen. Die FSF hat dafür eine eigene Softwarelizenz ausgearbeitet, die vor allem verhindern soll, dass kommerzielle Softwareentwickler freie Softwareprojekte an sich binden und die ursprüngliche Freiheit beeinträchtigen. Unter dieser Lizenz, der **GNU General Public License** (GPL), wird übrigens auch Linux selbst verbreitet.

Zu Beginn seiner Entstehung war Linux vor allem im Kreis der Entwickler verbreitet, die daran arbeiteten. Es war schwierig, den Linux-Kernel zu installieren und die GNU-Versionen aller erforderlichen Systemprogramme zu beschaffen und miteinander zu koordinieren. In den ersten Jahren wurde Linux deshalb vornehmlich von Informatikern und interessierten Studenten weitergereicht, da die Universitäten bereits über Internetanbindungen verfügten, als der Rest der Welt noch nichts damit zu tun hatte.

Linux-Distributionen

Einige der Studenten, die mit Linux arbeiteten, begannen allmählich, den Kernel und die Systemprogramme zusammenzustellen und Installationsprogramme für diese Betriebssystempakete zu schreiben. Aus diesen ersten Bemühungen entstanden allmählich verschiedene Linux-**Distributionen**, die auf CD-ROMs verbreitet wurden, meist zusammen mit mehr oder weniger ausführlichen gedruckten Dokumentationen. Firmen wurden gegründet, die solche Distributionen erstellten und zu vergleichsweise günstigen Preisen verkauften.

Beachten Sie, dass der Kauf einer Distribution nichts mit dem Erwerb kommerzieller Software gemeinsam hat: Sie dürfen die Software, die Sie erhalten, auf beliebig vielen Rechnern installieren und an alle Ihre Bekannten weitergeben. Die Distributoren erhalten das Geld nicht für die Software selbst oder für ein Nutzungsrecht daran, sondern lediglich für ihre Arbeit an Installationsprogrammen und Dokumentation. Entsprechend können Sie

3 Rekursion ist ein beliebtes Verfahren in der Programmierung, das Sie im nächsten Kapitel kennenlernen werden. Es geht darum, dass eine Funktion sich selbst aufruft, um ineinander verschachtelte Probleme zu lösen.

die meisten Distributionen alternativ aus dem Internet herunterladen. Eine Distribution kann allerdings einzelne kommerzielle Programme enthalten, für die andere Bedingungen gelten – beachten Sie die Beschreibung, die der Distributor mitliefert.

Heute ist eine Reihe verschiedener Distributionen erhältlich, die sich bezüglich ihres Umfangs, ihres Anwendungsschwerpunkts und ihres Preises unterscheiden. Die wichtigsten Distributionen sind folgende:

- **SUSE Linux** von der Nürnberger Firma SUSE AG ist die verbreitetste Distribution in Europa. Sie wird in zwei verschiedenen Versionen angeboten: der Personal Edition für Privatanwender, die vorzugsweise mit Desktop-Anwendungen ausgestattet ist, und der Professional Edition für Entwickler, Systemadministratoren oder Unternehmen, die zahlreiche Netzwerkanwendungen, Server, Entwicklungswerkzeuge und andere professionelle Programme enthält.
- **RedHat Linux** stammt von dem gleichnamigen amerikanischen Unternehmen und ist die beliebteste Distribution in den USA. Wie bei SUSE Linux wird eine Personal und eine Professional Edition angeboten, der Lieferumfang ist in etwa vergleichbar. RedHat Linux ist etwas schwieriger zu installieren als SUSE Linux, nach der Installation ist der Unterschied allerdings recht klein.
- **Debian GNU/Linux** ist eine kleinere Distribution mit dem besonderen Vorteil, dass alle Bestandteile voll und ganz aus freier Software unter der GPL bestehen – auch das Installationsprogramm. Dafür ist die Installation komplizierter als bei den anderen Distributionen, für Linux-Einsteiger ist sie nicht zu empfehlen. Fortgeschrittene Anwender können diese Distribution dagegen am stärksten an eigene Bedürfnisse anpassen.
- **Mandrake Linux** stammt von einem französischen Distributor und ist beliebt wegen seines besonders großen Lieferumfangs und des gut durchdachten Installationsprogramms.

Neben diesen vier häufigsten Distributionen werden unzählige weitere angeboten, jede von ihnen besitzt ihre besonderen Eigenschaften, Vor- und Nachteile. Die meisten Informationen in diesem Kapitel gelten für alle Distributionen. Die Unterschiede treten nicht so sehr beim normalen Arbeiten mit dem System zu Tage, sondern nur bei der Installation neuer Programme und bei Konfigurationsarbeiten. Einige Konfigurationshinweise in diesem Abschnitt beziehen sich allerdings ausschließlich auf SUSE Linux.

4.3.1 Arbeiten mit der Shell

Auch wenn so gut wie alle Distributionen inzwischen schon bei der Installation eine grafische Benutzeroberfläche einrichten, sollten Sie sich den Umgang mit der Konsole angewöhnen. Die mächtigsten Funktionen des Systems werden nach wie vor über die Kommandozeile aufgerufen; erst allmählich stehen grafische Steuerprogramme dafür zur Verfügung.

Der Login

Nach dem Start erwartet Linux – wie alle UNIX-Systeme – eine persönliche Anmeldung (**Login**). Sie müssen dazu Ihren Benutzernamen und das zugehörige Passwort eingeben.

Wenn die Anmeldung auf der Konsole erfolgt, ist die Passworteingabe völlig ohne Feedback auf dem Bildschirm – es werden nicht einmal Sternchen (***) angezeigt. Die meisten grafischen Logins zeigen dagegen für jedes eingetippte Zeichen ein Sternchen an.

root

In der Regel wird bei der Installation des Systems ein Passwort für den **Superuser** mit dem vorgegebenen Benutzernamen **root** eingerichtet. Sie sollten sich niemals als root anmelden, wenn Sie mit dem System nur normal arbeiten möchten, weil Sie als root wirklich *alles* dürfen und so versehentlich das gesamte System beschädigen könnten. Die Hauptaufgabe des Benutzers root ist die Systemadministration. Aus diesem Grund wird bei fast jeder Linux-Installation automatisch ein normaler Benutzer eingerichtet.

Für jeden Benutzer existiert ein Eintrag in der Datei `/etc/passwd`. Dieser Eintrag enthält verschiedene durch Doppelpunkt getrennte Informationen:

```
Username:Passwort:UID:GID:Info:Home:Shell
```

Username und Passwort erklären sich von selbst. Die UID ist die numerische User-ID des Benutzers, die GID entsprechend die Nummer der Gruppe, der er angehört. Info enthält eine Klartextinformation über den Benutzer wie den vollständigen Namen, eine Telefonnummer oder E-Mail-Adresse. Diese Informationen können über das Netzwerk mit einem Programm namens `finger` ermittelt werden. Home gibt das bereits weiter oben besprochene Home-Verzeichnis dieses Benutzers an (in der Regel `/home/Username`). Shell gibt schließlich an, welche Shell dem Benutzer nach dem Login präsentiert wird – die verschiedenen Shells werden weiter unten genannt. Ein konkreter Eintrag könnte beispielsweise folgendermaßen aussehen:

```
user::102:100:Irgendjemand:/home/user:/bin/bash
```

Der Username und das Passwort sind die wichtigsten Informationen. Nur eine korrekt eingegebene Kombination aus beiden ermöglicht die Anmeldung eines Benutzers. Das Passwort steht an dieser Stelle nicht etwa im Klartext (es ließe sich leicht von jedem Benutzer oder sogar von einem externen Angreifer stehlen), sondern verschlüsselt – aus weiter unten erläuterten Gründen ist im Beispieleintrag übrigens gar kein Passwort zu sehen. Das eingesetzte Verschlüsselungsverfahren ist so beschaffen, dass die Einträge nicht wieder entschlüsselt werden können. Das Passwort, das ein Benutzer eingibt, wird vielmehr auf dieselbe Art und Weise verschlüsselt wie die `/etc/passwd`-Einträge. Anschließend wird das Ergebnis mit dem gespeicherten, verschlüsselten Passwort verglichen – eine Übereinstimmung bedeutet, dass das Passwort wohl korrekt sein muss.

Da der Verschlüsselungsweg bekannt ist, könnte ein Angreifer, dem ein Diebstahl der `/etc/passwd`-Datei gelingt, einfach nacheinander eine Liste von Wörtern verschlüsseln und mit den gespeicherten Passwörtern vergleichen. Es gibt sogar ein Programm namens `crack`, das diesen Job automatisch durchführt, und die passenden Wortlisten für die verschiedensten Sprachen erhalten Sie leicht aus dem Internet. Die Schlussfolgerung sollte klar sein: Verwenden Sie als Passwort niemals ein Wort, das in einem Wörterbuch vorkommen kann. Eine beliebige Kombination aus Großbuchstaben, Kleinbuchstaben und Ziffern ist dagegen ziemlich sicher. Die Frage ist nur, wie Sie sich ein solches Passwort merken können – aus nahe liegenden Gründen sollten Sie es nirgendwo aufschreiben. Das wäre in etwa so klug, als würden Sie die Geheimzahl für Ihre EC-Karte mit einem Folienstift auf die Karte selbst schreiben.

Eine einfache Methode, ein sicheres Passwort zu erfinden und es sich selbst zu merken, besteht darin, die Anfangsbuchstaben eines beliebigen Satzes als Passwort zu verwenden. Visuell passende Buchstaben könnten Sie durch Ziffern ersetzen (zum Beispiel `1` statt `i`); Groß- und Kleinschreibung ergeben sich in deutschen Sätzen automatisch. Beispielsweise würde aus dem Satz »Mit Linux wär' das nicht passiert«[4] die Buchstabenkombination `MLwdnp`, auf die niemand kommen kann. Allerdings ist es am sichersten, die acht Zeichen, die in UNIX-Passwörtern zulässig sind, auch auszunutzen. Eine **Brute-Force-Attacke** (englisch für rohe Gewalt), bei der ein Angreifer jede erdenkliche Zeichenkombination durchprobiert, würde dadurch nämlich so lange dauern, dass es sich nicht lohnt.

Gute Passwörter

Modernere UNIX-Systeme führen übrigens noch einen zusätzlichen Schutzmechanismus ein: Die eigentlichen Passwörter werden gar nicht mehr in der Datei `/etc/passwd` verwahrt, sondern in `/etc/shadow`. Diese Datei besitzt einen ähnlichen Aufbau wie `/etc/passwd`, ist aber nur für root lesbar und nicht für alle Benutzer.

Virtuelle Terminals

Falls Ihr System mit der grafischen Oberfläche startet, befinden Sie sich nach der Anmeldung auf dem **Desktop**, der Schreibtischoberfläche. Hier finden Sie verschiedene Symbole, Menüs und andere Bedienelemente, die weiter unten behandelt werden. Wechseln Sie an dieser Stelle zunächst in eine Textmodus-Konsole, indem Sie die Tastenkombination [Strg] + [Alt] + [F1] betätigen.

Jedes Linux-System bietet mehrere **virtuelle Terminals** zum Arbeiten an, in jedem von Ihnen können Sie sich unter einem beliebigen Benutzernamen anmelden und jeweils andere Programme ausführen. Standardmäßig sind sechs virtuelle Terminals eingerichtet, dic übcr [Strg] + [F1] bis [Strg] ı [F6] aufgerufen werden können. Mit [Strg] + [F7] wechseln Sie dagegen wieder zur grafischen Oberfläche, falls sie gestartet wurde. Aus der GUI heraus müssen Sie zusätzlich die [Alt]-Taste festhalten, um wieder in eins der Text-Terminals zu wechseln.

GUI-Terminalfenster

Alternativ können Sie auch innerhalb der grafischen Oberfläche ein **Terminalfenster** öffnen, beispielsweise das Programm `xterm` oder eine modernere, komfortablere Variante. Halten Sie einfach Ausschau nach einem Icon, das einen schwarzen Textbildschirm zeigt. Weiter unten erfahren Sie, wie Sie Terminalfenster in verschiedenen Desktop-Umgebungen öffnen.

Wenn Sie sich an der Konsole erfolgreich angemeldet haben, erhalten Sie eine **Eingabeaufforderung** (englisch **prompt**). Der Prompt kann je nach Konfiguration sehr unterschiedlich aussehen. In der Regel sehen Sie etwa Folgendes:

```
user@rechner: ~ $
```

Statt `user` wird der Benutzername angezeigt, unter dem Sie sich angemeldet haben; hinter dem `@` steht der Name des Rechners, auf dem Sie gerade arbeiten. Auf diese Angaben folgt der Pfad des aktuellen **Arbeitsverzeichnisses**, im obigen Beispiel befindet sich der Benutzer in seinem Home-Verzeichnis (auf dieses Beispiel bezogen `/home/user`), das durch die

4 Seien Sie froh, wenn Sie den Satz nicht kennen – Er bildet olf den Auftakt zu den sinnlosen Betriebssystemdebatten im Heise-Forum.

Tilde gekennzeichnet wird. Das Dollarzeichen bildet schließlich den Abschluss; dahinter blinkt der Cursor für die Befehlseingabe. Statt des Dollarzeichens erscheint bei manchen Shells > oder ein anderes Zeichen.

Wenn Sie als root angemeldet sind, bekommen Sie einen etwas anderen Prompt zu sehen; beispielsweise folgenden:

```
rechner: ~ #
```

Es wird also kein Benutzername angezeigt, und hinter der Pfadangabe folgt eine Raute (#) statt des Dollarzeichens. Auch root befindet sich in diesem Beispiel in seinem Home-Verzeichnis, standardmäßig `/root`.

In den nachfolgenden Beispielen wird der Prompt einfach als Dollarzeichen dargestellt. Wenn für einen Befehl root-Rechte erforderlich sind, wird dagegen die Raute verwendet. Benutzereingaben sind in den Beispielen jeweils fett gesetzt, um sie vom Prompt und von der Ausgabe des Systems abzusetzen.

Grundfunktionen der Shell

Das Programm, das Ihre Befehle entgegennimmt und zu interpretieren versucht, wird **Shell** genannt. Es gibt nicht *die* Linux-Shell, sondern eine Reihe verschiedener Shell-Programme, die sich bis zu einem gewissen Grad voneinander unterscheiden. Höchstwahrscheinlich läuft in Ihrem System eine Shell, die als `bash` bezeichnet wird. Geben Sie den folgenden Befehl ein, um herauszufinden, welche Shell Sie ausführen:

```
$ echo $0
```

`$0` ist eine spezielle Variable, die jeweils den Namen des zurzeit laufenden Programms enthält. Die Ausgabe dürfte zum Beispiel `/bin/bash` oder `/bin/sh` lauten. Die gängigsten Shells werden in der folgenden Liste aufgeführt:

- `sh` oder `bsh`, die **Bourne Shell**, benannt nach ihrem Entwickler, war die ursprüngliche Shell des Bell-Labs-UNIX. Sie ist der kleinste gemeinsame Nenner der Fähigkeiten aller anderen Shells.
- `csh`, die **C-Shell**, und ihre Erweiterung tcsh enthalten eine Reihe spezieller Funktionen, die besonders den Bedürfnissen von C-Programmierern entgegenkommen.
- `bash`, die **Bourne Again Shell** (ein nettes Wortspiel) ist die GNU-Weiterentwicklung der ursprünglichen Bourne Shell mit vielen interessanten Zusatzfunktionen. Diese Shell ist in allen Linux-Distributionen als Standard voreingestellt. Trotzdem werden alle hier Genannten und meist noch weitere mitgeliefert.
- `ksh`, die **Korn Shell**, ist die eigenwilligste unter den bekannten UNIX-Shells und wird gerade deshalb von manchen Anwendern bevorzugt. Sie vereint einige Vorteile von Bourne- und C-Shell mit eigenen Erweiterungen.

Um Missverständnissen vorzubeugen, sollten Sie zunächst verstehen, dass über 90 Prozent der Eingaben, die Sie an der Kommandozeile vornehmen, unter allen Shells identisch sind – es handelt sich nämlich bei diesen Eingaben überhaupt nicht um Shell-Kommandos. Die meisten »UNIX-Befehle« sind separate Systemprogramme, die sich für gewöhnlich im Verzeichnis /bin befinden und mit der Shell nichts zu tun haben. Die Shells unterscheiden sich insbesondere in der Art und Weise, wie Sie die Funktionen der Systemprogramme durch intelligente Verknüpfungen erweitern können.

Hintergrundprozesse

Beispielsweise wurde erst in der csh die Möglichkeit eingeführt, Programme im Hintergrund zu starten – wenn Sie ein &-Zeichen an einen Befehl anhängen, gelangt dessen Ausgabe nicht auf den Bildschirm und Sie können sofort den nächsten Befehl eingeben. Es wird beim Aufruf des Befehls lediglich dessen Prozess-ID ausgegeben. Inzwischen bieten fast alle Shells diese Option. Hier sehen Sie ein einfaches Beispiel, in dem die Suche nach Dateien, deren Name mit einem a beginnt, in den Hintergrund verbannt wird:

```
$ find . -name a* &
[1] 3125
$
```

Die Funktion des Befehls find wird weiter unten genauer erläutert.

In eckigen Klammern wird eine Job-Nummer angezeigt; dahinter erscheint die PID. Statt 3125 werden Sie wahrscheinlich eine andere zu sehen bekommen. Mit Hilfe des Befehls fg (für Foreground – nicht etwa fat grin, wie in Chats und Foren üblich) können Sie die Ausgabe des Befehls unter Angabe der Job-Nummer im Vordergrund fortsetzen:

```
$ fg 1
...
```

Ebenso können Sie ein bereits laufendes Programm nachträglich in den Hintergrund stellen, indem Sie die Tastenkombination [Strg] + [Z] betätigen. Auch in diesem Fall werden Job-Nummer und PID angezeigt, und Sie können das Programm mit fg zurückholen.

In der Regel bestehen die Befehle, die Sie eingeben, aus dem Namen des gewünschten Systemprogramms und einer durch Leerzeichen getrennten Liste von Parametern. Einige der Parameter sind **Optionen**, die bei den meisten Befehlen mit einem Minuszeichen beginnen, andere geben dagegen konkrete Werte wie Pfad- oder Dateinamen, Bezeichnungen und Ähnliches an.

Die Systemvariable path

Wenn Sie den Namen eines Programms eingeben, sucht die Shell in ganz bestimmten Verzeichnissen nach diesem Programm. Diese Verzeichnisse sind in einer **Umgebungsvariablen** namens path festgelegt. Wenn Sie diese Liste lesen möchten, können Sie Folgendes eingeben:

```
$ echo $path
/bin:/usr/bin:/usr/sbin:/usr/local/bin:/usr/share/bin
```

Der Befehl echo gibt sämtlichen nachfolgenden Text in der nächsten Zeile aus. Das Dollarzeichen sorgt dafür, dass die Shell das nachfolgende Wort als den Namen einer Variablen auffasst, deren Wert ausgegeben werden soll.

Der Wert der Variablen path besteht aus einer Liste von absoluten Pfadangaben (mit / beginnend), die durch Doppelpunkte voneinander getrennt werden. Normalerweise ist die Liste erheblich länger.

Als Beispiel soll im Folgenden ein Verweis auf das aktuelle Verzeichnis hinzugefügt werden – üblicherweise wird ein Programm nämlich nicht einfach ausgeführt, wenn Sie sich in seinem Verzeichnis befinden, sondern nur, wenn dieses Verzeichnis auch in `path` steht. Um dies zu ändern, können Sie die spezielle Verzeichnisangabe `.` (einen einzelnen Punkt) hinzufügen, da dieser Punkt jeweils das aktuelle Verzeichnis repräsentiert.

Wenn Sie den Inhalt der Variablen ändern möchten, funktioniert das in den verschiedenen Shells unterschiedlich. Hier sehen Sie Beispiele für die oben genannten Shells:

- `sh`, `bsh`, `bash` und `ksh` – `path=$path:.`
- `csh` und `tcsh` – `set path=$path:.`

Der Wert, der `path` in den beiden Beispielen zugewiesen wird, nämlich `$path:.` bedeutet: bisheriger Wert von `path`, Doppelpunkt, anschließender Punkt. Die vollständige Pfadliste aus dem obigen Beispiel sähe nach dieser Änderung folgendermaßen aus:

```
/bin:/usr/bin:/usr/sbin:/usr/local/bin:/usr/share/bin:.
```

In Wirklichkeit sollten Sie sich gut überlegen, ob Sie diese Änderung durchführen möchten, weil sie ein gewisses Sicherheitsrisiko darstellt. Wenn Sie den Punkt angeben möchten, gehört er auf jeden Fall ans Ende von `path`, weil Ihnen ein Angreifer ansonsten ein Programm unterjubeln könnte, das denselben Namen trägt wie ein Systemprogramm und deshalb statt diesem ausgeführt würde, falls Sie sich im entsprechenden Verzeichnis befinden. Die Verzeichnisse in `path` werden nämlich der Reihe nach durchprobiert, bis ein Programm mit dem angeforderten Namen gefunden wird. Wenn es nirgendwo gefunden wird, erscheint eine Fehlermeldung.

Eingabevervollständigung

Alle modernen UNIX-Shells beherrschen die sehr bequeme Funktion der **Eingabevervollständigung**: Wenn Sie einen Befehl oder den Pfad einer Datei eintippen, können Sie zwischenzeitlich die [Tab]-Taste betätigen. Wenn der Befehl oder Pfad zu diesem Zeitpunkt bereits eindeutig ist, also nur noch eine Interpretation zulässt, wird er komplett ausgeschrieben. Bei Zweideutigkeiten wird er nur zum Teil ergänzt, und es ertönt ein Warnton. Das folgende Beispiel zeigt, wie Sie aus Ihrem Home-Verzeichnis schnell in das darunter liegende Verzeichnis `dokumente` wechseln können:

```
user@rechner: ~ # cd do[Tab]
user@rechner: ~/dokumente #
```

Angenommen, in Ihrem Home-Verzeichnis befindet sich ein weiteres Verzeichnis namens `dokumente2`. In diesem Fall wird durch [Tab] zwar das Wort `dokumente` ergänzt, aber die Shell weiß noch nicht, ob Sie wirklich das Verzeichnis `dokumente` meinten oder `dokumente2`. Deshalb wird ein Warnton ausgegeben. Die csh geht sogar noch einen Schritt weiter: Sie zeigt eine Liste der möglichen Alternativen an und wiederholt darunter Ihre bisherige Eingabe.

Ähnlich komfortabel ist die **History** aller bereits eingegebenen Befehle. Mit den Pfeiltasten auf der Tastatur können Sie darin nach oben oder nach unten blättern; die früheren beziehungsweise späteren Befehle werden dadurch wieder angezeigt. Wenn der gewünschte Befehl erscheint, können Sie ihn ändern und anschließend mittels [Enter] ausführen.

Wie bereits erwähnt, sollten Sie nicht permanent als root arbeiten. Mitunter kann es aber vorkommen, dass Sie zwischendurch eine Konfigurationsaufgabe erledigen müssen, die nur dem Superuser gestattet ist. Es ist sicherlich keine sehr bequeme Lösung, sich mittels `logout` abzumelden und als root wieder anzumelden. Angenehmer ist zu diesem Zweck der Befehl `su`, der für »Superuser« steht: Wenn Sie als gewöhnlicher Benutzer `su` eingeben, werden Sie nach dem root-Passwort gefragt. Falls Sie es korrekt eingeben, können Sie nun einzelne Befehle als root ausführen. Mit `exit` erhalten Sie Ihre normale Shell zurück.

Pipes und Ein-/Ausgabeumleitung

Eine der praktischsten Eigenschaften der UNIX-Shells (die in abgespeckter Form auch unter Windows zur Verfügung steht) besteht in der Umleitung von Ein- und Ausgabe sowie ihrer Verkettung. Mit der Ausgabe eines Befehls können Sie mehr tun, als sie einfach auf dem Bildschirm darzustellen, und die Eingabe muss nicht unbedingt von der Tastatur stammen: Sie können die Eingabe für einen Befehl aus einer Datei holen, die Ausgabe in eine Datei schreiben und schließlich die Ausgabe des einen Befehls als Eingabe für den nächsten verwenden. Auf diese Weise können Sie die einfachen Bausteine der Systembefehle zur Erledigung komplexer Aufgaben einsetzen.

Die Standard-I/O-Kanäle

Die Standardbibliothek der Programmiersprache C kennt drei Standardkanäle (streams) zur Ein- und Ausgabe (englisch Input/Output oder kurz I/O):

- `stdin` ist die Standardeingabe. Sie ist normalerweise mit der Tastatur verknüpft.
- `stdout`, die Standardausgabe, wird per Voreinstellung auf die Konsole geleitet.
- `stderr` schließlich ist die Standard-Fehlerausgabe – auch sie landet für gewöhnlich auf der Konsole. Vorteil: Wenn Sie stdout in eine Datei umleiten, werden Fehlermeldungen noch immer angezeigt.

Da UNIX und andere Betriebssysteme in C geschrieben sind, besitzen auch sie diese Eigenschaften: Die Ein- und Ausgabeumleitung basiert auf einer Verknüpfung von `stdin` beziehungsweise `stdout` mit anderen Dateien oder Geräten.

Ausgabeumleitung

Der Befehl `ls` dient beispielsweise dazu, den Inhalt des aktuellen Verzeichnisses auszugeben. Wenn Sie diesen Inhalt lieber in eine andere Datei schreiben möchten, können Sie folgendermaßen vorgehen:

```
$ ls > inhalt.txt
```

In diesem einfachen Beispiel wird der Inhalt des aktuellen Verzeichnisses nicht auf den Bildschirm geschrieben, sondern in die Datei `inhalt.txt`. Diese Datei wird automatisch neu angelegt, falls sie noch nicht existierte, ansonsten wird sie überschrieben. Wenn Sie die Ausgabe eines Befehls lieber an eine bestehende Datei anhängen möchten, können Sie statt des einen >-Zeichens zwei verwenden:

```
$ ls >> inhalt.txt
```

Eingabeumleitung Auf ähnliche Weise können Sie die Eingabe für einen Befehl aus einer Datei lesen. Zum Beispiel gibt der Befehl `grep` alle Zeilen eines eingegebenen Textes zurück, in dem ein Suchmuster vorkommt. Wenn Sie alle Zeilen der Datei `inhalt.txt` suchen möchten, die mindestens ein a enthalten, funktioniert das folgendermaßen:

```
$ grep a < inhalt.txt
```

Eine interessante Variante der Eingabeumleitung ist das HIER-Dokument. Diese Art der Eingabe stammt nicht aus einer Datei, sondern nimmt alle eingegebenen Zeilen bis zu einer speziellen Markierung entgegen. Das folgende Beispiel sucht mittels `grep` nach allen Zeilen in der Eingabe, die mindestens ein a enthalten:

```
% grep a << ENDE
> Hallo
> liebe
> Welt
> ENDE
```

Die Ausgabe dieser eingegebenen Sequenz lautet folgendermaßen:

```
Hallo
```

Die Markierung `ENDE` bildet das Ende der Eingabe. Die `grep`-Suchmuster werden im nächsten Unterabschnitt behandelt.

Pipes Eine weitere Variante der Ein- und Ausgabeumleitung ist die so genannte **Pipe** (englisch für Röhre). Es geht darum, die Ausgabe eines Befehls als Eingabe für den nächsten zu verwenden. Eine der gängigsten Kombinationen ist die Weiterleitung der umfangreichen Ausgabe bestimmter Befehle an einen Pager – ein Programm, das Inhalte seitenweise ausgibt. Der ursprüngliche UNIX-Pager wird `more` genannt, die erheblich mächtigere Open-Source-Alternative heißt `less` (Anspielung auf »less is more«).

Angenommen, der Inhalt des aktuellen Verzeichnisses ist länger als die Anzahl der Zeilen Ihres Terminals. In diesem Fall können Sie diesen Inhalt an `less` weiterleiten:

```
$ ls |less
```

Das Pipe-Zeichen | wird auf einem PC mit der Tastenkombination [AltGr] + [<] erzeugt; auf dem Mac ist es [Alt] + [7].

Das Programm `less` kann auch den Inhalt einer Datei anzeigen und ist auf diese Weise ein komfortabler Ersatz für `cat`. Im Grunde ist `ls |less` also eine Kurzfassung für die beiden folgenden Einzelbefehle:

```
$ ls > temp.txt
$ less temp.txt
```

Auf ähnliche Weise lässt sich jede Pipe durch zwei Einzelbefehle ersetzen, wobei der zweite Befehl oft nicht direkt mit einem Dateinamen als Argument aufgerufen wird, sondern mit einer Eingabeumleitung.

Eine Pipe hat allerdings zwei wichtige Vorteile gegenüber der Verwendung von Einzelbefehlen: Erstens muss keine Zwischendatei erzeugt werden, und zweitens fängt der zweite Befehl einer Pipe bereits an zu arbeiten, wenn er die erste Zeile aus der Ausgabe des ersten erhält.

Eine weitere verbreitete Anwendung für Pipes besteht in der unmittelbaren Filterung einer Ausgabe mit Hilfe von `grep`. Das folgende Beispiel gibt nur diejenigen Dateien im aktuellen Verzeichnis aus, die die Zeichenfolge `txt` enthalten:

```
$ ls |grep txt
```

4.3.2 Wichtige Systembefehle

In Linux und andere UNIX-Varianten wurden Unmengen von Systemprogrammen eingebaut. Es ist vollkommen aussichtslos, an dieser Stelle auch nur die Hälfte zu behandeln. In diesem Unterabschnitt lernen Sie stattdessen die wichtigsten Kommandos mit ihren gängigsten Optionen kennen. Weitere Linux- beziehungsweise UNIX-Befehle werden in reinen UNIX-Büchern behandelt. Einige empfehlenswerte Titel zu diesem Thema werden in Anhang B, *Kommentiertes Literaturverzeichnis*, genannt.

Arbeiten mit Dateien und Verzeichnissen

Einige der grundlegendsten Befehle in einem Betriebssystem dienen der Manipulation von Dateien und Verzeichnissen. Wenn Sie eine Übersicht über die Grundbegriffe eines Linux-Dateisystems benötigen, lesen Sie bitte weiter oben den Unterabschnitt *Das virtuelle UNIX-Dateisystem*.

Dateinamenmuster

Alle UNIX-Shells bieten die Möglichkeit, Datei- und Verzeichnisnamen in vielen Befehlen durch Muster anzugeben, die auf mehrere Dateien passen. In diesen Mustern gibt es die folgenden wichtigen Sonderzeichen (die in Dateinamen verboten oder zumindest problematisch sind):

- Das `*` ersetzt beliebig viele Zeichen. `h*o` steht beispielsweise für `hallo`, `hello` oder `ho`.
- Das `?` steht für genau ein Zeichen. Zum Beispiel bezeichnet `te?t` sowohl `test` als auch `text`.
- Mehrere Zeichen in eckigen Klammern wie `[abc]` bedeuten, dass genau eines dieser Zeichen gemeint ist. Durch einen Bindestrich können Bereiche wie `a-z` gebildet werden; mehrere Listen werden einfach hintereinander geschrieben. Beispielsweise bedeutet die Liste `[a-zA-Z0-9]`, dass alle Kleinbuchstaben, alle Großbuchstaben und alle Ziffern zulässig sind.
- Ein Ausrufezeichen vor der Liste in den eckigen Klammern bedeutet, dass jedes Zeichen außer dieser Liste zulässig ist. `[!Bb]` bedeutet etwa, dass auf keinen Fall ein B erlaubt ist – weder ein groß- noch ein kleingeschriebenes.
- Eine durch Kommata getrennte Liste von Zeichenketten in geschweiften Klammern bedeutet, dass eine dieser Zeichenketten erwartet wird. Zum Beispiel bedeutet `{info,hinweis,hilfe}.txt`, dass eine der drei Dateien `info.txt`, `hilfe.txt` oder `hinweis.txt` gesucht wird.

- Durch ein Pipe-Zeichen (|) können Sie schließlich mehrere Muster angeben, die durch »Oder« verknüpft werden – trifft eines dieser Muster auf eine Datei zu, dann passt sie zum Gesamtmuster. Der Ausdruck `b*|info*` bedeutet beispielsweise: alle Dateien die mit »b« oder mit »info« beginnen.

Beachten Sie bitte, dass die »Dateierweiterung« (die Abkürzung hinter dem letzten Punkt wie etwa `txt`) unter UNIX ein normaler Bestandteil des Dateinamens ist, falls Sie die Dateimuster unter Windows kennen sollten. In einem UNIX-Befehl steht `*` für alle Dateien. Unter Windows ist ein `*` dagegen nur der Platzhalter für Dateien ohne Erweiterung, während `*.*` dort für alle Dateien steht.

Diese einfachen Suchmuster für Dateien werden übrigens nicht mit dem bereits erwähnten Befehl `grep` verwendet. Die dort zulässigen Muster bieten noch erheblich mehr Möglichkeiten.

Die folgende Übersicht zeigt die gängigsten Linux-Datei- und Verzeichnisbefehle mit ihren wichtigsten Optionen:

- `cp` (Kurzfassung für copy) kopiert eine oder mehrere Dateien an den angegebenen Ort. Die Syntax ist grundsätzlich folgende:

  ```
  cp Quelle Ziel
  ```

  Die Quelle kann eine einzelne Datei oder ein Muster sein, Sie können alternativ auch einen Pfad angeben. Das Ziel ist entweder ein einzelner Dateiname (falls Sie nur eine Datei kopieren) oder ein Verzeichnis, falls im Zielordner bereits ein Verzeichnis mit diesem Namen existiert oder falls Sie als Quelle keine einzelne Datei, sondern ein Muster angegeben haben. Das folgende Beispiel kopiert die Datei `hallo.txt` in eine neue Datei namens `hi.txt`:

  ```
  $ cp hallo.txt hi.txt
  ```

  Das nächste Beispiel kopiert alle Dateien aus dem Verzeichnis `briefe` in das Verzeichnis `dokumente`, das im gleichen Verzeichnis liegt wie `briefe`:

  ```
  $ cp briefe/* dokumente
  ```

- `mv` (move) dient dazu, Dateien umzubenennen oder in ein anderes Verzeichnis zu verschieben. Die Syntax lautet folgendermaßen:

  ```
  mv Quelle Ziel
  ```

  Die Quelle ist wieder eine einzelne Datei beziehungsweise ein Muster, das Ziel ist ein völlig neuer Name oder der Name eines bestehenden Verzeichnisses.

  Die folgende Anweisung benennt die Datei `vorher.txt` in `nachher.txt` um:

  ```
  $ mv vorher.txt nachher.txt
  ```

  Wenn Sie als Quelle ein Muster statt einer einzelnen Datei angeben, muss das Ziel ein bestehendes Verzeichnis sein – Sie können mehrere Dateien auf einmal nicht umbenennen, sondern nur verschieben.

- rm (remove) löscht die angegebene Datei, und zwar endgültig. Eine Einrichtung wie der Windows- oder Mac-Papierkorb ist nicht vorgesehen – lediglich einzelne Desktop-Manager wie KDE oder GNOME sind damit ausgestattet.

  Das folgende Beispiel löscht alle Dateien aus dem aktuellen Verzeichnis, deren Name nicht mit a beginnt:

  ```
  $ rm [!a]*
  ```

  rm löscht Dateien nur im aktuellen Verzeichnis, aber nicht in dessen Unterverzeichnissen. Wenn Sie auch die Inhalte der Unterverzeichnisse löschen möchten, müssen Sie die Option -r (recurse) einsetzen. Noch effizienter (und gefährlicher!) ist die zusätzliche Option -f (force), die das Löschen schreibgeschützter Dateien erzwingt. Der folgende Befehl löscht alle Dateien im aktuellen Verzeichnis und alle Unterverzeichnisse und sollte nur mit äußerster Vorsicht eingesetzt werden:

  ```
  $ rm -rf *
  ```

  Wie hier können Sie übrigens auch bei den meisten anderen Befehlen mehrere Optionen hinter einem einzelnen Minuszeichen platzieren.

  Beachten Sie, dass es sich beim Löschen, Umbenennen oder Verschieben um **Schreibzugriffe** handelt, die Sie nur ausführen dürfen, wenn Sie Schreibrechte für die jeweiligen Verzeichnisse und Dateien besitzen.

- ls (list) zeigt den Inhalt des aktuellen oder des angegebenen Verzeichnisses an, das heißt alle enthaltenen Dateien und Unterverzeichnisse. Wenn Sie ein Muster angeben, wird es als Filter verwendet. Existieren Dateien, deren Namen zu diesem Muster passen, dann werden nur diese angezeigt. Andernfalls werden zusätzlich zum aktuellen Verzeichnis auch die Inhalte der Unterverzeichnisse angezeigt, auf deren Namen das Muster passt.

  Die folgende Anweisung zeigt beispielsweise alle Dateien an, die mit b beginnen – falls es keine gibt, werden alternativ die Inhalte aller Verzeichnisse angezeigt, die mit b anfangen:

  ```
  $ ls b*
  ```

  Eine wichtige Option dieses Befehls ist -l (long), die statt der einfachen Namen ausführliche Informationen über jeden Verzeichniseintrag ausgibt. Auch -a (all) wird relativ häufig verwendet, weil es versteckte Dateien und Verzeichnisse einblendet, das heißt diejenigen, deren Namen mit einem Punkt beginnen.

- pwd (print working directory) gibt den vollständigen Pfad des aktuellen Arbeitsverzeichnisses an. Dies ist beispielsweise nützlich, um den tatsächlichen Pfad des eigenen Home-Verzeichnisses zu ermitteln, der im Prompt durch ~ abgekürzt wird.

- cd (change directory) wechselt in das angegebene Arbeitsverzeichnis. Sie können den gewünschten Pfad entweder relativ zum aktuellen Arbeitsverzeichnis oder absolut durch einen vorangestellten / angeben. Die folgende Anweisung wechselt beispielsweise aus /home/user/dokumente in das Verzeichnis /home/user/briefe:

  ```
  user@rechner: ~/dokumente $ cd ../briefe
  user@rechner: ~/briefe $
  ```

Das folgende Beispiel wechselt dagegen mit Hilfe einer absoluten Angabe von /home/user/dokumente nach /etc:

```
user@rechner: ~/dokumente $ cd /etc
user@rechner: /etc $
```

- mkdir legt ein neues Verzeichnis mit dem angegebenen Pfad an. So richtet etwa die folgende Anweisung unterhalb des aktuellen Verzeichnisses das neue Verzeichnis test ein:

  ```
  $ mkdir test
  ```

  Beachten Sie, dass bei der Angabe eines mehrgliedrigen Pfads alle Verzeichnisse außer dem hintersten bereits existieren müssen. Die Option -p (parents) erzeugt dagegen auch verschachtelte Pfade. Das folgende Beispiel erzeugt im aktuellen Verzeichnis die ineinander verschachtelten Verzeichnisse neu, texte, briefe:

  ```
  $ mkdir -p neu/texte/briefe
  ```

- rmdir (remove directory) löscht Verzeichnisse, allerdings nur leere. Zum Löschen verschachtelter Verzeichnisbäume wird rm mit der Option -r verwendet.
- chmod (change mode) ändert die Zugriffsrechte für Dateien und Verzeichnisse. Das Konzept der Dateizugriffsrechte wurde bereits weiter oben angesprochen. Es gibt grundsätzlich zwei Möglichkeiten, Rechte für die gewünschten Dateien oder Verzeichnisse anzugeben: symbolisch oder numerisch.

  Die symbolische Schreibweise verwendet zunächst einen Buchstaben für die Benutzerart, für die ein Recht geändert werden soll: u für den Eigentümer (user), g für die Gruppe (group), o für andere Benutzer (others) und a für alle genannten auf einmal. Darauf folgt ein +, um ein bestimmtes Recht einzuräumen, ein –, um es zu entfernen, oder ein =, um die angegebenen Rechte zu setzen und die anderen zu entfernen. Zum Schluss werden die eigentlichen Rechte selbst angegeben: r für Lesen (read), w für Schreiben (write) und x für Ausführen (execute).

  Die folgende Anweisung erlaubt beispielsweise allen Benutzern das Lesen der Datei inhalt.txt:

  ```
  $ chmod a+r inhalt.txt
  ```

  Numerische Angaben setzen dagegen den gesamten Rechteblock für die Datei auf einmal: Die Stellen einer dreistelligen Oktalzahl (gekennzeichnet durch eine vorangestellte Null) geben von links nach rechts die Zugriffsrechte für den Besitzer, die Gruppe und die anderen an. Der Wert jeder Stelle ist dabei die Summe der Rechte, die gewährt werden: 4 für Lesen, 2 für Schreiben und 1 für Ausführen.

  Das folgende Beispiel erlaubt dem Eigentümer das Lesen, Schreiben und Ausführen, allen anderen nur das Lesen und Ausführen des Verzeichnisses test:

  ```
  $ chmod 0755 test
  ```

  Die Option -R (großgeschrieben!) führt die gewünschte Änderung nicht nur im aktuellen Verzeichnis durch, sondern auch in allen Unterverzeichnissen.

- `chown` weist der angegebenen Datei einen neuen Eigentümer zu. Die Syntax des Befehls ist folgende:

  ```
  chown User Datei(-muster)
  ```

  Der `User` muss ein existierender Benutzer sein; außerdem können Sie diese Änderung nur durchführen, wenn Sie selbst Schreibrechte an dieser Datei haben. Das folgende Beispiel teilt die Datei `info` dem Benutzer `user` zu:

  ```
  $ chown user info
  ```

- `chgrp` ändert die Gruppe, zu der eine Datei gehört, und funktioniert genau wie `chown`.

Textanzeige und -manipulation

Viele der Arbeiten, die Sie im Betriebssystem durchführen, haben in irgendeiner Weise mit der Manipulation von Textdateien zu tun. In diesem Unterabschnitt werden einige der wichtigsten Befehle vorgestellt, die Ihnen die Arbeit mit solchen Dateien ermöglichen.

- `cat` (catalog) ist der wichtigste aller Textdatei-Befehle: Er zeigt einfach den Inhalt der Datei an. Wenn Sie durch Leerzeichen getrennt eine Liste von Dateien angeben (oder ein Muster), werden die Inhalte aller genannten Dateien hintereinander angezeigt. Dies ist übrigens eine einfache Möglichkeit, mehrere Textdateien in eine einzige zusammenzukopieren. Die folgende Anweisung schreibt die Dateien `teil1` und `teil2` in eine neue Datei namens `kapitel`:

  ```
  $ cat teil1 teil2 > kapitel
  ```

  Sie können `cat` mit Hilfe der Ausgabeumleitung und mit einem HIER-Dokument sogar als einfachen Editor für eine neue Textdatei verwenden – allerdings können Sie die einzelnen Zeilen nach dem Abschluss durch [Enter] nicht mehr ändern. Die folgende Anweisung startet die Eingabe der Datei `neu.txt`, `ENDE` schließt sie ab:

  ```
  $ cat > neu.txt << ENDE
  > Neuer Text
  > Noch mehr Text
  > ENDE
  ```

- `less` ist die erweiterte GNU-Version des UNIX-Pagers `more`. Das Programm gibt seine Eingabedaten bildschirmseitenweise aus. Das folgende Beispiel gibt die Datei `roman` auf diese Weise aus:

  ```
  $ less roman
  ```

  Wenn das untere Ende des Bildschirms beziehungsweise des Terminalfensters erreicht ist, erscheint ein entsprechender Hinweis. An dieser Stelle haben Sie verschiedene Möglichkeiten, unter anderem folgende:

  - Die [ ] blättert eine ganze Bildschirmseite weiter.
  - [Enter] blättert nur eine einzige Zeile weiter.
  - [B] blättert eine Bildschirmseite zurück.
  - [Q] beendet `less`.

Statt eine oder mehrere Dateien als Parameter anzugeben, wird `less` auch häufig über eine Pipe zur seitenweisen Ausgabe der Ergebnisse anderer Befehle eingesetzt. Das folgende Beispiel gibt den Inhalt der ausführlichen Verzeichnisanzeige `ls -l` seitenweise aus:

```
$ ls -l |less
```

- `grep` (general regular expression print) sucht in Dateien oder in seiner Eingabe nach Mustern und gibt nur diejenigen Zeilen aus, die das entsprechende Muster enthalten. Bei den verwendeten Mustern handelt es sich um so genannte **reguläre Ausdrücke** (regular expressions). Diese mächtige Syntax für die Formulierung von Suchmustern wird in zahlreichen Programmiersprachen, Editoren und Tools verwendet. In Kapitel 6, *Konzepte der Programmierung*, werden die RegExp-Optionen der Programmiersprache Perl ausführlich vorgestellt.

  Wenn Sie beispielsweise in der Datei `test` nach Zeilen suchen möchten, die das Wort `hallo` enthalten, funktioniert dies folgendermaßen:

  ```
  $ grep hallo test
  ```

  Alternativ wird `grep` häufig über eine Pipe als Filter eingesetzt. Wenn Sie zum Beispiel alle Dateien im aktuellen Verzeichnis angezeigt haben möchten, deren Name mit `a` beginnt, können Sie Folgendes eingeben:

  ```
  $ ls |grep ^a
  ```

  Beachten Sie, dass es bei den Mustern gewisse Unterschiede zu den Dateimustern der meisten Befehle gibt: RegExp-Muster sind erheblich vielseitiger als Letztere. Tabelle 4.1 zeigt eine Übersicht über die wichtigsten von ihnen.

Muster	**Erläuterung**
abc	der Text abc
[abc]	Eines der Zeichen a, b oder c
[a-z]	Eines der Zeichen von a bis z
[a-mz0–9]	Eines der Zeichen von a bis m oder z oder eine der Ziffern 0 bis 9
[^abc]	Keines der angegebenen Zeichen
.	Ein beliebiges Zeichen
?	Das davor stehende Muster oder nicht
*	Das davor stehende Muster beliebig oft
+	Das davor stehende Muster einmal oder öfter
{2}	Das davor stehende Muster genau zweimal
{2, 5}	Das davor stehende Muster mindestens zweimal, höchstens fünfmal

Tabelle 4.1 Die wichtigsten RegExp-Muster für grep

Muster	Erläuterung
^	Zeilenanfang
$	Zeilenende

Tabelle 4.1 Die wichtigsten RegExp-Muster für grep (Forts.)

Wenn Sie irgendeins der Zeichen aus der Tabelle als Literal benötigen, also als tatsächliches Zeichen in einem Text, müssen Sie ihm einen Backslash (\) voranstellen. `\+` steht beispielsweise für ein Pluszeichen. Derartige Konstrukte werden in der Shell und in vielen Programmiersprachen als **Escape-Sequenzen** bezeichnet.

Angenommen, Sie suchen in einem Text nach deutschen Postleitzahlen. Das passende Muster lautet `[0-9]{5}`, weil genau fünf Ziffern (Zeichen zwischen 0 und 9) benötigt werden. Wenn Sie sicher sind, dass die Postleitzahl jeweils am Anfang der Zeile steht, können Sie präziser `^[0-9]{5}` schreiben.

Wichtig ist, dass `*` und `?` nicht dasselbe bedeuten wie bei den Dateimustern: Sie beziehen sich stets auf das links daneben stehende Muster und geben an, wie oft es vorkommen darf. Das folgende Beispiel zeigt, wie Sie in der Datei `adressen.txt` nach Personen suchen können, die »Meier« heißen, und zwar in allen erdenklichen Schreibweisen:

```
grep M[ae][iy]e?r adressen.txt
```

Der reguläre Ausdruck bedeutet: Zuerst kommt ein M, dann ein a oder e, anschließend ein i oder y, dann ein e oder auch nicht und zum Schluss ein r. Dies findet die Varianten »Maier«, »Mayer«, »Mayr«, »Meier« und »Meyer« sowie drei weitere, die aber wohl nicht häufig in einer Adressliste auftauchen (»Mair«, »Meir« und »Meyr«).

- `diff` vergleicht die Inhalte zweier Textinhalte miteinander. Als Argumente werden die Namen der beiden Dateien genannt; die Ausgabe besteht aus den Zeilen, die in den beiden Dateien unterschiedlich sind. Dies ermöglicht die Analyse der Unterschiede zwischen verschiedenen Versionen eines Dokuments. Außerdem können Sie eine `diff`-Datei als Update für eine Datei auf eine neuere Version verbreiten. Mit dem Kommando `patch` kann ein Benutzer sie dann auf die alte Datei anwenden.
- `wc` (word count) zählt die Zeichen, Wörter und Zeilen in einer Textdatei. Sie können den Befehl auch über eine Pipe auf eine beliebige Ausgabe anwenden.

Befehle zur Systemverwaltung

Die Befehle in diesem Unterabschnitt sind wichtig für die Wartung und Verwaltung des Betriebssystems.

- `mount` wurde bereits weiter oben angesprochen. Der Befehl hängt einen Datenträger in den Verzeichnisbaum ein. Anders können Datenträger nicht verwendet werden. Die grundlegende Syntax lautet folgendermaßen:

```
mount Gerätedatei Verzeichnis
```

Das angegebene Verzeichnis muss existieren und leer sein – notfalls müssen Sie mittels `mkdir` ein neues erzeugen. Die wichtigsten Gerätedateien – alle im Verzeichnis `/dev` – sind folgende:

- `hda` bis `hdd` sind die vier EIDE-Geräte in der Reihenfolge Primary Master, Primary Slave, Secondary Master und Secondary Slave. Falls es sich um Festplatten handelt, muss zusätzlich die Nummer der gewünschten Partition angegeben werden (hda1 ist beispielsweise die erste Partition der ersten Festplatte).
- `cdrom` ist eine alternative Methode, das CD-ROM-Laufwerk anzusprechen.
- `sda`, `sdb` und so weiter sind die entsprechenden SCSI-Festplatten in der Reihenfolge ihrer SCSI-IDs.
- `fd0` ist das Diskettenlaufwerk. Theoretisch steht fd1 für das zweite, allerdings benutzt kaum noch jemand zwei Diskettenlaufwerke.

Das folgende Beispiel bindet die aktuell im Diskettenlaufwerk befindliche Diskette als Verzeichnis `/disk` in das Dateisystem ein:

```
$ mount /dev/fd0 /disk
```

Die Datei `/etc/fstab` enthält übrigens eine Liste derjenigen Laufwerke, die beim Systemstart automatisch gemountet werden.

- `umount` entfernt die Verknüpfung mit einem bestimmten Laufwerk wieder. Vorher wird noch dafür gesorgt, dass alle Daten geschrieben werden, die eigentlich auf dieses Laufwerk gehören, sich aber zurzeit im RAM-Cache befinden. Vor dem Entfernen von Wechseldatenträgern sollten Sie `umount` auf jeden Fall aufrufen.

  Als Argument für den Befehl kann sowohl das Verzeichnis angegeben werden, in dem der gewünschte Dateinträger gemountet ist, als auch die Gerätedatei selbst.

- `du` (»disk usage«) gibt in Kilobyte an, wie viel Speicher in den angegebenen Verzeichnissen noch verfügbar ist. Das hängt natürlich jeweils davon ab, auf welchen physikalischen Laufwerken sich die einzelnen Verzeichnisse befinden.

  Die Option `-c` gibt zusätzlich eine Gesamtsumme für die verschiedenen Verzeichnisse aus, während `-h` (»human-readable«) das Ganze in angenehmerer Form angibt.

- `fsck` (file system check) überprüft den angegebenen Datenträger auf Fehler. Als Argument muss eine Gerätedatei angegeben werden. Vor jedem Reparaturversuch wird nachgefragt.

  Beim Systemstart wird `fsck` in regelmäßigen Abständen (zum Beispiel jedes zwanzigste Mal) aufgerufen, um eine gelegentliche Prüfung zu gewährleisten. Außerdem wird es auf jeden Fall nach einem Systemabsturz gestartet.

  Moderne Linux-Dateisysteme wie `ext3` (das Extended File System 3) oder die Alternative `reiserfs` besitzen eine so genannte Journaling-Funktionalität: Es wird ständig über Änderungen an Dateien und Verzeichnissen Buch geführt; nach einem Absturz kann daraus der letzte Zustand des Dateisystems rekonstruiert werden.

- `mkfs` (make file system) dient dem Formatieren eines Datenträgers mit einem bestimmten Dateisystem. Der gewünschte Dateisystemtyp kann mit Hilfe der Option `-t` angegeben werden. Beispiele sind etwa das traditionelle Linux-Dateisystem `ext2` sowie die neueren Typen `ext3` oder `reiserfs`. Der Datenträger wird als Gerätedatei oder über sein Mount-Verzeichnis angegeben.

Im Grunde handelt es sich um einen Starter für die konkreten Formatierprogramme der einzelnen Dateisysteme wie `mke2fs`, `mke3fs`, `mkreiserfs` oder `mkisofs` (Letzteres erzeugt ISO-9660-Images, die zum Brennen auf CD verwendet werden).

- `date` dient der Ausgabe beziehungsweise der Änderung von Systemdatum und -uhrzeit. Wie Sie in Kapitel 3, *Hardware*, erfahren haben, enthalten PC-Mainboards eine batteriegepufferte Uhr.

Wenn Sie Datum und Uhrzeit einfach lesen möchten, genügt die Eingabe von `date`. Alternativ können Sie hinter einem Pluszeichen ein Format angeben, in dem eine Reihe von Formatangaben für die einzelnen Komponenten von Datum und Uhrzeit stehen – alle diese Angaben beginnen mit einem Prozentzeichen. Die wichtigsten sind in Tabelle 4.2 aufgelistet.

Formatangabe	Bedeutung
%d	Tag im Monat (01 bis 31)
%m	numerischer Monat
%y	zweistellige Jahreszahl
%Y	vierstellige Jahreszahl
%a	Kurzfassung des Wochentags (zum Beispiel Tue)
%A	Ausgeschriebener Wochentag (etwa Tuesday)
%H	Stunden im 24-Stunden-Format
%I	Stunden im 12-Stunden-Format
%p	AM und PM für das Zwölf-Stunden-Format
%M	Minuten
%S	Sekunden

Tabelle 4.2 Die wichtigsten Formatangaben für den date-Befehl

Sehen Sie sich als Beispiel den folgenden Befehl an:

```
$ date +"Es ist jetzt %H:%M:%S Uhr."
```

Die Ausgabe sieht etwa folgendermaßen aus:

```
Es ist jetzt 17:52:31.
```

Sie können die Bestandteile von Datum und Uhrzeit also in einem beliebigen Ausgabetext verwenden.

Wenn Sie Datum und Uhrzeit ändern möchten, müssen Sie statt des Formats eine Zeitangabe hinzufügen. Eine solche Angabe hat das folgende Format:

`MMDDhhmm[YY]YY[.ss]`

Es werden also nacheinander der zweistellige Monat, der zweistellige Tag, die zweistellige Stunde im 24-Stunden-Format, die zweistellige Minute, das zwei- oder vierstellige Jahr und optional die durch einen Punkt abgetrennten zweistelligen Sekunden angegeben. Das folgende Beispiel setzt Datum und Uhrzeit auf den 09. Mai 2003, 16:40 Uhr:

```
$ date 050916402003
```

- `useradd` erstellt ein neues Benutzerkonto. Standardmäßig ist das Home-Verzeichnis dieses Benutzers `/home/Username`. Mit Hilfe der Option `-d` Pfad können Sie ein anderes Verzeichnis angeben. In jedem Fall sorgt die Option `-m` dafür, dass das Home-Verzeichnis neu angelegt ist, falls es nicht existiert.

  Die numerische User-ID wird standardmäßig automatisch eingestellt; es wird der erste freie Wert größer oder gleich 100 gewählt. UIDs unter 100 sind für Systemkonten vorgesehen, das heißt für Benutzerkonten, die für die Ausführung von System- und Serverdiensten verwendet werden; die 0 steht für root. Wenn Sie die UID manuell angeben möchten, funktioniert das mit Hilfe von `-u UID`. Wenn die angegebene User-ID bereits existiert, erscheint eine Fehlermeldung, es sei denn, Sie geben zusätzlich die Option `-o` an, die den bisherigen User mit dieser UID überschreibt.

  Mit Hilfe der Option `-g Gruppe` wird die Gruppe angegeben, der der Benutzer standardmäßig angehören soll – ohne Angabe wird automatisch `users` eingestellt. Mittels `-G Gruppe1,Gruppe2,...` können Sie eine durch Kommata getrennte Liste weiterer Gruppen angeben, denen der Benutzer zusätzlich angehören soll. Diese Liste darf keine Leerzeichen enthalten.

  Die Option `-s Pfad` gibt die Shell an, die dem User präsentiert werden soll; der Standardwert ist `/bin/bash`.

  Das folgende Beispiel zeigt, wie das Verzeichnis `/home/neuer` angelegt wird, und wie Sie anschließend den Benutzer `neuer` mit der Login-Shell `/bin/tcsh` einrichten können:

  ```
  # mkdir /home/neuer
  # useradd -g users -s /bin/tcsh neuer
  ```

  Es gibt übrigens keinen Standard-Befehl, um einen Benutzer wieder zu löschen. Dazu ist das manuelle Löschen der entsprechenden Zeile aus der Datei `/etc/passwd` erforderlich.

- `groupadd` fügt eine neue Gruppe hinzu. Die einzige Option ist `-g` GID, mit deren Hilfe Sie die (ansonsten automatisch vergebene) Group-ID manuell einstellen können. Wie bei `useradd` dient in diesem Zusammenhang die Option `-o` dazu, eine eventuell bestehende Gruppe mit derselben Group-ID zu überschreiben.

- `passwd` dient zum Ändern von Passwörtern. Wenn Sie den Befehl ohne Argument aufrufen, dient er dem Ändern Ihres eigenen Passworts: Sie müssen zunächst Ihr altes und anschließend zweimal hintereinander das neue Passwort eingeben. Die Eingabe wird jeweils nicht angezeigt.

Eine weitere Möglichkeit, die root vorbehalten ist, besteht darin, `passwd Username` aufzurufen, um das Passwort eines anderen Benutzers zu ändern. Sie müssen das alte Passwort dieses Users nicht kennen, sondern werden nur aufgefordert, zweimal ein neues einzugeben.

Beachten Sie die weiter oben gegebenen Informationen über sichere Passwörter. Der Befehl `passwd` gibt zwar bei vielen zu einfachen Passwörtern die Warnmeldung »Bad Password. Too simple« aus, akzeptiert das Passwort aber trotzdem.

- `ps` gibt eine Tabelle aller laufenden Prozesse aus. Wenn Sie keine Parameter angeben, werden nur die Prozesse des aktuellen Terminals angezeigt. Für eine vollständige Liste aller Prozesse müssen Sie `ps aux` verwenden. Ein Beispiel der Ausgabe dieses Befehls sehen Sie in Abbildung 4.1.

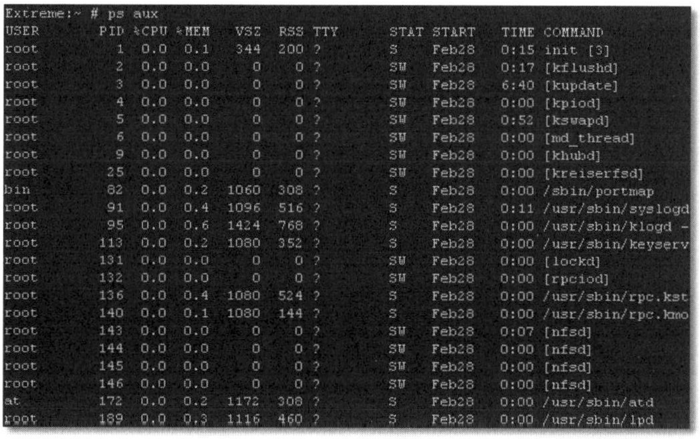

```
Extreme:~ # ps aux
USER       PID %CPU %MEM   VSZ  RSS TTY      STAT START   TIME COMMAND
root         1  0.0  0.1   344  200 ?        S    Feb28   0:15 init [3]
root         2  0.0  0.0     0    0 ?        SW   Feb28   0:17 [kflushd]
root         3  0.0  0.0     0    0 ?        SW   Feb28   6:40 [kupdate]
root         4  0.0  0.0     0    0 ?        SW   Feb28   0:00 [kpiod]
root         5  0.0  0.0     0    0 ?        SW   Feb28   0:52 [kswapd]
root         6  0.0  0.0     0    0 ?        SW   Feb28   0:00 [md_thread]
root         9  0.0  0.0     0    0 ?        SW   Feb28   0:00 [khubd]
root        25  0.0  0.0     0    0 ?        SW   Feb28   0:00 [kreiserfsd]
bin         82  0.0  0.2  1060  308 ?        S    Feb28   0:00 /sbin/portmap
root        91  0.0  0.4  1096  516 ?        S    Feb28   0:11 /usr/sbin/syslogd
root        95  0.0  0.6  1424  768 ?        S    Feb28   0:00 /usr/sbin/klogd -
root       113  0.0  0.2  1080  352 ?        S    Feb28   0:00 /usr/sbin/keyserv
root       131  0.0  0.0     0    0 ?        SW   Feb28   0:00 [lockd]
root       132  0.0  0.0     0    0 ?        SW   Feb28   0:00 [rpciod]
root       136  0.0  0.4  1080  524 ?        S    Feb28   0:00 /usr/sbin/rpc.kst
root       140  0.0  0.1  1080  144 ?        S    Feb28   0:00 /usr/sbin/rpc.kmo
root       143  0.0  0.0     0    0 ?        SW   Feb28   0:07 [nfsd]
root       144  0.0  0.0     0    0 ?        SW   Feb28   0:00 [nfsd]
root       145  0.0  0.0     0    0 ?        SW   Feb28   0:00 [nfsd]
root       146  0.0  0.0     0    0 ?        SW   Feb28   0:00 [nfsd]
at         172  0.0  0.2  1172  308 ?        S    Feb28   0:00 /usr/sbin/atd
root       189  0.0  0.3  1116  460 ?        S    Feb28   0:00 /usr/sbin/lpd
```

Abbildung 4.1 Die Ausgabe von ps aux auf dem Linux-Rechner »Extreme«

Die wichtigste Information, die Sie der Tabelle entnehmen können, sind die PIDs der einzelnen Prozesse, weil Sie sie verwenden können, um einem Prozess mit Hilfe des Befehls `kill` ein Signal zu senden.

Die meisten Prozesse, die Sie in der Liste sehen, sind keine Programme, die Sie manuell gestartet haben. Viele von ihnen laufen unbemerkt im Hintergrund und stellen ihre Dienste bestimmten Anwendungen zur Verfügung. Diese Prozesse werden Daemons genannt, ihre Dateinamen enden meist auf `d`: Beispielsweise ist `syslogd` der Protokoll-Daemon, der über die wichtigsten Ereignisse Buch führt.

Viele der Meldungen des Syslog-Daemons werden in verschiedene Dateien im Verzeichnis `/var/log` geschrieben, die wichtigste Logdatei ist `/var/log/messages`. Das Verhalten von Syslog ist individuell konfigurierbar: Sie können die verschiedenen Meldungen je nach Bedarf ignorieren, in Dateien schreiben lassen oder aber eine automatische Benachrichtigung per E-Mail veranlassen.

Eine interessante Variante von `ps` ist `pstree`: Statt ausführlicher Informationen über die einzelnen Prozesse werden nur ihre Namen angezeigt, dafür aber in einem Baumdiagramm. Auf diese Weise können Sie die Hierarchie von Elternprozessen und ihren Kindern ermitteln.

- `kill` dient dazu, einem Prozess ein Signal zu senden. Das gewünschte Signal wird dabei hinter der Option `-s` angegeben; entweder numerisch oder mit seinem Namen. Wichtige Signale sind beispielsweise `TERM` zum regulären Beenden, `KILL` für einen erzwungenen Abbruch oder `INT` für eine Unterbrechung (Interrupt). Wenn Sie kein Signal angeben, wird automatisch `TERM` gesendet. Der Befehl `kill -l` gibt eine Liste sämtlicher Signale aus, die Ihre Version von `kill` unterstützt.

  Der Prozess wird durch seine numerische PID angegeben, wie sie von `ps` zurückgegeben wurde. Als gewöhnlicher Benutzer können Sie nur Prozesse beenden, die unter Ihrer User-ID laufen, für alle anderen benötigen Sie root-Rechte.

- `shutdown` fährt das Betriebssystem herunter oder startet es neu. Für das Herunterfahren wird die Option `-h` (halt) verwendet, für einen Neustart `-r` (restart). Dahinter wird angegeben, wann die Aktion durchgeführt werden soll. Dafür stehen drei mögliche Optionen zur Verfügung:

  - als Uhrzeit im Format `hh:mm`, zum Beispiel `13:45`
  - als Anzahl von Minuten in der Schreibweise `+m`, etwa `+5`
  - `now` (jetzt sofort)

  Für den Befehl benötigen Sie übrigens root-Rechte. Das folgende Beispiel fährt den Rechner sofort herunter:

  ```
  $ shutdown -h now
  ```

Shell-Skripte

Eine besondere Eigenschaft von UNIX-Shells sind die eingebauten Befehle, mit deren Hilfe sich bestimmte Aufgaben automatisieren lassen. Im Grunde ist dieser Unterabschnitt ein Vorgriff auf das Thema des nächsten Kapitels, die Programmierung. Dennoch sollen hier einige Worte zum Shell-Scripting gesagt werden. Wenn Sie noch nie programmiert haben, sollten Sie sich allerdings zuerst Kapitel 5, *Grundlagen der Programmierung*, vornehmen. Konzepte, die an dieser Stelle nur ganz kurz und knapp angesprochen werden können, werden dort ausführlich erläutert.

Formale Shell-Skript-Eigenschaften

Ein Shell-Skript ist im Grunde eine einfache Textdatei, die eine Abfolge von Shell- und Systembefehlen enthält. Diese Befehle werden bei Aufruf dieses Skripts nacheinander abgearbeitet. Für gewöhnlich erhalten Shell-Skripte die Dateiendung `.sh`. Der Name spielt aber eigentlich keine Rolle; wichtig ist, dass Sie das Skript mittels `chmod` ausführbar machen.

Wie jedes Konsolenprogramm kann ein Shell-Skript Kommandozeilenparameter entgegennehmen. Hinter dem Namen des Skripts kann also beim Aufruf eine durch Leerzeichen getrennte Liste von Zeichenfolgen stehen, die das Skript verarbeiten kann.

Die erste Zeile eines Shell-Skripts enthält die so genannte **Shebang**-Angabe – ein Kurzwort für die Zeichen `#` (sharp) und `!` (bang), mit denen sie beginnt. An dieser Stelle steht, welche Shell dieses Skript ausführen soll, da sich verschiedene Shells in ihrer Skript-Syntax voneinander unterscheiden. Hier sehen Sie ein Beispiel für eine Shebang-Zeile, das zugehörige Skript wurde für die `bash` geschrieben:

```
#!/bin/bash
```

Nach dieser Zeile können Sie einen Befehl nach dem anderen untereinander schreiben. Alle bisher besprochenen Systembefehle sind zulässig, darüber hinaus werden einige spezielle programmiertechnische Erweiterungen verwendet.

Die wichtigsten zusätzlichen Befehle und Elemente für Shell-Skripte sind folgende (hier konkret für die `bash`; bei anderen Shells kann die Syntax leicht abweichen):

- **Fallentscheidungen**. Anweisungen, die zwischen `if Bedingung then` und `fi` stehen, werden nur ausgeführt, wenn die Bedingung zutrifft. In der Regel besteht die Bedingung aus dem Vergleich zwischen einer Variablen oder einem Dateinamen und einem bestimmten Wert – ein solcher Ausdruck steht bei Textvergleichen in eckigen Klamern; bei numerischen Vergleichen werden doppelte runde Klammern verwendet: `((...))`. Alternativ kann auch ein Befehl verwendet werden. Befehle werden mit einem Exit-Code beendet, 0 bedeutet in der Regel, dass alles in Ordnung ist, andere Werte deuten auf Fehler hin. Die Anweisungen werden bearbeitet, wenn der Befehl korrekt ausgeführt wird, weil der Exit-Code 0 als wahr gilt und jeder andere Wert als falsch.[5]

  Hinter `else` können Sie alternative Anweisungen definieren, die ausgeführt werden sollen, wenn die Bedingung nicht zutrifft, mit `elif` (Abkürzung für else if) kann sogar eine verschachtelte Bedingung eingesetzt werden.

- **Einzelfallentscheidungen**. Zwischen `case` und `esac` können Sie verschiedene Muster aufführen, denen eine angegebene Variable oder ein String mit Variablen entsprechen könnte. Die vollständige Schreibweise ist `case String in`. Hinter jedem regulären Ausdruck, der überprüft wird, steht eine schließende Klammer – `)` –, darauf folgen beliebig viele Anweisungen, die nur ausgeführt werden, wenn das angegebene Muster auf den überprüften String passt. Vor dem nächsten Muster muss eine Befehlssequenz durch `;;` abgeschlossen werden.

- **Schleifen**. Mitunter müssen bestimmte Anweisungen mehrfach ausgeführt werden. Dafür sind Schleifen zuständig. Die bash definiert verschiedene Arten von Schleifen; die wichtigsten sind die `for`-Schleife und die `while`-Schleife.

  Eine `for`-Schleife geht automatisch alle Kommandozeilenparameter durch, die Parameter werden nacheinander der angegebenen Schleifenvariablen zugewiesen. Alternativ können Sie mittels `for ... in` ein Dateimuster angeben, die Variable nimmt dann nacheinander den Namen jeder Datei an, auf die dieses Muster passt.

  Die `while`-Schleife verwendet dagegen eine Bedingung wie `if`, mit der Ausnahme, dass die Anweisungen mehrmals ausgeführt werden, solange die Bedingung noch zutrifft.

  Die Anweisungen, die in jedem Durchlauf der Schleife ausgeführt werden sollen, stehen in beiden Fällen zwischen `do` und `done`.

- **Variablen**. Mit Hilfe der Anweisung `var = Wert` wird einer Variablen innerhalb eines Shell-Skripts ein Wert zugewiesen. Es kann sich dabei sowohl um eine der Umgebungsvariablen wie `PATH` handeln als auch um beliebige temporäre Variablen, die nur innerhalb des Skripts verwendet werden, um Ihnen die Arbeit zu erleichtern.

---

5 Übrigens ganz im Gegensatz zu fast allen Programmiersprachen, in denen nämlich 0 als falsch gilt und jeder andere Wert als wahr. In Shell-Skripten gilt diese Besonderheit allerdings auch nur für den Exit-Code.

Innerhalb von Befehlen, die Sie in einem Shell-Skript aufrufen, wird eine Variable durch ein vorangestelltes `$`-Zeichen vor der Ausführung des Befehls durch ihren aktuellen Wert ersetzt (substituiert). Innerhalb eines komplexen Ausdrucks steht der Variablenname hinter dem Dollarzeichen zusätzlich in geschweiften Klammern `{...}`.

Spezielle Variablen sind `$0` bis `$9` für die einzelnen Kommandozeilenparameter, `$*` für die gesamte Liste dieser Parameter zur Verwendung in einer Schleife und `$#` für die Anzahl der übergebenen Parameter.

Das folgende kurze Beispiel zeigt die praktische Verwendung solcher Anweisungen. Es definiert ein Skript namens `backup`, das alle Dateien, die auf ein angegebenes Dateimuster passen, in Dateien mit der zusätzlichen Endung `.tmp` sichert:

```
#!/bin/bash
if (( $# < 1 )); then
   echo "Verwendung: backup Dateimuster"
   exit 1
fi
for i in $*
do
   echo "Verarbeite ${i}"
   cp $i ${i}.tmp
done
```

Wenn kein Dateimuster angegeben wird, erscheint eine Warnmeldung, und das Skript wird mit einem Fehlercode beendet. Andernfalls werden alle Dateien, die zum angegebenen Dateimuster passen, in einer Schleife nacheinander in entsprechenden `.tmp`-Dateien gesichert. Der folgende Aufruf sichert alle Dateien mit der Endung `.txt` im aktuellen Verzeichnis:

```
$ ./backup *.txt
```

Im nächsten Kapitel wird übrigens die Programmiersprache Perl vorgestellt, die mit einer eingängigeren Syntax und erheblich weitergehenden Möglichkeiten mehr als einen guten Ersatz für Shell-Skripte bietet.

4.3.3 Editoren

Weiter oben wurden bereits einige Programme vorgestellt, mit deren Hilfe sich Textdateien manipulieren lassen. Allerdings wurde bisher noch keine Möglichkeit gezeigt, solche Dateien einzugeben oder zu bearbeiten. Die grafischen Oberflächen für Linux sind inzwischen mit mausgesteuerten, fensterbasierten Editoren ausgestattet. Dennoch ist es nützlich, den Umgang mit einem klassischen Kommandozeileneditor zu beherrschen.

In diesem Unterabschnitt werden die entscheidenden Funktionen der beiden wichtigsten Editoren vorgestellt. Der `vi` (gesprochen: wie Ei) ist der ursprüngliche UNIX-Editor und steht deshalb in jeder beliebigen UNIX-Umgebung zur Verfügung. `Emacs` wurde ursprünglich von Richard Stallman geschrieben und verfügt über eine Reihe komfortabler Fähigkeiten.

vi

Der eigentliche vi-Texteditor wurde von **Bill Joy** an der UC Berkeley programmiert. Es gibt eine Reihe mehr oder weniger kompatibler Editoren, die die Funktionalität des ursprünglichen vi verbessern – unter Linux kommt beispielsweise häufig vim (Vi Improved) zum Einsatz.

Der vi-Texteditor wird durch die Eingabe von `vi` beziehungsweise `vi Dateiname` gestartet. Wenn Sie einen Dateinamen angeben, wird diese Datei zum Bearbeiten geöffnet beziehungsweise neu angelegt.

Befehls- und Editiermodus

Nachdem der vi gestartet wurde, befindet er sich im Befehlsmodus. Hier können Sie in der untersten Zeile Befehle eingeben, die in der Regel aus einem oder zwei Buchstaben bestehen. Einige dieser Befehle wechseln in den Editiermodus, in dem Sie Text eingeben oder ändern können, andere dienen dem Verschieben, dem Löschen oder dem Kopieren von Text. Mit [Esc] wechseln Sie aus dem Editiermodus wieder zurück in den Befehlsmodus.

Anders als bei den meisten anderen Editoren werden Befehle also nicht durch spezielle Tastenkombinationen mit der [Strg]- oder [Alt]-Taste gegeben, sondern durch normale Tasten, solange Sie sich im Befehlsmodus befinden.

Im Folgenden werden jeweils genau die Tasten angegeben, die Sie auf der Tastatur drücken müssen – beispielsweise bedeutet [A] nicht, dass Sie ein großes A eingeben sollen, sondern dass die Taste [A] gedrückt werden soll. Ein großes A würde dagegen als [Shift] + [A] angegeben. Wenn mehrere Tasten nacheinander gedrückt werden müssen, werden diese einfach der Reihe nach angegeben. Lediglich einige ganz eindeutige Sonderzeichen werden so aufgeführt, als seien sie einzelne Tasten – [)] bedeutet beispielsweise, dass Sie [Shift] + [9] drücken müssen.

Bei einigen selteneren Sonderzeichen wird außerdem einmal erklärt, wie Sie sie eingeben können. Da der vi auch bei MacOS X (siehe nächsten Abschnitt) mitgeliefert wird, und es darüber hinaus auch Linux-Versionen für den Macintosh gibt, finden Sie die Tastenkombinationen für PC und Mac, wenn sie sich unterscheiden.

Die wichtigste Taste im Befehlsmodus ist [I] – sie wechselt in den Einfügemodus, in dem Sie Text eingeben können. In diesem Modus können Sie sich grundsätzlich mit den Pfeiltasten durch den Text bewegen. Die Löschtasten funktionieren dagegen je nach Terminal nicht immer. Statt mit [I] gelangen Sie auch noch mit anderen Tasten in den Eingabemodus, wobei Sie jeweils unterschiedliche Änderungsmöglichkeiten haben: [O] fügt an der Cursorposition zunächst eine neue Zeile ein, [C] [W] ändert nur das nächste Wort und [C] [C] die aktuelle Zeile.

Navigation im Text

Im Befehlsmodus können Sie sich mit folgenden Tasten schrittweise durch den Text bewegen: [H] nach links, [J] nach unten, [K] nach oben und [L] nach rechts. Wie Sie sehen, liegen diese vier Tasten nebeneinander, was ihre Verwendung sehr bequem macht. Den meisten Befehlen können Sie eine Zahl voranstellen, um sie mehrmals auszuführen. Beispielsweise geht [3] [H] um drei Schritte nach links und [4] [J] um drei Zeilen nach unten.

`W` bewegt den Cursor um ein Wort nach rechts; `B` um ein Wort nach links. Auch diese Tasten lassen sich mit einer Zahl kombinieren, um mehrere Wörter weiter beziehungsweise zurück zu gehen.

`0` (Null) springt zum Zeilenanfang; `$` (`Shift` + `4`) zum Zeilenende. Runde Klammern dienen dem Bewegen zwischen Sätzen: `(` beziehungsweise `Shift` + `8` bewegt sich zum Anfang des vorigen Satzes, `)` oder `Shift` + `9` zum nächsten. Geschweifte Klammern – `{` und `}` – springen zum Anfang des nächsten beziehungsweise des vorigen Absatzes. Auf einem PC werden sie mit Hilfe der Tastenkombinationen `AltGr` + `7` beziehungsweise `AltGr` + `9` erzeugt, auf dem Mac mittels `Alt` + `8` beziehungsweise `Alt` + `9`.

Eine Zahl mit einem Pipe-Zeichen `|` (PC: `AltGr` + `<`, Mac: `Alt` + `7`) dahinter springt zum angegebenen Zeichen in der aktuellen Zeile: `7` `|` bewegt sich beispielsweise zur Position 7. Hat eine Zeile weniger Zeichen als der Wert, den Sie angeben, dann bewegt sich der Cursor zum letzten.

`-` bewegt den Cursor zum Anfang der vorigen Zeile, während `+` oder `Enter` zum ersten Nicht-Leerzeichen in der nächsten Zeile springen.

Suchfunktionen

Besonders angenehm sind die eingebauten Suchfunktionen, die Sie im Befehlsmodus durchführen können: `/` leitet einen regulären Ausdruck im grep-Format ein. Wenn Sie `Enter` drücken, wird vorwärts danach gesucht. Der Cursor bewegt sich auf das erste Zeichen der Fundstelle. `/` `Enter` sucht erneut nach dem gleichen Muster. `?` sucht dagegen rückwärts nach dem angegebenen beziehungsweise vorigen Muster.

Beispielsweise sucht `/` `[0-9]` `Enter` vorwärts nach der nächsten Ziffer; `/` `Enter` sucht erneut danach. `?` `[a-z]` `Enter` sucht rückwärts nach dem nächstgelegenen Kleinbuchstaben, ein anschließendes `?` `Enter` sucht wiederum den vorherigen.

Die Befehle zum automatischen Suchen und Ersetzen beginnen mit einem `:`, weil es sich um Befehle des Zeileneditors ex handelt, auf dem vi basiert. Alle ex-Befehle werden mit `Enter` abgeschlossen, deshalb ist es im Folgenden nicht aufgeführt. Mit `:` `S` `/` `Suchmuster` `/` `Ersatztext` `/` können Sie das `Suchmuster` in der aktuellen Zeile durch den `Ersatztext` ersetzen. Für globales Ersetzen im gesamten Text ist die etwas komplexere Form `:` `%` `S` `/` `Suchmuster` `/` `Ersatztext` `/` `G` zuständig; die Option »G« steht hier für global. Verwenden Sie `C` als zusätzliche Option, wenn Sie aus Sicherheitsgründen jede einzelne Änderung bestätigen möchten. Statt dem Prozentzeichen können Sie auch zwei durch Komma getrennte Zeilennummern angeben, um das Ersetzen auf den entsprechenden Bereich des Dokuments zu beschränken.

Löschen und Kopieren

Für das Löschen im Befehlsmodus sind die folgenden Tasten beziehungsweise Tastenfolgen definiert: `X` löscht das aktuelle Zeichen, `Shift` + `X` das Zeichen vor dem Cursor. `D` `W` löscht das ganze Wort, während `D` `D` die gesamte aktuelle Zeile entfernt. Wenn Sie beispielsweise drei Wörter löschen möchten, müssen Sie `D` `3` `W` eingeben, für vier Zeilen lautet die Eingabe dagegen `D` `4` `D`. `Shift` + `D` löscht den Text bis zum Ende der Zeile. `P` beziehungsweise `Shift` + `P` setzen den zuletzt gelöschten Text hinter beziehungsweise vor dem Cursor wieder ein. Der jeweilige Löschvorgang stellt den gelöschten Text nacheinander in nummerierte Löschpuffer. Mit `(` `1` `P` können Sie zum Beispiel den Text aus dem Löschpuffer Nummer 1 – dem ältesten – einfügen. Insgesamt existieren 9 nummerierte Löschpuffer.

Wenn Sie Text kopieren möchten, können Sie [Y] [W] für ein Wort oder [Y] [Y] für die gesamte Zeile verwenden. Der Text landet – genau wie beim Löschen – nacheinander in den nummerierten Puffern 1 bis 9 und kann durch die entsprechenden [P]-Sequenzen wieder eingefügt werden. Wenn Sie [)] drücken, dann einen Buchstaben von [A] bis [Z] und schließlich zweimal [Shift] + [Y], wird die aktuelle Zeile dagegen in einen von 26 benannten Puffern kopiert. Wird der Name des Puffers mit [Shift] kombiniert (Großbuchstabe), dann wird der Inhalt des Puffers nicht überschrieben, sondern um die neu kopierte Zeile ergänzt. Mit [(], dem Buchstaben eines benannten Puffers, und [P] können Sie den Text des entsprechenden Puffers wieder einfügen.

Die Taste [U] macht den letzten Lösch-, Einfüge- oder Änderungsbefehl rückgängig. Beachten Sie, dass nur ein Schritt rückgängig gemacht werden kann. [Shift] + [U] stellt die gesamte zuletzt modifizierte Zeile wieder her. [.] wiederholt den letzten Editierbefehl beliebig oft.

Dateioperationen

Wichtig sind zu guter Letzt die Dateioperationen; auch bei ihnen handelt es sich um ex-Befehle. Geben Sie [:] [W] `Dateiname` ein, um die aktuell bearbeitete Datei unter einem neuen Namen zu speichern. [:] [W] [!] speichert sie nach erfolgten Änderungen erneut unter diesem Namen – das [!] dient jeweils dem Umgehen von Schutzmaßnahmen. [:] [R] `Dateiname` öffnet die angegebene Datei und fügt ihren Inhalt an der aktuellen Cursorposition ein. [:] [Q] beendet vi, aber nur, wenn die aktuelle Datei gespeichert wurde. [:] [Q] [!] erzwingt das Beenden und verwirft Änderungen. [:] [X] ist eine Kurzfassung für [:] [W] [Q]: Beide bedeuten, dass vi zuerst speichern und anschließend beendet werden soll.

Diese kurze Übersicht ermöglicht es Ihnen, sich grundsätzlich im vi zurechtzufinden und effizient Texte zu bearbeiten. In Wirklichkeit verfügt er über Unmengen weiterer Befehle, immerhin gibt es ganze Bücher über die Arbeit mit diesem Editor. Aber ob Sie nun mit der vorliegenden kurzen Anleitung oder mit einem umfangreichen Tutorial arbeiten – Geläufigkeit erreichen Sie nur, wenn Sie ständig üben.

Emacs

Der Name »Emacs« steht für »Editor Macros«, weil er ursprünglich als Satz von Makrobefehlen für einen älteren Editor entworfen wurde. Inzwischen ist er ein eigenständiger Editor, der in vielen verschiedenen Varianten für etliche Plattformen verfügbar ist – nicht nur für alle erdenklichen UNIX-Arten, sondern beispielsweise auch für Windows. Die Hauptentwicklungslinie ist der GNU Emacs, den Sie von der Homepage des GNU-Projekts (**www.gnu.org**) oder den zahlreichen weltweiten Mirror-Sites herunterladen können. Die aktuelle Version ist 21.x, was Ihnen einen Eindruck davon vermitteln mag, wie lange diese Software bereits existiert – das Programm ist ausgereift und sehr stabil.

Emacs verfügt über einen erheblich größeren Befehlsumfang als vi; es handelt sich letzten Endes nicht nur um einen Editor, sondern um einen vollwertigen Shell-Ersatz mit zusätzlichen Funktionen wie E-Mail, unzähligen Betriebsmodi für diverse Textsorten und sogar Spielen.

Die meisten Emacs-Befehle werden durch Tastenkombinationen mit [Strg] (auf englischen PC-Tastaturen und auf dem Mac [Ctrl]) oder [Meta] gebildet. Wenn Sie auf Ihre Tastatur schauen, werden Sie feststellen, dass Sie gar keine [Meta]-Taste haben; die gibt es nur an einigen alten Terminals und verschiedenen UNIX-Workstations. In den meisten Terminalprogrammen oder in der GUI-Version von Emacs kann die [Alt]-Taste dafür verwendet werden. Einige Terminal-Emulationen bestehen dagegen darauf, dass Sie [Meta]-Tastenkombinationen durch Drücken der Taste [ESC] und anschließendes Betätigen der entsprechenden Kombinationstaste eingeben.

Schreibweise für Tastenkürzel

Die Emacs-Dokumentation verwendet eine etwas eigenwillige Schreibweise für die Tastenkombinationen. Diese Schreibweise wird hier kurz erläutert und anschließend verwendet, damit Sie sich nicht umzugewöhnen brauchen, wenn Sie die zahlreichen Hilfeseiten im Emacs selbst lesen. [Strg]-Tastenkombinationen werden durch `C-Zeichen` angegeben, beispielsweise steht `C-x` für [Strg] + [X]. [Meta]-Tastenkürzel werden dagegen mit vorangestelltem `M-` angegeben. `M-x` bedeutet also je nach Umgebung, in der Sie arbeiten, entweder [Alt] + [X] oder [ESC] [X]. Letzteres funktioniert übrigens immer.

Der Emacs wird durch Eingabe von `emacs` oder `emacs Dateiname` gestartet. Sie können mehrere Dateien auf einmal bearbeiten; die einzelnen Arbeitsbereiche für Dateien werden als **Buffer** bezeichnet. Wenn Sie keinen Dateinamen angegeben haben, befinden Sie sich zunächst im Scratch-Buffer (Notizblock), der für ungespeicherte Notizen vorgesehen ist. Wenn Sie eine speicherbare Datei editieren möchten, müssen Sie diese zunächst mit `C-x C-f Dateiname` »besuchen« (die Original-Emacs-Dokumentation verwendet den Ausdruck »visit«). Falls diese Datei bereits existiert, wird sie geöffnet, ansonsten neu angelegt.

Buffer und Fenster wechseln

Wenn mehrere Buffer geöffnet sind, können Sie mit Hilfe der Tastenkombination `C-x b Buffername` [Enter] zum Buffer mit dem angegebenen Namen wechseln (ohne Angabe eines Buffers wird reihum zum jeweils nächsten gewechselt). Eine Liste aller verfügbaren Buffer erhalten Sie mit `C-x C-b` in einem abgetrennten Bereich, der als Fenster bezeichnet wird. Mit `C-x 2` können Sie ein solches Fenster selbst erzeugen; `C-x 4 f Dateiname` [Enter] öffnet eine neue Datei in einem separaten Fenster. Sie können mit `C-x o` zwischen den beiden Fenstern hin- und herwechseln. Mit `M-C-v` können Sie den Inhalt des Fensters scrollen, in dem Sie zurzeit nicht arbeiten. `C-x 1` schließt das nicht aktive Fenster und behält nur das aktuelle.

Je nach Dateityp (den Emacs, ähnlich wie Windows, an der Dateiendung erkennt) befinden Sie sich in einem der verschiedenen Emacs-Arbeitsmodi, die vor allem Programmierern das Leben erleichtern. Einige der wichtigsten Modi sind `Fundamental` (der grundlegende Modus für einfachen Text), `C` (für die gleichnamige Programmiersprache) oder `HTML` (zum Editieren von Webseiten). Jeder dieser Modi verfügt über besondere Funktionen wie automatische Einrückung, Anzeigen der korrespondierenden Klammer beim Schließen oder Ähnliches.

Sie können den Modus auch manuell über `M-x Modusname` wechseln: `M-x fundamental` wechselt beispielsweise in den Fundamental Mode, `M-x c-mode` in den C-Modus oder `M-x html-mode` in den HTML-Modus. `M-x Schlüsselwort` dient allgemein der Eingabe eines Befehls in der Langform und muss jeweils mit [Enter] abgeschlossen werden. Wenn Sie einfach `M-x` [Enter] eingeben, wird eine Liste aller möglichen Befehle angeboten; alternativ können Sie auch einen oder mehrere Anfangsbuchstaben eines Befehls eintippen und erhalten eine Liste der passenden Befehle.

Der einzeilige Bereich am unteren Bildschirm- beziehungsweise Fensterrand, in den Sie mit `M-x` gelangen, wird Minibuffer genannt. Sie können ihn durch dreimaliges Drücken von [ESC] wieder verlassen.

Navigation im Text

Zeichenweise durch den Text navigieren können Sie mit den Pfeiltasten oder alternativ mit `C-f` (nach rechts, forward), `C-b` (nach links, backward), `C-p` (nach oben, previous line) beziehungsweise `C-n` (nach unten, next line). `C-a` bewegt den Cursor zum Zeilenbeginn und `C-e` zum Zeilenende. `C-v` scrollt um einen ganzen Bildschirm nach unten, `M-v` nach oben. `M-f` wandert um ein Wort nach rechts, `M-b` nach links. `M-<` springt zum Anfang der gesamten Datei, `M->` ([Alt] + [Shift] + [<]) zu ihrem Ende.

`C-d` löscht das Zeichen unter dem Cursor, während [Backspace] das vorherige Zeichen löscht. `M-d` löscht das folgende Wort, `M-`[Backspace] das vorige. `C-k` löscht den Bereich vom Cursor bis zum Ende der Zeile.

C-[ ] setzt eine Markierung. Der markierte Bereich reicht automatisch von der gesetzten Markierung bis zur aktuellen Cursorposition. Um den gesamten Bereich zu löschen, genauer gesagt auszuschneiden, wird die Tastenkombination `C-w` verwendet. `M-w` kopiert den Bereich dagegen zum späteren Einfügen. In beiden Fällen können Sie ihn mit Hilfe von `C-y` wieder einfügen.

`C-s` leitet eine inkrementelle Suche ein – während der Eingabe des Suchbegriffs springt der Cursor zur jeweils nächstgelegenen Stelle, die diesem Begriff entspricht. Entsprechend sucht `C-r` rückwärts. `C-s C-s` wiederholt die letzte Suche. [Enter] verlässt das Suchprogramm vollständig. `M-C-s` sucht nach einem regulären Ausdruck statt einer einfachen Zeichenfolge. Die Syntax der regulären Ausdrücke entspricht `grep`.

`M-%` ist der Befehl zum Suchen und Ersetzen. Zunächst wird nach der zu ersetzenden Zeichenfolge gefragt, anschließend nach dem Ersetzungstext. Die Eingabe beider Zeichenfolgen muss mit [Enter] abgeschlossen werden. An jeder einzelnen Fundstelle werden Sie gefragt, ob Sie die Ersetzung durchführen möchten. [Y] oder [ ] bedeutet ja, [N] oder [Entf] steht für nein und [!] heißt, dass alle künftigen Fundstellen ohne weitere Rückfrage ersetzt werden sollen.

Wenn Sie Ihre aktuelle Arbeit speichern möchten, wird dazu der Befehl `C-x C-s` verwendet. `C-x s` speichert alle geänderten Buffer auf einmal. `C-x C-w Dateiname` [Enter] speichert die Datei dagegen unter dem angegebenen neuen Namen. Mit `C-x C-c` können Sie Emacs beenden. Vorher werden Sie gefragt, ob Sie die modifizierten Buffer speichern möchten.

Erweiterte Funktionen

Was bereits über den vi gesagt wurde, gilt für Emacs erst recht: Es gibt Unmengen weiterer Befehle, für die in diesem Buch leider kein Platz ist. Mit dem hier gebotenen Ausschnitt aus der Funktionsvielfalt von Emacs können Sie beliebige Textdateien bearbeiten. Mit etwas Übung werden Sie damit irgendwann schneller arbeiten können als mit einem grafisch orientierten Editor, in dem Sie oft zur Maus greifen müssen, um spezielle Befehle zu verwenden. Nichtsdestotrotz ist auch der Emacs mit einem umfangreichen Menü ausgestattet, solange er in einer GUI läuft. Da die Tastenkürzel jeweils neben den einzelnen Menübefehlen stehen, können Sie mit Hilfe des Menüs leicht neue Befehle erlernen.

Abgesehen davon können Sie diesen Editor völlig frei konfigurieren. Zum einen können Sie die Tastenkürzel selbst frei belegen, zum anderen ist der Emacs beliebig erweiterbar: Er ist mit einer eigenen Variante der Programmiersprache Lisp ausgestattet. Diese Sprache könnte Programmierer durch ihren eigenwilligen Ansatz abschrecken, sie ist aber speziell an die Funktionen von Emacs angepasst und erleichtert so das Programmieren von Zusatzfunktionen.

4.3.4 Grafische Benutzeroberflächen

Neben der bis jetzt behandelten Konsole sind alle modernen Linux-Distributionen auch mit einer grafischen Benutzeroberfläche ausgestattet. Diese Oberfläche besteht aus zwei verschiedenen Bestandteilen, die aufeinander aufbauen: dem X-Window-Server oder kurz X-Server und dem Window-Manager.

Der X-Server

Ein X-Server ist das grundlegende Programm, das die allgemeinen Zeichenfunktionen zur Verfügung stellt. Er kann mit anderen Worten die verschiedensten Grafikobjekte wie Rechtecke, Linien oder Bilddateien auf den Bildschirm zeichnen, außerdem verarbeitet er die grundlegende Steuerung mit der Maus. Dem X-Server ist es übrigens egal, ob die Anwendung, die er anzeigt und für die er Befehle entgegennimmt – der X-Client –, auf demselben Rechner läuft oder irgendwo im Netzwerk.

Der traditionelle X-Server für kommerzielle UNIX-Varianten heißt X11; die derzeitige Version ist X11R6. Da dieses Produkt kommerziell ist, wurde schon vor längerer Zeit eine freie Alternative begründet: Das XFree86-Projekt stellt freie X-Server zur Verfügung, inzwischen sogar für die verschiedensten Plattformen (obwohl die 86 für Intels x86-Prozessor-Baureihe steht).

Erst der Window-Manager, der auf den X-Server aufsetzt, stellt die eigentliche Arbeitsumgebung mit Fenstern, Menüs und Icons zur Verfügung. Es gibt inzwischen mehr verschiedene Window-Manager als UNIX-Versionen. Einige traditionelle Window-Manager sind CDE von Sun oder fvwm2, der klassische Linux-Window-Manager. Die viel versprechendsten Projekte sind zurzeit die freien Desktop-Umgebungen KDE und GNOME. Beide bieten – im Gegensatz zu den spartanisch ausgestatteten alten Modellen – den gesamten Bedienkomfort von Benutzeroberflächen wie Windows oder Mac OS (oft sogar noch mehr als das) und werden inzwischen durch zahlreiche Anwenderprogramme unterstützt. Genau diese beiden Desktop-Varianten werden in diesem Unterabschnitt kurz vorgestellt.

Den X-Server auswählen und konfigurieren

Heutzutage ist es ein Leichtes, den richtigen X-Server auszuwählen, weil es in vielen Fällen automatisch geschieht. Bereits bei der Installation analysieren die meisten Linux-Distributionen Ihre Hardware und starten meistens den korrekten X-Server, der zu Ihrer Grafikkarte passt.

In einigen wenigen Fällen funktioniert die Installation des richtigen X-Servers allerdings nicht; möglicherweise erhalten Sie lediglich den VGA-X-Server mit 640 x 480 Pixeln und

256 Farben, vielleicht sogar gar keinen. Im letzteren Fall müssen Sie Linux zunächst im Textmodus installieren und X11 später manuell konfigurieren.

Wenn der X-Server falsch konfiguriert oder gar nicht installiert wurde, wird das wahrscheinlich daran liegen, dass Ihre Grafikkarte entweder zu alt oder zu neu ist. Sehr alte Grafikkarten werden mitunter nicht unterstützt, wenn sie nicht besonders weit verbreitet waren, mit neueren arbeiten die X-Server dagegen oft erst einige Zeit nach der Einführung zusammen. Das Problem ist, dass zunächst einmal Treiber für neue Grafikkarten entwickelt werden müssen, falls der Hersteller das nicht selbst tut.

Bei SUSE Linux wird ein praktisches Hilfsprogramm namens SaX (SUSE Advanced X Configuration Utility) mitgeliefert. In einem nützlichen Dialog können Sie die Parameter Ihrer Maus, Ihrer Tastatur, Ihrer Grafikkarte und Ihres Monitors eingeben. SaX bemüht sich, Ihre Konfiguration automatisch zu ermitteln; nur in wenigen Fällen müssen Sie selbst eingreifen. Auf jeden Fall sollten Sie die Handbücher Ihres Monitors und Ihrer Grafikkarte bereithalten, weil Sie eventuell Werte wie den RAMDAC der Grafikkarte oder die Zeilenfrequenz des Monitors manuell eingeben müssen. Geben Sie `sax2` ein, um die aktuelle Version zu starten.

Die meisten anderen Linux-Distributionen besitzen inzwischen ähnliche Hilfsprogramme, bei RedHat gibt es beispielsweise den `XConfigurator`. Nur in wenigen Fällen müssen Sie die Konfigurationsdatei `XF86Config` manuell bearbeiten. In der Regel liegt sie unter `/etc/X11/XFree86Config`. Bei RedHat- und Mandrake-Linux heißt sie allerdings `XFree86Config-4`, wenn Sie die aktuelle Version 4.0 von XFree86 verwenden (was wahrscheinlich der Fall ist).

In der Regel ist Ihr Linux so konfiguriert, dass X-Server und Window-Manager automatisch gestartet werden. Falls das nicht der Fall ist, können Sie den X-Server folgendermaßen nachträglich starten:

```
$ startx
```

Der automatische Start der grafischen Oberfläche lässt sich dagegen am einfachsten im Systemverwaltungsprogramm einstellen, das je nach Distribution unterschiedlich ist – bei SUSE Linux zum Beispiel das Programm `yast`.

KDE

Das **K Desktop Environment** (KDE) ist eine moderne grafische Benutzeroberfläche für Linux und andere UNIX-Systeme. Es handelt sich um ein Open-Source-Projekt, das von einer großen Entwicklergemeinde gepflegt wird. Neben dem eigentlichen Desktop bietet das KDE-Projekt eine Vielzahl nützlicher Anwendungsprogramme, beispielsweise den Webbrowser Konqueror, auf dem auch der eingebaute Datei-Manager basiert, und das Office-Programmpaket KOffice.

SUSE Linux wird bei der Installation standardmäßig mit dem KDE-Desktop ausgestattet, auch die gängigsten KDE-Anwendungen und -Tools werden mitinstalliert.

KDE basiert auf der Grafikbibliothek Qt, die von der norwegischen Firma Trolltech entwickelt wurde. Angenehmerweise laufen Qt-Anwendungen nicht nur unter Linux, sondern lassen sich auch unter allen anderen X11-Implementierungen, Windows und MacOS X kompilieren.

Die Leiste am Fuß des Bildschirms heißt **Panel**, ist mit der Windows-Taskleiste vergleichbar und bietet die Möglichkeit, schnell auf die häufigsten Anwendungen und Tools zuzugreifen. Der **K**-Button ganz links öffnet ein umfangreiches, verschachteltes Menü, in dem fast alle Programme zu finden sind, die unter KDE oder allgemein unter X11 laufen. Daneben finden Sie unter anderem Schaltflächen für ein Terminal, für Ihr Home-Verzeichnis, für das KDE-Kontrollzentrum (die Steuerzentrale für Ihre persönlichen Einstellungen) und so weiter.

Weiter rechts finden Sie eine Schaltfläche für jedes geöffnete Programm oder Fenster; durch Anklicken dieser Schaltflächen können Sie schnell zwischen den Fenstern wechseln.

Desktop-Verknüpfungen

Wenn Sie auf bestimmte Programme oder Daten, die Sie häufig verwenden, besonders schnell zugreifen möchten, können Sie eine Verknüpfung auf dem Desktop anlegen. Am schnellsten erstellen Sie eine solche Verknüpfung, wenn Sie mit der rechten Maustaste eine leere Stelle auf dem Desktop anklicken und aus dem Kontextmenü den Befehl **Neu erstellen Verknüpfung mit Programm** auswählen. Im erscheinenden Dialog können Sie die Eigenschaften der Verknüpfung bequem einstellen. Abgespeichert werden diese Informationen schließlich in einer Textdatei mit der Endung `.desktop` im Verzeichnis `KDesktop` in Ihrem Home-Verzeichnis.

Vom Desktop können Sie eine Verknüpfung in das Panel ziehen, um sie dort dauerhaft für den Schnellstart abzulegen – hier kommen Sie auch dann an eine Anwendung heran, wenn der gesamte Desktop mit offenen Fenstern übersät ist.

Die Funktion des Konquerors ist im Grunde genommen selbsterklärend – er verhält sich als Datei-Manager ähnlich wie die Pendants in anderen Betriebssystemen und ist als Browser mit einigen der modernsten Fähigkeiten ausgestattet. Standardmäßig brauchen Sie Dateisymbole nicht doppelt zu klicken, sondern es genügt ein einfacher Klick wie bei Hyperlinks auf Webseiten.

Im KDE-Kontrollzentrum finden Sie Unmengen von Einstellungsmöglichkeiten, mit denen Sie den Desktop und die verschiedenen KDE-Komponenten Ihren Bedürfnissen und Wünschen anpassen können. Beispiele für solche Einstellungen sind der Desktop-Hintergrund, die automatische Anordnung von Icons, die zu benutzenden Schriften, die Sprache oder die Browser-Konfiguration. Da KDE mit einer umfangreichen HTML-basierten Hilfe ausgestattet ist, die alle Optionen genau erklärt, müssen diese Einstellmöglichkeiten hier nicht näher behandelt werden.

GNOME

Das **GNU Object Model Environment** (GNOME) ist ebenfalls ein Open-Source-Projekt, das auf der Grafikbibliothek GtK+ basiert. Anders als KDE wird zwischen der Desktop-Verwaltung und dem X-Server ein herkömmlicher Window-Manager für die grundlegende Bereitstellung der Fenster und Menüs eingesetzt. Der Standard-Window-Manager ist Sawfish, andere GNOME-kompatible Window-Manager sind Enlightenment, AfterStep oder WindowMaker.

GNOME ist der Standard-Desktop der Linux-Distributionen RedHat und Debian. Außerdem wird er inzwischen von Sun für dessen kommerzielle UNIX-Variante Solaris eingesetzt, um den in die Jahre gekommenen Window-Manager CDE abzulösen.

Eine besondere Option von GNOME ist der Desk Guide: Die GNOME-Oberfläche ist in mehrere virtuelle Desktops aufgeteilt, zwischen denen Sie per Klick auf die Buttons des Desk Guides hin- und herwechseln können. Eine Taskliste ist ebenfalls enthalten; sie enthält für jedes geöffnete Fenster einen Button.

Der Button mit dem GNOME-Logo öffnet das Hauptmenü des GNOME-Desktops. Hier finden Sie eine Reihe von Einträgen, beispielsweise **Programme** (Verknüpfungen mit den wichtigsten GNOME- und X-Anwendungen), **Favoriten** (eine anfangs leere Liste Ihrer bevorzugten Dateien, Ordner oder Internet-Ressourcen) und **Desktop** (Sperren des Desktops bei Abwesenheit, Abmelden).

Desktop- und Panel-Verknüpfungen

Auch bei GNOME können Sie den Desktop mit Verknüpfungs-Icons versehen. Wählen Sie dazu aus dem Kontextmenü des Desktops (rechte Maustaste) die Option **Neu • Starter**. Es erscheint ein Dialog für die Einstellung aller Eigenschaften der Verknüpfung.

Wenn Sie eine Verknüpfung zum Panel hinzufügen möchten, klicken Sie mit der rechten Maustaste auf das Panel, wählen Sie **Panel • Zum Panel hinzufügen • Starter**. Die möglichen Einstellungen sind dieselben wie bei einem Desktop-Starter.

Alle zentralen Einstellungen für das Erscheinungsbild und das Verhalten des GNOME-Desktops werden im GNOME-Kontrollzentrum vorgenommen. Wie bei KDE können Sie hier beispielsweise Hintergrundbilder, Farben, Schriften oder Bildschirmschoner einstellen. Zusätzlich wird an dieser Stelle der zugrunde liegende Window-Manager ausgewählt und konfiguriert.

4.3.5 Linux-Installation und -Konfiguration

In diesem Unterabschnitt soll zu guter Letzt kurz darauf eingegangen werden, wie Sie Linux auf Ihrem PC installieren und wichtige Grundeinstellungen vornehmen können. Der Schwerpunkt liegt auf SUSE Linux; in anderen Linux-Varianten funktioniert die Installation ähnlich.

SUSE Linux installieren

Legen Sie die erste SUSE-Installations-CD ein und booten Sie den Rechner von ihr – wenn Sie ein DVD-Laufwerk besitzen, funktioniert es über die DVD noch komfortabler, weil sie die Inhalte aller CDs enthält, sodass Sie zwischendurch nicht wechseln müssen. Eventuell müssen Sie zuvor im BIOS-Setup das Booten vom CD-ROM-Laufwerk aktiveren (siehe Kapitel 3, *Hardware*). Für die wenigen ganz alten Systeme, die nicht nach dem El-Torito-Standard von CD starten können, liegen dem Softwarepaket zusätzlich Boot-Disketten bei.

Die Ausführungen in diesem Abschnitt beziehen sich auf SUSE Linux 9.2.

Hardware-Kompatibilitätsdatenbank

Bevor Sie die Installation von SUSE Linux in Betracht ziehen, müssen Sie überprüfen, ob Ihre Hardware unterstützt wird. Falls es für einzelne Geräte keine Treiber gibt, können Sie diese unter Linux nicht einsetzen. Bei einigen exotischeren Geräten ist das nicht so wichtig – möglicherweise setzen Sie diese ohnehin nur mit spezieller Software unter Windows ein. Wird allerdings ein zentrales Gerät wie die Grafikkarte nicht unterstützt, dann haben Sie schlechte Karten. Unter **http://cdb.suse.de** finden Sie eine umfangreiche Datenbank aller Geräte, die von dieser Betriebssystemdistribution unterstützt werden.

Anschließend müssen Sie sich die Frage stellen, ob Sie nur Linux installieren möchten oder ob sich auch andere Betriebssysteme auf Ihrem Computer befinden oder später befinden werden. Wenn bereits Windows auf dem Rechner installiert ist, nimmt der SUSE-Installer automatisch die folgenden Konfigurationsschritte vor:

- Automatische Verkleinerung einer bestehenden Windows-Partition (neuerdings sogar NTFS)
- Erstellen einer neuen Partition für Linux, in der Regel mit dem Dateisystem `ext3`, bei besonders kleinen Partitionen mit `reiserfs`, weil es den Platz effizienter ausnutzen kann.
- Auswahl einer möglichst idealen Paketkonfiguration, damit Sie die Software erhalten, die Sie für Ihre speziellen Bedürfnisse benötigen. Sie können neben dem Grundsystem verschiedene Sammlungen auswählen, um Ihren Rechner beispielsweise als Office-Station, als Multimedia-Maschine, als Entwicklungswerkzeug oder als Netzwerkserver zu betreiben. Sie können die Pakete für jede Kategorie auch einzeln auswählen, falls Sie ganz genau wissen, was Sie (nicht) wollen.
- Automatische Installation des Boot-Managers `grub` (oder alternativ des Klassikers Lilo) in den Master Boot Record der ersten Festplatte, sodass Sie beim Systemstart künftig zwischen Linux und Windows wählen können.
- Automatischer Start und Installation eines zu Ihrer Grafikkarte passenden XFree86-Servers. Als Standard-Desktop wird KDE eingerichtet.

Programme automatisch starten

Linux und andere moderne UNIX-Systeme verfügen über die Möglichkeit, beliebige Programme beim Booten automatisch zu starten. Ein kleines Problem besteht nur darin, dass dieses Verfahren in den verschiedenen Systemvarianten unterschiedlich realisiert wurde. Historisch betrachtet lässt sich der Unterschied auf die beiden UNIX-Grundströmungen System V und BSD zurückführen, inzwischen zieht er sich aber – und dann auch noch mit einigen Variationen bezüglich der Verzeichniswahl – quer durch die Systeme und Distributionen (zumal es immer schwieriger wird, zu unterscheiden, welche aktuellen Systeme von System V abstammen und welche von der BSD).

Hier wird zunächst jedes der beiden grundsätzlichen Verfahren kurz vorgestellt; anschließend wird es konkret am Beispiel des Webservers Apache demonstriert.

- **System V Init**. Diese Boot-Methode wird von immer mehr Betriebssystemen der UNIX-Familie verwendet, unter anderem auch von den meisten Linux-Distributionen wie SUSE. Systeme, die System V Init einsetzen, arbeiten mit unterschiedlichen **Runlevels**.

Ein Runlevel ist ein Systemzustand, in dem jeweils nur bestimmte Prozesse laufen. Beim Wechsel des Runlevels über den Befehl `init LEVELNR.` werden bestimmte Skripte aufgerufen, die manche Programme starten und andere beenden. Einige Runlevel haben eine spezielle Bedeutung:

- **0**: Heruntergefahrener Zustand
- **S** (manchmal auch 1): Single-User-Modus (für Wartungsarbeiten)
- **1** (bei vielen Systemen): Multi-User-Modus ohne Netzwerk
- **2**: Multi-User-Modus mit Netzwerk; nur Konsole
- **3**: Multi-User-Modus mit Netzwerk und GUI (klassisch)
- **5**: Multi-User-Modus mit Netzwerk und GUI (Linux)
- **6**: Systemneustart (Reboot)

Betriebssysteme dieser Bauart besitzen für jedes Runlevel ein spezielles Init-Verzeichnis. Diese Verzeichnisse heißen `/etc/rcLEVELNR.d`, also etwa `/etc/rc1.d` für Runlevel 1 oder `/etc/rc5.d` für Runlevel 5. Die Shell-Skripte in diesen Verzeichnissen werden bei Erreichen des entsprechenden Levels automatisch ausgeführt, und zwar in alphabetischer Reihenfolge. Deshalb verwendet die übliche Konvention Namen, die mit **K** beginnen, für Kill-Skripte (die einen Prozess beenden) und solche mit **S** für Start-Skripte. Darüber hinaus bauen viele Daemons aufeinander auf. Deshalb wird hinter dem Anfangsbuchstaben eine zweistellige Zahl verwendet, die für eine bestimmte Reihenfolge sorgt.

In aller Regel sind die Einträge in diesen Verzeichnissen lediglich Symlinks auf Skripte, die sich eigentlich in einem anderen Verzeichnis befinden; meist in `/etc/init.d` oder `/sbin/init.d`. Für den Start und das Beenden des jeweiligen Prozesses wird normalerweise dasselbe Skript verwendet: Ein `S`-Symlink ruft es automatisch mit der Kommandozeilenoption `start` auf, ein `K` mit `stop`. Im Falle von Apache erfüllt das mitgelieferte Shell-Skript `apachectl` die Voraussetzungen für diese Aufgabe.

Aus diesem Grund brauchen Sie lediglich für Ihr Standard-Runlevel (3 oder 5) einen `S`-Symlink auf dieses Skript zu erzeugen. Für die Runlevel 0 und 6 (Herunterfahren beziehungsweise Neustart) können Sie entsprechend einen `K`-Link anlegen. Da von Apache in der Regel keine anderen Dienste abhängen, können Sie ihn recht spät starten (wählen Sie einen Symlink-Namen wie `S95apache`) und ziemlich früh beenden (`K15apache` dürfte in Ordnung gehen).

Begeben Sie sich also in das jeweilige Runlevel-Init-Verzeichnis und erstellen Sie die nötigen symbolischen Links. Wenn Sie Apache mit Standardoptionen installiert haben und ein Linux-System mit dem Standard-Runlevel 5 verwenden, müssen Sie den folgenden Befehl für den Startskript-Link eingeben:

```
# ln -s /usr/local/apache2/bin/apachectl \
/etc/rc5.d/S95apache
```

Als Nächstes werden die Stopp-Links für die Runlevel 0 und 6 erzeugt. Wenn Sie das Layout `Apache` verwenden, sehen die beiden Befehle so aus:

```
# ln -s /usr/local/apache2/bin/apachectl \
/etc/rc0.d/K15apache
```

```
# ln -s /usr/local/apache2/bin/apachectl \
/etc/rc6.d/K15apache
```

- **BSD-Startskript**. BSD-basierte UNIX-Systeme verwenden im Gegensatz zur System-V-Methode einige zentrale Startskripte. Sie befinden sich in Verzeichnissen wie /etc oder /etc/rc.d und heißen rc.boot, rc.local und so weiter. Interessant ist in diesem Zusammenhang das Skript rc.local, das Sie nach Belieben um weitere Startbefehle erweitern können.

  Unter einem solchen Betriebssystem brauchen Sie rc.local also nur mit einem Texteditor zu öffnen und können dann den Aufruf des entsprechenden Steuerskripts (in diesem Fall apachectl) mit dem Parameter start hinzufügen. In rc.local wird normalerweise mit einer Fallentscheidung nach dem Schema if [-x PFAD] überprüft, ob das aufzurufende Programm oder Skript überhaupt existiert. An diese Konvention sollten Sie sich halten. Falls Sie eine Apache-Standardinstallation verwenden, können Sie folgende Zeilen an rc.local anfügen:

```
# Apache 2 starten
if [ -x /usr/local/apache2/bin/apachectl ]; then
   echo "Starting Apache httpd..."
   /usr/local/apache2/bin/apachectl start
fi
```

SUSE Linux konfigurieren

Fast alle Systemeinstellungen der SUSE-Distribution werden mit Hilfe eines Programms namens yast (Yet Another Setup Tool) durchgeführt. Es gibt zwei Versionen dieses Programms: Version 1 läuft als Vollbildanwendung in der Konsole, während Version 2 GUI-basiert ist. In der Regel werden Sie es in einem modernen System also mit yast2 zu tun haben, das Sie aus KDE oder GNOME über einen einfachen Shortcut aufrufen können.

In diesem Utility werden viele verschiedene Einstellungen vorgenommen. Vor allen Dingen können Sie die gesamte Hardware einrichten, die bei der Installation nicht automatisch erkannt wurde, oder nachträglich ihre Parameter ändern. Auch weiter oben besprochene Konfigurationsaufgaben wie die Benutzer- und Gruppenverwaltung lassen sich über yast leichter bewerkstelligen.

Die meisten Einstellmöglichkeiten werden in der Online-Hilfe von yast genau erläutert, sodass das Programm hier nicht näher behandelt werden muss. Andere Linux-Varianten verfügen inzwischen über ähnliche Konfigurations-Tools.

Software installieren

Wenn Sie Softwarepakete von den CDs Ihrer Distribution installieren möchten, funktioniert dies mit Hilfe des **Paketmanagers**. Der verbreitetste Linux-Paketmanager ist rpm (der RedHat Packet Manager, der unter anderem auch von SUSE übernommen wurde). Sie installieren ein solches Paket mit Hilfe der folgenden Anweisung:

```
# rpm -i Paketname.rpm
```

Entsprechende Pakete erkennen Sie an der Dateiendung `.rpm`. Manchmal werden sie auch zum Download angeboten. Häufiger wird heruntergeladene Software allerdings als Quellcode-Archiv mit der Dateiendung `.tar.gz` verbreitet. Dabei handelt es sich um eine Archivdatei (`tar` für tape archive), die mit GNU Zip (`gzip`) komprimiert wurde. Ein solches Paket wird sinnvollerweise in einen leeren Ordner kopiert und anschließend folgendermaßen entpackt und installiert:

```
# tar -xzvf paket.tar.gz
# ./configure
# make
# make install
```

Das Programm `make` dient allgemein dazu, automatische Kompilier- und Installationsanweisungen auszuführen: Da die meisten größeren Programmierprojekte aus vielen einzelnen Quelldateien bestehen, muss ein **Makefile** angeben, wie sie jeweils kompiliert und zusammengestellt werden sollen.

Beachten Sie, dass einige moderne Linux-Distributionen bei einer Standardinstallation die Entwicklungswerkzeuge GCC und make weglassen. Das ist bedenklich, weil diese benötigt werden, um Quellcodepakete installieren zu können.

Einen Kernel kompilieren

Mit Hilfe verschiedener `make`-Anweisungen können Sie sich übrigens auch Ihren eigenen Linux-Kernel kompilieren, falls der allgemeine Kernel, den der Distributor mitliefert, Ihre spezielle Hard- oder Software nicht unterstützt. Dies geschieht in mehreren Schritten. Als Erstes müssen Sie das Konfigurationsprogramm für die Kernel-Anpassung aufrufen:

```
# cd /usr/src/linux
# make xconfig
```

In einem komfortablen GUI-Programm können Sie sich nun eine Kernel-Konfiguration zusammenstellen. Es gibt eine Reihe von Kategorien wie Optimierung für bestimmte Prozessortypen, Netzwerk oder SCSI-Unterstützung. Falls `xconfig` in Ihrer Distribution nicht enthalten ist, geben Sie `make menuconfig` ein – es öffnet sich ein ähnliches Programm auf der Konsole.

Im Konfigurationsprogramm können Sie sich bei den meisten Gerätetreibern entscheiden, ob Sie sie fest in den Kernel einkompilieren oder als Module hinzufügen möchten. Letzteres ist für Hardware nützlich, die nicht permanent benötigt wird.

Nachdem die Konfiguration fertig gestellt ist, können Sie an der Konsole (noch immer im Verzeichnis `/usr/src/linux`) nacheinander die folgenden Befehle eingeben:

```
# make dep
# make clean
# make modules
# make modules_install
# make zImage
```

Damit werden nacheinander Abhängigkeiten zwischen verschiedenen Teilen des Kernelcodes überprüft, die Konfigurationsdateien von vorherigen Kompilierungsvorgängen »gesäubert«, die Module kompiliert und installiert und zu guter Letzt der eigentliche Kernel erzeugt. Falls Sie beim letzten Schritt die Meldung erhalten, der Kernel sei zu groß, müssen Sie die Variante `make bzImage` verwenden. Nach der Fertigstellung befindet sich der Kernel im Verzeichnis `/usr/src/linux/arch/i386/boot` und heißt `zImage` beziehungsweise `bzImage`. Er muss nun an die Stelle des bisherigen Kernels kopiert werden, normalerweise in die Datei `/boot/vmlinux`.

Beachten Sie, dass Sie danach – noch vor dem ersten Start mit dem neuen Kernel – die weiter oben beschriebene Boot-Konfiguration erneut durchführen müssen.

4.4 MacOS X

MacOS X ist das aktuelle Betriebssystem für Apple-Macintosh-Computer. Im Grunde ist die Bezeichnung »MacOS« leicht irreführend, da es mit dem klassischen Mac-Betriebssystem nicht allzu viel zu tun hat. In diesem Abschnitt wird MacOS X in der Version 10.3 (Codename »Panther«) vorgestellt.

MacOS X-Geschichte

Das ursprüngliche MacOS war schon seit langer Zeit erneuerungsbedürftig, weil es mit dem technischen Fortschritt der zugrunde liegenden Hardware nicht mithalten konnte. Fähigkeiten wie präemptives Multitasking oder Speicherschutz waren nicht vorhanden und ließen sich aufgrund der altmodischen Architektur des Systems auch nicht nachrüsten.

Aus dieser Motivation heraus wurde MacOS X als vollkommen neuer Ansatz eingeführt. Die Entwicklungsgrundlage war das Betriebssystem NextStep, das Anfang der 90er-Jahre von der Firma NeXT entwickelt wurde. Es handelte sich um ein Mikrokernel-basiertes UNIX-System mit fortschrittlicher grafischer Oberfläche. Auf einer NextBox, der zugehörigen Workstation, wurde übrigens das World Wide Web entwickelt. NeXT wurde in den 90er-Jahren von Apple aufgekauft. Einige Zeit später kündigte Apple sein neues NextStep-basiertes Betriebssystem unter dem Codenamen Rhapsody an. Im Jahr 2001 erschien es schließlich unter dem Namen »MacOS X« – das X steht sowohl für die Versionsnummer 10 als auch für die UNIX-Kompatibilität.

Das System besitzt eine recht interessante, komplexe Architektur. Tabelle 4.3 zeigt eine Übersicht des Aufbaus.

<table>
<tr><td colspan="12">Benutzeroberfläche Aqua</td></tr>
<tr><td colspan="3">Cocoa</td><td colspan="3">Carbon</td><td colspan="3">Classic</td><td colspan="3">Java</td></tr>
<tr><td colspan="4">Quartz</td><td colspan="4">OpenGL</td><td colspan="4">QuickTime</td></tr>
<tr><td colspan="12">Darwin</td></tr>
<tr><td colspan="12">mach-Mikrokernel</td></tr>
</table>

Tabelle 4.3 Die Architektur von MacOS X

Den innersten Bestandteil bildet der **mach-Mikrokernel**, der bereits die Grundlage von NextStep war, inzwischen aber erheblich weiterentwickelt wurde – MacOS X verwendet die Version 3.0. Wie bereits oben besprochen, stellen Mikrokernels nicht viel mehr als eine effiziente Prozessverwaltung zur Verfügung, alle anderen Aufgaben werden an Prozesse im Benutzermodus delegiert. Die nächste Ebene bildet ein BSD-basiertes UNIX-System namens **Darwin**. Dieses System selbst ist unter der GPL freigegeben und läuft auch auf anderen Plattformen als dem PowerPC, beispielsweise auf Intel-PCs.

Die Systemarchitektur

Auf Darwin setzen verschiedene Bibliotheken auf, die für die Präsentation der verschiedenen visuellen und multimedialen Inhalte sorgen:

- **Quartz** ist die neuartige Bibliothek zur Darstellung von Grafiken und hochwertiger, geglätteter Schrift. Die Präsentation dieser Komponenten basiert auf dem PDF-Format von Adobe, das einen einheitlichen Standard für die Verbreitung von Dokumenten mit hoher Darstellungsqualität sowohl für den Bildschirm als auch für den Druck bildet.
- **OpenGL** kommt für die Darstellung von 3-D-Grafik zum Einsatz, wie sie in vielen Anwendungen und Spielen eingesetzt wird. Diese Bibliothek ist plattformübergreifend verfügbar und wird beispielsweise auch unter Windows verwendet.
- **QuickTime** ist Apples eigene Multimedia-Technologie. Es wird in MacOS X zur Darstellung von Bilddateien, Videos, Sounds und Streaming-Inhalten aus dem Internet eingesetzt.

Diese verschiedenen Präsentationsbibliotheken werden von mehreren Programmierschnittstellen genutzt, die die Entwicklung von Anwendungsprogrammen für MacOS X ermöglichen. Das Betriebssystem unterstützt die folgenden Application Programming Interfaces (APIs):

- **Cocoa** ist die Schnittstelle für reine MacOS-X-Anwendungen. Die API wird von Entwicklungswerkzeugen für die Programmiersprachen Objective-C und Java unterstützt.
- **Carbon** ist eine gemeinsame Bibliothek für Anwendungsprogramme, die unter MacOS 9 und MacOS X laufen. Bis das neue Betriebssystem überall verbreitet ist, werden wichtige Anwendungen bevorzugt mit Carbon entwickelt.
- **Classic** ist eine spezielle Umgebung für klassische Mac-Anwendungen, die nicht zu MacOS X kompatibel sind. MacOS 9 wird dabei in der Umgebung einer virtuellen Maschine gestartet, und die Anwendung wird unter diesem System ausgeführt. Das prominenteste Beispiel, das Classic verwendet, ist die Layoutsoftware QuarkXPress 5.0.

  Wenn Sie MacOS X auf einem Mac installieren, auf dem sich bereits MacOS 9 befindet, funktioniert Classic nur dann richtig, wenn mindestens die Version 9.2 installiert war.
- **Java** ist eine plattformunabhängige Programmiersprache von Sun Microsystems. Zahlreiche Server-, Datenbank- oder auch Multimedia-Anwendungen werden in dieser Sprache geschrieben. MacOS X enthält eingebaute Unterstützung für dic Ausführung von Java-Anwendungen in Form einer virtuellen Maschine.

Über all diesen Systembestandteilen befindet sich schließlich die neu gestaltete grafische Oberfläche **Aqua**, dic durch ihre abgerundeten und halbtransparenten Bedienelemente auffällt.

Auf die UNIX-Komponenten von MacOS X wird hier nicht weiter eingegangen, da die Funktionsweise eines modernen UNIX-Systems bereits im vorigen Abschnitt am Beispiel von Linux beschrieben wurde. Wenn Sie das Programm `Terminal` im Ordner `Applications` starten, steht Ihnen eine voll ausgestattete UNIX-Shell zur Verfügung (standardmäßig die `tcsh`).

Die einzigen beiden Befehle aus dem Linux-Abschnitt, die Sie an dieser Stelle nicht verwenden können, sind `useradd` und `groupadd`, da MacOS X die Benutzerverwaltung grafisch über die Systemeinstellungen vornimmt. Im Übrigen ist die Verwendung von `mount` und `umount` unnötig: Wenn Sie einen Wechseldatenträger einlegen, erscheint sein Icon automatisch auf dem Desktop. Um ihn sicher auszuwerfen, genügt es, dieses Icon nach dem Schließen auf den Papierkorb zu ziehen, die Tastenkombination [⌘] + [E] zu betätigen oder bei neueren Macs den Auswurfknopf ganz rechts oben auf der Tastatur zu betätigen.

4.4.1 Mit Aqua arbeiten

In diesem Unterabschnitt werden die wichtigsten Bedienelemente und Konfigurationsmöglichkeiten der Benutzeroberfläche Aqua vorgestellt. Auf dem Bildschirm finden Sie die folgenden Bedienelemente:

- Ganz oben befindet sich die Menüleiste. Diese Besonderheit wurde aus alten MacOS-Versionen übernommen: In den grafischen Oberflächen der meisten anderen Betriebssysteme besitzt jedes Anwendungsfenster seine eigene Menüleiste; unter MacOS wird dagegen nur eine Menüleiste angezeigt, deren Inhalt je nach aktivem Fenster wechselt.

  Ganz links in der Menüleiste finden Sie das Apple-Menü, das einige wichtige Systembefehle wie Abmelden, Herunterfahren oder Neustart anbietet. Daneben liegt das Programm-Menü, das jeweils den Namen der aktiven Anwendung trägt. Es bietet grundlegende Funktionen zur Steuerung des jeweils aktiven Programms wie Beenden oder Aufrufen des Voreinstellungen-Dialogs.
- Auf dem Desktop selbst befinden sich eine Reihe diverser Icons, die etwa die vorhandenen Datenträger, den Papierkorb zum Löschen von Dateien oder die verschiedenen Drucker anzeigen.
- Am unteren Bildschirmrand befindet sich das **Dock**. Es enthält Icons für alle zurzeit laufenden Programme sowie für diejenigen, die Sie dauerhaft dort ablegen. Ganz links befindet sich stets der **Finder**, der Datei-Manager des Systems; ganz rechts ist stets der Papierkorb zu finden.

Aqua-Fenster besitzen die folgenden Bedienelemente:

- Der rote Button links oben dient dem Schließen des Fensters. Programme werden dadurch übrigens nicht beendet.
- Der gelbe Button verkleinert das Fenster und stellt seine Miniatur im rechten Abschnitt des Docks dar. Durch einen Klick auf diese Miniatur können Sie das Fenster wiederherstellen.

  Eine Alternative ist die Option **Ausblenden** im Anwendungsmenü oder die Tastenkombination [⌘] + [H].

- Die gesamte Leiste oben, die den Namen der Anwendung oder den Pfad des angezeigten Dokuments oder Ordners anzeigt, wird Titelleiste genannt. Durch Ziehen an dieser Leiste können Sie das Fenster selbst verschieben.
- Der grüne Button wechselt zwischen der eingestellten benutzerdefinierten und der vordefinierten Größe hin und her.
- Rechts unten befindet sich ein Feld, an dem Sie ziehen können, um die Größe des Fensters zu ändern.

Die Menüleiste

Mit Hilfe der Menüleiste werden die meisten Befehle in Anwendungsprogrammen ausgewählt. Wenn gerade kein Anwendungsprogramm aktiv ist, wird das Menü des Finders angezeigt.

Ganz links im Apple-Menü sind die folgenden Einträge besonders wichtig:

- **Systemeinstellungen** öffnet einen umfangreichen Dialog, in dem die verschiedensten Aspekte des Betriebssystems konfiguriert werden können (siehe unten). Diese Funktion lässt sich auch über das Dock erreichen.
- **Benutzte Objekte** bietet schnellen Zugriff auf die Programme und Dokumente, mit denen Sie zuletzt gearbeitet haben.
- **Sofort beenden** ist eine bequeme `kill`-Variante für alle GUI-Anwendungen. Wenn ein Programm abgestürzt ist oder sonstige Probleme bereitet, können Sie mit diesem Dialog erzwingen, dass es beendet wird.
- **Neustart** startet das Betriebssystem neu – Sie können alternativ den Befehl `shutdown` (siehe Linux-Abschnitt) im Terminal verwenden.
- **Ausschalten** fährt den Rechner herunter und schaltet ihn aus. Auch dieser Befehl kann durch `shutdown` ersetzt werden.
- **Abmelden** schließt alle Programme und meldet den aktuellen Benutzer ab. Im Anmeldedialog kann sich daraufhin ein anderer anmelden.

Der nächste Menüpunkt ist das Anwendungsmenü. Der Name wechselt je nach aktiver Anwendung, heißt also beispielsweise **Finder** oder **Internet Explorer**. Die Befehle, die dort zur Auswahl stehen, sind allerdings immer ungefähr dieselben. Sie können den Voreinstellungsdialog des aktiven Programms aufrufen, wenn es einen zur Verfügung stellt – dies beseitigt ein Ärgernis, das in alten MacOS-Versionen bestand und zum Beispiel unter Windows noch heute existiert: Je nach Programm befinden sich die Voreinstellungen in unterschiedlichen Menüpunkten, beispielsweise **Datei**, **Bearbeiten** oder **Ansicht**. Außerdem können Sie das Programm an dieser Stelle ausblenden oder beenden.

Anschließend folgen die diversen anwendungsspezifischen Menüpunkte, die an dieser Stelle natürlich nicht behandelt werden. Weiter hinten in diesem Buch werden allerdings eine Reihe verschiedener Anwendungsprogramme besprochen, von denen viele auch für MacOS verfügbar sind.

Rechts neben dem eigentlichen Menü, nach der Hilfe, die für verschiedene Programme unterschiedlich ausführlich ist und in verschiedenen Formaten angeboten wird, befindet sich das Sprachmenü. Hier können Sie schnell zwischen verschiedenen internationalen Tastaturbelegungen und Zeichensätzen wechseln, die Sie zuvor in den Systemeinstellungen konfiguriert haben.

Ganz rechts in der Leiste befinden sich schließlich einige kleine Programme für den schnellen Zugriff auf bestimmte Funktionen, die so genannten Menulets (Menu Applets). Beispielsweise können Sie dort die Uhrzeit ablesen oder den Status Ihrer Wählverbindung ins Internet ermitteln.

Das Dock

Im linken Bereich des Docks finden Sie für jedes Programm, das in der Aqua-Oberfläche geöffnet ist oder das Sie dort permanent abgelegt haben, ein Icon. Im rechten Bereich, hinter der Trennlinie, befindet sich dagegen eine Reihe von Miniaturen der Fenster, die Sie verkleinert haben. Ganz links außen befindet sich der Finder, der Datei-Manager von MacOS X, ganz rechts finden Sie den Papierkorb.

Dock-Menü

Durch längeres Gedrückthalten der Maustaste auf einem Icon können Sie das Dock-Menü des jeweiligen Programms aktivieren. Hier befinden sich Befehle zum Ein- und Ausblenden oder zum Beenden des Programms, außerdem können Sie hier bestimmen, dass ein Programm auch nach dem Beenden permanent im Dock gehalten werden soll. Im Fall des Papierkorbs dient der wichtigste Eintrag dem Leeren, das heißt dem dauerhaften Löschen der darin befindlichen Inhalte.

Sobald Sie ein Programm starten, erscheint sein Icon im Dock und zeigt durch regelmäßiges Hüpfen an, dass das Programm gerade geladen wird. Wenn es fertig geladen ist, erscheint ein kleiner Pfeil darunter. Wenn während der Ausführung eines Programms, das sich gerade nicht im Vordergrund befindet, Probleme auftreten, hüpft es dagegen arhythmisch, um darauf aufmerksam zu machen.

Sie können jedes beliebige Programm- oder Dokument-Icon in das Dock ziehen, um eine dauerhafte Verknüpfung einzurichten. Wenn Sie ein Dock-Icon dagegen nach oben wegziehen, wird es dauerhaft aus dem Dock entfernt.

Der Finder

Wenn Sie das Finder-Icon im Dock anklicken oder eines der Laufwerk- oder Ordnersymbole auf dem Desktop doppelklicken, wird ein Finder-Fenster geöffnet. Es handelt sich dabei um den Datei-Manager von MacOS X. Gegenüber dem Finder der alten MacOS-Versionen wurde er erheblich verbessert.

In der Symbolleiste des Finders befindet sich ganz links die Schaltfläche **Zurück**, mit deren Hilfe Sie in den jeweils zuvor angezeigten Ordner wechseln können. Die nächsten drei Schaltflächen dienen dem Wechsel zwischen den drei möglichen Ansichten:

- Die **Symbolansicht** zeigt für jeden Unterordner und jede Datei im aktuellen Ordner ein eigenes, großes Icon an. Die Symbole können Sie frei anordnen oder über die Befehle im Menü **Darstellung** sortieren.
- Die **Listenansicht** zeigt Unterverzeichnisse und Dateien des aktuellen Ordners untereinander in einer Liste mit zusätzlichen Informationen an (beispielsweise Dateityp, Größe

oder Datum und Uhrzeit der letzten Änderung). Neben jedem Ordner befindet sich ein kleines Dreieck, das Sie durch Anklicken auf- und zuklappen können, um dessen Inhalte verschachtelt ein- oder auszublenden.

- Die **Spaltenansicht** zeigt die Hierarchie ineinander verschachtelter Ordner spaltenweise an. Wenn Sie in einer Spalte einen bestimmten Ordner anklicken, werden in der rechts daneben liegenden dessen Inhalte eingeblendet.

Die einzelnen Icons können Sie durch Ziehen mit der Maus (Drag and Drop) in andere Ordner verschieben – wenn Sie gleichzeitig Alt gedrückt halten, werden sie sogar kopiert. Wenn Sie ein Symbol anklicken, um es zu markieren, können Sie mit gedrückter -Taste weitere aus- und wieder abwählen, während die Shift-Taste die Auswahl eines Blocks aller Icons vom zuerst bis zum zuletzt angeklickten ermöglicht.

Kontextmenü

Da der Mac nur über eine Maustaste verfügt, wird das Kontextmenü – ein Menü mit den wichtigsten Optionen für das aktuell angeklickte Element – geöffnet, indem Sie ein Objekt mit gedrückter Ctrl-Taste anklicken.

Mit ⌘ + N können Sie ein neues Finder-Fenster öffnen, was die gleichzeitige Ansicht verschiedener Ordner ermöglicht. Dies ist ein wenig ärgerlich für die Anwender alter MacOS-Versionen, denn mit dieser Tastenkombination wurde früher ein neuer Ordner angelegt. Dies geschieht in MacOS X mit dem neuen Tastenkürzel ⌘ + Shift + N.

Aliase anlegen

Mit Hilfe der Tastenkombination ⌘ + L können Sie ein Alias des angeklickten Elements (Datei oder Ordner) erzeugen. Es handelt sich dabei um die grafische Form eines SymLinks. Der Vorteil besteht darin, dass Sie es beliebig in andere Ordner verschieben oder umbenennen können – es zeigt weiter auf die ursprüngliche Originaldatei. Umbenannt werden Dateien übrigens, indem Sie mit der Maus auf ihren Namen klicken.

4.4.2 Systemkonfiguration

Fast alle Einstellungen für das Betriebssystem werden im Dialog **Systemeinstellungen** vorgenommen. Diesen erreichen Sie entweder über das Apple-Menü oder über das entsprechende Icon im Dock. Der Dialog ist mit einer Reihe von Symbolen für die einzelnen einstellbaren Kategorien ausgestattet. Wenn Sie eines dieser Symbole anklicken, öffnet sich ein spezieller Unterdialog, wobei die in der obersten Zeile stehenden wichtigsten Einstellungen immer stehen bleiben.

Hier werden nur einige der wichtigsten Einstellmöglichkeiten kurz erläutert:

- **Startvolume** dient der Auswahl des Betriebssystems, das nach dem nächsten Neustart des Computers gebootet werden soll. Sie können beispielsweise eine System-CD-ROM für ein Update oder eine Reparatur einlegen und hier festlegen, dass der Start von diesem Datenträger erfolgen soll. Außerdem können Sie bei älteren Macs, auf denen MacOS X nachträglich als »Zweitsystem« installiert wurde, den alten MacOS-9-Systemordner auswählen.

  Wenn Sie sich an dieser Stelle einmal für den Start von MacOS 9 entschieden haben, wird dieses System bei jedem Neustart automatisch gebootet. Um danach wieder MacOS X zu starten, müssen Sie nach dem Einschalten Alt + X gedrückt halten.

- **Allgemein** enthält die wichtigsten Einstellungen für das Verhalten der Aqua-Oberfläche, beispielsweise für das Verhalten von Cursor, Menüs und Rollbalken.
- **Landeseinstellungen** dienen der Anpassung von Tastaturlayout, Zahlenformaten, Datum und Uhrzeit sowie Zeichensätzen an die Gegebenheiten verschiedener Länder. Neben Ländern, die unterschiedliche Formen der lateinischen Schrift verwenden, unterstützt Mac OS auch völlig andere Systeme wie Chinesisch oder Japanisch.
- **Monitore** ermöglicht die Einstellung der Bildschirmauflösung und der Farbtiefe. Genau wie ältere Mac OS-Versionen bietet auch Mac OS X die Möglichkeit, mehrere Monitore zu verwenden. Da das System die Anordnung der Monitore auf Ihrem Schreibtisch nicht kennen kann, müssen Sie hier außerdem einstellen, wie die Anzeige auf die diversen Bildschirme verteilt werden soll.
- **Benutzer** ist der grafische Ersatz für UNIX-Konsolenbefehle wie `useradd`. In diesem Dialog lassen sich auf einfache Art und Weise zusätzliche Benutzer und Gruppen anlegen.

  Für die Verwendung dieses Dialogs benötigen Sie Administratorrechte und müssen deshalb das entsprechende Kennwort eingeben. Der Administrator ist der Benutzer, der das System installiert hat. Anders als root darf er nicht alle UNIX-Befehle ausführen.

  Der Benutzer root ist übrigens aus Sicherheitsgründen zunächst deaktiviert. Die meisten wichtigen Aufgaben kann ohnehin der Administrator erledigen. Wenn Sie für spezielle Verwaltungsaufgaben im Darwin-Bereich das erste Mal root-Rechte benötigen, müssen Sie folgendermaßen vorgehen: Starten Sie das Programm `NetInfo Manager` im Verzeichnis `Utilities`. Nach Eingabe des Administrator-Kennworts können Sie hier die Option **»Root«-Benutzer aktivieren** wählen.

Einige weitere Punkte in den Systemeinstellungen beziehen sich auf die Netzwerk- und Interneteinstellungen des Systems. Sie werden in Kapitel 14, *Netzwerkanwendung*, beschrieben.

Besonderheiten der Mac-Dateisysteme

Da Mac OS X ein UNIX-System ist, gelten die meisten Aussagen, die weiter oben unter dem Punkt *Das virtuelle UNIX-Dateisystem* besprochen wurden. Wegen der zusätzlichen Fähigkeiten des Systems unterscheidet sich die Verzeichnishierarchie allerdings ein wenig von traditionellen UNIX-Systemen. Der Verzeichnisbaum kann auf unterschiedliche konkrete Dateisysteme aufgesetzt werden: Das ursprüngliche Mac OS-Dateisystem HFS (Hierarchical File System), genauer gesagt die bereits mit Mac OS 8 eingeführte Version HFS+, sowie das Unix File System UFS.

Bei Datei- und Verzeichnisnamen auf HFS+-Volumes wird nicht zwischen Groß- und Kleinschreibung unterschieden. Dies gewährleistet die Kompatibilität mit der Classic-Umgebung und einem parallel installierten Mac OS-9-System. Die maximale Länge von Dateinamen beträgt 256 Zeichen; Doppelpunkt (:) und Slash (/) sind in Dateinamen verboten, weil es sich um das Pfadtrennzeichen des klassischen beziehungsweise des neuen Mac OS handelt.

HFS-Informationszweige

Die wesentliche Besonderheit von Mac-Dateisystemen besteht allerdings darin, dass für jede Datei zwei verschiedene Informationszweige gespeichert werden: Der Datenzweig

(**Data Fork**) enthält den eigentlichen Inhalt der Datei, der Ressourcenzweig (**Resource Fork**) enthält dagegen die mit der Datei verknüpften Systemressourcen – beispielsweise das Icon, bei Programmdateien auch Menü-Inhalte, GUI-Elemente oder Versionsinformationen.

Wenn Sie eine Datei über das Internet oder ein Netzwerk auf einen Computer mit einem anderen Betriebssystem übertragen, gehen sämtliche Informationen der Resource Fork verloren. Lediglich das spezielle Format Mac-BinHex (Dateiendung `.hqx`) verpackt diese Inhalte auf eine Art und Weise, die auf anderen Systemen erhalten bleibt. Es kann mit verschiedenen Kompressionsprogrammen wie DropStuff hergestellt werden. Auch viele E-Mail-Clients stellen es automatisch her, weil gerade der Mail-Versand von Dateien sonst nicht funktioniert.

Eine weitere Eigenschaft der Resource Fork betrifft die Art und Weise, wie Dateitypen registriert werden. Für jede Datei werden zwei Werte namens **File Type ID** und **Creator ID** gespeichert. Die File Type ID ist ein vier Zeichen langer Code, der den Dateityp angibt – etwa `text` für eine Textdatei oder `tiff` für ein Bild im Dateiformat TIFF. Die Creator ID ist ein ebenfalls vier Zeichen langes Kürzel für das Programm, mit dem die Datei erzeugt wurde. Beide Informationen zusammen bestimmen, mit welchem Programm die Datei bei einem Doppelklick geöffnet wird.

Es werden zahlreiche Shareware-Programme angeboten, die das einfache Ändern dieser IDs ermöglichen. Dies ist mitunter nützlich, wenn Sie Dateien auf Dauer mit einem anderen Programm öffnen möchten als dem ursprünglichen. Dateien, die von einem Windows-Rechner stammen, besitzen überhaupt keine File Type- und Creator-IDs. Auch in diesem Fall können derartige Programme helfen, indem sie die ID automatisch anhand der Windows-Dateiendungen zuweisen. Ein Beispiel für solche Software ist der FileTyper (Download unter **dazuma.freeshell.org/filetyper**).

Solange Sie nur mit einem Mac arbeiten, benötigen Sie keine Dateiendungen. Allerdings werden Dateien heutzutage häufig mit Windows-Benutzern oder über das Internet ausgetauscht. In diesen beiden Umgebungen ist die Dateierweiterung sehr wichtig, sodass Sie sie auch unter MacOS stets verwenden sollten.

4.5 Windows

Microsoft Windows ist das am häufigsten eingesetzte PC-Betriebssystem überhaupt, vor allem, weil fast jeder neue PC mit einer OEM-Version von Windows verkauft wird. Die Geschichte dieses Systems wurde weiter oben bereits skizziert. In diesem Abschnitt wird vornehmlich das aktuelle Windows XP behandelt, die meisten Informationen gelten allerdings auch für andere Windows-Versionen.

4.5.1 Die verschiedenen Windows-Versionen

Es lassen sich insgesamt vier verschiedene Arten von Windows-Systemen unterscheiden:

- Das ursprüngliche Windows, von der in den 80er-Jahren erschienenen Version 1.0 bis zur letzten derartigen Version 3.11, war kein eigenständiges Betriebssystem, sondern erforderte ein separat installiertes MS-DOS und bildete lediglich dessen grafische Benutzeroberfläche. In der ersten Hälfte der 90er-Jahre erschienen allerdings nach und nach immer weniger Programme für DOS, die meiste Software lief nur noch unter Windows.

Wegen ihrer 16-Bit-Architektur werden diese Versionen von Windows zusammenfassend als Win16 bezeichnet, alle anderen sind dagegen Spielarten von Win32.

- Die direkten Nachfolger der klassischen DOS/Windows-Kombination sind Windows 95, Windows 98 und Windows Me. Nach langen Jahren der Ankündigung hat Microsoft die Weiterentwicklung dieser Produktreihe nun endgültig eingestellt. Sie alle bringen ihr zugrunde liegendes DOS selbst mit, funktionieren aber technisch gesehen – mit einigen Verbesserungen – ähnlich wie DOS mit aufgesetztem Windows 3.11.
- Die seit 1993 neu konzipierte Windows-NT-Familie bietet dagegen echte 32-Bit-Betriebssysteme, die nicht mehr auf DOS basieren. Allerdings enthalten sie alle neben der grafischen Benutzeroberfläche noch immer eine Konsole, deren Befehle weitgehend kompatibel zu DOS sind. Zu dieser Familie gehören Windows NT, Windows 2000 und Windows XP. Letzteres wird in einer Home- und einer Professional-Version angeboten; Windows XP Home ersetzt die bisherigen DOS-basierten Versionen für Privatkunden.
- Ein weiterer Zweig der NT-Produktreihe sind die Serverbetriebssysteme. Sie werden auf speziellen Serverrechnern installiert, die in Netzwerken und im Internet Ressourcen zur Verfügung stellen oder zentrale Verwaltungsaufgaben wahrnehmen. Zu dieser speziellen Reihe gehören Windows NT Server, Windows 2000 Server und der neue Windows Server 2003. Da sämtliche Netzwerkthemen in separaten Kapiteln besprochen werden, finden Sie einige Informationen zu Windows 2000 Server und Windows Server 2003 in Kapitel 14, *Netzwerkanwendungen*.

Die diversen Windows-Betriebssysteme unterscheiden sich nicht nur darin, ob sie zum DOS- oder zum NT-Entwicklungszweig gehören. Weitere wichtige Unterschiede sind die unterstützten Dateisysteme, der Umgang mit dem Multitasking zwischen den Windows-Anwendungen und die jeweils verwendete grafische Benutzeroberfläche. Tabelle 4.4 zeigt diese Eigenschaften der meisten Versionen auf einen Blick.[6]

Jahr	System	Familie	GUI	Dateisysteme	Multitasking
vor 1995	Windows 3.11	DOS	Programm-Manager	FAT 16	kooperativ
	Windows NT 3.x	NT	Programm-Manager	NTFS, FAT 16	präemptiv
1995	Windows 95	DOS	neu entwickelt	FAT 16	präemptiv; 16-Bit-Programme: kooperativ
1996	Windows NT 4.0	NT	Win 95	NTFS, FAT 16	präemptiv

Tabelle 4.4 Eigenschaften der wichtigsten Windows-Versionen

6 Die spezielle FAT 16-Version in Windows 95, VFAT 16, unterstützte bereits lange Dateinamen. Spätere Versionen von Windows 95 konnten zusätzlich FAT 32 verwenden.

Jahr	System	Familie	GUI	Dateisysteme	Multitasking
1998	Windows 98	DOS	weiterentwickelte Win95-GUI	FAT 16[7], FAT 32	siehe Win95
1999	Windows 2000	NT	weiterentwickelte Win95-GUI	NTFS, FAT 16, FAT 32	präemptiv
2000	Windows Me	DOS	weiterentwickelte Win98-GUI	FAT 16, FAT 32	siehe Win 95
2001	Windows XP	NT	Luna	NTFS, FAT 16, FAT 32	präemptiv
2003	Windows Server 2003	NT	»Kompromiss« zwischen Luna und Win2000	NTFS, FAT 16, FAT 32	präemptiv

Tabelle 4.4 Eigenschaften der wichtigsten Windows-Versionen (Forts.)

16-Bit-Anwendungen

Da bei Windows 95 und seinen Nachfolgern ein 32-Bit-Windows auf ein leicht modifiziertes MS-DOS aufsetzt, werden alte 16-Bit-Anwendungen für DOS oder Windows 3.11 dort an diese DOS-Ebene weitergereicht. Diese Ebene des Betriebssystems verhält sich genau wie das alte MS-DOS, sie verwendet beispielsweise nur kooperatives Multitasking. Diese Eigenschaft macht das System potenziell instabil.

Die Windows-NT-Familie führt DOS- und Win16-Anwendungen dagegen auf einer virtuellen 16-Bit-Maschine aus. Sie können sogar wählen, ob Sie ein bestimmtes altes Programm auf einer eigenen virtuellen Maschine ausführen möchten (rechte Maustaste, Menü »Eigenschaften«, »getrennter Speicherbereich« ankreuzen) oder ob es mit anderen zusammen in einem gemeinsamen Speicherbereich für 16-Bit-Programme laufen soll. In jedem Fall sind 16-Bit-Anwendungen in ihrer sicheren Umgebung von allen anderen Programmen abgetrennt und können auf diese Weise nicht das System in Mitleidenschaft ziehen.

Windows-Dateisysteme

Weiter oben im Unterabschnitt *Das virtuelle Windows-Dateisystem* wurden die wichtigsten Informationen über Windows-Dateisysteme bereits besprochen. Hier finden Sie nur noch die bedeutendsten Besonderheiten der drei konkreten Dateisysteme, die von den verschiedenen Windows-Versionen verwendet werden:

- **FAT 16** ist das ursprüngliche Dateisystem von MS-DOS und Windows 3.11 – früher gab es sogar eine noch eingeschränktere Variante namens FAT 12. »FAT« ist die Abkürzung für File Allocation Table – Dateizuordnungstabelle. In Form einer solchen Tabelle speichert dieses Dateisystem jeweils die Nummer des ersten Clusters, bei dem eine bestimmte Datei beginnt.

  Jede Zuordnungseinheit enthält einen Verweis auf das nächste Cluster der Datei. Dateien liegen nämlich nicht unbedingt als zusammenhängende Kette von Clustern auf der Festplatte, sondern sind bisweilen ziemlich weit verstreut – sie fragmentieren im

Laufe der Zeit, weil die Lücken, die durch das Löschen kleiner Dateien entstehen, mit einzelnen Teilen größerer Dateien gefüllt werden. Dies ist bei moderneren Dateisystemen zwar auch der Fall, aber diese verwenden intelligentere Verfahren zur Verwaltung der einzelnen Zuordnungseinheiten und räumen das Dateisystem im Hintergrund ständig auf. Bei FAT-Dateisystemen ist es wichtig, die Datenträger regelmäßig mit geeigneter Software zu defragmentieren, weil sie sonst immer langsamer werden.

Da es sich bei FAT 16 um ein 16-Bit-Dateisystem handelt, beträgt die maximale Anzahl von Zuordnungseinheiten auf einer Partition 65.536. Dies macht große Datenträger sehr ineffizient, da jede Datei immer ganze Zuordnungseinheiten belegt. Darüber hinaus ist die Größe einer FAT 16-Partition auf 2 Gigabyte begrenzt.

- **FAT 32** wurde zum ersten Mal mit der zweiten Windows 95-Neuauflage ausgeliefert, Windows 95 B. Das Dateisystem besitzt exakt dieselbe Funktionsweise wie FAT 16. Durch die 32-Bit-Adressierung wurde allerdings die Anzahl der Cluster pro Partition auf über 4 Milliarden erhöht, die Gesamtgröße einer Partition kann theoretisch 4 Terabyte betragen.
- **NTFS**, das New Technology File System, existiert in verschiedenen, leicht unterschiedlichen Versionen. Die Zuordnungseinheiten werden nicht mehr in einer einfachen Tabelle verwaltet, sondern in einer komplexen Baumstruktur, die erheblich schnellere Zugriffe ermöglicht und mehr Schutz vor Fehlern bietet. Des Weiteren bietet das Dateisystem eine UNIX-ähnliche Verwaltung von Benutzerrechten für den Eigentümer, die Gruppe und sonstige Benutzer. Diese Rechte stellen Sie übrigens unter den Dateieigenschaften ein: Klicken Sie die Datei oder den Ordner mit der rechten Maustaste an und wählen Sie **Eigenschaften**.

  Der einzige Nachteil von NTFS besteht darin, dass es für viele Betriebssysteme nicht zugänglich ist. Linux kann NTFS nur lesen und nicht beschreiben; Windows 95, 98 und Me können gar nicht darauf zugreifen. Wenn Sie also mehrere Betriebssysteme auf demselben Rechner installiert haben, müssen Sie sich genau überlegen, welches dieser Systeme auf welche Daten zugreifen können soll, bevor Sie sich für die Verteilung der Dateisysteme auf die verschiedenen Partitionen entscheiden.

  Windows NT und seine Nachfolger bieten die Möglichkeit, FAT-Dateisysteme nachträglich in NTFS zu konvertieren – eine umgekehrte Möglichkeit besteht dagegen nicht.

4.5.2 Die Windows-Benutzeroberfläche

Im Laufe der Versionen hat sich die Oberfläche von Windows immer weiter entwickelt. Die klassischen DOS-Ergänzungen und die ersten Versionen von Windows NT verwendeten eine Anwendung namens Programm-Manager als Oberfläche. Er bestand im Wesentlichen aus einer Sammlung so genannter Programmgruppen, die per Doppelklick jeweils ein Fenster mit Verknüpfungen verschiedener Anwendungsprogramme öffneten. Die Gruppen und Verknüpfungen des Programm-Managers wurden in neueren Windows-Versionen durch das Menü **Programme** im Startmenü ersetzt.

Die Dateiverwaltung wurde mit einem ähnlich spartanischen Programm durchgeführt, dem Datei-Manager. Im Gegensatz zu späteren Windows-Versionen unterstützte er keine verschiedenen Icons für unterschiedliche Dateitypen. Statt des Datei-Managers wird heute der erheblich komfortablere Explorer eingesetzt.

Windows 95

Die Oberfläche, die mit Windows 95 eingeführt wurde, war erheblich komfortabler als die alte und sehr stark von MacOS inspiriert. Echte eigene Ideen – die Apple wiederum für spätere MacOS-Versionen übernommen beziehungsweise variiert hat – waren die Taskleiste mit dem Startmenü und die Arbeit mit Kontextmenüs: Wenn Sie unter Windows ein beliebiges Objekt oder eine Markierung mit der rechten Maustaste anklicken, finden Sie die wichtigsten Befehle für die aktuelle Auswahl auf einen Blick.

Spätere Versionen von Windows brachten nach und nach weitere Verbesserungen der Benutzeroberfläche. In Windows 98 wurde der Windows-Explorer, also der Datei-Manager, mit dem Internet Explorer, dem Webbrowser, verknüpft. Das ist für die Anwender relativ komfortabel, brachte Microsoft aber wegen seiner Monopolstellung vor Gericht.

Windows XP ist mit einer erweiterten Benutzeroberfläche ausgestattet, die Luna genannt wird. Mit ihren abgerundeten und zum Teil halbtransparenten Elementen erinnert sie ein wenig an Apples Aqua-Oberfläche, ist aber erheblich bunter als diese. Alternativ lässt sich das nüchternere Aussehen der alten Windows-Oberflächen wieder einschalten; die verbesserten Funktionen wie zum Beispiel das erweiterte Startmenü bleiben in diesem Fall erhalten. Abbildung 4.2 zeigt eine Übersicht über den Windows-XP-Desktop mit einigen Fenstern und aufgeklapptem Startmenü.

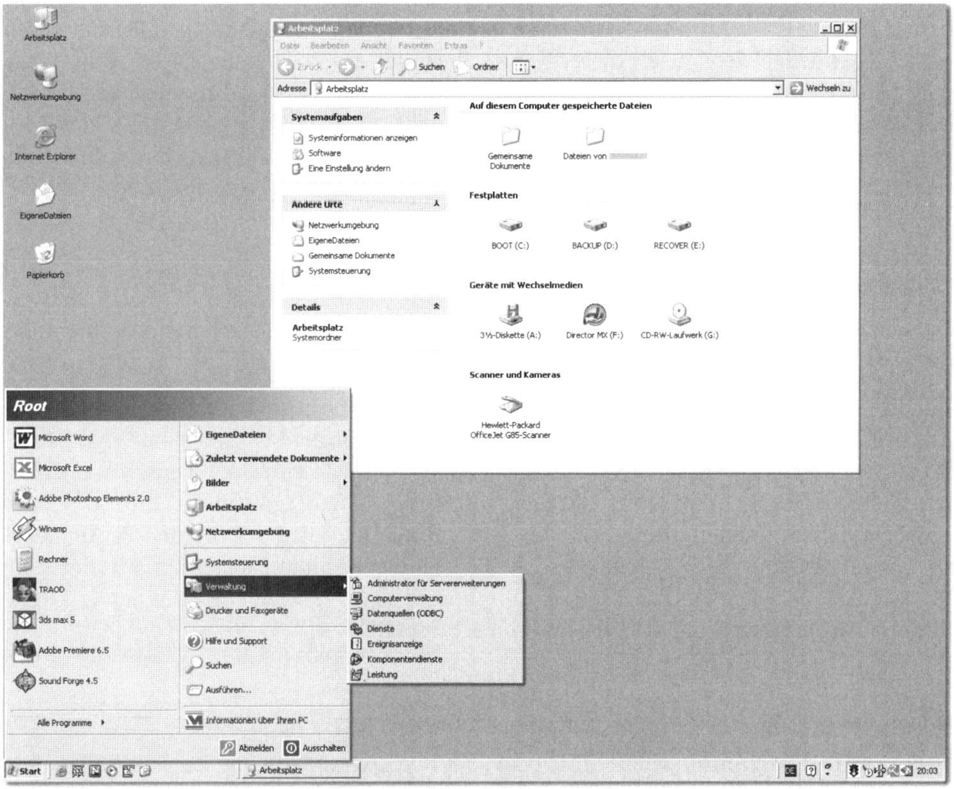

Abbildung 4.2 Die Arbeitsoberfläche von Windows XP

Fenster und Menüs

Jedes Fenster besitzt rechts oben bis zu drei Bedienelemente, sie dienen dem Minimieren, dem Umschalten zwischen Vollbild und benutzerdefinierter Größe sowie dem Schließen. Anders als unter MacOS können Sie bei einem Windows-Fenster an allen vier Seiten und allen vier Ecken ziehen, um es in die entsprechende Richtung zu vergrößern oder zu verkleinern.

SDI- und MDI-Anwendungen

Windows-Anwendungsprogramme gibt es in zwei verschiedenen Formen. Einige Anwendungen sind mit einem **Single Document Interface** (SDI) ausgestattet – Sie können innerhalb einer solchen Anwendung nur ein Dokument auf einmal bearbeiten. Das Programmfenster ist gleichzeitig das Dokumentfenster, durch Schließen des Fensters wird das gesamte Programm beendet. Das **Multi Document Interface** (MDI) bietet dagegen ein Hauptfenster für das eigentliche Programm, in diesem Rahmen können beliebig viele Dokumentfenster geöffnet werden. Das Schließen des Hauptfensters beendet das Programm, Sie können aber auch die einzelnen Dokumentfenster schließen, ohne das eigentliche Programm zu beenden.

Noch vor einigen Jahren galten MDI-Anwendungen als fortschrittlichste Form von Windows-Programmen und wurden allgemein eingesetzt, inzwischen verwenden viele Programme stattdessen eine Art intelligente SDI-Technologie: Wenn Sie aus einem Fenster heraus eine neue Datei öffnen, wird diese in einem weiteren unabhängigen Fenster geöffnet; das Schließen des letzten dieser Fenster beendet das Programm. Diese Technologie wird beispielsweise von Microsoft Office und von den meisten Web-Browsern verwendet. Der Vorteil ist eigentlich klar: Wenn jedes Dokument ein eigenes Hauptfenster bildet, können Sie über die Taskleiste zwischen ihnen hin- und herwechseln, Anwender brauchen sich nicht an eine programminterne Art und Weise des Umschaltens zwischen verschiedenen Fenstern zu gewöhnen.

Taskleiste und Startmenü

Das wichtigste Bedienelement der Windows-Oberfläche ist die Taskleiste, vor allem das integrierte Startmenü. Hier wird die Version in Windows XP beschrieben; in älteren Versionen verhalten sich diese Bedienelemente ein wenig anders.

Zwischen Programmen wechseln

Auf der Taskleiste befindet sich für jedes unabhängig geöffnete Fenster eine Schaltfläche. Sie können durch Klick auf diese Schaltflächen zwischen den einzelnen Fenstern umschalten. Schneller funktioniert dies allerdings über die Tastatur: Wenn Sie die `Alt`-Taste gedrückt halten, können Sie mit `Tab` bequem durch die Liste der offenen Fenster blättern; das Loslassen von `Alt` schaltet schließlich zum gewählten Fenster um. Mit der rechten Maustaste können Sie außerdem ein Kontextmenü für jedes Element in der Taskleiste öffnen, beispielsweise, um das Fenster schnell zu schließen.

Das Startmenü enthält folgende wichtige Einträge:

- Links finden Sie eine Liste der zuletzt geöffneten Programme.
- Unter **Alle Programme** befindet sich ein verschachteltes Menü, das Zugang zu fast allen auf Ihrem System installierten Programmen bietet. Mit der rechten Maustaste können Sie darin Ordner anlegen oder Objekte löschen, außerdem können Sie beliebige Verknüpfungen hineinziehen.

- Rechts oben werden einige häufig verwendete Ordner eingeblendet: **Eigene Dateien** ist ein wenig mit dem Home-Verzeichnis in UNIX-Systemen vergleichbar, der Ordner enthält die persönlichen Dokumente des aktuellen Benutzers. Unter dem **Arbeitsplatz** finden Sie alle Laufwerke, die in Ihrem Computer installiert sind. **Netzwerkumgebung** dient dem Zugriff auf Ressourcen im lokalen Netzwerk.
- Die **Systemsteuerung** enthält eine Reihe kleiner Programme, die der Konfiguration des Betriebssystems dienen. Einige von ihnen werden weiter unten besprochen.
- **Hilfe und Support** bietet Zugang zu einem umfangreichen Hilfesystem, das Ihnen viele Fragen zu Windows beantworten kann.
- **Suchen** öffnet einen umfangreichen Dialog zur Suche nach Dateien und Ordnern, Multimedia-Dokumenten, Computern im Netzwerk und anderen Ressourcen.
- **Ausführen** bietet die Möglichkeit, den Namen eines Programms einzugeben oder aus einem Ordnermenü auszuwählen, das ausgeführt werden soll.
- **Abmelden** enthält die beiden Befehle **Abmelden** und **Benutzer wechseln**. Wenn Sie sich abmelden, werden alle laufenden Programme beendet und ein anderer Benutzer kann sich anmelden. Die Auswahl »Benutzer wechseln« blendet dagegen Ihren persönlichen Desktop mit allen laufenden Programmen aus und ermöglicht einem anderen Benutzer die gleichzeitige Anmeldung. Diese Option ist außerdem nützlich, wenn Sie Ihren Arbeitsplatz kurz verlassen, weil Sie je nach Konfiguration ein Passwort eingeben müssen, um weiterzuarbeiten.
- **Ausschalten** enthält Befehle zum Ausschalten und zum Neustarten des Rechners sowie zum Aktivieren des Ruhezustands.

Je nachdem, wie Ihr System konfiguriert ist, befinden sich eventuell noch weitere Elemente im Startmenü.

Ganz rechts in der Taskleiste befindet sich der **Systray**. In diesem Bereich werden von einigen Anwendungen Schnellzugriffs-Icons abgelegt. Unter anderem können Sie hier oft auf Knopfdruck die Lautstärke regeln oder die Darstellungsoptionen Ihrer Grafikkarte ändern. Außerdem wird an dieser Stelle die aktuelle Uhrzeit angezeigt. Wenn Sie darauf doppelklicken, können Sie Datum und Uhrzeit einstellen.

Der Explorer

Der Datei-Manager unter Windows heißt Explorer. Hier werden die Ordnerinhalte angezeigt und sämtliche Dateioperationen durchgeführt. Wenn Sie ein Laufwerk im Arbeitsplatz oder einen Ordner auf dem Desktop doppelklicken, öffnet sich ein Explorer-Fenster. Anders als in älteren Windows-Versionen gibt es unter XP keinen Unterschied mehr zwischen Ordner-Ansichtsfenstern und »richtigen« Explorer-Fenstern. Wenn Sie per Doppelklick ein Ordner-Fenster geöffnet haben, können Sie den Verzeichnisbaum des Explorers mit Hilfe des Menübefehls **Ansicht • Explorer-Leiste • Ordner** nachträglich einblenden. Alternativ können Sie jeden Ordner mit der rechten Maustaste anklicken und den Befehl **Explorer** aus dem Kontextmenü wählen.

Wenn Sie im Explorer eine Datei oder einen Ordner ziehen, werden je nach Ziel unterschiedliche Befehle ausgeführt: Lassen Sie das Objekt im gleichen Ordner los, dann wird eine Kopie mit dem Namenszusatz `Kopie von...` erstellt. Wenn Sie einen anderen Ordner auf demselben Laufwerk als Ziel wählen, wird die Datei automatisch dorthin verschoben. Bei einem anderen Laufwerk oder einer Netzwerkfreigabe wird sie dorthin kopiert.

All diese Regeln gelten nicht, wenn es sich bei dem gezogenen Objekt um ein Programm – erkennbar an der Dateiendung `.exe` – handelt. In diesem Fall wird eine Verknüpfung mit diesem Programm erstellt. Verknüpfungen sind Verweise auf beliebige Dateien, Ordner oder Programme – beispielsweise sind die Einträge im Menü **Alle Programme** des Startmenüs Verknüpfungen. Wenn Sie explizit eine Verknüpfung erstellen möchten, können Sie dies mit der rechten Maustaste erledigen.

Es ist empfehlenswert, Dateien, Ordner und andere Explorer-Auswahlen mit der rechten Maustaste zu ziehen statt mit der linken – dies bewirkt, dass nach dem Loslassen das Kontextmenü eingeblendet wird. Sie können dann jeweils im Einzelfall entscheiden, ob Sie die Auswahl kopieren oder verschieben möchten oder eine Verknüpfung erstellt werden soll.

Ordner-Ansichtsmodi

Im Menü **Ansicht** oder in der Symbolleiste eines Explorer-Fensters können Sie sich eine von fünf möglichen Ansichten der enthaltenen Dateien und Ordner aussuchen:

- **Symbole** zeigt jedes Objekt als Icon mit Beschriftung darunter an; die Symbole können frei verschoben werden.
- **Kacheln** verwendet ebenfalls Icons, die Beschriftung mit einigen Details steht bei dieser Option daneben. Auch diese Ansicht ermöglicht das freie Verschieben der einzelnen Icons.
- Die **Liste** zeigt die kleinen Symbole in einer bestimmten Reihenfolge untereinander an, es werden mehrere Spalten gebildet. Wenn Sie sie verschieben, wird zwar ihre Reihenfolge geändert, aber sie können nicht frei positioniert werden.
- **Details** verwendet für jeden einzelnen Eintrag eine gesamte Zeile, für jedes Element werden Informationen wie Größe, Dateityp oder Datum und Uhrzeit der letzten Änderung angezeigt. Wenn Sie auf eine der Spaltenbeschriftungen klicken, wird die Liste nach dieser Kategorie sortiert – beim ersten Klick aufsteigend, beim nächsten absteigend.
- Die **Miniaturansicht** ist erst in Windows XP neu eingeführt worden: Jede Datei wird in einer kleinen Box angezeigt; für alle Bilder, mit deren Dateiformat das Betriebssystem selbst umgehen kann, zeigt es eine Vorschau.[7]

Unabhängig von der konkreten Ansicht, die Sie gewählt haben, können Sie die Inhalte auch über das Menü **Ansicht · Symbole anordnen** nach verschiedenen Schlüsseln sortieren. Die Option **Am Raster ausrichten** sortiert dagegen gar nichts, sondern ordnet die Icons lediglich genau unter- und nebeneinander an.

Auf dem Desktop werden immer große Symbole angezeigt. Die Optionen zum Sortieren dieser Symbole finden Sie, wenn Sie mit der rechten Maustaste auf den Desktop klicken. In diesem Kontextmenü finden Sie übrigens auch den Befehl **Neu**, der dem Anlegen neuer Ordner und verschiedener Arten von Dateien dient.

7 Dies funktioniert nur in Ordnern, die Sie mittels **Ordneroptionen** als Bildordner gekennzeichnet haben.

Auswählen können Sie Objekte durch einfaches Anklicken. Wenn Sie die [Strg]-Taste gedrückt halten, können Sie weitere Objekte zur Auswahl hinzufügen oder wieder abwählen. [Shift] dient dagegen dem Auswählen zusammenhängender Blöcke.

4.5.3 Die Windows-Konsole

Gewissermaßen als Erbe des Betriebssystems MS-DOS enthalten alle Windows-Versionen eine Konsole oder Eingabeaufforderung. Verglichen mit dem Komfort einer UNIX-Shell ist sie ziemlich spartanisch, ermöglicht aber dennoch den schnellen Zugriff auf einige Systemfunktionen.

Windows 95, 98 und Me verwenden die Original-Shell der eingebauten MS-DOS-Variante, `COMMAND.COM`. Die NT-basierten Systeme benutzen dagegen eine erweiterte Version namens `Cmd.exe`. In ihrer neuesten Fassung unterstützt diese Anwendung History und Befehlsvervollständigung, beide funktionieren genau wie bei den weiter oben beschriebenen UNIX-Shells. Die History-Funktion wurde in früheren Versionen durch ein Zusatzprogramm namens `DOSKEY` bereitgestellt, das separat gestartet werden musste; die Vervollständigung gab es vor Windows XP gar nicht.

Bereits in sehr alten DOS-Versionen wurden dagegen die von UNIX übernommenen Ein- und Ausgabeumleitungen sowie Pipes unterstützt. Sie funktionieren unter Windows genau wie unter Linux – mit der Ausnahme, dass Windows keine HIER-Dokumente kennt.

Muster für Dateinamen

Die Windows-Konsole verwendet darüber hinaus eine abgespeckte Version der Mustererkennung: Ein `*` im Dateinamen steht für beliebig viele Zeichen; ein `?` für genau ein beliebiges Zeichen. Die Dateiendung wird getrennt vom eigentlichen Dateinamen betrachtet. Aus diesem Grund müssen Sie `*.*` schreiben, wenn Sie alle Dateien meinen.

Ein wichtiger Unterschied zwischen Windows und UNIX betrifft die Suche nach dem Verzeichnis, in dem sich eine auszuführende Datei befindet: Wenn Sie an der Eingabeaufforderung einen bestimmten Dateinamen eingeben, wird als Erstes im aktuellen Arbeitsverzeichnis danach gesucht. Erst danach werden die Verzeichnisse in der Umgebungsvariablen `PATH` überprüft.

Umgebungsvariablen wie `PATH` können Sie in Windows XP übrigens einfach über die grafische Benutzeroberfläche einstellen: Klicken Sie mit der rechten Maustaste auf den **Arbeitsplatz** und wählen Sie **Eigenschaften**. Klicken Sie auf der Registerkarte **Erweitert** auf die Schaltfläche **Umgebungsvariablen**, um `PATH` und andere Variablen einzustellen. Die Variablen in diesem Dialog werden in zwei Kategorien unterteilt: Systemvariablen gelten unabhängig vom angemeldeten Benutzer für das gesamte System, Benutzervariablen dagegen nur für den aktuellen Benutzer.

Sie öffnen das Konsolenprogramm unter Windows XP über **Start • Alle Programme • Zubehör • Systemprogramme • Eingabeaufforderung**. Wenn Sie die Konsole häufig benötigen, lohnt es sich also, eine Verknüpfung auf dem Desktop oder weniger tief verschachtelt im Programme-Menü anzulegen.

Der Prompt besteht in der Windows-Konsole standardmäßig aus dem aktuellen Pfad, der mit dem Laufwerksbuchstaben des aktiven Laufwerks beginnt, dahinter steht ein >-Zeichen. Wenn Sie sich beispielsweise auf der Festplatte `C:` befinden und Ihr Arbeitsverzeichnis `Dokumente` ist, sieht der Prompt folgendermaßen aus:

```
C:\Dokumente>
```

Das aktuelle Laufwerk wechseln Sie einfach, indem Sie seinen Laufwerksbuchstaben (gefolgt von dem üblichen Doppelpunkt) eintippen.

Windows-Konsolenbefehle

Im Folgenden werden die wichtigsten Konsolenbefehle aufgelistet. Bei den traditionellen DOS-Befehlen werden Optionen typischerweise durch einen vorangestellten / statt durch ein – angegeben. Da das Pfadtrennzeichen unter Windows der Backslash (\) ist, hat der Slash ansonsten keine besondere Bedeutung.

- `dir` (directory) listet den Inhalt des aktuellen Verzeichnisses auf. Die Option `/p` zeigt den Inhalt seitenweise an, `/w` lässt die ausführlichen Informationen weg und verwendet dafür mehrere Spalten für Dateien. Die Option `/s` zeigt zusätzlich die Inhalte aller verschachtelten Unterverzeichnisse an. Sie können ein Dateimuster angeben, damit nur bestimmte Dateien angezeigt werden.
- `cd` wechselt das Verzeichnis. Der Befehl funktioniert im Grunde genau wie seine UNIX-Version. Beachten Sie lediglich das bereits erwähnte unterschiedliche Pfadtrennzeichen.
- `mkdir` oder `md` legt ein neues Verzeichnis an.
- `del` löscht die angegebene Datei beziehungsweise alle Dateien, die dem angegebenen Muster entsprechen. Die Option `/s` löscht zusätzlich alle Unterverzeichnisse des aktuellen Verzeichnisses.
- `rmdir` oder `rd` löscht das angegebene Verzeichnis. Standardmäßig muss das Verzeichnis leer sein, es sei denn, Sie verwenden die Option `/s`.
- `copy` kopiert Dateien. Die genaue Syntax ist `copy Quelle Ziel`. Die Quelle ist ein beliebiges Dateimuster, das Ziel ist bei einer einzelnen Datei ein nicht existierender Dateiname, bei mehreren Dateien ein Ordnername.
- `move` verschiebt Dateien. Die Quelle ist ein beliebiges Dateimuster, das Ziel muss dagegen ein Verzeichnis sein.
- `rename` benennt Dateien um. Die Syntax lautet `rename AlterName NeuerName`. Der angegebene Name darf kein Muster sein, sondern muss eine einzelne Datei sein.
- `attrib` ändert die bereits weiter oben besprochenen Windows-Dateiattribute Sie können einem Attribut eines der Zeichen + oder – voranstellen, um es ein- beziehungsweise auszuschalten; die einzelnen Attribute sind `R` für »Readonly« (schreibgeschützt), `S` für eine Systemdatei, `H` für »Hidden« (versteckt) und `A` für Archiv (geändert). Die Option `/s` verarbeitet auch Unterverzeichnisse.

  Bis auf das Attribut »Systemdatei« können alle auch in der grafischen Oberfläche geändert werden: Klicken Sie dazu die gewünschte Datei mit der rechten Maustaste an und wählen Sie die Option **Eigenschaften**. In diesem Dialog erhalten Sie eine Reihe von Informationen über die Datei und können ihre Attribute durch einfaches Ankreuzen oder Deaktivieren ändern.
- `type` zeigt den Inhalt einer Textdatei an. Das Argument ist ein Dateiname.

Einige weitere Konsolenbefehle beschäftigen sich mit der Netzwerkkonfiguration und -anwendung. Diese Befehle werden in Kapitel 14, *Netzwerkanwendungen*, angesprochen.

Batch-Dateien

Ähnlich wie bei einem UNIX-Shell-Skript können Sie eine Abfolge von DOS-Befehlen in eine Datei schreiben, um diese Befehle nacheinander auszuführen. Eine solche Datei benötigt die Dateiendung `.bat` und wird als Batch-Datei (Stapelverarbeitungsdatei) bezeichnet. Sie wird einfach durch Eingabe ihres Namens gestartet, wobei Sie die Endung weglassen können.

4.5.4 Windows-Konfiguration

Das Betriebssystem Windows verfügt über verschiedene Dialoge zur Systemkonfiguration. Die wichtigsten von ihnen befinden sich in der Systemsteuerung. Einige Einstellmöglichkeiten werden hier kurz besprochen, andere lernen Sie in Kapitel 14, *Netzwerkanwendungen*, kennen.

Wählen Sie zunächst **Start • Systemsteuerung**, um die im Folgenden genannten Konfigurationsprogramme zu finden. Unter Windows kann die Systemsteuerung in zwei verschiedenen Ansichten angezeigt werden. Voreingestellt ist die Kategorienansicht, die Anfängern die Orientierung erleichtert. Leistungsfähiger ist dagegen die klassische Ansicht, die für jeden verfügbaren Konfigurationsdialog ein eigenes Icon anzeigt. Die einzelnen Punkte in dieser Übersicht beziehen sich auf die klassische Ansicht.

- **Anzeige** steuert das Erscheinungsbild der grafischen Oberfläche. Auf der Registerkarte **Designs** können Sie zwischen dem Luna-Layout und der klassischen Windows-Ansicht wechseln. Weitere Designs können aus dem Internet heruntergeladen und alternativ installiert werden.

  Unter **Desktop** können Sie ein Hintergrundbild auswählen. Es folgen die Konfigurationsdialoge für den **Bildschirmschoner** und die **Darstellung**, die das Ändern von Farben und Effekten ermöglicht. Unter **Einstellungen** können Sie zuletzt den Bildschirm und die Grafikkarte konfigurieren.

  Dieser Dialog lässt sich schneller aufrufen, indem Sie mit der rechten Maustaste auf eine freie Stelle auf dem Desktop klicken und **Eigenschaften** auswählen.

- **Hardware** ermöglicht die Installation von Treibern für neu angeschlossene Geräte beziehungsweise das Aktualisieren von Treibern, die Probleme bereiten. Da Windows XP mit der Plug & Play-Funktion ausgestattet ist, wird neue Hardware aber in der Regel automatisch beim Start erkannt und Sie werden gebeten, eine Treiber-CD einzulegen.

- **Software** bietet Ihnen drei verschiedene wichtige Optionen. Unter **Programme ändern oder entfernen** können Sie jedes installierte und registrierte Anwendungsprogramm deinstallieren oder seine Installationsoptionen ändern. Die Funktion verlässt sich dabei auf die Deinstallationsprogramme, die zusammen mit den Anwendungen installiert wurden.

  Neue Programme hinzufügen ist die bevorzugte Art der Softwareinstallation. Nachdem Sie diesen Punkt aufgerufen haben, müssen Sie den gewünschten Installationsdatenträger auswählen. In der Regel wird das darauf befindliche Installationsprogramm automatisch gefunden. Die Option **Windows-Update** stellt eine Internetverbindung her und sucht nach aktualisierten Systemkomponenten oder Sicherheits-Updates.

Windows-Komponenten hinzufügen/entfernen listet schließlich sämtliche installierten Windows-Bestandteile auf und ermöglicht die Installation weiterer Komponenten von der Windows-CD.

- **Benutzerkonten** ermöglicht die Einrichtung und Verwaltung mehrerer Benutzer. Es gibt zwei verschiedene Arten von Benutzern. Computeradministratoren sind mit dem UNIX-Benutzer root vergleichbar. Sie sind berechtigt, Verwaltungsaufgaben wie die hier beschriebenen zu übernehmen. Eingeschränkte Benutzer haben dieses Recht nicht, sie dürfen nur normale Anwendungsprogramme und Systemfunktionen benutzen.
- **System** stellt auf verschiedenen Registerkarten die wichtigsten technischen Betriebssystemeinstellungen zur Verfügung. Schneller wird dieser Dialog durch einen Rechtsklick auf den **Arbeitsplatz** und die Auswahl von **Eigenschaften** aufgerufen. Im Einzelnen können Sie hier die folgenden Optionen einstellen:
  - Die **Systemwiederherstellung** ermöglicht die Überwachung verschiedener Laufwerke und Ordner, um unberechtigte Änderungen rückgängig machen zu können. Wichtig ist dies zum Beispiel für den Systemordner (häufig `C:\Windows`). Diese Option bietet nicht etwa Schutz vor Viren, sondern lediglich vor Programmen, die bei der Installation versehentlich bestimmte Systemkomponenten durch ältere Versionen ersetzen.
  - **Automatische Updates** ist der Dialog zur Konfiguration der automatischen Aktualisierung von Windows. Sie können Updates vollautomatisch installieren lassen, Windows zum Nachfragen auffordern oder auf manuelle Updates umschalten.
  - **Allgemein** liefert Informationen über den Computer und die installierte Betriebssystemversion.
  - **Computername** zeigt die Bezeichnung des Computers an. In einem Netzwerk benötigt jeder Rechner einen eindeutigen Namen – siehe Kapitel 14, *Netzwerkanwendungen*.
  - **Hardware** bietet Zugriff auf verschiedene Aspekte der Hardware-Konfiguration. Der Hardware-Assistent entspricht dem Symbol »Hardware« in der Systemsteuerung (siehe oben). Der Geräte-Manager zeigt eine Übersicht über alle bereits installierten Hardwarekomponenten. Hardwareprofile ermöglichen die Einrichtung verschiedener Konfigurationen, in denen jeweils unterschiedliche Geräte aktiviert beziehungsweise deaktiviert sind.
  - **Erweitert** erlaubt die Einstellung verschiedener spezieller Optionen: Unter **Systemleistung** können je nach Leistungsfähigkeit des Rechners verschiedene visuelle Effekte ein- und ausgeschaltet werden, im Übrigen können Sie bestimmen, ob die Ressourcen eher der Anwendung im Vordergrund zur Verfügung gestellt werden sollen oder eher den Hintergrundprogrammen – Letzteres ist typisch für Serverrechner. **Starten und Wiederherstellen** ermöglicht die Konfiguration des XP-Boot-Managers; die **Umgebungsvariablen** wurden bereits weiter oben angesprochen.
  - **Remote** schaltet die Remote-Unterstützung ein: Ein berechtigter Benutzer kann über ein Netzwerk auf Ihrem Rechner arbeiten, als säße er davor.

Ein vollkommen anderer Dialog mit zahlreichen Unteroptionen wird geöffnet, wenn Sie das Icon **Verwaltung** doppelklicken. Die meisten dort angebotenen Programme werden von einer Anwendung namens Microsoft Management Console (MMC) bereitgestellt, sodass sie relativ einheitlich zu bedienen sind.

Beispielsweise stellt die **Computerverwaltung** die wichtigsten Konfigurationseinstellungen in einer bequemen hierarchischen Baumansicht zur Verfügung. In diesem Menü gibt es unter anderem die folgenden Einstellungen:

- Die **Ereignisanzeige** verwaltet Erfolgs-, Warn- und Fehlermeldungen aus den verschiedensten Ereignisquellen in den drei Kategorien Anwendung (den Anwendungsprogrammen), Sicherheit (Überwachung von Anmeldungen und Netzwerkzugriffen) sowie System (Meldungen des Betriebssystems selbst).
- Die **Datenträgerverwaltung** ermöglicht die Partitionierung und Verwaltung der verschiedenen Festplatten.
- **Dienste** zeigt eine Liste aller Prozesse, die permanente Hintergrundfunktionen bereitstellen, beispielsweise Netzwerk-Clients und -Server, das Ereignisprotokoll oder installierte Virenwächter.

Die Registry

In alten Windows-Versionen besaß jede Systemkomponente und jedes Programm seine eigenen Konfigurationsdateien, meist im Textformat, die über die ganze Festplatte verstreut und oft inkompatibel zueinander waren. Aus diesem Grund wurde in Windows 95 ein völlig neues Modell der Konfigurationsdatenverwaltung eingeführt: die Registrierdatenbank oder Registry. Das Betriebssystem selbst nutzt diese Datenbank konsequent. Darüber hinaus steht allen Anwendungsentwicklern die Option zur Verfügung, die Einstellungen ihrer Programme hier abzulegen – die meisten gängigen Anwendungen nutzen diesen Service.

Die Registry ist eine verschachtelte Datenbank in Baumform. Da es normalerweise nicht vorgesehen ist, dass Endanwender die Inhalte der Registry manuell ändern, sind die dafür erforderlichen Programme nirgendwo im Startmenü eingebunden. Wählen Sie **Start · Ausführen** und geben Sie dort `regedit` ein, um den Registrierungseditor zu starten.

Im linken Bereich des Fensters finden Sie die hierarchische Struktur der Registrierungsschlüssel, die sich aufklappen lässt wie die Ordner im Explorer. Manche Schlüssel besitzen nur Unterschlüssel, andere enthalten mehrere Name/Wert-Paare, die im rechten Bereich des Fensters angezeigt werden. Wenn Sie dort auf einen Namen doppelklicken, können Sie den entsprechenden Wert ändern. Allerdings sollten Sie genau wissen, was Sie tun – das Ändern der Registry kann das System beschädigen.

Falls Sie Änderungen vorgenommen haben, die dazu führen, dass Windows gar nicht mehr startet, müssen Sie nach dem Neustart die Taste [F8] drücken und die **Letzte als funktionierend bekannte Konfiguration** auswählen.

Die Registry besteht aus den folgenden Schlüsselkategorien:

- **HKEY_CLASSES_ROOT** enthält für jeden bekannten Dateityp einen Schlüssel. Hier wird unter anderem vermerkt, mit welchem Programm der jeweilige Typ geöffnet werden soll oder welches Icon angezeigt wird. In der Regel lassen sich diese Einstellungen einfacher vornehmen, indem Sie mit der rechten Maustaste auf eine Datei klicken und **Öffnen mit** wählen. Weitere derartige Einstellungen können Sie auf der Registerkarte **Dateitypen** vornehmen, wenn Sie in einem Ordner **Extras • Ordneroptionen** wählen.
- **HKEY_CURRENT_USER** enthält alle wichtigen Einstellungen, die den zurzeit angemeldeten Benutzer betreffen. Beispielsweise enthält der Schlüssel **Software** die individuellen Einstellungen dieses Benutzers für alle Anwendungsprogramme.
- **HKEY_LOCAL_MACHINE** enthält die gesamte Konfiguration des Rechners, die wichtigsten Schlüssel sind **Hardware** (Treiberkonfiguration), **Software** (allgemeine Einstellungen für Anwendungsprogramme) und **System** (Betriebssystemkonfiguration).
- **HKEY_USERS** enthält die Einstellungen für alle existierenden Benutzer, die Daten des zurzeit angemeldeten werden jeweils nach **HKEY_CURRENT_USER** gespiegelt.
- **HKEY_CURRENT_CONFIG** enthält Kopien verschiedener Einstellungen, die das System aktuell benötigt.

4.6 Zusammenfassung

Betriebssysteme stellen die grundlegenden Funktionen bereit, die die Ausführung von Anwendungsprogrammen, die Steuerung der Hardware und die Konfiguration durch den Benutzer ermöglichen. Die verschiedenen Betriebssysteme verfügen über sehr unterschiedliche Leistungsmerkmale. Die beste Stabilität und Leistungsfähigkeit bieten die diversen UNIX-Systeme; allerdings ist es dafür auch schwieriger, sie verantwortungsvoll zu administrieren.

Ein Betriebssystem besteht aus zahlreichen Komponenten. Der Kernel ist der eigentliche Funktionskern des Systems, der die Prozess- und Speicherverwaltung durchführt und über Gerätetreiber die Hardware steuert. Die Benutzeroberfläche ist dagegen der sichtbare Teil des Systems, der dem Benutzer für Konfigurationsaufgaben und den Anwendungsprogrammen für ihre Ein- und Ausgabe zur Verfügung steht. Man unterscheidet Konsolenoberflächen, in die Benutzer manuell Befehle eintippen, und grafische Oberflächen, in denen Fenster, Menüs und Symbole intuitiv mit der Maus bedient werden.

In diesem Kapitel wurden neben allgemeinen Grundlagen drei konkrete Systeme vorgestellt: Linux ist eine zeitgemäße, freie UNIX-Implementierung, die auf beinahe beliebiger Hardware vom PDA über gewöhnliche PCs bis zum Superrechner läuft. Es besticht durch seine beinahe grenzenlose Flexibilität und Konfigurierbarkeit; zudem ist es überaus stabil und – bei vernünftiger Administration – recht sicher. Mac OS X, das aktuelle System für Apple-Macintosh-Rechner, ist eine gelungene Kombination aus einem stabilen UNIX-Unterbau und einer weiterentwickelten, benutzerfreundlichen Mac-Oberfläche. Windows schließlich ist das verbreitetste PC-Betriebssystem; es verfügt über die mit Abstand größte Software-Auswahl, zumal neben den unzähligen kommerziellen Anwendungen auch sehr viele Open-Source-Programme aus der UNIX-Welt für Windows portiert wurden.

5 Grundlagen der Programmierung

There are 10 kinds of people: Those who understand binary notation and those who do not.
– Anonym

Ein Computer ist immer nur so nützlich wie die verfügbare Software. Heutzutage gibt es vorgefertigte Programme für beinahe jeden Verwendungszweck; viele von ihnen lernen Sie in den nachfolgenden Kapiteln dieses Buches kennen. Dennoch gibt es – neben der Tatsache, dass Ihre Ausbildung es vielleicht verlangt – eine Reihe guter Gründe, Software selbst zu entwickeln:

- Trotz der immensen Fülle an Standardsoftware ist manchmal nicht genau das passende Programm verfügbar
- Manche Software ist so teuer, dass sie das Budget von Privatpersonen oder auch kleineren Unternehmen bei weitem übersteigt
- Es gibt kaum eine verlässlichere Möglichkeit, die Funktionsweise eines Computers zu verstehen, als ihn zu programmieren

Um Software entwickeln zu können, benötigen Sie Programmierkenntnisse. Je nach Art und Einsatzgebiet von Programmen sind die verschiedenen Programmiersprachen unterschiedlich gut geeignet. Beispielsweise sind einige Sprachen besonders auf Geschwindigkeit optimiert, andere dagegen sind benutzerfreundlicher und leichter zu erlernen, wieder andere sind nur für spezielle Arten von Programmen geeignet oder funktionieren nur innerhalb eines bestimmten Anwendungsprogramms.

In diesem Buch beschäftigen sich mehrere Kapitel oder Teile von ihnen mit verschiedenen Aspekten der Programmierung:

- In Kapitel 2, *Mathematische und technische Grundlagen*, wird ein virtueller Prozessor erläutert, der über eine einfache Maschinensprache (genauer gesagt eine Assembler-Sprache) mit wenigen Instruktionen verfügt.
- Das vorliegende Kapitel bietet einen allgemeinen Einstieg in die Programmierung; anhand von drei verschiedenen gängigen Sprachen werden die wichtigsten Komponenten von Computerprogrammen vorgestellt.
- In Kapitel 6, *Konzepte der Programmierung*, werden zahlreiche fortgeschrittene Programmiertechniken behandelt. Unter anderem werden Sie in die Programmierung grafischer Oberflächen eingeführt und lernen einige Grundlagen der Systemprogrammierung kennen.
- Kapitel 7, *Software-Engineering*, geht den wichtigen Schritt von der einzelnen Programmdatei zum Softwareprojekt; Sie lernen verschiedene nützliche Techniken kennen, um größere Programme zu planen und den Überblick in ihnen zu behalten.
- In Kapitel 8, *Datenbanken*, wird am Ende kurz auf die Verwendung von Schnittstellen zur Programmierung datenbankgestützter Anwendungen eingegangen.

- In Kapitel 11, *Multimedia*, wird unter anderem das Autorensystem Macromedia Director mit seiner eingebauten Programmiersprache Lingo behandelt.
- In Kapitel 14, *Netzwerkanwendungen*, finden Sie einen kurzen Abschnitt über die Netzwerkprogrammierung. Außerdem wird die J2EE-Plattform zur Entwicklung verteilter Enterprise-Anwendungen[1] vorgestellt.
- In Kapitel 15, *XML*, gibt es einen kurzen Überblick über die Schnittstellen zur XML-Programmierung.
- In Kapitel 17, *Webanwendungen*, wird die Programmiersprache PHP 5 vorgestellt.
- In Kapitel 18, *JavaScript*, wird die gleichnamige Skriptsprache zur Programmierung interaktiver Webbrowser-Inhalte behandelt.
- In Kapitel 19, *Flash MX 2004*, wird ActionScript besprochen, die eingebaute Programmiersprache dieses beliebten Grafik- und Animationsprogramms für Webseiten.

Abgesehen davon finden Sie in Kapitel 1, *Einführung*, einen kurzen Abriss der Geschichte der Programmiersprachen.

5.1 Die Programmiersprache C

In gewisser Weise ist es ein wenig gewagt, einen Programmierkurs mit der Sprache C zu beginnen: Da diese Sprache sehr große Freiheiten bezüglich der Strukturierung von Programmen erlaubt, besteht die Gefahr, sich von Anfang an einen »schlampigen« Programmierstil anzugewöhnen. Andererseits ist C die älteste Programmiersprache, die noch heute von vielen Entwicklern genutzt wird. Außerdem hat die Syntax von C eine Vielzahl neuerer Sprachen stark beeinflusst – die Mehrheit aller in diesem Buch erwähnten Sprachen benutzt die grundlegenden Konstrukte von C.

C und UNIX

Die Programmiersprache C wurde 1971 von Dennis Ritchie und Brian Kernighan entwickelt, um das Betriebssystem UNIX neu zu implementieren. Aus diesem Grund sind UNIX und C untrennbar miteinander verbunden; dennoch sind C-Compiler für fast jedes Betriebssystem verfügbar.

Bevor Sie mit dem Programmieren in C beginnen können, müssen Sie sich einen C-Compiler besorgen. Wenn Sie Linux, Mac OS X oder eine andere UNIX-Variante einsetzen, ist in der Regel bereits der GNU-C-Compiler GCC auf Ihrem System installiert oder zumindest auf Ihrer System-CD verfügbar. Wenn Sie dagegen Windows verwenden, stehen im Internet verschiedene Compiler zum kostenlosen Download bereit. Daneben existieren zahlreiche kommerzielle Angebote, in der Regel im Rahmen komplexer Entwicklungsumgebungen. Um die Beispiele in diesem Abschnitt ohne Änderungen nachvollziehen zu können, sollten Sie sich eine Windows-Version des GCC beschaffen.

CygWin

Besonders empfehlenswert ist in diesem Zusammenhang der CygWin-Compiler, da er auch gleich eine vollständige UNIX-Arbeitsumgebung für Windows mitbringt, inklusive `bash` und den wichtigsten UNIX-Systemprogrammen. Herunterladen können Sie diese Software unter **www.cygwin.com**. Falls Sie unter Windows einen anderen Compiler einsetzen,

1 Leider hat das nichts mit *Star Trek* zu tun. Der Begriff »Enterprise« steht hier für größere Unternehmen oder Institutionen.

funktionieren zwar alle Beispiele in diesem Abschnitt, aber die Compileraufrufe selbst können sich unterscheiden.

5.1.1 Das erste Beispiel

Am einfachsten erlernen Sie eine Programmiersprache, indem Sie möglichst viele Beispielprogramme ausprobieren, nachvollziehen und anschließend modifizieren. Daher beginnt dieser Unterabschnitt sofort mit dem ersten Beispiel, das anschließend genau erläutert wird. Öffnen Sie Ihren bevorzugten Texteditor, geben Sie den folgenden Code ein und speichern Sie es unter dem Dateinamen `hallo.c`:

```
#include <stdio.h>

int main() {
   char name[20];
   printf ("Hallo Welt!\n");
   printf ("Ihr Name, bitte: ");
   gets (name);
   printf ("Hallo %s!\n", name);
   return 0;
}
```

Mit GCC kompilieren

Wechseln Sie aus dem Editor auf die Konsole, begeben Sie sich in das Verzeichnis, in dem Sie die Datei `hallo.c` gespeichert haben und geben Sie Folgendes ein:

```
$ gcc hallo.c
```

Wenn Sie nicht den GCC verwenden, müssen Sie in der Bedienungsanleitung Ihres Compilers nachschlagen, wie der Befehl für die Kompilierung lautet.

Falls Sie das Listing korrekt abgetippt haben – was leider nicht immer der Fall ist –, wird der Prompt einfach kommentarlos wieder angezeigt. Andernfalls liefert der Compiler eine oder mehrere Fehlermeldungen, bequemerweise mit Angabe der jeweiligen Zeilennummern.

Falls Sie eine UNIX-Version verwenden, sollten Sie besser die folgende Variante des Befehls eingeben:

```
$ gcc -o hallo hallo.c
```

Die Option `-o Dateiname` legt einen verbindlichen Dateinamen für das fertig kompilierte Programm fest. Unter Windows heißt das Resultat automatisch `hallo.exe`.

Unter UNIX besteht der nächste Schritt darin, das Programm ausführbar zu machen:

```
$ chmod +x hallo
```

Geben Sie nun unter UNIX `./hallo` ein; unter Windows genügt die Eingabe `hallo`. Der Grund für diesen Unterschied wurde im vorigen Kapitel, *Betriebssysteme*, erwähnt. Das Programm wird ausgeführt und erzeugt folgende Ausgabe:

```
Hallo Welt!
Ihr Name, bitte: Sascha
Hallo Sascha!
```

Es handelt sich bei diesem Programm um eine erweiterte Fassung des klassischen »Hello World«-Beispiels. Es ist Tradition, das Erlernen einer Programmiersprache mit einem Programm zu beginnen, das diese Begrüßung ausgibt. Unter **http://www2.latech.edu/~acm/HelloWorld.shtml** finden Sie übrigens eine Website mit »Hello World«-Programmen in über 200 Programmiersprachen!

Im Folgenden wird das erste Programmierbeispiel Zeile für Zeile erläutert:

- `#include <stdio.h>`

  Diese Zeile ist keine richtige C-Anweisung, sondern eine Präprozessor-Direktive. Der Präprozessor ist ein Bestandteil des Compilers, der vor der eigentlichen Kompilierung verschiedene organisatorische Aufgaben erledigt. An dieser Stelle lädt er die so genannte Header-Datei `stdio.h`, die die wichtigsten Funktionen für die Ein- und Ausgabe bereitstellt (Standard Input/Output).

- `int main()`

  In dieser Zeile wird eine Funktion definiert. Funktionen sind benannte Codeblöcke, die über ihre Namen aufgerufen werden können. Die spezielle Funktion `main()` übernimmt in einem C-Programm die Aufgabe eines Hauptprogramms: Sie wird beim Start des Programms automatisch vom Betriebssystem aufgerufen.

  Der Datentyp beziehungsweise Rückgabewert der Funktion `main()` sollte `int` (ganzzahlig) sein, um dem System einen Wert zurückgeben zu können, der Erfolg oder Fehler anzeigt. Die beiden Klammern hinter dem Funktionsnamen sind Platzhalter für mögliche Parametervariablen. Der Rumpf der Funktion, also die eigentlichen Anweisungen, stehen in geschweiften Klammern.

- `char name[20];`

  Diese Zeile deklariert eine Variable mit der Bezeichnung `name`. Eine Variable ist ein benannter Speicherplatz; wenn Sie den Namen der Variablen in einem Ausdruck (zum Beispiel in einer Berechnung) verwenden, wird automatisch ihr aktueller Wert eingefügt.

  Die Variable `name` hat den Datentyp `char[]`. Es handelt sich dabei um einen Verbund einzelner Zeichen, der in C als Ersatz für einen String-Datentyp (eine Zeichenkette) verwendet wird. Der Wert 20 in den eckigen Klammern bedeutet, dass die Textlänge maximal 20 Zeichen betragen darf.

  Diese Anweisung wird durch ein Semikolon (`;`) abgeschlossen. In C muss jede Anweisung mit einem Semikolon enden.

- `printf ("Hallo Welt!\n");`

  Die Anweisung `printf()` dient der Ausgabe von Text beziehungsweise einer Formatierung für verschiedene Ausdrücke. In diesem Fall wird nur einfacher Text ausgegeben. Text in Anführungszeichen ist ein so genanntes Zeichenketten-Literal, das heißt Text, der »wörtlich gemeint« ist: Er wird unverändert wiedergegeben. Das `\n` steht für einen

Zeilenumbruch. Es gibt eine Reihe solcher speziellen Zeichenfolgen, die als Escape-Sequenzen bezeichnet werden.

- `printf ("Ihr Name, bitte: ");`
  Analog zur vorigen Zeile wird auch hier einfacher Text ausgegeben, allerdings ohne abschließenden Zeilenumbruch, damit die folgende Eingabe in derselben Zeile stattfindet.
- `gets (name);`
  Mit Hilfe von `gets()` wird eine Zeichenkette von der Standardeingabe gelesen und in der als Argument angegebenen Variablen `name` gespeichert. Die Standardeingabe (`stdin`) ist für gewöhnlich die Tastatur, es sei denn, Sie leiten die Eingabe um, wie im vorigen Kapitel beschrieben.
- `printf ("Hallo %s!\n", name);`
  In dieser Anweisung wird der Befehl `printf()` zum ersten Mal für seinen eigentlichen Verwendungszweck eingesetzt: Die Zeichenfolge `%s` ist ein Platzhalter für einen String-Ausdruck. Der durch `%s` ersetzte Ausdruck wird durch ein Komma von der Formatangabe getrennt. In diesem Fall ist der Ausdruck die Variable `name` – der Benutzer wird also mit seinem zuvor eingegebenen Namen begrüßt.
- `return 0;`
  Die Anweisung `return` beendet die Ausführung einer Funktion und gibt den dahinter angegebenen Wert an die aufrufende Stelle zurück. Wenn die Funktion `main()` den Wert `0` zurückgibt, signalisiert sie dem Betriebssystem damit, dass alles in Ordnung ist.

5.1.2 Elemente der Sprache C

Im vorigen Unterabschnitt wurden bereits einige Merkmale der Programmiersprache C angesprochen. In diesem werden nun die wichtigsten Elemente von C systematisch behandelt.

Die grundlegende Syntax

Ein C-Programm besteht grundsätzlich aus einer Abfolge von **Anweisungen**. Eine Anweisung entspricht einem einzelnen Verarbeitungsschritt, den Ihr Programm durchführen soll. Jede Anweisung steht in einer eigenen Zeile und endet mit einem Semikolon. Falls Ihnen eine Zeile zu lang erscheint, dürfen Sie an einer sinnvollen Stelle einen Backslash (\
) einfügen und in der nächsten Zeile weiterschreiben. Dies darf allerdings nicht innerhalb der Anführungszeichen eines String-Literals geschehen.

Anweisungsarten

Es gibt verschiedene Typen von Anweisungen. Die wichtigsten sind Funktionsaufrufe, Deklarationen, Wertzuweisungen und Kontrollstrukturen. Diese Anweisungsarten weisen folgende Eigenschaften auf:

- **Funktionsaufrufe** bestehen aus dem Namen der aufgerufenen Funktion und den zugehörigen Argumenten. Es kann sich sowohl um eingebaute als auch um selbst definierte Funktionen handeln. Beispiel:

  ```
  printf ("hallo");
  ```

- **Deklarationen** sind Variablen- oder Funktionsvereinbarungen. Beide Arten der Deklaration bestehen aus einem Datentyp und einem selbst gewählten Bezeichner (dem Namen des Elements). Variablen können auf Wunsch schon bei der Deklaration einen Wert erhalten. Funktionen besitzen optional beliebig viele Parameter, die als Variablen mit Datentypangabe in die Klammern hinter den Funktionsnamen geschrieben werden. Der Funktionsrumpf steht in geschweiften Klammern und besteht aus beliebig vielen Anweisungen. Beispiele:

```
int wert;            /* Variablendeklaration */
float zahl = 2.75;   /* Deklaration mit Wertzuweisung */
int summe (int a, int b)
{...}                /* Funktionsdefinition */
```

- **Wertzuweisungen** dienen dazu, einer Variablen einen Wert zuzuordnen. Eine Zuweisung hat die Form `variable = ausdruck`. Der Ausdruck wird zunächst ausgewertet, anschließend wird sein Wert in der Variablen gespeichert. Beispiele:

```
wert = 7;
zahl = 5 / 2;
```

- **Kontrollstrukturen** sind eine Sammelbezeichnung für Anweisungen, die der Flusskontrolle des Programms dienen, dazu gehören beispielsweise Fallentscheidungen und Schleifen. Beispiel:

```
if (a < 0)
   printf ("a ist negativ");
                    /* Fallentscheidung */
```

Kommentare

Neben den Anweisungen kann ein C-Programm **Kommentare** enthalten. Ein Kommentar steht zwischen den Zeichenfolgen `/*` und `*/` und kann beliebig viele Zeilen umfassen. Der Compiler ignoriert Kommentare; sie dienen dazu, Ihnen die Orientierung im Programmcode zu erleichtern. Kommentare dürfen nicht ineinander verschachtelt werden, da das erste Auftreten von `*/` den Kommentar bereits aufhebt.

Leere Zeilen im Programmcode werden ignoriert, auch vor Anweisungen und zwischen den einzelnen Elementen einer Programmzeile dürfen beliebig viele Leerzeichen stehen. Der Ausdruck `a + b` ist äquivalent zu `a+b`. Allerdings dürfen Sie innerhalb von Bezeichnern keine Leerzeichen einfügen, auch einige Operatoren bestehen aus mehreren Zeichen, die nicht voneinander getrennt werden dürfen (beispielsweise `<=` oder `&&`).

Bezeichner für Variablen und Funktionen dürfen aus Buchstaben, Ziffern und _ (Unterstrich) bestehen. Sie dürfen allerdings nicht mit einer Ziffer beginnen. Der ANSI-C-Standard, an den sich im Prinzip alle aktuellen C-Versionen halten, schreibt vor, dass mindestens die ersten 31 Zeichen der Bezeichner ausgewertet werden müssen. Sollten zwei Bezeichner erst beim 32. Zeichen voneinander abweichen, halten manche Compiler sie für ein und denselben. Bei Bezeichnern wird zwischen Groß- und Kleinschreibung unterschieden.

Variablen

Wie bereits erwähnt, ist eine **Variable** ein benannter Speicherplatz. Anders als in der Mathematik besitzt eine Variable in einer Programmiersprache jederzeit einen definierten Wert; es handelt sich also zur Laufzeit des Programms nicht um einen Platzhalter.

Variablen müssen zu Beginn jeder Funktion deklariert werden. Dies geschieht durch die Angabe des **Datentyps** und des **Bezeichners**; optional kann ein Anfangswert zugewiesen werden. Das folgende Beispiel deklariert die beiden Variablen `a` und `b`, wobei nur `b` ein Wert zugewiesen wird:

```
int a;
double b = 2.5;
```

`a` wird als `int` (Integer oder Ganzzahl) deklariert, dient also der zukünftigen Speicherung einer ganzen Zahl. `b` erhält den Datentyp `double`, der zur Ablage doppelt genauer Fließkommazahlen verwendet wird.

Tabelle 5.1 zeigt eine Übersicht über die wichtigsten einfachen Datentypen und ihre Bedeutung.

Datentyp	Bedeutung	Erläuterung
int	Integer (Ganzzahl)	Eine ganze Zahl mit der Wortbreite des Prozessors: auf den meisten Rechnern 32 Bit
short	Kurzer Integer	Integer mit geringerer Speichergröße (oft 16 Bit)
long	Langer Integer	Integer mit der größten Bitzahl (mindestens 32 Bit)
char	Einzelnes Byte	8-Bit-Integer; wird oft zur Darstellung von ASCII-Zeichen verwendet – daher der Name char (für character)
float	Fließkommawert	Speichert Fließkommazahlen mit einfacher Genauigkeit (meist 32 Bit)
double	Fließkommawert	Doppelt genauer Fließkommawert (in der Regel 64 Bit)

Tabelle 5.1 Die elementaren C-Datentypen

Ganzzahlige Datentypen

Die ganzzahligen Datentypen `int`, `short`, `long` und `char` speichern einen Integer-Wert je nach Bedarf mit oder ohne Vorzeichen. Sie können der Deklaration `signed` voranstellen, um Werte mit Vorzeichen zu speichern, oder `unsigned` für Werte ohne Vorzeichen. Dies bedeutet beispielsweise für einen 32-Bit-Integer, dass bei `signed` Werte zwischen –2.147.483.648 und +2.147.483.647 möglich sind, während `unsigned` die Werte 0 bis 4.294.967.295 zulässt. Eine Erläuterung dieser Werte finden Sie in Kapitel 2, *Mathematische und technische Grundlagen*.

Standardmäßig sind alle Integer-Werte `signed`, ein Sonderfall ist lediglich `char`: Da dieser Typ in der Regel zur Darstellung einzelner ASCII-Zeichen eingesetzt wird, ist er zumindest in diesem Zusammenhang `unsigned`. Für die Zeichen modernerer Zeichensätze wie Unicode, die mehr Speicher benötigen als 8 Bit, könnten Sie einfach `unsigned int` benutzen, empfehlenswerter ist jedoch die Verwendung des speziellen Typs `wchar_t`, wofür Sie allerdings mittels `#include` die Header-Datei `stddef.h` einbinden müssen. Die verschiedenen Zeichensätze werden in Kapitel 12, *Datei- und Datenformate*, besprochen.

Auffällig ist, dass es in C keinen separaten Datentyp für boolesche Wahrheitswerte gibt. Folgerichtig gelten Ausdrücke mit dem Wert 0 als falsch und alle anderen als wahr.

Gültigkeitsbereich von Variablen

Ein weiteres Merkmal von Variablen ist ihr **Gültigkeitsbereich** (englisch scope), der festlegt, in welchen Programmteilen eine Variable definiert bleibt. Grundsätzlich werden zwei verschiedene Arten von Variablen unterschieden:

- **Lokale Variablen**, auch automatische Variablen genannt, gelten nur innerhalb der Funktion, in der sie deklariert wurden. Dies gilt sowohl für Variablen, die zu Beginn des Funktionsrumpfes definiert werden, als auch für Parametervariablen, die in den Klammern hinter dem Funktionsnamen aufgeführt werden.
- **Globale Variablen** werden zu Beginn des Programmcodes (hinter eventuellen Präprozessor-Direktiven) deklariert und gelten im gesamten Programm. Falls Sie allerdings innerhalb einer Funktion eine gleichnamige Variable neu deklarieren, wird dort nur diese lokale Variable verwendet.

Eine besondere Form der lokalen Variablen sind die **statischen Variablen**: Wenn Sie in einer Funktion eine Variablendeklaration mit dem Schlüsselwort `static` einleiten, gilt die Variable zwar nur innerhalb dieser Funktion, behält aber ihren Wert bis zum nächsten Aufruf dieser Funktion bei.

Ausdrücke und Operationen

Zu den wichtigsten Fähigkeiten von Programmiersprachen gehört die Auswertung beziehungsweise Berechnung von **Ausdrücken**. An jeder Stelle, an der ein bestimmter Wert erwartet wird, kann stattdessen ein komplexer Ausdruck stehen, der zunächst ausgewertet und anschließend als Wert eingesetzt wird – Voraussetzung ist allerdings, dass der Ausdruck einen passenden Datentyp besitzt.

Literale

Die einfachsten Bestandteile von Ausdrücken sind die **Literale**. Es handelt sich dabei um Werte, die nicht weiter berechnet oder ersetzt werden müssen. C unterscheidet die folgenden vier Arten von Literalen:

- **Integer-Literale** dienen der Darstellung ganzzahliger Werte. Normalerweise werden sie dezimal notiert; dazu wird einfach die entsprechende Zahl mit optionalem Vorzeichen geschrieben. Wenn Sie einem Integer-Wert eine `0` voranstellen, wird er als Oktalzahl interpretiert: `033` bedeutet demzufolge nicht 33, sondern 27. Ein vorangestelltes `0x` kennzeichnet dagegen eine Hexadezimalzahl: `0x33` steht also für den Wert 51.
- **Fließkomma-Literale** repräsentieren Fließkommawerte. Beachten Sie, dass in C und anderen Programmiersprachen kein Komma als Dezimaltrennzeichen verwendet wird, sondern ein Punkt. Alternativ können Sie Fließkomma-Literale in wissenschaftlicher Schreibweise (Exponentialschreibweise) angeben: `3.5E+5` steht beispielsweise für 3,5 x 10^5 (350.000); `4.78E-4` hat dagegen den Wert 4,78 x 10^{-4} (0,000478).

- **Zeichen-Literale** enthalten ein einzelnes Zeichen aus einem Zeichensatz, mit dem der Compiler umgehen kann. Ein Zeichen-Literal muss in einfachen Anführungszeichen stehen, beispielsweise `'a'`.
- **String-Literale** enthalten Zeichenketten, das heißt beliebig lange Textblöcke. Sie müssen in doppelten Anführungszeichen stehen, etwa `"hallo"`. Ein Sonderfall ist die leere Zeichenkette, die durch zwei unmittelbar aufeinander folgende Anführungszeichen dargestellt wird: `""`. Sie wird bei Fallentscheidungen wie der Wert 0 als falsch betrachtet.

Ein weiterer Bestandteil von Ausdrücken sind Variablen, die bei der Auswertung jeweils durch ihren aktuellen Wert ersetzt werden:

```
a = 5;
b = a + 7;           /* b hat nun den Wert 12 */
```

Datentyp-konvertierung

Mitunter besitzt eine Variable, die Sie in einem Ausdruck verwenden möchten, den falschen Datentyp. C konvertiert den Datentyp immer dann automatisch, wenn keine Gefahr besteht, dass dabei Werte verloren gehen oder verfälscht werden. Beispielsweise wird ein `int` ohne weiteres akzeptiert, wo ein Fließkommatyp erwartet wird. In Fällen, in denen diese Gefahr besteht, müssen Sie die Typumwandlung dagegen explizit anordnen. Dies geschieht durch so genanntes **Typecasting**, dabei wird der gewünschte Datentyp in Klammern vor die umzuwandelnde Variable oder auch vor ein Literal geschrieben:

```
double a = 4.7;
printf ("%d", (int)a);
                  /* Ausgabe: 4 */
```

Sie können innerhalb eines Ausdrucks sogar eine Funktion aufrufen; vorausgesetzt, sie liefert einen Wert mit dem passenden Datentyp zurück:

```
a = sin (b);        /* a enthält den Sinus von b */
```

Operatoren

Neben all diesen Elementen, die jeweils einen einzelnen Wert ergeben, können Ausdrücke auch noch **Operatoren** enthalten. Diese dienen dazu, verschiedene Werte arithmetisch oder logisch miteinander zu verknüpfen. Beachten Sie, dass nicht jeder Operator zu jedem Datentyp passt.

Die **arithmetischen Operatoren** sind `+` (Addition), `-` (Subtraktion), `*` (Multiplikation), `/` (Division) und `%` (Modulo; der Rest einer ganzzahligen Division).

Logische Operatoren

Die nächste Gruppe bilden die **logischen Operatoren**. Sie dienen dazu, Werte nach logischen Kriterien miteinander zu verknüpfen:

- Das **logische Und**, geschrieben `&&`, erzeugt den Wert 0, wenn mindestens einer der verknüpften Ausdrücke 0 (logisch falsch) ist, andernfalls erhält der Gesamtausdruck einen von 0 verschiedenen Wert und gilt damit als wahr.
- Das **logische Oder** wird als `||` notiert und erhält einen von 0 verschiedenen Wert, sobald mindestens einer der verknüpften Ausdrücke von 0 verschieden ist.
- Das **logische Nicht** wird durch ein `!` dargestellt, das dem zu negierenden Ausdruck vorangestellt wird. Der Ausdruck erhält dadurch den Wert 0, wenn er zuvor einen anderen Wert hatte, und 1, wenn sein ursprünglicher Wert 0 war.

Bit-Operatoren

Ähnlich wie die logischen Operatoren, aber auf einer anderen Ebene, arbeiten die **Bit-Operatoren**: Sie manipulieren den Wert ihrer Operanden bitweise, betrachten also jedes einzelne Bit. Im Einzelnen sind die folgenden Bit-Operatoren definiert:

- **Bitweise Und** (geschrieben `&`) setzt im Ergebnis diejenigen Bits auf den Wert 1, die in beiden Operanden 1 sind, alle anderen auf 0. Beispiel: `94 & 73` führt zu dem Ergebnis 72. Erläutern lässt sich dieses Ergebnis nur anhand der binären Darstellung:

```
  0101 1110
& 0100 1001
-----------
  0100 1000
```

- **Bitweise Oder** (`|`) setzt alle Bits auf 1, die in mindestens einem der Operanden den Wert 1 haben. `94 | 73` ergibt demzufolge 95:

```
  0101 1110
| 0100 1001
-----------
  0101 1111
```

- **Bitweise Exklusiv-Oder** (`^`) setzt nur diejenigen Bits auf 1, die in genau einem Operanden den Wert 1 haben, alle anderen dagegen auf 0. `94 ^ 73` liefert das Ergebnis 23:

```
  0101 1110
^ 0100 1001
-----------
  0001 0111
```

- Die **Bit-Verschiebung nach links** (`<<`) verschiebt die Bits des ersten Operanden um die Anzahl von Stellen nach links, die der zweite Operand angibt. Beispiel: `73 << 2` ergibt 292, entspricht also einer Multiplikation mit 2^2 (4).
- Die **Bit-Verschiebung nach rechts** (`>>`) verschiebt die Bits des ersten Operanden dagegen um die angegebene Anzahl von Stellen nach rechts. Beispiel: `94 >> 3` führt zu dem Ergebnis 11, da die letzten drei Binärstellen wegfallen.
- Die **bitweise Negation** oder das **Bit-Komplement** (eine vorangestellte `~`) setzt alle Bits mit dem Wert 1 auf 0 und umgekehrt. Das Ergebnis ist abhängig von der Bit-Breite des entsprechenden Werts. Beispiel: `~73` ergibt als `unsigned` 8-Bit-Integer den Wert 182.

Vergleichsoperatoren

Für die Ablaufsteuerung von Programmen sind die **Vergleichsoperatoren** von besonderer Bedeutung: Sie vergleichen Ausdrücke miteinander und liefern je nach Ergebnis 0 oder einen wahren Wert. Es sind folgende Vergleichsoperatoren definiert:

- `==` ist der Gleichheitsoperator, das Ergebnis ist wahr, wenn die beiden verglichenen Ausdrücke gleich sind.
- `!=` überprüft die Ungleichheit von Ausdrücken, ist also wahr, wenn sie verschieden sind.
- `<` ist wahr, wenn der linke Operand kleiner ist als der rechte.
- `>` ist wahr, wenn der linke Operand größer als der rechte ist.

- <= ist wahr, wenn der linke Operand kleiner oder gleich dem rechten ist. Diese Operation ist die Negierung von >.
- >= ist wahr, wenn der linke Operand größer oder gleich dem rechten ist. Dies ist die Negierung von <.

Zu guter Letzt gibt es noch den **Wertzuweisungs-Operator** =, der dem Operanden auf der linken Seite den Wert des Ausdrucks auf der rechten Seite zuweist. Bei dem linken Operanden handelt es sich in der Regel um eine Variable. Allgemein werden Elemente, die auf der linken Seite einer Wertzuweisung stehen können, als **LVALUE** bezeichnet.

Sehr häufig kommt es vor, dass eine Wertzuweisung den ursprünglichen Wert des LVALUE ändert, sodass das LVALUE selbst in dem Ausdruck auf der rechten Seite auftaucht. Für diese speziellen Fälle wurden einige Abkürzungen definiert, die wichtigsten von ihnen werden in Tabelle 5.2 aufgeführt.

Langfassung	Kurzfassung	Erläuterung
`a = a + 5;`	`a += 5;`	LVALUE um den angegebenen Wert erhöhen

`a = a + 1;`	`a += 1;`
	`a++;`
	`++a;`
		LVALUE um 1 erhöhen; beachten Sie die Erläuterung unten

`a = a - 5;`	`a -= 5;`	LVALUE um den angegebenen Wert vermindern

`a = a - 1;`	`a -= 1;`
	`a--;`
	`--a;`
		LVALUE um 1 vermindern

`a = a * 5;`	`a *= 5;`	LVALUE mit dem angegebenen Wert multiplizieren
`a = a / 5;`	`a /= 5;`	LVALUE durch den angegebenen Wert dividieren

Tabelle 5.2 Die wichtigsten Abkürzungen für kombinierte Wertzuweisungen

Neben den in der Tabelle angegebenen Abkürzungen gibt es auch für die logischen Operatoren und die Bit-Operatoren entsprechende Schreibweisen.

Eine Sonderstellung nehmen die Operatoren ein, die ein LVALUE um 1 erhöhen beziehungsweise vermindern: Sie können ++ oder -- entweder vor oder hinter das LVALUE schreiben. Wenn Sie dies als einzelne Anweisung hinschreiben, besteht zwischen diesen Varianten kein Unterschied. Werden sie dagegen im Rahmen eines komplexen Ausdrucks verwendet, dann ist der Unterschied folgender:

- Das vorangestellte ++ wird **Prä-Inkrement** genannt. Es erhöht den Wert des LVALUE um 1 und verwendet den neuen Wert innerhalb des Ausdrucks:

  ```
  a = 1;
  b = ++a;            /* a hat den Wert 2, b auch. */
  ```

  Entsprechend heißt ein vorangestelltes -- **Prä-Dekrement**. Der Wert des LVALUE wird um 1 vermindert, bevor er in einem Ausdruck verwendet wird.

- Ein nachgestelltes ++ wird als **Post-Inkrement** bezeichnet. Ein LVALUE mit Post-Inkrement wird in einem Ausdruck mit seinem alten Wert verwendet und erst danach um 1 erhöht:

  ```
  a = 2;
  b = a++;            /* a hat den Wert 3, b bleibt 2 */
  ```

  Das nachgestellte -- heißt **Post-Dekrement**. Der alte Wert des LVALUE wird im Ausdruck verwendet, bevor es um 1 vermindert wird.

Ein besonderer Operator ist der **Fallentscheidungs-Operator**: Die Schreibweise `Ausdruck1 ? Ausdruck2 : Ausdruck3` hat `Ausdruck2` als Ergebnis, wenn `Ausdruck1` wahr ist, ansonsten ist der Wert `Ausdruck3`. Beispiele:

```
a = 2;
b = (a == 1 ? 3 : 5);
/* a ist nicht 1, also erhält b den Wert 5 */

a = 1;
b = (a == 1 ? 3 : 5);
/* a ist 1, also erhält b den Wert 3 */
```

Rangfolge der Operatoren

Bei der Arbeit mit Operatoren ist zu beachten, dass sie mit unterschiedlicher Priorität ausgewertet werden. Die folgende Liste stellt die Rangfolge der Operatoren in absteigender Reihenfolge dar. Die weiter oben stehenden Operatoren binden also stärker und werden zuerst aufgelöst:

- !, ~, ++, --, + (Vorzeichen), – (Vorzeichen)
- *, /, %
- + und – (arithmetische Operatoren)
- << und >>
- <, <=, >, >=
- == und !=
- & (bitweise Und)
- ^ (bitweise Exklusiv-Oder)
- | (bitweise Oder)
- && (logisches Und)
- || (logisches Oder)
- ?: (Operator für Fallentscheidungen)
- =, +=, -= usw.

Sie können die Rangfolge der Operatoren durch die Verwendung von Klammern verändern. Beispielsweise besitzt der Ausdruck `3 * 4 + 7` den Wert 19, während `3 * (4 + 7)` das Ergebnis 33 liefert. Beachten Sie, dass zu diesem Zweck immer nur runde Klammern verwendet werden dürfen, egal wie tief sie verschachtelt werden!

Kontrollstrukturen

Eine der wesentlichen Aufgaben von Computerprogrammen besteht darin, den Programmablauf in Abhängigkeit bestimmter Bedingungen zu steuern. Dazu definiert C eine Reihe so genannter **Kontrollstrukturen**, die man grob in Fallentscheidungen und Schleifen unterteilen kann. Eine **Fallentscheidung** überprüft die Gültigkeit einer Bedingung und führt in Abhängigkeit davon bestimmte Anweisungen aus; eine **Schleife** sorgt dagegen dafür, dass bestimmte Anweisungsfolgen mehrmals hintereinander ausgeführt werden.

if-Fallentscheidungen

Die einfachste und wichtigste Kontrollstruktur ist die Fallentscheidung mit `if()`. Der Ausdruck, der hinter dem Schlüsselwort `if` in Klammern steht, wird ausgewertet; wenn er wahr (nicht 0) ist, wird die auf das `if` folgende Anweisung ausgeführt. Das folgende Beispiel überprüft, ob die Variable `a` größer als 100 ist und gibt in diesem Fall »Herzlichen Glückwunsch!« aus:

```
if (a > 100)
   printf ("Herzlichen Glückwunsch!\n");
```

Mitunter kommt es vor, dass mehrere Anweisungen von einem einzelnen `if()` abhängen. In diesem Fall müssen Sie hinter der Bedingungsprüfung einen **Anweisungsblock** schreiben, also eine Sequenz von Anweisungen in geschweiften Klammern. Folgendes Beispiel überprüft, ob die Variable `b` kleiner als 0 ist. In diesem Fall setzt sie `b` auf 100 und gibt eine entsprechende Meldung aus:

```
if (b < 0) {
   b = 100;
   printf ("b auf 100 gesetzt.\n");
}
```

Die öffnende geschweifte Klammer schreiben manche Programmierer lieber in die nächste Zeile. Beide Varianten sind üblich und zulässig, Sie sollten sich allerdings konsequent an eine davon halten. In diesem Buch wird die Klammer stets in dieselbe Zeile gesetzt, allein schon aus Platzgründen.

Letzten Endes lohnt es sich übrigens, auch bei `if`-Abfragen, von denen nur eine einzige Anweisung abhängt, geschweifte Klammern zu verwenden. Erstens kann Ihnen so nicht der Fehler passieren, dass Sie die Klammern vergessen, wenn später weitere Anweisungen dazukommen. Zweitens gibt es andere Programmiersprachen wie etwa Perl, bei denen die Klammern zwingend vorgeschrieben sind.

Bedingungsausdrücke

Für die Formulierung des Bedingungsausdrucks bieten sich einige Abkürzungen an, die mit der logischen Interpretation von 0 und anderen Werten zu tun haben. Wollen Sie beispielsweise Anweisungen ausführen, wenn die Variable `a` den Wert 0 hat, können Sie entweder die ausführliche Bedingung `a == 0` schreiben oder die Abkürzung `!a` verwenden: Die Negation von `a` ist genau dann wahr, wenn `a` gleich 0 ist. Sollen dagegen Anweisungen ausgeführt werden, wenn `a` nicht 0 ist, genügt sogar ein einfaches `a` als Bedingung. Diese Nachlässigkeit bei der Überprüfung von Datentypen macht C zu einer so genannten schwach typisierten Sprache: Variablen besitzen festgelegte Datentypen, diese werden aber bei Bedarf sehr großzügig ineinander konvertiert.

else Es kommt sehr häufig vor, dass auch bei Nichtzutreffen einer Bedingung spezielle Anweisungen ausgeführt werden sollen. Zu diesem Zweck besteht die Möglichkeit, hinter einer `if`-Abfrage einen `else`-Teil zu platzieren. Die Anweisung oder der Block hinter dem `else` wird genau dann ausgeführt, wenn die Bedingung der `if`-Abfrage nicht zutrifft. Das folgende Beispiel gibt »a ist positiv.« aus, wenn `a` größer als 0 ist, ansonsten wird »a ist nicht positiv.« ausgegeben:

```
if (a > 0)
   printf ("a ist positiv.\n");
else
   printf ("a ist nicht positiv.\n");
```

Auch hinter dem `else` kann alternativ ein Block von Anweisungen in geschweiften Klammern folgen. Sie können hinter dem `else` sogar wieder ein weiteres `if` unterbringen, falls eine weitere Bedingung überprüft werden soll, wenn die ursprüngliche Bedingung nicht erfüllt ist. Die folgende verschachtelte Abfrage erweitert das vorige Beispiel so, dass auch die Fälle 0 und negativer Wert unterschieden werden:

```
if (a > 0)
   printf ("a ist positiv.\n");
else if (a < 0)
   printf ("a ist negativ.\n");
else
   printf ("a ist 0.\n");
```

Das folgende kleine Beispielprogramm verwendet verschachtelte `if`-`else`-Abfragen, um aus einer eingegebenen Punktzahl in einer Prüfung die zugehörige Note nach dem IHK-Notenschlüssel zu berechnen.

```
#include <stdio.h>

int main() {
   int punkte;
   int note;
   printf ("Ihre Punktzahl, bitte: ");
   scanf ("%d", &punkte);
   if (punkte < 30)
      note = 6;
   else if (punkte < 50)
      note = 5;
   else if (punkte < 67)
      note = 4;
   else if (punkte < 81)
      note = 3;
   else if (punkte < 92)
      note = 2;
   else
      note = 1;
```

```
    printf ("Sie haben die Note %d erreicht.\n", note);
    return 0;
}
```

Die Funktion scanf() dient übrigens dazu, Daten verschiedener Formate einzulesen – im Gegensatz zu der weiter oben verwendeten Funktion gets(), die nur zum Einlesen von Strings verwendet wird. Die Formatangabe %d steht für einen Integer (die Abkürzung d bedeutet »decimal«).

switch/case-Fallentscheidungen

In anderen Fällen kann es vorkommen, dass Sie eine Variable nacheinander mit verschiedenen festen Werten vergleichen müssen, nicht mit Wertebereichen wie im obigen Beispiel. Für diesen Verwendungszweck bietet C die spezielle Struktur switch/case an. Das Argument von switch muss ein LVALUE sein, das nacheinander mit einer Liste von Werten verglichen wird, die hinter dem Schlüsselwort case stehen. Die einzelnen case-Unterscheidungen stellen dabei Einstiegspunkte in den switch-Codeblock dar. Wenn das LVALUE einem der Werte in der Liste entspricht, wird von dieser Stelle an der gesamte Block ausgeführt. Da dieses Verhalten oft unerwünscht ist, wird der Block vor jedem neuen case meist mittels break verlassen.

Das folgende Beispiel ermittelt aus einer numerischen Note die entsprechende Zensur in Textform:

```
switch (note) {
   case 6:
      printf ("ungenügend\n");
      break;
   case 5:
      printf ("mangelhaft\n");
      break;
   case 4:
      printf ("ausreichend\n");
      break;
   case 3:
      printf ("befriedigend\n");
      break;
   case 2:
      printf ("gut\n");
      break;
   case 1:
      printf ("sehr gut\n");
      break;
   default:
      printf ("unzulässige Eingabe\n");
}
```

Hinter der optionalen Markierung default können Anweisungen stehen, die ausgeführt werden, wenn das geprüfte LVALUE keinen der konkreten Werte hat. Dies eignet sich insbesondere, um Fehleingaben abzufangen.

Die grundlegend andere Art von Kontrollstrukturen sind **Schleifen**. Sie sorgen dafür, dass ein bestimmter Codeblock mehrmals ausgeführt wird, entweder abhängig von einer Bedingung oder mit einer definierten Anzahl von Durchläufen.

while-Schleifen

Die einfachste Form der Schleife ist die `while()`-Schleife. In den Klammern hinter dem Schlüsselwort `while` wird genau wie bei `if()` eine Bedingung geprüft; wenn sie zutrifft, wird der **Schleifenrumpf** (die Anweisung oder der Block hinter dem `while`) ausgeführt. Nach der Ausführung wird die Bedingung erneut überprüft – solange sie zutrifft, wird der Schleifenrumpf immer wieder ausgeführt. Das folgende Beispiel überprüft vor jedem Durchlauf, ob die Variable `i` noch kleiner als 10 ist und erhöht sie innerhalb des Schleifenrumpfes jeweils um 1:

```
i = 0;
while (i < 10) {
   printf ("%d\t", i);
   i++;
}
```

`i` ist der bevorzugte Name für Schleifenzählervariablen. Diese Tradition stammt aus der Mathematik, wo `i` oft als Zähler bei Summenformeln oder Ähnlichem eingesetzt wird (Abkürzung für Index). Wenn mehrere Schleifen ineinander verschachtelt werden, heißen deren Zählervariablen `j`, `k`, `l` und so fort.

Die Ausgabe dieses kurzen Beispiels sieht folgendermaßen aus (`\t` steht für einen Tabulator):

```
0   1   2   3   4   5   6   7   8   9
```

Da die Überprüfung der Bedingung vor dem jeweiligen Durchlauf erfolgt, findet der Abbruch statt, sobald `i` nicht mehr kleiner als 10 ist. Eine solche Schleifenkonstruktion wird als **kopfgesteuerte** Schleife bezeichnet.

do/while-Schleifen

Eine andere Art der Schleife überprüft die Bedingung erst nach dem jeweiligen Durchlauf und heißt deshalb **fußgesteuert**. In C wird sie durch die Schreibweise `do ... while()` realisiert. Diese Art der Schleife ist nützlich, wenn die zu überprüfende Bedingung sich erst aus dem Durchlauf selbst ergibt, beispielsweise bei der Prüfung von Benutzereingaben. Das obige Beispiel sieht als fußgesteuerte `do-while`-Schleife so aus:

```
i = 0;
do {
   printf ("%d\t", i);
   i++;
} while (i < 10);
```

Interessanterweise sieht die Ausgabe dieser Schleife etwas anders aus:

```
0   1   2   3   4   5   6   7   8   9   10
```

Da die Bedingung erst nach der Ausgabe geprüft wird, erfolgt der Abbruch erst einen Durchlauf später. Anders als die kopfgesteuerte Schleife wird die fußgesteuerte immer **mindestens einmal** ausgeführt. Beachten Sie, dass hinter dem `while()` in diesem Fall ein Semikolon stehen muss.

Eine alternative Schreibweise für Schleifen ist die for-Schleife. Sie wird bevorzugt in Fällen eingesetzt, in denen eine festgelegte Anzahl von Durchläufen erwünscht ist. Die allgemeine Syntax dieser Schleife ist folgende:

for-Schleifen

```
for (Initialisierung; Wertüberprüfung; Wertänderung)
   Anweisung;
```

Die Initialisierung wird genau einmal vor dem Beginn der Schleife ausgeführt. Die Wertüberprüfung findet vor jedem Durchlauf statt – wenn sie einen wahren Wert ergibt, wird der Schleifenrumpf ein weiteres Mal ausgeführt. Nach jedem Durchlauf findet die Wertänderung statt. Beispiel:

```
for (i = 0; i < 10; i++) {
   printf ("%d\t", i);
}
```

Dies erzeugt exakt dieselbe Ausgabe wie das obige kopfgesteuerte while-Beispiel; der Code ist sogar absolut äquivalent. Jede for-Schleife lässt sich auf diese Weise durch eine while-Schleife ersetzen – es handelt sich lediglich um eine spezielle Formulierung, die für determinierte Schleifen (Schleifen mit festgelegter Anzahl von Durchläufen) besser geeignet ist.

Funktionen

Wie bereits erwähnt, besteht ein C-Programm aus beliebig vielen **Funktionen**, die Sie innerhalb Ihres Programms von jeder Stelle aus aufrufen können. Die wichtigste Funktion ist main(), weil sie die Aufgabe des Hauptprogramms übernimmt.

Eine Funktion kann jeden der weiter oben für Variablen genannten Datentypen inneha ben; es wird erwartet, dass eine Funktion mit einem bestimmten Datentyp mittels return einen Wert dieses Typs an die aufrufende Stelle zurückgibt. Eine Funktion, die »nur« bestimmte Anweisungen ausführen, aber keinen Wert zurückgeben soll, kann den speziellen Datentyp void haben.

Die wichtigste Aufgabe von Funktionen ist die Strukturierung des Programms. Es lohnt sich, häufig benötigte Anweisungsfolgen in separate Funktionen zu schreiben und bei Bedarf aufzurufen. Eine solche Modularisierung des Codes macht das Programm übersichtlicher, weil Sie sich in jeder Funktion auf eine einzelne Aufgabe konzentrieren können. Auf diese Weise lassen sich mehrere Abstraktionsebenen in ein Programm einführen: Grundlegende Bausteine können einmal implementiert und zu immer komplexeren Einheiten zusammengesetzt werden.

Strukturierung und Modularisierung

Eine Funktion kann nicht nur einen Rückgabewert haben, sondern auch einen oder mehrere Eingabewerte, die in Form von Parametervariablen in die Klammern hinter dem Funktionsnamen geschrieben werden. Eine Funktion mit Parametern erwartet die Übergabe entsprechend vieler Werte mit dem korrekten Datentyp. Aus der Sicht der aufrufenden Stelle werden diese Werte als Argumente der Funktion bezeichnet, innerhalb der Funktion können sie wie normale lokale Variablen verwendet werden.

Das folgende Beispiel zeigt eine Funktion namens verdoppeln(), die einen Wert vom Datentyp int entgegennimmt und das Doppelte dieses Werts zurückgibt:

```
int verdoppeln (int wert) {
   return 2 * wert;
}
```

Funktionsaufrufe Diese Funktion kann von einer beliebigen Programmstelle aus innerhalb eines Ausdrucks aufgerufen werden, wo ein Integer-Wert zulässig ist. Im folgenden Beispiel wird `verdoppeln()` aus einer `printf()`-Anweisung heraus aufgerufen, um das Doppelte der Variablen `b` auszugeben:

```
printf ("%d\n", verdoppeln(b));
```

Eine Funktion vom Datentyp `void` wird dagegen als einzelne Anweisung aufgerufen. Das folgende Beispiel definiert eine Funktion namens `begruessen()`, die einen Gruß für den angegebenen Namen ausgibt:

```
void begruessen(char[] name) {
   printf ("Hallo, %s!\n", name);
}
```

Ein Aufruf dieser Funktion sieht etwa folgendermaßen aus:

```
begruessen ("Klaus");
```

Die Ausgabe sieht natürlich so aus:

```
Hallo, Klaus!
```

Übrigens kann auch die Funktion `main()` so geschrieben werden, dass sie Argumente entgegennimmt. Dies dient der Annahme von Kommandozeilenparametern. Die standardisierte Syntax für die Parameter von `main()` lautet folgendermaßen:

```
int main (int argc, char *argv[])
```

Die Variable `argc` enthält dabei die Anzahl der übergebenen Argumente, während das Array `argv[]` die einzelnen Argumentwerte als Strings enthält. `argv[0]` enthält dabei kein echtes Argument, sondern den Namen des aufgerufenen Programms selbst. Arrays werden im folgenden Unterabschnitt näher erläutert.

Zeiger und Arrays

Der wichtigste Grund, warum C als schwierig zu erlernen und zu benutzen gilt, ist die Tatsache, dass in dieser Sprache mit **Zeigern** operiert werden kann. Ein Zeiger ist eine spezielle Variable, deren Wert eine Speicheradresse ist. Im Grunde handelt es sich dabei also um eine Art indirekte Variable: Eine »normale« Variable ist ein benannter Speicherplatz, in dem unmittelbar ein konkreter Wert abgelegt wird, ein Zeiger verweist dagegen auf den Ort, an dem sich der konkrete Wert befindet.

Zeiger-Deklaration Zeiger sind unter anderem wichtig, damit Funktionen einander den Speicherort bestimmter Werte mitteilen können, um diese Werte gemeinsam manipulieren zu können. Ein Zeiger verweist jeweils auf einen Speicherplatz mit einem bestimmten Datentyp. Er unterscheidet sich von einer Variablen dieses Datentyps durch ein vorangestelltes `*`:

```
int a;              /* normale int-Variable */
int *b;             /* Zeiger auf int */
```

Der Wert, der einer Zeigervariablen zugewiesen wird, ist normalerweise die Adresse einer anderen Variablen. Diese wird durch den Dereferenzierungs-Operator, ein vorangestelltes `&`, ermittelt. Im folgenden Beispiel wird der Zeigervariablen `a` die Adresse von `b` als Wert zugewiesen:

```
int b = 9;
int *a = &b;        /* a zeigt auf b */
```

Wenn Sie daraufhin versuchen würden, den Wert von `a` selbst auszugeben, wäre das Ergebnis die unvorhersagbare und völlig sinnfreie Nummer einer Speicheradresse. Wenn Sie dagegen den Wert von `*a` ausgeben, erhalten Sie den Inhalt von `b`.

Referenzübergabe

Die interessante Frage ist natürlich, wozu man so etwas überhaupt benötigt. Ein gutes Beispiel ist eine Funktion, die den tatsächlichen Wert einer Variablen ändert, die ihr als Argument übergeben wird. Ein solcher Funktionsaufruf wird als **Call by Reference** bezeichnet, im Gegensatz zur einfachen Wertübergabe, die auch **Call by Value** heißt. Die folgenden beiden Funktionen demonstrieren diesen Unterschied:

```
void doppel1 (int a) {
   a *= 2;
}

void doppel2 (int *a) {
   *a *= 2;
}
```

Wenn die erste Funktion mit einer Variablen als Argument aufgerufen wird, ändert diese Variable selbst ihren Wert nicht:

```
b = 3;
doppel1 (b);        /* Wert von b: 3 */
```

Die andere Funktion wird dagegen mit der Adresse einer Variablen aufgerufen und manipuliert unmittelbar den Inhalt dieser Speicherstelle:

```
b = 3;
doppel2 (&b);       /* Wert von b: 6 */
```

Arrays

Nahe Verwandte der Zeiger sind die **Arrays**. Es handelt sich dabei um Variablen, die mehrere durch einen numerischen Index ansprechbare Werte besitzen. Realisiert werden Arrays durch hintereinander liegende Speicherstellen, in denen die einzelnen Werte abgelegt werden. Jedes Array lässt sich alternativ durch einen Zeiger auf die Speicherstelle des ersten Elements beschreiben, die weiteren Elemente können angesprochen werden, indem zu dieser Adresse die Anzahl der Bytes addiert wird, die ein einzelnes Element einnimmt.

Ein Array wird deklariert, indem hinter dem Variablennamen die gewünschte Anzahl von Elementen in eckigen Klammern angegeben wird:

```
int a[10];          /* 10 int-Werte */
```

Die zehn Elemente des Arrays `a[]` werden als `a[0]` bis `a[9]` angesprochen. Alternativ können Sie die Zeiger-Schreibweise wählen: Die Elemente heißen dann `*a` bis `*(a + 9)`.

Sie können einem Array bei der Deklaration auch Anfangswerte zuweisen und dabei die Anzahl der Elemente weglassen, weil sie implizit feststeht:

```
int test[] = {1, 2, 3, 4, 5};
```

Das folgende Beispiel definiert ein Array mit zehn Werten vom Datentyp `int`, die nacheinander vom Benutzer eingegeben werden. Anschließend gibt das Programm das gesamte Array sowie den kleinsten und den größten enthaltenen Wert aus:

```
#include <stdio.h>

int main() {
   int werte[10];
   int ein;
   int i, min, max;
   printf ("Bitte 10 Werte zwischen 1 und 100!\n");
   for (i = 0; i < 10; i++) {
      printf ("%d. Wert: ", i + 1);
      scanf ("%d", &ein);
      werte[i] = ein;
   }
   /* max und min auf das Anfangselement setzen: */
   min = werte[0];
   max = werte[0];
   printf ("Ihre Werte: ");
   for (i = 0; i < 10; i++) {
      printf ("%d ", werte[i]);
      if (werte[i] > max)
         max = werte[i];
      if (werte[i] < min)
         min = werte[i];
   }
   printf ("\n");
   printf ("Kleinster Wert: %d\n", min);
   printf ("Größter Wert: %d\n", max);
   return 0;
}
```

C-Strings Eine der wichtigsten Aufgaben von Arrays besteht darin, den nicht vorhandenen String-Datentyp zu ersetzen. An Stelle eines Strings verwendet C ein Array von `char`-Werten, dessen Ende durch das Zeichen `\0` (ASCII-Code 0) gekennzeichnet wird. Das Byte für diese Endmarkierung müssen Sie bei der Deklaration des `char`-Arrays mit einplanen: Ein `char[10]` ist ein String mit maximal neun nutzbaren Zeichen.

Strukturen

Mitunter ist es nützlich, mehrere Werte verschiedener Datentypen unter einem »gemeinsamen Dach« zu verwalten. Zu diesem Zweck stellt C einen speziellen komplexen Datentyp namens `struct` bereit. In einer **Struktur** können sich beliebig viele Variablen verschiedener Datentypen befinden, was besonders nützlich ist, um komplexe Datenstrukturen zwischen Funktionen hin- und herzureichen.

Das folgende Beispiel definiert eine Struktur namens `person`, die verschiedene Daten über Personen verwaltet:

```
struct person {
   char vorname[20];
   char nachname[30];
   int alter;
};
```

Beachten Sie, dass eine `struct`-Definition mit einem Semikolon enden muss, anders als andere Blöcke in geschweiften Klammern.

Eine Variable dieses Datentyps wird folgendermaßen deklariert:

```
struct person klaus;
```

Wenn Sie die einzelnen Elemente innerhalb einer Strukturvariablen ansprechen möchten, wird dafür die Form `variable.element` verwendet. Hier sehen Sie beispielsweise, wie die soeben definierte Variable `klaus` mit Inhalt versehen wird:

```
klaus.vorname = "Klaus";
klaus.nachname = "Schmitz";
klaus.alter = 42;
```

Oftmals werden Zeiger auf Strukturen als Funktionsargumente eingesetzt. Für die relativ unhandliche Schreibweise `(*strukturvariable).element`, die man verwenden müsste, um aus der Funktion heraus auf die Elemente einer Strukturvariablen zuzugreifen, wird die Kurzfassung `strukturvariable->element` definiert. Die folgende Funktion kann beispielsweise aufgerufen werden, um die angegebene Person ein Jahr älter zu machen:

```
void geburtstag (struct person *wer) {
   wer->alter++;
}
```

Der Aufruf dieser Funktion erfolgt beispielsweise so:

```
geburtstag (&klaus);
```

5.1.3 Die C-Standardbibliothek

Wie Sie möglicherweise bemerkt haben, stehen viele Funktionen, die man von einer Programmiersprache erwartet, im bisher besprochenen Sprachkern von C nicht zur Verfügung. Vor allem die Ein- und Ausgabefunktionen sind nicht darin enthalten, weil die Ein- und Ausgabe sich je nach verwendeter Rechnerplattform erheblich unterscheidet. Diese

Funktionen werden stattdessen in externen Dateien zur Verfügung gestellt. Es handelt sich dabei um vorkompilierte Bibliotheksdateien, die vom Compiler mit dem eigenen Programmcode verknüpft werden. Die Schnittstellen der Bibliothek sind in so genannten **Header-Dateien** definiert, die über die Präprozessor-Direktive `#include` eingebunden werden.

Die Laufzeitbibliothek der Programmiersprache C ist je nach Hardwareplattform und Betriebssystem unterschiedlich aufgebaut. Allerdings definiert der ANSI-Standard der Sprache eine Reihe vorgeschriebener Bibliotheksfunktionen, die von jeder beliebigen C-Implementierung unterstützt werden. Die Gesamtheit dieser standardisierten Funktionen wird als C-Standardbibliothek bezeichnet. Da so gut wie alle Betriebssysteme zu großen Teilen in C geschrieben sind, beeinflusst diese Standardbibliothek ihr Verhalten in erheblichem Maße.

Die Standardbibliothek besteht aus einer Reihe thematisch gegliederter Header-Dateien, drei der wichtigsten werden im vorliegenden Unterabschnitt kurz vorgestellt.

Ein- und Ausgabe: stdio.h

In dieser wichtigsten aller Bibliotheksdateien sind sämtliche Ein- und Ausgabefunktionen der Programmiersprache C zusammengefasst. Viele dieser Funktionen betreffen die Standardein- und -ausgabe, das heißt die Eingabe über die Tastatur und die Ausgabe auf der Konsole – falls sie nicht auf Dateien umgeleitet wurden. Andere Funktionen beschäftigen sich mit dem Öffnen, Lesen und Schreiben von Dateien.

- `printf (Format, Wert1, Wert2, ...)`
  Diese Funktion dient der Ausgabe von Inhalten auf die Konsole. Das erste Argument ist ein String mit Format-Platzhaltern, die für die anschließend aufgelisteten Werte stehen. Die wichtigsten Format-Platzhalter sind `%s` für einen String, `%d` für einen Integer und `%f` für Fließkommawerte.
- `scanf (Format, Adresse)`
  `scanf()` dient der Eingabe eines Werts über die Standardeingabe (meist Tastatur); der eingegebene Wert wird unter der angegebenen Speicheradresse abgelegt. Die Adresse wird in der Regel durch Dereferenzierung einer Variablen (vorangestelltes `&`) angegeben, um die Eingabe in der entsprechenden Variable zu speichern. Die Formatangabe besteht normalerweise nur aus einem einzelnen Format-Platzhalter (`siehe printf()`).
- `gets (Variable)`
  Mit Hilfe von `gets()` wird ein String von der Standardeingabe gelesen und in der angegebenen Variablen gespeichert.
- `getchar()`
  liest ein einzelnes Zeichen von der Standardeingabe. Beachten Sie, dass die Eingabe mit den Mitteln der Standardbibliothek dennoch immer zeilenorientiert verläuft: Sie können zwar in einer Schleife einzelne Zeichen einlesen, erhalten aber erst bei einem Zeilenende (wenn der Benutzer `Enter` drückt) ein Ergebnis. Echte zeichenorientierte Eingabe ist eine Angelegenheit plattformabhängiger Bibliotheken.

- `fopen (Dateiname, Modus)`

  Diese Funktion öffnet eine Datei auf einem Datenträger. Damit Sie auf diese Datei zugreifen könnnen, wird das Funktionsergebnis von `fopen()` einer Variablen vom Typ `FILE` zugewiesen – der Wert ist ein eindeutiger Integer, der als Dateideskriptor oder Dateihandle bezeichnet wird. Der Dateiname kann ein beliebiger Pfad im lokalen Dateisystem sein; beachten Sie unter Windows lediglich, dass das Pfadtrennzeichen `\` in einem C-String verdoppelt werden muss, weil es normalerweise Escape-Sequenzen wie `\n` einleitet. Der Modus kann unter anderem eines der Zeichen `"r"` (lesen), `"w"` (schreiben) oder `"a"` (anfügen) sein. Beispiel:

  ```
  fh = fopen ("test.txt", "r");
                    /* test.txt zum Lesen öffnen */
  ```

- `fclose (Dateideskriptor)` schließt die angegebene Datei.
- `fprintf (Deskriptor, Format, Werte)` besitzt dieselbe Syntax wie `printf()`, schreibt aber in die angegebene Datei.
- `fscanf (Deskriptor, Format, Variable)` funktioniert wie `scanf()`, liest aber aus der angegebenen Datei.
- `fgets (Variable, Zeichenzahl, Deskriptor)` liest einen String aus der angegebenen Datei mit der entsprechenden maximalen Zeichenzahl oder bis zum ersten Zeilenumbruch.
- `fflush (Deskriptor)` leert den Puffer eines Eingabedatenstroms. Dies ist manchmal vor Eingabeoperationen wie `fscanf()` erforderlich, damit diese nicht »automatisch« aus der vorherigen Eingabe bedient werden. Für die Standardeingabe können Sie übrigens `fflush (stdin)` schreiben.

String-Funktionen: string.h

Die Header-Datei `string.h` enthält verschiedene Funktionen zur String-Manipulation und -Analyse. Zu den wichtigsten gehören folgende:

- `strcmp (String1, String2)` vergleicht die beiden angegebenen Strings miteinander. Das Ergebnis ist 0, wenn sie gleich sind, negativ, wenn `String1` alphabetisch vor `String2` kommt, und positiv, wenn es umgekehrt ist. Die Variante `stricmp()` unterscheidet nicht zwischen Groß- und Kleinschreibung.
- `strcpy (String1, String2)` kopiert den Wert von `String2` an die Adresse von `String1`. Dies ist die einzige korrekte Methode, um einer String-Variablen den Wert einer anderen zuzuweisen!
- `strcat (String1, String2)` hängt den Wert von `String2` an das Ende von `String1` an.

Sie müssen selbst vor jeder String-Operation die Länge der beteiligten Zeichenketten überprüfen, insbesondere bei Eingaben von Benutzern oder aus anderen unsicheren Quellen: Da diese Funktionen keinen integrierten Schutz vor Überläufen bieten, sind sie eines der bevorzugten Angriffsziele für Cracker.

Datum und Uhrzeit: time.h

Diese Header-Datei definiert verschiedene Funktionen für die Arbeit mit Datum und Uhrzeit:

- `time (NULL)` fragt die aktuelle Systemzeit ab und liefert sie als Wert vom Typ `time_t` zurück. Als Argument in den Klammern wird eigentlich ein Zeiger auf `time_t` erwartet, da das Ergebnis aber bereits die Zeit enthält, wird in der Regel der spezielle Wert `NULL` (Zeiger auf gar nichts!) übergeben.
- `localtime (*Zeitangabe)` wandelt die Rückgabe von `time()` – die Sekunden seit EPOCH – in eine vorformatierte Ortszeit um. Das Argument ist ein Zeiger auf `time_t`, der Rückgabewert eine komplexe Struktur namens `struct tm`. Oft wird `localtime()` nur als »Zwischenwert« für `strftime()` verwendet.
- `strftime (String, Zeichenzahl, Format, *localtime-Wert)` formatiert die Zeitangabe nach der Vorschrift des angegebenen Formats und speichert das Ergebnis in der String-Variablen ab, die als erstes Argument vorliegt. Die Formatangaben entsprechen dem im vorigen Kapitel besprochenen UNIX-Befehl `date`. Das folgende Beispiel liest das aktuelle Datum und gibt es formatiert aus:

```
time_t jetzt;
char zeit[20];
...
jetzt = time(NULL);
strftime (zeit, 19, "%d.%m.%Y, %H:%M",
     localtime (&jetzt));
printf ("Heute ist der %s.\n", zeit);
```

  Die Ausgabe lautet beispielsweise folgendermaßen:

```
Heute ist der 05.01.2005, 14:47.
```

- `difftime (Zeitangabe1, Zeitangabe2)` gibt die Differenz zwischen zwei `time_t`-Zeitangaben in Sekunden an.

Der Präprozessor

Formal hat der **Präprozessor** zwar nichts mit der Standardbibliothek zu tun, wird aber trotzdem hier kurz angeschnitten, weil er unter anderem für das Einbinden der Header-Dateien mittels `#include` zuständig ist. Viele C-Programme bestehen aus mehr Präprozessor-Direktiven als aus gewöhnlichen Anweisungen, weil der Präprozessor die Definition bestimmter Abkürzungen ermöglicht.

Header einbinden

Die wichtigste Präprozessor-Direktive haben Sie bereits kennen gelernt: `#include` bindet eine Header-Datei ein, die Schnittstellendefinition einer Bibliothekskomponente. Sie können auch eigene häufig genutzte Funktionen in selbst geschriebene Header-Dateien auslagern, müssen dabei aber Folgendes beachten: `#include <Datei>` sucht im standardisierten Include-Verzeichnis Ihres Compilers oder Betriebssystems nach der angegebenen Header-Datei. Wenn Sie auf eine Datei im Verzeichnis des C-Programms selbst verweisen möchten, wird stattdessen die Schreibweise `#include "Datei"` verwendet.

Eine weitere wichtige Funktion des Präprozessors ist die Definition symbolischer Konstanten mit Hilfe der Direktive `#define`. Diese werden vor allem verwendet, um konstante Werte tief im Inneren des Programms zu vermeiden, wo sie sich später nur schwer auffinden und ändern lassen. Angenommen, Sie möchten in Ihrem Programm den Umrechnungsfaktor von DM nach _ verwenden, dann können Sie ihn folgendermaßen als symbolische Konstante festlegen:

Symbolische Konstanten

```
#define DM 1.95583
```

In Ihrem Programm wird nun jedes Vorkommen von DM noch vor der eigentlichen Kompilierung durch 1.95583 ersetzt – außer innerhalb der Anführungszeichen von String-Literalen. Beachten Sie, dass am Ende einer Konstantendefinition kein Semikolon stehen darf.

Diese Fähigkeit des Präprozessors wird auch oft zur bedingten Kompilierung eingesetzt: Die Direktive `#ifdef` fragt ab, ob die angegebene symbolische Konstante existiert, und kompiliert nur in diesem Fall alle Zeilen bis zum Auftreten von `#endif`. Dies wird zum Beispiel zur Unterscheidung verschiedener Rechnerplattformen verwendet. Im folgenden Beispiel wird eine zusätzliche Anweisung mitkompiliert, wenn eine symbolische Konstante namens `DEBUG` definiert ist:

```
#ifdef DEBUG
printf ("Debug-Modus aktiviert.\n");
#endif
```

5.2 Java

Die Programmiersprache Java wurde 1995 von dem bekannten Server- und Workstation-Hersteller **Sun Microsystems** vorgestellt. Zu den wichtigsten Entwicklern des Projekts gehören **James Gosling** und **Bill Joy**. Java hat vor allen Dingen die Besonderheit, dass der kompilierte Programmcode auf verschiedenen Rechnern und Betriebssystemen ausgeführt werden kann – für diese Systeme ist lediglich Java-Unterstützung in Form einer **virtuellen Maschine** (JVM – Java Virtual Machine) erforderlich. Virtuelle Java-Maschinen sind für zahlreiche verschiedene Plattformen verfügbar, unter anderem für Windows, MacOS und alle UNIX-Varianten. Dieser Ansatz wird von Sun als »Write once, run everywhere« bezeichnet.

Java-Einsatzgebiete

Anfangs wurde Java vor allen Dingen eingesetzt, um so genannte Applets zu schreiben. Dabei handelt es sich um kleine Java-Programme, die in einem Webbrowser ausgeführt werden, der eine JVM enthält. Da für Multimedia-Angebote im Web inzwischen erheblich bessere Lösungen wie beispielsweise Flash verfügbar sind, hat sich der Schwerpunkt der Java-Verwendung auf andere Bereiche verlagert: Java-Anwendungen werden im professionellen Serverbereich eingesetzt, weil sie aufgrund ihrer Plattformunabhängigkeit mit den verschiedensten Systemen kooperieren können; auch zur Entwicklung von Desktop-Anwendungen wie Office- oder Grafikprogrammen wird Java gern genutzt.

Wenn Sie Java-Programme schreiben möchten, brauchen Sie das **Java2 Software Development Kit**, das Sie sich unter **java.sun.com** für mehrere Plattformen herunterladen können. Falls Ihr System dort nicht zu finden ist, hilft in der Regel eine Web-Suchmaschine wie etwa Google weiter.

Das Java2 SDK wird in drei verschiedenen Varianten angeboten:

- Die **Standard Edition** (**J2SE**), auf die sich dieser Abschnitt bezieht, ist für sämtliche Desktop-Anwendungen geeignet.
- Die **Enterprise Edition** (**J2EE**) enthält Unterstützung für die Entwicklung verteilter, datenbankgestützter Serveranwendungen und wird in Kapitel 14 dieses Buches, *Netzwerkanwendungen*, kurz vorgestellt.
- Die **Micro Edition** (**J2ME**) dient der Entwicklung von Anwendungen für mobile Geräte wie Handys oder PDAs und wird in diesem Buch nicht behandelt.

Das Java2 SDK installieren

Die Installation der J2SE selbst ist sehr einfach: Sie laden einfach ein für Ihre Plattform geeignetes Archiv oder ausführbares Programm herunter, das sich in den meisten Fällen per Doppelklick installieren lässt. Das einzige kleine Problem besteht darin, dass Sie zwei Umgebungsvariablen setzen beziehungsweise anpassen müssen, um mit Java arbeiten zu können. Wie Systemvariablen unter verschiedenen Betriebssystemen manipuliert werden, haben Sie bereits in Kapitel 4, *Betriebssysteme*, erfahren.

Um den Java-Compiler und die JVM von überall her aufrufen zu können, müssen Sie das Unterverzeichnis `bin` Ihrer Java-Installation zur Umgebungsvariablen `path` hinzufügen. Außerdem müssen Sie eine weitere Systemvariable namens `CLASSPATH` einrichten, die auf die Java-Klassenbibliothek verweist – in der Regel das Verzeichnis `lib` innerhalb der Java-Installation. Zu `CLASSPATH` werden, durch Semikolon getrennt, auch andere Verzeichnisse (oder Archivdateien wie `.zip` oder `.jar`) hinzugefügt, in denen weitere Java-Klassen enthalten sind. Es empfiehlt sich, auch `.` als Synonym für das aktuelle Arbeitsverzeichnis hinzuzufügen, damit auch Ihre eigenen Java-Programme überall gefunden werden.

Objektorientierung

Der wichtigste Unterschied zwischen Java und C besteht darin, dass Java **objektorientiert** ist, während C zu den prozeduralen oder imperativen Programmiersprachen zählt (zur Systematik siehe Kapitel 1, *Einführung*). Das objektorientierte Programmieren (OOP) ist ein modernerer Ansatz der Softwareentwicklung. Während in imperativen Sprachen wie C zunächst eine Datenstruktur entwickelt wird, die mit den Programmfunktionen nicht näher verbunden ist, bilden Funktionen und Datenstrukturen bei der OOP eine untrennbare Einheit.

Ein Java-Programm ist immer eine **Klassendefinition**. Eine **Klasse** ist das übergeordnete Bauelement der Objektorientierung. Sie besteht aus einer Reihe von Variablen, die als **Eigenschaften** bezeichnet werden, und aus mehreren Funktionen, die **Methoden** genannt werden. Durch die **Kapselung** der Eigenschaften und Methoden zu Klassen lassen sich die verschiedenen Bestandteile der realen Welt oder der zu verwaltenden Daten realitätsnäher nachbilden: Beispielsweise müsste die imperative Nachbildung eines Autos durch externe Funktionen zum »Fahren« (Änderung von Daten wie Tankfüllung oder Kilometerstand) gebracht werden. Ein »objektorientiertes Auto« enthält dagegen einfach eine entsprechende Methode, die aufgerufen wird, sodass das Auto »selber fährt«.

Die Klassendefinition selbst ist lediglich eine Vorlage für die Erzeugung konkreter **Objekte**. Es können beliebig viele Objekte einer Klasse erzeugt werden; jedes dieser Objekte besitzt alle Eigenschaften, die in der Klasse definiert wurden. Objekte werden auch als **Instanzen** einer Klasse bezeichnet.

Einer der wichtigsten Vorteile der Kapselung besteht darin, dass Detaildaten immer nur an einer Stelle verwaltet und verändert werden, was die Häufigkeit von Fehlern erheblich verringert. Außerhalb einer bestimmten Klasse dürfen die Werte von Daten, die Sie »nichts angehen«, nicht manipuliert werden. Um bei dem Auto-Beispiel zu bleiben, sollte beispielsweise der Kilometerstand nur durch die offizielle Methode »Fahren« geändert werden und nicht durch eine direkte Wertzuweisung.

Details verbergen

Seit ihrer Entwicklung in den 70er-Jahren wurde die OOP in vielen verschiedenen Programmiersprachen realisiert. Eine der ersten von ihnen war **Smalltalk**, die das Konzept erstmalig bekannt machte. Die verbreitetsten objektorientierten Sprachen sind heute C++, eine objektorientierte Erweiterung von C, Java und C# (»C sharp«) von Microsoft. Da C++ nicht konsequent objektorientiert ist, um die Kompatibilität mit C aufrechtzuerhalten, wird an dieser Stelle die Sprache Java besprochen, die sich zwar an C++ anlehnt, aber sämtliches imperative C-Erbe weglässt. C# ist laut Angabe von Microsoft ebenfalls eine Weiterentwicklung von C++, erinnert aber in vielen Aspekten eher an Java.

5.2.1 Grundlegende Elemente der Sprache Java

Um einen Einstieg in die Java-Programmierung zu finden, sehen Sie hier gleich das erste Beispielprogramm. Es handelt sich dabei um die Java-Entsprechung des ersten C-Beispielprogramms, was die Unterschiede deutlich macht. Geben Sie das Programm in Ihrem bevorzugten Texteditor ein und speichern Sie es unter `Hallo.java` – eine Java-Quellcodedatei muss so heißen wie die Klasse, die darin definiert wird, und die Endung `.java` aufweisen. Dabei müssen Sie die Groß- und Kleinschreibung des Klassennamens genau übernehmen; üblicherweise beginnen Klassennamen mit einem Großbuchstaben. Hier das Listing:

```
import java.io.*;

public class Hallo {
   public static void main (String args[]) {
      BufferedReader eingabe = new BufferedReader (
           new InputStreamReader (System.in));
      String name = "";
      System.out.println ("Hallo Welt!");
      System.out.print ("Ihr Name, bitte: ");
      try {
         name = eingabe.readLine();
      }
      catch (IOException e) {}
      System.out.println ("Hallo " + name + "!");
   }
}
```

Wenn Sie zuvor Ihre `path`- und `CLASSPATH`-Einstellungen korrekt vorgenommen haben, können Sie das Programm nun folgendermaßen kompilieren, wenn Sie sich im entsprechenden Verzeichnis befinden:

Java kompilieren

```
$ javac Hallo.java
```

Falls Sie keine Fehlermeldung erhalten, finden Sie im aktuellen Verzeichnis die fertig kompilierte Datei `Hallo.class` vor. Sie können das Programm anschließend folgendermaßen starten:

```
$ java Hallo
```

Das ausführbare Programm `java` aktiviert die JVM; als Kommandozeilenargument wird der Name einer kompilierten Java-Klasse ohne Dateiendung angegeben.

Wie Sie sehen, ist dieses Programm erheblich komplexer als die C-Version, obwohl es dieselbe Aufgabe erfüllt. Im Folgenden wird das Programm zeilenweise erläutert:

- `import java.io.*;`

  Mit Hilfe der Anweisung `import` werden bestimmte Teile der Java-Klassenbibliothek importiert. Der Vorgang ist vergleichbar mit dem Einbinden von Header-Dateien mittels `#include`. Allerdings ist `import` eine normale Java-Anweisung; einen Präprozessor gibt es nicht. Außerdem unterscheiden sich die importierten Klassen formal nicht von Ihren eigenen Programmen – eine Aufteilung in Header- und Programmdatei ist in Java ebenfalls nicht vorgesehen.

  `java.io.*` bezeichnet alle Klassen, die im Verzeichnis io der grundlegenden Klassenbibliothek liegen. Es handelt sich um eine Sammlung von Klassen für die Ein- und Ausgabe. Solche Bestandteile der Klassenbibliothek werden als **Packages** bezeichnet.

- `public class Hallo`

  Mit dem Schlüsselwort `class` wird eine Klassendefinition eingeleitet. Mit Hilfe von `public` wird die definierte Klasse für sämtliche anderen Klassen, das heißt für alle Programme, zugänglich.

- `public static void main (String args[])`

  Wie in C steht `main()` für das Hauptprogramm. Allerdings gibt es in einem Java-Programm einige wichtige formale Unterschiede: Da die JVM diese Methode von außen aufrufen muss, wird das Schlüsselwort `public` benötigt. Alle Bestandteile einer Klasse, die nicht `public` sind, stehen außerhalb der Klasse selbst nicht zur Verfügung. `static` wird benötigt, weil von dieser Klasse kein konkretes Objekt abgeleitet wird. Eine Klasse ist eigentlich nur eine Art Bauanleitung für Objekte; ihre `static`-Bestandteile können aber ohne Existenz eines konkreten Objekts verwendet werden. In der Regel hat `main()` in Java den Datentyp `void`. Das Array `args[]` nimmt Kommandozeilenargumente entgegen.

- `BufferedReader eingabe = new BufferedReader (new InputStreamReader (System.in));`

  Diese verschachtelte Operation sorgt für ein Objekt namens `eingabe`, das zeilenweise von der Standardeingabe lesen kann. Im Kern von Java ist leider keine Möglichkeit gegeben, ganze Zeilen einzulesen. Deshalb wird die Standardeingabe – repräsentiert durch `System.in` – in ein Objekt vom Typ `InputStreamReader` (Lesevorrichtung für kontinuierliche Datenströme) verpackt, das wiederum von einem `BufferedReader` (zuständig für die Zwischenspeicherung von Eingabedaten) umhüllt wird. Solche verschachtelten Objektkonstruktionen machen Java relativ kompliziert, aber durch die große Auswahl spezialisierter Klassen auch sehr flexibel.

- `String name = "";`

  Im Gegensatz zu C stellt Java einen echten String-Datentyp zur Verfügung, der als Klasse realisiert ist. Diese Anweisung erzeugt eine String-Variable mit der Bezeichnung `name`; ihr wird als Anfangswert der leere String zugewiesen, weil es beim späteren Eingabeversuch passieren könnte, dass sie gar keinen Wert erhält.

- `System.out.println ("Hallo Welt!");`

  Die Methode `println()` der Standardausgabe (`System.out`) gibt einen übergebenen String mit anschließendem Zeilenumbruch aus.

- `System.out.print ("Ihr Name, bitte: ");`

  Die Methode `print()` gibt dagegen einen String ohne Zeilenumbruch aus.

- `try {...}`

  In einen `try`-Block werden Anweisungen immer dann geschrieben, wenn sie einen möglichen Fehler produzieren könnten. Laufzeitfehler werden in Java als so genannte Ausnahmen (Exceptions) betrachtet, die mittels `try/catch` (siehe unten) abgefangen und sinnvoll behandelt werden können.

- `name = eingabe.readLine();`

  Die Methode `readLine()` der Klasse `BufferedReader` liest eine Zeile aus einem Eingabestrom, in diesem Fall von der Standardeingabe.

- `catch (IOException e) {}`

  Mit Hilfe von `catch()` kann eine Ausnahme abgefangen werden, die innerhalb des vorangegangenen `try`-Blocks ausgelöst wurde. In diesem Fall handelt es sich um eine `IOException`, also einen Ein-/Ausgabefehler. In den geschweiften Klammern kann Code für spezielle Maßnahmen zur Fehlerbehandlung stehen. Die wichtigste Aufgabe von `try/catch` besteht darin, den sofortigen Programmabbruch bei einem Fehler zu verhindern.

- `System.out.println ("Hallo " + name + "!");`

  Das Besondere an dieser Ausgabeanweisung ist die Verkettung mehrerer Strings durch den Operator +.

Unterschiede zu C

Erfreulicherweise müssen viele grundlegende Konzepte von Java nicht mehr erläutert werden, weil sie mit C übereinstimmen. Beispielsweise sind die einfachen Datentypen, Ausdrücke, Operatoren und Kontrollstrukturen nahezu identisch, deshalb werden an dieser Stelle nur die wesentlichen Unterschiede aufgezählt. Hier ist nicht die Tatsache gemeint, dass Java objektorientiert ist, sondern es geht nur um die Unterschiede bei vergleichbaren Elementen.

- Im Gegensatz zu C haben die Integer-Datentypen in Java eine festgelegte Bit-Breite: `int` ist 32 Bit groß, `short` 16 Bit, `long` 64 Bit.

- Java definiert einen separaten Datentyp für 8-Bit-Integer namens `byte`; `char` wird dagegen nur zur Darstellung eines einzelnen Zeichens verwendet und besitzt eine Breite von 16 Bit, um die wichtigsten Unicode-Zeichen darzustellen.
- Java kennt einen Datentyp für boolesche Wahrheitswerte: `boolean`. Er kann nur die vorgegebenen Wahrheitswerte `true` oder `false` annehmen. Sämtliche Bedingungsprüfungen für Kontrollstrukturen müssen in Java einen `boolean`-Wert haben; wenn Sie also beispielsweise prüfen möchten, ob die Variable `a` den Wert 0 hat, müssen Sie den Vergleich `a == 0` explizit hinschreiben! Die typische C-Kurzschreibweise `!a` ist nicht zulässig. Aus diesem Grund wird Java als **stark typisierte** Sprache bezeichnet, weil sehr streng über die Einhaltung der korrekten Datentypen gewacht wird.
- Die Syntax für die Deklaration eines Arrays mit einer festgelegten Anzahl von Elementen unterscheidet sich von C: Es erfolgt ein Aufruf der Objekterzeugungsmethode `new`, gefolgt vom Datentyp und der Elementanzahl:

  ```
  int werte[] = new int[20];
  ```

- Variablen können in Java an einer beliebigen Stelle deklariert werden. Beachten Sie allerdings, dass eine Variable, die innerhalb des Anweisungsblocks einer Kontrollstruktur deklariert wird, nur in diesem Block gilt. Beispielsweise produziert der folgende Code einen Fehler:

  ```
  for (int i = 0; i < 10; i++) {
     ...
  }
  System.out.println (i);
                     // i existiert hier nicht mehr!
  ```

- Der einzige wichtige Operator, den Java zusätzlich zu C definiert, ist der String-Verkettungs-Operator + (siehe Beispiel oben). Er ist zwar praktischer als die umständliche C-Funktion `strcat()`, aber dafür sorgt er mitunter für Verwirrung, weil er mit dem arithmetischen + verwechselt werden kann. Beispielsweise gibt die folgende Anweisung `Summe: 35` aus:

  ```
  System.out.println ("Summe: " + 3 + 5);
  ```

- Andere Operationen mit Strings werden über Methoden der Klasse `String` realisiert. Jeder String-Ausdruck ist automatisch eine Instanz dieser Klasse, auch ohne formale objektorientierte Instanzerzeugung.

  Sie können zum Beispiel zwei Strings vergleichen, indem Sie `string1.equals (string2)` aufrufen; `string1` und `string2` können dabei Variablen, Literale oder Ausdrücke mit dem Datentyp `String` sein. Eine Variante ist `string1.equalsIgnoreCase (string2)` für einen Vergleich ohne Berücksichtigung von Groß- und Kleinschreibung. Das Ergebnis ist jeweils `true`, wenn die Strings gleich sind, oder `false`, wenn sie verschieden sind.

  Einen allgemeineren Vergleich von Strings – analog zur C-Funktion `strcmp()` – bietet die Methode `string1.compareTo (string2)`. Wie dort ist das Ergebnis unter 0, wenn `string1` im Zeichensatz vor `string2` steht, 0, wenn die beiden Strings gleich sind, und größer als 0, wenn `string1` nach `string2` kommt.

Weitere interessante String-Methoden sind folgende:

- `string1.charAt (pos)` gibt das Zeichen an der Position `pos` zurück (Positionen beginnen bei 0). Zum Beispiel gibt `"Köln".charAt (1)` das `'ö'` zurück. Beachten Sie, dass der Datentyp des Rückgabewerts `char` und nicht `String` ist.
- `string1.substring (anfang, ende)` gibt die Zeichen von der Position `anfang` bis **ausschließlich** `ende` zurück. Beispielsweise ergibt `"Köln".substring (1, 3)` den String `"öl"`.
- `string1.indexOf (ch)` gibt die erste Position in `string1` zurück, an der das Zeichen `ch` (Typ `char`) vorkommt, oder `-1`, wenn `ch` gar nicht vorkommt. Eine alternative Form sucht nach dem Vorkommen eines Teilstrings: `string1.indexOf (string2)`. `lastIndexOf()` gibt dagegen die Position des letzten Vorkommens des gesuchten Zeichens oder Teilstrings zurück.
- `string1.length()` liefert die Länge des Strings in Zeichen.

- Im Unterschied zu C verwendet Java keine Zeiger. Dies entfernt eine der wichtigsten Quellen für Fehler und Sicherheitsprobleme aus der Sprache. Für einen Call by Reference werden stattdessen Objektreferenzen verwendet (siehe unten).
- In Java gibt es zusätzliche Arten von Kommentaren. Der mit C++ eingeführte einzeilige Kommentar beginnt mit `//` und reicht bis zum Ende der Zeile. Daneben existiert der spezielle JavaDoc-Kommentar, der mit `/**` beginnt und mit `*/` endet. Das mit dem Java2 SDK gelieferte Programm `javadoc` kann aus diesen Kommentaren automatisch eine Programmdokumentation generieren.

5.2.2 Objektorientierte Programmierung mit Java

Sämtliche Klassen der Java-Klassenbibliothek und alle, die Sie selbst definieren, stammen direkt oder indirekt von der Klasse `Object` ab. `Object` gehört zum Kern-Package `java.lang`, das nicht mittels `import` eingebunden werden muss – wie der Name schon sagt, stellt `lang` den Sprachkern von Java zur Verfügung, darunter wichtige Klassen wie `String`, `Math` (mathematische Konstanten und Funktionen) oder `System` (wichtige Betriebssystemschnittstellen).

Objektorientierte Programmierung lässt sich am besten anhand eines Beispiels veranschaulichen. Da das weiter oben erwähnte Auto-Beispiel in fast jedem Buch über OOP verwendet wird, soll hier zur Abwechslung ein anderes zum Einsatz kommen: Es werden die verschiedenen Arten von Personen in einer Ausbildungsumgebung modelliert. Die grundlegende Klasse, von der alle anderen abgeleitet werden, heißt `Person` und definiert diejenigen Eigenschaften, die alle beteiligten Personen gemeinsam haben:

```
public class Person {
   // Eigenschaften:
   private String name;
   private String vorname;
   private int alter;
```

```
   // Konstruktor:
   public Person (String n, String v, int a) {
      this.name = n;
      this.vorname = v;
      this.alter = a;
   }

   // Methoden:
   public void geburtstag() {
      this.alter++;
   }

   public String getName() {
      return this.vorname + " " + this.name;
   }

   public int getAlter() {
      return this.alter;
   }
}
```

Speichern Sie diese Klassendefinition zunächst unter `Person.java`. Sie lässt sich ohne weiteres kompilieren, aber natürlich nicht ausführen, da sie wegen der fehlenden `main()`-Methode kein ausführbares Programm ist.

Wie Sie möglicherweise bemerkt haben, handelt es sich bei diesem Beispiel um die Java-Entsprechung der C-Struktur, in der ebenfalls Personendaten abgelegt wurden. In Java gibt es `struct` übrigens nicht, weil es sich dabei aus der Sicht der OOP lediglich um den Sonderfall einer Klasse ohne Methoden handelt.

Die einzelnen Bestandteile der Klassendefinition werden nun kurz erläutert:

- Als Erstes werden die verschiedenen Eigenschaften der Klasse deklariert. Sie haben die Geheimhaltungsstufe `private`, sind also außerhalb eines Objekts dieser Klasse nicht sichtbar. Innerhalb der Methoden der Klasse können die Eigenschaften mit einem vorangestellten `this.` angesprochen werden; Sie können es aber auch weglassen, solange die Bezeichner eindeutig sind. `this` repräsentiert während der Ausführung der Konstruktoren und Methoden einer Klasse die aktuelle Instanz selbst.
- Der **Konstruktor** ist eine spezielle Methode, die immer dann aufgerufen wird, wenn eine Instanz der Klasse erzeugt wird. Konstruktoren tragen stets den Namen der Klasse selbst und haben keinen Datentyp. Sie werden typischerweise verwendet, um das neu erzeugte Objekt zu initialisieren, etwa, um den Eigenschaften Anfangswerte zuzuweisen. Wenn Sie keine Konstruktoren definieren, besitzt die Klasse automatisch einen **Standardkonstruktor**, der nichts Besonderes tut.
- Die drei Methoden dieser Klasse besitzen alle die Geheimhaltungsstufe `public`, damit sie von außen für Instanzen der Klasse aufgerufen werden können. Diese Methoden

sind die offiziellen Schnittstellen, über die die Werte der Eigenschaften gelesen oder geändert werden können. Über dieses erlaubte Maß hinaus besteht keine weitere Möglichkeit dazu.

Um die Klasse `Person` ausprobieren zu können, wird das folgende kleine Programm verwendet:

```
public class PersonenTest {
   public static void main (String args[]) {
      Person klaus = new Person ("Schmitz", "Klaus", 42);
      System.out.println ("Person: " + klaus.getName());
      klaus.geburtstag();
      System.out.println ("Neues Alter: " +
          klaus.getAlter());
   }
}
```

Instanziierung

Eine Instanz ist formal eine Variable, deren Datentyp die entsprechende Klasse ist. Der Konstruktor der Klasse wird mittels `new` aufgerufen. Die Methoden werden durch einen `.` (Punkt) vom Instanznamen (in diesem Beispiel: `klaus`) getrennt.

Überladen von Konstruktoren und Methoden

Mitunter ist es nützlich, ein Objekt mit Hilfe verschiedener Eingabewerte zu erzeugen. Daher besteht die Möglichkeit, mehrere Konstruktoren zu definieren. Auch bestimmte Methoden könnten ihre Funktionalität auf verschiedene Art und Weise zur Verfügung stellen, die ebenfalls von unterschiedlichen Parametern abhängt. Die mehrfache Definition eines Konstruktors oder einer Methode mit verschiedenen Parametern wird als **Überladen** bezeichnet.

Innerhalb der Klasse `Person` könnten Sie beispielsweise einen alternativen Konstruktor definieren, der aufgerufen wird, wenn der Vorname unbekannt ist:

```
public Person (String n, int a) {
   this.name = n;
   this.alter = a;
   this.vorname = "";
}
```

Da bereits ein anderer Konstruktor definiert ist, können Sie ihn innerhalb des neuen Konstruktors aufrufen. Dadurch lässt sich der zweite Konstruktor erheblich kürzer fassen:

```
public Person (String n, int a) {
   this (n, "", a);
}
```

Je nachdem, wie Sie eine Instanz der Klasse `Person` erzeugen, wird einer der beiden Konstruktoren aufgerufen:

```
Person klaus = new Person ("Schmitz", "Klaus", 42);
     // ruft den ersten Konstruktor auf
```

```
Person meyer = new Person ("Meyer", 32);
    // ruft den zweiten Konstruktor auf
```

Das Überladen von Methoden funktioniert genauso. Beispielsweise könnte eine weitere Version der Methode `geburtstag()` existieren, die das Alter explizit einstellt:

```
public void geburtstag (int a) {
   this.alter = a;
}
```

Wenn Sie einfach `geburtstag()` aufrufen, wird die Person wie gehabt ein Jahr älter; ein Aufruf wie `geburtstag (33)` ruft dagegen die neue Methode auf und setzt das Alter auf den angegebenen Wert.

Vererbung

Eines der wichtigsten Merkmale der OOP besteht darin, dass Sie speziellere Klassen von allgemeineren ableiten können. Dies wird als **Vererbung** bezeichnet. Die allgemeine, übergeordnete Klasse heißt **Elternklasse** (Parent Class) während die speziellere, untergeordnete **Kindklasse** (Child Class) oder **abgeleitete Klasse** genannt wird. In der abgeleiteten Klasse müssen nur diejenigen Eigenschaften und Methoden definiert werden, die in der Elternklasse noch nicht vorhanden waren oder geändert wurden.

In Java wird die Vererbung durch das Schlüsselwort `extends` gekennzeichnet. Beachten Sie, dass die abgeleitete Klasse nur diejenigen Bestandteile der Elternklasse verwenden kann, deren Geheimhaltungsstufe nicht `private` ist. Da es nicht empfehlenswert ist, allzu viele Komponenten einer Klasse als `public` zu definieren, bietet Java die spezielle Geheimhaltungsstufe `protected` an. Eigenschaften und Methoden, die `protected` sind, werden nicht nach außen veröffentlicht, können aber in Kindklassen eingesetzt werden.

Bevor Sie die folgenden Klassen von `Person` ableiten können, sollten Sie dort jedes Vorkommen von `private` durch `protected` ersetzen und die Datei neu kompilieren.

Die folgenden beiden Klassen, `Lehrer` und `Schueler`, müssen in gleichnamigen Dateien gespeichert und können dann kompiliert werden:

```
public class Lehrer extends Person {
   // zusätzliche Eigenschaft:
   private String fach;

   // Konstruktor:
   public Lehrer (String n, String v, int a, String f) {
      super (n, v, a);
      this.fach = f;
   }

   // Neue Methode:
   public String getFach() {
      return this.fach;
   }
```

```
}

public class Schueler extends Person {
   // zusätzliche Eigenschaft:
   private int klasse;

   // Konstruktor:
   public Schueler (String n, String v, int a, int k) {
      super (n, v, a);
      this.klasse = k;
   }

   // Neue Methoden:
   public int getKlasse() {
      return this.klasse;
   }

   public void versetzung() {
      this.klasse++;
   }
}
```

Die einzige erklärungsbedürftige Besonderheit in den abgeleiteten Klassen dürfte das Schlüsselwort `super` sein. Es ruft explizit den durch die Auswahl der Argumente spezifizierten Konstruktor der Elternklasse auf.

In einem Programm können diese beiden Klassen beispielsweise folgendermaßen verwendet werden:

```
Lehrer welsch = new Lehrer ("Welsch", "Jo", 64, "Mathe");
System.out.println (welsch.getName() + " unterrichtet " +
     welsch.getFach());

Schueler tim = new Schueler ("Witt", "Tim", 16, 11);
tim.versetzung();
System.out.println (tim.getName()
     + " versetzt in Klasse " + tim.getKlasse());
```

Die Ausgabe dieser beiden Beispiele sollte so aussehen:

```
Jo Welsch unterrichtet Mathe
Tim Witt versetzt in Klasse 12
```

Interfaces

Anders als in C++ und anderen Sprachen ist in Java keine **Mehrfachvererbung** erlaubt; eine Klasse kann also immer nur von genau einer anderen abgeleitet werden. Mitunter kann dies sehr lästig sein: Zwei verschiedene Klassen, die ansonsten nichts miteinander zu tun haben, könnten einen gewissen gemeinsamen Aspekt aufweisen und von einer anderen Stelle aus unter diesem Aspekt betrachtet werden. Beispielsweise ist ein Buch ein völlig anderes Objekt als eine Suppenschüssel. Beide könnten aber als Artikel im gleichen Supermarkt verkauft werden und als solche gemeinsame Eigenschaften wie eine Artikelnummer oder einen Preis aufweisen.

Um Objekte beliebiger Klassen unter einem bestimmten Gesichtspunkt als dieselbe Art von Objekt betrachten zu können, verwendet Java das Verfahren der **Interfaces**. Ein Interface ähnelt einer Klassendefinition, enthält aber lediglich Methodendeklarationen, die nicht implementiert werden, also keine Anweisungen enthalten. Eine Klasse, die ein Objekt dieser Art sein soll, muss alle im Interface deklarierten Methoden konkret implementieren.

Das folgende Beispiel definiert ein Interface namens `Artikel`, das verschiedene Methoden deklariert:

```
public interface Artikel {
   public int getArtNr();
   public int getPreis();
}
```

Die Klasse `Buch` implementiert das Interface `Artikel` und definiert daher die Methoden `getArtNr()` und `getPreis()`:

```
public class Buch implements Artikel {
   private int artNr;
   private int preis;
   ...

   public int getArtNr() {
      return artNr;
   }

   public int getPreis() {
      return preis;
   }
}
```

Der Hauptnutzen dieser Interface-Implementierung besteht darin, dass eine Methode, die mit verschiedenen Artikeln arbeitet, diese alle als Daten vom gleichen Typ ansprechen kann, nämlich `Artikel`.

In der Java-Klassenbibliothek sind Unmengen von Interfaces enthalten, die Sie in Ihren eigenen Programmen implementieren können. Bekannte Beispiele dafür sind die Interfaces `Serializable` oder `Runnable`. `Serializable` wird für Klassen verwendet, deren Datenbestand sich als sequenzieller Datenstrom darstellen (serialisieren) lässt, während `Runnable` von Programmen implementiert wird, die als Thread laufen sollen (siehe Kapitel 6, *Konzepte der Programmierung*).

5.2.3 Dateizugriffe in Java

In Java stehen, wie bereits erwähnt, verschiedene Klassen für die unterschiedlichsten Aspekte der Ein- und -Ausgabe zur Verfügung. Dies betrifft auch den Umgang mit Dateien. Hier sehen Sie nur ein kurzes Beispiel. Das folgende Programm liest sämtliche Zeilen aus der als Kommandozeilenargument angegebenen Textdatei und gibt sie in umgekehrter Reihenfolge aus.

```
import java.io.*;
import java.util.*;

public class FileTurner {
   public static void main (String args[]) {
      try {
         turnFile (args[0]);
      }
      catch (FileNotFoundException e) {
         System.out.println ("Datei nicht gefunden!");
      }
      catch (IOException e) {
         System.out.println ("Dateifehler!");
      }
   }

   static void turnFile (String filename) throws
        FileNotFoundException, IOException {
      BufferedReader reader = new BufferedReader
          (new FileReader (filename));
      String zeile = "";
      Stack zeilen = new Stack();
      while ((zeile = reader.readLine()) != null) {
         zeilen.push (zeile);
      }
      while (!zeilen.empty()) {
         zeile = (String)zeilen.pop();
         System.out.println (zeile);
      }
   }
}
```

Das Programm demonstriert allerdings nicht nur, wie Sie in Java aus einer Textdatei lesen können, sondern zeigt noch einige andere interessante Aspekte der Java-Programmierung:

- Innerhalb der Methode `turnFile()` werden verschiedene Methoden aufgerufen, die Ausnahmen auslösen können. Damit nicht jede dieser Anweisungen innerhalb eines `try/catch`-Blocks stehen muss, werden sämtliche möglichen Ausnahmen mit Hilfe einer `throws`-Klausel an die aufrufende Stelle delegiert. Aus diesem Grund steht der

Aufruf von `turnFile()` von `main()` innerhalb eines `try`-Blocks; die anschließenden `catch`-Blöcke fangen die entsprechenden Ausnahmen ab: `java.io.FileNotFoundException` (Datei nicht gefunden) und `java.io.IOException` (Schreib-/Lesefehler).

- Für das Umkehren der Zeilen aus der Textdatei wird die spezielle Datenstruktur `java.util.Stack` verwendet, mit deren Hilfe in Java die im nächsten Kapitel besprochene Stack-Funktionalität implementiert wird: Die Methode `push()` fügt ein beliebiges Objekt (eine Instanz der allgemeinsten Klasse `java.lang.Object`) am Ende des Stacks hinzu, `pop()` entnimmt das letzte Objekt und gibt es zurück. Mit Hilfe von Typecasting kann es in ein Objekt seiner ursprünglichen Klasse zurückverwandelt werden: im vorliegenden Fall `(String)zeilen.pop()`.
- Zum Lesen ganzer Zeilen aus der Textdatei wird der `java.io.FileReader`, der dem Lesen aus einer Datei dient, von einem `java.io.BufferedReader` umhüllt, dessen Methode `readLine()` jeweils eine Zeile aus dem zugrunde liegenden Eingabestrom liest. Die Bedingung der `while()`-Schleife macht es sich übrigens zunutze, dass `readLine()` am Dateiende `null` zurückgibt: Die Wertzuweisung `zeile = reader.readLine()` wird dazu unmittelbar mit `null` verglichen.

Und der Rest der Java-Klassenbibliothek?

Eine ausführlichere Beschreibung von Java würde nach der Darstellung der bisher gebotenen Grundlagen dazu übergehen, verschiedene Komponenten der mit dem Java2 SDK gelieferten Klassenbibliothek zu beschreiben. Diese Bibliothek enthält Dutzende von Packages mit Unmengen von Klassen, die wiederum unzählige Methoden besitzen.

Da nicht die geringste Chance besteht, einer solchen Informationsmenge in einem Buch wie diesem gerecht zu werden, habe ich mich entschlossen, an dieser Stelle gar nicht weiter auf die Klassenbibliothek einzugehen. Stattdessen lernen Sie im nächsten Kapitel und in einigen späteren Kapiteln jeweils thematisch passende Beispielklassen kennen. Für eine ausführliche Darstellung der faszinierenden Programmiersprache Java empfehle ich beispielsweise das hervorragende Buch »Java ist auch eine Insel« von Christian Ullenboom (Galileo Computing).

5.3 Perl

Bis jetzt wurden in diesem Kapitel zwei kompilierte Programmiersprachen behandelt, eine prozedurale und eine objektorientierte. In diesem Abschnitt wird eine völlig anders konzipierte Variante erläutert: **Perl** ist eine **interpretierte Skriptsprache**, die verschiedene nützliche Eigenschaften von C, den UNIX-Shell-Skriptsprachen sowie den Textprozessorsprachen `sed` und `awk` in sich vereint.

Perl wurde 1987 von **Larry Wall** entwickelt, als er im Rahmen eines Programmierauftrags umfangreiche Datenbestände koordinieren musste, die auf Rechnern an beiden Küsten der USA verteilt waren. Heute wird Perl vorwiegend von UNIX-Systemadministratoren verwendet, um ihre tägliche Arbeit zu erleichtern. Außerdem ist Perl die bevorzugte Sprache für CGI-Skripte, die klassische Form der Web-Anwendung. Die Perl-Mottos »There's more than one way to do it« und »Make easy things easy and hard things possible« geben einen Eindruck von der Vielseitigkeit, Praxisnähe und Leistungsfähigkeit dieses Werkzeugs.

Die Abkürzung Perl steht eigentlich für **P**ractical **E**xtraction and **R**eport **L**anguage, wird aber von Larry Wall und den anderen Perl-Hackern manchmal auch als **P**athologically **E**clectic **R**ubbish **L**ister (etwa: krankhaft wählerischer Auflister für jeden Mist) bezeichnet. Solcher Humor ist ein typisches Merkmal der Perl-Gemeinde, der auch die Sprache selbst beeinflusst hat (und umgekehrt!).

Perl-Distributionen

Obwohl Perl unter UNIX entwickelt wurde und eng mit den besonderen Eigenschaften dieses Betriebssystems verknüpft ist, ist der Perl-Interpreter für viele verschiedene Betriebssysteme verfügbar. Wenn Sie eine UNIX-Variante verwenden, ist Perl höchstwahrscheinlich bereits auf Ihrem Rechner installiert. Falls Sie mit Windows arbeiten, bietet sich die hierfür optimierte Perl-Distribution ActivePerl an, die Sie unter **http://www.activestate.com** herunterladen können. Die einzige Wahl für MacOS 9 ist die etwas abgespeckte Version MacPerl (**http://www.macperl.com**).

Die aktuelle Version von Perl ist 5.8 (aktuelle Release im Januar 2005: 5.8.6). Die kommende Version 6 wird viele Neuerungen bringen, insbesondere eine virtuelle Maschine namens **Parrot**, auf die neben Perl auch andere Sprachen aufsetzen können.

Um ein Perl-Programm auf Ihrem Rechner auszuführen, müssen Sie es dem Perl-Interpreter übergeben. Unter UNIX geschieht dies durch die Shebang-Zeile zu Beginn des Skripts, die dem System das Verzeichnis mitteilt, in dem sich der Interpreter befindet:

```
#!/usr/bin/perl
```

Eine auf diese Weise präparierte Datei müssen Sie nur noch mittels `chmod +x` ausführbar setzen, um sie zu starten. Unter Windows wird dagegen auf der Kommandozeile der Perl-Interpreter explizit aufgerufen:

```
C:\>perl meinprogramm.pl
```

Dennoch wird auch unter Windows die Shebang geschrieben; für Einsatzgebiete wie die CGI-Programmierung ist sie dort auch wichtig. Natürlich sieht sie ein wenig anders aus als unter UNIX, zum Beispiel so:

```
#!C:/perl/bin/perl.exe
```

Beachten Sie, dass auch unter Windows, anders als üblich, der / (Slash) als Pfadtrennzeichen verwendet wird.

Empfehlenswert ist übrigens die folgende Variante der Shebang:

```
#!/usr/bin/perl -w
```

Die Option `-w` schaltet ausführliche Warnmeldungen ein, die Sie auf mögliche Ungenauigkeiten oder Zweideutigkeiten hinweisen können. Dies kann auf Dauer Ihren Programmierstil erheblich verbessern.

5.3.1 Das erste Beispiel

Damit Sie Perl genauer mit den anderen in diesem Kapitel vorgestellten Programmiersprachen vergleichen können, sehen Sie hier die Perl-Fassung des erweiterten »Hallo Welt«-Programms:

```
#!/usr/bin/perl -w
print "Hallo Welt!\n";
print "Ihr Name, bitte: ";
$name = <>;
chomp $name;
print "Hallo $name!";
```

Speichern Sie das Skript unter `hallo.pl` und führen Sie es aus, wie oben beschrieben.

Wie Sie sehen, ist dieses Perl-Skript die bisher kürzeste Variante des Programms. Das liegt vor allem daran, dass Perl-Skripte keine besonderen Formalitäten einhalten müssen: Es gibt kein explizites Hauptprogramm; ein Skript ist im einfachsten Fall lediglich eine Folge normaler Anweisungen. Im Folgenden werden die Zeilen des »Hallo Welt«-Skripts nacheinander beschrieben:

- `print "Hallo Welt!\n";`

  `print "Ihr Name, bitte: ";`

  Mit Hilfe von `print` werden Inhalte auf die Standardausgabe geschrieben. In Perl können Sie die Klammern um Funktionsargumente weglassen; dies ist nicht immer übersichtlich, aber speziell bei `print` allgemein üblich.

- `$name = <>;`

  Mit Hilfe des etwas merkwürdig aussehenden Operators `<>` wird eine Zeile Text von der Standardeingabe gelesen. Wie weiter unten besprochen wird, kann zwischen den Klammern auch eine Datei angegeben werden, aus der gelesen werden soll.

  Im vorliegenden Fall wird die gelesene Zeile in der Variablen `$name` gespeichert. In Perl beginnen die Namen der verschiedenen Arten von Variablen mit speziellen Zeichen. Eine Variable, die einen einzelnen Wert speichern kann (**Skalar** genannt), fängt zum Beispiel mit einem Dollarzeichen an.

- `chomp $name;`

  Die Funktion `chomp` entfernt den Zeilenumbruch vom Ende eines Strings. Der Zeilenumbruch, mit dem die eingegebene Zeile endet, wird nämlich von `<>` mit eingelesen und kann in vielen Fällen stören.

- `print "Hallo $name!";`

  Einer der wichtigsten Vorteile der Einleitung von Variablennamen durch spezielle Zeichen besteht darin, dass innerhalb von Strings eine **Variablensubstitution** durchgeführt wird: Da Variablen an ihren Anfangszeichen erkennbar sind, kann der Perl-Interpreter sie auflösen.

5.3.2 Elemente der Sprache Perl

Im Folgenden werden verschiedene wichtige Bestandteile von Perl systematisch vorgestellt.

Variablen

Variablen funktionieren in Perl ein wenig anders als in typisierten Compilersprachen wie C oder Java. Wie viele andere interpretierte Skriptsprachen ist Perl nämlich eine untypisierte Sprache. Variablen besitzen keinen festen Datentyp, sondern ihr gespeicherter Inhalt wird je nach Kontext interpretiert. Außerdem können sie nacheinander verschiedene Werte annehmen, sodass Zuweisungen wie die folgenden erlaubt sind:

```
$a = "hallo";   # String
$a = 3;         # ganze Zahl
$a = 4.678;     # Fließkommazahl
```

Eine Variable existiert automatisch durch die erste Wertzuweisung und muss nicht deklariert werden. Dadurch werden Programme einerseits kürzer und kompakter, aber andererseits werden Fehler nicht so leicht bemerkt, weil Perl sich nicht beschwert, wenn Sie sich bei einem Variablennamen verschreiben. Eine Variable, die in einem Ausdruck verwendet wird, ohne dass ihr ein Wert zugewiesen wurde, hat den speziellen Wert `undefined`. Dies führt möglicherweise zu unerwarteten Ergebnissen, nicht aber zu einer Fehlermeldung.

Strenge Wertüberprüfung

Für längere Programme bietet es sich deshalb an, die **strenge Wertüberprüfung** zu aktivieren. Diese Option verlangt, dass jede Variable bei ihrer ersten Verwendung explizit deklariert wird. Die Wertüberprüfung wird zu Beginn eines Programms (meist unmittelbar unter der Shebang) folgendermaßen eingeschaltet:

```
use strict;
```

Innerhalb eines normalen Perl-Skripts werden Variablen bei strenger Wertüberprüfung durch ein vorangestelltes `my` deklariert; in den weiter unten vorgestellten Subroutinen mit `local`:

```
#!/usr/bin/perl
use strict;
my $zahl1;      # explizite Deklaration
my $zahl2 = 3;  # implizite Deklaration bei Wertzuweisung
$zahl3 = 7;     # Fehlermeldung: Nicht deklariert!
```

Variablenarten

Perl kennt drei verschiedene Arten von Variablen: Skalare, Arrays und Hashes.

- Ein **Skalar** ist eine normale »Einzelvariable«. Ihr Wert ist ein einzelner String, eine Zahl oder eine Referenz auf ein beliebiges Element. Die Namen von Skalaren beginnen mit einem Dollarzeichen, zum Beispiel `$wert`.
- Ein **Array** ähnelt der gleichnamigen Datenstruktur in C und Java, ist aber erheblich flexibler. Die Anzahl der Elemente im Array kann dynamisch erhöht oder vermindert werden. Der Name der gesamten Array-Variablen beginnt mit dem Zeichen `@`, beispielsweise `@werte`.

- Ein **Hash**, auch assoziatives Array genannt, ähnelt einem gewöhnlichen Array. Das Besondere daran ist allerdings, dass die Indizes für die einzelnen Felder keine aufeinander folgenden Integer-Werte sind, sondern beliebige Strings sein können. Der Name eines Hashs beginnt mit `%` wie etwa `%wochentage`.

Ein Array kann auf zwei verschiedene Arten erzeugt werden: Entweder weisen Sie dem gesamten Array eine **Liste** als Wert zu oder Sie erstellen sofort ein einzelnes Element des Arrays:

```
@sprachen = ("C", "Java", "Perl");  # Liste zuweisen
$betriebssysteme[0] = "Linux";      # Einzelnes Element
$betriebssysteme[1] = "MacOS X";
$betriebssysteme[2] = "MacOS 9";
$betriebssysteme[3] = "Windows";
```

Da die Elemente von Arrays Skalare sind, ist das Vorzeichen für ein einzelnes Element kein `@`, sondern ein `$`.

Listen

Bei der Formulierung `("C", "Java", "Perl")` handelt es sich übrigens um eine **Liste**. Listen können nicht nur in Arrays gespeichert werden, sondern auch ein interessantes Eigenleben führen. Sie können sogar eine Liste skalarer Variablen als LVALUE verwenden! Dies ermöglicht beispielsweise die folgende praktische Schreibweise für den Tausch der Werte zweier Variablen:

```
($a, $b) = ($b, $a);
```

In jeder anderen Sprache benötigen Sie für einen solchen Tausch eine dritte Variable als Zwischenspeicher und müssen drei Anweisungen schreiben. In Java sieht die Tauschoperation für zwei `int`-Variablen zum Beispiel so aus:

```
int c = a;            // Wert von a retten
a = b;                // a wird überschrieben
b = c;                // b erhält den alten Wert von a
```

Perl definiert darüber hinaus eine Reihe nützlicher Funktionen zur Behandlung von Arrays und Listen. Einige wichtige Beispiele sind folgende:

```
$w = pop(@array);      # Den letzten Wert des Arrays ab-
                       # trennen und zurückgeben
push (@array, $w);     # Skalar an ein Array anhängen
$w = shift (@array);   # Den ersten Wert des Arrays ab-
                       # trennen und zurückgeben
unshift (@array, $w);  # Skalar vor das erste Element
                       # eines Arrays setzen
```

Mit Hilfe der Funktionen `pop`, `push`, `shift` und `unshift` können Sie allerdings nicht nur einzelne Elemente von Arrays abtrennen oder ihnen hinzufügen, sondern auch Listen. Beispielsweise hängt die folgende Anweisung eine Liste mit zwei weiteren Programmiersprachen an das weiter oben definierte Array `@sprachen` an:

```
push (@sprachen, ("C++", "C#"));
```

foreach-Schleifen

Interessant ist auch die Fähigkeit von Perl, eine automatische Schleife über alle Elemente eines Arrays zu bilden. Dazu wird die spezielle Kontrollstruktur `foreach` verwendet. Das folgende Beispiel gibt die Namen dreier in einem Array gespeicherter Prozessoren untereinander aus:

```
@prozessoren = ("Pentium 4", "Athlon", "PowerPC");
foreach $prozessor(@prozessoren) {
   print "$prozessor\n";
}
```

Wenn Sie die Angabe der Schleifenzählervariablen (hier `$prozessor`) weglassen, stellt Perl übrigens automatisch die spezielle Variable `$_` dafür zur Verfügung. Diese wird von vielen Funktionen automatisch verwendet, wenn kein anderes Argument angegeben wird. Die obige `foreach`-Schleife ließe sich also auch so schreiben:

```
foreach (@prozessoren) {
   print;              # $_ ausgeben
   print "\n";         # der fehlende Zeilenumbruch
}
```

Sie können ein Array auch zu einem Skalar zusammenfassen und umgekehrt. Die Anweisung `split (/Muster/, String)` zerlegt den angegebenen String an den Stellen, an denen das Muster (ein regulärer Ausdruck) vorkommt, und konvertiert ihn in ein Array. `join (Ausdr, Array)` fasst die Elemente des angegebenen Arrays zu einem String zusammen und setzt jeweils den angegebenen Ausdruck dazwischen:

```
$syslist = "Linux,MacOS X,MacOS 9,Windows";
@systeme = split (/,/, $syslist);
                      # ergibt Array mit Systemnamen
@sprachen = qw(C Java Perl);
$sprachlist = join (", ", @sprachen);
                      # ergibt "C, Java, Perl"
```

Hashes

Ein Hash kann ebenfalls durch die Definition eines einzelnen Elements eingerichtet werden:

```
$wtage{'Mo'} = 'Montag';
```

Auch einzelne Elemente von Hashes sind skalar und beginnen deshalb mit einem `$`. Der Index eines Hash-Elements wird als **Schlüssel** (key) bezeichnet. Alternativ können Sie das ganze Hash auf einmal definieren:

```
%wtage = (Mo => 'Montag', Di => 'Dienstag',
          Mi => 'Mittwoch', Do => 'Donnerstag',
          Fr => 'Freitag', Sa => 'Samstag',
          So => 'Sonntag');
```

Die spezielle Schreibweise `Schlüssel => Wert` erlaubt es, die Anführungszeichen um die Schlüsselnamen wegzulassen, solange diese keine problematischen Sonderzeichen enthalten.

Auch über die Elemente eines Hashs lässt sich eine `foreach`-Schleife bilden. Dazu wird dem Namen des Hashs das spezielle Schlüsselwort `keys` vorangestellt. Die oben definierten Wochentage können Sie zum Beispiel so ausgeben:

```
foreach $key (keys %wtage) {
   print "$key ist die Abkürzung für ${wtage{$key}}\n";
}
```

Wie Sie sehen, ermöglichen geschweifte Klammern hinter dem `$`-Zeichen die Auflösung komplexer Variablenkonstrukte innerhalb von Strings.

Referenzen

Ein weiteres interessantes Konstrukt im Zusammenhang mit Variablen ist die **Referenz**. Sie ist im Wesentlichen mit einem Zeiger in C oder einer Objektreferenz in Java vergleichbar: Referenzen verweisen auf beliebige Variablen, Subroutinen oder sonstige Elemente; eine Referenz wird durch einen \ dargestellt. Beispiele:

```
$v_ref = \$var;       # Referenz auf ein Skalar
$a_ref = \@array;     # Referenz auf ein Array
$h_ref = \%hash;      # Referenz auf ein Hash
```

Die umgekehrte Operation heißt **Dereferenzierung**. Sie wird in Perl durchgeführt, indem Sie dem Namen der Referenz das Zeichen für den Variablentyp voranstellen, auf den die Referenz verweist:

```
$$v_ref = 3;          # indirekt auf $var zugreifen
@$a_ref.push ("hi");  # indirekt auf @array zugreifen
%$h_ref = (name => 'Klaus', alter => 42);
                      # indirekt auf %hash zugreifen
$$a_ref[0] = "hallo"; # indirekt auf ein Element
                      # von @array zugreifen
```

Referenzen sind unter anderem als Übergabewerte für Subroutinen nützlich (siehe unten). Eine weitere Möglichkeit, die sie bieten, ist die Konstruktion verschachtelter Arrays und Hashes, für die es keine andere Lösung gibt:

```
@schmitz = ("Klaus", "Erika", "Michael");
@mueller = ("Heinz", "Gisela", "Claudia");
@familien = (\@schmitz, \@mueller);
```

Um nun beispielsweise auf das erste Mitglied der zweiten Familie zuzugreifen, können Sie `$familien[1][0]` schreiben und erhalten `"Heinz"`.

Ausdrücke und Operatoren

Viele der in Perl verfügbaren Literale und Operatoren entsprechen denjenigen von C. Die besondere Flexibilität von Perl ergibt sich jedoch erst aus einer Reihe wichtiger Unterschiede. Einige von ihnen werden hier vorgestellt.

Für numerische Literale gelten dieselben Regeln wie in C. In Perl können Sie allerdings zusätzlich einen Unterstrich als Tausendertrennzeichen einsetzen, um große Zahlen übersichtlicher zu machen:

```
$milliarde = 1_000_000_000;  # Wert: 1000000000
```

Die Raute (#) leitet übrigens den einzigen in Perl erlaubten Kommentar ein. Er reicht vom Auftreten dieses Zeichens bis zum Zeilenende.

Besonderheiten bei String-Literalen

Für die Formulierung von String-Literalen bestehen in Perl erheblich mehr Möglichkeiten als in C, ein separates Literal für ein einzelnes Zeichen existiert dagegen nicht. Im einfachsten Fall steht ein String-Literal in einfachen oder in doppelten Anführungszeichen. Während in doppelten Anführungszeichen die bereits angesprochene Variablensubstitution durchgeführt wird, bleiben Strings in einfachen Anführungszeichen stets wörtlich erhalten:

```
$geld = 100;
print "Ich habe $geld \$.\n"; # Wert: Ich habe 100 $.
print 'Ich habe $geld $\n';   # Wert: Ich habe $geld $\n
```

In einfachen Ausführungszeichen wird also nicht nur die Variablensubstitution, sondern auch die Ersetzung von Escape-Sequenzen wie `\n` unterdrückt. Lediglich `\'` für das einfache Anführungszeichen selbst und `\\` für den Backslash werden aufgelöst.

In doppelten Anführungszeichen müssen Sie dagegen eine Reihe spezieller Zeichen als Escape-Sequenz schreiben, wenn Sie diese Zeichen als solche verwenden möchten. Neben den zu erwartenden Fällen \" und \\ betrifft dies auch `\$` (das Dollarzeichen), `\@` (für ein `@`) und `\%`.

Neben den beiden Arten von Anführungszeichen definiert Perl noch weitere Schreibweisen für String-Literale. Diese haben den Vorteil, dass Sie die Zeichen `"` oder `'` – je nachdem – einfach als solche verwenden können:

- `q/String/` ersetzt die einfachen Anführungszeichen, steht also für `'String'`.
- `qq/String/` wird statt doppelter Anführungszeichen gesetzt, ist also ein Ersatz für `"String"`.
- `qw/Ausdr1 Ausdr2 Ausdr3/` stellt keinen String dar, sondern ist eine kompakte Schreibweise für eine Liste einzelner Wörter. Die Langschreibweise dieser Liste wäre `('Ausdr1', 'Ausdr2', 'Ausdr3')`.

Das besonders Interessante an diesen speziellen Quoting-Verfahren ist, dass Sie statt des Slashs (/) auch verschiedene andere Zeichen verwenden können, um den Inhalt abzugrenzen. Sie können sich individuell für Zeichen entscheiden, die im jeweiligen String selbst nicht vorkommen. Gängige Beispiele sind `q!String!`, `q(String)` oder `q{String}`. Entweder werden also zwei gleiche Zeichen wie `/.../`, `!...!` oder `|...|` verwendet, oder aber zwei entgegengesetzte Klammern einer beliebigen Sorte.

String-Vergleichsoperatoren

Bei Operationen berücksichtigt Perl das Problem, dass die Inhalte von Variablen als unterschiedliche Datentypen interpretiert werden können, und definiert deshalb zwei Sätze von Vergleichsoperatoren. Die »normalen« Vergleichsoperatoren wie `==`, `!=` oder `<=` sind ausschließlich für numerische Vergleiche vorgesehen. Für String-Vergleiche werden die folgenden separaten Operatoren definiert:

- eq (equals) überprüft die Gleichheit zweier String-Werte, ist also immer dann wahr, wenn die beiden Strings identisch sind.
- ne (not equals) ist dagegen wahr, wenn die beiden Strings verschieden sind.
- lt (less than) ist wahr, wenn der erste String kleiner ist als der zweite, also weiter vorn im Alphabet beziehungsweise im Zeichensatz steht.
- gt (greater than) ist wahr, wenn der erste String größer ist als der zweite.
- le (less than or equals) ist wahr, wenn der erste String kleiner oder gleich dem zweiten ist.
- ge (greater than or equals) ist wahr, wenn der erste String größer oder gleich dem zweiten ist.

Beachten Sie, dass der Vergleich numerischer Werte mit Hilfe der String-Vergleichsoperatoren (wodurch sie natürlich als Strings interpretiert werden) zu anderen Ergebnissen führen kann als der numerische Vergleich derselben Werte. Beispielsweise gilt natürlich `21 < 111`. Da das Zeichen »2« aber im Zeichensatz erst nach der »1« kommt, ist die Beziehung `"21" lt "111"` dagegen falsch.

Perl verwendet einen anderen Operator für die Verkettung von Strings als Java, nämlich den Punkt (`.`). Dies erspart Ihnen die Verwirrung, die durch die Verwendung von + in Java entstehen kann. Dank der Variablensubstitution wird der Operator in der Praxis aber ohnehin selten benötigt.

HIER-Dokumente

Genau wie die im vorigen Kapitel vorgestellten UNIX-Shells unterstützt Perl die Verwendung von HIER-Dokumenten. Dies ist nützlich, um größere Mengen Text auszugeben oder einer Variablen zuzuweisen:

```
print << "ENDE";
Perl
macht
Spaß!
ENDE

$zeilen = << "SCHLUSS";
Perl-Programmierung
macht Freude.
SCHLUSS
```

Beachten Sie, dass die Schluss-Markierung in einer eigenen Zeile stehen muss, und zwar ganz am Anfang dieser Zeile. Wenn sie die letzte Zeile im Skript bildet, müssen Sie daran denken, dahinter [Enter] zu drücken, weil es sich sonst nicht um eine vollständige Zeile handelt.

Wenn die Schluss-Markierung in doppelten Anführungszeichen steht, wie in den beiden Beispielen, wird innerhalb des Textes übrigens Variablensubstitution durchgeführt.

Eine weitere interessante Besonderheit von Perl besteht darin, dass Sie logische Operatoren nicht nur für Ausdrücke verwenden können, sondern auch zur logischen Verknüpfung von Anweisungen. Bei der Verknüpfung zweier Anweisungen mittels || (oder dem Synonym `or`) wird die zweite Anweisung nur dann ausgeführt, wenn die erste fehlschlägt. Dies liegt an der Short-Circuit-Logik der logischen Operatoren: Wie die meisten Programmiersprachen hört Perl mit der Auswertung eines logischen Operators auf, sobald das Ergebnis feststeht. Bei einer Oder-Verknüpfung steht das Ergebnis »wahr« fest, wenn der erste Ausdruck wahr ist. Dies ist bei einer erfolgreich ausgeführten Anweisung der Fall. Bekannt ist beispielsweise die folgende Formulierung zum Öffnen einer Datei:

```
open (FILE, "<datei.txt") or die "Kann nicht öffnen!\n";
```

Dies lässt sich in der Tat mit »Öffne die Datei oder stirb!« beschreiben – die Anweisung `die` bricht die Ausführung eines Skripts mit einer Fehlermeldung ab.

Umgekehrt wird die zweite Anweisung bei einer `&&`- beziehungsweise `and`-Verknüpfung nur dann ausgeführt, wenn die erste Erfolg hatte – andernfalls steht das Gesamtergebnis »falsch« bereits fest.

Besonderheiten bei Kontrollstrukturen

Im Großen und Ganzen funktionieren die Kontrollstrukturen in Perl genau wie in C oder Java. Allerdings existiert in Perl kein `switch/case`; die zusätzliche Schleifenanweisung `foreach` wurde dagegen bereits behandelt.

Die wichtigste Besonderheit besteht darin, dass die geschweiften Klammern bei `if`, `while` etc. auch dann erforderlich sind, wenn nur eine Anweisung von der Kontrollstruktur abhängen soll. Außerdem wird ein verschachteltes »`else if`« in Perl durch das spezielle Schlüsselwort `elsif` ausgedrückt.

Eine Alternative für ein `if`, von dem nur eine Anweisung abhängt und das kein `else` besitzt, ist das nachgestellte `if`:

```
print "\$a ist 0!\n" if !$a;
```

ist ein Synonym für folgende Fallentscheidung:

```
if (!$a) {
   print "\$a ist 0!\n";
}
```

Eine weitere Perl-Spezialität ist die zusätzliche Kontrollstruktur `unless`, die das Gegenteil von `if` darstellt und ebenfalls vor- oder nachgestellt sein kann. Die abhängigen Anweisungen werden genau dann ausgeführt, wenn die Bedingung **nicht** zutrifft:

```
die "\$b existiert nicht!\n" unless defined $b;
```

Die Funktion `defined` prüft übrigens, ob die angegebene Variable existiert.

Subroutinen

Anstelle von Funktionen können Sie in Perl so genannte **Subroutinen** definieren. Sie werden durch das Schlüsselwort `sub` eingeleitet und durch ihren Namen aufgerufen. Das folgende einfache Beispiel zeigt, wie eine Subroutine definiert und aufgerufen wird:

```
tuwas;                # Subroutine tuwas aufrufen
...

sub tuwas {
   print "Hi! Ich tue etwas: Text ausgeben.\n";
}
```

Es ist vollkommen egal, an welcher Stelle Sie Subroutinen in einem Perl-Skript definieren. Allerdings ist es üblich, sie am Ende des Skripts unter dem globalen Code unterzubringen.

Subroutinen können Argumente entgegennehmen. Sämtliche übergebenen Werte befinden sich in dem speziellen Array `@_`, dessen einzelne Elemente Sie sinnvollerweise mittels `shift` abtrennen sollten, weil Sie sie dadurch in der richtigen Reihenfolge einlesen können. Dazu genügt sogar die Angabe von `shift` ohne Argument, weil diese Funktion in diesem Fall automatisch auf `@_` zugreift. Das folgende Beispiel definiert eine Subroutine namens `print_summe`, die zwei übergebene Werte zusammenaddiert und ausgibt:

```
sub print_summe {
   $w1 = shift;
   $w2 = shift;
   $summe = $w1 + $w2;
   print "Summe: $summe\n";
}
```

Diese Subroutine können Sie beispielsweise folgendermaßen aufrufen:

```
print_summe (3, 7);
```

Die folgende Subroutine erhöht jedes Element eines als Referenz übergebenen Arrays um 1:

```
sub list_inc {
   $listref = shift;
   foreach (@$listref) {
      $_++;
   }
}
```

Ein Aufruf dieser Subroutine sieht etwa so aus:

```
@list = qw(2 4 6 8 10);
list_inc (\@list);     # @list ist nun (3, 5, 7, 9, 11)
```

Eine Subroutine kann übrigens auch Werte zurückgeben. Dazu wird wie in C und Java die Anweisung `return` verwendet.

Mit Dateien arbeiten

Perl besitzt eine besonders einfache Syntax für das Lesen und Schreiben von Dateien. Dies ist eine der wichtigsten Eigenschaften der Sprache für Systemadministratoren, die Perl gern als mächtigen Ersatz für Shell-Skripte verwenden.

Um eine Datei zu öffnen, wird die folgende Syntax verwendet:

```
open (DATEIHANDLE, "...Pfad");
```

Statt `...` steht vor dem Pfad die Angabe des Zugriffsmodus: < öffnet die Datei zum Lesen, > zum Schreiben (wobei eine existierende Datei dieses Namens geleert würde) oder >> zum Anhängen.

Dateihandles

Das `DATEIHANDLE` ist ein Bezeichner, über den Sie auf die Datei zugreifen können. Im Gegensatz zu Variablen besitzt es kein einleitendes Zeichen und wird üblicherweise vollständig in Großbuchstaben geschrieben.

Das folgende Beispiel versucht, die Datei `test.txt` im aktuellen Verzeichnis zum Lesen zu öffnen, liest eine Zeile daraus und gibt diese aus. Anschließend wird die Datei mittels `close` geschlossen:

```
open (FILE, "<test.txt")
     or die "Kann test.txt nicht öffnen!";
$line = <FILE>;
chomp $line;
print "Gelesen: $line\n";
close FILE;
```

Wenn Sie alle Zeilen aus der Datei lesen möchten, bietet sich die folgende Kurzfassung an:

```
while ($line = <FILE>) {
   chomp $line;
   print "Gelesen: $line\n";
}
```

Die Bedingung bleibt dabei automatisch wahr, solange das Dateiende noch nicht erreicht ist.

Wenn Sie eine Datei zum Schreiben (oder Anhängen) öffnen, können Sie folgendermaßen eine Zeile Text hineinschreiben:

```
open (FILE, ">test.txt")
     or die "Kann test.txt nicht öffnen!";
print FILE "Eine Zeile Text.\n";
close FILE;
```

Es ist sehr wichtig, dass zwischen dem Namen des Dateihandles und dem Text, den `print` ausgeben soll, kein Komma, sondern nur ein Leerzeichen stehen darf.

Auf ähnlich einfache Weise können Sie übrigens Verzeichnisinhalte lesen. Das folgende Beispiel gibt die Namen sämtlicher Dateien des aktuellen Verzeichnisses (repräsentiert durch `"."`) aus:

```
opendir (DIR, ".");
while ($filename = readdir DIR) {
   print "$filename\n";
}
closedir DIR;
```

Reguläre Ausdrücke

Eine der wichtigsten Fähigkeiten von Perl ist der Umgang mit regulären Ausdrücken. Es werden erheblich mehr Optionen angeboten als bei dem UNIX-Programm `grep`. Reguläre Ausdrücke werden in Kapitel 6, *Konzepte der Programmierung*, näher vorgestellt, deshalb sollen an dieser Stelle zwei kurze Beispiele genügen.

Um ein Muster in einem String zu finden, wird der Operator =~ verwendet:

```
print "Perl gefunden!" if $text =~ /perl/i;
```

Dies gibt »Perl gefunden!« aus, wenn in der Variablen `$text` die Zeichenfolge »perl« vorkommt, und zwar ohne Berücksichtigung von Groß- und Kleinschreibung (Modifikator `/i`).

Das folgende Beispiel ersetzt in der Variablen `$text` jedes Vorkommen von »Java« durch »Perl«:

```
$text =~ s/Java/Perl/g;
```

Der Operator `s///` (substitute) ersetzt den gefundenen regulären Ausdruck durch den angegebenen String. Der Modifikator `/g` steht für »global« (sämtliche Vorkommen ersetzen).

5.4 Zusammenfassung

In diesem Kapitel haben Sie die Grundlagen dreier recht verschiedener Programmiersprachen kennen gelernt. Die prozedurale Sprache C, die objektorientierte Sprache Java und die interpretierte Skriptsprache Perl haben zwar große Teile der grundlegenden Syntax gemeinsam, unterscheiden sich aber dennoch erheblich in der praktischen Anwendung.

Die wichtigsten Eigenschaften einer Programmiersprache sind Ausdrücke, Kontrollstrukturen und Funktionen. Ausdrücke werden eingesetzt, um Werte auf verschiedene Weise miteinander zu verknüpfen, beispielsweise, um arithmetische Berechnungen oder logische Überprüfungen durchzuführen. Kontrollstrukturen dienen der Ablaufsteuerung, die je nach den Werten bestimmter Bedingungen unterschiedliche Anweisungen eines Programms ausführt. Funktionen schließlich fassen Anweisungen zu Gruppen zusammen, um Programme modular und übersichtlich gestalten zu können.

Ein modernerer Ansatz der Programmierung ist die Objektorientierung, wie sie beispielsweise von Java realisiert wird. Durch die Kapselung, also die Zusammenfassung von Datenstrukturen und Funktionen zu einer Einheit, lassen sich Gegebenheiten der realen Welt einfacher in die Logik eines Computerprogramms übertragen. Außerdem sind die Klassen der OOP wiederverwendbar, das heißt für immer neue Projekte zu gebrauchen und durch Vererbung an neue Umstände leicht anzupassen.

6 Konzepte der Programmierung

Intelligente Fehler zu machen ist eine große Kunst.
– Federico Fellini

Nachdem Sie im vorigen Kapitel die grundlegende Syntax der Programmierung in drei verschiedenen Sprachen erlernt haben, ist es nun Zeit, dieses Handwerkszeug in der Praxis einzusetzen. In diesem Kapitel werden deshalb verschiedene konkrete Aspekte der Programmierung vorgestellt, von der Implementierung wichtiger Algorithmen und Datenstrukturen über eine Einführung in die systemnahe Programmierung bis hin zur GUI-Anwendungsentwicklung und der Arbeit mit einer integrierten Entwicklungsumgebung.

Die Implementierung der verschiedenen Beispiele erfolgt jeweils in einer der drei im vorigen Kapitel vorgestellten Programmiersprachen; es wird für jede Aufgabe eine passende Sprache ausgewählt.

6.1 Algorithmen und Datenstrukturen

Wenn Sie Programmieraufgaben lösen müssen, genügt es nicht, die einzelnen Befehle und Datentypen der gewählten Programmiersprache zu kennen. Sie benötigen vor allem ein Gespür dafür, wie sich Informationen und Tätigkeiten aus der realen Welt am effektivsten in einem Computerprogramm darstellen lassen. Für die Speicherung der verschiedenen Arten von Informationen werden mit Hilfe der Datentypen einer Programmiersprache so genannte **Datenstrukturen** entwickelt. Die Strategien zur Verarbeitung der Datenstrukturen werden als **Algorithmen** bezeichnet – der theoretische Hintergrund der Algorithmik wurde bereits in Kapitel 2, *Mathematische und technische Grundlagen*, angesprochen. In diesem Abschnitt werden einige verbreitete Standard-Algorithmen und Datenstrukturen dargestellt.

6.1.1 Ein einfaches Praxisbeispiel

Die Entwicklung eines Algorithmus soll hier zunächst Schritt für Schritt an einem Beispiel erläutert werden. Bevor Sie nämlich konkreten Programmcode hinschreiben, sollten Sie sich zunächst mit Papier und Bleistift theoretische Gedanken über den Ablauf des gewünschten Programms machen. Das Ergebnis solcher Überlegungen ist ein Flussdiagramm.

Es soll ein Algorithmus entwickelt werden, um den **größten gemeinsamen Teiler** (GGT) zweier ganzzahliger Werte zu ermitteln. Dies ist eine der wichtigsten Aufgaben im Bereich der Bruchrechnung. Der GGT zweier Werte m und n ist im günstigsten Fall $m/2$ oder $n/2$, im ungünstigsten Fall 1. Wenn er den Wert 1 hat, werden die beiden Zahlen als **teilerfremd** bezeichnet. Abbildung 6.1 zeigt einen Ansatz für ein Flussdiagramm, das eine mögliche Lösung beschreibt.

Es gibt erheblich effizientere Verfahren zur GGT-Berechnung. Hier geht es aber nur um das grundlegende Prinzip.

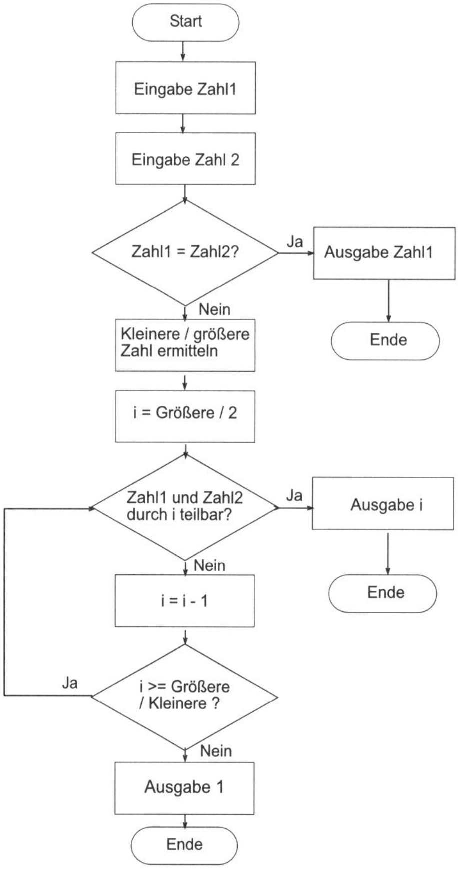

Abbildung 6.1 Flussdiagramm für einen Algorithmus zur Ermittlung des GGT

Im Grunde werden also Schritt für Schritt alle in Frage kommenden Werte ausprobiert. Begonnen wird beim Quotienten der größeren Zahl. Hier sehen Sie eine Implementierung dieses Algorithmus in Java:

```
static int ggt(int m, int n) {
   // Trivialer Fall: m und n gleich:
   if (m == n)
      return m;
   // Größeren und kleineren Wert ermitteln:
   int gr = (m > n) ? m : n;
   int kl = (m < n) ? m : n;
   // Jeden möglichen Teiler testen:
   for (int i = gr / 2; i >= gr / kl; i--) {
      // Sind beide Werte durch i teilbar?
```

```
      if (gr % i == 0 && kl % i == 0)
         return i;
   }
   // Hier bleibt nur noch die 1:
   return 1;
}
```

Da die Methode ggt() als static deklariert wurde, kann sie innerhalb einer Programmklasse von der Methode main() aus aufgerufen werden, ohne dass ein Objekt der Klasse bestehen muss. static-Methoden sind gewissermaßen der Java-Ersatz für imperative Funktionen. Hier sehen Sie ein Beispiel für eine main()-Methode, die den GGT zweier Kommandozeilenparameter ausgibt:

```
public static void main (String args[]) {
   int m = Integer.parseInt (args[0]);
   int n = Integer.parseInt (args[1]);
   System.out.println ("Der GGT von " + m + " und "
         + n + " ist " + ggt(m, n));
}
```

Nach dem Kompilieren können Sie das Programm beispielsweise folgendermaßen aufrufen, falls die Klasse GGTtest heißt:

```
$ java GGTtest 18 24
Der GGT von 18 und 24 ist 6.
```

Die statische Methode parseInt() der Klasse Integer (einer objektorientierten Umhüllung für einen int-Wert) wandelt den übergebenen String in eine Ganzzahl um.

6.1.2 Sortier-Algorithmen

Zu den häufigsten Aufgaben bei der Programmierung gehört die Sortierung von Daten nach einem bestimmten Kriterium. Im Laufe der Informatikgeschichte wurden Dutzende von verschiedenen Sortier-Algorithmen entwickelt, die für unterschiedliche Einsatzzwecke geeignet sind. In diesem Unterabschnitt werden zwei davon vorgestellt. Der erste ist intuitiv verständlich, der zweite gerade für größere Datenmengen besonders effizient.

BubbleSort

Dieser einfachste aller Sortier-Algorithmen durchwandert ein Array elementweise: Er vergleicht jedes Element mit seinem direkten Nachbarn. Wenn die beiden Nachbarn in der falschen Reihenfolge stehen, ist es erforderlich, sie zu vertauschen. Außerdem steht dann fest, dass das Array noch nicht fertig sortiert ist, so dass ein weiterer Durchgang erforderlich ist.

BubbleSort in Perl

Hier sehen Sie eine Implementierung von BubbleSort als Perl-Subroutine, die eine Listenreferenz entgegennimmt und die zugrunde liegende Liste nach diesem Schema sortiert:

```
sub bubblesort {
   $listref = shift;   # Listenreferenz entgegennehmen
```

```
    @liste = @$listref; # Kopie der Liste anfertigen
    do {
       $sortiert = 1;   # Annahme: Bereits sortiert.
       for ($i = 0; $i < $#liste; $i++) {
          # Element i größer als Element i + 1?
          if ($liste[$i] > $liste[$i + 1]) {
             # Die beiden Elemente vertauschen:
             ($liste[$i], $liste[$i + 1])
                 = ($liste[$i + 1], $liste[$i]);
             # Aha! Noch nicht sortiert:
             $sortiert = 0;
          }
       }
    } while (!$sortiert);
    return @liste;      # Sortiert zurückgeben
 }
```

Das Kopieren der Liste und die Rückgabe der Kopie sind nicht unbedingt erforderlich, verhindern aber das umständliche Hantieren mit Dereferenzierungen im Kern des eigentlichen Algorithmus. Wenn am Anfang nicht die Kopie `@liste` angefertigt würde, müsste zum Beispiel der eigentliche Tauschbefehl folgendermaßen lauten:

```
($$listref[$i], $$listref[$i + 1])
    = ($$listref[$i + 1], $$listref[$i]);
```

Die spezielle Formulierung `$#array` gibt übrigens den höchsten Index des Arrays `@array` zurück, bei einem Array mit 13 Elementen also beispielsweise 12. Da für den Vergleich jedes Elements mit seinem rechten Nachbarn eine Schleife vom ersten bis zum vorletzten Element benötigt wird, lautet die Bedingung der `for()`-Schleife im vorliegenden Fall `$i < $#liste`.

Die Subroutine `bubblesort` können Sie zum Beispiel so aufrufen:

```
@zahlen = qw(2 7 9 1 3 8 6 7);
@zahlen = bubblesort (\@zahlen);
print join (", ", @zahlen);
```

Die Ausgabe dieses Beispiels lautet:

```
1, 2, 3, 6, 7, 7, 8, 9
```

Beachten Sie, dass für die Sortierung von Strings eine separate Fassung erforderlich wäre, die den Vergleichsoperator `gt` statt des numerischen `>` verwendet (siehe voriges Kapitel). Wenn Sie im Übrigen nicht aufsteigend, sondern absteigend sortieren möchten, muss statt `>` der Operator `<` eingesetzt werden, bei Strings entsprechend `lt`.

BubbleSort in Java

Zu Vergleichszwecken sehen Sie hier eine weitere Implementierung von BubbleSort als Java-Methode, die ein Array von `int`-Werten sortiert:

```
static int[] bubbleSort (int[] liste) {
   boolean sortiert;
```

```
    do {
        sortiert = true;
        for (int i = 0; i < liste.length - 1; i++) {
            if (liste[i] > liste[i + 1]) {
                // Tauschen:
                int temp = liste[i];
                liste[i] = liste[i + 1];
                liste[i + 1] = temp;
                // Nicht sortiert!
                sortiert = false;
            }
        }
    } while (!sortiert);
    return liste;
}
```

Die folgende `main()`-Methode generiert ein Array mit unsortierten Werten, ruft `bubbleSort()` auf und gibt anschließend die sortierte Liste aus:

```
public static void main (String args[]) {
    int[] werte = {3, 7, 1, 9, 2, 5, 2};
    werte = bubbleSort (werte);
    for (int i = 0; i < werte.length; i++) {
        System.out.print (werte[i] + " ");
    }
}
```

Die Ausgabe sieht natürlich folgendermaßen aus:

```
1 2 2 3 5 7 9
```

Rekursion

Im nächsten Unterabschnitt wird ein sehr komplexer, aber erheblich effizienterer Sortier-Algorithmus vorgestellt. Dieser verwendet die besondere Technik der **Rekursion**, bei der eine Funktion sich selbst mit geänderten Parametern aufruft.

Rekursion ist immer dann nützlich, wenn Sie gleichartige, ineinander verschachtelte Aufgaben lösen müssen.

Beispielsweise lässt sich die **Fakultät** eines Werts sehr leicht rekursiv berechnen. Die Fakultät $n!$ einer natürlichen Zahl n ist das Ergebnis der Multiplikation $1 \times 2 \times 3 \times \ldots \times n$. Durch Rekursion lässt sich das Problem schrittweise reduzieren, beispielsweise gilt im ersten Schritt: $n! = n * (n - 1)!$.

Das folgende Beispiel zeigt eine rekursive C-Funktion, die auf diese Weise die Fakultät eines übergebenen Werts berechnet:

```
int fakultaet (int n) {
   if (i > 1)
      return n * fakultaet (n - 1);
   else
      return 1;
}
```

Solange das übergebene n noch größer als 1 ist, wird das Problem an einen weiteren Aufruf von fakultaet() delegiert; das aktuelle n wird mit dem Rückgabewert dieses Aufrufs multipliziert. Die Aufrufe werden schließlich von innen nach außern abgearbeitet: Der letzte oder innerste Aufruf gibt 1 zurück, die mit der 2 des darüber liegenden Aufrufs multipliziert wird und so weiter.

Der Gegenbegriff zur Rekursion ist übrigens **Iteration**. Natürlich lässt sich die Fakultät auch iterativ (in einer Schleife) berechnen, allerdings ist der Aufwand größer und die Schreibweise umständlicher:

```
int fakultaet (int n) {
   int i;
   int fak = 1;
   for (i = 2; i <= n; i++) {
      fak *= i;
   }
   return fak;
}
```

QuickSort

Wie der Name vermuten lässt, handelt es sich bei QuickSort um einen besonders geschwindigkeitsoptimierten Sortier-Algorithmus. Für eine ausreichend große Anzahl von Elementen ist er tatsächlich eines der schnellsten verfügbaren Sortierverfahren. Bei einer zu kleinen Elementanzahl kann er seinen theoretischen Geschwindigkeitsvorteil wegen der relativ aufwändigen Initialisierung nicht ausspielen.

QuickSort-Funktionsweise

QuickSort funktioniert nach dem Verfahren »Teile und herrsche«: Das gesamte zu sortierende Array wird in zwei Teile unterteilt (partitioniert), die an rekursive Aufrufe der Funktion übergeben werden. Dazu wird zunächst ein Vergleichselement namens Median gesucht; die Daten rechts des Medians müssen größer sein, die Daten links von ihm kleiner. Dies geschieht für jede Partition so lange immer wieder, bis jeweils nur noch zwei Elemente übrig sind, die in die richtige Reihenfolge gebracht werden. Hier eine QuickSort-Implementierung in Java:

```
static int[] quickSort(int[] liste) {
   /* quickSort ist nur ein bequemer Starter für die
      eigentliche Arbeits-Methode qSort().          */
   // qSort mit dem gesamten Array aufrufen:
   qSort (liste, 0, liste.length - 1);
```

```
      return liste;
   }

   static void qSort (int[] liste, int lo, int hi) {
      if (lo < hi) {
         // Vergleichselement Median ermitteln:
         median = liste[hi];
         int i = lo - 1;
         int j = hi;
         for ( ; ; ) {
            // Werte von beiden Enden aus vergleichen:
            while (liste[--i] < median);
            while (j > 1 && liste[--j] > median);
            // Schleife verlassen, falls sortiert:
            if (j < i)
               break;
            // Tauschen
            int temp = liste[i];
            liste[i] = liste[j];
            liste[j] = temp;
         }
         liste[hi] = liste[i];
         liste[i] = median;
         // Linke/rechte Partition sortieren:
         qSort (liste, lo, i - 1);
         qSort (liste, i + 1, hi);
      }
   }
```

Die Verwendung von `quickSort()` könnte beispielsweise genauso aussehen wie der weiter oben gezeigte Aufruf von `bubbleSort()`; Sie müssten lediglich den Namen der aufgerufenen Methode ändern und könnten alles andere stehen lassen.

Auffällig sind an dieser Implementierung von QuickSort die etwas gewöhnungsbedürftigen Schleifenkonstruktionen. `for ( ; ; )` ist eine **Endlosschleife**, die allerdings durch den gezielten Aufruf von `break;` verlassen wird. Eine solche Schreibweise ist immer dann nützlich, wenn sich erst während der Ausführung des Schleifenrumpfs herausstellt, dass der weitere Ablauf nicht mehr erforderlich ist.

Ähnlich seltsam sind die beiden in sich geschlossenen `while()`-Schleifen wie diese:

```
while (liste[--i] < median);
```

Da nichts weiter getan werden muss, als die Elemente der Liste nacheinander mit dem Median zu vergleichen, ist dies eine erheblich kompaktere Schreibweise für die folgende Fassung:

```
do {
   --i;
} while (liste[i] < median);
```

6.1.3 Such-Algorithmen

Eine weitere, häufig gestellte Aufgabe bei der Entwicklung von Computerprogrammen ist die Suche nach Elementen in Arrays. Es gibt zwei grundsätzliche Arten dieser Suche: Die lineare Suche durchsucht nacheinander die einzelnen Elemente des Arrays, die binäre Suche erfordert dagegen ein bereits sortiertes Array und sucht darin durch fortgesetztes Halbieren und rekursives Durchsuchen der einzelnen Teilbereiche.

Lineare Suche

Die einfachste Art der Suche ist die lineare. Der Algorithmus besteht einfach darin, die Elemente eines Arrays nacheinander mit einem Suchwert zu vergleichen. Sobald der gesuchte Wert das erste Mal gefunden wird, wird dessen Index zurückgegeben; eine andere Variante würde alle Fundstellen zurückliefern. Es folgt eine Implementierung dieses Algorithmus in Java. Die Methode `suchen()` erwartet die Übergabe eines Arrays von `int`-Werten und den gesuchten Wert. Sie gibt den Index des ersten Vorkommens dieses Werts im Array zurück oder -1, wenn der gesuchte Wert nicht im Array vorkommt. Hier der Code:

```
static int suchen(int[] liste, int wert) {
   for (i = 0; i < liste.length; i++) {
      if (liste[i] == wert)
         return i;
   }
   // Nicht gefunden:
   return -1;
}
```

Dieser Code müsste im Großen und Ganzen selbsterklärend sein. Ein Aufruf dieser Methode könnte folgendermaßen aussehen:

```
public static void main (String args[]) {
   int zahlen[] = {5, 1, 8, 3, 9, 2, 7};
   int suchwert = 8;
   System.out.println (suchwert +
        " kommt in der Liste an Position " +
        suchen (zahlen, suchwert) + " vor.");
}
```

Die Ausgabe dieses Hauptprogramms sieht natürlich so aus:

```
8 kommt in der Liste an Position 2 vor.
```

Binäre Suche

Bei der binären Suche muss zunächst ein sortiertes Array vorliegen. Dieses sortierte Array wird anschließend durch eine rekursive Methode immer weiter unterteilt, dadurch kann der gesuchte Wert sehr schnell gefunden werden.

Hier sehen Sie eine Implementierung dieses Algorithmus in Java. Die Methode `binSuche()` erwartet die Übergabe eines sortierten Arrays (die Sortierung wird nicht überprüft!) und den gesuchten Wert; der Rückgabewert ist wieder der Index des gesuchten Elements oder –1, wenn das Elements nicht gefunden wird:

```
int binSuche (int[] liste, int wert) {
   //Initialisierung der eigentlichen Methode bSuche()
   return bSuche (liste, wert, 0, liste.length);
}

int bSuche (int[] liste, int wert, int lo, int hi) {
   // Nicht gefunden?
   if (lo > hi)
      return -1;
   int m = (lo + hi) / 2;
   int mwert = liste[m];
   if (mwert == wert)
      return wert;
   if (wert < mwert)
      return bSuche (liste, wert, lo, m - 1);
   if (wert > mwert)
      return bSuche (liste, wert, m + 1, hi);
}
```

6.1.4 Ausgewählte Datenstrukturen

Auf der Basis der grundlegenden Datentypen, die im vorigen Kapitel vorgestellt wurden, lassen sich diverse komplexe Datenstrukturen für die Darstellung der verschiedensten Arten von Informationen aus der Realität einrichten. Einige wichtige Datenstrukturen, die häufig für Programmieraufgaben verwendet werden, werden nun vorgestellt.

Stacks und Queues

Die Eigenschaften von **Stacks** (Stapeln) und **Queues** (Warteschlangen) wurden bereits im vorigen Kapitel bei der Vorstellung der Programmiersprache Perl erwähnt. Es handelt sich um Arrays mit einer dynamischen Anzahl von Elementen. Bei einem Stack werden Elemente nacheinander am Ende angehängt und bei Bedarf von diesem Ende wieder entfernt. Es handelt sich also um einen »Last In, First Out« (LIFO)-Speicher. Eine Queue ist dagegen ein »First In, First Out«-Speicher (FIFO): Elemente werden am Anfang der Liste hineingeschoben und am Ende nacheinander entnommen.

In Perl ist die Unterstützung für Stacks und Queues bereits eingebaut. Mit Hilfe der Funktionen `push(@liste, $wert)` und `pop(@liste)` wird ein Stack realisiert: `push` hängt den angegebenen Wert an das Ende der Liste an, `pop` entfernt das letzte Element und gibt es zurück. Mit Hilfe von `unshift` und `pop` lässt sich dagegen eine Queue einrichten: Mit `unshift (@liste, $wert)` wird ein Wert am Anfang einer Liste eingefügt, `pop entfernt wie gehabt den letzten Wert.`

Listen in C In anderen Programmiersprachen ist die Implementierung dieser Datenstrukturen dagegen ein wenig schwieriger. In C und Java haben die eingebauten Arrays eine feste Anzahl von Elementen, sind also zur Darstellung dynamischer Listen nicht geeignet. In C wird in der Regel ein `struct` definiert, der jeweils einen einzelnen Wert und einen Zeiger auf das nächste dieser Elemente enthält. Eine solche Struktur sieht also beispielsweise so aus:

```
struct element {
   int wert;
   struct element *nachfolger;
}
```

Auch wenn es ein wenig seltsam aussieht, dass innerhalb der `struct`-Definition ein Zeiger auf diesen Datentyp selbst steht, ist dies überhaupt kein Problem. Zwar kann eine Struktur keine Variable enthalten, deren Datentyp die Struktur selbst ist, aber ein Zeiger darauf funktioniert.

Hier ein kleines C-Beispielprogramm, in dem eine Liste verwendet wird, um zehn eingegebene Werte aufzunehmen, die anschließend durch sequenzielles Durchwandern der Liste wieder ausgegeben werden:

```
#include <stdio.h>
#include <stdlib.h>

struct liste {
   int wert;
   struct liste *nachfolger;
};

int main (int argc, char *argv[]) {
   int i;
   int w;
   /* Element erzeugen */
   struct liste *aktuell = malloc(sizeof *aktuell);
   struct liste *erster = aktuell; /* Anfang merken */
   printf ("Bitte 10 int-Werte!\n");
   for (i = 0; i < 10; i++) {
      scanf ("%d", &w);
      aktuell->wert = w;
      aktuell->nachfolger = malloc(sizeof *aktuell);
      aktuell = aktuell->nachfolger;
   }
```

```
    aktuell = erster;
    printf ("\n");
    printf ("Ihre Eingaben:\n");
    for (i = 0; i < 10; i++) {
       printf ("%d\n", aktuell->wert);
       aktuell = aktuell->nachfolger;
    }
    return 0;
}
```

malloc( )

Die Funktion malloc() dient dazu, dynamisch Speicher zu allozieren. Das bedeutet, dass ein Bereich im Arbeitsspeicher für einen neuen Wert reserviert wird. Die Speicherverwaltungsfunktionen sind in der Header-Datei stdlib.h definiert. malloc() besitzt einen etwas merkwürdigen Datentyp: void *. Dies ist nicht etwa ein »Zeiger auf gar nichts«, sondern einfach ein Zeiger auf einen beliebigen Datentyp. Damit die richtige Menge Speicher reserviert wird, benötigt malloc() die gewünschte Speichermenge (Datentyp size_t) als Argument. Hierzu bietet sich der Operator sizeof an, der die Speichergröße einer Variablen oder eines Datentyps angibt.

In robusten Programmen für echte Anwendungszwecke sollten Sie malloc() stets mittels if überprüfen, damit Sie Fälle abfangen können, in denen die Speicherzuteilung nicht möglich ist (etwa wenn insgesamt zu wenig Speicher zur Verfügung steht).

In diesem Beispielprogramm werden zwei verschiedene Zeiger auf ein Listenelement verwendet, damit das erste Element der Liste auch dann noch verfügbar ist, wenn der andere Zeiger zum Durchwandern der Liste genutzt wird.

In Java lässt sich eine Liste noch erheblich einfacher realisieren: Wegen der Objektorientierung können Sie leicht eine Klasse implementieren, die ein Listenelement und einen Verweis auf seinen Nachfolger darstellt. Eine solche Klasse könnte beispielsweise so aussehen:

```
public class Element {
   private int wert;
   private Element nachfolger;
}
```

Es ist leicht vorstellbar, dass sich Funktionen zum Hinzufügen oder Entfernen von Elementen als Methoden einer solchen Klasse implementieren lassen.

Es folgt ein kleines Beispiel für die praktische Anwendung von Listen. Das Programm ist in Perl geschrieben, weil Listen in dieser Sprache bereits eingebaut sind und keinen komplexen Programmieraufwand erfordern. Das Beispiel verwendet einen Stack, um die Wörter in einem String umzukehren:

```
#!/usr/bin/perl -w
use strict;
print "Bitte eine Zeile eingeben:\n";
my $line = <>;
chomp $line;
```

```
# An Leerzeichen zerlegen:
my @words = split (/\s+/, $line);
# Umgekehrte Liste erstellen:
my @rwords;
while (@words) {
   push (@rwords, pop (@words));
}
# Umgekehrte Liste ausgeben:
print join (" ", @rwords);
```

Die Ausgabe des Programms sieht beispielsweise so aus:

```
Bitte eine Zeile eingeben:
Diese Liste wird nun umgekehrt
umgekehrt nun wird Liste Diese
```

die wichtige Anweisung in diesem Programm ist folgende:

```
push (@rwords, pop (@words));
```

Mit Hilfe von `pop` wird jeweils das letzte Zeichen der Liste `@words` entnommen und mittels `push` an die Liste `@rwords` angehängt.

Bäume

Eine weitere interessante Datenstruktur ist der **Baum**. Die einzelnen Elemente eines Baums ähneln denjenigen einer Liste, mit dem Unterschied, dass ein Element eines Baums jeweils mehrere Nachfolger haben kann. Die wichtigste Art der Baumstruktur ist der **Binärbaum**. Jedes Element dieses Baums kann genau zwei Nachfolger besitzen. Mit Hilfe von Binärbäumen werden beispielsweise schnelle Such- und Sortierverfahren implementiert.

Binärbäume in C

In C sieht die Datenstruktur für ein einzelnes Element eines Binärbaums beispielsweise so aus:

```
struct baum {
   int wert;
   struct baum *links;
   struct baum *rechts;
}
```

Hier sehen Sie eine Variante des Listenbeispiels von oben, bei der Eingabewerte zwischen 1 und 100 erwartet werden. Sie werden jeweils nach ihrer Größe in den Binärbaum einsortiert; bei der Ausgabe wird der Baum rekursiv von ganz links nach ganz rechts durchwandert.

```
#include <stdio.h>
#include <mem.h>

struct baum {
   int wert;
```

```
   struct baum *links;
   struct baum *rechts;
};

void zeige_baum (struct baum *aktuell) {
   if (aktuell->links)
      zeige_baum (aktuell->links);
   printf ("%d\n", aktuell->wert);
   if (aktuell->rechts)
      zeige_baum (aktuell->rechts);
}

int main (int argc, char *argv[]) {
   int i;
   int w;
   /* Element erzeugen: */
   struct baum *aktuell = malloc (sizeof *aktuell);
   /* Anfangsposition merken: */
   struct baum *erster = aktuell;
   /* mittleren Wert speichern: */
   aktuell->wert = 50;
   printf ("Bitte 10 Werte von 1 bis 100 eingeben.\n");
   for (i = 0; i < 10; i++) {
      printf ("%2d. ", i + 1);
      scanf ("%d", &w);
      /* Wert einsortieren */
      aktuell = erster;
      for ( ; ; ) {
         if (w <= aktuell->wert) {
            if (aktuell->links) {
               aktuell = aktuell->links;
            } else {
               aktuell->links =
                    malloc (sizeof *aktuell);
               aktuell = aktuell->links;
               break;
            }
         }
         else {
            if (aktuell->rechts) {
               aktuell = aktuell->rechts;
            } else {
               aktuell->rechts =
                    malloc (sizeof *aktuell);
               aktuell = aktuell->rechts;
               break;
```

```
                }
            }
        }
        aktuell->wert = w;
    }
    printf ("\n");
    printf ("Ihre Eingaben:\n");
    zeige_baum (erster);
    return 0;
}
```

Interessant ist, wie dieses Programm die einzelnen Werte in den Baum einsortiert. Für jedes einzelne Element wird bei der Wurzel des Baums begonnen; wenn das Element kleiner oder gleich dem Wert an der Wurzel ist, wird weiter nach links gewandert, andernfalls weiter nach rechts. Auf diese Weise sucht sich jeder Wert seinen passenden Platz im Baum. Je kleiner ein Wert ist, desto weiter links steht er im fertigen Baum.

Die rekursive Funktion `zeige_baum()` wird zunächst mit der Wurzel des Baums aufgerufen. Falls das Baumelement, mit dem sie aufgerufen wurde, einen linken Nachfolger hat, wird sie zuerst für diesen aufgerufen. Anschließend wird der Wert das Element selbst ausgegeben, schließlich wird sie noch einmal für den rechten Nachfolger aufgerufen, falls er existiert. Auf diese Weise wird der Baum nacheinander von links nach rechts ausgegeben.

6.2 Reguläre Ausdrücke

Bereits in Kapitel 4, *Betriebssysteme*, wurden Beispiele für die Mustererkennung in der UNIX-Shell und im Programm `grep` gezeigt. In der Softwareentwicklung spielt die Arbeit mit Textmustern eine sehr wichtige Rolle. Denken Sie nur einmal an die Verarbeitung zahlreicher Personendaten oder Verwaltungsinformationen bei Behörden oder großen Unternehmen. Es wäre mehr als mühselig, solche Datenbestände mit Hilfe konventioneller Einzeltextvergleiche in den Griff bekommen zu wollen.

Deshalb wurde ein besonderes Verfahren entwickelt: die Arbeit mit **regulären Ausdrücken**. Der Begriff »regulärer Ausdruck« ist eigentlich ein wenig unglücklich gewählt. Es handelt sich um die Übersetzung des englischen Wortes »regular expression« (abgekürzt RegExp), das man besser als »Ausdruck mit Regeln« wiedergeben würde – »regulärer Ausdruck« klingt ein wenig wie »gebratener Würstchenverkäufer«.

Reguläre Ausdrücke in Perl

Die beste Unterstützung für reguläre Ausdrücke bietet traditionellerweise die Programmiersprache Perl, denn sie wurde vor allem zu diesem Zweck entworfen. Die Syntax für reguläre Ausdrücke, die in Perl eingesetzt wird, geht weit über die Möglichkeiten von `grep` hinaus. Sie stammen zum großen Teil von den UNIX-Textverarbeitungssprachen `sed` und `awk`. Inzwischen werden reguläre Ausdrücke auch von Java und dem Microsoft-.NET-Framework unterstützt. Da sie das Programmieren erheblich erleichtern können, wird ihnen an dieser Stelle ein ganzer Abschnitt gewidmet.

In Perl werden vor allem zwei wichtige Operatoren zusammen mit regulären Ausdrücken verwendet:

- `m/RegExp/` sucht in einem String nach dem Vorkommen von `RegExp`. In vielen Fällen kann das `m` vor dem / einfach weggelassen werden.
- `s/RegExp/String/` ersetzt ein gefundenes Vorkommen von `RegExp` durch den angegebenen `String`.

Es ist nicht so schwierig, das Funktionieren dieser Operatoren als solches zu verstehen; wichtiger ist es, zu lernen und sich zu merken, welche Formulierungen in regulären Ausdrücken zulässig sind.

6.2.1 Muster für reguläre Ausdrücke

Grundsätzlich existieren die folgenden Komponenten für einzelne Zeichen, aus denen Sie in Perl reguläre Ausdrücke zusammensetzen können:

- `abc` steht einfach für die genannten Zeichen selbst. `ee` passt auf »Tee« und »See«, aber nicht auf »Tea«.
- `[abc]` steht für ein beliebiges Zeichen aus der Liste. `[MH]aus` passt also auf »Haus« und »Maus«, aber nicht auf »raus«.
- `[a-z]` steht für die gesamte angegebene Zeichenfolge im Zeichensatz. Beispielsweise bedeutet `[a-z]`, dass alle kleinen Buchstaben gemeint sind, `[0-9]` steht dagegen für alle Ziffern und so weiter. Natürlich müssen Sie nicht immer eine ganze Zeichenkategorie angeben: `[A-K]` repräsentiert zum Beispiel alle großen Buchstaben von `A` bis `K`. Außerdem können Sie innerhalb desselben Paares eckiger Klammern sowohl einen Bereich als auch einzelne Zeichen eingeben. `[a-dp]` trifft etwa auf alle Zeichen von `a` bis `d` sowie auf das `p` zu. Auch mehrere Bereiche sind möglich: Beispielsweise stellt `[0-9a-fA-F]` sämtliche Hexadezimalziffern dar.
- `[^abc]` steht für jedes beliebiges Zeichen außer denjenigen in der Liste. So trifft `[^M]aus` auf »Haus« und »raus«, aber nicht auf »Maus« zu. Übrigens passt dieser Ausdruck auch nicht auf »aus«, weil auf jeden Fall ein Zeichen davor erwartet wird – es darf nur kein `M` sein.
- `.` (ein Punkt) steht für genau ein beliebiges Zeichen.
- `?` bedeutet, dass das links davon stehende Zeichen beziehungsweise die Liste optional ist; sie darf also vorkommen oder auch nicht. `Hau?se` kann also für »Hase« oder für »Hause« stehen, aber nicht für »Hanse«.
- `*` bedeutet, dass das links davon stehende Zeichen beziehungsweise die Liste beliebig oft vorkommen darf, also gar nicht, einmal oder öfter. `12*3` könnte also etwa 13, 123 oder 12223 heißen. `.*` steht übrigens für beliebig viele, beliebige Zeichen.
- + bedeutet, dass das links davon stehende Zeichen beziehungsweise die Liste mindestens einmal vorkommen muss, aber auch öfter vorkommen darf. 0,3+ kann also etwa für 0,3, 0,333 oder 0,333333333 stehen.

Die Modifikatoren * und + sind »gierig« (greedy): Wenn sie die Wahl haben, passen sie auf die maximal mögliche Anzahl von Zeichen. Falls Sie etwa mittels ".*" nach Text in Anführungszeichen suchen, passt dieser Ausdruck auf sämtlichen Text zwischen dem ersten und dem allerletzten Anführungszeichen im aktuellen Bereich! Deshalb existiert alternativ eine nicht-gierige (non-greedy) Variante: Schreiben Sie *? beziehungsweise +?, wenn Sie nur jeweils den kleinstmöglichen Treffer erhalten möchten. Für einen einzelnen Textblock in Anführungszeichen müsste der Ausdruck also ".*?" lauten.

- {n} bedeutet, dass das links davon stehende Zeichen beziehungsweise die Liste genau n-mal vorkommen muss. Beispielsweise ist [0-9]{5} das Muster für eine deutsche Postleitzahl: fünf Ziffern zwischen 0 und 9.
- {m,n} bedeutet, dass das links davon stehende Zeichen beziehungsweise die Liste mindestens m-mal und höchstens n-mal vorkommen darf. Ein sinnvolles Muster für Telefonnummern ohne Vorwahl ist zum Beispiel [0-9]{4,8}.

Damit Sie die bisherigen Informationen leichter verarbeiten können, sehen Sie hier zunächst ein kurzes Beispiel. Das folgende Programm überprüft bei einer eingegebenen Zeile, ob sie das Wort »Perl« enthält:

```
#!/usr/bin/perl -w
print "Geben Sie etwas ein: ";
$zahl = <>;
if ($zahl =~ /Perl/) {
   print "Danke für Perl!\n";
} else {
   print "Da war kein Perl!\n";
}
```

Wenn Sie in regulären Ausdrücken bestimmte Zeichen als solche verwenden möchten, müssen Sie ihnen einen Backslash (\) voranstellen, weil sie eine spezielle Bedeutung haben. Es handelt sich um folgende Zeichen: – + ? * ( ) [ ] { } / \ | , . ^ $. Darüber hinaus müssen Sie in Perl noch % und @ schützen, weil sie ein Hash beziehungsweise Array einleiten.

Zeichenklassen

Neben den bisher besprochenen Formen für einzelne Zeichen existieren etliche interessante Kurzfassungen und spezielle Formulierungen, von denen hier nur die wichtigsten wiedergegeben werden:

- \s steht für beliebigen Whitespace, das heißt für Leerzeichen, Tabulatoren oder Zeilenumbrüche (falls überhaupt mehr als eine Zeile auf einmal verarbeitet wird; siehe unten).
- \w repräsentiert sämtliche Arten von Zeichen, die in Wörtern vorkommen können. Genauer gesagt sind alle Zeichen zulässig, die in Perl-Bezeichnern vorkommen können: Buchstaben, Ziffern und _ (Unterstrich).
- \W ist das Gegenteil von \w: Es trifft auf sämtliche anderen Zeichen zu.
- \d steht für sämtliche Ziffern, ist also eine Abkürzung für [0-9].
- \D stellt dagegen sämtliche Zeichen dar, die keine Ziffern sind; dies ist eine Abkürzung für [^0-9].

- `\b` trifft auf Wortgrenzen zu. Diese Komponente ist also überall dort zu finden, wo ein Wort beginnt oder aufhört. Zum Beispiel findet `\ber` die Wörter »er« oder »erklären«, aber nicht »lernen«.
- `\B` betrifft dagegen sämtliche Stellen innerhalb von Wörtern; ein Muster, das Sie mit `\B` kombinieren, wird also nur dann gefunden, wenn es nicht am Anfang oder am Ende eines Wortes steht. `\Ber` findet also etwa »lernen«, aber nicht »erklären«.
- `()` dient dazu, einen Teilausdruck zu einer Gruppe zusammenzufassen. Dies hat zum einen den Zweck, ganze Gruppen mit Zählern wie `+`, `?` und `*` zu versehen oder mittels `|` Optionen anzugeben; zum anderen merkt sich die Perl-RegExp-Engine geklammerte Ausdrücke in den speziellen Variablen `$1` bis `$9`, um sie beim Ersetzen in den Ersatztext mitaufzunehmen.
- `^` außerhalb eckiger Klammern steht für den Zeilenanfang. `^H` trifft also beispielsweise auf den Text »Hallo Welt!« zu, aber nicht auf den Satz »Sag' Hallo zur Welt!«.
- `$` steht entsprechend für das Zeilenende. Beispielsweise trifft `\d+0$` nur auf Zahlen zu, die mit einer 0 enden.

Der folgende Ausdruck trifft nur zu, wenn die gesamte Zeile aus einer Ganzzahl besteht:

```
/^\-?\d+$/
```

`^` markiert den Zeilenanfang, `\-?` steht für ein Minuszeichen oder auch keins, dahinter bezeichnet `\d+` eine oder mehrere Ziffern, und das Zeilenende wird durch `$` gekennzeichnet.

Mit Hilfe geklammerter Ausdrücke können Sie eine noch größere Flexibilität erreichen. Beispielsweise passt der nächste Ausdruck auf »Hund«, »Katze« oder »Maus«:

```
/(Hund)|(Katze)|(Maus)/
```

Ein weiteres interessantes Hilfsmittel bei der Arbeit mit regulären Ausdrücken sind diverse Modifikatoren, die hinter den schließenden Slash geschrieben werden:

- `/i` verzichtet auf die Unterscheidung zwischen Groß- und Kleinschreibung. `/[a-z]+/i` findet also beispielsweise beliebige Kombinationen von Buchstaben in beiden Schreibweisen.
- `/g` findet mehr als einen Treffer, kann also etwa in einer Schleife abgearbeitet werden oder bei Ersetzungen dafür sorgen, dass nicht nur das erste Vorkommen ersetzt wird, sondern alle.
- `/e` erlaubt die Verwendung eines auszuwertenden Ausdrucks als Ersatztext. Normalerweise ist nur ein einfacher String gestattet. Bei aller Perl-Kompatibilität der RegExp-Implementierungen anderer Sprachen und Programme funktioniert diese eine Option ausschließlich in Perl.

6.2.2 Programmierung mit regulären Ausdrücken

Nachdem Sie nun die einzelnen Bestandteile regulärer Ausdrücke kennen gelernt haben, müssen Sie als Nächstes die verschiedenen Perl-Funktionen erlernen, in denen reguläre Ausdrücke verwendet werden können.

Matching Die einfachste dieser Funktionen ist der Matching-Operator `m//`, der überprüft, ob ein angegebener regulärer Ausdruck in einem String vorkommt oder nicht. Er wird in der Regel zusammen mit einem der beiden Operatoren =~ oder `!~` verwendet. Der Wert des Operators =~ ist wahr, wenn der reguläre Ausdruck auf der rechten Seite zu dem Ausdruck auf der linken Seite passt. Das Gegenteil ist bei `!~` der Fall: Dieser Operator liefert den Wert wahr, wenn der reguläre Ausdruck auf der rechten Seite nicht zum untersuchten Ausdruck links passt.

Beispielsweise können Sie folgendermaßen überprüfen, ob in der Variablen `$test` Ziffern vorkommen:

```
print "Ziffern gefunden!" if $test =~ /\d/;
```

Mit Hilfe der folgenden Anweisung lässt sich dagegen testen, ob `$test` keine Buchstaben enthält:

```
print "Buchstabenfrei!" if $test !~ /[a-z]/i;
```

Wie bereits in Kapitel 5, *Grundlagen der Programmierung*, kurz erwähnt, wird das `m` vor dem Ausdruck in der Regel weggelassen. Es ist nur dann wichtig, wenn Sie statt dem / ein anderes Zeichen verwenden, was besonders nützlich ist, wenn der / selbst im regulären Ausdruck vorkommt. Sie können sämtliche Zeichen benutzen, die auch für Quoting-Operatoren wie `q//` oder `qw//` zulässig sind, in einem solchen Fall ist das vorangestellte `m` aber zwingend erforderlich. Beispielsweise können Sie folgendermaßen überprüfen, ob es sich beim Inhalt der Variablen `$pfad` um einen absoluten UNIX-Pfad handelt:

```
print "UNIX-Pfad!" if $pfad =~ m|^(/[^/]+)+|;
```

In der normalen Schreibweise wäre es erheblich komplizierter, diese Anweisung zu schreiben, und obendrein wäre sie viel schwerer lesbar:

```
print "UNIX-Pfad!" if $pfad =~ /^(\/[^\/]+)+/;
```

Der Ausdruck bedeutet in beiden Fällen: Zu Beginn des Ausdrucks (^) steht ein Slash (/), gefolgt von einem oder mehreren Zeichen außer dem Slash (`[^/]+`). Diese Abfolge wiederholt sich bei Bedarf mehrere Male (+ außerhalb der Klammern). Im zweiten Fall wirkt es sehr störend, dass der Slash selbst nicht einfach verwendet werden kann, sondern durch einen vorangestellten Backslash zum normalen Zeichen erklärt werden muss.

Muster ersetzen Eine weitere Anwendungsmöglichkeit regulärer Ausdrücke ist das Ersetzen der jeweiligen Fundstellen durch einen Ersatztext. Dies geschieht in Perl mit Hilfe des Operators `s///`. Beispielsweise ersetzt die folgende Anweisung jedes Vorkommen von »Düsseldorf« oder »Leverkusen« in der Variablen `$text` durch »Köln«:

```
$text =~ s/(Düsseldorf)|(Leverkusen)/Köln/g;
```

Der bereits erwähnte Modifikator `g` sorgt dafür, dass jedes Vorkommen des gesuchten regulären Ausdrucks ersetzt wird.

Durch die Verwendung von Klammern im regulären Ausdruck können Sie außerdem die Speicherung einzelner Teile des gefundenen Textes veranlassen, diese Teile können Sie innerhalb des Ersatztextes verwenden. Beispielsweise könnten Sie eine Angabe von Postleitzahl und Ort nach dem Schema »53229 Bonn« in die Schreibweise »Postleitzahl: 53229, Ort: Bonn« umwandeln:

```
$ortsangabe =
     s/((\d{5})\s+([a-z]+)/Postleitzahl: $1, Ort: $2/i;
```

Auch zum Extrahieren bestimmter Informationen aus einem Gesamttext sind die Platzhalter `$1` bis `$9` hervorragend geeignet. Zum Beispiel können Sie folgendermaßen den Inhalt der Textdatei `info.txt` nach Angaben durchforsten, bei denen es sich sehr wahrscheinlich um E-Mail-Adressen handelt:

```
open (FH, "<info.txt") || die "Kann nicht öffnen!\n";
while ($line = <FH>) {
   chomp $line;
   while ($line =~ /([a-z0-9\.\-_]+\@[a-z0-9\.\-_]+)/) {
      push (@mails, $1);
   }
}
close FH;
print "Gefundene Mail-Adressen:\n";
foreach $addr(@mails) {
   print "$addr\n";
}
```

Der reguläre Ausdruck, der hier für E-Mail-Adressen verwendet wird, basiert auf einer Wahrscheinlichkeitsannahme und ist nicht absolut genau. Gefunden wird eine Sequenz aus Buchstaben, Ziffern, Bindestrichen und Unterstrichen, ein @-Zeichen und eine weitere Sequenz aus diesen Zeichen. Einige Administratoren erlauben in E-Mail-Benutzernamen noch andere Zeichen, solche nicht standardkonformen E-Mail-Adressen bleiben unentdeckt. Außerdem würde beispielsweise ein Punkt hinter einer E-Mail-Adresse, die am Ende eines Satzes steht, mit aufgenommen.

Eine ähnliche Funktion wie `s///` erledigt übrigens der Operator `tr///`, der Translations-Operator: Er ersetzt jedes Vorkommen des Strings im ersten Teil durch den String im zweiten Teil. Insofern hat er allerdings nichts mit regulären Ausdrücken zu tun.

Weitere praktische Anwendungsbeispiele für die Verwendung von regulären Ausdrücken finden Sie in Kapitel 17, *Webanwendungen*, und 18, *JavaScript*.

6.3 Systemnahe Programmierung

Einige Programmieraufgaben erfordern Zugriffe auf Funktionen, die das Betriebssystem bereitstellt. In UNIX-Systemen werden solche Anweisungen als **Systemaufrufe** (system calls) bezeichnet. In diesem Abschnitt werden einige der wichtigsten Aspekte der systemnahen Programmierung behandelt: die gleichzeitige Ausführung mehrerer Aufgaben (die so genannte **Nebenläufigkeit**) durch Prozesse und Threads sowie die Kommunikation zwischen ihnen.

6.3.1 Prozesse und Pipes

Das Prinzip des Prozesses wurde bereits in Kapitel 4, *Betriebssysteme*, angesprochen: Jedes unter einem modernen Betriebssystem laufende Programm wird als separater Prozess oder Task ausgeführt, der seinen eigenen Speicherbereich und seine eigenen Ein- und Ausgabeschnittstellen besitzt. Threads dagegen stellen eine einfache Möglichkeit zur Verfügung, innerhalb desselben Prozesses mehrere Aufgaben parallel zu erledigen. In diesem Unterabschnitt werden beide Verfahren kurz praktisch vorgestellt.

Das Erzeugen neuer Prozesse ist das herkömmliche Verfahren, um in UNIX-Programmen mehrere parallele Verarbeitungseinheiten zu realisieren: Zwei verschiedene Aufgaben müssen nicht aufeinander warten, um ausgeführt zu werden. Dies ermöglicht beispielsweise die effektive Nutzung von Wartezeiten, die durch die verhältnismäßig langsamen I/O-Operationen entstehen können.

fork( )

Das UNIX-Prozessmodell erzeugt einen neuen Prozess durch den Systemaufruf `fork()`, der eine absolut identische Kopie des ursprünglichen Prozesses erzeugt. Jede Codezeile, die hinter einem Aufruf von `fork()` steht, wird in nicht vorhersagbarer Reihenfolge doppelt ausgeführt. Da der ursprüngliche Prozess (Parent-Prozess) in der Regel etwas anderes tun soll als der neu erzeugte (Child-Prozess), müssen diese beiden irgendwie voneinander unterschieden werden. In diesem Zusammenhang ist es nützlich, dass `fork()` im Parent-Prozess die Prozess-ID (PID) des Child-Prozesses zurückgibt und im Child-Prozess 0. Folglich sehen praktisch alle `fork()`-Aufrufe in UNIX-C-Programmen schematisch so aus:

```
int f;
...
if (f = fork()) {
   ...
   /* Parent-Prozess:
      Hier werden die Parent-Aufgaben erledigt;
      f enthält PID des Childs.              */
} else {
   ...
   /* Child-Prozess:
      Hier werden die Child-Aufgaben erledigt;
      getppid() liefert PID des Parents.     */
}
```

Um die Forking-Funktionalität in C-Programmen verwenden zu können, müssen Sie die Header-Datei `sys/types.h` einbinden:

```
#include <sys/types.h>
```

Unter Windows wird dieses Verfahren von Hause aus nicht unterstützt; die Win32-API definiert stattdessen eine Funktion namens `CreateProcess()`, die einen neuen, leeren Prozess erzeugt. In neuen Windows-Versionen von Perl wird trotzdem eine UNIX-kompatible `fork()`-Funktion angeboten. Aufruf und Funktionalität von `fork()` sind in Perl übrigens mit C identisch.

Das folgende Beispiel zeigt ein kleines Perl-Programm, das im Parent- und im Child-Prozess jeweils eine Schleife von 1 bis 10.000 durchzählt und anzeigt. Im Parent-Prozess werden die Werte ein wenig eingerückt:

```
#!/usr/bin/perl
if (fork()) {
   # Parent-Prozess
   for ($i = 1; $i <= 10000; $i++) {
      print "     $i\n";
   }
} else {
   # Child-Prozess
   for ($i = 1; $i <= 10000; $i++) {
      print "$i\n";
   }
}
```

Wenn Sie das Programm ausführen, werden Sie den Wechsel zwischen ein- und ausgerückten Zahlen bemerken; Sie können die Ausgabe auch genauer untersuchen, indem Sie sie mittels `>Dateiname` in eine Datei umleiten.

Natürlich ist dieses Beispiel nicht besonders sinnvoll. Zu den bedeutendsten Aufgaben von `fork()` gehört die Implementierung von Netzwerkservern, die mit mehreren Clients zur gleichen Zeit kommunizieren. Ein Beispiel finden Sie in Kapitel 14, *Netzwerkanwendungen*.

Neben `fork()` gibt es noch einige weitere Anweisungen, die im Zusammenhang mit Prozessen nützlich sind:

- `exec()`, verfügbar in C und Perl, führt das Programm aus, dessen Pfad als Argument angegeben wurde, und kehrt nicht zurück – nachdem das Programm beendet ist, wird auch der Prozess beendet. Dies ist nützlich, um einen mittels `fork()` erzeugten Prozess mit der Ausführung eines externen Programms zu beauftragen.
- `system()`, ebenfalls in C und Perl einsetzbar, führt das als Argument angegebene Programm aus und kehrt anschließend zurück. Dies wird vorzugsweise für den Aufruf von Systembefehlen genutzt. Beispielsweise können Sie sich in einem UNIX-Programm folgendermaßen den Inhalt des aktuellen Verzeichnisses anzeigen lassen:

  ```
  system ("ls");
  ```

  Unter Windows muss die Anweisung natürlich modifiziert werden, weil der Befehl für die Verzeichnisanzeige hier anders lautet:

  ```
  system ("dir");
  ```

- Der Backtick-Operator (der Pfad eines Programms in ``) ist nur in Perl (und diversen UNIX-Shells) verfügbar und liefert die Ausgabe des aufgerufenen externen Programms als Wert zurück. Es ist ein wenig umständlich, das Zeichen ` zu erzeugen: Da es sich um ein Akzentzeichen handelt, müssen Sie zunächst [Shift] + [´] drücken und anschließend die [ ].[1] Backticks sind extrem nützlich, um die Ausgabe eines Befehls genau zu analysieren – besonders in Zusammenarbeit mit Perls RegExp-Fähigkeiten.

Der folgende Code gibt auf einem UNIX-System beispielsweise sämtliche Dateien des ausführlichen Inhaltsverzeichnisses zurück, in denen der Dateiname (letzter Posten in der Zeile) den Buchstaben `a` enthält:

```
$dir = `ls -l`;
@dirs = split (/\n/, $dir);
foreach $d(@dirs) {
   print "$d\n" if $d =~ /a[^\s]+$/;
}
```

Kommunikation zwischen Prozessen durch Pipes

Mit Hilfe von `fork()` können Sie zwar beliebig viele Prozesse erzeugen, aber diese Prozesse laufen völlig beziehungslos nebeneinander. In der bisher vorgestellten Form sind sie also nicht dafür geeignet, mehrgliedrige Aufgaben kooperativ zu erledigen. Da Programme und Tasks in der Praxis jedoch auf vielfältige Weise miteinander interagieren müssen, sind Mittel zur Kommunikation zwischen den verschiedenen Prozessen erforderlich. In Kapitel 4, *Betriebssysteme*, wurde bereits angedeutet, dass es vielerlei Möglichkeiten dafür gibt, unter anderem Shared Memory, Signale, Semaphoren oder Pipes. Als praktisches Beispiel wird hier die Verwendung von Pipes angesprochen.

Pipes in Perl-Programmen

Die Verwendung von Pipes zur Kommunikation wird hier am Beispiel von Perl demonstriert, da sie hier besonders leicht und effizient vonstatten geht. Im Grunde gibt es keinen Unterschied zwischen der Anwendung einer Pipe auf der Kommandozeile und aus einem Perl-Programm heraus. In einem Perl-Programm erzeugen Sie eine Pipe zu einem anderen Programm, indem Sie mittels `open` ein Dateihandle öffnen und statt des üblichen Dateinamens ein lauffähiges Programm angeben. Ein Pipe-Symbol vor dem Programmnamen (`"|Programm"`) bedeutet dabei, dass Sie die Ausgabe Ihres Programms an dieses Programm weitergeben möchten, während ein dahinter stehendes Pipe-Symbol es Ihnen ermöglicht, zeilenweise aus der Ausgabe des externen Programms zu lesen.

Beispielsweise können Sie die Ausgabe Ihres Programms folgendermaßen an den Linux-Pager `less` weiterleiten (unter Windows könnten Sie stattdessen `"|more"` schreiben), um Daten bildschirmweise auszugeben:

```
open (AUSG, "|less");
# Ausgabebefehl:
print AUSG "Text...";
```

Auch die Eingabe aus einer Pipe ist unproblematisch. Sie können zum Beispiel folgendermaßen zeilenweise aus der UNIX-Prozesstabelle lesen:

```
open (EING, "ps aux|");
while ($prozess = <EING>) {
```

1 Wenn Sie üblicherweise keine Akzentzeichen, aber häufig Sonderzeichen wie ^ oder den Backtick benötigen, können Sie unter Linux ein Tastaturlayout mit der Variante nodeadkeys einstellen, die das Akzentverhalten solcher Tasten abschaltet.

```
    # ... Zeile verarbeiten
}
```

Der Systemaufruf pipe( )

Eine bequemere Möglichkeit, eine Pipe für die Kommunikation zwischen zwei Prozessen innerhalb Ihres Programms einzusetzen, bietet der Systemaufruf `pipe()`. Die gleichnamige Perl-Anweisung erzeugt zwei durch eine Pipe verbundene Dateihandles, deren Namen Sie durch Übergabe entsprechender Argumente festlegen können. Das erste Argument gibt das lesende, das zweite das schreibende Dateihandle an:

```
pipe (READER, WRITER);
```

In dem nachfolgenden kleinen Programm erzeugt der Parent-Prozess in einer `for`-Schleife eine Reihe von Zahlen, die in das Schreibhandle geschrieben werden. Der Child-Prozess liest sie aus dem zugehörigen Lesehandle und berechnet jeweils ihr Quadrat. Besonders sinnvoll ist diese Anwendung nicht, demonstriert aber das Prinzip:

```
#/usr/bin/perl -w
use strict;
pipe (READER, WRITER);
my $child = fork();
if ($child) {
   # Parent-Prozess liest nur; WRITER schließen
   close WRITER;
   while (my $line = <READER>) {
      chomp $line;
      print ("Das Quadrat von $line ist ".
           $line * $line. "\n");
   }
} else {
   # Child-Prozess schreibt nur; READER schließen
   close READER;
   for (my $i = 0; $i < 100; $i++) {
      print "Bin bei $i\n";
      print WRITER "$i\n";
   }
}
```

Wie Sie bemerken, schließt jeder der beiden Prozesse zu Beginn eines der beiden Pipe-Handles. Es würde auch nichts nützen, das nicht zu tun, da das Pipe-Handle nur in eine Richtung funktioniert, für die Sie sich von vornherein entscheiden müssen. Im vorliegenden Fall behält der Child-Prozess das schreibende Dateihandle offen, der Parent-Prozess das lesende. Wenn die Kommunikation in zwei Richtungen stattfinden soll, müssen Sie über einen zweiten `pipe()`-Aufruf ein weiteres Paar von Dateihandles erzeugen.

6.3.2 Threads

Eine ähnliche Technik wie das Erzeugen mehrerer Prozesse ist das Erzeugen mehrerer **Threads** innerhalb eines Prozesses. Genau wie das Betriebssystem dafür sorgt, dass die verschiedenen Prozesse abwechselnd abgearbeitet werden, findet auch die Verarbeitung der Threads im Wechsel statt; in den meisten Fällen kann wie bei Prozessen eine Priorität gewählt werden. Der Hauptunterschied zwischen Prozessen und Threads besteht darin, dass Threads im selben Speicherraum laufen und gemeinsamen Zugriff auf Ressourcen besitzen.

Inzwischen unterstützen alle modernen Betriebssysteme Threads, unter Umständen wird diese Unterstützung auch von der Bibliothek der verwendeten Programmiersprache statt vom System selbst zur Verfügung gestellt. Allerdings ist das Programmieren von Multithreading-Anwendungen nicht in allen Sprachen einfach, weil das Verfahren noch nicht in allen Sprachen standardisiert ist.

Threads in Java

Am praktischsten lässt sich die Programmierung von Threads am Beispiel von Java erläutern, weil die Thread-Funktionalität in dieser Sprache von Anfang an verankert wurde. Sie wird im Wesentlichen durch die Klasse `java.lang.Thread` bereitgestellt, die einen einzelnen lauffähigen Thread repräsentiert.

Wenn eine Java-Instanz als Thread ausgeführt werden soll, muss die zugrunde liegende Klasse eine der beiden folgenden Bedingungen erfüllen:

- Sie muss von `java.lang.Thread` abgeleitet sein. Innerhalb dieser Klasse können Sie die Methode `run()` überschreiben, die die eigentlichen Anweisungen enthält, die als Thread ausgeführt werden sollen.
- Alternativ kann sie das Interface `Runnable` implementieren. Zu diesem Zweck muss sie ebenfalls eine Methode namens `run()` bereitstellen.

Wenn Sie eine Klasse von `Thread` ableiten, können Sie eine Instanz davon erzeugen; ein Aufruf ihrer Methode `start()` beginnt mit der Ausführung der Anweisungen in `run()`. Eine Instanz einer Klasse, die `Runnable` implementiert, wird dagegen als Argument an den Konstruktor der Klasse `Thread` übergeben. Auch dieser neue Thread wird mittels `start()` gestartet. Letzteres ist besonders nützlich, wenn Sie innerhalb des aktuellen Programms einen zweiten Thread starten möchten, ohne eine externe Instanz zu verwenden: Sie können `Runnable` einfach durch Ihr aktuelles Programm implementieren.

In beiden Fällen läuft das aktuelle Hauptprogramm ebenfalls als Thread weiter. Dass jedes Java-Programm automatisch ein Thread ist, können Sie besonders gut an Fehlermeldungen bemerken. Diese lauten häufig, es sei ein Fehler im `Thread main` aufgetreten.

Das folgende Beispiel zeigt eine von `Thread` abgeleitete Klasse namens `BGSearcher`, die im Hintergrund ein als Argument übergebenes Array von `int`-Werten linear nach einem ebenfalls übergebenen Wert durchsucht. Die Klasse `BGSearchTest` ist ein Testprogramm für `BGSearcher`, das ein Array mit Zufallswerten füllt und an den Hintergrundsucher übergibt. Schließlich benötigen Sie noch das Interface `SearchInfo`, das von einer Klasse, die den `BGSearcher` verwenden möchte, implementiert werden muss. Tippen Sie alle drei Klassen ab und speichern Sie sie in entsprechenden `.java`-Dateien im gleichen Verzeichnis. Es genügt anschließend, die Datei `BGSearchTest.java` zu kompilieren – die beiden anderen werden automatisch mitkompiliert.

```
public class BGSearcher extends Thread {
   private int[] liste;
   private int wert;
   private SearchInfo info;

   public BGSearcher (int[] l, int w, SearchInfo n) {
      this.liste = l;
      this.wert = w;
      this.info = n;
   }

   public void run () {
      for (int i = 0; i < liste.length; i++) {
         if (liste[i] == wert)
            info.searchinfo (i);
      }
   }
}

public class BGSearchTest implements SearchInfo {
   public static void main (String args[]) {
      int werte[] = new int[10000];
      System.out.println ("Erzeuge Zufallswerte!");
      for (int i = 0; i < 10000; i++) {
         werte[i] = (int)(Math.random() * 10) + 1;
      }
      // Programm-Instanz zur Übergabe an BGSearcher:
      BGSearchTest test = new BGSearchTest();
      // Sucher erzeugen und aufrufen
      BGSearcher searcher =
          new BGSearcher (werte, 4, test);
      searcher.start();
      // Eigenen Aufgaben nachgehen
      for (int i = 0; i < 1000; i++) {
         System.out.println ("Bin jetzt bei " + i);
      }
   }

   public void searchinfo (int pos) {
      System.err.println ("Gefunden bei " + pos);
   }
}

public interface SearchInfo {
   public void searchinfo (int pos);
}
```

Auch für dieses Beispiel sind wieder einige Erklärungen fällig:

- Die Klasse `BGSearcher` ist von `Thread` abgeleitet, damit die Methode `run()` in einem Thread laufen kann. Die Methode `start()`, die ein Programm aufrufen muss, damit eine Instanz von `BGSearcher` mit der Arbeit beginnt, muss hier nicht explizit definiert werden; sie wird von `Thread` geerbt.
- Der Konstruktor von `BGSearcher` erwartet drei Argumente: das zu durchsuchende `int`-Array, den gesuchten Wert und eine Instanz von `SearchInfo`. Letzteres kann eine Instanz einer beliebigen Klasse sein, die das Interface `SearchInfo` implementiert – in der Regel, wie im vorliegenden Fall, das Programm, das die Hintergrundsuche einsetzt.

  Callback-Methoden

  Die Übergabe der `SearchInfo`-Instanz ist notwendig, damit `BGSearcher` jedes Mal eine Methode des implementierenden Programms aufrufen kann, wenn der gesuchte Wert im Array gefunden wird. Eine solche Methode, die Sie in einem eigenen Programm bereitstellen, damit sie bei Bedarf von außen aufgerufen wird, heißt **Callback**-Methode. Der Einsatz von Callbacks ist immer dann sinnvoll, wenn Sie ein externes, asynchron auftretendes Ereignis (hier zum Beispiel einen Sucherfolg) in Ihrem eigenen Code verarbeiten möchten.
- Die Klassendefinition des Testprogramms `BGSearchTest` enthält die Klausel `implements SearchInfo`. Mit dieser Klausel garantiert die Klasse, dass sie Implementierungen der Methoden des genannten Interfaces (in diesem Fall nur die eine Methode `searchinfo()`) bereitstellt. Dies gibt anderen Klassen die Sicherheit, ein Objekt der Klasse, die das Interface implementiert, als Instanz dieses Interfaces betrachten zu können. Gerade die hier gezeigte Verwendung einer Callback-Methode ist ein hervorragendes Beispiel für die Nützlichkeit eines Interfaces: Ein Programm kann `BGSearcher` einsetzen, wenn es `SearchInfo` implementiert, und darf ansonsten von einer beliebigen Klassenhierarchie abstammen.
- In der Methode `main()` erzeugt `BGSearchTest` ein 10.000 Elemente großes Array, das mit zufälligen `int`-Werten gefüllt wird. Für die Erzeugung von Zufallszahlen zwischen 1 und 10 wird die Zufallsgenerator-Methode `Math.random()` verwendet, die pseudozufällige Fließkommawerte zwischen 0 und 1 zurückgibt. Mit Hilfe von Multiplikation, Addition und Typecasting wird der erhaltene Wert in den richtigen Bereich umgerechnet.
- Die Anweisung in `BGSearchTest`, die vielleicht am merkwürdigsten erscheint, ist die Erzeugung einer Instanz der Klasse selbst:

  ```
  BGSearchTest test = new BGSearchTest();
  ```

  Die erzeugte Instanz `test` ist erforderlich, um sie als Referenz auf das aktuelle Programm an das als Nächstes erzeugte `BGSearcher`-Objekt zu übergeben, damit es wiederum die Callback-Methode `searchinfo()` aufrufen kann.
- Nachdem das `BGSearcher`-Objekt erzeugt ist, muss übrigens seine Methode `start()` aufgerufen werden, damit es mit der eigentlichen Suche beginnt. Anschließend kann sich das Programm um seine eigenen Aufgaben kümmern, weil der Wechsel zwischen den beiden Threads automatisch vonstatten geht.

- Die Callback-Methode `searchinfo()` wird automatisch jedes Mal aufgerufen, wenn der gesuchte Wert im Array gefunden wird. Sie erhält als Übergabewert die Suchposition. Im vorliegenden Beispielprogramm tut die Methode nichts besonders Interessantes mit dem Wert, sie gibt ihn nur aus.

  Bemerkenswert ist lediglich, dass die Ausgabe auf den Ausgabestrom `System.err` erfolgt, die Standardfehlerausgabe (in UNIX und C `stderr` genannt). Dieser alternative Konsolen-Ausgabekanal dient speziell zum Anzeigen von Warnungen und Fehlermeldungen. Er ist besonders nützlich, wenn Sie die Standardausgabe mittels `>Dateiname` in eine Datei umgeleitet haben: Die Ausgabe auf `stderr` garantiert, dass wichtige Meldungen nicht mit der normalen Ausgabe eines Programms in der Umleitung landen, sondern auf dem Bildschirm angezeigt werden.
- Das Interface `SearchInfo` deklariert, wie bei Interfaces üblich, lediglich den leeren Header der Methode `searchinfo()`. Diese Methode muss von einer Klasse bereitgestellt werden, die das Interface implementieren möchte.

Im nächsten Abschnitt finden Sie ein weiteres Beispiel für die Anwendung von Threads: die flimmerfreie Animation.

6.4 GUI- und Grafikprogrammierung

Anwendungen für grafische Benutzeroberflächen unterscheiden sich von Konsolenanwendungen dadurch, dass kein geordnetes Nacheinander von Ein- und Ausgabe stattfindet, sondern dass mehrere Bedienelemente parallel zur Verfügung stehen. Ein GUI-Programm muss also flexibel auf Befehle reagieren können, die in nicht vorhersagbarer Reihenfolge gegeben werden.

Grafische Oberflächen und objektorientierte Programmierung passen vorzüglich zueinander: Die Bedienelemente der GUI (in den gängigen Grafikbibliotheken meist **Widgets** genannt) lassen sich sehr bequem als autonome Objekte realisieren, die wie in einem Baukastensystem zusammengefügt werden können. Die Benutzerbefehle werden den einzelnen Komponenten als **Ereignisse** (Events) mitgeteilt, auf die jedes Widget individuell reagieren oder über die es **Nachrichten** (Messages) an andere Elemente versenden kann. Eine der ersten objektorientierten Programmiersprachen, Smalltalk, wurde sogar eigens zur Implementierung der ersten GUI bei Xerox PARC entwickelt.

Trotz der unbestreitbaren Vorteile der OOP existieren einige GUI-Bibliotheken für imperative Programmiersprachen, vor allem für C. Sie verwenden verschiedene Tricks, um objektorientierte Verfahren wie die **Nachrichtenübermittlung** (Message-Passing) oder die **Ereignisbehandlung** (Event-Handling) adäquat nachzubilden. Allerdings sind die weitaus meisten GUI-Toolkits objektorientiert.

Die JFC-Bibliothek

In diesem Abschnitt wird eine besonders nützliche Bibliothek zur Programmierung grafischer Anwendungen vorgestellt: die plattformunabhängigen **Java Foundation Classes** (JFC). Mit Hilfe dieser Sammlung von Klassen zur Programmierung grafischer Oberflächen und Zeichnungen lassen sich zwar nicht alle Raffinessen der plattformspezifischen Desktops nutzen, aber dafür laufen JFC-Anwendungen unter den verschiedensten konkreten GUIs.

Die JFC bestehen im Wesentlichen aus den folgenden Packages und Bestandteilen:

- `java.awt`. Das **Abstract Windowing Toolkit** (AWT) ist der älteste Bestandteil der JFC, der bereits in der allerersten Java-Version enthalten war. Das AWT stellt sowohl grundlegende Zeichenfunktionen als auch einfache Widgets für grafische Benutzeroberflächen bereit. Der GUI-Teil wird inzwischen weitgehend durch das Swing-Toolkit ersetzt, die Zeichenfunktionalität durch die Java2D-API.
- `java.awt.event`. Dieses Unter-Package des AWT stellt grundlegende Interfaces zur Ereignisbehandlung für AWT-Komponenten bereit.
- `javax.swing`. Das umfangreiche Swing-Toolkit und seine Unter-Packages (zum Beispiel `javax.swing.event` zur erweiterten Ereignisbehandlung oder `javax.swing.table` mit mächtigen Funktionen zur Tabellendarstellung) bilden den Rahmen für die zeitgemäße Programmierung grafischer Oberflächen in Java. Alle Swing-Klassen sind von entsprechenden AWT-Vorfahren abgeleitet, aber erheblich flexibler und leistungsfähiger.
- `Java2D`. Die zentrale Java2D-Klasse `Graphics2D` wurde irritierenderweise im Package `java.awt` untergebracht. Dennoch handelt es sich um eine völlige Neuentwicklung, die erheblich mehr Funktionen zu bieten hat als die Vorgängerklasse `java.awt.Graphics`.
- `java.applet`. Formal gesehen gehören die Java-Applets zwar nicht zu den JFC, machen aber regen Gebrauch von deren Bestandteilen. Ein Java-Applet ist ein kleines Java-Programm, das in einem Webbrowser ausgeführt werden kann und auf jeden Fall aus einer grafischen Zeichenfläche besteht.

In der Praxis werden die alten AWT-Klassen oft mit den neuen Swing- und Java2D-Klassen gemischt angewandt, weil nicht alle Aspekte in den aktuelleren Modellen völlig neu entworfen wurden. Beispielsweise sind die Klassen, die in `java.awt.event` enthalten sind, in den meisten Fällen völlig ausreichend für das Event-Handling.

Dieser Abschnitt konzentriert sich im Wesentlichen auf das AWT und die klassische Zeichen-API; diese älteren Klassen sind zwar nicht so leistungsfähig wie Swing und Java2D, aber dafür zu allen Java-Versionen kompatibel und einfacher zu verstehen.

6.4.1 Zeichnungen und Grafiken erstellen

Das Zeichnen von Linien, Füllungen und geometrischen Figuren ist eine recht einfache Angelegenheit. Die Zeichenfunktionen sind Methoden einer Instanz der Klasse `java.awt.Graphics` (beziehungsweise der abgeleiteten Klasse `javax.swing.Graphics2D` für erweiterte Funktionen). Um diese Methoden zu verwenden, benötigen Sie allerdings zunächst ein Container-Objekt, auf dessen Untergrund gezeichnet werden kann. Sämtliche Flächenobjekte wie `java.awt.Frame` (einfaches Fenster) oder `java.awt.Panel` (eine rechteckige Fläche) sind von der grundlegenden AWT-Container-Klasse `java.awt.Canvas` abgeleitet und besitzen deshalb ein integriertes `Graphics`-Objekt, auf das Sie mittels `container.getGraphics()` zugreifen können. Ebenso ist jede Swing-Komponente mit einer `Graphics2D`-Instanz ausgestattet.

Die einfachste Art und Weise, eine Zeichenfläche zu erstellen und statische Zeichnungen hineinzumalen, besteht in der Erweiterung der Klasse `Frame` beziehungsweise `JFrame` (Swing-Fenster mit erweiterter Funktionalität). Wenn Sie in Ihrem eigenen Programm die

Methode `paint()` der Elternklasse überschreiben, werden die darin enthaltenen Zeichenanweisungen automatisch ausgeführt, sobald ein Objekt ihrer Klasse erstellt und dessen Methode `show()` aufgerufen wird. Diese Instanziierung erledigt man am sinnvollsten in der Methode `main()`.

Hier sehen Sie ein Beispiel, das ein Fenster auf den Bildschirm zeichnet und ein rotes Rechteck, ein grünes Dreieck und einen blauen Kreis hineinzeichnet:

```
import java.awt.*;

public class EinfacheZeichnung extends Frame {
   public static void main (String args[]) {
      // Eine Instanz von EinfacheZeichnung erstellen
      EinfacheZeichnung z = new EinfacheZeichnung();
      // Größe und Titel des Fensters festlegen
      z.setSize (480, 360);
      z.setTitle ("Die erste Java-Zeichnung");
      // Das Fenster anzeigen
      z.show();
   }

   public void paint (Graphics g) {
      // Rotes Rechteck zeichnen
      g.setColor (Color.RED);
      g.fillRect (10, 10, 400, 150);
      // Grünes Dreieck zeichnen
      int[] xcoords = {150, 270, 30};
      int[] ycoords = {180, 350, 350};
      g.setColor (Color.GREEN);
      g.fillPolygon (xcoords, ycoords, xcoords.length);
      // Blauen Kreis zeichnen
      g.setColor (Color.BLUE);
      g.fillOval (250, 220, 120, 120);
   }
}
```

Abbildung 6.2 zeigt zunächst das Ergebnis. Wie Ihnen beim Testen des Programms wahrscheinlich aufgefallen ist, lässt sich das erzeugte GUI-Fenster nicht durch Klick auf seinen Schließen-Button entfernen. Erst, wenn Sie das zugehörige Konsolenprogramm per [Strg] + [C] beenden, verschwindet auch das Fenster. Das liegt daran, dass AWT-Objekte nur dann Nachrichten wie Mausklicks oder Tastaturcodes verarbeiten, wenn Sie explizit das entsprechende Event-Handling einrichten. Wie das funktioniert, wird weiter unten erläutert.

Die Methode `main()` erzeugt zunächst eine neue Instanz der Klasse, in der sie definiert wurde. Diese Vorgehensweise wurde auch schon weiter oben bei der Hintergrundsuche eingesetzt; sie dient vor allem dazu, ein großes Problem zu lösen: Die Methode `main()` muss `static` deklariert werden, weil das laufende Programm selbst keine Instanz ist.

Andererseits benötigen Sie eine Instanz, um mit den nichtstatischen Eigenschaften und Methoden der Klasse arbeiten zu können. Wenn es Ihnen lieber ist, können Sie diese Funktionalität auch auf zwei Klassen in separaten Dateien verteilen, also eine separate »Programm«-Klasse mit einer `main()`-Methode schreiben, die eine Instanz der anderen Klasse erzeugt.

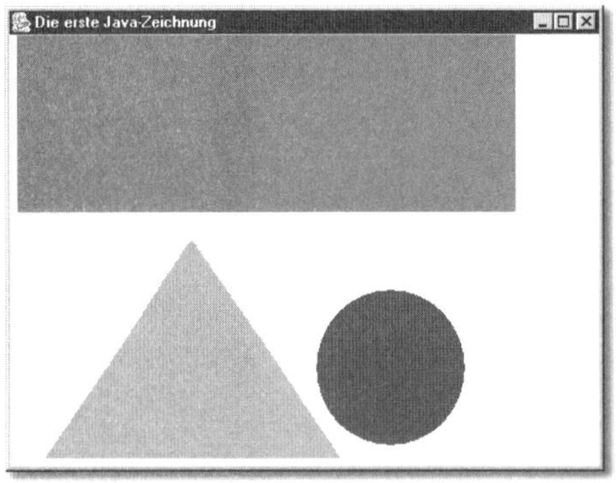

Abbildung 6.2 Eine einfache Zeichnung in einem AWT-Fenster

Fenster-Methoden

Da die Klasse `EinfacheZeichnung` von `Frame` abgeleitet wurde, erbt sie die Methoden die anschließend für die Instanz `z` aufgerufen werden: `setSize(int breite, int hoehe)` stellt die Fenstergröße in Pixeln ein, `setTitle(String fenstertitel)` bestimmt den Text, der in der Titelleiste angezeigt wird, und `show()` zeigt das fertige Objekt auf dem Bildschirm an.

Interessanter sind die verschiedenen Methoden der Klasse `Graphics`, die in der Zeichenmethode `paint()` aufgerufen werden. Die wichtigsten von ihnen werden in Tabelle 6.1 erläutert. Es handelt sich hier lediglich um die grundlegenden Methoden der AWT-Klasse `Graphics`, nicht um die erweiterten aus der Swing-Klasse `Graphics2D`.

Graphics-Methode	Erläuterung
`drawLine (int x1, int y1, int x2, int y2)`	Zeichnet eine Linie vom angegebenen Anfangspunkt (x1|y1) bis zum Endpunkt (x2|y2).
`drawRect (int x, int y, int breite, int hoehe)`	Zeichnet die Kontur eines Rechtecks mit der angegebenen Breite und Höhe, dessen linke obere Ecke sich auf (x|y) befindet.
`fillRect (int x, int y, int breite, int hoehe)`	Wie `drawRect()`, zeichnet aber ein gefülltes Rechteck.
`drawOval (int x, int y, int breite, int hoehe)`	Zeichnet die Kontur eines Ovals. (x|y) geben die Koordinaten der linken oberen Ecke des Begrenzungsrechtecks an, `breite` und `hoehe` seine Ausdehnung.
`fillOval (int x, int y, int breite, int hoehe)`	Wie `drawOval()`, zeichnet aber ein gefülltes Oval.

Tabelle 6.1 Die wichtigsten Zeichenmethoden der Klasse »Graphics«

Graphics-Methode	Erläuterung
`drawPolygon (int[] x, int[] y, int anzahl)`	Zeichnet die Kontur eines beliebigen Vielecks. Je zwei Elemente der beiden Arrays bilden zusammen die Koordinaten eines Punktes; die Anzahl bestimmt die Zahl der Punkte und kann in der Regel durch `x.length` angegeben werden.
`fillPolygon (int[] x, int[] y, int anzahl)`	Wie `drawPolygon()`, zeichnet aber ein gefülltes Vieleck.
`drawArc (int x, int y, int breite, int hoehe, int winkel1, int winkel2)`	Zeichnet einen Kreis- beziehungsweise Ovalbogen von `winkel1` bis `winkel2`. Die beiden Winkel werden im Winkelmaß (0–360) angegeben und verlaufen von rechts gegen den Uhrzeigersinn.
`fillArc (int x, int y, int breite, int hoehe, int winkel1, int winkel2)`	Wie `drawArc()`, zeichnet aber einen gefüllten Bogen.
`setColor (int farbe)` `setColor (Color farbe)`	Stellt die Zeichenfarbe auf den angegebenen Wert (siehe unten).

Tabelle 6.1 Die wichtigsten Zeichenmethoden der Klasse »Graphics« (Forts.)

Farben einstellen

Die Methode `setColor()` zum Einstellen der Zeichenfarbe existiert in zwei verschiedenen Varianten: Die Version, die einen `int`-Wert entgegennimmt, wird üblicherweise mit den symbolischen Konstanten der Grundfarben aufgerufen, die in der Klasse `Color` definiert sind, beispielsweise `Color.RED`, `Color.WHITE` oder `Color.MAGENTA`. Die andere Variante erwartet eine Instanz der Klasse `Color` als Argument; häufig wird mittels `new()` eine anonyme Instanz erzeugt und übergeben. Der wichtigste Konstruktor von `Color` erwartet drei `int`-Werte, die den Rot-, den Grün- und den Blau-Anteil der gewünschten Farbe zwischen 0 und 255 angeben:

```
g.setColor (new Color (255, 153, 0));   // orange
```

Falls Sie noch nicht wissen, wie die RGB-Farbmischung funktioniert, lesen Sie Kapitel 9, *Bildbearbeitung und Grafik*.

Listing 6_01 enthält ein komplexeres Beispiel: Zunächst wird ein Koordinatensystem erstellt, anschließend wird eine Sinus- und eine Cosinuskurve hineingezeichnet. In Abbildung 6.3 sehen Sie die Ausgabe des Programms.

Beachten Sie zunächst, dass die Klasse `SinusCosinus` nicht von `Frame` abgeleitet ist, sondern von `java.awt.Panel`, einer rechteckigen Zeichenfläche. Das benötigte Fenster-Objekt wird separat als Instanz von `Frame` erstellt; der hier verwendete Konstruktor `new Frame (String titel)` setzt automatisch den Fenstertitel. Anschließend wird die `SinusCosinus`-Instanz mit Hilfe der Frame-Methode `add()` in das Fenster gesetzt. Diese Vorgehensweise garantiert, dass die linke obere Ecke des Zeichenbereichs auf jeden Fall innerhalb des Fensters zu sehen ist, bei einer direkten Ableitung von `Frame` wäre dies womöglich anders. Hier der kurze Code von `main()`:

```
public static void main (String args[]) {
   SinusCosinus sc = new SinusCosinus();
```

```
    Frame f = new Frame ("Sinus und Cosinus");
    f.setSize (420, 420);
    f.add (sc);
    f.show();
}
```

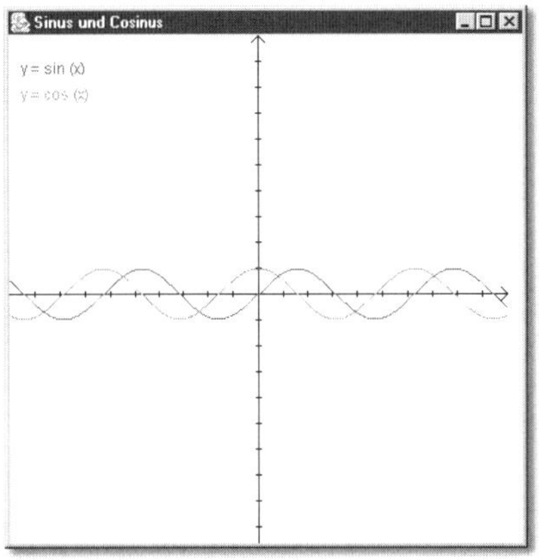

Abbildung 6.3 Die Ausgabe des Sinus- und Cosinus-Programms

Die `paint()`-Methode benutzt nur wenige neue Anweisungen: Die statischen Methoden `sin()` und `cos()` der Klasse `Math` berechnen den Sinus beziehungsweise Cosinus eines Wertes. Die Argumente müssen Winkel im Bogenmaß sein (360° = 2π). Die `Graphics`-Methode `drawString()` schreibt den angegebenen Text auf eine Grafikfläche.

Verwirrend ist dagegen die erforderliche Umrechnung des Maßstabs: Der Wert 1 wird durch 20 Pixel dargestellt. Aus diesem Grund werden die Einteilungen des Koordinatensystems in Zwanzigerschritten gezeichnet; außerdem werden sämtliche Berechnungen mit 20 multipliziert. Ein weiteres Problem ergibt sich dadurch, dass die y-Werte in der Grafikprogrammierung Kopf stehen: Während sie beim cartesischen Koordinatensystem nach oben wachsen, liegt der Nullpunkt beim Computer in der linken oberen Ecke und wächst nach unten. Dass der Ursprung des Koordinatensystems auf (200|200) platziert wurde, ergibt weiteren Umrechnungsbedarf.

Das Zeichnen der Kurven selbst funktioniert folgendermaßen: In jedem Schleifendurchlauf wird mittels `drawLine()` eine Linie vom Punkt des vorigen Durchlaufs (`oldSinus` beziehungsweise `oldCosinus`) zum aktuellen Punkt gezeichnet. Während die trigonometrischen Funktionen ziemlich exakt ausgerechnet werden müssen, um sie im Maßstab möglichst korrekt darstellen zu können, akzeptieren die AWT-Methoden nur ganzzahlige Werte. Deshalb finden einige Typecasting-Operationen von `int` nach `double` und umgekehrt statt.

Die folgende Beispielzeile zeichnet den aktuellen Teilstrich der Sinuskurve; `i` ist eine Schleifenvariable mit 400 Einzelschritten für die einzelnen Kurvenpixel auf der X-Achse:

```
g.drawLine (i-1, 200 - (int)oldSinus, i,
    200 - (int)sinus);
```

6.4.2 Animation

Ein weiterer Nutzen der AWT- und Swing-Zeichenklassen besteht in der Erstellung von Animationen. Das Grundprinzip ist leicht zu verstehen: Im zeitlichen Verlauf wird die Zeichenfläche erst mit einer Zeichnung versehen, die anschließend wieder von einer Füllung in Hintergrundfarbe verdeckt wird. Dies geschieht immer wieder.

Double-Buffering

Dieser theoretische Ansatz wird in der Praxis noch verbessert. Würden die verdeckende Füllung und die neue Zeichnung nacheinander auf eine sichtbare Fläche gezeichnet, dann würde die Animation flackern. Aus diesem Grund wird eine Technik namens **Double-Buffering** eingesetzt. Die nächste Phase der Animation, bestehend aus Lösch- und Neuzeichnungsvorgang, wird zunächst auf eine nicht sichtbare Zeichenfläche aufgetragen, den Buffer (eine Instanz der Klasse `Image`). Erst nach Fertigstellung wird das gesamte neue Bild auf die sichtbare Fläche kopiert.

Die Klasse `Image` können Sie übrigens auch noch zu einem anderen Zweck einsetzen: In eine `Image`-Instanz kann eine Bilddatei hineingeladen werden, die sich auf diese Weise in einer AWT-Anwendung anzeigen lässt. Unterstützt werden die klassischen Internet-Bilddateitypen GIF und JPEG. Beispielsweise sehen Sie hier, wie das Bild `test.gif` geladen und mit Hilfe der `Graphics`-Instanz `g` gezeichnet wird:

```
Toolkit tk = Toolkit.getDefaultToolkit();
Image test = tk.getImage ("test.gif");
g.drawImage (test, 0, 0, this);
```

Da der Umgang mit Bilddateien plattformspezifisch ist, wird zunächst eine `Toolkit`-Instanz erzeugt, die eine Referenz auf die konkreten Grafikfunktionen des verwendeten Betriebssystems bildet.

Im Übrigen wird für gewöhnlich ein eigener Thread mit der Ausführung der Animation beauftragt, damit sie möglichst gleichmäßig und unbeeindruckt von anderen Ereignissen ablaufen kann.

Listing 6_02 ist ein kleines Beispielprogramm, bei dem ein blauer »Ball« jeweils an den Fensterrändern abprallt, das heißt, die Richtung wird bei jedem Aufprall umgekehrt.

Der Schlüssel zur Double-Buffering-Technik ist die Methode `update()`: Sie wird automatisch von der Methode `repaint()` aufgerufen. Als Erstes erfolgt hier ein Aufruf der Methode `paint()`, und zwar mit dem `Graphics`-Objekt des Buffers. Anschließend wird der Buffer mit Hilfe der `Graphics`-Methode `drawImage()` auf der eigentlichen Zeichenfläche platziert:

```
public void update (Graphics g) {
   // Buffer bei Bedarf erzeugen
   if (buffer == null) {
      buffer = createImage (400, 400);
      bg = buffer.getGraphics ();
   }
   // Auf den Buffer zeichnen
   paint (bg);
```

```
    // Den Buffer einblenden
    g.drawImage (buffer, 0, 0, this);
}
```

Damit die Animation nicht zu schnell abläuft, wird in `run()` zunächst die statische `Thread`-Methode `sleep()` aufgerufen. Das Argument ist eine Wartezeit in Millisekunden, die der Thread »schlafen« soll. Der Aufruf muss stets in einem `try/catch`-Block stehen, weil der Thread unter Umständen vorzeitig unterbrochen werden kann, was eine `InterruptedException` auslöst:

```
public void run () {
    while (true) {
        try {
            animation.sleep (30);
        }
        catch (InterruptedException e) {
        }
        repaint ();
    }
}
```

Die gezeigte Animation selbst dürfte im Grunde selbsterklärend sein. Interessant ist allenfalls die Methode `getSFaktor()`, die den Geschwindigkeitsfaktor in Abhängigkeit vom Abstand zu den Wänden berechnet, so dass der Ball zu den Rändern hin schneller zu werden scheint: Die Wände wirken ein wenig »magnetisch«. Zur Kontrolle wird der aktuelle Geschwindigkeitsfaktor jeweils angezeigt. Hier die entscheidenden Zeilen:

```
int f = (int)(xvm + yvm) / 2;
int sf = f / 20 + 1;
```

`xvm` und `yvm` sind die Absolutwerte der Abstände von den Wänden.

6.4.3 Programmierung fensterbasierter Anwendungen

Die Hauptaufgabe von Fenstern besteht natürlich nicht darin, Zeichnungen oder Animationen anzuzeigen. Fenster stellen vielmehr den Rahmen zur Platzierung verschiedener Widgets dar, die mit Funktionalität versehen werden müssen.

Im AWT und in Swing stehen die einzelnen Arten von GUI-Komponenten als Klassen zur Verfügung. In der Regel werden entsprechende Instanzen erzeugt, anschließend wird die Methode `add()` der jeweils übergeordneten Komponente aufgerufen, um sie zu dieser hinzuzufügen. Auf diese Weise entsteht ein ineinander verschachteltes Gefüge von GUI-Bestandteilen.

Die wichtigsten AWT-Klassen werden in Tabelle 6.2 dargestellt. Zu vielen von ihnen gibt es abgeleitete Swing-Klassen, die durch ein vorangestelltes `J` gekennzeichnet werden (zum Beispiel `JFrame` zu `Frame` oder `JButton` zu `Button`).

Klasse	Wichtige Konstruktoren	Erläuterung
`Frame`	`Frame()` `Frame (String titel)`	Fenster
`Button`	`Button()` `Buton (String label)`	Schaltfläche
`TextField`	`TextField()` `TextField (String txt)`	einzeiliges Textfeld
`TextArea`	`TextArea()` `TextField (String txt)`	mehrzeiliger Textbereich
`MenuBar`	`MenuBar()`	Menüleiste
`Menu`	`Menu()` `Menu (String label)`	einzelnes Menü
`MenuItem`	`MenuItem()` `MenuItem (String txt)`	Menüelement
`Panel`	`Panel()`	Anzeigefläche
`Label`	`Label()` `Label (String txt)`	Beschriftungsfeld

Tabelle 6.2 Wichtige AWT-Klassen und ihre gängigen Konstruktoren

Am Beispiel eines Fensters mit Menüleiste und zwei Buttons sehen Sie hier, wie eine solche Objekthierarchie aufgebaut wird:

```
import java.awt.*;

public class Test2 {
   public static void main(String args[]) {
      // Objekte erzeugen
      Frame f = new Frame ("Menü und Buttons");
      MenuBar mb = new MenuBar();
      Menu m = new Menu ("Test");
      MenuItem mi1 = new MenuItem ("Probe 1");
      MenuItem mi2 = new MenuItem ("Probe 2");
      Button b1 = new Button ("Info 1");
      Button b2 = new Button ("Info 2");
      // Objekte verknüpfen
      // Menüpunkte zum Menü hinzufügen
      m.add (mi1);
      m.add (mi2);
      // Menü zur Menüleiste hinzufügen
      mb.add (m);
      // Menüleiste und Buttons zum Frame hinzufügen
      f.setMenuBar (mb);
```

```
        f.add (b1);
        f.add (b2);
        f.setSize (400, 400);

        f.show();
    }
}
```

LayoutManager

Wenn Sie diesen Code ausführen, werden Sie feststellen, dass nicht beide Buttons zuverlässig angezeigt werden (wahrscheinlich wird sogar nur einer angezeigt). Das liegt daran, dass nicht festgelegt wurde, wie die beiden Buttons im Fenster angeordnet werden sollen. Für diese Anordnung sind spezielle Klassen zuständig, die als **LayoutManager** bezeichnet werden. Um die beiden Buttons beispielsweise nebeneinander zu setzen, müssen Sie über der Zeile `f.add(b1);` folgende Ergänzung durchführen:

```
f.setLayout (new GridLayout (1, 2));
```

Um die Buttons dagegen untereinander zu stellen, lautet die Layout-Anweisung so:

```
f.setLayout (new GridLayout (2, 1));
```

Das erste Argument des `GridLayout`-Konstruktors gibt also die Anzahl der Zeilen an, das zweite die Anzahl der Spalten. Nach der Einrichtung des LayoutManagers können Sie einfach nacheinander Elemente hinzufügen, die von links nach rechts und von oben nach unten nacheinander in das `GridLayout` eingesetzt werden.

Ein anderer bedeutender LayoutManager ist das `BorderLayout`. Es besteht aus fünf verschiedenen Anzeigebereichen, die durch die statischen symbolischen Konstanten `BorderLayout.NORTH` (oben), `BorderLayout.SOUTH` (unten), `BorderLayout.WEST` (links), `BorderLayout.EAST` (rechts) und `BorderLayout.CENTER` (Mitte) angegeben werden. Die Elemente, die sich oben und unten befinden, werden bis zum linken und rechten Rand durchgezogen, das linke, mittlere und rechte Element teilen sich den Platz dazwischen. Zum Beispiel:

```
Button b1 = new Button ("oben");
Button b2 = new Button ("unten");
Button b3 = new Button ("links");
Button b4 = new Button ("rechts");
Button b5 = new Button ("Mitte");
f.setLayout (new BorderLayout());
f.add (b1, BorderLayout.NORTH);
f.add (b2, BorderLayout.SOUTH);
f.add (b3, BorderLayout.WEST);
f.add (b4, BorderLayout.EAST);
f.add (b5, BorderLayout.CENTER);
```

Dies sind natürlich nur wenige Beispiele für die Verwendung von LayoutManagern; es gibt zahlreiche weitere Varianten, deren Behandlung hier zu weit führen würde.

LayoutManager können übrigens leicht ineinander verschachtelt werden: Erzeugen Sie eine `Panel`-Instanz und weisen Sie ihr den zu verschachtelnden LayoutManager zu. Anschließend können Sie Elemente zu diesem `Panel` hinzufügen. Zu guter Letzt lässt sich das `Panel` auf einer übergeordneten Anzeigefläche platzieren, die ihr eigenes Layout besitzt. Die Beispiele im nächsten Unterabschnitt verwenden solche verschachtelten Layouts.

Event-Handling

Nun wissen Sie zwar bereits, wie sich Buttons hinzufügen lassen, aber noch nicht, wie Sie Code schreiben können, der darauf reagiert. Sämtliches Event-Handling wird im AWT durch so genannte **Listener** erledigt, die im Hintergrund auf bestimmte Ereignisse »lauschen« und diese verarbeiten.

Konkret bedeutet das für die Programmierung, die passenden Listener-Interfaces zu implementieren und die in diesen Interfaces deklarierten Callback-Methoden bereitzustellen, die aufgerufen werden, wenn das entsprechende Ereignis eintritt. Einige gängige Listener-Interfaces sind:

- `java.awt.ActionListener` verarbeitet Button- und Menübefehle sowie Tastatur-Ereignisse. Das Interface deklariert nur eine einzige Methode: `void actionPerformed (ActionEvent e)`. Das übermittelte `ActionEvent` können Sie mittels `e.getActionCommand()` untersuchen – Sie erhalten den String zurück, mit dem der Button oder das Menüelement beschriftet ist.
- `java.awt.MouseListener` ist für die Verarbeitung von Mausklicks und Rollover-Operationen zuständig. Leider müssen Sie eine ganze Reihe von Methoden implementieren, um die Anforderungen dieses Interfaces zu erfüllen. Wenn Sie die Funktionalität einer dieser Methoden nicht benötigen, kann der Methodenrumpf allerdings leer bleiben. Die einzelnen Methoden sind folgende:
  - `void mousePressed (MouseEvent e)` – die Maustaste wurde gedrückt.
  - `void mouseReleased (MouseEvent e)` – die Maustaste wurde wieder losgelassen.
  - `void mouseClicked (MouseEvent e)` – ein vollständiger Mausklick aus Drücken und Loslassen hat stattgefunden.
  - `void mouseEntered (MouseEvent e)` – der Mauszeiger hat den Bereich der Komponente berührt.
  - `void mouseExited (MouseEvent e)` – der Mauszeiger hat den Bereich der Komponente wieder verlassen.

  Der konkrete Umgang mit diesen Methoden wird weiter unten an Beispielen erläutert.
- `MouseMotionListener` registriert einfache Mausbewegungen in einer Komponente. Es müssen zwei Methoden implementiert werden:
  - `void mouseMoved (MouseEvent e)` – die Maus wurde bewegt.
  - `void mouseDragged (MouseEvent e)` – die Maus wurde mit gedrückter Maustaste bewegt, also gezogen.

  Die wichtigsten Methoden der erhaltenen `MouseEvent`-Instanz sind `getX()` und `getY()`; sie liefern die Koordinaten des Mauszeigers.

- `WindowListener` enthält eine Reihe von Methoden für die Behandlung wichtiger Fenster-Ereignisse:
  - `void windowOpened (WindowEvent e)` – wird unmittelbar nach der Erzeugung des Fensters aufgerufen.
  - `void windowActivated (WindowEvent e)` – wird aufgerufen, wenn das Fenster durch Anklicken oder eine andere Methode zum aktiven Fenster wird.
  - `void windowDeactivated (WindowEvent e)` – wird aufgerufen, sobald ein anderes Fenster aktiv wird.
  - `void windowIconified (WindowEvent e)` – wird beim Minimieren des Fensters (eine plattformabhängige Funktion) aktiviert.
  - `void windowDeiconified (WindowEvent e)` – wird beim Wiederherstellen des Fensters nach der Minimierung aufgerufen.
  - `void windowClosing (WindowEvent e)` – wird aufgerufen, wenn der Schließ-Button des Fensters gedrückt wird. Meist erfolgt an dieser Stelle ein Aufruf der Methode `dispose()` des entsprechenden Fensters, um es tatsächlich zu schließen.
  - `void windowClosed (WindowEvent e)` – wird automatisch nach einem Aufruf von `dispose()` aufgerufen, also nachdem das Fenster bereits geschlossen wurde. Eine gute Gelegenheit, um »aufzuräumen« und – falls dies das eigentliche Programmfenster war – das Programm durch Aufruf von `System.exit(0)` zu beenden.

Nachdem Sie einen Listener implementiert haben, müssen Sie ihn zu den Komponenten hinzufügen, deren Ereignisse er verarbeiten soll. Dafür gibt es eine Reihe von Methoden, etwa `addActionListener()`, `addMouseListener`, `addMouseMotionListener()` und `addWindowListener()`. Das Argument dieser Methoden ist die jeweilige Instanz, die den Listener implementiert – sehr häufig `this`, wenn die aktuelle Klasse selbst den Listener bildet.

Das Beispiel in **Listing 6_03** ist ein einfacher Rechner: In zwei Textfelder können Sie die beiden Zahlen eingeben, mit denen gerechnet werden soll. Ein Klick auf einen von vier Operations-Buttons führt die entsprechende Grundrechenart mit den beiden Zahlen aus und schreibt das Ergebnis in ein drittes Textfeld. Dank der Implementierung von WindowListener lässt sich das Programm einfach durch Schließen des Fensters beenden.

Wenn Sie den Code lesen, werden Sie feststellen, dass die aktuelle Instanz der Klasse (`this`) im Konstruktor jeweils als Event-Handler registriert wird: Als `ActionListener` für die vier Buttons und als `WindowListener` für sich selbst. Der Rest des Programms sollte sich nach den obigen Ausführungen und mit Hilfe der Kommentare von selbst erklären. In Abbildung 6.4 sehen Sie den fertigen Rechner.

Die Klassendeklaration des Rechners enthält die Implementierungen der beiden Interfaces `ActionListener` und `WindowListener`:

```
public class Rechner extends Frame
    implements ActionListener, WindowListener {
```

Auf diese Weise können Sie den gewünschten Komponenten einfach `this` als Listener zuweisen. Beachten Sie, dass dies nicht in der Methode `main()` geschehen darf – da sie statisch ist, existiert hier keine Instanz. Erzeugen Sie also innerhalb von `main()` eine Instanz der aktuellen Klasse selbst:

```
Rechner r = new Rechner();
```

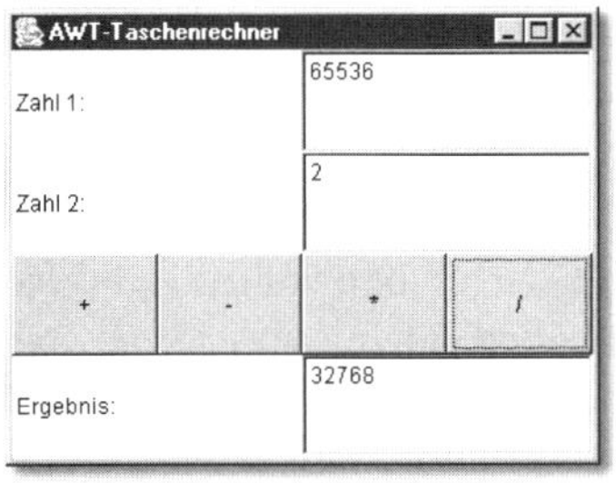

Abbildung 6.4 Der AWT-Rechner bei der Division von 65.536 durch 2

Schreiben Sie den Code zum Hinzufügen der Listener anschließend in einen Konstruktor. Beispielsweise stellt die folgende Zeile aus dem Konstruktor `Rechner()` den `ActionListener` für den »Plus«-Button ein:

```
plus.addActionListener (this);
```

Noch deutlicher wird die Mausabfrage in **Listing 6_04**. Es handelt sich um ein kleines Programm zum Zeichnen mit der Maus, wobei Sie über ein Menü die Farbe wechseln, die Zeichenfläche löschen und das Programm beenden können.

Das eigentliche Malen findet wie bei der Animation auf einem Buffer statt, der jeweils eingeblendet wird. Die Wartezeit des Mal-Threads ist mit drei Millisekunden sehr kurz gewählt, damit auch relativ schnelle Mausbewegungen registriert werden. Andernfalls könnten in den gezeichneten Linien auffällige Lücken entstehen. Damit die Linien nicht zu dünn aussehen, werden übrigens vier im Quadrat nebeneinander liegende Linien gezeichnet. Abbildung 6.5 zeigt das Malprogramm in Aktion.

Abbildung 6.5 Das Malprogramm mit aufgeklapptem Farbmenü

6.4.4 Java-Applets

Ein Java-Applet ist ein spezielles kleines Java-Programm, das in einem Webbrowser ausgeführt werden kann. Gegenüber einer »normalen« Java-Anwendung besitzt es einige Besonderheiten:

- Jedes Applet muss von der Klasse `java.applet.Applet` abgeleitet werden. Da diese wiederum eine abgeleitete Klasse von `java.awt.Panel` ist, können Sie darin beliebige grafische Komponenten verwenden, die weiter oben beschrieben werden.
- Ein Applet benötigt keine `main()`-Methode. Falls Sie eine schreiben sollten, wird sie ohnehin nicht aufgerufen. Stattdessen kann ein Applet die besondere Methode `init()` besitzen, die unmittelbar nach dem Laden des Applets ausgeführt wird. Anders als `main()` in Java-Anwendungen ist `init()` keine statische Methode, weil ein Applet im Webbrowser gewissermaßen eine Instanz ist.
- Die Anzeigegröße des Applets wird von der Webbrowser-Umgebung festgelegt: Es wird in eine Webseite eingebettet, in der Höhe und Breite angegeben werden.

Wenn Sie sich an diese einfachen Regeln halten, lassen sich sämtliche AWT-Anwendungen aus diesem Abschnitt leicht in Applets umwandeln.

Das folgende kleine Applet besitzt lediglich eine `paint()`-Methode, die einen linearen Farbverlauf von Rot nach Grün berechnet und zeichnet:

```
import java.applet.*;
import java.awt.*;

public class GradientApplet extends Applet {
   public void paint (Graphics g) {
      int rot1 = 255;
      int gruen1 = 0;
      int blau1 = 0;
      int rot2 = 0;
      int gruen2 = 255;
      int blau2 = 0;
      int steps = 400;
      double rotStep = (rot2 - rot1) / (double)steps;
      double gruenStep = (gruen2 - gruen1)
           / (double)steps;
      double blauStep = (blau2 - blau1)
           / (double)steps;
      double ra = (double)rot1;
      double ga = (double)gruen1;
      double ba = (double)blau1;
      for (int i = 1; i <= steps; i++) {
         g.setColor (new Color ((int)ra, (int)ga,
              (int)ba));
```

```
            g.drawLine (0, i, 400, i);
            ra += rotStep;
            ga += gruenStep;
            ba += blauStep;
         }
      }
   }
```

Applets in Webseiten einbetten

Nach dem Kompilieren müssen Sie das Applet in ein HTML-Dokument einbetten. Die minimale Fassung eines solchen Dokuments sieht so aus:

```
<html>
  <head>
    <title>Farbverlaufs-Applet</title>
  </head>
  <body>
    <applet code="GradientApplet.class" width="400"
    height="400"></applet>
  </body>
</html>
```

Wie das Einbetten von Applets detailliert funktioniert, wird in Kapitel 16, *HTML, CSS und Webdesign*, beschrieben.

6.5 Die Entwicklungsumgebung Eclipse

Wie Sie bereits gesehen haben, kann die Arbeit mit einem Kommandozeilen-Compiler recht mühselig sein: Sie müssen Ihre Programme in einem externen, oft nicht einmal für die konkrete Sprache spezialisierten Editor schreiben, bei jeder Änderung speichern und dann auf der Konsole den Compiler aufrufen. Kompilierfehler werden einfach zeilenweise angezeigt und lassen sich so nicht automatisch anspringen.

Um diese Nachteile zu umgehen, wurden **integrierte Entwicklungsumgebungen** (Integrated Development Environments oder IDEs) entwickelt. Sie bieten alle Werkzeuge zur Softwareentwicklung unter einem gemeinsamen Dach, etwa den Editor, verschiedene Compiler-Optionen, Debugging-Tools zur Fehlersuche sowie Hilfsmittel zur Verwaltung größerer Softwareprojekte. Eine der ersten Entwicklungsumgebungen wurde mit **UCSD-Pascal** eingeführt. In diesem Projekt der University of California, San Diego, aus den 70er-Jahren wurde übrigens auch einer der Grundpfeiler einer virtuellen Maschine entwickelt, nämlich ein plattformunabhängiger Bytecode namens pCode.

Seit den 80er-Jahren wurden IDEs vor allem von der Firma **Borland** angeboten; ihre »Turbo«-Sprachen-Kits (Turbo Pascal, Turbo C und so weiter) waren weit verbreitet. Die flächendeckende Einführung grafischer Benutzeroberflächen brachte den Übergang zur grafischen IDE; dazu gehört etwa die bekannte **Visual Studio**-Reihe von Microsoft.

6.5.1 Überblick

Eine der interessantesten neueren Entwicklungsumgebungen ist **Eclipse**. Sie wurde bei IBM entwickelt, ursprünglich mit der Bezeichnung **Visual Age**, und dann unter dem neuen Namen als Open-Source-Software freigegeben. Eclipse wird am häufigsten als IDE für Java eingesetzt, ist aber eigentlich ein Framework zur Realisierung beliebiger Entwicklungsumgebungen und anderer Arbeitswerkzeuge. Durch Plugins stehen viele solcher zusätzlichen IDEs bereit, etwa für C++, PHP oder auch für einfache Webseiten mit HTML und CSS.

Dieser kurze Abschnitt konzentriert sich auf Eclipse als Java-Entwicklungstool. In dieser Eigenschaft leistet die IDE wesentlich mehr als ein reiner Quellcode-Editor. Im Grunde ist Eclipse das ideale Werkzeug für die Aufgaben des Software-Engineerings (siehe nächstes Kapitel) – das ist nicht weiter verwunderlich, wenn man bedenkt, dass der Eclipse-Projektleiter **Erich Gamma** einer der wichtigsten internationalen Experten für Softwareentwicklung ist. Wie Sie beim Durchsehen von Anhang B feststellen werden, ist er zudem Autor oder Koautor zahlreicher empfehlenswerter Bücher zu Eclipse und Software-Engineering.

Da Eclipse selbst in Java geschrieben wurde, funktioniert das Programm unter zahlreichen verschiedenen Systemen, darunter natürlich Windows, Linux und MacOS X. Damit Sie Eclipse einsetzen können, muss das Java 2 SDK auf Ihrem Rechner installiert sein; für die aktuelle Eclipse-Version muss es mindestens Java 1.4 sein. Details der Java-Installation wurden bereits im vorigen Kapitel behandelt.

Hier wird Eclipse in der aktuellen Release-Version 3.0 behandelt. Die neue Version 3.1 ist im Prinzip fertig, liegt aber zum Zeitpunkt des Schreibens (Januar 2005) nur in englischer Sprache vor. Es ist davon auszugehen, dass das zugehörige Sprachpaket fertig ist, wenn Sie dies lesen.

Die Installation von Eclipse ist nicht der Rede wert. Suchen Sie einfach die Site **http://www.eclipse.org** auf und laden Sie von dieser Site oder einem der dort aufgelisteten Mirrors das für Ihr System passende Paket herunter. Beachten Sie, dass es für UNIX zwei Versionen gibt, die die GUI-Bibliotheken GTK beziehungsweise Motif unterstützen; suchen Sie sich die passende Variante aus. In jedem Fall handelt sich um ein ZIP-Archiv, das Sie nur auszupacken brauchen – unter Windows meist mittels WinZip; unter Linux und anderen UNIX-Varianten können Sie einen Befehl wie den folgenden eingeben:

```
$ unzip eclipse-SDK-3.0-linux-gtk.zip
```

Die zugehörigen Sprachpakete können Sie ebenfalls dort herunterladen. Sie werden ohne Rücksicht auf eventuelles Überschreiben in dasselbe Verzeichnis entpackt wie Eclipse selbst. Das Sprachpaket ist multilingual, aber wenn die Standardsprache Ihres Systems Deutsch ist, wird auch Eclipse auf Deutsch gestartet.

Innerhalb des Verzeichnisses, in das Sie die Archive entpackt haben, befindet sich nun ein Verzeichnis namens `eclipse`. Führen Sie einfach das darin befindliche Binary `eclipse` (Windows: `eclipse.exe`) aus, um Eclipse zu starten; ein korrekt installiertes Java 2 SDK wird automatisch gefunden und verwendet.

Beim ersten Eclipse-Start werden Sie aufgefordert, ein Workspace-Verzeichnis für Ihre Projektdateien zu wählen; der automatische Vorschlag ist **<Eclipse-Verzeichnis>/workspace**.

6.5.2 Java-Entwicklung mit Eclipse

Der erste Schritt bei der Arbeit mit Eclipse besteht darin, ein neues Projekt zu erstellen. Wählen Sie **Datei · Neu · Projekt**; es erscheint ein Dialog, in dem zuerst ein Projekttyp oder -assistent ausgewählt werden soll (siehe Abbildung 6.6). Wählen Sie **Java-Projekt**, wenn Sie Java-Programme entwickeln möchten, und klicken Sie auf die Schaltfläche **Weiter**. Auf der nächsten Seite werden Name und Verzeichnis für das Projekt eingegeben. Drücken Sie anschließend auf **Weiter** für mehr Details.

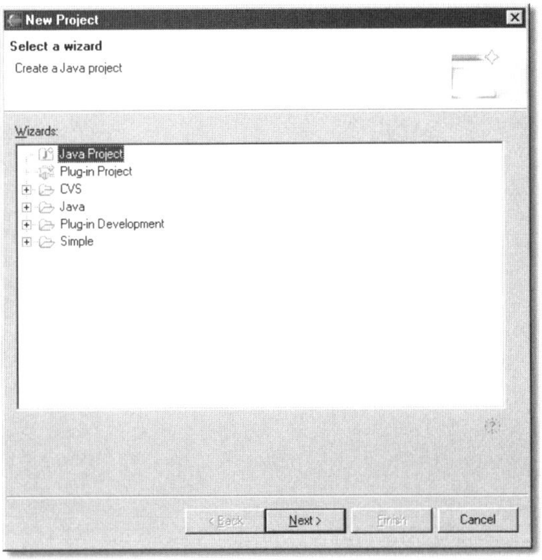

Abbildung 6.6 Erstellen eines neuen Eclipse-Projekts

Auf der letzten Seite des Dialogs werden vier Registerkarten angezeigt: Unter **Quelle** werden die ein- und auszuschließenden Dateien und Verzeichnisse gewählt. **Projekte** ermöglicht die Angabe anderer Projekte, von denen das aktuelle Projekt abhängt. Unter **Bibliotheken** werden die benötigten Klassenbibliotheken hinzugefügt. **Sortieren und exportieren** schließlich dient der Auswahl derjenigen Klassen, die als Binärdateien mit dem Projekt kompiliert werden sollen.

Eclipse schlägt selbst den Wechsel in die so genannte **Java-Perspektive** vor. Perspektiven sind vorgefertigte Anordnungen der Fenster und Paletten, die die Arbeit in verschiedenen Projektphasen optimieren. Unter **Fenster · Perspektive** öffnen können Sie jederzeit in andere Perspektiven umschalten. Abbildung 6.7 zeigt die Arbeitsfenster der Java-Perspektive.

Bevor Sie Klassen erstellen, sollten Sie **Datei · Neu · Paket** wählen, um ein Package zu erstellen. Packages sind verschachtelte Verzeichnisse oder JAR-Archive, die die Übersicht in größeren Projekten erleichtern – die Java-Klassenbibliothek selbst ist ebenfalls in Packages wie `java.*`, `javax.*` und so weiter organisiert.

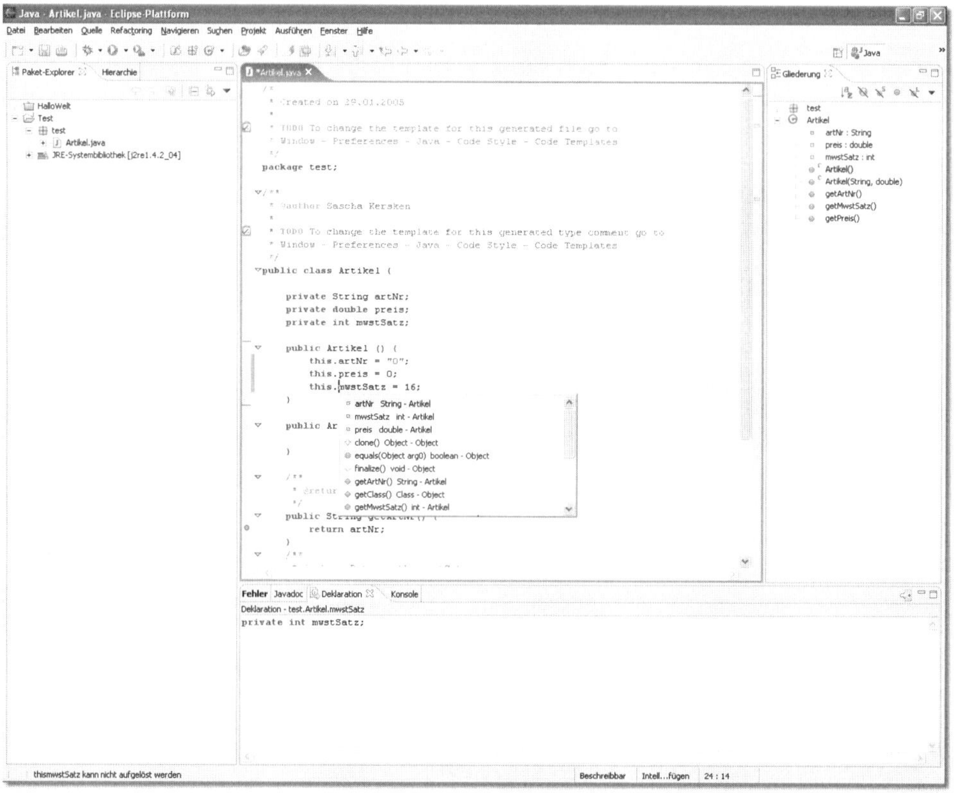

Abbildung 6.7 Die Arbeitsoberfläche von Eclipse in der Java-Perspektive

Datei · Neu · Klasse erzeugt anschließend eine neue Klasse (siehe Abbildung 6.8). Die wichtigsten Informationen über Java-Klassen haben Sie bereits im vorigen Kapitel erhalten. Nach dem Klick auf **Fertig stellen** wird die Klasse im **Editor** angezeigt. Sie enthält bereits einige wichtige Bestandteile, die man in einfachen Texteditoren mühselig von Hand erzeugen müsste.

Am linken Rand der Arbeitsfläche finden Sie den **Paket-Explorer**, in dem sämtliche Klassen des aktuellen Projekts angezeigt werden. Sie lassen sich per Doppelklick zum Bearbeiten öffnen. Ganz rechts befindet sich die Palette **Gliederung**, in der die einzelnen Eigenschaften, Konstruktoren und Methoden der zurzeit bearbeiteten Klasse aufgelistet werden; ein Doppelklick springt im Quellcode zur jeweiligen Deklaration. In der Mitte befindet sich der überaus komfortable und für das Editieren von Programmcode optimierte **Editor**, darunter gibt es diverse Registerkarten:

- In der **Konsole** können Sie die Ausgabe fertig kompilierter Konsolenprogramme betrachten.
- Die **Fehler**-Palette stellt alle Compilerfehler übersichtlich dar; per Doppelklick können Sie jeweils zur passenden Codestelle springen.

- **Deklaration** stellt den Codeausschnitt dar, in dem das jeweils in der Gliederung ausgewählte Element deklariert wird.
- **Javadoc** zeigt eine Vorschau der in Ihrem Code enthaltenen Javadoc-Kommentare an, sobald Sie diese anklicken. Um die üblichen hierarchisch strukturierten HTML-Dokumente mit der Codedokumentation zu generieren, können Sie **Projekt · Javadoc generieren** wählen.

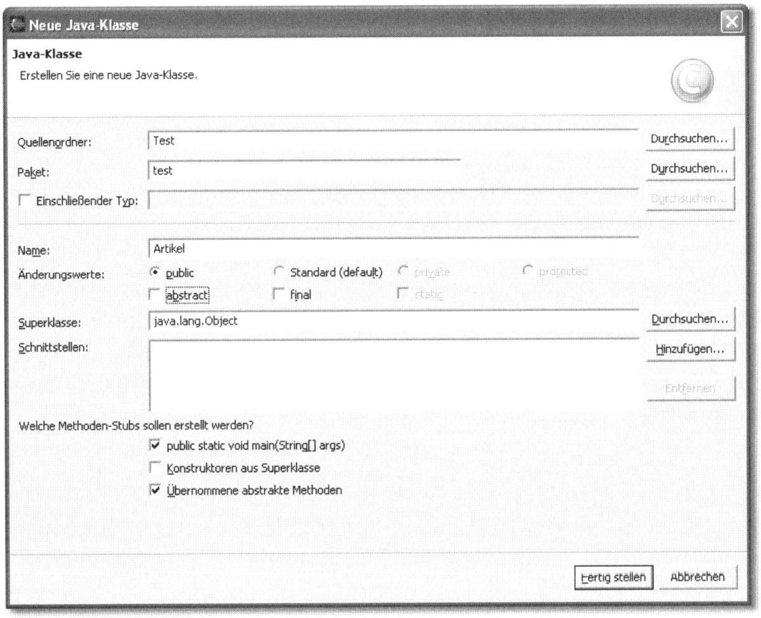

Abbildung 6.8 Der Assistent zum Erstellen einer neuen Java-Klasse

Der Hauptarbeitsbereich bei der Java-Programmierung ist der Quellcode-Editor. Er verfügt unter anderem über folgende Hilfsmittel:

- **Syntax-Highlighting**. Die verschiedenen Arten von Codebestandteilen wie Variablen, Literale oder Methoden werden automatisch durch verschiedene Farben hervorgehoben.
- **Automatische Einrückung**. Eclipse passt sich dabei automatisch Ihren Vorgaben an.
- Auf- und Zuklappen von Blöcken für mehr Übersicht
- Automatische Anzeige eines Popup-Menüs mit verfügbaren Code-Ergänzungen, sobald Sie zu tippen beginnen (versuchen Sie es probehalber mit der Eingabe von »`this.`«)
- **Fehlerhinweise** in der Randspalte. Wenn Sie auf die Fehlermarkierung doppelklicken, öffnet sich ein Fenster mit verschiedenen – meist überraschend intelligenten – Korrekturvorschlägen. Diese können Sie ebenfalls per Doppelklick annehmen. Abbildung 6.9 zeigt ein Beispiel mit einem simplen Schreibfehler; Eclipse schlägt selbst die Änderung von »`euqals`« in »`equals`« vor.

- **Unterbrechungspunkte** (Breakpoints). Die Tastenkombination `Strg` + `Shift` + `B` setzt einen Unterbrechungspunkt in der aktuellen Programmzeile. Bei einem späteren Debug-Lauf hält der Programmablauf an dieser Stelle an, und Sie können den aktuellen Zustand des Programms und seiner Elemente analysieren.

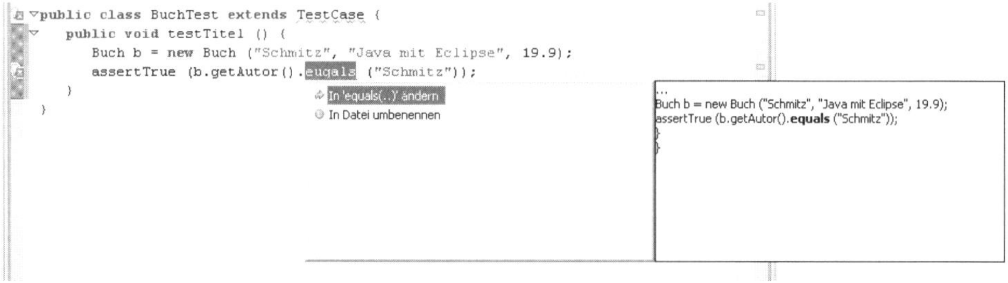

Abbildung 6.9 Die automatische Eclipse-Fehlerkorrektur in Aktion

Nachdem Sie ein ausführbares Programm erstellt haben, das heißt eine Klasse mit einer `main()`-Methode, können Sie es einfach starten. Dazu muss die Option **Projekt · Automatisch erstellen** aktiviert sein, andernfalls müssen Sie zuerst manuell kompilieren (**Projekt · Alle erstellen**). Zum Starten der Anwendung dient der Menüpunkt **Ausführen · Ausführen als · Java-Anwendung**. Unter diesem Menü befinden sich auch noch andere Optionen für die Projektausführung, beispielsweise die im nächsten Kapitel besprochenen JUnit-Tests.

Diese kurze Einführung ist natürlich erst der Anfang. Eclipse bietet bereits in der Grundausstattung unzählige komfortable Funktionen; daneben gibt es viele verschiedene Drittanbieter-Plugins für fast jeden Einsatzzweck, der auch nur im Entferntesten mit Softwareentwicklung zu tun hat. Bei aller Vielfalt der angebotenen Werkzeuge werden Sie feststellen, wie intuitiv Eclipse ist; nach einer überaus kurzen Einarbeitungszeit können Sie sich wieder Ihrer eigentlichen Programmierarbeit widmen, und dies wahrscheinlich produktiver und mit mehr Spaß als zuvor.

Zu guter Letzt sollten Sie noch zwei Highlights beachten:

- Das Menü **Quelle** enthält zahlreiche Befehle zur automatischen Erzeugung von Code. Ein Beispiel: **Getter/Setter generieren** erzeugt auf Knopfdruck `get*()`- und `set*()`-Methoden für alle (oder ausgewählte) Eigenschaften einer Klasse.
- **Refactoring** ist ein Begriff aus der professionellen Softwareentwicklung. Er bezeichnet nachträgliche Umstrukturierungen des Codes, um dessen Design dem Zustand des Projekts anzupassen. Dies verhindert schlecht integrierte, »gehackte« Ergänzungen, die die spätere Wartbarkeit und die Stabilität der Software beeinträchtigen. Das gleichnamige Menü in Eclipse automatisiert zahlreiche gängige Aufgabenstellungen des Refactorings, beispielsweise die Verallgemeinerung oder Spezialisierung von Elementen. Dabei wird die normalerweise fehlerträchtigste Teilaufgabe, nämlich die Anpassung des Gesamtcodes an solche Änderungen, automatisch ausgeführt.

6.6 Zusammenfassung

In diesem Kapitel wurden mehrere unterschiedliche Themen angesprochen. Alle haben gemeinsam, dass sie auf den einfachen Grundlagen aus dem vorigen Kapitel aufbauen und Programmieraufgaben aus der Praxis zeigen.

Die Kenntnis von Algorithmen und Datenstrukturen ermöglicht Ihnen die effiziente Programmierung: Es ist häufig sinnvoller, die über Jahrzehnte entwickelten Standardalgorithmen und -strukturen zur Lösung bekannter Probleme einzusetzen, als jedes Mal wieder bei Null anzufangen. In diesem Kapitel wurden einige Such- und Sortier-Algorithmen sowie die Datenstrukturen Liste und Baum vorgestellt; sie bilden das Grundgerüst zahlreicher Programmierprojekte.

Ein weiteres bedeutendes Thema sind die regulären Ausdrücke, denn in vielen Anwendungen stellt sich das Problem des effektiven Umgangs mit Textmustern. Der Ansatz der regulären Ausdrücke stellt die beste bekannte Lösung dieses Problems dar, weil Sie damit die Struktur beliebiger Muster beschreiben können.

Als Nächstes wurde die systemnahe Programmierung behandelt, insbesondere der Aspekt der gleichzeitigen Ausführung mehrerer Arbeitsabläufe. Traditionell werden dazu parallele Prozesse verwendet, die durch Systemaufrufe aus einem laufenden Programm heraus gestartet werden können. Sie werden völlig unabhängig voneinander ausgeführt; es gibt aber einige Möglichkeiten zur Kommunikation zwischen ihnen – als Beispiel wurde hier der Einsatz von Pipes demonstriert.

Grafische Benutzeroberflächen werden heutzutage häufiger eingesetzt als Konsolenprogramme, so dass es zu den grundlegenden Aufgaben von Programmierern gehört, solche Anwendungen zu schreiben. Die in diesem Kapitel vorgestellten JFC-Bibliotheken sind eine praktische Möglichkeit, plattformunabhängige GUI-Anwendungen zu schreiben. Abgesehen davon funktionieren alle Toolkits zur Grafik- und GUI-Programmierung ziemlich ähnlich, so dass sich die hier erlernten Techniken leicht auf andere Sprachen und Umgebungen übertragen lassen.

Das letzte Thema dieses Kapitels war die Arbeit mit der integrierten Entwicklungsumgebung (IDE) Eclipse. Es handelt sich um ein umfangreiches Open-Source-Framework zur Realisierung beliebiger Softwareentwicklungs-Tools über Plugins. In der Grundausstattung ist es bereits eine leistungsfähige Plattform zur einfachen und schnellen Entwicklung von Java-Anwendungen und -Projekten. Die Eclipse-Werkzeuge gehen dabei optimal auf die Bedürfnisse von Programmierern ein.

7 Software-Engineering

Nicht mit Erfindungen, sondern mit Verbesserungen macht man Vermögen.
– Henry Ford

Unter dem Oberbegriff **Software-Engineering** (auf Deutsch manchmal auch **Softwaretechnik genannt**) werden sämtliche Arbeitsschritte der professionellen Softwareentwicklung zusammengefasst. Die in den beiden vorigen Kapiteln behandelte Programmierung ist dabei nur eine Teilaufgabe (wenn auch die wichtigste).

Softwareentwicklung als Ingenieurskunst?

Die Bezeichnung »Engineering« legt nahe, dass hier die in über hundert Jahren gesammelte Erfahrung der Ingenieurswissenschaften auf die Erstellung von Software angewendet werden soll. In gewisser Weise arbeitet ein Softwareentwickler tatsächlich wie ein Produktingenieur: Anders als der Hacker oder Geek, für den der Rechner und die Programme Selbstzweck sind, muss er Anwendungen schreiben, die Gegenstände und Sachverhalte aus der realen Welt abbilden und verarbeiten; diese werden in der Regel von Benutzern eingesetzt, die keine IT-Profis sind.

Der heutige Stand des Software-Engineerings ist eine langfristige Konsequenz aus Überlegungen zur Überwindung der so genannten **Softwarekrise**: Mitte der 60er-Jahre des vorigen Jahrhunderts überstiegen die Entwicklungskosten für Software immer häufiger die Anschaffungskosten der Hardware (obwohl Letztere gigantisch waren). Als Grund wurde vor allem erkannt, dass die Methoden der Programmierung nicht mit der exponentiellen Weiterentwicklung der Hardware Schritt halten konnten. Auf den Punkt gebracht wurde dies 1972 von **Edsger Dijkstra**: »As long as there were no machines, programming was no problem at all; when we had a few weak computers, programming became a mild problem, and now that we have gigantic computers, programming has become an equally gigantic problem.«[1]

Objektorientierung

Als Ausweg aus diesen eher pessimistischen Überlegungen wurden vor allem die seit den 70er-Jahren entwickelten Verfahren der Objektorientierung gesehen. Letztlich entstammen die meisten modernen Entwicklungsmodelle dem Denkansatz der Objektorientierung, die hier nicht nur auf die reine Programmierung, sondern auf den gesamten Entwicklungsprozess angewendet wird: Ein beliebtes Softwareentwicklungsverfahren besteht etwa aus Objektorientierter Analyse (OOA), Objektorientiertem Design (OOD) und schließlich Objektorientierter Programmierung (OOP). Viele Entwickler, die das moderne Software-Engineering geprägt haben, stammen aus dem Umfeld der ersten objektorientierten Sprache Smalltalk.

Gerade für praxistaugliche Anwendungssoftware liegt der objektorientierte Ansatz nahe, weil sich Elemente der realen Welt auf diese Weise besonders »naturgetreu« in Computerprogrammen darstellen lassen (Näheres dazu im Java-Teil von Kapitel 5, *Grundlagen der Programmierung*).

1 Übersetzung: »Als es noch keine Maschinen gab, war Programmierung überhaupt kein Problem; als wir ein paar schwache Computer hatten, wurde die Programmierung zu einem kleinen Problem, und nun, da wir gigantische Computer haben, ist die Programmierung zu einem ebenso gigantischen Problem geworden.«

In diesem Kapitel werden die Grundzüge des Software-Engineerings erläutert. Es besteht aus zwei Teilen:

- Der Abschnitt *Überblick* stellt die verschiedenen Phasen des Entwicklungsprozesses vor. Außerdem erhalten Sie einen kurzen Überblick über zwei beliebte – und ziemlich unterschiedliche – Modelle der Softwareentwicklung: den Unified Process und Extreme Programming (XP).
- Im Abschnitt *Werkzeuge* werden wichtige Helfer für das Software-Engineering beschrieben: die Diagrammspezifikation UML (Unified Modeling Language), der Einsatz von Entwurfsmustern und die Testautomatisierung durch Unit-Tests.

Wenn Sie die Ausbildung zum Fachinformatiker absolvieren – in welcher der beiden Fachrichtungen, spielt keine Rolle – sind die Informationen in diesem Kapitel auch von praktischem Interesse für Sie: Ihre Abschlussprojektarbeit ist so umfangreich, dass Sie sich keinesfalls mit der (in der Praxis leider verbreiteten) Methode »Erst Code runterhacken, dann Konzept und Dokumentation daraus entwickeln« abplagen sollten! Abgesehen davon müssen Sie bereits vor Projektbeginn eine Vorstufe des Konzepts bei der IHK einreichen und genehmigen lassen – insofern ist zumindest der Beginn der hier vorgestellten Reihenfolge ohnehin bindend für Sie.

7.1 Überblick

Im Folgenden wird zunächst der Gesamtablauf des Entwicklungsprozesses beschrieben, anschließend werden die einzelnen Phasen näher beleuchtet. Soweit möglich, geschieht dies ohne Beschränkung auf ein bestimmtes Entwicklungsmodell. Hier geht es eher darum, die allgemeinen Anforderungen des Entwicklungsprozesses darzustellen; konkrete Lösungen durch bestimmte Modelle lernen Sie weiter unten kennen.

7.1.1 Der Entwicklungszyklus

Bis zu einem gewissen Grad funktioniert die Entwicklung von Software immer gleich. Es spielt keine Rolle, ob einer oder hundert Programmierer daran arbeiten und ob es sich um ein Zehn-Zeilen-Skript oder ein umfassendes Anwendungspaket handelt: Immer besteht der Prozess mindestens aus den Schritten Entwurf – Implementierung – Test. Sie bestimmen also zuerst die Aufgabe des Programms und wie sie erfüllt werden sollen, fassen dies in Anweisungen und Ausdrücke der Sprache Ihrer Wahl und überprüfen zum Schluss, ob es wie erwartet funktioniert.

Projektphasen

In größeren Projekten, an denen mehrere Entwickler arbeiten, lassen sich die folgenden Projektphasen unterscheiden:

- **Planung**. Klärung der Projektvorgaben und Zusammenfassung in einem Lasten- beziehungsweise Pflichtenheft. An dieser Stelle beginnt auch die Arbeit des Projektmanagements, die über den gesamten Projektverlauf weitergeführt werden muss.
- **Analyse**. Genaue Untersuchung des Projektgegenstandes. Die Geschäftsprozesse, Elemente und Daten, für die die geplante Software zuständig sein soll, müssen möglichst genau definiert und verstanden werden.

- **Entwurf**. Entwicklung eines Modells für die gewünschte Implementierung. Dies ist die unmittelbare Arbeitsvorlage für die Programmierer, weil auf diese Weise auch einheitliche Schnittstellen und andere gemeinsame Konventionen definiert werden.
- **Implementierung**. Schreiben des eigentlichen Programmcodes
- **Test**. Überprüfung auf technische Korrektheit, auf Erfüllung der Vorgaben sowie auf Benutzbarkeit durch die Zielgruppe. Je nachdem, welches Ziel wie stark verfehlt wurde, erfolgt der Rücksprung in eine frühere Entwicklungsphase.
- **Dokumentation**. Erstellung von Informationen oder Handbüchern für Entwickler (zur Weiterentwicklung der Software), Administratoren (für die Installation, Konfiguration und Anpassung) sowie Endanwender (Erläuterung der Programmfunktionen).

Es gibt zwei grundlegende Möglichkeiten, diese Phasen zu durchlaufen: linear oder iterativ. Bei der **linearen** Entwicklungsreihenfolge – beispielsweise dem klassischen **Wasserfallmodell** – ist die Idealvorstellung, jeden der Schritte nacheinander in sich abzuschließen, um am Ende ein fertiges Produkt zu besitzen. Bei den moderneren iterativen Entwicklungsverfahren werden diese Phasen dagegen mehrfach durchlaufen; jeder Durchlauf erweitert und vervollständigt das Produkt – man spricht auch von einem **Spiralmodell**. Die so genannten agilen Entwicklungsverfahren wie etwa Extreme Programming (siehe unten) versuchen, die einzelnen Durchläufe so kurz wie möglich zu halten. Auf diese Weise wird häufig ein »fertiges« Produkt veröffentlicht, und Änderungswünsche lassen sich beinahe jederzeit berücksichtigen.

Beachten Sie, dass sich Projekte in der Praxis oft nicht an die klare zeitliche Abfolge der genannten Phasen halten können. Einige Aufgaben werden von unterschiedlichen Teammitgliedern ausgeführt, andere sollten den gesamten Entwicklungsprozess umfassen und begleiten. Beispielsweise ist es weltfremd und gefährlich, erst nach Fertigstellung eines ganzen Programmpakets oder -bestandteils mit dem Testen zu beginnen: Wenn Sie erst in dieser späten Phase merken, dass ein elementares Projektziel verfehlt wurde, gefährden (oder zerstören) Sie das gesamte Projekt. Den extremsten Schluss aus diesem Problem zieht das Test-Driven Development (testgetriebene Entwicklung): Hier wird zuerst ein Test geschrieben und erst danach der Programmcode, der diesen Test erfüllt.

7.1.2 Planung und Analyse

In der **Planungsphase** stellt der Entwickler oder Projektverantwortliche sich zunächst die Frage, welchen Zweck die zu entwickelnde Software erfüllen soll – bei Auftragsarbeiten natürlich in Zusammenarbeit mit dem (potentiellen) Kunden. Diese Grundanforderung wird zu einem Katalog von Leistungen ausgearbeitet, die die künftige Software erbringen soll. Durch das Hinzufügen von Details geht die Planung fließend in die wesentlich exaktere Analyse über.

Kleine Projekte

Bei kleinen Skripten erfolgen Planung und Analyse oft während des »Hackens«. Bereits ab etwa 100 Zeilen Programmcode sollten Sie den Plan aber in irgendeiner Form schriftlich fixieren – bei überschaubaren Kleinprojekten genügt eine einfache Textdatei mit Notizen, die Sie später durch Kopieren und Einfügen als Kommentare in Ihr Programm aufnehmen können.

Sobald auch nur eine weitere Person an dem Projekt mitarbeitet, wird diese Empfehlung zur Pflicht. Die Fehleranfälligkeit durch mangelnde Absprachen ist beträchtlich und wächst exponentiell mit der Teamgröße. Der Mindeststandard für die Zusammenarbeit sind daher Absprachen über einen bestimmten Kommentarstil.

Bedenken Sie, dass die schriftliche Fixierung aller Informationen ab dem Projektbeginn unter anderem die Grundlage für eine benutzbare Dokumentation ist.

Projektmanagement

Bereits zu Beginn der Planungsphase sollte die wichtige Tätigkeit des **Projektmanagements** aufgenommen werden. Diese Koordinations- und Kontrollaufgabe muss während des gesamten Projektablaufs kontinuierlich durchgeführt werden, um Projektziele, Zeit und Ressourcen im Griff zu behalten beziehungsweise rechtzeitig gegenzusteuern, bevor es zu Problemen kommt.

Projektmanagement (PM) ist natürlich nicht auf Softwareprojekte beschränkt, sondern wirkt im Grunde überall, wo Menschen gemeinsam Aufgaben lösen. Es handelt sich um einen Sammelbegriff für alle organisatorischen Maßnahmen, die ein Projekt zum Erfolg führen sollen. Laut DIN-Norm 69901 ist Projektmanagement die »Gesamtheit von Führungsaufgaben, -organisation, -techniken und -mitteln für die Abwicklung eines Projektes«.

Wissensfelder des PM

Die Aufgaben des Projektmanagements lassen sich in neun so genannte **Wissensfelder** unterteilen, Tabelle 7.1 zeigt eine Übersicht.

Integrations-management	Umfangs-management	Zeit-management
Kosten-management	Qualitäts-management	Personal-management
Kommunikations-management	Risiko-management	Beschaffungs-management

Tabelle 7.1 Die neun Wissensfelder des Projektmanagements

Im Einzelnen lassen sich die Aufgaben der verschiedenen Wissensfelder etwa folgendermaßen zusammenfassen:

- Das **Integrationsmanagement** kümmert sich um die Koordination der verschiedenen Projektbestandteile und -beteiligten.
- Beim **Umfangsmanagement** (Scope Management) geht es um die Überwachung des Projektzustandes in Bezug auf die Ziele und Vorgaben. Gelegentlich wird auch erst während des Projektablaufs die Notwendigkeit einer Zieländerung erkannt.
- Das **Zeitmanagement** achtet auf die Einhaltung des Projektzeitplans. Eine praktische Technik, um Aufgaben in eine zeitliche Beziehung zueinander zu setzen, ist beispielsweise der weiter unten angesprochene Netzplan.

- Das **Kostenmanagement** muss durch ständige Kontrolle und eventuell geeignete Kostendämpfungsmaßnahmen dafür sorgen, dass sich die Projektkosten im Rahmen des Budgets halten.
- Durch **Qualitätsmanagement** soll sichergestellt werden, dass alle Elemente und Teilergebnisse des Projekts einem bestimmten Standard genügen. Dazu wird unter anderem die ausführliche Dokumentation aller Projektphasen benötigt.
- Das **Ressourcenmanagement** verteilt die vorhandenen Arbeitsmittel und Teammitglieder möglichst effizient auf die verschiedenen Projektteile und -phasen.
- Ohne ein funktionierendes **Kommunikationsmanagement** kann ein Projekt leicht scheitern. Es ist immer zu bedenken, dass Projekte über Abteilungs- und Hierarchiegrenzen hinweg bearbeitet werden; wer bei der Kommunikation im Projektteam starre Dienstwege einhalten möchte, gefährdet das Projekt, weil es auf diese Weise gar kein »Team« gibt. Auch die Kommunikationsmittel und -standards selbst sollten bereits in der Planungsphase festgelegt werden, um spätere Missverständnisse auszuschließen.
- Das **Risikomanagement** umfasst einerseits eine möglichst weitsichtige Notfallplanung, andererseits muss beim konkreten Ausfall von Arbeitsmitteln oder Teammitgliedern flexibel reagiert werden.
- Das **Beschaffungsmanagement** muss Kapazitäten, Nachbestellungen und Lieferzeiten von Arbeitsmitteln so koordinieren, dass möglichst keine Verzögerungen durch das Warten auf Nachschub entstehen.

Beispiel Netzplan

Ein gutes Beispiel für die Tätigkeit des Projektmanagements ist das Erstellen von **Netzplänen**, die der Zeitplanung und -koordination dienen. Im Netzplan kann übersichtlich dargestellt werden, in welcher Reihenfolge die einzelnen Schritte eines Projekts durchgeführt werden und welche von ihnen einander bedingen.

Als Beispiel zur Erstellung eines Netzplans soll die folgende kurze Liste dienen, die einige Tätigkeiten zur Erstellung einer kleinen, statischen Firmen-Website mit Zeitangaben in Tagen auflistet. Die optionalen Angaben A und B beziehen sich auf die beiden Mitglieder eines Zweierteams mit unterschiedlichen Kernkompetenzen; bei Aufgaben, die jeder der beiden ausführen könnte, wurden sie weggelassen:

- Inhaltliche Planung (1 Tag)
- A, B: Entwurf (1 Tag)
- A: Schreiben der Textinhalte (2 Tage)
- B: Erstellen von Grafiken und Bildern (3 Tage)
- A: Erstellen des HTML-Codes (2 Tage)
- Test und Fehlerkorrekturen (1 Tag)
- Buchung von Webspace mit Domain bei einem Hoster (3 Tage) – da der Namenswunsch sich erst aus dem Konzept ergibt, kann dies frühestens nach Abschluss des Entwurfs stattfinden.
- Veröffentlichung (1 Tag)

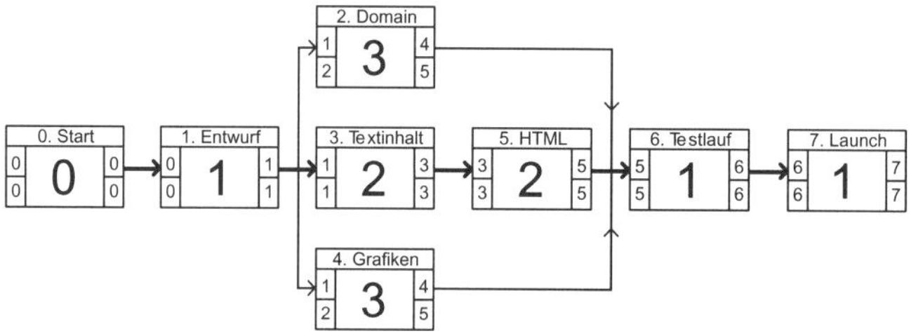

Abbildung 7.1 Netzplandarstellung eines kleinen Website-Projekts

Abbildung 7.1 zeigt den Netzplan für dieses Projekt. Vorgänge wurden soweit wie möglich parallelisiert, um die Projektdauer kurz zu halten. Jeder Vorgang wird auf einer »Karte«[2] nach folgendem Schema notiert:

```
+------------------------+
|  Vorgangsname/-nummer  |
+---+----------------+---+
|FAZ|     Dauer      |FEZ|
+---+      des       +---+
|SAZ|    Vorgangs    |SEZ|
+---+----------------+---+
```

Oben steht der Name und praktischerweise auch eine eindeutige Nummer des jeweiligen Vorgangs. In der Mitte wird die Dauer des Vorgangs in einer für alle Karten identischen Zeiteinheit notiert – je nach Projektumfang zum Beispiel in Stunden, Tagen oder Monaten. Die vier Felder links und rechts neben der Dauer werden erst ausgefüllt, wenn die Reihenfolge feststeht. Hier werden (relativ zum Projektstart 0) die folgenden Zeitpunkte eingetragen: frühester Anfangszeitpunkt (FAZ), spätester Anfangszeitpunkt (SAZ), frühester Endzeitpunkt (FEZ) sowie spätester Endzeitpunkt (SEZ).

Vorgänge, bei denen FAZ und SAZ sowie FEZ und SEZ identisch sind, liegen auf dem so genannten **kritischen Pfad** (Critical Path). Eine Verzögerung dieses Vorgangs hat unweigerlich zur Folge, dass auch das Gesamtprojekt länger dauert. In der Abbildung wurde der kritische Pfad durch dickere Pfeillinien markiert.

Die Hauptkritik am Netzplan ist, dass die tatsächliche Dauer der Abläufe nicht grafisch dargestellt wird. Für Fälle, in denen dies erforderlich ist, gibt es aber noch zahlreiche andere Darstellungsformen für zeitliche Abläufe. Ein Beispiel ist das **Gantt-Diagramm**, das die einzelnen Abläufe durch Balken symbolisiert, deren Länge ihre Dauer kennzeichnen.

Analyseverfahren

Um einen detaillierten Plan über Umfang, Voraussetzungen, Dauer und Kosten eines Projekts erstellen zu können, muss zunächst genau untersucht werden, welches Problem das Projekt lösen soll, auf welche Weise dies geschehen soll und welche Mittel dazu erforder-

2 Es kann praktisch sein, die einzelnen Vorgänge tatsächlich auf kleine Karten zu schreiben. So können Sie sie zunächst frei verschieben, um verschiedene Optionen zu testen.

lich sind. Solche Untersuchungen werden mit dem Oberbegriff **Analyse** bezeichnet. Die wichtigsten Formen der Analyse sind die folgenden:

- Die **Systemanalyse** untersucht ein System mit Hilfe eines Modells. In der Softwareentwicklung sollte dieses Modell beschreiben, wie sich das System – also das geplante Softwareprodukt – aus der Sicht der künftigen Benutzer verhält. Dies geschieht durch die Definition von Anwendungsfällen (Use Cases) oder beim Extreme Programming durch User-Stories. Das Modell sollte möglichst keine Implementierungsentscheidungen vorwegnehmen.
- Die **Datenanalyse** dient der systematischen Auswertung umfangreicher Informationssammlungen. Diese können neu erstellt werden – zum Beispiel durch Messungen oder auch durch Kundenbefragungen – oder aber bereits vorliegen.
- Bei der **Prozessanalyse** wird der Ablauf von Prozessen untersucht. Dabei kann es sich um beliebige Geschäftsvorfälle, Kommunikationsabläufe, Verwaltungs- oder Verarbeitungstätigkeiten handeln. Ziel der Prozessanalyse ist es, die beobachteten Prozesse zu optimieren – in der Softwareentwicklung geht es besonders um diejenigen Vorgänge, die durch die neue Software erledigt oder vereinfacht werden sollen.

Analyseverfahren

Es gibt unterschiedliche Analysemethoden für Softwareprojekte; einige sind Teil spezieller Entwicklungsmethoden, die weiter unten vorgestellt werden.

Hier nur kurz zwei unabhängige Beispiele:

- Die **Strukturierte Analyse**, bereits in den 60er-Jahren von **Tom De Marco** entwickelt, entspricht dem Denkmodell der imperativen Programmiersprachen jener Zeit. Der Kern dieser Methode sind die bekannten Flussdiagramme und Programmablaufpläne. Ein einfaches Beispiel für ein Flussdiagramm finden Sie am Anfang von Kapitel 6, *Konzepte der Programmierung*.
- Die **Objektorientierte Analyse** (OOA) folgt dagegen dem Paradigma der Objektorientierung und ist somit Bestandteil der meisten modernen Softwareentwicklungsprozesse. Ein wichtiges, weit verbreitetes Hilfsmittel der OOA ist die weiter unten vorgestellte Unified Modeling Language (UML), deren diverse Diagrammtypen übrigens alle Phasen des Entwicklungsprozesses begleiten können.

Offenes Konzept

In der Analysephase werden möglichst noch keine Implementierungsdetails festgelegt – Entscheidungen über die Hard- und Softwarebasis sowie die einzusetzende Programmiersprache sollten offen bleiben, um zu Beginn der Entwurfsphase die richtige Entscheidung zu treffen. Allerdings kann es natürlich sein, dass externe Vorgaben einzuhalten sind: Möglicherweise existiert beim Kunden bereits eine bestimmte Infrastruktur, mit der Ihr Produkt zusammenarbeiten muss. Ähnliches gilt, wenn es sich bei dem Projekt um die Erweiterung oder Anpassung vorhandener Software handelt.

Lasten- und Pflichtenheft

Die Zwischenergebnisse der Projektplanungsphase werden in einem so genannten **Lastenheft** (Statement of Work) festgeschrieben. Bei Auftragsarbeiten wird es vom Kunden oder in Zusammenarbeit mit ihm erstellt. Gemäß DIN 69905 beschreibt es die »Gesamtheit der Forderungen an die Lieferungen und Leistungen eines Auftragnehmers«; das Heft ist natürlich keineswegs nur auf Softwareprojekte beschränkt. Im Wesentlichen enthält es folgende Punkte:

- Definition des Projektziels
- Anforderungen an den Einsatz des Produkts
- Allgemeine Informationen zum Produkt
- Beschreibung der Funktionen des Produkts
- Bestimmung der Leistungen, die der Auftragnehmer zu erbringen hat
- Qualitätsstandards, denen das Produkt genügen soll – unter anderem hinsichtlich seiner Zuverlässigkeit, Benutzbarkeit, Effizienz und Änderbarkeit
- Weitere Informationen oder Anmerkungen

Pflichtenheft

Auf der Basis des Lastenhefts entwickelt der Auftragnehmer das wesentlich präzisere **Pflichtenheft** (Proposal). Es beschreibt die technischen Eigenschaften des zu erstellenden Produkts. Je nach Art des Projekts gibt es viele Gliederungsmöglichkeiten für das Pflichtenheft. Hier nur ein Beispiel:[3]

- Projektziele
- Projektvorgaben
  - Hardwarebasis
  - Softwarevoraussetzungen
  - Einzusetzende Arbeitsmittel
  - Nebenbedingungen
- Projektanforderungen
  - Aufgaben und Funktionen des Produkts
  - Benutzerschnittstelle
  - Lieferumfang
  - Kompatibilität und Portierbarkeit
  - Erweiterbarkeit und Änderbarkeit
- Weitere Leistungen
  - Geplante Testreihen
  - Qualitätssicherung
  - Supportvereinbarungen
- Kostenkalkulation
- Literatur

3 Es handelt sich um die leicht abgewandelte Form eines Industriebeispiels. Eine Übersicht über verschiedene Gliederungsmöglichkeiten finden Sie auf der folgenden Website zu einer Software-Engineering-Vorlesung an der FH Augsburg: **http://www.fh-augsburg.de/informatik/vorlesungen/se1t/script/definition/pfheft.html.**

7.1.3 Entwurf

Nach Abschluss der Analyse wird der **Entwurf** (Design) des Systems angefertigt. Er bildet die unmittelbare Implementierungsvorlage und sollte umso konkreter und exakter sein, je größer Team und Projektumfang sind.[4] In der Entwurfsphase muss unter anderem eine Entscheidung bezüglich der einzusetzenden Technologien – Hardware, Betriebssystem, Programmiersprache und Softwareumgebung – getroffen werden, sofern diese nicht von vornherein durch die weiter oben diskutierten Vorgaben festgelegt sind.

Extreme Programming und andere agile Entwicklungsprozesse verzichten übrigens fast vollständig auf einen expliziten Entwurf. Sie begeben sich mit den Analyseergebnissen unmittelbar an die Implementierungsarbeit; ihre Projektkoordination erfolgt vornehmlich über gut strukturierten und kommentierten Quellcode.

Der Entwurf kümmert sich im Wesentlichen um die Architektur des Produkts. Diese beschreibt den Aufbau und dasie Zusammenwirkenung der beteiligten Hard- und Softwarekomponenten. Im Wesentlichen muss die Architekturbeschreibung folgende Fragen beantworten:

1. Welche Elemente gehören zum System selbst und welche stehen außerhalb?
2. Über welche Ein- und Ausgabeschnittstellen kommuniziert das System mit seiner Umgebung?
3. Über welche Schnittstellen kommunizieren die verschiedenen Komponenten des Systems miteinander?
4. Welche Aufgaben muss das System selbst erfüllen und für welche greift es auf vorhandene Komponenten zurück?
5. Wird das System auf einem einzelnen Rechner ausgeführt (Stand-Alone-System) oder kooperieren verschiedene Teile über ein Netzwerk (verteiltes System)?

Stand-Alone- vs. verteilte Systeme

Gerade der letzte Punkt bedingt zahlreiche weitergehende Architekturentscheidungen: Das Stand-Alone-System kann relativ frei gestaltet werden; eventuelle Einschränkungen existieren ausschließlich aufgrund der Hard- und Softwarebasis des Zielsystems. Verteilte Systeme sind dagegen erheblich komplexer – gerade dann, wenn sie in heterogenen Hardware-, Betriebssystem- und Netzwerkinfrastrukturen funktionieren sollen; diese Interoperabilität wird immer häufiger verlangt. Es gibt unterschiedliche Arten verteilter Systeme; Details erfahren Sie im Netzwerk- und Internet-Teil dieses Buches ab Kapitel 13, *Netzwerktechnik*. Zum Beispiel lassen sich die beiden folgenden grundlegenden Arten von Systemen unterscheiden:

- Bei der **Client-Server-Architektur** erbringt die Server-Anwendung eine zentrale Dienstleistung, während die Client-Anwendungen darauf zugreifen und etwa Benutzeroberflächen bereitstellen. Beispiele sind etwa ein Datenbankserver, auf den mehrere

4 Wichtige Ausnahme: Populäre Open-Source-Projekte haben besonders viele Mitarbeiter, müssen aber aufgrund der verteilten und asynchronen Teamzusammensetzung ohne Entwurf auskommen. Neue Features werden oft ad hoc eingebaut und dann durch Votings angenommen oder abgelehnt.

Anwendungen und Benutzer zugreifen, oder ein Print-Server, der einer ganzen Abteilung einen hochwertigen Drucker zur Verfügung stellt.

- Eine **Peer-to-Peer-Architektur** besteht aus gleichartigen Anwendungen, die miteinander kooperieren. Beispiele sind etwa die einfachen Dateifreigaben der meisten modernen Betriebssysteme oder auch Netzwerkspiele.

Definierte Schnittstellen

Bei der Softwareentwicklung in Teams ist die Schnittstellendefinition ein besonders wichtiger Faktor. Andernfalls ergeht es dem Team wie zwei Gruppen, die von den beiden Seiten eines Berges aus mit dem Graben eines Tunnels beginnen und erst viel zu spät feststellen, dass sie sich nicht in der Mitte treffen, sondern aneinander vorbeigebuddelt haben.[5]

Das Endprodukt der Entwurfsphase ist, wie bei der Analyse, ein Modell des Systems; auch hier kann beispielsweise die UML eingesetzt werden, um es darzustellen. Allerdings ist das Entwicklungsmodell erheblich konkreter und detailreicher als das Analysemodell.

Die verschiedenen Entwicklungsverfahren stellen diverse Methoden und Darstellungsarten für den Entwurf zur Verfügung; einige Beispiele lernen Sie weiter unten im Rahmen der einzelnen Modelle kennen.

7.1.4 Implementierung und Test

Die **Implementierung**, das heißt die eigentliche Programmerstellung, braucht hier im Grunde nicht mehr näher betrachtet zu werden. Schließlich war sie Thema der beiden vorangehenden Kapitel. Dennoch ist es wichtig, sich für größere Projekte – besonders im Team – an einige Regeln zu halten:

- **Konsistenz**. Halten Sie sich durchgehend an einmal festgelegte Konventionen für Bezeichner, Schnittstellen, Reihenfolgen, Codestruktur und Kommentare. Zumindest bei Teamprojekten gehört die Definition dieser Konventionen bereits zum Entwurf.
- **Modularisierung**. Sorgen Sie für Überschaubarkeit: Eine Klasse darf keine eierlegende Wollmilchsau sein, sondern sollte genau eine Aufgabe erfüllen und mit anderen Klassen zusammenarbeiten. Dies verbessert die Wiederverwendbarkeit der einzelnen Klassen, ermöglicht häufiger den Abschluss definierter Arbeitsschritte und trägt so zu einer höheren Codequalität bei.
- **Versionsverwaltung**. Es ist unheimlich wichtig, über alle Änderungen im Code Buch zu führen, damit mögliche Nebeneffekte auf andere Programmteile erkannt werden und damit die Änderungen sich in Problemfällen auch wieder rückgängig machen lassen. Die praktischste Möglichkeit ist der Einsatz einer automatischen Versionsverwaltung wie CVS oder Subversion. Änderungen durch unterschiedliche Teammitglieder werden automatisch verzeichnet; verschiedene Versionen lassen sich vergleichen, zusammenführen und notfalls auf einen früheren Stand zurücksetzen.
- **Kommentare**. Es ist zeitraubend und unbequem, Code nach mehreren Wochen oder gar Monaten zu lesen und herausfinden zu müssen, welche Aufgabe er erfüllt. Schon dies ist ein guter Grund für Kommentare. Diese sollten weder zu ausführlich (jeden tri-

5 Das ist keineswegs ein akademisches Konstrukt; in der Eisenbahngeschichte ist es durchaus schon vorgekommen.

vialen Schritt erklärend) noch zu spärlich sein. Das im vorigen Kapitel erwähnte Javadoc generiert unmittelbar aus speziell formatierten Kommentaren die Dokumentation; für viele andere Sprachen sind ähnliche Lösungen verfügbar. Wer im Hinblick darauf noch immer nicht kommentiert und die Dokumentation mühevoll nachträglich erstellt, ist selbst schuld.

Software-Tests

In vielen modernen Entwicklungsprozessen – insbesondere den agilen – gehen die **Tests** unmittelbar mit der Implementierung einher. Im Wesentlichen sind in dieser Phase zwei Arten von Tests wichtig:

- **Unit-Tests** (oder Klassentests) sind automatisierte, programmgesteuerte Tests, die die ordnungsgemäße Funktionalität von Klassen und ihren Bestandteilen überprüfen. Zu diesem Zweck stehen für viele Programmiersprachen »xUnit«-Frameworks zur Verfügung; das prominenteste Beispiel – JUnit für Java – wird weiter unten vorgestellt. Das »Test- first«-Verfahren des Extreme Programming oder das Test-Driven Development gehen so weit, dass der Unit-Test noch vor der eigentlichen Klasse geschrieben wird; erst dann wird der Code implementiert, der diesen Test (hoffentlich) erfüllt.
- Eine weitere beliebte Testmethode sind **Code-Reviews** – die Programmierer eines Teams lesen ihren Code gegenseitig und stellen so dessen Qualität sicher; gleichzeitig wird die Kompatibilität der Schnittstellen verbessert. In agilen Prozessen ist der Code-Review ein integrierter Bestandteil der Implementierung – beim Extreme Programming wird beispielsweise grundsätzlich in wechselnden Paaren programmiert, so dass immer zwei Programmierer für jeden Codeteil verantwortlich sind.

Natürlich gibt es auch Testarten, die erst nach Abschluss des Projekts oder eines einzelnen Moduls ausgeführt werden können. Dazu gehören besonders die Lasttests, die die Stabilität und Performance der Software unter realistischer Arbeitsbelastung testen.

7.1.5 Dokumentation

Die **Dokumentation** wird in der Regel als der letzte Schritt eines Entwicklungsprozesses bezeichnet. Dieses Denken ist gefährlich, weil es dazu verführt, tatsächlich erst am Ende damit zu beginnen. Durch den entstehenden Zeitdruck werden manche Aspekte des Projekts dann schlampig, falsch oder gar nicht dokumentiert. Wie bereits erwähnt, gibt es heute praktische Werkzeuge, die die Dokumentation aus Kommentaren extrahieren. Da Sie aus Ihrem ersten oder spätestens zweiten längeren Programm (womöglich schmerzlich) lernen beziehungsweise schon gelernt haben, dass Kommentare sich lohnen, können Sie diese auch gleich konform zu einem solchen Dokumentationsstandard anlegen. Moderne Entwicklungsumgebungen wie Eclipse erleichtern dies zusätzlich.

Dokumentationsarten

Beachten Sie, dass es mehrere Arten beziehungsweise Stufen der Dokumentation gibt:

- Die **Entwicklerdokumentation** dient zunächst der Arbeit des Projektteams selbst. Sie beschreibt Klassen, Module, Schnittstellen und Erweiterungsmöglichkeiten der Software und bildet damit die Arbeitsgrundlage für Änderungen und Erweiterungen. Dieser Teil der Dokumentation ist die Hauptaufgabe von Dokumentationsgeneratoren wie Javadoc. Letztendlich sollte auch der Kunde die Entwicklerdokumentation erhalten, da oft nur der Einblick in innere Zusammenhänge die genaue Funktionsweise von Programmen offenbart. Besonders wichtig ist diese Ebene der Dokumentation bei Open-Source-Projekten; der Quellcode mit den entsprechenden Kommentaren ist das Hauptkommunikationsmittel zwischen den verteilt arbeitenden Mitgliedern der Gruppe.

- Eine **Administratorendokumentation** ist für technisches Fachpersonal vorgesehen, das die neue Software installieren und in Betrieb nehmen soll. Bei Einzelplatzanwendungen ist diese Person oft mit dem Endanwender identisch, so dass die Installations- und Konfigurationsanleitung hier besonders ausführlich und allgemein verständlich sein muss. Verteilte Systeme werden dagegen häufiger von IT-Fachleuten eingerichtet; diese benötigen zwar nicht unbedingt Grundlageninformationen, aber dafür besonders tief gehende Auskunft über mögliche Spezialfälle.
- Die **Anwenderdokumentation** schließlich beschreibt den Einsatz der Software, das heißt ihre Aufgaben und die Verwendung der Benutzeroberfläche. Sie ist mit der Bedienungsanleitung technischer Geräte vergleichbar: Der Endanwender braucht nicht alle Informationen, besonders nicht über Details, die »unter der Haube« liegen, muss sich aber genau auf die Anwendungsbeschreibung verlassen können. Deshalb sollte die Anwenderdokumentation besonders verständlich geschrieben werden und sich sehr genau an der Arbeitsweise von Benutzern orientieren. Beachten Sie aber, dass auch die beste Dokumentation kein Ersatz für eine schlecht gestaltete, das heißt unergonomische oder umständliche Benutzeroberfläche sein kann.

7.1.6 Konkrete Entwicklungsverfahren

Damit Sie eine Vorstellung davon erhalten, wie Entwicklerteams in der Praxis arbeiten könnten, werden hier kurz zwei bekannte Softwareentwicklungsprozesse vorgestellt: der Unified Process und Extreme Programming.

Der Unified Process

Der **Unified Software Development Process** wurde von den Entwicklern der weiter unten beschriebenen UML definiert und verwendet deren Mittel zur Darstellung von Anwendungsfällen, Abläufen und Entwürfen. Eine konkrete Implementierung des Verfahrens ist der **Rational Unified Process** (RUP), der Tools der Firma Rational Software einsetzt. Die Arbeitsweise des Unified Process wird vor allem durch drei Merkmale gekennzeichnet:

- **Anwendungsfälle** (Use Cases). Die Analyse stützt sich beim Unified Process vor allem auf die Bedürfnisse der künftigen Benutzer des Systems. Diese werden durch so genannte Anwendungsfälle dargestellt. Diese setzen die Benutzer (Akteure) in Beziehung zu verschiedenen Vorgängen und Geschäftsvorfällen. Aufgrund der Anwendungsfälle werden die Aufgaben der Software modelliert. Beachten Sie, dass der Begriff »Benutzer« nicht unbedingt Menschen bezeichnen muss; es kann auch um interagierende Geräte oder Programme gehen. Falls Sie beispielsweise die Anwendungsfälle eines Webservers darstellen würden, wäre sein »Gesprächspartner« ein Browser. Weiter unten erfahren Sie, wie Anwendungsfälle durch UML-Diagramme dargestellt werden.
- **Iterativer Prozess**. Der Unified Process gehört zu den oben angesprochenen iterativen oder inkrementellen Softwareprozessen: Der Entwicklungszyklus wird mehrfach durchlaufen, wobei das Produkt schrittweise erweitert und verbessert wird.

- **Architekturzentriert**. Neben den Anwendungsfällen konzentriert sich der Unified Process vor allem auf die Beschreibung der Architektur des geplanten Systems. Zunächst werden anwendungsfallunabhängige Teile modelliert, beispielsweise die Schnittstellen zur Zielplattform. Anschließend werden auch die erarbeiteten Anwendungsfälle in eine Architektur umgesetzt. Auch für die Beschreibung der Architektur werden verschiedene UML-Diagrammtypen verwendet.

Um die Tätigkeiten der Teammitglieder zu beschreiben, verwendet der Unified Process vier Begriffe:

- **Rollen** (wer). Aufgaben und Zuständigkeitsbereiche von Gruppen und ihren Mitgliedern werden durch Rollen beschrieben.
- **Aktivitäten** (wie). Jede Rolle besteht aus einer Abfolge von Aktivitäten, also von Handlungen, die ein bestimmtes Teilziel erreichen sollen.
- **Artefakte** (was). Die durch Aktivitäten verarbeiteten Projektteile werden als Artefakte bezeichnet; der Startpunkt eines Verarbeitungsschrittes wird Eingangsartefakt genannt, der Abschluss Endartefakt. Im Verlauf der Iterationsschritte werden manche Artefakte immer wieder weiterentwickelt.
- **Vorgehen** (wann): Die zeitliche Abfolge der Aktivitäten wird durch ein Vorgehensmodell beschrieben.

Phasen des UP

Die einzelnen (durch die Iteration mehrmals durchlaufenen) Phasen des Unified Process ähneln denjenigen, die weiter oben allgemein für die Softwareentwicklung erarbeitet wurden:

- **Konzeptionsphase**. Entspricht im Wesentlichen der Planungs- und Analysephase des allgemeinen Software-Engineerings: Die Anwendungsfälle werden gesammelt, geordnet und ausgewertet; hier fällt einer Vorentscheidung über den Projektfokus und -umfang. Auch mit dem Entwurf der Architektur wird bereits in dieser Phase begonnen.
- **Entwurfsphase**. In dieser zweiten Phase wird der Architekturentwurf fertig gestellt. Wichtige Kernkomponenten werden bereits implementiert, um mögliche Schwierigkeiten frühzeitig abschätzen zu können. Die Teilergebnisse werden eingehend mit dem Kunden besprochen, damit Zielkorrekturen durchgeführt werden können. Auch Tests und Dokumentation werden bereits begonnen.
- **Konstruktionsphase**. Alle Teile des Systems werden fertig implementiert, ausgiebig getestet und dokumentiert. Schließlich müssen die einzelnen Bestandteile zum Gesamtsystem verknüpft werden.
- **Übergangsphase**. Das System wird zu einem veröffentlichungsfähigen Paket zusammengestellt und beim Kunden installiert. Die Endanwender müssen in die Benutzung des Systems eingewiesen, bei komplexen Produkten sogar ausführlich geschult werden. Erst nach der Inbetriebnahme zeigt sich letztendlich, ob das System die geplanten Aufgaben in der Praxis erfüllt. Nun sind alle Anwender und Administratoren aufgefordert, noch vorhandene Fehler zu beschreiben und erst aus der Praxis ersichtliche Funktionsverbesserungen für die nächste Version zusammenzutragen.

Extreme Programming

Extreme Programming (XP) wurde vor allem von **Kent Beck** entwickelt, der aus dem Smalltalk-Umfeld stammt und auch zahlreiche Publikationen zu diesem Thema (und anderen Aspekten der Softwareentwicklung) verfasst hat. Die Bezeichnung Extreme Programming erklärt sich daher, dass sich dieser Softwareentwicklungsprozess insbesondere auf die eigentliche Programmierung konzentriert; Planung, Analyse und Entwurf werden kürzer gefasst. XP wird häufiger für kleinere Teams und für kleine bis mittlere Projekte eingesetzt; hier kann es durch den erheblich geringeren Verwaltungsaufwand dieses Verfahrens zu einem entscheidenden Produktivitätsgewinn kommen. Allerdings wurden auch Großprojekte bereits erfolgreich nach diesem Verfahren durchgeführt.

Agile Entwicklungsprozesse

XP gehört zu den so genannten agilen oder leichtgewichtigen Entwicklungsprozessen – es existieren nur wenige feste Vorgaben; das Projekt befindet sich permanent im Fluss und kann jederzeit Änderungen der Vorgaben und Anforderungen verkraften.

Die Beschreibung von Extreme Programming erfolgt am besten über seine wichtigsten Prinzipien:

- **Kurze Release-Zyklen**. XP erstellt keine großen, monolithischen Projekte, sondern definiert jeweils nahe liegende, innerhalb weniger Tage oder höchstens Wochen erreichbare Iterationsziele. Dies bringt häufiger Erfolgserlebnisse und vor allem mehr Dynamik – auf jeder Stufe können Ziele geändert werden; dafür kann Extreme Programming auf starre Kundenvorgaben verzichten.
- **Häufige Integration**. Mit den kurzen Zyklen geht die häufige Zusammenfügung der einzelnen Komponenten zu einem (möglichst) lauffähigen Gesamtsystem einher; das »Aneinandervorbeibuddeln« wird so nahezu ausgeschlossen.
- **Einbeziehung des Kunden**. Der Kunde wird nicht nur als Auftraggeber wahrgenommen, der einen einmal festgelegten Anforderungskatalog vorgelegt hat. Stattdessen wird jeder einzelne Entwicklungsschritt mit dem Kunden zusammen getestet; anschließend wird das weitere Vorgehen mit ihm abgestimmt.
- **Programmierung in Paaren**. Die Programmierer sitzen stets zu zweit an einer Aufgabe – einer tippt, beide überlegen. Da die Paare möglichst mit jeder Einzelaufgabe wechseln, erhöht dies die Teambindung, verbessert die Zusammenwirkung der Programmteile und integriert Code-Reviews in den unmittelbaren Arbeitsablauf.
- **Test-first-Verfahren**. Es wird stets zuerst ein automatisierter Test (Unit-Test) geschrieben und ausgeführt. Nur wenn er scheitert, wird neuer Code hinzugefügt. Näheres erfahren Sie weiter unten im Unterabschnitt *Unit-Tests*.
- **Integriertes Refactoring**. Durch das Test-first-Verfahren und die häufigen Releases ergibt sich beinahe von selbst, dass der Code regelmäßig aufgeräumt und an die neuen Gegebenheiten angepasst wird. So wird »Zombie-Code« vermieden, der Programme verlangsamt sowie die Lesbarkeit und Wartbarkeit verschlechtert.
- **40-Stunden-Woche**. Das Ziel soll ohne Überstunden erreicht werden, da es sich sonst negativ auf Konzentrationsfähigkeit und Zufriedenheit des Teams auswirkt – dies verursacht auf lange Sicht Mehrkosten.

7.2 Werkzeuge

In diesem Abschnitt werden einige wichtige Hilfsmittel für die Softwareentwicklung vorgestellt:

- Die Diagrammspezifikation **UML** (Unified Modeling Language) bietet verschiedene standardisierte Diagrammtypen zur Darstellung diverser Projektbestandteile in den verschiedenen Phasen des Entwicklungsprozesses.
- **Entwurfsmuster** katalogisieren erfolgreiche Lösungsmodelle für die einfache Übernahme in späteren Projekten.
- **Unit-Tests** ermöglichen den automatisierten Test der Funktionalität einer Klasse.

Diese Hilfsmittel können in vielen unterschiedlichen Entwicklungsmodellen zum Einsatz kommen, obwohl einige von ihnen im Zusammenhang mit konkreten Verfahren entwickelt wurden.

7.2.1 UML

Der Begriff »Sprache« für die **Unified Modeling Language** (UML) ist ein wenig irreführend: Zwar handelt es sich um eine bestimmte Ausdrucksweise, aber ihr Vokabular sind keine Wörter, sondern verschiedene Arten von Diagrammen. Die UML ist gut dazu geeignet, die diversen Aspekte der Softwareentwicklung übersichtlich darzustellen; ihr Arbeitsschwerpunkt sind die Analyse- und die Entwurfsphase.

UML-Geschichte

Die UML wurde in den 90er-Jahren von den »drei Amigos« **Grady Booch**, **Ivar Jacobson** und **James Rumbaugh** durch Zusammenführung einiger früherer Ansätze entwickelt. Zunächst wurde sie vor allem durch den Entwicklungstool-Hersteller **Rational** gefördert und weiterentwickelt. Später wurde sie von der **Object Management Group** (OMG) standardisiert und fand allgemeine Verbreitung. Ende 2003 wurde die neue Version 2.0 veröffentlicht, die einige Erweiterungen und Verbesserungen bietet; sie wurde allerdings noch nicht endgültig verabschiedet, da verschiedene Entwickler und Firmen noch über Teilaspekte diskutieren.

Die wichtigsten **Diagrammtypen** der UML sind die Folgenden:

- **Anwendungsfalldiagramme** (Use Case Diagrams) stellen die Anforderungen der Benutzer dar. Sie prägen das Bild der UML in der Öffentlichkeit, weil sie die typischen »Strichmännchen« (Akteure) definieren.
- **Klassendiagramme** (Class Diagrams) verdeutlichen die Klassenstruktur und damit die Grundarchitektur des Systems.
- In **Kollaborationsdiagrammen** (Collaboration Diagrams) wird die Zusammenwirkung verschiedener Objekte dargestellt.
- **Sequenzdiagramme** (Sequence Diagrams) stellen besonders den zeitlichen Ablauf dieser Zusammenarbeit dar.
- In **Zustandsdiagrammen** (State Diagrams) werden die verschiedenen Zustände eines Objekts und die Übergänge zwischen diesen Zuständen dargestellt.
- **Pakete** (Packages) dienen der Verdeutlichung hierarchischer Objektstrukturen.

- **Aktivitätsdiagramme** (Activity Diagrams) stellen den logischen und zeitlichen Ablauf verschiedener Aktivitäten dar.

UML in der Praxis

Es ist nicht Sinn der Sache, UML-Diagramme auf Dauer mit dem Stift auf Papier zu malen (außer für erste Ideensammlungen oder bei Projektbesprechungen). Sie sollten die Diagramme auch nicht mühevoll in einem allgemeinen Grafikprogramm wie Illustrator zeichnen. Viel verbreiteter und erheblich produktiver sind UML-Tools, mit denen sich die Diagramme einfach, schnell und übersichtlich erstellen lassen. Solche Programme werden auch als **CASE-Tools** (Computer-Aided Software Engineering) bezeichnet. Es gibt sowohl Open-Source-Lösungen als auch sehr teure kommerzielle Produkte.

Ein praktisches Open-Source-Tool ist **ArgoUML** (http://argouml.tigris.org). Es ist in Java geschrieben und läuft somit auf den meisten wichtigen Systemen. Der einzige Nachteil besteht darin, dass das Paket noch nicht die UML-Version 2.0 unterstützt. Eine Installation ist nicht erforderlich; Sie benötigen lediglich eine funktionierende Java-Installation (siehe Kapitel 5, *Grundlagen der Programmierung*). Laden Sie die Archivdatei herunter, entpacken Sie sie in ein beliebiges neues Verzeichnis und geben Sie Folgendes ein, um das Programm zu starten:

```
$ java -jar argouml.jar
```

Arbeit mit ArgoUML

Abbildung 7.2 zeigt das Programm beim Erstellen eines Klassendiagramms. Die obere der beiden Symbolleisten enthält Schaltflächen für die verschiedenen Diagrammtypen, die untere bietet Werkzeuge für die einzelnen Bestandteile des aktuellen Diagramms. Nachdem Sie einen dieser Buttons angeklickt haben, können Sie das Element mit einem weiteren Klick auf der Arbeitsfläche platzieren und im unteren Feld seine Eigenschaften einstellen. Aus dem jeweils ausgewählten Element lassen sich automatisch Verbindungslinien herausziehen, um es mit anderen Elementen zu verknüpfen.

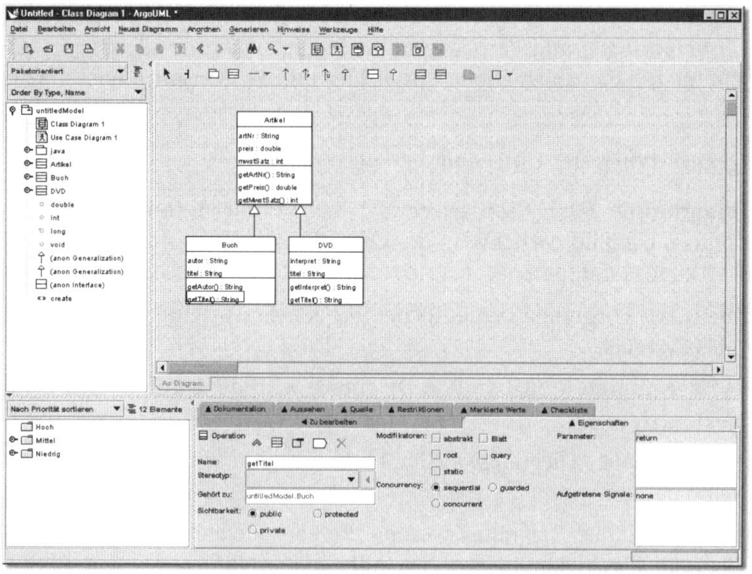

Abbildung 7.2 ArgoUML beim Erstellen eines Klassendiagramms

Im Folgenden werden vier UML-Diagrammarten näher vorgestellt: Anwendungsfalldiagramme, Klassendiagramme, Sequenzdiagramme und Aktivitätsdiagramme.

Anwendungsfalldiagramme

In einem **Anwendungsfalldiagramm** werden Anwendungsfälle (Use Cases) aus der Sicht der Beteiligten, der so genannten **Akteure**, dargestellt. Dieser Diagrammtyp ist vornehmlich ein Bestandteil der Analyse. Abbildung 7.3 zeigt ein Beispiel mit zwei Akteuren, einem Kunden und einem Verkäufer. Die drei möglichen Geschäftsvorfälle, die zwischen ihnen stattfinden können, sind Information, Verhandlung und Kauf.

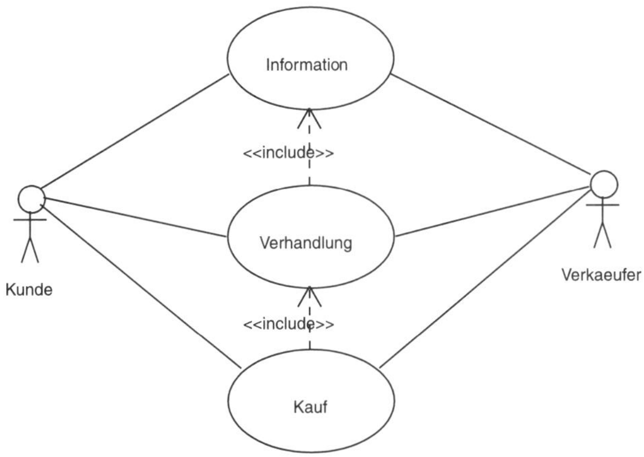

Abbildung 7.3 Ein einfaches UML-Anwendungsfalldiagramm

Die `<<include>>`-Beziehung zwischen Kauf und Verhandlung bedeutet, dass der Verkauf eine Verhandlung umfassen kann; ebenso verhält es sich mit der Beziehung zwischen Verhandlung und Information. Andere mögliche Beziehungen sind:

- Eine durchgehende Linie mit einer hohlen Pfeilspitze steht für eine **Generalisierung**; der Anwendungsfall am Pfeilanfang ist eine Spezialisierung desjenigen am Pfeilende.
- Ein gestrichelter Pfeil mit der Beschriftung `<<extend>>` besagt, dass der Anwendungsfall am Pfeilursprung denjenigen, auf den gezeigt wird, erweitert.

Bei der späteren Implementierung können sich aus diesen Beziehungen Vererbungsverhältnisse ergeben.

Klassendiagramme

Klassendiagramme stellen die Elemente einer Klasse sowie die Beziehungen zwischen verschiedenen Klassen dar. Jede Klasse wird durch ein Rechteck dargestellt; es gibt drei Detailstufen:

- nur Klassenname
- Klassenname und Attribute (Eigenschaften)
- Klassenname, Attribute und Methoden

Die (bis zu) drei Kategorien werden durch waagerechte Linien voneinander getrennt. Abstrakte Klassen (ohne Methodenimplementierung) werden durch `<<abstrakt>>` unter dem Klassennamen gekennzeichnet, Interfaces durch `<<interface>>`.

Vererbung

Die Vererbung wird durch einen Pfeil mit leerer Spitze dargestellt, der von der abgeleiteten auf die übergeordnete Klasse zeigt. In Abbildung 7.4 sehen Sie die Beziehungen zwischen der Oberklasse `Artikel` und den abgeleiteten Klassen `Buch` und `DVD`, jeweils mit allen drei Informationen. Die zusätzliche Angabe der Datentypen von Methoden und Attributen ermöglicht die automatische Erzeugung des Code-Grundgerüsts für die Klassen. In ArgoUML erfolgt dies beispielsweise über **Generieren · Alle Klassen generieren**, sofern gerade ein Klassendiagramm angezeigt wird.

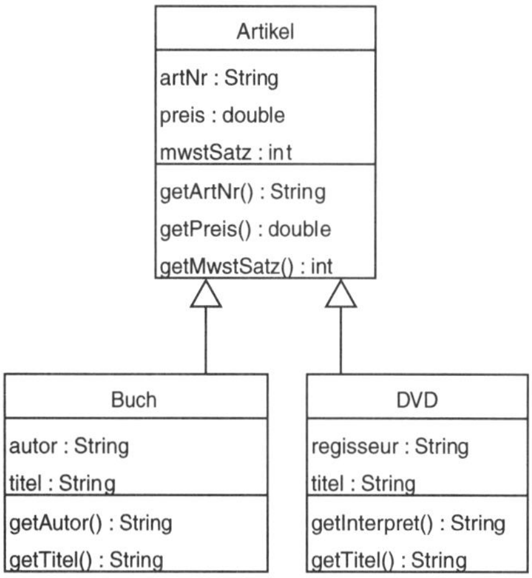

Abbildung 7.4 Ein UML-Klassendiagramm mit einer Elternklasse und zwei abgeleiteten Klassen

Sonstige Beziehungen

Neben den Vererbungslinien gibt es auch komplexere Beziehungen zwischen Klassen beziehungsweise Instanzen. Allgemein spricht man bei der Vererbung von **»IS A«-Beziehungen**, denn eine speziellere Klasse »ist« auch immer die Elternklasse – im vorliegenden Beispiel gilt etwa, dass ein Buch unter anderem ein Artikel ist. Enthält eine Klasse Attribute, die Instanzen einer anderen Klasse sind, spricht man dagegen von einer **»HAS A«-Beziehung** – ein Objekt »hat« oder enthält ein anderes.

In der UML werden »HAS A«-Beziehungen durch eine Verbindungslinie zwischen den beiden Klassen dargestellt; auf der Seite der Klasse, die die andere enthält, wird die Linie durch eine Raute gekennzeichnet. Hier gibt es zwei Möglichkeiten:

- **Aggregation**. Die enthaltenen Elemente existieren unabhängig von der enthaltenden Klasse; dies wird durch eine leere Raute gekennzeichnet.
- **Komposition**. Die enthaltenen Elemente existieren nur in Abhängigkeit von der enthaltenden Klasse, sind also eher abstrakte Eigenschaften als konkrete Gegenstände; diese Beziehung wird durch eine gefüllte Raute dargestellt.

Die **Kardinalität** (Häufigkeit) der beteiligten Elemente kann durch Zahlen an den Verbindungsstellen dargestellt werden:

- Eine einfache Zahl (zum Beispiel 1) bedeutet, dass genauso viele Elemente dieses Typs beteiligt sind. Beispielsweise könnte man die Beziehung zwischen einem PKW und seinen Rädern durch die festen Zahlen 1 beziehungsweise 4 kennzeichnen.
- Ein Sternchen (*) steht für beliebig viele, also kein Element, ein Element oder mehrere Elemente.
- Ein Zahlenbereich (`m..n`) bedeutet mindestens `m`, höchstens `n` Elemente. Die Beziehung zwischen einem allgemeinen Fahrzeug und seinen Rädern ist beispielsweise `1` zu `1..*` (von der Schubkarre bis zum beliebig langen Güterzug).

Neben den »HAS A«-Beziehungen gibt es auch diverse lockere Verbindungen zwischen Klassen, genannt **Assoziationen**. Sie werden durch eine Verbindungslinie dargestellt; eine offene Pfeilspitze oder ein daneben gezeichnetes Richtungsdreieck sowie eine Textbezeichnung beschreiben die Beziehung näher. Auch hier können die Kardinalitätsbezeichnungen verwendet werden.

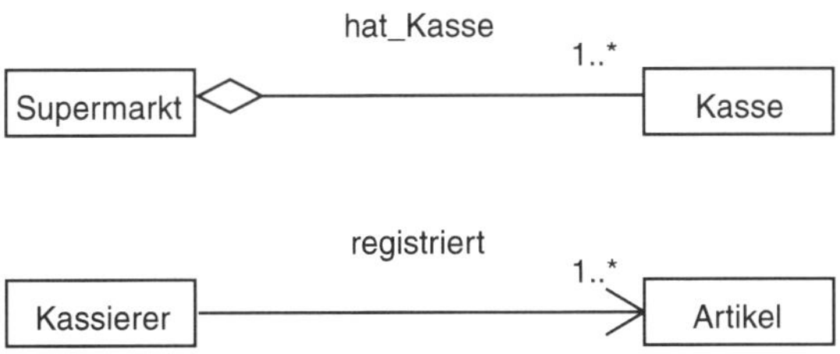

Abbildung 7.5 Klassenbeziehungen in UML-Klassendiagrammen: Aggregation (oben) und Assoziation (unten)

In Abbildung 7.5 finden Sie zwei Beispiele für solche Klassenbeziehungen: Ein Supermarkt kann eine oder mehrere Kassen enthalten; da diese unabhängig vom Supermarkt existieren, bleibt die Raute leer (Aggregation). Die zweite Beziehung zeigt, dass ein Kassierer beliebig viele Artikel registrieren kann. Die Kardinalität 1 bei `Supermarkt` beziehungsweise `Kassierer` wurde als »Standardfall« einfach weggelassen; dies ist eine (zulässige) Eigenart von ArgoUML.

Sequenzdiagramme

In einem **Sequenzdiagramm** wird der zeitliche Ablauf einer Anwendung als Abfolge von Nachrichten zwischen den Objekten dargestellt. Die beteiligten Objekte werden waagerecht auf »Swim Lanes« (Schwimmbahnen) nebeneinander platziert; der Arbeitsablauf wird von oben nach unten dargestellt. Auf jeder Bahn wird eine gestrichelte Linie gezeichnet, solange ein Objekt existiert, oder ein schmales Rechteck, wenn das Objekt gerade den Programmfluss kontrolliert. Methodenaufrufe werden mit Hilfe von durchgezogenen Pfeilen gekennzeichnet, Nachrichten durch gestrichelte Pfeile. Abbildung 7.6 zeigt das einfache Beispiel eines Einkaufsvorgangs.

Die aktuelle Version von ArgoUML (0.16, Anfang Februar 2005) unterstützt leider noch keine Sequenzdiagramme. Verwenden Sie stattdessen die etwas simpleren Kollaborationsdiagramme.

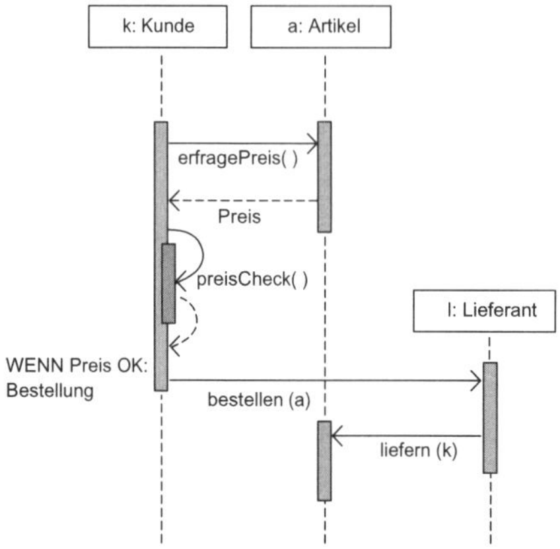

Abbildung 7.6 UML-Sequenzdiagramm eines Einkaufsvorgangs

Aktivitätsdiagramme

Aktivitätsdiagramme lassen sich als Weiterentwicklung der klassischen Flussdiagramme betrachten. Sie dienen der Darstellung des Zusammenspiels verschiedener Aktivitäten, die durch seitlich abgerundete Kästen dargestellt werden. Andere wichtige Symbole sind diese:

- Ein dicker, gefüllter Kreis markiert den Startzustand.
- Ein hohler Kreis, der einen kleineren gefüllten enthält, kennzeichnet den Endzustand, der alle Aktivitäten abschließt.
- Fallentscheidungen werden durch eine Raute mit mehreren abgehenden Pfeilen dargestellt.
- Eine dicke horizontale Linie dient entweder der Aufteilung (Forking) eines Ablaufs in mehrere parallele Verarbeitungsstränge oder der Zusammenführung zuvor verzweigter Abläufe.

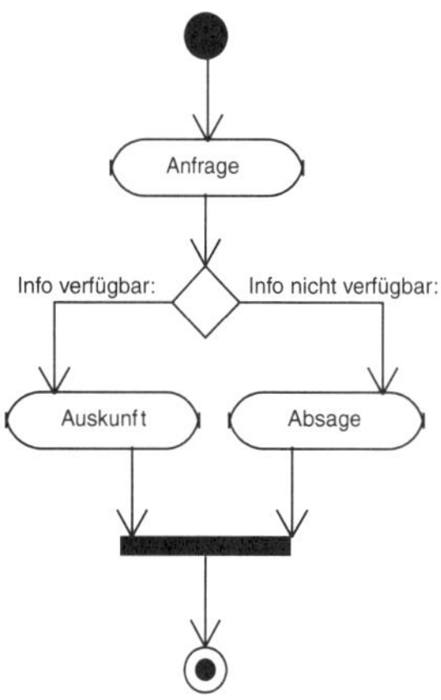

Abbildung 7.7 UML-Aktivitätsdiagramm des Anwendungsfalls »Information«

In Abbildung 7.7 werden mögliche Abläufe des Anwendungsfalls »Information« aus dem Anwendungsfalldiagramm in Abbildung 7.3 verdeutlicht. In ArgoUML können Sie ein Aktivitätsdiagramm eines Anwendungsfalls erstellen, sobald dieser markiert ist.

7.2.2 Entwurfsmuster

Entwurfsmuster (Design Patterns) sind ursprünglich ein Konzept aus der (Gebäude-) Architektur, das im Rahmen der Programmiersprache und -umgebung Smalltalk für die Softwareentwicklung übernommen wurde. Im Wesentlichen geht es um die übersichtliche Katalogisierung einmal gefundener Lösungen für die spätere Wiederverwendung. Beachten Sie, dass Entwurfsmuster keine fertig programmierten Komponenten oder Codeschnipsel sind; wie der Name schon sagt, gehören sie zur Phase des Entwurfs und nicht zur Implementierung von Software. Nichtsdestotrotz enthält ein Muster neben vielen anderen Komponenten auch Codebeispiele.

In der Softwareentwicklung wurden die Entwurfsmuster durch die »Gang of Four« (GoF) **Erich Gamma** (zurzeit Eclipse-Entwicklungsleiter), **Richard Helm**, **Ralph Johnson** und **John Vlissides** eingeführt; ihr Buch »Design Patterns« (siehe Anhang B) ist die wichtigste Informationsquelle und gewissermaßen der Hauptkatalog für alle Entwurfsmuster.

Schema für Entwurfsmuster

Jedes Entwurfsmuster besteht aus vier wesentlichen Komponenten:

- **Name**. Das Muster sollte eine möglichst griffige Bezeichnung erhalten, die möglichst genau auf seinen Verwendungszweck hindeutet.
- **Problem**. Eine genaue Beschreibung der Situation, in der das Entwurfsmuster eingesetzt werden kann
- **Lösung**. Die abstrakte Beschreibung eines Entwurfs, der das Problem löst
- **Konsequenzen**. Eine Beschreibung der Folgen und möglichen Nebeneffekte, die der Einsatz des Patterns mit sich bringt

Muster-Katalogisierung

Pattern-Kataloge wie derjenige im Buch »Design Patterns« verwenden allerdings eine erheblich genauere Struktur zur Beschreibung jedes Musters. Es handelt sich um eine Auflistung der folgenden Punkte (in Klammern jeweils die Originalbezeichnungen aus dem GoF-Buch):

- **Name und Einordnung** (Pattern Name and Classification). Die Bedeutung eines sprechenden Namens braucht unter Programmierern nicht weiter betont zu werden. Die Einordnung beschreibt das Einsatzgebiet (Purpose) und den Geltungsbereich (Scope) des Musters. Man unterscheidet drei grundlegende Einsatzgebiete: **Erzeugungsmuster** (Creational Patterns) sind Lösungen für verschiedene Probleme der Objekterzeugung; **Strukturmuster** (Structural Patterns) beschäftigen sich mit Problemstellungen der Datenstruktur, und **Verhaltensmuster** (Behavioral Patterns) beschreiben die Implementierung häufig benötigter Verhaltensweisen von Objekten. Der Geltungsbereich ist »Klasse« für statische, durch Vererbung angewendete Muster oder »Objekt« für Muster, die Objektbeziehungen betreffen. Letztere kommen wesentlich häufiger vor.

- **Absicht** (Intent). Kurze Beschreibung der Aufgabe des Entwurfsmusters und mögliche Gründe für seinen Einsatz
- **Alias** (Also Known As). Viele Muster sind unter verschiedenen Namen bekannt; andere gängige Bezeichnungen werden hier aufgelistet.
- **Motivation**. Ein konkretes Beispielszenario, das den Einsatzzweck des Musters deutlich macht
- **Verwendungszweck** (Applicability). Beschreibung der Situationen, in denen das Pattern eingesetzt werden kann, und der Probleme, die es lösen hilft
- **Struktur** (Structure). Grafische Darstellung der Klassen des Entwurfsmusters, meist UML-basiert
- **Beteiligte** (Participants). Klassen und Objekte, die in die Anwendung des Musters involviert sind
- **Zusammenspiel** (Collaborations). Beschreibung der Zusammenarbeit zwischen den Beteiligten
- **Konsequenzen** (Consequences). Ergebnisse sowie Vor- und Nachteile der Anwendung des Musters
- **Implementierung** (Implementation). Beschreibung von Besonderheiten und möglichen Problemen bei einer Implementierung des Musters
- **Codebeispiele** (Sample Code). Das GoF-Buch verwendet C++ und/oder Smalltalk; in neueren Büchern und Websites wird meist Java oder C# benutzt. Prinzipiell kann jede objektorientierte Programmiersprache zum Einsatz kommen.
- **Einsatzbeispiele** (Known Uses). Beispiele für die Anwendung dieser Muster in realen Softwaresystemen
- **Querverweise** (Related Patterns). Zusammenarbeit dieses Entwurfsmusters mit anderen Mustern; gegebenenfalls Gemeinsamkeiten und Unterschiede

Das Buch »Design Patterns« enthält einen Katalog von dreiundzwanzig Mustern, die nach diesem Schema aufgelistet werden.[6] Es handelt sich um Probleme, vor denen eines Tages jeder steht, der größere objektorientierte Programme schreiben möchte. Es hält Sie allerdings nichts davon ab, Ihre eigenen gelungenen Lösungsansätze ebenfalls nach diesem Schema zu katalogisieren. Wenn Sie einem Entwicklungsteam angehören, könnten Ihre Kollegen Ihnen eines Tages dafür dankbar sein.

Ein konkretes Beispiel

Nach dem oben beschriebenen Schema wird hier ein konkretes Beispiel für ein Entwurfsmuster gezeigt: das **Singleton-Pattern**. Es geht um eine Klasse, von der nur genau eine einzige Instanz existieren darf.

- **Name**: Singleton
- **Einordnung**: Erzeugungsmuster, Objekt

6 Eine vollständige Liste, größtenteils mit Verweisen auf kurze Beschreibungen, enthält der Artikel »Entwurfsmuster« in der Wikipedia (**http://de.wikipedia.org/wiki/ Entwurfsmuster**).

- **Absicht**: Sicherstellen, dass eine Klasse nur genau eine einzige Instanz hat
- **Alias**: keins (deutsche Bezeichnung: Einzelstück)
- **Motivation**: Bestimmte Objekte darf es selbst im größten System nur ein einziges Mal geben. Denken Sie beispielsweise an eine zentrale Warteschlange für Datei-, Drucker- oder Netzwerkzugriffe. Praktischerweise wird ein solches Element als Klasse erstellt, die nur beim ersten Aufruf eine neue Instanz erzeugt und bei späteren Aufrufen immer wieder einen Verweis auf diese Instanz zurückgibt. So brauchen Sie beim Aufruf nicht mehr zu überprüfen, ob die Instanz bereits existiert.

  Daneben kann der Singleton auch als bessere globale Variable dienen, weil die Instanz auf einfache Weise global verfügbar ist.
- **Verwendungszweck**: Benutzen Sie dieses Muster, wenn Sie eine erweiterbare Klasse brauchen, die ohne Modifikation des aufrufenden Codes nur genau eine Instanz besitzen darf.
- **Struktur**: Die Struktur der Klasse `Singleton` wird in Abbildung 7.8 dargestellt.

Abbildung 7.8 UML-Struktur der Klasse Singleton und ihrer einzigen Instanz

- **Beteiligte**: Das einzige Element ist die Klasse `Singleton` selbst, die auf Anforderung ihre einzige Instanz zurückgibt und gegebenenfalls neu erzeugt.
- **Zusammenspiel**: Andere Klassen rufen die Methode `instance()` auf, um die einzige Instanz der Klasse zu erhalten.
- **Konsequenzen**: Das Entwurfsmuster Singleton bietet eine Reihe von Vorteilen gegenüber anderen Lösungen. Hier die wichtigsten Beispiele:
  - Die Verwendung einer globalen Variablen wird vermieden; dies beseitigt eine potentielle Fehlerquelle.
  - Statt genau einer Instanz können Sie mit Hilfe dieses Musters auch eine beliebige andere (festgelegte) Anzahl von Instanzen zulassen.
  - Die Klasse bleibt erweiterbar – im Gegensatz zu anderen Lösungsansätzen für dieses Problem können problemlos abgeleitete Klassen gebildet werden.
- **Implementierung**: Die Instanz wird zum statischen Attribut der Klasse selbst und mit `null` (noch keine Instanz vorhanden) initialisiert. Der Konstruktor wird mit der Veröffentlichungsstufe `private` versehen, so dass er nicht von außen aufgerufen werden kann. Die öffentliche Methode `instance()`, die Clients stattdessen aufrufen können, überprüft zunächst, ob die Instanz bereits erzeugt wurde; falls nicht, ruft sie den Konstruktor auf. Anschließend wird in jedem Fall eine Referenz auf die Instanz zurückgegeben.

- **Codebeispiele**: Die Implementierung der Klasse `Singleton` ist nicht besonders umfangreich. Hier eine vollständige Java-Klasse, die dem Entwurfsmuster genügt:

```
public class Singleton {

   // Die Instanz - zunächst noch nicht vorhanden
   private static Singleton singleton = null;

   // der private Konstruktor
   private Singleton() {
   }

   // die Client-Methode instance()
   public static synchronized Singleton instance() {
      // Instanz erzeugen, falls noch keine existiert
      if (singleton == null) {
         singleton = new Singleton();
      }
      // Instanz auf jeden Fall zurückgeben
      return singleton;
   }
}
```

Der Modifikator `synchronized` bei der Methode `instance()` ist wichtig: Wenn mehrere Threads die Methode parallel aufrufen, könnten sonst versehentlich doch mehrere Instanzen erzeugt werden.

- **Einsatzbeispiele**: Unzählige – alle künstlichen »Engpässe« wie beispielsweise Warteschlangen folgen diesem Schema.
- **Querverweise**: Entwurfsmuster wie Abstract Factory (eine Art Multikonstruktor für mehrere abgeleitete Klassen), Builder und Prototype lassen sich mit Hilfe des Singleton-Patterns implementieren.

7.2.3 Unit-Tests

Wenn die Zeit in Softwareentwicklungsprozessen eng wird, verzichten die Entwickler am ehesten auf ausgiebige Tests. Das ist fatal für die Qualität der veröffentlichten Anwendungen – der Extremfall ist so genannte Banana Ware, die »grün« ausgeliefert wird und erst »beim Kunden reift«. Teure kommerzielle Software ist sogar häufiger von diesem Problem betroffen als Open-Source-Projekte, weil die Marketing- und Vertriebsabteilungen oftmals massiven Druck auf die Entwicklungsteams ausüben, um angekündigte Veröffentlichungstermine einzuhalten.

Motivation

Natürlich haben Entwickler sich seit Jahrzehnten Gedanken darüber gemacht, wie sich die unbefriedigende Situation im Bereich der Softwaretests verbessern ließe. Eine wichtige Erkenntnis ist, dass Programmcode sich am exaktesten durch weiteren Programmcode überprüfen lässt. Anstatt sich also den Kopf darüber zu zerbrechen, welche Fehler auftreten könnten, und mühsam von Hand entsprechende Zustände herbeizuführen, sollten Sie einen automatisierten Test schreiben und mit verschiedenen Werten durchlaufen lassen.

Die neueste Lösung zur Testautomatisierung sind die so genannten **Unit-Tests** oder auch Klassentests. Für beinahe jede ernstzunehmende Programmiersprache steht inzwischen ein xUnit-Framework zur Verfügung, das die Durchführung von Tests vereinfacht und beschleunigt und diese so zu einem integralen Bestandteil der Programmierarbeit macht. Der Klassiker ist das hier vorgestellte **JUnit**-Framework für Java, das von Erich Gamma und Kent Beck geschrieben wurde.

JUnit einrichten

Der erste Schritt besteht darin, JUnit herunterzuladen und in Betrieb zu nehmen. Besuchen Sie die Projekt-Website **http://www.junit.org** und laden Sie sich das aktuelle Paket herunter (zurzeit `junit3.8.1.zip`). Entpacken Sie das Archiv in ein beliebiges Verzeichnis und erweitern Sie Ihren `CLASSPATH` so, dass er `junit.jar` aus diesem Verzeichnis enthält. Nun können Sie das Framework sofort einsetzen.

Ein einfaches Testbeispiel

Betrachten Sie als Beispiel die folgende Klasse, `Artikel`. Sie enthält drei Methoden, die den Bruttopreis, den Mehrwertsteuerbetrag und den Nettopreis zurückgeben sollen:

```
public class Artikel {

   private double preis;
   private int mwst;

   public Artikel () {
      this.preis = 0;
      this.mwst = 16;
   }

   public Artikel (double p, int m) {
      this.preis = p;
      this.mwst = m;
   }

   public double getBrutto () {
      return this.preis;
   }

   public double getMwst () {
      return this.preis / (100 + this.mwst) * this.mwst;
   }

   public double getNetto () {
      return this.preis - this.getMwst();
   }
}
```

Ein Test Angenommen, Sie möchten die ordnungsgemäße Funktion der Methode `getNetto()` testen. Dazu können Sie mit Hilfe von JUnit folgenden Unit-Test schreiben:

```
import junit.framework.*;

public class ArtikelTest extends TestCase {

   public ArtikelTest (String name) {
      super (name);
   }

   public void testNetto() {
      Artikel a1 = new Artikel (116, 16);
      assertTrue (a1.getNetto() == 100);
   }

   public static void main(String[] args) {
      junit.swingui.TestRunner.run (ArtikelTest.class);
   }
}
```

Das Package `junit.framework` enthält die JUnit-Testklassen, die hier verwendet werden. Jeder Test sollte die Klasse `TestCase` erweitern. Wichtig ist hier ein Konstruktor, der einen String als Parameter erwartet; Sie können ihn, wie im Beispiel, einfach an den entsprechenden Konstruktor der übergeordneten Klasse weiterreichen.

Testausführung `main()` ruft die Methode `run()` von `junit.swingui.TestRunner` auf, sodass beim Ausführen der Klasse automatisch die GUI-Variante von JUnit ausgeführt wird. `run()` sorgt automatisch für die Ausführung sämtlicher Methoden, die mit `test*()` beginnen. Dabei gibt es ein sehr deutliches Zeichen für Erfolg oder Misserfolg:

- Ein **grüner Balken** zeigt, dass der Test bestanden wurde.
- Ein **roter Balken** bedeutet Misserfolg; im unteren Fensterabschnitt werden die entsprechenden Fehlermeldungen angezeigt.

Der Test selbst funktioniert folgendermaßen: Die Annahme ist, dass ein Bruttopreis von 116,– € beim üblichen Mehrwertsteuersatz von 16 % zu einem Nettopreis von 100,– € führt. Also wird die Testmethode `assertTrue()` mit dem Vergleich zwischen dem Ergebnis von `getNetto()` und dem Wert 100 aufgerufen. Falls die Vermutung richtig sein sollte, führt sie zu einem grünen Balken – in Abbildung 7.9 wird dieses erfreuliche Ergebnis gezeigt. Das Framework definiert übrigens noch weitere `assert*()`-Methoden, weil Erfolg nicht in jedem Fall durch ein »richtiges« (oder besser wahres) Ergebnis angezeigt wird.

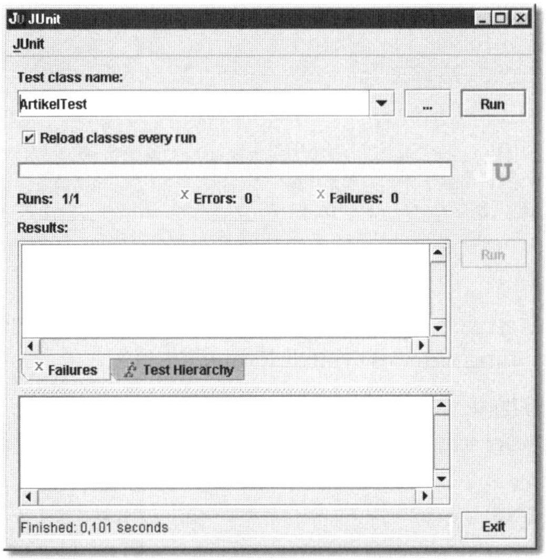

Abbildung 7.9 Erfolgreicher Test der Klasse Artikel in JUnit

Das »Test first«-Verfahren

Damit der Test auf keinen Fall »vergessen« werden kann, empfiehlt es sich, ihn nicht etwa nach der Implementierung eines Features, sondern vorher zu schreiben. Das hat natürlich zur Folge, dass er zunächst nicht bestanden wird. Daraus ergibt sich die Arbeitsweise des **Test-driven Development** (TDD), zu Deutsch testgetriebene Entwicklung:

- **Red** – einen Test schreiben, der zunächst fehlschlägt (roter Balken)
- **Green** – Code schreiben, der den Test mit den einfachsten möglichen Mitteln besteht
- **Refactor** – den neuen Code durch Refactoring vernünftig integrieren, zum Beispiel unnötige Doppelanweisungsfolgen vermeiden

Test-first-Beispiel

Statt durch viel Theorie lässt sich der Test-first-Ansatz am einfachsten an einem Beispiel zeigen: Die Klasse `Artikel` aus dem vorigen Unterabschnitt soll um eine Methode namens `getDMBrutto()` erweitert werden, der den Bruttopreis in DM ausgibt (praktisch für die besonders in der Vorweihnachtszeit häufig anzutreffenden »Zahl mit DM«-Aktionen).

Zunächst wird also ein einfacher Test geschrieben:

```
import junit.framework.*;

public class DMTest extends TestCase {

   public DMTest (String name) {
      super (name);
   }
```

```
        public void testDMBrutto() {
            Artikel a = new Artikel (100, 16);
            assertTrue (a.getDMBrutto() == 195.583);
        }

        public static void main(String[] args) {
            junit.swingui.TestRunner.run (DMTest.class);
        }
    }
```

Da der Umrechnungsfaktor bekannt ist, lässt sich leicht vorhersagen, welcher Wert für 100,– € herauskommen muss. Diese Vermutung wird als Testfall formuliert.

Damit der Test sich überhaupt kompilieren lässt, wird zumindest ein »Dummy« der `Artikel`-Methode `getDMBrutto()` benötigt. Dieser könnte beispielsweise so aussehen:

```
public double getDMBrutto () {
    return 0;
}
```

Red In einem so offensichtlichen Fall bräuchten Sie den Test noch nicht einmal auszuführen, um zu wissen, dass er scheitern wird. Tun Sie es trotzdem – nur so gewöhnen Sie sich an den »Test first«-Ablauf.

Green Der nächste Schritt besteht darin, sicherzustellen, dass der Test bestanden wird. Der erste Ansatz darf ruhig eine »Brute Force«-Methode (rohe Gewalt) sein. Wenn beispielsweise `195.583` verlangt wird, kann dieser Wert einfach zurückgegeben werden:

```
public double getDMBrutto () {
    return 195.583;
}
```

Refactor Nun erscheint der erwartete grüne Balken. Jetzt braucht die Methode nur noch verallgemeinert zu werden, damit er für beliebige Werte das richtige Ergebnis liefert; das ist die für diesen Fall geeignete Form des Refactorings. So ergibt sich folgende Endfassung:

```
public double getDMBrutto () {
    return this.preis * 1.95583;
}
```

Nach dem Refactoring sollten Sie den Test natürlich noch einmal durchführen, um sicherzustellen, dass Sie sich nicht vertan haben.

Auf diese Weise können Sie ein Projekt Test für Test aufbauen; in seinem Buch »Test driven Development by Example« vergleicht Kent Beck diese Arbeitsweise mit dem Heraufziehen eines Eimers aus einem Brunnen, bei dem die Kurbelwelle mit Zähnen ausgestattet ist, die beim Loslassen einrasten. Genau dies verspricht das Test-driven Development: Zu jeder Zeit »Clean Code that works«, also jederzeit ein so gut wie releasefähiges Projekt.

Einen guten Einstieg in die Arbeit mit JUnit bietet der lesenswerte Aufsatz »Test-Infected: Programmers love writing tests« (**http://junit.sourceforge.net/doc/testinfected/testing.htm**), der übrigens auch mit der Offline-Dokumentation von JUnit geliefert wird.

7.3 Zusammenfassung

Zur Softwareentwicklung gehört mehr als bloßes Programmieren. Die verschiedenen Techniken des Software-Engineerings versuchen, diesen Prozess nach dem Vorbild der Ingenieurswissenschaften zu betreiben. Auch wenn dies nicht vollständig gelingt, weil Computerprogramme sich von technischen Geräten unterscheiden, liefert ein solcher Ansatz entscheidende Impulse für Softwareprojekte.

Die Entwicklung verläuft entweder linear oder iterativ, immer aber in bestimmten Phasen ab: Planung, Analyse, Entwurf, Implementierung, Test und Dokumentation. Je nach Projekt- und Teamgröße (und je nach konkretem Entwicklungsprozess) fallen die einzelnen Phasen unterschiedlich deutlich aus.

Im Lauf der Programmiergeschichte wurden verschiedene Entwicklungsprozesse definiert; je nach Projektgröße, Teamzusammensetzung und technischen Vorgaben sind sie unterschiedlich gut geeignet. In diesem Kapitel wurden zwei von ihnen kurz vorgestellt: der Unified Process, der zusammen mit der UML entwickelt wurde und diese einsetzt, sowie Extreme Programming, das die Programmierarbeit als solche in den Mittelpunkt stellt, schnell zu Ergebnissen kommt und jederzeit Änderungen zulässt.

Im zweiten Abschnitt haben Sie einige wichtige Arbeitsmittel der modernen Softwareentwicklung kennen gelernt: die Unified Modeling Language (UML) dient der fach- und prozessübergreifenden, leicht nachvollziehbaren Darstellung von Analyse und Entwurf eines Softwareprojekts. Entwurfsmuster (Design Patterns) bieten eine übersichtliche Darstellung erfolgreicher Lösungen für gängige Entwurfsprobleme. Unit-Tests schließlich machen das Testen von Software zu einem integrierten Teil des Programmiervergnügens; der Test-first-Ansatz stellt zudem sicher, dass keine Klasse ohne zugehörigen Test existiert und dass der Code jederzeit funktioniert.

8 Datenbanken

Zu fragen bin ich da, nicht zu antworten.
– Henrik Ibsen

Eine der wichtigsten Rechneranwendungen ist die Speicherung, Verwaltung und Manipulation beliebiger Informationen. **Datenbanken** erfüllen diesen Verwendungszweck am besten. In diesem Kapitel werden zunächst die verschiedenen Arten von Datenbanken vorgestellt. Anschließend wird die Installation und die Anwendung der beliebten Open-Source-Datenbank MySQL behandelt. Danach erhalten Sie einen Überblick über die bedeutendsten Optionen und Funktionen der in den meisten Datenbanksystemen verwendeten Abfragesprache SQL. Als Beispiel für die Datenbankprogrammierung wird schließlich JDBC vorgestellt, eine allgemeine Schnittstelle für den Zugriff auf Datenbanken aus Java-Programmen.

Definition Datenbank

Zunächst ist es wichtig, genau zu definieren, was eine Datenbank eigentlich ist. Der Begriff bezeichnet nämlich zwei verschiedene Dinge: zum einen die Datensammlung selbst, zum anderen das Programm, das diese Daten verwaltet. Bei den Daten handelt es sich um eine nach bestimmten Regeln strukturierte Ansammlung von Informationen zu verschiedenen Themengruppen, beispielsweise Kundendaten von Unternehmen, Diagnose- und Behandlungsinformationen von Ärzten oder die CD-Sammlung eines privaten Musikfans.

Das Anwendungsprogramm, mit dem diese Daten verwaltet werden können, enthält mehr oder weniger mächtige Funktionen zum Suchen, Sortieren, Filtern und formatierten Ausgeben dieser Daten. Ein solches Programm wird als **Database Management System** (**DBMS**), also als Datenbankverwaltungssystem, bezeichnet.

Die Daten, die von einem DBMS verwaltet werden, lassen sich nach verschiedenen Kriterien unterscheiden – übrigens ein beliebtes Thema für IHK-Fragen, insbesondere im EDV-Bereich kaufmännischer Berufe.

Arten von Daten

Jede Information, die in einer Datenbank gespeichert wird, ist **Stammdatum** oder **Bewegungsdatum** und gleichzeitig **Rechendatum** oder **Ordnungsdatum**. Die folgenden Definitionen können Ihnen helfen, diese Begriffe zu unterscheiden:

- **Stammdaten** sind unveränderliche (oder zumindest selten veränderte) Informationen, die dauerhafte Auskunft über die Objekte oder Sachverhalte geben, die in der Datenbank gespeichert sind. Beispiele wären der Name einer Person oder die Bestellnummer eines Artikels.
- **Bewegungsdaten** sind dagegen Informationen, die sich ständig im Fluss befinden und die Dynamik von Geschäftsabläufen und anderen Prozessen abbilden. Der Saldo auf einem Konto oder die Körpertemperatur eines Patienten sind gute Beispiele dafür.
- **Rechendaten** sind Daten, die entweder selbst als Glied in einer Berechnung stehen oder aber als Berechnungsgrundlage dienen. Dazu gehören etwa Preise, Zinssätze oder gefahrene Kilometer.

- **Ordnungsdaten** dienen dagegen der Einteilung, Klassifizierung und Filterung von Informationen. Zu den Ordnungsdaten zählen etwa Namen, Postleitzahlen oder KfZ-Kennzeichen.

Wichtig ist, wie bereits erwähnt, dass jedes Datum stets zwei der oben genannten Eigenschaften aufweist. Die folgende Liste zeigt Beispiele für jede der vier möglichen Kombinationen:

- **Stammdatum und Rechendatum** sind beispielsweise der Preis einer Ware, das Grundgehalt eines Mitarbeiters oder der effektive Jahreszins eines Kredits.
- **Stammdatum und Ordnungsdatum** sind etwa der Name eines Kunden, die Bestellnummer eines Artikels oder der Titel eines Buches.
- **Bewegungsdaten und Rechendaten** sind zum Beispiel die Anzahl der abgeleisteten Überstunden eines Mitarbeiters, die Anzahl der gefahrenen Kilometer oder der aktuelle Wechselkurs für eine Fremdwährung.
- **Bewegungsdaten und Ordnungsdaten** sind unter anderem das aktuelle Kalenderdatum, die Anzahl der Resturlaubstage eines Mitarbeiters oder die auf Lager befindliche Stückzahl eines Artikels.

8.1 Die verschiedenen Datenbanktypen

Da Daten zu vielen verschiedenen Zwecken gespeichert werden müssen, existieren unterschiedliche Arten von Datenbanken. Das wichtigste Modell ist die relationale Datenbank, zu der auch das in diesem Kapitel ausführlich vorgestellte MySQL gehört. In diesem Abschnitt werden die verschiedenen Datenbanktypen vorgestellt. Dies sind im Wesentlichen folgende:

- **Einzeltabellendatenbanken** dienen der einfachen Verwaltung von Daten eines bestimmten Typs, beispielsweise Anschriften oder Briefmarkensammlungen.
- **Relationale Datenbanken** bieten die Möglichkeit, mehrere Einzeltabellen miteinander zu verknüpfen, um die Daten konsistent zu halten: Informationen, die an verschiedenen Stellen vorkommen, müssen nur einmal aufgeführt werden.
- **Objektorientierte Datenbanken** arbeiten auf der Grundlage von Klassen und Objekten wie die objektorientierten Programmiersprachen C++ oder Java. Im Gegensatz zu relationalen Datenbanken sind sie in der Lage, sehr komplexe, nichtlineare Beziehungen zwischen den gespeicherten Informationen abzubilden.
- **Volltextdatenbanken** sind nicht unbedingt ein eigener Datenbanktyp. Speziell geht es um die Implementierung einer effektiven Volltextsuche in vorhandenen Textarchiven. Inzwischen sind auch relationale und objektorientierte Datenbanken mit Volltext-Suchfunktionen ausgestattet.
- **XML-Datenbanken** speichern die Informationen in Form von XML-Dokumenten ab. XML ist eine Metasprache für die Definition von Dokumentstrukturen und wird in Kapitel 15, *XML*, ausführlich behandelt.
- **Bild- und Multimedia-Datenbanken** sind meist erweiterte relationale Datenbanken, die die Verwaltung von Mediadaten wie Bildern, Sounddateien oder Digitalvideos rea-

lisieren. In der Regel ermöglichen sie die Suche nach Media-Dateien auf den diversen Datenträgern sowie deren Katalogisierung nach verschiedenen Kriterien. Bekannte Beispiele sind Cumulus, das häufig von DTP- oder Presse-Profis eingesetzt wird, oder das kostengünstige Programm ThumbsPlus, das eher für kleine Büros oder Privatleute geeignet ist, die Ordnung in ihr Mediadaten-Chaos bringen möchten.

Neben diesen Grundtypen gibt es auch konkrete Datenbanksoftware, die verschiedene Misch- oder Übergangsformen bildet. Beispielsweise verwenden XML-Datenbanken oft keine reinen XML-Dokumente, sondern legen diese in einer relationalen Grundstruktur ab.

Mischformen

In den folgenden Unterabschnitten werden nur die Einzeltabelle, die relationale Datenbank und die objektorientierte Datenbank näher vorgestellt. Volltext- und Media-Datenbanken sind zu speziell und zu unterschiedlich, um sie allgemein zu beschreiben, und die Behandlung von XML-Datenbanken ohne XML-Kenntnisse hat keinen Sinn.

8.1.1 Einzeltabellendatenbanken

Die einfachste Datenbankart verwendet nur eine einzige Tabelle zur Abspeicherung aller Informationen. Die Einzeltabelle ist das Grundprinzip aller einfachen Adressverwaltungs- oder CD-Sammlungsprogramme. Die meisten Eigenschaften von Einzeltabellendatenbanken gelten auch für die professionelleren und erheblich vielseitigeren relationalen Datenbanken, schließlich handelt es sich bei Letzteren um eine Sammlung miteinander verknüpfter Einzeltabellen.

In den Spalten einer Datenbanktabelle stehen die verschiedenen Informationskategorien. Die einzelnen Zellen werden **Datenfelder** genannt und sind die kleinste Informationseinheit der Datenbank: Sie enthalten je eine Einzelinformation über ein Element der Datenbank. Eine ganze Zeile ist die Kombination aller Informationen über ein Element und wird **Datensatz** (record) genannt. Übrigens wird das jeweilige Element, über das ein Datensatz Informationen enthält, als **Entity** (manchmal auch Entität) bezeichnet.

Datenfeld und Datensatz

In Tabelle 8.1 sehen Sie ein Beispiel für eine Datenbanktabelle, die verschiedene Informationen über die Mitarbeiter eines Unternehmens enthält.

Name	**Vorname**	**Eintrittsdatum**	**Abteilung**	**Grundgehalt**
Becker	Wofgang	01.05.1987	Einkauf	3.800,– €
Huber	Angelika	01.12.1996	Geschäftsleitung	5.900,– €
Juarez	Manolo	01.10.1999	Verkauf	4.200,– €
Klein	Franziska	01.09.2002	Auszubildende	635,– €

Tabelle 8.1 Beispiel für eine einfache Einzeltabellendatenbank

Von einer Einzeltabellendatenbank dürfen Sie nicht die komplexe Funktionalität eines relationalen DBMS erwarten, aber von den folgenden Grundfunktionen sollten Sie dennoch ausgehen können:

- Sortieren der Tabelle auf- und absteigend nach einer beliebigen Kategorie (im Beispiel sind die Datensätze aufsteigend nach Namen sortiert). Eine absteigende Sortierung nach Gehältern würde beispielsweise die folgende Reihenfolge erzeugen: Huber, Juarez, Becker, Klein.
- Suchen nach einem beliebigen Feldinhalt und Ausgabe der relevanten Datensätze. Beispielsweise würde die Suche nach dem Eintrittsjahr 1996 Frau Huber zurückgeben.
- Einen Schritt weiter als die einfache Suche geht die **Filterung** der Tabelle. Dies bedeutet, dass nur noch diejenigen Zeilen angezeigt werden, die bestimmten Kriterien entsprechen. Beispielsweise enthielte eine Liste aller Mitarbeiter, die mehr als 4.000 € verdienen, nur noch Frau Huber und Herrn Juarez.

Darüber hinaus enthalten die meisten Einzeltabellendatenbanken je nach Verwendungszweck zahlreiche Formatierungsoptionen, um Eingabemasken oder ausdruckbare Berichte und Ähnliches zu erzeugen. Schließlich gibt es nicht allzu viele universelle Einzeltabellen-DBMS, sondern viel häufiger Programme, die für die Verwaltung einer bestimmten Datenart wie Adressen oder DVD-Sammlungen geeignet sind.

Die Grenzen der Einzeltabelle

Wenn Sie eine Weile mit einer Einzeltabellendatenbank arbeiten, werden Sie feststellen, dass vor allem eine Einschränkung besonders nervt: Es gibt keine Möglichkeit, Inkonsistenzen auszugleichen. Wird beispielsweise die oben gezeigte Mitarbeitertabelle um fünf Kollegen erweitert, die alle in der Abteilung Verkauf arbeiten, dann gibt es keine Möglichkeit des Schutzes davor, dass der Name »Verkauf« in einem dieser fünf Datensätze falsch geschrieben wird. Daraus ergäbe sich natürlich eine vollkommen falsche Tabellenlogik mit Auswirkungen auf Such- und Filterfunktionen.

Noch schwieriger wird es, wenn Daten benötigt werden, die im Grunde gar nicht das Entity betreffen, das im Datensatz beschrieben wird, sondern zusätzliche Informationen über eines der anderen Felder enthalten. Beispielsweise könnten Sie es nützlich finden, neben der Abteilung auch deren Leiter zu erwähnen. Stellen Sie sich den Aufwand vor, wenn dieser Leiter wechselt oder die Probleme, wenn Sie den Namen irgendwo falsch schreiben.

Einzeltabellen sind also nur für ganz einfache Anwendungszwecke geeignet: Eine kleine Adress- oder Briefmarkensammlungsverwaltung geht gerade noch, während sämtliche Unternehmensanwendungen nur mit relationalen Datenbanken vernünftig funktionieren. Diese ermöglichen es nämlich, dass Sie verschiedene Arten von Daten jeweils in eigenständigen Tabellen ablegen und diese anschließend über Schlüssel miteinander verknüpfen.

8.1.2 Relationale Datenbanken

Genau wie Einzeltabellen verwenden auch relationale Datenbanken ein Tabellenmodell zum Ablegen von Daten. Eine relationale Datenbank besteht allerdings aus beliebig vielen Einzeltabellen, die auf vielfältige Weise miteinander verknüpft werden können. Dieser Aufbau sorgt dafür, dass die Daten in der Datenbank **konsistent** sind: Jede Information muss nur ein einziges Mal gespeichert werden, so dass es nicht zu Mehrdeutigkeiten kommen kann.

Relationen

Die Verknüpfungen zwischen den Spalten einer Tabelle und zwischen den einzelnen Tabellen werden als Beziehungen oder **Relationen** bezeichnet und begründen die Bezeichnung »relationale Datenbank«. Eine Relation entsteht durch die Verwendung von **Schlüsseln**: Der **Primärschlüssel** des Datensatzes einer Tabelle wird als Wert in ein Feld einer anderen Tabelle eingetragen. Der Primärschlüssel ist ein spezielles Datenfeld oder eine Kombination der Werte mehrerer Felder, die innerhalb der Tabelle einen einmaligen Wert besitzen und den Datensatz somit eindeutig kennzeichnen. Der Primärschlüssel einer Tabelle, auf den in einer anderen Tabelle verwiesen wird, heißt dort **Fremdschlüssel**.

Der Primärschlüssel ist übrigens ein Sonderfall eines so genannten **Indexes**. Indizes ermöglichen den schnellen Zugriff auf bestimmte Tabelleninhalte, indem sie die Informationen einer Datenbankspalte separat in geordneter Form abspeichern. Um einen Datensatz anhand eines indizierten Felds zu finden, muss nicht die gesamte Datenbanktabelle sequenziell durchsucht werden.

Relationsarten

Es gibt drei verschiedene Arten von Relationen, die je nach Art der gespeicherten Information nützlich sind:

- Eine **1:1-Relation** verknüpft einen Datensatz einer Tabelle mit genau einem Datensatz einer anderen Tabelle. Dies ist immer dann nützlich, wenn bestimmte Informationsaspekte über ein Entity nicht so oft benötigt werden wie andere Aspekte. Die seltener oder in einem anderen Zusammenhang verwendeten Informationen lassen sich auf diese Weise einfach ausblenden. Beispielsweise könnte eine Tabelle Informationen über angebotene Artikel wie Bezeichnung, Preis und Mehrwertsteuersatz enthalten, eine andere dagegen den Lagerbestand.
- Eine **1:n-Relation** oder Eins-zu-vielen-Relation verbindet einen Datensatz einer Tabelle mit beliebig vielen Datensätzen einer anderen Tabelle. Dies ist der häufigste und nützlichste Verknüpfungstyp, weil er den größten Beitrag zur Vermeidung von Inkonsistenzen leistet: Detailinformationen über Werte, die in einer Spalte einer Tabelle beliebig oft vorkommen können, werden in einer separaten Tabelle erfasst. Die erste Tabelle enthält in dem entsprechenden Feld nur noch einen Verweis auf einen bestimmten Datensatz der zweiten Tabelle.
- Eine **m:n-Relation**, auch Viele-zu-vielen-Relation genannt, kombiniert beliebig viele Vorkommen eines bestimmten Wertes mit beliebig vielen Vorkommen eines anderen. Stellen Sie sich beispielsweise eine Tabelle vor, die eine Liste lieferbarer Waren enthält, und eine weitere Tabelle, in der die Adressen von Kunden erfasst werden. Jeder Artikel kann von beliebig vielen Kunden gekauft werden, und jeder Kunde kann beliebig viele unterschiedliche Artikel kaufen. Das relationale Datenbankmodell verlangt allerdings, dass diese Art von Relation indirekt dargestellt wird: Eine dritte Tabelle listet die einzelnen Kaufaktionen auf; jeder Datensatz enthält dabei eine Verknüpfung zu einem bestimmten Kunden und eine weitere zu einem einzelnen Artikel. Jede dieser Relationen für sich ist eine 1:n-Beziehung; die m:n-Beziehung zwischen Kunden und Artikeln besteht nicht direkt.

Ein einfaches Beispiel

Das unter den m:n-Beziehungen angedeutete Beispiel soll im Folgenden konkret ausgeführt werden: Eine Tabelle enthält Daten über Käufer, die zweite Informationen über die Artikel und die dritte listet jeden einzelnen Kauf auf. Die Beziehung zwischen den drei Tabellen ADRESSEN, ARTIKEL und KAEUFE wird in Abbildung 8.1 dargestellt.

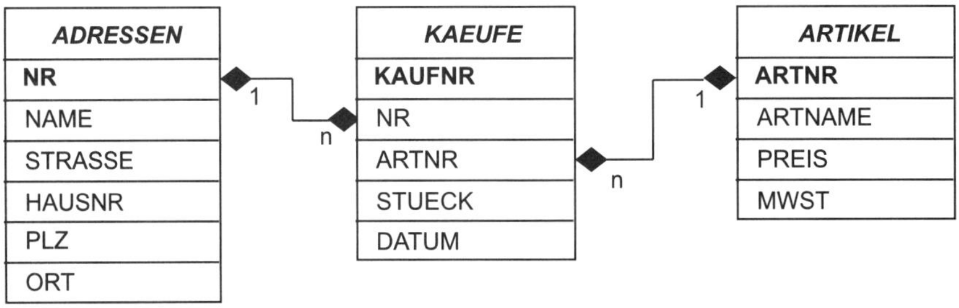

Abbildung 8.1 Relationen zwischen den Tabellen einer einfachen relationalen Datenbank

Das oberste, fett gesetzte Feld jeder Tabelle ist der Primärschlüssel. Die Tabelle ADRESSEN enthält die Kundendaten mit dem Primärschlüssel NR. ARTIKEL hat den Primärschlüssel ARTNR (Artikelnummer). KAEUFE schließlich verwendet einen Primärschlüssel namens KAUFNR. Da keine andere Tabelle auf einzelne Käufe zugreift, benötigt die Tabelle momentan eigentlich keinen Primärschlüssel.

Die Beschriftung an den kleinen Rauten, von denen die Relationen ausgehen, zeigen den Relationstyp an. Beide Relationen in der Datenbank sind 1:n-Relationen. Die m:n-Relation zwischen den Tabellen ADRESSEN und ARTIKEL kann natürlich nicht eingezeichnet werden, weil sie nur indirekt besteht.

Konkret kann die Tabelle ADRESSEN zum Beispiel mit den Werten aus Tabelle 8.2 gefüllt werden.

NR	NAME	STRASSE	HAUSNR	PLZ	ORT
1	Schmidt	Kleiner Weg	1	50678	Köln
2	Müller	Alte Str.	78	80543	München
3	Becker	Störtebekerweg	45	20567	Hamburg
4	Heinze	Grüne Allee	36	10345	Berlin

Tabelle 8.2 Die Datenbanktabelle ADRESSEN

Natürlich müssen Sie die Kunden nicht durchnummerieren, sondern können sich Ihr eigenes individuelles Schema für Kundennummern ausdenken. Wichtig ist lediglich, dass jede dieser Nummern nur ein einziges Mal in der Tabelle vorkommt und dass jeder Kunde eine Nummer bekommt.

Die Tabelle ARTIKEL enthält Informationen über die angebotenen Artikel (siehe Tabelle 8.3). Beachten Sie, dass das Feld MWST nicht etwa einen konkreten Wert enthält, sondern den Mehrwertsteuersatz, also den Wert 7 oder den Wert 16. Noch praktischer wären allerdings 1:1-Relationen zu einer weiteren Tabelle, die die konkreten Mehrwertsteuersätze enthält; schließlich können sich diese ändern. Die Preise werden aus weiter unten erläuterten Gründen in Cent angegeben.

ARTNR	ARTNAME	PREIS	MWST
1	Cola	119	16
2	Vollmilch	79	7
3	Toastbrot	149	7
4	Zahnpasta	179	16

Tabelle 8.3 Die Datenbanktabelle ARTIKEL

Nachdem diese beiden Tabellen eingerichtet sind, können nun Käufe getätigt werden. In der Tabelle KAEUFE könnten etwa die folgenden Geschäftsvorfälle erfasst werden:

KAUFNR	NR	ARTNR	STUECK	DATUM
1	3	3	2	2003-04-15
2	2	1	4	2003-04-16
3	2	2	1	2003-04-16
4	1	4	1	2003-04-18
5	1	3	1	2003-04-18

Tabelle 8.4 Die Datenbanktabelle KAEUFE

Auswahlabfragen

Die Einträge in der Tabelle KAEUFE sind in dieser Form für Menschen so gut wie unlesbar. Es geht auch gar nicht darum, sie in einer Form zu verwahren, in der sie sofort lesbar sind, sondern darum, die Daten redundanzfrei und kompakt zu speichern. Für die lesbare Ausgabe beherrscht jedes relationale Datenbankverwaltungssystem (RDBMS) so genannte **Auswahlabfragen**, mit deren Hilfe Sie aufgrund der Relationen Daten aus verschiedenen Tabellen zusammenstellen können.

Tabelle 8.5 zeigt das Ergebnis einer solchen Auswahlabfrage. Hier werden die Käufe mit den eigentlichen Kunden- und Artikelnamen aufgeführt, alphabetisch nach Kunden und anschließend alphabetisch nach Artikelbezeichnungen sortiert. Damit Sie das Ergebnis nachvollziehen können, wird die Kaufnummer aus der Tabelle KAEUFE übernommen. Die letzte Spalte enthält den errechneten Gesamtpreis für jeden einzelnen Kauf (das Produkt aus Stückzahl und Einzelpreis).

KAUFNR	NAME	ARTNAME	STUECK	GESAMTPREIS
1	Becker	Toastbrot	2	298
2	Müller	Cola	4	476
3	Müller	Vollmilch	1	079
5	Schmidt	Toastbrot	1	149
4	Schmidt	Zahnpasta	1	179

Tabelle 8.5 Eine Auswahlabfrage, die die Käufe in lesbarer Form darstellt

Bitte beachten Sie, dass die Ergebnisse von Auswahlabfragen normalerweise nicht abgespeichert werden. Schließlich basieren sie auf Daten, die sich durch die nachträgliche Änderung oder Ergänzung von Datensätzen in den zugrunde liegenden Tabellen jederzeit ändern können.

Die meisten relationalen Datenbanksysteme verwenden für Abfragen eine standardisierte Sprache namens **SQL** (Structured Query Language). Diese Abfragesprache wird weiter unten in einem eigenen Abschnitt vorgestellt.

Normalisierung

Das wichtigste Ziel beim Erstellen relationaler Datenbanken ist – wie bereits erwähnt – die Beseitigung von Redundanzen zur Vermeidung von Inkonsistenzen. Dieser Vorgang wird als **Normalisierung** der Datenbank bezeichnet. Insgesamt sind fünf, eigentlich sogar sechs so genannte **Normalformen** definiert, die aufeinander aufbauen und schrittweise den Weg zu einem fertigen relationalen Datenbankmodell weisen:

- Die **erste Normalform** (1NF) verlangt, dass die Information in jedem Feld einer Datenbank **atomar** ist, das heißt eine nicht weiter zerlegbare Einzelinformation. Eine Spalte wie PLZ_ORT oder STRASSE_HAUSNR würde beispielsweise dagegen verstoßen.
- Die **zweite Normalform** (2NF) fordert zusätzlich, dass Datensätze nur direkte Informationen über ein und denselben Sachverhalt enthalten. Formal gesagt dürfen alle Felder in einer Tabelle, die die zweite Normalform erfüllt, nur vom Primärschlüssel dieser Tabelle abhängen. Beispielsweise dürfte eine Person mit zwei Wohnsitzen nicht zweimal in eine Kundentabelle aufgenommen werden. In diesem Fall müssten die Wohnorte in eine separate Tabelle geschrieben werden; der Bezug auf die Kunden müsste in dieser Tabelle als Fremdschlüssel eingetragen werden.
- Die **dritte Normalform** (3NF) ist erfüllt, wenn alle Felder funktional unabhängig voneinander sind. Der Unterschied zur zweiten Normalform erscheint geringfügig. Eine Tabelle, die zwar die zweite, aber nicht die dritte Normalform erfüllt, belässt eine eindeutig zu einem bestimmten Feld gehörige Zusatzinformation innerhalb einer Tabelle, in der dieses Feld keinen Schlüssel bildet. Beispielsweise hat in der Personaltabelle einer Unternehmesdatenbank, in der in einem Feld die Abteilung eines Mitarbeiters steht, der Name des Abteilungsleiters nichts zu suchen, weil er nur von der Abteilung, aber nicht vom Mitarbeiter abhängt.

- Die **Boyce-Codd-Normalform** (BCNF), benannt nach Pionieren des relationalen Datenbankmodells, ist eine strengere Variante der dritten Normalform. Eine Tabelle, die sich in der dritten Normalform befindet, kann die BCNF verletzen, wenn der Primärschlüssel aus mehreren Feldern zusammengesetzt ist, und der Wert irgendeines Felds nicht vom gesamten Primärschlüssel, sondern nur von einem seiner Felder abhängt. Um die Boyce-Codd-Normalform zu erreichen, muss eine solche Tabelle in zwei Einzeltabellen aufgeteilt werden, die jeweils eines dieser Felder als Primärschlüssel aufweisen.
- Die **vierte Normalform** (4NF) betrifft so genannte **mehrwertige Abhängigkeiten** (multi-valued dependencies). Eine mehrwertige Abhängigkeit liegt vor, wenn eine Beziehung zwischen verschiedenen Informationen nicht so in zwei Tabellen unterteilt werden kann, dass eine 1:n- oder die umgekehrte n:1-Relation entsteht.

  Angenommen, in einer zweispaltigen Tabelle werden durch einen Fremdschlüssel Personen referenziert und in der zweiten Spalte durch einen weiteren Fremdschlüssel die von diesen Personen verwendeten Betriebssysteme. Da eine Person mehrere Betriebssysteme einsetzen kann, kann sowohl jede Person als auch jedes Betriebssystem mehrmals vorkommen.

  Die vierte Normalform wird verletzt, sobald eine weitere Spalte hinzukommt, die beispielsweise die von diesen Personen beherrschten Programmiersprachen auflistet: In diesem Fall entstehen Redundanzen durch die mehrfache Nennung der Betriebssysteme und Programmiersprachen für denselben Benutzer. Eine andere Ausprägung wären beliebige, nicht zusammenhängende Paare von Betriebssystem und Programmiersprache; wenn die Anzahl der von einer Person verwendeten Betriebssysteme und der Programmiersprachen sich unterscheidet, bleiben sogar Felder leer.

  Tabelle 8.6 zeigt schematisch, wie dies aussieht. Die Lösung besteht natürlich darin, eine solche Tabelle in zwei Einzeltabellen zu unterteilen, deren Primärschlüssel jeweils die Person ist.

Name	**Betriebssystem**	**Programmiersprache**
Schmitz	Windows XP	Java
Schmitz	Windows XP	Perl
Müller	MacOS X	C++
Müller	Windows 2000	C++
Becker	FreeBSD	Perl
Becker	FreeBSD	Java
Becker	Linux	Perl
Becker	Linux	Java

Tabelle 8.6 Eine Datenbanktabelle, die die vierte Normalform verletzt: Es treten Redundanzen auf, weil eine Person mehrere Betriebssysteme oder Programmiersprachen verwenden kann.

- Die **fünfte Normalform** (5NF) erfordert schließlich, dass innerhalb einer Tabelle nur triviale **Join-Abhängigkeiten** existieren dürfen. Eine Join-Abhängigkeit besteht in jeder Tabelle, die sich in mehrere Einzeltabellen aufteilen ließe, indem derselbe Schlüssel jeweils auf einzelne Spalten der Tabelle angewandt wird. Trivial ist eine Join-Abhängigkeit dann, wenn durch eine Verknüpfung zweier solcher Einzeltabellen keine Redundanz durch einen verdoppelten Datensatz vorkommenwürde.

  Wenn Sie beispielsweise zwei Tabellen vereinigen, von denen die eine einzelne Personen und deren Wohnort und die andere dieselben Personen und deren Bundesland auflistet, würde auch die entstehende Join-Tabelle die fünfte Normalform erfüllen, da jede Person in genau einem Ort und genau einem Bundesland wohnt.

  Ein Join der Wohnorte-Tabelle und einer Tabelle, in der jede Zeile eine Person und eine ihrer Telefonnummern enthält, verletzt die fünfte Normalform dagegen: Da eine Person mehrere Telefonnummern besitzen kann, würde ihr Wohnort mehrfach genannt. Diese Informationen müssen also getrennt voneinander gespeichert bleiben.

Die Bezeichnung »Normalisierung« könnte als kontinuierlicher Prozess missverstanden werden, der auf eine bereits bestehende Datenbank angewendet wird. In Wirklichkeit müssen Sie sich bereits bei der Datenbankmodellierung Gedanken darüber machen, also bevor Sie eine Datenbank in der Praxis einrichten.

Transaktionen

Eines der neuesten Features relationaler Datenbanksysteme ist die Unterstützung von **Transaktionen.** Es handelt sich um die Möglichkeit, ein »Paket« aus beliebig vielen Änderungen in der Datenbank insgesamt zu bestätigen (**Commit**) oder rückgängig zu machen (**Rollback**).

Stellen Sie sich zur Verdeutlichung ein Online-Einkaufssystem vor: Ein Kunde kann beliebig viele Artikel zum Warenkorb hinzufügen und wieder entfernen. Zum Schluss kann er die ausgewählten Waren bestellen oder den gesamten Vorgang abbrechen. Transaktionen sind die ideale Lösung für solche Aufgaben: Sobald der Kunde auf das System zugreift, wird eine neue Transaktion gestartet. Daraufhin merkt sich das Datenbanksystem alle Bewegungen im Warenkorb und sonstigen Einstellungen. Kommt es zu einer Bestellung, wird der Commit der Transaktion durchgeführt; bei einem Abbruch erfolgt dagegen der Rollback.

Da die Transaktionsfähigkeit die Performance eines RDBMS beeinträchtigt, handhabt der weiter unten behandelte MySQL Server Sie besonders pragmatisch: Er bietet unterschiedliche Tabellentypen an; die neueren **InnoDB**-Tabellen unterstützen Transaktionen, während die klassischen **MyISAM**-Tabellen schneller verarbeitet werden.

RDBMS-Arten

Da relationale Datenbankverwaltungssysteme das verbreitetste Datenbankmodell sind, gibt es Unmengen von Produkten, die diesem Standard entsprechen. Man kann sie grob in folgende Gruppen unterteilen:

- **Desktop-Datenbanken** sind Datenbankanwendungen, die für die Datenverwaltung am Einzelplatz oder in kleinen Arbeitsgruppen geeignet sind. Sie bieten in der Regel eine grafische Benutzeroberfläche, die die Tabellen und Abfragen übersichtlich und einfach darstellt, und ermöglichen das einfache Erzeugen von Eingabemasken und ausdruckbaren Berichten. Bekannte Beispiele für Desktop-Datenbanksysteme sind das in der Microsoft-Office-Familie integrierte Programm **Access** oder die aus dem Mac-Bereich stammende, inzwischen auch für Windows verfügbare Datenbank **FileMaker**.
- **Kommerzielle Datenbankserver** werden insbesondere für verteilte Unternehmensanwendungen eingesetzt. Es handelt sich um komplexe und sehr teure modular erweiterbare Systeme. Bekannte Beispiele sind **Oracle**, **Microsoft SQL Server** oder **IBM DB2**. Im erweiterten Sinn gehören auch Branchenlösungen oder Warenwirtschaftssysteme wie **SAP R/3** dazu, weil sie alle auf speziell angepassten Datenbanken basieren.
- **Freie Datenbankserver** sind eine günstige Alternative zu den kommerziellen Produkten. Die bekanntesten Open-Source-Datenbanksysteme sind das weiter unten vorgestellte **MySQL** sowie **PostgreSQL**.

8.1.3 Objektorientierte Datenbanken

Trotz der soeben besprochenen Normalisierung lassen sich gewisse komplexe Datenstrukturen nur unzureichend mit Hilfe einer relationalen Datenbank modellieren. Aus diesem Grund wurde das objektorientierte Datenbankmodell eingeführt, das eine völlig freie und beliebige Strukturierung der Daten ermöglicht. Eine objektorientierte Datenbank besteht aus Klassen und Objekten und ähnelt damit der objektorientierten Programmierung, die in Kapitel 5, *Grundlagen der Programmierung*, erläutert wird.

Grenzen der RDBMS

Ein gutes Beispiel für ein Gefüge, das sich durch relationale Modellierung nicht vernünftig darstellen lässt, wären Verbindungen und Entfernungen zwischen verschiedenen Orten, wie sie beispielsweise für ein Speditionsunternehmen benötigt werden. Tabelle 8.7 unternimmt dennoch den Versuch, diese Informationen nach relationalem Muster darzustellen.

VON_ORT	NACH_ORT	ENTFERNUNG
Köln	Berlin	570
Köln	Hamburg	370
Köln	München	594
Hamburg	München	781
Hamburg	Berlin	286
München	Berlin	585

Tabelle 8.7 Eine für das relationale Datenbankdesign ungeeignete Tabelle

Diese Tabelle ist aus verschiedenen Gründen ungeeignet. Erstens enthalten zwei Spalten Informationen der gleichen Art; es gibt kein Kriterium, das bestimmt, welche Stadt unter VON_ORT aufgeführt wird und welche unter NACH_ORT. Die Darstellung der Entfernung in beide Richtungen ist auch keine Alternative, weil es dadurch zu Redundanzen käme. Durch die Normalisierungsregeln für relationale Datenbanken lässt sich dieses Modell nicht weiter verbessern.

Übrigens ist es auch keine Lösung, die durchaus relational darstellbaren Entfernungen von einer bestimmten Stadt zu allen anderen zu verwenden. Dies verhindert nämlich die Aufnahme günstigerer Verbindungen in die Datenbank. Angenommen, eine Tabelle listet die Entfernungen von Köln zu den anderen Städten auf. Sicherlich würde niemand, der von Hamburg nach Berlin muss, den Umweg über Köln wählen.[1]

Mit Hilfe der objektorientierten Modellierung ist die Darstellung dieser Entfernungen dagegen ein Leichtes. Hier lässt sich eine Klasse namens `Ort` einrichten, die einfach ein Array von Zielen enthält, zu denen Verbindungen bestehen.

ODL Es gibt verschiedene Sprachen, in denen sich objektorientierte Datenbanken formulieren lassen. Einige Lösungen verwenden die Syntax objektorientierter Programmiersprachen wie C++, während andere Systeme ihre eigenen Sprachen benutzen. Einen allgemeinen Standard für objektorientierte Datenbankverwaltungssysteme (OODBMS), wie ihn SQL für relationale Datenbanken bildet, gibt es noch nicht. Dennoch arbeitet ein Gremium namens **Object Database Management Group** (ODMG) an einer solchen Standardisierung; eine einigermaßen verbreitete Objektmodellierungssprache ist die von dieser Gruppe definierte **Object Definition Language** (ODL).

Eine übergeordnete Datenstruktur, am ehesten vergleichbar mit einer Tabelle in einer relationalen Datenbank, wird durch eine Klasse gebildet, deren Definition das Schlüsselwort `class` einleitet. Eine Informationskategorie, die in etwa einer Spalte in einer relationalen Datenbanktabelle entspricht, wird durch das Schlüsselwort `attribute`, die Angabe eines Datentyps und eine Bezeichnung eingerichtet. Das folgende Beispiel entspricht der weiter oben dargestellten relationalen Tabelle ADRESSEN:

```
class Adressen {
   attribute long Nr;
   attribute string Name;
   attribute string Strasse;
   attribute short Hausnr;
   attribute short Plz;
   attribute string Ort;
}
```

Die atomaren Datentypen `string`, `long` und `short` sollten sich von selbst erklären. Es existieren keine separaten Typen für ganzzahlige und für Fließkommazahlen. Eine objektorientierte Umsetzung der Tabelle ARTIKEL sieht folgendermaßen aus:

```
class Artikel {
   attribute long ArtNr;
   attribute string ArtName;
```

1 Obwohl ich allen Hamburgern versichern kann, dass es sich lohnen würde.

```
    attribute long Preis;
    attribute short MWSt;
}
```

Eine Beziehung wird in der ODL durch das Schlüsselwort `relationship` dargestellt. Da jeder Datensatz eine Instanz einer Klasse ist, müssen Sie nicht mit Schlüsseln arbeiten, sondern können ein Objekt dieser Klasse direkt referenzieren. Die Darstellung der Tabelle in einer OO-Datenbank lautet demnach:

```
class Kaeufe {
    attribute long KaufNr;
    relationship Adressen Kunde;
    relationship Artikel Ware;
    attribute short Stueck;
    attribute struct Datum {
        short Tag;
        short Monat;
        short Jahr;
    } KaufDatum;
}
```

Der Datentyp `struct` bietet die Möglichkeit, eine nichtatomare Information als verschachtelte Gruppe einzufügen. Dies garantiert im vorliegenden Fall die leicht handhabbare Darstellung eines Datums. Die Syntax für `struct` entspricht dabei dem in der Programmiersprache C üblichen Standard: Vor der öffnenden geschweiften Klammer steht der Datentypname der Struktur, hinter der schließenden wird ein konkretes Element dieses Typs deklariert.

Die ursprüngliche Aufgabe, die Entfernungstabelle darzustellen, lässt sich mit Hilfe der ODL-Syntax recht einfach lösen:

```
class Ort {
    attribute string Name;
    struct Entfernung {
        relationship Ort Zielort;
        attribute short Kilometer;
    };
    array (struct Entfernung) Entfernungen;
}
```

Ein `array` ist – wie in Programmiersprachen – eine Liste beliebig vieler Elemente eines bestimmten Datentyps. In diesem Fall wird eine Entfernung als Struktur aus einer Verknüpfung mit einem Ort und der Kilometeranzahl gebildet. Die entsprechenden Entfernungen werden in einem Array dargestellt.

Um objektorientierte Datenstrukturen mit Werten zu füllen und um diese Werte später nach verschiedenen Kriterien zu lesen und auszuwerten, wird eine zweite Sprache benötigt. Die von der ODMG vorgeschlagene Version einer solchen objektorientierten Abfragesprache heißt **OQL** (**Object Query Language**). Sie verwendet weitgehend dieselben Befehle und die gleiche Syntax wie die weiter unten vorgestellte relationale Abfragesprache SQL.

8.2 MySQL – ein konkretes DBMS

In diesem Abschnitt werden die Installation, die Konfiguration und die ersten Schritte mit einem konkreten relationalen Datenbanksystem besprochen. Es handelt sich um die weit verbreitete, beliebte Datenbank **MySQL**. Dieses System habe ich ausgewählt, weil Sie es kostenlos herunterladen und leicht installieren können und es in Zusammenarbeit mit der Programmiersprache PHP die Grundlage vieler dynamischer Websites bildet. Die MySQL-Programmierung mit PHP wird in Kapitel 17, *Webanwendungen*, erläutert.

8.2.1 MySQL installieren und konfigurieren

In diesem Unterpunkt wird die Installation von MySQL in der aktuellen Version 4.1 erläutert. Zusätzlich erfahren Sie, wie Sie die beiden nützlichen Zusatzprogramme MySQL Administrator und MySQL Query Browser installieren können.

phpMyAdmin

Ein weiteres praktisches Tool, das sich zur MySQL-Administration anbietet, ist **phpMyAdmin**. Sie finden es im Web unter **http://www.phpmyadmin.net**. Sie können es einfach in ein PHP-fähiges Verzeichnis Ihrer Website kopieren; der Vorteil ist natürlich, dass Sie Ihre MySQL-Datenbanken damit auch über das Web pflegen können.

Für den Webserver Apache 2 (siehe Kapitel 14, *Netzwerkanwendungen*) empfiehlt sich folgendes Verfahren: Platzieren Sie phpMyAdmin außerhalb der `DocumentRoot`, dem Stammverzeichnis Ihrer Website. Im folgenden Konfigurationsbeispiel für die Apache-Konfigurationsdatei `httpd.conf` wurde die Archivdatei nach `/usr/local/apache2` entpackt; nur Clients aus dem lokalen Netzwerk (hier 192.168.0.0/24) oder auf dem lokalen Rechner dürfen zugreifen:

```
Alias /phpmyadmin/ /usr/local/apache2/phpMyAdmin-2.6.1/
<Location /phpmyadmin>
  Order deny,allow
  Deny from all
  Allow from 192.168.0 localhost
</Location>
```

Wie Sie die MySQL-Zugriffsrechte in phpMyAdmin festlegen können, erfahren Sie in der mitgelieferten Dokumentationsdatei `Documentation.txt` beziehungsweise `Documentation.html`.

Installation unter UNIX

Auf der Website **http://www.mysql.com** finden Sie für zahlreiche UNIX-Varianten Binärpakete. Diese brauchen Sie in der Regel nur mit `gunzip` und `tar` zu entpacken; anschließend können Sie die Anweisungen in der mitgelieferten Textdatei `INSTALL` lesen.

Für so gut wie alle UNIX-Versionen ist natürlich die Quellcode-Distribution geeignet. Diese müssen Sie wie üblich als Erstes entpacken; anschließend können Sie in das neu erstellte Verzeichnis wechseln:

```
# tar -xzvf mysql-4.1.9.tar.gz
# cd mysql-4.1.9
```

Benutzer und Gruppe

Aus Sicherheitsgründen sollten Sie einen neuen Benutzer und eine neue Gruppe erstellen; der MySQL-Server wird dann unter dieser User- und Group-ID ausgeführt. Dazu können Sie die folgenden Befehle verwenden:

```
# groupadd mysql
# useradd -g mysql mysql
```

Da dieser »Benutzer« sich niemals persönlich anmelden wird, können Sie sich als Passwort einen vollkommen unmöglichen Zeichensalat ausdenken, den Sie sich nicht einmal zu merken brauchen.

Nun wird die folgende Befehlsfolge zur Konfiguration und Kompilierung eingegeben:

```
# ./configure --prefix=/usr/local/mysql \
--with-mysqld-user=mysql
# make
# make install
```

Sie können `configure` vorher auch mit der Option `--help` aufrufen, um Informationen über weitere Einstellungen zu erhalten. Die hier verwendeten Optionen legen `/usr/local/mysql` als Stammverzeichnis fest und sorgen dafür, dass der Server unter der soeben angelegten User-ID ausgeführt wird.

MySQL Grant Tables

Nach der eigentlichen Installation (sowohl einer Source- als auch einer Binary-Version) müssen Sie die so genannten MySQL Grant Tables erstellen, die die Authentifizierungs- und Berechtigungsdaten enthalten. Dazu können Sie folgendes Skript im `bin`-Verzeichnis Ihrer MySQL-Installation (variiert je nach `PREFIX`) ausführen:

```
# ./mysql_install_db
```

Als Nächstes sollten Sie einige Besitzrechte setzen: Die ausführbaren MySQL-Programme sollten auf `root` übertragen werden, das Datenverzeichnis auf den neu angelegten User `mysql`. Wenn Sie MySQL mit dem `PREFIX` `/usr/local/mysql` installiert haben und sich darin befinden, können Sie dies folgendermaßen tun:

```
# chown -R root .
# chown -R mysql var
# chgrp -R mysql .
```

Nun können Sie den `mysql`-Server starten:

```
# /usr/local/mysql/bin/mysqld_safe --user=mysql &
```

Das angehängte `&` führt dazu, dass der Befehl im Hintergrund ausgeführt wird, so dass Sie das entsprechende Terminal für andere Aufgaben weiterverwenden können. Wenn Sie MySQL beim Hochfahren des Systems automatisch starten möchten, können Sie sich sinngemäß an die ausführliche Anleitung halten, die in Kapitel 4, *Betriebssysteme*, für den Apache-Webserver gegeben wurde. Das Skript `support-files/mysql.server` im MySQL-Verzeichnis kann dabei als Startskript dienen.

Zusätzlich zum MySQL-Grundpaket, das nur mit dem Kommandozeilen-Client `mysql` ausgeliefert wird, empfiehlt sich die Installation grafischer Steuertools. Neben dem bereits erwähnten, webbasierten `phpMyAdmin` gibt es noch zwei Programme bei **mysql.com**: **MySQL Administrator** ermöglicht die grafische Konfiguration des Servers, während der **MySQL Query Browser** vor allem dem Erstellen und Durchsuchen von Datenbanken mittels SQL-Abfragen dient.

Für Linux können Sie Binärpakete der beiden Programme herunterladen. Alle anderen UNIX-Versionen müssen mit der Quellcode-Distribution vorlieb nehmen. Die Binärvarianten können Sie nach dem Entpacken sofort einsetzen; die Quellcode-Distributionen werden mit dem »Automake-Dreisatz« (`configure; make; make install`) kompiliert und installiert.

Installation unter Windows

Die Download-Seite für den MySQL-Server 4.1 (**http://dev.mysql.com/downloads/mysql/4.1.html**) bietet drei verschiedene Pakete für Windows: **Windows Essentials** ist eine abgespeckte Version mit den wichtigsten Komponenten. Unter dem Link **Windows** finden Sie den neuen 4.1-Installer. **Without Installer** ist ein Paket, das Sie einfach ohne Installation nach **C:\MySQL** entpacken können; das geht schneller, bietet aber weniger Einstellmöglichkeiten.

Die beste Wahl ist der Standard-Installer. Entpacken Sie die ZIP-Datei (zurzeit `mysql-4.1.9-win32.zip`) und führen Sie das enthaltene Programm `Setup.exe` aus. Anschließend werden auf mehreren Dialogseiten Fragen gestellt, unter anderem nach Installationsumfang und -verzeichnis. Näheres über diesen Installer enthält der Online-Artikel »The all-new MySQL Server Windows Installer« unter **http://dev.mysql.com/tech-resources/articles/4.1/installer.html**.

Der Konfigurationsdialog

Zum Schluss der eigentlichen Installation können Sie **Configure MySQL Server now** wählen, um den **MySQL Instance Configuration Wizard** aufzurufen; alternativ finden Sie ihn nachträglich unter **MySQL** im Startmenü.

In diesem Dialog werden nacheinander folgende Dialogseiten angezeigt:

- **Welcome**: Kurze Information über die MySQL-Konfiguration
- Konfigurationsdetails: Wählen Sie **Detailed Configuration** (wird hier beschrieben) oder **Standard Configuration** für weniger Optionen.

- Servertyp: Wählen Sie **Developer Machine** für einen Arbeitsrechner, auf dem MySQL neben vielen Anwendungsprogrammen ausgeführt wird. Für den Praxiseinsatz können Sie sich zwischen **Server Machine** (Installation auf einem allgemeinen Serverrechner) oder **Dedicated MySQL Server Machine** (exklusiver Serverrechner für MySQL) entscheiden.
- Tabellentypen: Normalerweise sollten Sie **Multifunctional Database** wählen, um einfach zwischen transaktionsorientierten InnoDB- und Performance-optimierten MyISAM-Tabellen wählen zu können. **Transactional Database Only** optimiert den MySQL-Server für den InnoDB-Support, während **Non-Transactional Database** ausschließlich MyISAM installiert.
- **InnoDB Tablespace Settings**. Hier wird das temporäre Verzeichnis für Transaktionsdaten ausgewählt. Stellen Sie sicher, dass Sie die Festplatte oder Partition mit dem meisten freien Platz auswählen; in der Regel geschieht dies automatisch.
- Anzahl der gleichzeitigen Client-Verbindungen: Wählen Sie für einen Arbeitsplatzrechner **Decision Support (DSS)/OLAP** mit maximal 20 Verbindungen. Für einen praxistauglichen Server ist **Online Transaction Processing (OLTP)** geeignet. Unter **Manual Setting – Concurrent Connections** können Sie die Höchstzahl der Verbindungen manuell eingeben.
- Um den Datenbankserver über ein Netzwerk zu nutzen (Standard), müssen Sie **Enable TCP/IP Networking** aktivieren. Der Standard-TCP-Port 3306 ist in der Regel die richtige Wahl. Beachten Sie gegebenenfalls Ihre Firewall-Einstellungen.
- Als Zeichensatz ist in der Regel **Standard Character Set (latin1)** zu empfehlen – zumindest für die meisten lateinisch geschriebenen europäischen Sprachen. Wenn Sie viel mit internationalen Sprachen arbeiten, empfiehlt sich dagegen **UTF8**. Die dritte Möglichkeit ist die manuelle Auswahl eines Zeichensatzes.
- Damit der MySQL-Server automatisch gestartet wird, sollten Sie auf der nächsten Registerkarte **Install As Windows Service** wählen. Solange auf demselben Rechner nicht mehrere MySQL-Server-Instanzen ausgeführt werden, ist der vorgeschlagene Dienstname **MySQL** in Ordnung. **Launch the MySQL Server automatically** schaltet den üblichen automatischen Start für den Dienst ein.
- Unter **Modify Security Settings** sollten Sie zunächst ein gutes, das heißt ausreichend langes und nicht im Wörterbuch vorkommendes Passwort für den MySQL-Administrator **Root** auswählen. Außerdem empfiehlt sich die Einstellung **Root may only connect from localhost** (Administrator darf sich nur vom lokalen Rechner aus anmelden): In letzter Zeit gab es einige automatisierte Angriffe, die versucht haben, über eine Wörterliste in die Root-Konten von MySQL-Servern einzudringen.

  Die Einrichtung eines anonymen, das heißt benutzernamen- und passwortlosen Kontos mittels **Create An Anonymous Account** ist übrigens nicht zu empfehlen, sofern Sie keine Anwendung benutzen, die es unbedingt benötigt.
- Nachdem Sie alles eingestellt haben, führt **Execute** die gewünschten Arbeitsschritte durch.

Für die Windows-Versionen von MySQL Administrator und MySQL Query Browser werden übrigens bequeme Binär-Installer angeboten. Die wenigen einfachen Installationsschritte sind im Prinzip selbsterklärend.

8.2.2 Erste Schritte mit dem mysql-Client

Nach der Installation können Sie Ihren MySQL-Datenbankserver am einfachsten über den Kommandozeilen-Client mysql ansprechen. Wenn Sie ein anonymes Konto eingerichtet haben, starten Sie ihn einfach durch die folgende Eingabe:

```
$ mysql
```

Andernfalls müssen Sie über die Option -u <Username> den Benutzernamen angeben und mittels -p festlegen, dass das Passwort abgefragt werden soll. Beispiel:

```
$ mysql -u dbmaster -p
Enter password: *********
```

Nachdem die Verbindung zum Datenbankserver hergestellt wurde, sehen Sie den Prompt des mysql-Clients:

```
mysql>
```

Nun können Sie spezifische Steuerbefehle wie help (Anzeigen der Hilfe) oder quit (Beenden) eintippen, oder aber die im nächsten Abschnitt besprochenen SQL-Abfragen. Ihre Eingabe kann beliebig viele Zeilen lang sein (einschließlich [Enter]); sie wird erst ausgeführt, wenn Sie sie mit einem Semikolon abschließen.

Bevor Sie mit einer Datenbank arbeiten können, müssen Sie sie auswählen. Dies geschieht mit Hilfe der Anweisung use <Datenbank>. Beispiel:

```
mysql> use KAUFHAUS;
```

Im Auslieferungszustand enthält MySQL nur einige Verwaltungsdatenbanken sowie die Demo-Datenbank test. Bevor Sie also ernsthafte Experimente unternehmen können, müssen Sie eine Datenbank anlegen. Dies geschieht mit Hilfe einer CREATE DATABASE-Abfrage, die im nächsten Abschnitt erläutert wird.

Praktisch ist außerdem die Möglichkeit, SQL-Anweisungen aus einer externen Textdatei zu importieren. Dazu dient die Anweisung source <Pfad>. Beispiel:

```
mysql> source test.sql;
```

8.3 SQL-Abfragen

In diesem Abschnitt werden einige Einzelheiten der Datenbankabfrage SQL näher erläutert. So gut wie alle relationalen Datenbanksysteme verstehen irgendeine Version dieser Sprache. Die hier vorgestellten SQL-Funktionen und -Merkmale funktionieren allesamt unter MySQL und sind konform zum SQL99-Standard. Bitte beachten Sie jedoch, dass SQL99 einige weitere Fähigkeiten besitzt, die von MySQL bisher noch nicht voll unterstützt werden. Alle Beispiele im vorliegenden Abschnitt sollten sich allerdings auch unter RDBMS wie PostgreSQL, Microsoft SQL Server oder Oracle ausführen lassen.

Die Bezeichnung »Abfrage« (Query) ist ein wenig irreführend, weil Sie mit Hilfe von Abfragen nicht nur die Inhalte von Datenbanktabellen lesen, sondern auch ändern können. SQL unterstützt im Wesentlichen vier verschiedene Arten von Datenbankabfragen:

Abfragearten

- **Auswahlabfragen** (Select Queries) liefern ausgesuchte Felder einer oder mehrerer Tabellen zurück; optional können Kriterien angegeben werden, nach denen die Datensätze gefiltert werden sollen.
- **Einfügeabfragen** (Insert Queries) fügen neue Datensätze in eine Tabelle ein.
- **Änderungsabfragen** (Update Queries) ändern die Werte bestimmter Felder nach bestimmten Regeln und Kriterien.
- **Löschabfragen** (Delete Queries) entfernen Datensätze, die bestimmte Bedingungen erfüllen.

Neben diesen grundlegenden Abfragetypen, die bereits bestehende Tabellen betreffen, bietet SQL Befehle zum Anlegen und Entfernen von Datenbanken und von Tabellen innerhalb dieser Datenbanken.

Da SQL-Datenbanken zumindest auf UNIX-Systemen zwischen Groß- und Kleinschreibung bei Tabellennamen unterscheiden, sollten Sie die Schreibung Ihrer Tabellen- und Feldbezeichnungen stets konsistent halten. Bei den SQL-Anweisungen und -Funktionen selbst wird dagegen nicht zwischen Groß- und Kleinschreibung unterschieden; traditionell werden sie komplett in Großbuchstaben geschrieben. Übrigens ist es egal, in wie viele Zeilen Sie eine Abfrage unterteilen; falls sie mehrzeilig ist, muss sie allerdings durch ein Semikolon abgeschlossen werden.[2]

8.3.1 Datenbanken und Tabellen erzeugen

Um über SQL eine ganz neue Datenbank anzulegen, wird der Befehl `CREATE DATABASE` verwendet. Beispielsweise erzeugt die folgende Abfrage eine neue Datenbank namens `SUPERMARKT`, die anschließend die bereits besprochenen Tabellen `ADRESSEN`, `ARTIKEL` und `KAEUFER` enthalten soll:

```
CREATE DATABASE SUPERMARKT;
```

Tabellen erzeugen

Eine Tabelle wird per SQL über die Funktion `CREATE TABLE` angelegt. In Klammern werden – durch Komma getrennt – die einzelnen Feldnamen, ihre Datentypen und Optionen aufgelistet. Indizes, mit Ausnahme des Primärschlüssels, werden nicht beim Erstellen des jeweiligen Feldes, sondern separat über das Schlüsselwort `INDEX` angelegt.

Die SQL-Abfrage, mit deren Hilfe die Tabelle `ADRESSEN` eingerichtet wird, sieht folgendermaßen aus:

```
CREATE TABLE ADRESSEN (
   NR INT AUTO_INCREMENT PRIMARY KEY,
   NAME CHAR(50) NOT NULL,
   STRASSE CHAR(50) NOT NULL,
```

2 Der Kommandozeilen-Client `mysql` (siehe oben) benötigt das Semikolon immer, weil er sonst davon ausgeht, dass eine Abfrage nach dem Zeilenumbruch weiter geht.

```
    HAUSNR CHAR(10) NOT NULL,
    PLZ CHAR(5) NOT NULL,
    ORT CHAR(40) NOT NULL,
    INDEX (NAME),
    INDEX (ORT)
);
```

Die Tabelle `ARTIKEL` wird mit Hilfe der folgenden Abfrage erstellt:

```
CREATE TABLE ARTIKEL (
    ARTNR INT AUTO_INCREMENT PRIMARY KEY,
    ARTNAME CHAR (30),
    PREIS INT,
    MWST ENUM ('7', '16'),
    INDEX (ARTNAME)
);
```

Schließlich wird noch die Tabelle `KAEUFE` benötigt, die durch die folgende Abfrage erstellt werden kann:

```
CREATE TABLE KAEUFE (
    KAUFNR INT AUTO_INCREMET PRIMARY KEY,
    NR INT,
    ARTNR INT,
    STUECK INT,
    DATUM DATE
);
```

Wenn Sie eine Tabelle wieder löschen möchten, wird die Funktion `DROP TABLE` verwendet. Die folgende SQL-Anweisung löscht beispielsweise die Tabelle `UNWICHTIG`:

```
DROP TABLE UNWICHTIG;
```

Analog dazu können Sie mittels `DROP DATABASE` eine ganze Datenbank löschen.

Felddatentypen und -optionen

Für jede Tabellenspalte, die Sie über eine `CREATE TABLE`-Abfrage einrichten, müssen Sie die folgenden Informationen angeben:

- Einen selbst gewählten **Feldnamen**. Dieser Name darf Buchstaben, Ziffern und Unterstriche enthalten, aber nicht mit einer Ziffer beginnen.
- Einen **Felddatentyp**. Die diversen möglichen Datentypen werden weiter unten aufgezählt.
- Weitere **Optionen**. Hier können Sie besondere Eigenschaften der Spalte angeben, beispielsweise `PRIMARY KEY` (Primärschlüssel), `AUTO_INCREMENT` (automatisches Durchnummerieren) oder `NOT NULL` (das Feld muss einen Wert besitzen).

Die verschiedenen in SQL definierten Datentypen sind folgende:

SQL-Datentypen

- Ganzzahlen verschiedener Wortbreite

  Je nach Bedarf können Sie sich einen der folgenden ganzzahligen Datentypen aussuchen. Die tatsächliche Wortbreite ist allerdings implementierungsabhängig. Die Angaben gelten für MySQL und können je nach konkretem Datenbanksystem abweichen:

  - `TINYINT` (8 Bit)
  - `SMALLINT` (16 Bit)
  - `MEDIUMINT` (24 Bit)
  - `INT` (32 Bit)
  - `BIGINT` (64 Bit)

- Fließkommazahlen verschiedener Genauigkeit

  SQL bietet zwei verschieden genaue Datentypen für Fließkommawerte an. In MySQL gelten die folgenden Wortbreiten:

  - `FLOAT` (4 Byte)
  - `DOUBLE` (8 Byte)

  Ein zulässiges Synonym für `DOUBLE` ist übrigens `REAL`.

- Der Datentyp `DECIMAL` definiert eine Festkommazahl. Die Anzahl der Stellen vor dem Komma und der Nachkommastellen werden durch Komma getrennt in Klammern geschrieben. Beispielsweise wäre `DECIMAL (4,2)` für Währungsbeträge in Supermärkten geeignet.

  Festkommazahlen können eine beliebige Stellenzahl besitzen und werden intern als Strings gespeichert. Sie sollten sie nur in Ausnahmefällen verwenden, da ihre Rechenperformance sehr langsam ist.

- Datums- und Uhrzeitwerte

  SQL bietet verschiedene Datentypen für die Angabe von Kalenderdaten und Uhrzeiten:

  - `DATE` ist ein Datum im Format 2005-01-11. Der zulässige Bereich ist 1000-01-01 bis 9999-12-31.
  - `TIME` enthält eine Uhrzeitangabe im Format `18:59:37`.
  - `DATETIME` kombiniert eine Datums- und eine Uhrzeitangabe.
  - `YEAR` enthält eine Jahreszahl zwischen 1900 und 2155.
  - `TIMESTAMP` ist ein spezielles Feld, das beim Erstellen oder Ändern des zugehörigen Datensatzes automatisch ausgefüllt wird. Das Format schreibt Jahr, Monat, Tag, Stunden, Minuten und Sekunden einfach ohne Trennzeichen hintereinander. Beispielsweise ist `20050111203918` der 11. Januar 2005, 20:39:18 Uhr.

- Textdatentypen

  Für Textinformationen existieren verschiedene Datentypen, die hier aufgelistet werden:

  - `CHAR(n)` ist eine Zeichenkette mit einer festen Länge von n Zeichen. Der angegebene Wert darf höchstens 255 sein. »Feste Länge« bedeutet, dass auf jeden Fall die angegebene Anzahl von Zeichen gespeichert wird, selbst wenn der eigentliche Text kürzer sein sollte. Dies erhöht die Verarbeitungsgeschwindigkeit, aber auch den Speicherbedarf.

  - `VARCHAR(n)` gibt eine Zeichenkette variabler Länge mit bis zu n (maximal 255) Zeichen an. Ein `VARCHAR`-Feld belegt nur so viel Speicher, wie es tatsächlich Zeichen enthält. Dafür werden `VARCHAR`-Felder langsamer gefunden als `CHAR`-Felder.
  - `TINYTEXT` ist ein Synonym für `VARCHAR (255)`.
  - `TEXT` gibt Text variabler Länge mit bis zu 65.535 Zeichen an.
  - `MEDIUMTEXT` darf maximal über 16,7 Millionen Zeichen enthalten.
  - `LONGTEXT` darf sogar über 4 Milliarden Zeichen enthalten.

- Binärdaten

  Zum sicheren Abspeichern von Binärdaten wie Bildern, Audiodaten und sonstigen proprietären Datenformaten wird von SQL das BLOB-Format (Binary Large OBject) angeboten. Es gibt folgende Ausprägungen von BLOBs unterschiedlicher Größe:

  - `TINYBLOB` (bis zu 255 Byte)
  - `BLOB` (bis zu 65.535 Byte)
  - `MEDIUMBLOB` (über 16,7 Millionen Byte)
  - `LONGBLOB` (über 4 Milliarden Byte)

- Aufzählungstypen

  Mitunter ist es effektiver, eine Liste vorgefertigter Werte anzugeben als ein frei ausfüllbares Textfeld einzurichten. SQL definiert zu diesem Zweck die beiden folgenden Aufzählungstypen:

  - `ENUM` ist eine Aufzählung von maximal 65.535 verschiedenen Zeichenketten.
  - `SET` enthält dagegen eine Aufzählung von maximal 255 verschiedenen Zeichenketten. Der Wert eines Feldes in einer solchen Spalte kann aus beliebig vielen kommagetrennten Werten aus der Aufzählung bestehen.

  Beide Arten von Listen werden hinter dem Datentyp in Klammern und durch Komma getrennt angegeben. Das folgende Beispiel zeigt, wie es funktioniert:

  ```
  STEUERKLASSE ENUM ('I', 'II', 'III', 'IV', 'V', 'VI')
  ```

Feldoptionen Hinter der Angabe des Datentyps können unter anderem folgende Optionen für Felder angegeben werden:

- `BINARY` ist eine Option, die Textdatentypen in Binärtypen umwandelt, in denen das Abspeichern binärer Daten unabhängig von Zeichensätzen und Zeilenumbruchlogik sicher möglich ist.
- `UNSIGNED` sorgt dafür, dass der Wertebereich eines ganzzahligen Typs ohne Vorzeichen betrachtet wird. Beispielsweise besitzt ein `TINYINT` dadurch nicht mehr den Wertebereich –128 bis +127, sondern 0 bis 255.
- `ZEROFILL` füllt alle Felder, die sonst keinen Wert haben, mit 0 auf.
- `NULL` oder `NOT NULL` legen fest, ob ein Feld leer sein darf (`NULL`) oder nicht (`NOT NULL`). Der Standard ist `NULL`.

- `DEFAULT` gibt einen Standardwert für jedes Feld einer Spalte vor, das keinen sonstigen Wert besitzt.
- `AUTO_INCREMENT` richtet eine Spalte so ein, dass Werte dieser Spalte bei der Erzeugung neuer Zeilen automatisch fortlaufende Werte erhalten. Dies ist beispielsweise für Primärschlüssel gut geeignet.
- `PRIMARY KEY` richtet ein Feld als Primärschlüssel ein, und zwar nur genau eines pro Tabelle.

Wie bereits erwähnt, werden Indizes außer dem Primärschlüssel erst nach dem Erstellen der Spalten selbst eingerichtet. Neben dem Schlüsselwort `INDEX`, das einen einfachen Index einleitet, werden die alternativen Angaben `UNIQUE` (ein bestimmter Feldwert darf nur einmal in der Tabelle vorkommen) und `FULLTEXT` für die Volltextsuche unterstützt.

8.3.2 Auswahlabfragen

Um Daten aus einer Datenbank zu lesen, wird die SQL-Anweisung `SELECT` verwendet. Schematisch sieht ein solcher Aufruf folgendermaßen aus:

```
SELECT FELD1, FELD2, ...
FROM TABELLE1, TABELLE2, ...
WHERE KRITERIUM;
```

Diese Abfrage wählt die Felder `FELD1`, `FELD2` und so weiter derjenigen Datensätze aus den Tabellen `TABELLE1`, `TABELLE2` und folgenden aus, auf die die `KRITERIEN` zutreffen.

Statt der einzelnen Felder können Sie auch * schreiben, um alle Felder einer Tabelle auszuwählen. Die folgende Abfrage zeigt beispielsweise die gesamte Tabelle `ADRESSEN` an:

```
SELECT * FROM ADRESSEN;
```

Einzelne Felder auswählen

Benötigen Sie dagegen nur die Namen und die Postleitzahlen der Kunden, dann wird die folgende Schreibweise verwendet:

```
SELECT NAME, PLZ FROM ADRESSEN;
```

Wenn Sie nur ein Feld auswählen, kann manchmal der Modifikator `DISTINCT` nützlich sein: Er zeigt doppelt vorkommende Feldinhalte nur je einmal an. Die folgende Abfrage zeigt jede unterschiedliche Postleitzahl aus `ADRESSEN` genau einmal an:

```
SELECT DISTINCT PLZ FROM ADRESSEN;
```

Wenn Sie Werte aus mehreren Tabellen auswählen (bevorzugt über die Verknüpfung durch die weiter unten erläuterten Joins), müssen Sie denjenigen Spaltenbezeichnungen den Tabellennamen voranstellen, die in mehreren Tabellen identisch vorkommen. Beispielsweise müssten Sie `ADRESSEN.NR` und `KAEUFE.NR` schreiben, wenn beide in derselben Abfrage vorkämen.

Um dies zu umgehen, empfiehlt es sich in der Praxis, allen Feldnamen jeder Tabelle ein Kürzel für die jeweilige Tabellenbezeichnung voranzustellen. Beispielsweise könnten die Felder der Tabelle `ADRESSEN` mit »`AD_`« beginnen, also etwa `AD_NR`, `AD_NAME` oder `AD_PLZ`.

Häufiger werden Auswahlabfragen verwendet, bei denen über die WHERE-Klausel Bedingungen angegeben werden. Die Bedingungen vergleichen in der Regel die Werte einzelner Felder mit bestimmten Ausdrücken oder miteinander. Beispielsweise liefert die folgende Abfrage den Namen, die Postleitzahl und den Ort aller Kunden aus der Tabelle ADRESSEN, die in Köln wohnen:

```
SELECT NAME, PLZ, ORT
FROM ADRESSEN
WHERE ORT="Köln";
```

Die folgende Abfrage wählt dagegen die vollständigen Daten aller Kunden mit Postleitzahlen aus, die mit einer 5 beginnen:

```
SELECT *
FROM adressen
WHERE PLZ LIKE "5%"
```

Muster-vergleiche

Die LIKE-Klausel vergleicht den Wert eines Felds mit einem einfachen Muster, in dem ein % für beliebig viele Zeichen und ein _ für genau ein Zeichen steht. Hier sehen Sie einige Beispiele für solche Muster:

- NAME LIKE "a%" liefert alle Personen, deren Name mit A anfängt.
- NAME LIKE "%b%" gibt alle Personen zurück, in deren Namen mindestens ein B vorkommt.
- STRASSE LIKE "%weg" liefert alle Straßenangaben, die auf »-weg« enden.
- NAME LIKE "Me_er" steht für alle Kunden, die Meier oder Meyer heißen.
- NAME LIKE "M%r" gibt alle Leute zurück, die Maier, Mayer, Meier, Meyer oder Mayr heißen; natürlich werden auch Müller, Mecker, Monster und so weiter gefunden.

Für einfache Wertüberprüfungen, die keinen Mustervergleich verwenden, können Sie die Operatoren =, <, >, <=, >=, und <> (ungleich) benutzen. Mehrere Überprüfungen können Sie mit AND oder OR verknüpfen.

Übrigens können Sie sowohl bei der SELECT-Anweisung selbst als auch bei der WHERE-Klausel beliebige Berechnungen ausführen. Bei WHERE müssen Sie allerdings darauf achten, dass das Endergebnis ein boolescher Wahrheitswert sein muss. Beispielsweise ist die Klausel WHERE PREIS * 2 unvollständig und damit verboten; WHERE PREIS * 2 < 10 ist dagegen zulässig und gibt alle Felder zurück, deren doppelter Preis kleiner als 10 ist.

Berechnete Spalten

Wenn Sie in der SELECT-Anweisung keine einzelnen Felder auswählen, sondern Berechnungen anstellen, können Sie der Ergebnisspalte über die AS-Klausel einen Namen zuweisen. Beispielsweise könnten Sie folgendermaßen die Nettopreise aller Waren in der Tabelle ARTIKEL ermitteln:

```
SELECT ARTNAME, PREIS / (100 + MWST) * 100
AS NETTO
FROM ARTIKEL;
```

Der entsprechende Mehrwertsteuersatz wird also zu 100 addiert; das Teilen des Preises durch diesen Gesamtwert und die Multiplikation mit 100 ergibt natürlich den Nettopreis.

Die Spalte in der Ergebnistabelle der Abfrage wird als NETTO bezeichnet, was erheblich lesefreundlicher ist als »PREIS / (100 + MWST) * 100«.

SQL-Funktionen

Neben den einfachen arithmetischen Berechnungen bietet SQL auch eine Reihe von Funktionen an. Da diese die Anzahl der zurückgegebenen Datensätze verkleinern können, weil sie mehrere zusammenfassen, werden sie als Aggregatfunktionen bezeichnet. Die wichtigsten sind folgende:

- SUM gibt die Summe der Werte in der Spalte zurück, auf die SUM angewendet wird. Wenn Sie weitere Spalten in das SELECT aufnehmen, erhalten Sie so viele Einzelergebnisse, wie es unterschiedliche Wertepaare in diesen Spalten gibt. Beispielsweise ergibt die folgende Abfrage die Summe aller Artikelpreise in der Tabelle ARTIKEL:

  ```
  SELECT SUM(PREIS) AS SUMME FROM ARTIKEL;
  ```

  Diese Abfrage liefert dagegen die Summen der beiden Artikelgruppen mit unterschiedlicher Mehrwertsteuer getrennt:

  ```
  SELECT SUM(PREIS) AS SUMME, MWST FROM ARTIKEL;
  ```

  Sinnvollere Beispiele erfordern die Kombination mehrerer Tabellen; Sie finden sie im folgenden Unterabschnitt, *Joins*.
- MIN gibt den kleinsten Wert eines Feldes innerhalb einer Gruppe zurück.
- MAX liefert entsprechend das Feld mit dem höchsten Wert.
- COUNT schließlich gibt die Anzahl der Felder einer Spalte oder Gruppe zurück. Beispielsweise gibt die folgende Abfrage die Anzahl aller Kunden zurück:

  ```
  SELECT COUNT(NR) AS KUNDENZAHL FROM ADRESSEN;
  ```

  Wenn Sie die Anzahlen der Artikel mit den beiden unterschiedlichen Mehrwertsteuersätzen getrennt voneinander erhalten möchten, funktioniert dies folgendermaßen:

  ```
  SELECT COUNT(ARTNR) AS ANZAHL, MWST FROM ARTIKEL;
  ```

Ergebnisse sortieren

Wichtig ist noch, wie Sie die Ergebnisdatensätze in einer Auswahlabfrage sortieren können. Dies funktioniert mit Hilfe der ORDER BY-Klausel. Anzugeben ist dabei die Spalte, nach deren Werten sortiert werden soll, sowie ASC (ascending) für aufsteigende Reihenfolge und DESC für absteigende Reihenfolge. Das folgende Beispiel zeigt, wie Sie die Kunden nach ihren Namen alphabetisch sortieren können:

```
SELECT * FROM ADRESSEN
ORDER BY NAME ASC;
```

Joins

Zu guter Letzt ist es wichtig, das Konzept der Joins zu verstehen, um überhaupt Verknüpfungen zwischen mehreren Tabellen durchführen zu können. Der Beziehungstyp, der bei einer 1:n-Relation zwischen dem Primärschlüssel der einen und einem Fremdschlüssel in der anderen Tabelle besteht, wird als **Inner Join** bezeichnet.

Um beispielsweise die Namen aller Kunden auszugeben, die überhaupt etwas gekauft haben, wird folgende Syntax verwendet:

```
SELECT NAME FROM ADRESSEN
INNER JOIN ADRESSEN.NR ON KAEUFE.NR;
```

Joins durch WHERE

Dies gibt eine Liste der Kundennamen in der Reihenfolge aus, in der die Kunden in der Tabelle `KAEUFE` über das Feld `NR` referenziert werden. Eine alternative Schreibweise, die auch zu älteren und seltener verwendeten Datenbanksystemen kompatibel ist, verwendet eine `WHERE`-Klausel statt der `INNER JOIN`-Angabe. Die obige Abfrage lässt sich auch folgendermaßen formulieren:

```
SELECT NAME FROM ADRESSEN
WHERE ADRESSEN.NR = KAEUFE.NR;
```

Auf dieselbe Art und Weise erhalten Sie auch den Gesamtpreis jedes einzelnen Kaufs:

```
SELECT PREIS * STUECK FROM ARTIKEL, KAEUFE
WHERE ARTIKEL.ARTNR = KAEUFE.ARTNR;
```

Auch Aggregatfunktionen lassen sich mit Joins kombinieren. Das folgende Beispiel gibt den Gesamtumsatz jedes einzelnen Tages aus:

```
SELECT SUM(PREIS * STUECK) AS TAGESUMSATZ, DATUM
FROM ARTIKEL, KAEUFE
WHERE ARTIKEL.ARTNR = KAEUFE.ARTNR;
```

Das folgende etwas komplexere Beispiel stellt jeden Kauf jedes Kunden mit allen interessanten Zusatzdaten dar:

```
SELECT KAUFNR, NAME, ARTNAME, STUECK,
STUECK * PREIS AS GESAMTPREIS
FROM ADRESSEN, ARTIKEL, KAEUFE
WHERE ADRESSEN.NR = KAEUFE.NR
AND ARTIKEL.ARTNR = KAEUFE.ARTNR;
```

Das Ergebnis dieser Abfrage können Sie sich weiter oben in Tabelle 8.5 ansehen.

8.3.3 Einfüge-, Lösch- und Änderungsabfragen

Einfügeabfragen

Mit Hilfe von `INSERT` werden Daten in eine Datenbanktabelle eingefügt. Die Syntax lautet folgendermaßen:

```
INSERT INTO TABELLE (SPALTE1, SPALTE2, ...)
VALUES (WERT1, WERT2, ...);
```

Beachten Sie, dass Sie mindestens alle Spalten nennen müssen, die die Bedingung `NOT NULL` aufweisen. Die folgende Anweisung fügt beispielsweise einen neuen Artikel hinzu:

```
INSERT INTO ARTIKEL (ARTNAME, PREIS, MWST)
VALUES ("Gurke", 39, "7");
```

Falls alle Spalten der Tabelle einen Wert erhalten sollen, funktioniert auch die folgende Kurzfassung:

```
INSERT INTO TABELLE
VALUES (WERT1, WERT2, ...);
```

Sie können sogar das aktuelle Ergebnis einer SELECT-Abfrage permanent in einer neuen Tabelle ablegen. Das folgende Beispiel speichert jede einzelne Postleitzahl aufsteigend sortiert in der neuen einspaltigen Tabelle PLZS:

```
CREATE TABLE PLZS (
   PLZ INT
);
INSERT INTO PLZS
SELECT DISTINCT PLZ FROM ADRESSEN
ORDER BY PLZ ASC;
```

Löschabfragen

Um Datensätze aus einer Tabelle zu löschen, wird die Anweisung DELETE verwendet. Welche Datensätze Sie entfernen möchten, können Sie wie bei einer Auswahlabfrage über eine WHERE-Klausel angeben:

```
DELETE FROM TABELLE
WHERE KRITERIUM;
```

Wenn Sie beispielsweise alle Kunden aus der Tabelle ADRESSEN löschen möchten, die nicht im PLZ-Gebiet 5 wohnen, funktioniert dies folgendermaßen:

```
DELETE FROM ADRESSEN
WHERE PLZ NOT LIKE "5%"
```

Änderungsabfragen

Wenn Sie die Werte von Feldern ändern möchten, geschieht dies durch die Anweisung UPDATE. Wichtig ist auch hier die WHERE-Klausel, damit Sie dem gewünschten Feld nicht einfach in allen Datensätzen einen neuen Wert zuweisen. Angenommen, der Kunde Schmidt ist aus dem Kleinen Weg 1 in die Große Allee 25 gezogen. Eine entsprechende Änderungsabfrage sieht folgendermaßen aus:

```
UPDATE ADRESSEN
SET STRASSE="Große Allee", HAUSNR="25"
WHERE NR=1;
```

Selbstverständlich müssen Sie auf den Kunden über den Primärschlüssel – hier die Kundennummer – zugreifen, da der Name doppelt vorkommen könnte.

Die folgende Abfrage zeigt dagegen ein Beispiel, in dem bewusst mehrere Datensätze geändert werden – alle Artikel mit 16% Mehrwertsteuer werden für eine Sonderaktion um 20% billiger:

```
UPDATE ARTIKEL
SET PREIS = 0.8 * PREIS
WHERE MWST = "16";
```

8.4 Grundlagen der Datenbankprogrammierung

Beinahe jede ernst zu nehmende Programmiersprache besitzt eine Schnittstelle zu einer oder sogar mehreren Datenbanken. Es ist erheblich praktischer, Daten für verteilte Anwendungen zentral in einer Datenbank abzulegen und aus Programmen darauf zuzugreifen, als diese Daten in einer selbst entwickelten Datenstruktur zu speichern.

JDBC

Die meisten Datenbankanbindungen für Programmiersprachen sind in der Lage, auf mehrere unterschiedliche SQL-Datenbanken zuzugreifen. In diesem Abschnitt finden Sie eine kurze Einführung in die Datenbankschnittstelle JDBC, über die Sie aus Java-Programmen heraus auf beinahe beliebige Datenbanken zugreifen können.

JDBC ist keine Schnittstelle zu einer bestimmten Datenbank, sondern eine unabhängige, allgemeine API, die mit vielen unterschiedlichen Treibern zusammenarbeitet. Die meisten dieser Treiber stammen von den jeweiligen Datenbankanbietern selbst, andere werden von Drittanbietern geliefert. An dieser Stelle sollen zwei dieser Treiber explizit erwähnt werden:

- Die **JDBC-ODBC-Bridge** ist bereits von Hause aus in das Java 2 SDK eingebaut und bietet Zugriff auf beliebige Datenbanken mit ODBC-Anbindung. ODBC (Open Database Connectivity[3]) ist eine von Microsoft entwickelte Technologie, die seit langem in alle Windows-Versionen eingebaut ist und den Zugriff auf unzählige Datenbanken bereitstellt. Die JDBC-ODBC-Bridge war vor allem bei der Einführung von JDBC wichtig, weil dadurch indirekt eine Vielzahl von Datenbanktreibern zur Verfügung stand.

  Wenn Sie ODBC verwenden möchten, müssen Sie zunächst über die Windows-Systemsteuerung eine Datenbank als ODBC-Datenquelle einrichten.
- **MySQL Connector/J** stammt von MySQL AB, ist ein Open-Source-Projekt wie MySQL selbst und kann von der MySQL-Website heruntergeladen werden. Nachdem Sie das Archiv entpackt haben, finden Sie im äußersten Verzeichnis eine Datei namens `mysql-connector-java-3.0.16-stable-bin.jar` (oder eine höhere Version als 3.0.16). Den Pfad zu dieser Datei müssen Sie zu Ihrem `CLASSPATH` hinzufügen (siehe Kapitel 5, *Grundlagen der Programmierung*).

Um JDBC in Ihrem Java-Programm zu verwenden, müssen Sie zuerst die JDBC-Klassen importieren:

```
import java.sql.*;
```

JDBC-Treiber laden

Einen JDBC-Treiber können Sie über `Class.forName()` laden. Das sieht für die JDBC-ODBC-Bridge folgendermaßen aus:

```
try {
   Class.forName ("sun.jdbc.odbc.JdbcOdbcDriver");
}
catch (ClassNotFoundException e) {
   System.out.println
```

3 Die Entwickler von Java werden nicht müde zu betonen, dass JDBC *nicht* für »Java Database Connectivity« steht.

```
        ("JDBC-ODBC-Treiber nicht gefunden.");
}
```

Die entscheidende Zeile für das Laden von MySQL Connector/J sieht entsprechend so aus:

```
Class.forName("com.mysql.jdbc.Driver");
```

Ein einfaches `Class.forName ("Treiber")` funktioniert unter Umständen nicht richtig. Sicherer ist folgende Variante:

```
Class.forName("Treiber").newInstance();
```

Datenbankverbindung herstellen

Der nächste Schritt besteht darin, über den Treiber eine Verbindung zur gewünschten Datenbank herzustellen. Dafür besitzt jeder JDBC-Treiber sein eigenes JDBC-URL-Schema. Eine Verbindung über die JDBC-ODBC-Bridge, in diesem Beispiel zu einer Datenbank namens `supermarkt`, funktioniert folgendermaßen:

```
Connection conn = DriverManager.getConnection
    ("jdbc:odbc:supermarkt", "user", "pass");
```

Statt `user` und `pass` müssen Sie selbstverständlich Ihren Usernamen und Ihr Passwort eintragen, die Sie zum Zugriff auf die Datenbank berechtigen. Einige Datenbanksysteme besitzen keinen Passwortschutz; hier müssen Sie zwei leere Strings ("") übergeben.

MySQL-Connector/J-URLs sehen ein wenig anders aus; hier müssen Sie den Netzwerknamen des Rechners angeben, auf dem die Datenbank läuft. Internetnamen und -adressen werden in Kapitel 13, *Netzwerktechnik*, beschrieben. Wenn der MySQL-Server auf Ihrem eigenen Rechner läuft, erfolgt ein Zugriff auf die Datenbank `supermarkt` (in diesem Fall ohne Benutzername und Passwort) wie folgt:

```
Connection conn = DriverManager.getConnection
    ("jdbc:mysql://localhost/supermarkt", "", "");
```

`localhost` ist die Netzwerkbezeichnung für den lokalen Rechner. Falls sie auf Ihrem Rechner nicht unterstützt wird, können Sie stattdessen die numerische Adresse `127.0.0.1` verwenden.

Statement

Nachdem die Verbindung hergestellt wurde, benötigen Sie ein `Statement`-Objekt, das dazu verwendet wird, SQL-Abfragen an die Datenbank weiterzugeben. Das Objekt wird folgendermaßen eingerichtet:

```
Statement st = conn.createStatement();
```

Über das `Statement`-Objekt (hier `st`) können Sie SQL-Abfragen ausführen. Es besitzt die Methoden `executeQuery()` für Auswahlabfragen und `execute()` für alle Abfragen, die Änderungen an der Datenbank vornehmen. Beispielsweise können Sie folgendermaßen einen Datensatz in die Tabelle `ARTIKEL` einfügen:

```
try {
  st.execute ("INSERT INTO ARTIKEL (ARTNAME, PREIS,
       MWST) VALUES (\"Tomaten\", 199, \"7\")");
}
```

```
catch (SQLException e) {
   // SQL-Abfrage-Ausnahme behandeln
}
```

ResultSet

Die Methode executeQuery() liefert ein ResultSet-Objekt zurück, aus dem Sie die Ergebnisdatensätze auslesen können. Die folgende Auswahlabfrage liest alle Datensätze aus der Tabelle ARTIKEL:

```
ResultSet rs = st.executeQuery ("SELECT * FROM ARTIKEL");
```

Mit der ResultSet-Methode next() können Sie das Ergebnis nun Zeile für Zeile abarbeiten. Um die einzelnen Felder eines Datensatzes auszulesen, bietet ResultSet eine Reihe verschiedener get-Methoden an, die die verschiedenen SQL-Datentypen in passende Java-Datentypen umsetzen. Beispielsweise können Sie die Inhalte von ARTIKEL aus dem soeben ermittelten ResultSet folgendermaßen auf der Konsole ausgeben:

```
while (rs.next()) {
   System.out.print ("Artikel: "
       + rs.getString ("ARTNAME") + "   ");
   System.out.print ("Preis: "
       + rs.getInt ("PREIS") + "   ");
   System.out.println ("MWSt-Satz: "
       + rs.getString ("MWST"));
}
```

SQL-Datentypen in Java

Tabelle 8.11 zeigt die wichtigsten SQL-Datentypen, die korrespondierenden Java-Datentypen und die zuständigen get-Methoden, um sie aus einem ResultSet zu lesen.

SQL-Datentyp	Java-Datentyp	get-Methode
CHAR	String	getString()
VARCHAR	String	getString()
INT	int	getInt()
FLOAT	double	getDouble()
DOUBLE	double	getDouble()
DATE	java.sql.Date	getDate()
TIME	java.sql.Time	getTime()
TIMESTAMP	java.sql.Timestamp	getTimestamp()
BLOB	java.sql.Blob	getBlob()

Tabelle 8.8 Wichtige SQL-Datentypen, ihre Java-Entsprechung und die passenden ResultSet-get-Methoden

Wenn Sie die Datenbankressourcen in Ihrem Java-Programm nicht mehr benötigen, sollten Sie sie nacheinander mit Hilfe ihrer `close()`-Methoden schließen – zuerst das `ResultSet`, dann das `Statement` und zum Schluss die Datenbankverbindung selbst:

```
rs.close();
st.close();
conn.close();
```

Ein zusammenhängendes Beispiel für die JDBC-Programmierung finden Sie übrigens in Kapitel 15, *XML*. Ein weiteres Beispiel für eine Datenbankschnittstelle befindet sich in Kapitel 17, *Webanwendungen*, wo die MySQL-Datenbankanbindung der Web-Programmiersprache PHP erläutert wird.

8.5 Zusammenfassung

Datenbanken gehören heutzutage zu den Grundbestandteilen jeder größeren Anwendung und ersetzen oder ergänzen zunehmend die Speicherung von Daten in proprietären Dateiformaten. Zu diesem Zweck wird eine Vielzahl unterschiedlicher Datenbankverwaltungssysteme (DBMS) angeboten.

Es existieren eine Reihe unterschiedlicher Arten von Datenbanken, die für verschiedene Verwendungszwecke geeignet sind. Einzeltabellen sind im Grunde nur für Privatanwender oder kleinere Firmen zur Verwaltung von Anschriften oder ähnlichen Daten geeignet. Objektorientierte Datenbanken bieten die Möglichkeit, sehr komplexe und spezielle Datenstrukturen im Datenbankdesign zu berücksichtigen. Bild- und Multimedia-Datenbanken bieten Redaktionen, Agenturen oder Bildarchiven die Möglichkeit, ihren Bestand an Mediadaten zu verwalten.

Das nach wie vor am weitesten verbreitete Datenbankmodell sind die relationalen Datenbanken, die aus beliebig vielen miteinander verknüpften Tabellen bestehen. Relationale Datenbanksysteme (RDBMS) sind als einfache Desktop-Anwendungen, als Open-Source-Datenbankserver oder als kommerzielle Datenbankserver verfügbar.

Eines der beliebtesten RDBMS ist die Open-Source-Datenbank MySQL. Sie bildet das Herzstück zahlreicher Web- und Netzwerkanwendungen und wird durch eine Vielzahl von grafischen Frontends, Programmiersprachen und Schnittstellen unterstützt.

MySQL wird – genau wie die meisten relationalen Datenbanken – über eine Abfragesprache namens SQL gesteuert. Zwar besitzt jedes Datenbanksystem je nach Fähigkeiten seinen eigenen SQL-Dialekt, aber die wichtigsten Eigenschaften sind in der Standardisierung SQL99 zusammengefasst. Inzwischen liegt der neue Standard SQL:2003 vor, es gibt aber noch kaum konkrete Implementierungen in RDBMS.

Neben dem direkten Zugriff auf Datenbanken, die bei Desktop-Systemen über die Datenbankanwendung selbst und bei Datenbankservern über spezielle Frontends durchgeführt wird, benötigen DBMS auch eine Anbindung an eine Programmiersprache, damit sie von eigenen Programmen aus verwendet werden können. Eine der vielseitigsten Schnittstellen ist JDBC, die die Anbindung beinahe beliebiger Datenbanken an Java-Programme ermöglicht.

9 Bildbearbeitung und Grafik

Leben allein genügt nicht, sagte der Schmetterling. Sonnenschein, Freiheit und eine kleine Blume muss man haben.
– Hans Christian Andersen

Das Bearbeiten von Bildern und Grafiken ist ein wesentlicher Bestandteil der Medienproduktion. Druckerzeugnisse, Multimedia-Projekte, Webseiten und viele Arten von Software werden mit Abbildungen, grafischen Darstellungen und Schmuckelementen ausgestattet. Dieses Kapitel beschäftigt sich mit der Bearbeitung der beiden Hauptarten von Computergrafik:

- Die **Pixelgrafik**, auch **Bitmap-Grafik** genannt, speichert Bilder in Form einzelner farbiger Bildpunkte oder Pixel. Bitmaps besitzen eine bestimmte Auflösung, die ihre Darstellungsqualität und ihren Detailreichtum bestimmen. Pixelgrafik wird vor allem für sämtliche Arten digitalisierter Bilder verwendet, also für Scans und Fotos aus Digitalkameras.
- Bei der **Vektorgrafik** werden die Kurven und Linien durch mathematische Formeln beschrieben und abgespeichert. Das führt dazu, dass Vektorgrafik auflösungsunabhängig ist, weil sich die Kurven und Linien auf jede beliebige Anzahl von Pixeln umrechnen lässt. Diese Art der Grafik ist gut für Zeichnungen oder Diagramme geeignet.

Überblick über Grafiksoftware

Für die Bearbeitung beider Arten der Grafik gibt es sehr professionelle Software. In diesem Kapitel wird für Bitmap-Grafik das Programm **Adobe Photoshop** beschrieben, für Vektorgrafik **Adobe Illustrator**.

Selbstverständlich gibt es eine Reihe von Alternativen auf dem Markt. Pixelgrafik lässt sich beispielsweise auch mit PaintShop Pro oder Ulead PhotoImpact bearbeiten. Speziell für das Web ist das Programm Macromedia Fireworks geeignet; es wird in Kapitel 16, *HTML, CSS und Webdesign*, vorgestellt[1]. Interessant ist außerdem das aus der Linux-Welt stammende freie Bildbearbeitungsprogramm GIMP – sein Funktionsumfang entspricht beinahe dem von Photoshop. Inzwischen ist das Programm auch für Windows verfügbar, unter **www.gimp.org** können Sie es mitsamt Dokumentation herunterladen.

Außerdem bietet Adobe selbst eine abgespeckte Version von Photoshop an, genannt Photoshop Elements – sie bietet wichtige Funktionen von Photoshop zum Preis von etwa 80 € (gegenüber ungefähr 1.000 € für den »großen« Photoshop), ist aber für professionelle Printproduktionen nicht geeignet.

Für Vektorgrafik gibt es als Alternativlösungen beispielsweise Macromedia FreeHand (vergleichbarer Funktionsumfang) oder das leider ziemlich unübersichtliche Corel Draw.

1 Das ausschließlich als Paketbestandteil von Photoshop gelieferte Adobe ImageReady ist Fireworks recht ähnlich.

9.1 Theoretische Grundlagen

In diesem kurzen Abschnitt werden einige wichtige Grundbegriffe der Grafik erläutert, deren Kenntnis für das Verständnis von Bildbearbeitungs- und Zeichenprogrammen sinnvoll ist. Es geht vor allem um Farben und um die Bildauflösung.

9.1.1 Licht und Farbe

Damit Sie die Funktionsweise von Computergrafik verstehen können, folgt hier als Erstes eine kurze Einführung in die Phänomene Licht und Farbe, auf denen die grafischen Darstellungen basieren, die Sie auf dem Bildschirm und später im Ausdruck sehen.

Lichtwellen

Elektromagnetische Wellen eines bestimmten Wellenlängenbereichs können vom menschlichen Auge wahrgenommen werden; diese Wellen werden als **Licht** bezeichnet. Je nach Wellenlänge werden diese Lichtwellen als verschiedene Farben gesehen. Die längsten sichtbaren Lichtwellen haben eine Länge von etwa 800 nm (Nanometer; 1 nm = 10^{-6} m) und werden als rot wahrgenommen, die kürzesten sind ungefähr 400 nm lang und erscheinen violett. Dazwischen liegt das so genannte Farbspektrum mit der vom Regenbogen bekannten Farbfolge rot, orange, gelb, grün, cyan, blau und violett. Wellen, die länger sind als rotes Licht, heißen infrarot, sind sie kürzer als violett, heißen sie ultraviolett. Sehr kurze Wellen sind beispielsweise Röntgen- oder Gammastrahlen; verhältnismäßig lang sind dagegen etwa Radiowellen.

Weißes Licht, wie es etwa die Sonne abstrahlt, ist die gleichmäßige Mischung des gesamten Farbspektrums. Durch ein Prisma lässt sich dieses Licht in die einzelnen Farben des Spektrums zerlegen. Genau dieser Effekt ist für den Regenbogen verantwortlich, denn die Regentropfen dienen dabei als Prisma.

Lichtstrahlen sind übrigens das Einzige, was Sie wirklich sehen können. Wenn Sie einen Gegenstand, eine Person oder ein Bild betrachten, sehen Sie eigentlich nur das Licht, das von ihnen reflektiert wird. Die verschiedenen Farben von Objekten kommen dadurch zustande, dass verschiedene Oberflächen nur einzelne Teile des Farbspektrums reflektieren, andere aber absorbieren.

Wenn Sie also zum Beispiel eine Pflanze als grün wahrnehmen, liegt das daran, dass sie nur grünes Licht reflektiert und alle anderen Farben des Spektrums absorbiert. Genau dasselbe gilt für ein Bild, das auf Papier gedruckt wurde. Betrachten Sie dagegen ein Bild auf einem Monitor oder Fernseher, dann nehmen Sie direkt die Lichtstrahlen wahr, die das Gerät aussendet.

Color-Management

Diese unterschiedliche Art der Erzeugung von Farben auf dem Monitor und im Druck sorgt bei der Bearbeitung von Grafiken und Bildern für Printproduktionen für gewisse Schwierigkeiten: Es ist so gut wie unmöglich, zu erreichen, dass die Farben auf dem Monitor genauso aussehen wie später im Druck. Es ist ein großes Maß an Erfahrung notwendig, um dennoch die richtigen Farbtöne auszuwählen. Moderne Hard- und Software versucht zwar, das Aussehen der Farben über das so genannte Color-Management geräteunabhängig identisch zu halten, aber letztlich hängt das Ganze von zu vielen verschiedenen Faktoren ab. Eine wichtige Rolle spielt beispielsweise die Beleuchtung im Arbeitsraum. Auch

Bauart und Fabrikat des verwendeten Monitors sind entscheidend; darüber hinaus verändern sich die Farbeigenschaften von Monitoren mit zunehmendem Alter.

Farbmodelle

Die Art und Weise, wie Farben im Computer gespeichert werden, hängt vom jeweiligen Verwendungszweck ab. Konkret orientieren sich die so genannten Farbmodelle, auf denen die Speicherung der Farben basiert, am Aufbau des Monitorbildes beziehungsweise an der traditionellen Zusammensetzung von Farben für den Druck.

Farbaddition

Konkret bestehen Monitorbilder aus kleinen Punkten in drei verschiedenen Farben: Rot, Grün und Blau. Alle drei Einzelpunkte bilden zusammen einen **Pixel**, also einen einzelnen Bildpunkt, der mit einer beliebigen Farbe eingefärbt werden kann. Jede der drei Farbkomponenten kann mit unterschiedlicher Leuchtkraft strahlen. Wenn alle drei ihre volle Leuchtkraft erreichen, ergeben sie zusammen weißes Licht. Sind sie dagegen alle ausgeschaltet, sehen Sie an dieser Stelle die Farbe Schwarz. Dieses Verfahren der Mischung von Lichtfarben wird **Farbaddition** genannt, weil von Schwarz aus immer mehr Farbe hinzuaddiert wird, bis schließlich Weiß entsteht.

Beim Druck geschieht im Grunde genommen das Gegenteil. Die so genannten Körper- oder Pigmentfarben, die zum Drucken verwendet werden, werden auf weißes Papier aufgetragen. Als Druckfarben werden die drei Komplementärfarben (gegenteilige Farben) der Lichtfarben verwendet: Cyan (die Komplementärfarbe zu Rot), Magenta (zu Grün) und Gelb (zu Blau).

Rein rechnerisch müsste das Übereinanderdrucken aller drei Druckgrundfarben mit voller Intensität Schwarz ergeben. Dass dies nicht der Fall ist, liegt an den physikalischen Eigenschaften der verwendeten Farbstoffe: Sie weichen stets ein wenig von mathematisch korrektem Cyan, Magenta und Gelb ab. Das Übereinanderdrucken ergibt daher kein Schwarz, sondern irgendein dunkles Grau-Braun. Den Effekt können Sie bei einigen besonders billigen älteren Tintenstrahldruckern beobachten, die nur mit den drei Farben Cyan, Magenta und Gelb drucken.

So gut wie alle höherwertigen Drucker und Druckmaschinen benutzen deshalb in der Praxis echtes Schwarz als vierte Druckfarbe, um Text, Konturen und Kontraste klarer darstellen zu können. Auf diese Weise entsteht der bekannte **Vierfarbdruck** (4C).

Farbsubtraktion

Die Mischung der Druckfarben auf Papier wird als **Farbsubtraktion** bezeichnet, weil die Helligkeit durch das Auftragen von Farbe immer weiter nachlässt.

Für die Speicherung von Farbbildern im Computer entstehen aus diesen Vorgaben zwei verschiedene Farbmodelle: RGB und CMYK.

Für die Bildschirmdarstellung werden Farben im **RGB**-Modus gespeichert, also als Mischung von Rot, Grün und Blau mit unterschiedlicher Intensität. Wird für alle drei Farben der Wert 0 gespeichert, ergibt sich Schwarz; wenn dagegen alle mit ihrem maximalen Wert gespeichert werden, entsteht Weiß. Wie hoch dieser maximale Wert konkret ist, hängt von der verwendeten Farbtiefe ab.

Allgemein gilt, dass derselbe Anteil aller drei Farben Grau ergibt. Je stärker die Werte für die drei Komponenten voneinander abweichen, desto höher ist die **Sättigung** der resultierenden Farbe – sie erscheint »bunter«.

Die Farbcodierung für den Vierfarbdruck ist der **CMYK**-Modus, die Mischung aus den vier Komponenten Cyan, Magenta, Gelb (Yellow) und Schwarz (Black; da B für Blau steht, wird hier der letzte Buchstabe verwendet). Das Farbmodell ist ein wenig komplexer als das RGB-Modell, da es durch die zusätzliche Verwendung von Schwarz häufig mehrere Möglichkeiten gibt, eine bestimmte Farbe darzustellen. Wenn bei diesem Farbmodell alle vier Farben den Wert 0 aufweisen, entsteht Weiß. Wenn Cyan, Magenta und Gelb mit ihrem Maximalwert gespeichert werden, ergibt dies rechnerisch Schwarz; der höchste Wert im Schwarzkanal bedeutet natürlich ebenfalls Schwarz.

Farbseparation

Die Abweichung der Mischung aus Cyan, Magenta und Gelb von reinem Schwarz wird in guten Bildbearbeitungsprogrammen zusammen mit anderen Farbeigenschaften in einem so genannten Farbprofil für das jeweilige Ausgabegerät gespeichert. Dieses Profil dient als Grundlage für die Umrechnung der Monitor-RGB-Darstellung in CMYK. Dieser Umrechnungsprozess wird als Farbseparation bezeichnet.

Es existieren zwei verschiedene Grundarten der Farbseparation: Bei **UCR** (Under Color Removal) werden Cyan, Magenta und Gelb in einem Maß herausgenommen, in dem sie identisch sind, und durch einen entsprechenden Schwarzanteil ersetzt. Dies betont die Tiefen der Farben besser, und es wird insgesamt weniger Druckfarbe benötigt. Bei **GCR** (Grey Component Replacement) werden dagegen auch bestimmte farbige Anteile der drei anderen Farben durch Schwarz ersetzt, was dunklere und stark gesättigte Farben verbessert.

Beachten Sie, dass es neben dem Vierfarbdruck auch noch ein Druckverfahren mit separat hergestellten Pigmentfarben gibt, den so genannten **Volltonfarben**, die auch **Schmuck-** oder **Sonderfarben** heißen. Der unmittelbare Druck solcher Farben ist mitunter erforderlich, da sich nicht jede Farbe des sichtbaren Spektrums durch CMYK-Farben wiedergeben lässt. Sonderfarben gibt es von diversen Herstellern, bekannte Sonderfarbskalen sind etwa HKS oder Pantone. Besonders wichtig sind Sonderfarben, um beispielsweise Metalltöne oder die speziellen Hausfarben mancher Unternehmen drucken zu können. Sämtliche Farben, die sich mit Hilfe von CMYK darstellen lassen, werden dagegen als **Prozessfarben** bezeichnet.

Weitere Farbmodelle

Neben RGB und CMYK, die die Besonderheiten des Monitorbildes beziehungsweise des Ausdrucks berücksichtigen, sind noch zwei weitere Farbmodelle gebräuchlich:

- Beim **HSB**-Modell (Hue, Saturation and Brightness) wird eine Farbe durch die drei Informationen Farbton (Hue), Farbsättigung (Saturation) und Helligkeit (Brightness) dargestellt. Der Farbton wird als Winkel in einem Kreis angegeben, in dem das gesamte Farbspektrum abgebildet ist. Die Sättigung entscheidet, wie blass oder kräftig eine Farbe erscheint; bei einem Sättigungsgrad von 0 ist sie grau. Die Helligkeit schließlich wird in Prozent angegeben: 0 % ist Schwarz und 100 % Weiß.
- Das **Lab**-Modell ist das umfangreichste Farbmodell, RGB und CMYK sind Teilmengen davon. Bei Lab werden zwei Achsen durch den Farbkreis gezogen. Die Achse a verläuft von Rot nach Grün, während b von Blau nach Gelb reicht. Die Farbe wird auf dem Farb-

kreis durch den Schnittpunkt dieser Koordinaten dargestellt. Die Helligkeit (L), der dritte Wert, funktioniert wie gehabt. Der größte Vorteil von Lab ist die Geräteunabhängigkeit, jede Farbe wird exakt und eindeutig beschrieben.

Die Vorstufe des Lab-Modells wurde bereits 1931 von der Commission Internationale d'Eclairage (CIE), einem internationalen Gremium, standardisiert. Es entspricht dem Farbempfinden der meisten Menschen und wird daher als Referenzmodell für Farbkorrekturen eingesetzt. Abgesehen davon rechnen hochwertige Bildbearbeitungsprogramme wie Photoshop intern mit Lab-Farben, damit die Bilder jederzeit verlustfrei in RGB oder CMYK konvertiert werden können.

Die Farbtiefe

Ein weiteres Merkmal, das die für ein digitales Bild gespeicherten Farben betrifft, ist die **Farbtiefe**. Sie besagt, welche Datenmenge für einen einzelnen Pixel gespeichert wird, bestimmt also die Anzahl unterschiedlicher Farben im Bild.

Für RGB-Bilder wird üblicherweise eine Farbtiefe von 24 Bit verwendet: Pro Grundfarbe werden 8 Bit gespeichert, es gibt also je 256 verschiedene Abstufungen von Rot, Grün und Blau. Damit lassen sich über 16,7 Millionen unterschiedliche Farben darstellen. Wenn 32 Bit zur Verfügung stehen, kann zusätzlich zu den drei Farbwerten auch noch ein **Alphakanal** verwendet werden, der den Transparenzgrad für jeden einzelnen Pixel angibt. Bei CMYK-Bildern werden 32 Bit für das eigentliche Bild verwendet, weil jede der vier Grundfarben 8 Bit benötigt. Wirklich genutzt wird diese Datentiefe in der Praxis allerdings nicht, weil die CMYK-Anteile üblicherweise in Prozent und nicht als 8-Bit-Werte zwischen 0 und 255 angegeben werden.

Einige Bilddateiformate beschränken übrigens die Farbtiefe für das gesamte Bild auf deutlich geringere Bit-Breiten. Es gibt beispielsweise Bilder mit nur 16 Bit Farbtiefe (insgesamt 65.536 Farben), wodurch weniger verschiedene Mischungen der jeweiligen Grundfarben möglich sind.

Ein etwas anderer Weg wird bei Bildern beschritten, die insgesamt nur eine Farbtiefe von 8 Bit besitzen: Sie sind jeweils mit einer eigenen Farbpalette oder -tabelle ausgestattet, die die RGB-Werte der verwendeten Farben definiert. Ein solches Bild enthält also maximal 256 Farben, aber sie können beliebig gewählt werden. Farben aus einer durchnummerierten Palette werden als **indizierte Farben** bezeichnet.

Ob die verwendete Farbtiefe überhaupt auf dem Bildschirm angezeigt werden kann, hängt von der Ausstattung der Grafikkarte und vom entsprechenden Treiber ab. Ältere Grafikkarten können möglicherweise nur eine Farbtiefe von 16 Bit (65.536 Farben) oder gar nur 8 Bit (256 Farben) darstellen. Wenn nun ein Bild mit mehr Farben dargestellt werden soll, muss das Betriebssystem nicht vorhandene Farben durch ihre nächsten verfügbaren Nachbarn ersetzen – gerade bei nur 8 Bit Farbtiefe sieht das Ergebnis wenig realistisch aus.

Erfreulicherweise ist so gut wie jeder PC oder Mac, der in den letzten fünf bis zehn Jahren gebaut wurde, in der Lage, 16,7 Millionen Farben (24 Bit RGB) anzuzeigen; bei etwas älteren Geräten lässt sich in der Regel eine Grafikkarte nachrüsten, die diese Funktionalität liefert – beachten Sie lediglich die Anmerkungen über AGP- und PCI-Grafikkarten in Kapitel 3,

Hardware. Wenn eine Grafikkarte 24 oder gar 32 Bit Farbtiefe besitzt, wird dies als True Color bezeichnet, weil sie dadurch jede Farbe einer Bilddatei ohne Umrechnung darstellen kann.

9.1.2 Bildgröße und Auflösung

Zu den Merkmalen, die die Qualität eines Pixelbildes kennzeichnen, gehört neben der Farbtiefe auch die **Bildauflösung**. Sie bestimmt, wie viele Pixel pro Längeneinheit verwendet werden, also wie detailreich das Bild dargestellt wird. Die angegebene Längeneinheit ist meist Inch (Zoll), also 2,54 cm, manchmal aber auch Zentimeter.

Die Druckauflösung

Im Druck und bei der Bildschirmdarstellung wird die Einheit für die Auflösung ein wenig unterschiedlich bezeichnet: Auf dem Bildschirm beziehungsweise bei der Bildbearbeitung spricht man von Pixeln pro Inch (ppi) beziehungsweise Pixeln pro Zentimeter, bei der Ausgabe wird dagegen die Maßeinheit Punkte pro Inch (dpi – dots per inch) beziehungsweise Punkte pro Zentimeter eingesetzt. Der Grund dafür ist einfach: Während Pixel absolut quadratisch sind, sind Druckpunkte je nach Druckverfahren rund oder oval.

Druckraster

Darüber hinaus muss beim Drucken ein weiterer Wert berücksichtigt werden: die so genannte **Rasterweite**. Druckmaschinen, Tintenstrahl- oder Laserdrucker sind in Wirklichkeit gar nicht in der Lage, Farbe mit unterschiedlicher Intensität zu Papier zu bringen. Stattdessen drucken sie unterschiedlich große Punkte, deren Verteilung für die unterschiedlichen Helligkeitswerte sorgt.

Damit aus den vier Druckfarben die gewünschten Mischungen entstehen können, werden ihre jeweiligen Punkte nicht genau übereinander gedruckt, sondern in unterschiedlichen Winkeln. Verbreitet ist beispielsweise die folgende Rasterwinkelverteilung: Cyan 15, Magenta 75, Gelb 0 und Schwarz 45. Dies verhindert darüber hinaus die Entstehung eines Moirée-Effekts, bei dem die unpassende Überlagerung von Linien zu Darstellungsfehlern führt.

Die Rasterweite gibt den Abstand zwischen den Rasterlinien an. Sie wird in Linien pro Zentimeter (l/cm) oder Linien pro Inch (lpi) angegeben. Da neben der unterschiedlichen Größe von Rasterpunkten auch ihre Anzahl innerhalb eines Bereiches für unterschiedliche Helligkeitsabstufungen sorgen kann, werden zum Erreichen einer bestimmten Auflösung weniger Rasterlinien benötigt als erwartet. Beispielsweise verwendet der Standard-Offsetdruck 60 lpi zur Darstellung der Druckauflösung von 300 dpi. Im deutschen Sprachgebrauch bedeutet ein »60er Raster« allerdings in der Regel einen Wert von 60 l/cm – dies entspricht gut 150 lpi. Eine solche Druckqualität wird für höherwertige Printprodukte auf gestrichenem (versiegeltem, glänzendem) Papier verwendet.

Beachten Sie, dass sich die Auflösung für Printproduktionen stets auf die letztendliche Ausgabegröße auf dem Papier bezieht. Die Belichtungsfilme, die beim Offsetdruck einen wichtigen Zwischenschritt bilden, benötigen eine höhere Auflösung als der Ausdruck auf Papier, weil das Papier erheblich größer ist als der Film.

Je nach Bildart und Verwendungszweck werden unterschiedliche Druckauflösungen verwendet:

Druckauflösungen

- Für den Standard-Vierfarbdruck gemischter Text-Bild-Vorlagen wird üblicherweise eine Druckauflösung von 300 dpi verwendet. Entsprechend werden im Bildbearbeitungsprogramm 300 ppi eingestellt, um solche Bilder vorzubereiten.
- Hochwertige Bilddrucke in Fotoqualität, beispielsweise für Hochglanzmagazine oder Bildbände, benötigen Druckauflösungen ab 600 dpi.
- Schwarzweiß- beziehungsweise Graustufendrucke, insbesondere von Strichzeichnungen, werden manchmal in noch höheren Auflösungen gedruckt, etwa mit 1200 dpi.

Die Bildschirmauflösung

Ein Problem mit der Bildschirmauflösung ergibt sich dadurch, dass Sie ein und denselben Bildschirm auf verschiedene Auflösungen einstellen können. Die meisten aktuellen Grafikkarten und Monitore unterstützen mindestens die folgenden Einstellungen:

- 640 x 480 Pixel
- 800 x 600 Pixel
- 1024 x 768 Pixel
- 1280 x 1024 Pixel

Auch diese Werte sind nicht universell gültig, weil es beispielsweise einige Notebook-Monitore oder spezielle Flatscreens mit anderen Proportionen gibt, statt den hier aufgeführten 4:3-Verhältnissen also 16:10 oder gar 16:9 unterstützen. Abgesehen davon werden bei 19-Zoll-Monitoren oder größeren Geräten noch höhere Auflösungen eingesetzt.

Es ist unmöglich, für Monitore eine bestimmte Auflösung pro Längeneinheit anzugeben. Andererseits benötigen Bilddateien aus formalen Gründen einen solchen Wert. Deshalb wird für die Bildschirmdarstellung von Bildern eine rechnerische Auflösung von 72 ppi verwendet. Mit der Realität muss dieser Wert nichts zu tun haben. Die tatsächliche Auflösung ist völlig unterschiedlich, wenn beispielsweise auf einem 15- und auf einem 19-Zoll-Monitor jeweils 1024 x 768 Pixel eingestellt werden.

Grund für 72 ppi

Für die Wahl des Wertes von 72 ppi gibt es dennoch einen guten Grund: Da 72 pt (DTP-Punkt) genau 1 Zoll (Inch) betragen, sorgt diese Auflösung dafür, dass 1 Punkt einer Schriftgröße genau einem Pixel in einem Bild entspricht. Unter Mac OS ist dies übrigens auch von Systemseite der Fall; unter Windows können Sie dagegen zwischen »großen Schriftarten« mit 72 ppi und »kleinen Schriftarten« mit 96 ppi wählen. Dennoch werden auch unter Windows stets 72 ppi für Bildschirmbilder eingestellt.

Abgesehen davon müssen Sie beim Bearbeiten von Bildern für den reinen Bildschirmeinsatz, also für Webseiten oder Multimedia-Produktionen, daran denken, dass die einzige verlässliche Maßeinheit der Pixel ist, während die Bilder für den DTP-Einsatz oft in Zentimetern oder Zoll gemessen werden, weil die absolute Ausgabegröße bekannt ist.

Die Scan-Auflösung

Eine Besonderheit müssen Sie übrigens noch beachten, wenn Sie Bilder mit einem Scanner digitalisieren. Es genügt nicht, ein Bild mit der gewünschten Bildschirm- oder Druckauflösung einzuscannen. Zum einen müssen Sie eventuell einen Skalierungsfaktor beachten: Ist das Bild beispielsweise 30 x 40 mm groß, soll aber mit einer Größe von 60 x 80 mm und einer Auflösung von 300 dpi gedruckt werden, dann müsste das Original schon rein rechnerisch mit 600 dpi gescannt werden, um die doppelte Größe bei gleich bleibender Qualität zu erreichen.

Aber auch dies genügt noch nicht: Da ein Bildpunkt mit einer bestimmten Farbe im ungünstigsten Fall genau zwischen zwei Scanlinien liegen könnte, wird in der Regel noch einmal die doppelte Auflösung verwendet, um diesen Fall auszuschließen und alle Farben und Details des ursprünglichen Bildes berücksichtigen zu können. Diese Verdoppelung der gewünschten Druckauflösung wird als **Qualitätsfaktor** bezeichnet. Ein Qualitätsfaktor von 1,5 ist gerade noch ausreichend; 2 ist optimal. Ein noch höherer Faktor bringt keine weitere Verbesserung mehr, sondern ermöglicht es Ihnen höchstens, das Bild später in einer größeren Ausgabegröße einzusetzen als ursprünglich geplant.

Das Shannon- oder Nyquist-Theorem, das dem Qualitätsfaktor zugrunde liegt, wird in Kapitel 11, *Multimedia*, im Zusammenhang mit der Digitalisierung von Sound erläutert.

Letzten Endes ergibt sich also für die Scan-Aufösung die folgende Formel:

Scan-Auflösungsformel

Vorlagengröße x Skalierungsfaktor x Qualitätsfaktor (2)

Angenommen, ein ursprünglich 15 x 20 mm großes Bild soll mit einer Breite von 40 mm und der Druckauflösung 300 dpi ausgegeben werden. Der Skalierungsfaktor beträgt in diesem Fall 40:15, also 2,67. Die benötigte Scan-Auflösung ist somit folgende:

$300 \times 2{,}67 \times 2 \approx 1600$

9.2 Bildbearbeitung mit Adobe Photoshop

In diesem Abschnitt erhalten Sie einen Überblick über die wichtigsten Funktionen des Bildbearbeitungsprogramms Adobe Photoshop CS[2]. Natürlich kann in diesem Rahmen nicht einmal ein Bruchteil der Funktionsvielfalt dieser Anwendung dargestellt werden.

Abbildung 9.1 zeigt zunächst einen Überblick über die gesamte Arbeitsoberfläche von Photoshop. Links oben sehen Sie die Werkzeugpalette mit ihren Unmengen von Auswahl-, Mal- und Vektorwerkzeugen, daneben befindet sich ein Dokumentfenster mit aktivierten Linealen und Hilfslinien, rechts sind einige wichtige Paletten zu erkennen und am oberen Rand, unmittelbar unter dem Menü, befinden sich die Werkzeugoptionen.

Nachdem Sie eine Bilddatei geöffnet, eine Vorlage eingescannt oder Bilddaten von einer Digitalkamera importiert haben, befindet sich das zu bearbeitende Bild in einem Dokumentfenster. In Photoshop können Sie beliebig viele Dokumente zur gleichen Zeit bearbeiten; die Inhalte der meisten Paletten beziehen sich dabei jeweils auf das aktivierte Dokument.

2 CS (Creative Suite) ist die gemeinsame Bezeichnung der aktuellen Adobe-Produktlinie. Numerisch handelt es sich um die Photoshop-Version 8.

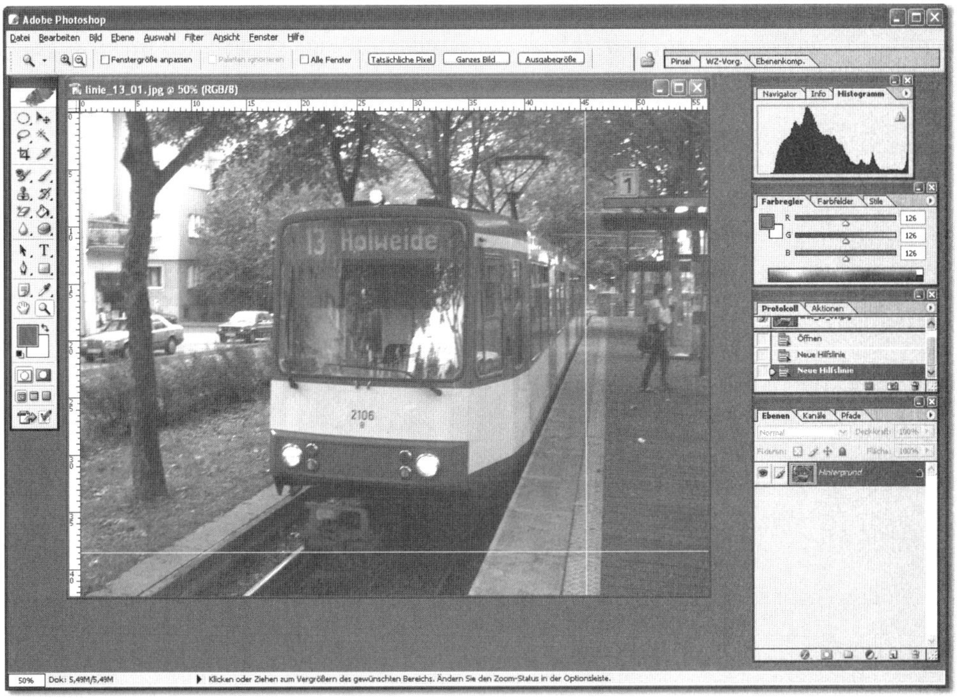

Abbildung 9.1 Übersicht über die Arbeitsoberfläche von Adobe Photoshop CS

9.2.1 Auflösung, Farbmodus und Farbtiefe einstellen

Die weiter oben besprochenen Bildeigenschaften Auflösung, Farbmodelle und Farbtiefe spielen auch bei der Arbeit in Photoshop eine wichtige Rolle. Deshalb ist es üblich, sie als Erstes einzustellen, bevor andere Arbeiten ausgeführt werden.

Bildgröße und Auflösung

Die Bildgröße und die Auflösung werden im Dialog **Bild · Bildgröße** eingestellt, der in Abbildung 9.2 zu sehen ist. Zu beachten ist, dass in diesem Dialogfeld im Grunde zwei verschiedene Einstellungen vorgenommen werden können: die tatsächliche Bildgröße in Pixeln und die auflösungsabhängige Ausgabegröße, meist in cm oder Inch.

Im oberen Teil des Dialogs wird die tatsächliche Pixelgröße angezeigt. Veränderbar ist sie nur, wenn ganz unten **Bild neu berechnen** angekreuzt ist. Bequemerweise können Sie von Pixeln auf Prozent umschalten.

Im unteren Teil werden die Ausgabegröße und die mit ihr zusammenhängende Auflösung eingestellt – die Bezeichnung »Dateigröße« basiert wohl auf einer unkorrekten Übersetzung. Wenn Sie das Neuberechnen ausschalten und die Bildgröße erhöhen, verringert sich entsprechend die Auflösung und umgekehrt. Für die Größe können Sie viele verschiedene

Maßeinheiten wählen. Die typographischen Einheiten Punkt und Pica werden im nächsten Kapitel, *DTP und digitale Druckvorstufe*, genau erläutert, alle anderen sollten Ihnen geläufig sein.

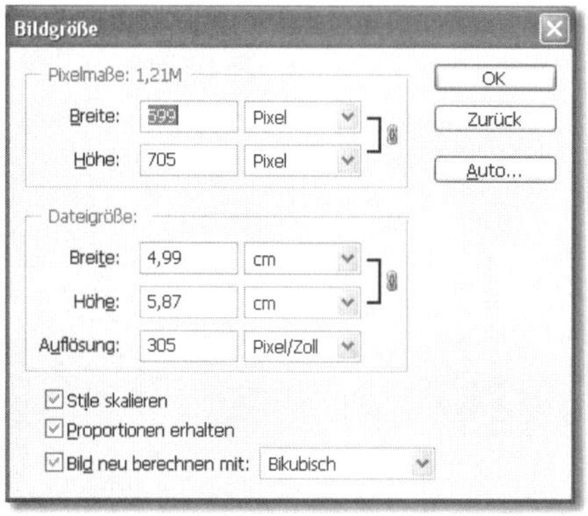

Abbildung 9.2 Der Photoshop-Dialog »Bild • Bildgröße«

Die Option **Auto** ermöglicht die automatische Berechnung von Bildgröße und Auflösung nach der gewählten Rasterweite. Recht nützlich ist auch die Einstellung **Proportionen beibehalten**: Sie dient dazu, Änderungen der Breite und der Höhe aufeinander abzustimmen und betrifft beide Arten von Größenangaben.

Interpolationsverfahren für Skalierungen

Für die Neuberechnung stehen verschiedene mathematische Verfahren zur Verfügung, die je nach Bildart unterschiedlich gut geeignet sind:

- Die **Pixelwiederholung** fügt einfach die benötigte Anzahl von Pixeln hinzu oder entfernt sie. Geeignet ist dieses Verfahren besonders für grafische Darstellungen mit wenigen, flächigen Farben und klaren Konturen.
- Die **bilineare Interpolation** betrachtet vor der Vergrößerung oder Verkleinerung die Farben der beiden oben und unten beziehungsweise links oder rechts vom aktuellen Pixel befindlichen Nachbarpixel. Sie ist glatter als die Pixelwiederholung.
- Bei der **bikubischen Interpolation** werden sogar die Farben aller acht umgebenden Pixel miteinbezogen. Das Ergebnis ist ein besonders stark geglättetes Bild; das Verfahren ist besonders gut für Fotos und andere halbtonreiche Bilder geeignet.
- Neu in der aktuellen Version sind die beiden Varianten **bikubisch (glatter)** und **bikubisch (schärfer)**, die den Glättungseffekt dieser Interpolationsmethode etwas verstärken beziehungsweise abmildern.

Beachten Sie, dass keines der drei Rechenverfahren bei einer Vergrößerung Details hinzuerfinden kann, die im ursprünglichen Bild nicht enthalten waren. Deshalb ist von einer Vergrößerung, die mehr als etwa das Doppelte ausmacht, in den meisten Fällen dringend abzuraten.

Abbildung 9.3 zeigt zur Verdeutlichung untereinander einen Fotoausschnitt und einen einfarbigen Kreis mit nicht geglättetem Rand, die beide mit den Interpolationsmethoden bikubisch beziehungsweise Pixelwiederholung achtfach (ausschnitts-)vergrößert wurden.

Abbildung 9.3 Die verschiedenen Interpolationsmethoden beim Vergrößern am Beispiel eines Fotos (oben) und einer Zeichnung (unten). Von links nach rechts: Originalgröße, bikubisch, Pixelwiederholung

Übrigens werden die drei Interpolationsmethoden nicht nur für die Änderung der gesamten Bildgröße verwendet, sondern auch für die Transformation (Skalierung, Rotation, Verzerrung) von Auswahlen oder Ebenen. Innerhalb der Transformationsdialoge kann die Art der Interpolation allerdings nicht ausgewählt werden; zuständig ist in diesem Fall die Voreinstellung **Interpolation** unter **Bearbeiten · Voreinstellungen · Allgemeine** beziehungsweise [Strg] + [K].

Wenn Sie lediglich die Größe Ihres Bildes, aber nicht die Größe der dargestellten Objekte ändern möchten, funktioniert dies unter **Bild · Arbeitsfläche**. Sie können hier in unterschiedlichen Maßeinheiten eine neue Breite und Höhe angeben; mit den Auswahlfeldern darunter können Sie bestimmen, wo das bisherige Bild in die neue Arbeitsfläche eingesetzt werden soll. Wenn Sie **Relativ** wählen, brauchen Sie nur den Wert anzugeben, um den Ihre Arbeitsfläche vergrößert beziehungsweise verkleinert werden soll. Bei Verkleinerungen erhalten Sie zunächst eine entsprechende Warnmeldung.

Zu unterscheiden sind diese Einstellungen übrigens von Änderungen der Ansichtsgröße oder des Zoomfaktors, die das Bild selbst nicht ändern. Mit dem **Lupenwerkzeug** (Taste [Z]) können Sie die Bildansicht mit jedem Klick um eine Stufe vergrößern; [Alt] + Klick verkleinert wieder um eine Stufe. Dasselbe erledigen die Tastenkombinationen [Strg] + [+] beziehungsweise [Strg] + [-]. Ein Doppelklick auf das Lupenwerkzeug selbst oder [Strg] + [Alt] + [0] stellt die Originalgröße (100 %) wieder her; [Strg] + [0] stellt die

Größe dagegen so ein, dass das Dokumentfenster mit dem ganzen Bild genau in den Arbeitsbereich von Photoshop passt.

Farbmodus und Farbtiefe

Die weiter oben bereits theoretisch besprochenen Farbmodelle lassen sich in Photoshop durch verschiedene **Farbmodi** darstellen. Im Menü **Bild Modus** können Sie die folgenden Farbeinstellungen vornehmen:

- Der Modus **Bitmap** ist ein »Bitmap« im engeren Sinne, da für jeden Pixel nur noch ein einziges Bit verwendet wird. Die einzelnen Pixel sind also entweder weiß oder schwarz. Dieser Modus lässt sich nur aus dem Graustufenmodus heraus erstellen und ist beispielsweise als Fotokopier- oder Faxvorlage geeignet. Die konkrete Art der Umrechnung der Graustufen in schwarze und weiße Pixel kann unter **Methode verwenden** eingestellt werden.

  Beispielsweise stellt **Schwellenwert** einfach alle Pixel, die dunkler sind als ein bestimmter Grauton, schwarz und alle anderen weiß. **Diffusion-Dither** beziehungsweise **Muster-Dither** erstellen dagegen aus den verschieden hellen Graustufen ein unregelmäßiges beziehungsweise regelmäßiges Muster, das umso mehr schwarze Pixel enthält, je dunkler eine bestimmte Stelle ist.
- **Graustufen** sind zur Erstellung von Schwarzweißabbildungen aus Farbfotos gedacht. Sie können auch die Option **Bild · Einstellungen · Sättigung verringern** zum Entfärben verwenden, wodurch der ursprüngliche Farbmodus des Bildes bestehen bleibt. Allerdings besitzt der Wechsel in den offiziellen Graustufenmodus einen Vorteil: Die Farben werden »gewichtet« in Graustufen umgewandelt, was der Realität entspricht, weil bestimmte Farben heller empfunden werden als andere – beispielsweise erscheint Rot erheblich dunkler als Grün trotz desselben rechnerischen Helligkeitswertes. Bei der Funktion »Sättigung verringern« wird dagegen einfach der HSB-Sättigungswert auf 0 gestellt; die mathematischen Helligkeiten bleiben erhalten.
- **Duplex** dient dem Drucken mit Sonderfarben. Statt der Graustufen können eine oder mehrere spezielle Druckfarben eingestellt werden. Sie können eine bis vier Farben (Sonderfarbe, Duplex, Triplex, Quadruplex) und ihre jeweiligen Helligkeitsverteilungen wählen, für die Auswahl jeder einzelnen Farbe steht der gewöhnliche Photoshop-Farbwähler zur Verfügung.
- **Indizierte Farben** sind für Bilder mit insgesamt nur 8 Bit Farbtiefe gedacht. Bei der Konvertierung in diesen Modus müssen Sie eine Farbtabelle auswählen, auf die die Farben des Bildes gekürzt beziehungsweise verteilt werden sollen. Sie können sich entweder für eine an das Bild angepasste Palette (selektiv, perzeptiv oder adaptiv) oder eine vorgegebene Palette (Web, Betriebssystem) entscheiden. Da das Thema indizierte Farben für das Screendesign in den Bereichen Multimedia und Webdesign besonders wichtig ist, wird es in Kapitel 16, *HTML, CSS und Webdesign*, ausführlich am Beispiel von Macromedia Fireworks behandelt.
- **RGB** wurde weiter oben bereits ausführlich besprochen – es handelt sich um den Standardmodus für Bildschirmbilder. Beachten Sie, dass eine Reihe spezieller Photoshop-Funktionen nur für RGB-Bilder zur Verfügung stehen, sodass der Wechsel in einen anderen Modus oft erst als letzter Schritt erfolgt.

- Auch **CMYK** wurde bereits diskutiert. Die Farbseparation, also die Konvertierung von RGB in CMYK, sollte zunächst mittels **Bearbeiten · Farbeinstellungen** angepasst werden. Da für den Druck nicht alle RGB-Farben zur Verfügung stehen und sich die Druckfarben verschiedener Geräte voneinander unterscheiden, ist die richtige Gewichtung der Farben bei der Umwandlung sehr wichtig.
- Der Wechsel zur **Lab-Farbe** von RGB oder CMYK aus ist dagegen vollkommen unproblematisch: Der Lab-Farbraum enthält sowohl den vollständigen RGB- als auch den kompletten CMYK-Farbraum als Teilmengen. Lab-Bilder erhalten Sie oft als Ergebnis, wenn Sie Bilder mit hochwertiger Scansoftware einscannen.
- Der Modus **Mehrkanal** ähnelt dem Duplex-Modus, er dient ebenfalls dem Drucken mit mehreren Sonderfarben. Allerdings kann jeder Farbkanal über einen individuellen Inhalt verfügen. Dies macht den Mehrkanalmodus erheblich flexibler als den Duplex-Modus.

Die restlichen Einstellungen im Menü **Bild · Modus** dienen beispielsweise der Auswahl zwischen 8 und 16 Bit pro Farbkanal (Letzteres wird nur extrem selten eingesetzt) oder der direkten Wahl eines Farbprofils für die CMYK-Konvertierung (**Bild · Modus · In Profil konvertieren**).

Je nachdem, welchen Modus Sie eingestellt haben, können Sie in der Kanäle-Palette (**Fenster · Kanäle**) unterschiedliche einzelne Farbkanäle sehen. Durch Anklicken der einzelnen Kanäle oder die Tastenkombinationen `Strg` + `1`, `Strg` + `2` und so weiter können Sie die Inhalte der Kanäle einzeln betrachten; mit `Strg` + `<` kommen Sie zurück zum »Gesamtkanal«. Kanäle werden im folgenden Unterabschnitt genauer besprochen, in dem es um diverse Auswahlmöglichkeiten geht.

9.2.2 Auswahlwerkzeuge und -techniken

Bei einer so umfangreichen Werkzeugpalette, wie Photoshop sie zu bieten hat, ist es nicht ratsam, die Funktionen sämtlicher Werkzeuge in einer einzigen Liste zu beschreiben, wie es in diesem Buch bei anderen Programmen wie InDesign oder Flash getan wird. Stattdessen wird die Photoshop-Werkzeugleiste hier nach einzelnen Funktionsgruppen getrennt behandelt, und zwar jeweils zusammen mit den passenden Menübefehlen und Optionen.

Den obersten Abschnitt der Werkzeugpalette bilden die diversen Arten von Pixel-Auswahlwerkzeugen. Das Auswählen von Bildteilen ist wahrscheinlich die wichtigste Funktion in der Bildbearbeitung, weil nur sie es Ihnen ermöglicht, Bildcomposings herzustellen, unerwünschte Hintergründe zu entfernen oder Bildausschnitte zu verwenden.

In der folgenden Aufzählung werden die Auswahlwerkzeuge in der Werkzeugpalette beschrieben. Allerdings wird nicht für jedes einzelne Werkzeug ein eigener Aufzählungspunkt verwendet, sondern für jedes Feld in der Palette. Diejenigen Felder, die rechts unten einen kleinen Pfeil aufweisen, enthalten mehrere Werkzeuge, die Sie erreichen können, wenn Sie die Maustaste länger gedrückt halten.

- **Auswahlrechteck** (Taste `M`), **Auswahlellipse** (ebenfalls `M`), **Einzelne Zeile** und **Einzelne Spalte**: Mit Hilfe dieser Werkzeuge können Sie einen regelmäßigen Pixelbereich auswählen.

Das Auswahlrechteck wählt einen rechteckigen Bereich aus. Wenn Sie beim ersten Auswählen die [Shift]-Taste festhalten, wird ein Quadrat aufgezogen; mit gedrückter [Alt]-Taste wird das Rechteck oder Quadrat von der Mitte aus erzeugt. Wenn Sie das Werkzeug mehrmals verwenden, fügt [Shift] dagegen weitere Bereiche zur Auswahl hinzu, [Alt] entfernt sie von der Auswahl. Die Ellipse funktioniert genauso.

Die beiden anderen Auswahlwerkzeuge wählen, wie die Bezeichnung vermuten lässt, eine einzelne Pixelzeile oder -spalte aus. Dies kann nützlich sein, um unsaubere Ränder auszubessern.

In der Optionsleiste können Sie weitere Einstellungen für die Auswahl vornehmen: Bei allen vier Werkzeugen können Sie eine **Weiche Auswahlkante** hinzufügen – um die eigentliche Auswahl herum entsteht ein Rand mit der angegebenen Anzahl von Pixeln, in dem die Auswahl allmählich ausläuft. Die Pixel innerhalb dieses Bereichs sind also nicht mit voller Deckkraft ausgewählt, sondern nur teilweise – Malwerkzeuge und andere Änderungen wirken nur zu einem bestimmten Prozentsatz auf sie.

Bei der Ellipse können Sie zusätzlich die Option **Glätten** aktivieren – ähnlich wie bei der weichen Kante werden die Pixel am Rand der Ellipse mit unterschiedlicher Deckkraft ausgewählt. Die Art der Kantenglättung mit einem allmählichen Übergang zur Hintergrundfarbe, die durch eine solche Auswahl entsteht, wird als **Anti-Alias** bezeichnet. Sie ist für eine glatte Bildschirmdarstellung notwendig, weil Pixel quadratisch sind, sodass diagonale Linien oder Kurven sonst treppenförmig wirken.

- Das **Verschiebewerkzeug** (Taste [V]) verschiebt die aktuelle Auswahl oder – falls nichts ausgewählt ist – die aktuelle Ebene. Das Verschieben kann mit der Maus oder präziser mit den Pfeiltasten geschehen. Ziehen bei gedrückter [Shift]-Taste beschränkt die Bewegungsfreiheit auf eine geradlinige Richtung; [Alt] dupliziert die Auswahl, statt sie nur zu verschieben.
- Die verschiedenen **Lasso-Werkzeuge** (jeweils Taste [L]) dienen der Erstellung nichtgeradliniger Auswahlen. Mit dem normalen **Lasso** können Sie eine beliebige Freihandauswahl aufziehen, das **Polygon-Lasso** erstellt bei jedem Klick eine weitere Kante eines beliebigen Vielecks und das **Magnetische Lasso** orientiert sich automatisch an Konturen beziehungsweise Farbkontrasten, an denen Sie es entlangziehen. Die Auswahl mit dem normalen Lasso kann einfach durch Loslassen der Maustaste abgeschlossen werden, die beiden anderen Arten der Lasso-Auswahl werden per Doppelklick beendet.
- Der **Zauberstab** (Taste [W]) wählt Pixel aus, die eine ähnliche Farbe besitzen wie der gerade angeklickte. Die wichtigste Option ist die **Toleranz**, die bestimmt, wie ähnlich sich Farben sehen müssen, um durch den Zauberstab ausgewählt zu werden. Der Wert 0 lässt nur exakt dieselbe Farbe zu; 255 wählt alle Pixel ohne Unterschied aus. Die dazwischen liegenden Werte repräsentieren entsprechend verschieden große Farbunterschiede.

  Die Option **Benachbart** beschränkt die Auswahl auf jeden Fall auf zusammenhängende Pixel. Wenn Sie sie ausschalten, werden Pixel mit der angeklickten Farbe auf der gesamten Ebene oder – falls die Option **Alle Ebenen einbeziehen** ebenfalls aktiviert wird – im gesamten Bild ausgewählt. Wenn Sie nur benachbarte Pixel ausgewählt haben, es sich dann aber anders überlegen, können Sie nachträglich den Menübefehl **Auswahl • Ähnliches auswählen** ausführen.

- Das **Freistellungswerkzeug** (Taste [C]) ermöglicht es, einen rechteckigen Bereich auszuwählen (und mit Randanfassern beliebig zu verschieben), der anschließend per Doppelklick oder mit Hilfe des Bestätigungs-Buttons in der Optionsleiste zur neuen Arbeitsfläche gemacht werden kann. Bei einer normalen Rechteckauswahl erfüllt **Bild · Freistellen** dieselbe Aufgabe.
- Das **Slice-Werkzeug** (Taste [K]) ermöglicht ebenfalls eine rechteckige Auswahl. Das Ergebnis dieser Auswahl sind nummerierte Bereiche, die einzeln als Dateien exportiert und mit aktiven Funktionen für Websites versehen werden können. Das auf derselben Taste befindliche **Slice-Auswahl-Werkzeug** ermöglicht das Anwählen der einzelnen erstellten Slices, um ihre Optionen einzustellen. In Kapitel 16, *HTML, CSS und Webdesign*, werden die entsprechenden Werkzeuge von Macromedia Fireworks besprochen.

Auswahlbefehle

Neben diesen Werkzeugen gibt es eine Reihe von Menüoptionen und weitere Möglichkeiten, Auswahlen zu erstellen. Die wichtigsten von ihnen befinden sich im Menü **Auswahl**. **Alles auswählen** ([Strg] + [A]) wählt das gesamte Bild beziehungsweise sämtlichen Inhalt der aktuellen Ebene aus, **Auswahl aufheben** ([Strg] + [D]) hebt jegliche Auswahl auf. Sehr nützlich ist oft auch die Option **Auswahl umkehren** ([Strg] + [Shift] + [I]), die die aktuelle Auswahl inklusive einer eventuellen weichen Auswahlkante in ihr genaues Gegenteil verkehrt.

Der Befehl **Auswahl · Farbbereich auswählen** ermöglicht ein ähnliches Auswahlverfahren wie der Zauberstab, allerdings in einem kompakten Dialog mit Vorschau und mehr Optionen.

Weiche Auswahlkante ermöglicht auch noch nachträglich das Erstellen der bereits angesprochenen weichen Kante. Die Optionen unter **Auswahl verändern** ermöglichen das Vergrößern oder Verkleinern der Auswahl, das Erstellen eines abgerundeten Bereichs sowie einer Umrandung.

Auswahl vergrößern und **Ähnliches auswählen** ermöglichen das Auswählen benachbarter beziehungsweise über das Bild verteilter farbähnlicher Pixel. Ausschlaggebend ist die Toleranzeinstellung des Zauberstabwerkzeugs.

Mit Hilfe von **Auswahl transformieren** können Sie die weiter unten für Ebenen besprochenen Transformationsoptionen mit einer Auswahl durchführen.

Mit Farb- und Alphakanälen arbeiten

Es ist zunächst einmal eine interessante Frage, was Farbkanäle und Auswahlen miteinander zu tun haben. Dafür ist es erforderlich, zu verstehen, was eigentlich genau ein Kanal ist: Es handelt sich im Grunde um ein eigenständiges Graustufenbild. Der Grauwert eines Pixels innerhalb eines Kanals bestimmt die Intensität der Farbe dieses Kanals an der entsprechenden Stelle. Die Wirkung der Kanäle können Sie folgendermaßen leicht nachvollziehen:

1. Erstellen Sie mittels **Datei · Neu** eine neue Bilddatei. Wählen Sie den Modus RGB, eine Bildgröße von beispielsweise 500 x 500 Pixeln und die rechnerische Bildschirmauflösung von 72 Pixeln pro Inch.

2. Wählen Sie als Vordergrundfarbe (linkes oberes Quadrat im Farbbereich der Werkzeugpalette) Schwarz aus.
3. Wählen Sie das Pinselwerkzeug aus und stellen Sie in der Optionsleiste eine einigermaßen dicke Werkzeugspitze (zum Beispiel 13 Pixel) ein.
4. Schalten Sie nun in der Kanäle-Palette durch einen Klick auf den Palettennamen nacheinander auf die drei einzelnen Farbkanäle Rot, Grün und Blau um, und malen Sie mit dem Pinsel jeweils einige Striche hinein.
5. Aktivieren Sie nun wieder die RGB-Ansicht. Wie Sie feststellen werden, sind die in den Rot-Kanal gemalten Striche cyan, die in den Grün-Kanal gesetzten magenta und die in den Blau-Kanal gezeichneten gelb. Die Striche erscheinen also in der Komplementärfarbe des jeweiligen Kanals.

Dieses Phänomen ist leicht zu erklären: Weiß bedeutet beim RGB-Schema, dass alle drei Grundfarben ihre volle Intensität besitzen – weißes Licht ist das hellste, das es gibt. Beim Erstellen eines neuen, weißen Bildes sind also alle Pixel in den drei Kanälen mit dem höchsten denkbaren Farbwert gefüllt. Wenn Sie nun beispielsweise in den Rot-Kanal Schwarz malen, bleibt die völlige Abwesenheit von Rot übrig: die Komplementärfarbe Cyan.

Wenn Sie dieselbe Übung mit einem CMYK-Bild wiederholen, geschieht interessanterweise das Gegenteil: Malen in den Cyan-Kanal erzeugt tatsächlich einen cyanfarbenen Bereich. Bei Magenta und Gelb funktioniert es entsprechend: Die subtraktive Farbmischung sieht Weiß als Nichtvorhandensein von Farbe an, wenn Sie nun einen der vier CMYK-Kanäle mit Schwarz füllen, besitzt seine jeweilige Farbe an den entsprechenden Stellen die volle Intensität.

Eine Auswahl ist nichts anderes als ein auf spezielle Art und Weise dargestellter Kanal, bei dem Weiß für vollständig ausgewählt und Schwarz für gar nicht ausgewählt steht. Die Graustufen dazwischen sind für Auswahlen mit geringerer Intensität geeignet, beispielsweise für die bereits erwähnten weichen Auswahlkanten.

Auswahl speichern/laden

Ganz unten in der Kanäle-Palette gibt es deshalb zwei Buttons, um den aktuellen Kanal als Auswahl zu laden beziehungsweise die bestehende Auswahl als neuen Kanal zu speichern. Alternativ können Sie auch die Funktionen **Auswahl • Auswahl laden** beziehungsweise **Auswahl speichern** aus dem Menü verwenden.

Wenn Sie eine Auswahl als Kanal speichern, wird dieser neue Kanal als **Alphakanal** gespeichert. Sie können einen Alphakanal in der Kanäle-Palette aktivieren und ganz normal mit schwarzer oder weißer Farbe und beliebigen Malwerkzeugen hineinzeichnen, um die entsprechende Auswahl zu modifizieren.

Ebenso kann es sich lohnen, einen bestehenden Farbkanal zu duplizieren, um ihn als Auswahl zu verwenden. Ziehen Sie ihn dazu in der Kanäle-Palette auf den Button für einen neuen Kanal (das weiße Dokumentsymbol) und wandeln Sie ihn anschließend wie beschrieben in eine Auswahl um. Natürlich können Sie auch Helligkeit oder Kontrast des Kanals ändern oder ihn mit Malwerkzeugen bearbeiten, um die Auswahl zu perfektionieren.

Interessant ist in diesem Zusammenhang auch die Arbeit mit dem **Maskierungsmodus**: Wenn Sie in der Werkzeugpalette auf den rechten Button unter den Farboptionen klicken, dienen die weiter unten besprochenen gewöhnlichen Malwerkzeuge nicht mehr dem Farbauftrag, sondern der Maskierung. Nach dem Zurückschalten in den Standardmodus durch Klick auf den linken Button sind die nicht maskierten Bereiche ausgewählt.

Maskierungsmodus

Transformationen

Nachdem Sie eine Auswahl erstellt haben, besteht eine der wichtigsten Aufgaben in der Erstellung von **Transformationen**, also Änderungen der Größe, des Winkels oder der Verzerrung.

Die einfachste Art und Weise, eine Transformation einzuleiten, besteht darin, die Option **Bearbeiten • Frei Transformieren** zu wählen beziehungsweise [Strg] + [T] auszuwählen. Die Auswahl oder die aktuelle Ebene wird mit einem Rahmen versehen, der verschiedene Anfasser enthält: Ziehen an den Außenanfassern selbst ermöglicht die Skalierung in die jeweilige Richtung, Ziehen außerhalb der Anfasser dreht die Auswahl um den gewählten Winkel. Für die Drehung ist der Mittelpunkt relevant, den Sie ebenfalls verschieben können.

Frei transformieren

In der Optionen-Leiste können Sie die einzelnen Transformationsschritte alternativ per Eingabe vornehmen. Ein Klick auf den dort befindlichen Bestätigungs-Button, [Enter] oder ein Doppelklick auf die Auswahl bestätigt die Transformation und führt sie mit der zuvor eingestellten Interpolation durch.

Im Menü **Bearbeiten • Transformieren** finden Sie darüber hinaus weitere Optionen wie Spiegeln, Drehen um bestimmte, häufig benötigte Winkel oder **Perspektivisch Verzerren** (ein Bild in eine bestimmte Richtung verwerfen, um es in eine bestimmte Perspektive eines anderen Bildes einzupassen).

Farbkorrekturen

Auswahlen werden auch häufig verwendet, um **Farbkorrekturen** und ähnliche Anpassungen durchzuführen. Die meisten dieser Optionen finden Sie im Menü **Bild • Anpassen**. Es folgt eine Übersicht über die wichtigsten von ihnen:

- Die **Tonwertkorrektur** ([Strg] + [L]) ermöglicht die genaue Regelung des Farbbereichs eines Bildes. In der oberen Hälfte des Dialogs können Sie die **Tonwertspreizung** einstellen, das heißt das Spektrum der im Bild vorhandenen Tonwerte – und zwar sowohl für die gesamte RGB-Mischung als auch für jeden Farbkanal einzeln. Wenn Sie den linken Anfasser (Schwarz) nach rechts bewegen, werden alle links davon liegenden Farben schwarz, das Bild wird insgesamt dunkler. Ebenso wird die Auswahl heller und besteht aus insgesamt weniger verschiedenen Farben, wenn Sie den rechten Anfasser (Weiß) nach links verschieben. Der mittlere Anfasser regelt schließlich die Position des 50%-Grau-Punkts.

  Alternativ können Sie die drei Punkte auch festlegen, indem Sie die entsprechenden Pipetten-Schaltflächen aktivieren und anschließend passende Bereiche im Bild selbst anklicken.

Die Häufigkeitsverteilung der Farben wird übrigens als **Histogramm** angegeben; dieses können Sie auch separat mittels **Fenster · Histogramm** ansehen. Bei Fotos sollte sich hier eine harmonische Kurve befinden; bei Grafiken oder anderen Bildern mit wenigen Farben werden Sie eher vereinzelte Säulen sehen.

Der **Tonwertumfang** bestimmt, welche Tonwerte absolut gesehen im Bild vorkommen. Wenn Sie also an einem der beiden Enden Töne wegnehmen, besitzt die Auswahl beziehungsweise der entsprechende Kanal kein völliges Schwarz oder absolutes Weiß mehr.

- Die **Auto-Tonwertkorrektur** versucht, ein über- oder unterbelichtetes Foto oder eine Abbildung schlecht beleuchteter Gegenstände automatisch auszugleichen. Bei einem guten Foto dürfte sich durch diese Option keine Änderung ergeben.
- **Auto-Kontrast** und **Auto-Farbe** arbeiten ebenso automatisch, kümmern sich aber nur um den jeweiligen Teilaspekt der Farbanpassung.
- Mit Hilfe der **Gradationskurven** (Strg + M) können Sie die Tonwertverteilung noch genauer einstellen.
- Die **Farbbalance** (Strg + B) ermöglicht einen Ausgleich von Farbstichen, indem sie die getrennte Gewichtung der Tiefen, Mitteltöne und Lichter der Auswahl zwischen den Komplementärfarben Rot und Cyan, Grün und Magenta sowie Blau und Gelb ermöglicht.
- Die Option **Farbton/Sättigung** (Strg + U) bietet Gelegenheit, die einzelnen Aspekte des Lab-Farbaufbaus einzeln einzustellen. Über Farbton, Farbsättigung und Lab-Helligkeit können Sie versuchen, aus blassen, stichigen oder sonst wie minderwertigen Bildern mehr herauszuholen.
- Mit Hilfe von **Tiefen/Lichter** können Sie die besonders dunklen und hellen Bereiche eines Bildes jeweils separat anpassen, ohne die Mitteltöne zu beeinflussen.
- Über die Einstellung **Umkehren** werden alle Farben eines Bildes in ihr Gegenteil verkehrt. Nützlich ist dies beispielsweise für eingescannte Negative.
- Mit Hilfe von **Variationen** können Sie schrittweise Farbton-, Helligkeits- und Kontraständerungen eines Bildes beziehungsweise einer Auswahl ausprobieren.

9.2.3 Malwerkzeuge und Malfunktionen

Photoshop verfügt über eine Reihe verschiedener Malwerkzeuge und -funktionen. Sie werden an dieser Stelle nicht in der Reihenfolge behandelt, in der sie in der Werkzeugpalette vorkommen, sondern nach ihrer Wichtigkeit. Speziellere Malwerkzeuge werden hier nicht behandelt.

- Der **Pinsel** (Taste B) und der auf demselben Feld der Werkzeug-Palette befindliche **Buntstift** (ebenfalls B) dienen dem Auftragen von Farbe auf die aktuelle Ebene. Der einzige wichtige Unterschied zwischen ihnen besteht darin, dass der Pinsel eine weiche Kante besitzen kann, während beim Buntstift stets ein harter Übergang von den bemalten zu den nicht bemalten Pixeln gebildet wird.

  In der Optionen-Leiste gibt es eine Reihe interessanter Einstellungen, die Sie für die beiden Werkzeuge vornehmen können. Als Erstes wird der **Werkzeugdurchmesser** eingestellt, er bezieht sich auf die im Feld ganz rechts konkret ausgewählte Werkzeugspitze.

Die Einstellung **Modus** bezeichnet die Art und Weise, wie die Farbe auf den Untergrund aufgetragen wird:

- **Normal** trägt die gewählte Farbe einfach gleichmäßig auf den Untergrund auf.
- **Sprenkeln** ergibt nur mit verringerter Deckkraft einen Sinn: Statt den gesamten Bereich gleichmäßig mit weniger stark deckender Farbe zu füllen, werden immer weniger einzelne Pixel mit voller Deckkraft gestreut.
- **Dahinter auftragen** bemalt nur die transparenten Bereiche einer Ebene. Dies funktioniert nicht bei Hintergrundebenen oder bei fixierter Transparenz (siehe unten).
- **Löschen** fügt statt der Farbe Transparenz hinzu. Auch dies funktioniert nicht bei Hintergrundebenen.
- **Abdunkeln** trägt die Malfarbe nur an den Stellen auf, die bisher mit einer helleren Farbe bedeckt sind.
- **Multiplizieren** multipliziert die vorhandene Farbe mit der aufgetragenen, sodass das Ergebnis bei jedem Malstrich dunkler wird.
- **Farbig nachbelichten** dunkelt die vorhandene Farbe durch Erhöhen des Kontrastes ab.
- **Linear nachbelichten** dunkelt dagegen durch Verringern der Helligkeit ab.
- **Aufhellen** trägt die Malfarbe nur an den Stellen auf, die bisher mit einer dunkleren Farbe bedeckt sind.
- **Umgekehrt multiplizieren** multipliziert die vorhandene Farbe mit dem Kehrwert der aufgetragenen, sodass das Ergebnis bei jedem Malstrich heller wird.
- **Farbig abwedeln** hellt die vorhandene Farbe durch Vermindern des Kontrastes auf.
- **Linear abwedeln** hellt dagegen durch Erhöhen der Helligkeit auf.
- **Überlagern** mischt die Ausgangs- und die Malfarbe gleichmäßig miteinander, sodass Struktur, Tiefen und Lichter des Originals beim Übermalen erhalten bleiben.
- **Weiches Licht** multipliziert helle Füllfarben (über 50% Grau) negativ und dunkle normal. Der Effekt entspricht dem Anstrahlen mit diffusem Licht, zum Beispiel Tageslicht.
- **Hartes Licht** entspricht dem Anstrahlen des Bildes mit einem direkten Spot oder Strahler, die Wirkung gleicht im Prinzip dem weichen Licht, betont aber die Kontraste stärker.
- **Strahlendes Licht** besitzt ebenfalls dasselbe Wirkungsprinzip wie die anderen Lichtarten, funktioniert aber allein durch Vermindern beziehungsweise Erhöhen der Kontraste.
- **Lineares Licht** erzielt die Lichtwirkung durch Erhöhen oder Vermindern der Helligkeit.
- **Lichtpunkte** ersetzt dunkle Untergrundfarben durch die Füllfarbe, falls sie heller als 50% Grau ist, oder helle Untergrundfarben, falls die Füllfarbe dunkler als 50% ist.
- **Harte Mischung** reduziert die vorgefundenen Farbtöne auf plakative Grundfarben.
- **Differenz** subtrahiert jeweils die hellere Farbe von der dunkleren und sorgt auf diese Weise für einen Negativeffekt.

- **Ausschluss** ist eine Variante der Differenz mit geringerem Kontrast.
- **Farbton** behält die Helligkeit und die Sättigung des Originals bei und ersetzt lediglich den Farbton durch die Füllfarbe. Dies ist ideal zum Kolorieren von Zeichnungen.
- **Sättigung** ersetzt lediglich die Farbsättigung des Untergrundes durch die der Füllfarbe, macht den Untergrund also jeweils »bunter« oder »blasser«.
- **Farbe** ersetzt den Farbton und die Sättigung des Untergrundes durch die entsprechenden Werte der Füllfarbe, behält aber deren Helligkeit bei. Dies ist ideal zum Kolorieren von Fotos.
- **Luminanz** lässt den Farbton und die Sättigung des Untergrundes bestehen und ersetzt lediglich die Helligkeit durch die der Füllfarbe.

Diese kurz gefassten Angaben können natürlich ein ausführliches Ausprobieren mit verschiedenen Bildern und Füllfarben nicht ersetzen. Übrigens gelten die hier vorgestellten Modi nicht nur für die Malwerkzeuge, sondern auch für das Überblenden aufeinander folgender Ebenen.

Die Einstellung der **Deckkraft** bestimmt, wie stark die Farbe auf den Untergrund aufgetragen werden soll. Die Option **Airbrush** sorgt im Übrigen für einen etwas ungleichmäßigen Farbauftrag.

- Der **Kopierstempel** (Taste `S`) ist das ideale Werkzeug für die Reparatur beschädigter oder die Retusche unerwünschter Bildinhalte. Mit gedrückter `Alt`-Taste können Sie zunächst den Quellbereich auswählen; normales Ziehen kopiert anschließend Pixel vom Quellbereich ans Ziel. Die Option **Ausger.** (ausgerichtet) sorgt dafür, dass der relative Abstand von der Quelle zum Ziel bei jedem neuen Ansatz bestehen bleibt. Wenn Sie die Option deaktivieren, werden die Pixel bei jedem Ansatz wieder neu von der absoluten Quelle kopiert.

  Beim Kopieren diffuser Oberflächen ist es wichtig, eine Werkzeugspitze mit weicher Kante zu verwenden, um den Übergang nicht zu abrupt zu machen.

  Moderne Erweiterungen dieses Werkzeugs, die in Photoshop 7 neu eingeführt wurden, sind der **Reparaturpinsel**, das **Ausbessern-Werkzeug** und das **Farbe-Ersetzen-Werkzeug**[3] (jeweils Taste `J`), die nicht einfach stur Pixel kopieren, sondern die Struktur und Farbe des ursprünglichen Untergrundes berücksichtigen. Diese Werkzeuge sind ideal für die Reparatur beschädigter Vorlagen geeignet, zum Beispiel für sehr alte Fotos.
- Das **Füllwerkzeug** (Taste `G`) füllt den Bereich, an dem Sie klicken, mit der aktuellen Vordergrundfarbe. Die Auswahl der Pixel basiert auf der Einstellung der Toleranz, die bereits beim Zauberstab besprochen wurde. Falls Sie bereits eine Auswahl erstellt haben, können Sie sie übrigens flexibler mit der Option **Bearbeiten · Fläche füllen** bearbeiten. Am schnellsten funktioniert das Füllen der aktuellen Auswahl mit der Tastenkombination `Alt` + `Entf` (Vordergrundfarbe) beziehungsweise `Strg` + `Entf` (Hintergrundfarbe).

  Auf demselben Feld der Palette befindet sich das Verlaufswerkzeug (ebenfalls Taste `G`). Im Gegensatz zum Füllwerkzeug füllt es die gesamte Fläche der Ebene; um den Verlauf

3 Wegen einer seiner häufigsten Anwendungen auch »Rote-Augen-Pinsel« genannt

auf einen bestimmten Bereich zu beschränken, müssen Sie vorher eine Auswahl erstellen.

Das Verlaufsmuster in der Optionen-Leiste besitzt ein Popup-Menü, um einen anderen Farbverlauf auszuwählen. Per Klick auf das Muster selbst können Sie den aktuellen Verlauf auch manuell bearbeiten. Rechts neben dem Muster können Sie fünf verschiedene Verlaufsformen wählen: Linear, Radial, Winkel, Reflektiert (Linear hin und zurück) und Raute.

- Der **Protokollpinsel** (Taste [Y]) ermöglicht es Ihnen, selektiv an bestimmten Stellen einen früheren Zustand des Bildes wiederherzustellen: Sämtliche Bearbeitungsschritte, die Sie an einem Bild vornehmen, werden in der **Protokoll-Palette (Fenster · Protokoll)** gespeichert. Während die normale Option **Bearbeiten · Rückgängig** ([Strg] + [Z]) nur einen Schritt zurücknimmt, können Sie durch Klicken auf frühere Zustände im Protokoll oder [Strg] + [Alt] + [Z] sämtliche Arbeitsschritte rückgängig machen.

  Um den Protokollpinsel zu verwenden, müssen Sie das Feld links neben dem gewünschten Protokolleintrag anklicken.

  Eine Erweiterung stellt der **Kunstprotokollpinsel** dar: Er ermöglicht das Auftragen eines früheren Protokollzustandes mit einer Reihe von Effekten.
- Ebenfalls zu den Malwerkzeugen zählen **Radiergummi**, **Hintergrund-Radiergummi** und **magischer Radiergummi** (jeweils Taste [E]). Der normale Radiergummi entfernt Pixel an den bearbeiteten Stellen. Der Hintergrund-Radiergummi orientiert sich an Konturen: Innerhalb des bearbeiteten Bereichs befindet sich ein Ankerpunkt, die Farbe an dieser Position bestimmt, welcher Teil radiert wird. Der magische Radiergummi ist schließlich eine Kurzfassung für die Auswahl mit dem Zauberstab und anschließendes Löschen.

Speziellere Malwerkzeuge wie Schwamm, Abwedler, Nachbelichter oder Wischfinger sind im Grunde lediglich schnelle Zugriffsmöglichkeiten für besondere Modi der gewöhnlichen Pinsel.

9.2.4 Arbeiten mit Ebenen

Ebenen sind eines der wichtigsten Arbeitshilfsmittel in Photoshop: Sie können ein Bild aus beliebig vielen übereinander liegenden Ebenen zusammensetzen; jede Ebene ist zunächst transparent (durch ein Schachbrettmuster gekennzeichnet) und kann beliebig große Inhalte aufnehmen.

Hintergrundebenen

Ein neu geöffnetes Bild in einem klassischen »flachen« Dateiformat wie JPEG oder BMP besteht zunächst lediglich aus einer so genannten Hintergrundebene. Für diese spezielle Art der Ebene gilt eine Reihe von Einschränkungen. Hintergrundebenen können unter anderem keine Transparenz enthalten und nicht verschoben oder transformiert werden.

Aus diesem Grund ist es nützlich, dass Sie die Hintergrundebene in eine normale Ebene umwandeln können: Doppelklicken Sie einfach auf die Bezeichnung »Hintergrundebene«, geben Sie einen beliebigen Namen für die neue Ebene ein und drücken Sie **OK**.

Abbildung 9.4 Die Ebenen-Palette eines Bildes mit verschiedenen Ebenen

Die Einstellungen oben in der Palette betreffen jeweils die ausgewählte Ebene; hier können Sie die folgenden Optionen einstellen:

- Die **Füllmethode** regelt, wie die Pixel der aktuellen Ebene auf die darunter liegenden wirken sollen. Die Auswahlmöglichkeiten entsprechen den Malmodi der Pinselwerkzeuge.
- Die **Deckkraft** kennen Sie ebenfalls bereits von den Malwerkzeugen. Sie bestimmt, wie stark transparent oder deckend die Ebene gezeichnet wird.
- In der nächsten Zeile können Sie verschiedene Bestandteile der Ebene **fixieren**: Die erste Option schützt die enthaltenen transparenten Pixel. Der zweite Button fixiert sämtliche Bildpixel – Sie können die Ebene nur noch transformieren, aber nicht mehr darauf malen. Das dritte Feld fixiert die Position der Ebene – sie kann nicht mehr transformiert oder verschoben werden. Der vierte Knopf fixiert die Ebene schließlich ganz.

  Bei einer Hintergrundebene ist die Position immer fixiert; Transparenzen gibt es nicht und das Bemalen ist stets gestattet.

Eine einzelne Ebene, die in einer Zeile der Palette angezeigt wird, besitzt ebenfalls einige Steueroptionen:

- Das Augensymbol zeigt an, dass die Ebene sichtbar geschaltet ist. Klicken Sie darauf, um sie auszublenden (das Auge verschwindet), und erneut, um sie wieder anzuzeigen.
- Das zweite Feld zeigt durch ein Pinselsymbol an, dass dies die aktive Ebene ist, auf die Befehle zurzeit wirken. Ein Kettensymbol zeigt an, dass die Ebene mit einer anderen verkettet ist und deshalb beispielsweise mit ihr zusammen transformiert wird. Die Verkettung können Sie durch Klick an dieser Stelle ein- oder ausschalten, während eine andere Ebene aktiv ist.
- Die Miniatur zeigt eine Übersicht über den Inhalt der Ebene an. Im Popup-Menü der Ebenen-Palette rechts oben können Sie unter **Paletten-Optionen** die Größe der Miniaturen einstellen.
- Per Doppelklick auf den Ebenennamen können Sie die Ebene umbenennen. Indem Sie sie an dieser Stelle nach oben oder nach unten ziehen, können Sie sie weiter in den Vordergrund beziehungsweise in den Hintergrund verschieben. Beachten Sie, dass eine Ebene natürlich nicht hinter die Hintergrundebene gezogen werden kann.

Neue Ebenen erstellen

Sie können eine neue Ebene erstellen, indem Sie rechts unten in der Palette auf den Papier-Button klicken. Wenn Sie eine Ebene darauf ziehen, wird sie sogar dupliziert.

Mit duplizierten Ebenen können Sie eine Reihe interessanter Effekte erzielen, beispielsweise folgende:

- Duplizieren Sie eine Ebene, tragen Sie sie mit geringerer Deckkraft (zum Beispiel 50 %) auf und verschieben Sie sie um einige Pixel nach rechts oder links und nach oben oder unten. Das Ergebnis sieht aus wie eine verwackelte Fotografie oder ist gut geeignet, um bei Montagen die Unschärfe von Bildteilen anzudeuten, die im »Hintergrund« liegen.
- Wiederholen Sie den vorigen Punkt und wählen Sie zusätzlich die Füllmethode **Sprenkeln** aus: Das Bild sieht aus wie durch ein regennasses Fenster fotografiert.
- Setzen Sie die duplizierte Ebene wieder versetzt ein, diesmal aber mit 100 % Deckkraft und der Füllmethode **Differenz**: Sie sehen nur noch Konturen, ähnlich wie bei dem Filter **Leuchtende Konturen**.

Ebenen löschen

Um eine Ebene zu löschen, können Sie sie aktivieren und auf den kleinen Mülleimer klicken oder sie sofort hineinziehen – im letzteren Fall unterbleibt die lästige Nachfrage.

Ebenenmasken

Eine Ebenenmaske ist eine Zusatzinformation zu einer Ebene, die ähnlich einem Alphakanal den Transparenzgrad der einzelnen Pixel der Ebene bestimmt. Ebenenmasken sind flexibler als Alphakanäle, da sie jeweils eine einzelne Ebene betreffen, und sehr praktisch, weil Sie Inhalte nicht völlig entfernen oder auf andere Ebenen auslagern müssen, um sie auszublenden.

Die Maske wird als zweite Miniatur neben der eigentlichen Ebenenminiatur angezeigt. An den Stellen, an denen die Ebenenmaske weiß ist, wird die Ebene voll deckend gezeichnet, wo sie schwarz ist, wird die Ebene unsichtbar, Graustufen bilden Zwischenwerte.

Um eine Ebenenmaske zur aktiven Ebene hinzuzufügen, können Sie einfach auf den zweiten Knopf von links am Fuß der Palette klicken. Die erstellte Maske ist zunächst vollkommen weiß, die Ebene ist also absolut sichtbar. Das Menü **Ebene · Ebenenmaske hinzufügen** ermöglicht differenziertere Einstellungen:

- **Alles einblenden**: Die Maske ist weiß; alle Inhalte sind voll deckend.
- **Alles ausblenden**: Die Maske ist schwarz; die Ebene ist zunächst vollkommen unsichtbar.
- **Auswahl einblenden**: Die bestehende Auswahl wird weiß, dadurch wird ihr Inhalt deckend gezeichnet.
- **Auswahl ausblenden**: Die bestehende Auswahl wird schwarz; die entsprechenden Inhalte der Ebene werden unsichtbar.

Sie können mit sämtlichen Malwerkzeugen auf die Ebenenmaske malen. Die Malfarbe ist dabei natürlich auf Graustufen beschränkt. Achten Sie darauf, dass Sie tatsächlich die Maske und nicht die eigentliche Ebene bemalen; gegebenenfalls müssen Sie die Miniatur nochmals anklicken.

Durch Klick auf das Verkettungssymbol zwischen der Maske und ihrer Ebene können Sie die Verknüpfung lösen, dadurch kann die Maske beispielsweise von der Ebene getrennt verschoben werden, um an einer anderen Stelle zu wirken.

`Alt` + Klick auf die Ebenenmasken-Miniatur blendet die eigentliche Ebene aus, erneutes `Alt` + Klick macht sie wieder sichtbar. `Shift` + Klick auf die Miniatur macht dagegen die Ebenenmaske selbst unsichtbar und wieder sichtbar.

Wenn Sie eine Ebenenmaske löschen, indem Sie sie auf den Papierkorb ziehen, werden Sie gefragt, ob die Maske angewendet werden soll. Falls Sie mit Ja antworten, verschwinden die maskierten Inhalte endgültig, bei Nein wird dagegen einfach die Maske selbst verworfen.

Füll- und Einstellungsebenen

Mit dem vierten Button von links am unteren Rand der Ebenen-Palette, einem Popup-Menü, können Sie spezielle Arten von Ebenen einfügen:

- Die ersten drei sind **Füllebenen**, das heißt Ebenen, die komplett mit einer bestimmten Farbe, einem Verlauf oder einem Muster gefüllt sind. Sie enthalten automatisch eine Ebenenmaske, zunächst ist allerdings noch nichts maskiert, sodass die Ebene vollständig sichtbar ist.
- Alle anderen Auswahlmöglichkeiten sind **Einstellungsebenen**. Sie ermöglichen die flexible Anwendung der meisten Funktionen aus dem weiter oben besprochenen Menü **Bild · Einstellungen**.

Beschnittgruppen

Gerade bei Einstellungsebenen ist es manchmal wichtig, dass sie nicht auf alle darunter liegenden Ebenen wirken, sondern beispielsweise nur auf die unmittelbar folgende. Zu diesem Zweck und aus vielen anderen Gründen können Sie eine **Beschnittgruppe** aus zwei oder mehr Ebenen bilden: Die unterste von ihnen ist die Basisebene und bestimmt Füllmethode und Deckkraft. Außerdem sind die abhängigen Ebenen nur an den Stellen sichtbar, an denen die Basisebene Inhalte besitzt.

Um eine Beschnittgruppe zu erstellen, können Sie folgendermaßen vorgehen: Klicken Sie mit gedrückter `Alt`-Taste genau auf die Trennlinie zwischen den beiden Ebenen. Wie Sie bemerken, ist der Name der Basisebene nun unterstrichen, die Miniatur der gruppierten Ebene ist eingerückt. Alternativ können Sie auch die obere der beiden Ebenen anklicken und **Ebene • Mit darunter liegender Ebene gruppieren** auswählen oder `Strg` + `G` klicken.

Wenn Sie eine Beschnittgruppe wieder entfernen möchten, können Sie erneut mit `Alt` auf die Trennlinie klicken, **Ebene • Gruppierung aufheben** auswählen oder `Strg` + `Shift` + `G` drücken.

Ausblick auf weitere Funktionen

Wie Sie schon in dieser kurzen Einführung und Übersicht bemerkt haben werden, ist Photoshop mit Unmengen von Funktionen ausgestattet. Es ist vollkommen aussichtslos, in einem Buch wie diesem auch nur einen Bruchteil von ihnen behandeln zu wollen. Deshalb finden Sie hier eine Aufzählung wichtiger Bestandteile des Programms, die aus Platzgründen nicht vertieft werden können. Einige von ihnen – beispielsweise die Filter – sind ideal für Experimente. Einige Themen werden an anderen Stellen in diesem Buch näher behandelt.

- Photoshop verfügt über Möglichkeiten zum Erstellen von Vektorformen und **Pfaden**. Letztere werden häufig eingesetzt, um geometrisch geformte Objekte auszuwählen, und dienen als so genannte **Beschneidungspfade** zum formgenauen Umfließen von Bildern in Layoutprogrammen. Pfade und andere Vektorformen in Photoshop funktionieren im Grunde genau wie Vektorgrafiken in Illustrator, die im nächsten Abschnitt behandelt werden.
- Das Arbeiten mit Text wurde hier nicht besprochen. Wenn Sie das **Textwerkzeug** (Taste `T`) verwenden, wird eine spezielle Textebene eingefügt, auf die Sie unmittelbar schreiben können.
- Die unendliche Fülle der **Filter** wurde hier gar nicht behandelt. Es ist empfehlenswert, dass Sie sich hier selbst auf Entdeckungsreise begeben und die zahlreichen Filter mit ihren vielen Optionen ausprobieren.
- Der gesamte Themenkomplex der **Bilddateiformate** wurde bisher völlig ausgeklammert. Da es sehr wichtig ist, zu wissen, welches Format für welchen Verwendungszweck genutzt werden kann, wird diese Thematik zentral in Kapitel 12, *Datei- und Datenformate*, behandelt.

9.3 Bearbeiten von Vektorgrafik mit Adobe Illustrator

Adobe Illustrator CS ist ein Programm zur Erstellung professioneller Zeichnungen und Illustrationen. Es bietet eine Reihe nützlicher Werkzeuge und Hilfsmittel für das Zeichnen von Vektorgrafiken. Abbildung 9.5 zeigt eine Übersicht über die Arbeitsoberfläche des Programms mit einem geöffneten Dokument und den wichtigsten Paletten.

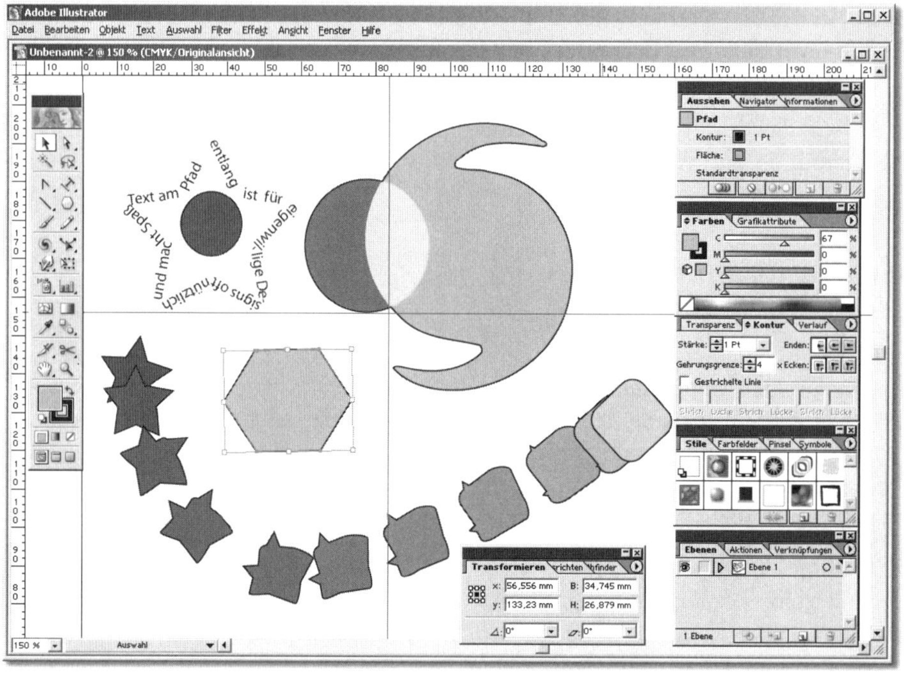

Abbildung 9.5 Übersicht über die Arbeitsoberfläche von Illustrator mit den wichtigsten Paletten und einigen Zeichnungen

CMYK oder RGB

Wenn Sie ein neues Dokument erstellen, fragt Illustrator Sie zunächst nach der Dokumentgröße (Papiergröße), der gewünschten Maßeinheit für die Lineale und den Farbmodus. Wählen Sie CMYK für Print-Projekte und RGB für Web- oder Multimedia-Produktionen.

9.3.1 Mit Pfaden arbeiten

Vektorgrafiken bestehen grundsätzlich aus so genannten **Pfaden**. Ein Pfad ist eine Ansammlung von Punkten, die durch Linien oder Kurven miteinander verbunden sind. Ein Punkt, der zwei gerade Linien oder zwei getrennte Kurven voneinander trennt, wird Eckpunkt genannt. Ein Punkt, durch den eine Kurve verläuft, heißt dagegen Wendepunkt. Die allgemeine Bezeichnung für beide Arten von Punkten ist **Ankerpunkt**.

Pfade werden alternativ auch als **Bézierkurven** bezeichnet. **Pierre Bézier** war ein französischer Ingenieur, der eine spezielle Geometrie der Kurven erfunden hat; diese Kurvenbeschreibungen wurden zunächst für den Entwurf von Autos und Flugzeugen verwendet, bevor man bemerkte, dass sie sich auch für Computergrafik einsetzen lassen.

Mit dem Zeichenstift arbeiten

Das wichtigste Werkzeug für die Erstellung von Pfaden ist der **Zeichenstift** (Taste P). Die Bezeichnung »Stift« ist ein wenig unglücklich gewählt, denn das Werkzeug sieht eher wie eine Schreibfeder aus. Wenn Sie mit diesem Werkzeug in ein Dokument klicken, entsteht ein neuer Eckpunkt. Ziehen mit der Maus fügt dagegen einen Kurvenwendepunkt ein.

Klicken oder Ziehen am Ursprungspunkt (mit kleinem Kreis am Cursor) erstellt dabei einen geschlossenen Pfad, also ein vollständig umhülltes Objekt, das beispielsweise mit einer Farbfüllung versehen werden kann.

Abbildung 9.6 zeigt, wie Sie durch fortgesetztes Klicken ein Fünfeck und durch fortgesetztes Ziehen ein abgerundetes Quadrat erstellen können.

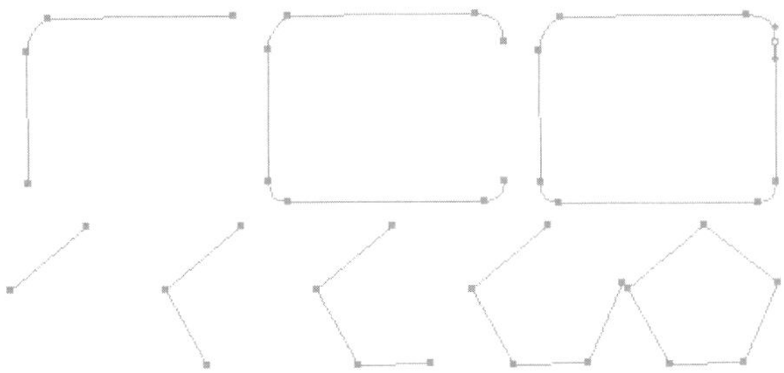

Abbildung 9.6 Die Einzelschritte beim Zeichnen von Kurven beziehungsweise Linien mit dem Zeichenstift

Die Punkte in der Abbildung zeigen an, wo der Stift jeweils angesetzt werden muss. Beim abgerundeten Rechteck müssen Sie den Stift sofort beim Aufsetzen ein Stück in die jeweilige Zeichenrichtung ziehen, beim Fünfeck brauchen Sie einfach nur zu klicken. Machen Sie sich keine Sorgen, falls ein Punkt nicht genau an der passenden Stelle sitzt oder eine Linie nicht exakt den richtigen Winkel erhält, all dies können Sie nachträglich ändern.

Zeichenstift-Funktionen

Es folgt eine kurze Übersicht über die wichtigsten Funktionen und Optionen des Zeichenstifts:

- Wie bereits erwähnt fügt ein einzelner Klick ins Leere einen Eckpunkt hinzu.
- Aufsetzen und Ziehen erzeugt einen Kurvenwendepunkt; die Tangente mit den beiden Anfassern, die dabei zu sehen ist, bestimmt den Kurvenverlauf.
- Wenn Sie sich dem Ursprungspunkt Ihres Pfads nähern, sehen Sie am Mauszeiger einen kleinen Kreis und können den Pfad damit schließen. Eine solche geschlossene geometrische Figur kann beispielsweise mit einer Füllung oder einem speziellen Stil versehen werden.

Wichtige Auswahlwerkzeuge

Das zweite wichtige Werkzeug zum Bearbeiten von Pfaden, das mit dem Zeichenstift zusammenarbeitet, ist das **Direktauswahl-Werkzeug** (Taste A), der weiße Mauszeiger oben rechts in der Werkzeugpalette. Er besitzt die folgenden Funktionen:

- Ein Klick auf eine Linie oder Kurve eines Pfads wählt diese Linie mit den beiden angrenzenden Eck- oder Wendepunkten aus. So kann eine einzelne Linie beispielsweise gelöscht oder verschoben werden.
- Ein Klick auf einen Eckpunkt oder Kurvenwendepunkt und anschließendes Ziehen verschiebt diesen Punkt einzeln und verformt auf diese Weise eine Zeichnung.
- Wenn Sie einen Kurvenwendepunkt markiert haben, können Sie an den Anfasserpunkten seiner Tangente ziehen, um den Kurvenverlauf nachträglich zu ändern.
- Wenn Sie mit gedrückter [Alt]-Taste an der Tangente ziehen, wird sie in zwei getrennte Linien unterteilt: Der Wendepunkt wird zum Eckpunkt, der zwei unabhängige Kurven voneinander trennt.

Neben dem Direktauswahl-Werkzeug existiert übrigens noch der normale Auswahlpfeil (schwarzer Mauszeiger links oben; Taste [V]). Mit Hilfe dieses Werkzeugs können Sie per Klick oder durch Aufziehen eines Auswahlrahmens ganze Objekte auswählen.

Gruppierungen

Eine interessante Variante des Direktauswahl-Werkzeugs ist das **Gruppenauswahl-Werkzeug**, das im selben Feld der Werkzeugpalette zu finden ist. Es ermöglicht die Auswahl einzelner Elemente aus Gruppen. Die Funktion **Objekt • Gruppieren** ([Strg] + [G]) wird häufig eingesetzt, um Objekte zusammenzuhalten, die in einer bestimmten Kombination benötigt werden. Falls nachträglich eine Änderung an einer der gruppierten Komponenten erforderlich werden sollte, müssten Sie normalerweise die Gruppierung aufheben (**Objekt • Gruppierung aufheben** oder [Strg] + [Shift] + [G]). Da dies jedoch umständlich und fehlerträchtig ist, bietet die Gruppenauswahl eine interessante Alternative: Sie können einzelne Elemente von Gruppen auswählen und bearbeiten, während die Gruppierung nach außen hin bestehen bleibt.

Um Pfade nachträglich zu manipulieren, gibt es auf dem Werkzeugpalettenfeld des Zeichenstifts einige weitere Werkzeuge, die erscheinen, wenn Sie die Maustaste länger gedrückt halten:

- Das **Ankerpunkt-hinzufügen-Werkzeug** (Taste [+]) ermöglicht es, nachträglich Punkte zu einem Pfad hinzuzufügen, um beispielsweise aus einfachen Kurvenverläufen komplexere zu machen. Dieselbe Funktion erfüllt übrigens auch das normale Zeichenstift-Werkzeug, wenn Sie nachträglich auf einen markierten Pfad klicken.
- Das **Ankerpunkt-löschen-Werkzeug** (Taste [-]) entfernt einen angeklickten Ankerpunkt. Auf diese Weise können Sie unerwünschte Kurvenverläufe oder Winkel aus Ihrer Zeichnung entfernen. Dasselbe geschieht übrigens auch, wenn Sie einen Ankerpunkt auf einem markierten Pfad mit dem normalen Zeichenstift anklicken.
- Das **Ankerpunkt-konvertieren-Werkzeug** ([Shift] + [C]) wandelt einen Kurvenwendepunkt durch Klick in einen Eckpunkt um. Ein Eckpunkt kann dagegen durch Ziehen in einen Wendepunkt konvertiert werden. Auf diese Weise werden aus Kurven nachträglich Winkel und umgekehrt.

Zeichnen mit Pfaden trainieren

Die Arbeit mit diesen Werkzeugen erfordert sehr viel Übung. Aber wenn Sie erst einmal verstanden haben, wie man damit umgeht, können Sie sie in vielen Programmen auf dieselbe Weise einsetzen wie in Illustrator; beispielsweise funktionieren die Pfadwerkzeuge in Photoshop oder in dem Layoutprogramm Adobe InDesign, das im nächsten Kapitel vorgestellt wird, genauso.

Eine gute Hilfe beim Erlernen der Arbeit mit diesen Werkzeugen ist es, über **Datei · Platzieren** ein Bitmap zu importieren und zu versuchen, es mit Hilfe der Pfadwerkzeuge nachzuzeichnen. Dazu sollten Sie das Bitmap auf eine eigene Ebene legen und diese mit Hilfe des Knopfes neben dem Auge sperren (Ebenen funktionieren ähnlich wie in Photoshop).

Andere Zeichenwerkzeuge

Einige grundlegende Formen lassen sich einfacher mit den anderen Illustrator-Zeichenwerkzeugen bearbeiten als mit den Pfadwerkzeugen. Erfreulicherweise können Sie sie nachträglich trotzdem mit den Pfadwerkzeugen manipulieren.

Es folgt eine Auswahl der wichtigsten zusätzlichen Zeichenwerkzeuge:

- Mit dem **Linienwerkzeug** (Shift + .) können Sie durch Ziehen mit der Maus Linien zeichnen. Shift beschränkt die Richtung dieser Linien auf Vielfache von 45.
- Mit dem **Bogenwerkzeug** (im gleichen Feld wie das Linienwerkzeug; kein Tastaturzugriff) wird jeweils genau eine Viertelellipse aufgezogen. Die Richtung orientiert sich daran, wohin Sie die Maus ziehen. Shift beschränkt die möglichen Zeichnungen auf Viertelkreise.
- Das **Rechteck-Werkzeug** (Taste M) zeichnet Rechtecke oder mit Shift Quadrate. Im gleichen Feld finden Sie das Werkzeug für abgerundete Rechtecke, dessen Eckradius Sie einstellen können, indem Sie das Rechteck nicht mit der Maus aufziehen, sondern lediglich an die gewünschte Stelle klicken. Ein solcher Klick mit einem Werkzeug ermöglicht die Eingabe der Parameter in einen Dialog.
- Das **Ellipsen-Werkzeug** (Taste L), im gleichen Feld wie das Rechteck, zeichnet Ellipsen oder – mit Shift – Kreise. Wenn Sie die Alt-Taste festhalten, wird die Ellipse beziehungsweise der Kreis vom Mittelpunkt aus aufgezogen.
- Das **Polygon-Werkzeug** (im Feld von Rechteck und Ellipse; kein Tastenzugriff) zeichnet regelmäßige Vielecke. Die Anzahl der Ecken wird wiederum per Klick festgelegt. Wenn Sie danach weitere Polygone aufziehen, behalten diese die eingestellte Eckenanzahl bei. Dasselbe gilt für das daneben befindliche **Stern-Werkzeug**.
- Mit dem **Pinsel** (Taste B) und dem **Buntstift** (Taste N) können Sie Pfade völlig freihändig zeichnen, der Unterschied zwischen den beiden Werkzeugen liegt in der verschieden voreingestellten Konturstärke.

Farben, Konturen und Stile zuweisen

Pfade können in Illustrator grundsätzlich aus zwei Komponenten bestehen: Kontur und Füllung. Per Voreinstellung wird jeder Pfad zunächst nur als dünne Konturlinie gezeichnet. Mit entsprechenden Funktionen können Sie die Konturfarbe und -form ändern und Flächen mit einer Farbe, einem Verlauf oder einem Muster füllen.

Farben auswählen

Die Palette **Farben** (**Fenster · Farbe** oder F6) ermöglicht das Einstellen der Kontur- und Füllfarbe. Links oben in der Palette finden Sie ein Feld aus zwei Farbquadraten, mit dessen

Hilfe Sie bestimmen können, ob Sie die Kontur- oder die Füllfarbe einstellen möchten. Anschließend können Sie die passende Farbe über die Regler oder das Farbfeld unten auswählen. Die Farben werden ausgewählten Objekten sofort zugewiesen. Um sie anderen Objekten zuzuweisen, können Sie sie einfach mit der Maus auf diese Objekte ziehen. Außerdem werden die eingestellten Farben automatisch allen Objekten zugewiesen, die Sie neu zeichnen.

Abbildung 9.7 Vier verschiedene Beispiele grundlegender Konturstile

Die Form von Konturen können Sie sehr vielfältig variieren, indem Sie entsprechende Einstellungen in der Palette **Kontur** (**Fenster • Kontur** oder F10) vornehmen. Zunächst einmal können Sie selbstverständlich unterschiedliche Linienstärken auswählen. Interessant ist außerdem die Wahlmöglichkeit verschiedener Abrundungsstile für Ecken. Abgesehen davon lassen sich gestrichelte Linien realisieren; Sie können in den Feldern unten die Längen aufeinander folgender Liniensegmente und Lücken angeben. Abbildung 9.7 zeigt viermal dasselbe Rechteck mit unterschiedlichen Linienstilen:

- Stärke 3 Punkt
- Stärke 6 Punkt mit runden Ecken
- Stärke 6 Punkt gestrichelt (10 Punkt Strich, 5 Punkt Lücke, 5 Punkt Strich, 5 Punkt Lücke)
- Stärke 4 Punkt gestrichelt (4 Punkt Strich, 6 Punkt Lücke) mit abgerundeten Enden.

Verläufe

Statt einer einfachen Füllfarbe können Sie übrigens auch einen Farbverlauf verwenden. Dazu dient die Palette **Verlauf** (F9). Voreingestellt ist ein linearer Verlauf von Schwarz nach Weiß. In der Palette können Sie zwischen einem linearen und einem kreisförmigen Verlauf wählen. Die Farben des Verlaufs ändern Sie, indem Sie die Markierungen unter dem Verlaufsbalken anklicken und in der Farben-Palette eine entsprechende Farbe auswählen. Durch Klick können Sie weitere Markierungen hinzufügen, um Verläufe über mehr Farben zu erstellen; wenn Sie eine Markierung nicht mehr benötigen, können Sie sie einfach nach unten wegziehen.

Die Palette **Transparenz** (Shift + F10) ermöglicht es, für jedes Objekt einen beliebigen Transparenzgrad einzustellen und zu bestimmen, wie eine Zeichnung auf darunter liegende Objekte wirken soll – die entsprechenden Modi entsprechen den Pinsel- und Ebenenmodi in Photoshop.

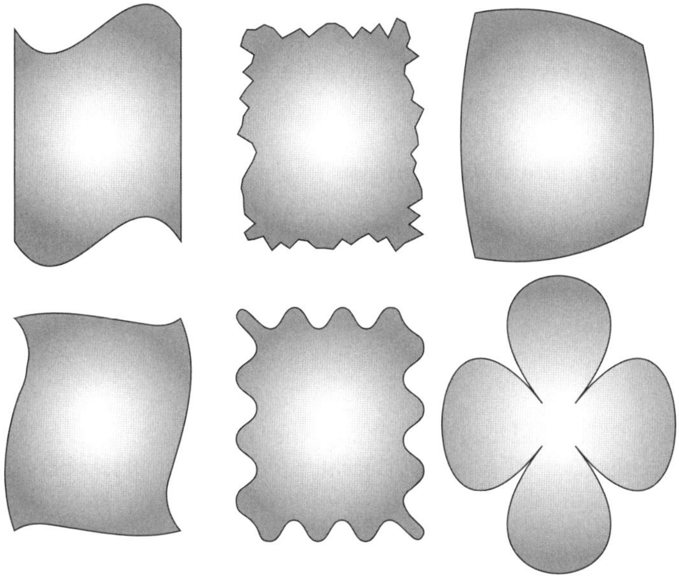

Abbildung 9.8 Verschiedene Effekte, alle auf das gleiche Rechteck angewandt

Weitere Optionen für die Gestaltung Ihrer Zeichnungen finden Sie in dem umfangreichen Menü **Effekte**, mit dem Sie ausgiebig experimentieren sollten. Abbildung 9.8 zeigt Beispiele dafür, was sich mit diesen Optionen aus einem einfachen Rechteck mit einem kreisförmigen Farbverlauf machen lässt. Die Einstellungen für die sechs Varianten sind:

- Oben links: **Effekt · Verkrümmungsfilter · Flagge** mit Standardeinstellungen
- Oben Mitte: **Effekt · Verzerrungs- und Transformationsfilter · Aufrauen** mit Größe 5 % (relativ), Unterteilungen 10 %, Punkt: Ecken
- Oben rechts: **Effekt · Verkrümmungsfilter · Aufblasen** mit Biegung 30 %; Verzerrung horizontal –15 %
- Unten links: **Effekt · Verzerrungs- und Transformationsfilter · Wirbel** mit 50°
- Unten Mitte: **Effekt · Verzerrungs- und Transformationsfilter · Zickzack** mit Größe 5 % (relativ), 6 Wellen pro Segment, Punkt: Glätten
- Unten rechts: **Effekt · Verzerrungs- und Transformationsfilter · Zusammenziehen und aufblasen** mit 80 % (positive Werte bedeuten »Aufblasen«, negative »Zusammenziehen«)

Beachten Sie, dass viele dieser Einstellungsmöglichkeiten nicht nur als Dialoge im Effekte-Menü zur Verfügung stehen, sondern auch als interaktive, durch Ziehen mit der Maus verwendbare Werkzeuge in der Werkzeugpalette.

Alle Einstellungen, die Sie an Kontur und Füllung oder im Menü Effekte eingestellt haben, werden übrigens automatisch der Palette **Aussehen** (**Fenster · Aussehen** oder [Shift] + [F6]) hinzugefügt. Im Übrigen lassen sich alle Einstellungen und Effekte auch mit der **Pipette** übertragen (Taste [I]).

Stile speichern Wenn Ihnen die Einstellungen eines Objekts besonders gut gefallen, können Sie es auch in die Palette **Stile (Fenster · Stile** oder Shift + F5) ziehen. Hier werden die Einstellungen des Objekts als neues Feld zu den bereits vorhandenen Stilen hinzugefügt und können einer Zeichnung auf Knopfdruck zugewiesen werden.

9.3.2 Transformationen und andere Änderungen

Neben den bereits besprochenen Werkzeugen und Funktionen zum Erstellen von Zeichnungen und zum Ändern ihrer Eigenschaften bietet Illustrator auch eine Reihe wichtiger Werkzeuge, Funktionen und Optionen an, um Objekte zu transformieren, zu duplizieren oder Ähnliches.

Transformation

Am einfachsten lassen sich die Größe und die Drehrichtung einer Zeichnung mit Hilfe der **Frei-Transformieren-Werkzeugs** (Taste E) ändern. Beachten Sie, dass ein Objekt bereits ausgewählt sein muss, bevor Sie es mit diesem Werkzeug bearbeiten können. Falls Sie dies vergessen haben, können Sie das Objekt auch kurz mit gedrückter Strg-Taste anklicken (Strg schaltet von vielen Werkzeugen aus vorübergehend auf den Standard-Auswahlpfeil um). Nun können Sie dieselben Operationen mit der Auswahl durchführen wie bei der weiter oben besprochenen Frei-Transformieren-Funktion in Photoshop: Durch Ziehen an unterschiedlichen Stellen lassen sich verschiedene Änderungen des Objekts vornehmen.

Alternativ stehen Ihnen in der Werkzeugpalette auch separate Werkzeuge für das Drehen, Verzerren und so weiter zur Verfügung. Die präziseste Art der Transformation bietet allerdings die Palette **Transformieren (Fenster · Transformieren** oder Shift + F8), in der Sie alle entsprechenden Einstellungen per Eingabe vornehmen können.

Weitere Transformationsoptionen wie Spiegelungen oder erweiterte Drehungen und Verzerrungen finden Sie im Menü **Objekt · Transformieren**.

Objekte verschieben und duplizieren

Ausgewählte Objekte können Sie zunächst ganz normal mit dem Standard-Auswahlwerkzeug verschieben. Wenn Sie dabei die Alt-Taste gedrückt halten, erzeugt Illustrator automatisch ein Duplikat des ursprünglichen Objekts.

Zwischenablagen-Spezialitäten Darüber hinaus funktioniert auch in Illustrator die normale Anwendung der Zwischenablage. **Bearbeiten · Kopieren** (Strg + C) kopiert ein Objekt in die Zwischenablage, während **Bearbeiten · Ausschneiden** (Strg + X) es dorthin verschiebt. Interessant wird es dagegen beim Einfügen eines kopierten Objekts: **Bearbeiten · Einfügen** (Strg + V) fügt den Inhalt der Zwischenablage völlig normal ein, und zwar an einer beliebigen Stelle. **Bearbeiten · Davor einfügen** (Strg + F) beziehungsweise **Bearbeiten · Dahinter einfügen** (Strg + B) fügen die Auswahl dagegen genau an der ursprünglichen Stelle ein, und zwar je nach Befehl im Vorder- oder Hintergrund.

Die Palette **Ausrichten** (Shift + F7) ermöglicht es, mehrere ausgewählte Objekte an einer bestimmten gemeinsamen Achse auszurichten oder ihre Abstände zueinander genau zu verteilen.

Im Zusammenhang mit dem Duplizieren von Objekten ist zu guter Letzt das **Angleichen-Werkzeug** (Taste [W]) von Interesse, das zum Beispiel für den Übergang vom Stern zum abgerundeten Quadrat in Abbildung 9.5 verwendet wurde. Ein Doppelklick auf das Werkzeug selbst ermöglicht es Ihnen, Einstellungen dafür vorzunehmen. Wenn Sie **Festgelegte Stufen** wählen, wird beispielsweise eine bestimmte Anzahl von Übergangsobjekten verwendet; **Festgelegter Abstand** legt dagegen einen verbindlichen Abstand zwischen den einzelnen Objekten fest. Nachdem Sie die gewünschten Einstellungen vorgenommen haben, können Sie zunächst das Start- und anschließend das Zielobjekt anklicken.

Die Stapelreihenfolge von Objekten

Als typisches Vektorgrafikprogramm ermöglicht es Illustrator, auch innerhalb einer Ebene beliebig viele Zeichnungen aufeinander zu platzieren, ohne dass sie sich gegenseitig vernichten[4] (bei Bitmap-Programmen wie Photoshop ist dies natürlich völlig anders: Wenn Sie mit einem Malwerkzeug auf eine Ebene malen, werden eventuell dort vorhandene Pixel automatisch ersetzt).

Aus diesem Grund ist es wichtig, dass Sie die Stapelreihenfolge von Objekten beeinflussen können: Die Optionen im Menü **Objekt · Anordnen** ermöglichen es, Zeichnungen auf der aktuellen Ebene weiter nach vorn oder nach hinten zu stellen. Die Befehle **Schrittweise vorwärts** oder **Schrittweise rückwärts** verschieben ein Objekt dabei um jeweils eine Stufe nach vorn oder nach hinten, während **Nach vorne bringen** und **Nach hinten stellen** die Auswahl als vorderstes beziehungsweise hinterstes Objekt auf der Ebene einsetzen.

Interessant sind in diesem Zusammenhang auch die Befehle in den Menüs **Objekt · Fixieren** beziehungsweise **Objekt · Ausblenden**, die die aktuelle Auswahl unabhängig von der ganzen Ebene vor Änderungen schützen beziehungsweise vorübergehend verbergen können.

9.4 Zusammenfassung

Die Erstellung und Bearbeitung von Grafiken und Bildern gehört zu den wichtigsten Aufgaben, die am Computer durchgeführt werden. Da grafische Darstellungen, Fotos und Illustrationen zu beinahe jeder Publikation gehören, ist es notwendig, sich damit zu beschäftigen.

Für die Bearbeitung von Bitmap-Bildern, das heißt Computergrafiken, die aus einzelnen farbigen Bildpunkten bestehen, wurde in diesem Kapitel das Programm Adobe Photoshop vorgestellt. Es enthält eine Reihe interessanter Funktionen für die Manipulation, Komposition und Verbesserung digitaler Bilder. In späteren Kapiteln werden Sie einige Einsatzgebiete für Bitmaps kennen lernen, etwa DTP, Multimedia-Produktionen und Webseiten.

Für den Bereich der Grafik und Illustration mit Vektorgrafiken wurde die Software Adobe Illustrator vorgestellt. Wichtig ist es hier zunächst, dass Sie den Umgang mit den Bézier-

---

4 In Kapitel 19 wird das Programm Macromedia Flash vorgestellt, das zwar ebenfalls mit Vektorgrafik arbeitet, bei dem dies aber anders ist. Erfahrene Illustrator- oder FreeHand-Anwender irritiert es anfangs maßlos, dass Flash eine Zeichnung einfach durch eine andere ersetzt, wenn Sie übereinander zeichnen.

Werkzeugen zum Erstellen von Pfaden gründlich erlernen. Anschließend stehen Ihnen zahlreiche Manipulationsmöglichkeiten für Grafiken zur Verfügung, mit denen sich professionelle Illustrationen und Gebrauchsgrafiken erstellen lassen.

Beachten Sie im Zusammenhang mit den Inhalten dieses Kapitels bitte auch das Kapitel 12, *Datei- und Datenformate*. Dort finden Sie einige Informationen darüber, welche Grafikdateiformate für welche Verwendungszwecke am besten geeignet sind und welche Informationen in den jeweiligen Formaten mitgespeichert oder weggelassen werden.

10 DTP und digitale Druckvorstufe

Schönheit ist überall ein gar willkommener Gast.
– Johann Wolfgang Goethe

Die Herstellung von professionellen Layouts für den Druck von Werbemitteln, Zeitschriften oder Katalogen mit Hilfe von Computerprogrammen hat sich seit Ende der 80er-Jahre zu einem wesentlichen Aspekt der Computeranwendung entwickelt. Dieses Kapitel beschreibt die wichtigsten Bestandteile des professionellen DTP-Workflows.

10.1 Satz, Layout und Typographie

Als Gutenberg vor gut 500 Jahren den Buchdruck mit beweglichen Lettern entwickelte, wurde zunächst versucht, die spezielle Ästhetik und Formensprache der mittelalterlichen Handschriften durch das neue Medium nachzuahmen. Erst allmählich entstanden bestimmte Formen der Satz- und Schriftgestaltung, die dieser neuen Art der Bücherherstellung eher entsprachen: Die Schriften wurden klarer und einfacher, das Seitenlayout insgesamt schmuckloser.

Bis auf gewisse Detailverbesserungen, die das Drucken schneller, einfacher und billiger gemacht haben, ist das grundlegende Verfahren bis in die zweite Hälfte des 20. Jahrhunderts hinein nicht prinzipiell verändert worden. Erst dann wurde durch die Erfindung der Fotosatztechnik der klassische Bleisatz nach und nach verdrängt, und erst in den 80er-Jahren hat das neu entwickelte Desktop Publishing oder kurz DTP begonnen, die Druckvorstufe zu revolutionieren. Zum ersten Mal wurde es möglich, alle Bestandteile eines Dokuments am selben Arbeitsplatz zu entwickeln; für Texterfassung, Satz, Layout, Grafik und Bildbearbeitung wurden jeweils spezielle Softwarekomponenten entwickelt.

Doch obwohl die Erstellung von Drucksachen mit solchen Programmen erheblich einfacher geworden ist, sollte man die Komplexität dieser Aufgabe trotzdem nicht unterschätzen. Denn nach wie vor sind Kenntnisse der Typographie und der allgemeinen Gestaltungsgesetze unerlässlich, um professionelle Layouts zu erstellen. Die wichtigsten dieser Grundlagen sollen in den folgenden Abschnitten vermittelt werden.

10.1.1 Grundlagen der Typographie

Bereits vor fünf- bis sechstausend Jahren haben die Menschen aus vereinfachten, stilisierten Bildern die ersten Schriften entwickelt – Bilder- und Silbenschriften wie die noch heute gebräuchliche chinesische Schrift.

Entwicklung der Buchstabenschrift

Erst die Phönizier entwickelten vor gut 3000 Jahren eine Schrift, die nicht mehr Gegenstände abbildete, sondern Laute wiedergab – die 22 Konsonanten der phönizischen Sprache. Die Schrift der Phönizier ist der gemeinsame Vorfahr der hebräischen, arabischen und griechischen Schrift (was man heute am ehesten an den Namen der Buchstaben bemerkt, die Formen haben sich doch recht weit auseinander entwickelt).

In der griechischen Schrift wurden von Anfang an gleichberechtigte Zeichen für die Vokale hinzugefügt. Sie wird noch heute für die griechische Sprache und zum Teil in der Wissenschaft verwendet. Aus ihr wurde auch die lateinische Schrift entwickelt, die ihre heutige Form im Prinzip seit der Antike beibehalten hat.

Genauer gesagt wurden damals nur die Großbuchstaben eingesetzt; diese in Stein gehauenen Capitalis Monumentalis können bis heute in Museen bewundert werden. Die Kleinbuchstaben entstanden erst viel später, als sich bis zum 9. Jahrhundert nach unserer Zeitrechnung diverse Kursiv- und Handschrift-Schnitte zur Karolinger Minuskel weiterentwickelten. Die heutige Art der Verwendung der beiden Alphabete, nämlich die Stellung der römischen Kapitale am Wort- beziehungsweise Satzanfang und der Minuskel im Wortinneren, entstand zur Zeit der Renaissance. Da diese Kombination eine optimale Lesbarkeit von Text ergibt, hat sie sich – mit gewissen Variationen – bis heute gehalten.

Typographische Begriffe und Maßsysteme

Die meisten Begriffe der Typographie entstammen der Tradition des Bleisatzes, bei dem die einzelnen Zeichen als spiegelverkehrtes Gepräge aus einem eckigen Metallstab, dem Kegel, herausragen. Diese einzelnen Lettern werden auf eine Platte montiert und bilden so eine Druckseite, die eingefärbt und unter einer Druckerpresse auf eine Seite gedrückt wird. Echter Bleisatz wird heutzutage nur noch sehr selten eingesetzt. Bücher, die so entstehen, sind teure, aufwändig gestaltete Werke mit meist sehr niedriger Auflage.

Schriftgrößenmessung

Die eigentliche Schriftgröße ist die **Kegelhöhe**, das heißt die Gesamthöhe der Bleiletter. Gemessen wird sie in **Punkt**, allerdings gibt es verschiedene Versionen dieser Maßeinheit, die im Laufe der Typographiegeschichte als Bruchteile jeweils gängiger Maßeinheiten definiert wurden. Klassisch ist der so genannte **Didot-Punkt** (dd), 1784 von dem Franzosen **François Didot** definiert. 1 dd beträgt 0,376 mm (1973 abgerundet auf 0,375 mm). Heute wird – insbesondere im Zusammenhang mit der Arbeit am Computer – der **DTP-Punkt** (pt) verwendet. Er ist definiert als $^1/_{72}$ Inch (1 Inch = 2,54 cm) und misst demnach 0,353 mm. Leicht abweichend ist der traditionelle amerikanische **Pica-Point** (ebenfalls pt), der $^1/_{996}$ von 35 cm und damit etwa 0,352 mm beträgt. Natürlich fallen diese geringen Unterschiede nicht am einzelnen Zeichen oder an einer Zeile auf, können bei einer ganzen Seite aber durchaus eine Differenz von mehreren Zeilen ergeben.

Zu allem Überfluss gibt es auch noch traditionelle Namen für die wichtigsten Schriftgrößen, die im Bleisatz verwendet wurden und unter gestandenen Schriftsetzern noch heute gelten – allerdings werden sie in der Regel nicht mehr auf den Didot-Punkt, sondern auf den DTP-Punkt angewendet. In Tabelle 10.1 werden einige Beispiele für diese Maße zur besseren Übersicht im direkten Vergleich aufgeführt.

DTP	Pica-Point	Didot (neu)	Didot (alt)	mm	Name
9	9,03	8,47	8,45	3,177	Bourgeois
10	10,03	9,41	9,39	3,53	Korpus

Tabelle 10.1 Vergleich verschiedener typographischer Maßsysteme

DTP	Pica-Point	Didot (neu)	Didot (alt)	mm	Name
11	11,03	10,35	10,33	3,883	Rheinländer
12	12,03	11,3	11,27	4,236	Cicero
14	14,04	13,18	13,14	4,942	Mittel
9,97	**10**	9,39	9,36	3,52	–
11,97	**12**	11,26	11,23	4,224	1 Pica
10,62	10,65	**10**	9,97	3,75	–
12,75	12,78	**12**	11,97	4,5	–
10,65	10,68	10,03	**10**	3,76	–
12,78	12,81	12,03	**12**	4,512	–

Tabelle 10.1 Vergleich verschiedener typographischer Maßsysteme (Forts.)

Abbildung 10.1 Die wichtigsten typographischen Maßangaben auf einen Blick

Die optische Größe, in der die Buchstaben verschiedener Schriften bei Einstellung einer Schriftgröße erscheinen, variiert beträchtlich, weil je nach Schrift bestimmte Bestandteile der Buchstaben mehr oder weniger betont werden. Maßeinheiten für die einzelnen, zum Teil in Abbildung 10.1 gezeigten Größenbestandteile sind folgende:

- Die bereits genannte **Kegelhöhe** definiert den gesamten Raum, den Zeichen einer Schrift überhaupt einnehmen könnten, einschließlich Ober- und Unterlängen.
- Die **Versalhöhe** bezeichnet die Höhe der Großbuchstaben.
- Die **Mittellänge** oder **x-Höhe** ist die Höhe eines Kleinbuchstabens ohne Unterlänge, insbesondere des kleinen x, da es in keiner Schrift Elemente besitzt, die über die Mittellänge hinausragen. Den Fuß der Mittellänge bildet die so genannte **Grundlinie**.
- Die **Oberlänge** ist der Raum von der Oberkante der Mittellänge bis zum höchsten Punkt von Kleinbuchstaben wie k oder d – in manchen Schriften ragen diese noch über die Versalhöhe hinaus.
- Die **Unterlänge** bezeichnet den Raum von der Grundlinie bis zur Unterkante von Kleinbuchstaben wie g oder y.
- Die **Dickte** ist die gesamte Breite, die das Druckbild eines Buchstaben einnimmt.

Weitere wichtige Maßangaben betreffen die Abstände zwischen den Buchstaben, Wörtern und Zeilen:

- Die **Laufweite** bezeichnet die Abstände der Buchstaben im Wort. Der standardmäßige Abstand wird als 0 bezeichnet; eine geringere oder höhere Laufweite wird in Prozent angegeben.
- Ausgleichungen der Laufweite bestimmter Buchstabenkombinationen werden als **Unterschneidung** (englisch **Kerning**) bezeichnet. Die Bezeichnung stammt daher, dass man früher an den Bleiblöcken ein Stück unter der eigentlichen Letter wegschneiden musste, um die Buchstaben näher aneinander rücken zu können. Hochwertige Computerschriften werden mit so genannten Kerning-Tabellen für alle denkbaren Verbindungen ausgeliefert; Satz- und Layoutprogramme wie InDesign oder QuarkXPress verwenden diese Ausgleichung.
- Um den Abstand zwischen Wörtern und anderen Elementen innerhalb der Zeile zu messen, wird das so genannte **Geviert** zugrunde gelegt: Ein Quadrat, bei dem die Breite gleich der Kegelhöhe der aktuellen Schriftgröße ist. In vielen DTP-Programmen können Abstände bis auf ein Tausendstel Geviert genau eingestellt werden.
- Der eigentliche Zeilenabstand (der **numerische Zeilenabstand**) wird von Grundlinie zu Grundlinie gemessen.
- Der **optische Zeilenabstand** ist der Abstand von der Grundlinie einer Zeile bis zur Mittellänge der darunter liegenden Zeile.
- Der **Durchschuss** bezeichnet den Leerraum zwischen der Unterlänge einer Zeile und der Oberlänge der nächsten. Satz ohne Durchschuss wird als **kompress** bezeichnet; der normale Zeilenabstand (auch **splendid** genannt) beträgt etwa 120 % des Kompress-Zeilenabstands.

Einige weitere wichtige Fachbegriffe der Typographie bezeichnen die verschiedenen Bestandteile der Buchstaben selbst. Abbildung 10.2 enthält eine Übersicht über diese Komponenten und ihre Bezeichnungen.

Abbildung 10.2 Die verschiedenen Buchstabenteile und ihre Bezeichnungen

Die Unterscheidung dieser Bestandteile ist wichtig, um die besonderen Merkmale der verschiedenen Schriftfamilien und Schriften beschreiben zu können.

Buchstaben und Alphabete

Es ist wichtig, zu verstehen, dass Druckschriften aufgrund ihrer Geschichte aus zwei separaten Alphabeten bestehen. Die **Großbuchstaben**, auch **Kapitale**, **Majuskeln** oder **Versalien** genannt, sind durch einfache Grundformen gekennzeichnet – sie alle lassen sich auf

Kreis, Dreieck und Quadrat zurückführen. Text, der nur in Versalien gesetzt ist, wirkt aufgrund seiner Monotonie ermüdend und ist schlecht lesbar. Die **Kleinbuchstaben**, die auch **Minuskeln** oder **Gemeine** heißen, weisen abwechslungsreichere, komplexere Formen auf. Erst die Mischung der beiden Alphabete im Schriftbild sorgt für optimale Lesbarkeit.

Kapitälchen

Eine weitere spezielle Schriftform bilden die **Kapitälchen**. Es handelt sich nicht einfach um kleiner gesetzte Versalien, sondern um ein eigenes Alphabet aus Zeichen, die etwas breiter sind als gleich große Großbuchstaben und deren Strichstärken an die Minuskeln der entsprechenden Schriftart angepasst werden. Kapitälchen werden vor allem für Einleitungszeilen in Buchkapiteln oder zur Auszeichnung von Namen und anderen speziellen Begriffen eingesetzt.

Auch der **kursive** Schriftschnitt ist in Wirklichkeit eine separat entwickelte Schrift. Die Unterschiede können Sie vor allem am kleinen *f* oder am *ß* bemerken: Diese Zeichen besitzen in der kursiven Form vieler Schriften eine Unterlänge. Wenn von einer Schrift keine kursive Variante vorhanden ist, stellen manche Textverarbeitungs- oder Layoutprogramme einfach die »normale« Schrift schräg. Diese Schrift wird als oblique bezeichnet und sollte nur in begründeten Ausnahmefällen verwendet werden.

Ligaturen

Eine Gruppe von Sonderzeichen innerhalb der einzelnen Schriftschnitte bilden schließlich die **Ligaturen**: Es handelt sich um die Zusammenziehung zweier hintereinander liegender Buchstaben. Einige historische Ligaturen sind inzwischen zu eigenständigen Zeichen geworden, beispielsweise das ß (eine Ligatur aus S und Z), das & (eine verschnörkelte Form des lateinischen Wortes et) oder Zeichen wie Æ und æ.

Einige andere Ligaturen sind weniger auffällig, waren aber dennoch schon in den Setzkästen der Bleisetzer als eigenständige Zeichen vorhanden; es handelt sich um die Kombinationen ff, fi und ft. Wichtig ist allerdings, dass diese Zeichen nur dann als Ligaturen geschrieben werden, wenn sie zum gleichen Wort gehören. Beispielsweise wird ff in dem Wort »schaffen« als Ligatur geschrieben, in »Auffahrt« dagegen nicht. Gute Layoutprogramme besitzen entweder einen integrierten Wortkatalog zur Unterscheidung dieser Fälle oder eine Funktion zur manuellen Umstellung zwischen Ligatur und zwei separaten Buchstaben.

In allen fließtexttauglichen Druckschriften weisen die Buchstaben unterschiedliche Breiten auf – der Fachbegriff für eine solche Schrift heißt **Proportionalschrift**. Das Gegenstück bilden die nichtproportionalen Festbreiten- oder Schreibmaschinenschriften. Der manchmal verwendete Ausdruck »dicktengleiche Schrift« ist nicht ganz korrekt, weil zwar jedes Zeichen denselben Platz auf dem Druckbogen einnimmt, die Dickten selbst aber durchaus verschieden sein können. Schreibmaschinenschrift sieht in den meisten Fällen unharmonisch aus und ist schlechter lesbar als Proportionalschrift. Dennoch wird sie gerade in letzter Zeit gern in der Werbung eingesetzt. In diesem Buch und in anderen EDV-Fachpublikationen wird Festbreitenschrift für Programmlistings eingesetzt, weil das korrekte Untereinanderschreiben der Zeichen bei ihnen eine Bedeutung hat.[1]

1 Eine berühmte Ausnahme ist die englischsprachige Originalausgabe des Standardwerks »The C++ Programming Language« von Bjarne Stroustrup, dem C++-Erfinder. Er ist der Meinung, dass Listings in Proportionalschrift besser lesbar seien.

Ziffern Die nächste Gruppe von Zeichen einer Schrift bilden die Ziffern. Es gibt zwei verschiedene Arten von Ziffern in Druckschriften:

- Die **Majuskelziffern** beginnen alle auf der Grundlinie und weisen dieselbe Höhe auf wie Großbuchstaben. Anders als die Buchstaben besitzen sie in jeder Schrift identische Breiten, weil sie in Rechnungen oder Tabellen oft exakt ziffernweise untereinander gesetzt werden.
- Die selteneren **Mediäval**- oder **Minuskelziffern** werden dagegen mit Ober- und Unterlängen versehen, weisen verschiedene Höhen auf und besitzen unterschiedliche Breiten. Sie sind besonders gut für den Satz von Zahlen im Fließtext geeignet, weil sie sich harmonischer in das Schriftbild einfügen. Mediävalziffern sind nicht für alle Schriften verfügbar, meist werden sie nur mit den so genannten Expert-Zeichensätzen besonders hochwertiger und teurer Schriftarten geliefert.

Die verschiedenen Schriftfamilien

Da Drucksachen zu vielen verschiedenen Anlässen angefertigt werden müssen, ist es praktisch, dass es unzählige unterschiedliche Schriften gibt, die jeweils für einen anderen Zweck geeignet sind und völlig verschiedene Stimmungen oder Werte zum Ausdruck bringen können. Grundverschiedene Schriftstücke wie eine Boulevardzeitung, eine Werbeanzeige für einen Lifestyle-Artikel oder eine Todesanzeige können ihre volle Wirkung erst entfalten, wenn das Gesamtlayout durch die passende Schrift unterstrichen wird. Es gehört zum Handwerk eines Schriftsetzers, die geeignete Schrift für die jeweilige Gelegenheit auszuwählen und in den Rahmen eines passenden Layouts zu setzen.

Die Schriftfamilien unterscheiden sich aufgrund vieler formaler und ästhetischer Kriterien voneinander. In Deutschland existiert eine DIN-Norm, die alle verfügbaren Schriften in elf Gruppen unterteilt. Abbildung 10.3 zeigt ein Beispiel für jede der ersten zehn Gruppen.

- **Gruppe I: Venezianische Renaissance-Antiqua**. Die Schriften dieser Gruppe sind das Vorbild für alle modernen Druckschriften. Sie wurden im 15. Jahrhundert entwickelt und sehr früh in Bleilettern für den Buchdruck gegossen. Gekennzeichnet ist diese Gruppe durch große Ober- und Unterlängen, ausgeprägte Serifen und geringe Unterschiede der Strichstärke, die Achsen der Buchstaben sind insgesamt leicht nach links geneigt. In den meisten Schriften der Gruppe I besitzt das kleine e einen schrägen Querstrich. Beispiele für Schriften dieser Gruppe sind Trajanus oder Guardi.
- **Gruppe II: Französische Renaissance-Antiqua**. Diese etwas später entwickelten Schriften fallen vor allem dadurch auf, dass die Oberlängen der Kleinbuchstaben meist etwas höher ragen als die Versalien. Anders als bei der venezianischen Renaissance-Antiqua sind die Serifen etwas abgerundet. Zu dieser Gruppe gehören Schriften wie Garamond, Palatino oder Bembo.
- **Gruppe III: Barock-Antiqua.** Bei diesen Schriften sind die Strichstärken unterschiedlicher als bei den Varianten der Renaissance-Antiqua. Die Serifen der Kleinbuchstaben sind oft unten senkrecht und oben schräg. Zur Gruppe III zählen beispielsweise die Schriften Baskerville oder Concorde.

The quick brown fox jumps over the lazy dog.
ABCDEFGHIJKLMNOPQRSTUVWXYZÄÖÜ
abcdefghijklmnopqrstuvwxyzäöüß1234567890,;:.( )?!
I. Venezianische Renaissance-Antiqua: Guardi

The quick brown fox jumps over the lazy dog.
ABCDEFGHIJKLMNOPQRSTUVWXYZÄÖÜ
abcdefghijklmnopqrstuvwxyzäöüß1234567890,;:.( )?!
II. Französische Renaissance-Antiqua: Garamond

The quick brown fox jumps over the lazy dog.
ABCDEFGHIJKLMNOPQRSTUVWXYZÄÖÜ
abcdefghijklmnopqrstuvwxyzäöüß1234567890,;:.( )?!
III. Barock-Antiqua: New Baskerville

The quick brown fox jumps over the lazy dog.
ABCDEFGHIJKLMNOPQRSTUVWXYZÄÖÜ
abcdefghijklmnopqrstuvwxyzäöüß1234567890,;:.( )?!
IV. Klassizistische Antiqua: Bodoni

The quick brown fox jumps over the lazy dog.
ABCDEFGHIJKLMNOPQRSTUVWXYZÄÖÜ
abcdefghijklmnopqrstuvwxyzäöüß1234567890,;:.( )?!
V. Serifenbetonte Linear-Antiqua: Clarendon

The quick brown fox jumps over the lazy dog.
ABCDEFGHIJKLMNOPQRSTUVWXYZÄÖÜ
abcdefghijklmnopqrstuvwxyzäöüß1234567890,;:.( )?!
VI. Serifenlose Linear-Antiqua: Futura

The quick brown fox jumps over the lazy dog.
ABCDEFGHIJKLMNOPQRSTUVWXYZÄÖÜ
abcdefghijklmnopqrstuvwxyzäöüß1234567890,;:.( )?!
VII. Antiqua-Varianten: Arnold Böcklin

The quick brown fox jumps over the lazy dog.
ABCDEFGHIJKLMNOPQRSTUVWXYZÄÖÜ
abcdefghijklmnopqrstuvwxyzäöüß1234567890,;:.( )?!
VIII. Schreibschriften: Zapf Chancery

The quick brown fox jumps over the lazy dog.
ABCDEFGHIJKLMNOPQRSTUVWXYZÄÖÜ
abcdefghijklmnopqrstuvwxyzäöüß1234567890,;:.( )?!
IX. Handschriftliche Antiqua: Mistral

The quick brown fox jumps over the lazy dog.
ABCDEFGHIJKLMNOPQRSTUVWXYZÄÖÜ
abcdefghijklmnopqrstuvwxyzäöüß1234567890,;:.( )?!
X. Gebrochene Schriften: San Marco

Abbildung 10.3 Beispiele für die ersten zehn DIN-Schriftgruppen

- **Gruppe IV: Klassizistische Antiqua.** Diese Gruppe zeigt besonders starke Unterschiede in den Strichstärken, die Serifen sind fast waagerecht. Zu dieser Gruppe gehören etwa Walbaum oder Bodoni.
- **Gruppe V: Serifenbetonte Linear-Antiqua**. Diese Gruppe bezeichnet modernere Antiqua-Formen, die seit dem 19. Jahrhundert entwickelt wurden. Bei diesen Schriften sind alle Strichstärken so gut wie identisch; die Serifen sind gerade und nicht abgerundet. Da sie dieselbe Stärke aufweisen wie die Grundstriche, erscheinen sie besonders betont. Zu dieser umfangreichen Schriftgruppe zählen unter anderem die Schriften Rotation, Clarendon oder Serifa.
- **Gruppe VI: Serifenlose Linear-Antiqua**. Die Gruppe fasst alle serifenlosen Antiqua-Schriften zusammen. Serifenlose Schriften wurden aus verschiedenen Formen der klassischen Antiqua abgeleitet, sodass die Schriften dieser Gruppe recht unterschiedlich aussehen. Elegante und gut lesbare Schriften wie Frutiger, Syntax oder Meta gehören ebenso dazu wie die etwas langweilige Helvetica oder die besonders geradlinige Futura.
- **Gruppe VII: Antiqua-Varianten**. Diese Gruppe versammelt alle Antiqua-artigen Schriften, die in keine andere Gruppe passen. Es handelt sich vornehmlich um Schmuck- und Headline-Schriften. Die meisten Schriften der Gruppe sind nicht für Fließtext geeignet. Es gibt unzählige Beispiele für dieser Gruppe, bekannt sind etwa die Schriften Arnold Böcklin (die Lieblingsschrift aller Antiquitätenhändler) oder Stencil.
- **Gruppe VIII: Schreibschriften**. Diese Gruppe umfasst sämtliche Schreibschriften, die jemals in Bleilettern gegossen oder zu Computerzeichensätzen gemacht wurden. Beispiele sind KünstlerScript oder Zapf Chancery.
- **Gruppe IX: Handschriftliche Antiqua**. Diese Gruppe versammelt Antiqua-Schriften, die nicht ganz Schreibschrift, aber auch keine richtigen Druckschriften sind; sie liegt etwa zwischen den Formen der Gruppen VII und VIII. Beispiele sind Comic Sans, Momberg oder Mistral.
- **Gruppe X: Gebrochene Schriften**. In dieser Gruppe sind sämtliche Varianten der Frakturschrift und verwandte Formen wie die Gotische und die Schwabacher versammelt. Während die Fraktur in der ersten Hälfte des 20. Jahrhunderts als »Paralleluniversum« der Schriftkultur existierte, ließ ihre Bedeutung nach dem 2. Weltkrieg stark nach. Heute werden fast nur noch die Titel mancher Tageszeitungen in solchen Schriften gesetzt. Einige Schriften der Gruppe X sind Fraktur, Old English Text oder San Marco.
- **Gruppe XI: Fremde Schriften**. Die letzte Gruppe umfasst sämtliche nicht lateinischen Schriftzeichen wie Chinesisch, Arabisch, Hebräisch, Kyrillisch oder Griechisch. Die Gruppe bemüht sich nicht um eine Unterscheidung der verschiedenen Schriftsysteme oder Schriftarten, sondern steht einfach für »Sonstiges«.

Auswahl von Schriften

Ein typischer Anfängerfehler beim Erstellen von Dokumenten ist die Verwendung zu vieler verschiedener Schriften oder von Schriften, die nicht zusammenpassen. Es gibt zwei gängige Möglichkeiten, ein Dokument typographisch vernünftig zu setzen:

- **Eine Schriftfamilie verwenden**. Wenn Sie sich für eine gut ausgebaute Schriftfamilie entscheiden, stehen Ihnen genügend verschiedene Schnitte für die verschiedenen Textauszeichnungen wie Überschriften, Fließtext, betonte Wörter oder Zitate zur Verfügung. Es besteht keine Notwendigkeit, mehrere Schriftarten zu verwenden. Zu einer voll ausgestatteten Schriftfamilie gehören mindestens drei verschieden fette Zeichensätze in normal und kursiv, darüber hinaus sollten auch echte Kapitälchen verfügbar sein.

- **Eine Schrift für Überschriften, eine weitere für Fließtext.** Diese Vorgehensweise kommt relativ häufig zum Einsatz. Besonders oft wird eine Serifenschrift für Fließtext und eine serifenlose für Überschriften verwendet. Wenn Sie diese Variante wählen, müssen Sie darauf achten, dass die gewählten Schriften sich genügend stark voneinander unterscheiden. Zwei Schriften aus derselben Gruppe oder mit sonstigen auffälligen Ähnlichkeiten werden im direkten Nebeneinander als unharmonisch empfunden.

Beachten Sie aber, dass dies lediglich Faustregeln sind. Selbstverständlich gibt es begründete Ausnahmen, in denen zum Beispiel drei verschiedene Schriften verwendet werden können. Im Grunde ist es mit der Typographie wie mit jedem Handwerk: Wenn Sie es neu erlernen, müssen Sie zunächst sämtliche wichtigen Regeln studieren und sich daran halten. Wenn Sie später mit sehr viel praktischer Übung genügend Erfahrung gesammelt haben, können Sie sich im Einzelfall Gedanken darüber machen, ob das Brechen einer bestimmten Regel sinnvoll sein könnte.

Kürzer gesagt: Das solide Handwerk hält sich an die Regeln, das echte Kunstwerk interpretiert sie dagegen freier oder definiert sie bei Bedarf neu. Das ist etwas ganz anderes als das Verhalten von Anfängern, die Regeln missachten, weil sie ihnen nicht bekannt oder nicht geläufig sind.

Mikrotypographie

An dieser Stelle werden einige wichtige Regeln zusammengefasst, die beim Setzen von Text zu beachten sind. Die Vorgaben für den Satz einzelner Zeichen werden als **Mikrotypographie** bezeichnet. Viele dieser Regeln sind DIN-genormt, andere sind dagegen einfach Konvention. In der vorliegenden Form gilt die Liste vor allem für deutschen Text, für andere lateinisch geschriebene Sprachen können leicht abgewandelte Regeln gelten.

- Die Satzzeichen **Punkt** und **Komma** stehen unmittelbar am vorigen Wort. Dahinter folgt ein normaler Wortabstand.
- Andere Satzzeichen wie **Doppelpunkt** oder **Fragezeichen** halten ein wenig Abstand zum vorigen Zeichen (allerdings viel weniger als einen ganzen Wortabstand); auch hinter diesen Satzzeichen folgt ein gewöhnlicher Wortabstand.
- Der **Trennstrich (Divis)** ist ein sehr kurzer Strich. Bei Wort- oder Silbentrennungen steht er eng am vorderen Wort. Als Bindestrich verbindet er beide Wörter ohne Abstand.

  Beispiele: Trenn- und Bindestriche; Friedrich-Schiller-Str.
- Der **Gedankenstrich** ist in deutschen Texten ein Halbgeviert lang. Die Abstände zu den Wörtern davor und dahinter sind etwas geringer als der normale Wortabstand. Derselbe Strich kann auch bei Zahlen als Ersatz für das Wort »bis« stehen und wird dann ohne Abstand geschrieben.

  Beispiele: Einerseits – andererseits; 5–7 Sätze.
- **Anführungszeichen** werden im Deutschen durch „Gänsefüßchen" dargestellt (›99‹ unten, ›66‹ oben). Manchmal – wie in diesem Buch – werden auch »französische Anführungszeichen« gesetzt, weil sie sich in gedruckte Texte harmonischer einfügen. Die

Bezeichnung »französische Anführungszeichen« ist insofern verkehrt, als sie in deutschen Texten mit der Spitze nach innen stehen, in französischen dagegen andersherum: «Qu'est-ce que c'est?».

Die "geraden Anführungszeichen", die in diesem Buch in Programmlistings eingesetzt werden, haben in normalen Texten übrigens nichts zu suchen.

- Bei **Zahlen** können je drei Stellen von rechts an durch einen Punkt voneinander getrennt werden. Dezimalstellen werden durch ein Komma abgetrennt.

  Beispiel: 3.157.250 oder 2.123,99 €.

- **Telefonnummern** werden laut DIN-Norm von rechts an in Zweiergruppen geschrieben, der Abstand zwischen den Gruppen kann dabei reduziert werden. Dasselbe gilt für die Vorwahl. Die Vorwahl wird von der Telefonnummer durch einen Schrägstrich getrennt oder steht in Klammern.

  Beispiele: 5 67 89 01; 0 40 / 2 34 56 78 oder 01 72 / 6 12 34 56.

- **Postleitzahlen** und **Jahreszahlen** dürfen nicht unterteilt werden.

  Beispiele: 50668 Köln oder 2003.

Zeile und Absatz

Der gesamte Bereich, den der Text auf einer Druckseite einnimmt, wird als **Satzspiegel** bezeichnet. Wie der Satzspiegel auf der Seite platziert werden kann, wird im nächsten Unterabschnitt erläutert. An dieser Stelle geht es zunächst einmal um den Textfluss selbst, um das Setzen von Zeilen und Absätzen.

Jedes Textverarbeitungs- oder Layoutprogramm beherrscht heutzutage den automatischen Zeilenwechsel, der immer dann stattfindet, wenn ein Wort über den rechten Rand des Satzspiegels hinausragen würde. Wahrscheinlich erscheint Ihnen dieser Umstand selbstverständlich, weil Sie es gewöhnt sind, mit solcher Software zu arbeiten.

Früher war das aber völlig anders. Bei der Schreibmaschine bestand die einzige Kontrolle für das Zeilenende aus der »Glocke«, die einige Zeichen vor dem Erreichen des rechten Randes ertönte, sodass man sich meist noch rechtzeitig für einen Zeilenumbruch oder eine Silbentrennung entscheiden konnte. Und in klassischen Texteditoren scrollte der Text üblicherweise einfach nach links weg, wenn man rechts zu viele Zeichen eingab.

In modernen Programmen gibt es dagegen drei verschiedene Arten, eine neue Zeile zu beginnen:

- Der bereits erwähnte automatische Wortumbruch findet statt, wenn der rechte Zeilenrand überschritten wird.
- Der Absatzwechsel, in den meisten Programmen hervorgerufen durch die große `Enter`-Taste im alphanumerischen Block der Tastatur, erzeugt einen neuen Absatz.
- Der einfache Zeilenwechsel innerhalb eines Absatzes (auch weiche Zeilenschaltung genannt) wird in InDesign, QuarkXPress oder Microsoft Word durch die Tastenkombination `Shift` + `Enter` erzeugt.

Typische Fehler bei Zeilen und Absätzen

Im professionellen Desktop Publishing müssen Sie sich die weit verbreitete Textverarbeitungsunsitte abgewöhnen, einen einfachen Zeilenwechsel durch einmaliges Drücken von [Enter] und einen neuen Absatz durch zweimaliges Drücken zu erzeugen. Der volle doppelte Zeilenabstand ist als Absatztrennung viel zu groß (Faustregel: höchstens das Anderthalbfache des normalen Zeilenabstands). Die unterschiedlichen Abstände, die für gewöhnliche Absätze und vor oder nach Überschriften benötigt werden, werden in Layoutprogrammen über die Definition von Absatzformaten eingestellt. Auch andere Absatzkennzeichnungen wie zum Beispiel Einzüge können dort definiert werden.

Für ein und denselben Absatz sollte übrigens auch dann eine gemeinsame Einstellung möglich sein, wenn ein erzwungener Zeilenwechsel darin vorkommt. Da [Enter] aber einen neuen Absatz erzeugt, können die beiden getrennten Absätze nicht mehr automatisch in einem formatiert werden.

Ein weiterer, sogar noch schlimmerer Fehler besteht darin, Fließtextzeilen durch manuelle Zeilenwechsel abzuschließen. In diesem Fall spielt es keine Rolle, ob Absatzwechsel oder weiche Zeilenschaltungen verwendet werden, es ist in beiden Fällen verkehrt. Das merken Sie aber möglicherweise erst viel später beim Hinzufügen oder Entfernen von Text, vielleicht auch erst dann, wenn Sie zufällig die Breite des Satzspiegels oder die Schriftgröße ändern. Plötzlich sitzen die erzwungenen Umbrüche nicht mehr am jeweiligen Zeilenende, sondern irgendwo mitten in den jeweiligen Zeilen, weil zusätzlich automatische Zeilenwechsel hinzugekommen sind. Die einzigen Textarten, bei denen jede Zeile durch einen manuellen Zeilenwechsel abgeschlossen wird, sind Gedichte oder schmucklose Auflistungen.

Eine wichtige Eigenschaft von Absätzen ist die **Ausrichtung**. Insgesamt lassen sich vier verschiedene Arten der Absatzausrichtung unterscheiden:

- **Linksbündige Ausrichtung**: Das erste Zeichen jeder Zeile beginnt auf der linken Seite exakt an derselben Stelle, die Zeichen sind bündig am linken Rand des Satzspiegels ausgerichtet. Auf der rechten Seite gibt es einen wechselnden Zeilenfall (Flattersatz).
- **Rechtsbündige Ausrichtung**: Bei dieser Variante stehen die Zeichen am rechten Rand bündig auseinander, auf der linken Seite ist der Zeilenanfang dagegen variabel.
- **Zentrierte Ausrichtung**: Beim zentrierten Satz werden die Zeilen an einer mittleren Achse untereinander ausgerichtet. Von der Mittelachse aus gemessen besitzt also jede Zeile dieselbe Länge nach links wie nach rechts.
- **Blocksatz**: Alle Zeilen eines Absatzes besitzen dieselbe Länge. Dies wird durch einen Ausgleich der Zeichen- und Wortabstände ermöglicht. Die Silbentrennung sorgt dafür, dass es weniger Zeilen mit allzu großen Lücken gibt.

Die beiden gängigsten Arten der Absatzausrichtung sind linksbündiger Satz und Blocksatz. Dabei sollte die linksbündige Ausrichtung vor allem für Briefe und andere kürzere Dokumente verwendet werden. Auch bei einem besonders kurzen Satzspiegel, zum Beispiel bei mehrspaltigem Satz, kann linksbündiger Satz angebracht sein, weil sich sehr kurze Zeilen trotz effizienter Silbentrennung nicht gut aufteilen lassen.

Blocksatz Blocksatz ist die bevorzugte Satzvariante für Bücher, Zeitschriften und andere Massendrucksachen. In Tageszeitungen wird trotz der recht kurzen Spalten ebenfalls Blocksatz eingesetzt. Dies ermöglicht relativ eng nebeneinander stehende Spalten, weil die Spaltengrenzen auf beiden Seiten gut erkennbar sind.

Damit Blocksatz vernünftig aussieht und keine allzu großen Lücken aufweist, ist bei größeren Textmengen eine gut funktionierende automatische Silbentrennung erforderlich. Inzwischen verfügen die verschiedenen Programme über Trennalgorithmen, die nur sehr wenige Fehler machen. Dennoch gehört es zu Ihrer Sorgfaltspflicht, selbst bei umfangreichen Texten alle durchgeführten Silbentrennungen auf Korrektheit zu überprüfen, denn immer wieder gibt es Fremdwörter, besonders seltene Wörter oder einzelne Sätze in Fremdsprachen, für die in einem Layoutprogramm keine Trennregeln vorhanden sind.

Sie sollten auch darauf achten, dass nicht zu viele aufeinander folgende Zeilen durch Trennstriche abgeschlossen werden. Die meisten Programme können Sie so einstellen, dass sie automatisch einen vernünftigen Wert für maximal erlaubte aufeinander folgende Trennungen einhalten; eine sehr häufige Wahl sind drei Zeilen.

Im Übrigen ist es eine gute Idee, in längere Wörter von vornherein optionale Trennstriche einzufügen. Dieses spezielle Zeichen ist nur dann sichtbar, wenn es sich als Trennstrich verwenden lässt. In InDesign wird der optionale Trennstrich durch die Tastenkombination [Strg] + [Shift] + [-] erzeugt (Mac: [⌘] + [Shift] + [-]). In Word und QuarkXPress wird [Strg] + [-] (Windows) beziehungsweise [⌘] + [-] (Mac) verwendet.

Zeilenfall Beim linksbündigen Flattersatz müssen Sie darauf achten, dass der Zeilenfall (die unterschiedlichen Zeilenlängen) sich an bestimmte Vorgaben hält:

- Mehr als zwei aufeinander folgende Zeilen sollten nach Möglichkeit nicht gleich lang sein.
- Eine über mehrere Zeilen gleichmäßig anwachsende oder abfallende Zeilenlänge (Treppeneffekt) sollte vermieden werden. Überhaupt sollten Sie alle rhythmischen Abfolgen vermeiden, die beabsichtigt aussehen könnten – solche Zeilenfolgen sind der Lyrik beziehungsweise der konkreten Poesie vorbehalten.
- Viel zu kurze Zeilen, die durch ein sehr langes Wort entstehen, das nicht mehr in die Zeile passt, sollten ebenfalls nicht verwendet werden. Hier schafft, wie beim Blocksatz, die Silbentrennung Abhilfe.

Rechtsbündiger und zentrierter Satz sollten nur in Ausnahmefällen eingesetzt werden. Rechtsbündig werden in normalen Dokumenten nur ganz wenige, spezielle Informationen gesetzt: Ort und Datum zu Beginn eines Briefes oder Orientierungshilfen in Form der aktuellen Absatzüberschrift am Kopf oder am Fuß einer rechten Druckseite. Ansonsten ist rechtsbündiger Text eigentlich nur für Schriften geeignet, die von rechts nach links geschrieben werden, zum Beispiel Hebräisch oder Arabisch.

Zentrierter Satz kann vereinzelt auf speziellen Schmuckseiten mit wenig Text verwendet werden, zum Beispiel für ein Motto oder eine Widmung in einem Buch. Diese Satzform wurde in den Anfangstagen des World Wide Web inflationär auf Webseiten eingesetzt, gehört aber auch dort nur in Ausnahmefällen hin. In manchen Zeitschriften oder Büchern werden Absatzüberschriften zentriert gesetzt – zu manchen, in der Regel eher traditionellen Layouts passt das gut.

Im Zusammenhang mit Absätzen müssen Sie zusätzlich auf ein ganz anderes Problem achten: Es sieht sehr unästhetisch aus, wenn die erste Zeile eines neuen Absatzes am Fuß einer Spalte oder Seite steht (im Setzerjargon ein »Schusterjunge«) oder wenn die letzte Zeile des Absatzes allein in der nächsten Spalte oder auf der nächsten Seite landet (»Hurenkind« genannt).

Hurenkinder und Schusterjungen

Dieses Problem ist so verbreitet, dass die meisten Programme einen speziellen Schutz davor anbieten: Sie können bei der Definition von Absatzformaten dafür sorgen, dass eine bestimmte Mindestzahl von Zeilen eines Absatzes automatisch zusammengehalten wird. Der Absatz wandert also im Zweifelsfall eher komplett in die nächste Einheit, als dass weniger Zeilen als die angegebene Mindestzahl allein bleiben.

Eine ähnliche Schwierigkeit bereiten übrigens Überschriften. Natürlich gehört eine Überschrift über den Absatz, den sie betitelt, und nicht für sich allein auf die vorige Seite. In guten Layout- oder Textverarbeitungsprogrammen können Sie deshalb auch einstellen, dass ein Absatz mit dem darauf folgenden oder mit dem vorigen zusammenbleiben soll.

10.1.2 Grundlagen der Gestaltung

Neben der bisher behandelten korrekten Verwendung von Zeichen und Abständen sowie dem richtigen Umgang mit Schrift gibt es eine Reihe von Grundregeln für die **Gestaltung** von Dokumenten und anderen Drucksachen. Diese Regeln betreffen unter anderem die Flächenaufteilung, die Abgrenzung verschiedener Bereiche voneinander oder den Umgang mit Farben, Rahmen und Linien. Selbstverständlich gibt es auch bei Beachtung der wichtigsten Gestaltungsprinzipien viele unterschiedliche kreative Möglichkeiten.

Das Papierformat

Beim Platzieren von Text, Bildern und Schmuckelementen auf einer Druckseite ist es sehr wichtig, sie entsprechend der gewünschten Aussage zu verteilen. Spannung oder Ruhe, Dynamik oder Statik werden durch unterschiedliche Flächenaufteilungen erzielt. Von Bedeutung sind dabei nicht nur die Bereiche, die mit Inhalten gefüllt werden, sondern auch diejenigen, die aus Kontrastgründen frei bleiben.

Die Aufteilung der Fläche beginnt bereits bei der Auswahl des Papierformats: Verschiedene Blattgrößen und -proportionen und die Entscheidung zwischen Hoch- und Querformat transportieren schon für sich eine bestimmte Aussage oder Stimmung und bilden vor allem den Rahmen für die spätere Platzierung der Inhaltselemente.

DIN-Papierformate

Für Briefe und andere Bürodokumente gibt es eigentlich nur eine Wahl: das Standardformat DIN A4. Seine Größe ist 210 x 297 mm; das Seitenverhältnis aller Formate der DIN-Formatreihe A beträgt 1:√2 (etwa 1:1,4143), was als recht harmonisch und ausgewogen empfunden wird. Diese Dokumentformate basieren zwar auf der deutschen Norm DIN 476, sind aber inzwischen international gebräuchlich. Die Formatreihe A beginnt mit A0, das 841 x 1.189 mm groß ist. Jedes weitere Format ist genau ein halber Bogen des vorherigen; bei A8 beträgt die Größe nur noch 52 x 74 mm. Weitere DIN-Formatreihen sind übrigens B für Umschläge und C für Verpackungen. Tabelle 10.2 zeigt eine Übersicht über die einzelnen Formate der DIN-Reihen.

Format	A (Papierbögen)	B (Umschläge)	C (Verpackungen)
0	841 x 1.189	1.000 x 1.414	917 x 1297
1	594 x 841	707 x 1.000	648 x 917
2	420 x 594	500 x 707	458 x 648
3	297 x 420	353 x 500	324 x 458
4	210 x 297	250 x 353	229 x 324
5	148 x 210	176 x 250	162 x 229
6	105 x 148	125 x 176	114 x 162
7	74 x 105	88 x 125	81 x 114
8	52 x 74	62 x 88	57 x 81

Tabelle 10.2 Übersicht über die wichtigsten DIN-Papierformate in mm

Andere Papierformate, die nicht in das DIN-Schema passen, sind zum Beispiel das traditionelle amerikanische Briefformat US-Letter (etwas kürzer als A4) oder das international gebräuchliche Scheckkartenformat 86 x 54mm.

Tageszeitungen

Auch für Tageszeitungen gibt es einige festgelegte Formate:

- Berliner Format: 315 x 470 mm
- Rheinisches Format: 360 x 530 mm
- Nordisches Format: 400 x 570 mm

Als sehr harmonisch werden nach der klassischen Gestaltungslehre alle Formate empfunden, die auf dem **goldenen Schnitt** basieren, dem bereits seit der Antike bekannten 5:8-Format (umgerechnet 1:1,618). Dieses Verhältnis wird nicht besonders häufig für Seitenformate eingesetzt, aber dafür umso öfter für die Proportionen verschiedener Elemente auf der Druckseite.

Anordnung von Elementen

Gleiche Elemente, die auf den verschiedenen Bereichen einer Druckseite angeordnet werden, werden von Betrachtern nicht an jeder Stelle als gleich groß empfunden. Das rechte untere Viertel wird als besonders »schwer« oder betont wahrgenommen, das linke obere dagegen als »leicht«. Der Grund für diese spezielle Wahrnehmungsverschiebung ist die seit frühester Kindheit eingeübte Gewohnheit, Zeilen von oben nach unten und Buchstaben von links nach rechts zu lesen; der Text »fällt« förmlich nach rechts unten.

Der Kontrast wird deutlich, wenn Sie sich gedruckte Dokumente aus anderen Schreibkulturen ansehen: Eine arabische oder japanische Zeitschrift wirkt nicht nur wegen der völlig unterschiedlichen Schriftzeichen »anders«, sondern auch wegen der Schreibrichtung von rechts nach links, die zu einer umgekehrten Flächenaufteilung führt. Für europäische Leser wirkt eine Anordnung von Elementen auf der Diagonalen von links oben nach rechts unten harmonisch. Die umgekehrte Diagonale wird eher als spannungsgeladen wahrgenommen. Für Leute, die das Lesen von rechts nach links gewöhnt sind, ist es dagegen genau umgekehrt.

Optische Mitte

Aus demselben Grund wird bei einer Seite zwischen der tatsächlichen und der **optischen Mitte** unterschieden. Letztere liegt etwa 10 % höher als die tatsächliche Mitte. Auch der Satzspiegel wird meistens etwas weiter oben auf der Seite platziert, der obere Rand ist niedriger als der untere.

Wie die einzelnen Bestandteile auf der Seite verteilt werden, hängt letztlich von ihrer absoluten und relativen Größe und vom Verwendungszweck ab. Die folgende Aufzählung enthält einige grundlegende Angaben für wichtige Kategorien von Printmedien:

- Bei **Romanseiten** ist es verhältnismäßig einfach – es müssen lediglich der Satzspiegel und eine Seitenzahl platziert werden. Aber bereits dafür gibt es viele verschiedene Möglichkeiten: Die Seitenzahl kann oben oder unten stehen, jeweils in der Seitenmitte oder bündig am Außenrand des Satzspiegels und so weiter.
- **Fachbücher** enthalten neben dem Satzspiegel auch Abbildungen, Tabellen und (im speziellen Fall eines EDV-Buchs wie diesem) Programmlistings. Strukturhilfen wie hierarchisch gegliederte Überschriften und Marginalien sorgen für mehr Übersicht. Die Aufteilung der Elemente kann ziemlich geradlinig erfolgen, wie im vorliegenden Band. Für manche Fachgebiete bietet sich dagegen eine aufgelockertere Verteilung an – beispielsweise für die Bände der Reihe Galileo Design, die aufgrund ihrer Thematik schon fast Bildbände sind.
- **Zeitschriften** sind je nach Themenbereich und Zielgruppe sehr unterschiedlich ausgestattet. Beispielsweise ist der Satz von Nachrichtenmagazinen und Fachzeitschriften relativ schlicht und übersichtlich, während es in Unterhaltungszeitschriften oft ziemlich turbulent zugeht – der Satzspiegel wird oft durch außer der Reihe angeordnete Elemente aufgelockert.
- **Tageszeitungen** besitzen ein sehr klares und übersichtliches Satzbild, das nur wenige Überraschungen bringt. In der Regel sind sie mit sechs bis acht Spalten ausgestattet; Überschriften überspannen die gesamte Spaltenzahl eines Artikels, Abbildungen oft mehrere Spalten. Bestimmte Sonderartikel werden durch Rahmen oder farbliche Hinterlegung hervorgehoben. Diese Grundregeln gelten sowohl für seriöse Tagsezeitungen als auch für Boulevardblätter; Letztere sind lediglich erheblich bildlastiger.
- **Kataloge, Broschüren und Verkaufsprospekte** liegen etwa in der Mitte zwischen Zeitschrift und Werbeanzeige. Es sollte darauf geachtet werden, den Betrachter nicht durch zu viel Text zu erschlagen; eine aufgelockerte und abwechslungsreiche Anordnung von Text und Bildern ist wichtig. Dies wird allerdings bei schnell produzierten Massenwerbezetteln als Aufforderung missverstanden, ein völliges Durcheinander von Bildern, schlecht zuzuordnenden Beschriftungen und oft unpassenden grafischen Schmuckelementen zu produzieren.

- **Werbeanzeigen** müssen sich von allen Print-Layouts die meiste Mühe geben: Alle anderen Drucksachen werden zunächst wegen ihres Inhalts gelesen, die Werbung möchte dagegen auch dann auf sich aufmerksam machen, wenn der Inhalt Sie eigentlich nicht interessiert. Deshalb ist der Anspruch bei der Auswahl passender Bilder oder Schriften und bei der Aufteilung der verschiedenen Bestandteile auch viel größer als bei den restlichen Printmedien. Hinzu kommt, dass auf einer relativ großen Fläche relativ wenig Inhalt harmonisch und geschmackvoll verteilt werden muss.

Umfließen von Elementen

Bei der Anordnung von Bildern und Schmuckelementen, die nicht die gesamte Spalten- oder Satzspiegelbreite einnehmen, ist die Frage wichtig, welche Art des **Umfließens** gewählt werden soll. Dieser Begriff bezeichnet das Verhalten von Text, der um ein Bild herum platziert wird. Der Text kann entweder das Begrenzungsrechteck des Bildes oder dessen Kontur umfließen, und das einseitig oder beidseitig. Wenn Sie die Kontur eines Bitmap-Bildes für das Umfließen kennzeichnen möchten, müssen Sie sie mit einem Beschneidungspfad versehen.

Eine weitere interessante Variante für die Platzierung von Bildern oder Grafiken ist der **Anschnitt**: Das Bild beginnt ohne Beachtung des Seitenrandes unmittelbar an der Kante einer Seite, ein Teil des Inhaltes wird dabei weggelassen. Diese Art der Bilddarstellung sorgt für eine gewisse Dynamik und Auflockerung des Layouts, ist aber nicht für alle Arten von Bildern geeignet: Ein Personenporträt oder die explizite Abbildung eines Objekts, von dem ein Artikel handelt, sollten in der Regel nicht im Anschnitt stehen. Eine gute Wahl ist der Anschnitt dagegen etwa für weitläufige Panoramen, die Darstellung dynamischer Vorgänge oder für manche grafischen Schmuckelemente wie Pfeile und Linien.

Rahmen, Linien, Pfeile und Schmuckelemente

Neben den bereits beschriebenen Texten und Bildern kann eine weitere Art von Objekten in einem Print-Layout platziert werden. Rahmen dienen der Abgrenzung von Bereichen mit besonderer Bedeutung. Eine vergleichbare Art der Hervorhebung ist übrigens die farbliche Hinterlegung, die an dieser Stelle ebenfalls behandelt wird. Linien können vielfältige Beziehungen zwischen Objekten herstellen, den Raum aufteilen, Spannung, Dynamik oder Ordnung schaffen. Pfeile sind eine Steigerung der Linie, weil sie in eine bestimmte Richtung weisen. Schließlich gibt es noch zahlreiche Arten von Schmuckelementen wie Punkte, Sterne oder Ornamente. Auch Initiale, also stark betonte Anfangsbuchstaben von Absätzen, gehören dazu.

Rahmen und Linien

Bei **Rahmen** ist besonders darauf zu achten, dass die Form des gewählten Rahmens zum Inhalt passt. Allzu leicht erreichen Sie einen Todesanzeigen- oder Ausschneidecoupon-Effekt. In den meisten Fällen ist ein dünner, gerader, einfacher Rahmen völlig ausreichend. Spezielle Schmuckrahmen passen nur für besondere Dokumente wie zum Beispiel Urkunden. In einem durchschnittlichen Layout sollten Sie ohnehin eher einen farbig hinterlegten Kasten bevorzugen. Bei diesem müssen Sie allerdings wiederum auf genügend Kontrast zur Schriftfarbe achten, damit die Lesbarkeit nicht beeinträchtigt wird.

Linien werden oft regulär im Layout eingesetzt, um den oberen oder unteren Rand des Satzspiegels von Kopf- oder Fußzeilen abzutrennen oder um Zwischenüberschriften nach oben und unten abzugrenzen. Darüber hinaus können sie auf vielfältige Weise außer der

Reihe benutzt werden, um auf spezielle Inhalte hinzuweisen oder um besondere Elemente zu verbinden oder zu trennen. Eine noch stärkere Wirkung erzielen in diesem Zusammenhang Pfeile, mit denen Sie allerdings sparsam umgehen sollten.

Die Bedeutung von **Ornamenten** ist im modernen Layout erheblich zurückgegangen. Funktionale Schmuckelemente wie Punkte oder besondere Aufzählungszeichen sind dagegen recht häufig anzutreffen. Beachten Sie, dass solche besonderen Elemente möglicherweise zu viel Aufmerksamkeit auf sich lenken, sie sollten also nur dort eingesetzt werden, wo etwas speziell betont wird. Ähnliches gilt für Initiale: Sie passen gut in kunstvoll aufgemachte Bücher, beispielsweise bestimmte Romane oder Bildbände, oder in das Satzbild hochwertiger, seriöser Zeitschriften. In schlichten, schmucklosen, funktionalen Layouts sind sie dagegen fehl am Platz.

10.2 DTP-Grundlagen

In diesem Abschnitt wird konkret beschrieben, wie ein Layout für ein Printprodukt von der Idee bis zur Abgabe der fertigen Datei bei einer Druckerei angefertigt wird. Als konkretes Beispiel wird in diesem Kapitel das Layoutprogramm **Adobe Indesign CS** (entspricht Version 3.0) vorgestellt. Der direkte Konkurrent, die hier nicht beschrieben wird, ist **QuarkXPress**. Für andere Aufgaben gibt es noch weitere Programme – beispielsweise Adobe FrameMaker für umfangreiche Projekte (insbesondere Bücher). Projekte mit vielen Formularen und Tabellen lassen sich besonders gut mit **RagTime** verarbeiten; für den privaten Gebrauch ist das Windows- und MacOS-Programm sogar kostenlos (Download unter **http://www.ragtime.de**).

10.2.1 Der DTP-Workflow

Der Arbeitsablauf für die Erstellung einer Printproduktion sieht schematisch betrachtet folgendermaßen aus:

- Die Planung für das Layout erfolgt in Form von **Scribbles**, also groben Skizzen, auf denen die Platzierung von Text, Bildern und anderen Elementen angedeutet wird.

  In einem echten Scribble wird der Text durch waagerechten Linien einer bestimmten Dicke angedeutet, auch Bilder und Grafiken werden nur ganz grob gezeichnet. Das typische Werkzeug zur Anfertigung von Scribbles ist der Kohlestift.

  Aus dem Scribble resultiert im nächsten Arbeitsschritt das **Gestaltungsraster**: Ein Gitternetz aus horizontalen und vertikalen Linien legt die Grundpositionen für Satzspiegel, Abbildungen und andere Objekte fest. Das Raster muss nicht um jeden Preis starr eingehalten werden, sondern dient eher als Orientierungshilfe. Durch die Hilfslinienfunktion von InDesign lässt es sich leicht vom Skizzenblock in das echte Layout übertragen.
- Die Umsetzung des Scribbles am Rechner wird ausprobiert, meist mit Blindtext und Bildplatzhaltern. Erst hier fällt meist die Entscheidung für die Verwendung konkreter Schriften. Für das Ausprobieren verschiedener Varianten eignet sich übrigens Photoshop vorzüglich, weil Sie durch die Ebenentechnik zahlreiche Versionen von Elementen ein- oder ausblenden und frei platzieren können.

Dabei ist es nicht ganz trivial, welcher Blindtext für das Ausprobieren verschiedener Schriften verwendet wird. Er benötigt beispielsweise die für die verwendete Sprache und Textsorte typische statistische Verteilung von Wort- und Satzlängen. Außerdem sollte es sich tatsächlich um Text aus echten Wörtern handeln, weil der Blindtext auch der Überprüfung der Lesbarkeit dient.

Der Klassiker für Blindtext (seit dem 16. Jahrhundert!) ist die pseudo-lateinische Verballhornung eines Cicero-Zitats: »Lorem ipsum dolor sit amet, consectetur adipisicing elit, sed do eiusmod tempor incididunt ut labore et dolore magna aliqua ...« Unter **http://www.lipsum.com** finden Sie einen automatischen Generator für beliebig viel derartigen Text. InDesign kann diese Art von Blindtext sogar selbst einsetzen: Klicken Sie einfach einen Textrahmen an und wählen Sie **Schrift · Mit Platzhaltertext füllen** aus dem Menü.

- Im nächsten Schritt müssen alle Bestandteile zusammengetragen werden, die Sie für die Anfertigung des Dokuments benötigen. Bilder müssen eingescannt, in das richtige Dateiformat gebracht und auf die korrekte Auflösung umgerechnet werden. Oft werden zusätzlich Infografiken, Diagramme oder Schmuckelemente benötigt, die in einem Zeichenprogramm wie Illustrator angefertigt werden können. Zu guter Letzt müssen Sie sicherstellen, dass alle benötigten Schriften in einer drucktauglichen Form zur Verfügung stehen.
- Im Layoutprogramm wird als Erstes das Seitenformat eingerichtet. Zu diesem Zweck unterstützt InDesign die Verwendung von Musterseiten. Anschließend werden die Schriftformatierungen eingerichtet, die häufig im Dokument benutzt werden. InDesign bietet Absatzformate und Zeichenformate. Ein kurzer Blick in die Programm- und Dokumentvoreinstellungen sollte auch stets dazu gehören.
- Nachdem alle Voreinstellungen getroffen sind, können Sie das Dokument selbst erstellen: Bereits auf den Musterseiten werden häufig Text- und Bildrahmen eingerichtet, die Sie anschließend mit Inhalt füllen können. Häufig erhalten Sie von Ihren Kunden fertigen Text in externen Dateien, die Sie einfach importieren können. Manchmal wird der Text dagegen erst im InDesign-Dokument selbst eingegeben. Das Programm unterstützt Sie dabei mit zahlreichen durchdachten Funktionen.
- Vor der Abgabe Ihrer Daten beim Belichtungsstudio oder einer Digitaldruckerei müssen Sie alle benötigten Dateien zusammenstellen, die zum endgültigen Dokument gehören. Die meisten Druckereien erwarten, dass Sie neben dem Layoutdokument selbst und natürlich den Bildern auch die verwendeten Schriften als Dateien mitliefern. Unterstützt wird die Überprüfung der Vollständigkeit und Fehlerfreiheit der Daten durch den **Preflight**. Diese Funktion, die in InDesign bereits eingebaut ist, simuliert im Grunde die vollständige Vorbereitung der Filmbelichtung oder des Digitaldrucks.
- Wenn die Daten für die Ausgabe abgegeben worden sind, bestimmt das verwendete Druckverfahren, wie es weitergeht. Die beiden dominierenden Verfahren sind der klassische **Offsetdruck** und der **Digitaldruck**. Offset bietet eine höhere Qualität, während der Digitaldruck besonders für kleinere Auflagen geeignet ist. Beim Offsetdruck müssen zunächst über einen Belichter vier Filme für die vier Druckverfahren angefertigt werden, was sich für kleinere Auflagen nicht lohnt. Ein interessanter Kompromiss ist das

Computer-to-Plate-Verfahren (CTP): Ohne Zwischenschritt über Filme werden die Daten direkt elektronisch auf eine Druckplatte übertragen.

Eine der wichtigsten Aufgaben in diesem Stadium ist das so genannte **Ausschießen**, die Verteilung der einzelnen zu druckenden Blätter auf den Druckbogen, der normalerweise erheblich größer ist. Auf dem Belichtungsfilm werden beispielsweise oft Vorder- und Rückseite eines Blattes Kopf an Kopf aneinander gesetzt, weil sie so auf den Bogen gedruckt werden (so genannter Schön- und Widerdruck). Das Ausschießen wird heutzutage automatisch durch spezielle Software erledigt, einige Produkte sind **ImPosition Publisher** oder **VivaImpose**. In der Regel muss dafür jede einzelne Druckseite aus dem Layoutprogramm im EPS- oder PDF-Format exportiert und in das Ausschießprogramm geladen werden.

Immer häufiger werden Dateien im Adobe Acrobat-Format **PDF** zur Belichtung oder zum Druck gegeben. Der größte Vorteil besteht darin, dass die Umrisse der verwendeten Schriften in die Datei übernommen werden, sodass das Dokument auf sichere Weise so angezeigt werden kann, wie es ursprünglich geplant war. Auch externe Grafiken und Bilder werden Teil der PDF-Datei.

- Vor dem endgültigen Druck wird bei der Druckerei noch der **Proof** durchgeführt: Die Dokumente werden auf einem möglichst hochwertigen Tintenstrahl- oder Farblaserdrucker ausgegeben. Das Farbprofil des Druckers muss dafür an den letztlich verwendeten Belichter oder die Digitaldruckmaschine angepasst werden.

Die Anfertigung von Grafiken und die Bildbearbeitung wurden bereits im vorigen Kapitel besprochen; die beiden letzten Punkte des Arbeitsablaufs betreffen die Druckerei oder das Belichtungsstudio. Aus diesem Grund konzentrieren sich die folgenden Ausführungen auf die Arbeit in InDesign von den Voreinstellungen bis zum Preflight.

10.2.2 Elektronische Schriften

Bevor die Arbeit im Layout-Programm behandelt wird, sollte an dieser Stelle noch kurz etwas über die verschiedenen Arten von Schrift- oder Font-Dateien gesagt werden. Dieses Verständnis ist für das Arbeiten mit Text sehr wichtig.

Bevor das Desktop Publishing und die WYSIWYG-Dokumentenverarbeitung erfunden wurden, bestand keine Notwendigkeit, verschiedene Schriftarten am Bildschirm anzuzeigen. Auf der Konsole gab es deshalb meist nur eine einzige, grob aufgelöste Festbreitenschrift mit anfangs 40, später 80 Zeichen pro Zeile. Im Grunde konnte man zufrieden sein, wenn man überhaupt die Buchstaben auseinander halten konnte – beispielsweise wurde die Null lange mit einer diagonalen Linie durchkreuzt dargestellt, um sie vom Buchstaben O unterscheiden zu können.

Auch die frühen Drucker, über die Computerdokumente ausgegeben wurden, die so genannten Nadel- oder Matrixdrucker, konnten nicht viele verschiedene Schriften wiedergeben. Durch mehrmaliges Überdrucken von Zeilen erreichten sie eine Druckqualität, die als »Near Letter Quality« bezeichnet wurde. Verschiedene Schriftvarianten konnten durch direkte Einstellung am Drucker oder durch besondere Steuerzeichen erzielt werden.

Bitmap-Schriften In den Anfangstagen des DTP wurden **Bitmap-Schriften** verwendet. Bei einer solchen Schriftdatei werden die einzelnen Pixel der Schriftzeichen gespeichert; für jede Schriftgröße ist eine separate Datei erforderlich. Das ist interessanterweise sogar rückschrittlicher als der seit den 60er-Jahren verbreitete Fotosatz, bei dem Schriften bereits skalierbar waren.

Die Bitmap-Schriften wurden niemals an den Drucker geschickt. Matrixdrucker und frühe Laserdrucker konnten nur diejenigen Zeichen drucken, die direkt in ihnen eingebaut waren. Dies war insbesondere ein Problem für den Druck deutscher oder sonstiger europäischer Texte mit Umlauten und anderen diakritischen Zeichen.

TrueType Ein großer Fortschritt war die Einführung der **TrueType**-Schriften. Dieses von Microsoft und Apple definierte Format speicherte Zeichen erstmals als mathematisch beschriebene Umrissformen, also als frei skalierbare Vektorgrafiken. Außerdem wurden Drucker entwickelt, an die diese Schriftformen zusammen mit den Dokumentdaten übermittelt werden konnten. Dies brachte grenzenlose Flexibilität: Jede Schriftart, die auf dem Bildschirm dargestellt werden konnte, ließ sich auch auf dem Laser- oder Tintenstrahldrucker ausgeben.

PostScript-Fonts Eine höhere Qualität als die TrueType-Fonts besitzen die **PostScript**-Schriften. PostScript ist eine von Adobe erfundene, sehr präzise Seitenbeschreibungssprache für Druckseiten, die von hochwertigen Laserdruckern und Belichtern direkt verstanden wird. Im Zusammenhang mit dieser Sprache definierte Adobe auch gleich ein neues Dateiformat für Schriftarten. Der große Nachteil von PostScript-Schriften bestand jahrelang darin, dass sie sich nicht auf dem Bildschirm darstellen ließen. Aus diesem Grund wurde stets dieselbe Schrift als Bitmap-Font für die Bildschirmanzeige benötigt. Ein wichtiges Hilfsmittel, das die Darstellung dieser Schriften auf dem Bildschirm verbesserte, war der Adobe Type Manager (ATM). Erst Windows 2000 und XP beziehungsweise Mac OS X sind von Hause aus in der Lage, PostScript-Schriften auf dem Bildschirm anzuzeigen.

OpenType Die neueste Entwicklung auf dem Gebiet der Fonts ist **OpenType**. Diese moderne TrueType-Erweiterung wurde gemeinsam von Microsoft und Adobe entwickelt. Schriftarten in diesem Format sind genau wie TrueType für Bildschirm und Drucker geeignet, weisen aber eine mit PostScript-Schriften vergleichbare Qualität auf. Vor allen Dingen sind alle OpenType-Schriften grundsätzlich Unicode-Schriften, können also bis zu 65.536 Zeichen enthalten.

10.3 InDesign

Wenn Sie Kapitel 9, *Bildbearbeitung und Grafik*, durchgearbeitet haben, dürfte Ihnen die Arbeitsoberfläche von InDesign recht vertraut vorkommen: Die Optik des Programms wurde so weit wie möglich an Photoshop und Illustrator angepasst.

10.3.1 Arbeitsoberfläche und Werkzeuge

In diesem Unterabschnitt werden die wichtigsten Werkzeuge und Arbeitsmittel von InDesign beschrieben. Abbildung 10.4 zeigt eine Übersicht der Arbeitsoberfläche des Programms mit einem geöffneten Dokumentfenster und vielen wichtigen Paletten, die im Folgenden angesprochen werden.

Abbildung 10.4 Die Arbeitsoberfläche von Adobe InDesign CS mit den wichtigsten Werkzeugen und Paletten

Die Werkzeugpalette

Die **Werkzeugpalette** (**Fenster** · **Werkzeuge**) enthält wie gewohnt sämtliche Hilfsmittel, mit denen sich Objekte erzeugen, markieren und manipulieren lassen. Im Einzelnen gibt es hier der Reihe nach die folgenden Werkzeuge:

- Der **Standard-Auswahlpfeil** (Taste V) dient dem Aktivieren ganzer Rahmen und Objekte.
- Der **Direkt-Auswahlpfeil** (Taste A) ermöglicht wie in Illustrator das Auswählen und Bearbeiten einzelner Eckpunkte oder Kurvenwendepunkte. Außerdem können Sie mit diesem Werkzeug ein Bild anklicken, das sich in einem Bildrahmen befindet, und dort verschieben.
- Der **Zeichenstift** (Taste P) dient dem Zeichnen von Pfaden durch Bézier-Kurven. Die meisten Funktionen dieses Werkzeugs wurden Illustrator nachempfunden. Dasselbe gilt für die anderen Vektorwerkzeuge, die Sie durch längeres Gedrückthalten der Maustaste auf diesem Werkzeugfeld erreichen können.

  Beachten Sie, dass jedes beliebige Objekt, das Sie in InDesign mit den Vektorwerkzeugen oder mit anderen Werkzeugen erstellen, als Textrahmen verwendet werden kann, wenn Sie anschließend mit dem Textwerkzeug hineinklicken.

- Das **Textwerkzeug** (Taste [T]) kann durch Ziehen zum Erzeugen rechteckiger Textrahmen eingesetzt werden. Außerdem dient es zum Anklicken von Textrahmen oder beliebigen Formen, um neuen Text hineinzuschreiben oder den darin befindlichen Text zu bearbeiten.

  Mit dem auf derselben Schaltfläche befindlichen **Textpfad** ([Shift] + [T]) können Sie einen beliebigen Pfad anklicken, um Text einzugeben, der an diesem Pfad ausgerichtet ist.
- Der **Buntstift** (Taste [N]) ermöglicht das freihändige Zeichnen von Pfaden. Das **Glätten**-Werkzeug erlaubt das nachträgliche Umfahren gezeichneter Kurven zum Entfernen von Unebenheiten. Das **Radierer**en-Werkzeug löscht gezeichnete Punkte und die damit verbundenen Linien.
- Der **Linienzeichner** (Taste [<]) dient dem Ziehen gerader Linien. Wenn Sie dabei die [Shift]-Taste gedrückt halten, werden nur Vielfache von 45 gezeichnet.
- Die Werkzeuge **Rechteckrahmen** (Taste [F]), **Ellipsenrahmen** und **Polygonrahmen** dienen dem Aufziehen der diversen grundlegenden Arten von Rahmen. In InDesign besteht kein prinzipieller Unterschied zwischen Text- und Bildrahmen.
- Die Werkzeuge **Rechteck** (Taste [M]), **Ellipse** und **Polygon** unterscheiden sich von den entsprechenden Rahmen lediglich dadurch, dass sie standardmäßig sichtbare Konturlinien besitzen.
- Das **Drehwerkzeug** (Taste [R]) dient dem Drehen der aktuellen Auswahl. Bei einem Bild wird entweder der Rahmen oder das darin befindliche Bild gedreht, je nachdem, mit welchem der beiden Pfeile Sie es zuvor ausgewählt haben.
- Das **Skalierwerkzeug** (Taste [S]) ermöglicht die proportionale und nichtproportionale Größenänderung von Objekten durch Ziehen.
- Das Werkzeug **Verbiegen** (Taste [O]) erlaubt das Verzerren ausgewählter Objekte.
- Mit Hilfe des Werkzeugs **Frei Transformieren** (Taste [E]) können Sie in Abhängigkeit vom jeweiligen Anfasserpunkt, an dem Sie ziehen, alle wichtigen Transformationsoperationen (Skalieren, Drehen und so weiter) durchführen.
- Die **Pipette** (Taste [I]) überträgt nicht nur Farben, wie bei Photoshop, sondern beliebige Formate, einschließlich Zeichen- und Absatzformaten.
- Das **Verlaufswerkzeug** (Taste [G]) füllt beliebige Rahmen mit einem anpassbaren Farbverlauf.

  Die auf derselben Schaltfläche angesiedelte **Schere** (Taste [C]) ermöglicht es, mit einem Bézierkurven-Werkzeug Kerben in Rahmen hineinzuschneiden.
- Hand ([H]) und Zoom ([Z]) funktionieren wie in allen anderen Adobe-Programmen; sie dienen dem Verschieben beziehungsweise Vergrößern oder Verkleinern der Ansicht und haben keine Auswirkung auf den tatsächlichen Inhalt.

Der Rest der Werkzeugleiste besteht aus Schaltflächen zum Einstellen der verschiedenen Farben. Ganz unten können Sie zwischen dem **normalen Ansichtsmodus** und dem **Vorschaumodus** umschalten – Letzterer blendet mit einem Klick sämtliche Anfasserrahmen, Hilfslinien und Inhalte außerhalb der Seiten aus und ermöglicht so eine Ansicht des Resultats.

Wichtige Paletten

Die zentrale Arbeitspalette ist das **Steuerelement** (**Fenster • Steuerelement** oder [Strg] + [Alt] + [6]). Es befindet sich standardmäßig am oberen Rand der Arbeitsfläche und ist kontextsensitiv – je nach ausgewähltem Element stehen unterschiedliche Einstellmöglichkeiten zur Verfügung, beispielsweise Absatzformate, Zeichenformate oder Objektmaße und -positionen.

In der Palette **Seiten** können Sie jeweils per Doppelkick auf eine Seitenminiatur auf die gewünschte Seite wechseln. Im unteren Bereich werden die normalen Dokumentseiten angezeigt, im oberen Bereich die Musterseiten. Musterseiten enthalten vorgegebene Textrahmen und andere Objekte, durch Ziehen einer Musterseitenminiatur auf eine normale Seite können Sie das Format der Seite an das Muster anpassen.

Zeichen und Absatz

Die Paletten **Zeichen** und **Absatz** ([Strg] + [T] beziehungsweise [Strg] + [M]) dienen der Schrift- beziehungsweise Absatzformatierung. Sie finden hier Einstellungen wie die Schriftart und -größe, Absatzausrichtung und die verschiedenen Abstände. Auf der Absatz-Palette finden Sie außerdem zwei Schaltflächen, mit deren Hilfe Sie wählen können, ob der Text des Absatzes an das Grundlinienraster angepasst werden soll oder nicht. Außerdem können Sie dort ankreuzen, dass die automatische Silbentrennung durchgeführt werden soll. In der Praxis sollten Sie bei umfangreicheren Dokumenten nur im Ausnahmefall mit diesen Paletten arbeiten; es ist erheblich ökonomischer, vorgegebene Zeichen- und Absatzformate zu definieren.

Das **Grundlinienraster** ist eine regelmäßige Unterteilung des Blattes durch horizontale Linien, die Sie über **Ansicht • Grundlinienraster einblenden** anzeigen können. Der Hauptnutzen dieses Rasters besteht darin, die Zeilen auf Vorder- und Rückseiten auf derselben Höhe zu halten – besonders bei dünneren Papiersorten behindert der versetzt durchscheinende Text der Rückseite sonst die Lesbarkeit.

Eine etwas andere Aufgabe haben die **Hilfslinien**, die Sie einfach aus den Linealen herausziehen können. Sie dienen als Orientierungshilfe für die Platzierung von Objekten.

Transformieren-Palette

Mit Hilfe der **Transformieren**-Palette (Taste [F9]) lassen sich Formate und Positionen von Objekten numerisch einstellen. Dies lässt eine genauere Platzierung zu als das einfache Verschieben oder Transformieren mit der Maus. In diesem Zusammenhang sollte noch erwähnt werden, dass Sie ausgewählte Elemente mit den Pfeiltasten um je einen Pixel verschieben können oder auch um mehrere Pixel, wenn Sie dabei die [Shift]-Taste gedrückt halten.

10.3.2 Der InDesign-Arbeitsablauf

Die Arbeit in InDesign beginnt mit dem Einrichten eines neuen Dokuments (**Datei • Neu • Dokument** oder [Strg] + [N]). Abbildung 10.5 zeigt den entsprechenden Dialog.

Die meisten Einstellungen dürften selbsterklärend sein. Wenn Sie keine Doppelseiten wählen, ändert sich die Beschriftung der Randwerte Innen und Außen in Links und Rechts. Beim doppelseitigen Format liegen gleiche Ränder einander also symmetrisch gegenüber. Wenn Sie die Option **Mustertextrahmen** ankreuzen, wird auf der automatisch erstellten Musterseite ein Textrahmen über den gesamten Innenraum der Ränder gezogen. Für Standarddokumente wie etwa Briefe ist das sehr sinnvoll. Andernfalls müssen Sie alle Ihre Textrahmen selbst anlegen.

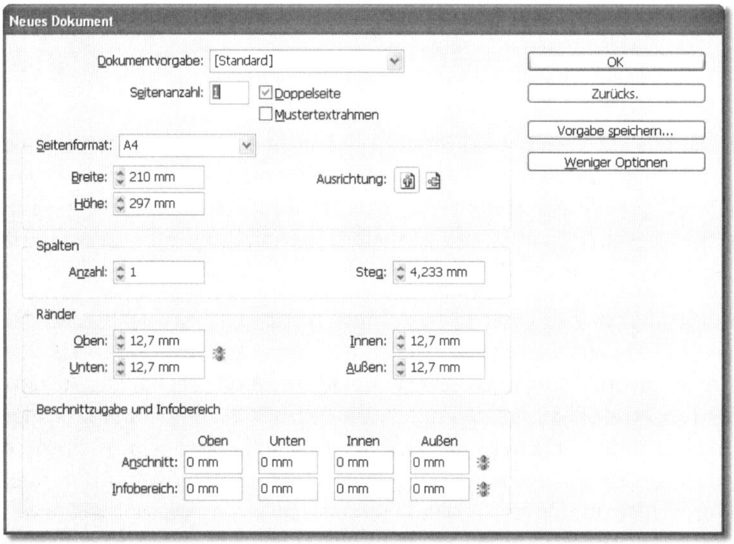

Abbildung 10.5 Einrichten eines neuen Dokuments in InDesign

Der Mustertextrahmen und weitere Textrahmen, die Sie später manuell auf einer Musterseite hinzufügen, sind standardmäßig nicht aktiv. Klicken Sie bei gedrückter Strg- und Shift-Taste mit dem Standard-Auswahlwerkzeug in den Bereich des Rahmens, um ihn erstmalig zu aktivieren. Für Rahmen, die Sie direkt auf Dokumentseiten anlegen, gilt das nicht.

Wenn Sie mehrere Spalten anlegen, gibt der **Steg** den Abstand zwischen ihnen an. Der voreingestellte Wert von 4,33 mm ist Standard und passt hervorragend zu den Größenverhältnissen und Abständen auf A4-Seiten.

Mit Rahmen arbeiten

InDesign ist ein rahmenorientiertes Programm: Die einzelnen Textblöcke und Bilder werden in Rahmen angeordnet. Wie bereits erwähnt, gibt es keinen Unterschied zwischen Text- und Bildrahmen, jeder Rahmen kann sowohl Text als auch Bilder aufnehmen oder einfach als Grafikobjekt mit Kontur und Füllung eingesetzt werden. Für Letzteres existieren die separaten Rechteck-, Oval- und Polygon-Werkzeuge, die automatisch eine sichtbare Kontur besitzen.

Texte oder Bilder laden

Wenn Sie einen neu aufgezogenen Rahmen mit dem Textwerkzeug anklicken, können Sie Text eingeben. Wollen Sie dagegen Text oder ein Bild aus einer externen Datei hineinladen, ist die Funktion **Datei • Platzieren** (Strg + D) zuständig. Sie können Dateien in verschiedenen Formaten importieren: Bilder werden üblicherweise im TIFF-Format eingebunden, extern erstellte Vektorgrafiken als EPS. Was Text angeht, können Sie einfache Textdateien importieren, wobei sich InDesign automatisch um die korrekte Umsetzung von Sonderzeichen verschiedener Zeichensätze kümmert. Abgesehen davon können Sie formatierten Text aus den Formaten RTF, Microsoft Word und Excel sowie QuarkXPress importieren.

Wenn Sie ein Bild platzieren, wird es automatisch in den Rahmen eingefügt. Mit dem Direkt-Auswahlpfeil können Sie das Bild innerhalb des Rahmens verschieben. Wenn Sie mit dem normalen Auswahlpfeil an den Anfassern ziehen, wird der Rahmen skaliert, während die Bildgröße bestehen bleibt. Ziehen mit gedrückter [Strg]-Taste (beziehungsweise [⌘] auf dem Mac) skaliert dagegen den Rahmen mit dem Bild.

Bildgröße und -auflösung

Beachten Sie, dass es bei der Größe, mit der das Bild eingefügt wird, auf die **Ausgabegröße** ankommt, die Sie beim Abspeichern in Ihrem Bildbearbeitungsprogramm eingestellt haben. InDesign weigert sich nicht, ein Bild mit viel zu niedriger Auflösung anzunehmen. Die übliche Auflösung für Fotos und andere Pixelbilder beträgt 300 Pixel pro Inch; für Strichzeichnungen oder andere flächige Abbildungen mit wenigen Farben oder Graustufen sollten es sogar mindestens 600 ppi sein. Vergleichen Sie dazu auch die ausführliche Behandlung der Themen Bildgröße und -auflösung im vorigen Kapitel, *Bildbearbeitung und Grafik*.

Wenn Sie ein Textdokument beliebiger Art zum Platzieren ausgewählt haben, aber zuvor keinen Rahmen angeklickt hatten, erscheint ein spezieller Mauszeiger, der Sie zur Auswahl eines Textrahmens auffordert. Ein einfacher Klick auf den gewünschten Rahmen füllt diesen vollständig mit Text. Wenn der Text nicht vollständig hineinpasst, erscheint rechts unten ein rotes Überlaufkästchen, das Sie mit einem anderen Textrahmen verketten können (siehe unten). Wenn Sie den gesamten Text einfügen möchten, können Sie mit gedrückter [Shift]-Taste auf die Seite klicken: Es wird automatisch ein Textrahmen über den gesamten Satzspiegel angelegt, in den der Text eingesetzt wird. InDesign fügt außerdem automatisch so viele Seiten ein, wie für den gesamten Text benötigt werden.

Textrahmen verketten

Das **Verketten** manuell erzeugter Textrahmen ist sehr simpel: Klicken Sie einfach das Überlaufsymbol an und anschließend in den Rahmen, in dem der Text weiterfließen soll. Sie müssen übrigens nicht warten, bis ein Rahmen zu viel Text enthält, bevor Sie ihn mit einem anderen verketten können. Ein Klick auf die rechte untere Ecke funktioniert bereits vorher.

Mit Hilfe der Palette **Konturenführung** wird das **Umfließen** von Rahmen geregelt. Die fünf Schaltflächen oben in dieser Palette stehen für die verschiedenen Konturführungsvarianten: **Keine Konturenführung** bedeutet, dass der Rahmen einen anderen bei Berührung einfach überlappt; die Stapelreihenfolge kann über die Befehle im Menü **Objekt · Anordnen** geregelt werden. Die anderen Optionen sind verschiedene Arten des Umfließens: Nur den Rahmen umfließen, den Rahmeninhalt umfließen, die Zeilen mit dem Objekt vollständig freilassen oder sofort die Spalte wechseln.

Eingebettete Rahmen

Interessant ist zu guter Letzt die Verwendung eingebetteter Rahmen: Wenn Sie einen Rahmen mit dem Auswahlpfeil anklicken und in die Zwischenablage ausschneiden (**Bearbeiten · Ausschneiden** oder [Strg] + [X]), können Sie ihn bei aktiviertem Textwerkzeug an einer beliebigen Stelle in einen anderen Rahmen einfügen. Dort fügt er sich in den Textfluss ein und wird bei Hinzufügen oder Entfernen von Text mit diesem verschoben. Das ist beispielsweise nützlich, um kleine Grafiken als Ersatz für spezielle Zeichen zu verwenden.

Absatz- und Zeichenformate

Eines der wichtigsten InDesign-Arbeitsmittel ist die Definition von Absatz- und Zeichenformaten. Diese festgelegten Formate werden beispielsweise in Word als Formatvorlagen bezeichnet, in QuarkXPress als Stilvorlagen. Der Vorteil dieser Arbeitsweise liegt auf der Hand: Sie können sämtliche häufiger im Dokument vorkommenden Formatierungen abspeichern und per Mausklick zuweisen. Nachträgliche Änderungen – die Kunden erfahrungsgemäß oft in letzter Sekunde wünschen – werden automatisch auf den Text übertragen.

Abbildung 10.6 Der Absatzformate-Dialog mit eingeblendeter Einstellung für Einzüge

Absatzformate

Absatzformate werden in der gleichnamigen Palette (**Fenster · Schrift · Absatzformate** oder F11) eingestellt, siehe Abbildung 10.6. Wählen Sie dazu aus dem Popup-Menü rechts oben in der Palette die Option **Neues Format**. Im erscheinenden Dialog werden die erforderlichen Einstellungen vorgenommen. Links im Dialogfenster können Sie verschiedene Kategorien auswählen, für die dann rechts die jeweiligen Einstellmöglichkeiten angezeigt werden.

In der Kategorie **Allgemein** kann eingestellt werden, wie das Format mit anderen Formaten zusammenhängt: Im Feld **Basiert auf** kann ein bereits bestehendes Format gewählt werden, dessen Einstellungen zunächst übernommen werden. Unter **Nächstes Format** können Sie auswählen, welches Format der folgende Absatz erhalten soll – praktisch beispielsweise für Überschriften, auf die ein normaler Fließtextabsatz folgt.

Als Anregung für eigenes Ausprobieren hier noch einige Hinweise zu wichtigen Kategorien:

Unter **Grundlegende Zeichenformate** werden die Standard-Textoptionen für den Absatz eingestellt, beispielsweise Schriftart oder Schriftgröße. **Einzüge und Abstände** dient dem Einstellen der Abstände des Absatzes zu jeder Seite; der separate Wert für die erste Zeile ermöglicht die Kennzeichnung neuer Absätze durch einen hängenden Einzug. Die Kategorie **Initialen und Setzer** ermöglicht die Definition von Initialen, die eine einstellbare Anzahl von Textzeilen umfassen. **Umbruchoptionen** bietet Möglichkeiten, die bereits erwähnten Hurenkinder und Schusterjungen zu verhindern.

Sie können ein Absatzformat dem aktuellen Absatz zuweisen, indem Sie es in der Palette einfach mit der Maus anklicken. Natürlich können Sie auch mehrere Absätze markieren und das Format auf sie alle anwenden. Um ein Format zu ändern, genügt ein Doppelklick in der Palette.

Zeichenformate

Zeichenformate können einzelnen Wörtern oder Zeichen innerhalb eines Absatzes zugewiesen werden. Die Definition und Anwendung funktioniert genau wie bei den Absatzformaten; natürlich stehen aber nur die zeichenbezogenen Kategorien zur Auswahl.

Eine Reihe weiterer interessanter Optionen Zeichen betreffend steht im Menü **Schrift zur Verfügung**: Unter dem Menüpunkt **Sonderzeichen einfügen** können Sie nicht nur Zeichen wie das Copyright oder verschiedene Striche finden, sondern beispielsweise auch die automatische Seitenzahl (nützlich für Musterseiten). **Leerraum einfügen** bietet die verschiedensten Arten von Abständen. Mit **Glyphen einfügen** können Sie schließlich jedes beliebige Zeichen einer Schrift einfügen, auch diejenigen, die sich nicht über die Tastatur erzeugen lassen. In einer gut ausgestatteten OpenType-Schrift können durchaus einige tausend Zeichen vorkommen.

Ein Dokument für die Veröffentlichung vorbereiten

InDesign macht es Ihnen sehr leicht, Dateien für die Weitergabe an Belichtungsbetrieb oder Druckerei vorzubereiten: Wählen Sie einfach den Menüpunkt **Datei · Verpacken**. Das Programm stellt selbstständig einen Ordner mit dem Layoutdokument sowie sämtlichen eingebetteten Bildern und verwendeten Schriften zusammen. Es wird sogar eine Textdatei mit Informationen für den Verarbeitungsbetrieb erstellt.

Noch empfehlenswerter ist die Auswahl der Option **Datei · Preflight**, die das Verpacken zunächst simuliert und Sie über fehlende Schriften und Bilder oder problematische Farben informiert.

PDF exportieren

Die grundsätzliche Alternative zur Weitergabe von InDesign-Satzdateien an einen Dienstleister besteht in der Erstellung von PDF-Dateien. Dieses im nächsten Abschnitt kurz behandelte Format kann von InDesign selbst erstellt werden; Sie benötigen nicht die für die Arbeit mit anderen Programmen erforderliche Software Adobe Acrobat. Wählen Sie einfach die Option **Datei · Exportieren** und legen Sie PDF als Dateityp fest.

10.4 PDF und Acrobat

Das **Portable Document Format** ist eine von Adobe erfundene Alternative zu ihrem eigenen Format PostScript. PDF besitzt eine Reihe von Vorteilen:

- Sämtliche Schriftarten, Bilder und Grafiken werden mit in die Datei gepackt und lassen sich auf diese Weise leicht auf einen anderen Rechner übertragen. PostScript ist dagegen nicht in der Lage, solche Daten zu integrieren. Das EPS-Format, bei dem die Einbettung von Schriften und Bildern grundsätzlich möglich ist, hat ein anderes Problem: Es kann nicht mehrseitig sein.
- Die Dateien sind durch eine effiziente Komprimierung ziemlich kompakt. Dies macht PDF zu einem idealen Format für die Online-Datenübertragung.

- Der Acrobat Reader, Adobes Programm zum Anzeigen und Ausdrucken von PDF-Dokumenten, ist kostenlos und steht für viele verschiedene Betriebssysteme zur Verfügung. PDF-Dateien kann also jeder lesen, was für PostScript absolut nicht selbstverständlich ist.

PDF-Dokumente werden vor allem in den folgenden Bereichen eingesetzt:

- In der Druckvorstufe wird PDF immer häufiger statt PostScript verwendet.
- Auf Websites werden oft PDF-Dokumente mit ausführlicheren Textinhalten zum Download angeboten. Dieser Service wird von vielen Anwendern gern genutzt, weil sich diese Dateien einfach ausdrucken und auf dem Papier bequemer lesen lassen.
- Auch auf CD-ROMs wird das PDF-Format häufig eingesetzt: Bei Software-Lieferungen ergänzen oder ersetzen PDF-Dokumente die gedruckten Handbücher, bei Multimedia-CD-ROMs lassen sich ausführlichere Textfassungen in diesem Format anbieten.

10.4.1 PDF-Dokumente erstellen

Die ursprüngliche Software zum Erstellen und Bearbeiten von PDF-Dateien ist der **Adobe Acrobat**, soeben in der neuesten Version 7.0 erschienen. Es gibt einige erheblich preisgünstigere Konkurrenzprodukte, die aber über weniger Optionen verfügen.

Üblicherweise wird der folgende Arbeitsablauf angewandt, der mit Dateien aus jedem beliebigen Anwendungsprogramm funktioniert:

1. Dokument in eine PostScript-Datei ausgeben lassen.

   Als Erstes müssen Sie einen PostScript-kompatiblen Druckertreiber installieren. Unter MacOS wird gewöhnlich der Treiber LaserWriter 8 verwendet. Windows liefert Unmengen von Druckertreibern mit. Wenn Sie einen Treiber für einen hochwertigen Laserdrucker installieren, dürfte er PostScript unterstützen. Es geht wohlgemerkt nicht darum, den gewählten Drucker tatsächlich zu besitzen, sondern um die PostScript-Erzeugung, die der Druckertreiber durchführt.

   Nachdem Sie den passenden Treiber eingerichtet haben, können Sie in Ihrem Anwendungsprogramm den Druckdialog aufrufen (meist **Datei · Drucken**). Als Ziel für den Druck muss »Datei« ausgewählt werden; wie das konkret funktioniert, hängt vom jeweiligen Druckertreiber ab.

   Beachten Sie, dass die meisten PostScript-Drucker, die in der Praxis verwendet werden, Schwarzweiß-Laserdrucker sind. Um farbige Dokumente als PostScript-Dateien zu speichern, müssen Sie dies im Druckdialog Ihres Programms einstellen, in vielen Programmen sogar an zwei Stellen: Wenn das Programm über eine separate Papierformat-Option verfügt, kann an dieser Stelle meist die PostScript-Druckerbeschreibungsdatei (PPD) ausgewählt werden. Hier müssen Sie von **Standard-S/W** auf **Standard-Farbe** umschalten. Außerdem werden im Druckdialog selbst noch einmal Farbeinstellungen vorgenommen.

2. Starten Sie das Programm **Acrobat Distiller**. Ziehen Sie die im vorigen Schritt erstellte PostScript-Datei auf das Distiller-Fenster. Je nach Komplexität und Größe des Dokuments dauert es einige Sekunden oder auch Minuten, bis Sie eine PDF-Datei erhalten. In

wenigen Fällen kann es stattdessen zu Fehlermeldungen kommen, die meist fehlende Bilddateien oder defekte Schriften betreffen.

3. In dem Programm Adobe Acrobat selbst können Sie das fertige PDF-Dokument weiterbearbeiten. Beispielsweise gibt es die Möglichkeit, automatische Verknüpfungen (ähnlich den Internet-Hyperlinks) zu erstellen oder sogar Multimedia-Daten einzufügen. Diese Optionen sind natürlich nicht angebracht, wenn Ihr Dokument für eine Druckerei bestimmt ist, sondern nur für PDFs, die im Web zum Download angeboten werden sollen.

   Gerade wegen der Überflutung von PDF-Dokumenten mit interaktiven und multimedialen Elementen wurde vor einiger Zeit ein Standard definiert, der bestimmt, welche Arten von Informationen in einem druckoptimierten PDF erwünscht beziehungsweise sinnvoll sind. Dieses Format wird als PDF-X bezeichnet; die Spezifikation kann unter **http://www.pdf-x.de** studiert und heruntergeladen werden.

Die hier beschriebene recht umständliche Erstellung von PDF-Dokumenten hat sich inzwischen in den meisten Fällen erledigt: Wie oben beschrieben, verfügt InDesign über eine eingebaute PDF-Unterstützung. Auch der Konkurrent QuarkXPress kann inzwischen selbst PDF-Dokumente erzeugen. Wenn Sie Adobe Acrobat installieren, werden darüber hinaus automatisch Acrobat-Plug-ins für Microsoft Office installiert, die Ihnen auf Knopfdruck den PDF-Export aus Word oder Excel ermöglichen.

10.5 Zusammenfassung

Der professionelle DTP-Workflow beginnt mit den Grundregeln der Typographie und Gestaltung, die fast unverändert seit über 500 Jahren gelten. Die Lesbarkeit von Schrift oder die Anordnung von Elementen auf dem Papier folgen trotz Mode und Zeitgeist vergleichsweise »ewigen« Gesetzen, die häufig der Harmonie der Natur nachempfunden sind.

Denken Sie bei der Erstellung von Layouts immer daran, dass die wichtigste Arbeit nicht am Rechner stattfindet und dass er Ihnen diese Arbeit auch nicht abnehmen kann: Das Erstellen der Scribbles und des häufig verwendeten Gestaltungsrasters sind langwierige und verantwortungsvolle Tätigkeiten, die gute typographische Kenntnisse, viel Erfahrung und ein gutes Auge für die Gestaltung verlangen.

Erst den letzten Schritt der Arbeit kann Ihnen ein gutes Layoutprogramm erleichtern. Aber auch hier kommt es nicht nur darauf an, mit dem Programm selbst umgehen zu können, sondern wiederum auf die typographische und gestalterische Sicherheit. Zur Wahl stehen verschiedene Programme, vor allem InDesign und QuarkXPress. In diesem Kapitel wurde InDesign näher vorgestellt. Meines Erachtens verfügt es über interessantere Lösungsansätze als QuarkXPress, ist flexibler und kommt erheblich besser mit Fremdformaten zurecht.

11 Multimedia

Das Geheimnis der Kunst liegt darin, dass man nicht sucht, sondern findet.
– Pablo Picasso

Die Multimedia-Produktion umfasst die Bearbeitung vieler verschiedener Medientypen, von denen die wichtigsten in diesem Kapitel behandelt werden: Audio, Video, 3D und die Gesamtkomposition in einem Autorensystem. Selbstverständlich gehören zu einer Multimedia-Produktion auch Grafiken und Bilder – ihre Bearbeitung wurde bereits in Kapitel 9, *Bildbearbeitung und Grafik*, erläutert. Bedenken Sie, dass die wichtigste Plattform für die Verbreitung von Multimedia heutzutage das Web ist. Die Bearbeitung der einzelnen Medientypen, die in diesem Kapitel beschrieben wird, ist auch für den Multimedia-Einsatz auf Webseiten erforderlich. Allerdings erfolgt die Zusammenstellung der eigentlichen Produktion mit anderer Software, zum Beispiel mit dem in Kapitel 19 vorgestellten Programm *Flash*.

11.1 Einführung

Der Begriff **Multimedia** bezeichnet die Darstellung von Inhalten unter Zuhilfenahme von mehreren (drei oder mehr) verschiedenen Medientypen. Dabei kann es sich unter anderem um die folgenden Arten von Daten handeln:

Medientypen

- Audio: Sprache, Musik und Soundeffekte
- Bilder: Fotos, Composings und künstlich erstellte Bilder
- Grafik: Zeichnungen, Illustrationen, Schmuck, Diagramme und so weiter
- 2-D-Animation: Interaktiv und nichtinteraktiv bewegte Objekte
- 3-D-Animation
- Video: digitalisierte Videofilme, Ausgabe von 3-D-Programmen
- Rundum- oder Panoramabilder wie QuickTime VR oder iPix
- Text

Hinzu kommt – je nach Verbreitungskanal – eine geringer oder stärker ausgeprägte Interaktivität. Sie reicht von einer einfachen Menüsteuerung über kleine Spiele bis hin zu komplexen Simulationen.

Verbreitungskanäle für Multimedia

Die genannten Medientypen können über diverse Verbreitungskanäle veröffentlicht werden. Hier einige der wichtigsten:

- Die seit Mitte der 90er-Jahre verwendete **Multimedia-CD-ROM** war bis zur Jahrtausendwende das wichtigste Medium zur Verbreitung von Multimedia-Inhalten. Unter den Stichwörtern »Infotainment« oder »Edutainment« (also Information beziehungsweise Bildung durch Unterhaltung) wurden zigtausende Titel aufgelegt und verkauft. Wegen des Internet-Booms sind Multimedia-CD-ROMs heute nicht mehr so weit verbreitet.

- Viele Multimedia-Produktionen passen nicht mehr auf eine einzige CD. Während es vor einigen Jahren üblich war, sie auf mehreren CDs zu verkaufen, geht man heute immer häufiger dazu über, sie auf einer **DVD-ROM** zu vertreiben.
- Auf öffentlichen **Touchscreen-Terminals** werden ebenfalls multimediale Mittel eingesetzt. Je nach Einsatzzweck heißen solche Geräte POI (Point of Information) oder POS (Point of Sale): Erstere dienen der interaktiven Auskunft, zum Beispiel in Bahnhöfen zur Fahrplanauskunft, in Museen für historische Informationen oder in Kaufhäusern zum Auffinden des Standorts eines gesuchten Artikels. POS-Systeme sind dagegen öffentliche Verkaufssysteme, beispielsweise Fahrkartenautomaten mit eingebauter Routenplanungs- und Buchungsfunktion.

  Alle diese Systeme haben in der Regel gemeinsam, dass sie einen Touchscreen verwenden, also einen speziellen Monitor, der zusätzlich als Eingabegerät verwendet werden kann, weil er mit einer berührungsempfindlichen Oberfläche ausgestattet ist.
- Die immer häufiger anzutreffenden **InfoScreens** spielen dagegen öffentliche Präsentationen ohne Interaktivität und fast immer ohne Ton ab. In der Regel handelt es sich um einen gewöhnlichen PC, auf dem eine selbstlaufende Präsentation als Endlosschleife abgespielt wird, und einen leistungsfähigen Beamer (LCD-Projektor), der sie auf eine große Leinwand überträgt. Verbreitet sind diese Geräte oft in U-Bahn-Haltestellen. Das gebotene Programm ist eine Mischung aus Information (Kurznachrichten, Kulturtermine), Unterhaltung und natürlich Werbung.
- Mit den InfoScreens verwandt sind selbstablaufende Präsentationen, die vor geschlossenem Publikum vorgeführt werden – je nach Einsatzgebiet mit oder ohne Moderation. Verwendet werden solche Präsentationen im Bereich der Bildung, des Marketings oder der Kundeninformation (Briefings für künftige Projekte im Medienbereich oder anderen Branchen).
- Auch in der bildenden Kunst werden immer häufiger multimediale Mittel eingesetzt; Kunstwerke wie die Videoinstallationen von Nam June Paik oder andere Computerkunstwerke sind inzwischen ein wichtiger Bestandteil der internationalen Kunstszene.
- Wie erwähnt, ist das wichtigste Verbreitungsgebiet für Multimedia heute das Internet. Alle wesentlichen Aspekte des Webdesigns werden erst in den letzten Kapiteln dieses Buches vorgestellt, weil zuvor wichtige Netzwerkkenntnisse vermittelt werden müssen.

Multimedia-Einsatzgebiete

Neben den unterschiedlichen Verbreitungskanälen gibt es auch verschiedene Verwendungszwecke beziehungsweise inhaltliche Schwerpunkte für Multimedia-Produktionen:

- Für die private Weiterbildung, das oben erwähnte Info- oder Edutainment, werden pro Jahr tausende von Titeln mit sehr unterschiedlicher Qualität produziert und meist auf CD-ROM oder DVD vertrieben.
- Etwas anders geartete Bildungsmedien, meist weniger unterhaltsam und mit mehr Informationen versehen, sind die Computer Based Trainings (CBT).
- Ein weiterer Verwendungszweck ist die Werbung: Informationen zur Markteinführung neuer Produkte oder multimediale Kataloge werden häufig kostenlos auf CD-ROMs verteilt oder über POI-Terminals angeboten.

- Sehr praktisch sind auch virtuelle Architekturpräsentationen, die nicht nur die abstrakten und für Laien wenig aussagekräftigen Baupläne darstellen, sondern oft auch eine virtuelle Begehung enthalten.
- Bauanleitungen oder Gebrauchsanweisungen werden manchmal ebenfalls auf CD-ROM geliefert. Allerdings verschenken sie allzu oft die Möglichkeiten, die die multimediale Darstellung bietet, und enthalten lediglich eine Sammlung textorientierter HTML- oder PDF-Dokumente, um die Druckkosten für ein Handbuch zu sparen.
- Recht beliebt sind auch die zahlreichen Multimedia-Lexika, -Enzyklopädien oder -Nachschlagewerke. Der Inhalt eines 30-bändigen Konversationslexikons passt ohne Probleme auf eine CD oder DVD und ist in dieser Form erheblich billiger. Außerdem kann ein solches Produkt durch multimediale Mittel mit Zusatznutzen versehen werden: In einem gedruckten Lexikon können Sie beispielsweise sämtliche Informationen über ein Musikinstrument nachlesen, werden dort aber niemals erfahren, wie dieses Instrument klingt. Bei einem Multimedia-Lexikon ist es dagegen ein Leichtes, eine entsprechende Sounddatei einzubauen.

11.2 Audiobearbeitung mit Adobe Audition

Sound gehört zu den bedeutendsten Komponenten einer Multimedia-Produktion. Ein professionelles Produkt enthält häufig alle drei oben erwähnten Arten von Audioelementen: Musik, gesprochene Sprache und Soundeffekte. Sie alle basieren zunächst einmal auf dem physikalischen Phänomen des Schalls. Es handelt sich dabei um Druckwellen, die sich in Medien wie Luft, Wasser oder festen Körpern in alle Richtungen gleichmäßig ausbreiten. Diese Wellen treffen auf das menschliche (oder tierische) Ohr, wo sie den komplexen Gehörapparat in Schwingungen versetzen, die wiederum im Gehirn interpretiert werden.

Eigenschaften von Schallwellen

Verschiedene Aspekte einer Schallwelle bestimmen, wie Töne sich anhören: Die Amplitude (der Pegel) der Welle entscheidet über die Lautstärke, die Frequenz – der Abstand zwischen den Wellenkämmen – bestimmt die Tonhöhe, und die Form der Welle ändert die Klangfarbe: Eine völlig regelmäßige Schwingung, die reine Sinuskurve, ist ein absolut reiner Ton, der nur künstlich erzeugt werden kann. Der Ton jedes Instruments, die menschliche Stimme und alle anderen natürlichen Geräusche bestehen dagegen aus Wellen mit einer anderen Form, weil der Grundton von zahlreichen Obertönen überlagert wird, die sich zu einer speziellen Welle ergänzen.

Bereits in Kapitel 1, *Einführung*, wurde erläutert, auf welche Weise Computer Audiodaten speichern: Die Digitalisierung von Sound erfolgt durch so genanntes Sampling, also durch regelmäßige Messungen des aktuellen Zustands der Schallwellen. Die einzelnen Samples werden numerisch abgespeichert und später zum Abspielen an einen Verstärker gesendet, der sie wieder hörbar macht. Dabei ist zu beachten, dass sich das menschliche Ohr sehr viel schwerer täuschen lässt als das Auge: Wenn etwa 25 Einzelbilder pro Sekunde abgespielt werden, erscheinen sie dem Auge bereits als fließende Bewegung, kontinuierliche Schallwellen werden dagegen erst bei einigen tausend Samples pro Sekunde gehört.

Shannon-/Nyquist-Theorem

Eine weitere Erklärung dafür, warum so viele Samples pro Sekunde benötigt werden, liefert ein physikalischer Lehrsatz, der nach seinen beiden (voneinander unabhängigen) Entdeckern als **Shannon-** oder **Nyquist-Theorem** bezeichnet wird. Dieser Satz besagt, dass für die Digitalisierung von Daten einer bestimmten Frequenz mindestens die doppelte Sampling-Rate erforderlich ist. Die Sampling-Rate der Audio-CD, die 44,1 kHz beträgt, ermöglicht also die sichere Speicherung von Tönen mit bis zu 22,05 kHz. Erwachsene können Töne bis etwa 20.000 Hz hören, sodass diese Frequenz für das gesamte hörbare Klangspektrum ausreicht. Dennoch verwendet zum Beispiel das Digital Audio Tape (DAT) 48 kHz.

Es gibt verschiedene Programme zur Bearbeitung von Sound und Musik auf dem Computer. Zu unterscheiden sind insbesondere Wave-Editoren, mit denen sich digitalisierte Schallwellen direkt manipulieren lassen, und MIDI-Sequencer, die zum Editieren und mehrspurigen Mischen von Synthesizer-Musik eingesetzt werden können. Einer der bekanntesten Wave-Editoren ist Adobe Audition (unter seinem früheren Namen CoolEdit war es weit verbreitet), der in diesem Abschnitt behandelt wird. Auf dem Macintosh wurde in der Vergangenheit häufig das von Macromedia vertriebene Programm SoundEdit 16 verwendet. Heutzutage ist es nicht mehr brauchbar, weil es keine modernen Sound-Dateiformate wie MP3 unterstützt; ansonsten funktioniert es so ähnlich wie Audition. Modernere Mac-Alternativen sind Programme wie Amadeus II oder Steinberg WaveLab, das auch für Windows erhältlich ist.

Beliebte MIDI-Sequencer sind etwa Steinberg Cubase VST oder Cakewalk Pro Audio. Beide können die Dateneingabe über ein MIDI-Keyboard verarbeiten, ermöglichen die Bearbeitung der Musik als Partitur oder in verschiedenen anderen Ansichten sowie die Mischung mehrerer MIDI- und Audiospuren. Die Arbeit mit einem Sequencer erfordert sehr viel musikalisches Verständnis und wird deshalb hier nicht weiter vertieft.

Sound aufnehmen

Eine der wichtigsten Voraussetzungen für die Audiobearbeitung ist die Möglichkeit, Sound aufzunehmen. Dazu müssen Sie zunächst eine Aufnahmequelle wählen. Unter Windows geschieht dies über den Bereich **Sounds und Audiogeräte** der Systemsteuerung. Wählen Sie auf der Registerkarte **Lautstärke** die Schaltfläche **Erweitert**.

Normalerweise sollten Sie hier zunächst die **Wiedergabesteuerung** finden, das heißt die Lautstärkeregelung der einzelnen Abspielkanäle wie Wave, MIDI und externe Eingänge. Wählen Sie **Optionen • Eigenschaften** und aktivieren Sie unter **Lautstärke regeln für** die Auswahl **Aufnahme**. Aus Audition können Sie auch sofort auf diese Einstellungen zugreifen, indem Sie **Optionen • Windows Recording Mixer** wählen.

Nun können Sie für die gewünschte Aufnahmequelle die Checkbox **Auswählen** aktivieren. Die wichtigsten Quellen sind die Folgenden:

- **MIDI**: Ausgabe des Soundkarten-Synthesizers
- **CD-Audio**: Playback von Audio-CDs
- **Eingang**: Line-In-Buchse der Soundkarte (unverstärkt)

- **Mikrofon**: Mikrofoneingang der Soundkarte (verstärkt)
- **Wave**: Abspielen beliebiger Sounddateien, einschließlich Tonspuren von Videodateien

MacOS X bietet übrigens sehr ähnliche Optionen an, und zwar im Bereich **Ton** der **Systemeinstellungen**.

Moderne Wave-Editoren für Windows wie Audition können in Soundkompositionen auch MIDI-Tracks mischen. Der eingebaute Synthesizer der meisten Standardsoundkarten klingt allerdings erbärmlich. Deshalb empfiehlt es sich, die MIDI-Tracks über den QuickTime Player abzuspielen und aufzunehmen, da der eingebaute Software-Synthesizer viel realistischere Instrumentenklänge definiert. Eine MIDI-Datei, die Sie im QuickTime Player öffnen, wird zunächst automatisch als .mov-Datei gespeichert. Anschließend können Sie sie darin abspielen und über die Aufnahmequelle Wave aufnehmen.

11.2.1 Einstellungen und Effekte in Audition

Audition verfügt über drei Arbeitsmodi oder -ansichten, zwischen denen Sie über Registerkarten wechseln können: In der **Bearbeiten-Ansicht** finden Sie die wichtigsten Werkzeuge und Befehle zur Bearbeitung eines einzelnen Audioclips. Die **Multitrack-Ansicht** dient mit ihren 128 Stereotracks dem komplexen Sound-Arrangement. Die **CD-Projekt-Ansicht** schließlich erlaubt das Erstellen eines Audio-CD-Layouts aus verschiedenen Tracks und Arrangements.

Bearbeiten Ansicht

In Wave-Editoren wie Audition wird Sound durch seine charakteristische Wellenform dargestellt. In der Bearbeiten-Ansicht (siehe Abbildung 11.1) werden die beiden Stereokanäle eines einzelnen Tracks angezeigt; oben wird der linke Kanal angezeigt, unten der rechte. Standardmäßig steht Ihnen in diesem Modus das **Zeitauswahlwerkzeug** zur Verfügung, mit dem Sie durch Ziehen beliebig lange Bereiche des Tracks auswählen können.

Die drei am weitesten rechts liegenden Schaltflächen im Symbolleistenbereich **Wellenform** (**Ansicht · Symbolleiste · Wellenform**) oder die Optionen unter **Bearbeiten · Kanal bearbeiten** ermöglichen das Umschalten zwischen der Bearbeitung des linken Kanals, des rechten Kanals und beider Kanäle. Die Palette **Zoom-Steuerungen** (**Fenster · Zoom-Steuerungen**) stellt verschiedene Werkzeuge zur Verfügung, mit deren Hilfe Sie die Ansicht vergrößern oder verkleinern können; die beiden Extremfälle sind die Ansicht jedes einzelnen Samples beziehungsweise das Einpassen des gesamten Tracks in das aktuelle Fenster.

Abspielsteuerung

Das Abspielen des Tracks beziehungsweise der aktuellen Auswahl wird durch Schaltflächen gesteuert, die an einen CD-Player erinnern (**Fenster · Transportsteuerungen**). Die obere Reihe enthält (von links nach rechts) die folgenden Buttons: Stopp, abspielen, Pause, vom Cursor bis zum Ende abspielen und Schleifenwiedergabe. In der unteren Reihe liegen folgende Schaltflächen: zum Anfang springen, zurückspulen (gedrückt halten), vorspulen, zum Ende springen und Aufnahme.

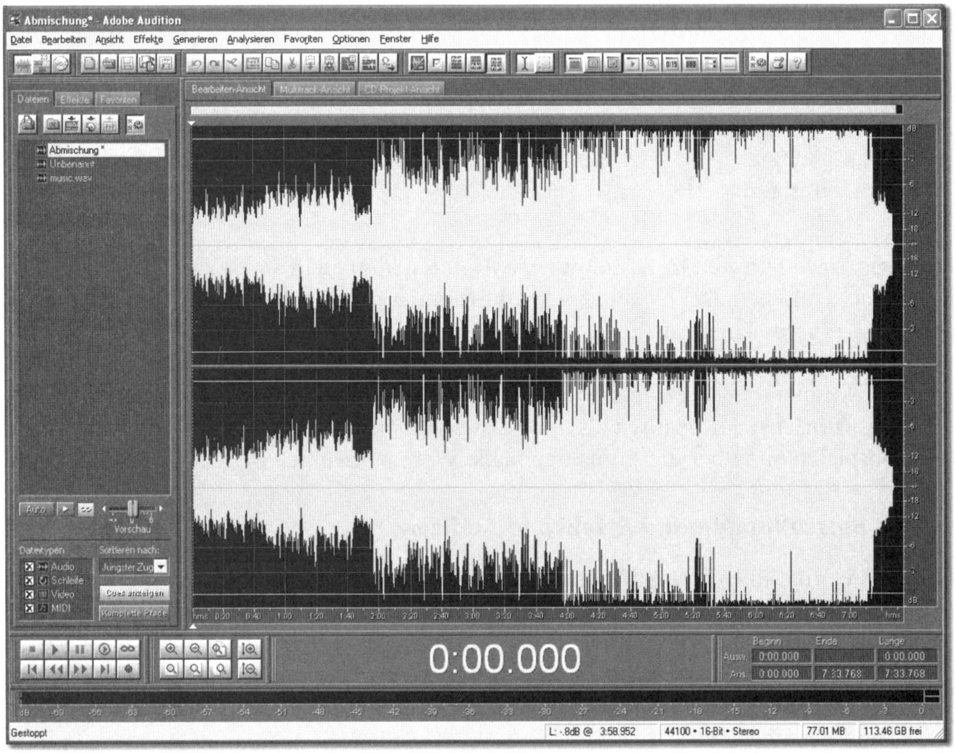

Abbildung 11.1 Adobe Audition in der Bearbeiten-Ansicht

Mit Hilfe der Entf-Taste wird die aktuelle Auswahl im Track einfach gelöscht. Wenn beide Kanäle bearbeitet werden, verschwindet der entfernte Bereich ganz, bei der Bearbeitung eines einzelnen Kanals wird er dagegen durch Stille ersetzt. Im Menü **Bearbeiten** finden Sie noch weitere Einsatzmöglichkeiten für die Auswahl; neben Standardoptionen wie Kopieren und Ausschneiden können Sie die Auswahl auch separieren (**Bearbeiten • In neue Instanz kopieren**) oder zur Multitrack-Ansicht beziehungsweise zum CD-Projekt hinzufügen.

Spektralansicht

Alternativ zur Wellenansicht bietet das Programm eine **Spektralansicht**; Sie können über die erste Schaltfläche im Symbolleistenabschnitt **Wellenform** oder mittels **Ansicht • Spektralansicht** umschalten. Der wichtigste Vorteil der Spektralansicht ist die so genannte **Marquee-Auswahl** (Taste M oder **Bearbeiten • Werkzeuge • Marquee-Auswahlwerkzeug**). Sie ermöglicht die Beschränkung der Auswahl auf einen bestimmten Frequenzbereich, so dass Sie Effekte beispielsweise nur auf die Höhen oder nur auf die Bässe eines Tracks anwenden können.

Effekte

Der interessanteste Verwendungszweck ist das Hinzufügen von **Effekten**. Sie finden sie im Menü Effekte oder in der gleichnamigen Arbeitsleiste. Die wichtigsten Kategorien sind diese:

- **Amplitude** versammelt sämtliche Effekte, die sich auf den Lautstärkepegel der Auswahl beziehen. **Balance/Erweitern** verschiebt beispielsweise die Stereowirkung der Kanäle; der **Kanalmischer** bietet eine ähnliche Funktion, die einfacher zu handhaben ist, aber weniger Möglichkeiten bietet. **Normalisieren** vermindert die Lautstärkedynamik, indem es alle Amplituden einem gewünschten Prozentwert annähert. Mittels **Verstärken/Faden** können Sie die Lautstärke des Tracks insgesamt erhöhen oder vermindern beziehungsweise allmählich ein- oder ausblenden.
- Unter **Filter** finden Sie diverse Optionen zur Anpassung von Frequenzbereichen, darunter diverse äußerst präzise Equalizer.
- **Spezial** liefert drei Effekte für Experimente: **Faltung** und **Verzerrung** ändern die aktuelle Auswahl gemäß einer anderen Wellenform; **Musik** ermöglicht das Abspielen der Auswahl (die hier nicht länger als zehn Sekunden sein darf) als Noten mit unterschiedlicher Tonhöhe und Dauer.
- **Störgeräuschminderung** hält eine Palette von Optionen bereit, die störende Elemente wie Rauschen oder Knacksen aus analogen Aufnahmen entfernen können. Bei der Digitalisierung von Schallplatten, Kassetten oder Radioaufnahmen ist dies sehr nützlich.
- Die **Verzögerungseffekte** haben gemeinsam, dass die Auswahl vervielfältigt wird. Beispielsweise wiederholt das **Echo** die Welle mit einem gewissen Abstand, gegebenenfalls auch mehrfach überlagert. Der **Hall** simuliert dagegen unterschiedliche Umgebungen, in denen der Sound verschieden stark nachklingt.
- **Zeit/Tonhöhe** manipuliert die Frequenz oder die Dauer der Auswahl. Sie sind natürlicherweise proportional zueinander – wie Sie von jedem analogen Abspielgerät wissen, bedingt schnelleres Abspielen ein Anheben der Tonhöhe, während eine Verlangsamung den Ton tiefer klingen lässt. Die Optionen in diesem Untermenü ermöglichen es allerdings, die beiden Werte zu entkoppeln: Sie können die Geschwindigkeit ändern, ohne die Tonhöhe zu beeinflussen, und umgekehrt. Der Effekt **Dehnen** bietet alle drei Möglichkeiten; dabei können Sie entweder **Konstant dehnen** (identische Änderung für die gesamte Abspieldauer) oder **Gleitend dehnen** (fließender Übergang) auswählen. Der **Tonhöhen-Bender** erlaubt eine beliebige dynamische Änderung der Tonhöhe – vergleichbar etwa mit einem Plattenteller, der von Hand in Schwung versetzt und wieder abgebremst wird. Mit dem **Doppler-Shifter** können Sie Tonhöhe und Abspielzeit in einem beliebigen geradlinigen oder kreisförmigen Verlauf manipulieren; auf diese Weise entsteht der Eindruck einer (relativ zum Hörer) beweglichen Geräuschquelle.

Praktisch ist, dass jeder Effekt über die Schaltfläche **Vorschau** ausprobiert werden kann. Zudem enthalten die meisten Effekte eine Reihe benannter Vorgaben, die deren Wirkung demonstrieren und sinnvolle Ausgangswerte für eigene Einstellungen setzen. Letzten Endes können Sie die Vielfalt der gebotenen Effekte aber nur erfahren, wenn Sie selbst viel mit ihnen experimentieren.

Mit Hilfe des Menüs **Generieren** können Sie die aktuelle Auswahl übrigens durch eine **Pause**, **Töne** einer bestimmten Frequenz und Hüllkurvenform, unterschiedliche Formen **Rauschen** (weiß, rosa, braun) oder sogar durch Mehrfrequenz-Wahltöne (**MFV**) ersetzen.

11.2.2 Arrangements erstellen

Um mehrere Tracks miteinander zu mischen, wird die **Multitrack-Ansicht** (Abbildung 11.2) verwendet. Auf der Registerkarte **Dateien** am linken Rand können Sie beliebig viele Dateien importieren – zur Auswahl stehen beinahe beliebige **Audiodateien** (einschließlich Audio-CD-Tracks), **MIDI-Tracks**, **Videodateien** (um sie zu vertonen) sowie die unzähligen, auf einer separaten CD mitgelieferten **Audition-Loops** (schleifenfähige Soundschnipsel zahlreicher Musikrichtungen). Der Importdialog enthält eine Abspiel-Funktion, damit Sie sich die Sounds vor einem eventuellen Import erst einmal anhören können.

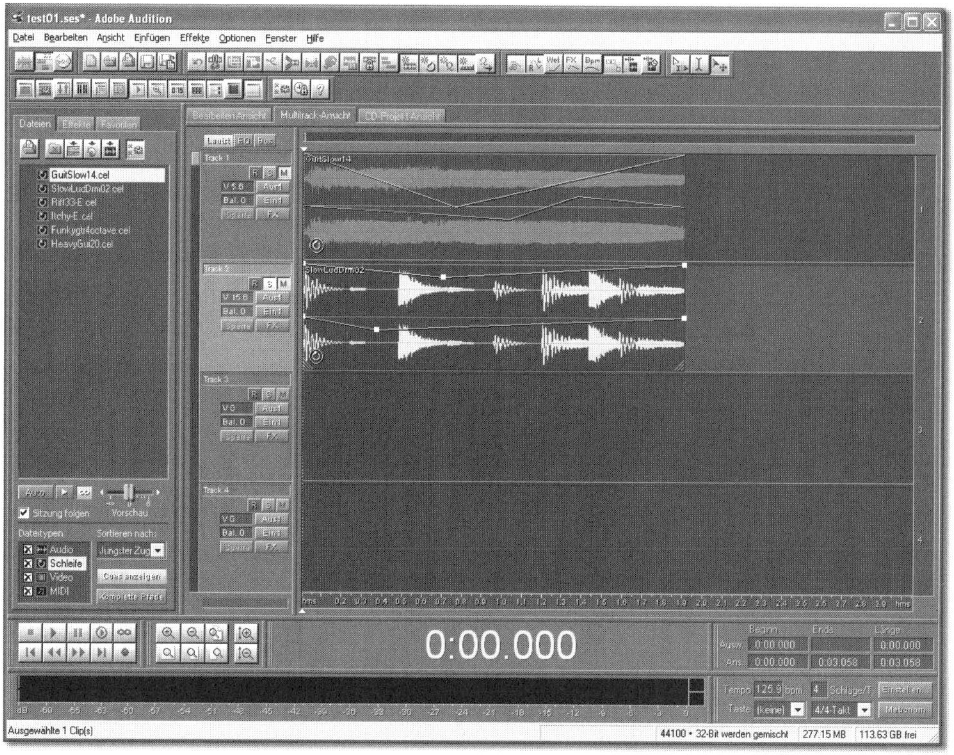

Abbildung 11.2 Sound arrangieren in der Multitrack-Ansicht

Im Multitrack-Modus stehen drei Werkzeuge zur Verfügung: Das bereits bekannte **Zeitauswahlwerkzeug** ermöglicht weiterhin die Auswahl einzelner Teile von Tracks; Effekte können Sie in dieser Ansicht allerdings nur mit der rechten Maustaste oder über den entsprechenden Button im Mixer (siehe unten) hinzufügen. Mit dem **Clip-Werkzeug** können Sie einzelne Tracks auswählen oder verschieben. Außerdem befindet sich zwischen den beiden Kanälen eine Linie, aus der Sie mit diesem Werkzeug Anfasser für die **Balance** nach oben oder unten ziehen können; eine ähnliche Linie für den **Lautstärkepegel** finden Sie am oberen Rand jedes Tracks. Das **Hybrid-Werkzeug** schließlich kombiniert je nach Kontext die Funktionen der beiden anderen Werkzeuge.

Nachdem Sie grundsätzlich die richtigen Tracks für Ihr Arrangement ausgewählt haben, können Sie sich damit beschäftigen, sie abzumischen. Wählen Sie dazu **Fenster • Mischer** oder drücken Sie `Alt` + `2`. Die Funktionalität des in Abbildung 11.3 gezeigten Dialogs entspricht einem klassischen Mischpult: Sie können für jeden Track Balance und Lautstärke einstellen; ganz links stehen dieselben Einstellungen für die Masterspur, also die Gesamtkomposition, zur Verfügung. Mischer

Abbildung 11.3 Der Mischer-Dialog in Audition

Wenn Sie mit Ihrer Arbeit zufrieden sind, können Sie Ihr Arrangement in einem beliebigen Sounddateiformat speichern. Wählen Sie zunächst **Datei • Speichern**, um eine Audition-Arbeitsdatei (Endung `.ses`) für künftige Änderungen zu behalten. Anschließend können Sie sich unter **Datei • Exportieren** das gewünschte Format aussuchen, zum Beispiel WAV oder MP3.

11.3 Videoschnitt mit Adobe Premiere

Die Bearbeitung digitalisierter Videofilme ist eine der aufwändigsten Computeranwendungen überhaupt. Sie benötigen dafür also eine Maschine mit einem schnellen Prozessor, möglichst viel Arbeitsspeicher und einer großen Festplatte.

Um Videomaterial zunächst vom Film in den Computer zu bekommen, gibt es mehrere Möglichkeiten: Video aufnehmen oder importieren

- Am einfachsten funktioniert die Arbeit mit einem modernen, digitalen Camcorder: Das Gerät wird über die DV-Schnittstelle (IEEE 1394, auch FireWire genannt) an den Rechner angeschlossen. Alle modernen Videoschnittprogramme unterstützen auf einfache Art und Weise die Aufnahme von Filmen aus DV-Geräten. Bei etwas älteren Rechnern, die keinen eingebauten FireWire-Anschluss besitzen, können Sie ihn als PCI-Steckkarte nachrüsten – oft werden solche Karten bereits im Bundle mit einer einfachen Videoschnittsoftware angeboten. Bedenken Sie aber, dass alte Computer sich für die rechenintensive Technik des digitalen Videoschnitts nicht eignen.

- Wenn Sie einen herkömmlichen analogen Videorekorder oder Camcorder auf VHS-Basis besitzen, benötigen Sie eine analoge Videoschnittkarte. Solche PCI-Karten werden beispielsweise von Pinnacle angeboten; ein brauchbares und nicht zu teures Modell ist etwa die MiroVideo DC-10. Auch diese Karten werden meist zusammen mit Schnittsoftware verkauft; das Programm Pinnacle Studio ist ein benutzerfreundliches, gut verständliches Einsteigerprogramm.
- Viele aktuelle PCs sind von Haus aus mit einem Analog-Videoeingang, aber nicht mit einem Ausgang ausgestattet. Das bedeutet, dass Sie damit zwar Daten von solchen Geräten importieren, aber nicht wieder auf Video ausgeben können.
- Wenn Sie eine TV-Karte oder einen in den PC eingebauten TV-Tuner besitzen, können Sie die empfangenen Fernseh- oder Analog-Videosignale ebenfalls digital aufnehmen und als Videodatei abspeichern. Das Interessante an neueren digitalen Videorekorderprogrammen ist das Time Shifting: Wenn Sie gerade eine Sendung aufzeichnen, können Sie gleichzeitig ein früheres Stadium davon abspielen.
- Schließlich gibt es eine Reihe von Programmen, mit denen sich der Inhalt einer Video-DVD »rippen«, also digital kopieren lässt – zumindest die in Deutschland verkäuflichen können allerdings keine kopiergeschützten DVDs mehr verarbeiten. Beachten Sie in diesem Zusammenhang (genau wie bei Musik), dass Sie von einer kommerziellen DVD kopiertes Videomaterial nicht in einer öffentlich zugänglichen Produktion verwenden dürfen.[1]

Digitale Schnittsoftware

Wenn das Videomaterial erst einmal in Form von Dateien im Computer vorliegt, können Sie ein digitales Videoschnittprogramm verwenden, um die gewünschten Ausschnitte der Filme zusammenzustellen, Überblendungen, Effekte und Titel hinzuzufügen und das Ergebnis schließlich je nach Verwendungszweck in einem passenden Dateiformat zu speichern oder wieder zurück auf Video auszugeben.

Es werden zahlreiche Schnittprogramme angeboten, die von der günstigen Einsteigerlösung bis zum hochprofessionellen High-End-Produkt reichen. Dazu gehört beispielsweise das bereits erwähnte Pinnacle Studio. Apple bietet für den Mac gleich zwei entsprechende Programme an: das kostenlose iMovie und das professionelle Final Cut Pro. Das hier vorgestellte Programm Adobe Premiere bildet gewissermaßen die gehobene Mittelklasse der Videoschnittsoftware, während die Produkte von Avid (zusammen mit dem erwähnten Final Cut Pro) zur Profiliga gehören.

11.3.1 Die Arbeitsmittel von Premiere

Die hier vorgestellte Premiere-Version 6.5 war die letzte, die für Windows und MacOS angeboten wurde. Das neue Premiere Pro gibt es nur noch für Windows; die hier vorgestellten Funktionen sind allerdings weitgehend identisch.

1 Lassen Sie sich andererseits auch nicht von der Filmindustrie einreden, es sei illegal, einen Film für den privaten Gebrauch zu kopieren – die Privatkopie von Musik oder Filmen ist im deutschen Urheberrecht ausdrücklich gestattet. Gerichte haben definiert, dass die Weitergabe an bis zu sieben persönliche Bekannte den Rahmen der Privatkopie nicht verletzt. Und was genau ein »wirkungsvoller Kopierschutz« ist, dessen Umgehung das Gesetz seit Neuestem verbietet, ist auch noch nicht hinreichend geklärt.

Wenn Sie das Programm starten, wird ein neues Projekt angelegt. Ein Projekt besteht aus seinen einzelnen importierten oder neu erstellten Bestandteilen wie Titeln und Farbflächen, aus den Schnitteinstellungen und gewählten Effekten sowie aus einer Reihe von Formatvorgaben. Projekte werden in Dateien mit der Endung `.ppj` gespeichert. Denken Sie daran, dass diese Datei niemals den eigentlichen Datenbestand des Projekts enthält, sondern lediglich Verweise auf die Daten. Aus diesem Grund sollten Sie Dateien zuerst in den Ordner kopieren, in dem die Projektdatei liegt, bevor Sie sie importieren.

Projektvorgaben

Zunächst müssen Sie je nach Verwendungszweck des Projekts Video-, Audio- und Kompressionseinstellungen vornehmen. Wenn Sie für die Ausgabe auf irgendeine Art von Videoband (analog oder DV) arbeiten, ist die korrekte Auswahl die deutsche Fernsehfarbnorm PAL oder die amerikanische Fernsehfarbnorm NTSC – je nachdem, für welches Land Sie ein Video erstellen möchten. Für Multimedia-Produktionen können Sie dagegen das Grundformat **Multimedia** auswählen. Für die meisten Arten der Weiterverarbeitung ist das passende konkrete Dateiformat QuickTime oder Video for Windows (AVI). Wenn Sie auf **Benutzerdefiniert** klicken, können Sie alle Einstellungen manuell vornehmen. Näheres über Audio- und Video-Dateiformate finden Sie in Kapitel 12, *Datei- und Datenformate*.

In Abbildung 11.4 sehen Sie die wichtigsten Arbeitsfenster von Premiere im Überblick: In der oberen Reihe befinden sich von links nach rechts das Projektfenster, das Monitorfenster, die Effektpalette sowie (untereinander) der Navigator und die Überblendungen. Im unteren Bereich befindet sich das Schnittfenster, in dem Sie sämtliche Videoclips, Sound, Überblendungen, Titel und sonstigen Elemente arrangieren können.

Abbildung 11.4 Übersicht über die Arbeitsoberfläche von Adobe Premiere

Im **Monitorfenster** erscheint jeweils die Vorschau des Films, wie er gerade zusammengestellt wurde. Um eine Vorschau zu erzeugen, können Sie **Schnittfenster · Vorschau** wählen oder einfach `Enter` drücken. Es werden jeweils die Teile neu berechnet, die geändert beziehungsweise hinzugefügt wurden. Allerdings muss die Projektdatei zunächst gespeichert werden. Erst in den 6er-Versionen von Premiere wurde endlich eine Echtzeit-Vorschau eingeführt, die bei der Verwendung von ausreichend schneller Hardware ohne vorheriges Ausrechnen auskommt.

Im **Projektfenster** finden Sie eine Sammlung aller Elemente, der so genannten Assets, die importiert oder erstellt wurden und im Film verwendet werden sollen. Eine Vorschau beziehungsweise ein Bearbeitungsfenster für ein solches Asset erhalten Sie, wenn Sie darauf doppelklicken. Bei Audio- oder Videoclips, die importiert wurden, öffnet sich beispielsweise das Clip-Fenster; bei Titeln oder Farbflächen öffnet sich die jeweilige Komponente, mit deren Hilfe sie bearbeitet werden können.

Das Schnittfenster ist das komplexeste aller Fenster in Premiere und das zentrale Arbeitswerkzeug. Hier werden die einzelnen Bestandteile zum vollständigen Film montiert. Dazu können Sie sie einfach aus dem Projektfenster auf die gewünschte Schnittfensterspur ziehen. In den Videospuren können sich vorhandene Videoclips, Bilder, Farbflächen und Titel befinden; Sound wird in die Audiospuren gezogen.

Horizontal finden Sie eine Einteilung durch eine Zeitleiste, die standardmäßig die Zeit im SMPTE-Format (Stunde:Minute:Sekunde:Frame) anzeigt. Vertikal untereinander liegen verschiedene Spuren, die sich in die beiden Hauptbereiche Video und Audio unterteilen lassen. Beachten Sie, dass die Videospur 1 eine Besonderheit gegenüber allen anderen Spuren aufweist: Hier können Sie Überblendungseffekte zwischen aufeinander folgenden Elementen erstellen. Dies geht am einfachsten, wenn Sie unter **Fenster · Arbeitsbereich** die Option **A/B-Bearbeitung** aktivieren. Dadurch wird die Spur 1 nämlich in die beiden Teilspuren A und B und eine dazwischen liegende Spezialspur für die Überblendungen unterteilt. So lässt sich der Übergang sehr exakt positionieren.

Unter **Schnittfenster · Spuroptionen** können Sie jederzeit weitere Audio- oder Videospuren hinzufügen oder wieder entfernen. Videospuren, die weiter oben im Schnittfenster liegen, befinden sich weiter im Vordergrund. Da Überblendungen nur auf Spur 1 stattfinden können, sind weitere Spuren nur dann sinnvoll, wenn Sie die weiter unten gezeigten Transparenzoptionen verwenden.

Video-Deckkraft und Audio-Volumen

Außer der speziellen Videospur 1 besitzen alle Audio- und Videospuren unter der eigentlichen Spur einen aufklappbaren Bereich. Dort wird eine waagerechte Linie angezeigt. Sie können darauf klicken, um Anfasser hinzuzufügen, mit denen sich die Deckkraft der Video- beziehungsweise das Volumen der Audiospuren regulieren lässt. Es finden automatisch entsprechende Übergänge (Fadings) statt.

Sie können an eine beliebige Stelle in der Zeitleiste klicken, um auszuwählen, wo sich der Abspielkopf befinden soll, also die Markierung der Stelle, an der zum Beispiel die Vorschau angezeigt werden soll. Die gelbe Linie ganz oben mit den nach innen weisenden Pfeilen an den Enden markiert den aktuellen »Arbeitsbereich«. Von diesem Bereich wird automatisch die Vorschau angezeigt. Dies hilft Ihnen, bei einem umfangreichen Projekt nur die Vorschau eines Teilbereichs anzusehen. Die Pfeile können verschoben werden, um den In-Point (Anfang) oder Out-Point (Ende) des Bereichs zu setzen. Alternativ können Sie auch mit den beiden »Klammer-Werkzeugen« arbeiten: Links oben im Schnittfenster finden Sie zwei Reihen mit jeweils vier Werkzeugfeldern; das Feld ganz rechts unten enthält zwei Werkzeuge, mit deren Hilfe Sie den Anfangs- und den Endpunkt durch einen einfachen Klick setzen können.

Die Werkzeugleiste

Diese Werkzeuge besitzen ansonsten die folgenden unterschiedlichen Bedeutungen:

- Der normale Mauszeiger (ganz links oben) dient dem Markieren von Clips durch Anklicken. Wenn ein Clip markiert ist, reagiert er auf Befehle aus dem Menü **Clip**. Außerdem kann ein markierter Clip durch Ziehen verschoben oder mit der `Entf`-Taste gelöscht werden.
- Das zweite Feld enthält mehrere Werkzeuge, die durch längeres Gedrückthalten ausgewählt werden können. Es handelt sich um verschiedene Auswahlwerkzeuge: Clips durch Auswahlrahmen auswählen, zeitlichen (horizontalen) Bereich auswählen, ganze Spur verschieben, alle Spuren verschieben.
- Im dritten Feld finden Sie diverse Optionen zum Verschieben oder Modifizieren des aktuellen Clips. Beispielsweise ermöglicht die Option »Rate ausdehnen« (vorletzter Button im Feld) das Verlängern oder Stauchen der Dauer eines Clips.
- Mit den Rasierklingen auf dem vierten Feld können Sie den aktuellen Clip an der Stelle, an der Sie klicken, zerschneiden: Die einfache Rasierklinge zerlegt nur den aktuellen Clip, während die doppelte alle Spuren an der aktuellen Stelle teilt. Dieses Zerteilen ist sehr nützlich für die Mischung von Filmbestandteilen oder das Verwenden einer Überblendung zwischen zwei Szenen, die sich ursprünglich im selben Clip befanden.
- Die zweite Reihe beginnt links mit der Hand, die dem Verschieben der aktuellen Ansicht im Schnittfenster dient.
- Mit Hilfe der Lupe lässt sich die aktuelle Ansicht durch Klick vergrößern oder (mit gedrückter `Alt`-Taste) verkleinern. Dieselbe Einstellung können Sie auch im Popup ganz unten links im Schnittfenster vornehmen.
- Das vorletzte Feld enthält Funktionen zum Einstellen einer Überblendung beziehungsweise des Überblendungsbereichs sowie zum Verbinden und Trennen von Spuren.
- Die bereits erwähnten »Klammern«, das letzte Feld, ermöglichen das Einstellen des In- und Out-Points für den gesamten Film, aber auch für einzelne Clips im Schnittfenster.

11.3.2 Einen Film schneiden und erstellen

Die Komposition eines Films besteht im Grunde immer aus denselben Schritten, die in diesem Unterabschnitt erläutert werden. Es handelt sich im Einzelnen um die folgenden Arbeitsabläufe:

1. Assets zusammenstellen
2. Elemente im Schnittfenster arrangieren
3. Übergänge und Effekte hinzufügen
4. Den eigentlichen Film erstellen

Da die Bestandteile und Funktionen des Schnittfensters bereits weiter oben erklärt wurden, wird Punkt 2 im Folgenden nicht weiter erläutert.

Assets zusammenstellen

Die meisten Arten von Assets, nämlich Audio- und Videoclips oder Bitmaps, werden als externe Dateien in Premiere importiert. Andere können dagegen innerhalb des Programms neu erstellt werden, beispielsweise Titel oder Farbflächen. Wie bereits erwähnt, werden diese Daten nicht innerhalb der Premiere-Projektdatei gespeichert, sondern bleiben eigenständig. Aus diesem Grund ist es empfehlenswert, sie zunächst in den Ordner zu kopieren, in dem sich diese Projektdatei befindet.

Dateien importieren

Das Importieren von Dateien funktioniert ganz einfach. Wählen Sie **Datei • Importieren**; dieser Befehl bietet die folgenden Unteroptionen:

- **Datei**. Sie können aus einem bestimmten Ordner eine Datei oder – mit `Strg` – mehrere auswählen und importieren. Sie erscheint im Projektfenster.
- **Ordner**. Sie können einen Ordner wählen, dessen gesamter Inhalt importiert wird.
- **Projekt**. Sie können eine andere Premiere-Projektdatei auswählen, deren vollständiger Datenbestand importiert wird.

Assets, die innerhalb von Premiere erstellt werden können, lassen sich dagegen über das Menü **Datei • Neu** erzeugen. Die wichtigsten Beispiele sind Titel und Farbflächen. Wenn Sie einen Titel erzeugen, wird der Adobe Title Designer angezeigt (siehe Abbildung 11.5).

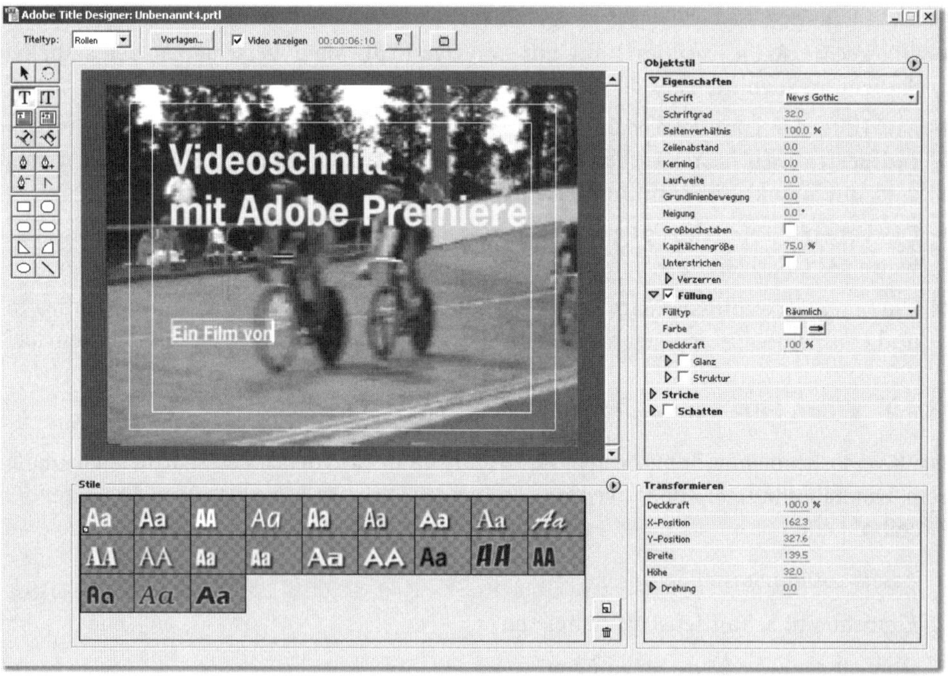

Abbildung 11.5 Filmtitel erstellen mit dem Adobe Title Designer

In diesem Fenster können Sie Text, geometrische Formen und Vektorgrafiken erstellen, die zusammen die Titel Ihres Films bilden sollen. Über **Titeltyp** können Sie sich zwischen einem statischen und einem animierten Titel entscheiden. Die Option **Video anzeigen** lässt im Hintergrund den Film an der aktuellen Position des Abspielkopfes durchscheinen, damit Sie sich ein Bild von der Wirkung machen können. Wenn Sie mit dem erstellten Titel zufrieden sind, können Sie ihn speichern und schließen – er erscheint automatisch im Projektfenster.

Titel erstellen

Ein anderer interessanter Typ von Assets sind Farbflächen, die sich über die gleichnamige Funktion im Dialog **Datei · Neu** erstellen lassen. Sie können sie zum Beispiel als halbtransparente »Farbfilter« oder als Beginn, Zwischenzustand oder Ziel eines Übergangs verwenden.

Übergänge und Effekte hinzufügen

Das Erstellen einer Überblendung ist im Grunde recht einfach: Der erste Clip muss auf einer der beiden Spuren 1A oder 1B liegen, der zweite auf der anderen. Sie müssen dafür sorgen, dass sie sich ein Stück überlappen. Genau auf diese überlappende Stelle wird die gewünschte Überblendung aus dem Fenster **Überblendungen** gezogen. Anschließend können Sie auf das Übergangsfeld im Schnittfenster doppelklicken, um erweiterte Einstellungen vorzunehmen. Hier können Sie unter anderem einstellen, ob der Effekt ganz am Anfang beginnen und bis zum Ende abgespielt werden oder ob nur ein Stück aus der Mitte wirken soll. Manche Effekte besitzen auch noch spezielle Zusatzeinstellungen.

Transparenzoptionen

Ein weiterer wichtiger Effekt ist die **Transparenz**. Bekannt dürfte in diesem Zusammenhang das Bluescreen-Verfahren[2] sein: Schauspieler und Objekte werden vor einem blauen Hintergrund aufgenommen, der später herausgefiltert wird. Dies ist nur die häufigste Variante einer Methode, die allgemeiner als Chroma-Keying bezeichnet wird. Statt Blau können nämlich auch andere Farben verwendet werden – Hauptsache, sie kommen im Film selbst nicht vor.

Der entsprechende Videoclip oder das Bitmap, bei dem Sie Transparenz einstellen möchten, darf in jedem beliebigen Videokanal außer dem Kanal 1 liegen (dort macht Transparenz ohnehin keinen Sinn, weil es sich um den »Hintergrundkanal« handelt). Unter **Clip · Video-Optionen · Transparenz** können die Transparenzoptionen eingestellt werden. Die wichtigste Option ist der **Key-Typ**. Er bestimmt, wodurch die Transparenz geregelt werden soll – neben dem eben beschriebenen Chroma Keying stehen verschiedene Alpha-Optionen zur Auswahl, die besonders für Titel interessant sind.

Ein weiterer interessanter Effekt ist die Bewegung, die sich über **Clip · Video-Optionen · Bewegung** einstellen lässt: Beliebige Clips können auf vielfältige Weise ins Bild hinein- und wieder hinausgefahren werden (Abbildung 11.6). Dafür müssen Sie lediglich den gewünschten Clip im Schnittfenster anklicken und diese Option aktivieren. Rechts oben können Sie den Anfang oder das Ende auswählen oder durch Klick weitere Schlüsselbilder hinzufügen. Unten lassen sich die einzelnen Optionen einstellen: **Drehung**, **Zoom** und **Verzerrung** dürften selbsterklärend sein; **Verzögerung** bedeutet, dass der Clip an der ent-

2 Ein Windows-Systemabsturz wird zwar ebenfalls als Bluescreen bezeichnet, es ist aber trotzdem keine fehlerbehaftete Videobearbeitung unter Windows gemeint ;-)

sprechenden Stelle eine Zeitlang als Standbild stehen bleiben soll. Links oben sehen Sie eine Vorschau, die Sie mit den daneben liegenden Buttons ein- und ausschalten können.

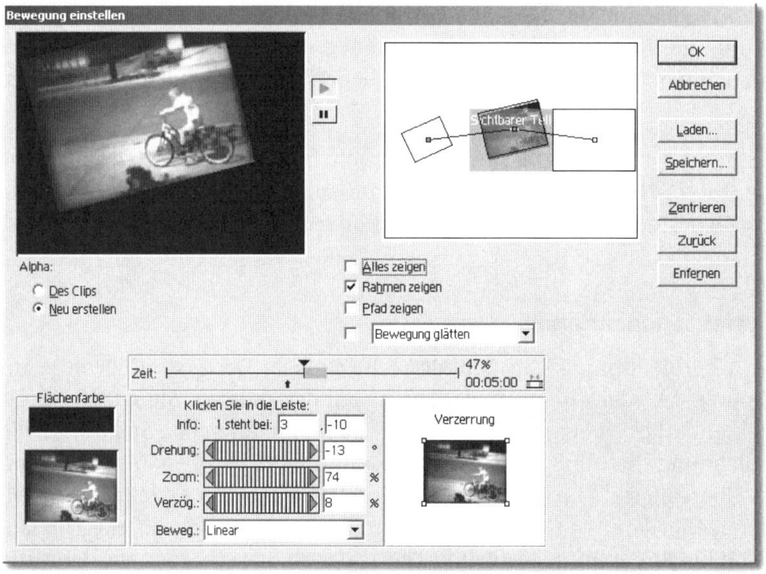

Abbildung 11.6 Einstellung des Video-Effekts »Bewegung«

Filme exportieren

Nachdem Sie den Schnitt fertig gestellt und die Effekte zugewiesen haben, geht es daran, den Film im gewünschten Format zu exportieren. Grundsätzlich befinden sich alle entsprechenden Funktionen unter **Datei · Schnittfenster exportieren**. Die Grundoption ist **Film**; damit können Sie Ihre Datei als AVI- oder QuickTime-Videofilm abspeichern. Eine weitere Option ist **Auf Video ausgeben**; sie überträgt den fertigen Film über den gewünschten Video-Ausgabekanal (DV-Anschluss oder Analog-Schnittkarte). Ganz unten im Dialog finden Sie einige Formate, die besonders gut für das Internet geeignet sind: Windows Media- und RealPlayer-Format sind so genannte Streaming-Formate, die bereits während des Ladens über das Netz abgespielt werden. Wenn Sie eine Video-CD oder DVD erstellen möchten, müssen Sie dagegen den ebenfalls verfügbaren Adobe MPEG Encoder verwenden.

Exportvorgaben

Wenn Sie die Standardoption **Film** wählen, können Sie eine Reihe von Einstellungen vornehmen: Unter **Allgemein** wird zunächst das Dateiformat ausgewählt. Neben dem in den Vorgaben gewählten Grundformat können Sie auch eine Sequenz einzelner, durchnummerierter Bitmaps in verschiedenen Dateiformaten exportieren, die sich in manchen Programmen speziell weiterverarbeiten lassen. Beispielsweise könnten Sie die einzelnen Bilder in Photoshop mit einer Stapelverarbeitungsfunktion automatisch mit einem speziellen Effekt versehen.

Unter **Videofilter** können Sie jedes auf Ihrem Rechner installierte Codec (Videokompressor) auswählen, mit der Einstellung **Audio** verhält es sich ähnlich. **Keyframe und Ren-**

dern ermöglicht verschiedene Einstellungen für Schlüsselbilder und Interlacing (Halbbildverfahren), die je nach Format unterschiedlich eingestellt werden sollten. **Spezielle Effekte** ermöglicht schließlich das Einstellen einer Gammakorrektur (Weißabgleich), eines Weichzeichners zur Störungsverminderung sowie die beliebig einstellbare Beschneidung aller vier Ränder.

11.4 3-D-Grafik und -Animation mit 3ds max

Die Erstellung und Animation virtueller 3-D-Szenen gehört zu den interessantesten, aber auch komplexesten Aufgaben der Multimedia-Produktion. Virtuelle 3-D-Welten werden für viele verschiedene Anwendungszwecke eingesetzt, zum Beispiel für folgende:

- In der Architektur oder im Bereich des Möbeldesigns werden immer häufiger »begehbare« 3-D-Modelle zur Planung verwendet.
- Firmen bieten ihren Kunden auf ihren Websites, auf CD-ROMs oder auf Messen Rundum-Ansichten ihrer Produkte an. Viele dieser Shows sind keine Filme realer Objekte, sondern werden virtuell erstellt – oft existieren die zugehörigen Produkte noch gar nicht.
- In Spielfilmen werden immer mehr klassisch gefilmte Spezialeffekte durch 3-D-gerenderte Szenen ersetzt oder ergänzt. Moderne Science-Fiction-, Horror- oder Fantasyfilme wie Terminator 3, die Matrix-Trilogie oder Herr der Ringe wären ohne diese Technik kaum realisierbar. Daneben gibt es auch noch eine Menge Filme, die vollständig am Rechner erstellt werden – denken Sie nur an die wunderbaren Filme der Pixar Animation Studios wie »The Incredibles« oder »Monster AG«.
- Ein weiterer wichtiger Bereich für den Einsatz von 3-D sind natürlich Computerspiele. Ego-Shooter wie die Klassiker Doom und Quake, Abenteuerspiele wie die Tomb Raider-Reihe oder Simulationen wie der unverwüstliche Microsoft Flight Simulator leben von der virtuellen 3-D-Technologie.

Film- kontra Echtzeit-Rendering

Zwischen Filmen, die durch 3-D-Technik erstellt werden, und interaktiven 3-D-Welten, wie sie in Simulationen und Spielen eingesetzt werden, besteht ein wichtiger Unterschied bezüglich der Art und Weise, in der das Rendering (die Berechnung des fertigen Films) durchgeführt wird: Bei Filmen, die eine vorherbestimmte Abfolge von Bildern darstellen, werden die einzelnen Frames nacheinander gerendert; es gibt keine prinzipielle Einschränkung, wie lange das Rendering dauern darf. Das ist der Grund dafür, dass sie erheblich hochwertigeres 3-D zu bieten haben als die interaktiven virtuellen Welten. Letztere müssen nämlich in Echtzeit gerendert werden: Jede Ansicht muss vollständig mit Oberflächen, Beleuchtung und Perspektive neu berechnet werden.

Arbeitsablauf der 3-D-Erstellung

Das Erstellen von 3-D-Szenen erfolgt mit Hilfe spezieller Software und besteht stets aus denselben grundlegenden Arbeitsschritten:

1. Als Erstes werden verschiedene Objekte erstellt, die animiert werden sollen. Es kann sich um einfache geometrische Körper oder komplexe zusammengesetzte, durch mathematische Berechnungen erzeugte Objekte handeln.
2. Die einzelnen Objekte werden mit Materialien versehen, die beispielsweise Farbe, Glanz, Transparenz und Konsistenz der Oberfläche bestimmen.

3. Die Szene wird mit diversen Beleuchtungselementen versehen, die für die passenden Lichteffekte sorgen. Außerdem können Sie eine oder mehrere Kameras erstellen, durch die die Ansicht »gefilmt« wird.
4. Als Nächstes können Sie die verschiedenen Objekte, die Beleuchtung und die Kameras in Bewegung setzen, um eine Animation zu erstellen.
5. Zu guter Letzt erfolgt das Rendering der fertigen Szene, das heißt, aus den einzelnen Bildern des 3-D-Bereichs wird ein Film errechnet. In der Regel handelt es sich um einen Digitalvideofilm, den Sie in Ihre Multimedia-Produktion einbetten können.

Es sind zahlreiche Programme für 3-D-Modellierung und -Rendering auf dem Markt. Einige der bekanntesten sind 3ds max von discreet, Cinema 4D von Maxon sowie Maya von Alias Wavefront. Mit Blender 3D ist sogar ein gut ausgestattetes Open-Source-Werkzeug verfügbar (Download und weitere Info unter **http://blender3d.org**).

Im Folgenden werden die wichtigsten Aspekte der 3-D-Produktion am Beispiel von 3ds max beschrieben. Die aktuelle Version ist 7.0; auf der Website des Herstellers (**http://www.discreet.de**) können Sie sich eine kostenlose 30-Tage-Testversion herunterladen.

11.4.1 3ds max im Überblick

Wenn Sie 3d s max starten, fällt auf, dass das auch auf einem schnellen Rechner recht lange dauert. Um professionell mit dem Programm arbeiten zu können, wird sehr viel Arbeitsspeicher und viel Platz auf der Festplatte benötigt. Es verfügt allerdings auch über ein eingebautes Modul für das Rendering im Netzwerk, also die Möglichkeit, mehrere im LAN vorhandene Rechner gemeinsam eine Szene berechnen zu lassen. Fast alle größeren Produktionen werden auf diese Weise hergestellt.

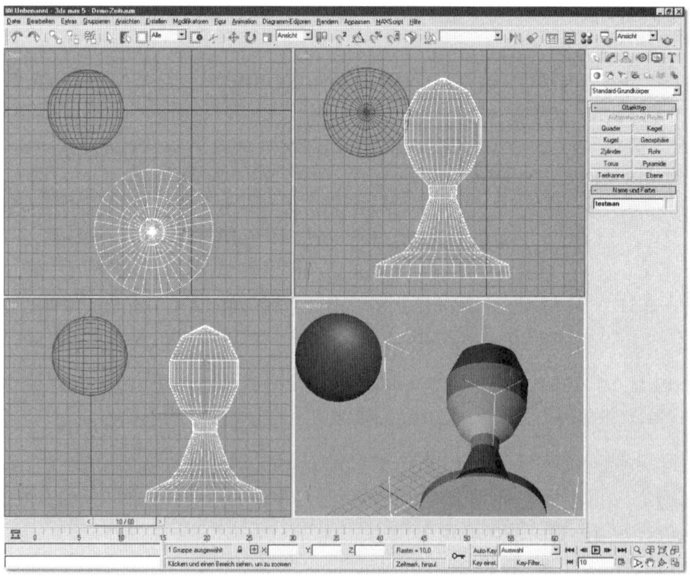

Abbildung 11.7 Das Arbeitsfenster von 3ds max

Die Benutzeroberfläche der Software erscheint auf den ersten Blick verwirrend, weil sie über eine Fülle unterschiedlicher Funktionen verfügt. In Abbildung 11.7 sehen Sie eine Übersicht über den 3ds max-Arbeitsplatz in der empfehlenswerten Auflösung 1280 x 1024. Er besteht im Wesentlich aus den folgenden Elementen:

Die 3ds max-Oberfläche

- Die Leiste am oberen Rand enthält grundlegende Werkzeuge zum Auswählen und direkten Modifizieren von Objekten.
- Der größte Teil des Arbeitsbereichs besteht aus der Ansicht der Szene. Standardmäßig sehen Sie die vier Fenster, die in der Abbildung gezeigt werden: Ansicht von oben, von vorn, von links und isometrische Ansicht. Letztere wird standardmäßig schattiert dargestellt, die anderen als Drahtgitter.
- Rechts neben den Szenenfenstern befindet sich die umfangreiche Befehlspalette. In der Abbildung ist ihre erste Registerkarte zu sehen, die dem **Erstellen** neuer Objekte dient. Darunter lassen sich die diversen Kategorien auswählen; in der Abbildung sehen Sie beispielsweise die erste Abteilung, **Geometrie**, die wiederum eine ganze Reihe weiterer Unterkategorien enthält: **Grundkörper** (geometrische Figuren), **Zusammengesetzte Objekte** (Verbindungen und Übergänge), **Partikelsysteme** (automatische Systeme aus Einzelteilen) und so weiter. Neben der Geometrie werden (von links nach rechts) die folgenden weiteren Arten von Objekten angeboten:
  - **Shapes**: einfache Linien und Flächen
  - **Lichtquellen**: verschiedenste Beleuchtungselemente
  - **Kameras**: konfigurierbare, bewegliche Blickwinkel
  - **Helfer**: diverse Zusatzobjekte wie Hilfspunkte und -linien
  - **Space Warps**: bewegliche Objekte, Kräfte und dynamische Änderungen
  - **Systeme**: komplexe Animations- und Umgebungsobjekte wie zum Beispiel Bones (Skelett- und Gelenksysteme) oder Sonnenlicht (realistische Beleuchtung nach Kalender)

  Außer **Erstellen** besitzt die Befehlspalette noch einige weitere Registerkarten. Es handelt sich um folgende:
  - **Ändern**: Aus einer umfangreichen Modifikatoren-Liste können Sie sich allerlei Funktionen aussuchen, mit deren Hilfe sich 3-D-Objekte verformen lassen oder durch die einfache Linien überhaupt zu 3-D-Objekten werden (Extrusion). Weiter unten lernen Sie beispielsweise das beliebte Drehverfahren kennen, mit dem die Spielfigur in Abbildung 11.6 erstellt wurde.
  - **Hierarchie**: Diese Funktionen ermöglichen das Anlegen von Objekthierarchien. Dadurch lassen sich Objekte voneinander abhängig machen. Eine der wichtigsten Hierarchie-Funktionen ist die Inverse Kinematik, die die aufeinander abgestimmte Animation zusammenhängender Elemente mit Gelenken erlaubt.
  - **Bewegung**: Mit Hilfe dieses Befehls lassen sich die automatische Eigenbewegung von Objekten und die Animation an einem Pfad entlang einrichten.
  - **Anzeige**: Dieser Dialog enthält detaillierte Optionen zur Steuerung der Ansicht; er bestimmt also, welche Elemente angezeigt werden und welche nicht.

- **Dienstprogramme**: Diese letzte Kategorie enthält zahlreiche zusätzliche Programme und Optionen. Hier finden Sie etwa den Medien-Browser zum Suchen und Importieren von Mediendateien, die Funktion Motion Capture zur automatischen Aufzeichnung von Bewegungen als Animation oder MAXScript für die programmierte Automatisierung der Szenen.

- Unter der Arbeitsfensteransicht befindet sich zunächst die Hauptzeitleiste, in der Sie den Abspielkopf verschieben können, um die einzelnen Frames zu bearbeiten. Wenn Sie die Option **Auto-Key** aktivieren, werden sämtliche Objektänderungen wie Drehung, Verschiebung oder Skalierung automatisch aufgezeichnet und auf diese Weise in einen Animationsablauf aufgenommen. In die drei Eingabefelder X, Y und Z können Sie darüber hinaus die Werte für diese Transformationen manuell eingeben. Rechts daneben befindet sich die Abspielsteuerung; das Verhalten der beiden »Schritt«-Buttons lässt sich durch die Schaltfläche rechts neben **Key-Filter** modifizieren: Je nach Einstellung wird ein einzelnes Frame beziehungsweise ein Keyframe weiter- oder zurückgeblättert.
- Ganz rechts unten finden Sie die Ansichtssteuerung. Hier können Sie mit Hilfe einiger Buttons die Ansicht der Welt in den Arbeitsfenstern ändern: Die Lupe skaliert die Ansicht im aktiven Fenster durch intuitives Ziehen (nach oben vergrößert, nach unten verkleinert). Die Lupe mit dem Gitternetz skaliert dagegen die Ansicht aller Einzelfenster auf einmal. Ähnliches gilt beispielsweise auch für die Hand, die dem Verschieben des angezeigten Ausschnitts dient, oder die Bogendrehung, die die Ansicht in unterschiedliche Richtungen verdrehen kann.

11.4.2 Objekte modellieren

Es gibt Unmengen von Möglichkeiten zur Modellierung von Objekten. Sie lernen an dieser Stelle zwei der bekanntesten kennen: die Arbeit mit Primitiven, also einfachen geometrischen Figuren, sowie das Erstellen einer Drehfigur. Andere Modellierungsarten, die über den Rahmen dieser Beschreibung hinausgehen, sind etwa NURBS oder Partikelsysteme. NURBS (Non-Uniform Rational B-Splines) sind komplexe Objekte, deren Oberflächen durch verschiedene Kurven (Splines) beschrieben werden.

Primitive erstellen

Wenn Sie Primitive erstellen möchten, wählen Sie die erste Registerkarte der Befehlspalette (**Erstellen**), darunter wiederum die erste Schaltfläche (**Geometrie**) und im darunter liegenden Popup-Menü schließlich die Option **Standard-Grundkörper**. Hier können Sie sich unter anderem einen der folgenden Körper aussuchen, die jeweils etwas unterschiedlich aufgezogen werden:

- **Quader**. Das erste Ziehen erstellt eine zweidimensionale rechteckige Grundfläche; nach dem Loslassen der Maustaste wird automatisch die dritte Dimension aufgezogen.
- **Kugel**. Hier können Sie natürlich nur einmal ziehen; dadurch wird der Durchmesser der Kugel festgelegt. Wenn Sie zusätzlich die [Alt]-Taste gedrückt halten, können Sie die Kugel dagegen aus der Mitte heraus aufziehen.
- **Kegel**. Der Kegel wird in drei Schritten aufgezogen: Zunächst erscheint die kreisförmige Grundfläche, im zweiten Schritt wird ein Zylinder daraus (die Höhe wird hinzugefügt), im dritten Durchgang können Sie schließlich die Verjüngung einstellen, um einen Kegelstumpf oder einen richtigen Kegel zu erhalten.

- **Torus**. Beim Torus wird durch das erste Ziehen der Ringdurchmesser und durch das zweite der Schlauchdurchmesser festgelegt.
- **Geosphäre**. Dieses Objekt wird genauso aufgezogen wie eine Kugel; in den Objektparametern (siehe unten) können Sie die Form des Objekts modifizieren, indem Sie die Anzahl der Segmente und den geodätischen Basistyp (Tetraeder, Oktaeder oder Ikosaeder) einstellen.

Während Sie ein Objekt erzeugen, finden Sie unten auf der Registerkarte **Erstellen** die Kategorie **Parameter**. Hier lassen sich die Eigenschaften des neu erstellten Objekts per Eingabe festlegen. Wenn Sie diese Einstellungen später ändern möchten, müssen Sie dies dagegen auf der nächsten Registerkarte (**Ändern**) tun.

Eine Spielfigur modellieren

Das erwähnte Drehobjekt (eine Spielfigur wie in Abbildung 11.5) wird dagegen folgendermaßen angelegt:

1. Schalten Sie in der Hauptsymbolleiste den mit 2 beschrifteten Magneten ein – dieses Werkzeug aktiviert das automatische Einrasten von Kurven und Linien.
2. Wählen Sie auf der Registerkarte **Erstellen** in der Befehlspalette den zweiten Button – **Shapes** – und im Popup-Menü dieser Objektsorte die Option **Splines**.
3. Ziehen Sie im Ansichtsfenster **Vorn** (standardmäßig rechts oben) als Erstes eine **Kurve** von der Mittelsenkrechten nach außen: Zunächst wird eine Diagonale nach unten gezogen, die durch das zweite Ziehen zur Kurve ausgeformt wird. Ziehen Sie vom Endpunkt der ersten Kurve eine zweite, die wieder nach innen führt, allerdings nicht ganz bis in die Mitte. Eine dritte – nach unten etwas längere – Kurve führt schließlich wieder nach außen.
4. Wählen Sie nun den Objekttyp **Linie**. Ziehen Sie vom Ende der letzten Kurve eine waagerechte Linie nach außen. Achten Sie darauf, dass Sie für die folgenden Linien nur noch klicken, aber nicht ziehen dürfen, weil diese sonst zu Kurven verformt werden. Erstellen Sie durch zwei weitere Klicks eine kurze diagonale Linie, die nach unten führt und schließlich eine lange waagerechte, die wieder genau bis zur Mittelachse führt.
5. Schließen Sie das Zeichnen der Linien mit [Esc] ab. Es ist empfehlenswert, das bisher erstellte Objekt zu gruppieren: Wählen Sie es durch Aufziehen eines Rechtecks mit dem Standardmauszeiger aus und verwenden Sie die Funktion **Gruppieren · Gruppieren**.
6. Wechseln Sie in der Befehlspalette auf die Registerkarte **Ändern**. Wählen Sie hier aus dem Popup **Modifikatorenliste** unter dem Hauptpunkt **OBJEKTRAUMMODIFIKATOREN** die Option **Drehverfahren**. Es ist zu erwarten, dass das Programm die falsche Achse auswählt – schalten Sie manuell auf **Z** um. Außerdem sitzt die Drehachse nun zunächst in der Mitte des Objekts – klappen Sie das zugewiesene Drehverfahren an seinem kleinen **+** auf und klicken Sie auf **Achse**. Wählen Sie das Verschiebewerkzeug (Balkenkreuz mit Pfeilen) aus der Hauptsymbolleiste und verschieben Sie die Achse so lange nach innen, bis sie auf der Mittelsenkrechten des Ansichtsfensters **Vorn** liegt. In Abbildung 11.8 sehen Sie das Ergebnis.

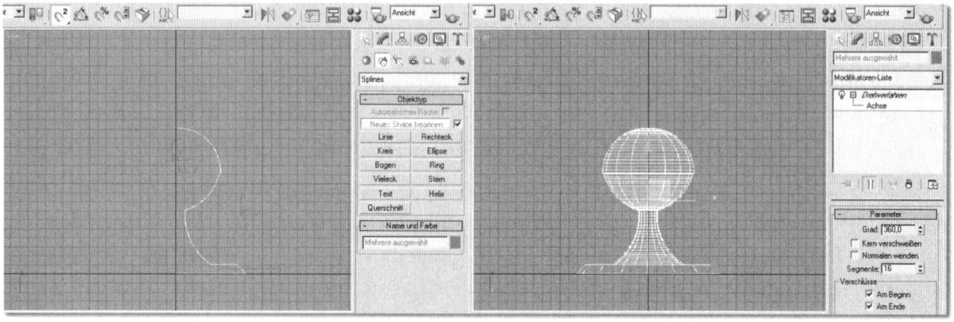

Abbildung 11.8 Erstellen einer Spielfigur mit Hilfe der Funktion »Drehverfahren«

11.4.3 Materialien zuweisen

Damit die in 3ds max erstellten Objekte realistisch aussehen, ist es wichtig, dass die Eigenschaften ihrer Oberflächen definiert werden. Dies geschieht mit Hilfe des Material-Editors, der sich über das Symbol mit den vier bunten Kugeln in der Hauptsymbolleiste oder über die Taste [M] aufrufen lässt.

Materialien erstellen und laden

Im Grundzustand sehen Sie hier nichts weiter als eine Sammlung neutral grauer Kugeln. Wählen Sie den Menübefehl **Material · Material holen**, um vorgefertigte Oberflächen zu laden, oder stellen Sie die Eigenschaften eines Materials von Hand ein. Die zahlreichen Optionen laden zum Experimentieren ein. Beispielsweise können Sie verschiedene Farben auswählen, die unterschiedliche Bedeutungen für die Oberfläche besitzen (zum Beispiel Umgebungslicht, eigenes Leuchten und so weiter). Unter **Maps** können Sie Ihrem Material auch bestimmte Bitmaps als Struktur zuweisen – dieses Verfahren wird im Bereich des 3-D-Designs als Texture Mapping bezeichnet. Klicken Sie dazu auf den Button **Keine** neben der gewünschten Map-Art, um dem Material eine solche Map hinzuzufügen. In der **Material/Map-Übersicht**, die daraufhin erscheint, erhalten Sie durch Klick auf die größere blaue Kugel eine Voransicht der verschiedenen verfügbaren Texturen. Wählen Sie **Bitmap**, um ein beliebiges eigenes Bild zu laden.

Um Ihr fertig gestelltes Material einem Objekt zuzuweisen, müssen Sie es nur darauf ziehen. Falls Ihr Material eine Map enthält, können Sie auf das kleine blau-weiße Schachbrettwürfel-Symbol im Material-Editor klicken, um eine Vorschau dieser Textur auf dem entsprechenden Objekt anzeigen zu lassen. Beachten Sie außerdem, dass die Zuweisung an Objekte nur mit Materialen (erkennbar an der Kugel) funktioniert und nicht mit einfachen Maps, deren Vorschau rechteckig angezeigt wird. Letztere können Sie nur, wie oben beschrieben, als Map für ein Material verwenden.

11.4.4 Kameras und Licht hinzufügen

Ein weiteres sehr wichtiges Element für realistische 3-D-Welten ist natürlich die passende Beleuchtung. Sie wird durch das Hinzufügen von Lichtquellen erstellt. Wählen Sie dazu den dritten Button der **Erstellen**-Palette; hier finden Sie die verschiedenen Lichter zur Auswahl. Ein Licht wird genau wie jedes andere Objekt aufgezogen und kann anschließend über die entsprechenden Schaltflächen in der Hauptsymbolleiste verschoben und verdreht werden.

Spots setzen

Als Beispiel sollten Sie zunächst mit einem freien Spotlight aus der Beleuchtungskategorie Standard experimentieren; es lässt sich relativ einfach positionieren und modifizieren und erzeugt einen starken sichtbaren Effekt. Als Erstes müssen Sie dafür sorgen, dass es in allen Ansichten den korrekten Abstand zum Objekt hat, das beleuchtet werden soll. In der Ansicht **Perspektivisch** (standardmäßig rechts unten) sehen Sie eine Vorschau auf die Wirkung des Lichts. Über die **Ändern**-Funktion der Befehlspalette können Sie zahlreiche Optionen des Lichts einstellen, beispielsweise die Licht- und die Schattenfarbe.

Die nächste Kategorie von Objekten neben dem Licht sind die **Kameras**. Eine Kamera dient dem Erstellen eines bestimmten, selbst definierten Blickwinkels. Beginnen Sie zum Lernen mit einer freien Kamera statt mit einer Zielkamera; sie ist frei verschiebbar, während eine Zielkamera fest mit einem bestimmten Objekt verbunden ist. Genau wie beim Licht weist ein Kegel auf den Einzugsbereich der Kamera hin. Verwenden Sie die Buttons zum Verschieben und Drehen in der Hauptsymbolleiste, um die Kamera korrekt zu positionieren.

Kameraperspektive anzeigen

Um vorab zu überprüfen, was die Kamera in ihrer aktuellen Positionierung »sieht«, können Sie ein beliebiges Ansichtsfenster zum Kamera-Ansichtsfenster umfunktionieren: Klicken Sie mit der rechten Maustaste auf die Bezeichnung des Fensters (**Vorn**, **Perspektive** und so weiter) und wählen Sie aus dem Menü **Ansichten** die entsprechende Kamera aus. Der besonders angenehme Zusatznutzen: Wenn Sie diese Ansicht mit den Ansichts-Änderungswerkzeugen rechts unten auf dem Arbeitsbildschirm modifizieren, wird die Kamera automatisch umpositioniert!

11.4.5 Einfache Animation

Seinen vollständigen Nutzen entfaltet ein 3-D-Programm wie 3ds max erst durch die Möglichkeit, Animationen zu erstellen. An dieser Stelle lernen Sie zunächst nur die lineare Animation kennen; mit anderen Optionen können Sie später selbst experimentieren. Das Besondere an 3-D-Software ist, dass Sie nicht nur die einzelnen sichtbaren Objekte animieren können, sondern auch die Kameras und Lichter.

Animationsanleitung

Im folgenden Beispiel soll die weiter oben erstellte Spielfigur einmal »hüpfen«, während ein Spot ihre Bewegung verfolgt. Die Kamera soll während dieses Ablaufs leicht von links nach rechts geschwenkt werden. Führen Sie die folgenden Schritte durch, um diese Animation zu erstellen:

1. Schalten Sie ganz unten auf dem Bildschirm, neben der Hauptzeitleiste, die Option **Auto-Key** ein. Sie erstellt automatisch Schlüsselbilder (Keyframes), wenn Sie an einer bestimmten Stelle im Ablauf etwas ändern.
2. Positionieren Sie die Spielfigur so, dass sie in der Ansicht **Vorn** am unteren Rand steht.
3. Ziehen Sie den Abspielkopf der Zeitleiste bis in die Mitte, so dass er auf **50/100** steht. Ziehen Sie die Spielfigur an dieser Stelle so weit nach oben, dass gerade noch ihr Fuß im Bild ist. Ziehen Sie den Abspielkopf nun ans Ende, auf **100/100**, und setzen Sie die Figur hier wieder auf die Ausgangsposition zurück.

4. Schwenken Sie nun auf ähnliche Weise den Spot in Frame 50 nach oben und in Frame 100 wieder nach unten.
5. Erzeugen Sie spätestens jetzt eine Kameraansicht (siehe oben). Schwenken Sie diese Ansicht mit den entsprechenden Ansichtswerkzeugen in Frame 1 nach links und in Frame 100 ziemlich weit nach rechts.

11.4.6 Rendern

Der letzte Schritt beim Erstellen einer 3-D-Animationssequenz ist das Rendern, also das Berechnen des fertigen Films beziehungsweise der korrekten Ansicht. Das dominierende Rendering-Verfahren ist das so genannte **Raytracing**. Es berechnet die Wirkung von Lichtstrahlen rückwärts von der Kamera über die reflektierenden Objekte bis zur Lichtquelle, um sich nicht mit denjenigen Strahlen abgeben zu müssen, die die Kamera ohnehin nicht »sieht«. Es gibt allerdings auch noch viele andere Verfahren, beispielsweise berechnet **Radiosity** zusätzlich die Wirkung des reflektierten Lichts, mit dem sich verschiedene Körper gegenseitig anstrahlen – dies wirkt noch realistischer, sorgt aber dafür, dass das Rendering noch länger dauert.

Rendering-Anleitung

Um die soeben erstellte Szene zu rendern, können Sie wie folgt vorgehen:

1. Wechseln Sie auf die Kameraperspektive, falls Sie das bisher noch nicht getan haben – es wird stets die aktive Ansicht gerendert.
2. Wählen Sie den Befehl **Rendern • Rendern**. Wählen Sie hier zunächst unter **Zeitausgabe** die Option **Aktives Zeitsegment** aus. Unter **Ausgabegröße** genügt es fürs Erste, wenn Sie **320x240** auswählen; mehr ist zum Ausprobieren nicht empfehlenswert, weil es zu lange dauert.
3. Kreuzen Sie **Datei speichern** an und klicken Sie auf **Dateien**, um eine bestimmte Ausgabedatei festzulegen. Als Ausgabeformat ist eines der beiden Video-Dateiformate **QuickTime** (Dateiendung `.mov`) oder **AVI** empfehlenswert. Sie werden daraufhin nach der zu verwendenden Videokomprimierung gefragt. Wählen Sie am besten **Cinepak** mit Standardoptionen (mittlere Qualität).
4. Drücken Sie auf den Button **Rendern** und warten Sie ab; im Render-Vorschaufenster sehen Sie, wie die einzelnen Frames berechnet werden.

Nachdem das Rendern fertig gestellt ist, können Sie die erzeugte Videodatei separat öffnen und anschauen. Falls Sie mit dem Ergebnis noch nicht zufrieden sind, müssen Sie die entsprechenden Einstellungen ändern und können anschließend erneut rendern.

11.5 Das Autorensystem Macromedia Director

Der letzte und in gewisser Weise wichtigste Schritt einer Multimedia-Produktion besteht darin, alle zuvor erstellten und bearbeiteten Mediadaten zusammenzufügen, zu koordinieren und mit einer Ablaufsteuerung zu versehen. Wie bereits zu Beginn dieses Kapitels beschrieben, kann die Ablaufsteuerung je nach Einsatzzweck des Projekts interaktiv sein oder auch nicht. Das bekannteste und verbreitetste Programm für die Zusammenstellung von Multimedia-Anwendungen, insbesondere für interaktive Präsentationen auf CD-ROM und DVD, ist **Macromedia Director**.

Andere Autorensysteme

Selbstverständlich gibt es eine Reihe von Alternativen zu Director, sie alle haben allerdings etwas andere Schwerpunkte und Funktionen: **ToolBook** von SumTotal ist nicht mehr besonders weit verbreitet und hat den Nachteil, dass die erstellten Produkte nur unter Windows laufen. **Mediator** von MatchWare besitzt einen geringeren Funktionsumfang als Director, ist aber günstiger. Schließlich bietet Macromedia selbst noch zwei weitere Produkte dieser Art an: **Authorware** ist auf die Erstellung von Lern- und Trainingsprogrammen (CBT) spezialisiert, während das in Kapitel 19 ausführlich vorgestellte Programm **Flash** den Quasi-Standard für interaktives Multimedia im Web bildet.

Die Firma Macromedia wurde 1984 unter dem Namen MacroMind gegründet; als sie später die weiter oben erwähnte Firma AuthorWare aufkaufte, wurde sie in Macromedia umbenannt. Eines ihrer ersten Programme war eine Macintosh-Anwendung namens **VideoWorks**, mit der einfache 2-D-Animationen erstellt werden konnten. Eine Ergänzung dazu wurde bald unter dem Namen **VideoWorks Interactive** vertrieben; die Präsentationen konnten durch Skriptprogrammierung mit einfacher interaktiver Funktionalität versehen werden. Wenig später wurde dieses Produkt in Director umbenannt und entsprechend weiterentwickelt.

Im Lauf der Jahre wurden weitere Funktionen hinzugefügt: Das Programm unterstützte immer mehr verschiedene Medientypen und Präsentationsformen, insbesondere wurde die eingebaute Programmiersprache Lingo immer stärker ausgebaut. Seit der aktuellen Version MX 2004 kann als alternative Sprache auch JavaScript eingesetzt werden. Dies kommt vor allem Webentwicklern und (wegen der Ähnlichkeit zu ActionScript) Flash-Experten zugute.

JavaScript wird in Kapitel 18 separat behandelt, allerdings auf Webbrowser bezogen. Dieser Abschnitt beschränkt sich auf den Klassiker Lingo; so haben auch Benutzer älterer Director-Versionen etwas davon.

Heutige Bedeutung von Director

Die Bedeutung von Director ist insgesamt ein wenig rückläufig – die große Zeit der Multimedia-CD-ROM ist vorbei. Die meisten Titel, die noch erscheinen, werden von einigen wenigen Medienunternehmen und meist von festen Teams produziert. Die bei weitem wichtigste Plattform für Multimedia ist heute dagegen das World Wide Web. Zwar entwickelte Macromedia schon sehr früh das Shockwave-Format, mit dessen Hilfe sich komprimierte Director-Filme im Web darstellen lassen, aber die überwiegende Lösung für Multimedia-Anwendungen im Web ist Flash.[3]

11.5.1 Director-Grundlagen

Mit Macromedia Director werden multimediale Präsentationen nach der Film-Metapher entworfen – der Name des Programms (Regisseur) lässt bereits darauf schließen. Auch die anderen Begriffe sind der Film- und Theaterwelt entlehnt: Sie bekommen es mit einer

3 Es wäre erfreulich, wenn die Einführung von JavaScript Director wieder populärer machen könnte. Wie Sie an dem Namen meiner Website und meiner Firma sehen können, bin ich ein langjähriger Fan dieser Software.

Bühne, einem Drehbuch und jeder Menge Darstellern zu tun. Die Film-Metapher besagt, dass Ihre Präsentation aus Einzelbildern (Frames) besteht, die automatisch nacheinander abgespielt werden. Andere Autorensysteme verwenden im Gegensatz dazu etwa eine Buch-Metapher: Die Anwendung besteht aus einzelnen »Seiten«, zwischen denen durch »Umblättern« gewechselt werden kann.

Wichtige Fenster

Die Arbeitsoberfläche von Director besteht aus zahllosen Fenstern und Paletten. Es ist weder ratsam noch üblich, zu viele von ihnen gleichzeitig auf der Bühne zu halten, sodass es sich lohnt, die Tastenkürzel zu erlernen, mit deren Hilfe die wichtigsten von ihnen geöffnet und wieder geschlossen werden können. Aus demselben Grund sollten Sie stets die Symbolleiste geöffnet halten (**Fenster • Symbolleiste** oder `Strg` + `Alt` + `Shift` + `B`), die ebenfalls den schnellen Zugriff auf eine Reihe von Arbeitsfenstern ermöglicht. Abbildung 11.9 zeigt eine Übersicht der Arbeitsoberfläche des Programms.

Die Bühne Das allerwichtigste Fenster ist die **Bühne** (Stage), sie ist der eigentliche Ort des Geschehens: Hier werden sämtliche sichtbaren Objekte arrangiert, um zusammen den Inhalt Ihres Films zu bilden. Aktiviert wird die Bühne mit dem Befehl **Fenster • Bühne** oder `Strg` + `1`. Beachten Sie, dass in Ihrer fertigen Produktion später nur diejenigen Teile zu sehen sind, die sich innerhalb des eigentlichen Bühnenrechtecks befinden.

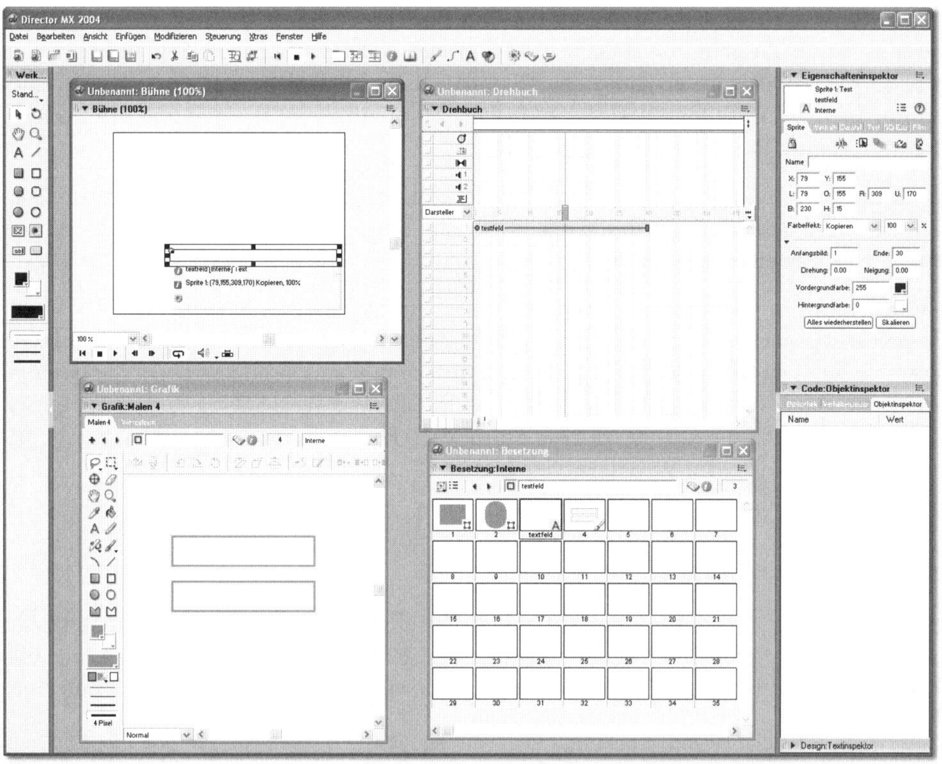

Abbildung 11.9 Die Arbeitsoberfläche von Macromedia Director MX 2004

Am unteren Rand des Bühnenfensters befindet sich ein Zoom-Popup-Menü, mit dem sich die Ansichtsgröße der Bühne ändern lässt. Die tatsächliche Bühnengröße wird übrigens unter **Modifizieren · Film · Eigenschaften** beziehungsweise Strg + Shift + D eingestellt.

Das Steuerpult

Mit dem nächsten Fenster, dem **Steuerpult**, können Sie den Film steuern, also abspielen, stoppen und so weiter. Geöffnet wird das Element mittels **Fenster · Steuerpult** oder Strg + 2. Von links nach rechts finden Sie hier die folgenden Funktionen:

- Zurückspulen
- Stopp
- Abspielen
- Ein Frame zurückblättern
- Ein Frame vorblättern
- Nummer des aktuellen Frames
- Maßeinheit und Wert des gewünschten Abspieltempos. Dabei handelt es sich um einen Maximalwert – wenn der Rechner, auf dem der Film abgespielt wird, die gewünschte Geschwindigkeit nicht bewältigt, wird er entsprechend langsamer abgespielt.
- Maßeinheit und Wert des tatsächlichen Abspieltempos
- Schleifenmodus ein- oder ausschalten
- Regler für die globale Lautstärke
- Nur ausgewählte Frames abspielen (die im Drehbuch markiert wurden)

Wie Sie bemerkt haben werden, stehen einige der wichtigsten dieser Funktionen auch am unteren Rand des Bühnenfensters zur Verfügung.

Die Besetzung

Die **Besetzung** (Cast Library) enthält alle **Darsteller** (Cast Members) Ihres Films. Trotz des Namens handelt es sich dabei nicht nur um visuelle Elemente, sondern zum Beispiel auch um Sounds, Texte, Skripte und so weiter. Geöffnet wird die Besetzung über **Fenster · Besetzung** oder Strg + 3.

Das Fenster besitzt zwei verschiedene Ansichtsmodi: Der Standardmodus ist die detaillierte Liste, der klassische Modus ähnelt dagegen einem Setzkasten. Sie können durch den zweiten Button von links am oberen Rand des Fensters zwischen den beiden Modi wechseln. Bei der Listenansicht werden die folgenden Informationen angezeigt:

- Symbol des Darstellertyps
- Darstellername (oder Nummer, wenn unbenannt)
- Darstellernummer
- Falls der Darsteller seit dem letzten Speichern geändert wurde, wird hier ein * angezeigt.
- Zugeordnetes Skript/Verhalten
- Typbezeichnung, zum Beispiel Bitmap, Sound oder Text

- Datum und Uhrzeit der letzten Änderung
- Eigene Kommentare

Der Vorteil besteht darin, dass nach jeder dieser Anzeigekategorien sortiert wird, indem Sie auf den Spaltenkopf, also den Titel, der gewünschten Kategorie klicken; bei einem Klick wird aufsteigend sortiert, beim zweiten absteigend.

Bei der klassischen Ansicht erhalten Sie erheblich weniger Informationen: eine Darstellerminiatur, darunter den Namen beziehungsweise die Nummer und rechts unten im Anzeigefeld das Typsymbol. Der Vorteil dieser Ansicht ist, dass sie eine schnelle Übersicht über die verschiedenen Darsteller bietet.

Das Besetzungsfenster verfügt in der obersten Reihe über die folgenden Bedienelemente:

- Umschalter für weitere Besetzungen
- Anzeigeart (Liste oder klassisch)
- Blättern zum vorherigen beziehungsweise nächsten Darsteller
- Stellvertreter zum Ziehen der Auswahl: Wenn Sie sehr viele Darsteller markiert haben oder einen von ihnen im Besetzungsfenster sehr weit verschieben möchten, können Sie statt an der Auswahl an diesem kleinen Quadrat ziehen.
- Ein Feld mit dem Namen des aktuell ausgewählten Darstellers. Sie können den Namen hier neu eintragen beziehungsweise ändern.
- Die Schriftrolle steht für ein Darstellerskript (ein Lingo-Skript, das dem Darsteller direkt zugeordnet ist); per Klick können Sie eines neu erstellen oder das vorhandene ändern. Ist der aktuelle Darsteller selbst ein Skript, dann aktiviert dieser Button dessen eigene Bearbeitung.
- Der Button für die Darsteller-Eigenschaften öffnet die entsprechende Palette im weiter unten behandelten Eigenschafteninspektor.

Das Drehbuch

Das **Drehbuch** liefert eine Übersicht über den Ablauf des Films. Der englische Name Score bedeutet übrigens Partitur, nicht Drehbuch. Der Vergleich liegt näher, weil das Director-Drehbuch wie eine Partitur den zeitlichen Ablauf vieler paralleler Kanäle darstellt. Aufgerufen wird es über **Fenster • Drehbuch** oder mit `Strg` + `4`.

Die Zeilen des Drehbuchs werden **Kanäle** genannt; es handelt sich um die Ebenen des Films. Der Inhalt von Kanal 1 liegt dabei ganz im Hintergrund. Je höher die Kanalnummer, desto weiter vorn befindet sich ein Objekt. Über diesen nummerierten Sprite-Kanälen gibt es eine Reihe spezieller Effektkanäle, die mit Hilfe des Buttons oben rechts ein- und ausgeblendet werden können:

- Im **Tempokanal** können Sie die Abspielrate des Films ändern. Außerdem besteht die Möglichkeit, auf eine Benutzeraktion oder ein spezielles Audio- oder Videoereignis zu warten.
- Der **Palettenkanal** dient dazu, den Darstellern des Films dynamisch eine andere Farbpalette zuzuordnen. Sie können sich zwischen einem abrupten Wechsel oder einem allmählichen Übergang entscheiden. Sichtbar ist dies nur bei einer Systemfarbtiefe von 8 Bit.

- Der **Übergangskanal** ermöglicht das Einstellen der verschiedensten Übergangseffekte, die den Überblendungen in Premiere (siehe oben) ähneln. Beachten Sie, dass der jeweilige Übergang im Ziel-Frame eingestellt werden muss; er erfolgt also stets vom vorherigen zum aktuellen Frame.
- Die beiden **Soundkanäle** können mit verschiedenen Sounddarstellern (importierten Sounddarstellern) versehen oder per Lingo angesteuert werden – Einzelheiten finden Sie weiter unten.
- Der stets sichtbare **Skriptkanal** ist für eine spezielle Sorte von Lingo-Skripten vorgesehen, die ebenfalls weiter unten genau erläutert wird.

Sprites

Ein Objekt im Drehbuch (also eigentlich im Film beziehungsweise auf der Bühne) ist nicht der Darsteller selbst, sondern ein Abbild dieses Darstellers, ein so genanntes **Sprite.** Auf diese Weise kann ein Darsteller beliebig oft verwendet werden, außerdem lässt sich jedes Sprite transformieren, ohne den Darsteller selbst zu beeinflussen.

Die Spalten des Drehbuchs heißen **Frames** (in der deutschen Director-Version auch Bilder) des Films; die jeweilige Spalte ist eine Momentaufnahme all dessen, was zu einem bestimmten Zeitpunkt im Film geschieht.

Das Drehbuch verfügt über die folgenden wichtigen Bedienelemente:

- In der obersten Zeile können Sie Frame-Markierungen hinzufügen, also Namen für Frames, zu denen mit Hilfe von Lingo-Befehlen gesprungen wird.
- Oben rechts befindet sich ein Button zum Ein- und Ausblenden der Effektkanäle.
- Links vor den Frame-Nummern können Sie die Art der Drehbuchanzeige einstellen: Standardmäßig wird die Darstellernummer eines Sprites angezeigt. Alternativ können Sie auch das Verhalten (zugeordnetes Lingo-Skript), die Position (X- und Y- Abstand vom linken oberen Bühnenrand in Pixeln), den Farbeffekt (siehe unten), Mischen (den Transparenzgrad) oder Erweitert (alle diese Eigenschaften) auswählen.
- Rechts neben den Frame-Nummern befindet sich das Zoom-Menü, mit dem Sie die Anzeigebreite der einzelnen Frames einstellen können.
- Vor jeder Kanalnummer befindet sich ein kleines Quadrat, um diesen Kanal ein- oder auszublenden. Beachten Sie, dass dies nur die Ansicht in der Director-Arbeitsumgebung betrifft; Ihr fertiges CD-ROM- oder Web-Produkt zeigt immer alle Kanäle an.
- Links unten finden Sie einige Farbfelder zum Einfärben ausgewählter Drehbuchbereiche. Für den Film haben sie keine Bedeutung, sie sind aber nützlich, um sich in umfangreichen Drehbüchern besser zurecht zu finden.

Die erste Animation

Damit Sie einen guten Einstieg in Director finden, werden Sie hier als Erstes eine kleine Animation erstellen. Die Arbeit mit Animationen war schon immer eine der wichtigsten und praktischsten Funktionen von Director. Führen Sie nacheinander die folgenden Schritte durch:

1. Wählen Sie **Datei · Neu · Film** oder Strg + N.
2. Erstellen Sie im Malfenster (**Fenster · Malen** oder Strg + 5) einen beliebigen Bitmap-Darsteller.
3. Ziehen Sie den fertigen Bitmap-Darsteller aus der Besetzung auf die Bühne. Im Drehbuch erscheint daraufhin ein Balken, der das erzeugte Sprite repräsentiert. Falls Sie im Drehbuch nicht woanders hingeklickt haben, befindet sich das Sprite in Kanal 1 und beginnt bei Frame 1. Der runde Punkt ganz links wird **Keyframe** oder Schlüsselbild genannt.
4. Klicken Sie im Drehbuch das kleine Rechteck an, das das Ende des Sprites markiert.
5. Ziehen Sie das Objekt, das jetzt nur noch von einem Einzelrahmen umrandet wird, auf der Bühne an die gewünschte Endposition. Nachdem Sie gezogen haben und loslassen, ist aus dem ursprünglichen Rechteck ein richtiges zweites Keyframe geworden. Auf der Bühne ist eine Linie zu sehen, die den Animationsverlauf kennzeichnet.
6. Klicken Sie im Drehbuch den Kreis am Anfang des Sprites an, der das Start-Keyframe darstellt.
7. Ziehen Sie das Objekt auf der Bühne an die gewünschte Startposition.
8. Wenn Sie möchten, können Sie zusätzlich mit gedrückter Alt-Taste an einem beliebigen Punkt des Animationspfades ziehen. Dadurch entsteht ein neues Keyframe und eine entsprechende Kurve.

Nachdem Sie all diese Schritte durchgeführt haben, können Sie den Play-Button unter der Bühne oder im Steuerpult betätigen, um sich das Ergebnis anzusehen.

Animationsoptionen

Merken Sie sich die folgenden besonderen Bearbeitungsoptionen für Sprites:

- Wenn Sie ein Sprite auf der Bühne anklicken oder im Drehbuch auf seinen Balken klicken, ohne ein Keyframe zu treffen, wird das ganze Sprite markiert. Auf der Bühne ist es dadurch mit einem doppelten Rahmen versehen. Wenn Sie es nun verschieben, wird das gesamte Sprite mitsamt seinem Animationspfad auf eine neue Position gesetzt.
- Klicken Sie dagegen im Drehbuch ein Keyframe an, ist nur die Sprite-Position an dieser einen Stelle markiert (Einzelrahmen auf der Bühne). Damit können Sie die Position an diesem Keyframe individuell festlegen.
- Wenn Sie, wie oben erwähnt, mit gedrückter Alt-Taste an einem der kleinen Punkte des Animationspfades ziehen, entsteht an dieser Stelle automatisch ein neues Keyframe. Alternativ können Sie auch mit gedrückter Alt-Taste eine Position zwischen zwei Keyframes im Drehbuch anklicken und diese Einzelposition anschließend auf der Bühne verschieben.
- Wenn ein Sprite auf der Bühne markiert ist, erscheint zusätzlich die Sprite-Überlagerung. Es handelt sich um ein kleines Rechteck mit drei kurzen Informationen: Eigenschaften des zugrunde liegenden Darstellers, Sprite-Eigenschaften und zugeordnetes Verhalten (Skript). Durch Klick auf das Symbol am Anfang jeder Zeile können Sie die

entsprechende Registerkarte des Eigenschafteninspektors aufrufen. Am rechten Rand befindet sich ein unauffälliger Regler (kleine waagerechte Linie), mit dem Sie die Deckkraft des Felds einstellen können, um es je nach Umgebung und Hintergrund besser sehen zu können.

Tweening-Optionen

Mit erweiterten Tweening-Optionen können Sie eine Animation noch individueller anpassen. Das Kunstwort »Tweening« ist eine Abkürzung für In-Betweening und bezeichnet die automatische Berechnung der Frames zwischen zwei Keyframes. Für diese Optionen können Sie ein Sprite im Drehbuch mit der rechten Maustaste anklicken (bei der Mac-Version: `Ctrl` + Klick). Wählen Sie aus dem Kontextmenü die Option **Tweening**; alternativ können Sie das Sprite auch einfach anklicken und **Modifizieren · Sprite · Tweening** wählen oder `Strg` + `Shift` + `B` drücken. Es öffnet sich ein Dialogfeld mit den folgenden Einstellmöglichkeiten:

- Zunächst können Sie diejenigen Sprite-Eigenschaften aus- oder abwählen, die automatisch geändert werden sollen. Einige von ihnen werden erst weiter unten erläutert.
- Mit Hilfe der Option **Krümmung** können Sie einstellen, wie stark der Animationspfad abgerundet werden soll. »Linear« (links) führt das Sprite zwischen den Keyframes auf geraden Linien; »Extrem« (ganz rechts) erzeugt eine fast rechtwinklige Doppellinie zwischen ihnen, also den maximal möglichen Abstand. »Normal« erzeugt relativ glatte Kurven – für einen richtigen Kreis beziehungsweise eine Ellipse müssen Sie den Regler von »Normal« aus ein wenig nach rechts verschieben.
- Die Option **Kontinuierlich an Endpunkten** verhindert, dass eine »Spitze« zwischen dem Anfangs- und dem Endschlüsselbild entsteht; für kreis- oder ellipsenförmige Animationen ist das wichtig.
- Unter **Geschwindigkeit** können Sie wählen, wie abrupt oder allmählich Geschwindigkeitsänderungen stattfinden sollen, also wie stark oder schwach beschleunigt beziehungsweise abgebremst werden soll.
- **Beschleunigen** sorgt dafür, dass die Abstände zwischen den Positionen des Sprites in den einzelnen Frames immer größer werden; die Animation des Sprites scheint schneller zu werden. Der Prozentsatz gibt die Anzahl von Frames an, über die dies geschehen soll: 100 beschleunigt über alle Frames des Sprites, 50 nur über die erste Hälfte der Frames des Sprites und so weiter.
- **Abbremsen** funktioniert wie Beschleunigen, die Abstände zwischen den Sprite-Positionen werden kleiner. Bei einem Wert von weniger als 100 ist das Ende der Sequenz betroffen, also die letzten soundsoviel Prozent der Frames.

Arbeiten mit dem Eigenschafteninspektor

Der Eigenschafteninspektor ist eines der wichtigsten Werkzeuge von Director, weil hier fast alle Objektoptionen eingestellt werden. Er ist kontextsensitiv, zeigt also je nach ausgewähltem Inhalt nur bestimmte Registerkarten an. Aktivieren können Sie ihn mit dem **i**-Button in der Symbolleiste über **Fenster · Inspektoren · Eigenschaften** oder mittels `Strg` + `Alt` + `S`.

Sprite-Eigenschaften

Die umfangreichsten Informationen finden Sie auf der Registerkarte **Sprite**:

- Das Schloss dient dem Sperren des Sprites, so dass es nicht versehentlich bearbeitet oder auch nur auf der Bühne ausgewählt werden kann.
- Die Option »Editierbar« sorgt (nur bei den weiter unten vorgestellten Textfeld-Sprites) dafür, dass Text vom Benutzer eingegeben werden kann.
- »Verschiebbar« bedeutet, dass das Objekt vom Benutzer gezogen werden kann, was für die Programmierung von Drag-and-Drop-Verhaltensweisen oder Spielen wichtig ist.
- »Spuren«: Bei einer Animation des Sprites werden vorherige Positionen nicht gelöscht; es zieht eine Spur hinter sich her.
- Mit Hilfe der beiden letzten Buttons in der Reihe können Sie das Sprite horizontal beziehungsweise vertikal kippen.
- Als Nächstes folgen die verschiedenen geometrischen Informationen: X und Y regeln den Abstand des Sprites von links beziehungsweise oben, gemessen am weiter unten erläuterten Registrierpunkt. L, O, R und U bestimmen den Abstand der vier Ränder des Begrenzungsrechtecks zu den entsprechenden Bühnenrändern. Mit B und H werden Breite und Höhe eingestellt.
- In der nächsten Zeile befindet sich ein Popup für den **Farbeffekt**. Dieser bestimmt die Art und Weise, wie das Sprite auf die Bühne gezeichnet wird (siehe unten). Beispielsweise bedeutet »**Kopieren**«, dass jeder einzelne Pixel des Darstellers auf die Bühne übertragen wird – bei Bitmaps inklusive weißem Begrenzungsrechteck. »**Hintergrund transparent**« stellt bei einem Bitmap sämtliches Weiß transparent; bei anderen Darstellern gelten speziellere Optionen. »**Matt**« unterscheidet sogar zwischen hintergrundfarbenen Pixeln, die sich innerhalb geschlossener Formen befinden, und solchen, die außerhalb liegen: Während Letztere transparent dargestellt werden, werden Erstere deckend gezeichnet.

  Die anderen Farbeffekte sorgen für spezielle Vermischungen der Sprite-Farbe mit den darunter liegenden Elementen. Sie sind mit den Ebenen-Zeichnungsmodi in Photoshop vergleichbar. Besonders interessant ist übrigens der Effekt **Maske**: Wenn Sie ihn einem Sprite zuweisen, wird der unmittelbar in der Besetzung folgende Darsteller als Maske auf den Darsteller dieses Sprites angewendet – je dunkler eine Farbe der Maske, desto deckender wird die entsprechende Stelle des Sprites dargestellt.
- Als Nächstes wird der Mischungsgrad eingestellt, also die Deckkraft des Sprites.
- Im unteren Abschnitt können Sie zunächst das Start- und das End-Frame des Sprites sehen oder ändern.
- Darunter können Sie den Dreh- und den Neigungswinkel einstellen.
- Vorder- und Hintergrundfarbe, die dann angeboten werden, sind nur bei Form-, Text- oder Felddarstellern und bei 1-Bit-Bitmaps wichtig (siehe unten).
- Die beiden Buttons ganz unten besitzen folgende Aufgaben: Der linke dient dem Zurücksetzen auf die Eigenschaften des zugrunde liegenden Darstellers beziehungsweise auf Standardeinstellungen; der rechte ermöglicht das Skalieren des Sprites per Eingabe in einem entsprechenden Dialog.

Falls nur ein Keyframe des Sprites markiert ist (einfacher Rahmen auf der Bühne), betreffen die Änderungen nur dieses Frame, viele von ihnen werden dann »getweent«.

Beachten Sie, dass fast jede Registerkarte im Eigenschafteninspektor oben einen Button zum Umschalten in eine Listenansicht besitzt: Die Eigenschaften erscheinen untereinander und auf Englisch in ihren Original-Lingo-Bezeichnungen. Das ist praktisch zum Erlernen der Programmierung. Weitere Registerkarten des Eigenschafteninspektors werden an den entsprechenden Stellen weiter unten erläutert.

Eigenschaften in Listenansicht

11.5.2 Darsteller erstellen und bearbeiten

Für ein Multimedia-Autorensystem wie Director ist es wichtig, dass es mit möglichst vielen verschiedenen Mediendateitypen umgehen kann. Die Anzahl der Formate, die Director importieren und verarbeiten kann, ist deshalb mit jeder neuen Version gewachsen. Heute kann er alle gängigen Bitmap-, Audio- und Videoformate importieren.

Etwas schwerer tut das Programm sich dagegen mit Vektorgrafik: Die eingebauten Vektorform-Darsteller sind nur mit wenigen Möglichkeiten ausgestattet. Der Import einzelner Vektorzeichnungen aus Programmen wie Illustrator oder FreeHand ist nicht vorgesehen. Als Ausgleich bietet Director seit einigen Versionen die Möglichkeit, Flash-Filme als Darsteller zu importieren. Inzwischen gibt es zahlreiche Lingo-Befehle, die der Steuerung eines laufenden Flash-Films beziehungsweise der Kommunikation mit ihm dienen.

Die wichtigste Neuerung, die in der vorigen Version Director 8.5 eingeführt wurde, ist die eingebaute 3-D-Unterstützung. Zwar war gutes Multimedia auch vorher schon mit dreidimenisonalen Visualisierungen komplexer Objekte oder Sachverhalte ausgestattet, aber nur in Form von Videodateien oder höchstens virtuellen Panoramen. Das Shockwave-3-D-Format bietet dagegen einen steuerbaren und interaktiv manipulierbaren Zugang zu 3-D-Welten – mit Director lassen sich neuerdings 3-D-Spiele und -Anwendungen erstellen, in denen ein Benutzer sich frei im »Raum« bewegen kann.

Für einige Medientypen sind in Director Bearbeitungswerkzeuge eingebaut, bei anderen können Sie nur gewisse Eigenschaften einstellen und die Elemente ansonsten so verwenden, wie sie sind. In den folgenden Unterabschnitten werden einige der wichtigsten Medientypen vorgestellt.

Bitmap-Darsteller

Bitmaps sind bei weitem die wichtigsten Darsteller in Director. Fast alle in diesem Programm erstellten Benutzeroberflächen, Animationen oder Interaktivitäten werden mit Hilfe der Pixelgrafik realisiert. Innerhalb von Director können Sie Bitmap-Darsteller mit dem **Malfenster** erstellen und bearbeiten; es lässt sich über **Fenster • Malen** oder [Strg] + [5] aktivieren.

Ganz oben besitzt das Malfenster eine Bedienleiste, die alle Darsteller-Bearbeitungsfenster gemeinsam haben:

Darsteller-fenster-Optionen

- Mit dem Plus-Button können Sie einen neuen Bitmap-Darsteller erstellen.
- Die beiden Pfeil-Buttons ermöglichen das Blättern zum vorherigen beziehungsweise nächsten Bitmap-Darsteller.
- Das Quadrat ist, wie bei der Besetzung, ein Stellvertreter, um diesen Darsteller zu ziehen.

- Das Textfeld ermöglicht das Festlegen eines Namens für den Darsteller.
- Das kleine Blattsymbol verweist auf ein verknüpftes Darstellerskript.
- Mit dem **i**-Button können Sie Darstellereigenschaften festlegen, also die entsprechenden Registerkarten des Eigenschafteninspektors einblenden.
- Als Nächstes wird die Darstellernummer angezeigt.
- Zum Schluss wird in einem Popup-Menü die konkrete Besetzung angezeigt, deren Mitglied der aktuelle Darsteller ist.

Das Malfenster bietet zahlreiche spezialisierte, für Director optimierte Funktionen. Vom Komfort eines vollständigen Bildbearbeitungsprogramms wie Photoshop ist es natürlich dennoch sehr weit entfernt. Sie sollten die diversen – in der Regel intuitiv verständlichen – Funktionen einfach ausprobieren. In der Werkzeugleiste am linken Rand des Fensters befinden sich die zahlreichen Mal- und Auswahlwerkzeuge, während sich oberhalb der Zeichenfläche verschiedene Transformationswerkzeuge zum Drehen, Spiegeln, Verzerren oder für Farbänderungen der jeweiligen Auswahl befinden.

Der Registrierpunkt

Eine wichtige Funktion wird hier dennoch näher erläutert, zumal sie nicht nur Bitmap-Darsteller betrifft: Mit dem linken Werkzeug in der zweiten Reihe der Malfenster-Werkzeugpalette können Sie den **Registrierpunkt** des aktuellen Bitmap-Darstellers einstellen. Bei Auswahl dieses Werkzeugs sehen Sie im eigentlichen Malbereich ein Fadenkreuz aus zwei dünnen Linien, das sich durch Klick versetzen lässt. Der eingestellte Punkt dient der Positionsangabe für Sprites dieses Darstellers auf der Bühne, vor allen Dingen aber auch als Angelpunkt für Drehungen des Sprites. Wenn Sie auf dieses Werkzeug doppelklicken, wird der Registrierpunkt übrigens wieder auf die physikalische Mitte des Darstellers gesetzt.

Interessant ist auch der Dialog **Modifizieren · Bitmap transformieren**, den Sie aufrufen können, wenn in der Besetzung ein Bitmap-Darsteller ausgewählt ist. Hier können Sie die Größe und die Farbtiefe von Bitmap-Darstellern verändern.

Oben kann die Darstellergröße (in Pixeln) geändert werden. Sie können entweder einen Pixelwert für die Breite oder Höhe (und bei Bedarf per Auswahl die Proportionen erhalten) oder einen Skalierungs-Prozentsatz eingeben.

Darunter können Sie die Farbtiefe ändern. Die ursprüngliche Farbtiefe neu erstellter Darsteller richtet sich nach der aktuellen Filmfarbtiefe, also der Farbtiefe des Betriebssystems. Diese können Sie unter Windows ändern, indem Sie mit der rechten Maustaste auf dem Desktop ins Leere klicken, **Eigenschaften** auswählen und auf der letzten Registerkarte (**Einstellungen**) im erscheinenden Dialog eine andere Farbtiefe auswählen. Unter MacOS X befindet sich die Einstellung unter **Systemeinstellungen · Monitore**, bei MacOS 9 dagegen unter **Apfelmenü · Kontrollfelder · Monitore**.

Das Erhöhen der Farbtiefe macht eigentlich nie Schwierigkeiten. Beim Vermindern ist dagegen der Unterschied zwischen **Farben zuordnen** (die nächstgelegene Palettenfarbe wird verwendet) oder **Rastern** (nicht vorhandene Farben werden durch Streuung benachbarter Farben simuliert) zu beachten. Im Allgemeinen sollten Sie Fotos besser rastern, bei flächigen Zeichnungen mit wenigen Farben dagegen besser Farben zuordnen.

In früheren Director-Versionen (bis 6.5) konnten Farben immer nur durch Palettenzuordnung zugewiesen werden, sodass es üblich war, nur mit 8 Bit Farbtiefe zu arbeiten. Seit Version 7.0 können Farben alternativ als RGB-Werte eingestellt werden, sodass es sich seit dieser Version lohnen kann, mit höheren Filmfarbtiefen zu arbeiten, zumal diese heute von fast allen Computersystemen unterstützt werden. Tabelle 11.1 zeigt die Vor- und Nachteile der Filmfarbtiefen 8 Bit und einer höheren Farbtiefe.

	8 Bit	**16 bis 32 Bit**
Vorteile	Bei Wahl einer Palette für den gesamten Film sehen alle User – ungeachtet ihrer Farbtiefe – dasselbe. Spezielle Effekte sind möglich (Palettenübergänge und so weiter). Der Speicherbedarf ist geringer (ideal für Shockwave).	Beliebige RGB-Farben können verwendet werden. Fotos und andere Halbtonbilder können ohne Änderung importiert werden.
Nachteile	Fotos müssen gerastert werden und sehen in der Regel nicht besonders gut aus. Eingeschränkte Farbwahl: Alles muss aus einer Palette stammen, sonst kommt es zu Farbverschiebungen.	Erhöhter Speicherbedarf (besonders bei Shockwave unerfreulich). User, die insgesamt nur 256 Farben darstellen können, sehen eventuell falsche Farben.

Tabelle 11.1 Vor- und Nachteile bei der Arbeit mit verschiedenen Farbtiefen

1-Bit-Bitmaps

Auf ihre Weise interessant sind im Übrigen 1-Bit-Bitmaps. Sie werden ebenfalls über den Dialog **Bitmap transformieren** erstellt. Ein Darsteller mit dieser Farbtiefe besteht nur aus zwei verschiedenen Farben: Schwarz und Weiß. Wichtig ist, mit welchen Optionen ein Darsteller in diese Farbtiefe konvertiert wurde. Bei der Einstellung **Farben zuordnen** entscheidet eine einfache Schwellenwert-Operation darüber, ob ein bestimmter Pixel schwarz oder weiß wird: Pixel, deren rechnerische Helligkeit unter 50% Grau liegt, werden schwarz, alle anderen werden weiß – dies ähnelt der in Kapitel 9, *Bildbearbeitung und Grafik*, erläuterten Schwellenwert-Funktion in Photoshop, dort kann jedoch wenigstens dieser Wert angepasst werden. Deshalb ist es besser, das Bild vorher in Photoshop entsprechend zu behandeln und dann zu importieren. Der Import von Darstellern wird weiter unten genau beschrieben.

Wählen Sie dagegen **Rastern** aus, so verhält sich Director ähnlich wie ein Schwarzweiß-Laserdrucker, der ein Farbbild druckt. Die rechnerische Helligkeit jeder einzelnen Farbe wird ermittelt, und es werden, je heller diese Farbe ist, immer weniger schwarze Pixel gestreut – es entsteht so ein grob gerastertes Graustufenbild. Abbildung 11.10 zeigt die Ergebnisse im direkten Vergleich.

Abbildung 11.10 Reduktion von Bitmap-Darstellern auf 1 Bit – links das Original, in der Mitte mit »Farben zuordnen«, rechts mit »Rastern«

Kein Problem gibt es natürlich bei solchen Bildern, die von vornherein nur in schwarzweiß angelegt wurden; genau diese sind auch die eigentlich wichtigen Kandidaten für die Konvertierung in 1 Bit. Das Nützliche an diesen Darstellern ist nämlich, dass man die von ihnen abgeleiteten Sprites einfärben kann. So können Sie unter Ersparnis von sehr viel Speicherplatz zum Beispiel eine ganze Menge von Sprites eines solchen Darstellers verwenden und unterschiedlich färben – besonders für Shockwave-Produktionen ist dies eine hervorragende Option.

Sie können einem 1-Bit-Bitmap-Sprite die Vorder- und Hintergrundfarbe zuweisen, indem Sie sie in der Sprite-Palette des Eigenschafteninspektors oder in der allgemeinen Werkzeugpalette (siehe unten) einstellen, während das Sprite ausgewählt ist. Übrigens wird die Farbe über die Frames des Sprites hinweg »getweent« (wenn dies in den oben beschriebenen Tweening-Eigenschaften angekreuzt ist). Dazu müssen Sie nur die einzelnen Keyframes des Sprites markieren und erhalten einen recht interessanten Effekt.

Im Übrigen ist hier der Farbeffekt **Matt** sehr interessant: Da die Hintergrundfarbe, die innerhalb geschlossener Formen erhalten bleibt, nicht weiß sein muss, sondern eingestellt werden kann, können Sie auf diese Weise zweifarbige Sprites erstellen.

Die Werkzeugpalette

Eine Reihe von Darstellertypen wird über die Werkzeugpalette (**Fenster • Werkzeuge** oder [Strg] + [7]) erstellt. Die Besonderheit: Diese Darsteller werden direkt auf die Bühne gezeichnet – es erscheint sofort ein Darsteller in der Besetzung und ein Sprite dieses neuen Darstellers im Drehbuch.

Ganz oben können Sie den Modus wählen: **Classic** erzeugt die hier beschriebenen Director-Formdarsteller. **Flash-Komponenten** erstellt dagegen flexibler programmierbare Objekte im Flash-Format.

Nicht alle Schaltflächen der Werkzeugpalette dienen dem Erstellen neuer Darsteller. Im Einzelnen verfügt sie über die folgenden Funktionen:

- **Auswahlwerkzeug.** Ein Klick mit diesem – automatisch voreingestellten – Werkzeug wählt das entsprechende Sprite auf der Bühne aus.

  Ziehen innerhalb des Begrenzungsrahmens eines ausgewählten Sprites bewegt es auf die entsprechende Position. Wie bereits erwähnt, wird bei doppeltem Begrenzungsrahmen das ganze Sprite mitsamt seinem Animationspfad gezogen, während bei einem einzelnen Rahmen nur die Position im aktuellen Keyframe verändert wird. Ziehen mit gedrückter `Shift`-Taste beschränkt das Verschieben auf geradlinige Vielfache von 90 Grad. Ein exaktes Verschieben ausgewählter Sprites ist auch mit den Pfeiltasten (um 1 Pixel) oder mit `Shift` und den Pfeiltasten (um 8 Pixel) möglich.

- **Das Drehwerkzeug.** Das Sprite wird gedreht, wenn der Cursor so aussieht wie das Werkzeug und parallelogrammförmig verzerrt, wenn der Cursor ein Parallelogramm wird. Welche dieser Optionen ausgeführt wird, hängt von der Position im Begrenzungsrahmen ab. Auch die Drehung oder Neigung bezieht sich je nach Auswahl auf das gesamte Sprite oder ein einzelnes Keyframe.

- Die Hand oder das **Ansichts-Verschiebewerkzeug** verschiebt die Ansicht der Bühne, und zwar in der Regel effektiver als die Rollbalken. Wie in fast allen anderen Programmen, können Sie auch in Director alternativ die Leertaste festhalten.

- Die **Lupe** dient dazu, die Bühnenansicht zu zoomen. Ein Klick vergrößert die Bühne, während `Alt` + Klick sie verkleinert. Ein Doppelklick auf das Werkzeug selbst stellt die Originalansicht von 100 % wieder her.

- Das **Textwerkzeug** (Symbol A) erzeugt einen Textdarsteller. Diese Art von Darstellern wird – vor allem im Unterschied zu den etwas anders gearteten Felddarstellern – weiter unten genau erläutert.

- Das **Linienwerkzeug** zeichnet eine Linie in der eingestellten Vordergrundfarbe. Das Begrenzungsrechteck legt den Anfangs- und Endpunkt der Linie fest. Die ganz unten in der Palette einstellbare Linienstärke wird ebenfalls angewendet. Wichtig ist hier, dass Sie nicht die oberste (dünnste) Linie wählen, denn das bedeutet, dass gar keine Linie gezeichnet wird. Beim Linienwerkzeug wird – wie bei allen anderen hier vorgestellten Formdarstellern – beim Aufziehen sowohl ein neuer Darsteller als auch ein Sprite dieses Darstellers erzeugt.

- Das **gefüllte Rechteck** zeichnet ein Rechteck, das mit der aktuellen Vordergrundfarbe beziehungsweise dem darunter einstellbaren Füllmuster aus Vorder- und Hintergrundfarbe gefüllt ist. Die Farben können einem Sprite auch im einzelnen Keyframe zugeordnet werden und werden dann bei entsprechender Einstellung im Tweening-Dialog automatisch über die Frames hinweg verändert. Das gewählte Füllmuster bleibt dagegen über den gesamten Darsteller (und nicht nur das Sprite) hinweg konstant.

- **Ungefülltes Rechteck**. Anders als beim gefüllten Rechteck wird nur ein Rahmen in der eingestellten Liniendicke erzeugt – ohne Füllung.

- **Gefülltes abgerundetes Rechteck**. Erzeugt ein Rechteck mit abgerundeten Ecken und mit der aktuellen Füllung.

- **Abgerundetes Rechteck**. Erzeugt die ungefüllte Kontur eines abgerundeten Rechtecks.

- **Gefülltes Oval**. Mit denselben Funktionen wie beim gefüllten Rechteck wird ein gefülltes Oval gezeichnet.
- **Ungefülltes Oval**. Zeichnet die Kontur eines Ovals ohne Füllung.
- **Kontrollkästchen**. Es wird ein Darsteller und ein Sprite eines Ankreuzfeldes mit Beschriftung erstellt (Checkbox). Solche Felder dienen üblicherweise dazu, beliebig viele Optionen aus einer Gruppe von Einstellungen an- und wieder abzuwählen. Dies kann jedoch nur durch Programmierung geregelt werden. Abgesehen davon bietet Director die Möglichkeit, mit Hilfe von Bitmap-Darstellern viel ansprechendere und besser zur Umgebung oder zum Design des eigenen Films passende Auswahlelemente zu erstellen.
- **Optionsfeld**. Erstellt ein Optionsfeld (auch Radiobutton genannt) mit Beschriftung. Dieses Element wird gewöhnlich verwendet, um nur eine Auswahl aus mehreren Möglichkeiten zuzulassen. Auch diese Funktionalität lässt sich nur über Skripte verwirklichen.
- **Felddarsteller**. Ähnlich dem Textdarsteller ist ein Felddarsteller ein Element zur Darstellung von Text auf der Bühne. Anders als jener ist er aber mit weniger typografischen und mehr technischen Optionen ausgestattet.
- **Tastendarsteller**. Stellt eine einfache Schaltfläche mit Beschriftung zur Verfügung, die per Lingo mit einem Verhalten versehen werden kann, das beim Anklicken ausgeführt wird. Eine eigene Schaltflächen-Registerkarte im Eigenschafteninspektor erlaubt übrigens das nachträgliche Umstellen des Schaltflächentyps zwischen Kontrollkästchen, Optionsfeld und Taste.
- **Vordergrundfarbe**. Diese Farbe ist die Füllfarbe von Formdarstellern, wenn nicht gerade ein Füllmuster ausgewählt ist. Außerdem ist sie die Rahmen- und die erste Musterfarbe sowie die Textfarbe bei Text-, Feld- und Schaltflächendarstellern.
- **Hintergrundfarbe**. Dies ist die Hintergrundfarbe von Text-, Feld- und Schaltflächendarstellern, außerdem die zweite Musterfarbe.
- **Füllmuster**. Für die gefüllten Formdarsteller Rechteck, abgerundetes Rechteck und Oval können Sie hier ein Füllmuster auswählen. Dieses Muster wird, anders als die pro Sprite und Keyframe austauschbaren Farben, für den gesamten Darsteller verbindlich festgelegt. Ähnliche Muster finden Sie innerhalb des Malfensters auch als spezielle Füllung für Bitmap-Darsteller.
- **Linienstärke**. Hier können Sie verschiedene Linienstärken für Liniendarsteller und die Umrandungen der ungefüllten oder mit Mustern gefüllten Formdarsteller einstellen. Wichtig ist, dass bei der obersten (dünnsten) Linienstärke gar keine Linie gezeichnet wird – diese Linie ist also nicht für das Linienwerkzeug und die ungefüllten Formdarsteller geeignet!

Beachten Sie, dass sämtliche Formdarsteller, also Rechteck, Oval und so weiter, über die Registerkarte **Form** im Eigenschafteninspektor nachträglich ineinander konvertiert werden können. Das Ankreuzfeld **Gefüllt** regelt (außer bei Linien) zusätzlich, ob die gefüllte oder die nicht gefüllte Variante verwendet werden soll.

Text- und Felddarsteller

Die beiden grundsätzlichen Darstellertypen für Text auf der Bühne unterscheiden sich leicht voneinander: Textdarsteller besitzen feiner einstellbare typografische Optionen und sind deshalb eher für statischen beziehungsweise per Lingo-Skript gesetzten Text geeignet. Felddarsteller eignen sich dagegen eher für die Texteingabe. Für jeden dieser beiden Darstellertypen gibt es eine eigene, spezielle Registerkarte im Eigenschafteninspektor.

Textdarsteller-Optionen

Bei Textdarstellern können Sie die folgenden wichtigen Einstellungen vornehmen:

- **Anzeige**. Seit Director 8.5 können Sie sich an dieser Stelle zwischen normalem Text und 3-D-Text entscheiden. Für Letzteren gibt es eine weitere Registerkarte, auf der Sie unter anderem seine Extrusionstiefe einstellen können.
- **Rahmen**. Hier wird festgelegt, ob sich die Größe des Textdarstellers ändern darf: **Anpassen** bedeutet, dass die Breite feststeht, während die Höhe je nach Inhalt variiert; **Rollen** heißt, dass Breite und Höhe feststehen und das Sprite mit einem Rollbalken ausgestattet wird; **Fest** heißt schließlich, dass Breite und Höhe bestehen bleiben und zu viel Text eventuell verschluckt wird.
- **Bearbeitbar**. Text kann zur Laufzeit vom Benutzer eingegeben werden. In der Regel stellen Sie diese Eigenschaft besser beim einzelnen Sprite oder gleich per Lingo ein als für den gesamten Darsteller.
- **Umbruch**. Wenn ein Wort nicht mehr in die Zeile passt, wird automatisch ein Zeilenwechsel durchgeführt.
- **Mit Tabulatortaste vorrücken**. Zwischen mehreren bearbeitbaren Textdarstellern und anderen interaktiven Elementen kann mit der Tab-Taste gewechselt werden.
- **Direkt auf Bühne**. Der Textdarsteller wird direkt vom Grafiktreiber gezeichnet, nicht von Director. Der Vorteil besteht in einer besseren Performance, der Nachteil ist, dass kein Inhalt ein Sprite dieses Darstellers überdecken kann.
- **Hypertext-Stile verwenden**. Der Darstellertext kann per Programmierung durch einfache HTML-Tags formatiert werden; Hyperlinks sind möglich und werden hervorgehoben.
- **Anti-Alias**. Der Text wird durch Farbmischung der Randpixel geglättet, bei zu kleinen Schriften wirkt dies zu matschig. Deshalb können Sie hier eine Mindestgröße angeben (bei filigranen Serifenschriften wählen Sie sogar besser 16 Punkt statt 14 Punkt).
- **Unterschneiden**. Die Abstände bestimmter Zeichenkombinationen werden angepasst, um ein stimmigeres Schriftbild zu erzeugen – auch hier wird eine Mindestgröße angegeben, da der Effekt bei zu kleinen Schriften manchmal störend wirkt.
- **Vor-Rendern**. Bei Auswahl dieser Option wird der Text des Darstellers in ein Bitmap umgerechnet, sodass die verwendete Schrift immer erhalten bleibt.

Eine weitere interessante Besonderheit bei Textdarstellern ist es, dass die verwendeten Schriftarten sowohl bei selbstlaufenden Programmen (Projektoren) als auch bei Shockwave-Exports mit in den fertigen Film verpackt werden.

Felddarsteller

Bei Felddarstellern sollten Sie dagegen nur Basisschriften des Betriebssystems verwenden, das heißt Arial, Times New Roman oder Courier New unter Windows beziehungsweise Helvetica, Times oder Courier auf dem Mac. Die Schriften werden auf keinen Fall mit in den Film gepackt. Bei exotischeren Schriften ist es fraglich, ob sie auf dem jeweiligen Zielrechner installiert sind. Im Übrigen sind auch Unterschneidung und Anti-Alias nicht möglich. Aus diesen Gründen verbrauchen Felddarsteller weniger Speicher und sind so besonders gut für Shockwave-Produktionen sowie, wie gesagt, für die Texteingabe geeignet.

Sie können für Felddarsteller die folgenden zusätzlichen Einstellungen auf der Registerkarte **Feld** im Eigenschafteninspektor vornehmen:

- Die Option **Rahmen** besitzt eine zusätzliche Einstellmöglichkeit: **Auf Feldgröße beschränken** bedeutet, dass der Text nur bis zum Ende der letzten Zeile reichen kann, was für die Texteingabe wichtig ist.
- Im unteren Teil des Dialogs finden Sie diverse Optionen für die Randgestaltung: Sie können einen Schlagschatten für die Textbox, den Rahmen der Textbox, einen Schlagschatten für den Text selbst sowie den Abstand des Textes zu seinem Rahmen einstellen. Für alle Optionen können Sie Werte zwischen 0 und 5 Pixeln wählen.

Vektorform-Darsteller

Bereits in Kapitel 9, *Bildbearbeitung und Grafik*, wurde die Überlegenheit der Vektorgrafik gegenüber Bitmaps für einfache Zeichnungen angesprochen: Sie benötigt weniger Speicherplatz und ist ohne Qualitätsverlust frei skalierbar. Gegenüber den ebenfalls vektororientierten Formdarstellern haben exakte Vektordarsteller drei weitere wichtige Vorteile: Sie können eine beliebige Form annehmen, haben einen beliebig wählbaren Registrierpunkt und können mit einem Farbverlauf gefüllt werden.

Um einen Vektordarsteller zu erstellen, benötigen Sie das Vektorform-Fenster: **Fenster • Vektorform** oder `Strg` + `Shift` + `V`. Hier finden Sie eine Werkzeugleiste mit den folgenden wichtigen Funktionen:

- Der **Auswahlpfeil** dient der Auswahl eines Objekts, dem Ziehen eines einzelnen Eckpunkts oder dem Umwandeln eines Eckpunkts in einen Kurvenpunkt (mit `Alt` ziehen).
- Mit der **Zeichenfeder** wird bei einfachem Klick ein neuer Eckpunkt gezeichnet; Ziehen erzeugt dagegen einen Kurvenwendepunkt. Eine Form wird entweder durch Ziehen oder Klicken am Ursprungspunkt oder aber durch Ankreuzen von **zu** geschlossen. Das Verfahren ähnelt dem Arbeiten in Illustrator (siehe Kapitel 9).
- Das **Registrierpunkt-Werkzeug** funktioniert genau wie sein Pendant im Malfenster.

Alle weiteren Funktionen sind im Grunde intuitiv verständlich oder wurden bereits im Zusammenhang mit anderen Optionen des Programms erläutert. Ganz unten wird die Füllungsart der Vektorform ausgewählt. Von links nach rechts gibt es folgende Einstellungen: »Keine Füllung« (nur Konturlinie), »einfarbige Füllung« und »Farbverlauf«. Darüber werden die einzelnen Farben als solche eingestellt.

Anders als bei Bitmap-Darstellern muss die Hintergrundfarbe einer Vektorform nicht weiß sein, sondern kann hier ausgewählt werden. Dennoch wird die Hintergrundfarbe auch bei Sprites dieses Darstellertyps ausgeblendet, wenn der Sprite-Farbeffekt **Hintergrund transparent** ausgewählt wird.

Importierte Darsteller

Bisher wurden lediglich Darsteller behandelt, die innerhalb von Director erstellt wurden. Gerade Bitmap-Darsteller, aber auch Audio, Video und Texte werden dagegen häufig importiert. Dafür müssen Sie zunächst die Importfunktion aufrufen: Wählen Sie **Datei • Importieren** oder drücken Sie `Strg` + `R`. Der erscheinende Dialog besitzt die folgenden wichtigen Optionen:

- Die Komponente zur **Dateiauswahl** wird vom jeweiligen Betriebssystem (Windows oder MacOS) zur Verfügung gestellt und entspricht damit üblichen Datei-öffnen-Dialogen; je nach Version kann sie unterschiedlich aufgebaut sein.
- Der **Dateityp** kann vorgewählt werden, um in einem Verzeichnis nur bestimmte Sorten von Dateien anzeigen zu lassen. An der Liste können Sie gut sehen, welche Dateitypen überhaupt importiert werden können. Beachten Sie, dass Sie unter MacOS manchmal »Alle Dateien« auswählen müssen, um in der Auswahl manche Dateien zu sehen, deren Ressourceninformationen nicht verfügbar sind.
- Der Button **Importieren** dient dazu, entweder die oben in der Dateiliste ausgewählte Datei oder die unten in die Auswahlliste übernommenen Dateien zu importieren; anschließend wird der Dialog geschlossen. **Abbrechen** schließt ihn dagegen, ohne etwas zu importieren.
- Mit dem Button **Hinzufügen** wird die aktuell ausgewählte Datei zur Auswahl im unteren Bereich hinzugefügt. Auf diese Weise können mehrere Dateien in einem Durchgang importiert werden.
- Mittels **Alle hinzufügen** werden alle Dateien aus dem aktuellen Verzeichnis zur Auswahl hinzugefügt, die dem eingestellten Dateityp entsprechen.
- **Entfernen** dient dazu, die ausgewählte Datei wieder aus der Auswahlliste zu entfernen.
- In der Auswahlliste befinden sich alle Dateien, die bereits für den Import ausgewählt wurden. Mit den Buttons **Nach oben** und **Nach unten** können Sie die Position der ausgewählten Datei in der Liste verschieben. Die Position der Dateien bestimmt die Reihenfolge der späteren Darsteller in der Besetzung.
- Unter **Media** wird ausgewählt, wie die zu importierende Datei – jeweils die gerade in der Liste ausgewählte – beim Import genau behandelt werden soll:
  - **Standardimport** fügt den neuen Darsteller zum internen Datenbestand der Director-Datei hinzu. Bei Bitmaps wird nur ein »flaches« Abbild der Datei übergeben, das keinerlei zusätzliche Arbeitsdaten enthält.
  - **Mit externer Datei verknüpfen**. Die Datei wird nicht in die inneren Daten des Director-Films integriert. Stattdessen wird zwar intern ein Darsteller angelegt, dieser erhält seine Daten jedoch nach wie vor aus der verknüpften Datei. Vorteil: Wird diese Datei später in ihrem Originalprogramm bearbeitet, ändert sich auch der Dar-

steller in Director. Beachten Sie, dass die externe Datei dann natürlich auch bei der Auslieferung des Films an der erwarteten Stelle mitgeliefert werden muss. Digitalvideodateien (QuickTime-Filme beziehungsweise AVI) werden übrigens immer verknüpft und nie wirklich importiert, auch nicht, wenn die Option »Standardimport« ausgewählt wird.

- **Originaldatei zur Bearbeitung integrieren**. Wie beim Standardimport wird die Datei in den Director-Film importiert. Zusätzlich zu den als Darsteller brauchbaren Daten werden jedoch Originaldaten der Datei mitimportiert, bei Bitmap-Formaten anderer Anwendungen (etwa Photoshop-PSD oder Fireworks-PNG) werden zum Beispiel auch die Informationen über Ebenen, Text (der extern Text bleibt, aber in Director als Teil des Bitmaps erscheint) und so weiterimportiert. Sie können dann innerhalb von Director den Darsteller und **Bearbeiten · Externen Editor starten** auswählen.
- **PICT-Dateien als PICT importieren**. Eine Mac-PICT-Datei (unter Windows mit der Endung `.pct` oder `.pict`) wird bei dieser Auswahl nicht als Bitmap-, sondern als PICT-Darsteller importiert. Dieser Darstellertyp besitzt zusätzliche Optionen.

Importierte Bitmaps

Die wahrscheinlich häufigste Sorte von importierten Dateien sind Bitmap-Dateien. Director unterstützt alle gängigen Typen von Bitmap-Bildern. Wenn Sie ein Bitmap zum Import ausgewählt haben, erscheint ein weiterer Dialog, in dem Sie die Farbtiefe bestimmen können, mit der es importiert werden soll: Die Auswahl **Grafik** behält die Original-Farbtiefe der importierten Datei bei, während **Bühne** den Darsteller in die Farbtiefe des Films, also in die aktuelle Farbtiefe des Betriebssystems, umwandelt.

Die Optionen zur Auswahl der Farbpalette sind nur aktiv, wenn es sich um eine 8-Bit-Datei (oder noch weniger) handelt oder wenn sie bei 8 Bit Systemfarbtiefe mit der Einstellung **Bühne** importiert werden soll: **Importieren** sorgt dafür, dass die Farbpalette der Datei als separater Darsteller importiert wird (so genannter Paletten-Darsteller), während **Anpassen** das Bild an eine der vorhandenen (in Director integrierten) Paletten anpasst, die Sie im Popup-Menü auswählen können.

Rastern ist dann wichtig, wenn Sie die Dateien mit der Einstellung **Bühne** importieren und die Filmfarbtiefe geringer ist als die des importierten Bitmaps. Farben, die im Film (beziehungsweise in der ausgewählten Palette) nicht vorhanden sind, werden durch Streuung benachbarter Farben simuliert.

Die Option **Einstellungen für restliche Grafiken erhalten** ist praktisch für den Import mehrerer Bilddateien. Director übernimmt die gewählten Einstellungen für den gesamten Importvorgang und fragt nicht noch einmal nach.

Wenn Sie eine TIFF-Datei mit einem zusätzlichen Alphakanal importieren und eine Farbtiefe von 32 Bit für das Bild beibehalten, wird der Alphakanal als variabel über das Bild verteilte Abstufung der Deckkraft verwendet.

Für den Import von Photoshop-Dateien steht übrigens eine interessante Erweiterung zur Verfügung: Das Xtra (Director-Plug-in) **Photocaster** importiert die einzelnen Ebenen eines Photoshop-Bildes automatisch als Darsteller. Er ist sogar in der Lage, die Registrierpunkte so zu setzen, dass die relative Positionierung erhalten bleibt. Näheres über dieses interessante Produkt erfahren Sie beim Hersteller unter **www.medialab.com**.

Sound importieren

Auch Audiodateien werden recht häufig in Director importiert und verwendet. Vieles, was die Verwendung von Sound betrifft, wird durch Lingo-Anweisungen gesteuert. An dieser Stelle wird nur kurz auf diejenigen Aspekte eingegangen, die sich überhaupt im Drehbuch einstellen lassen. Director unterstützt alle gängigen Sound-Dateiformate. Beim Importieren von Sound werden keine besonderen Fragen gestellt – die Audiodateien werden sofort als neue Sounddarsteller importiert.

Da es innerhalb von Director keine Möglichkeit gibt, diesen Darstellertyp zu bearbeiten, erscheint bei Doppelklick auf einen Sounddarsteller nur die spezifische Palette des Eigenschafteninspektors. Wenn Sie dort **Schleife** ankreuzen, wird der Sound immer wieder von neuem abgespielt, solange der Abspielkopf im Drehbuch im Bereich seines Sprites bleibt. Unter **Dauer** wird die Abspieldauer des Sounds in Sekunden angegeben. **Sample-Rate**, **Auflösung** (Sampling-Tiefe) und **Kanäle** wurden bereits weiter oben behandelt.

Im Drehbuch wird Sound folgendermaßen verwendet: Zunächst müssen Sie die Effekt-Kanäle des Drehbuchs anzeigen, dafür müssen Sie auf den Knopf rechts neben den Frame-Nummern drücken. Es erscheinen unter anderem die beiden Soundkanäle des Drehbuchs. Um einen Sound im Drehbuch zu platzieren, brauchen Sie ihn nur mit der Maus aus der Besetzung in einen der beiden Soundkanäle zu ziehen. Es erscheint entsprechend ein Sound-Sprite. Das erste und das letzte Frame regeln Abspielbeginn und -ende des Sounds. Ist der Sound selbst länger als die hier gewählte Dauer, dann endet er abrupt; ist er dagegen kürzer, dann wird er, ungeachtet der überragenden Sprite-Dauer, nicht mehr abgespielt – es sei denn, die Schleife ist eingestellt.

Der Import und die Verwendung von Video erfolgen ähnlich wie bei Sound. Der wichtigste Unterschied besteht darin, dass Videosprites in den gewöhnlichen Sprite-Kanälen des Drehbuchs angelegt werden.

3-D-Darsteller importieren

Interaktive 3-D-Darsteller müssen im Shockwave-3-D-Format (Dateiendung `.w3d`) importiert werden. Gängige 3-D-Software wie 3ds max und Cinema 4D enthält Exportfunktionen für dieses Format. Wenn Sie einen solchen Darsteller importiert haben, können Sie per Doppelklick in der Besetzung das Shockwave-3-D-Fenster öffnen. Hier lassen sich die Anfangsansicht und zahlreiche weitere Aspekte der importierten 3-D-Welt genau einstellen.

Die interaktive Steuerung von 3-D-Sprites, deren Darsteller wie gewöhnlich auf die Bühne gezogen werden, besteht aus sehr komplexen Befehlen, deren Erläuterung den Rahmen dieses Abschnitts sprengen würden. Sie können allerdings eine Reihe gut dokumentierter Verhalten aus der Bibliothek auf Ihre 3-D-Sprites ziehen, um sie mit der gewünschten Funktionalität auszustatten.

3DPI

Ein überaus praktischer Helfer ist außerdem das Drittanbieter-Xtra **3DPI**. Es fügt eine 3-D-Palette zum Eigenschafteninspektor hinzu, über die sich einfache 3-D-Objekte erstellen und beliebig manipulieren lassen. Der dabei erzeugte Code kann einfach in eigene Skripte kopiert werden. Sie können das Tool unter **http://3dpi-director.com** herunterladen; für 50 $ erhalten Sie eine Vollversion.

Filmschleifen-Darsteller

Eine beliebige Animationsinformation aus dem Drehbuch kann wiederum als neuer Darsteller abgelegt werden. Dazu wird die Animation auf der Bühne fertig erstellt. Wichtig ist, dass alles Erforderliche bereits voreingestellt wird. Besonders relevant ist die Einstellung der Farbeffekte der Sprites, denn nachträglich lässt sich nichts mehr ändern.

Sie können die erstellte Animation einfach im Drehbuch auswählen und in die Besetzung ziehen. Dadurch entsteht eine **Filmschleife**, die die ursprüngliche Animation enthält. Diese Filmschleife kann wiederum auf die Bühne gezogen und als Sprite verwendet werden. Filmschleifen können ihrerseits Filmschleifen-Sprites enthalten und auf diese Weise beliebig tief ineinander verschachtelt werden.

11.5.3 Lingo-Grundlagen

Der wichtigste Bestandteil der umfangreichen Anwendung Director ist die Programmierung mit den eingebauten Programmiersprachen Lingo und JavaScript. In diesem Unterabschnitt werden die wichtigsten Funktionen der Sprache Lingo vorgestellt; JavaScript wird in diesem Zusammenhang nicht behandelt. Seit der Director-Version 7 gibt es übrigens eine umfangreiche Skript-Bibliothek, aus der Sie eine Reihe gut dokumentierter Lingo-Skripte per Drag and Drop auswählen können.

Wie Sie in diesem Unterabschnitt feststellen werden, unterscheidet sich Lingo zum Teil erheblich von den anderen Programmiersprachen, die bisher in diesem Buch vorgestellt wurden. Die Sprache stammt nicht von C ab, sondern kommt aus einer völlig anderen Tradition: Die Vorbilder für Lingo sind AppleScript (eine Sprache zur Steuerung von MacOS-Anwendungen) und HyperCard, das von Apple entwickelte Vorbild aller Autorensysteme. Die Unterschiede bemerken Sie unter anderem an syntaktischen Äußerlichkeiten, beispielsweise enden Anweisungen nicht mit einem Semikolon.

Ein erstes Beispiel

Dieses kurze Beispiel zeigt, wie Sie einen Film am Ende automatisch anhalten und durch Klick auf einen Button neu starten können.

1. Erstellen Sie eine beliebige Animation.
2. Doppelklicken Sie im letzten Frame der Animation in den Skriptkanal, der sich unmittelbar über den Frame-Nummern befindet. Es öffnet sich das Skriptfenster, das Sie übrigens auch über **Fenster · Skript** oder [Strg] + [0] öffnen können. Hier steht bereits der folgende vorgefertigte Code[4]:

   ```
   on exitFrame me

   end
   ```

   Der Cursor befindet sich zwischen diesen beiden Zeilen.

---

4 Sollte im Popup links oben **JavaScript** eingestellt sein, lautet der Code anders. Schalten Sie in diesem Fall auf **Lingo** um; anschließend können Sie den `function`-Block löschen und die beiden Lingo-Zeilen von Hand eingeben.

3. Tragen Sie an der Stelle, an der sich der Cursor befindet, die folgende Codezeile ein:

   ```
   go to the frame
   ```

   Das ganze Skript sieht nun folgendermaßen aus:

   ```
   on exitFrame me
     go to the frame
   end
   ```

4. Erstellen Sie im letzten Frame des Films ein Button-Sprite. Es kann sich dabei um eine Taste aus der Werkzeugpalette handeln, aber auch um ein beliebiges Bitmap oder Ähnliches.
5. Markieren Sie dieses Sprite und wechseln Sie auf die Inspektor-Registerkarte **Verhalten** oder klicken Sie auf das Zahnrad-Symbol in der Sprite-Überlagerung.
6. Klicken Sie im Verhaltensinspektor auf das Popup **+** und wählen Sie **Neues Verhalten**. In einem kleinen Dialog werden Sie gebeten, einen Namen für das Verhalten einzugeben – tippen Sie den Namen »nochmal« ein.
7. Klicken Sie anschließend auf den Skript-Button im Verhaltensinspektor. Es erscheint wieder das Skriptfenster zur Bearbeitung des neuen Skripts. Geben Sie hier Folgendes ein:

   ```
   on mouseUp
       go to frame 1
   end
   ```

Nun können Sie den Film starten – in der normalen Arbeitsumgebung von Director werden Lingo-Skripte einfach ausgeführt.

In diesem Beispiel haben Sie zwei verschiedene Arten von Lingo-Skripten erstellt: Das erste ist ein Frame-Skript, das sich im Skriptkanal des Drehbuchs befindet und automatisch ausgeführt wird, wenn ein Ereignis im Zusammenhang mit diesem Frame stattfindet (siehe unten). Das andere ist ein Sprite-Skript, das einem bestimmten Sprite im Drehbuch zugewiesen wird – es wird meist ausgeführt, wenn der Benutzer eine bestimmte Aktion wie einen Mausklick oder einen Tastendruck ausführt.

Navigationsbefehle

Lingo-Skripte bestehen grundsätzlich aus Ereignisprozeduren, die im Englischen als Event-Handler bezeichnet werden. Formal sieht eine Lingo-Ereignisprozedur so aus:

```
on EREIGNISNAME
  -- irgendwelche Befehle
end
```

Die allgemeine Funktionsweise der Ereignisbehandlung haben Sie bereits in Kapitel 6, *Konzepte der Programmierung*, am Beispiel der Java-GUI-Programmierung kennen gelernt. Es lassen sich zwei Grundtypen von Ereignissen voneinander unterscheiden:

- **Film-Ereignisse** treten automatisch im Verlauf des Films auf. Beispiele: `startMovie` wird ausgeführt, wenn der Film gerade startet; `exitFrame` wird aufgerufen, wenn der Abspielkopf das aktuelle Frame gerade verlässt.
- **Benutzer-Ereignisse** werden interaktiv vom Benutzer erzeugt. Zum Beispiel wird `mouseUp` beim Loslassen der Maustaste aufgerufen, während `keyDown` bei einem Tastendruck ausgeführt wird.

Wird eine Ereignisprozedur durch das entsprechende Ereignis gestartet, so werden nacheinander alle Befehle bis zum `end` ausgeführt.

Das erste Skript im obigen Beispiel reagiert auf das Ereignis `exitFrame`: Dies ist der Impuls des Abspielkopfs, das aktuelle Frame zu verlassen und das nächste anzusteuern.

Die go to-Befehle

Die Anweisung `go to` (wahlweise einfach `go`) springt zum angegebenen Frame. Die Eigenschaft `the frame` ist ein Verweis auf das aktuelle Frame selbst. Mittels `go to the frame` wird der Film also dauerhaft im aktuellen Frame festgehalten. Auf diese Weise wird in Director ein Standbild realisiert, was in vielen Präsentationen sehr wichtig ist.

Das zweite Skript im Beispiel reagiert auf das Benutzer-Ereignis `mouseUp`, also auf das Loslassen der Maustaste. Da das Skript einem bestimmten Sprite zugeordnet ist, reagiert dieses Skript nur dann, wenn die Maustaste vorher innerhalb des Skripts gedrückt und auch dort wieder losgelassen wurde.

Die Anweisung `go to frame 1` in diesem Skript dient dazu, zum Frame Nummer 1, also dem ersten Frame des Films, zu springen. Allgemein bedeutet `go to frame NUMMER`, dass der Film zu dem Frame mit der angegebenen Nummer springen soll.

Erweitertes Navigationsbeispiel

Im ersten Frame eines Films, einem Standbild, soll ein kleines Menü mit zwei Auswahlmöglichkeiten (Buttons) angezeigt werden. Bei Klick auf diese Buttons springt der Film zu verschiedenen Stellen, spielt jeweils eine kleine Animation ab und bewegt sich dann wieder automatisch zum Hauptmenü.

Das erste Frame erhält zu diesem Zweck das folgende Frame-Skript:

```
on exitFrame
  go to the frame
end
```

Die beiden Buttons erhalten folgende Skripte, wenn man davon ausgeht, dass die beiden Animationen bei Frame 10 beziehungsweise 40 beginnen:

```
on mouseUp
  go to frame 10
end
```

beziehungsweise

```
on mouseUp
  go to frame 40
end
```

Am Ende der beiden Animationssequenzen, also in deren jeweiligem letzten Frame, wird das folgende Frame-Skript hinzugefügt:

```
on exitFrame
  go to frame 1
end
```

Es dient dazu, wieder zum Hauptmenü zurückzugelangen.

Skript-Darsteller mehrfach einsetzen

Sie können dafür übrigens zweimal denselben Skript-Darsteller benutzen – Sie müssen ihn beim zweiten Mal einfach nur aus der Besetzung in das Frame im Skriptkanal hineinziehen. Solche »recycelten« Skript-Darsteller leiden allerdings unter demselben Problem wie alle anderen Darsteller: Werden sie geändert, so ändern sie sich überall, wo sie eingesetzt werden. Bevor Sie also einfach ein Skript ändern, stellen Sie sicher, dass dieses Skript nicht auch noch an anderer Stelle verwendet wird, an der es vielleicht nicht geändert werden soll. In solch einem Fall müssen Sie erst den Skript-Darsteller kopieren und neu zuordnen.

Eine Verbesserung der Übersichtlichkeit ergibt sich, wenn Sie nicht mit Frame-Nummern, sondern mit Frame-Markierungen arbeiten. Eine Frame-Markierung ist eine Bezeichnung, die einem Frame in der Leiste über den Frame-Nummern im Drehbuch zugewiesen wird.

Ganz links oben im Drehbuch befindet sich übrigens ein Popup-Menü, in dem alle Markierungen aufgelistet sind, sowie Buttons, um zur vorherigen beziehungsweise zur nächsten Markierung zu blättern. Sie können eine Markierung verschieben, indem Sie die Maus genau darauf positionieren (andernfalls entsteht eine neue Markierung) und ziehen. Eine Markierung lässt sich umbenennen, indem Sie auf den Namen klicken und einen neuen eintippen. Entfernt wird ein Label, indem Sie es nach oben wegziehen.

Wenn Sie sich per Lingo auf eine Markierung beziehen, muss ihr Name in Anführungszeichen stehen.

Bezeichnen Sie im aktuellen Beispiel das Menü mit der Markierung `menue`, den Beginn der ersten Animation (Frame 10) mit `ani1` und den Beginn der zweiten mit `ani2`.

Die geänderten Skripte lauten folgendermaßen:

```
-- Erster Animationsbutton:
on mouseUp
  go to frame "ani1"
end

-- Zweiter Animationsbutton:
on mouseUp
  go to frame "ani2"
end

-- Frame-Skript am Ende der Animationssequenzen:
on exitFrame
  go to frame "menue"
end
```

Relative Sprungziele

Wenn Sie Markierungen verwenden, können Sie übrigens alternativ relative Sprungziele angeben:

- `go loop` springt zum unmittelbar vorherigen Label. Wenn das aktuelle Frame selbst ein Label besitzt, wirkt es natürlich wie `go to the frame`.
- `go next` springt zum nächsten Label.
- `go previous` springt zu demjenigen Label, das sich *vor* dem unmittelbar vorhergehenden befindet.

Diese Befehle sind für »lineares Blättern« geeignet. Wenn alle Sektionen, Seiten oder sonstige Ordnungseinheiten mit je einem Label versehen sind, kann zum Beispiel ein **Weiter**-Button fest mit `go next` und der **Zurück**-Button mit `go previous` versehen werden.

Andere Filme laden

Es gibt neben dem Sprung zu einem anderen Frame zudem noch die Möglichkeit, zu einem anderen Director-Film zu springen. Dazu wird die Anweisung `go to movie "Filmname"` verwendet. Die Windows-Dateiendung `.dir` sollten Sie an dieser Stelle weglassen. Beim späteren Veröffentlichen des Films kann es nämlich sein, dass die aufgerufene Datei eine andere Endung erhält, weil sie beispielsweise als geschützter Director-Film oder als Shockwave-Film für das Web abgespeichert wird – wenn Sie keine Endung angeben, ist sie Director egal.

Statt `go to frame ...` und `go to movie ...` gibt es auch die Variante `play frame ...` beziehungsweise `play movie ...`. Auf diese Weise wird das gewünschte Frame oder der entsprechende Film gewissermaßen als »Unterprogramm« abgespielt – ein Aufruf von `play done` springt automatisch zu der Stelle hinter dem aufrufenden `play`-Befehl zurück.

Variablen in Lingo

In Lingo wird eine Variable durch die erste Wertzuweisung (Initialisierung) erzeugt. In alten Versionen musste auf jeden Fall der Befehl `set` dafür verwendet werden, der noch heute funktioniert:

```
set a = 3
```

Seit Director 7 können Sie dagegen einfach Folgendes schreiben:

```
a = 3
```

Variablen-Geltungsbereiche

Genau wie die meisten Programmiersprachen unterscheidet auch Lingo zwischen lokalen und globalen Variablen. Eine lokale Variable gilt nur innerhalb einer Ereignisprozedur, also zwischen `on ...` und `end`. Eine globale Variable gilt dagegen im gesamten Film.

Automatisch sind alle Variablen erst einmal lokal. Um eine Variable zur globalen zu machen, müssen Sie sie mit dem Schlüsselwort `global` als solche qualifizieren:

```
global VARIABLE
```

oder

```
global VARIABLE1, VARIABLE2, ...
```

Diese global-Qualifizierung muss in jeder Ereignisprozedur beziehungsweise jedem Skript wiederholt werden, in dem die globale Variable verwendet werden soll. Prinzipiell gibt es dafür zwei Möglichkeiten:

1. Erwähnung innerhalb einer Ereignisprozedur, sodass die globale Variable nur innerhalb dieser Prozedur gilt:

```
on prozedur1
  global VARIABLE
  -- Anweisungen; hier ist VARIABLE global.
end

on prozedur2
  -- Anweisungen; VARIABLE wäre hier lokal.
end
```

2. Erwähnung am Anfang eines Skripts, außerhalb aller Ereignisprozeduren:

```
global VARIABLE

on prozedur1
  -- Anweisungen; VARIABLE ist hier global.
end

on prozedur2
  -- Anweisungen; VARIABLE ist auch hier global.
end
```

Variablen-Beispiel

Konkretes Beispiel: Eine Animation soll genau dreimal abgespielt werden, anschließend soll ein anderer Teil des Films folgen. Dies funktioniert folgendermaßen:

1. Erstellen Sie einen neuen Film und darin am Anfang eine beliebige Animation. Platzieren Sie unmittelbar hinter der Animation ein Frame mit einer »Ende«-Botschaft.
2. Versehen Sie das allererste Frame mit der Markierung anfang.
3. Öffnen Sie, ohne irgendetwas in Drehbuch oder Besetzung zu markieren, das Skriptfenster (Strg + 0). Durch dieses Vorgehen entsteht ein Film-Skript, also ein Lingo-Skript, das Anweisungen oder Prozeduren enthält, die den gesamten Film betreffen. Notieren Sie hier das folgende Skript:

```
global gDurchlauf

on startMovie
  gDurchlauf = 0
end
```

4. Schreiben Sie nun im letzten Frame der Animationssequenz das folgende Frame-Skript:

```
global gDurchlauf
```

```
on exitFrame
  gDurchlauf = gDurchlauf + 1
  if gDurchlauf < 3 then go to frame "anfang"
end
```

Die vordefinierte Ereignisprozedur `on startMovie` wird ausgeführt, wenn der Film startet, und zwar noch bevor das erste Frame abgespielt wird. Beachten Sie, dass Lingo-Manipulationen von Sprites oder anderen Drehbuch-Bestandteilen hier noch nicht stattfinden dürfen, da es zu diesem Zeitpunkt noch gar keine Bühne gibt.

Es ist üblich, die Namen globaler Variablen mit einem kleinen `g` zu beginnen – auf diese Weise sehen Sie auf den ersten Blick, dass sie global sind. In diesem Zusammenhang sollte darauf hingewiesen werden, dass Lingo weder bei eingebauten noch bei selbst gewählten Bezeichnern auf Groß- und Kleinschreibung achtet. Dennoch sollten Sie sich an die Konventionen halten, damit Ihre Skripte übersichtlich bleiben und auch von anderen problemlos gelesen werden können.

Besonderheiten von Lingo

Beachten Sie weitere Besonderheiten der Programmiersprache Lingo, die zum Teil im obigen Beispiel deutlich geworden sind:

- Es gibt keine Kurzfassungen für Wertmanipulationen von Variablen. Sie müssen also `gDurchlauf = gDurchlauf + 1` schreiben; so etwas wie `gDurchlauf++` kennt Lingo nicht.
- Die Kontrollstruktur `if` wird etwas anders formuliert als in den Sprachen aus der C-Tradition, die bisher in diesem Buch behandelt wurden. Wenn nur eine Anweisung von einer `if`-Bedingung abhängt, können Sie die Abfrage folgendermaßen in eine Zeile schreiben:

  ```
  if BEDINGUNG then BEFEHL
  ```

  Beziehen sich dagegen mehrere Anweisungen auf ein einzelnes `if`, funktioniert es folgendermaßen:

  ```
  if BEDINGUNG then
    -- Anweisung(en)
  end if
  ```

- Im Zusammenhang mit `if`-Abfragen ist außerdem wichtig, dass die Vergleichsoperationen in Lingo anders lauten als in C-ähnlichen Sprachen: Der Gleichheitsoperator ist ein einfaches =; die Unterscheidung zwischen diesem Vergleich und der Wertzuweisung ergibt sich aus dem Kontext. Für die Ungleichheit wird `<>` notiert. Die logischen Verknüpfungen lauten `and` und `or`.
- Auch Schleifen werden in Lingo etwas eigenwillig geschrieben. Eine determinierte Schleife, in der eine Variable nacheinander eine Reihe fester Werte annimmt, wird folgendermaßen formuliert:

```
repeat with i = 1 to 10
  -- i wird nacheinander 1, 2, ..., 10
end repeat
```

Berücksichtigen Sie, dass Sie `down to` statt `to` schreiben müssen, wenn der Endwert kleiner als der Startwert ist:

```
repeat with i = 10 down to 1
  -- i wird nacheinander 10, 9, ..., 1
end repeat
```

Eine nicht determinierte Schleife, die vor jedem Durchgang erneut eine Bedingung überprüft, lautet in der Lingo-Syntax so:

```
repeat while AUSDRUCK
  -- wird ausgeführt, solange AUSDRUCK true ist
end repeat
```

Falls Sie Sprite- oder sonstige Filmeigenschaften innerhalb einer Schleife ändern, müssen Sie explizit dafür sorgen, dass die Bühne aktualisiert wird – während der Ausführung von Lingo-Skripten geschieht dies nämlich normalerweise nicht. Geben Sie dazu an der gewünschten Stelle den folgenden Befehl ein:

```
updateStage
```

Text- und Felddarsteller per Lingo ansprechen

Der Inhalt von Text- und Felddarstellern kann mittels Lingo gelesen und ausgewertet, aber auch manipuliert werden. Betrachten Sie als erstes kleines Beispiel den folgenden Fall: Im ersten Frame soll ein Benutzer seinen Namen eingeben und einen **OK**-Button drücken. Daraufhin springt der Film zu einem anderen Frame, in dem »Hallo, <Name>!« ausgegeben wird.

Legen Sie dazu im ersten Frame eines Films einen Felddarsteller namens `eingabe` als Sprite auf die Bühne. Mit beliebigem Dummy-Text, den Sie später wieder entfernen, können Sie die Schriftart, -größe und -farbe einstellen. Setzen Sie dieses Sprite in den Sprite-Eigenschaften auf »bearbeitbar« (Button **a|b** in der obersten Reihe). Erstellen Sie in diesem Frame außerdem einen **OK**-Button und weisen Sie dem Frame ein Standbild-Skript zu.

Das Frame, in dem die Ausgabe erfolgen soll, erhält die Markierung `gruss`. Ziehen Sie hier ein weiteres Textfeld mit dem Darstellernamen `ausgabe` auf die Bühne. Außerdem benötigt dieses Frame das folgende Frame-Skript:

```
on exitFrame
  benutzer = the text of member "eingabe"
  put "Hallo" && benutzer & "!" into member "ausgabe"
end
```

Zum Schluss bekommt der **OK**-Button noch die Anweisung, zu dem Frame `gruss` zu springen:

```
on mouseUp
  go to frame "gruss"
end
```

Die Eigenschaft `the text of member "Darstellername"` liefert den Textinhalt des Darstellers mit dem angegebenen Namen zurück. Der Bezug könnte genauso gut auf die Darstellernummer gerichtet sein, zum Beispiel `the text of member 4`. Dies ist natürlich nicht besonders ratsam, weil Darsteller später umsortiert werden können, außerdem ist es unübersichtlich. In klassischem Lingo beginnen die Namen von Eigenschaften immer mit einem vorangestellten `the`. Seit Version 7 ist alternativ auch die Punktschreibweise möglich, die aus moderneren Programmiersprachen entlehnt wurde. Sie können also auch Folgendes schreiben:

```
benutzer = member ("eingabe").text
```

Beachten Sie, dass die Klammern in diesem Fall nicht mehr optional, sondern verbindlich sind.

Darstellern Textinhalte zuweisen

Die Anweisung `put Ausdruck into member "Darstellername"` trägt den Wert des angegebenen Ausdrucks als Text in den entsprechenden Darsteller ein. Natürlich muss es sich um einen Darsteller handeln, der Text enthalten kann, also etwa einen Text-, Feld- oder Tastendarsteller.

Der Befehl `put` kann auch als Alternative verwendet werden, um den Wert einer Variablen zu manipulieren (wie der Zuweisungsoperator =):

```
put AUSDRUCK into VARIABLE
```

Im Übrigen kann `put` Ihnen das Leben erleichtern, wenn Sie nach Fehlern in Lingo-Skripten suchen: `put Ausdruck` ohne Bezug auf ein Ausgabefeld dient dazu, eine Ausgabe ins **Nachrichtenfenster** vorzunehmen. Dieses Fenster wird mittels **Fenster • Nachricht** oder `Strg` + `M` geöffnet und kann verwendet werden, um einzelne Lingo-Befehle einzutippen und so zu testen. Außerdem dient es der Ausgabe solcher bezugslosen `put`-Befehle.

Strings verketten

Die Operatoren `&` beziehungsweise `&&` verketten beliebige Ausdrücke zu Zeichenketten. `&&` fügt außerdem ein Leerzeichen hinzu.

```
put AUSDRUCK after member "Darsteller"
```

fügt den Wert des Ausdrucks ans Ende des vorhandenen Textes an, während

```
put AUSDRUCK before member "Darsteller"
```

den Wert des Ausdrucks vor dem Text des Darstellers einfügt.

Die Konstante `RETURN` steht übrigens für einen Zeilenumbruch, der hinzugefügt werden soll. Die Großschreibung einer solchen symbolischen Konstante ist eine Konvention und natürlich eigentlich nicht nötig.

Sprite-Eigenschaften

In diesem Unterabschnitt werden einige wichtige Sprite-Eigenschaften angesprochen, die Sie dynamisch per Lingo ändern können.

Der Rollover-Effekt

Eine der wichtigsten Eigenschaften ist `the member of sprite` – sie wird verwendet, um den Darsteller auszutauschen, der auf der Position eines Sprites angezeigt wird. Besonders häufig wird sie eingesetzt, um einen Rollover-Effekt zu erzielen, also das dynamische Aufleuchten von Schaltflächen, die vom Mauszeiger berührt werden.

Angenommen, in Sprite 3 befindet sich im Grundzustand ein Darsteller namens `normalbutton`. Wenn der Mauszeiger dieses Sprite berührt, soll er durch den Darsteller `leuchtbutton` ersetzt werden. Zu diesem Zweck können Sie dem Sprite das folgende Skript zuweisen:

```
on mouseEnter
  set the member of sprite 3 = "leuchtbutton"
end

on mouseLeave
  set the member of sprite 3 = "normalbutton"
end
```

Die beiden neuen Ereignisprozeduren `mouseEnter` beziehungsweise `mouseLeave` werden ausgeführt, wenn das Sprite berührt beziehungsweise wieder verlassen wird. Beachten Sie, dass die Registrierpunkte und Größen der Darsteller beim Rollover identisch sein sollten.

Sprite- und Mausposition

Im nächsten Beispiel soll ein Sprite bei jedem Mausklick an der Position des Mauszeigers auftauchen. Zu diesem Zweck benötigen Sie die folgenden Sprite-Eigenschaften: `the locH of sprite` (location horizontal) bezeichnet die X-Position des Sprites auf der Bühne, genauer gesagt den Abstand des Registrierpunkts zum linken Bühnenrand. `the locV of sprite` (location vertical) ist dagegen die Y-Position des Sprites. Diese Eigenschaften können ermittelt und verändert werden:

```
x = the locH of sprite 9
```

speichert die aktuelle X-Position von Sprite 9 in der Variablen x.

```
set the locV of sprite 7 = 100
```

setzt dagegen die Y-Position von Sprite 7 auf 100.

Darüber hinaus werden die beiden folgenden globalen Eigenschaften (Filmeigenschaften) verwendet: `the mouseH` ist die aktuelle X-Position der Maus; `the mouseV` bezeichnet ihre Y-Position.

Da das Skript auf jeden Mausklick reagieren soll, müssen Sie die Ereignisprozedur (`on mouseUp`) an einer ungewöhnlichen Stelle platzieren, nämlich im Frame-Skript. Eine dort platzierte `mouseUp`-Prozedur reagiert auf Mausklicks auf der gesamten Bühne.

Wenn es sich bei dem fraglichen Sprite um Sprite Nummer 3 handelt, lautet das entsprechende Frame-Skript so:

```
on mouseUp
  set the locH of sprite 3 = the mouseH
  set the locV of sprite 3 = the mouseV
end

on exitFrame me
  go to the frame
end
```

Soll das Sprite dagegen nicht nur bei einem Klick auf die Mauskoordinaten gesetzt, sondern ständig zusammen mit dem Mauszeiger verschoben werden, dann sieht die Lösung so aus:

```
on exitFrame me
  set the locH of sprite 3 = the mouseH
  set the locV of sprite 3 = the mouseV
  go to the frame
end
```

Das einzige Problem dabei ist, dass der normale Mauszeiger stört, da sich das Sprite nun selbst wie ein Cursor verhält. Deshalb folgt als Nächstes eine kurze Beschreibung, wie Sie den Cursor ausblenden oder modifizieren können.

Mauszeiger austauschen

Wenn Sie in vorhergehendem Beispiel einfach den Standardmauszeiger loswerden möchten, können Sie in der Ereignisprozedur `startMovie` eines Film-Skripts folgende Anweisung eintragen:

```
cursor 200
```

Der Befehl

```
cursor NUMMER
```

setzt den Mauszeiger auf die durch `NUMMER` bezeichnete interne Cursor-Ressource. Dies sind die wichtigsten Nummern:

- `-1`: Normaler Auswahlpfeil
- `0`: Automatisch, das Betriebssystem entscheidet selbst (Standard)
- `1`: Einfügemarke (wie in Textfeldern üblich)
- `2`: Fadenkreuz
- `3`: Balkenkreuz
- `4`: Warte-Uhr (Mac: Armbanduhr, Windows: Sanduhr)
- `200`: Cursor ausblenden (siehe obiges Beispiel)
- `280`: Hyperlink-Finger wie im Webbrowser

Die Eigenschaft `the cursor of sprite` stellt den Cursor nicht allgemein um, sondern nur dann, wenn sich der Mauszeiger über dem angegebenen Sprite befindet. Das folgende Beispiel schaltet den Hyperlink-Finger ein, wenn sich die Maus über Sprite 4 befindet:

```
set the cursor of sprite 4 = 280
```

Darsteller als Cursor

Statt der eingebauten Ressourcen können Sie auch eigene Darsteller als Cursor verwenden. Zu diesem Zweck gibt es eine spezielle Schreibweise von `cursor` beziehungsweise `the cursor of sprite`:

```
cursor [7]
```

verwendet den Darsteller Nummer 7 als Cursor.

```
set the cursor of sprite 9 = [20]
```

aktiviert dagegen den Darsteller 20 als Cursor, wenn sich die Maus über Sprite 9 befindet.

Der entsprechende Darsteller muss ein 1-Bit-Bitmap-Darsteller sein und darf maximal 16 x 16 Pixel groß sein (ansonsten werden nur die oberen linken 16 x 16 Pixel verwendet). Der Registrierpunkt ist der sensitive Punkt des Cursors.

Leider ist ein Zugriff über den Darstellernamen nicht möglich, es muss stets die Nummer in der Besetzung verwendet werden. Sie können allerdings mit Hilfe der Eigenschaft

```
the number of member "Darstellername"
```

die Nummer des Darstellers ermitteln und als Argument für `cursor` verwenden. Angenommen, Sie haben den Darsteller 15 mit dem Namen `hand` als Cursor-Darsteller auserkoren. Dann können Sie statt

```
cursor [15]
```

auch Folgendes schreiben:

```
cursor [the number of member "hand"]
```

Übersichtlicher ist diese Formulierung mit einer Hilfsvariablen:

```
cursornum = the number of member "hand"
cursor [cursornum]
```

Cursor-Masken

Das Problem bei diesen selbst definierten Cursor-Darstellern ist, dass ein solcher Cursor nicht einfach schwarz bleibt, sondern an seinen schwarzen Stellen jeweils die Komplementärfarbe des Untergrunds annimmt, während die weißen Stellen ohnehin transparent gesetzt werden. Um dies zu ändern, müssen Sie zusätzlich einen Cursor-Masken-Darsteller anfertigen. Dieser ist ebenfalls ein 16 x 16 Pixel großes 1-Bit-Bitmap und wird folgendermaßen auf den eigentlichen Cursor angewendet:

- Überall, wo der Masken-Cursor schwarz ist, werden die Pixel des eigentlichen Cursors deckend gezeichnet – je nach ihrer Farbe schwarz oder weiß.
- Überall, wo die Maske weiß bleibt, zeigen die Pixel des eigentlichen Cursors wieder ihr Standardverhalten (siehe oben).

Angenommen, Sie möchten Darsteller 36 als Cursor und Darsteller 37 als seine Maske verwenden:

```
cursor [36, 37]
```

Möchten Sie dagegen Darsteller 45 als Cursor und 47 als Maske verwenden, wenn Sprite 8 berührt wird, dann lautet der erforderliche Code so:

```
set the cursor of sprite 8 = [45, 47]
```

Wenn Sie einen Cursor benötigen, der nur schwarze und transparente, aber keine weißen Pixel enthält, können Sie einfach denselben Darsteller als Cursor und als Maske verwenden. Zum Beispiel:

```
cursor [3, 3]
```

Farbige, animierte Cursor

Seit Director 7 können Sie auch farbige, animierte Cursor einrichten. Dabei handelt es sich allerdings um einen separaten Darstellertyp und nicht um Bitmaps. Ein solcher Spezialcursor wird folgendermaßen erzeugt:

1. Erstellen Sie eine Sequenz von Bitmap-Darstellern, aus denen die einzelnen Frames der Cursor-Animation entstehen sollen. Die Zielgröße beträgt wahlweise 16 x 16 oder 32 x 32 Pixel.
2. Rechnen Sie diese Darsteller mittels **Modifizieren · Bitmap transformieren** auf 8 Bit Farbtiefe herunter.
3. Wählen Sie **Einfügen · Mediaelement · Cursor**. Es öffnet sich der Cursoreigenschaften-Editor.
4. Rechts oben können Sie sich durch alle in Frage kommenden Darsteller blättern und diese mittels **<< Hinzufügen** zum Cursor zusammenstellen. Links oben können Sie den Cursor mit **Vorschau** und **Stop** testen.
5. Unten können Sie einige Feineinstellungen vornehmen: Das **Intervall** bezeichnet die Dauer eines Cursor-Frames in Millisekunden. Die **Hotspot-Position** bestimmt, wo sich der sensitive Punkt des Mauszeigers befinden soll; sie wird von links oben (0, 0) aus gerechnet. Empfehlenswert ist darüber hinaus die Einstellung **Auto-Maske**: Nichtweiße Pixel werden automatisch deckend gezeichnet, weiße transparent.

Dieser Dialog ergibt nach einem Klick auf **OK** einen neuen Cursor-Darsteller, den Sie wie gehabt mittels `cursor [Darstellernummer]` beziehungsweise `set the cursor of sprite Kanalnummer = [Darstellernummer]` aktivieren können.

Systematik der Lingo-Skripte

In den bisherigen Beispielen wurden die einzelnen Arten von Lingo-Skripten mehr oder weniger intuitiv verwendet. An dieser Stelle finden Sie dagegen eine kurze systematische Übersicht über die einzelnen Skript-Typen:

Skript-Arten

Intern unterscheidet Director zwischen drei verschiedenen wichtigen Arten von Skripten: **Verhaltens-Skript** (Behavior Script), die Sammelbezeichnung für Frame-Skript und Sprite-

Skript; **Darsteller-Skript** (Member Script) und **Film-Skript** (Movie Script). Insgesamt gibt es also vier verschiedene Arten von Skripts, die man unterscheiden muss:

1. **Sprite-Skript**. Dieses Skript wird im Drehbuch unmittelbar mit einem bestimmten Sprite verknüpft. In der Regel verarbeitet ein Sprite-Skript Ereignisse, die unmittelbar dieses Sprite selbst betreffen. Normalerweise handelt es sich um eine Benutzeraktion in Bezug auf dieses Sprite: Maustaste drücken (`on mouseDown`), Maustaste loslassen (`on mouseUp`), Mauszeiger hineinrollen (`on mouseEnter`) und Mauszeiger herausfahren (`on mouseLeave`).

   Wichtige Nicht-Benutzer-Ereignisse, die in Sprite-Skripten verarbeitet werden können, betreffen dagegen die Lebensspanne eines Sprites im Drehbuch: `on beginSprite` wird ausgeführt, wenn das erste Frame des Sprites abgespielt wird; `on endSprite` wird dagegen nach dem letzten Frame des Sprites ausgeführt. Solange eine Schleife innerhalb der Frames des Sprite-Bereichs läuft, wird dies übrigens nicht als Ende und Neubeginn des Sprites gewertet.
2. **Frame-Skript**. Dieses Skript steht separat im Drehbuch, nämlich im Skriptkanal. Es verarbeitet vornehmlich Ereignisse, die das gesamte Frame betreffen, also vor allem Film-Ereignisse, die automatisch auftreten: Der Abspielkopf hat gerade dieses Frame erreicht (`on enterFrame`) oder schickt sich an, das Frame wieder zu verlassen (`on exitFrame`). Letzteres ist das häufigste (und standardmäßig eingetragene) Ereignis für Frame-Skripte. Ein weiteres abfragbares Ereignis: Der Film hat gerade nichts Besseres zu tun, befindet sich also im Leerlauf (`on idle`).

   Daneben werden (seltener) auch Benutzer-Ereignisse in Frame-Skripten verarbeitet – Mausereignisse (nur `mouseDown` und `mouseUp`) betreffen dann zum Beispiel einen Klick an einer beliebigen Stelle auf der Bühne. Die Rollover-Ereignisse (`on mouseEnter` und `on mouseLeave`) werden hier verständlicherweise nicht verarbeitet, da ein Frame-Skript keine Information darüber erhält, ob ein Sprite vom Mauszeiger berührt wird.

   Sinnvoller (und häufiger anzutreffen, da es keinen anderen passenden Ort dafür gibt) sind die Tastatur-Ereignisse: `on keyDown` wird ausgeführt, wenn eine Taste betätigt wurde, `on keyUp` dagegen beim Loslassen einer Taste. Welche Taste gedrückt wird beziehungsweise wurde, steht in der globalen Eigenschaft `the key`.
3. **Darsteller-Skript**. Ein Darsteller-Skript wird unmittelbar einem Darsteller zugeordnet. Durch Anklicken eines Darstellers und des Skript-Buttons oben in der Besetzung (oder in einem der verschiedenen Darsteller-Bearbeitungsfenster) wird ein neues Skript hinzugefügt, das automatisch die folgenden vorgefertigten Skriptzeilen enthält:

   ```
   on mouseUp

   end
   ```

   Daran zeigt sich bereits, dass ein Darsteller-Skript eine ähnliche Aufgabe hat wie ein Sprite-Skript: Es soll Ereignisse verarbeiten, die unmittelbar den Darsteller selbst betreffen, also in der Regel Benutzer-Ereignisse. Ein solches Skript betrifft konkret jedes Sprite dieses Darstellers. Der einzige Hinweis auf die Anwesenheit eines Darsteller-Skripts ist das kleine Skriptsymbol bei dem jeweiligen Darsteller in der Setzkasten-

Ansicht der Besetzung. Sie sollten diese Skriptsorte nur dann einsetzen, wenn Sie sich sicher sind, dass der entsprechende Darsteller immer und überall mit denselben Lingo-Befehlen belegt werden soll – zum Beispiel ein globaler **Quit**-Button.

4. **Film-Skript**. Ein Film-Skript wird erzeugt, indem Sie das Skriptfenster öffnen, ohne dass irgendein Frame, Darsteller oder Sprite markiert ist. Es gilt für den gesamten Film und verarbeitet deshalb vornehmlich Ereignisse, die den Film als solchen betreffen.

   Zu den wichtigsten dieser Ereignisse gehören folgende: `on startMovie` markiert den Beginn des Films und wird häufig für bestimmte Initialisierungen (Voreinstellungen) verwendet, zum Beispiel für die Anfangswerte globaler Variablen oder Eigenschaften. `on stopMovie` kennzeichnet dagegen das Ende des Films und wird manchmal für »Aufräumarbeiten« benutzt.

   Hier sehen Sie ein kombiniertes Praxisbeispiel: Beim Start des Films soll die Systemfarbe auf 8 Bit umgestellt werden, weil bestimmte Spezialeffekte (der Palettenkanal und so weiter) nur so funktionieren. Aus Höflichkeitsgründen gegenüber den Benutzern ist es natürlich notwendig, diese Farbtiefe (immerhin eine wichtige globale Betriebssystemeinstellung!) beim Beenden des Films wieder zurückzusetzen. Das folgende Filmskript ist eine passende Lösung:

```
global gColorDepth

on startMovie
  -- Originalfarbtiefe speichern:
  gColorDepth = the colorDepth
  -- Farbtiefe auf 8 Bit setzen:
  set the colorDepth = 8
end

on stopMovie
  -- Farbtiefe wiederherstellen:
  set the colorDepth = gColorDepth
end
```

   Wie Sie wahrscheinlich schon längst bemerkt haben, leiten zwei Minuszeichen (`--`) einen Kommentar ein. Da es keine mehrzeiligen Kommentare gibt, enthält das Skriptfenster zwei Buttons, um aus mehreren ausgewählten Zeilen Kommentare zu machen beziehungsweise die Kommentarzeichen wieder zu entfernen.

   Eine andere beliebte Eigenschaft von Filmskripten ist die Möglichkeit, dort selbst definierte Ereignisprozeduren zu platzieren:

```
on meinEreignis
  -- beliebige Anweisungen
end
```

   Diese Definition entspricht einer allgemeinen Funktion in einer prozeduralen Programmiersprache: Wenn Sie in irgendeinem Skript `meinEreignis` schreiben, wird diese Prozedur aufgerufen. Selbst definierte Lingo-Prozeduren können übrigens auch Parameter entgegennehmen. Das folgende Beispiel nimmt zwei Werte entgegen, addiert sie und gibt die Summe in das Textfeld `ausgabe` aus:

```
on summe a, b
  put a && "+" && b && "=" && a + b into member "ausgabe"
end
```

Aufrufen können Sie diese Funktion beispielsweise als `summe 3, 5`.

Sprite-Berührungen testen

Für die Programmierung von Spielen oder die Realisation von Drag-and-Drop-Verhalten in Director ist es oft wichtig zu überprüfen, ob ein Sprite ein anderes berührt oder enthält. Zu diesem Zweck sind die Funktionen `within` beziehungsweise `intersects` definiert.

Der folgende Ausdruck ist `true`, wenn Sprite 3 vollkommen im Begrenzungsrechteck von Sprite 5 enthalten ist:

```
sprite 3 within 5
```

Wenn die Begrenzungsrechtecke von Sprite 7 und Sprite 17 einander berühren, ist dagegen die folgende Bedingung `true`:

```
sprite 7 intersects 17
```

Eigenschaften

Eigenschaften sind ein interessantes, in dieser Form nur in Lingo verwirklichtes Konzept, um mehrere Zustände voneinander zu unterscheiden, die nicht unbedingt numerisch ausdrückbar sind. Beispielsweise besitzt ein Fernsehgerät die drei grundlegenden Zustände an, aus und Standby. An und aus ließen sich gut durch 1 und 0 beziehungsweise `true` und `false` ausdrücken. Allerdings wäre es seltsam, Standby durch 0.5 darzustellen. Besser lassen sich diese drei Zustände durch unterschiedliche Eigenschaften ausdrücken:

```
tv_zustand = #an
tv_zustand = #aus
tv_zustand = #standby
```

Eigenschaftsbezeichner beginnen mit einer Raute. Eine Eigenschaft ist automatisch definiert, wenn sie das erste Mal benutzt wird.

Lingo verwendet an manchen Stellen vordefinierte Eigenschaften, etwa zur Ermittlung des Darstellertyps: Die Eigenschaft `the type of member` liefert eine Eigenschaft wie `#bitmap` für Bitmap-Darsteller, `#text` für Textdarsteller oder `#script` für Skript-Darsteller zurück.

Listen

Die **Liste** ist die Lingo-Entsprechung eines Arrays. Aufgrund ihrer speziellen Eigenschaften ist sie allerdings eher mit der Liste und dem Hash in Perl (siehe Kapitel 5, *Grundlagen der Programmierung*) vergleichbar: In einer Liste können beliebig viele Werte abgelegt sein, sie können durch eine Kombination von Variablenname und Indexangabe gelesen und verändert werden.

Es gibt zwei Arten von Listen: einfache Listen, bei denen der Index eine ganze Zahl ist, und Eigenschaftslisten (Property Lists), bei denen der Index eine Eigenschaft ist – Letzteres entspricht in etwa einem Perl-Hash oder einem »assoziativen Array«.

Eine einfache Liste wird so eingerichtet:

```
liste = []
```

erzeugt eine leere Liste (noch ohne Elemente). Sie können dagegen folgendermaßen eine Liste erzeugen, die von Anfang an Werte enthält:

```
liste2 = [3, 5, ...]
```

Mit Hilfe von `liste2[2]` können Sie auf das zweite Element dieser Liste zugreifen – anders als in C und verwandten Programmiersprachen zählt der Index nicht ab 0, sondern ab 1.

```
liste[3] = "hallo"
```

weist dem dritten Element von `liste` den neuen Wert `"hallo"` zu. Wie die meisten Skriptsprachen ist auch Lingo untypisiert; eine Liste kann Werte vieler verschiedener Datentypen enthalten.

Eigenschaftenlisten

Eine leere Eigenschaftenliste wird folgendermaßen definiert:

```
pList = [:]
```

Eine Eigenschaftenliste, die bereits Werte enthält, dagegen so:

```
wochentage = [#mo:"Montag", #di:"Dienstag", ..., #sa:Samstag,
#so:"Sonntag"]
```

Lesen können Sie ein Element einer Eigenschaftenliste zum Beispiel mittels `wochentage[#di]`. Die Zuweisung eines neuen Werts für ein einzelnes Feld ist ebenfalls sehr einfach. Angenommen, Sie möchten die Wochentagsliste für norddeutsche Benutzer umgestalten:

```
wochentage[#sa] = "Sonnabend"
```

Lingo für Audio und Video

Wie bereits oben erwähnt, werden Audio- und Video-Playback in Director vornehmlich über Lingo-Skripte gesteuert. Hier finden Sie deshalb die wichtigsten Befehle.

Lautstärke

Die globale Lautstärke, die die Werte 0 (aus) bis 7 (ganz laut) annehmen kann, lässt sich über die Eigenschaft `the soundLevel` einstellen:

```
set the soundLevel = 7  -- ganz laut
put the soundLevel into member "vol"  -- Wert anzeigen
```

Die beiden Drehbuch-Soundkanäle besitzen dagegen individuelle Lautstärkenwerte zwischen 0 und 255:

```
set the volume of sound 1 = 127 -- Kanal 1 mittel
laut2 = the volume of sound 2   -- Kanal 2 => Variable
```

Für die Regelung des Abspielverhaltens von Sound gibt es darüber hinaus eine Reihe von Soundbefehlen:

- `sound pause 1` hält das Abspielen des Sounds in Kanal 1 an.
- `sound play 1` spielt den Sound in Kanal 1 weiter.
- `sound stop 2` stoppt das Abspielen von Sound in Kanal 2 ganz; mit einem einfachen `play` lässt sich dasselbe Sound-Sprite nicht wieder aktivieren.
- `sound fadeIn 1, 100` blendet den Sound in Kanal 1 in 100 Millisekunden von 0 auf die volle Lautstärke.
- `sound fadeOut 2, 1000` blendet den Sound in Kanal 2 über eine Sekunde von der aktuellen Lautstärke auf 0.
- `puppetSound 1, "lied"` spielt in Kanal 1 den Sounddarsteller Lied ab, ohne dass er im Drehbuch vorkommen muss.
- `sound playFile 2, "hallo.wav"` lädt die externe Sounddatei `hallo.wav` und spielt sie in Kanal 2 ab.

Videosteuerung

Digitalvideo-Sprites werden je nach Dateityp (QuickTime oder AVI) über etwas unterschiedliche Befehle gesteuert. Die wichtigsten Einstellungen für Video können Sie aber allgemein gültig über die folgenden Eigenschaften vornehmen:

- `the movieRate of sprite` ist die relative Abspielrate des Video-Sprites: Ein normal laufender Film hat den Wert 1, ein stehender den Wert 0. Sie können den Film also abspielen und wieder anhalten, indem Sie diese Eigenschaft setzen. Durch höhere positive Werte können Sie einen schnellen Vorlauf realisieren, durch negative einen Rücklauf.
- `the movieTime of sprite` gibt die seit Anfang des Videofilms bis zur aktuellen Position verstrichene Zeit an. Sie können einen Film auf Anfang setzen, indem Sie dieser Eigenschaft den Wert 0 zuweisen.
- `the duration of member` betrifft nicht das Video-Sprite, sondern den zugrunde liegenden Darsteller: Die Eigenschaft gibt die Gesamtdauer des importierten Films an; sie kann nur gelesen, aber nicht eingestellt werden. Sie können die Eigenschaft `the movieTime of sprite` auf diesen Wert setzen, um den Film ganz ans Ende zu spulen.

11.5.4 Director-Filme veröffentlichen

Nachdem Sie einen Director-Film fertig gestellt haben, müssen Sie ihn in ein Format bringen, in dem Sie ihn veröffentlichen können. Je nach Einsatzzweck gibt es dafür grundsätzlich zwei verschiedene Möglichkeiten:

- Ein **Projektor** ist ein selbstlaufendes Programm, das einen Director-Film auf einem Rechner abspielt, auf dem Director nicht vorhanden ist. Der Projektor ist die übliche Art und Weise, Director-Produktionen auf CD oder DVD zu vertreiben.
- Ein **Shockwave-Film** ist dagegen ein stark komprimierter Director-Film, der in einem Webbrowser abgespielt werden kann. Benutzer benötigen zu diesem Zweck den Shockwave-Player, der kostenlos bei Macromedia heruntergeladen werden kann. Unter **www.shockwave.com** betreibt Macromedia übrigens ein umfangreiches Unterhaltungs-

angebot, das aus zahlreichen Spielen, Cartoons und Musikangeboten im Shockwave-Format besteht.

Veröffentlichungsbefehle

In der aktuellen Version wurden diese Exportfunktionen nach dem Vorbild von Flash unter den Menüpunkten **Datei • Veröffentlichungseinstellungen** und **Datei • Veröffentlichen** zusammengefasst. Übrigens gehört nun auch eine sehr lästige Beschränkung endlich der Vergangenheit an: Ab sofort können Sie unter Windows auch Mac-Projektoren erstellen und umgekehrt. Allerdings sollten Sie ein Projekt für die jeweils andere Plattform niemals ungeprüft auf die Öffentlichkeit loslassen.

Die erste Registerkarte im Dialog **Veröffentlichungseinstellungen** dient der Auswahl der gewünschten Formate. Sie können sich einen oder mehrere der folgenden Dateitypen aussuchen:

- Windows-Projektor
- Macintosh-Projektor (für MacOS X)
- Macintosh Classic-Projektor (für MacOS 8 und 9)
- Shockwave-Datei – für das Web komprimiert
- HTML – eine Webseite, die bereits den nötigen Code für die Shockwave-Einbettung enthält
- Grafikdatei – ein JPEG-Bild als Ersatz für Browser ohne Shockwave-Plugin

Die Optionen für einen Projektor werden auf der gleichnamigen Registerkarte eingestellt:

- Die **Einführungsgrafik** bestimmt, welches Frame des Films als Ersatzbild und Ladeplatzhalter gespeichert wird
- Unter **Benutzerdefiniertes Symbol für Anwendungsdatei** können Sie selbst ein Icon für Ihren Projektor auswählen. Es muss als separate Datei vorliegen und kann nicht – wie unter Windows üblich – aus einer EXE- oder DLL-Datei extrahiert werden.
- **Animation im Hintergrund** bestimmt, dass der Film auch weiterläuft, wenn sein Fenster nicht den Fokus besitzt.
- **Vollbild** maskiert den gesamten Bildschirminhalt mit der Bühnenhintergrundfarbe.
- **Bühnengröße fest mit Filmbühne verbinden** skaliert die Bühne bei Änderungen der Fenstergröße.
- Die **Ausstiegssperre** verhindert, dass der Projektor sich über Standardfunktionen des Betriebssystems beenden lässt. User müssen dann einen von Ihnen programmierten Quit-Button verwenden – und bei besonders benutzerunfreundlicher Gestaltung auch noch einen längeren Abspann über sich ergehen lassen.
- **Bühne auf dem Monitor zentrieren** stellt die Bühne und gegebenenfalls das Anwendungsfenster beim Start in die Bildschirmmitte.
- **Nur Einzelinstanz** überprüft, ob derselbe Projektor bereits auf dem Rechner läuft und verhindert in diesem Fall einen weiteren Start.
- **Vollständigen Skriptfehlertext anzeigen** sollten Sie nur während der Entwicklung aktivieren: Fehlermeldungen werden in der Ausführlichkeit angezeigt, die Sie von der Director-Arbeitsumgebung kennen. Endbenutzer dürfte dies eher verwirren.

- **Monitor auf Farbtiefe des Films setzen** stellt die Bildschirmfarbtiefe beim Start des Projektors automatisch auf dessen internen Wert um; nach dem Beenden wird sie automatisch zurückgesetzt.
- **Zusätzlicher Hauptspeicher** reserviert beim Start des Projektors die angegebene Menge Arbeitsspeicher.
- Die Einstellung **Temporärer Systemspeicher** hat nur Auswirkungen auf MacOS Classic: Wenn die eigene Speicherpartition des Projektors voll ist, darf er sich aus dem Speicherbereich des Betriebssystems selbst bedienen.

Auf der Registerkarte **Dateien** müssen Sie auswählen, welche Filme, Besetzungen und Xtras Sie hinzufügen möchten. Wenn Ihr Projekt aus mehreren Filmdateien besteht, die sich gegenseitig aufrufen, sollten Sie diese übrigens normalerweise nicht alle zur Projektordatei hinzufügen. Aus Stabilitäts- und Performance-Gründen ist es ratsamer, sie als separate Filmdateien zu speichern. Damit Benutzer sie nicht einfach mit Director öffnen und bearbeiten können, sollten Sie sie schützen: Wählen Sie **Xtras • Filme aktualisieren**, stellen Sie die Option **Schützen** ein und suchen Sie sich unter **Durchsuchen** die gewünschten Dateien aus.

Die Registerkarte **Shockwave** ist für den Export des Webformats zuständig. Hier können Sie sich für die Player-Varianten 10 (aktuell) oder 8.5 (weiter verbreitet) entscheiden. Daneben stehen einige Optionen für die Bild- und Audiokomprimierung zur Verfügung.

Unter **HTML** können Sie einstellen, auf welche Weise der Shockwave-Film eingebettet werden soll. Die Option **Vorlage** ermöglicht die Auswahl einiger vorgefertigter Schemata. In aller Regel ist **Shockwave-Standard** die richtige Wahl; alle Formate werden im darunter liegenden Feld kurz erläutert.

Nachdem Sie Ihre Dateiformate ausgewählt und alle Optionen eingestellt haben, können Sie die Schaltfläche **Veröffentlichen** betätigen, um den aktuellen Film entsprechend zu exportieren. Wenn Sie **OK** drücken, werden die Einstellungen gespeichert, so dass die Auswahl von **Datei • Veröffentlichen** die jeweilige Arbeitsdatei entsprechend veröffentlicht.

11.6 Zusammenfassung

Wie Sie in diesem Kapitel sehen konnten, ist die Erstellung von Multimedia-Anwendungen eine sehr umfangreiche Disziplin der Informationstechnik und Mediengestaltung. Einige Aspekte der Digitalmedienproduktion konnten hier nur recht knapp angesprochen werden, andere wurden gar nicht erörtert.

Audiodaten werden eigentlich für jede Multimedia-Produktion benötigt: Gesprochene Sprache, Musik und Soundeffekte gehören zum wichtigsten Material eines solchen Produkts. Das hier vorgestellte Programm Adobe Audition ermöglicht die Aufbereitung und Verarbeitung digitaler Aufnahmen auf dem Niveau eines professionellen Tonstudios. Darüber hinaus können Sie zahlreiche Effekte und Funktionen einsetzen, um Audiomaterial zu verändern.

Der Schnitt digitaler Videofilme ist inzwischen fast genauso wichtig: Gute Multimedia-Präsentationen leben nicht nur von Animationen oder bestimmten Abfolgen von Bildern, sondern sollten bestimmte Sachverhalte durch Filmmaterial visualisieren. Die Software Adobe Premiere Pro beherrscht alle erforderlichen Arbeitsschritte von der digitalen Aufnahme über den Schnitt und das Zuweisen von Übergängen und Effekten bis zur Ausgabe als Datei oder zurück auf Video.

Das faszinierende Gebiet der 3-D-Animation erschließt eine völlig neue Dimension der multimedialen Darstellung: Sie können technisch perfekte, animierte Modelle komplexer Maschinen oder Phänomene erstellen oder Ihren Kunden Produkte vorführen, die es noch gar nicht gibt. Das angesprochene Programm 3d s max verfügt noch über unendlich mehr Möglichkeiten als die hier gezeigten Grundlagen.

Um schließlich alle Teile zusammenzufügen, ist die Arbeit mit einem Autorensystem erforderlich. Macromedia Director ist nicht umsonst das am häufigsten verwendete Programm dieser Art: Er kann die meisten unterschiedlichen Medientypen importieren, besitzt hervorragende Animations- und Arrangementfunktionen und ist zudem überaus flexibel programmierbar. Am Ende der Director-Produktionsarbeit steht entweder das Master für eine CD-ROM oder DVD oder aber ein Shockwave-Film für das Web.

Wie bereits erwähnt, ist das Web heute die wichtigste Plattform für Multimedia. Da Sie zuerst die Netzwerkgrundlagen beherrschen und verstehen sollten, befinden sich die relevanten Themen weiter hinten in diesem Buch. Dazu gehören die DHTML-Programmierung mit JavaScript (Kapitel 18) und vor allem die Arbeit mit dem interaktiven Web-Animationssystem Flash (Kapitel 19).

12 Datei- und Datenformate

Es gibt keine größere Illusion als die Meinung, Sprache sei ein Mittel der Kommunikation zwischen Menschen.
– Elias Canetti

In den vorangegangenen Kapiteln haben Sie zahlreiche Anwendungsprogramme und ihre Arbeitsweise kennen gelernt. Dabei wurde eine Reihe von Dateiformaten verwendet, um Daten aus diesen Anwendungen für verschiedene Zwecke zu speichern. Zwar wurde an der jeweiligen Stelle kurz auf den Haupteinsatzzweck und die Besonderheiten dieser Formate eingegangen, aber näher erläutert wurden sie dort nicht. Dies geschieht zentral im vorliegenden Kapitel.

Die Wahl des richtigen Dateiformats ist unerlässlich, um effizient mit bestimmten Anwendungen zu arbeiten und um jeweils kompatible Daten für den weiteren Workflow zu erzeugen. Deshalb werden in diesem Kapitel die wichtigsten Charakteristika verschiedener Formate für Text, formatierten Text, Grafiken, Bilder und Multimediadaten behandelt.

Beachten Sie, dass dieses Kapitel die Datei- und Datenformate ausschließlich aus Anwendersicht beschreibt. Sie erfahren hier also nicht, wie Sie als Programmierer bestimmte Dateiformate lesen, schreiben und interpretieren können. Dieser spezielle Aspekt von Dateiformaten wird in dem empfehlenswerten Buch *Dateiformate – Eine Referenz* von Günther Born (Galileo Press) genau beschrieben.

12.1 Textdateien und Zeichensätze

Die einfachste Dateisorte sind einfache Textdateien, in denen jedes Zeichen sich selbst repräsentiert, in denen also keine binären Steuercodes vorkommen. Reine Textdateien werden trotzdem nicht nur zur Speicherung von Texten in menschlichen Sprachen verwendet. Es existieren auch viele textbasierte Formate, in denen Steuerungs-, Formatierungs- und Strukturbefehle im Klartext gespeichert werden, sodass sie von Menschen gelesen und geändert werden können. Wichtige Beispiele sind XML, HTML, die Satzsprache LaTeX, die Druckseitenbeschreibungssprache PostScript und nicht zuletzt die zahlreichen proprietären Konfigurationsdateien für Betriebssysteme und Anwendungen. Dies macht einen großen Teil der Bedeutung von Textdateien aus.

Sie haben in Kapitel 4, *Betriebssysteme*, erfahren, wie Textdateien mit Hilfe verschiedener System-Tools und Editoren verarbeitet werden können. In Kapitel 5, *Grundlagen der Programmierung*, wurde die programmierte Verarbeitung von Textdateien bereits kurz behandelt. Aber bisher wurde noch nicht genau darauf eingegangen, was wirklich in einer Textdatei gespeichert wird.

Formal betrachtet handelt es sich bei einer Textdatei um eine Abfolge von Speicherblöcken, in denen verschiedene Bitmuster für die unterschiedlichen Zeichen stehen. Wie breit der einzelne Speicherblock ist, hängt dabei vom verwendeten Zeichensatz ab. Beispielsweise wird der verbreitete ASCII-Zeichensatz mit seinen Erweiterungen in der Regel in

Dateien und Datenstrukturen mit 8 Bit pro Zeichen gespeichert; für Unicode stehen Varianten mit 16 oder 32 Bit oder sogar mit variabler Bit-Breite zur Verfügung.

ASCII-Code

Der ursprüngliche **ASCII**-Zeichensatz (American Standard Code for Information Interchange) wurde in den 60er-Jahren entwickelt. Er entstand durch das einfache Durchnummerieren sämtlicher Zeichen und Funktionen, die eine US-amerikanische Schreibmaschine erzeugen kann. Es gibt also nicht nur ASCII-Codierungen für Buchstaben, Ziffern und einige Sonderzeichen, sondern auch für typische Schreibmaschinenfunktionen wie den Zeilenvorschub (Line Feed), den Wagenrücklauf (Carriage Return) oder sogar die Glocke (Bell), deren Ton das baldige Zeilenende anzeigt. Diese Steuerzeichen werden von den verschiedenen Terminals, Shells oder Texteditoren unterschiedlich genutzt.

Der ASCII-Code selbst ist nur 7 Bit breit, enthält also 128 Zeichen. Da er in der Regel in 8 Bit großen Einheiten gespeichert wird, bleibt das erste Bit echter ASCII-Zeichen 0. Der verfügbare Platz von weiteren 128 Zeichen, die bei einer Speicherung in ganzen Bytes übrig bleibt, wurde zuerst von IBM als »erweiterter ASCII-Code« genutzt. In der Folge wurden die verschiedensten Zeichensätze entwickelt, die die ersten 128 Zeichen mit ASCII gemeinsam haben und die restlichen 128 für eigene Erweiterungen nutzen. Eine gängige standardisierte Fassung ist der **ANSI**-Zeichensatz, der beispielsweise in den Windows-Versionen der meisten lateinisch schreibenden europäischen Sprachen zum Einsatz kommt. Er enthält die wichtigsten west- und mitteleuropäischen Sonderzeichen wie etwa deutsche Umlaute oder französische Buchstaben mit Akzent. ANSI steht für American National Standards Institute, es handelt sich um das US-Pendant zum deutschen DIN oder zur internationalen ISO.

12.1.1 Das Problem des Zeilenumbruchs

Das einzige Sonderzeichen, das in jeder Textdatei geduldet wird und eine universelle Bedeutung besitzt, ist der Zeilenumbruch. Er entsteht bei der manuellen Eingabe durch das Drücken der Eingabetaste (`Return` oder `Enter`). Ärgerlicherweise wird er selbst in ASCII-Textdateien für die verschiedenen Plattformen durch unterschiedliche Zeichen dargestellt:

- UNIX-Varianten wie Linux, FreeBSD und Solaris verwenden ein einzelnes **LineFeed** (LF, ASCII-Code 10).
- MacOS benutzt traditionellerweise ein einzelnes **Carriage Return** (CR, ASCII-Code 13). Allerdings verwendet die Darwin-Umgebung in MacOS X das LF, da es sich um ein UNIX handelt.
- Windows und MS-DOS verwenden eine Kombination aus beiden Zeichen: ein CR, gefolgt von einem LF (in der Regel als CRLF bezeichnet). Diese Zeichenfolge wird übrigens auch in der Netzwerkkommunikation von vielen Protokollen eingesetzt (siehe Kapitel 13, *Netzwerktechnik*).

Die Verwendung unterschiedlicher Zeichen für Zeilenumbrüche führt immer wieder zu Problemen bei der Konvertierung oder beim Öffnen von Textdateien, die unter einem anderen Betriebssystem gespeichert wurden. Beispielsweise sehen Sie beim Öffnen einer Windows-Textdatei unter dem klassischen MacOS ein kleines Quadrat (als nicht darstellbares Sonderzeichen) am Anfang jeder neuen Zeile, während Sie unter Windows nur kleine Quadrate anstelle der Zeilenumbrüche sehen, wenn Sie eine Mac- oder UNIX-Textdatei öffnen.

Konvertierung

Dieses Problem lässt sich durch intelligente Editoren in den Griff bekommen, beispielsweise erkennt TextPad für Windows (Demoversion unter **www.textpad.com**) die Fremdformate automatisch und stellt die Dateien intern um. Auch der in MacOS X eingebaute GUI-Texteditor TextEdit kann sich auf Windows-Zeilenendungen einstellen. Unter Linux sind spezielle Konverterprogramme für die Konsole verfügbar: `fromdos Dateiname` konvertiert die angegebene Datei mit Windows-Zeilenumbrüchen auf UNIX-Umbrüche; `todos Dateiname` erledigt die umgekehrte Aufgabe. Für Mac- und Windows-Benutzer ist zusätzlich das Programm AscOnA nützlich, weil es nicht nur die Zeilenendungen in beide Richtungen konvertiert, sondern auch gleich die Umlaute und andere diakritische Zeichen dem jeweiligen Zeichensatz anpasst. Die Software kann für beide Plattformen kostenlos unter der URL **http://www.medienwerkstatt-online.de/products/ascona/ascona.html** heruntergeladen werden.

Wenn Sie innerhalb von Anwendungsprogrammen mit Text arbeiten, haben Sie übrigens kein Problem mit Zeilenumbrüchen: Layoutsoftware wie InDesign und QuarkXPress oder Textverarbeitungsprogramme wie Microsoft Word, die für Windows und MacOS verfügbar sind, speichern auch die enthaltenen Texte in ihrem eigenen Format, in dem die Zeilenumbrüche speziell geschützt werden. Dabei spielt es auch keine Rolle, ob das jeweilige Programm ein binäres oder XML-basiertes Dateiformat verwendet.

Auch Programmiersprachen beschäftigen sich mit dem Problem der unterschiedlichen Zeilenumbrüche. Wenn Sie in den Sprachen, die in diesem Buch näher behandelt werden, also C, Java oder Perl, die Escape-Sequenz `\n` ausgeben, gilt sie als logischer Zeilenumbruch, es wird also hinter den Kulissen das jeweils passende Zeichen beziehungsweise die korrekte Zeichenfolge erzeugt. Dennoch steht `\n` eigentlich für das LF, also das Zeichen mit dem ASCII-Code 10, während `\r` das CR (ASCII-Code 13) repräsentiert.

Perl-Variable $/

Die Programmiersprache Perl geht noch einen Schritt weiter: Sie definiert eine spezielle Variable namens `$/`, den Input Record Separator. Diese enthält das jeweils aktuelle Zeichen oder die Zeichenfolge, die als Zeilentrenner für den Operator `<>` gilt. Wenn Sie eine Textdatei erhalten, die von einer anderen Plattform stammt, können Sie den Wert der Variablen einfach überschreiben: Entweder sichern Sie ihren Wert in einer zweiten Variablen oder erstellen sich mit Hilfe des Schlüsselworts `local` eine gleichnamige lokale Variable, die die »offizielle« Variable innerhalb des aktuellen Gültigkeitsbereichs ausblendet. Wenn Sie `$/` einen neuen Wert zuweisen, müssen Sie allerdings darauf achten, dass Sie die Zeichen CR und LF nicht einfach durch `\r` beziehungsweise `\n` (den logischen Umbruch) darstellen dürfen, sondern über ihre ASCII-Codes ansprechen müssen. Dies geschieht in Perl (genau wie in C oder Java) durch einen Backslash mit dem nachstehenden oktalen Zeichencode: `\012` steht für LF, `\015` stellt CR dar.

Das folgende kurze Beispiel dient dem zeilenweisen Einlesen einer klassischen Mac-Textdatei auf einer beliebigen Plattform:

```
local $/ = "\015";
open (MAC, "<mactextfile.txt") || die "Geht nicht!\n";
```

```
while ($line = <MAC>) {
   chomp $line;
   push @text, $line;
}
close MAC;
```

Sie können in `$/` übrigens auch einfach einen leeren String speichern, um eine Textdatei vollständig auf einmal zu »saugen«:

```
my $umbr = $/;          # alten Wert schützen
$/ = "";                # "Saug"-Modus
open (FILE, "<test.txt") || die "Geht nicht!\n";
my $text = <FILE>;      # alles auf einmal lesen
close FILE;
$/ = $umbr;             # $/ wiederherstellen
```

12.1.2 Zeichensätze

In diesem Unterabschnitt werden die Grundlagen einiger Zeichensätze behandelt – vom einfachen ASCII- bis zum komplexen Unicode-Zeichensatz.

ASCII

Der ASCII-Zeichensatz (gesprochen »äskie«) ist der wichtigste und grundlegendste aller Computerzeichensätze. Viele klassische Konsolen- oder Netzwerkanwendungen verarbeiten keine Zeichen über reines ASCII hinaus; Bezeichner in traditionellen Programmiersprachen wie C dürfen ebenfalls nur aus ASCII-Zeichen bestehen.

Der ASCII-Zeichensatz geht auf einen ANSI-Vorschlag von 1963 zurück und wurde im Wesentlichen bei IBM ausgearbeitet, vor allem von **Robert Bemer** (**www.bobbemer.com**), der unter anderem auch einen entscheidenden Beitrag zur Entwicklung der Programmiersprache COBOL geleistet hat. 1968 wurde der ASCII-Code standardisiert.

	0	1	2	3	4	5	6	7	8	9	A	B	C	D	E	F
0	NUL	SOH	STX	ETX	EOT	ENQ	ACK	BEL	BS	HT	LF	VT	FF	CR	SO	SI
1	DLE	DC1	DC2	DC3	DC4	NAK	SYN	ETB	CAN	EM	SUB	ESC	FS	GS	RS	US
2	SP	!	»	#	$	%	&	'	(	)	*	+	,	-	.	/
3	0	1	2	3	4	5	6	7	8	9	:	;	<	=	>	?
4	@	A	B	C	D	E	F	G	H	I	J	K	L	M	N	O
5	P	Q	R	S	T	U	V	W	X	Y	Z	[	\	]	^	_
6	`	a	b	c	d	e	f	g	h	i	j	k	l	m	n	o
7	p	q	r	s	t	u	v	w	x	y	z	{	|	}	~	DEL

Tabelle 12.1 Der ASCII-Zeichensatz

Tabelle 12.1 zeigt zunächst den gesamten ASCII-Zeichensatz. Die Nummerierung ist hexadezimal; in der jeweiligen Zeile ist die hohe (Sechzehner-)Stelle eines Codes zu sehen, in der Spalte die niedrige (Einer-)Stelle. Das Zeichen `'A'` besitzt also zum Beispiel den Code 41 (dezimal 65).

Die Zeichen 0 bis 31 (hexadezimal 00 bis 1F) sind Steuerzeichen, die mit ihren traditionellen Kurznamen verzeichnet wurden. Beispielsweise ist 0A (dezimal 10) das bereits erwähnte LineFeed, 0D (13) ist das Carriage Return und 00 (das Zeichen `'\0'`) wird vor allem als Abschlussmarkierung für C-Strings verwendet.

Wie Sie sehen, haben die Entwickler sich bemüht, bestimmte Zeichenklassen an charakteristischen Stellen unterzubringen. Außerdem kommen die Ziffern und die beiden Sätze von Buchstaben in ihrer natürlichen Reihenfolge vor: Die Ziffernzeichen `'0'` bis `'9'` befinden sich auf den Positionen 48 bis 57 (hexadezimal 30 bis 39), die Großbuchstaben `'A'` bis `'Z'` auf 65 bis 90 (hexadezimal 41 bis 5A) und die Kleinbuchstaben `'a'` bis `'z'` auf 97 bis 122 (hexadezimal 61 bis 7A).

ASCII-Erweiterungen

In den 80er-Jahren war es so gut wie selbstverständlich, auf einem Home oder Personal Computer keine deutschen Umlaute und sonstigen Sonderzeichen zur Verfügung zu haben: ASCII ist nur für englische Texte geeignet, alle anderen Sprachen mussten ihre Sonderzeichen umschreiben (`ae` für `ä` und so weiter) oder spezielle diakritische Kennzeichnungen einfach weglassen (zum Beispiel Französisch ohne Akzente).

Grenzen von ASCII

Da Computer jedoch ab einem bestimmten Zeitpunkt im großen Stil Einzug in Firmen und Behörden hielten und die Schreibmaschine als Korrespondenzwerkzeug zunehmend ablösten, war dieser Zustand irgendwann nicht mehr erträglich: Deutscher Text ohne Umlaute und ähnliche falsche Schreibweisen anderer Sprachen sind viel schlechter lesbar als richtig geschriebener Text. Da niemand seinen Kunden auf Dauer solche Notlösungen in Geschäftsbriefen zumuten wollte, mussten die fehlenden Zeichen integriert werden.

Erfreulicherweise verwenden alle heutigen Computer Bytes, die acht Bits groß sind (das war in der Frühzeit der Computergeschichte nicht immer selbstverständlich; der oben genannte ASCII-Entwickler Bob Bemer war übrigens einer derjenigen, die sich dafür eingesetzt hatten). Aus diesem Grund war es weit verbreitete Praxis, jedes einzelne eigentlich nur 7 Bits breite ASCII-Zeichen in einem 8 Bits großen Block zu speichern. In einem Byte war also Platz für weitere 128 Zeichen, die man irgendwie ausnutzen konnte.

IBM war das erste Unternehmen, das einen solchen Zeichensatz einführte – der so genannte »erweiterte ASCII-Zeichensatz« enthielt die wichtigsten diakritischen Zeichen west- und mitteleuropäischer Sprachen sowie eine Reihe von geraden und gewinkelten Linien und anderen Grafikzeichen, um konsolenbasierte Benutzeroberflächen realisieren zu können. Dieser Zeichensatz wurde beispielsweise in leicht abgewandelter Form von MS-DOS verwendet.

Andere Hersteller erfanden ihre eigenen erweiterten Zeichensätze. Zum Beispiel entschied sich Apple für eine Eigenentwicklung, in der die 128 Zeichen über ASCII anders belegt wurden. Deswegen können Sie bis heute eine deutsche Mac-Textdatei nur mit Fehlern unter Windows lesen und umgekehrt.

ANSI-Zeichensatz

Apropos Windows: Microsoft entschloss sich, für Windows nicht IBMs erweiterten ASCII-Zeichensatz oder die MS-DOS-Variante davon zu verwenden, sondern den inzwischen standardisierten ANSI-Zeichensatz: Da Windows eine grafische Benutzeroberfläche war, wurden die verschiedenen Grafikzeichen nicht mehr gebraucht, um Fenster oder Menüs zu zeichnen. Den frei gewordenen Platz benutzt der ANSI-Zeichensatz für mehr internationale diakritische Zeichen. Das ist der Grund dafür, warum ein Konsolenprogramm, das Sie in einem Windows-Editor schreiben, statt deutscher Umlaute seltsame Sonderzeichen anzeigt. Die von DOS übernommene Windows-Konsole verwendet nach wie vor den alten MS-DOS-Zeichensatz!

Als Computer sich in immer mehr Ländern zu verbreiten begannen, fiel unangenehm auf, dass die ANSI-Zeichen noch nicht einmal für alle lateinisch geschriebenen Sprachen geeignet waren. Beispielsweise benutzen Sprachen wie Tschechisch oder Türkisch einige besondere Zeichen, um spezielle Laute zu kennzeichnen.

Codepages

Die Betriebssystemhersteller begegneten diesem Problem, indem sie für jedes Land, in dem das entsprechende System verkauft wurde, einen angepassten Zeichensatz oder eine so genannte **Codepage** herstellten, um die Besonderheiten der jeweiligen Sprache darstellen zu können. Neben den verschiedenen Varianten der lateinischen Schrift wurden so auch andere Buchstabenalphabete realisiert, beispielsweise Kyrillisch, Griechisch, Hebräisch oder Arabisch. Für die beiden Letztgenannten musste natürlich zusätzlich das Problem gelöst werden, dass sie von rechts nach links geschrieben werden. Für sich allein genommen ist das noch nicht einmal schwierig, vielmehr bereitet die Mischung mit englischem Text (also der umgekehrten Schreibrichtung), der für die Programmierung und Ähnliches eingesetzt wird, Kopfzerbrechen.

ISO 8859

Mit den betriebssystemabhängigen Lösungen waren einige Jahre lang fast alle recht zufrieden; Anwendungsprogramme, die für Mac OS und Windows verfügbar waren, verwendeten ohnehin ihre eigenen inneren Mechanismen für den Erhalt des korrekten Zeichensatzes. Zum Problem wurden diese Insellösungen erst, als sich das Internet immer schneller ausbreitete. Deshalb wurde für plattformübergreifende Kompatibilität ein international gültiger Standard für Zeichensätze geschaffen: der ISO-8859. Die wichtigsten ISO-8859-Zeichensätze werden in Tabelle 12.2 gezeigt.

ISO-Zeichensatz	Alternativer Name	Beschreibung
ISO-8859-1	ISO-Latin-1	Entspricht weitgehend dem ANSI-Zeichensatz. Unterstützt die Sprachen von USA und Westeuropa.
ISO-8859-2	ISO-Latin-2	Unterstützt zusätzlich einige slawische Sprachen.
ISO-8859-3	ISO-Latin-3	Unterstützt Esperanto, Maltesisch und Türkisch.
ISO-8859-4	ISO-Latin-4	Dient der Unterstützung der baltischen Sprachen (Estnisch, Lettisch und Litauisch).
ISO-8859-5	–	Kyrillisch
ISO-8859-6	–	Arabisch

Tabelle 12.2 Die wichtigsten standardisierten ASCII-Erweiterungs-Zeichensätze

ISO-Zeichensatz	Alternativer Name	Beschreibung
ISO-8859-7	–	Griechisch
ISO-8859-8	–	Hebräisch
ISO-8859-9	ISO-Latin-5	Wie Latin-1; ersetzt aber isländische durch türkische Zeichen. Wird für Türkisch häufiger verwendet als Latin-3.
ISO-8859-10	ISO-Latin-6	Unterstützt Grönländisch und Lappisch.

Tabelle 12.2 Die wichtigsten standardisierten ASCII-Erweiterungs-Zeichensätze (Forts.)

Beachten Sie, dass es noch weitaus mehr angepasste Zeichensätze gibt als die hier dargestellten. Nicht »totzukriegen« sind beispielsweise die traditionellen Mac-Zeichensätze.

Unicode

Um das ganze Problem der Schriften ein für alle Mal in den Griff zu bekommen, wurde schließlich das **Unicode**-System erfunden. Hier wurde von vornherein mehr Speicherplatz für das einzelne Zeichen eingeplant, um mehr unterschiedliche Zeichen darstellen zu können. Die ursprünglichen Unicode-Versionen verwendeten 16 Bit pro Zeichen, um bis zu 65.536 Zeichen darstellen zu können; seit Unicode 3.1 gibt es auch spezielle Varianten mit 3 oder 4 Byte, um noch erheblich mehr Zeichen in Unicode unterzubringen.

Das größte Problem, das Unicode mit sicht bringt, ist, dass das System bisher noch nicht von allen Betriebssystemen, Programmiersprachen, APIs und Anwendungen verwendet wird. Um dieses Problem zu verringern, wurde Unicode so konstruiert, dass die untersten 256 Zeichen genau dem Zeichensatz ISO-Latin-1 entsprechen.

Die spezielle Unicode-Codierung UTF-8 kann ASCII-Zeichen sogar einfach in einem Byte darstellen und verwendet spezielle Codes zur Darstellung höherer Zeichen. Auf diese Weise ist UTF-8 zu ASCII abwärts kompatibel.

16-Bit-BMP

Die ursprüngliche Teilmenge von Unicode, die 16 Bit breite Zeichen verwendet, wird als Basic Multilingual Pane (BMP) bezeichnet. Es handelt sich um die wichtigsten Zeichen lebender Sprachen, mathematische Sonderzeichen sowie grundlegende Piktogramme, Schmuckelemente und andere Symbole (Dingbats). In Tabelle 12.3 sehen Sie eine Übersicht über einige wichtige Codebereiche des BMP-Bereichs von Unicode. Die Codes von Unicode-Zeichen werden üblicherweise im Hexadezimalcode mit vorangestelltem U+ geschrieben; beim BMP-Bereich werden vier Hexadezimalstellen verwendet, ansonsten je nach Bedarf mehr.

Hexadezimal	Dezimal	Codebereich
U+0000 – U+007F	0 – 127	ASCII
U+0080 – U+00FF	128 – 255	ISO-Latin-1

Tabelle 12.3 Einige wichtige Codebereiche im Unicode-Block BMP

Hexadezimal	Dezimal	Codebereich
U+0100 – U+017F	256 – 383	Latin Extended A (speziellere diakritische Zeichen)
U+0180 – U+024F	384 – 591	Latin Extended B (spezielle, eigentlich nicht lateinische Zeichen, die in einigen Sprachen verwendet werden)
U+0370 – U+03FF	880 – 1023	Griechisch
U+0400 – U+04FF	1024 – 1279	Kyrillisch
U+0590 – U+05FF	1424 – 1535	Hebräisch
U+0600 – U+06FF	1536 – 1791	Arabisch
U+0900 – U+097F	2304 – 2431	Devanagari (Schrift der meisten indischen Sprachen)
U+2200 – U+22FF	8704 – 8959	Mathematische Symbole
U+3040 – U+309F	12352 – 12447	Hiragana (japanische Lautschrift)
U+30A0 – U+30FF	12448 – 12543	Katakana (japanische Lautschrift)
U+4E00 – U+9FA5	19968 – 40869	CJK Unified Ideographs (chinesische Zeichen, die z. T. auch für Japanisch und Koreanisch verwendet werden)

Tabelle 12.3 Einige wichtige Codebereiche im Unicode-Block BMP (Forts.)

Eine Übersicht über alle Zeichenbereiche von Unicode erhalten Sie auf der Website des Unicode-Konsortiums: **http://www.unicode.org**. Dort finden Sie außerdem PDF-Dokumente zum Download, in denen jedes einzelne Zeichen zu sehen ist.

Unicode im Einsatz

Unicode wird inzwischen von den meisten Betriebssystemen unterstützt. Den Anfang machte Windows NT 4.0, das 1996 auf den Markt kam und den damaligen 16-Bit-Unicode als festgelegtes Textformat verwendete. Inzwischen sind auch neuere UNIX- und Linux-Versionen mit Unicode-Unterstützung ausgestattet.

Bei den Programmiersprachen machte Java den Anfang: die Sprache verwendete von Anfang an Unicode in verschiedenen Codierungen. Der Java-Datentyp `char` (einzelnes Zeichen) besitzt eine Breite von 16 Bit und ist somit groß genug, um ein BMP-Unicode-Zeichen aufzunehmen. In C wurde dazu nachträglich der 16 Bit breite Datentyp `wchar_t` eingeführt. Perl unterstützt Unicode erst seit der aktuellsten Version 5.8.

Auch immer mehr Anwendungsprogramme unterstützen Unicode. Wichtig ist dies besonders für Layout- und Textverarbeitungsprogramme. Das in Kapitel 10, *DTP und digitale Druckvorstufe*, vorgestellte InDesign arbeitet beispielsweise von Hause aus mit Unicode.

Die Unicode-Verwendung in Anwendungsprogrammen geht einher mit der Unterstützung des neuen OpenType-Schriftformats, das ebenfalls in Kapitel 10 angesprochen wurde.

Schrift- und Tastatureinstellungen

Die in den vorigen Abschnitten besprochene theoretische Unterstützung verschiedener lokaler Zeichensätze oder des Unicode-Systems nutzt in der Praxis natürlich nur dann etwas, wenn auf dem verwendeten Rechner entsprechende Schriften installiert sind und die Tastaturbelegung so geändert werden kann, dass die speziellen Zeichen anderer Schriftsysteme über die Tastatur eingegeben werden können.

Die reine Anzeige fremder Schriften ist besonders für Webseiten wichtig. Folgerichtig bieten Webbrowser wie der Microsoft Internet Explorer ein relativ einfaches System zum Umstellen der Zeichencodierung und zum Nachladen verschiedenster Zeichensätze an. Diese Darstellung anderer Zeichensätze ermöglicht aber noch lange nicht deren Eingabe!

Beispiel Windows

Die meisten aktuellen Betriebssysteme bieten eine einfache Möglichkeit, das Tastaturlayout auf viele verschiedene Schriften umzustellen und entsprechende Zeichensätze zu installieren. Unter Windows XP nehmen Sie die Einstellung der auswählbaren Tastaturlayouts beispielsweise folgendermaßen vor:

1. Wählen Sie **Start · Systemsteuerung · Regions- und Spracheinstellungen**.
2. Wechseln Sie auf die Registerkarte **Sprachen**. Über den Button **Details** können Sie die eigentlichen Einstellungen für Tastatur-Eingabeschemata vornehmen.
3. Mit **Hinzufügen** können Sie zahlreiche Sprachen und Eingabeschemata installieren.
4. Nachdem Sie die Auswahl bestätigt haben, steht Ihnen in der Taskleiste ein Umschalter zur Verfügung, mit dessen Hilfe Sie die verschiedenen Sprachen und Gebietsschemata nach Länderkürzel aussuchen können. Moderne Anwendungen wie Word oder InDesign suchen beim Umschalten in der Regel auch gleich eine Schrift aus, die die benötigten Zeichen darstellen kann. Auch das Umschalten der Schreibrichtung für verschiedene Sprachen funktioniert normalerweise problemlos.

Unter Mac OS X steht Ihnen ein sehr ähnliches Verfahren zur Verfügung; hier finden Sie die erforderlichen Einstellungen unter **Systemeinstellungen · Landeseinstellungen**.

Tastenbelegung

Nun müssen Sie nur noch herausfinden, mit welcher Taste welches Zeichen einer Sprache produziert wird. Bei lateinisch geschriebenen Sprachen kann die Belegung geringfügig (Z und Y sowie einige Satzzeichen vertauscht bei englischer Tastaturbelegung), aber auch erheblich von der deutschen abweichen (zum Beispiel AZERTY statt QWERTZ bei französischem Tastaturlayout). Für nichtlateinische Schriften gelten dagegen völlig andere Regeln: Fremde Buchstabenschriften (Griechisch, Arabisch und so weiter) sind natürlich *irgendwie* auf die Tasten der Tastatur verteilt.

Viel komplexer wird es dagegen bei den ostasiatischen Silbenschriften: In der Regel werden chinesische oder japanische Zeichen anhand einer Lateinumschrift eingegeben, Sie können sich das passende Zeichen daraufhin aus einer Liste aussuchen. Bestimmte Zeichen erkennt ein solches Eingabesystem sogar bereits aus dem Kontext richtig.

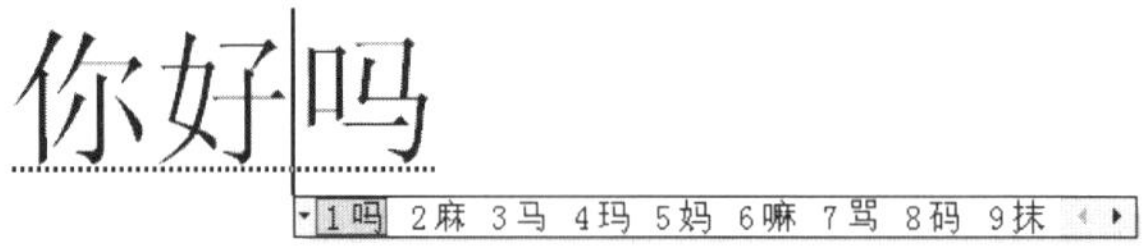

Abbildung 12.1 Eingabe chinesischer Zeichen unter Windows XP

Ein Beispiel: Chinesisch schreiben auf lateinischen Tastaturen

In Abbildung 12.1 sehen Sie ein Beispiel für die Eingabe chinesischer Schriftzeichen unter Windows XP. Die chinesische Sprache kennt viele tausend Silbenzeichen, aber nur verhältnismäßig wenige unterschiedliche Sprechsilben. Erschwerend kommt hinzu, dass es vier verschieden gesprochene, bedeutungsunterscheidende Betonungen gibt, die bei den üblichen Eingabesystemen nicht mit eingegeben werden.

In dem Beispiel sind die vereinfachten chinesischen Schriftzeichen zu sehen, die in der Volksrepublik aufgrund einer Schriftreform eingeführt wurden (Taiwan verwendet dagegen bis heute die noch komplexeren traditionellen Schriftzeichen). Die Lateinumschrift wurde ebenfalls vereinheitlicht; die chinesische Regierung hat vor Jahren ein verbindliches System namens Hanyu Pinyin eingeführt. Dies ersetzt die zum Teil abenteuerlichen Versuche portugiesischer Jesuitenpater und englischer Seefahrer; statt »Peking« heißt es beispielsweise korrekt »Beijing«.

Um die obigen Zeichen zu produzieren, müssen Sie die folgenden Silben eingeben: NI HAO MA (das Leerzeichen schließt jeweils die Eingabe einer Silbe ab). Da dieser Satz »Wie geht es dir?« bedeutet und sehr häufig vorkommt, hat das System auf Anhieb die korrekten Zeichen ausgewählt. Wird ein Zeichen dagegen falsch erkannt, können Sie einmal auf die linke Pfeiltaste drücken, um die im Bild gezeigte Auswahlleiste zu erhalten. Bei den meisten Silben besteht sie aus mehreren Abschnitten, die Sie durch die Pfeil-Buttons rechts erreichen können. Unter Mac OS X ist der Mechanismus sehr ähnlich.

12.1.3 Textbasierte Dateiformate

Viele wichtige Dateiformate, die in reinem Text geschrieben werden, lernen Sie in anderen Kapiteln dieses Buches kennen: In Kapitel 15 wird beispielsweise ausführlich die allgemeine Auszeichnungssprache XML behandelt; in Kapitel 16 kommt die Webseitenbeschreibungssprache HTML an die Reihe. Auch die verschiedenen Programmiersprachen und diverse Arten von Konfigurationsdateien lassen sich letzten Endes als Textdateiformate bezeichnen.

An dieser Stelle werden deshalb nur zwei Beispiele für textbasierte Formate angeführt: die Satzsprache LaTeX und die Druckseitenbeschreibungssprache PostScript. Ein drittes Beispiel ist das von Microsoft definierte Rich Text Format (RTF), das als rudimentäres Austauschformat für formatierten Text zwischen verschiedenen Anwendungen eingesetzt werden kann.

LaTeX

Die WYSIWYG-Dokumentenverarbeitung im Bereich des Textsatzes war nicht zu allen Zeiten selbstverständlich. Fotosatzmaschinen und frühe computerbasierte Satz- und Layoutsysteme verwendeten angepasste Spezialsprachen, um das Layout und den Textinhalt von Druckdokumenten zu beschreiben.

Eine der bekanntesten Textsatzsprachen wurde in den 80er-Jahren von Donald E. Knuth[1] entworfen. Hauptberuflich war er ein sehr bekannter Informatikprofessor – sein Hauptwerk ist das bisher dreibändige, auf sieben Bände ausgelegte »The Art of Computer Programming«. 1982 gab er das Manuskript des ersten Bandes beim Verlag ab und war enttäuscht über den schlechten Satz, der dabei herauskam. Dies veranlasste ihn, mit der Arbeit an seinem eigenen Textsatzsystem zu beginnen, genannt TeX (gesprochen »Tech« – mit ch wie in »Blech«). TeX

Zusammen mit TeX entwickelte Knuth ein weiteres Programm namens METAFONT zur Definition vektorbasierter elektronischer Schriften. Die wichtigsten Ideen von METAFONT führten später zur Entwicklung der Adobe-PostScript-Schriften. In TeX gesetzte Dokumente bestechen durch ihre hohe Qualität, die nicht einmal von professionellen Layoutprogrammen wie InDesign oder QuarkXPress erreicht wird, sondern höchstens von der Kunst des manuellen Bleisatzes. Außerdem ist kein anderes Programm in der Lage, in ähnlicher Perfektion mathematische Formeln zu setzen.

Andererseits ist TeX schwer zu benutzen; es müssen Unmengen von Konfigurationsanweisungen geschrieben werden, bevor das eigentliche Dokument gesetzt werden kann. Aus diesem Grund fügten andere Entwickler eine Makrosammlung namens LaTeX hinzu, die viele der Konfigurationsarbeiten durch Zusammenfassung erleichtert, sodass Autoren sich mehr auf den eigentlichen Text konzentrieren können als auf die Satzsprache.

Eine richtige Einführung in LaTeX würde an dieser Stelle erheblich zu weit führen; deshalb soll ein kurzes Beispieldokument genügen:

```
\begin{document}
\textbf{\Large LaTeX}
LaTeX ist eine Makrosammlung, die auf der Satzsprache Tex von \
emph{D.E.Knuth}\footnote{Der Autor der bekannten Art Of Computer Pro-
gramming.} basiert. LaTeX bietet eine Reihe von Vorteilen:
\begin{itemize}
\item
Gestochen scharfer Textsatz.
\item
Mathematische Formeln in Perfektion.
\item
Listen, Tabellen und Abbildungen ohne Probleme.
\end{itemize}
\end{document}
```

1 Der Name wirk »K-nooth« (englisch) ausgesprochen.

Wie Sie sehen, werden Formatierungsbefehle mit `\befehl` eingeleitet; die Inhalte, die ein Befehl umschließt, stehen in geschweiften Klammern. Der obige Beispielcode würde etwa folgende Ausgabe erzeugen:

> **LaTeX**
>
> LaTeX ist eine Makrosammlung, die auf der Satzsprache Tex von **D.E.Knuth** basiert. LaTeX bietet eine Reihe von Vorteilen:
>
> - Gestochen scharfer Textsatz.
> - Mathematische Formeln in Perfektion.
> - Listen, Tabellen und Abbildungen ohne Probleme.

LaTeX verarbeiten Ein solches Dokument erhält die Dateiendung `.tex` und wird vom eigentlichen LaTeX-Programm in eine DVI-Datei (Device-Independent Print File) umgewandelt, die über das Programm `dvips` in PostScript umgewandelt werden kann. Die freie PostScript-Implementierung GhostScript ermöglicht schließlich die Vorschau und Ausgabe des Dokuments. Auf einem UNIX-System würden Sie dazu beispielsweise folgende Befehle eingeben:

```
$ latex latexinfo.tex
$ dvips latexinfo.dvi
$ gs latexinfo.ps
```

Heutzutage gibt es auch einfache Möglichkeiten, direkt aus LaTeX-Dokumenten das modernere PDF-Format zu generieren.

PostScript

Die von Adobe eingeführte Druckseitenbeschreibungssprache PostScript wurde für die millimetergenaue Platzierung von Text, Vektorgrafik und Bildern erfunden, die für die Ausgabe auf Laserdruckern und Belichtern erforderlich ist. Die Sprache verfügt über eingebaute Funktionen zur Formatierung von Text und zur Anfertigung von Vektorzeichnungen; Pixelbilder werden dagegen mit der PostScript-Datei verknüpft.

Es handelt sich zwar um ein textbasiertes Format, aber in aller Regel gibt es niemand von Hand ein. PostScript-Dokumente werden fast immer von entsprechenden Druckertreibern erzeugt. Eine PPD (Druckerbeschreibungsdatei) wird dabei verwendet, um die speziellen Fähigkeiten des verwendeten Druckers wie Auflösung, Farbfähigkeit und eingebaute Schriften zu bestimmen. Aus diesen Gründen würde es auch keinen Sinn ergeben, hier PostScript-Code darzustellen.

Wenn Sie ein PostScript-Dokument als Datei speichern möchten, müssen Sie Ihren Druckertreiber anweisen, die Druckdaten an die Datei statt an den Drucker selbst zu senden. Das Verfahren wurde bereits in Kapitel 10, *DTP und digitale Druckvorstufe*, kurz erläutert.

EPS Eine spezielle Variante von PostScript ist das EPS-Format (Encapsulated PostScript). Es wird eher zu den Bilddateiformaten gerechnet, da es von den meisten Grafik- und Bildbearbeitungsprogrammen exportiert und geöffnet werden kann. EPS-Dateien sind die bevorzugte

Methode, um Vektorgrafiken oder gemischte Pixel-/Vektorgrafiken in Layoutdokumente zu importieren. Gegenüber dem klassischen PostScript-Format weist EPS die folgenden Besonderheiten auf:

- Die Konturen von Schriftarten können ähnlich wie bei PDF mit in das Dokument verpackt werden.
- Pixelbilder werden nicht verknüpft, sondern ihr Datenbestand wird grundsätzlich in das EPS eingebettet.
- EPS-Dokumente sind auf eine einzige Seite beschränkt, während PostScript beliebig viele Seiten einnehmen kann.

12.2 Binäre Dateiformate

Einen grundsätzlich anderen Weg als die bisher besprochenen textbasierten Dateiformate gehen die **Binärformate**. Es handelt sich um Dateien mit numerischen Inhalten, wobei ohne Kenntnis der Spezifikation des jeweiligen Dateiformats nicht erkennbar ist, ob die gespeicherten Zahlen an bestimmten Stellen für Befehle oder für Nutzdaten stehen. Viele Formate nehmen nichtsdestotrotz eine klare Trennung vor: Sie schreiben die Verwaltungsinformationen zu Beginn der Datei in einen Header und hängen die Nutzdaten hinten an. Auf diese Weise wird einem Programm, das eine solche Datei öffnet, zuerst mitgeteilt, wie genau es mit den Daten verfahren soll, bevor diese Daten selbst gelesen werden.

Wenn Sie Binärdateien in einem Texteditor öffnen, bekommen Sie ein einziges Chaos seltsamer Sonderzeichen zu sehen, weil die Binärdaten irrtümlich als Zeichen eines Zeichensatzes interpretiert werden. Sollten Sie eine Binärdatei aus dem Texteditor heraus speichern, geht sie ziemlich sicher kaputt – der Editor wird versuchen, seine für Textdokumente gedachte Zeilenumbruchlogik auf die Binärdaten anzuwenden, wodurch sich die Bytes des Dokuments wahrscheinlich verschieben.

Hex-Editoren

Wenn Sie eine Binärdatei überhaupt manuell und nicht mit dem zuständigen Programm öffnen möchten, können Sie das nur mit einem Hexadezimal-Editor tun, der die einzelnen Bytes des Dokuments als Hexwerte und manchmal zusätzlich als Text anzeigt. Abbildung 12.2 zeigt den Anfang einer TIFF-Bilddatei im Hex-Modus des Windows-Editors TextPad.

Dass die Zeichendarstellung der Binärwerte rechts neben den Hexadezimalkolonnen zum Teil lesbaren Text enthält, ist übrigens kein Widerspruch zu der Aussage, dass Binärdokumente nur numerische Werte enthalten: Zufälligerweise wird Text, der im Dokument selbst oder – wie hier – für Verwaltungszwecke eingesetzt wird, numerisch in einem bestimmten Zeichencode abgelegt. Dies ist eine von vielen Varianten zur Speicherung von Text innerhalb von Binärdokumenten, die eben auch vielerlei andere Arten von Daten enthalten können.

Beachten Sie, dass Binärdaten als solche plattformabhängig sind. Es bestehen zwei verschiedene große Probleme:

- Verschiedene Plattformen verwenden unterschiedliche Wortbreiten wie 16, 32 oder 64 Bit.
- Es gibt zwei verschiedene Reihenfolgen für die Darstellung von Werten, die mehrere Bytes breit sind: So genannte Big-Endian-Architekturen wie Motorola 68K oder

PowerPC speichern das hochwertigste Byte vorn, während Little-Edian[2]-Systeme wie Intel und Kompatible oder die alten VAX-Maschinen das niederwertigste Byte nach vorn stellen.

Dies lässt sich einfacher an einem Beispiel erläutern: Angenommen, der Wert 2005 (dezimal) soll als 32-Bit-Integer ohne Vorzeichen abgespeichert werden. Bei einer Big-Endian-Architektur hätten die vier Bytes von links nach rechts die Werte 00, 00, 07, D5 (hexadezimal). Eine Little-Endian-Architektur würde dagegen nacheinander die Werte D5, 07, 00, 00 abspeichern. Stellen Sie sich die Missverständnisse vor, die sich daraus ergeben können!

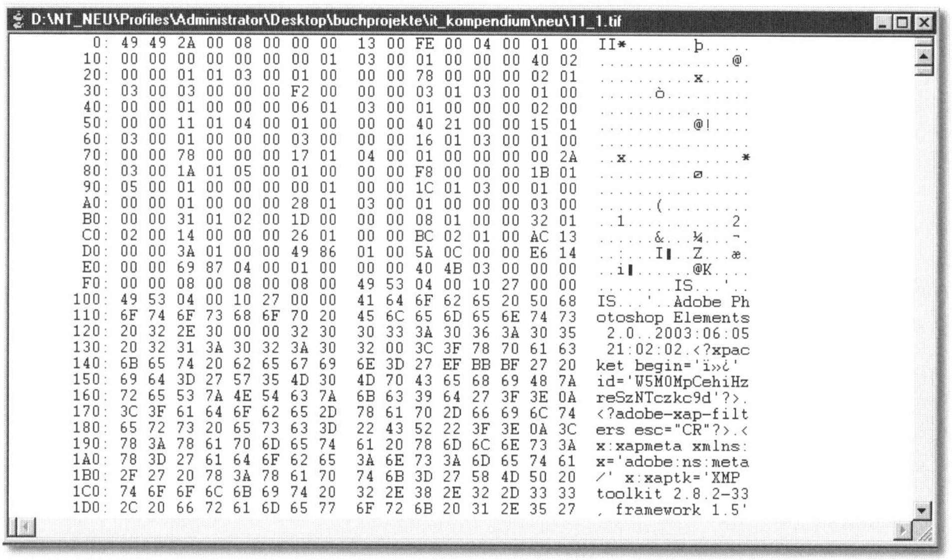

Abbildung 12.2 Der Beginn einer TIFF-Bilddatei in einem Hex-Editor

Deshalb verwenden konkrete Binärdateiformate einfach ein bestimmtes, festes Format und kümmern sich nicht um die zugrunde liegende Rechnerarchitektur. Von einem Programm, das ein solches Format lesen soll, muss also erwartet werden, dass es die Byte-Reihenfolge des Formats korrekt umsetzt.

Eine interessante Variante ergibt sich übrigens bei TIFF-Bildern: Hier können Sie selbst wählen, ob die Bilddaten im Big-Endian- oder im Little-Endian-Format gespeichert werden sollen; in Photoshop heißt die Auswahl »IBM PC« (Little Endian) oder »Macintosh« (Big Endian). Da das gewählte Format an einer festen Stelle im Dokument selbst vermerkt wird, kann jedes TIFF-fähige Programm mit beiden Varianten umgehen, sodass sich aus heutiger Sicht kein Unterschied ergibt.

2 Die Bezeichnungen Little Endian und Big Endian stammen aus dem Roman »Gullivers Reisen« von Jonathan Swift. Mit diesen Begriffen parodiert er den jahrhundertelangen Zwist zwischen der katholischen und der anglikanischen Kirche in Großbritannien als blutigen Kampf zwischen Volksgruppen, die ihre Frühstückseier am spitzen beziehungsweise am runden Ende köpfen.

Datenkomprimierung

Eine bei Binärdateien häufig verwendete Option ist die **Datenkomprimierung**. Es handelt sich um mathematische Verfahren, die für eine Verringerung der Datenmenge sorgen sollen. Dies ist nützlich, weil komprimierte Daten weniger Platz auf Datenträgern belegen und schneller über das Internet übertragen werden können. Grundsätzlich lassen sich zwei Kompressionsverfahren voneinander unterscheiden:

- Die **verlustfreie Komprimierung** rechnet die vorhandenen Daten durch geeignete mathematische Verfahren um, sodass sie weniger Speicherplatz beanspruchen, aber wieder genau in ihren ursprünglichen Zustand zurückgerechnet werden können. Verlustfreie Verfahren werden beispielsweise für Archivformate wie ZIP oder Stuffit verwendet, aber auch für manche Bilddateien.

  Das einfachste verlustfreie Kompressionsverfahren ist RLE (Run Length Encoding oder zu deutsch Lauflängencodierung). Bei dieser Methode werden aufeinanderfolgende identische Bytes durch deren Wert und Anzahl ihres Vorkommens abgekürzt.

  Eine Weiterentwicklung von RLE stellt das LZW-Verfahren dar, benannt nach seinen Entwicklern Lempel, Ziv und Welch. Es wird unter anderem zur Komprimierung der Bildformate GIF und TIFF verwendet und funktioniert folgendermaßen: In der Datei wird nach wiederkehrenden Datenmustern gesucht. Diese Muster werden durchnummeriert und nur einmal abgespeichert. An den entsprechenden Stellen, an denen sie eigentlich vorkommen sollten, steht nur noch ein Verweis auf die entsprechende Nummer und gegebenenfalls wiederum eine Anzahl.

  Wie man sich leicht vorstellen kann, sind RLE und LZW besonders effizient, wenn ein Bild aus großen, einfarbigen Flächen besteht.

- Die grundsätzlich andere Methode ist die **verlustbehaftete Komprimierung**. Sie reduziert die Datenmenge, indem sie tatsächliche Daten aus der ursprünglichen Datei weglässt. Einfache verlustbehaftete Kompressionsmethoden wie die alte ADPCM-Komprimierung für Sound reduzieren die Datenmenge einfach ohne Unterschied durch Mittelwertbildung. Derartige Datenverluste fallen natürlich oft als extrem störend auf.

  Moderne verlustbehaftete Kompressionsverfahren fragen sich dagegen, auf welche Teile der Daten man am ehesten verzichten kann, ohne den Verlust allzu sehr zu bemerken. Dies führt zu Entwicklungen wie JPEG für die Komprimierung von Fotos, bei dem die meisten Farbtöne verworfen werden, weil Helligkeitsunterschiede stärker wahrgenommen werden. Ein anderes Beispiel ist MP3 für die Audiokomprimierung, das bevorzugt diejenigen Töne herausfiltert, die die meisten Menschen nicht oder nur unterschwellig hören.

12.2.1 Bilddateiformate

In diesem Abschnitt finden Sie kurze Beschreibungen der wichtigsten Bilddateiformate. Zu Beginn zeigt Tabelle 12.4 eine kurze Übersicht über die Fähigkeiten der Formate; weiter unten im Text werden sie dann näher erläutert.

Format	Farbtiefe	Farbmodi	Komprimierung	Weitere Daten
Photoshop (`.psd`)	beliebig	alle	eigene, verlustfrei (optional)	alle, die Photoshop bietet
Photoshop 2.x (`.psd`)	beliebig	alle	–	keine Ebenen!
TIFF (`.tif`)	beliebig	alle	LZW, verlustfrei	Alphakanäle, Pfade
Encapsulated PostScript (`.eps`)	beliebig	alle	–	Vektordaten, Text, Schriften
JPEG (`.jpg`)	bis 24 Bit	RGB, CMYK, Graustufen	eigene, mit Verlust	Pfade
GIF (`.gif`)	8 Bit	indizierte Farben, Graustufen	LZW, verlustfrei	absolute Transparenz, Animation
PNG (`.png`)	8, 24 oder 32 Bit	indizierte Farben, RGB	eigene, verlustfrei	bei 32 Bit Alphakanal
BMP (`.bmp`)	beliebig	RGB, Graustufen, Indizierte Farben	RLE (ähnlich LZW)	Alphakanäle
PICT (`.pct`)	beliebig	RGB, Graustufen, indizierte Farben	JPEG möglich	Vektordaten

Tabelle 12.4 Übersicht über wichtige Bilddateiformate

Die Bedeutung der einzelnen Informationen in der Tabelle wie Farbtiefe oder Farbmodie können Sie in Kapitel 1, *Einführung*, und besonders in Kapitel 9, *Bildbearbeitung und Grafik*, nachlesen.

Das Photoshop-Format

Der große Vorteil des Photoshop-Dateiformats (PSD für Photoshop Document) besteht darin, dass dieses Format sämtliche Daten der Programme Photoshop und ImageReady speichern kann, schließlich handelt es sich um das eigene Format dieser Anwendungen.

Wenn Sie mit Photoshop oder ImageReady arbeiten, sollten Sie stets eine Arbeitskopie Ihrer bearbeiteten Bilder im Photoshop-Format behalten, weil kein anderes Dateiformat alle Bilddaten mitspeichert.

Der einzige Nachteil des PSD-Formats (neben seiner recht stolzen Dateigrößen) ist die nicht vorhandene Unterstützung durch andere Programme. Das Einzige, was manchmal möglich ist, ist ein – oft nur rudimentärer – Import in andere Bildbearbeitungsprogramme.

Die einzige bekannte Spezialanwendung außerhalb von Photoshop ist der ebenenweise Import in Macromedia Director (siehe Kapitel 11, *Multimedia*) mit dem XTra PhotoCaster.

PSD-Dateien können ansonsten weder als Teil von Layouts an Druckereien weitergegeben noch auf Webseiten dargestellt werden. Sie benötigen stets Dateien in anderen Formaten für diese Einsatzzwecke.

Die spezielle Variante Photoshop 2.0, die von einigen älteren Fremdanwendungen als Importformat eingesetzt werden kann, unterstützt nicht einmal die in Photoshop heutzutage fundamentalen Ebenen.

Das TIFF-Format

Das **Tagged Image File Format** (TIFF; Dateiendung `.tif`) ist das Standardformat für die Einbettung hochauflösender Pixelbilder in Layoutdokumente in der Druckvorstufe. Der Name bedeutet etwa »Bilddateiformat mit Marken«, wobei diese Marken (Tags) für spezielle Kennzeichnungen von Bildteilen und -inhalten stehen.

TIFF besitzt eine Reihe bedeutender Besonderheiten:

- Eine TIFF-Datei kann beliebig viele Farbkanäle enthalten. Diese können entweder für den Vierfarbdruck und zusätzliche Sonderfarben verwendet werden oder dienen in bestimmten Anwendungen als Alphakanäle, die die Transparenz bestimmen.
- In TIFF-Dateien können Sie neben den normalen Pixeldaten auch Vektorpfade speichern. Besonders wichtig sind in diesem Zusammenhang die Beschneidungspfade, die transparente Bereiche für Layoutprogramme definieren.
- Die LZW-Komprimierung ist optional. Sie muss nicht verwendet werden; einige ältere Programme sind dazu inkompatibel. Normalerweise ist LZW auf 8 Bit (256 Farben) beschränkt. Da TIFF die Farbkanäle einzeln speichert, gilt diese Beschränkung hier nur pro Kanal, sodass insgesamt eine beliebige Farbtiefe möglich ist.

  In neueren TIFF-Varianten können Sie statt der LZW-Komprimierung auch eine ZIP- oder JPEG-Komprimierung wählen; ZIP komprimiert etwas stärker als LZW, während die verlustbehaftete JPEG-Komprimierung speziell für Fotos geeignet ist.
- In der aktuellen Photoshop-Version 7 wird eine TIFF-Version unterstützt, die Photoshop-Ebenen speichern kann. Sie werden einfach als zusätzliche Kanäle mit entsprechenden erweiterten Informationen angelegt und können von den meisten anderen Programmen außer Photoshop nicht gelesen werden; allerdings steht die »flache« Sicht auf das gesamte Bild immer zur Verfügung.

Die »Internet-Formate« GIF, JPEG und PNG

Diese drei Bilddateiformate werden in Kapitel 16, *HTML, CSS und Webdesign*, ausführlicher behandelt, weil sie besonders häufig für die Präsentation von Bildern auf Webseiten eingesetzt werden. Hier finden Sie nur das Wichtigste in Kürze.

Das Dateiformat **GIF** (Graphics Interchange Format) wurde seit 1987 im Auftrag des Online-Dienstes CompuServe entwickelt. GIF-Bilder verwenden grundsätzlich die LZW- GIF

Komprimierung; sie ist nicht abschaltbar wie beim TIFF-Format. GIF besitzt die folgenden besonderen Eigenschaften:

- Die Farbtiefe beträgt höchstens 8 Bit; maximal können also 256 Farben dargestellt werden. Jedes GIF kann allerdings seine eigene Farbpalette besitzen, die entweder aus den Farben des ursprünglichen Bildes berechnet oder an eine Standardpalette angepasst werden kann.
- Seit der 1989 entwickelten erweiterten Fassung GIF 89a unterstützt das Format auch Transparenz, allerdings lediglich eine »Alles-oder-Nichts«-Variante davon: Bestimmte Pixel können als unsichtbar definiert werden.
- Eine GIF-Datei ist eigentlich ein Container für beliebig viele Bilder. Der GIF-Header kann Anweisungen enthalten, wie lange jedes dieser Bilder gezeigt werden soll, und ermöglicht auf diese Weise die GIF-Animation. Animierte GIFs sind das Standardformat für Werbebanner auf Webseiten.
- GIF-Bilder können »interlaced« abgespeichert werden. In diesem Fall werden sie stufenstatt zeilenweise aufgebaut.

Besonders gut geeignet ist GIF für flächige Grafiken mit wenigen Farben (Logos, Schmuckelemente, eigene Aufzählungszeichen und so weiter); nicht empfehlenswert ist das Format dagegen für Fotos.

JPEG Das Dateiformat **JPEG** ist nach der **Joint Photographic Expert Group** benannt, einer Expertenkommission, die sich Anfang der 90er-Jahre über die effiziente Komprimierung von Fotos Gedanken machte. Das Dateiformat selbst heißt eigentlich **JFIF** (JPEG File Interchange Format), benutzt aber üblicherweise die Dateiendung `.jpg`.

Das JPEG-Kompressionsverfahren basiert auf der Erkenntnis, dass Helligkeitsunterschiede erheblich stärker wahrgenommen werden als Farbtondifferenzen. Deshalb wird in einem quadratischen Bereich die Helligkeit jedes Pixels gespeichert, aber nur der Durchschnittswert der Farbtöne dieser Pixel. Bei starker Vergrößerung ist daher ein »Schachbrettmuster« zu erkennen. Sie können bei JPEG-Bildern den Kompressionsfaktor frei wählen; je nach Anwendung werden 10 bis 100 verschiedene Stufen angeboten. Je stärker die Komprimierung, desto kleiner wird die resultierende Datei, aber es geht auch mehr Information verloren.

Besonders gut geeignet ist JPEG für die Komprimierung von Fotos und anderen Halbtonbildern. Aus diesem Grund ist JPEG beispielsweise das eingebaute Dateiformat der meisten Digitalkameras. Für flächige Grafiken ist das Format dagegen gar nicht geeignet, bei diesen kommt es an diagonalen oder kurvenförmigen Kontrastübergängen zu hässlichen Fehlern, den so genannten JPEG-Artefakten.

Zu beachten ist, dass Sie ein Bild nicht mehrmals hintereinander im JPEG-Format speichern dürfen, denn bei jeder Speicherung kommt es zu erneutem Verlust. Speichern Sie deshalb für eine zukünftige Nachbearbeitung stets eine Kopie in einem verlustfreien Format.

PNG Das **PNG**-Format (Portable Network Graphics; gesprochen »PING«) wurde als möglicher Nachfolger von GIF entwickelt – besonders, weil die freie Verwendung von GIF bis Juli

2004 durch ein Patent auf das LZW-Verfahren bedroht wurde. PNG vereint in gewisser Weise die besten Eigenschaften von GIF und JPEG: Wie GIF komprimiert es ohne Verlust (wenn auch etwas weniger effizient als LZW), aber mit bis zu 32 Bit Farbtiefe. Neben der vollen Foto-Farbtiefe von JPEG unterstützt es zusätzlich echte Alpha-Transparenz, also den stufenlosen Übergang der Deckkraft.

Trotz dieser unbestreitbaren Vorteile hat sich das PNG-Format bisher noch nicht allgemein durchsetzen können. Ein großer Nachteil ist sicherlich, dass es, anders als GIF und JPEG, noch nicht von allen Webbrowsern unterstützt wird.

Die Systemformate: BMP und PICT

Windows und MacOS können natürlich schon seit ihren frühesten Anfangstagen mit digitalen Bildern umgehen. Allerdings war es früher absolut nicht selbstverständlich, Bilder in plattformunabhängigen Formaten zu speichern. Microsoft und Apple entwickelten also unabhängige Lösungen.

Das **BMP**-Format (der Name steht einfach für Bitmap) existiert in zwei leicht unterschiedlichen Varianten, die Sie beispielsweise beim Speichern in Photoshop auswählen können: Es gibt eine Fassung für Microsoft Windows und eine modifizierte, die für IBMs System OS/2 entwickelt wurde. Die beiden Arten von BMP-Dateien unterscheiden sich nur bezüglich einiger Header-Informationen, aber die meisten Programme kommen mit der Windows-Variante besser zurecht. BMP

BMP-Bilder können Farbtiefen von 8 bis 32 Bit enthalten. Bei 8 Bit wird genau wie beim GIF-Format eine indizierte Farbpalette angelegt. Bei 32 Bit dient der vierte Kanal als Alphakanal, der in manchen Anwendungsprogrammen den Transparenzgrad jedes Pixels bestimmen kann.

Optional beherrschen BMP-Bilder eine verlustfreie Komprimierung namens RLE (Run Length Encoding), die der LZW-Komprimierung stark ähnelt. Nicht RLE-komprimierte BMPs, die sich noch an einige weitere Vorgaben halten, werden auch als DIB (Device Independent Bitmap, also geräteunabhängiges Bitmap) bezeichnet.

Für die Speicherung von Bitmaps auf Macintosh-Rechnern wurde von Apple das **PICT**-Format entworfen (der Name steht einfach für Picture). Es ähnelt dem BMP-Format bezüglich der erlaubten Farbmodi und Farbtiefen. Dennoch gibt es zwei wichtige Besonderheiten: Die optional verfügbare Komprimierung benutzt das JPEG-Format, und PICT-Dateien können Vektordaten enthalten. PICT

12.2.2 Multimedia-Dateiformate

In diesem Abschnitt wird auf Audio- und Videodateiformate eingegangen. Einzelheiten über die Verwendung dieser Formate finden Sie in Kapitel 11, *Multimedia*. An dieser Stelle werden nur ihre wichtigsten Eigenschaften voneinander unterschieden.

Audio-Dateiformate

Die traditionellen Audio-Dateiformate sind das von Apple entworfene **AIFF** (Audio Interchange File Format) und Microsofts **WAV**-Format (steht einfach für Wave, also Schallwelle). Beide sind einander, abgesehen von ihrem etwas unterschiedlichen Header-Aufbau, sehr ähnlich. Die Dateiendungen sind `.aif` oder `.aiff` sowie `.wav`.

Codecs

Beide Dateiformate sind letztlich Hüllformate für Audiodaten, die in unterschiedlichen komprimierten oder unkomprimierten Formaten abgespeichert wurden. Für die Beschreibung der Komprimierungen sind so genannte **Codecs** erforderlich (Codec ist die Abkürzung für Coder/Decoder). Ein Sounddatei kann auf einem bestimmten Rechner nur dann abgespielt werden, wenn dort ein entsprechendes Codec installiert ist. Sowohl der Apple QuickTime Player als auch der Microsoft Windows Media Player, die wichtigsten Abspielprogramme für solche Audiodateien, können viele Codecs bei Bedarf aus dem Internet nachladen, oftmals sogar automatisch.

Die grundlegende Speicherung der Audiodaten in den ursprünglichen Versionen dieser beiden Dateiformate erfolgte übrigens unkomprimiert in einem Audio-CD-kompatiblen Format; im Grunde wurde lediglich der Datei-Header vor die Daten eines CD-Audio-Tracks gesetzt.

Die ersten verfügbaren Kompressionsverfahren für Sound waren die ADPCM-Verfahren (Adaptive Differential Pulse Code Modulation). Die Qualität dieser Formate ließ allerdings zu wünschen übrig, weil sie im Wesentlichen nach einem starren mathematischen Modell Originalinformationen entfernten.

MP3

Das erste am Hören selbst orientierte Audio-Kompressionsformat war das von der Fraunhofer Gesellschaft entwickelte MPEG 1 Audio Layer 3, also eigentlich ein Format für Soundtracks in MPEG-Videodateien. Besser bekannt ist dieses Format unter seinem Kurznamen **MP3**. Die MP3-Komprimierung filtert vornehmlich diejenigen Tonbestandteile heraus, die das menschliche Ohr in der Regel nicht wahrnimmt. Bei einer Datenrate von 128 kBit/s gelingt eine Komprimierung auf etwa ein Zehntel der Audio-CD-Datenmenge ohne nennenswerten Verlust.

MP3 kann übrigens sowohl als Codec für WAV- oder AIFF-Dateien verwendet werden als auch – was erheblich häufiger vorkommt – als eigenständiges Dateiformat mit der Endung `.mp3`. Letzteres ist das Format, das beispielsweise von tragbaren MP3-Playern eingesetzt wird.

Nach dem Vorbild von MP3 wurden inzwischen einige modernere Audio-Kompressionsverfahren entwickelt, beispielsweise OGG Vorbis oder MP4. Sie führen vor allem bei sehr starken Kompressionsraten, das heißt bei Datenraten von 64 kBit/s oder weniger, zu besseren Ergebnissen als MP3.

Video-Dateiformate

Es gibt drei wichtige Video-Dateiformate: Apple QuickTime, Microsoft AVI und die unabhängigen MPEG-Formate. Genau wie bei den Audiodateien dienen QuickTime und AVI (Video for Windows) der Speicherung unterschiedlich codierter Video- und Audiospuren, für die wiederum die bereits genannten Codecs verwendet werden. Es gibt zahllose Video-Codecs, die natürlich vom jeweiligen Videoschnittprogramm sowie von der verwendeten Abspielsoftware unterstützt werden müssen. Beispiele sind etwa der Klassiker Cinepak von Radius Software oder Sorensen Video, das unter anderem innerhalb von Macromedia

Flash für die Videokomprimierung verwendet wird. Ein sehr modernes Codec, das häufig für die Speicherung von Spielfilmen auf beschreibbaren CDs oder die Bereitstellung von Videos im Internet eingesetzt wird, ist DivX, das eine sehr hohe Kompressionsrate bei guter Qualität erzielt.

Im Wesentlichen verwenden alle Video-Codecs eine Kombination aus zwei Kompressionsverfahren: Erstens werden die einzelnen Bilder (Frames) JPEG-komprimiert, und zwar umso stärker, je schneller die Bildwechsel innerhalb einer Sequenz sind. Zweitens werden zwischen zwei aufeinander folgenden Frames nur die Unterschiede gespeichert.

QuickTime und AVI

QuickTime-Filme (Dateiendung unter Windows `.mov` oder `.qt`) werden vornehmlich mit dem QuickTime-Player von Apple abgespielt, der sowohl für Mac OS als auch für Windows verfügbar ist. **AVI-Videos** (Dateierweiterung `.avi`) werden dagegen meist mit dem – ebenfalls für beide Plattformen erhältlichen – Windows Media Player abgespielt. Inzwischen können beide Player aber auch das jeweilige Konkurrenzformat sowie diverse MPEG-Formate abspielen; auch für Linux und andere UNIX-Varianten steht entsprechende Software zur Verfügung. AVI kann mit mehr verschiedenen Codecs umgehen, während QuickTime neben Audio und Video zusätzliche Datenspuren unterstützt, beispielsweise für Macromedia Flash mitsamt Interaktivität.

Die **MPEG**-Formate der **Motion Picture Expert Group** wurden vor allem für Picture Discs und DVDs entwickelt und zunächst nicht für den Einsatz als Computerdateien. Verfügbar sind die Formate MPEG-1, MPEG-2 und MPEG-4. MPEG-1 wurde für frühere Picture Discs und manchmal für Videodateien eingesetzt; MPEG-2 ist die Basis für Video-DVDs. Erst MPEG-4 wurde ausdrücklich als Online- und Mobilgeräte-Videoformat entwickelt; das oben erwähnte DivX basiert auf einer modifizierten MPEG-4-Version.

Alle MPEG-Versionen bestechen durch ihre vergleichsweise hohe Darstellungsqualität und effiziente Komprimierung. Sie können MPEG-Dateien übrigens leicht mit dem QuickTime- oder Windows Media Player abspielen; sämtliche innerhalb von MPEG-Filmen verwendeten Audio- und Video-Codecs werden von den aktuellen Versionen dieser Player unterstützt.

12.3 Zusammenfassung

Die Darstellung von Textdaten im Computer befindet sich im Wandel: Vom einfachen ASCII-Zeichensatz, der nur die englische Sprache korrekt darstellen konnte, ging die Entwicklung über viele verschiedene individuell entwickelte 8-Bit-ASCII-Erweiterungen, dann über deren Standardisierung als ANSI- und ISO-Zeichensätze bis hin zum Universalstandard Unicode. Es steht zu hoffen, dass möglichst bald alle Betriebssysteme, Programmierumgebungen und Anwendungen Unicode unterstützen werden.

Textbasierte Dateiformate garantieren die Lesbarkeit durch Menschen und den einfachen Datenaustausch, notfalls auch viele Jahre, nachdem das ursprüngliche Anwendungsprogramm, für das sie entwickelt wurden, nicht mehr existiert. Es gibt Unmengen verschiedener konkreter Textformate; einige stellen einfach formatierten Text dar, andere beschäftigen sich mit der Codierung völlig anderer Daten. Bekannte Beispiele sind XML und HTML, LaTeX oder das Rich Text Format (RTF).

Auf eine optimierte Dateigröße und schnelle maschinelle Verarbeitung sind dagegen die binären Dateiformate spezialisiert. Sie enthalten sämtliche Formatierungen und Meta-Informationen nicht im Klartext, sondern in Form von Zahlencodes. Aus diesem Grund werden binäre Formate insbesondere für alle datenintensive Dateiarten wie Bilder, Grafiken, Audio und Video eingesetzt.

13 Netzwerktechnik

Wenn Radio wüßte, wie man den Hörer sowohl sprechen als auch hören lassen könnte ... dann wäre Radio der erstmögliche Kommunikationsapparat des öffentlichen Lebens.
– Bertolt Brecht

Internet und lokale Netzwerke haben die Bedeutung des Computers in den letzten Jahren revolutioniert. Nach einer historischen und technischen Einführung erfahren Sie in diesem Kapitel das Wichtigste über gängige Netzwerkhardware. Anschließend werden die Netzwerkprotokolle mit dem Hauptaugenmerk auf die seit Jahren dominierenden TCP/IP-Protokolle betrachtet.

13.1 Grundlagen

In diesem Abschnitt erfahren Sie zunächst einmal, was Netzwerke eigentlich sind. Anschließend wird ihre Entstehungsgeschichte betrachtet.

13.1.1 Was ist ein Netzwerk?

Ein **Netzwerk** ist eine Verbindung mehrerer Computer zum Zweck des Datenaustauschs, für verteilte Anwendungen oder auch für die Kommunikation zwischen ihren Benutzern.

Dabei haben sich im Lauf der Computergeschichte viele verschiedene Möglichkeiten der Verkabelung, der Kommunikationsstrukturen und zahlreiche Anwendungsgebiete entwickelt:

- Die Verkabelung beziehungsweise allgemein die **Hardwaregrundlage** reicht von der Verwendung gewöhnlicher Telefonleitungen mit besonderen Verbindungsgeräten, den Modems, über speziell für die Anwendung in lokalen Netzwerken entwickelte Netzwerkkarten und -kabel bis hin zu Hochgeschwindigkeitsnetzen, etwa über Glasfaserkabel. Auch die diversen Möglichkeiten der drahtlosen Übertragung werden immer wichtiger.
- Kommunikationsstrukturen, definiert durch so genannte **Netzwerkprotokolle**, gibt es unzählige. Viele sind von einem bestimmten Hersteller, einer Plattform oder einem Betriebssystem abhängig, andere – wie die Internet-Protokollfamilie TCP/IP – sind offen, unabhängig und weit verbreitet.
- Was die **Anwendungsgebiete** angeht, so reichen diese vom einfachen Dateiaustausch in Arbeitsgruppen über die gemeinsame Nutzung teurer Hard- und Software bis hin zu hochkomplexen, spezialisierten und verteilten Anwendungen.

Paketvermittelte Datenübertragung

Ein wesentliches Merkmal der meisten Netzwerkformen ist die Übertragung von Daten mit Hilfe so genannter **Datenpakete**.

Um die **Paketvermittlung** (packet switching) zu verstehen, sollten Sie zunächst ihr Gegenteil, die **Schaltkreisvermittlung** (circuit switching) der herkömmlichen Telefonleitungen*, betrachten: Durch das Wählen einer bestimmten Rufnummer (oder früher durch die Handvermittlung) werden bestimmte Schalter geschlossen, die für die gesamte Dauer des Telefongesprächs eine feste Punkt-zu-Punkt-Verbindung zwischen beiden Stellen herstellen. Über diese dauerhafte Leitung können Sprache oder Daten in Echtzeit und in der korrekten Reihenfolge ohne Unterbrechung übertragen werden. Nachdem die Übertragung beendet ist, wird die Verbindung wieder abgebaut, und die betroffenen Leitungen stehen für andere Verbindungen zur Verfügung.

Ganz anders sieht es bei der Paketvermittlung aus: Zu keinem Zeitpunkt der Datenübertragung wird eine direkte Verbindung zwischen den beiden beteiligten Stellen hergestellt. Stattdessen sind beide nur indirekt über ein loses Netz von Vermittlungsstellen, Router genannt, miteinander verbunden. Damit auf diesem Weg Daten übertragen werden können, wird folgender Mechanismus verwendet:

1. Die Daten werden in kleinere Einheiten unterteilt, die Datenpakete.
2. Jedes einzelne Datenpaket wird mit der Absender- und der Empfängeradresse versehen.
3. Der Absender übergibt jedes Datenpaket an den nächstgelegenen Router.
4. Jeder beteiligte Router versucht, das Paket anhand der Empfängerangabe an den günstigsten Router weiterzuleiten, damit es letztendlich an seinem Ziel ankommt.
5. Der Empfänger nimmt die Datenpakete entgegen und interpretiert sie je nach Daten- und Übertragungsart auf irgendeine zwischen den beiden Stellen vereinbarte Art und Weise.

Zur reinen Paketvermittlung gehört zunächst einmal kein Mechanismus, der die vollständige Auslieferung aller Datenpakete garantiert. Es wird standardmäßig weder der Erfolg noch das Ausbleiben einer Paketlieferung gemeldet. Im Übrigen wird auch keine verbindliche Reihenfolge festgelegt: Da jedes einzelne Paket einen beliebigen Weg durch das Netzwerk nehmen kann, kommt es relativ oft vor, dass ein später abgesendetes Paket noch vor einem früher versandten beim Empfänger ankommt.

Um die potenziell unsichere Datenübertragung per Paketvermittlung für bestimmte Anwendungen zuverlässiger zu machen, wird zusätzlich eine Erfolgskontrolle implementiert. Außerdem werden die Pakete oft durchnummeriert, um die korrekte Reihenfolge wiederherzustellen. Allerdings haben solche Maßnahmen nichts mit der eigentlichen Paketvermittlung zu tun und müssen in diesem Zusammenhang nicht beachtet werden. In der Regel sind die Softwarekomponenten, die sich um die Übertragung der Datenpakete kümmern, gar nicht in der Lage, diese zusätzlichen Kontrollinformationen selbst auszuwerten.

* Inzwischen gilt dies nicht mehr zwingend: Durch die Einführung neuer Technik laufen auch immer mehr Telefonverbindungen hinter den Kulissen paketvermittelt ab. Durch geeignete Kommunikationsprotokolle wird aber dafür gesorgt, dass die Nutzer dies nicht bemerken.

13.1.2 Entstehung der Netzwerke

Wenn man sich die Geschichte der Computer anschaut, die in Kapitel 1 skizziert wurde, fällt auf, dass die Verwendung von Netzwerken anfangs keinen Sinn ergeben hätte: Bei den frühen Großrechnern gab es keine standardisierte Software, die miteinander hätte kommunizieren können. Darüber hinaus fand ihre Bedienung zunächst über Schalttafeln und später über Lochkarten statt. Es gab also keine Echtzeit-Interaktion zwischen Benutzer und Programm, sodass es erst recht abwegig war, verschiedene Computer miteinander interagieren zu lassen. Frühestens, als der Dialogbetrieb über Terminals (siehe Kapitel 3, *Hardware*, und 4, *Betriebssysteme*) eingeführt wurde, war an eine Vernetzung zu denken.

Internet-Geschichte

Der Anstoß für die Entwicklung eines Computernetzwerkes kam aus einer eher unerwarteten Richtung: Die atomare Bedrohung des Kalten Krieges schürte die Angst der Verantwortlichen in Politik und Militär in den USA, im Fall eines Atomkrieges handlungsunfähig zu werden, weil die Übermittlung von Informationen nicht mehr funktionieren könnte. Es war schlichtweg zu riskant, sich auf einen einzigen Zentralcomputer mit Terminals zu verlassen. Deshalb begann 1969 der Betrieb eines experimentellen Netzes aus vier Computern an verschiedenen US-amerikanischen Universitäten. Federführend für das Projekt war die **Advanced Research Projects Agency** (ARPA), eine Forschungskommission des amerikanischen Verteidigungsministeriums, die 1957 als Reaktion auf den ersten sowjetischen Satelliten Sputnik gegründet worden war: Die USA wollten den Anschluss auf verschiedenen wichtigen Gebieten der Wissenschaft nicht verpassen – und neben der Raumfahrt gehörte auch die Computertechnik zu diesen Gebieten. Folgerichtig hieß dieses erste Netzwerk **ARPANet**.

ARPANet-Anwendung und -Technik

Allgemein sind bei der Betrachtung von Netzwerken immer mindestens zwei Ebenen zu unterscheiden: zum einen der Anwendungszweck des Netzwerkes, zum anderen dessen technische Realisierung. Bei näherem Hinsehen sind sogar noch weitere solcher Ebenen auszumachen; diese so genannten Schichtenmodelle werden weiter unten besprochen. Interessanterweise stellt sich im Entwicklungsverlauf von Netzwerken manchmal heraus, dass der gewünschte Anwendungszweck technisch anders realisierbar ist, aber auch oft, dass eine bestimmte technische Realisation völlig anderen Anwendungen als der ursprünglich geplanten dienlich sein kann. Besonders in der Geschichte des Internets, dessen Vorläufer das ARPANet war, ist dies oft festzustellen.

Die ursprüngliche Anwendung dieses Netzes bestand lediglich darin, Datenbestände auf den unterschiedlichen angeschlossenen Computern automatisch zu synchronisieren, d.h. einfach aus Sicherheitsgründen den gleichen Informationsbestand auf mehreren Rechnern bereitzuhalten.[1]

Grundgedanke der Vernetzung selbst war dabei besonders die Fähigkeit jedes beteiligten Computers, Daten, die nicht für ihn selbst bestimmt waren, sinnvoll weiterzuleiten. Hieraus ergeben sich zwei unschätzbare organisatorische und technische Vorteile:

---

1 Auch heutige Serversysteme vervielfältigen wichtige Daten auf diese Weise automatisch – das Verfahren wird Replikation genannt und kommt insbesondere bei Datenbank- oder Verzeichnisdienstservern zum Einsatz.

- Ein Computer muss nicht direkt mit demjenigen verbunden sein, mit dem er Daten austauschen soll.
- Der Ausfall oder die Überlastung eines bestimmten Verbindungsweges kann durch Alternativen kompensiert werden.

Auf diese Weise konnte das ursprüngliche Ziel, nämlich die Angriffs- und Ausfallsicherheit des Netzes zu gewährleisten, erreicht werden.

Schon unmittelbar nach der Einrichtung des ARPANet begann die oben erwähnte Weiterentwicklung. Man stellte schnell fest, dass die technische Infrastruktur dieses Netzes für weit mehr Anwendungen zu nutzen war als das vergleichsweise langweilige automatische Synchronisieren von Datenbeständen. So kam sehr schnell eine benutzerorientierte Möglichkeit des Dateiaustauschs hinzu. Außerdem war es schon für gewöhnliche Konfigurationsaufgaben unerlässlich, einem entfernten Computer unmittelbar Anweisungen erteilen zu können – dies war der Ausgangspunkt für die Entwicklung der Terminalemulation, also der Benutzung des eigenen Terminals für einen Computer, an den es nicht unmittelbar, sondern nur indirekt über das Netzwerk angeschlossen ist. Auch wenn diese Anwendungen noch nicht sofort ihre späteren Namen – **FTP** und **Telnet** – erhielten und die technischen Details ihrer Implementierung sich sicherlich noch weiterentwickelt haben, sind sie dennoch nach wie vor wichtige Nutzungsschwerpunkte des Internets.

Alles in allem wurde dieses Netzwerk schnell populär. Zwei Jahre nach seiner Einrichtung im Jahr 1971 waren bereits 40 Computer an verschiedenen Universitäten und anderen staatlichen Forschungseinrichtungen angeschlossen, und es war bei weitem nicht nur die militärische Nutzung von Interesse. Auch akademisch hatte das Netz viel zu bieten – Wissenschaftler sind darauf angewiesen, Daten auszutauschen. Hier ergab sich eine Möglichkeit, dies sehr schnell und effektiv zu tun.

Erfindung der E-Mail

1972 wurde dann der bis dahin bedeutendste Dienst dieses Netzes erfunden: **Ray Tomlinson**, ein Mitarbeiter eines Ingenieurbüros in Kalifornien, verschickte die erste **E-Mail**. Bis heute zählt die E-Mail zu den erfolgreichsten und verbreitetsten Anwendungen des Netzes; sie kann sich nach dem viel jüngeren World Wide Web noch immer auf einem guten zweiten Platz halten, und es ist auch nicht zu sehen, warum sich dies in absehbarer Zeit ändern sollte.

Das ursprüngliche ARPANet wuchs immer weiter. Zudem wurden nach dem gleichen Prinzip andere, ähnliche Netze konstruiert. Dies ist nicht zuletzt der Tatsache zu verdanken, dass alle Schritte, die zur Entwicklung des Netzes beigetragen haben, von Anfang an sorgfältig dokumentiert und der Öffentlichkeit zugänglich gemacht wurden. Dieser Dokumentationsstil ist bis heute beibehalten worden; die entsprechenden Dokumente heißen RFC (»Request For Comments«, etwa »Bitte um Kommentare«).

RFC-Dokumente

Es gibt bis heute gut 3.500 solcher RFC-Dokumente, die alle online zur Verfügung stehen, zum Beispiel unter **http://www.faqs.org/rfcs**. Die meisten sind technische Beschreibungen von Entwürfen, Protokollen und Verfahrensweisen; nur wenige (in der Regel mit dem Datum 1. April) nehmen sich nicht ganz so ernst – zum Beispiel RFC 2324, in dem das Protokoll HTCPTP zur Steuerung vernetzter Kaffeemaschinen vorgeschlagen wird, oder RFC 1300, ein nettes Gedicht über Namen und Begriffe, die im Zuge der Computerentwicklung ihre ursprüngliche Bedeutung verändert haben. Alle Personen, Institutionen und Unternehmen, die etwas Entscheidendes zum ARPANet und späteren Internet beigetragen haben, haben dies in solchen Dokumenten erläutert. Dies ermöglicht es jedem beliebigen Hersteller von Hard- oder Software, mit seinen Produkten diese Standards zu unterstützen, denn sie gehören keinem einzelnen Hersteller und keiner bestimmten Person, und niemand kann den Zugriff darauf beschränken oder Lizenzgebühren fordern – ein entscheidender Grund dafür, warum die Protokolle des Internets heute vom Personal Computer bis zum Großrechner überall dominieren.

ARPANet + NSFNet = Internet

In den 80er-Jahren schließlich wurde der militärisch genutzte Teil des ARPANet als **MilNet** von diesem abgetrennt, und das restliche ARPANet wurde mit dem **NSFNet**, dem Netz der National Science Foundation, zum Internet zusammengeschlossen. Die kommerzielle Nutzung, heute Hauptverwendungsgebiet des Internets, ließ danach aber noch fast 15 Jahre auf sich warten. Denn die Anwendungen des Internets waren zwar robust und wenig störanfällig, aber alles andere als benutzerfreundlich. Abgesehen davon waren die ersten Personal Computer, als sie in der zweiten Hälfte der 70er-Jahre auftauchten, weder konzeptionell noch von der Leistung her in der Lage, mit den Internetprotokollen etwas anzufangen.

DFÜ

Recht früh wurde dagegen die Datenfernübertragung, also der Datenaustausch über Telefonleitungen, für Home- und Personal-Computer eingeführt. Seit Ende der 70er-Jahre wurden so genannte **Akustikkoppler** verwendet: Geräte, die an den Computer angeschlossen wurden und auf die einfach der Telefonhörer gelegt werden musste. Diese langsamen und störanfälligen Apparate wurden bald durch **Modems** ersetzt, die eine direkte Verbindung zwischen Computer und Telefonleitung zuließen und im Laufe der Jahre allmählich schneller und zuverlässiger wurden. Hauptanwendungsgebiete waren auf der einen Seite die so genannten **Mailboxen**, also Informations- und Datenangebote für Computer, die eine direkte Telefonverbindung zum Mailboxrechner herstellten. Auf der anderen Seite entstanden in den 80er-Jahren die meisten kommerziellen **Online-Dienste** wie CompuServe, AOL oder in Deutschland BTX (Vorläufer von T-Online), das zunächst über spezielle Terminals statt über PCs mit einer bestimmten Software genutzt wurde.

Das WWW

Die Entwicklung des Internets vom exklusiven Wissenschaftler-Netz zum Massenmedium nahm ihren Anfang erst 1989 in der Schweiz, am Europäischen Forschungsinstitut für Kernphysik (CERN) in Genf. Dort machte sich der britische Informatiker **Tim Berners-Lee** Gedanken darüber, wie man Netzwerke, besonders das Internet, für den einfachen und effizienten Zugriff auf wissenschaftliche Dokumente nutzen könnte. Ergebnis dieser Arbeit war die Grundidee des **World Wide Web**, eines hypertextbasierten Informationssystems, das die Infrastruktur des Internets zur Datenübermittlung nutzen sollte.

Hypertext ist nichts anderes als Text mit integrierten Querverweisen, die automatisch funktionieren. Mit anderen Worten: Durch Betätigen des Querverweises, der in diesem Zusammenhang **Hyperlink** heißt, stellt der Text selbst – beziehungsweise das System, das diesen darstellt – die Verbindung mit dem verknüpften Dokument her.

Nun war Hypertext 1989 gewiss nichts Neues. Versuche damit reichen zurück bis in die 50er-Jahre, in Hilfesystemen war er in den 80er-Jahren bereits Alltag. Neu war nur seine Nutzung über ein Netzwerk, genauer gesagt über das Internet.

WWW-Bestandteile

So entstand ein äußerst effektives Informationssystem für Wissenschaftler, die auf diese Weise ihre Forschungsergebnisse miteinander austauschten. Der Prototyp dieses Systems, das World Wide Web heißen sollte, umfasste im Einzelnen die folgenden Bestandteile:

- ein spezielles neues Anwendungsprotokoll, das **HyperText Transfer Protocol** (HTTP)
- einen Serverdienst, der in der Lage ist, Anfragen, die in der Sprache des HTTP formuliert sind, auszuliefern
- eine neu geschaffene Formatierungs- und Beschreibungssprache für solche Hypertext-Dokumente, die **HyperText Markup Language** (HTML)
- ein Anzeigeprogramm für entsprechend formatierte Dokumente, den **Browser**

1991 wurde das System der Öffentlichkeit vorgestellt. Es wurde praktisch von Anfang an nicht nur zu ernsthaften wissenschaftlichen Zwecken genutzt, sondern allgemein zur Veröffentlichung von Text, Bildern und anderem über die verschiedensten Themen. Zunächst war die Nutzung des Systems beschränkt auf wissenschaftliches Personal sowie interessierte Studenten. Sie störten sich nicht am mangelnden Komfort der ersten Browser oder den geringen Layoutfähigkeiten der ersten HTML-Versionen. Als jedoch immer mehr private Benutzer dazu kamen, was durch das allmähliche Entstehen kommerzieller Internetprovider und Browser für PC-Betriebssysteme wie Windows oder MacOS gefördert wurde, änderte sich dies. Der berühmt gewordene »Browserkrieg« zwischen Netscape und Microsoft schuf letztendlich Fakten, die niemand für möglich oder auch nur wünschenswert gehalten hätte, die jedoch bis heute das Wesen des World Wide Web bestimmen.

Zwei Merkmale sind hier besonders wichtig:

- Die Seitenbeschreibungssprache HTML wurde immer mehr für die Definition des Seitenlayouts genutzt, statt nur für die Struktur – für Sites, die ein möglichst großes Publikum erreichen sollen, das weniger technisch und mehr inhaltlich interessiert ist, ist das Layout wichtiger als die Struktur.
- Der Anteil kommerzieller Websites am gesamten Bestand wurde immer größer und überwiegt heute bei weitem; das Angebot im Web ist den Rundfunkmedien wie etwa dem Fernsehen ähnlicher geworden. Während Tim Berners-Lee sich ursprünglich ein Netz vorstellte, in dem alle Teilnehmer sowohl Anbieter als auch Konsumenten von Inhalten sein sollten, wird das Web heutzutage von vielen weitgehend passiv als Medium genutzt.

Lokale Netze

Einen vollkommen anderen Anstoß zur Entwicklung von Netzwerken gab das Aufkommen des so genannten **Outsourcings** in der Computertechnik, also der Verlagerung der Rechenleistung von einem Zentralcomputer auf den einzelnen Schreibtisch. Dies wurde bereits in Kapitel 1, *Einführung*, beschrieben.

Die fortschreitende Ausstattung von Büros mit Personal Computern führte mangels anderer Optionen zunächst zur Blüte des »Turnschuhnetzwerks": Anwender liefen mit Datenträgern bewaffnet durch das ganze Gebäude, um Daten miteinander auszutauschen oder zum Beispiel einen speziellen Drucker zu verwenden. Auch zwischen verschiedenen Unternehmen erfreute sich der so genannte **Datenträgeraustausch** großer Beliebtheit:

Die Datensätze von Geschäftsvorfällen wurden auf Disketten oder Magnetbändern zwischen den einzelnen Unternehmen hin- und hergereicht.

Lokale Firmennetzwerke wurden zwar bereits Mitte der 70er-Jahre bei XEROX PARC erfunden, aber erst Ende der 80er rückten sie stärker ins allgemeine Interesse. Es war ein Bedürfnis der Anwender von PCs, miteinander Daten auszutauschen, einfach deshalb, weil die meisten Vorgänge der Datenverarbeitung von mehreren Mitarbeitern erledigt werden. So entstanden viele verschiedene Arten der Netzwerkhardware; neben dem bereits genannten Ethernet mit seinen vielfältigen Varianten gab es beispielsweise auch Token Ring von IBM, ARCnet oder auch die Verwendung einfacher serieller Direktverbindungen zwischen Computern über die so genannten Nullmodemkabel.

Was die Software angeht, so wurden die eigentlich nicht dafür geeigneten PC-Betriebssysteme um Netzwerkfähigkeiten erweitert. Hinzu kamen spezielle Betriebssysteme für Server, also solche Rechner, die anderen im Netzwerk verschiedene Ressourcen zur Verfügung stellen. Bekannt sind hier etwa Novell NetWare, IBM OS/2 oder später auch Windows NT Server.

Wenn Sie in diesem Zusammenhang Linux und andere UNIX-Varianten vermissen, dann liegt das daran, dass UNIX als PC-Betriebssystem und als Serversystem für PC-Netzwerke erst einige Jahre später populär wurde. Ein gewisses Grundverständnis für UNIX ist übrigens unerlässlich, um die Funktionsweise der Internetprotokolle nachvollziehen zu können; einige Grundlagen dieses Systems werden in Kapitel 4, *Betriebssysteme*, erläutert.

13.2 Funktionsebenen von Netzwerken

Wie bereits in der Einleitung mehrfach angedeutet wurde, besteht ein gewisses Problem beim Verständnis von Netzwerken darin, dass einige sehr verschiedene Aspekte zu ihrem Funktionieren beitragen. Schon ganz zu Beginn haben Sie eine grobe Unterteilung in die drei Ebenen Verkabelung oder allgemeine Netzwerkhardware, Kommunikationsstrukturen beziehungsweise Netzwerkprotokolle und schließlich Anwendungen eines Netzwerkes kennen gelernt.

Eine so ungenaue Einteilung lässt die grundsätzliche Schwierigkeit erkennen, reicht aber nicht ganz aus, um Netzwerke in all ihren Bestandteilen zu begreifen, und schon gar nicht, um verschiedene Arten von Netzwerken miteinander zu vergleichen. Auch die Tatsache, dass ein und dieselbe Komponente auf einer bestimmten Ebene wahlweise mit mehreren unterschiedlichen Elementen einer anderen Funktionsebene zusammenarbeiten kann, wird so noch nicht transparent genug.

13.2.1 Das OSI-Referenzmodell

Um die Ebenen, die ein Netzwerk ausmachen, ganz genau auseinander halten zu können, bedient man sich so genannter **Schichtenmodelle** (layer models). Das bekannteste und verbreitetste von ihnen ist das **OSI-Referenzmodell** der internationalen Standardisierungsorganisation ISO. OSI steht für **Open Systems Interconnect**, also etwa »Verbindung zwischen offenen Systemen«. Das Modell wurde 1978 entworfen und besteht aus sieben übereinander angeordneten Schichten, die jeweils einen Aspekt der Netzwerkkommunikation beschreiben. Ganz unten ist die Hardware angesiedelt, ganz oben befindet sich die Anwendung des Netzes. Hier zunächst die Schichten des OSI-Modells im Überblick, die Beschreibung folgt danach:

Die einzelnen OSI-Schichten

1. **Bitübertragungsschicht** (Physical Layer)
2. **Sicherungsschicht** (Data Link Layer)
3. **Vermittlungsschicht** (Network Layer)
4. **Transportschicht** (Transport Layer)
5. **Kommunikationssteuerungsschicht** (Session Layer)
6. **Darstellungsschicht** (Presentation Layer)
7. **Anwendungsschicht** (Application Layer)

Das OSI-Modell selbst ist keineswegs ein Netzwerkprotokoll, also ein konkreter Standard für den Netzwerkbetrieb. Vielmehr geht es darum, zu beschreiben, welche Dinge für das Funktionieren des Netzwerkes geregelt werden müssen. Dadurch wird es überhaupt erst möglich, für verschiedene Netzwerke einen Vergleich bezüglich der Art ihrer Regelung anzustellen.

Die Bedeutung der einzelnen Schichten des OSI-Modells

1. Die **Bitübertragungsschicht** oder auch physikalische Schicht beschreibt nur, wie die reine Übertragung der Daten elektrisch beziehungsweise allgemein physikalisch vonstatten geht. Es werden Netzwerkkarten und -kabel beschrieben, außerdem muss zwischen den Netzwerkstationen Einigkeit über die Bedeutung bestimmter physikalischer Sachverhalte herrschen.
2. Die **Sicherungsschicht** beschreibt alle Vorkehrungen, die dafür sorgen, dass aus den einzelnen zu übertragenden Bits, also dem reinen physikalischen Stromfluss, ein verlässlicher Datenfluss wird. Dazu gehören die beiden Teilaufgaben Media Access Control (MAC) – die Regelung des Datenverkehrs, wenn mehrere Geräte den gleichen Kanal verwenden – sowie Logical Link Control (LLC), wobei es um die Herstellung und Aufrechterhaltung von Verbindungen zwischen den Geräten geht.
3. Die **Netzwerkschicht** oder Vermittlungsschicht definiert diejenigen Komponenten und Protokolle des Netzwerkes, die an der indirekten Verbindung von Computern beteiligt sind – hier ist so genanntes Routing erforderlich, das Weiterleiten von Daten in andere logische oder auch physikalisch inkompatible Netzwerke. So gehören zum Beispiel auch alle diejenigen Protokolle zur Netzwerkschicht, die die logischen Computeradressen der höheren Schichten in die physikalischen Adressen umsetzen.
4. Die Protokolle der **Transportschicht** zerlegen die Daten in kleinere Einheiten, die so genannten Datenpakete, und sorgen dafür, dass diese Pakete – ungeachtet der physikalischen Verhältnisse auf dem Weg – vollständig und fehlerfrei am Ziel ankommen.
5. Die **Kommunikationssteuerungsschicht** oder **Sitzungsschicht** stellt die Kommunikation zwischen kooperierenden Anwendungen oder Prozessen auf verschiedenen Rechnern sicher.

6. Die **Darstellungs**- oder **Präsentationsschicht** dient der Konvertierung und Übertragung von Datenformaten, Zeichensätzen, grafischen Anweisungen oder Dateidiensten.
7. Die **Anwendungsschicht** schließlich definiert die unmittelbare Kommunikation zwischen den Benutzeroberflächen der Anwendungsprogramme, kümmert sich also um die Verwendung derjenigen Dienste über das Netzwerk, die Benutzer unmittelbar zu Gesicht bekommen.

Unterschied zur Praxis

Da das OSI-Modell eine Zusammenstellung von möglichen Fähigkeiten für viele verschiedene Arten von Netzwerken darstellt, kann es natürlich vorkommen, dass die eine oder andere Schicht in einem bestimmten Netzwerk wichtiger ist als eine andere oder dass zum Beispiel ein Protokoll Funktionen zweier Schichten abdeckt oder auch nur eine Teilfunktion einer Schicht erbringt. Um diese Umstände deutlich zu machen, wendet man häufig anders aufgeteilte Schichtenmodelle an mit meist weniger, selten mehr Schichten, gerade dann, wenn es um die konkrete Beschreibung einer bestimmten Art von Netzwerk geht.

13.2.2 Das Schichtenmodell der Internetprotokolle

Im Bereich der TCP/IP-Netzwerkprotokolle, die unter dem Betriebssystem UNIX und im Internet den Standard darstellen, wird zum Beispiel häufig ein Modell aus nur vier Schichten verwendet. Dies wird dem Wesen dieser Protokolle auch wesentlich eher gerecht als das OSI-Modell, denn die Internetprotokolle sind bereits einige Jahre älter als OSI.

Die vier Schichten bei TCP/IP-Netzwerken nach dem DDN Standard Protocol Handbook sind:

1. Netzzugangsschicht
2. Internetschicht
3. Host-zu-Host-Transportschicht
4. Anwendungsschicht

Diese vier Schichten sind den konkreten Gegebenheiten von TCP/IP-Netzwerken angepasst, bei denen es zum Beispiel nur theoretisch möglich ist, von einer separaten Sitzungsschicht zu sprechen.

Das OSI-Referenzmodell kann mit dem DDN-Schichtenmodell deshalb nur grob in Beziehung gesetzt werden. Tabelle 13.1 zeigt, wie ein solcher Vergleich ungefähr aussehen aussehen könnte.

OSI-Modell	DDN-Modell
7. Anwendungsschicht	
6. Darstellungsschicht	4. Anwendungsschicht
5. Sitzungsschicht	

Tabelle 13.1 Vergleich zwischen dem OSI-Referenzmodell und dem DDN-Schichtenmodell der Internet-Protokolle

OSI-Modell	DDN-Modell
4. Transportschicht	3. Host-zu-Host-Transportschicht
3. Vermittlungsschicht	2. Internetschicht
2. Sicherungsschicht	1. Netzzugangsschicht
1. Bitübertragungsschicht	

Tabelle 13.1 Vergleich zwischen dem OSI-Referenzmodell und dem DDN-Schichtenmodell der Internet-Protokolle (Forts.)

Die Bedeutung der Schichten des DDN-Modells

1. Die **Netzzugangsschicht** beschreibt, wie die physikalische Datenübertragung erfolgt. Die Aufgaben, die auf dieser Schicht zu erledigen sind, werden durch viele, recht unterschiedliche Protokolle erbracht, einfach deshalb, weil es kaum eine Sorte von Netzwerkhardware gibt, auf der die Internetprotokolle noch nicht implementiert worden wären. Die eigentlichen Kernprotokolle, zu denen besonders die Namensgeber der Protokollfamilie gehören, also das Transmission Control Protocol (TCP) und das Internet Protocol (IP), kümmern sich überhaupt nicht um die physikalischen Verhältnisse. Damit dies möglich ist, müssen auf dieser untersten Schicht die Bitübertragung und die Transportsicherung zuverlässig zur Verfügung gestellt werden.

   Auf diese Weise entspricht die Netzzugangsschicht der Internetprotokolle den beiden untersten Schichten von OSI.

2. Die **Internetschicht**, die im Wesentlichen der Vermittlungsschicht des OSI-Modells ähnelt, kümmert sich um die logische Adressierung der Rechner im Netz, durch die die grundsätzliche Identifizierbarkeit des jeweiligen Rechners sichergestellt wird. Eine weitere wichtige Aufgabe auf dieser Ebene ist das Routing, also die Weiterleitung von Daten über verschiedene physikalisch und/oder logisch getrennte Netze hinweg. Grundlage dieser Tätigkeiten ist das IP-Protokoll (Internet Protocol). Es definiert die IP-Adressen, 32 (in einer neueren Version 128) Bit breite Nummern, die den einzelnen Rechnern zugewiesen werden, und die der Unterscheidung der einzelnen Netzwerke und der Rechner in diesen Netzen dienen. Außerdem versieht es jedes Datenpaket mit einem Header, also einer Zusatzinformation, die insbesondere die Quelladresse des sendenden Rechners und die Zieladresse des empfangenden Hosts enthält. Ein Datenpaket dieser Ebene wird als Datagramm bezeichnet.

3. Die **Host-zu-Host-Transportschicht** kümmert sich um den zuverlässigen Datenaustausch zwischen den kommunizierenden Rechnern. Im Wesentlichen sind hier zwei verschiedene Protokolle verantwortlich (neben anderen, selten verwendeten). Diese beiden Protokolle werden jedoch niemals gleichzeitig, sondern immer alternativ verwendet. Das einfachere und weniger robuste UDP (User Datagram Protocol) stellt einen schlichten und wenig datenintensiven Mechanismus zur Verfügung, der die direkte Nutzung der IP-Datagramme für die Host-zu-Host-Kommunikation erlaubt. Hierbei wird keine virtuelle Verbindung zwischen den beiden Rechnern hergestellt; es findet also keine Kontrolle über einen kontinuierlichen Datenstrom statt. Das erheblich kom-

plexere TCP (Transmission Control Protocol) hat zwar einen deutlich größeren Overhead (Daten-Mehraufwand durch Verwaltungsinformationen) als UDP, stellt aber dafür einen zuverlässigen Transportdienst dar: Es wird eine virtuelle Verbindung zwischen den beiden Hosts hergestellt. Sie besteht darin, dass die Datenpakete durchnummeriert werden und eine Übertragungskontrolle und eventuelle Neu-Übertragung jedes einzelnen Pakets stattfindet. Ob eine Anwendung nun UDP oder TCP verwendet, ist nur von dieser Anwendung selbst abhängig. Allgemein verwenden Dienste, die kontinuierlich größere Datenmengen transportieren müssen, eher TCP, während etwa Verwaltungs- und Konfigurationsdienste tendenziell UDP benutzen.

Im Vergleich zum OSI-Modell nimmt die Host-zu-Host-Transportschicht insbesondere die Aufgaben der OSI-Transportschicht wahr; je nach konkretem Protokoll können auch Funktionen der Sitzungsschicht ausgemacht werden.

Der Begriff **Host** (Gastgeber) bezeichnet übrigens jeden Computer, der an ein Netzwerk angeschlossen ist und mit anderen Geräten kommuniziert. Es ist keine Bezeichnung für einen expliziten Dienstleistungsrechner, dieser wird Server genannt. Der Host muss lediglich vom Router abgegrenzt werden, der Pakete nicht für sich selbst entgegennimmt, sondern an andere Netze weiterleitet. Da das Routing jedoch eine Ebene weiter unten stattfindet, ist es ein auf dieser Schicht unsichtbares Detail – die Transportschicht ist nur für Rechner relevant, die Daten für den Eigenbedarf benötigen.

4. Die **Anwendungsschicht** schließlich definiert die Kommunikation zwischen den Anwendungsprogrammen auf den einzelnen Rechnern. Insofern entspricht sie der gleichnamigen obersten Schicht des OSI-Referenzmodells, wobei auch einige Komponenten von dessen Darstellungsschicht mit hineinspielen. Beispielsweise bedarf HTML-Code, der von einer Webserver-Anwendung aus geliefert wird, der Interpretation durch einen Browser; hier würde der HTML-Code selbst eher der Darstellungsschicht, die Browseranwendung aber der OSI-Anwendungsschicht entsprechen.

13.2.3 Netzwerkkommunikation über die Schichten eines Schichtenmodells

In diesem Abschnitt wird erläutert, wie die Kommunikation über die Schichten von Schichtenmodellen funktioniert. Dazu werden zwei Beispiele angeboten: Das erste ist ein Alltagsbeispiel, das mit Computernetzwerken nichts zu tun hat, während das zweite ein einfaches Beispiel der Netzwerkkommunikation darstellt.

Ein Alltagsbeispiel

Neben der Datenübertragung im Netzwerk lassen sich auch völlig andere Arten der Kommunikation in Schichten gliedern. Beispielsweise kann die Kommunikation zwischen Gesprächspartnern am Telefon folgendermaßen unterteilt werden:

1. Die beiden Telefone sind physikalisch über eine Telefonleitung miteinander verbunden.
2. Die Verbindung zwischen den Telefonanschlüssen kommt dadurch zustande, dass einer der beiden Teilnehmer die eindeutige Nummer des anderen wählt, und der andere das Gespräch annimmt.

3. Über die Telefonleitung werden Informationen in Form von elektromagnetischen Impulsen übertragen, beim klassischen Telefonnetz analog, bei ISDN dagegen digital.
4. An den beiden Endpunkten der Kommunikation sprechen die Gesprächspartner in ihre jeweilige Sprechmuschel hinein; die akustischen Signale werden in elektromagnetische Impulse umgewandelt (bei ISDN kommt noch die Analog-Digital-Wandlung hinzu). Umgekehrt hört ein Teilnehmer aus der Hörmuschel wiederum akustische Signale, die aus den übertragenen Impulsen zurückverwandelt wurden.
5. Die akustischen Signale, die die Gesprächspartner miteinander austauschen, werden zu Silben, Wörtern und schließlich Sätzen kombiniert.
6. Aus den einzelnen Bestandteilen der Sprache ergibt sich schließlich der eigentliche Inhalt der Nachrichten, die miteinander ausgetauscht werden.

Möglicherweise besteht dieses Kommunikationsmodell sogar aus noch mehr Schichten: Angenommen, die beiden Gesprächspartner sind leitende Angestellte oder gar Direktoren eines großen Unternehmens. Dann wird in aller Regel auf beiden Seiten eine Sekretärin die Gesprächsvermittlung vornehmen, möglicherweise ist sogar noch eine Telefonzentrale involviert.

Höhere Schichten als Abstraktion

Dieses einfache Beispiel zeigt deutlich, dass alle Ebenen, die sich oberhalb der untersten, also der physikalischen Ebene befinden, nur Abstraktionen darstellen, durch die den übertragenen Signalen jeweils ein neuer Sinnzusammenhang zugeordnet wird. Die eigentliche Verbindung erfolgt nämlich stets nur auf dieser untersten Ebene! Für jedes Schichtenmodell gilt daher zusammenfassend Folgendes:

Die Daten, die über einen Kommunikationskanal übertragen werden sollen, werden auf der Seite des Senders zunächst Schicht für Schicht nach unten weitergereicht und jeweils mit den spezifischen Zusatzinformationen für diese Schicht versehen. Schließlich werden sie über die unterste Schicht, die eigentliche physikalische Verbindung, übertragen. Auf der Empfängerseite werden sie dann wieder schichtweise nach oben weitergeleitet. Jede Schicht ermittelt die für sie bestimmten Informationen und regelt je nachdem die Weiterleitung an die nächsthöhere Schicht.

Was in dem Telefonbeispiel geschieht, wird schematisch in Abbildung 13.1 dargestellt: Während die Gesprächspartner den Eindruck haben, in einem direkten Gespräch miteinander zu kommunizieren, geschieht in Wirklichkeit etwas erheblich Komplexeres: Die gesprochene Sprache (die eigentlich aus Silben beziehungsweise einzelnen Lauten besteht, welche letztlich einfach nur Schallwellen sind) wird in eine andere Form von Information umgewandelt, über eine elektrische Leitung übertragen und auf der Empfängerseite wieder zusammengesetzt. Wichtig ist außerdem, dass jede Schicht immer nur die für sie selbst bestimmten Informationen auswertet. Beim Empfang von Daten haben die niedrigeren Schichten überhaupt erst dafür gesorgt, dass die Informationen auf der entsprechenden Schicht angekommen sind, die Spezialinformationen der höheren Schichten sind der aktuellen Schicht dagegen unbekannt. Sie muss lediglich anhand ihrer eigenen Informationen dafür sorgen, dass die Daten an die korrekte Stelle einer höheren Schicht ausgeliefert werden. Auf diese Weise ist jede Schicht virtuell mit der Schicht der gleichen Stufe auf der anderen Seite verbunden; das tatsächliche Zustandekommen dieser Verbindung ist für die jeweilige Schicht absolut unsichtbar.

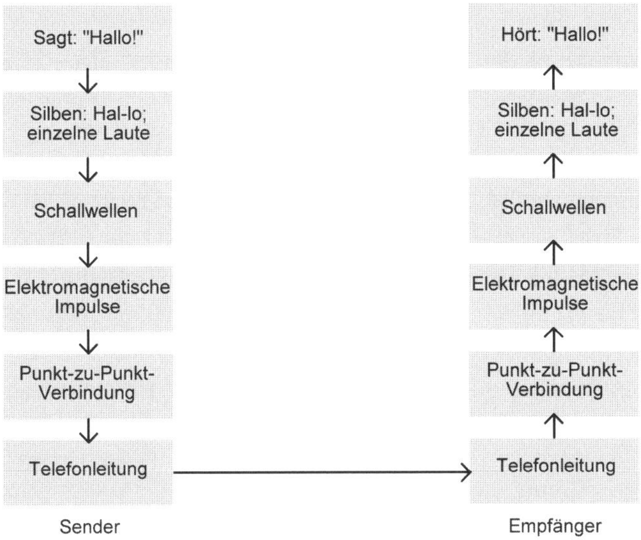

Abbildung 13.1 Schichtenmodell eines Telefongesprächs. Die tatsächliche Verbindung besteht nur auf der Ebene der Telefonleitung!

Ein Netzwerkbeispiel

Dieses zweite Beispiel – der Versand einer E-Mail an Galileo Press – zeigt, wie sich die beim Telefonbeispiel erläuterten Sachverhalte wieder auf Netzwerke übertragen lassen. Schematisch geschieht Folgendes:

1. In meinem E-Mail-Programm, zum Beispiel Mozilla Thunderbird, verfasse ich den eigentlichen Inhalt der Mail, als Empfänger setze ich **info@galileo-press.de** ein. Nachdem ich alles fertig geschrieben habe, drücke ich auf den Absendeknopf.
2. Da eine E-Mail eine in sich geschlossene Dateneinheit darstellt, die in ihrer ursprünglichen Reihenfolge beim Empfänger ankommen muss, wird der Transport durch das TCP-Protokoll übernommen, dessen eingebaute Datenflusskontrolle dafür sorgt, dass alle Daten vollständig und in der richtigen Reihenfolge übertragen werden.
3. Die Datenpakete, die durch das TCP-Protokoll angelegt wurden, werden nun durch das IP-Protokoll mit der korrekten Absender- und Empfängeradresse versehen. Diese Adressen haben nichts mit den nur auf der Anwendungsebene wichtigen E-Mail-Adressen zu tun; vielmehr geht es darum, dass mein Rechner die Daten an den zuständigen Mail-Server beziehungsweise an einen Vermittlungsrechner versendet.
4. Die fertig adressierten Datenpakete werden nun dem eigentlichen physikalischen Netzwerk anvertraut und entsprechend übertragen.

Auf der Empfängerseite, das heißt auf dem Serverrechner, der das Postfach **info@galileo-press.de** verwaltet, kommen die Daten dann folgendermaßen an:

1. Über die physikalische Netzwerkverbindung des Serverrechners treffen Datenpakete ein.
2. Auf der Ebene des IP-Protokolls werden die Datenpakete nach den zuständigen Transportdiensten sortiert und an diese weitergereicht – die E-Mail wird dem TCP-Dienst übergeben.
3. Der TCP-Dienst stellt fest, dass die entsprechenden Datenpakete für den Mail-Server (gemeint ist das Programm, nicht der Rechner selbst) bestimmt sind und reicht sie an ihn weiter.
4. Der Mail-Server wertet die E-Mail-Adresse des Empfängers aus und speichert die Mail in dem Postfach **info@galileo-press.de**. Dort kann sie jederzeit vom berechtigten Empfänger abgeholt werden.

Die Übertragung der Mail vom empfangenden Server an das E-Mail-Programm des eigentlichen Empfängers funktioniert im Großen und Ganzen genauso.

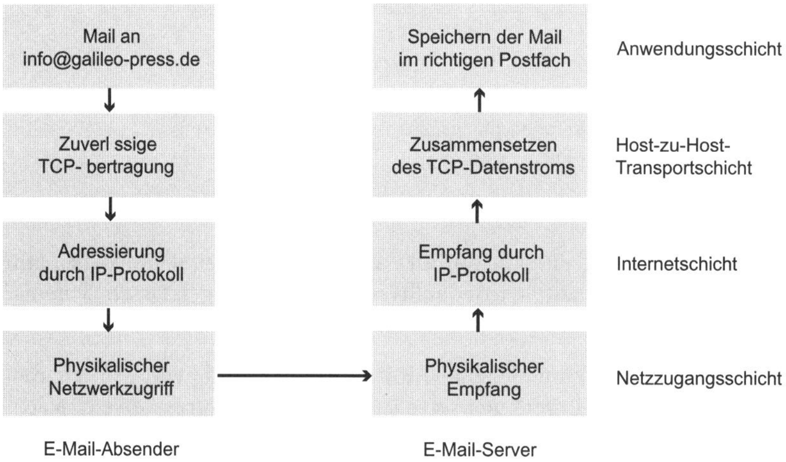

Abbildung 13.2 Übertragung einer E-Mail vom E-Mail-Programm des Absenders auf den Postfach-Server des Empfängers. In der Regel sind allerdings mehrere Zwischenstationen beteiligt.

In Abbildung 13.2 wird noch einmal schematisch gezeigt, wie die Übertragung funktioniert. Mehr über die grundlegenden E-Mail-Protokolle erfahren Sie weiter unten in diesem Kapitel.

13.3 Klassifizierung von Netzwerken

Nachdem Sie nun mit Hilfe der Schichtenmodelle eine Möglichkeit kennen gelernt haben, unterschiedliche Netzwerke in ihren Funktionen miteinander zu vergleichen, sollten Sie auch verstehen, worin sie sich unterscheiden. Es gibt diverse Unterscheidungsmerkmale, die zwar nicht genau den Schichten der Modelle entsprechen, aber doch ebenfalls mehrere Aspekte der einzelnen Netzwerke betreffen. Es handelt sich um die Unterscheidung nach der Reichweite des Netzwerks, der physikalischen Grundstruktur oder Topologie und zuletzt um die zentrale oder dezentrale Verwendung des jeweiligen Netzes.

13.3.1 Die Reichweite des Netzwerkes

Bei der Unterteilung der Netzwerke entsprechend der Reichweite, also nach der geografischen Größenordnung, die das Netzwerk überbrückt, werden insgesamt vier Stufen unterschieden:

- Das **Local Area Network** (LAN) – lokales Netzwerk – beschreibt ein Netzwerk, das an ein einzelnes zusammenhängendes Areal gebunden ist, also etwa einen Raum, ein Gebäude oder maximal ein zusammenhängendes (Firmen-) Gelände. LANs sind heutzutage weit verbreitet in Wirtschaftsunternehmen, Schulen und Universitäten oder anderen Organisationen und Instituten.
- Das **Metropolitan Area Network** (MAN) – Stadtgebiets-Netzwerk – bezeichnet ein Netz, das eine Stadt oder Gemeinde umfasst. Ein Beispiel wären die verschiedenen eigenen Netze von NetCologne in Köln.
- Das **Wide Area Network** (WAN) – Fernnetzwerk – ist ein Netz, das mehrere Städte, eine ganze Region oder sogar ein ganzes Land umfasst. In Deutschland gibt es beispielsweise das Deutsche Forschungsnetz (DFN).
- Das **Global Area Network** (GAN) – weltweites Netzwerk – ist über mehrere Länder, einen ganzen Kontinent oder sogar die ganze Welt verbreitet. Das bei weitem größte GAN ist heutzutage natürlich das Internet.

Es sei noch angemerkt, dass die drei Netzwerkarten, die größere Entfernungen überbrücken, also MAN, WAN und GAN, oftmals einfach unter dem Sammelnamen WAN zusammengefasst werden. Dies umso mehr, als alle drei Typen von Fernnetzen im Wesentlichen die gleiche Art von Technologie verwenden – oder genauer gesagt: Alle Arten von Technologien für Fernnetze werden von allen drei Netzsorten benutzt.

WAN-Technologien

Es gibt Fernnetze, die Wählleitungen, also einfache Telefonverbindungen verwenden, sowohl das klassische Analog- als auch das digitale ISDN-Netz. Immer beliebter werden auch die neuen, diversen DSL-Dienste, bei denen durch die Verwendung besonders hochfrequenter Signale über die normalen Kupferdrähte der Telefonleitungen wesentlich höhere Datenübertragungsraten erzielt werden. Zu einer besonderen Form der Wählleitung zählen Verbindungen über die digitalen GSM-Mobilfunknetze und deren Nachfolger GPRS und UMTS. Daneben existieren unterschiedliche Arten von Standleitungen, die für besonders häufig beanspruchte oder besonders zuverlässige Leitungen verwendet werden. Hierbei gibt es unter anderem spezielle DSL-Standleitungen oder Glasfasernetze. Auch drahtlose Übertragung, etwa über Funk- oder Satellitenverbindungen, spielen eine immer größere Rolle.

LAN-Technologien

Lokale Netzwerke verwenden ebenfalls viele unterschiedliche technische Übertragungsarten. Allein für Ethernet, die häufigste Form der lokalen Vernetzung, werden unterschiedliche Arten von Koaxial-, Twisted-Pair- oder Glasfaserkabeln benutzt. Diese zeichnen sich durch verschiedene Übertragungsgeschwindigkeiten, mögliche maximale Entfernungen und natürlich auch unterschiedliche Kosten aus. Wireless LAN, der Betrieb von lokalen Netzwerken ohne Kabel über Funk, Infrarot oder Mikrowellen, erfreut sich auch zunehmender Beliebtheit. Abgesehen davon gibt es neben Ethernet auch noch viele andere Formen lokaler Netzwerke.

Die technologischen Grundlagen der Verkabelung, der Signalübermittlung und des Netzzugangs werden weiter unten ausführlicher besprochen.

13.3.2 Die Netzwerktopologie

Die Topologie eines Netzwerks beschreibt, in welcher physikalischen Grundform die einzelnen Geräte organisiert sind. Manche Arten von Netzwerkhardware setzen eine bestimmte Topologie voraus, andere überlassen dem Einrichtenden die Entscheidung zwischen mehreren Möglichkeiten. Topologie ist normalerweise eine Eigenschaft lokaler Netzwerke oder gar einzelner Netzsegmente; die meisten Fernnetze verbinden ohnehin nicht einzelne Rechner, sondern ganze Netzwerke an unterschiedlichen Orten miteinander.

Es werden im Wesentlichen folgende Grundformen unterschieden:

- Die **Bus-Topologie** beschreibt ein Netzwerk, bei dem die einzelnen Knoten (Anschlüsse) hintereinander an einem einzelnen Kabelstrang angeschlossen sind, dessen Enden nicht miteinander verbunden werden dürfen (sonst würde es sich um eine Ring-Topologie handeln!). Häufig werden die beiden Enden des Kabelstrangs durch Abschlusswiderstände (Terminatoren) abgeschlossen. Ein Beispiel für echte busförmige Netzwerke ist Ethernet über Koaxialkabel.
- Die **Stern-Topologie** ist die Form eines Netzes, bei dem alle Knoten mit jeweils eigenem Kabel an einem zentralen Gerät miteinander verbunden werden. Dieses zentrale Bindeglied heißt, je nach seiner genauen Funktionsweise, Hub oder Switch. Die Stern-Topologie wird zum Beispiel von Ethernet über Twisted-Pair-Kabel verwendet.
- Die **Ring-Topologie** ähnelt der Bus-Topologie insofern, als auch hier alle Knoten an einem zentralen Strang aufgereiht sind. Dieser zentrale Kabelstrang bildet jedoch einen geschlossenen Ring. Daraus ergibt sich automatisch eine Datenstromrichtung, in die die Datenpakete grundsätzlich weitergereicht werden. Bekanntestes Beispiel der ringförmigen Vernetzung ist Token Ring.
- Die **Baum-Topologie** schließlich ist eher ein Standard für den Zusammenschluss verschiedener Netzsegmente. Von einem zentralen Kabelstrang, gewissermaßen dem »Stamm« des Baumes, gehen nach beliebigen Richtungen einzelne Verästelungen ab, an denen entweder eine einzelne Station oder ein ganzes Netz hängt.

Physikalische kontra logische Topologie

Wichtig ist zu guter Letzt, dass ein Unterschied zwischen einer physikalischen und einer logischen Topologie bestehen kann, denn die äußere Form der Verkabelung (physikalische Topologie) kann einfach aus praktischen Erwägungen heraus gewählt worden sein, obwohl von der Funktion her eine völlig andere Struktur herrscht, die logische Topologie.

Ein gutes Beispiel für eine unterschiedliche physikalische und logische Struktur sind neuere Token-Ring-Varianten: Die eigentliche Vernetzung erfolgt sternförmig, logisch gesehen handelt es sich jedoch um einen Ring. Auch Ethernet über Twisted-Pair-Kabel verwendet physikalisch gesehen die Stern-Topologie, die logische Funktionsweise hängt von der Art des zentralen Verteilers ab: Ein Hub erzeugt letztlich die Funktion eines busförmigen Netzes, da es einen durchgehenden Strang enthält, an dem alle Stationen angeschlossen sind. Ein Switch dagegen stellt jeweils eine gesonderte Verbindung zwischen zwei Stationen her, die miteinander Daten austauschen; mithin handelt es sich hier auch logisch um die echte Sternform.

13.3.3 Der Zentralisierungsgrad des Netzwerkes

Ein weiteres wichtiges Kriterium bei der Einteilung von Netzwerken in unterschiedliche Gruppen ist die Frage nach der Arbeitsaufteilung in ihnen. Kleine Arbeitsgruppen, die jeweils mit ihren Arbeitsplatzrechnern miteinander Dateien austauschen möchten, haben hier sicherlich andere Bedürfnisse als riesige Organisationen, in denen tausende von Anwendern auf bestimmte Datenbestände zugreifen müssen. Deshalb werden die so genannten **Client-Server-Netzwerke**, in denen zentrale Dienstleistungsrechner, die Server, arbeiten, von den **Peer-To-Peer-Netzwerken** unterschieden, in denen die einzelnen Computer gleichberechtigt Ressourcen freigeben und verwenden können.

- Das **Client-Server-Netzwerk** unterscheidet generell zwei verschiedene Arten von beteiligten Rechnern: Der Server (Dienstleister) ist ein Computer, der den Arbeitsstationen der einzelnen Anwender an zentraler Stelle Ressourcen und Funktionen zur Verfügung stellt; der Client (Kunde) nimmt diese Dienstleistungen in Anspruch. Die Dienste, die von Servern angeboten werden, sind sehr vielfältig: Sie reichen vom einfachen Dateiserver, der Dateien im Netzwerk verteilt oder Festplattenplatz für andere freigibt, über Druckserver, Mail- und andere Kommunikationsserver bis hin zu ganz speziellen Diensten wie Datenbank- oder Anwendungsserver.
- Das **Peer-to-Peer-Netzwerk** besteht aus prinzipiell gleichberechtigten Arbeitsplatzrechnern (peer heißt etwa »Kollege«). Jeder Anwender ist in der Lage, Ressourcen seines eigenen Rechners an andere im Netzwerk freizugeben. Das heißt, dass alle Rechner im Netz bis zu einem gewissen Grad Serverdienste wahrnehmen.

Praxisfälle

In der Praxis sind allerdings Mischformen häufiger anzutreffen als reine Client-Server- oder absolute Peer-to-Peer-Netze. Beispielsweise könnte man sich in einem Unternehmen die folgende Situation vorstellen: Dinge wie die direkte Kommunikation (E-Mail), der Zugang zum Internet (über einen Proxy-Server oder einfach einen Router) oder Lösungen zum Backup (Datensicherung) werden durch zentrale Server zur Verfügung gestellt; der Zugang zu Dateien innerhalb der Abteilungen oder auf Drucker der Kollegen innerhalb eines Büros werden dagegen im Peer-to-Peer-Verfahren, unter Umgehung von Servern, geregelt.

Wichtig ist weiterhin, zu verstehen, dass die Begriffe »Client« und »Server« im engeren Sinne nicht unbedingt spezifische Rechner, sondern besondere Softwarekomponenten bezeichnen.

Definition eines Servers

Ein **Server** ist einfach ein Programm, das automatisch gestartet wird und im Hintergrund darauf »lauert«, irgendeine Dienstleistung zur Verfügung zu stellen. Allgemeiner werden solche Programme zum Beispiel im UNIX-Umfeld als **Daemon** bezeichnet, unter Windows NT und seinen Nachfolgern (Windows 2000, Windows XP) heißen sie **Dienst** (englisch Service). Grundsätzlich kann ein solcher Serverdienst auf jedem beliebigen Rechner laufen – vorausgesetzt natürlich, er ist für die Hardwareplattform und das Betriebssystem dieses Rechners bestimmt. Der Grund für den Einsatz besonders leistungsfähiger Hardware (eben der Server-Hardware) und spezialisierter Betriebssysteme liegt einfach in ihrer höheren Belastbarkeit, wenn viele Benutzer gleichzeitig diese Dienste benötigen.

Definition eines Clients

Ein **Client** ist zunächst eine Software, die in der Lage ist, mit der Serversoftware zu kommunizieren; üblicherweise stellt sie dem Benutzer auch eine Schnittstelle zur Verfügung, um diese Kommunikation in Anspruch zu nehmen. So ist beispielsweise ein Webbrowser ein Client für das HTTP-Anwendungsprotokoll, er kommuniziert also mit HTTP-Servern. Interessanterweise können auch beide auf demselben Rechner laufen. Dies ist nützlich, um Webanwendungen zunächst lokal auszuprobieren.

Arten von Servern

Im Folgenden sollen einige verschiedene Serverarten genauer vorgestellt werden. Sie sollten auf jeden Fall das oben Gesagte im Hinterkopf behalten: Es spielt überhaupt keine Rolle für die allgemeine Funktion, ob ein Serverdienst, also die Software, die diesen Dienst zur Verfügung stellt,

- mit anderen Diensten zusammen auf dem gleichen Rechner läuft,
- allein auf einem separaten Serverrechner ausgeführt wird oder
- sogar auf mehrere Server verteilt ist, weil ansonsten die Belastung zu groß wäre.

Letzteres ist insbesondere im Bereich öffentlicher WWW-Server sehr häufig zu finden, da populäre Sites wie etwa Suchmaschinen oder große Webshops sehr viel Datenverkehr zu verkraften haben. Hier werden so genannte Load-Balancing-Systeme eingesetzt, die die hereinstürmenden Anfragen automatisch möglichst gerecht auf mehrere physikalische Server verteilen.

Im Wesentlichen gibt es die folgenden wichtigen Arten von Serverdiensten:

- File-Server
- Print-Server
- Mail-Server
- Webserver
- Verzeichnisdienst-Server
- Anwendungsserver und Serveranwendungen

In den nachfolgenden Unterabschnitten wird jeder dieser Servertypen kurz vorgestellt; im nächsten Kapitel lernen Sie auch konkrete Beispiele für viele von ihnen kennen.

File-Server

Der **File-Server** (Dateiserver) stellt anderen Rechnern im Netzwerk freigegebene Verzeichnisse zur Verfügung. Auf diese Weise können sich die Anwender über einen zentralen Austauschpunkt gegenseitig Dateien zukommen lassen. Der File-Server ist relativ stark an ein bestimmtes Betriebssystem oder eine Plattform gebunden; erst allmählich setzen sich neuere Möglichkeiten durch, die in der Lage sind, auch unterschiedliche Rechner gleichzeitig zu bedienen. Denn die Besonderheit eines File-Servers ist, dass die Benutzer ihn völlig transparent genau so benutzen können, wie die lokalen Dateisysteme ihres Arbeitsplatzrechners. In einem idealen (lokalen) Netzwerk sollte es dem normalen Anwender vollkommen egal sein können, ob seine Dateien am Arbeitsplatz oder auf einem File-Server zu finden sind.

Sehr wichtig ist im Zusammenhang mit File-Servern die Verwaltung von Zugriffsrechten, da nicht jede Datei für alle Benutzer gedacht ist.

Der Internetdienst FTP (File Transfer Protocol) ist übrigens kein vollwertiger File-Server, sondern dient lediglich der einfachen Dateiübertragung. Die Informationen über die Dateien des entfernten Rechners sind nicht vollständig genug, um das Äquivalent eines Dateisystems abzubilden.

Print-Server

Der **Print-Server** (oder Druckserver) erlaubt mehreren Anwendern beziehungsweise Arbeitsstationen den gemeinsamen Zugriff auf einen Drucker. Die größte Herausforderung besteht darin, den einzelnen Arbeitsstationen automatisch den passenden Druckertreiber für ihr jeweiliges Betriebssystem zur Verfügung zu stellen, sodass diese den Drucker einfach verwenden können, ohne dass der Treiber zuvor noch einmal lokal installiert werden müsste.

Der Betrieb von Print-Servern ist besonders in Windows-Netzwerken weit verbreitet, da hier der Drucker gewöhnlich über ein paralleles Kabel an einen einzelnen Rechner angeschlossen wird. Dieser Rechner wird dann so eingerichtet, dass er den Zugriff auf den Drucker auch den anderen Computern erlaubt.

Bei anderen Plattformen gibt es das Problem in dieser Form seltener. In Macintosh-Netzwerken ist es beispielsweise üblich – und viel bedienungsfreundlicher – den Drucker unmittelbar per Ethernet ans Netzwerk anzuschließen, denn damit ist er automatisch an alle freigegeben.

In heterogenen Netzen ist es verhältnismäßig schwierig, über Betriebssystemgrenzen hinweg gemeinsam auf einen Drucker zuzugreifen.

Mail-Server

Ein Server für elektronische Post (E-Mail) muss nicht immer bei einem Internetprovider installiert sein, sondern kann auch im lokalen Netz seinen Dienst tun. Denn erstens ist es in Unternehmen oder Organisationen oft von Vorteil, wenn die Mitarbeiter untereinander per E-Mail kommunizieren können, und zweitens ist es manchmal schon allein deshalb erforderlich, einen internen Mail-Server zu betreiben, weil der Zugang zum Internet aus Sicherheitsgründen stark eingeschränkt ist und etwa die Kommunikation eines Arbeitsplatzrechners mit einem externen Mail-Server gar nicht zulässt.

Internet-E-Mail

Obwohl im Lauf der Netzwerk-Entwicklungsgeschichte verschiedene Formen der elektronischen Post entstanden sind, gibt es heute eigentlich keine Alternative mehr zut Internet-E-Mail. Diese verwendet verschiedene Serverdienste zum Senden und Empfangen der E-Mail: Das SMTP-Protokoll (Simple Mail Transport Protocol) bestimmt, wie zu versendende E-Mails zu transportieren sind; POP3 (Post Office Protocol) oder das modernere, komfortablere IMAP (Internet Message Access Protocol) beschreiben ein Benutzerkonto für eingehende E-Mails sowie den Vorgang der »Abholung«.

Rein theoretisch kann Internet-E-Mail direkt zum einzelnen Host gesendet werden; das ist aber insofern problematisch, als normale Arbeitsplatzrechner manchmal ausgeschaltet werden, und private Einzelplatzrechner meist nur temporär über Wählleitungen mit dem Internet verbunden sind. Das ist überhaupt der wichtigste Grund dafür, warum sich Posteingangsserver etabliert haben, auf denen die Mail für einen bestimmten Anwender im Prinzip vorgehalten wird, bis er sie »abholt«.

Da die gewöhnliche Form der E-Mail auf den Standard-Internetprotokollen aufsetzt, gibt es übrigens kein Problem, sie plattform- und betriebssystemübergreifend zu verwenden.

Webserver

Ein **Webserver** (die exakte Bezeichnung ist eigentlich HTTP-Server) liefert auf Anfrage Webseiten über ein Netzwerk aus. In der Regel ist dieses Netzwerk das Internet. In den lokalen Netzen von Unternehmen und Institutionen setzt sich diese Form der Informationsübermittlung aber auch immer mehr durch – ein solches lokales Netz, das Technologien und Dienste der Internetprotokolle verwendet, wird Intranet genannt. Der Anwender verwendet ein Anzeigeprogramm für Webseiten, den so genannten Browser, um Webseiten anzufordern, anzusehen und auch, um die enthaltenen Links, also Verknüpfungen zu anderen Dokumenten auf dem gleichen oder einem anderen Server, per Mausklick zu folgen.

Webseiten sind prinzipiell Textdokumente, die in der Formatierungssprache HTML geschrieben werden. Viele dieser Dokumente liegen statisch auf dem Server und werden einfach auf Anfrage ausgeliefert. Eine wachsende Anzahl solcher Dokumente wird aber auch aus Vorlagen und dynamischen Daten – etwa aus einer Datenbank – kombiniert und dann an den anfragenden Host geschickt. Diese Entwicklung ist für Websites mit umfangreichem, schnell wechselndem Inhalt – etwa Online-Tageszeitungen oder die Kataloge in E-Commerce-Sites – unvermeidlich.

Webserver sind im Übrigen schon von ihrer Grundidee her dafür gedacht, Clients unter vielen verschiedenen Betriebssystemen zu bedienen. Falls es Inkompatibilitäten geben sollte, liegt das höchstens daran, dass bei der Erstellung des HTML-Codes Steuerbefehle verwendet wurden, die nicht jeder Browser versteht.

Verzeichnisdienst-Server

Verzeichnisdienste (Directory Services) gewinnen in der IT seit Kurzem stark an Bedeutung. Ein Verzeichnis ist in diesem Zusammenhang kein Dateisystem, sondern ein datenbankähnlicher, standardisierter Katalog von Benutzern, Computern, Peripheriegeräten und Rechten in einem Netzwerk. Durch den Eintrag in das Verzeichnis können diese Informationen netzwerkweit abgerufen werden, so dass Verzeichnisdienste eine praktische Grundlage für zahlreiche Dienste legen, die in einer größeren Netzwerkumgebung die Arbeit der Administratoren und das Leben der Anwender erleichtern. Hier nur einige Beispiele:

- Automatisierte Software-Verteilung und -Installation
- Mobile Benutzerprofile (Roaming User Profiles)
- Zentralisierte Anmeldedienste (Single-Sign-On)
- Rechner-, Benutzer- und Eigenschafts-basierte Rechtekontrolle

Anwendungsserver und Serveranwendungen

Ein **Anwendungsserver** (Application Server) erlaubt den Benutzern die Verwendung von Anwendungsprogrammen über das Netzwerk, die sich eigentlich auf dem Server befinden.

Einfache Anwendungsdienste

Bei der einfachsten Form des Anwendungsservers liegt der Datenbestand der Anwendung auf den Datenträgern des Servers, die Anwendung wird über das Netzwerk in den Arbeitsspeicher des Clients geladen und dort lokal ausgeführt – der Unterschied zum File-Server ist hier minimal; es muss der Anwendung lediglich klar sein, dass eventuell notwendige Zusatzkomponenten oder Konfigurationsdaten nicht auf dem Rechner liegen, auf dem sie ausgeführt wird, sondern auf der Maschine, von der sie geladen wurde. Bei vielen normalen Einzelplatz-Anwendungsprogrammen kann eine solche Einstellung vorgenommen werden. Eine solche Verwendung von Software hat vor allem zwei Vorteile: Erstens kann es weniger Arbeit bedeuten, ein Programm einmal auf dem Server statt auf mehreren Arbeitsplatzrechnern zu installieren, und zweitens können Kosten gespart werden – die meisten Softwarelizenzen gelten jeweils pro Rechner, auf dem das jeweilige Programm installiert ist. Wird eine Anwendung auf mehreren Rechnern genutzt, aber nicht gleichzeitig, dann kann die Software auf dem Server installiert werden; damit werden die Lizenzgebühren dann nur einmal fällig.

Echte Client-Server-Anwendungen

Bei komplexeren Formen von Anwendungsservern werden Teile des Programms – oder unter Umständen auch das ganze Programm – direkt auf dem Server ausgeführt. Die möglichen Gründe hierfür sind im Einzelfall genauso vielfältig wie die verschiedenen Formen der Verwirklichung. Beispielsweise ist es bei großen Datenbanken üblich, dass der Datenbestand als solcher auf einem Server liegt, ebenso die grundlegende Datenverwaltungssoftware. Auf den Clients existieren dann in der Regel so genannte Frontends, also Softwarekomponenten, die den Benutzern eine Bedienoberfläche für die eigentliche Datenbank bereitstellen.

Eine andere Form der Serveranwendung existiert bei der Verwendung der so genannten **Terminal-Server**. Die einfachste Form, der Internetdienst TELNET, stellt dem Anwender eine Konsolenoberfläche zur Verfügung, über die sich von fern auf dem Server selbst mittels Kommandoeingabe arbeiten lässt. Das heißt, die Ein- und Ausgabe von zeilenorientierten Kommandos und Anwendungsprogrammen erfolgt auf dem Client, die eigentliche Ausführung auf dem Server – der eigene Rechner wird zu einem Terminal für den entfernten Server.

Der X-Server

Eine sehr merkwürdige Form der Serversoftware ist in diesem Zusammenhang der aus dem UNIX-Bereich stammende **X-Window-Server** oder einfach X-Server (siehe Kapitel 4, *Betriebssysteme*). Die Bezeichnung Server für diese Software erscheint zunächst sehr irreführend, handelt es sich doch einfach um die Grundlage der grafischen Benutzeroberfläche (GUI) unter UNIX. Der X-Server stellt den Anwendungsprogrammen seine Dienste zur Verfügung, die darauf zugreifen, um Fenster und andere Komponenten der GUI darzustellen. Die Tatsache, dass hier ein Dienst verfügbar gemacht wird, ist es übrigens, die den Begriff »Server« rechtfertigt. Dabei müssen Anwendung und X-Server auch nicht unbedingt auf dem gleichen Rechner laufen. Erstaunlicherweise läuft aber der X-Server auf dem Anwendungs-Client! Denn da die Programmausführung auf dem entfernten Rechner stattfindet, aber die grafische Darstellung auf dem lokalen, muss hier dieser Dienst angeboten werden.

Terminal-Server gibt es auch unter Windows NT beziehungsweise Windows 2000; auch hier läuft die eigentliche Anwendung auf dem Server, der Client erlaubt deren Bedienung und Anzeige. Das Angebot solcher Anwendungsdienste über das Internet wird allmählich beliebter. Ein ASP (Application Service Provider) lässt Anwendungen – wie beispielsweise Büro-Software – auf seinen Servern laufen; über eine spezielle Client-Software oder sogar über einen Webbrowser kann der Kunde darauf zugreifen und diese Software von der ganzen Welt aus benutzen. Eine wesentlich einfachere Form solcher Serveranwendungen, die über das Web benutzt werden und die Sie wahrscheinlich gut kennen, ist der weit verbreitete webbasierte E-Mail-Dienst mit diversen Zusatzfunktionen, wie ihn GMX, HotMail oder web.de anbieten.

Thin Clients statt PCs

Die Quintessenz der Verwendung von Anwendungsservern ist die von einigen Firmen (Sun Microsystems, Oracle) seit Jahren angestrebte Abschaffung der gewöhnlichen Personal Computer und deren Ersatz durch so genannte Thin Clients – Rechner ohne Festplatte, die ihr Betriebssystem und die Anwendungsprogramme vollständig aus dem Netzwerk oder aus dem Internet beziehen. Allerdings kann sich das Konzept bisher nicht recht durchsetzen. Das Hauptargument der entsprechenden Unternehmen, nämlich die geringeren Kosten, lässt sich angesichts des massiven Preisverfalls bei den »ausgewachsenen« PCs nicht aufrecht erhalten.

13.4 Netzwerkkarten, -kabel und Netzzugangsverfahren

Im Laufe der Entwicklungsgeschichte der Netzwerke, die weiter oben in diesem Kapitel skizziert wurde, haben sich viele verschiedene Formen der Netzwerkhardware entwickelt. Jede von ihnen hatte zum Zeitpunkt ihrer Entstehung ihre Berechtigung, und dennoch haben sich einige auf breiter Front durchgesetzt, während andere schnell wieder vom Markt verschwunden sind. Die verbreitetste Art der Netzwerkhardware ist heute Ethernet in seinen vielfältigen Varianten.

Die IEEE 802-Standards

Analog zu den oben beschriebenen Schichtenmodellen – vor allem dem standardisierten OSI-Referenzmodell – gibt es auch Standards, die speziell die Netzwerkhardware und den Netzzugang betreffen, also die beiden untersten Ebenen des OSI-Modells. Die umfangreichste Sammlung ist **IEEE 802** des Institute of Electrical and Electronical Engineers. Die Nummer 802 bezeichnet Jahr und Monat der ursprünglichen Festlegung, nämlich den Februar 1980. Innerhalb dieser Sammlung gibt es eine Reihe verschiedener Unterstandards. Zu den wichtigsten gehören 802.1 (allgemeine Netzwerkstandards), 802.3 (Netzzugangsverfahren CSMA/CD, besonders Ethernet) und 802.11 (Drahtlose Netze). Einige dieser Standards werden im Folgenden näher beschrieben.

13.4.1 Die verschiedenen Ethernet-Standards

Ethernet ist heute der verbreitetste Standard für lokale Netze (LANs). Zehntausende von Herstellern weltweit unterstützen diese Art von Netzwerken mit ihrer Hard- und Software.

Identifikation per MAC-Adresse

Jede Ethernet-Schnittstelle, also die Netzwerkkarte beziehungsweise der fest eingebaute Anschluss, ist mit einer weltweit einmaligen Identifikationsnummer ausgestattet, der so genannten **MAC-Adresse** (für Media Access Control, einer der beiden Bestandteile der

OSI-Netzzugangsschicht). Es handelt sich um eine 48 Bit lange Zahl, die in sechs hexadezimalen Blöcken zwischen 0 und 255 (00 bis FF hex) geschrieben wird, zum Beispiel `00-A0-C9-E8-5F-64`.

Die Datenpakete – auf der Netzzugangsschicht Frames genannt – werden mit den MAC-Adressen der sendenden und der empfangenden Station versehen und in der Regel an alle Stationen im Segment versandt. Jede Station überprüft daraufhin, ob die Daten für sie bestimmt sind oder nicht. Im Übrigen kann man Ethernet-Schnittstellen auch in den »promiscuous mode« schalten, in dem sie ohne Unterschied alle Daten entgegennehmen – auf diese Weise kann der gesamte Datenverkehr in einem Netzsegment überwacht werden.

Die MAC-Adresse wird normalerweise nicht über das jeweilige Teilnetz hinaus weiter verbreitet.[2] Nach außen würde ihre Verwendung auch keinen Sinn ergeben, da das nächste Teilnetz auf einer Route womöglich noch nicht einmal zum Ethernet-Standard gehört.

Das Netzzugangsverfahren CSMA/CD

Es ist wichtig zu verstehen, dass mit dem Namen Ethernet gar keine einheitliche Netzwerkhardware bezeichnet wird. Vielmehr handelt es sich um einen Sammelnamen für diverse Netzwerkstandards, die ein bestimmtes Netzzugangsverfahren verwenden. Insofern sind alle Ethernet-Varianten auf der OSI-Schicht 2 identisch, unterscheiden sich aber auf der untersten Schicht.

Als der Vorläufer von Ethernet Ende der 60er-Jahre des vorigen Jahrhunderts an der Universität von Hawaii konzipiert wurde (anfangs unter dem geografisch passenden Namen ALOHANet), handelte es sich zunächst um Datenfunk. Diesem Umstand ist übrigens auch der endgültige Name zu verdanken: »ether«, zu Deutsch Äther, ist das gedachte Medium, durch das sich Funkwellen fortpflanzen. Erst in den 70er-Jahren wurde dasselbe Netzzugangsverfahren auch für die Datenübertragung per Kabel eingesetzt, und zwar zunächst über Koaxialkabel.

CSMA/CD-Schema

Das gemeinsame Netzzugangsverfahren aller Ethernet-Formen trägt den Namen **CSMA/CD**: Carrier Sense Multiple Access with Collision Detection. Schematisch gesehen funktioniert dieses Verfahren wie folgt:

1. Ein Gerät, das Daten senden möchte, lauscht den Netzabschnitt ab, um festzustellen, ob dieser gerade frei ist, das heißt, ob gerade kein anderes Gerät sendet (Carrier Sense).
2. Wurde in Schritt 1 festgestellt, dass der Netzabschnitt frei ist, beginnt die Station mit dem Senden der Daten. Möglicherweise hat auch eine andere Station festgestellt, dass das Netz frei ist, und beginnt gleichzeitig mit dem Senden (Multiple Access).
3. Falls auf die beschriebene Art und Weise zwei Stationen gleichzeitig mit dem Senden begonnen haben, findet eine so genannte Datenkollision statt, die von den beteiligten Stationen entdeckt wird (Collision Detection). Eine Station, die eine Kollision bemerkt, stellt das Senden von Nutzdaten ein und versendet stattdessen eine Warnmeldung (jam signal).

2 Ausnahme: das weiter unten beschriebene IPX/SPX-Protokoll verwendet die MAC-Adresse auch für die Adressierung auf der Netzwerkschicht

4. Eine Station, die wegen einer Datenkollision das Senden abgebrochen hat, beginnt nach einer zufällig gewählten Zeitspanne von wenigen Millisekunden erneut mit dem Senden. Genau diese Zufälligkeit der Zeitspanne, die nach einem komplizierten Verfahren berechnet wird, ist enorm wichtig, damit die beiden Stationen beim nächsten Versuch nicht wieder genau gleichzeitig mit dem Senden beginnen.

Das große Problem von Ethernet besteht darin, dass das CSMA/CD-Verfahren umso ineffektiver wird, je frequentierter der jeweilige Netzabschnitt ist: Ab einem gewissen Grenzwert überschreitet die Anzahl der Datenkollisionen die Menge der Nutzdaten. Heutzutage umgeht man dieses Problem in der Regel durch die Verwendung so genannter Switches, die für zwei miteinander kommunizierende Stationen jeweils eine exklusive Punkt-zu-Punkt-Verbindung einrichten. Wo diese Möglichkeit aufgrund veralteter, inkompatibler Hardware nicht zur Verfügung steht, muss ein Netz mit viel Datenverkehr stattdessen segmentiert, das heißt in kleinere Abschnitte unterteilt werden.

Ethernet-Hardware

Die Bezeichnungen der verschiedenen Arten der Hardware, die für Ethernet-Netzwerke verwendet werden, setzen sich aus der Übertragungsgeschwindigkeit des jeweiligen Netzes in MBit/s und einer spezifischen Bezeichnung für den Kabeltyp oder die maximal zulässige Kabellänge zusammen.

Koaxialkabel

Wie bereits erwähnt, waren Koaxialkabel die ersten für Ethernet verwendeten Kabel. Der Aufbau dieser Kabel ist folgender: Im Zentrum befindet sich ein leitender Draht, der von einer Isolationsschicht umgeben ist, darüber befindet sich ein weiterer Ring aus leitendem Metall und außen natürlich wiederum eine Isolationsschicht. Das bekannteste Alltagsbeispiel für ein Koaxialkabel ist ein handelsübliches Fernsehantennenkabel.

Es gibt zwei verschiedene Arten von Koaxialkabeln, die für Ethernet eingesetzt werden:

- **Base 2**: dünnes schwarzes Koaxialkabel

  Die 10 steht – wie bereits erwähnt – für die maximale Datenübertragungsgeschwindigkeit des Netzes, in diesem Fall 10 MBit/s. Die nähere Spezifikation, die durch die 2 angegeben wird, betrifft die maximal zulässige Gesamtlänge eines 10 Base 2-Netzsegments von 200 Meter; genauer gesagt 185 Meter. In einem Segment dürfen sich maximal 30 Stationen befinden. Um eine größere Entfernung zu überbrücken oder mehr Stationen zu betreiben, muss eine Signalverstärkung durch so genannte Repeater durchgeführt werden.

  Alternative Bezeichnungen für diese Ethernet-Form sind Thinnet Coaxial oder »Cheapernet«, weil es sich früher um die billigste Art der Vernetzung handelte.

  An der Netzwerkkarte wird an eine BNC-Buchse ein T-Adapter angeschlossen. An dessen beiden Seiten werden wiederum über BNC-Stecker die Koaxialkabel angeschlossen, die zu den T-Stücken der Netzwerkkarten der benachbarten Rechner führen. Das Netzwerk ist in einer Bustopologie organisiert; die T-Stücke des ersten und des letzten Rechners im Netzwerk werden auf je einer Seite mit einem Abschlusswiderstand oder Terminator versehen.

- **Base 5**: dickes gelbes Koaxialkabel

  Der Vorteil dieser auch Thicknet Coaxial genannten Variante besteht in der größeren zulässigen Länge des Netzsegments, nämlich – wie die Zahl 5 vermuten lässt – 500 Meter. Andererseits ist dieses erheblich dickere Kabel weniger flexibel als das dünnere 10 Base 2; beispielsweise ist es schwieriger, solche Kabel durch verwinkelte Kabelkanäle zu ziehen.

  Auf dem Kabel sitzen bei dieser Ethernet-Form so genannte Transceiver, die über 15-polige Buchsen an die Netzwerkkarten angeschlossen werden. Zwischen zwei Transceivern muss ein Mindestabstand von 2,5 Metern eingehalten werden; in einem Segment dürfen sich maximal 100 davon befinden. Auch dieses Netz ist busförmig und beide Enden müssen durch Abschlusswiderstände terminiert werden.

Twisted-Pair-Kabel

Heutzutage wird Ethernet viel häufiger über **Twisted-Pair-Kabel** betrieben. Bei dieser Kabelsorte handelt es sich um einen verdrillten Kupfer-Zweidrahtleiter: Je zwei isolierte Kupferdrähte werden umeinander gewickelt – dies verhindert die gegenseitige Beeinträchtigung der Signalqualität, die bei parallel zueinander verlaufenden Kabeln durch die elektromagnetischen Felder auftreten würde. In einem Twisted-Pair-Kabel verlaufen üblicherweise vier, manchmal auch acht solcher Doppeladern nebeneinander. Sie enden auf beiden Seiten in einem RJ-45-Stecker, der auch für ISDN-Anschlüsse verwendet wird. Bekannt sind solche Kabel vor allem durch ihre Verwendung als Telefonleitungen.

Man unterscheidet zwei verschiedene Grundarten von Twisted-Pair-Kabeln: **UTP** oder Unshielded Twisted Pair ist ein nicht abgeschirmter Zweidrahtleiter, **STP** (Shielded Twisted Pair) ein abgeschirmter, der eine höhere Signalqualität aufweist, sodass er zum Beispiel größere Entfernungen überbrücken kann.

Außerdem werden Twisted-Pair-Kabel in verschiedene Kategorien unterteilt, die unterschiedliche maximale Datenübertragungsraten zulassen. Diese sind in Tabelle 13.2 aufgelistet.

Kategorie	Übertragungsrate	Verwendungszweck
1		Telefonie
2	4 MBit/s	ISDN
3	10 MBit/s	Ethernet; Token Ring
4	16 MBit/s	verschiedene
5	100 MBit/s	Fast Ethernet; allgemeiner Standard
6	200 MBit/s	verschiedene
7	600 MBit/s	verschiedene

Tabelle 13.2 Die verschiedenen Kategorien von Twisted-Pair-Kabeln

Alle über Twisted Pair verkabelten Arten von Ethernet weisen eine sternförmige Topologie auf, zumindest im physikalischen Sinn: Alle Stationen werden jeweils über ein eigenständiges Kabel an einen zentralen Verteiler angeschlossen. Der Vorteil dieser Form der Vernetzung besteht grundsätzlich darin, dass der Ausfall einer einzelnen Verbindung zwischen einem Rechner und dem Verteiler nicht zur Unterbrechung des gesamten Netzes führt, wie es beim busförmigen Koaxialkabel-Ethernet der Fall ist.

Hub kontra Switch

Der zentrale Verteiler wird in seiner einfacheren Form **Hub** genannt, die etwas teurere, aber leistungsfähigere Bauweise heißt **Switching Hub** oder kurz **Switch**. Die innere Struktur des Hubs ist letztlich busförmig, sodass es genau wie bei der Vernetzung über Koaxialkabel zu Datenkollisionen kommen kann. Ein Switch stellt dagegen für zwei Stationen, die miteinander kommunizieren möchten, eine exklusive Punkt-zu-Punkt-Verbindung bereit. Dies geschieht dadurch, dass ein Switch die MAC-Adressen aller Schnittstellen zwischenspeichert, an die er bereits Daten ausgeliefert hat, und auf diese Weise die restlichen Stationen nicht mehr mit Daten behelligen muss, die gar nicht für sie bestimmt sind. Da die Preise für Netzwerkzubehör in den letzten Jahren allgemein stark gesunken sind, gibt es eigentlich keinen Grund mehr, etwas anderes als ein Switch einzusetzen.

Bei einem Hub teilen sich alle Stationen die gesamte Übertragungsgeschwindigkeit, beim Switch steht sie dagegen jeder einzelnen Verbindung zur Verfügung.

Im Übrigen gibt es besondere Hubs, die als **Bridges** bezeichnet werden. Sie verbinden Ethernet-Netzwerke verschiedenen Typs miteinander, beispielsweise besitzen sie eine Reihe von RJ45-Ports für Twisted-Pair-Kabel und zusätzlich einen Anschluss für 10 Base 2-BNC-Kabel; oder sie unterstützen einfach verschiedene maximale Übertragungsgeschwindigkeiten.

Hubs oder Switches weisen in der Regel 5 bis 24 Anschlüsse (Ports) auf, an die jeweils ein Gerät angeschlossen werden kann. Um Netzwerke mit mehr Geräten zu betreiben, sind diese Geräte kaskadierbar: Die meisten Hubs oder Switches besitzen einen speziellen Port, den so genannten Uplink-Port, der über ein Kabel mit einem normalen Port eines weiteren Verteilers verbunden werden kann. Bei vielen Hubs/Switches kann ein einzelner Port über einen Schalter zwischen Normal und Uplink umgeschaltet werden.

Zwei-Rechner-Netze ohne Hub

Die einzige Ausnahme von der allgemeinen Regel, dass ein Hub oder Switch benötigt wird, bildet der Sonderfall, in dem nur zwei Rechner miteinander vernetzt werden sollen: Die beiden Stationen können unmittelbar über ein so genanntes Crosslink-Kabel verbunden werden. Dieses spezielle Kabel besitzt überkreuzte Anschlusspaare anstelle der geradlinig verlaufenden bei normalen Twisted-Pair-Kabeln.

Es existieren zwei Arten von Ethernet über Twisted Pair, die unterschiedliche Übertragungsgeschwindigkeiten unterscheiden:

- **10 Base T**: Die Datenübertragungsrate beträgt 10 MBit/s.
- **100 Base T** (auch Fast Ethernet genannt): Daten werden mit bis zu 100 MBit/s übertragen; hierzu sind mindestens UTP-Kabel der Kategorie 5 erforderlich. Genauer gesagt gibt es zwei Unterarten: 100 Base TX ist voll kompatibel zu 10 Base T, sodass das Netz schrittweise umgerüstet werden kann. 100 Base T4 verwendet dagegen alle vier Kupferdrahtpaare eines Twisted-Pair-Kabels und ist zu den anderen Standards inkompatibel; in der Praxis spielt es keine Rolle mehr.

Die meisten Netzwerkkarten, Hubs und Switches, die heute verkauft werden, unterstützen beide Übertragungsraten. Der zu verwendende Wert kann bei vielen Netzwerkkarten per Software eingestellt werden, häufiger wird er automatisch gewählt. Natürlich sollten Sie prinzipiell darauf achten, keine reine 10-MBit-Hardware mehr zu kaufen. Aber möglicherweise hat 100-MBit-Hardware der ersten Generation, die nicht auf 10 MBit/s heruntergeschaltet werden kann, sogar noch schlimmere Einschränkungen zur Folge. Zwar ist es bei normalen Standard-PCs ein Leichtes, die Netzwerkkarte gegen ein neueres Modell auszutauschen, um die Kompatibilität zu einer aktualisierten Netzwerkumgebung aufrecht zu erhalten, aber bei anderen Geräten wie beispielsweise Netzwerkdruckern oder kompakten Router-Boxen ist das eventuell nicht möglich. Solche Geräte könnten zu einem reinen 100er-Netz eventuell nicht mehr kompatibel sein.

Neue Ethernet-Versionen

Noch neuere Formen von Ethernet erreichen Übertragungsraten von 1.000 MBit/s (Gigabit Ethernet), entweder über Lichtwellenleiter (**1000 Base FL** für »Fiber Logic«) oder über mehradrige Twisted-Pair-Kabel (**1000 Base TX**). Bereits entwickelt, aber noch nicht weit verbreitet ist Ethernet mit 10 GBit/s.

13.4.2 Token Ring

Das **Token-Ring-Netzwerk** wurde ursprünglich 1972 von IBM konzipiert. Es besitzt grundsätzlich eine ringförmige Topologie, wobei dies heute nur noch den logischen Aufbau betrifft, während die physikalische Topologie sternförmig ist: Die Rechner werden über die bei Ethernet beschriebenen Twisted-Pair-Kabel an ein spezielles Token-Ring-Hub angeschlossen; innerhalb dieses Gerätes sind die Anschlüsse ringförmig miteinander verbunden.

Token-Passing

Die Datenübertragungsrate von Token Ring betrug anfangs 4 MBit/s, wurde jedoch später auf 16 MBit/s erhöht. Auch wenn diese Geschwindigkeiten im Vergleich zu Fast Ethernet sehr gering erscheinen, kann Token Ring in gewisser Hinsicht dennoch damit konkurrieren: Es verwendet ein wesentlich ausgeklügelteres Netzzugangsverfahren als Ethernet, das **Token-Passing-Verfahren**. Dieses funktioniert schematisch gesehen folgendermaßen:

1. In Datenstromrichtung reichen die einzelnen Stationen ein spezielles Datenmuster weiter, das so genannte Frei-Token.
2. Eine Station kann nur senden, wenn sie das Token erhalten hat. Sie wandelt das Frei-Token in ein Besetzt-Token um, hängt die zu übertragenden Daten an und sendet sie in Datenstromrichtung weiter.
3. Die Empfängerstation sendet nach erfolgreichem Empfang der Daten eine Bestätigung an den Absender.
4. Nach Erhalt der Bestätigung erzeugt der ursprüngliche Absender ein neues Frei-Token und versendet es wiederum in Datenstromrichtung.

Durch dieses Konzept können in einem solchen Netz grundsätzlich keine Datenkollisionen auftreten. Andere Probleme müssen dagegen speziell behandelt werden:

- Eine Station muss in der Lage sein, zu erkennen, dass ihr Nachfolger in Datenstromrichtung ausgefallen ist, um einen neuen Nachfolger zu bestimmen. Dazu wartet sie nach der Weitergabe des Tokens eine bestimmte Zeitspanne – die so genannte Slot-Time – auf eine Bestätigung ihres Nachfolgers. Bleibt diese aus, so sendet sie ein neues Token aus. Wird auch dieses nicht bestätigt, so versendet die Station ein spezielles Who_Follows-Frame (»Wer folgt«) mit der Adresse ihres bisherigen Nachfolgers. Jeder Rechner kontrolliert diese Adresse; derjenige, um dessen Vergänger es sich handelt, sendet ein Set_Successor-Frame (»Setze Nachfolger«) an den ursprünglichen Absender, der diesen Rechner als seinen neuen Nachfolger einträgt.
- Es muss die Möglichkeit geben, nachträglich hinzugekommene Rechner in den Ring aufzunehmen. Dazu sendet die Station, die gerade das Token besitzt, von Zeit zu Zeit eine Solicit_Successor-Anfrage aus. Eine neu in Betrieb genommene Station ist in der Lage, normale Frames zu empfangen, kann jedoch nur auf dieses spezielle Frame antworten, und zwar mit der Set_Successor-Meldung.
- Falls mehrere Stationen gleichzeitig dem Netz beitreten möchten und deshalb auf dieselbe Solicit_Successor-Anfrage antworten, versendet deren Absender ein Resolve_Contention-Frame (»Beendet Auseinandersetzung«). Daraufhin berechnet jeder Rechner aus seiner Adresse eine spezifische Wartezeit, sodass sie letzlich nacheinander bei späteren Solicit_Successor-Anfragen dem Netzwerk beitreten.

Heute werden kaum noch neue Token-Ring-Netzwerke eingerichtet, im LAN-Bereich wird fast nur noch Ethernet eingesetzt. Die Technik, die sich als nächste allgemein durchzusetzen scheint, sind drahtlose Netzwerke nach IEEE 802.11, die im nächsten Abschnitt behandelt werden.

13.4.3 Drahtlose Netze

Schon seit sehr langer Zeit werden über drahtlose Technologien wie Funk, Mikrowellen, Satellit oder Infrarot nicht nur Sprache, Radio- und Fernsehsignale, sondern auch Daten übertragen. Die digitale(!) Datenübertragung per Funk war sogar die erste Anwendung der drahtlosen Nachrichtentechnik überhaupt: Der Funkpionier Guglielmo Marconi erfand die drahtlose Telegrafie mit Hilfe des binären Morse-Alphabets lange vor dem Sprechfunk.

Im Bereich der Netzwerke gibt es immer mehr Anwendungsfälle, bei denen sich der Einsatz drahtloser Techniken anbietet. Die folgenden Beispiele können als Anhaltspunkte dienen:

- In einem Unternehmen werden viele Außendienstmitarbeiter beschäftigt. Sie sind mit Notebooks ausgestattet und kommen nur gelegentlich in die Firmenzentrale.
- Eine Firma zieht in ein denkmalgeschütztes Haus ein, an dessen Bausubstanz nichts geändert werden darf – an das Verlegen von Kabelkanälen oder gar das Aufstemmen von Wänden für die Vernetzung ist nicht zu denken.

- Zwischen zwei Gebäuden eines Unternehmens verläuft eine öffentliche Straße; für die Überbrückung durch ein Kabel müsste ein langfristiges Genehmigungsverfahren mit ungewissem Ausgang eingeleitet werden.
- Auf LAN-Parties (Treffen von Netzwerkspielern), Messen, Kongressen oder ähnlichen Veranstaltungen müssen Unmengen von Computern für kurze Zeit vernetzt werden.

Für den Betrieb drahtloser Netzwerke kommen die verschiedensten Übertragungsmethoden zum Einsatz. Sie lassen sich nach folgenden Kriterien unterscheiden beziehungsweise für den praktischen Einsatz auswählen:

- Welche maximale Entfernung zwischen zwei Stationen muss überbrückt werden?
- Besteht zwischen den einzelnen Standorten Sichtkontakt oder befinden sich Wände oder andere Hindernisse zwischen ihnen?
- Soll eine freie Funkfrequenz genutzt werden, oder kann es auch eine lizenzpflichtige sein (Letzteres kann teuer werden)?
- Sind die vernetzten Geräte selbst stationär oder mobil?

Diese diversen Auswahlkriterien zeigen bereits, dass es so etwas wie »das« drahtlose Netz nicht gibt. Für jeden Anwendungszweck bieten sich verschiedene Lösungen an, die sorgfältig geprüft werden müssen.

Genau wie bei der verkabelten Konkurrenz lassen sich auch hier verschiedene Kategorien von Reichweiten unterscheiden. Das **WLAN** (Wireless LAN) nach IEEE 802.11 ist ein drahtloses Netz für den Nahbereich, also für die Vernetzung innerhalb einer einzelnen Institution. Das **WWAN** dagegen ist ein drahtloses Fernnetzwerk – dazu zählen unter anderem Satellitenverbindungen.

In diesem Abschnitt wird nur das 802.11-kompatible WLAN beschrieben, da es sich seit seiner Einführung 1997 sehr schnell verbreitet hat und heute von allen Wireless-Technologien am häufigsten eingesetzt wird. 802.11 besteht aus mehreren Unterstandards, die sich in den Punkten Frequenzspektrum, Übertragungsrate und Funktechnologie unterscheiden. Sie alle werden jedoch über Funk betrieben; eine ursprünglich ebenfalls spezifizierte Infrarot-Variante hat sich nicht durchgesetzt. Infrarot wird größtenteils für den drahtlosen Anschluss von Peripheriegeräten wie Mäusen oder Tastaturen verwendet. Tabelle 13.3 zeigt eine Übersicht über die wichtigsten gebräuchlichen 802–11-Varianten.

Standard	Frequenzbereich	Übertragungsrate	Funktechnik
802.11	2,4 GHz	1 oder 2 MBit/s	FHSS/DSSS
802.11a	5 GHz	bis zu 54 MBit/s	OFDM
802.11b	2,4 GHz	5,5/11/22 MBit/s	HR/DSSS
802.11g	2,4 GHz	bis zu 54 MBit/s	OFDM

Tabelle 13.3 Verschiedene Varianten von IEEE 802.11

Die Trägerfrequenz von 2,4 GHz wird vor allem deshalb am häufigsten verwendet, weil sie nicht lizenzpflichtig ist – es handelt sich nämlich um die Frequenz, mit der Mikrowellenherde arbeiten, da diese Wellenlänge Wassermoleküle am effektivsten erhitzt.

Frequency Hopping

Die diversen Funkverfahren arbeiten alle mit verschiedenen Abarten der **Frequency-Hopping**-Methode, die auch im Mobilfunk eingesetzt wird: Nach einem bestimmten Schema werden die Funkwellen über mehrere Frequenzen übertragen, die mehrmals in der Sekunde wechseln. Dies ist erheblich weniger störanfällig als die Verwendung einer einzelnen Frequenz. Die grundlegende Technik wurde Mitte der 30er-Jahre von der österreichischen Schauspielerin **Hedy Lamarr** erfunden. Ihr damaliger Ehemann war Rüstungsfabrikant, und diese Funktechnik sollte helfen, Torpedos der Alliierten fernzusteuern, ohne dass die Signale abgefangen und verfälscht werden könnten. Im Einzelnen werden folgende Verfahren unterschieden:

- **FHSS** (Frequency Hopping Spread Spectrum): Die Frequenzen wechseln nach einem zufälligen Muster.
- **DSSS** (Direct Sequence Spread Spectrum): Es werden erheblich mehr Einzelfrequenzen verwendet; die Verteilung wird nach einem komplexen mathematischen Verfahren durchgeführt.
- **HR/DSSS** (High Rate Direct Sequence Spread Spectrum): DSSS mit speziellen Erweiterungen, die eine höhere Übertragunsrate ermöglichen.
- **OFDM** (Orthogonal Frequency Division Multiplexing): Jeder Kanal wird in mehrere Teilkanäle unterteilt, die Signale werden über alle Teilkanäle parallel übertragen. Aus diesem Grund ist OFDM das Übertragungsverfahren mit der höchsten Datenrate, andererseits aber auch das aufwändigste, sodass die entsprechende Hardware vergleichsweise teuer ist.

WLAN-Hardware

Der größte Teil der Wireless-LAN-Hardware, der momentan verkauft wird, basiert auf dem 802.11b-Standard. Die Preise für Hardware dieser Variante sind in den letzten Jahren stark gefallen. Zwar wird das Preisniveau von Twisted-Pair-Ethernet bei weitem noch nicht erreicht, aber ein WLAN-Adapter ist inzwischen durchaus für 60 bis 90 € erhältlich, sowohl als PCI-Karte für Desktop-PCs als auch als PCMCIA- oder USB-Adapter für Notebooks. Außerdem sind Notebooks ab Werk zunehmend mit einer WLAN-Schnittstelle ausgestattet. Vorreiter dürften das PowerBook und das iBook von Apple gewesen sein – Apple fördert diese Technologie unter dem Namen AirPort seit Jahren.

CSMA/CA

Als Netzzugangsverfahren in 802.11-Netzen kommt **CSMA/CA** zum Einsatz (Carrier Sense Multiple Access with Collision Avoidance) – wie der Name vermuten lässt, werden Datenkollisionen von vornherein vermieden. Anders als bei CSMA/CD sendet eine Station, die ein freies Übertragungsmedium (in diesem Fall den entsprechenden Funkkanal) vorfindet, nicht einfach ihre Daten, sondern eine Sendeanforderung (RTS). Daraufhin warten andere sendebereite Stationen, und die erste Station, die das RTS gesendet hat, sendet ihre Daten, nachdem ihr die Empfängerstation ihre Empfangsbereitschaft (CTS) signalisiert hat. Abgeschlossen wird die Datenübertragung durch ein ACK-Signal, daraufhin kann die nächste Station ihren Sendewunsch bekannt geben.

Das einfachste denkbare 802.11-WLAN besteht nur aus mehreren Rechnern mit entsprechender Schnittstelle, die auf direktem Weg miteinander kommunizieren. Ein solcher Aufbau wird als **Basic Service Set** (BSS) bezeichnet. Die Entfernung zwischen zwei beliebigen Stationen darf die maximale Reichweite des Funksignals nicht überschreiten, da jede Station die Signale nur senden und empfangen, aber nicht verstärken und weiterleiten kann. Da ein solches Netzwerk nicht mit anderen Netzen kommunizieren kann, wird es als **unabhängiges BSS** (Independent BSS oder kurz IBSS) bezeichnet. Derartige Netzwerke sind sinnvoll für die so genannte Ad-hoc-Vernetzung temporärer Zusammenkünfte wie Messen oder LAN-Parties.

Access Points

Ein wenig komplexer wird der Aufbau eines BSS, wenn ein Access Point hinzugefügt wird. Im Grunde funktioniert ein Access Point wie ein Ethernet-Hub, denn sobald er vorhanden ist, kommunizieren die Stationen nicht mehr direkt miteinander, sondern senden die Frames an den Access Point, der sie an den gewünschten Empfänger weitergibt. Die Identifikation der einzelnen Stationen erfolgt wie bei Ethernet anhand einer 48 Bit langen MAC-Adresse. Ein BSS mit einem Access Point wird als **Infrastruktur-BSS** bezeichnet (und natürlich nicht IBSS abgekürzt). Für die Reichweite des Netzes ist nur noch die Entfernung zwischen einer Station und dem Access Point ausschlaggebend.

Die wichtigste Aufgabe eines Access Points besteht in seiner Funktion als Bridge. Er verbindet das WLAN mit einem Backbone-Netzwerk – meistens Twisted-Pair-Ethernet. Auf diese Weise kann das WLAN mit stationären Teilen des Netzes verbunden werden oder Zugang zu Servern und Routern erhalten, ohne dass diese selbst mit WLAN-Schnittstellen ausgestattet werden müssten.

Im Übrigen bildet ein Verbund aus miteinander vernetzten Access Points (entweder ebenfalls über Funk oder über Ethernet) ein so genanntes **Extended Service Set** (ESS). Eine Station kann sich innerhalb eines ESS frei bewegen, weil die Access Points einander darüber auf dem Laufenden halten, welche Stationen sich gerade in ihrem Bereich befinden. Eine Station kann immer nur genau mit einem Access Point verbunden sein; sobald das Signal eines anderen Access Points stärker wird als das des bisherigen, meldet die Station sich bei ihrem alten Access Point ab und bei dem neuen an. Auf diese Weise werden Frames immer über den jeweils aktuellen Access Point an eine Station gesendet.

Ein zusätzlicher Nutzen von Access Points besteht darin, dass sie in der Lage sind, Frames zu puffern, die an bestimmte Stationen adressiert sind. Gerade Notebooks schalten im Standby-Modus oft auch die WLAN-Schnittstelle ab, um Strom zu sparen; sobald die Verbindung wieder aufgebaut wird, werden die zwischengespeicherten Frames ausgeliefert.

Das ESS-Modell wird immer häufiger für öffentlich verfügbare Netzwerkzugänge eingesetzt; in Bahnhöfen, Flughäfen oder Gaststätten stehen öffentliche zunehmend WLAN-Access-Points zur Verfügung, in die sich Notebook-Benutzer ohne weiteres einbuchen können. Mittlerweile werden sogar die ersten Innenstädte fast flächendeckend mit einander überlappenden Access Points ausgestattet. Irgendwann könnte ein ähnlich dichtes Netz entstehen, wie es die Mobilfunk-Zellen inzwischen bilden.

WLAN-Sicherheit

Eine der größten Herausforderungen beim Einsatz von Wireless-Technologien bleibt die Sicherheit. Es ist zwar auch nicht weiter schwierig, das Signal von Ethernet-Kabeln abzuhören, aber immerhin ist es vergleichsweise einfach, den physikalischen Zugang zu ihnen zu kontrollieren. Beim WLAN kann dagegen im Grunde genommen jeder die Signale mit einer kompatiblen Antenne auffangen und analysieren, um unberechtigt Informationen zu erhalten oder gar zu manipulieren. Das gilt umso mehr, als man die Grenzen der Funkreichweite niemals ganz genau auf die Größe des zu vernetzenden Gebäudes oder Geländes abstimmen kann; es ist also durchaus möglich, die Funkwellen außen zu empfangen.

Um ein Mindestmaß an Sicherheit zu gewährleisten, bietet die 802.11-Spezifikation eine optionale Verschlüsselung der Frames an. Allerdings ist diese Methode nicht besonders sicher; es wurde bereits gezeigt, dass die Verschlüsselung verhältnismäßig leicht zu knacken ist. Schon der Name dieser Technik, **WEP** (für Wired Equivalent Privacy) sagt allzu deutlich aus, dass es nicht um mehr geht, als etwa dasselbe Maß an Sicherheit zu gewährleiste wie beim rein physikalischen Schutz verkabelter Netzwerke. Der Hauptverwendungszweck besteht auch gar nicht in der Geheimhaltung, sondern in der Abgrenzung eines Wireless-Netzes von benachbarten Netzen: Es ist ärgerlich, wenn jedes vorbeifahrende Fahrzeug, in dem sich zufälligerweise ein Laptop mit 802.11-Schnittstelle befindet, diesen vorübergehend automatisch ins Netz einbucht und wieder verschwindet.

13.4.4 Sonstige Zugangsarten

Einige weitere Formen von Netzwerkhardware und Netzzugang sollen hier kurz erwähnt, aber nicht weiter vertieft werden. Es handelt sich zum Teil um nicht mehr gebräuchliche, zum Teil aber auch um seltene Zugangsverfahren.

ATM

Der **Asynchronous Transfer Mode** (ATM) verwendet als physikalisches Trägermedium Telefonleitungen. Es handelt sich um einen Standard für Breitband-WAN-Verbindungen, der seit Anfang der 90er-Jahre von Telefongesellschaften angeboten wird. Die Vernetzung erfolgt über ATM-Switches, die genau wie Ethernet-Switches direkte Verbindungen zwischen den Stationen herstellen und auf diese Weise eine feste Übertragungsrate garantieren; bei ATM beträgt sie 155 MBit/s.

TCP/IP über ATM

ATM wurde kurz vor dem Siegeszug des Internets und der TCP/IP-Netze eingeführt und definierte ursprünglich nicht nur Hardware- und Netzzugangs-Standards, sondern auch eigene Vermittlungs- und Transportverfahren, die zu IP-Netzen inkompatibel sind. Insbesondere scheiterte IP-Datentransport über ATM an der außerordentlich geringen ATM-Datenpaketgröße, die gerade einmal 53 Byte beträgt: 48 Byte Nutzdaten und ein nur 5 Byte großer Header. Dies macht ATM besonders schnell und flexibel, gerät aber für TCP/IP zu einem fast unüberwindbaren Hindernis, da oft noch nicht einmal ein IP-Paket-Header in ein ATM-Paket hineinpasst. Die IP-Pakete müssen auf komplizierte Art und Weise fragmentiert und am Ziel wieder zusammengesetzt werden. Zu diesem Zweck wurde eine Reihe von konkreten Verfahren entwickelt. Deshalb spielt ATM heute durchaus eine gewisse Rolle im Bereich der Breitband-Internetzugänge für Unternehmen, praktischere und kostengünstigere Technologien wie das im nächsten Abschnitt vorgestellte DSL laufen ihm jedoch sehr schnell den Rang ab.

FDDI

Das **Fiber Distributed Data Interface** (FDDI) ist ein LAN- und WAN-Standard, der Glasfaserkabel verwendet. Als dieser Standard Anfang der 90er-Jahre konzipiert wurde, sollte er hauptsächlich als Backbone-Netz für Ethernet in Firmen eingesetzt werden, wurde jedoch in manchen Umgebungen auch als normales LAN eingeführt. Wie Token Ring ist FDDI in einer ringförmigen Topologie angeordnet. Allerdings existieren zwei unabhängige Ringe, von denen einer als Ersatzring fungiert, falls der Hauptring ausfällt. Genauer gesagt verläuft die Datenstromrichtung des zweiten Rings andersherum als die des ersten, sodass ein größerer Ring aus dem Zusammenschluss von beiden gebildet werden kann, wenn ein bestimmtes Stück ausfällt.

Innerhalb eines FDDI-Rings können bis zu 500 Stationen betrieben werden. Der maximale Umfang des gesamten Rings beträgt 100 km, wobei jedoch spätestens alle 2 km ein Repeater eingesetzt werden muss. Die Übertragungsrate beträgt 100 MBit/s. Eine noch höhere Geschwindigkeit ist erreichbar, wenn beide Ringe parallel für die Datenübertragung verwendet werden, dann allerdings ohne zusätzliche Ausfallsicherheit.

Als Netzzugangsverfahren wird eine spezielle Form von Token Passing eingesetzt, das Timed Token-Protokoll. Bei dieser Variante wird unmittelbar, nachdem eine Station mit dem Senden begonnen hat, wieder ein neues Frei-Token erzeugt, sodass gleichzeitig mehrere Datenübertragungsvorgänge im Netz stattfinden können.

ARCNet

Bei **Attached Resource Computer Network** (ARCNet) handelt es sich um eine bereits in den 70er-Jahren entwickelte proprietäre LAN-Lösung der Firma Datapoint. Daher existiert für sie kein IEEE-Standard. In Büronetzwerken wird ARCNet so gut wie gar nicht eingesetzt, konnte sich jedoch einen Platz im Bereich der Industrie erobern, wo es insbesondere zur Vernetzung von Steuercomputern eingesetzt wird.

Es wird über Twisted-Pair-Kabel und Hubs in einer Sterntopologie betrieben; die maximale Datenübertragungsrate beträgt 2,5 MBit/s. Ein neuerer Standard, ARCNet Plus, beherrscht 20 MBit/s. Als Netzzugangsverfahren wird Token Passing verwendet.

13.5 Datenfernübertragung

Nachdem im vorigen Abschnitt die verschiedenen Formen der LAN-Vernetzung und der WANs über Standleitungen beschrieben wurden, sollen nun diverse Verfahren der Datenfernübertragung (DFÜ) geschildert werden. Wie bereits angesprochen, wurde DFÜ bereits eingesetzt, als sie lediglich der Punkt-zu-Punkt-Kommunikation zwischen einzelnen Rechnern über eine direkte Telefonverbindung diente. Heute geht es in der Regel darum, den Zugang zu einem bestehenden Netzwerk oder – über einen kommerziellen Provider – zum Internet herzustellen.

DFÜ-Varianten

Die erste Generation der DFÜ-Hardware, der umständliche und störanfällige Akustikkoppler, muss hier nicht mehr beschrieben werden. Die drei wesentlichen Technologien sind heute **Modems** für den Netzwerkzugang über analoge Telefonleitungen, der Zugang über die digitale Telefonleitung **ISDN** sowie Hochfrequenz-Verbindungen über verschiedene **DSL**-Dienste. Diese verschiedenen Zugangsverfahren werden im Folgenden dargestellt.

Eine Gemeinsamkeit aller DFÜ-Netzwerkverbindungen besteht in der Notwendigkeit, die Datenübertragung über diese Leitungen zu standardisieren und bestimmte Grundlagen für die Protokolle der Vermittlungsschicht zu schaffen. Dafür werden spezielle Protokolle verwendet, die den Netzzugang über relativ langsame serielle Leitungen ermöglichen. Das traditionelle Protokoll für die Vernetzung über Wählleitungen war **SLIP** (Serial Line Interface Protocol); allerdings besitzt es eine Reihe organisatorischer und technischer Mängel und wurde deshalb weitgehend durch das Point-to-Point Protocol (**PPP**) ersetzt.

Aufgaben von PPP

PPP kümmert sich um die Authentifizierung des Benutzers nach der Einwahl, indem Benutzername und Passwort übermittelt werden, anschließend verhandeln die beiden direkt miteinander verbundenen Punkte die eigentlichen Netzwerkdetails. Eine der wesentlichsten Fähigkeiten des Protokolls für Internetverbindungen besteht darin, dass der Einwahlknoten dem anwählenden Rechner automatisch eine IP-Adresse zuweisen kann, über die diese Netzwerkschnittstelle im gesamten Internet identifiziert wird.

Im Einzelnen erfolgen bei PPP also die folgenden Schritte:

- Wird eine Wählleitung (analog oder ISDN) verwendet, so stellt der Rechner des Benutzers über die entsprechende Schnittstelle eine Telefonverbindung her. Falls die Leitung besetzt sein sollte, werden spezielle frei konfigurierbare Maßnahmen getroffen; in der Regel erfolgt nach einer gewissen Wartezeit ein erneuter Wählversuch. Bei DSL-Leitungen wird ebenfalls die Verbindung aktiviert, auch wenn man dies nicht als Wählen im klassischen Sinne bezeichnen kann.
- Der Einwahlknoten verlangt eine Authentifizierung, in der Regel in Form von Benutzername und Passwort. Die meisten PPP-Implementierungen in modernen Betriebssystemen übermitteln diese Daten nach einmaliger Konfiguration automatisch, ohne Zutun des Benutzers.
- Nachdem die Daten überprüft wurden, erfolgt entweder die Ablehnung des Benutzers und der Verbindungsabbau, oder die Netzwerkparameter werden ausgehandelt. Auch wenn PPP als Netzzugangsgrundlage für alle möglichen Protokolle der Vermittlungsschicht dienen kann, wird heute fast nur noch TCP/IP aufgesetzt. Zu diesem Zweck weist der PPP-Knotenpunkt des Internetproviders der seriellen Verbindung auf der Einwahlseite eine IP-Adresse zu, eine im gesamten Internet einmalige Identifikationsnummer, deren Konzept im nächsten Abschnitt genau beschrieben wird.

13.5.1 Netzwerkzugang per Modem (analoge Telefonleitung)

Für Modems wurden im Laufe der Zeit viele verschiedene Standards entwickelt, die sich insbesondere bezüglich ihrer maximalen Datenübertragungsrate voneinander unterscheiden. Der aktuelle Standard heißt V90 und überträgt bis zu 56.600 Bit/s – gemessen an den üblichen Geschwindigkeiten fest verdrahteter Netzwerke ist das natürlich sehr langsam, aber kein Vergleich zu den Modem-Geschwindigkeiten vergangener Jahrzehnte. Rein physikalisch scheint mit 56,6 kBit/s die Leistungsgrenze erreicht zu sein; etwas höhere Übertragungsraten lassen sich durch die heutzutage häufig verwendete Datenkomprimierung erzielen – je nach übertragener Datenart etwa bis zur doppelten Leistung.

Das Wort Modem ist eine Zusammensetzung aus den Abkürzungen für Modulator und Demodulator, weil es die digitalen Signale des Computers in frequenzmodulierte Analogimpulse umwandelt, diese über die Telefonleitung überträgt und am Ziel wieder zurückverwandelt. Zu diesem Zweck muss es auf der einen Seite mit dem Computer verbunden werden, zum Beispiel über USB, klassisch auch über die alte serielle Schnittstelle oder als PCI-Steckkarte. Auf der anderen Seite wird das Modem über einen TAE-Stecker an die Telefonbuchse angeschlossen. Praktisch sind in diesem Zusammenhang Dreifach-TAE-Dosen, die leicht nachgerüstet werden können: Sie verfügen über einen speziellen Anschluss (TAE-F) für ein Telefon in der Mitte und zwei Anschlüsse (TAE-N) für Zusatzgeräte – Faxgerät, Anrufbeantworter oder eben Modem – außen.

Der Hayes-Befehlssatz

Das Modem wird vom Computer über ein einfaches ASCII-basiertes Protokoll gesteuert; heutzutage verwenden praktisch alle Modems den so genannten **Hayes-Befehlssatz** (benannt nach einem längst vergessenen Modem-Hersteller). Da die Befehle dieses Protokolls alle mit der Zeichenfolge »AT« beginnen, wird er mitunter auch als AT-Befehlssatz bezeichnet. Wichtige Befehle sind etwa folgende:

- **ATDT <Rufnummer>**: DT steht für »Dial Tone« – eine Rufnummer wird im Tonwahlverfahren (Mehrfrequenzverfahren) angewählt.
- **ATDP <Rufnummer>**: »Dial Pulse« – eine Rufnummer wird im Pulswahlverfahren angewählt (heute sehr selten).
- **ATH**: »Hangup« – die Telefonverbindung wird unterbrochen, es wird »aufgelegt«.
- **ATZ**: Das Modem wird auf den Einschaltzustand zurückgesetzt (Reset).

Telefon-Wahlverfahren

Das Tonwahlverfahren verwendet mehrere Töne unterschiedlicher Frequenzen, die zusammen die verschiedenen Ziffern und Funktionen des Telefons repräsentieren. Das Pulswahlverfahren sendet dagegen eine Reihe von »Klicktönen« – einen für eine 1, zwei für eine 2 und so weiter, bis zehn für eine 0. Seitdem alle Vermittlungsstellen in den deutschen Telefonnetzen digital sind, benötigt niemand mehr das langsamere und unzuverlässigere Pulswahlverfahren. Verwechseln Sie übrigens digitale Vermittlung nicht mit digitaler Signalübertragung – letztere findet beispielsweise bei ISDN statt, das im nächsten Unterabschnitt behandelt wird.

Bevor eine Datenkommunikation überhaupt denkbar ist, müssen sich beide Seiten darüber einig sein, auf welche Weise sie die aufeinander folgenden einzelnen Bits überhaupt als Datenbytes interpretieren sollen, was Datenbits, Stoppbits und eventuelle Parity-Bits angeht. Die meisten Internet-Einwahlpunkte verwenden heutzutage den Standard 8N1 (8 Datenbits, kein Parity, 1 Stoppbit). Dies muss in den Modem-Konfigurationsdaten eingetragen werden. Eine Beschreibung der verschiedenen Formen der seriellen Datenübertragung finden Sie in Kapitel 3, *Hardware*.

Der Handshake

Nach der Herstellung der eigentlichen Telefonverbindung findet der so genannte **Handshake** (Handschlag) zwischen den beiden Gegenstellen statt – es wird eine Übertragungskapazität ausgehandelt, die beide Seiten verwenden können. Erst nachdem die grundlegende Datenübertragung funktioniert, wird PPP eingesetzt, um die eigentliche Netzwerkverbindung über die Telefonverbindung herzustellen, wie weiter oben beschrieben wurde.

13.5.2 ISDN

Das **Integrated Services Digital Network** (etwa »Digitalnetzwerk mit integrierten Diensten«) oder kurz ISDN wurde in den 80er-Jahren von verschiedenen europäischen Telefongesellschaften eingeführt; die aktivste von ihnen dürfte die in Deutschland damals noch zuständige Deutsche Bundespost gewesen sein. Es handelt sich im Prinzip um die Übertragung digitaler Signale über klassische Kupferdraht-Telefonleitungen. Einem reinen Telefonkunden bietet ISDN zunächst die folgenden unmittelbaren Vorteile:

- Es werden zwei voneinander unabhängige Kanäle zur Verfügung gestellt; über beide kann gleichzeitig telefoniert, gefaxt oder Datenfernübertragung betrieben werden.
- Die Rufnummer eines Anrufers, der ebenfalls ISDN verwendet, wird übermittelt und im Display eines entsprechend ausgerüsteten Telefons angezeigt.
- Während eine Verbindung besteht, kann ein weiterer Anruf angenommen werden; entweder wird der jeweils andere Gesprächspartner in den Wartezustand versetzt (Makeln), oder der neue Anrufer wird mit dem bisherigen in dieselbe Verbindung aufgenommen (Dreierkonferenz).

Inzwischen stehen die meisten dieser Dienste dank der flächendeckend digitalen Vermittlung in Deutschland auch Analog-Kunden zur Verfügung; lediglich die beiden unabhängigen Kanäle bleiben ISDN vorbehalten. Im Übrigen erhalten ISDN-Benutzer üblicherweise drei unabhängige Rufnummern (bei einigen Telefongesellschaften sogar noch mehr), die frei auf die jeweiligen Geräte verteilt werden können.

Die ISDN-Kanäle

Technisch betrachtet werden sogar drei Kanäle zur Verfügung gestellt; die beiden **B-Kanäle** übertragen Telefongespräche, Faxe oder Daten mit jeweils 64 kBit/s, während der **D-Kanal** Dienstinformationen wie Rufnummernübermittlung oder Anklopfen mit 16 kBit/s überträgt. Für Internetverbindungen und andere Datenübertragungsmethoden besteht die Möglichkeit, beide B-Kanäle zu bündeln und auf diese Weise insgesamt eine Datenübertragungsrate von 128 kBit/s zu gewährleisten; natürlich entstehen dafür auch doppelte Kosten.

ISDN anschließen

In der Praxis funktioniert ISDN folgendermaßen: An die normale TAE-Telefonsteckdose wird ein spezielles ISDN-Endgerät namens **NTBA** angeschlossen. Es stellt zwei so genannte S_0-Basisanschlüsse zur Verfügung; sie verwenden die auch vom Twisted-Pair-Ethernet bekannten RJ-45-Stecker. An jeden dieser Anschlüsse kann ein ISDN-Endgerät angeschlossen werden, beispielsweise ein Telefon, ein Faxgerät oder ein ISDN-Adapter zur Computerdatenübertragung. Damit niemand seinen kompletten Telekommunikations-Gerätepark umstellen muss, werden als spezielle Form von ISDN-Endgeräten so genannte TK-Anlagen angeboten, die wiederum den Anschluss analoger Endgeräte ermöglichen. Einige TK-Anlagen bieten auch durchgeschleifte S_0-Anschlüsse an, beispielsweise, um ISDN-Geräte an einer praktischeren Stelle anzuschließen.

Natürlich sollten Sie nicht versuchen, ein Analogmodem an eine TK-Anlage anzuschließen – erstens würde das den eigentlichen Vorteil der ISDN-Datenübertragung zunichte machen und zweitens funktioniert es nicht: Da die übertragenen Daten nach außen wie ISDN aussehen, würde die Gegenstelle ihre Antworten mit einer Übertragungsgeschwindigkeit übermitteln, die das Modem nicht verarbeiten kann.

ISDN-Adapter

Um einen Computer mit ISDN zu verbinden, werden stattdessen verschiedene Formen von ISDN-Adaptern angeboten: als PCI-Steckkarten (bis vor kurzem steckte in einem meiner Rechner sogar noch ein altertümliches ISA-Modell), externe USB-Geräte oder PCMCIA-

Geräte für Notebooks. Mittlerweile werden einige externe ISDN-Geräte auch mit integrierter TK-Anlagen-Funktion angeboten. Eine interne ISDN-Karte sieht genauso aus wie eine moderne Ethernet-Karte, und es kann leicht passieren, dass man das Twisted-Pair-Netzwerkkabel mit seinem baugleichen Stecker in die ISDN-Karte steckt und umgekehrt (selbstverständlich geschieht in diesem Fall gar nichts). Jedenfalls muss normalerweise ein ISDN-Kabel vom Anschluss des ISDN-Adapters zu einem S_0-Anschluss verlaufen.

Der Unterschied zwischen den Übertragungsraten eines heutigen Modems (56,6 kBit/s) und Ein-Kanal-ISDN (64 kBit/s) mag Ihnen nicht besonders groß erscheinen. Als jedoch das Internet für Privatkunden interessant zu werden begann, lag die Übertragungsrate der meisten Modems bei 9.600 oder 14.400 Bit/s; erst allmählich kamen Geräte mit 28.800 Bit/s hinzu. Abgesehen davon besitzt ISDN noch heute einen weiteren Vorteil gegenüber Modem-Verbindungen: Der Verbindungsaufbau geht ohne Verzögerung vonstatten, während es bei Modems zu Wartezeiten von etlichen Sekunden kommen kann, bis die Leitung bereit ist.

Klassische ISDN-Datenübertragung

Neben der Verbindung zu einem Internetprovider, die mittlerweile wohl die häufigste über ISDN genutzte Dienstleistung ist, war über Jahre hinweg auch die direkte Verbindung zwischen Computern für die ISDN-Datenübertragung üblich: Sehr viele Macintosh-Benutzer verwendeten hierfür regelmäßig die Software Leonardo, während Windows-Benutzern beispielsweise das Programm Fritz!Data zur Verfügung stand, das mit der in Deutschland besonders populären Fritz!Card der Berliner Firma AVM geliefert wird. Auch viele Mailbox/BBS-Systeme wurden in der zweiten Hälfte der 90er-Jahre auf ISDN umgestellt beziehungsweise um eine ISDN-Einwahlmöglichkeit erweitert.

Insgesamt lässt sich feststellen, dass ISDN erst mit dem Aufkommen von Internetzugängen in Firmen und Privathaushalten wirklich populär wurde. Zuvor wurde es manchmal als Telefonleitung für Firmen eingesetzt, allerdings nicht annähernd so häufig, wie die Telefongesellschaften sich dies erhofft hatten. Als ISDN dann schließlich immer öfter eingesetzt wurde, reichte seine Übertragungsrate immer mehr Nutzern nicht mehr aus; das Bedürfnis nach multimediafähigen Breitband-Verbindungen wuchs deutlich. Dies führte zur Einführung der im nächsten Unterabschnitt vorgestellten DSL-Dienste.

13.5.3 DSL-Dienste

DSL ist die Abkürzung für **Digital Subscriber Line** (etwa »digitale Abonnement-Leitung«); der Name soll verdeutlichen, dass es sich de facto um eine Standleitung anstelle einer Wählleitung handelt. Zur Einführung von DSL kam es, da es durch die allmähliche Verbesserung der Qualität von Telefonleitungen möglich wurde, Signale hoher Frequenz zu übertragen. Auch die meisten DSL-Dienste verwenden also genau wie Modem- und ISDN-Verbindungen die klassischen Kupferleitungen der Telefongesellschaften.

DSL-Varianten

Es existieren zwei grundsätzliche Varianten von DSL: Bei Symmetric DSL (**SDSL**) sind die Übertragungsraten für ankommende und ausgehende Daten identisch, bei Asymmetric DSL (**ADSL**) ist die ankommende Übertragungsrate höher als die ausgehende. SDSL ist eher für mittlere bis große Unternehmen geeignet, die nicht nur permanent auf das Internet zugreifen, um im Web zu recherchieren oder ihre E-Mails zu lesen, sondern bei denen auch eine Menge Datenausgänge stattfinden. ADSL dagegen wird häufiger von Privatkunden oder kleineren Firmen eingesetzt, die recht hohe Datenmengen aus dem Internet herunterladen, aber nur verhältnismäßig wenige und eher kleine Uploads durchführen.

Das bekannteste ADSL-Angebot in Deutschland dürfte T-DSL der Deutschen Telekom sein; wie viele DSL-Anschlüsse bietet es eine Download-Rate von 1.024 kBit/s und 128 kBit/s Upload-Rate. Typisch für die meisten günstigen Privatkunden-DSL-Angebote ist, dass der Zugang nur einem einzelnen Rechner gestattet ist; der Betrieb eines DSL-Routers, der ein ganzes LAN mit dem Internet verbindet, ist nicht erlaubt. Inzwischen bieten aber alle genannten Unternehmen noch schnellere Speziallösungen an. Sie kosten etwas mehr, bieten aber Übertragungsraten von ab 2.048 kBit/s im Download-Bereich und erlauben den Anschluss von DSL-Routern.

SDSL-Lösungen werden von sehr vielen kommerziellen Providern angeboten und stellen je nach Bedarf viele verschiedene Übertragungsraten von 512 über 1.024 bis hin zu mehreren tausend kBit/s zur Verfügung. Sie sind deutlich teurer als ADSL-Angebote mit der gleichen oder gar mit einer höheren Übertragungsrate, weil die entsprechende Technik aufwändiger ist.

Anders als bei Modem- oder ISDN-Angeboten werden die Gebühren für DSL-Anschlüsse in der Regel nicht nach der Nutzungsdauer berechnet. Einige Provider verwenden dagegen eine Volumenbeschränkung, das heißt, ohne Aufpreis darf monatlich nur eine bestimmte Datenmenge transferiert werden.

Seltenere Varianten

Neben den DSL-Angeboten, die über normale Telefonleitungen laufen, werden seit einiger Zeit auch spezielle Lösungen angeboten. Eine davon ist die Internetverbindung über das Glasfaserkabel des Kabelfernsehens. Da dieses Kabel für das Passivmedium Fernsehen erfunden wurde, besitzt es in seiner ursprünglichen Version keine Rückkanal-Fähigkeit – es können Daten empfangen, aber nicht gesendet werden; noch nicht einmal die Anforderung einer URL kann abgesetzt werden. Erst allmählich wird der Rückkanal derjenigen Kabelnetze nachgerüstet, die die Deutsche Telekom bereits verkauft hat.

Eine andere Lösung ist besonders interessant für kleine Gemeinden, die so weit von der nächsten größeren Stadt entfernt liegen, dass sich eine Nachrüstung der bestehenden Telefonleitungen oder Fernsehkabelnetze nicht lohnt: die Kommunikation mit einem Satelliten über eine Parabolantenne. Diese Lösung bietet beispielsweise der Provider Strato unter dem Namen SkyDSL an. Die Datenübertragungsrate beträgt bis zu 4.000 kBit/s (flexibel umschaltbar; je höher die Datenrate, desto teurer wird die Datenübertragung pro MByte); in einem speziellen Business-Tarif werden sogar 8.000 kBit/s übertragen.

ADSL anschließen

An den TAE-Anschluss eines ADSL-Kunden wird ein so genannter **Splitter** angeschlossen – eine Frequenzweiche, die die hochfrequenten DSL-Signale und die niedrigfrequenten normalen Telefonsignale voneinander trennt. Den Ausgang für die Telefonsignale bietet wiederum ein TAE-Anschluss, an den entweder ein Analog-Telefon oder ein NTBA angeschlossen wird, je nachdem, ob ADSL mit einem Analog- oder mit einem ISDN-Telefonanschluss kombiniert wird.

Den Ausgang für die speziellen ADSL-Signale bietet eine Twisted-Pair-Buchse vom Typ RJ-11. An diesen Anschluss wird in der Regel ein ADSL-Modem angeschlossen, das dann über USB oder Twisted-Pair-Ethernet mit dem Computer verbunden wird. Natürlich ist die Bezeichnung »ADSL-Modem« technisch gesehen Unfug; bei DSL findet keinerlei Analog-Digital-Umwandlung statt. Dennoch ist der Begriff »Modem« für das Gerät weit verbreitet, weil es den Computer mit einer seriellen Fernleitung verbindet. Beim Anschluss über eine Ethernet-Schnittstelle kommt eine spezielle PPP-Variante namens **PPPoE** (PPP over Ethernet) zum Einsatz.

13.6 Die TCP/IP-Protokollfamilie

Nach einigen halbherzigen Versuchen, das OSI-Referenzmodell durch konkrete Protokolle tatsächlich zu implementieren, bemerkte man letzten Endes, dass die bereits Jahre zuvor entwickelten Internetprotokolle hervorragend als flexible, skalierbare und universelle Netzwerkprotokollfamilie einsetzbar sind. Die rasante Ausbreitung des Internets und die freie Verfügbarkeit sorgten dafür, dass diese Protokolle heute häufiger als jeder andere Protokollstapel eingesetzt werden.

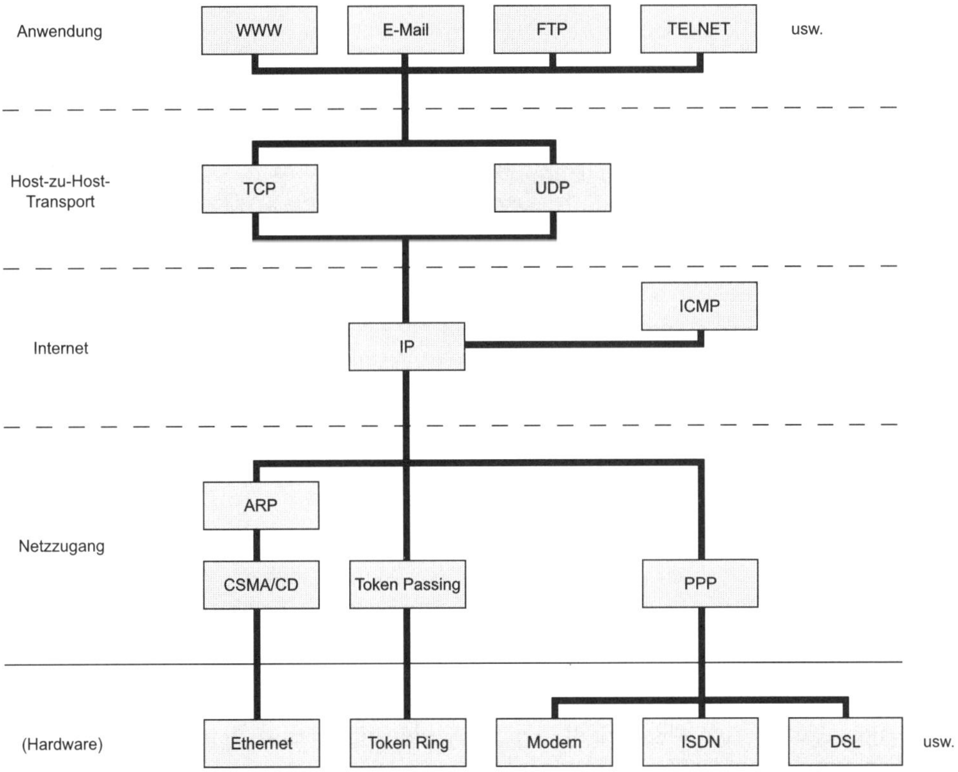

Abbildung 13.3 Der TCP/IP-Protokollstapel

Der Internet-Protokollstapel

Zunächst zeigt Abbildung 13.3 eine konkrete Version des weiter oben bereits vorgestellten TCP/IP-Protokollstapels: Auf jeder Ebene sind einige der Protokolle zu erkennen, die dort arbeiten können. Die meisten davon werden in den folgenden Abschnitten genau erläutert; die Netzzugangsprotokolle der untersten Schicht wurden bereits weiter oben vorgestellt. Ganz unten habe ich zusätzlich einige Beispiele für die Hardware angegeben, auch wenn sie kein Teil des eigentlichen TCP/IP-Stapels ist.

Zwischen der Hardware und dem Netzzugang auf der einen und den anwendungsorientierten Protokollen auf der anderen Seite befinden sich die Protokolle der Vermittlungs- und der Transportschicht. Insgesamt werden alle Protokolle, die auf den verschiedenen Ebenen eines Schichtenmodells zusammenarbeiten, als Protokollstapel oder auch Protokollfamilie bezeichnet. Allerdings konzentriert sich der Schwerpunkt von TCP/IP auf die beiden mittleren Ebenen des Internet-Protokollstapels. Sie können zum einen auf fast jeden beliebigen Netzzugang aufsetzen, zum anderen wurde beinahe jede ernst zu nehmende Netzwerkanwendung inzwischen für diesen Protokollstapel umgesetzt – abgesehen von den klassischen Internetanwendungen, die ohnehin dafür geschrieben wurden.

Die Protokolle der mittleren Schichten sind dafür verantwortlich, dass Daten zuverlässig über verschiedene Teilnetze oder Netzwerksegmente hinweg übertragen werden können oder auch über Netze, die verschiedene Hardware oder Netzzugangsverfahren verwenden:

- Die Protokolle der Vermittlungsschicht regeln die Adressierung der Rechner und die Übertragung der Daten an den korrekten Rechner im Netzwerk. Darüber hinaus kümmern sie sich darum, dass Daten bei Bedarf in andere Teilnetze weitergeleitet werden, übernehmen also das so genannte Routing.
- Auf der Transportschicht werden die Daten in Pakete unterteilt sowie mit der Information versehen, welche Anwendung auf dem einen Host diese Daten an welche Anwendung auf dem anderen sendet.

Die Bezeichnung TCP/IP kombiniert die Namen der beiden wichtigsten Bestandteile des Protokollstapels: das Internet Protocol (IP) auf der Vermittlungsschicht und das Transmission Control Protocol, das am häufigsten verwendete Protokoll der Transportebene. In den nachfolgenden Unterabschnitten werden diese Protokolle näher vorgestellt, anschließend wird die technische Seite einiger wichtiger Internet-Anwendungsprotokolle beleuchtet.

13.6.1 Netzzugang in TCP/IP-Netzwerken

Die unterste Ebene des Internet-Schichtenmodells ist der Netzzugang, nicht die Netzwerkhardware. Dies garantiert, dass sich die Internetprotokolle auf fast jeder beliebigen Hardware implementieren lassen, und in der Tat ist dies geschehen: In allen Formen von LANs wie Ethernet oder Token Ring, in WANs über Wähl- und Standleitungen wie auch über die meisten Formen von drahtlosen Netzen – überall laufen diese Protokolle. Dies ist ein weiterer guter Grund dafür, dass sich die Protokolle des Internets als Standard für die Netzwerkkommunikation durchsetzen konnten.

Im Grunde wird innerhalb der Spezifikation der TCP/IP-Protokolle nicht einmal der Netzzugang im OSI-Sinn beschrieben, sondern lediglich die Zusammenarbeit des IP-Protokolls, das sich innerhalb des Internet-Protokollstapels um Adressierung und Routing kümmert, mit verschiedenen Netzzugangsverfahren.

An dieser Stelle sollen nur zwei der wichtigsten Internet-Netzzugangsverfahren genannt werden: das für den Zugriff auf Ethernet verwendete Address Resolution Protocol (**ARP**) und das Point-to-Point Protocol (**PPP**), das für serielle Verbindungen über Modem, ISDN oder DSL eingesetzt wird. PPP wurde bereits weiter oben ausführlich beschrieben; hier das Wichtigste über ARP:

ARP

Das Address Resolution Protocol, beschrieben in RFC 826, übernimmt kurz gesagt die Umsetzung der vom Netzwerkadministrator vergebenen IP-Adressen in die vorgegebenen Hardware-Adressen der Netzwerkschnittstellen.

Da die IP-Adresse den einzelnen Hosts willkürlich zugeteilt wird, kann diese auf der Netzzugangsschicht nicht bekannt sein: Auf einer bestimmten Schicht eines Protokollstapels werden die Steuerdaten der höher gelegenen Ebenen nicht ausgewertet, sondern als gewöhnliche Nutzdaten betrachtet. Deshalb kann beispielsweise eine Netzwerkkarte oder ein Hub nicht anhand der IP-Adresse entscheiden, für welche Station ein Datenpaket bestimmt ist; sie nehmen diese Adresse nicht einmal wahr.

Nachdem die IP-Software auf einem Host oder Router anhand der Empfänger-IP-Adresse festgestellt hat, dass die Daten überhaupt für das eigene Netz bestimmt sind, wird der ARP-Prozess gestartet, um diese IP-Adresse in die MAC-Adresse des Empfänger-Hosts umzusetzen. Zu diesem Zweck sendet ein Rechner, der das ARP-Protokoll ausführt (beinahe jeder Rechner, der TCP/IP über Ethernet betreibt), ein so genanntes Broadcast-Datenpaket in das Netzwerk. Es handelt sich um ein Datenpaket mit einer speziellen Empfängeradresse, das an alle Rechner im Netzwerk übertragen wird. Der Rechner, der seine eigene IP-Adresse im Inhalt dieses Pakets erkennt, antwortet als Einziger auf diese Anfrage und versendet seine eigene MAC-Adresse. Auf diese Weise wird ermittelt, für welchen Rechner das Datenpaket bestimmt ist.

In Ausnahmefällen kann ein Rechner auch die MAC-Adressen anderer Stationen zwischenspeichern und in Vertretung antworten.

13.6.2 IP-Adressen, Datagramme und Routing

Auf der Internet- oder Vermittlungs-Schicht des Internet-Protokollstapels arbeitet das Internet Protocol (IP). Als Internet wird in diesem Zusammenhang jedes Netzwerk bezeichnet, das diese Protokollfamilie verwendet. Dies verdeutlicht den Umstand, dass die Internetprotokolle dem Datenaustausch über mehrere physikalische Netzwerke hinweg dienen können. Spezielle Rechner, die mindestens zwei Netzwerkschnittstellen besitzen, leiten die Daten zwischen diesen Netzen weiter. Sie werden als IP-Router oder -Gateways bezeichnet. Im engeren Sinne ist ein Router ein Rechner, der Daten zwischen zwei Netzen des gleichen physikalischen Typs weiterleitet; ein Gateway verbindet dagegen zwei physikalisch verschiedene Netze. In der Regel werden die beiden Begriffe jedoch heute synonym verwendet.

Aufbau der IP-Adressen

Eine IP-Adresse des klassischen Typs – der Version IPv4 gemäß RFC 791 – ist eine 32 Bits lange Zahl. Sie wird üblicherweise in vier durch Punkte getrennten Dezimalzahlen zwischen 0 und 255 geschrieben. Allerdings ist die Logik, die einer solchen Adresse zugrunde liegt, besser verständlich, wenn sie binär notiert wird:

Eine typische IP-Adresse wäre etwa `11000010000100010101000111000001`, in 8-Bit-Gruppen getrennt ergibt sich daraus `11000010 00010001 01010001 11000001` und lautet in der gängigen Schreibweise dann `194.17.81.193`.

IP-Adress-Klassen

IP-Adressen bestehen aus zwei Komponenten: dem Netzwerk-Teil und dem Host-Teil. Der Netzwerk-Teil gibt an, in welchem Netz sich der entsprechende Rechner befindet, während der Host-Teil den einzelnen Rechner innerhalb dieses Netzes identifiziert.

Es gibt verschiedene Sorten von IP-Adressen, die sich bezüglich der Länge des Netzwerk- beziehungsweise Host-Teils voneinander unterscheiden. Traditionell werden die verfügbaren Adressen in feste Klassen unterteilt; inzwischen hat sich jedoch herausgestellt, dass diese Lösung allein zu inflexibel ist. Deshalb wurden Verfahren entwickelt, um die Trennung zwischen Netzwerk- und Host-Teil dynamisch vorzunehmen. Trotzdem werden als Erstes die ursprünglichen festen Klassen vorgestellt, denn noch immer erfolgt die öffentliche Vergabe von IP-Adressen an Netzbetreiber nach der Klassen-Logik.

Zu welcher Klasse eine IP-Adresse gehört, zeigt sich an den Bits, die am weitesten links stehen:

- **Klasse A:** Das erste Bit ist 0, folglich liegt die erste 8-Bit-Gruppe zwischen 0 und 127.
- **Klasse B:** Die ersten beiden Bits lauten 10; die erste Gruppe liegt im Bereich 128 bis 191.
- **Klasse C:** Die ersten drei Bits sind 110, sodass die erste Gruppe zwischen 192 bis 223 liegt.
- **Klasse D:** Die ersten vier Bits sind 1110; die Adressen beginnen mit 224 bis 239.

Die restlichen Adressen, die mit 240 bis 255 anfangen, sind nicht vergeben und für zukünftige Anwendungszwecke reserviert. Sie werden manchmal trotzdem als Klasse E bezeichnet.

Je nach Klasse ist der Teil, der das Netzwerk kennzeichnet, unterschiedlich lang, entsprechend existieren unterschiedlich viele Netze der verschiedenen Klassen. Die Bits, die ganz rechts in der Adresse stehen und nicht zum Netzwerk-Teil gehören, sind die Host-Bits. Je nach Länge des Netzwerk-Teils bleiben unterschiedlich viele Bits für den Host-Teil übrig, sodass die Höchstzahl der Rechner in einem Netz variiert.

Tabelle 13.4 zeigt die wichtigsten Informationen zu den einzelnen Klassen im Überblick. In der Spalte Netzwerk-Bits stehen jeweils zwei Werte. Der erste stellt die Anzahl von Bits dar, die insgesamt den Netzwerk-Teil bilden. Da die Grenzen zwischen Netzwerk- und Host-Teil an den Byte-Grenzen verlaufen, handelt es sich je nach Klasse um 1 bis 3 Byte. Da jedoch die Bits am Anfang der Adresse – wie oben gezeigt – die Klasse angeben, besteht die praktisch nutzbare Netzwerkangabe nur aus 7, 14 beziehungsweise 21 Bit. Der Rest der Adresse bildet den Host-Teil, der je nach Klasse unterschiedlich groß ausfällt.

Klasse	Adressbereich	Netzwerk-Bits	Host-Bits	Anzahl Netze	Adressen pro Netz
A	0.0.0.0 bis 127.255.255.255	8 (7)	24	128	16, 7 Mio.
B	128.0.0.0 bis 191.255.255.255	16 (14)	16	16.384	65.536
C	192.0.0.0 bis 223.255.255.255	24 (21)	8	2.097.152	256
D	224.0.0.0 bis 239.255.255.255		Spezieller Bereich der Multicast-Adressen		

Tabelle 13.4 Die IP-Adress-Klassen

Netz- und Broadcast-Adresse

Innerhalb eines einzelnen Netzes – egal welcher Klasse – stehen die erste und die letzte mögliche Adresse nicht als Host-Adressen zur Verfügung: Die niedrigste Adresse identifiziert das gesamte Netz als solches nach außen hin, aber keinen speziellen Host; die höchste Adresse ist die so genannte Broadcast-Adresse: Werden Datenpakete innerhalb des Netzes an diese Adresse gesendet, so werden sie von jedem Host empfangen.

Zum Beispiel bilden die Adressen, die mit 18.x.x.x beginnen, das Klasse-A-Netzwerk 18.0.0.0 mit der Broadcast-Adresse 18.255.255.255 und Host-Adressen von 18.0.0.1 bis 18.255.255.254. Dieses Netz kann theoretisch bis zu 16.777.214 Hosts beherbergen ($2^{24} - 2$).

Die Adressen, die mit 162.21.x.x anfangen, befinden sich in dem Klasse-B-Netzwerk 162.21.0.0, dessen Broadcast-Adresse 162.21.255.255 lautet. Es kann bis zu 65.534 Hosts ($2^{16} - 2$) mit den Adressen 162.21.0.1 bis 162.21.255.254 enthalten.

Letztes Beispiel: Adressen, die mit 201.30.9.x beginnen, liegen in dem Klasse-C-Netz 201.30.9.0 mit der Broadcast-Adresse 201.30.9.255; die 254 möglichen Host-Adressen ($2^8 - 2$) sind 201.30.9.1 bis 201.30.9.254.

Multicasting

Die so genannten **Multicast**-Adressen der Pseudo-Klasse D nehmen eine Sonderstellung ein: Eine Multicast-Gruppe ist eine auf beliebige Netze verteilte Gruppe von Hosts, die sich dieselbe Multicast-IP-Adresse teilen. Dies ermöglicht einen erheblich ökonomischeren Versand von Daten, da sie nicht mehr je einmal pro empfangendem Host versendet werden, sondern nur noch kopiert werden müssen, wo Empfängerrechner in unterschiedlichen Teilnetzen liegen. Aus diesem Grund ist Multicasting eine zukunftsträchtige Technologie für datenintensive Anwendungen wie etwa Videokonferenzen. Im Gegensatz dazu werden die individuellen Host-Adressen als **Unicast**-Adressen bezeichnet.

Die Verteilung der IP-Adressen

Alle Adressen des IPv4-Adressraums werden von der Internet Assigned Numbers Association (IANA) verwaltet. Falls Sie jedoch für bestimmte Anwendungen in Ihrem Unternehmen eine oder mehrere feste IP-Adressen benötigen, dann sollten Sie sich in der Regel an einen Internetprovider und nicht an die IANA selbst wenden.

Verfügbarkeit nach Klassen Die 128 Netze der Klasse A sind bereits alle vergeben; in der Regel an große internationale Unternehmen aus dem Elektronik- und Computerbereich sowie an US-amerikanische Staats-, Militär- und Bildungsinstitutionen. Beispielsweise gehört das Netz 17.0.0.0 der Firma Apple, 18.0.0.0 dem Massachusetts Institute of Technology (MIT) und 19.0.0.0 der Ford Motor Company.

Die 16.384 Klasse-B-Netze sind ebenfalls weitgehend vergeben, insbesondere an US-amerikanische Unternehmen und Internetprovider.

Die mehr als zwei Millionen Netze der Klasse C schließlich sind inzwischen ebenfalls überwiegend belegt. Die meisten von ihnen gehören Unternehmen und Internetprovidern, die nicht in den USA residieren, etwa in Europa oder Asien. Da solche Institutionen oft mehr als 254 Hosts in ihrem Netz betreiben, wird ihnen häufig ein größerer Block von aufeinander folgenden Klasse-C-Netzen zugewiesen.

Die aktuelle Verteilung der IPv4-Adressen können Sie direkt auf der Website der IANA unter **http://www.iana.org/assignments/ipv4-address-space** einsehen.

Spezielle Adressen Als das Konzept der IP-Adressen entstand, konnte niemand auch nur ansatzweise erahnen, welche Dimensionen das Internet einmal annehmen würde. Deshalb glaubten die ursprünglichen Entwickler, dass sie es sich leisten könnten, den Adressraum relativ großzügig aufzuteilen: Bedenken Sie etwa, dass die Hälfte des Adressraums für die überaus ineffektiven Klasse-A-Adressen vergeudet wird. Um die drohende Verknappung der IP-Adressen zu verhindern oder zumindest zu verzögern, bis eine Alternative gefunden würde, wurden einige Adressbereiche zur Verwendung in privaten Netzwerken freigegeben, die nicht mit dem Internet verbunden sind. Es handelt sich um die folgenden Blöcke:

- Das Klasse-A-Netz 10.0.0.0
- Die 16 Klasse-B-Netze 172.16.0.0 bis 172.31.0.0
- Die 256 Klasse-C-Netze 192.168.0.0 bis 192.168.255.0

Ein weiterer Block, der erst später freigegeben wurde, ist das Klasse-B-Netz 169.254.0.0, das einem besonderen Verwendungszweck vorbehalten ist: Moderne TCP/IP-Implementierungen in fast allen Betriebssystemen verwenden dieses Netz für »link local« – eine Möglichkeit, sich automatisch selbst IP-Adressen zuzuweisen, falls wider Erwarten keine Verbindung zu einem DHCP-Server hergestellt werden kann, der eigentlich für die automatische Zuweisung von Adressen zuständig wäre.

Zu guter Letzt existieren noch einige Netze mit anderen speziellen Bedeutungen:

- Die Adresse 0.0.0.0 kann innerhalb eines Netzes verwendet werden, um sich auf das aktuelle Netz selbst zu beziehen.
- Das Klasse-A-Netz 127.0.0.0 beherbergt den so genannten Loopback-Bereich: Über das **Loopback-Interface**, eine virtuelle Netzwerkschnittstelle mit der Adresse 127.0.0.1, kann ein Host mit sich selbst Netzwerkkommunikation betreiben. Dies ist zum Beispiel nützlich, um während der Programmierung von Client-Server-Anwendungen sowohl das Client- als auch das Server-Programm auf dem lokalen Host laufen zu lassen.

- Schließlich wird die Adresse 255.255.255.255 als **universelle Broadcast-Adresse** verwendet: Ein Datenpaket, das an diese Adresse gesendet wird, wird wie beim normalen Broadcast von allen Hosts im Netzwerk empfangen. Nützlich ist diese Einrichtung für Schnittstellen, die ihre IP-Adresse dynamisch beziehen, da sie bei Inbetriebnahme in der Regel noch nicht einmal wissen, in welchem Netz sie sich eigentlich befinden. Auf diese Weise erhalten sie überhaupt erst die Möglichkeit, die Zuteilung einer Adresse anzufordern.

Die Vergabe der privaten Adressbereiche ist in RFC 1918 geregelt; die Festlegung der anderen speziellen Adressbereiche befindet sich in RFC 3330.

Supernetting, Subnetting und CIDR

In der neueren Entwicklungsgeschichte des Internets hat sich herausgestellt, dass die traditionellen Adressklassen nicht für alle Anwendungsbereiche flexibel genug sind. Deshalb wurde ein neues Schema entwickelt, das die Trennlinie zwischen Netz- und Host-Teil der Adressen an einer beliebigen Bitgrenze ermöglicht. Das in RFC 1519 beschriebene Verfahren heißt **Classless Inter-Domain Routing (CIDR)**.

Die folgenden beiden Anwendungsbeispiele verdeutlichen typische Probleme mit der alten Klassenlogik, die mit Hilfe von CIDR gelöst werden können:

- Ein Unternehmen besitzt das Klasse-B-Netzwerk 139.17.0.0. Es wäre jedoch wünschenswert, wenn die vier verschiedenen Filialen des Unternehmens jeweils unabhängige Netze betreiben könnten. Dazu soll das vorhandene Netz in vier Teile unterteilt werden – ein Fall für das so genannte Subnetting.
- Ein vor kurzem neu gegründeter europäischer Internetprovider hat die 1.024 Klasse-C-Netze 203.16.0.0 bis 203.19.255.0 erhalten. Das Unternehmen möchte diese Netze als ein großes Netz verwalten, da dies die dynamische Zuteilung an Kunden bei der Einwahl erheblich vereinfacht. Eine solche Zusammenfassung von Netzen wird Supernetting genannt.

CIDR-Funktionsweise

Das Prinzip von CIDR basiert darauf, dass die traditionellen Byte-Grenzen zwischen Netz- und Host-Teil völlig aufgehoben werden. Deshalb ist die Größe des Netzes bei einem CIDR nicht mehr am Beginn der Adresse zu erkennen. Stattdessen wird die Anzahl der Bits, die den Netzwerk-Teil der Adresse bilden, durch einen Slash getrennt hinter der Netzwerkadresse notiert. Zum Beispiel wird das Klasse-A-Netz 14.0.0.0 zu 14.0.0.0/8.

Eine alternative Darstellungsform für die Grenze zwischen Netz- und Host-Teil bei CIDR-Adressen – insbesondere in der IP-Konfiguration der meisten Betriebssysteme – stellt die **Teilnetzmaske** (englisch **Subnet Mask**) dar. In dieser Maske werden für die Bits des Netzwerk-Teils am Anfang der Adresse Einsen notiert, für die Bits des Host-Teils am Ende der Adresse dagegen Nullen. Genau wie die IP-Adresse selbst wird auch die Teilnetzmaske in vier dezimalen 8-Bit-Blöcken geschrieben.

Tabelle 13.5 zeigt Beispiele für die Schreibweise der ursprünglichen klassenbasierten Adressen nach CIDR-Logik sowie ihre Teilnetzmasken.

Klasse	Beispielnetz	CIDR-Adresse	Teilnetzmaske
A	17.0.0.0	17.0.0.0/8	255.0.0.0
B	167.18.0.0	167.18.0.0/16	255.255.0.0
C	195.21.92.0	195.21.92.0/24	255.255.255.0

Tabelle 13.5 Die traditionellen IP-Adress-Klassen in CIDR-Darstellung

Das Subnetting aus dem ersten Beispiel, die Unterteilung des Netzes 139.17.0.0/16 in vier gleich große Teilnetze, kann folgendermaßen durchgeführt werden:

- Da die 65.536 rechnerischen Adressen in vier Teile unterteilt werden sollen, sind zwei weitere Bits für den Netzwerk-Teil der Adresse erforderlich ($4 = 2^2$).
- Da das ursprüngliche Klasse-B-Netz einen 16 Bit (zwei Byte) langen Netzwerk-Teil besitzt, erfolgt die Unterteilung der vier Adressbereiche nach Bit 18, also nach dem zweiten Bit des dritten Bytes; die vier neuen Netze sind demnach 139.17.0.0/18, 139.17.64.0/18, 139.17.128.0/18 sowie 139.17.192.0/18.

Tabelle 13.6 zeigt die Eigenschaften der vier neuen Netze.

Netzwerk	1. Host-Adresse	Letzte Host-Adresse	Broadcast-Adresse	Teilnetzmaske
139.17.0.0/18	139.17.0.1	139.17.63.254	139.17.63.255	255.255.192.0
139.17.64.0/18	139.17.64.1	139.17.127.254	139.17.127.255	255.255.192.0
139.17.128.0/18	139.17.128.1	139.17.191.254	139.17.191.255	255.255.192.0
139.17.192.0/18	139.17.192.1	139.17.255.254	139.17.255.255	255.255.192.0

Tabelle 13.6 Subnetting – Unterteilung des Netzes 139.17.0.0/16 in vier gleich große Teilnetze

Im zweiten Beispiel geht es um Supernetting, das heißt um die Zusammenfassung einzelner Netze zu einem größeren Gesamtnetz. Die Netze 203.16.0.0/24 bis 203.19.255.0/24 sollen zu einem einzigen Netz verbunden werden. Diese Aufgabe lässt sich auf folgende Weise lösen:

- Es werden 1.024 Klasse-C-Netze miteinander verbunden. 256 Netze der Klasse C würden einfach ein Gesamtnetz von der Größe eines Klasse-B-Netzwerks ergeben; beispielsweise ergäbe die Vereinigung der Netze 203.16.0.0/24 bis 203.16.255.0/24 das neue Netz 203.16.0.0/16. Um das gewünschte Netz der vierfachen Größe zu erhalten, muss die Grenze zwischen Netz- und Host-Teil um zwei Bit nach links verschoben werden.
- Die Adresse wird zwei Bit links von der Klasse-B-Grenze, also vor dem vorletzten Bit des zweiten Bytes, unterteilt. Daraus ergibt sich die Netzwerk-Adresse 203.16.0.0/14 mit der Teilnetzmaske 255.252.0.0.

IP-Adressraum-Umrechnung

Im Allgemeinen bietet es sich an, die Teilnetzmaske des ursprünglichen Netzes, das aufgeteilt oder mit mehreren verbunden werden soll, zunächst in die Binärdarstellung umzurechnen. In dieser Schreibweise fällt es am leichtesten, die Grenze zwischen Netz- und Host-Teil um die gewünschte Anzahl von Bits nach links oder nach rechts zu verschieben. Anschließend können Sie die Maske wieder in die vier üblichen 8-Bit-Gruppen unterteilen und in Dezimalzahlen umrechnen.

Diese Vorgehensweise soll im Folgenden an zwei neuen Beispielen demonstriert werden.

Das Klasse-B-Netzwerk 146.20.0.0/16 soll in acht Teilnetze unterteilt werden:

- Die ursprüngliche Netzmaske ist 255.255.0.0.
- In binärer Darstellung entspricht dies 11111111 11111111 00000000 00000000.
- Eine Aufteilung in acht Netze erfolgt durch eine Verschiebung der Grenze zwischen den beiden Adressteilen um drei Stellen ($8 = 2^3$) nach rechts.
- Die neue Netzmaske in binärer Schreibweise ist 11111111 11111111 11100000 00000000.
- Nach der erneuten Umrechnung in die dezimale Vierergruppen-Darstellung ergibt sich 255.255.224.0.
- Entsprechend ergeben sich die folgenden acht Netze:
  - 146.20.0.0/19
  - 146.20.32.0/19
  - 146.20.64.0/19
  - 146.20.96.0/19
  - 146.20.128.0/19
  - 146.20.160.0/19
  - 146.20.192.0/19
  - 146.20.224.0/19

Die vier Klasse-C-Netzwerke 190.16.0.0/24 bis 190.16.3.0/24 sollen zu einem gemeinsamen Netz verbunden werden:

- Die Teilnetzmaske der vier Netze lautet jeweils 255.255.255.0.
- Binär geschrieben ergibt sich daraus 11111111 11111111 11111111 00000000.
- Die Zusammenfassung von vier solchen Netzen erfordert eine Verschiebung der Adressgrenze um zwei Bit ($4 = 2^2$) nach links.
- In Binärdarstellung lautet die neue Maske 11111111 11111111 11111100 00000000.
- Wird diese Maske wieder in Dezimalschreibweise umgerechnet, dann resultiert daraus 255.255.252.0.
- Das neue Netz besitzt die CIDR-Adresse 190.16.0.0/22.

Die folgenden Tabellen zeigen in übersichtlicher Form, wie die Aufteilung der alten IP-Adressklassen in verschiedene Anzahlen von Teilnetzen funktioniert. In Tabelle 13.7 wird die Klasse A behandelt. Die – rein rechnerisch mögliche – Zusammenfassung mehrerer

Klasse-A-Netze durch Supernetting wird in der Praxis nicht durchgeführt, weil erstens wohl niemand mehr als 16,7 Millionen Hosts in einem Teilnetz betreiben möchte, und zweitens alle Klasse-A-Netze an einzelne Betreiber vergeben wurden.

Netzwerk-Bits	Host-Bits	Anzahl Teilnetze	Anzahl Hosts	Teilnetzmaske
8	24	1	16.777.214	255.0.0.0
9	23	2	8.388.606	255.128.0.0
10	22	4	4.194.302	255.192.0.0
11	21	8	2.097.150	255.224.0.0
12	20	16	1.048.574	255.240.0.0
13	19	32	524.286	255.248.0.0
14	18	64	262.142	255.252.0.0
15	17	128	131.070	255.254.0.0
16	16	256	65.534	255.255.0.0
17	15	512	32.766	255.255.128.0
18	14	1.024	16.382	255.255.192.0
19	13	2.048	8.190	255.255.224.0
20	12	4.096	4.094	255.255.240.0
21	11	8.192	2.046	255.255.248.0
22	10	16.384	1.022	255.255.252.0
23	9	32.768	510	255.255.254.0
24	8	65.536	254	255.255.255.0
25	7	131.072	126	255.255.255.128
26	6	262.144	62	255.255.255.192
27	5	524.288	30	255.255.255.224
28	4	1.048.576	14	255.255.255.240
29	3	2.097.152	6	255.255.255.248
30	2	4.194.302	2	255.255.255.252

Tabelle 13.7 Bildung von CIDR-Teilnetzen aus einem Klasse-A-Netz

In Tabelle 13.8 wird die Aufteilung eines Klasse-B-Netzes in beliebig kleine Teilnetze gezeigt.

Netzwerk-Bits	Host-Bits	Anzahl Teilnetze	Anzahl Hosts	Teilnetzmaske
16	16	1	65.534	255.255.0.0
17	15	2	32.766	255.255.128.0
18	14	4	16.382	255.255.192.0
19	13	8	8.190	255.255.224.0
20	12	16	4.094	255.255.240.0
21	11	32	2.046	255.255.248.0
22	10	64	1.022	255.255.252.0
23	9	128	510	255.255.254.0
24	8	256	254	255.255.255.0
25	7	512	126	255.255.255.128
26	6	1.024	62	255.255.255.192
27	5	2.048	30	255.255.255.224
28	4	4.096	14	255.255.255.240
29	3	8.192	6	255.255.255.248
30	2	16.384	2	255.255.255.252

Tabelle 13.8 Bildung von CIDR-Teilnetzen aus einem Klasse-B-Netz

Die Tabelle 13.9 schließlich zeigt, wie die Unterteilung eines Klasse-C-Netzes erfolgt. In kleineren Unternehmen könnte es durchaus praktisch sein, ein solches – ohnehin kleines – Netzwerk weiter zu unterteilen.

Netzwerk-Bits	Host-Bits	Anzahl Teilnetze	Anzahl Hosts	Teilnetzmaske
24	8	1	254	255.255.255.0
25	7	2	126	255.255.255.128
26	6	4	62	255.255.255.192
27	5	8	30	255.255.255.224
28	4	16	14	255.255.255.240
29	3	32	6	255.255.255.248
30	2	64	2	255.255.255.252

Tabelle 13.9 Bildung von CIDR-Teilnetzen aus einem Klasse-C-Netz

In der Praxis ermöglicht CIDR bereits einen erheblich flexibleren Netzwerkaufbau als die Verwendung der alten Klassen. Doch auch diese Verfahrensweise kann immer noch ungünstige Ergebnisse zur Folge haben, wenn Teilnetze mit erheblich unterschiedlichen Größen benötigt werden: Das größte benötigte Teilnetz bestimmt die Größe aller anderen; selbst das kleinste belegt eine Menge von Adressen, die es womöglich niemals benötigen wird.

Aus diesem Grund wurde das VLSM-Konzept (Variable Length Subnet Mask) eingeführt. Es handelt sich um ein spezielles Subnetting-Verfahren, bei dem ein gegebenes Netz nicht mehr in gleich große, sondern in verschieden große Teilnetze unterteilt wird. Jedem dieser Teilnetze wird eine individuelle Teilnetzmaske zugewiesen.

VLSM-Funktionsweise

Das grundlegende Prinzip von VLSM besteht darin, vom kleinsten benötigten Teilnetz auszugehen und die entsprechenden größeren Netze aus Blöcken solcher kleinsten Teilnetze zu bilden, denen dann höhere Teilnetzmasken zugewiesen werden. Angenommen etwa, bei der Aufteilung eines Klasse-B-Netzes mit seinen 65.534 Host-Adressen besitzt das kleinste gewünschte Teilnetz 12 Hosts, das größte etwa 500. Für die 12 Hosts ist mindestens ein Netz mit der Teilnetzmaske 255.255.255.248 erforderlich, das 14 Host-Adressen bietet. Aus diesen kleinen Teilnetzen können dann entsprechend größere aufgebaut werden, wobei die Grenzen zwischen den Netzen der Logik der jeweiligen Netzmaske entsprechen müssen.

An dieser Stelle soll ein einfaches Beispiel genügen: Ein Unternehmen betreibt das öffentliche Klasse-C-Netz 196.17.41.0/24. Dieses Netz soll auf die drei Abteilungen der Firma aufgeteilt werden; die beiden Router und die drei Server sollen ein viertes separates Teilnetz bilden. Tabelle 13.10 zeigt die klassische Aufteilung des Netzes in vier gleich große Teile nach CIDR-Logik.

Bereich	Anzahl Hosts	Teilnetz	Maximale Hosts	Freie Adressen
Server/Router	5	196.17.41.0/26	62	57
Verwaltung	20	196.17.41.64/26	62	42
Programmierung	61	196.17.41.128/26	62	1
Design	30	196.17.41.192/26	62	32

Tabelle 13.10 Aufteilung des Netzes 196.17.41.0/24 in vier Teile nach dem CIDR-Schema

Es ist leicht zu erkennen, dass zwei der Teilnetze, Server/Router und Verwaltung, vollkommen überdimensioniert sind, während zumindest das Teilnetz der Programmierabteilung beinahe seine Belastungsgrenze erreicht hat. Stellen Sie sich vor, es werden noch zwei weitere Hosts in diese Abteilung aufgenommen: Schon wäre das Teilnetz zu klein, und es müsste über eine andere Verteilung nachgedacht werden. In diesem Beispiel könnte sie nur noch darin bestehen, zwei der anderen Bereiche zusammenzulegen, um den Programmiererbereich zu vergrößern.

Eine komplexere, aber für den konkreten Anwendungsfall sinnvollere Aufteilung des Netzes mit Hilfe der VLSM-Technik wird in Tabelle 13.11 gezeigt.

Bereich	Anzahl Hosts	Teilnetz	Maximale Hosts	Freie Adressen
Server/Router	5	196.17.41.0/27	30	25
Verwaltung	20	196.17.41.32/27	30	10
Design	30	196.17.41.64/26	62	32
Programmierung	61	196.17.41.128/25	126	65

Tabelle 13.11 Flexible Aufteilung des Netzes 196.17.41.0/24 in vier Teile nach dem VLSM-Schema

Für die IP-Konfiguration eines einzelnen Hosts macht es keinen Unterschied, ob das Teilnetz, in dem er sich befindet, nach der alten Klassenlogik, nach dem CIDR-Verfahren oder nach der VLSM-Methode konfiguriert wurde: In jedem Fall wird im Konfigurationsdialog des jeweiligen Betriebssystems die korrekte Teilnetzmaske eingestellt. Spezielle Unterstützung für VLSM benötigen lediglich die Router, die in dem betroffenen Netz eingesetzt werden. Die meisten neueren Routing-Protokolle bieten diese Unterstützung.

Die Übertragung von IP-Datagrammen

Auf der Vermittlungsschicht des TCP/IP-Protokollstapels, auf der das IP-Protokoll arbeitet, werden die Datenpakete als Datagramme bezeichnet. Um die Datenübertragung mit Hilfe des IP-Protokolls genau zu erläutern, soll an dieser Stelle zunächst der IP-Header vorgestellt werden. Er enthält die Steuerdaten, die das IP-Protokoll zu einem Datenpaket hinzufügt, das ihm vom übergeordneten Transportprotokoll übergeben wird.

Der IPv4-Protokoll-Header wird – wie das gesamte Protokoll – in RFC 791 definiert. Seine Länge beträgt mindestens 20 Byte, dazu können bis zu 40 Byte Optionen kommen. Tabelle 13.12 zeigt den genauen Aufbau.

Byte	0		1	2		3
0	Version	IHL	Type of Service	Paket-Gesamtlänge		
4	Identifikation			Flags	Fragment-Offset	
8	Time to Live		Protokoll	Header-Prüfsumme		
12	Quell-Adresse					
16	Ziel-Adresse					
20	Optionen					Padding
...	evtl. weitere Optionen					

Tabelle 13.12 Aufbau des IPv4-Datagramm-Headers

Die einzelnen Daten des IP-Headers sind folgende:

- **Version** (4 Bit): die Versionsnummer des IP-Protokolls, die das Paket verwendet. Bei IPv4, wie der Name schon sagt, die Version 4.
- **IHL** (4 Bit): Internet Header Length; die Länge des Internet-Headers in 32-Bit-Worten (Zeilen in der Tabelle oben). Der kleinste mögliche Wert beträgt 5.
- **Type of Service** (8 Bit): ein Code, der die Art des Datenpakets bestimmt. Bestimmte Sorten von Paketen, etwa für den Austausch von Routing- oder Status-Informationen, werden von bestimmten Netzen bevorzugt weitergeleitet. In ihrem 1999er Aprilscherz bot die Computerzeitschrift c't ein angebliches Tool zum Download an, das diese Quality-of-Service-Informationen manipulieren könne, um die Geschwindigkeit von Internet-Verbindungen zu erhöhen.
- **Paket-Gesamtlänge** (16 Bit): die Gesamtlänge des Datagramms in Bytes, Header und Nutzdaten.
- **Identifikation** (16 Bit): ein durch den Absender frei definierbarer Identifikationswert, der beispielsweise das Zusammensetzen fragmentierter Datagramme ermöglicht.
- **Flags** (3 Bit): Kontrollflags, die die Paketfragmentierung regeln. Das erste Bit ist reserviert und muss immer 0 sein, das zweite (DF) bestimmt, ob das Paket fragmentiert werden darf (Wert 1) oder nicht (0), das dritte (MF) regelt, ob dieses Paket das letzte Fragment (0) ist oder ob weitere Fragmente folgen (1).
- **Fragment-Offset** (13 Bit): Dieser Wert (angegeben in 64-Bit-Blöcken) legt fest, an welcher Stelle in einem Gesamtpaket dieses Paket steht, falls es sich um ein Fragment handelt. Das erste Fragment oder ein nicht fragmentiertes Paket erhält den Wert 0.
- **Time to Live** (8 Bit): Der TTL-Mechanismus sorgt dafür, dass Datagramme nicht endlos im Internet weitergeleitet werden, falls die Empfängerstation nicht gefunden wird. Jeder Router, der ein Datagramm weiterleitet, zieht von diesem Wert 1 ab; wird der Wert 0 erreicht, dann leitet der betreffende Router das Paket nicht weiter, sondern verwirft es.
- **Protokoll** (8 Bit): Die hier gespeicherte Nummer bestimmt, für welches Transportprotokoll der Inhalt des Datagramms bestimmt ist. Die beiden wichtigsten Transportprotokolle, TCP und UDP, werden im nächsten Abschnitt beschrieben.
- **Header-Prüfsumme** (16 Bit): Die Prüfsumme stellt eine einfache Plausibilitätskontrolle für den Datagramm-Header zur Verfügung. Ein Paket, dessen Header-Prüfsumme nicht korrekt ist, wird nicht akzeptiert und muss erneut versendet werden.
- **Quelladresse** und **Zieladresse** (je 32 Bit): die IP-Adressen von Absender und Empfänger. IP-Adressen wurden oben ausführlich behandelt.
- **Optionen** (variable Länge): Die meisten IP-Datagramme werden ohne zusätzliche Optionen versandt, da Absender- und Empfänger-Host sowie alle auf dem Weg befindlichen Router die jeweils verwendeten Optionen unterstützen müssen. Zu den verfügbaren Optionen gehören unter anderem Sicherheitsfeatures und spezielle Streaming-Funktionen.

Paket-Fragmentierung

Das Problem der Paket-Fragmentierung entsteht dadurch, dass verschiedene physikalische Netzarten unterschiedliche Maximallängen für Datenpakete erlauben. Dieser Wert, der als Maximum Transmission Unit (MTU) bezeichnet wird, kann bei einigen Netzwerkschnittstellen per Software konfiguriert werden, bei anderen ist er vom Hersteller vorgegeben. Werden nun Datagramme aus einem Netz mit einer bestimmten MTU in ein anderes Netz mit einer kleineren MTU weitergeleitet, dann müssen die Daten in kleinere Pakete »umgepackt« werden. Wie oben beschrieben, werden sie dazu mit Fragmentierungsinformationen versehen, damit sie später wieder richtig zusammengesetzt werden können.

Solange Quell- und Zieladresse im gleichen Netzwerk liegen, ist die Übertragung der Datagramme sehr einfach: Je nach Netzwerkart wird auf die passende Art und Weise (bei Ethernet zum Beispiel über ARP) die Schnittstelle ermittelt, für die die Daten bestimmt sind. Anschließend wird das Datagramm an den korrekten Empfänger übermittelt. Dieser liest den IP-Header des Pakets, setzt eventuelle Fragmente wieder richtig zusammen und übermittelt das Paket an das Transportprotokoll, dessen Nummer im Header angegeben ist. Wie der Transportdienst mit den Daten umgeht, erfahren Sie im nächsten Abschnitt.

IP-Routing

Komplizierter, aber auch interessanter wird es, wenn die Daten nicht für einen Host im lokalen Netz bestimmt sind, sondern für ein anderes Netzwerk. In diesem Fall muss das Paket an einen Router übergeben werden, der es weiterleitet. Die meisten Daten, die im Internet übertragen werden, passieren eine Vielzahl solcher Router, bis sie letztendlich ihr Ziel erreichen. Um das Konzept des IP-Routings verstehen zu können, müssen Sie verschiedene Aspekte betrachten. Insbesondere ist die Frage von Bedeutung, auf welche Art und Weise überhaupt das korrekte Empfängernetzwerk gefunden wird.

Default-Gateway und »normale« Router

Bei einem einzelnen Host können üblicherweise zwei verschiedene Arten von Routern angegeben werden: zum einen die Router, die Daten in ein bestimmtes Fremdnetzwerk weiterleiten, und zum anderen das Default-Gateway (der Standard-Router), das alle Daten entgegennimmt, die weder für das lokale Netz noch für ein Netz mit einem speziellen Router bestimmt sind.

Bei einem privaten PC, der über eine Wählleitung mit dem Internet verbunden ist, besteht in der Regel nur eine Verbindung zu einem einzelnen Router. Welcher das ist, wird jedoch bei der Einwahl in das Netzwerk des Providers bestimmt, da auch die IP-Adresse bei jeder Einwahl dynamisch zugeteilt wird. Je nachdem, welche Adresse dem Host zugeteilt wird, ist möglicherweise ein anderer Router zuständig. Deshalb wird der Router bei der IP-Konfiguration des DFÜ-Netzwerkzugangs nicht fest angegeben, sondern durch das Einwahlprotokoll (üblicherweise PPP) mitgeteilt.

Anders sieht es dagegen oft bei Workstations in Unternehmen aus, die an ein lokales Netzwerk angeschlossen sind: Sämtliche Netzwerkkommunikation, sowohl mit dem lokalen Netz als auch mit dem Internet, findet über ein und dieselbe LAN-Schnittstelle statt, meistens über Ethernet. Innerhalb des LAN besitzt der Router für die Verknüpfung zum Internet eine bekannte IP-Adresse, die bei der IP-Konfiguration des Hosts angegeben wird. Mitunter besteht die Netzwerkinfrastruktur eines größeren Unternehmens auch aus mehreren Einzelnetzen, die über interne Router miteinander vernetzt werden. In einem solchen Fall wird häufig der Router, der zu dem anderen lokalen Netz führt, als Router für dieses konkrete Netz angegeben, während der Internet-Router (dessen Zielnetz »alle anderen Netze« sind) als Standard-Router eingerichtet wird. Für diesen letzteren – Routing-technisch relativ interessanten – Fall sehen Sie hier ein Beispiel:

Routing-Beispiel

In einem Unternehmen bestehen die beiden lokalen Netze 196.87.98.0/24 und 196.87.99.0/24. Das erste Netz wird von der Grafikabteilung verwendet, das zweite von den Softwareentwicklern. In Abbildung 13.4 wird der Aufbau dieses Netzes dargestellt.

Das Netzwerk der Grafikabteilung enthält die folgenden drei Rechner:

- `zeus` (196.87.98.3)
- `aphrodite` (196.87.98.4)
- `hermes` (196.87.98.5)

Zum Netzwerk der Entwicklungsabteilung gehören die drei folgenden Hosts:

- `newton` (196.87.99.7)
- `curie` (196.87.99.8)
- `einstein` (196.87.99.9)

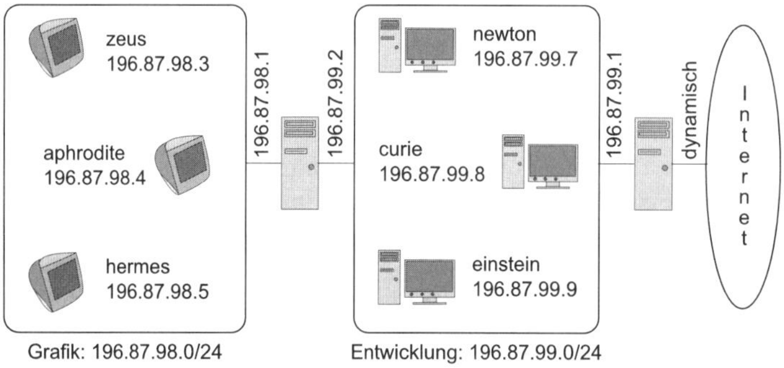

Abbildung 13.4 Verbindung zwischen zwei verschiedenen lokalen Netzen und dem Internet über zwei Router

Zwischen den beiden lokalen Netzen befindet sich ein Router, dessen Schnittstelle im Netz der Grafikabteilung die IP-Adresse 196.87.98.1 besitzt. Seiner anderen Schnittstelle für die Entwicklungsabteilung wurde die Adresse 196.87.99.2 zugewiesen. Ein zweiter Router verbindet die Entwicklungsabteilung mit dem Internet. Seine lokale Schnittstelle wurde mit der IP-Adresse 196.87.99.1 konfiguriert; die Adresse für die Internet-Schnittstelle wird vom Internetprovider dynamisch zugewiesen.

Interessant ist nun die Routing-Konfiguration der einzelnen Hosts. Die drei Rechner im Entwickler-Netzwerk kennen zwei verschiedene Router: Der Standard-Router ist 196.87.99.1, als spezieller Router für Datenpakete an das Netz 196.87.98.0 wird 196.87.99.2 angegeben. Dagegen kennen die drei Hosts im Grafik-Netzwerk nur einen einzigen Router, nämlich 196.87.98.1, der als Standard-Router eingerichtet wird. Ob Datenpakete jenseits dieses Routers für das Netz 196.87.99.0 oder für das Internet bestimmt sind, muss der Router selbst entscheiden; die Rechner schicken ihm einfach alle Datagramme, die nicht für das lokale Netz bestimmt sind.

Angenommen »aphrodite« möchte auf Daten zugreifen, die »newton« bereitstellt. Die Daten sind offensichtlich nicht für das Netz 196.87.98.0 bestimmt, deshalb werden sie dem Router übergeben. Dieser erkennt, dass sie für das Netz 196.87.99.0 bestimmt sind, an das er unmittelbar angeschlossen ist. Er kann die Daten direkt an den Ziel-Host ausliefern.

Will dagegen »zeus« auf Daten aus dem Internet zugreifen, dann muss der Standard-Router des Grafik-Netzes erkennen, dass die Daten nicht für das andere Netz bestimmt sind, an das er selbst angeschlossen ist, und sie an den nächsten Router weiterreichen.

Ein wenig anders verhält es sich, wenn ein Rechner aus dem Entwickler-Netz wie »curie« auf »zeus« zugreifen möchte. Es ist bereits in der Routing-Konfiguration von »curie« bekannt, dass ein bestimmter Router, nämlich 196.87.99.2, zu verwenden ist. Ebenso weiß beispielsweise »einstein«, dass Zugriffe auf das Internet über den Router 196.87.99.1 erfolgen müssen.

Routing-Tabellen

Damit ein Host weiß, wohin er Datenpakete eigentlich schicken muss, um ein bestimmtes Netz zu erreichen, müssen die einzelnen Router in seiner Netzwerkkonfiguration angegeben werden – dies funktioniert je nach Betriebssystem unterschiedlich; die konkrete Vorgehensweise wird im nächsten Kapitel beschrieben. Das Ergebnis dieser Konfiguration ist eine Routing-Tabelle, die ebenfalls je nach System unterschiedlich aussieht. Angenommen, alle Rechner im oben gezeigten Beispielnetzwerk liefen unter UNIX-Varianten (die Grafik-Rechner unter MacOS X, die Entwickler-Computer unter Linux). Dann sähe die Routing-Tabelle von »curie«, die durch den UNIX-Befehl `netstat -rn` angezeigt werden kann, so aus:

```
$ netstat -rn
Routing Tables
Destination    Gateway       Flags  Refcnt  Use    Interface
127.0.0.1      127.0.0.1     UH     1       132    lo0
196.87.99.0    196.87.99.8   U      26      49041  le0
196.87.98.0    196.87.99.2   UG     0       0      le0
default        196.87.99.1   UG     0       0      le0
```

Die erste Zeile (Zieladresse 127.0.0.1) beschreibt das Erreichen der Loopback-Adresse: Das Interface (Netzwerkschnittstelle) ist »lo0« (local loopback). Das Flag »H« zeigt an, dass es sich um eine Route zum Erreichen eines einzelnen Hosts handelt. Das Flag »U« dagegen steht für »Up« und bedeutet, dass die Route zurzeit intakt ist.

In der nächsten Zeile wird das lokale Netzwerk angegeben, in dem sich »curie« selbst befindet. Deshalb wird als Gateway einfach die IP-Adresse von »curie« angegeben. Das Interface »le0« ist die erste (und in diesem Fall einzige) Ethernet-Schnittstelle des Rechners.

Die dritte Zeile beschreibt die Route in das Grafik-Netzwerk über den Router, dessen Adresse im Entwickler-Netz 196.87.99.2 lautet. Das Flag »G« steht für Gateway, also für die Tatsache, dass für diese Route die Dienste eines Routers in Anspruch genommen werden.

In der letzten Zeile wird schließlich 196.87.99.1 als Default-Gateway angegeben, das heißt als Router für alle Ziele, die nicht explizit in der Routing-Tabelle auftauchen.

Die Routing-Tabelle von »hermes« sieht einfacher aus:

```
Routing Tables
Destination    Gateway       Flags  Refcnt Use     Interface
127.0.0.1      127.0.0.1     UH     1        132     lo0
196.87.98.0    196.87.98.5   U      26       49041   le0
default        196.87.98.1   UG     0        0       le0
```

Da das Grafik-Netz nur einen Router kennt, gibt es nur den Loopback-Eintrag, die Information für das lokale Netz und schließlich den Default-Eintrag für alle anderen Netze.

Lebensdauer von IP-Datagrammen

Auf diese Weise werden Daten durch das gesamte Internet geroutet. Jedes Mal, wenn ein Router passiert wird, erfolgt ein so genannter »Hop« der Daten. Wegen des TTL-Felds von 8 Bit Größe, das im IP-Header enthalten ist und weiter oben beschrieben wurde, erreicht ein Datagramm sein Ziel stets mit höchstens 255 Hops – oder eben gar nicht.

Damit IP-Datenpakete ihr Ziel überhaupt erreichen können, muss im Prinzip jeder einzelne Router im gesamten Internet darüber Bescheid wissen, wie er jedes beliebige Netz erreichen kann. Zu diesem Zweck unterhält auch jeder Router Routing-Tabellen, die den oben für die einzelnen Hosts gezeigten ähnlich sehen. Da das Internet ein Zusammenschluss aus vielen einzelnen Netzwerken ist, müssen diese Tabellen jedoch ständig aktualisiert werden, denn es ergeben sich häufig Konfigurationsänderungen, weil neue Netze hinzukommen oder vorhandene geändert oder aufgegeben werden. Es wäre absolut unzumutbar, diese Konfigurationsänderungen ständig manuell auf dem aktuellen Stand zu halten, was deshalb auch seit vielen Jahren nicht mehr üblich ist (außer innerhalb sehr kleiner Netze wie in dem Beispiel oben, in denen sich die Routing-Einstellungen selten ändern müssen).

Routing-Protokolle

Die Router im Internet müssen deshalb ständig Informationen darüber austauschen, an welche anderen Netzwerke sie jeweils Daten vermitteln. Es wurden eine Reihe verschiedener Routing-Protokolle entwickelt, mit deren Hilfe dies bewerkstelligt wird. Jedes dieser Routing-Protokolle besitzt andere Eigenschaften, außerdem wird nicht jedes dieser Protokolle von jedem Hersteller unterstützt.

Zunächst muss zwischen zwei verschiedenen Arten von Routing unterschieden werden: dem Routing innerhalb zusammenhängender Netze eines einzelnen Betreibers (Interior Routing), der innerhalb dieses Bereiches frei über die Konfiguration entscheiden kann, und dem Routing zwischen voneinander unabhängigen derartigen Bereichen (Exterior Routing). Alle zusammenhängenden Netze eines Betreibers werden als **autonome Systeme** (autonomous systems, abgekürzt AS) bezeichnet. Einige Routing-Protokolle, etwa das veraltete RIP oder das aktuellere OSPF, dienen dem Routing innerhalb von autonomen Systemen, während andere, vor allem BGP, für das Routing zwischen den Grenzen autonomer Systeme zuständig sind. Diese drei genannten Routing-Protokolle werden weiter unten kurz vorgestellt.

Wenn ein Router ein Routing-Protokoll ausführt, dann teilt er den benachbarten Routern mit, an welche Netze er Daten weiterleitet. Die meisten Routing-Protokolle machen außerdem Angaben über die »Kosten«, die für das Erreichen eines bestimmten Netzes kalkuliert werden müssen. Der Begriff »Kosten« hat nichts mit dem Preis zu tun, sondern bestimmt vor allem, über wie viele Hops ein bestimmtes Netzwerk durch den jeweiligen Router erreicht werden kann. Allerdings gibt es auch die Möglichkeit, die Kostenangaben willkürlich zu manipulieren – je nachdem, wie »gern« ein Router Daten an ein bestimmtes Netzwerk übermittelt. Wenn ein Router bestimmen muss, an welchen benachbarten Router er die Daten für ein bestimmtes Netz übergeben soll, sucht er sich denjenigen aus, der für dieses Netz geringere Kosten angibt. Diese Kostendaten werden auch als die Metrik des Routings bezeichnet.

Auf diese Weise wird versucht, die Datenströme zwischen den verschiedenen Backbone-Netzwerken möglichst gleichmäßig zu verteilen, außerdem bestehen verschiedene Arten von Verträgen oder Vereinbarungen zwischen den Netzbetreibern, was die Weiterleitung von Daten bestimmter anderer Netzwerke betrifft. Beispielsweise bestand in Deutschland in den 90er-Jahren ein mehrjähriger Streit zwischen dem Deutschen Forschungsnetz (DFN), dem Betreiber der deutschen Universitätsnetze, und den kommerziellen Internetprovidern. Es ging um die Frage, wer wem mehr Datenverkehr aus dem jeweils anderen Netz zumutete. Erst durch die Einführung neuer zentraler Datenaustauschpunkte wie dem DE-CIX konnte der Konflikt beigelegt werden.

- **Routing Information Protocol (RIP)**

  Das Routing Information Protocol wird auf UNIX-Routern durch den Routing Daemon (»routed«) ausgeführt. Beim Start von »routed« wird eine Anfrage ausgesendet. Alle anderen Router, die innerhalb desselben autonomen Systems ebenfalls »routed« ausführen, beantworten diese Anfrage durch Update-Pakete. Darin sind die Zieladressen aus den Routing-Tabellen der anderen Router und deren jeweilige Metrik enthalten.

  Enthält ein Update-Paket die Routen zu Netzen, die noch gar nicht bekannt sind, dann fügt der Router sie zu seiner Routing-Tabelle hinzu. Außerdem werden Routen ersetzt, falls ein Update-Paket die Information enthält, dass ein bestimmtes Netzwerk über einen anderen Router mit geringeren Kosten zu erreichen ist.

  Ein Router, auf dem »routed« läuft, sendet ebenfalls Update-Pakete, und zwar in der Regel alle 30 Sekunden. Erhält ein Router von einem anderen mehrere Male keine Update-Pakete mehr (häufig beträgt die Wartezeit 180 Sekunden), dann löscht er alle Einträge aus seiner Routing-Tabelle, die diesen Router verwenden. Außerdem werden diejenigen Einträge gelöscht, deren Kosten mehr als 15 Hops betragen. Letzteres beschränkt RIP auf kleinere autonome Systeme.

  RIP interpretiert IP-Adressen streng nach der alten Klassen-Logik und beherrscht weder CIDR noch VLSM. Dies ist der Hauptgrund, warum es immer seltener verwendet wird.

  Außerdem besteht das Problem, dass durch den plötzlichen Ausfall von Routern Konfigurationsfehler entstehen können: Alle Netze, die ursprünglich nur durch den ausgefallenen Router erreicht werden konnten, können nun gar nicht mehr erreicht werden. Dies spricht sich jedoch nur allmählich herum, da ein Router zwar zunächst alle Routen entfernt, die durch den ausgefallenen Router führten, von den anderen jedoch wieder die Route zu dem Netz lernt, das nun nicht mehr erreichbar ist. Bei einem Update-Intervall von 30 Sekunden kann es recht lange dauern, bis die Router die Entfernung zu dem nicht mehr verfügbaren Netz auf die nicht mehr relevanten 16 Hops »hochgeschaukelt« haben.

Um dieses Szenario zu verhindern, wird eine Technik namens Split Horizon verwendet: Ein Router bietet Routing-Informationen nicht über die Verbindung an, über die er sie gelernt hat. Eine Erweiterung dieses Verfahrens ist Poison Reverse; hier wird den Routern, von denen eine bestimmte Verbindung gelernt wurde, aktiv die »Unendlich-Metrik« 16 angegeben.

Einige Probleme von RIP werden in der neueren Version RIP-2, die in RFC 1723 beschrieben wird, beseitigt; vor allem arbeitet diese Version mit CIDR-Adressierung.

- **Open Shortest Path First (OSPF)**

  Das in RFC 2178 beschriebene Open Shortest Path First-Protokoll ist ein so genanntes Link-State-Protokoll: Der einzelne Router speichert einen gerichteten Graphen des Netzwerks aus seiner jeweiligen Sicht. Ein gerichteter Graph ist eine Art Baumdiagramm mit dem lokalen Router als Wurzel; sein Aufbau geschieht nach dem Shortest-Path-First-Algorithmus von Dijkstra: Die Kosten des lokalen Routers selbst werden mit 0 angegeben; von diesem zweigen die Routen zu den Nachbarn baumförmig ab, dann wiederum zu deren Nachbarn und so weiter. In einem zweiten Schritt wird der Link-State-Graph optimiert. Falls mehrere Routen zu einem Ziel bestehen, beispielsweise eine direkte und eine indirekte, wird jeweils die weniger kostengünstige Route entfernt.

  Um die Link-State-Datenbank klein zu halten, werden größere autonome Systeme in kleinere Einheiten unterteilt, die Areas. Nur vereinzelte Router, die so genannten Bereichsgrenzrouter, werden von den Routern innerhalb einer Area als Verbindung in andere Areas betrachtet.

  Ein OSPF-Router gewinnt seine Erkenntnisse über die benachbarten Router, indem er so genannte Hello-Pakete aussendet. Diese enthalten seine eigene Adresse und die Information, von welchen benachbarten Routern er bereits Routing-Daten erhalten hat. Ein Router, der ein Hello-Paket erhält, trägt den Absender dieses Pakets als Nachbarn in seinen eigenen Link-State-Graphen ein. Die Hello-Pakete werden in regelmäßigen Abständen ausgesandt, um den Nachbarn mitzuteilen, dass der Router noch bereit ist. Erhält ein Router keine weiteren Pakete von einem bestimmten Nachbarn, geht er davon aus, dass dieser nicht mehr zur Verfügung steht, entfernt ihn aus seiner Link-State-Datenbank und informiert das Netzwerk darüber.

  OSPF-Router geben Daten über ihre Nachbarn an das gesamte Netzwerk weiter, indem sie Link State Advertisements (LSA) über alle ihre Netzwerkschnittstellen versenden. Der Empfänger eines LSA-Pakets leitet es weiter, indem er es ebenfalls über alle seine Schnittstellen versendet – mit Ausnahme derjenigen, über die er es empfangen hat. Dieses Verfahren der schnellen Verbreitung von Informationen über ein Netzwerk wird als Flooding bezeichnet.

- **Border Gateway Protocol (BGP)**

  Anders als bei den beiden oben behandelten Routing-Protokollen handelt es sich beim Border Gateway Protocol um ein externes Routing-Protokoll, das Verbindungen zwischen verschiedenen autonomen Systemen regelt. Vom Standpunkt des externen Routings aus erscheinen die autonomen Systeme selbst als in sich geschlossene Gebilde, die nicht näher differenziert werden. BGP wird nur von den Bereichsgrenzroutern der autonomen Systeme ausgeführt, also in der Regel lediglich bei Internetprovidern oder großen Backbone-Netzbetreibern. Die meisten Firmennetze sind dagegen Teil eines autonomen Systems, das von einem Provider betrieben wird, führen also lediglich interne Routing-Protokolle wie OSPF aus.

Die benachbarten BGP-Router, Peers genannt, kommunizieren über eine zuverlässige TCP-Verbindung, die über den dafür vorgesehenen TCP-Port 179 abgewickelt wird. Es wird stets eine vollständige Route mit allen ihren Knotenpunkten angegeben. Dies unterscheidet BGP von den meisten internen Routing-Protokollen, die nur die Verbindungen zu ihren unmittelbaren Nachbarn angeben. Aus diesem Grund wird BGP als Pfadvektor-Protokoll bezeichnet.

Wird das erste Mal eine Verbindung zu einem Peer hergestellt, dann werden über so genannte UPDATE-Pakete die vollständigen Routing-Tabellen ausgetauscht, danach werden nur noch Änderungen mitgeteilt. Außerdem werden in regelmäßigen Abständen KEEPALIVE-Pakete versandt, falls keine Änderungen vorliegen, um den Peers mitzuteilen, dass der Router noch einsatzbereit ist.

Weitere IP-Dienste

In fast allen modernen TCP/IP-Netzwerken – insbesondere in lokalen Firmennetzen, die mit dem Internet verbunden sind – spielen zwei weitere Protokolle eine wichtige Rolle: Das DHCP dient dazu, den Rechnern im Netzwerk automatisch IP-Adressen zuzuweisen, während das NAT-Protokoll meist vom Standard-Router ausgeführt wird und die im Internet unbrauchbaren privaten IP-Adressen mit öffentlichen überschreibt und umgekehrt. Diese beiden Protokolle sollen hier näher vorgestellt werden.

DHCP

Das in den RFCs 2131 und 2132 definierte **Dynamic Host Configuration Protocol** (DHCP) dient dazu, einem Host automatisch TCP/IP-Konfigurationsdaten zuzuweisen. Es ist eine Erweiterung des älteren Bootstrap Protocol (BOOTP). Ein Host, der seine Netzwerkparameter über DHCP beziehen möchte, sendet bei Inbetriebnahme eine Broadcast-Anfrage namens BOOTREQUEST an die allgemeine Broadcast-Adresse 255.255.255.255. Der Rechner muss also noch nicht einmal wissen, in welchem Netzwerk er sich befindet – das ist beispielsweise ideal für ein Notebook, das manchmal an ein Heim- und manchmal an ein Büro-Netzwerk angeschlossen wird. Läuft in dem Netz ein DHCP-Server, dann antwortet er mit einem Satz von Konfigurationsparametern, mit denen der Host seine TCP/IP-Konfiguration durchführt.

Das wichtigste Merkmal von DHCP besteht in der dynamischen Vergabe von IP-Adressen, die Netzwerkadministratoren das Leben erheblich erleichtert – insbesondere in solchen Netzwerken, in denen häufig Änderungen auftreten. Diese automatische Vergabe erfolgt in Form einer »Lease« (Pacht) mit beschränkter Gültigkeit. Ein Host, der ordnungsgemäß vom Netz abgemeldet wird (ein normaler Vorgang beim Herunterfahren moderner Betriebssysteme), gibt seine IP-Adresse selbst an den DHCP-Server zurück. Das Lease-Verfahren sorgt dagegen dafür, dass IP-Adressen auch dann wieder für den Server verfügbar werden, wenn ein Host unerwartet vom Netz getrennt oder unsachgemäß abgeschaltet wird. Bleibt ein Rechner über den Lease-Zeitraum hinaus im Netz aktiv, dann erfolgt in der Regel eine Verlängerung der Lease.

Auf dem DHCP-Server muss ein Teil der Adressen des Netzwerks, in dem er sich befindet, als DHCP-Pool konfiguriert werden, aus dem die Adressen automatisch an die anfragenden

DHCP-Clients vergeben werden. Es muss darauf geachtet werden, genügend Adressen aus diesem Pool auszuschließen, weil eine Reihe von Internetdiensten eine feste IP-Adresse benötigt oder zumindest besser damit funktioniert.

NAT **Network Address Translation** (NAT) ist eine relativ neue Entwicklung und löst dementsprechend ein modernes Problem: Immer mehr Netzwerke benötigen permanenten oder auch nur temporären Zugang zum Internet, obwohl sie mit den weiter oben vorgestellten privaten IP-Adressen konfiguriert wurden. Es wäre bei der heutigen Anzahl von Internet-Hosts und angeschlossenen Netzen auch gar nicht mehr möglich, allen angeschlossenen Netzwerken öffentliche IP-Adressen zuzuweisen. Da die privaten IP-Adressen jedoch nicht eindeutig sind, müssen sie beim Übergang ins Internet mit einer öffentlichen Adresse überschrieben werden und umgekehrt.

Eine aktuelle Form von NAT, die im Kernel moderner UNIX-Systeme konfiguriert werden kann, wird auch als IP-Masquerading bezeichnet und geht noch einen Schritt weiter als NAT allgemein: Es ist nur eine externe IP-Adresse erforderlich; alle lokalen Adressen werden auf diese eine Adresse abgebildet. Unterschieden werden die Rechner in diesem Fall anhand der Client-Portnummer der Datenpakete, die zur Transportebene gehört und in Abschnitt 17.3.2 näher beschrieben wird. Aus diesem Grund wird das echte Masquerading manchmal auch als PAT (Port Address Translation) bezeichnet. Diese spezielle Form von NAT verbirgt die Details des internen Netzwerks vor dem Internet, die einzelnen Rechner sind von außen nicht erreichbar. Dies ist ein angenehmer Nebeneffekt dieses Verfahrens, der zusätzlich der Sicherheit im Netzwerk dient.

Tabelle 13.13 zeigt ein Beispiel für klassisches NAT in einem privaten Netzwerk mit der Adresse 192.168.1.0/24. Jede interne IP-Adresse wird auf eine individuelle externe Adresse abgebildet.

Hostname	Interne IP-Adresse	Externe IP-Adresse
gandalf	192.168.1.4	204.81.92.6
frodo	192.168.1.5	204.81.92.3
bilbo	192.168.1.6	204.81.92.5

Tabelle 13.13 Beispiel für klassisches NAT

In Tabelle 13.14 wird dagegen für dasselbe Netzwerk ein Beispiel für IP-Masquerading (PAT) gezeigt. Das Konzept der Portnummern wird weiter unten genauer beschrieben.

Hostname	Interne IP-Adresse	Externe IP-Adresse	Externe Portnummer
gandalf	192.168.1.4	204.81.92.4	22.191
frodo	192.168.1.5		22.192
bilbo	192.168.1.6		22.193

Tabelle 13.14 Beispiel für IP-Masquerading

Der Rechner, der NAT ausführt, ist üblicherweise der Router, der das lokale Netz mit dem Netzwerk eines Providers und demzufolge mit dem Internet verbindet. NAT wird von allen gängigen UNIX-Versionen sowie von Windows NT und seinen Nachfolgern unterstützt. Außerdem können die meisten ISDN- oder DSL-Kompakt-Router NAT ausführen. Eine nähere Beschreibung vieler Aspekte von NAT befindet sich in RFC 3022.

In manchen Netzwerken erfolgt der Zugriff auf Internetdienste nicht über Router, sondern über Gateways auf Anwendungsebene, die in der Öffentlichkeit als Stellvertreter (engl. Proxies) des eigenen Rechners arbeiten. Solche Proxy-Server gibt es für fast alle Dienste; am bekanntesten sind Web-Proxies, die oft auch als Cache (Zwischenspeicher) für häufig aufgerufene Sites dienen.

IPv6

Bereits vor zehn Jahren wurde damit gerechnet, dass sehr bald keine weiteren IPv4-Adressen mehr verfügbar sein würden. Dass dies bisher noch immer nicht der Fall ist, liegt an der Einführung von CIDR, VLSM und NAT. Da das Internet aber weiterhin wächst, ist es nur noch eine Frage der Zeit, bis die Anzahl der Adressen endgültig erschöpft ist.

IPv6-Motivation

Deshalb wurde schon vor einigen Jahren mit der Arbeit an einem Nachfolger für das IPv4-Protokoll gearbeitet, das vor allem einen größeren Adressraum durch längere IP-Adressen besitzen sollte. Letzten Endes entschieden die Entwickler sich für Adressen von 128 Bit Länge. Dies ergibt theoretisch mehr als 3,4 x 10^{38} verschiedene Adressen! Damit erscheint der Adressraum mehr als überdimensioniert; offensichtlich kann man damit jedem einzelnen Sandkorn auf unserem Planeten mehrere eigene IP-Adressen zuweisen. Letzten Endes geht es allerdings eher darum, beinahe beliebig viele Netze von sehr unterschiedlicher Größe einrichten zu können, und abgesehen davon werden immer mehr tragbare, spezialisierte Geräte entwickelt, die mit Netzwerken verbunden werden – etwa dynamisch über öffentliche WLAN-Access-Points.

Die aktuelle Version des neuen IP-Protokolls wird in RFC 2460 beschrieben. Da die Version 5 für Experimente mit Multicasting verwendet wurde, lautet die Versionsnummer des Protokolls IPv6; während seiner Entwicklung wurde es auch manchmal als IPng (für »next generation«) bezeichnet, zum Beispiel in RFC 1752, das den ersten Arbeitsentwurf beschreibt. Die IPv6-Adresse wird nicht in 8-Bit-Dezimalgruppen geschrieben wie bei IPv4; mit 16 Gruppen wäre sie ein wenig unhandlich. Stattdessen schreibt man 8 vierstellige Hexadezimalgruppen, die durch Doppelpunkte getrennt werden. Eine IPv6-Adresse sieht zum Beispiel folgendermaßen aus: 4A29:30B4:0031:0000:0000:0092:1A3B:3394. Eine zulässige Verkürzung besteht darin, führende Nullen in einem Block wegzulassen sowie Blöcke, die nur aus Nullen bestehen, durch zwei aufeinander folgende Doppelpunkte zu ersetzen. Kurz gefasst lautet die Beispieladresse also 4A29:30B4:31::92:1A3B:3394. Um die Adresse eindeutig zu halten, darf diese Verkürzung innerhalb einer Adresse nur einmal durchgeführt werden.

Aufbau von IPv6-Adressen

Genau wie IPv4-Adressen werden auch die neuen IPv6-Adressen in zwei Teile unterteilt: Links steht ein Präfix, dahinter ein Individualteil, der dem Host-Teil der IPv4-Adresse entspricht. Das Präfix gibt allerdings nicht das einzelne Netz an, zu dem die Adresse gehört, sondern informiert über den Adresstyp. Da die Präfixe wie bei IPv4 unterschiedliche Längen aufweisen können, wird das Präfix zusammen mit seiner Bit-Anzahl angegeben. Tabelle 13.15 gibt einen Überblick über die verschiedenen Adressblöcke und ihre Verwendung.

Präfix	Verwendung
0::0/8	reserviert für spezielle Anwendungen
100::0/8	noch nicht zugeordnet
200::0/7	Abbildung von NSAP-Adressen
400::0/7	Abbildung von IPX-Adressen
600::0/7	noch nicht zugeordnet
800::0/5	noch nicht zugeordnet
1000::0/4	noch nicht zugeordnet
2000::0/3	global eindeutige Adressen
6000::0/3	noch nicht zugeordnet
8000::0/3	noch nicht zugeordnet
A000::0/3	noch nicht zugeordnet
C000::0/3	noch nicht zugeordnet
E000::0/4	noch nicht zugeordnet
F000::0/5	noch nicht zugeordnet
F800::0/6	noch nicht zugeordnet
FE00::0/7	noch nicht zugeordnet
FE00::0/9	noch nicht zugeordnet
FE80::0/10	auf eine Verbindung begrenzte Adressen
FEC0::0/10	auf eine Einrichtung begrenzte Adressen
FF00::0/8	Multicast-Adressen

Tabelle 13.15 IPv6-Adressbereiche und -Präfixe

Die typischste Form von IPv6-Adressen, deren Stil am ehesten den öffentlich gerouteten IPv4-Adressen entspricht, ist die globale Unicast-Adresse. Ihre Struktur ist in RFC 2374 festgelegt und sieht folgendermaßen aus:

- Externes Routing-Präfix (48 Bit)
- Site-Topologie (üblicherweise 16 Bit)
- Schnittstellen-Identifikationsnummer (normalerweise 64 Bit). Sie wird in der Regel automatisch generiert, oft aus der bisherigen IPv4-Adresse.

Der IPv6-Datagramm-Header wurde gegenüber dem IPv4-Header erheblich vereinfacht. Durch die Auslagerung eventueller Optionen in so genannte Erweiterungs-Header wird die Länge des Basis-Headers auf genau 320 Bit (40 Byte) festgelegt; einige Felder des IPv4-Headers wurden entfernt, weil sie keine Bedeutung mehr haben. Tabelle 13.16 zeigt den genauen Aufbau des IPv6-Headers.

Byte	**0**	**1**	**2**	**3**
0	Version	Klasse	Flow Label	
4	Payload Length		Next Header	Hop Limit
8	Quell-Adresse			
12				
16				
20				
24	Ziel-Adresse			
28				
32				
36				

Tabelle 13.16 Aufbau des IPv6-Datagramm-Headers

Hier die Bedeutung der einzelnen Felder des Headers:

- **Version** (4 Bit): die Versionsnummer des IP-Protokolls; hier natürlich 6.
- **Klasse** (8 Bit): Dieses Feld gibt die Priorität an, mit der das Datagramm übertragen werden soll. Es ist noch nicht abschließend geklärt, wie die entsprechenden Werte aussehen sollen.
- **Flow Label** (20 Bit): ein Erweiterungsfeld, in das ein von 0 verschiedener Wert eingetragen wird, wenn IPv6-Router das Datagramm auf besondere Weise behandeln sollen. Es dient vor allem der Implementierung der Quality-of-Service-Funktionalität, mit deren Hilfe Paketsorten voneinander unterschieden werden, um beispielsweise Echtzeitanwendungen wie Streaming Multimedia oder Videokonferenzen zu unterstützen.
- **Payload Length** (16 Bit): die Länge der Nutzdaten, die auf den Header folgen.
- **Next Header** (8 Bit): Der Wert in diesem Feld gibt den Typ des ersten Erweiterungs-Headers an, falls einer vorhanden ist. Es gibt bisher sechs Arten von Erweiterungs-Headern; eine Übersicht finden Sie in Tabelle 13.17.
- **Hop Limit** (8 Bit): ein neuer Name für die Time-to-Live-Funktionalität: Jeder Router zieht von dem ursprünglichen Wert 1 ab; bei Erreichen des Wertes 0 wird das Paket verworfen.
- **Quell- und Zieladresse** (je 128 Bit): die Adresse des Absenders und des Empfängers; genau wie bei IPv4, nur entsprechend der Protokollspezifikation 128 statt 32 Bit lang.

Header	Next-Header-Code	Beschreibung
Hop-by-Hop Options Header	0	Optionen, die bei jedem Routing-Schritt ausgeführt werden müssen
Routing Header	43	Festlegung der Router, über die das Paket geleitet werden soll
Fragment Header	44	Der Absender muss bei IPv6 die MTU herausfinden und Fragmente selbst bilden; die Fragment-Informationen befinden sich hier
Authentication Header	51	Authentifizierung des Absenders gegenüber dem Empfänger
Encapsulating Security Payload Header	50	Dient der Verschlüsselung des Datagramms (IPv6)
Destination Options Header	60	Optionen, die nur für den Ziel-Host bestimmt sind
Upper-Layer Header	59	Header einer höheren Schicht; aus IPv6-Sicht also Nutzdaten

Tabelle 13.17 Die verschiedenen Typen von IPv6-Erweiterungs-Headern

IPv6-Migration

Das größte Problem, das der sofortigen Einführung von IPv6 noch im Wege steht, ist ein organisatorisches: Zum einen kann man nicht einfach über Nacht flächendeckend umsteigen, da in diesem Fall die IP-Treiber aller Hosts und Router weltweit gewechselt werden müssten, was vollkommen illusorisch ist – zumal viele ältere Hardwarekomponenten, Betriebssysteme und Programme IPv6 gar nicht unterstützen und ihre Hersteller auch nicht vorhaben, diese Unterstützung nachträglich zu implementieren. Zum anderen ist es aber auch nicht möglich, gleichzeitig einen Teil des Internets mit IPv4 und einen anderen mit IPv6 zu betreiben und auf diese Weise allmählich auf die neue Version umzusteigen, da die beiden Adressierungsschemata zueinander inkompatibel sind.

Die Lösung, die letzten Endes gefunden wurde, besteht in der Tunnelung von IPv6-Paketen durch das klassische IPv4-Netzwerk. Tunnelung bedeutet letzten Endes nichts anderes, als dass jedes IPv6-Datagramm in ein IPv4-Datagramm verpackt wird; das heißt, das IPv6-Paket bildet aus der Sicht des IPv4-Pakets die Nutzdaten, die mit einem v4-Header versehen werden. Am jeweiligen Zielpunkt, an dem wiederum IPv6 verfügbar ist, wird das Version-4-Datagramm »ausgepackt« und den Header-Daten entsprechend weiterverarbeitet.

IPv6-Tunnel-Dienste werden mittlerweile auch von mehreren kommerziellen und verschiedenen freien Anbietern, den Tunnel-Brokern, zur Verfügung gestellt. Einer der größten derartigen Dienste ist das 6Bone-Projekt. Nähere Informationen erhalten Sie auf der Website des Projekts unter **http://www.6bone.net**.

13.6.3 Transportprotokolle

Eine Anwendung, die Daten über ein TCP/IP-Netzwerk wie das Internet übertragen möchte, beauftragt zu diesem Zweck ein Transportprotokoll, also ein Protokoll der Host-zu-Host-Transportschicht des Internet-Schichtenmodells. Nachdem im vorigen Abschnitt das IP-Routing erläutert wurde, sollten Sie auch verstehen, warum der Vorgang als Host-zu-Host-Transport bezeichnet wird: Router betrachten von den Datenpaketen, die sie weiterleiten sollen, immer nur den IP-Header und werten dessen Informationen aus. Aus der Sicht des IP-Protokolls existieren die Daten der Transportschicht nicht. Umgekehrt ist also das Routing ein Implementierungsdetail, das für die Protokolle der Transportschicht nicht sichtbar ist. Aus ihrer Sicht kann der Ziel-Host immer unmittelbar erreicht werden.

TCP kontra UDP

Um den Bedürfnissen verschiedener Anwendungen gerecht zu werden, wurden zwei verschiedene wichtige Transportprotokolle definiert. Das häufiger verwendete TCP-Protokoll (definiert in RFC 793), das einen Teil des Namens der Protokollfamilie ausmacht, stellt den zuverlässigen Transport von Datenpaketen in einer definierten Reihenfolge zur Verfügung. Dagegen bietet das UDP-Protokoll (RFC 768) die Möglichkeit, Daten auf Kosten der Zuverlässigkeit möglichst schnell zu transportieren.

Ein wenig zwischen Vermittlungs- und Transportschicht liegt das ICMP-Protokoll (Internet Control Message Protocol), das für den Versand spezieller Datagramme verwendet wird, mit deren Hilfe überprüft werden kann, ob ein entfernter Host im Netzwerk aktiv ist. Das entsprechende Dienstprogramm heißt **ping** und wird im nächsten Kapitel vorgestellt.

Die beiden Protokolle werden in den folgenden Unterabschnitten genauer beschrieben.

Das Transmission Control Protocol (TCP)

Wie Sie im vorigen Abschnitt erfahren haben, werden IP-Datagramme jeweils individuell durch das Netzwerk geleitet. Deshalb kann auf der Basis von Datagrammen kein zuverlässiger Transport kontinuierlicher Datenströme stattfinden, weil es vollkommen normal ist, dass Datagramme nicht in der Reihenfolge ankommen, in der sie abgeschickt wurden. Außerdem ist es auch gut möglich, dass sie gar nicht ankommen, weil auf der Ebene des IP-Protokolls keine entsprechende Kontrolle durchgeführt wird.

TCP-Funktionsweise

Um nun über den potenziell unsicheren Weg der IP-Datagramme Daten zuverlässig durch das Netzwerk zu transportieren, wird auf dieser höher gelegenen Ebene eine Flusskontrolle implementiert: Im Wesentlichen werden die Datenpakete durch das TCP-Protokoll durchnummeriert, um die korrekte Reihenfolge aufrecht zu erhalten. Im Übrigen erwartet der ursprüngliche Absender für jedes einzelne Datenpaket eine Bestätigung; bleibt sie zu lange aus, dann versendet der Absender das entsprechende Paket einfach erneut.

Als Erstes sollten Sie sich den TCP-Paket-Header ansehen, der in Tabelle 13.18 gezeigt wird.

Byte	0		1	2	3
0	Quell-Port			Ziel-Port	
4	Sequenznummer				
8	Bestätigungsnummer				
12	Offset	Reserviert	Flags	Fenster	
16	Prüfsumme			Urgent-Zeiger	
20	Optionen				Padding

Tabelle 13.18 Aufbau des TCP-Datenpaket-Headers

Ein TCP-Datenpaket besteht aus den folgenden Bestandteilen:

- **Quell-Port** (16 Bit): Ports stellen eine Methode zur Identifikation der konkreten Anwendungen zur Verfügung, die auf den beteiligten Hosts miteinander kommunizieren. Der Quell-Port ist die Portnummer des Absenders.
- **Ziel-Port** (16 Bit): Dies ist entsprechend die Portnummer des Empfängers.
- **Sequenznummer** (32 Bit): Normalerweise gibt diese Nummer an, dem wie vielten Byte der zu übertragenden Sequenz das erste Nutzdaten-Byte des Pakets entspricht. Ausnahme: Ist das SYN-Flag gesetzt, so wird die Anfangs-Sequenznummer (Initial Sequence Number, ISN) angegeben.
- **Bestätigungsnummer** (32 Bit): Das Startbyte der Sequenz, deren Übertragung als Nächstes erwartet wird; ist nur bei gesetztem ACK-Bit von Bedeutung.
- **Offset** (4 Bit): Anzahl der 32-Bit-Wörter, aus denen der Header besteht; gibt entsprechend den Beginn der Nutzdaten im Paket an.
- **Reserviert** (6 Bit): reserviert für zukünftige Anwendungen; muss 0 sein.
- **Flags** (6 Bit): verschiedene Statusbits; im Einzelnen:
  - **URG**: Urgent Data wird versandt; der Inhalt des Urgent-Zeigers muss beachtet werden.
  - **ACK**: Acknowledgment – das Bestätigungsfeld muss berücksichtigt werden.
  - **PSH**: Push-Funktion – ist dieses Bit gesetzt, dann wird die Pufferung des Pakets verhindert; es wird unmittelbar gesendet.
  - **RST**: Reset – Verbindung zurücksetzen
  - **SYN**: Sequenznummern synchronisieren
  - **FIN**: Ende der Sequenz; keine weiteren Daten vom Absender
- **Fenster** (16 Bit): die Anzahl von Datenbytes, die der Absender des Pakets zu empfangen bereit ist; basiert unter anderem auf der IP-MTU der verwendeten Schnittstelle.
- **Prüfsumme** (16 Bit): Anhand dieser einfacheren Plausibilitätskontrolle kann die Korrektheit der übertragenen Daten überprüft werden.

- **Urgent-Zeiger** (16 Bit): ein Zeiger auf das Byte der aktuellen Sequenz, das Urgent Data enthält. Wird nur ausgewertet, wenn das URG-Flag gesetzt ist.
- **Optionen** (variable Länge): verschiedene hersteller- und implementierungsabhängige Zusatzinformationen; stets ein Vielfaches von 8 Bit lang.

Der TCP-Verbindungsaufbau

Zwischen den beiden Hosts, die über TCP kommunizieren, wird eine virtuelle Punkt-zu-Punkt-Verbindung hergestellt; aus diesem Grund wird TCP auch als verbindungsorientiertes Protokoll bezeichnet. Dies ermöglicht den Transport eines kontinuierlichen Datenstroms über die potenziell unzuverlässigen IP-Datagramme, in die die TCP-Pakete verpackt werden. Um die Datenübertragung einzuleiten, findet zunächst ein so genannter Drei-Wege-Handshake statt: Drei spezielle Datenpakete ohne Nutzdateninhalt werden ausgetauscht. Der Host, der die Verbindung initiiert, sendet ein Paket mit gesetztem SYN-Bit an den Empfänger. Dieser schickt ein Paket zurück, bei dem SYN und ACK gesetzt sind, und erwartet wiederum eine Antwort, bei der nur das ACK-Flag gesetzt ist. Erst nachdem dies geschehen ist, beginnt die eigentliche Übertragung von Nutzdaten. Dieses Vorgehen garantiert, dass beide Hosts bereit sind, miteinander zu kommunizieren.

Anschließend sendet der Absender ein Paket nach dem anderen an den Empfänger-Host, wobei die Sequenznummer stets um die im vorigen Paket versandte Nutzdatenmenge erhöht wird. Der Empfänger beantwortet jedes empfangene Paket, dessen Prüfsumme mit dem Inhalt übereinstimmt, mit einem Bestätigungspaket, dessen ACK-Flag also gesetzt ist. Der Wert des Bestätigungsfelds ist der Byte-Offset der nächsten Datensequenz, die der Empfänger erwartet, ist also die Summe aus Sequenznummer und Nutzdatenlänge des soeben empfangenen Pakets.

Erhält der Absender die Bestätigung nicht innerhalb einer definierten Zeit (Timeout), so sendet er das entsprechende Paket unaufgefordert erneut. Dieses Verfahren wird positive Bestätigung (positive acknowledgement) genannt, da lediglich der Erfolg gemeldet wird; von einem Misserfolg wird automatisch ausgegangen, wenn keine Meldung erfolgt. Dieses Verfahren ist zuverlässiger als das Arbeiten mit Misserfolgsmeldungen: Kommt die Erfolgsmeldung nicht an, so wird das Paket einfach erneut versandt, ansonsten gibt es aber keine schädlichen Folgen (außer dem geringen Mehraufwand für ein überflüssig versandtes Paket, falls einmal lediglich die Bestätigung verloren gegangen ist). Käme dagegen eine Misserfolgsmeldung nicht an, so würde das betreffende Paket nicht erneut versandt und würde den Empfänger niemals erreichen.

TCP-Ports

Ein weiterer wichtiger Bestandteil von TCP-Paketen sind die beiden 16 Bits langen Portnummern. Jedes Paket kann anhand des Portnummern-Paares als zu einer bestimmten Sequenz und Anwendung gehörig identifiziert werden. Das ist auch absolut notwendig: Stellen Sie sich vor, Sie haben zwei Browserfenster geöffnet; in beiden werden gleichzeitig verschiedene Seiten von **www.galileocomputing.de** geladen. Anhand der IP-Adressen können die beiden Datenübertragungen nicht voneinander unterschieden werden, da die beiden Hosts, die hier miteinander kommunizieren, identisch sind. Es könnte also sehr leicht passieren, dass die Daten fehlerhaft zugeordnet werden und Sie zwei seltsame Mischungen der beiden Dokumente erhalten – ein Effekt wie in dem Horror-Klassiker »Die Fliege«!

Dieses Szenario kann deshalb nicht eintreten, weil die beiden Datenübertragungen nicht über dasselbe Paar von Portnummern erfolgen. In der Regel ist die Portnummer des Servers festgelegt, während der Client irgendeinen Port wählt, der gerade frei ist. Die untersten 1.024 Portnummern sind als so genannte »Well-Known Ports« für Standard-Serverdienste fest vergeben; für Clients wird eine zufällige Nummer (ein so genannter »Ephemeral Port«) zwischen 1.024 und 65.535 verwendet. Beispielsweise benutzen Webserver, also HTTP-Server, üblicherweise den TCP-Port 80, FTP-Server den Port 21 und TELNET-Server den Port 23. Eine kleine Liste, die auch UDP betrifft, finden Sie weiter unten in Tabelle 13.20.

In dem Beispiel mit den beiden Browserfenstern ist der Server-Port jeweils 80; die Client-Ports sind dagegen unterschiedlich, beispielsweise 16832 und 16723. Dies ist eine Verdeutlichung der Formulierung, dass nur die Port-Paare und nicht beide einzelnen Ports unterschiedlich sein müssen, um Sequenzen voneinander abzugrenzen.

Gewöhnlich »lauscht« ein TCP-Serverdienst an seinem speziellen Port auf ankommende Verbindungsversuche. Unternimmt ein Client den Versuch, eine TCP-Verbindung mit dieser speziellen Portnummer als Empfänger-Port und einer zufälligen Nummer als Absender herzustellen, dann akzeptiert der Server dies nach den Regeln des Drei-Wege-Handshakes; eine Verbindung für den gegenseitigen Datenaustausch ist hergestellt.

TCP Urgent Data

Interessant ist zu guter Letzt das Thema **Urgent Data**: Manchmal muss ein Host einen anderen über einen besonderen Zustand informieren, beispielsweise eine Konfigurationsänderung oder einen vom Benutzer initiierten Abbruch mitteilen. Zu diesem Zweck wird das URG-Flag gesetzt; der Empfänger ermittelt daraufhin aus dem Urgent-Zeiger-Feld des Paket-Headers die Bytenummer innerhalb der Sequenz, in der sich diese dringlichen Daten befinden. Es handelt sich stets nur um ein einziges Byte, das auch als »Out of Bound-Byte« bezeichnet wird, weil es nicht zum gewöhnlichen Datenstrom gehört. Es ist also unmöglich, auf diesem Weg eine längere dringende Mitteilung zu versenden, aber immerhin besteht die Möglichkeit, bestimmte zwischen den Anwendungen vereinbarte Signale zu versenden.

Das User Datagram Protocol (UDP)

Manche Anwendungen möchten auf den Komfort und die Sicherheit von TCP getrost verzichten, wenn sie die Daten dafür schneller ans Ziel befördern können. Die Möglichkeit eines solchen möglichst schnellen Versandes bietet das UDP-Protokoll. Ob eine Anwendung für ihre Datenübertragung nun TCP, UDP oder beide verwenden möchte, entscheidet sie selbst.

Ein UDP-Anwendungsbeispiel

Stellen Sie sich als Beispiel ein Netzwerkspiel vor, eine virtuelle 3-D-Umgebung, in der Sie gegen Ihre Mitspieler »kämpfen« können. Ein solches Spiel ist ideal für die Erklärung des Nutzens beider Übertragungsarten geeignet: Bestimmte grundlegende Konfigurationsdaten (Lebt der Gegner überhaupt noch? Hat er auf mich geschossen?) sind entscheidend für den eigentlichen Spielverlauf und sollten deshalb zuverlässig über TCP übertragen werden. Dagegen sind bestimmte Details (Pose und Gesichtsausdruck der gegnerischen Spielfigur; die Position von Gegnern außerhalb unseres »Gesichtsfelds« usw.) nicht so wichtig. Wenn überhaupt, sollten sie möglichst schnell übertragen werden. Fallen sie vorübergehend aus, schadet das auch nichts – ideale Kandidaten für die Übertragung mit Hilfe des schnelleren, aber weniger zuverlässigen UDP-Protokolls.

Der Hauptgrund, warum sich Daten über UDP schneller übertragen lassen als mittels TCP, ist der erheblich kleinere und weniger komplexe Paket-Header. Der Aufbau dieses Headers, der gerade einmal (unveränderlich) 64 Bit groß ist, wird in Tabelle 13.19 dargestellt.

Byte	0	1	2	3
0	Quell-Port		Ziel-Port	
4	Länge		Prüfsumme	

Tabelle 13.19 Aufbau des UDP-Headers

Die einzelnen Header-Felder haben dieselbe Bedeutung wie die gleichnamigen Felder beim TCP-Protokoll. Mit der Länge ist hier die Länge des gesamten Pakets inklusive diesem Header gemeint. Der Quell-Port wird häufig einfach auf 0 gesetzt: Da UDP dem schnellen Versand einer einzelnen Nachricht dient, auf die in der Regel keine Antwort erwartet wird, ist es nicht nötig, diese Information festzulegen. Der Ziel-Port ist dagegen meist der festgelegte Port des UDP-Servers, an den das Paket verschickt wird. UDP wird für viele einfache Internetdienste verwendet: die Uhrzeitsynchronisation über ein Netzwerk, den Echo-Dienst zur Kontrolle der Funktionstüchtigkeit von Verbindungen oder entfernten Hosts und so weiter.

Im Gegensatz zu dem verbindungsorientierten TCP wird UDP als nachrichtenorientiertes Protokoll bezeichnet, da es dem schnellen, verbindungslosen Versand einzelner Pakete in Form kurzer Meldungen dient. Dies erklärt auch den Namen des Protokolls: Einer Anwendung, die von diesem Transportdienst Gebrauch macht, wird der unmittelbare und leichtgewichtige Zugriff auf IP-Datagramme ermöglicht.

Die Portnummern für gängige Serverdienste (bei UDP spricht man häufig auch von Servicenummern) liegen wie bei TCP zwischen 0 und 1.023. Sie werden genau wie öffentliche IP-Adressen von der IANA vergeben. In der Regel wird dieselbe Portnummer für beide Transportprotokolle verwendet, obwohl die meisten Anwendungen nur auf jeweils einem der beiden laufen. Tabelle 13.20 zeigt einige häufig verwendete Beispiele mit ihrem offiziellen Namen und dem am häufigsten verwendeten Transportprotokoll. Die vollständige Liste aller öffentlichen Serverdienste finden Sie unter **http://www.iana.org/assignments/port-numbers**. Falls Sie ein UNIX-System verwenden, steht eine ähnliche, möglicherweise weniger vollständige Liste in der Konfigurationsdatei `/etc/services`.

Nummer	Transportprotokoll	Name	Beschreibung
7	TCP, UDP	echo	Genaue Rückgabe der übermittelten Daten zur Kontrolle
13	TCP, UDP	daytime	Uhrzeitsynchronisation (RFC 867)

Tabelle 13.20 Einige TCP/UDP-Portnummern für gängige Dienste

Nummer	Transportprotokoll	Name	Beschreibung
20	TCP	ftp	FTP-Datenstrom
21	TCP	ftp	FTP-Steuerung
22	TCP	ssh	Secure Shell – Telnet-Alternative mit Verschlüsselung
23	TCP	telnet	Terminal-Emulation
25	TCP	smtp	E-Mail-Versand
53	TCP, UDP	domain	Nameserver-Abfragen
80	TCP	http	Webserver
110	TCP	pop3	E-Mail-Postfach-Server (klassisch)
142	TCP	imap	E-Mail-Postfach-Server (modern)

Tabelle 13.20 Einige TCP/UDP-Portnummern für gängige Dienste (Forts.)

13.6.4 Das Domain Name System (DNS)

Die Verwendung von IP-Adressen zum Erreichen entfernter Rechner ist ideal, solange in die Datenübertragung nur Computer involviert sind. Für die Verwendung durch Menschen sind sie weniger gut geeignet (es gibt zum Beispiel nur wenige Menschen, die sich Telefonnummern auf Anhieb besser merken können als die zugehörigen Namen). Aus diesem Grund ist es seit Beginn des Internets und seiner Vorläufer üblich, einen Mechanismus einzurichten, der den beteiligten Menschen die Verwendung benutzerfreundlicher Namen statt der unhandlichen IP-Adressen ermöglicht.

Die Datei /etc/hosts

Als das ARPANet entwickelt wurde, behalf man sich mit einer einfachen Textdatei, die pro Zeile einen Hostname und eine IP-Adresse nebeneinander auflistet (siehe unten). Noch heute verwenden UNIX-Rechner eine ähnliche Datei namens `/etc/hosts`. Auch unter Windows NT, 2000 und XP ist das Verfahren bekannt; hier befindet sich die Datei in `<Windows-Verzeichnis>\system32\drivers\etc` und heißt – untypisch für Windows – ebenfalls nur `hosts`, ohne Dateiendung. Allerdings wird dieses Verfahren heute immer seltener für die Namenszuordnung in lokalen Netzen eingesetzt, weil in immer mehr Firmennetzen DHCP verwendet wird. Leider kommt das dazu passende DynDNS, das die Hostnames auf dynamisch vergebene IP-Adressen abbilden kann, noch nicht ebenso häufig zur Anwendung.

Findet der Rechner einen Namenseintrag in seiner `/etc/hosts`-Datei, dann wird er die entsprechende Adresse nicht mehr bei einem Nameserver nachfragen. Auf diese Weise können Sie natürlich Ihre Kollegen ein wenig ärgern: Machen Sie beispielsweise die IP-Adresse ausfindig, die zu **www.yahoo.de** gehört (in diesem Moment 217.12.3.11), und tragen Sie in die `/etc/hosts` eines Kollegen etwa folgende Zeile ein:

```
217.12.3.11  www.google.de
```

Jedes Mal, wenn der Kollege nun die Suchmaschine Google anwenden möchte, wird er stattdessen bei Yahoo landen, kann sich das aber zunächst beim besten Willen nicht erklären.

Früher wurde die Datei namens `hosts.txt` zentral verwaltet und regelmäßig unter den teilnehmenden Hosts im ARPANet ausgetauscht, um die Namensdaten aktuell zu halten. Als das Netz jedoch immer größer wurde, funktionierte dieses System nicht mehr, weil man mit den häufigen Änderungen nicht mehr nachkam und weil die gesamte Datei außerdem sehr umfangreich war sowie ihr Versand eine erhebliche Menge an Netzwerkverkehr erzeugte.

DNS-Einführung

Schließlich wurde statt der einfachen Textdatei eine hierarchische, vernetzte Datenbank eingeführt, die bis heute ein verteiltes Netz von Nameservern bildet. Diese Server geben auf Anfrage Auskunft über die zu einem Hostname gehörende IP-Adresse oder umgekehrt. Außerdem leiten sie die Anfrage automatisch weiter, wenn sie selbst keine Antwort wissen. Das System wird als **Domain Name System** (DNS) bezeichnet und ist Thema einer ganzen Reihe von RFCs. Die wesentlichen Grundlagen werden in RFC 1034 und 1035 beschrieben.

Damit Hostnames im gesamten Internet eindeutig sind, werden sie hierarchisch als so genannte Domainnamen vergeben. Zu diesem Zweck wird ein Name aus immer spezialisierteren Bestandteilen zusammengesetzt; das System lässt sich mit einem Pfad in einem Dateisystem vergleichen. Allerdings besteht ein wesentlicher Unterschied: Beim Dateisystempfad steht der allgemeinste Name vorn und der speziellste hinten, während es beim Domainnamen genau umgekehrt ist.

Beispielsweise bedeutet der UNIX-Pfad `/home/sascha/hb_fachinfo/netzwerk/protokolle.txt`, dass sich die Datei `protokolle.txt` im Verzeichnis `netzwerk` befindet, einem Unterverzeichnis von `hb_fachinfo`, welches wiederum dem Verzeichnis `sascha` untergeordnet ist. `sascha` ist seinerseits ein Unterverzeichnis von `home`, das zu guter Letzt direkt unter der Wurzel des Dateisystems (/) liegt.

Aufbau von Domain-Namen

Dagegen ist der Domainname **www.buecher.lingoworld.de** genau umgekehrt aufgebaut: Der Host/Dienst **www** liegt in der Domain **buecher**, einer Subdomain von **lingoworld** in der Top-Level-Domain **de**. Die Wurzel des DNS-Systems selbst ist nicht sichtbar, weil ihr Name der leere String ist.

Auf der jeweiligen Ebene des DNS-Systems muss ein bestimmter Name einmalig sein. Beispielsweise kann es **buecher.lingoworld.de** nur einmal geben. Unterhalb dieser Domain können untergeordnete Domains (Subdomains) oder die Namen einzelner Hosts oder Serverdienste bestehen, beispielsweise **www.buecher.lingoworld.de**, **ftp.buecher.lingoworld.de** oder **neuheiten.buecher.lingoworld.de**. Im Übrigen dürfen dieselben Namen natürlich auf über- oder untergeordneten oder auch auf »Geschwister-Ebenen« existieren: Es kann die Website **www.lingoworld.de** ebenso geben wie etwa **www.download.lingoworld.de**. Selbstverständlich ist auch **www.buecher.de** kein Problem – es handelt sich um eine andere Domain unterhalb der Top-Level-Domain **de**.

DNS-Zonen

Aus der Sicht der DNS-Administration wird jede Ebene eines solchen Namens auch als **Zone** bezeichnet, weil eine solche Ebene jeweils unabhängig von den übergeordneten Ebenen verwaltet wird. Beispielsweise kann der Administrator der Domain **lingoworld.de**

Subdomains wie **buecher.lingoworld.de** oder **download.lingoworld.de** einrichten. Er kann die Verantwortung für eine Subdomain auch an jemand anderen delegieren, für den dann beispielsweise **buecher.lingoworld.de** wieder eine unabhängige Zone darstellt. Andererseits kann der Zonenverantwortliche für **lingoworld.de** nicht auf andere Zonen in der Domain **de** zugreifen; beispielsweise geht ihn die Konfiguration der Zone **google.de** nichts an.

Die Infrastruktur der Domainnamen wird von den über das gesamte Internet verbreiteten Nameservern verwaltet. Diese führen alle ein Programm aus, das Anfragen nach Name-Adresse-Zuordnungen beantwortet, unbekannte Zuordnungen bei anderen Nameservern erfragt und dann meistens dauerhaft speichert. Die am häufigsten verwendete derartige Software heißt **BIND** (Berkeley Internet Name Domain) und läuft unter allen UNIX-Varianten.

Die DNS-Hierarchie

Auf der obersten Ebene des DNS existiert die spezielle Zone, deren Name der leere String ist. Diese Zone wird durch die Root-Nameserver der ICANN verwaltet und enthält Verweise auf alle Top-Level-Domains. Davon gibt es organisatorisch gesehen zwei verschiedene Sorten (auch wenn es keinen technischen Unterschied gibt): Die »Generic TLDs« (allgemeine Top-Level-Domains) wie **.com** oder **.org** unterteilen die jeweiligen Domains, die unter ihnen liegen, nach der Funktion ihrer Betreiber. Die »Country TLDs« oder »ccTLDs« (Länder-TLDs) sind dagegen für eine geografische Einteilung vorgesehen. In der Praxis kommt es ohnehin zu einer Vermischung: Zum einen sind viele Generic TLDs mittlerweile für beliebige Betreiber verwendbar, zum anderen gibt es einige Länder-TLDs, die wegen ihrer spezifischen Abkürzung für bestimmte Branchen interessant sind – am bekanntesten ist in diesem Zusammenhang wohl der Südsee-Inselstaat Tuvalu mit seiner bei Fernsehsendern beliebten TLD **.tv**.

Tabelle 13.21 listet einige häufig verwendete Top-Level-Domains auf. Die mit Abstand meisten Betreiber-Domains enthält die Generic-TLD **.com**, gefolgt von der länderspezifischen Domain **.de** (Deutschland).

Top-Level-Domain	**Bedeutung**
Generic Top-Level-Domains	
.com	commercial (Firmen)
.org	organization (Organisationen und Vereine)
.net	network (Netzwerkbetreiber; Internet-Infrastruktur)
.edu	educational (US-Schulen und -Universitäten)
.gov	government (US-Regierung, -Behördern, öffentl. Dienst)
.mil	military (US-Militär)
.info	information (allgemeine Informationsdienste)
.aero	aeronautics (Luftfahrtindustrie, Fluggesellschaften)

Tabelle 13.21 Übersicht über einige wichtige Top-Level-Domains

Top-Level-Domain	Bedeutung
Länder-Top-Level-Domains	
.at	Österreich
.ch	Schweiz
.cn	Volksrepublik China
.de	Deutschland
.es	Spanien
.fr	Frankreich
.it	Italien
.jp	Japan
.ru	Russland
.tr	Türkei
.uk	Großbritannien
.us	USA
.va	Vatikanstadt

Tabelle 13.21 Übersicht über einige wichtige Top-Level-Domains

Der jeweilige Haupt-Nameserver einer Top-Level-Domain enthält Verweise auf sämtliche unterhalb dieser Domain befindlichen Second-Level-Domains. Je nach konkreter TLD handelt es sich dabei entweder unmittelbar um die einzelnen Domains, die von Betreibern angemeldet werden können, oder eine Domain ist in sich noch einmal in Organisationsstrukturen unterteilt. Bei allen Generic-TLDs und den meisten Länder-TLDs ist Ersteres der Fall. Nur einige Länder-TLDs werden noch einmal organisatorisch unterteilt: Zum Beispiel verwendet Großbritannien Unterteilungen wie **.co.uk** für Firmen, **.ac.uk** für Universitäten oder **.org.uk** für Vereine und Organisationen; auch die Türkei verwendet die entsprechenden Unterteilungen **.com.tr**, **.edu.tr** und **.org.tr**.

Master- und Slave-Nameserver

Aus Sicherheitsgründen sollten die Zonendaten für die Domain eines einzelnen Betreibers auf mindestens zwei voneinander unabhängigen (das heißt in verschiedenen autonomen Systemen befindlichen) Nameservern vorliegen. Die Daten müssen dafür nur auf einem der beiden Server erstellt werden, der als primärer Master-Nameserver bezeichnet wird; der andere – Slave-Nameserver genannt – repliziert sie automatisch. Größere Unternehmen und Institutionen verwalten in der Regel ihre eigenen Zonen. Der externe Slave-Nameserver mit denselben Zonendaten befindet sich in diesem Fall meist beim zuständigen Backbone-Provider, über den diese Betreiber mit dem Internet verbunden sind. Privatanwender oder kleinere Firmen besitzen dagegen zwar häufig eine eigene Domain (**www.meinname.de** ist werbewirksamer als so etwas wie **home.t-online.de/users/~meinname**), unter dieser Domain laufen allerdings oft lediglich eine beim Provider gehostete Website und einige E-Mail-Adressen. In diesem Fall werden die Zonendaten meist beim Hosting-Provider und einem anderen Provider verwaltet; die beiden Provider stellen sich den Slave-Name-Service dann gegenseitig zur Verfügung.

Bei den meisten Einzelrechnern oder kleineren Firmennetzwerken besteht die ganze DNS-Konfiguration oft lediglich in der Eingabe der IP-Adresse eines Nameservers des eigenen Providers; dieser wird stets befragt, wenn Namensdaten erforderlich sind. Gebe ich zum Beispiel in meinem Webbrowser **www.google.de** ein, so überprüft dieser zunächst, ob er die IP-Adresse vielleicht bereits kennt. Andernfalls fragt er den Standard-Nameserver des Providers. Dieser weiß die Antwort entweder selbst und liefert sie unmittelbar zurück oder wendet sich an den übergeordneten Nameserver – in diesem Fall den für die Top-Level-Domain **.de** zuständigen Server. Dieser kennt die für die Domain **google.de** zuständigen Nameserver und leitet die Anfrage an den ersten von ihnen weiter. Der wiederum ermittelt die IP-Adresse des Dienstes **www.google.de** und gibt sie zurück. Nun weiß der Browser, welche IP-Adresse er verwenden muss; außerdem speichert der Nameserver des Providers die gefundene Adresse ebenfalls in seinem Cache ab, um die nächste entsprechende Anfrage schneller beantworten zu können.

Andere Namensdienste

Insgesamt stellt das DNS ein leistungsfähiges, flexibles und effizientes System zur Verwaltung benutzerfreundlicher Hostnames zur Verfügung. Es wird im gesamten Internet eingesetzt und zumindest Client-seitig von jedem beliebigen Betriebssystem unterstützt. Allerdings handelt es sich nicht um die einzige Art und Weise der Namensverwaltung. Gerade in herstellerabhängigen lokalen Netzen werden Dienste wie der Windows-Namensdienst WINS oder das Network Information System (NIS) von Sun eingesetzt.

Der DNS-Server BIND

Es gibt verschiedene Implementierungen von Server-Software, die den DNS-Dienst versieht. Die wichtigste von ihnen ist BIND (Berkeley Internet Naming Domain). Es handelt sich um Open-Source-Software des Internet Software Consortiums (ISC). Sie können BIND und entsprechende Informationen darüber von der Website **www.isc.org/products/BIND** und zahlreichen dort verzeichneten Mirror-Sites herunterladen. Die zurzeit aktuelle Version ist BIND 9.3.

Eine andere weit verbreitete Nameserver-Software ist der Microsoft DNS Server. Er ist in die Windows-Server-Betriebssysteme Windows 2000 Server und Windows Server 2003 integriert. Selbstverständlich erfüllt er nach außen dieselbe Funktion wie BIND, da er zum globalen DNS kompatibel ist.

BIND installieren

In aktuellen UNIX- oder Linux-Distributionen ist BIND normalerweise bereits enthalten. Sie können den Server also problemlos über den Paketmanager Ihres Systems installieren. Wenn Sie nicht genau wissen, wie das funktioniert, konsultieren Sie die Dokumentation Ihres Systems.

Wenn BIND nicht mit Ihrem System geliefert wird oder wenn Sie die neueste Version installieren möchten, sollten Sie BIND im Sourcecode herunterladen und selbst kompilieren. Das funktioniert, wie bei autoconf/automake-Software üblich, nach dem folgenden bewährten Schema:

- Entpacken Sie das BIND-Archiv und wechseln Sie in das dadurch angelegte Verzeichnis:

```
# tar -zxvf /tmp/bind-9.3.0.tar.gz
# cd bind-9.3.0
```

- Rufen Sie das Konfigurationsprogramm und anschließend `make` auf, um BIND mit den passenden Optionen für Ihr System zu kompilieren:

```
# ./configure
# make
```

- Rufen Sie zu guter Letzt den Installationsbefehl auf:

```
# make install
```

Normalerweise wollen Sie anschließend dafür sorgen, dass der Nameserver – das Programm `named` – beim Booten automatisch gestartet wird. Eine entsprechende Anleitung finden Sie im Abschnitt *Linux* in Kapitel 4, *Betriebssysteme*.

BIND konfigurieren

Die Konfigurationsdaten von BIND bestehen aus zwei verschiedenen Dateien: Die Datei `/etc/named.conf` enthält die Konfigurationsinformationen über den Nameserver selbst, während so genannte Zonendaten-Dateien die eigentlichen Namensdaten in Form von **Resource Records** enthalten. Beide Dateiarten sind einfache Textdateien, die Sie mit Ihrem bevorzugten Editor bearbeiten können.

Die erste wichtige Angabe in der Datei `named.conf` beschreibt das Arbeitsverzeichnis, in dem sich die Zonendaten-Dateien befinden. Da diese Anweisung global ist und keine bestimmte Zone betrifft, wird sie in einen `options`-Block gesetzt:

```
options {
   directory "/var/named";
};
```

Anschließend folgen ein oder mehrere `zone`-Blöcke. Sie enthalten die Konfiguration der Zonen, für die der Nameserver zuständig sein soll.

Falls Ihr Nameserver beispielsweise primärer Master-Nameserver für die Zone `lingoworld.de` sein soll, sieht der entsprechende `named.conf`-Eintrag so aus:

```
zone "lingoworld.de" {
   type master;
   file "db.lingoworld.de";
};
```

Der Dateiname `db.lingoworld.de` ist nicht vorgeschrieben. Sie können jeden beliebigen Namen wählen, aber `db.name-der-zone` ist üblich. Natürlich müssen Sie die entsprechende Datei auch anlegen.

Für jede Zone, für die Ihr Nameserver als primärer Master dient, benötigen Sie zusätzlich eine Reverse-Lookup-Zone. Dies ist eine Zone, die den umgekehrten Dienst leistet: die Umwandlung einer gegebenen IP-Adresse in einen Domain-Namen. Der Name dieser Zone hängt von der Größe des Subnets ab, in dem sie sich befindet: Es handelt sich um den umgekehrten Netzwerk-Teil der IP-Adresse mit dem reservierten Domain-Namen in-addr.arpa. Angenommen, lingoworld.de verwendet das Netz 196.23.17.0/24, dann wird die folgende Reverse-Lookup-Zone konfiguriert:

```
zone "17.23.196.in-addr-arpa" {
   type master;
   file "db.196.23.17";
};
```

Wenn Ihr Nameserver als Slave dienen soll, beispielsweise für die Zone othernet.de, sieht die entsprechende zone-Anweisung so aus:

```
zone "othernet.de" {
   type slave;
   masters { 138.19.47.3; };
   file "bak.othernet.de";
};
```

Unter masters wird eine Liste von Nameservern angegeben, von denen der Slave die Replikationsdaten erhält. Sie brauchen keine primären Master-Nameserver zu sein; der Begriff »masters« bezieht sich auf übergeordnete Nameserver aus der Perspektive des Slaves.

Schließlich benötigen Sie auf jeden Fall noch einen Eintrag für die Root-Hints-Datei. Diese spezielle Datei enthält Informationen über die Server, die den Stamm des DNS bilden und auf die Root-Nameserver der verschiedenen TLDs verweisen. Die entsprechende Datei (zum Beispiel named.root) ist entweder in Ihrer BIND-Distribution enthalten, oder Sie müssen sie per FTP unter der Adresse ftp.rs.internic.net/domain/named.root herunterladen. Der Eintrag in named.conf sieht so aus:

```
zone "." {
   type hint;
   file "named.root";
};
```

Bitte beachten Sie, dass die Syntax der Datei named.conf ganz exakt eingehalten werden muss – aus eigener Erfahrung weiß ich, dass Programmierer besonders gern das Semikolon hinter der schließenden geschweiften Klammer vergessen.

Zonendaten

Falls Ihr Nameserver als primärer Master für eine Zone dient, müssen Sie nun die entsprechende Zonendaten-Datei anlegen. Sie enthält Resource Records für die einzelnen Hosts, Server-Dienste und andere Elemente der Zone. Die erste Zeile einer Zonendaten-Datei ist eine $TTL-Anweisung (Time To Live) – sie gibt an, wie lange andere Nameserver die aus dieser Datei enthaltenen Informationen maximal im Cache halten dürfen. Sie können den Wert entweder komplett in Sekunden angeben oder mit den folgenden Maßeinheiten arbeiten: w (Wochen), d (Tage), h (Stunden), m (Minuten) und s (Sekunden). Wenn der Wert 28 Stunden betragen soll, gibt es beispielsweise die folgenden drei Möglichkeiten:

```
$TTL 100800
$TTL 28h
$TTL 1d4h
```

Die nächste Information ist ein **SOA-Record** (Start of Authority). Er enthält die folgenden Konfigurationsinformationen über die Zone selbst:

SOA-Record

- **MNAME**. Der Hostname des primären Master-Nameservers.
- **RNAME**. Die E-Mail-Adresse des Verantwortlichen; das @ wird durch einen Punkt ersetzt.
- **Die Seriennummer der Zone**. Sie sollte bei jeder Aktualisierung erhöht werden; ein praktisches Format für manuell gepflegte Zonendaten ist JJJJMMDDVV (Letzteres ist eine zweistellige Versionsnummer, die bei 00 beginnt und wichtig ist, wenn mehrere Änderungen an einem Tag stattfinden).
- **Der Refresh-Wert**. Gibt das Intervall an, in dem die Slave-Nameserver anfragen sollen, ob die Zonendaten aktualisiert wurden.
- **Der Retry-Wert**. Bestimmt, wie lange ein Slave warten soll, bevor er nach einem Verbindungsfehler erneut nach Aktualisierungen fragt.
- **Der Expire-Wert**. Gibt an, wie lange die Slaves antworten sollen, wenn der primäre Master nicht erreichbar ist. Dieser Wert sollte recht hoch sein, weil er für Ausfallschutz sorgt.
- **Der Negative-Caching-Wert**. Gibt an, wie lange die Slaves negative Antworten (»nicht gefunden« usw.) im Cache speichern dürfen. Der Wert sollte recht klein sein, da es sich um einen vorübergehenden Ausfall halten könnte.

Ein vollständiger SOA-Record für `lingoworld.de` sieht zum Beispiel so aus:

```
lingoworld.de.  IN  SOA  ns1.lingoworld.de.  (
                hostmaster.lingoworld.de.
                2003112501
                30m
                10m
                30d
                30m )
```

Die (runden!) Klammern sind nur dann erforderlich, wenn Daten der Übersicht halber auf mehrere Zeilen verteilt werden.

Wenn Sie einen Host zu einer Zonendaten-Datei hinzufügen möchten, benötigen Sie einen **A-Record** (Address). Für `pc1.lingoworld.de` mit der IP-Adresse 196.17.23.24 sieht ein solcher Eintrag so aus:

A- und PTR-Records

```
pc1.lingoworld.de.   IN   A   196.23.17.24
```

Außerdem benötigen Sie einen **PTR-Record** (Pointer) in der Zonendaten-Datei der Reverse-Lookup-Zone (in diesem Beispiel in `db.196.17.23`). Für `pc1.lingoworld.de` sieht dieser Eintrag so aus:

```
24.23.17.196.in-addr.arpa.  IN  PTR  pc1.lingoworld.de.
```

Auf diese Weise müssen Sie alle Rechner in Ihrer Domain, die öffentlich über Hostnamen verfügbar sein sollen, angeben – natürlich auch Ihre eigenen Nameserver, Webserver, Mailserver und so weiter.

Für Webserver-Betreiber ist es oft nützlich, wenn der reine Domain-Name (`lingoworld.de`) ebenso auf den Webserver verweist wie `www.lingoworld.de`; viele Benutzer versuchen den Zugriff ohne das Präfix www, weil sie das von großen Sites wie `google.com` gewohnt sind. Zu diesem Zweck brauchen Sie nur einen zusätzlichen A-Record einzurichten, der auf die IP-Adresse des Webservers verweist. Beide Möglichkeiten zusammen sehen also so aus:

```
www.lingoworld.de.   IN   A    196.23.17.3
lingoworld.de.       IN   A    196.23.17.3
```

CNAME-Records

Einen **CNAME-Record** (Canonical Name; ein Alias, der auf einen anderen Hostnamen verweist) dürfen Sie in diesem Zusammenhang nicht verwenden. Nützlich ist der CNAME-Record aber beispielsweise dann, wenn Ihr Webserver intern anders heißt als www:

```
www.lingoworld.de.   IN  CNAME  box.lingoworld.de
```

Wenn das Ziel des Alias-Records (der Hostname auf der rechten Seite) sich in einer anderen Zone befindet als der Alias-Name, muss dieser Record in der Zone stehen, in die der Alias-Name gehört.

Sie können über die Zonendaten eine triviale Form von Load-Balancing (Lastverteilung auf mehrere physikalische Server) betreiben, indem Sie für jeden Server einen A-Record schreiben:

```
www.lingoworld.de.   IN   A   196.23.17.3
www.lingoworld.de.   IN   A   196.23.17.4
www.lingoworld.de.   IN   A   196.23.17.5
```

Die IP-Adressen der Webserver werden dann im so genannten Round-Robin-Verfahren (reihum) ausgegeben. Professionelles Load-Balancing benötigt allerdings eine komplexere Konfiguration, die nicht nur DNS betrifft, weil eine gerechte Verteilung von Server-Ressourcen beispielsweise auch von der Dateigröße der ausgelieferten Dokumente abhängt und nicht nur von der reinen Anzahl der Namensanfragen.

NS-Records

Ein weiterer wichtiger Typ von Resource Records sind die **NS-Records** (Nameserver). Sie geben sämtliche autoritativen Nameserver für die Zone an – wie bereits erwähnt, sollte mindestens einer dabei sein, der sich nicht innerhalb des eigenen Netzwerks befindet. Für die Domain `lingoworld.de` könnten die NS-Records also beispielsweise so aussehen:

```
lingoworld.de.   IN   NS   ns1.lingoworld.de.
lingoworld.de.   IN   NS   ns2.lingoworld.de.
lingoworld.de.   IN   NS   ns1.provider.de.
```

Mit Hilfe von NS-Records wird übrigens auch die Delegation untergeordneter Zonen durchgeführt: Für eine Subdomain wird einfach ein anderer Nameserver angegeben. Sofern dieser Nameserver sich innerhalb der Zone befindet, die in der aktuellen Zonendaten-Datei konfiguriert wird, muss zusätzlich ein A-Record für diesen Nameserver angegeben werden:

```
mail.lingoworld.de.    IN  NS  ns.mail.lingoworld.de.
mail.lingoworld.de.    IN  NS  ns2.provider.de.
ns.mail.lingoworld.de. IN  A   196.23.17.9
```

Zu guter Letzt benötigen Sie noch **MX-Records** (Mail Exchange) für die Angabe von Mail-Zielen. Schließlich sollen Benutzer E-Mails an Adressen wie **user@lingoworld.de** schicken können statt an **user@mail.lingoworld.de**. MX-Records enthalten eine Prioritätsangabe, die festlegt, welcher Mailserver bevorzugt werden soll. Ein Server mit einem höheren Wert wird nur gewählt, wenn derjenige mit dem nächstkleineren offline oder aus anderen Gründen nicht verfügbar ist:

MX-Records

```
lingoworld.de.   IN   MX    0 mail.lingoworld.de.
lingoworld.de.   IN   MX   10 snailmail.lingoworld.de.
lingoworld.de.   IN   MX   20 mail.provider.de.
```

Es gibt noch zahlreiche andere Typen von Resource Records. Beispielsweise wurde hier nicht auf die recht komplexe DNS-Konfiguration für IPv6 eingegangen. Wenn Sie selbst für die Verwaltung Ihrer DNS-Zonen verantwortlich sind und öffentliche Nameserver betreiben müssen, kommen Sie nicht umhin, sich entsprechende Literatur zu beschaffen.

13.6.5 Verschiedene Internet-Anwendungsprotokolle

Genau wie beinahe jede Hardware die TCP/IP-Protokolle unterstützt, laufen auf der Anwendungsschicht des Internet-Protokollstapels auch fast alle Arten von Netzwerkanwendungen. Dazu gehören unter anderem auch Anwendungsprotokolle, die ursprünglich für bestimmte herstellerabhängige Netzwerke konzipiert wurden, beispielsweise die Standard-Fileserver-Protokolle der diversen Betriebssysteme: Das unter Windows verwendete SMB-(Server Message Blocks-)Protokoll wurde zunächst auf Microsofts eigenes NetBEUI-Netzwerk aufgesetzt (siehe unten); das von Apple konzipierte AppleShare lief ursprünglich nur unter AppleTalk. Mittlerweile können diese speziellen Anwendungsprotokolle alternativ auch auf TCP/IP aufgesetzt werden, was in der Praxis immer häufiger der Fall ist. Solche nativen Spezialprotokolle sind allerdings nicht Thema dieses Abschnitts.

Die eigentliche Beschreibung des Netzwerks aus Anwendersicht erfolgt im nächsten Kapitel. An dieser Stelle geht es lediglich darum, die grundlegende Funktionsweise einiger typischer Internetdienste auf der Ebene ihrer Protokolle zu beschreiben. Falls Sie also Details über die Verwendung von Internet-Client-Server-Diensten oder deren Konfiguration unter einem bestimmten Betriebssystem suchen, sollten Sie Kapitel 14, *Netzwerkanwendungen*, lesen. Hier erfahren Sie dagegen eher, was hinter den Kulissen wirklich passiert, wenn Sie eine E-Mail versenden oder eine Webseite anfordern.

Das (für Administratoren und Programmierer) Angenehme an den meisten Internet-Anwendungsprotokollen ist, dass die Protokollbefehle in Form von Klartextwörtern in Englisch verschickt werden. Wenn Sie mit einem Packet-Sniffer oder einfach mit `telnet` die Inhalte der über das Netzwerk übertragenen Datenpakete kontrollieren, können Sie deshalb unmittelbar verstehen, was die verschiedenen Hosts miteinander »reden«. Auf diese Weise ist es verhältnismäßig einfach, Konfigurations- oder Programmierfehler auf der Ebene der Anwendungsprotokolle zu entdecken und zu beseitigen.

Funktion der Anwendungsprotokolle

In der Regel bestehen die Anforderungen eines Internet-Anwendungs-Clients aus einzeiligen Befehlen, die vom Server mit einer Statusmeldung und manchmal auch mit der Lieferung konkreter Daten beantwortet werden. Sie können das Verhalten eines Clients simulieren, indem Sie mit einem Terminal-Programm wie `telnet` eine Verbindung zu dem passenden Host und Port aufbauen und die entsprechenden Befehle von Hand eintippen.

Telnet

Eine der ältesten Anwendungen des Internets ist die Terminal-Emulation: Ein Programm ermöglicht Ihnen über ein Terminal, das an Ihren Computer angeschlossen ist, die Arbeit an einem anderen Computer, zu dem eine Netzwerkverbindung besteht. Telnet ist eines der wichtigsten Werkzeuge für Systemadministratoren, die auf diese Weise entfernte Rechner verwalten, ohne sich physikalisch dorthin zu begeben (insbesondere an Wochenenden oder nach Feierabend schätzen Admins diese Möglichkeit, weil sie eventuelle Pannenhilfe von zu Hause aus erledigen können). Die Telnet-Spezifikation ist in RFC 854 festgelegt.

Bessere Alternative: SSH

Fast alles, was an dieser Stelle über Telnet gesagt wird, gilt sinngemäß auch für SSH, die Secure Shell – im Grunde genommen handelt es sich dabei um eine sichere Variante von Telnet, die mit Verschlüsselung arbeitet. Der gravierendste Schönheitsfehler des klassischen Telnet besteht nämlich darin, dass es Daten im Klartext überträgt – und das gilt unter anderem auch für Passwörter und ähnlich sensible Daten. SSH ist nicht in einem RFC spezifiziert, denn obwohl es sich aus frei verfügbaren Komponenten zusammensetzt, ist die ursprüngliche Implementierung kommerziell. Nähere Informationen erhalten Sie stattdessen auf der Site **http://www.ssh.com**.

Telnet-Server

Der Telnet-Server lauscht auf dem TCP-Port 23 auf eingehende Verbindungen (SSH verwendet Port 22). Wenn ein TCP-Verbindungsversuch erfolgt, wird der Benutzer am entfernten Host zunächst nach Benutzername und Passwort gefragt, bevor er tatsächlich arbeiten kann. Im Grunde genommen wird dem jeweiligen Benutzer seine Standard-UNIX-Shell zur Verfügung gestellt, an der er auch lokal auf dem entsprechenden Rechner arbeiten würde.

Telnet und SSH sind daher beliebig flexibel, was den Inhalt der in beide Richtungen übermittelten Daten angeht. Wenn Sie erst einmal mit dem Telnet-Server verbunden sind, können Sie jedes beliebige Programm auf dem entfernten Host ausführen, für das Sie die Benutzerrechte besitzen. Dazu gehören auch solche Programme, die nicht zeilenorientiert, sondern mit einer Vollbildmaske arbeiten – zum Beispiel die klassischen UNIX-Texteditoren vi und Emacs. Deshalb genügt die zeilenorientierte Kommunikation zwischen Client und Server bei Telnet nicht: In einem Vollbildprogramm kann jeder einzelne Tastendruck eine Bedeutung haben, die unmittelbar umgesetzt werden muss. Wenn Sie Beispiele dafür sehen möchten, was Sie in einer Telnet-Sitzung eingeben können, lesen Sie einfach den Abschnitt über Linux in Kapitel 4, *Betriebssysteme*. Dort wird die Funktionsweise einer lokalen UNIX-Shell genau erläutert. Alles, was dort steht, gilt auch für Telnet-Sitzungen.

Die Grenzen von Telnet

Die einzige Art von Programmen, die nicht über Telnet ausgeführt werden können, sind solche, die auf einer grafischen Benutzeroberfläche laufen. Allerdings bietet die UNIX-Welt auch für dieses Problem die passende Lösung: Sie benötigen auf Ihrem lokalen Rechner zusätzlich zu dem Telnet-Client einen X-Window-Server, der die grundlegenden Zeichenfunktionen für die GUI zur Verfügung stellt. Sobald dieser X-Server läuft, können Sie ein X-basiertes Anwendungsprogramm auf dem entfernten Server starten und Ihren eigenen Rechner als Ziel der grafischen Darstellung angeben (in der Regel mit dem Parameter `-display`). Angenommen, Ihr eigener Rechner besitzt im lokalen Netz die IP-Adresse 192.168.0.9. Dann können Sie in das Telnet-Programm, in dem eine Sitzung auf einem anderen Rechner läuft, Folgendes eingeben, um in Ihrem X-Server ein `xterm` (ein X-basiertes Terminal) zu starten:

```
# xterm -display 192.168.0.9:0.0
```

Der Zusatz `0.0` hinter der IP-Adresse bedeutet sinngemäß »erster X-Server, erster Bildschirm«. Wichtig ist, dass Sie den Begriff »X-Server« nicht falsch verstehen: Hier läuft der Server, der die grafische Oberfläche als Dienstleistung zur Verfügung stellt, auf Ihrem eigenen Rechner, während der Client das auf dem entfernten Rechner laufende Programm ist, dessen Ausgabe in Ihrem lokalen X-Window-System erfolgt. Näheres über die Konfiguration von X-Servern unter UNIX erfahren Sie in Kapitel 4, *Betriebssysteme*. Allerdings gibt es auch X-Server für andere Systeme, beispielsweise für Windows oder klassisches Mac OS. Sie sind natürlich nicht für die grafische Darstellung lokaler Programme gedacht (das können die eingebauten GUIs von Mac OS oder Windows selbst gut genug), sondern für grafisch orientierte Programme, die auf entfernten UNIX-Rechnern laufen.

Im Übrigen sollten Sie das Telnet-Protokoll, das die Terminal-Emulation bereitstellt, nicht mit dem UNIX- und Windows-Dienstprogramm telnet verwechseln. Letzteres kann nämlich – wie oben erwähnt – mit fast jedem Internetserver kommunizieren, wenn Sie die passenden Parameter (IP-Adresse beziehungsweise Hostname und Portnummer beziehungsweise Standard-Dienstname) eingeben.

FTP

Das File Transfer Protocol (FTP) ist beinahe das genaue Gegenteil von Telnet: ein aus ganz wenigen Befehlen bestehendes, klartextbasiertes, zeilenorientiertes Protokoll. Es gehört zu den frühesten Internetanwendungen überhaupt. Ihre erste Definition steht in RFC 172 von 1971, die aktuelle Spezifikation befindet sich in RFC 959. Den reinen Datei-Download über FTP beherrscht heutzutage fast jeder Webbrowser; die meisten stellen auch die Verzeichnisansicht des entfernten Rechners übersichtlich und angenehm dar.

FTP-Clients

In der Praxis wird jedoch überwiegend ein grafisch orientierter FTP-Client verwendet, der dem lokalen Dateinavigator Ihres Betriebssystems idealerweise möglichst ähnlich sieht. Die häufigste Anwendung für ein solches Programm dürfte die Pflege einer eigenen Website sein. Dabei bearbeiten Sie die Daten in der Regel auf Ihrem eigenen Rechner und laden sie anschließend mit Hilfe eines solchen FTP-Programms auf den Server Ihres Hosting-Providers hoch, um sie zu veröffentlichen. Bekannte FTP-Clients sind beispielsweise WS_FTP für Windows oder Fetch für Mac OS. Auch in gängige Website-Editoren wie Macromedia Dreamweaver oder Adobe GoLive sind FTP-Module eingebaut.

Falls Sie jedoch genau sehen möchten, wie FTP-Client (auf Ihrem eigenen Rechner) und -Server (auf dem entfernten Rechner) miteinander kommunizieren, können Sie das UNIX- und Windows-Konsolenprogramm `ftp` verwenden. Die Befehle, die Sie auf der Client-Seite eingeben, sind jeweils einzeilig und bestehen aus einem Schlüsselwort mit eventuellen Parametern, gefolgt von einem Zeilenumbruch. Die Antwort des Servers ist zunächst eine Statusmeldung, die aus einer dreistelligen dezimalen Codenummer und einem Meldungstext besteht; häufig folgen auf die Statusmeldung zusätzliche Datenzeilen. Um dem Client das Ende einer solchen Datensequenz zu signalisieren, beginnt die letzte Zeile der Serverantwort wieder mit derselben Codenummer wie die erste.

Eine FTP-Sitzung

Die folgenden Zeilen zeigen den Mitschnitt einer FTP-Sitzung mit dem Host **www.lingoworld.de** (der Name **www** besagt natürlich, dass es sich eigentlich um einen Webserver handelt; es ist durchaus üblich, dass Hosting-Provider den Webserver unmittelbar per FTP zugänglich machen, um die eigene Website hochzuladen):

```
# ftp www.lingoworld.de
Verbunden zu www.lingoworld.de.
220 FTP Server ready.
Benutzer (www.lingoworld.de:(none)): XXXXX
331 Password required for XXXXX.
Kennwort:
230 User XXXXX logged in.
Ftp> pwd
257 "/" is current directory.
Ftp> cd extra
250 CWD command successful.
Ftp> ls
200 PORT command successful.
150 Opening ASCII mode data connection for file list.
test.txt
info.txt
226-Transfer complete.
226 Quotas off
21 Bytes empfangen in 0,01 Sekunden (2,10 KB/s)
Ftp> get test.txt
200 PORT command successful.
150 Opening ASCII mode data connection for test.txt (2589 bytes).
226 Transfer complete.
2718 Bytes empfangen in 0,04 Sekunden (67,95 KB/s)
Ftp> quit
221 Goodbye.
```

FTP-Befehle

In dieser Sitzung wird zunächst die Anmeldung durchgeführt (Benutzername wird angezeigt, allerdings habe ich ihn hier geändert; die Passworteingabe hat kein grafisches Feedback), anschließend werden die folgenden Befehle eingesetzt:

- `pwd`: »Print working directory« – aktuelles Arbeitsverzeichnis ausgeben
- `cd`: »Change directory« – Verzeichnis auf dem entfernten Server wechseln
- `ls`: »list« – Verzeichnisinhalt anzeigen
- `get`: Die angegebene Datei in das aktuelle lokale Verzeichnis herunterladen
- `quit`: Die Sitzung und das FTP-Programm beenden

Weitere wichtige Befehle sind folgende:

- `put`: Die angegebene Datei in das aktuelle entfernte Verzeichnis hochladen
- `binary`: Umschalten in den Binärmodus
- `ascii`: Umschalten in den ASCII-Modus
- `help`: Eine Liste aller verfügbaren Befehle anzeigen

ASCII- und Binärmodus

Es ist wichtig, dass Sie den Unterschied zwischen dem ASCII- und dem Binärmodus verstehen. Das ganze Problem hat damit zu tun, dass die verschiedenen Betriebssystementwickler sich nicht auf einen gemeinsamen Standard für Zeilenumbrüche in Textdateien einigen konnten. Wie in Kapitel 12, *Datei- und Datenformate*, genau erläutert wird, verwendet UNIX das ASCII-Zeichen mit dem Code 10 (LF), Mac OS das ASCII-Zeichen 13 (CR) und Windows und die meisten Netzwerk-Anwendungsprotokolle benutzen beide Zeichen hintereinander.

Im ASCII-Modus werden die Zeilenumbrüche innerhalb einer Datei bei der Übertragung jeweils umgewandelt, sodass beispielsweise die auf Ihrem Windows-Rechner gespeicherten Textdateien mit CR/LF auf dem entfernten UNIX-Server mit dem für dessen Verhältnisse korrekten Nur-LF ankommen und umgekehrt. Sie sollten jedoch begreifen, dass dieses bei Textdateien recht segensreiche Feature bei Binärdateien wie Bildern oder Programmen den sicheren Tod zur Folge hat. Wird jedes Vorkommen des Byte-Wertes 10 durch die beiden Bytes 13 und 10 ersetzt oder umgekehrt, so werden die Bytes in einer solchen Datei verändert und planlos verschoben! Natürlich ist eine auf diese Weise behandelte Bild-, Sound- oder Programmdatei unbrauchbar.

Die meisten grafisch orientierten FTP-Programme entscheiden je nach Dateityp sinnvoll selbst, ob sie ASCII- oder Binär-Übertragung verwenden sollen. Bei dem Konsolen-FTP-Programm müssen Sie für jede einzelne Datei selbst in den richtigen Modus umschalten. Das ist ein – aber nicht der einzige – Grund dafür, dass die Arbeit mit der Konsolenversion von FTP absolut unzumutbar ist.

E-Mail

Die E-Mail, die sich unter dem Dach eines Mail-Clients wie Eudora, Outlook Express oder Netscape Mail so einheitlich präsentiert, bedarf in Wirklichkeit der Zusammenarbeit mit mindestens zwei verschiedenen Servern. Der eine ist für den Versand von E-Mails zuständig und führt zu diesem Zweck das Protokoll SMTP (Simple Mail Transport Protocol) aus. Ein anderer enthält das E-Mail-Postfach, in dem an Sie adressierte Nachrichten ankommen; dieser Dienst wird entweder von dem weit verbreiteten POP3-Protokoll (Post Office Protocol Version 3) oder dem komfortableren, aber bisher eher selten verwendeten IMAP (Internet Message Access Protocol) versehen.

Mail-Versand

Wenn Sie eine Mail versenden möchten, dann wird diese an einen SMTP-Server übermittelt, der sich um die Weiterleitung der Nachricht an den Empfänger kümmert. SMTP, definiert in RFC 2821 (Neufassung von RFC 821), ist ähnlich wie FTP ein einfaches, textbasiertes Protokoll aus wenigen Befehlen; der zuständige Server wartet am TCP-Port 25 auf Verbindungen.

Viele SMTP-Server von Internetprovidern nehmen bis heute keine Kontrolle der Identität des Absenders vor. Das Problem dabei ist, dass solche Server dadurch leicht für das Versenden von Spam verwendet werden können oder dass sogar jemand eine falsche Identität vortäuschen kann. Dabei sieht die SMTP-Spezifikation durchaus mehrere mögliche Authentifizierungsverfahren vor:

- Manche SMTP-Server überprüfen die IP-Adresse des Hosts, von dem die Verbindung initiiert wurde – ein ideales Verfahren für normale Internetprovider, die nur ihren eigenen Kunden Zugriff auf ihre SMTP-Server gewähren möchten.
- Eine andere Möglichkeit besteht darin, die Anmeldung am Mail-Empfangs-Server desselben Providers als Voraussetzung für den E-Mail-Versand zu verlangen. Dies Verfahren wird »SMTP after POP« genannt. Nachteil: Manche E-Mail-Clients können nicht damit umgehen können, sodass man jedes Mal vor dem E-Mail-Versand auf »Mail empfangen« klicken muss.
- Das sicherste Verfahren setzt sich leider nur langsam durch: die persönliche Anmeldung beim SMTP-Server mit Benutzername und Passwort.

Eine SMTP-Sitzung

Sie können die Kommunikation mit einem SMTP-Server über das Programm `telnet` abwickeln. Eine solche Sitzung sieht beispielsweise folgendermaßen aus (die konkreten Namens- und Adressdaten habe ich anonymisiert):

```
# telnet smtp.myprovider.de smtp
220 smtp.myprovider.de ESMTP Tue, 24 Dec 2002 01:45:16 +0100
HELO
250 smtp.myprovider.de Hello  [203.51.81.17]
MAIL From: absender@myprovider.de
250 <absender@myprovider.de> is syntactically correct
RCPT To: empfaenger@elsewhere.com
250 <empfaenger@elsewhere.com> verified
DATA
354 Enter message, ending with "." on a line by itself
FROM: Sascha <absender@myprovider.de>
To: Jack <empfaenger@elsewhere.com>
Subject: Gruesse

Hallo Jack,
hier ist wieder einmal Post für dich.
Viel Spaß damit!
Gruss, Sascha
.
250 OK id=18QdIY-00048Y-00
QUIT
221 smtp.myprovider.de closing connection.
```

SMTP-Befehle

In dieser kurzen Konversation werden die folgenden SMTP-Befehle verwendet:

- `HELO`: Mit diesem Befehl meldet sich der Client beim Server an; eventuell findet in diesem Zusammenhang die oben beschriebene Überprüfung der Client-IP-Adresse statt.

- MAIL: Dieser Befehl leitet die Erzeugung einer neuen Nachricht ein; der Empfänger muss im Format From: E-Mail-Adresse oder From: Name <E-Mail-Adresse> angegeben werden.
- RCPT: Angabe eines Empfängers im Format To: E-Mail-Adresse oder To: Name <E-Mail-Adresse>.
- DATA: Alle folgenden Zeilen des Clients werden als Teil der eigentlichen E-Mail-Nachricht aufgefasst, bis eine Zeile folgt, die nur einen Punkt (.) enthält.
- QUIT: Die Sitzung wird hiermit beendet; alle bis zu diesem Zeitpunkt erzeugten Mail-Nachrichten werden versandt.

RFC-822-Nachrichten

Die E-Mail-Nachricht selbst (zwischen DATA und der Abschlusszeile mit dem Punkt) ist eine klassische Textnachricht, deren Aufbau in RFC 822 (aktualisiert in RFC 2822) beschrieben wird. Prinzipiell besteht sie aus mehreren Header-Zeilen im Format Feldname: Wert, gefolgt von einer Leerzeile und dem eigentlichen Text. Der minimale Header enthält den Absender (From), den Empfänger (To) und einen Betreff (Subject). Absender und Empfänger dürfen wie bei den SMTP-Befehlen MAIL und RCPT diverse Formate besitzen. Weitere häufige Header-Felder sind die Kopien-Empfänger (Cc für »Carbon Copy«) sowie die unsichtbaren Kopien-Empfänger (Bcc für »Blind Carbon Copy«). Die normalen Kopien-Empfänger werden in der Nachricht selbst angezeigt, die unsichtbaren nicht.

Ein alternatives Format für E-Mails, das heutzutage bereits häufiger verwendet wird als RFC 822, ist das **MIME**-Format. Die verschiedenen Aspekte von MIME werden in RFC 2045 bis 2049 dargelegt. Die Abkürzung MIME steht für **Multipurpose Internet Mail Extensions**. Es handelt sich um ein Format, das für den Versand beliebiger Text- und Binärdaten geeignet ist, sogar von verschiedenen Datentypen innerhalb derselben Nachricht.

MIME-Nachrichten

Der MIME-Header ist eine Erweiterung des RFC-822-Headers. Die wichtigsten neuen Felder sind Content-type, das den Datentyp angibt, und Content-Transfer-Encoding, mit dessen Hilfe das Datenformat festgelegt wird. Ersteres beschreibt also den Inhalt der Nachricht, Letzteres die Form, in der sie versandt wird. Der Inhaltstyp (Content-Type), meist MIME-Type genannt, besteht aus zwei Bestandteilen, die durch einen Slash (/) voneinander getrennt werden: dem Haupttyp und dem genaueren Untertyp. Haupttypen sind beispielsweise text (ASCII-Text), image (Bilddaten), audio (Sounddaten), video (Digitalvideo) oder application (proprietäres Datenformat eines bestimmten Anwendungsprogramms). Tabelle 13.22 listet einige gängige MIME-Types auf. Die vollständigen Listen aller registrierten Typen finden Sie online unter **http://www.iana.org/assignments/media-types/index.html**.

Typ	Beschreibung
text/plain	reiner Text ohne Formatierungsbefehle
text/html	HTML-Code
text/xml	XML-Code

Tabelle 13.22 Einige gängige MIME-Datentypen

Typ	Beschreibung
image/gif	Bild vom Dateityp GIF
image/jpeg	Bild vom Dateityp JPEG
image/png	Bild vom Dateityp PNG
audio/wav	Sounddatei vom Typ Microsoft Wave
audio/aiff	Sounddatei vom Typ Apple AIFF
audio/mpeg	Komprimierte Sounddatei vom Typ MP3
video/avi	Digitalvideo vom Typ Microsoft Video for Windows
video/mov	Digitalvideo vom Typ Apple QuickTime
video/mpeg	Digitalvideo vom Typ MPEG
application/x-shockwave-flash	Komprimierter Macromedia-Flash-Film (Dateiendung `.swf`)
application/x-director	Komprimierter Macromedia-Director-Film (Dateiendung `.dcr`)
multipart/mixed	»Umschlag« für mehrere MIME-Unterabschnitte
multipart/alternative	»Umschlag« für denselben Inhalt in mehreren Alternativformaten

Tabelle 13.22 Einige gängige MIME-Datentypen (Forts.)

MIME-Multipart-Nachrichten

Die beiden letzten Typen in der Tabelle machen MIME besonders interessant: Ein MIME-Dokument vom Typ `multipart/mixed` kann beliebig viele Teile enthalten, die jeweils einen vollständigen MIME-Header besitzen und wiederum beliebige MIME-Types aufweisen können. Mit Hilfe dieser Technik werden in modernen E-Mail-Programmen Attachments (Datei-Anhänge) der Mail hinzugefügt. Dagegen wird ein Abschnitt vom Typ `multipart/alternative` eingesetzt, um denselben Inhalt in verschiedenen alternativen Darstellungsformen zu umschließen, beispielsweise ein Bild im GIF- und im PNG-Format oder (wahrscheinlich die häufigste Anwendung) den Text einer E-Mail-Nachricht einmal im Text- und einmal im HTML-Format. Abbildung 13.5 zeigt, wie eine MIME-Nachricht mit zwei Datei-Anhängen zum Beispiel aufgebaut sein könnte.

Der `Content-Transfer-Encoding:`-Header gibt dem Empfänger-Client einen Hinweis, auf welche Weise die ankommenden Daten zu interpretieren sind. Häufig verwendete Werte sind etwa folgende:

- **7bit**: keine Codierung; nur geeignet für 7-Bit-ASCII (englischen Text). Automatischer Zeilenumbruch nach spätestens 1.000 Zeichen.
- **8bit**: keine Codierung; geeignet für 8-Bit-Text (internationalen Text). Ebenfalls automatischer Zeilenumbruch nach spätestens 1.000 Zeichen.
- **binary**: keine Codierung, kein automatischer Zeilenumbruch.
- **quoted-printable**: spezielle Codierung von Sonderzeichen, die über 7-Bit-ASCII hinausgehen. Beispiel: »größer« wird zu »gr=FC=DFer« (die Codierung besteht aus einem Gleichheitszeichen, gefolgt vom hexadezimalen Zeichencode).

- **base64**: bevorzugte Codierung für Binärdateien. Ein spezieller Algorithmus packt die Daten 7-Bit-kompatibel um.

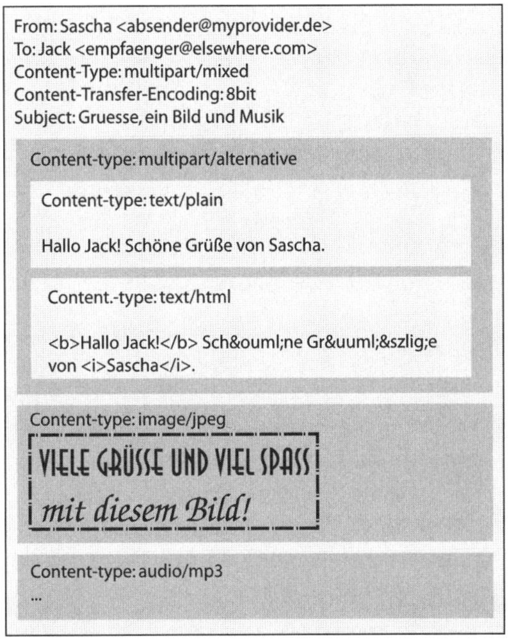

Abbildung 13.5 Beispiel für eine E-Mail im MIME-Multipart-Format

Die Codierungsformen quoted-printable und base64 besitzen den Vorteil, dass die Mail-Nachricht formal RFC-822-kompatibel bleibt und entsprechend auch über alte Mail-Server versandt und empfangen werden kann.

Eine POP3-Sitzung

Der E-Mail-Empfang über einen POP3-Server erfolgt auf textbasierte Art und Weise, ähnlich wie bei SMTP. Der Server kommuniziert über den TCP-Port 110. Die Beschreibung von POP3 steht in RFC 1939. Zur Verdeutlichung hier wiederum eine Telnet-basierte Konversation mit einem (unkenntlich gemachten) POP3-Server:

```
# telnet pop.myprovider.de pop3
+OK POP3 server ready
USER absender
+OK
PASS XXXXX
+OK
LIST
1  898
.
RETR 1
+OK 953 octets
Return-path: <empfanger@elsewhere.com>
```

```
Envelope-to: absender@myprovider.de
Delivery-date: Tue, 24 Dec 2002 03:08:24 +0100
Received: from [207.18.31.76] (helo=smtp.elsewhere.com)
     by mxng13.myprovider.de with esmtp (Exim 3.35 #1)
     id 18QeUU-000270-00
     for absender@myprovider.de; Tue, 24 Dec 2002
     03:08:18 +0100
Received: from box (xdsl-202-21-109-17.elsewhere.com
[202.21.109.17])
        by smtp.elsewhere.com (Postfix) with SMTP id
        CA500866C1
        for <absender@myprovider.de>; Tue, 24 Dec 2002
        03:08:14 +0100 (MET)
Message-ID: <001901c2aaf2$31ce81e0$0200a8c0@box>
From: "Jack" <empfaenger@elsewhere.com>
To: "Sascha" <absender@provider.de>
Subject: Gruesse
Date: Tue, 24 Dec 2002 03:14:30 +0100
MIME-Version: 1.0
Content-Type: text/plain;
        charset="iso-8859-1"
Content-Transfer-Encoding: quoted-printable

Hi!
Wie geht's?
Alles klar?
Ciao.
.
DELE 1
+OK
QUIT
+OK
```

POP3-Befehle

In dieser Sitzung kommen die folgenden POP3-Befehle zum Einsatz:

- `USER`: Angabe des Benutzernamen für die Anmeldung
- `PASS`: Angabe des Passworts für die Anmeldung
- `LIST`: nummerierte Liste der verfügbaren E-Mails mit der jeweiligen Länge in Byte
- `RETR`: E-Mail mit der angegebenen Nummer empfangen
- `DELE`: E-Mail mit der angegebenen Nummer vom Server löschen
- `QUIT`: Sitzung beenden

IMAP

Die meisten E-Mail-Programme führen `RETR` und `DELE` standardmäßig unmittelbar nacheinander durch, die Nachrichten verbleiben also in der Regel nicht auf dem Server. Bei IMAP-Servern ist es dagegen meist anders: Der besondere Vorteil des IMAP-Protokolls besteht darin, dass auf dem Mail-Server selbst verschiedene Ordner eingerichtet werden können, um Mails dort zu verwalten. Auf diese Weise erleichtert IMAP die E-Mail-Verwaltung für mobile Benutzer. Die aktuelle Version von IMAP ist das in RFC 2060 dargestellte IMAP4. Ein IMAP-Server funktioniert ähnlich wie ein POP3-Server, verwendet allerdings den TCP-Port 142.

Eine weitere beliebte Form der E-Mail-Nutzung sind webbasierte Free-Mail-Dienste wie GMX oder HotMail. Dabei handelt es sich um gewöhnliche POP/SMTP-Kombinationen, die über eine Website mit persönlicher Anmeldung zugänglich gemacht werden. Das Programm, das mit den Mail-Servern kommuniziert, läuft auf dem Webserver und wird dem Kunden per Browser zugänglich gemacht.

Newsgroups

Newsgroups als virtuelle »schwarze Bretter« wurden 1979 eingeführt, um Gruppendiskussionen zwischen der Duke University und der University of North Carolina zu ermöglichen. Das System entwickelte sich im Laufe der Jahre zum weltweiten Usenet mit mehreren zehntausend Newsgroups.

Usenet-Geschichte

Das Usenet besteht aus einem losen Verbund von weltweit verteilten News-Servern, die das in RFC 977 festgelegte Protokoll NNTP (Network News Transport Protocol) ausführen. Wer einen Artikel in einer Newsgroup veröffentlichen möchte, sendet diesen an den TCP-Port 119 des nächstgelegenen News-Servers (in der Regel den des eigenen Providers); innerhalb von 24 Stunden dürfte die Nachricht jeden News-Server weltweit erreicht haben.

Um Nachrichten in einer bestimmten Newsgroup zu lesen, müssen Sie diese abonnieren: Sie verbinden sich über Ihren News-Reader mit einem News-Server, der diese Group anbietet, und aktivieren das Abonnement für die Group. Bei jedem Start Ihres News-Readers werden nun zunächst die Header-Daten aller aktuellen Nachrichten in der Group heruntergeladen und angezeigt. Sobald Sie eine solche Kopfzeile anklicken, wird der eigentliche Inhalt der Nachricht geladen.

Eine Newsgroup-Nachricht ist ein RFC-822-kompatibles Dokument. Allerdings definiert das NNTP-Protokoll einige spezielle Header-Felder, die erforderlich sind, um die Nachrichten den verschiedenen Groups zuzuordnen und ihre Position in einem Thread, einem Diskussionsstrang, festzulegen. Die meisten News-Server beherrschen im Übrigen die MIME-Erweiterungen, allerdings sind MIME-basierte HTML- oder gar Multimedia-Nachrichten in den meisten traditionellen Usenet-Newsgroups verpönt; es ist üblich, nur reinen Text zu verwenden.

NNTP-Header

Zu einer Newsgroup-Nachricht gehören die folgenden wichtigen Header-Felder (abgesehen von denjenigen, die bereits beim Thema SMTP beschrieben wurden):

- **Article:** eine ID des Beitrags, bestehend aus einer Nummer und dem Namen der Newsgroup, in die der Beitrag gepostet wird. Diese Nummern können auf verschiedenen News-Servern unterschiedlich sein, da sie in der Reihenfolge vergeben werden, in der Nachrichten eintreffen.
- **Message-ID:** eine unveränderliche und weltweit einmalige ID für diesen einen Beitrag über alle Newsgroups hinweg.

- **Referrers:** die Message-ID des ursprünglichen Newsgroup-Beitrags, auf den geantwortet wurde. Aufgrund dieses Felds wird die Nachricht in einen Thread einsortiert.

Newsgroup-Hierarchie

Das Usenet besteht aus einer Reihe von Newsgroups mit hierarchisch gegliederten Namen. Ganz links steht dabei die allgemeine Oberkategorie, die nach rechts immer weiter spezialisiert wird (ähnlich wie in einem Dateisystem und andersherum als bei Domainnamen). Die Hauptkategorien sind beispielsweise **comp** für computerbezogene Themen, **rec** (recreation) für Freizeit, Sport und Spiel, **soc** für gesellschaftspolitische Themen oder **sci** (Science) für die Welt der Naturwissenschaft und Technik. Innerhalb dieser Kategorien bestehen einzelne Groups wie **comp.lang.perl.modules** (Computer – Programmiersprachen – Perl – Module), **rec.autos.vw** (Freizeit – Autos – Volkswagen), **soc.religion.islam** (Gesellschaft – Religion – Islam) oder **sci.crypt.random-numbers** (Wissenschaft – Kryptografie – Zufallsgeneratoren). Im Übrigen gibt es Hauptkategorien, die auf ein bestimmtes Länderkürzel lauten, für Newsgroups, in denen eine bestimmte Sprache gesprochen wird (etwa die **de.***-Hierarchie für deutschsprachige Groups).

Da das traditionelle Usenet recht schwerfällig und konservativ ist, bedarf es beinahe endloser Diskussionen, bevor unter einer der klassischen Hauptkategorien eine neue Newsgroup eingerichtet wird. Aus diesem Grund wurde die spezielle **alt.***-Hierarchie eingeführt, unter der jeder neue Groups anlegen kann. Diese Hierarchie gehört nicht zum eigentlichen Usenet und enthält die bizarrsten, aber auch einige der interessantesten Newsgroups.

Die Beliebtheit der Newsgroups unter den Internetnutzern scheint allerdings bereits vor einigen Jahren ihren Zenit überschritten zu haben. Die größte Konkurrenz bilden heutzutage webbasierte Foren, in denen über speziellere Themen diskutiert wird und die nicht ganz so strenge Verhaltensregeln besitzen wie die Newsgroups oder insbesondere das Usenet. Dennoch besteht die Möglichkeit, ohne spezielles News-Programm auf beliebige Newsgroups zuzugreifen: Die beliebte Suchmaschine Google kaufte vor einigen Jahren den webbasierten News-Dienst Deja.com und dessen Usenet-Archiv auf; unter **http://groups.google.com** können Sie in fast allen jemals geschriebenen Newsgroup-Beiträgen recherchieren und sich darüber hinaus anmelden, um aktiv an Newsgroup-Diskussionen teilzunehmen.

Das World Wide Web

Das Web ist heute die dominierende Internetanwendung überhaupt, und zwar in einem solchen Maße, dass viele Leute das WWW mit dem gesamten Internet gleichsetzen. Wer auf das Web zugreifen möchte, verwendet dazu eine spezielle Client-Software, den so genannten Webbrowser. Nach der Eingabe einer Dokumentadresse stellt der Browser eine TCP-Verbindung zu dem gewünschten Webserver her und fordert über das HTTP-Protokoll das gewünschte Dokument an. Das Dokument ist üblicherweise in der Seitenbeschreibungssprache HTML verfasst, die der Browser interpretiert und in eine auf bestimmte Art und Weise formatierte Webseite umwandelt.

Webseiten

Eine solche Seite kann außerdem Verweise auf eingebettete Dateien wie Bilder oder Multimedia enthalten, die der Browser auf dieselbe Art und Weise anfordert wie das HTML-Dokument selbst und an der passenden Stelle auf der Seite platziert. Ein weiteres wichtiges

Element von Webseiten sind die Hyperlinks, anklickbare Verknüpfungen mit anderen Dokumenten. Wenn Sie einen Link aktivieren, wird die entsprechende Datei angefordert und in den Browser geladen.

Damit das Web funktionieren kann, wirken einige wesentliche Konzepte zusammen:

- Das Anwendungsprotokoll HTTP, über das Dokumente beim Server angefordert und von diesem ausgeliefert werden. Die aktuelle Version des Protokolls, HTTP 1.1, wird in RFC 2616 beschrieben.
- Ein spezielles Format für Dokumentadressen, das als **Uniform Resource Locator** (URL) bezeichnet wird und dessen Definition sich in RFC 1738 befindet.
- Die Seitenbeschreibungssprache HTML, in der Hypertext-Dokumente für das WWW geschrieben werden. Neuere HTML-Versionen werden nicht mehr in RFCs definiert; eine genaue Beschreibung von HTML finden Sie in Kapitel 16.

Eine HTTP-Sitzung

HTTP ist ein ähnlich einfaches, klartextbasiertes Protokoll wie etwa FTP. Ein Webserver wartet üblicherweise auf dem TCP-Port 80 auf Verbindungen. Der folgende Mitschnitt einer Dokumentanforderung über telnet zeigt einige wesentliche Bestandteile:

```
# telnet www.galileocomputing.de http
GET / HTTP/1.1
Host: www.galileocomputing.de

HTTP/1.1 200 OK
Date: Tue, 24 Dec 2002 22:49:20 GMT
Server: Apache/1.3.26 (Unix) mod_ssl/2.8.9 OpenSSL/0.9.6e
Cache-Control: max-age=172800
Expires: Thu, 26 Dec 2002 22:49:20 GMT
Last-Modified: Tue, 21 Aug 2001 10:45:10 GMT
ETag: "7-50d-3b823bb6"
Accept-Ranges: bytes
Content-Length: 1293
Connection: close
Content-Type: text/html

<!DOCTYPE HTML PUBLIC "-//W3C//DTD HTML 4.0 Transitional//EN"
"http://www.w3.org/TR/REC-html40/loose.dtd">
<html lang="de">
[...]
```

Der wichtigste HTTP-Client-Befehl, mit dessen Hilfe hier das Dokument angefordert wird, lautet `GET`. Die Parameter sind der Dokument-Pfad (hier das Wurzeldokument /) und die HTTP-Protokoll-Version. Die Antwort des Servers besteht ebenfalls aus der HTTP-Version, darauf folgt eine Statuscodenummer wie bei FTP und ein entsprechender Meldungstext. In diesem Fall bedeutet »200 OK«, dass das Dokument gefunden wurde und nun übertragen wird (im obigen Beispiel wurde es aus Platzgründen nach der zweiten Zeile abgebrochen).

HTTP-Header Die eigentliche Datenübertragung besteht aus einer Reihe von Header-Feldern im RFC-822-Format `Feldname: Wert`, darauf folgt eine Leerzeile und dann der eigentliche Dokumentinhalt.

Das einzige unbedingt erforderliche Header-Feld ist `Content-type` – wie bei E-Mails handelt es sich um die MIME-Formatangabe des Dokumentinhalts. Der Webserver ermittelt den Wert, den er hier eintragen muss, anhand der jeweiligen Dateiendung. Der Browser interpretiert den Wert dieses Felds und nicht etwa die Dateiendung des übermittelten Dokuments. Daher toleriert der Browser auch dynamisch erzeugte Dokumente mit Dateiendungen wie `.php`, `.pl` oder `.jsp` als HTML. Ein Browser benötigt diese Information dringend, damit er weiß, auf welche Weise er die ankommenden Daten interpretieren soll.

Die aktuelle Protokollversion HTTP/1.1 benötigt zusätzlich den Header `Host`: Da auf einem Rechner unterschiedliche Web-Domains betrieben werden können, muss angegeben werden, welche Site der Client anfordert.

Weitere HTTP-Client-Befehle sind beispielsweise `POST`, durch den Benutzereingaben aus HTML-Formularen unabhängig an den Server übertragen werden, oder `HEAD`, mit dessen Hilfe nur die Header-Daten ohne das eigentliche Dokument angefordert werden (zum Beispiel, damit der Browser überprüfen kann, ob er bereits die aktuelle Version eines zum wiederholten Mal geladenen Dokuments in seinem Cache gespeichert hat).

HTTP-Statuscodes Einige wichtige Statuscodes, die der Server zurückgeben kann, werden in Tabelle 13.23 gezeigt.

Code	Meldungstext	Beschreibung
200	OK	Dokument gefunden; wird geliefert.
204	No Content	Anfrage akzeptiert, kein Dateninhalt.
301	Moved Permanently	Die Dateien befinden sich unter einer neuen URL, die mitgeliefert wird.
304	Not Modified	Seit dem letzten Aufruf wurde der Dokumentinhalt nicht geändert. Der Browser oder Proxy kann seine lokale Kopie verwenden.
401	Unauthorized	Es ist eine persönliche Anmeldung mit Benutzername und Kennwort erforderlich.
403	Forbidden	Zugriff verweigert; eine persönliche Anmeldung nützt auch nichts.
404	Not Found	Dokument existiert nicht; meist Folge eines fehlerhaften oder veralteten Links.
500	Internal Server Error	Ein serverseitiges Skript enthält einen schwerwiegenden Fehler.

Tabelle 13.23 Einige wichtige HTTP-Statuscodes

Um die Anfrage, die oben per `telnet` manuell erstellt wurde, von einem Browser durchführen zu lassen, müssen Sie die URL **http://www.galileocomputing.de** in sein Adressfeld eintippen. Der Browser stellt eine Verbindung mit dem Standard-HTTP-Port des Hosts **www.galileocomputing.de** her und fordert, da kein konkreter Pfad angegeben wurde, das

Wurzeldokument / an. Damit der Webserver auch dann ein Dokument ausliefern kann, wenn der Browser lediglich einen Verzeichnis-, aber keinen Dateinamen übermittelt hat, verwenden Webserver das Konzept des Standard- oder Index-Dokuments: Ein Dokument im angeforderten Verzeichnis, das einen speziellen Dateinamen besitzt, wird automatisch ausgeliefert. Der häufigste Name für ein solches Dokument ist `index.htm` beziehungsweise `index.html`.

Allgemein setzt sich eine URL aus dem Zugriffsverfahren beziehungsweise Anwendungsprotokoll, dem Hostname oder der IP-Adresse und dem Pfad des gewünschten Dokuments zusammen. Die Verwendung ist nicht auf HTTP beschränkt; es gibt beispielsweise auch FTP-URLs wie **ftp://ftp.uni-koeln.de**. Daneben existieren auch speziellere URL-Schemata wie diejenigen für E-Mail-Verweise in der Form **mailto:E-Mail-Empfänger** oder für Newsgroups, zum Beispiel **news:comp.lang.java.beans**. Solche besonderen URLs werden häufig als Link in HTML-Dokumenten verwendet. Die meisten Browser können entweder selbst damit umgehen oder es ist ein Zusatzprogramm konfiguriert, das automatisch geöffnet wird, wenn man einen solchen Link anklickt. URLs

13.7 Andere Protokollstapel

Der Schwerpunkt in diesem Buch liegt eindeutig bei den Internetprotokollen. Das ist auch kein Zufall, denn diese Protokollfamilie dominiert seit einigen Jahren in allen Netzwerken vom kleinsten LAN bis (natürlich) zum Internet. Dennoch gibt es einige interessante Alternativen, die Sie sich ansehen sollten. Sie werden teilweise noch immer in homogenen Netzwerken eingesetzt, die nicht über eine Internetverbindung verfügen, oder etwa für ältere Netzwerkspiele, die noch kein TCP/IP verstehen.

13.7.1 Die AppleTalk-Protokollfamilie

Zu den bekanntesten Netzwerkprotokollen neben den Internetprotokollen gehört der in den 80er-Jahren von Apple entwickelte AppleTalk-Protokollstapel. Bis heute kommt das Protokoll in reinen Macintosh-Netzen zum Einsatz, weil es eine sehr einfache und praktische Integration von Rechnern, Druckern und anderen Ressourcen im Netzwerk anbietet. Der Konfigurationsaufwand eines AppleTalk-Netzes ist erheblich geringer als der eines TCP/IP-Netzwerks.

Für AppleTalk-Verbindungen existieren im Wesentlichen drei mögliche Hardwaregrundlagen: AppleTalk-Hardware

- Verschiedene Formen von Ethernet; vornehmlich Twisted Pair (bei allen Macintosh-Rechnern neuerer Bauart ist ein solcher Anschluss bereits integriert)
- Einwahlverbindungen über Modem oder ISDN-Adapter
- Die klassische LocalTalk-Vernetzung über die seriellen RS-422-Anschlüsse älterer Macs – sehr langsam, aber dafür extrem kostengünstig

Ethernet und Wählleitungen wurden in diesem Kapitel bereits beschrieben. Zur LocalTalk-Vernetzung soll kurz etwas gesagt werden: Bis zu den ersten G3-PowerMacs, den letzten im grauen Desktop-Gehäuse (»Pizzaschachtel«), wurde jeder Mac mit zwei integrierten seriellen Schnittstellen vom Typ RS-422 ausgeliefert. Sie dienten als Drucker- und Modemanschluss und wurden auch so bezeichnet. Über ein spezielles Anschluss-Kit, das im Prinzip einen dieser beiden Anschlüsse verdoppelte, wurde ein Kabel zum jeweils nächsten Rechner verlegt. Das Ganze ergab letztendlich ein busförmiges Netz, ähnlich Ethernet über Koaxialkabel; auch hier mussten die ungenutzten Anschlüsse an den LocalTalk-Kits des ersten und des letzten Rechners jeweils durch einen Abschlusswiderstand terminiert werden (etwas teurere und zuverlässigere Anschluss-Kits erledigten das sogar automatisch).

LocalTalk

Ein LocalTalk-Netzwerk ist sehr langsam, die maximale Übertragungsrate beträgt nur 230,4 kBit/s. Allerdings wird das kollisionsfreie Netzzugangsverfahren CSMA/CA eingesetzt, das auch bei 802.11-WLANs Verwendung findet. Natürlich genügt auch das nicht, um die Geschwindigkeit von LocalTalk auch nur in die Nähe von 10BaseT-Ethernet zu rücken, aber immerhin funktioniert das Netz auf diese Weise ziemlich reibungslos. Abgesehen davon darf man nicht vergessen, dass die Datenmengen, die übertragen werden sollen, bei der Einführung von LocalTalk nicht annähernd so umfangreich waren wie heute.

Auf das jeweilige Übertragungsmedium werden die Protokolle der höheren AppleTalk-Schichten aufgesetzt. Tabelle 13.24 zeigt eine Übersicht über den gesamten AppleTalk-Protokollstapel.

OSI-Layer	AppleTalk-Protokolle			
7	Anwendungen			
6	AFP			PostScript
5	ASP	ZIP		PAP
4	ATP	RTMP	AEP	NBP
3	DDP		AARP	
2	LLAP	ELAP		PPP
1	LocalTalk	Ethernet	Token Ring	Modem/ISDN

Tabelle 13.24 Der AppleTalk-Protokollstapel

Der AppleTalk-Protokollstapel

Die wichtigsten dieser Protokolle haben die folgende Bedeutung:

- LLAP, ELAP und PPP sind die Netzzugangsprotokolle für die jeweiligen Arten der Netzwerkhardware. PPP wurde weiter oben im Abschnitt über Datenfernübertragung beschrieben; LLAP und ELAP sind einfach spezielle Protokolle, um über LocalTalk beziehungsweise Ethernet auf AppleTalk-Dienste der höheren Schichten zuzugreifen.
- DDP (Data Delivery Protocol) ist ein verbindungsloses Vermittlungsprotokoll, dessen Aufgabe in etwa dem des IP-Protokolls entspricht.
- AARP (AppleTalk Address Resolution Protocol) erledigt im Grunde dieselbe Aufgabe wie das ARP der Internet-Protokollfamilie: Es wandelt die willkürlich (bei AppleTalk zufällig) vergebenen logischen Netzwerkadressen in die MAC[3]-Adressen der Netzwerkschnittstellen um.

3 Auch, wenn es in diesem Abschnitt um spezifische Protokolle für Apple-Macintosh-Rechner geht, ist mit MAC an dieser Stelle noch immer Media Access Control gemeint.

- ATP (AppleTalk Transaction Protocol) ist ein verbindungsorientiertes Transportprotokoll ähnlich TCP.
- RTMP (Routing Table Maintenance Protocol) dient der Kommunikation zwischen AppleTalk-Routern zur Übermittlung von Routing-Tabellen.
- AEP (AppleTalk Echo Protocol) dient wie ICMP beziehungsweise ping der Internetprotokolle der Überprüfung, ob eine Station online ist.
- NBP (Name Binding Protocol) ordnet die logischen Netzwerkadressen den benutzerdefinierten Rechnernamen zu.
- ASP (AppleTalk Session Protocol) verwaltet die Steuerung der Kommunikation zwischen den beteiligten Anwendungen als zusammenhängende Sitzungen.
- ZIP (Zone Information Protocol) ordnet die logischen Zonenadressen den benutzerdefinierten Zonennamen zu.
- PAP (Printer Access Protocol) regelt den Zugriff auf AppleTalk-Netzwerkdrucker.
- AFP (AppleTalk Filing Protocol) ist die technische Grundlage des AppleShare-Dateidienstes, dient also der Freigabe eigener und dem Zugriff auf fremde Dateisysteme.
- PostScript ist zu guter Letzt die universelle Druckerbeschreibungssprache von Adobe; Drucker, die in AppleTalk-Netzen als zentrale Netzwerkdrucker betrieben werden, müssen sie beherrschen.

AppleTalk kontra TCP/IP

Obgleich der AppleTalk-Protokollstapel komplexer aussieht als die Internetprotokolle, ist es aus Anwendersicht sehr leicht, ein AppleTalk-Netzwerk in Betrieb zu nehmen und zu nutzen. Da bei Macintosh-Rechnern Hardware, Betriebssystem und Netzwerkprotokolle vom gleichen Hersteller stammen, gibt es weder die von Windows gewohnten Treiberprobleme noch die Komplexität der IP-Konfiguration. Dennoch wird auch auf Macs immer häufiger TCP/IP eingesetzt, weil sie zunehmend in heterogene Netzwerke integriert oder mit dem Internet verbunden werden.

Ähnlich wie bei TCP/IP wird auch bei AppleTalk zwischen logischen Netzwerkadressen und Hardware-(MAC-)Adressen unterschieden. Diese Adressen werden den Rechnern beim Einschalten zufällig zugewiesen. Sie gliedern sich in eine 16 Bit große Teilnetz-(Zonen-)Adresse und eine 8 Bit große Rechner-(Node-)Adresse. Zonen werden einfach durch die erste Nennung ihres Namens auf einem Rechner angelegt; die Zuweisung der numerischen Zonenadresse erfolgt wiederum automatisch. Zwischen verschiedenen AppleTalk-Zonen können Router eingerichtet werden. Wegen der zufälligen Adressvergabe und dem nicht besonders belastbaren Routing-Protokoll RTMP ist es allerdings vollkommen ausgeschlossen, große internationale Verbünde von AppleTalk-Netzen einzurichten, die auch nur entfernt dem Internet nahe kommen.

AppleTalk wird natürlich vornehmlich unter den beiden grundverschiedenen MacOS-Versionen bis 9 beziehungsweise MacOS X eingesetzt. Allerdings gibt es zwei weitere wichtige Implementierungen, die zum Einsatz kommen, um Macintosh-Rechnern Datei- und Druckdienste in heterogenen Netzen zur Verfügung zu stellen:

- Windows-NT- und Windows-2000-Server bieten die »Services for Macintosh«, die AppleShare-Datei- und Druckdienste über AppleTalk oder TCP/IP anbieten.
- Dieselben Dienstleistungen für UNIX-Server bietet die Open-Source-Implementierung netatalk. Sie ist unter **netatalk.sourceforge.net** verfügbar, wird aber auch mit den meisten aktuellen Linux-Distributionen geliefert.

13.7.2 Novell IPX/SPX

Seit Ende der 80er-Jahre und in der ersten Hälfte der 90er-Jahre war Novell NetWare das führende Serversystem in PC-Netzwerken. Es definierte seinen eigenen Protokollstapel, der wie TCP/IP nach seiner Vermittlungs- und Transportkomponente benannt wird. Seit den Tagen von MS-DOS kann man unter allen Microsoft-Betriebssystemen die NetWare-Protokolle verwenden; zunächst mussten sie zusätzlich als NetWare-Client installiert werden, seit Windows für Workgroups (3.11) beziehungsweise Windows NT 3.x sind sie im Lieferumfang von Windows enthalten.

Novell-kompatible Hardware

Die Novell-Protokollfamilie setzt auf viele verschiedene Arten von Hardware auf, dazu gehören Ethernet, Token Ring, FFDI oder serielle Wähl- und Standleitungen mit ihren jeweiligen Netzzugangsverfahren.

Das wichtigste Protokoll der Vermittlungsschicht ist das IPX (Internet Packet Exchange – genau wie bei IP hat der Name zunächst nichts mit dem heutigen Internet zu tun, sondern soll die Routing-Fähigkeit über mehrere Netze hinweg betonen). Die Adressierung erfolgt anhand der MAC-Adresse der Netzwerkhardware. Im Grunde ist das kein Problem, weil diese Adressen – wie bereits besprochen – weltweit einmalig sind. Dennoch hat dieses Vorgehen zwei Nachteile gegenüber den logischen Adressen von IP oder AppleTalk:

- Die Hardware-Adresse ist von außen eindeutig einem bestimmten physikalischen Rechner zuzuordnen, was ein größeres Sicherheitsrisiko mit sich bringt als eine logische Adresse, die nur innerhalb eines Teilnetzes in die MAC-Adresse aufgelöst wird.
- An der Adresse eines Hosts ist nicht zu erkennen, zu welchem Teilnetz er gehört. Dies macht die Verwaltung von Routing-Tabellen und andere Administrations-Aufgaben ziemlich unhandlich.

Novell-Routing

Das Routing wird mit Hilfe eines Protokolls namens RIP erledigt, das seinem gleichnamigen TCP/IP-Gegenstück ähnelt. Ein moderneres Routing-Protokoll ist NLSP (NetWare Link Services Protocol), das für größere Netze besser geeignet ist.

Auf der Transportschicht kommt SPX (Sequenced Package Exchange) zum Einsatz, ein verbindungsorientiertes Protokoll, das TCP ähnelt. SPX wird vor allem von den NetWare-Serverdiensten RPRINTER für die Druckerfreigabe und RCONSOLE für die Fernwartung von Servern eingesetzt. Dagegen können gerade einige der wichtigsten NetWare-Dienste – zum Beispiel die Dateifreigabe – SPX umgehen und mit einem eigenen Streaming-Mechanismus direkt auf IPX zugreifen, wodurch der Transport effizienter wird.

Die Bedeutung von IPX/SPX ist in den letzten Jahren erheblich zurückgegangen. Erstens haben Windows NT und Linux NetWare als beliebteste Serversysteme für PC-Netzwerke abgelöst, und zweitens verwendet der NetWare-Server bereits seit der Version 5, der vorletzten Version, TCP/IP als Standardprotokollstapel. IPX/SPX kommt insbesondere noch in älteren, vom Internet getrennten LANs sowie für einige ältere Netzwerkspiele ohne TCP/IP-Fähigkeit zum Einsatz.

13.7.3 NetBEUI/SMB

Als Netzwerke in den 80er-Jahren in die Büros Einzug hielten, führten IBM und Microsoft ihre eigenen Protokolle für die typischen Bürodienste – insbesondere Datei- und Druckdienste – ein. Die erste Implementierung dieser Protokolle erfolgte über die Serversoftware LAN-Manager, wurde aber später auch in IBM OS/2 und Windows NT eingebaut.

Das grundlegende Netzwerkprotokoll ist NetBEUI (NetBIOS Extended User Interface). Es ist der verbesserte Nachfolger von NetBIOS (Network Basic Input/Output System). Die wesentlichste Einschränkung von NetBEUI gegenüber Protokollen wie TCP/IP und IPX/SPX besteht darin, dass es nicht routingfähig ist. Es kann nur für kleine, in sich abgeschlossene LANs verwendet werden, ist dort aber aufgrund des geringen Verwaltungsaufwandes sehr schnell. Die Adressierung erfolgt wie bei IPX nur anhand der MAC-Adresse.

SMB über TCP/IP

Auf NetBEUI wurde ursprünglich insbesondere das SMB-Protokoll (Server Message Blocks) aufgesetzt, mit dessen Hilfe Windows-Rechner einander den Datei- und Druckerzugriff bereitstellen. Aber auch dieses Protokoll läuft heute vornehmlich auf TCP/IP-Grundlage. Insofern hat NetBEUI mittlerweile in der Praxis sogar noch weniger Bedeutung als IPX/SPX – Windows XP bietet standardmäßig nicht einmal mehr die Möglichkeit, es zu installieren.

13.8 Zusammenfassung

Im Laufe der Jahrzehnte wurden verschiedene, ursprünglich voneinander getrennte Entwicklungen zu dem, was heute als Computernetzwerk bekannt ist. Dabei fällt insbesondere auf, dass Netzwerke oft zu einem anderen Zweck genutzt werden als zu dem, für den sie ursprünglich geplant waren.

Alle bis hierher angesprochenen Ereignisse haben dazu geführt, dass heute die meisten Personal Computer in irgendeiner Form Netzwerkkommunikation betreiben; in Unternehmen sind lokale Netzwerke weit verbreitet, Heim-PCs sind häufig über Modems, ISDN oder DSL mit dem Internet verbunden. Mehr noch: Die Möglichkeit des Netzwerkbetriebs, besonders im Internet, hat sich zu einer der überzeugendsten Anwendungen für die Anschaffung eines Computers, einer so genannten Killer Application, entwickelt. Und auch, wenn allmählich spezialisiertere und benutzerfreundlichere Geräte als PCs für die Internetverbindung verwendet werden, wird der gewöhnliche Schreibtischcomputer oder auch das Notebook noch einige Jahre dominieren. Darüber hinaus werden die heutigen Protokolle und Anwendungen weiter verwendet und nur allmählich ausgetauscht werden.

Netzwerke sind nur dann ganz zu verstehen, wenn ihre verschiedenen Funktionsebenen betrachtet werden. Mit dem OSI-Referenzmodell und dem Netzwerkmodell der Internetprotokolle haben Sie zwei so genannte Schichtenmodelle kennen gelernt, die versuchen, diese Ebenen möglichst realitätsnah voneinander zu trennen. Auf jeder Funktionsebene des Netzes – von der Hardwaregrundlage ganz »unten« bis zu den Anwendungsprogrammen ganz »oben« – lassen sich verschiedene Protokolle, also Netzwerkstandards, ausmachen.

Für verschiedenste Verwendungszwecke wurden im Laufe von über dreißig Jahren verschiedenste Sorten von Netzwerkhardware, Netzzugangsverfahren und -Protokollen entwickelt. Einige werden mit verschiedenen Verbesserungen bis heute eingesetzt; andere sind gekommen und wieder verschwunden.

Im Bereich der Netzwerkhardware ist das wichtigste Verfahren für lokale Netze Ethernet, vornehmlich über Twisted-Pair-Kabel. Die Geschwindigkeit wird in immer mehr Netzen auf 100 MBit/s erhöht; der Einsatz von Switches statt der ursprünglichen Hubs vermeidet die leidige Datenkollision von vornherein. Abgesehen davon wird Ethernet-Hardware immer günstiger, zumal die Schnittstelle in fast alle aktuellen Rechner bereits eingebaut ist.

Der neue Shootingstar unter den LAN-Technologien ist allerdings das Wireless LAN gemäß IEEE 802.11, es bietet eine erheblich flexiblere und schnellere Vernetzung als Ethernet. In den nächsten Jahren dürften in den meisten öffentlichen Gebäuden, Einkaufszentren, Bürogebäuden und sogar ganzen Innenstädten immer mehr öffentliche WLAN-Access-Points entstehen. Auch Preis und Geschwindigkeit von WLAN-Hardware nähern sich immer mehr dem Ethernet an.

Im Bereich der kommerziellen Internetzugänge dominieren bisher noch die Einwahlverbindungen über Modem oder ISDN, die kostengünstig und flächendeckend verfügbar sind. Eine immer wichtigere Konkurrenz bieten die verschiedenen DSL-Zugänge, deren Bandbreite viel höher ist.

Im Bereich der Protokollstapel dominiert heute nur noch ein einziger: die TCP/IP-Protokollfamilie. Diese Protokolle sind robust, flexibel und frei verfügbar, wodurch sie von jedem Hersteller in Hard- und Software implementiert werden können. Außerdem bilden sie die Grundlage des größten Netzwerks der Welt, des Internets. Insofern ist es das Praktischste, auch lokale Netze auf dieser Basis zu betreiben, um sie auf einfache Art und Weise mit dem Internet verbinden zu können.

Das verbindungslose Vermittlungsprotokoll IP bildet die Grundlage der Internet-Datenübertragung. Durch die IP-Adressen wird festgelegt, in welches Teilnetz die Daten geroutet werden müssen. Die Möglichkeit, dass Anwendungen zwischen dem zuverlässigen Transportdienst TCP und dem schnelleren, weniger aufwändigen UDP wählen können, erhöht die Flexibilität nochmals.

Andere Protokollstapel, die in der Vergangenheit von Bedeutung waren, werden nur noch selten eingesetzt. Lediglich die AppleTalk-Familie hat nach wie vor eine gewisse Verbreitung, weil sie speziell für die Vernetzung von Macs konzipiert wurde. Aber selbst diese nutzen immer häufiger ausschließlich TCP/IP.

14 Netzwerkanwendungen

In einer Fünftelsekunde kannst du eine Botschaft rund um die Welt senden. Aber es kann Jahre dauern, bis sie von der Außenseite eines Menschenschädels nach innen dringt.
– Charles F. Kettering, amerik. Industrieller

Nachdem Sie im vorigen Kapitel einen allgemeinen Überblick über die Funktionsweise von Netzwerken und detailliertere Informationen über Hardware und Protokolle erhalten haben, werden in diesem Kapitel verschiedene häufig genutzte Netzwerkanwendungen vorgestellt.

Als Erstes wird gezeigt, wie Sie die im letzten Kapitel beschriebenen Konzepte für Ihr jeweiliges Betriebssystem konkret umsetzen können. Danach werden diverse Client-Server-Systeme näher erläutert, darunter gängige Datei- und Druckserversysteme unter den verschiedenen Systemen sowie ein Webserver als Beispiel für eine spezielle Anwendung. Anschließend folgt eine kurze Einführung in die Programmierung von TCP/IP-Netzwerkanwendungen. Den Abschluss bildet ein Einstieg in verteilte Anwendungen mit J2EE.

14.1 Netzwerkkonfiguration unter verschiedenen Betriebssystemen

Die Funktionsweise der verschiedenen Betriebssysteme sowie deren allgemeine Konfiguration wurden bereits in Kapitel 4, *Betriebssysteme*, ausführlich behandelt. Allerdings wurde für das Thema Netzwerkeinrichtung explizit auf das vorliegende Kapitel verwiesen. Für jedes der drei Systeme, die dort genauer beschrieben werden (Linux, Mac OS X und Windows), finden Sie hier einige wichtige Einzelheiten der Netzwerkkonfiguration.

Die folgenden Beschreibungen gehen davon aus, dass Sie die Hardware bereits erfolgreich installiert haben. Als Nächstes wird dann in der Regel ein passender Gerätetreiber benötigt. Die Installation von Treibern funktioniert je nach Betriebssystem unterschiedlich; einige grundlegende Hinweise finden Sie wiederum in Kapitel 4.

Es ist wichtig, dass Sie die im vorigen Kapitel erläuterten Ausführungen zur Auswahl von IP-Adressen gelesen haben; hier wird nicht erneut darauf eingegangen. Bevor Sie ein Netzwerk einrichten, müssen Sie über das Adressierungsschema Bescheid wissen. In einem Heimnetzwerk oder einem kleinen Büronetzwerk werden Sie wahrscheinlich nur die privaten IP-Adressbereiche verwenden – in aller Regel ein privates Klasse-C-Netz aus der Gruppe 192.168.x.0.

14.1.1 Linux

Unter Linux können Sie Gerätetreiber auf zwei Arten installieren: Entweder werden sie fest in den Kernel einkompiliert oder als dynamisch lad- und entfernbare Module eingerichtet. Wie die beiden Varianten bei der Kernelkompilierung angegeben werden, erfahren Sie in Kapitel 4, *Betriebssysteme*. Im Kernel-Konfigurationsprogramm sind zahlreiche Netzwerkkarten verzeichnet, es ist relativ wahrscheinlich, dass die von Ihnen verwendete dabei ist.

In den meisten Fällen müssen Sie den Umweg über die Kernelkompilierung gar nicht erst gehen – viele Karten werden bereits bei der Installation erkannt und automatisch eingerichtet. Falls nicht, können Sie sie häufig über die eingebauten Konfigurationsprogramme der Distributionen installieren (zum Beispiel über YaST bei SUSE Linux). Eine genaue Beschreibung der Vorgehensweise finden Sie in der Dokumentation, die mit Ihrer Distribution geliefert wird.

In YaST finden Sie beispielsweise das Modul Netzwerk/Grundkonfiguration, wo Sie in übersichtlichen und gut erläuterten Dialogen die Netzwerkkarte, ein Modem, ISDN und DSL konfigurieren können. In den folgenden Ausführungen wird deshalb davon ausgegangen, dass Sie die Hardware bereits richtig eingerichtet haben.

ifconfig Wenn Sie einer Schnittstelle eine IP-Adresse zuweisen möchten, funktioniert dies ebenfalls über die grafischen Konfigurationsprogramme Ihrer Distribution oder über den Befehl `ifconfig` (für interface configuration). Wenn Sie `ifconfig` ohne Parameter eingeben, erhalten Sie eine Übersicht über die aktuelle Konfiguration, die zum Beispiel folgendermaßen aussieht:

```
$ ifconfig
eth0      Link encap:Ethernet  HWaddr 00:00:CB:53:17:64
          inet addr:192.168.1.2  Bcast:192.168.1.255
              Mask:255.255.255.0
          inet6 addr: fe80::200:cbff:fe53:1764/10
              Scope:Link
          inet6 addr: fe80::cb53:1764/10 Scope:Link
          EtherTalk Phase 2 addr:65280/53
          UP BROADCAST RUNNING MULTICAST  MTU:150
              Metric:1
          RX packets:8908250 errors:0 dropped:8242
              overruns:0 frame:0
          TX packets:7453081 errors:0 dropped:0
              overruns:0 carrier:0
          collisions:2829807

lo        Link encap:Local Loopback
          inet addr:127.0.0.1  Mask:255.0.0.0
          inet6 addr: ::1/128 Scope:Host
          EtherTalk Phase 2 addr:0/0
          UP LOOPBACK RUNNING  MTU:3924  Metric:1
          RX packets:994 errors:0 dropped:0 overruns:0
              frame:0
          TX packets:994 errors:0 dropped:0 overruns:0
              carrier:0
          collisions:0
```

Wie Sie sehen, besitzt der Computer eine Ethernet-Karte mit dem Gerätenamen eth0, der IP-Adresse 192.168.1.2 und natürlich ein Loopback-Interface. Einige der anderen Informationen sollten Sie wieder erkennen und verstehen, wenn Sie das vorige Kapitel gründlich gelesen haben. Wenn der Rechner noch weitere Ethernet-Karten hätte, würden ihre Gerätenamen entsprechend eth1, eth2 und so weiter lauten.

Wenn Sie der Schnittstelle eth0 eine andere IP-Adresse zuweisen möchten, müssen Sie Folgendes eingeben:

```
# ifconfig eth0 192.168.0.7 netmask 255.255.255.0
```

Beachten Sie, dass diese Zuweisung nur für die Dauer einer Sitzung gilt. Damit sie dauerhaft gültig bleibt, muss der Konfigurationsbefehl in einem Skript stehen, das beim Systemstart automatisch ausgeführt wird. Die beiden grundsätzlichen Varianten – System V Init und BSD-Startskripte – werden in Kapitel 4, *Betriebssysteme*, erläutert. In der Regel ist es aber einfacher, die erwähnten Konfigurationsprogramme Ihrer Linux-Distribution einzusetzen – insbesondere für erweiterte TCP/IP-Optionen wie Nameserver, den Bezug der Konfigurationsdaten über DHCP oder den Netzzugang über Wählleitungen.

Das Default-Gateway einrichten

Wenn Sie über das LAN auf andere Netzwerkbereiche oder auf das Internet zugreifen, müssen Sie als Nächstes eine Routing-Konfiguration erstellen. Angenommen, Ihre eigene (feste) IP-Adresse sei 192.168.0.9. Um das Default-Gateway 192.168.0.1, einen DSL-Router für Internetverbindungen, einzurichten, können Sie den folgenden Befehl eingeben:

```
# route add default gw 192.168.0.1
```

default gw besagt, dass hier das Default-Gateway eingestellt wird. Beachten Sie, dass auch diese Einstellung in ein Start-Skript gehört.

Die Verwendung anderer Netzwerkprotokolle als TCP/IP ist unter UNIX nur in absoluten Ausnahmefällen notwendig. Wenn Sie AppleTalk, NetBEUI oder ein anderes Protokoll auf Ihrem Linux-System verwenden möchten, müssen Sie es zunächst in den Kernel einkompilieren. Aber selbst die weiter unten behandelten Datei- und Druckserver, über die Linux Windows- und MacOS-Clients bedienen kann, arbeiten standardmäßig über IP.

14.1.2 MacOS X

Auch unter MacOS X können Sie im Prinzip ifconfig verwenden, um das TCP/IP-Netzwerk zu konfigurieren. Allerdings werden Sie dies in der Regel nicht tun wollen, weil in den Systemeinstellungen standardisierte und bequeme Module für die Netzwerkeinrichtung existieren. Ein weiterer Grund ist, dass in Mac-Netzen neben TCP/IP bis heute das AppleTalk-Protokoll eine gewisse Rolle spielt. Dieses Protokoll können Sie nur über die Systemeinstellungen und nicht über UNIX-Terminalbefehle konfigurieren.

Alle Befehle, die der Netzwerkkonfiguration dienen, finden Sie unter dem Punkt **Netzwerk** in den Systemeinstellungen. In diesem Dialog können Sie oben die Schnittstelle auswählen, die Sie konfigurieren möchten, etwa Ethernet-Schnittstelle oder Modem. Unten finden Sie je nach gewählter Verbindung verschiedene Registerkarten. Bei einer Ethernet-Schnittstelle sind es beispielsweise folgende:

- **TCP/IP**. In diesem Feld wird die IP-Adresse der zurzeit konfigurierten Schnittstelle eingestellt. Zunächst können Sie unter **Konfiguration** wählen, ob Sie die IP-Adresse selbst eintragen (manuell) oder auf irgendeine Weise automatisch beziehen möchten (zum Beispiel über einen DHCP-Server). Falls Sie die IP-Parameter manuell eingeben, können Sie folgende wichtige Einstellungen vornehmen:
  - **IP-Adresse**, zum Beispiel 192.168.0.9
  - **Teilnetzmaske**: die CIDR-Maske des Netzwerks, etwa 255.255.255.0
  - **Router**: das Default-Gateway, beispielsweise 192.168.0.1
  - **DNS-Server**: eine Rangfolge der IP-Adressen von Nameservern, die konsultiert werden sollen. Bei den meisten direkten Internetverbindungen können Sie diese Einstellung weglassen. Wenn Ihre Verbindung dagegen über ein LAN stattfindet, müssen Sie hier in der Regel die IP-Adresse von mindestens einem Nameserver eintragen.
  - **Domain-Namen**: Falls sich Ihr Rechner innerhalb einer DNS-Zone befindet, die durch einen Nameserver verwaltet wird, sollten Sie hier das entsprechende Domain-Namens-Suffix eintragen – zum Beispiel `meine-firma.de`, falls der Rechner den DNS-Hostname `mac.meine-firma.de` trägt. Sie können einen Rechner innerhalb derselben Domain dadurch ohne Angabe des Suffixes ansprechen: Wenn Sie etwa mit `mail.meine-firma.de` kommunizieren möchten, genügt es, `mail` einzugeben.
- **PPPoE**. Auf dieser Registerkarte wird PPP over Ethernet konfiguriert, falls die ensprechende Ethernet-Schnittstelle nicht für den Anschluss an ein LAN, sondern für ein DSL-Modem verwendet werden soll. Die näheren Einstellungen müssen Sie mit Ihrem Provider klären.
- **AppleTalk**. An dieser Stelle wird der AppleTalk-Zugang der Ethernet-Schnittstelle konfiguriert. Sie können TCP/IP- und AppleTalk-Kommunikation über dieselbe Netzwerkkarte betreiben. Das AppleTalk-Protokoll wird für einige Mac-spezifische Netzwerkdienste benötigt: Zwar können alle zurzeit verbreiteten Mac OS-Varianten Dateiserver-Dienste auch über IP vornehmen, aber Sie benötigen AppleTalk zum Beispiel zur Ansteuerung älterer Netzwerkdrucker. Viel einstellen müssen Sie an dieser Stelle nicht – es genügt, wenn der Rechner einen eindeutigen Namen erhält.
- **Proxies**. An dieser Stelle werden Proxy-Server konfiguriert. Sie können entweder für jeden Internetdienst einen anderen Proxy angeben oder – was häufiger der Fall ist – denselben für alle. Beachten Sie aber, dass nicht jeder Proxy alle Anwendungsprotokolle unterstützt; der weit verbreitete UNIX-Proxy-Server `squid` kann beispielsweise nur mit HTTP(S) und FTP umgehen.

  Die Einrichtung eines HTTP-Proxy-Servers kann sich übrigens auch dann lohnen, wenn Sie über einen vollwertigen Internetzugang verfügen: Durch Caching-Fähigkeiten kann er den Zugriff auf häufig verwendete Websites beschleunigen. Deshalb betreiben auch manche Provider eigene Proxies.

  Falls innerhalb Ihres LANs ein Proxy betrieben wird, befindet sich seine IP-Adresse innerhalb Ihres Teilnetzes; der Port ist oft 3128, wenn es sich um `squid` handelt. Wenn Sie den Proxy Ihres Providers konfigurieren möchten, müssen Sie die Parameter dort erfragen.

14.1.3 Windows

Aktuelle Windows-Versionen wie Windows XP, Windows Server 2003 oder das (in dieser Hinsicht) fast identische Windows 2000 nehmen die Netzwerkinstallation normalerweise bereits während der Installation des Betriebssystems vor, wenn Sie dies nicht ausdrücklich verhindern. Für die meisten gängigen Ethernet-Karten, Modems und ISDN-Adapter werden Treiber auf der Windows-Installations-CD mitgeliefert. Falls Ihr Gerät nicht unterstützt wird, die Windows-Version aber mit dem Rechner geliefert wurde, hat der Hersteller oder Händler in der Regel eine separate Treiber-CD oder -Diskette beigelegt.

Wenn Sie die Netzwerkeinrichtung während der Systeminstallation abgewählt haben oder nachträglich Netzwerkhardware hinzufügen, können Sie die Konfiguration über **Start · Systemsteuerung · Netzwerkverbindungen** aufrufen.

Verbindungen einrichten

Mit dem Befehl **Neue Verbindung erstellen** können Sie eine Schnittstelle für eine neue Netzwerkverbindung konfigurieren. Es wird ein komfortabler Dialog angezeigt, in dem Sie Schritt für Schritt die entsprechenden Einstellungen vornehmen können:

- Wählen Sie **Verbindung mit dem Internet herstellen**, um eine Modem-, ISDN- oder DSL-Verbindung einzurichten.
- Über **Verbindung mit dem Netzwerk am Arbeitsplatz herstellen** können Sie eine DFÜ-Verbindung zu einem einzelnen, privaten Netzwerk erstellen, um beispielsweise von zu Hause auf Ihr Firmennetzwerk zuzugreifen.
- Über den Punkt **Ein Heim- oder kleines Firmennetzwerk einrichten** können Sie das LAN einrichten oder einem vorhandenen LAN beitreten.

Wenn Sie die Einstellungen einer vorhandenen Verbindung ändern möchten, klicken Sie mit der rechten Maustaste auf ein Schnittstellensymbol und wählen **Eigenschaften** aus dem Kontextmenü. Sie erhalten einen Dialog mit den folgenden Registerkarten:

- **Allgemein**. Auf dieser wichtigsten Registerkarte werden die verschiedenen Netzwerkprotokolle und Anwendungsdienste konfiguriert. Klicken Sie auf **Installieren**, um eine weitere Komponente hinzuzufügen: Sie können zusätzliche Protokolle wie IPX/SPX auswählen, darüber hinaus diverse Clients und Dienste (Server).

  Der wichtigste Punkt ist der bereits vorhandene Eintrag **Internetprotokoll (TCP/IP)**. Hier können Sie zunächst die IP-Adresse, die Netzmaske, das Default-Gateway und die bevorzugten DNS-Server einstellen. Die Bedeutung dieser Einstellungen wurde weiter oben für MacOS erläutert. Wenn Sie die IP-Adresse von einem DHCP-Server erhalten möchten, wählen Sie **IP-Adresse automatisch beziehen**.

  Mit Hilfe der Schaltfläche **Erweitert** können Sie die folgenden zusätzlichen Einstellungen vornehmen: Unter **IP-Einstellungen** können Sie der Schnittstelle weitere IP-Adressen und Router-Verbindungen zuweisen. Die Registerkarte **DNS** ermöglicht die Angabe zusätzlicher Nameserver und die Konfiguration der Domain-Suffixe. Unter **WINS** können Sie den klassischen Namensdienst für Windows-Netzwerke konfigurieren. Unter **Optionen** kann die **TCP/IP-Filterung** konfiguriert werden: Sie können beliebige TCP- oder UDP-Ports und Transportprotokolle sperren; wenn Sie **Nur zulassen** ankreuzen, werden sogar alle Ports außer den explizit eingetragenen gesperrt. Sie können Ihre

Netzwerkverbindungen mit Hilfe dieser Filteroptionen recht sicher machen, wenn Sie sich mit der Bedeutung der einzelnen Ports beschäftigen.

- **Authentifizierung**. Auf dieser Registerkarte können Sie einstellen, dass die Netzwerkkommunikation über Zertifikate (digitale Signaturen zur Identifikation von Rechnern und Schnittstellen) abgesichert werden soll. Dies ist besonders für drahtlose Netzwerke wichtig.
- **Erweitert**. Hier können Sie die **Internetverbindungsfirewall** aktivieren. Anders als die soeben angesprochene Paketfilterung funktioniert diese Firewall-Funktion auf Anwendungsebene: Sie können diverse Client- und Serverdienste je nach Bedarf absichern.

Wenn Sie Windows XP verwenden, sollten Sie *unbedingt* das neue **Service Pack 2** installieren. Es behebt nicht nur unzählige Fehler und Sicherheitslücken, sondern installiert vor allem das Sicherheitscenter, das unter anderem eine stark verbesserte Firewall enthält.

Andere Windows-Versionen enthalten keine eingebaute Firewall. Es ist aber äußerst empfehlenswert, eine zu installieren – ein recht empfehlenswertes, für Privatanwender kostenloses Produkt ist beispielsweise die **Kerio Personal Firewall**, die Sie unter **http://www.kerio.com** herunterladen können.

Nähere Informationen über Firewall-Technologien finden Sie in Kapitel 20, *Computer- und Netzwerksicherheit*.

14.1.4 TCP/IP-Dienstprogramme

Wenn Sie die grundlegende Netzwerkeinrichtung nach der Anleitung für Ihr jeweiliges Betriebssystem vorgenommen haben, ist es Zeit, Ihre Netzwerk- und Internetanbindung zu testen. Natürlich können Sie unmittelbar einen Browser starten und versuchen, eine Webseite zu öffnen oder auf lokale Netzwerkressourcen zuzugreifen. Interessanter und oft aufschlussreicher ist es jedoch, das Funktionieren des Netzwerks auf einer etwas niedrigeren Ebene zu überprüfen. Zu diesem Zweck enthalten fast alle TCP/IP-Implementierungen eine Reihe kleiner Dienstprogramme zum Testen des Netzwerks.

ping

Das Dienstprogramm `ping` überprüft, ob ein bestimmter Host grundsätzlich erreichbar ist. Über das ICMP-Protokoll werden Test-Datenpakete an den Host geschickt, die er automatisch beantwortet. Dies sagt noch nichts darüber aus, ob bestimmte Netzwerkdienste auf dem Rechner funktionieren, sollte aber der erste Test sein, falls ein Dienst nicht arbeitet. Der Name `ping` ist kein Akronym, sondern steht für das Geräusch eines Echolots, mit dem seine Funktionalität durchaus vergleichbar ist. Die Bedienung des Programms ist denkbar einfach. Geben Sie auf der Konsole beispielsweise Folgendes ein, um zu testen, ob Sie eine Verbindung zum Webserver von Galileo Computing herstellen können:

```
> ping www.galileo-computing.de
PING wird ausgeführt für www.galileo-computing.de
[213.128.133.121] mit 32 Bytes Daten:
Antwort von 213.128.133.121: Bytes=32 Zeit=80ms TTL=244
```

```
Antwort von 213.128.133.121: Bytes=32 Zeit=80ms TTL=244
Antwort von 213.128.133.121: Bytes=32 Zeit=80ms TTL=244
Antwort von 213.128.133.121: Bytes=32 Zeit=90ms TTL=244
```

Dies ist eine Ausgabe der Windows-Version von `ping`, die automatisch vier Pakete sendet. UNIX-Versionen senden dagegen immer weiter Pakete, bis Sie [Strg] + [C] zum Abbruch drücken, und geben dann eine Statistik aus. Unter Windows müssen Sie dagegen `ping -t host` eingeben, um beliebig viele Pakete zu senden.

Wenn ein Host über `ping` nicht erreichbar ist, wird eine Timeout-Meldung angezeigt. Je nachdem, mit welchen Hosts Sie es versuchen, erhalten Sie ein aufschlussreiches Bild vom Zustand Ihrer Netzwerkverbindung: Wenn Sie gar keinen anderen Rechner erreichen, ist Ihre Netzwerkverbindung fehlerhaft. In diesem Fall sollten Sie erst die Verkabelung und dann die Softwarekonfiguration überprüfen.

Falls Sie dagegen Rechner in Ihrem lokalen Netzwerk erreichen können, aber keine im Internet, hängt die Interpretation dieses Ergebnisses von der Art Ihrer Internetanbindung ab: Wenn Sie über eine separate Modem-, ISDN- oder DSL-Verbindung auf das Internet zugreifen, müssen Sie diese Verbindung überprüfen. Greifen Sie dagegen über das LAN zu, dann stimmt entweder etwas an Ihrer Routing-Konfiguration nicht oder das gesamte Netzwerk besitzt zurzeit keinen Internetzugang.

traceroute

Dieses Programm gibt die einzelnen Router aus, die auf dem Weg zum angegebenen Zielhost passiert werden. Zu diesem Zweck wird ein ICMP-Paket nach dem anderen auf den Weg zum Zielhost gebracht und nacheinander mit einem immer höheren TTL-Wert ausgestattet, sodass es nacheinander von den beteiligten Routern bearbeitet wird. Unter Windows heißt das Programm übrigens kurz `tracert`. Eine typische Ausgabe sieht so aus:

```
> tracert www.uni-koeln.de
Verfolgung der Route zu www1.rrz.uni-koeln.de
[134.95.100.203] über maximal 30 Abschnitte:
  1    60 ms    60 ms    60 ms
       xdsl-213-168-117-1.netcologne.de [213.168.117.1]
  2    60 ms    70 ms    60 ms  195.14.247.178
  3    60 ms    60 ms   230 ms
       cat6509-pg2-vl201.netcologne.de [195.14.195.153]
  4    50 ms    60 ms    60 ms
       rtint2-g400.netcologne.de [195.14.247.194]
  5     *        *        *     Zeitüberschreitung der
       Anforderung (Timeout).
  6    60 ms    60 ms    60 ms
       lfi-gw.rrz.Uni-Koeln.DE [134.95.4.34]
  7    50 ms    70 ms    60 ms
       www1.rrz.Uni-Koeln.DE [134.95.100.203]
Route-Verfolgung beendet.
```

Dass sich in der Ausgabe von `traceroute` ein Timeout befinden kann, bedeutet nicht, dass der entsprechende Router ausgefallen ist – schließlich leitet er die nächste Anfrage ordnungsgemäß an den folgenden Router weiter. Manche Betreiber schalten aber explizit die Beantwortung von `traceroute`-Anfragen aus, um Denial of Service-Attacken (Angriffe, die den Server oder Router überlasten) zu verhindern.

netstat

`netstat` gibt Auskunft über die derzeitigen Netzwerkverbindungen, es wird also eine Liste aller aktiven TCP- und UDP-Verbindungen ausgegeben. Da der Begriff »UDP-Verbindung« ein Widerspruch in sich ist – es werden die Kanäle angezeigt, über die kürzlich UDP-Datagramme übertragen wurden –, ist es ratsam, die Liste auf TCP-Verbindungen zu beschränken. Dies funktioniert unter UNIX mit der Option `-t` und unter Windows mit `-p tcp`:

```
> netstat -p tcp
Aktive Verbindungen
Proto  Lokale Adresse  Remote-Adresse     Zustand
TCP    prefect:1025    localhost:1032     ESTABLISHED
TCP    prefect:1032    localhost:1025     ESTABLISHED
TCP    prefect:1136    galileo1.galileopress.de:80
                                         ESTABLISHED
TCP    prefect:1137    216.239.51.104:80  ESTABLISHED
```

Die Verbindungen zwischen `prefect` (dem Hostname des Rechners) und `localhost` dienen übrigens der Bindung der Loopback-Schnittstelle. Die beiden anderen Verbindungen sind HTTP-Verbindungen, was Sie an der Portnummer 80 der Remote-Adresse sehen können.

Mit Hilfe anderer Optionen kann `netstat` auf UNIX-Systemen übrigens noch weitere Informationen ausgeben. Beispielsweise gibt `netstat -in` eine Übersicht über die Netzwerkschnittstellen aus, während `netstat -rn` die Routing-Tabellen anzeigt (siehe Kapitel 13, *Netzwerktechnik*).

nslookup

Dieses Hilfsprogramm dient dazu, explizit einen Nameserver nach einer Adressauskunft zu befragen. Wie Sie an den Beispielen weiter oben bemerkt haben werden, erledigen die meisten TCP/IP-Programme dies automatisch. Manchmal kann es aber hilfreich sein, eine Adressauskunft zu erhalten. Wenn Sie in Ihrer TCP/IP-Konfiguration feste Nameserver eingetragen haben (siehe oben), brauchen Sie nur den zu suchenden Host anzugeben. Andernfalls müssen Sie hinter den Hostnamen den zu befragenden Nameserver setzen. Das folgende Beispiel zeigt, wie sich mit Hilfe des ersten Nameservers von NetCologne (194.8.194.70) die IP-Adresse von **www.heise.de** ermitteln lässt:

```
> nslookup www.heise.de 194.8.194.70
Server:  ns1.netcologne.de
Address:  194.8.194.70
```

```
Nicht-autorisierte Antwort:
Name:    www.heise.de
Address:  193.99.144.71
```

Die Formulierung »nicht-autorisierte Antwort« bedeutet nicht etwa, dass die Antwort falsch wäre, sondern nur, dass der NetCologne-Nameserver nicht der zuständige (autoritative) Server für die DNS-Zone `heise.de` ist. Sie können übrigens mittels `nslookup` auch die umgekehrte Aufgabe ausführen, nämlich den Hostname zu einer gegebenen IP-Adresse ermitteln (»Reverse Lookup«). Dies ist manchmal nützlich, um Einträge in Log-Dateien zu analysieren, etwa bei Zugriffen auf den eigenen Webserver (siehe unten). Beispiel:

```
> nslookup 193.99.144.71 194.8.194.70
Server:  ns1.netcologne.de
Address:  194.8.194.70

Name:    www.heise.de
Address:  193.99.144.71
```

Falls Sie ein UNIX-System verwenden, sollten Sie überprüfen, ob bei Ihnen das Programm `dig` vorhanden ist – es erfüllt im Wesentlichen dieselbe Aufgabe wie `nslookup`, gibt aber erheblich aussagekräftigere Antworten. Unter **ftp://ftp.isc.org** erhalten Sie übrigens auch eine `dig`-Version für Windows; sie ist Bestandteil von BIND für Win32.

14.2 Server konfigurieren

In diesem Abschnitt wird beschrieben, wie Sie Ihren Rechner als Datei- und Druckserver einrichten können, das heißt, wie Dateien, Verzeichnisse und Drucker für den Zugriff über ein Netzwerk freigegeben werden. Unter Mac OS X und Windows wird vor allem die Freigabe von Ressourcen für dasselbe System beschrieben, während unter Linux neben dem allgemeinen UNIX-Netzwerkdateisystem NFS und dem Druckersystem CUPS auch der freie Windows-Server Samba und der Mac-Server `netatalk` angesprochen werden. Außerdem wird die Installation und Konfiguration des Webservers Apache behandelt.

14.2.1 Mac OS X

Unter Mac OS X ist es sehr einfach, Dateien und Ordner für andere Benutzer freizugeben. Zunächst müssen Sie grundsätzlich das File Sharing aktivieren; dies geschieht unter **Sharing** in den Systemeinstellungen. Hier müssen Sie zuerst einen eindeutigen Gerätenamen bestimmen.

Apple-Serversysteme

Neben der Möglichkeit der Verzeichnisfreigabe in den normalen Desktop-Varianten von Mac OS bietet Apple seit einigen Jahren auch vollwertige Server-Programme beziehungsweise -Betriebssysteme an. Wenn viele Benutzer auf einen gemeinsamen Datenbestand zugreifen sollen oder die entsprechenden Dateien sehr groß sind – beispielsweise im Bereich des Desktop Publishings mit seinen enormen Bildauflösungen –, ist die Einrichtung eines separaten Serverrechners mit einem solchen System ratsam. Die klassische, Mac OS 9-basierte Lösung ist das Programm AppleShareIP; einen moderneren Ansatz bildet das Betriebssystem Mac OS X Server.

Eine andere Möglichkeit besteht darin, sich mit einem Fremd-Betriebssystem zu helfen, das als zusätzliche Dienstleistung Freigaben für Macs bietet. Besonders in heterogenen Netzen ist diese Lösung sinnvoll. Beispielsweise enthalten alle Microsoft-Server-Betriebssysteme seit Windows NT Server ein AppleTalk-File-Sharing-Modul. Des Weiteren steht unter UNIX der freie Apple-File-Server `netatalk` zur Verfügung, der weiter unten behandelt wird.

Um anderen MacOS-Rechnern unter MacOS X den Zugriff auf Dateien und Ordner zu gewähren, müssen Sie die Option **Personal File Sharing** aktivieren. MacOS X 10.2 (Jaguar) bietet erstmals auch die Möglichkeit der Dateifreigabe für Windows-Rechner. Konfigurieren Sie zu diesem Zweck die Einstellung **Windows File Sharing**. Mit Hilfe von **Printer Sharing** können Sie Drucker freigeben, die an Ihren Rechner angeschlossen sind, während **Personal Web Sharing** einen kleinen Webserver bietet, der für ein Intranet oder zu Testzwecken geeignet ist.

TCP/IP oder AppleTalk?

Das Personal File Sharing wird unter MacOS X standardmäßig über IP ausgeführt. Wenn sich in Ihrem Netzwerk Macs befinden, die eine ältere MacOS-Version als 9.1 verwenden, müssen Sie zusätzlich AppleTalk aktivieren (siehe oben). Weitere Einstellungen sind für das Mac File Sharing nicht erforderlich.

Beachten Sie, dass das Windows File Sharing nur Benutzern gewährt werden kann, für die ein lokaler Benutzer-Account existiert: Richten Sie unter **Benutzer** in den Systemeinstellungen einen neuen Benutzer ein oder öffnen Sie einen vorhandenen zur Bearbeitung. Hier müssen Sie die Option **Windows-Benutzer dürfen sich anmelden** aktivieren.

Die konkrete Freigabe bestimmter Dateien und Verzeichnisse wird nicht einzeln eingestellt, sondern hängt von lokalen Benutzerrechten ab: Wenn Sie sich über das Netzwerk an einem MacOS X-Rechner anmelden, stehen Ihnen genau diejenigen Verzeichnisse zur Verfügung, die Sie zu nutzen berechtigt sind.

Wenn Sie umgekehrt über MacOS X auf Freigaben eines entfernten Rechners zugreifen möchten, müssen Sie im Menü des Finders **Gehe zu · Mit Server verbinden** auswählen. Es erscheint ein Dialog mit einer Übersicht über alle Rechner im lokalen Netz, die als Dateiserver fungieren. Dabei werden MacOS- und Windows-Rechner durch unterschiedliche Symbole gekennzeichnet. Wählen Sie einfach den gewünschten Rechner per Doppelklick aus. Anschließend werden Sie gebeten, sich anzumelden. Abhängig vom eingegebenen Benutzernamen verfügen Sie auf dem entfernten Rechner, wie bereits erwähnt, über unterschiedliche Zugriffsrechte.

14.2.2 Windows

Unter Windows müssen zwei Komponenten aktiviert sein, damit die Freigabe von Dateien und Ordnern und der Zugriff darauf funktionieren: Überprüfen Sie in den Netzwerkeinstellungen der entsprechenden Schnittstelle (siehe oben), ob die beiden Dienste **Client für Microsoft-Netzwerke** sowie **Datei- und Druckerfreigabe für Microsoft-Netzwerke** vorhanden und angekreuzt sind. Falls nicht, müssen Sie sie über den Button **Installieren** hinzufügen.

Der Client dient dem Zugriff auf andere Rechner, während die Datei- und Druckerfreigabe die Möglichkeit bietet, anderen Computern beziehungsweise Benutzern Ressourcen zur Verfügung zu stellen. Beide Komponenten besitzen keine erwähnenswerten Optionen, sondern müssen nur installiert sein.

Ordner freigeben

Wenn Sie unter Windows ein Verzeichnis freigeben möchten, klicken Sie es mit der rechten Maustaste an und wählen Sie **Freigabe und Sicherheit**. Wählen Sie **Diesen Ordner freigeben**, um den Ordner Benutzern im Netzwerk zur Verfügung zu stellen. Standardmäßig ist das Verzeichnis damit nur zum Lesen freigegeben. Um Usern Schreibzugriff oder gar Vollzugriff (auch Verschieben und Löschen) zu erteilen, müssen Sie auf die Schaltfläche **Berechtigungen** klicken und die gewünschten Optionen ankreuzen.

Die Art der Freigabe von Dateien und Ordnern ist einer der wichtigsten Unterschiede zwischen Windows XP Home und Professional: Während die Home-Version die von Windows 9x übernommene Sicherheit auf Freigabeebene (**Share Level Security**) verwendet, benutzt die Professional-Version automatisch die NT-typische Sicherheit auf Benutzerebene (**User Level Security**). Bei der Share Level Security können Sie zwar jeder freigegebenen Ressource bei Bedarf ein eigenes Passwort zuweisen, es darf aber im Prinzip jeder Benutzer zugreifen. Die User Level Security wendet dagegen die lokalen Benutzerrechte auch auf das Netzwerk an: Je nach Benutzernamen dürfen Sie dann auf manche Ressourcen nicht zugreifen.

Wenn Sie auf Verzeichnisse anderer Rechner zugreifen möchten, die im Netzwerk freigegeben sind, können Sie die **Netzwerkumgebung** öffnen, die sich entweder als Icon auf dem Desktop oder im Startmenü befindet. Hier sehen Sie zunächst alle kürzlich verwendeten und automatisch gefundenen Freigaben anderer Rechner. Falls das gesuchte Verzeichnis nicht darunter ist, können Sie auf **Arbeitsgruppencomputer anzeigen** klicken, um explizit eine Liste der benachbarten Computer zu erhalten und den gewünschten Rechner auszuwählen.

Drucker freigeben

Einen Drucker im Netzwerk freizugeben, ist ebenfalls recht einfach: Öffnen Sie das Modul **Drucker und Faxgeräte** in der Systemsteuerung. Hier können Sie den gewünschten Drucker mit der rechten Maustaste anklicken und **Freigabe** wählen. Nun können Sie ankreuzen, dass der Drucker freigegeben werden soll, und einen Freigabenamen festlegen. Unter **Zusätzliche Treiber** können Sie bestimmen, für welche Betriebssysteme bei einem Zugriff auf den Druckserver automatisch Druckertreiber zur Verfügung gestellt werden sollen.

Wenn Sie auf einen freigegebenen Drucker im Netzwerk zugreifen möchten, geschieht dies ebenfalls über das Programm Drucker und Faxgeräte. Wählen Sie hier zunächst **Drucker hinzufügen**. In diesem Dialog müssen Sie **Netzwerkdrucker** auswählen. Auf der nächsten Seite des Dialogs können Sie sich aussuchen, ob der Drucker automatisch gesucht werden soll oder nicht – falls Sie sich für das Suchen entscheiden, sehen Sie nach einiger Zeit eine Liste aller freigegebenen Drucker im LAN und können sich einen aussuchen. Falls ein Druckertreiber für das aktuelle Betriebssystem vorhanden ist, müssen Sie weiter nichts tun. Ansonsten müssen Sie sich möglicherweise selbst auf die Suche nach einem passenden Treiber machen.

Windows-Server

Wenn Sie Windows-Datei- und Druckdienste einem größeren Netzwerk zur Verfügung stellen möchten, sollten Sie die hier beschriebenen Verzeichnis- und Druckerfreigaben nicht auf einem Desktop-Rechner vornehmen, sondern die Verwendung eines eigenen Serverrechners in Betracht ziehen. Im Grunde stehen zwei mögliche Lösungen zur Auswahl: Sie können einen Windows-Server von Microsoft verwenden oder einen UNIX-Rechner (in der Regel unter Linux) mit dem Samba-Server ausstatten. In diesem Unterabschnitt werden kurz die Windows-Server beschrieben; Samba wird weiter unten besprochen.

Active Directory

Microsoft bietet seit etlichen Jahren eigene, spezielle Serverbetriebssysteme an. Die Lösungen, die in Frage kommen, sind Windows 2000 Server und der soeben neu erschienene Windows Server 2003. Der Hauptvorteil, den diese beiden Serversysteme gegenüber einer Linux-Lösung, aber auch gegenüber dem älteren Windows NT Server 4.0 aus dem eigenen Hause bieten, ist **Active Directory**, ein so genannter Verzeichnisdienst. Verstehen Sie den Begriff nicht falsch: Ihr lokales Dateisystem enthält zwar jede Menge Verzeichnisse, ist aber trotzdem lediglich ein Namensdienst, da den hierarchisch geordneten Einträgen keine Attribute zugeordnet sind.

Server-Rollen

Neben dem Datei- und Druckdienst erfüllt der Windows Server 2003 eine Reihe weiterer so genannter Server-Rollen. Einige der wichtigsten sind folgende:

- Webserver (über den eingebauten Internet Information Server)
- DNS-Server
- DHCP-Server
- Einfacher E-Mail-Server für SMTP und POP3
- Terminal-Server – seit Windows 2000 werden die Terminaldienste, die früher von der Firma Citrix geliefert wurden, in die Windows-Server integriert. Mit Hilfe des Terminal-Servers können Sie über das Netzwerk auf dem Windows-Server arbeiten, als säßen Sie davor. Anders als bei den Internetdiensten Telnet oder SSH betrifft dies auch die grafische Oberfläche.
- Streaming Media-Server – Server für Windows Media Services
- Knoten in einem Server-Cluster – Cluster sind Verbindungen mehrerer Computer zu einem virtuellen Superrechner. In der UNIX-Welt sind Cluster sehr weit verbreitet; sie führen komplexe mathematische, meteorologische oder andere Berechnungen durch oder rendern 3-D-Szenen für Hollywood-Filme. Der Microsoft Cluster Server, der eine ähnliche Funktionalität für einen Verbund von Windows-Rechnern bietet, war früher ein separates Produkt; erst in den Windows Server 2003 (Enterprise Edition) wurde er integriert.

Der Windows Server 2003 wird in vier verschiedenen Varianten angeboten:

- Die **Standard Edition** ist für kleinere und mittlere Firmennetze geeignet; sie unterstützt Rechner mit bis zu zwei Prozessoren und 4 Gigabyte RAM.
- Die **Enterprise Edition** eignet sich für größere Unternehmen und Institutionen: Sie ist mit dem Cluster-Service und den Services for Macintosh ausgestattet. Außerdem gibt es

eine spezielle Version für die 64-Bit-Architektur Intel Itanium. Windows Server 2003 Enterprise Edition unterstützt bis zu 8 Prozessoren und 32 Gigabyte RAM, auf Itanium-Rechnern sogar 64 Gigabyte.

- Die **Datacenter Edition** wird nicht als Softwarepaket im Handel verkauft, sondern nur zusammen mit spezieller Serverhardware. Sie benötigt mindestens 8 Prozessoren und arbeitet mit bis zu 32 Gigabyte.
- Die **Web Edition** ist eine abgespeckte Version, die nur die Webdienste enthält, also den Internet Information Server, ASP.NET und so weiter. Diese Variante kann nur mit zwei Prozessoren und bis zu 2 Gigabyte RAM arbeiten.

Andere Windows-Server-Produkte

Andere Serverdienste sind dagegen nicht in die Windows-Server-Systeme integriert, sondern Microsoft vertreibt sie als separate Softwarepakete. Dazu gehören zum Beispiel folgende Produkte:

- **Microsoft Exchange Server** – ein Server für erweiterte Maildienste und Groupware-Funktionen
- **Microsoft SQL Server** – ein verbreiteter Datenbankserver
- **Systems Management Server** – ein spezielles Serverprodukt, das die Fernverwaltung zahlreicher Rechner in großen Netzwerken ermöglicht
- **BizTalk Server** – ein Server für verteilte Enterprise-Anwendungen

14.2.3 UNIX/Linux

Unter UNIX gibt es eine Reihe von Möglichkeiten, Dateisysteme und Drucker im Netzwerk freizugeben. In diesem Unterabschnitt werden die folgenden Systeme kurz vorgestellt: das UNIX-File-Sharing-System NFS, die Druckerumgebung CUPS, Samba als freier Server für Windows-Netzwerke sowie der Mac-Dateiserver `netatalk`.

Beachten Sie, dass alle hier und in den späteren Abschnitten besprochenen Konfigurationsdateien einfache ASCII-Textdateien sind, die Sie mit einem beliebigen Editor bearbeiten können – beispielsweise mit den in Kapitel 4, *Betriebssysteme*, vorgestellten UNIX-Texteditoren vi und Emacs. Ärgerlicherweise besitzt jede dieser Dateien über die notwendigen unterschiedlichen Konfigurationsbefehle hinaus auch noch eine andere Syntax, die man sich jeweils aneignen muss. Es steht zu hoffen, dass in den nächsten Jahren immer mehr Konfigurationsdateien im XML-Format standardisiert werden – bei neueren Serverprojekten ist diese Tendenz bereits zu beobachten.

NFS

Die klassische, unter allen gängigen UNIX-Systemen standardisierte Form der Dateifreigabe ist das Network File System (**NFS**). Es gibt zwar zahlreiche modernere, leistungsfähigere Netzwerkdateisysteme, aber noch immer bildet NFS eine Art kleinsten gemeinsamen Nenner.

Wenn Sie auf Ihrem Rechner Dateien über NFS freigeben möchten, müssen Sie zunächst den NFS-Server starten, dessen eigentlicher Name `nfsd` (Network File System Daemon) lautet. Was bereits weiter oben über die TCP/IP-Konfiguration gesagt wurde, gilt auch für den `nfsd` und andere Serverdienste: Damit sie beim Booten automatisch gestartet werden, müssen sie in ein Boot-Skript eingetragen werden, das je nach UNIX-Version oder Linux-Distribution unterschiedlich aufgebaut ist. Das Einfachste ist es also auch hier, den Start des NFS-Servers über das Konfigurationsprogramm Ihrer Distribution zu konfigurieren.

NFS-Freigaben Welche Verzeichnisse Sie für den Netzwerkzugriff freigeben möchten, regelt die Konfigurationsdatei `/etc/exports`. Ein Eintrag zur Freigabe eines Verzeichnisses besitzt unter Linux das folgende Format:

```
Pfad Host(Optionen) Host(Optionen)
```

Wenn Sie also beispielsweise das Verzeichnis `/test` ohne besondere Einstellungen an die Rechner 192.168.0.3 und 192.168.0.4 in Ihrem lokalen Netzwerk freigeben möchten, lautet die Zeile in der Konfigurationsdatei:

```
/test 192.168.0.3 192.168.0.4
```

Beachten Sie, dass die Konfigurationsdatei bei anderen UNIX-Versionen eine andere Syntax besitzt als unter Linux. In Sun Solaris heißt sie sogar anders, nämlich `/etc/dfs/dfstab`.

Um die für den Export bestimmten Verzeichnisse tatsächlich freizugeben, müssen Sie die folgende Anweisung verwenden, die ebenfalls in einem Start-Skript stehen sollte:

```
# exportfs -a
```

Wenn Sie auf ein freigegebenes NFS-Verzeichnis eines anderen Rechners zugreifen möchten, müssen Sie es mit Hilfe des `mount`-Befehls in Ihren Verzeichnisbaum importieren. Das funktioniert beispielsweise folgendermaßen:

```
$ mount -t nfs server:/export/pub /pub
```

Die Option `-t nfs` gibt den Dateisystemtyp NFS an. Das zu mountende Verzeichnis beginnt mit dem Namen des gewünschten Hosts, der durch einen Doppelpunkt vom entfernten Pfad getrennt wird; die letzte Angabe ist wie gehabt das lokale Verzeichnis, in das der importierte Pfad eingebunden werden soll.

CUPS

Das Drucken unter UNIX und erst recht die Freigabe von Druckern im Netzwerk gehörten in früheren Zeiten zu den kompliziertesten Themen. Seit einigen Jahren steht mit dem Common UNIX Printing System (CUPS) eine sehr praktische Schnittstelle zu vielen verschiedenen Druckern, Druckertreibern und Seitenbeschreibungssprachen zur Verfügung. Es handelt sich um ein GNU-basiertes Open-Source-Projekt, das von der Firma Easy Software Products entwickelt wird.

Systeme wie der BSD-`lpd` (Line Printer Daemon) oder ein ähnliches Paket aus System V wurden in den 70er-Jahren entworfen und dienen lediglich der zeilenweisen Ausgabe von Text. Für Grafik, PostScript-Druck und so weiter wurden in der Folgezeit zahlreiche proprietäre Lösungen eingeführt. CUPS fasst die Funktionen der klassischen UNIX-Druckumgebungen zusammen und fügt allgemein gültige Lösungen für den Grafikdruck hinzu.

Die Schaltzentrale von CUPS ist der Scheduler, der die verschiedenen Druckjobs entgegennimmt und in die Warteschlangen (Queues) der verschiedenen Drucker stellt. Der Scheduler ist ein kleiner HTTP-Server und kann Druckjobs deshalb sowohl vom lokalen Rechner als auch aus dem Netzwerk entgegennehmen; er lauscht am TCP-Port 631. Die Druckjobs werden als HTTP-`PUT`-Anfragen in einem bestimmten Format übermittelt, das als Internet Printing Protocol (IPP) in RFC 2911 und anderen definiert ist. Außerdem kann der Scheduler natürlich als gewöhnlicher Webserver verwendet werden, was zum Beispiel manchmal genutzt wird, um die CUPS-Dokumentation im HTML-Format im Intranet bereitzustellen.

Der CUPS-Scheduler

Das wohl bekannte, weit verbreitete HTTP-Protokoll sorgt dafür, dass es sehr leicht ist, CUPS-Clients zu schreiben. Aus diesem Grund verbreiten sie sich schnell in der UNIX-Welt – innerhalb weniger Jahre hat sich CUPS zu einer der führenden Drucklösungen entwickelt.

Wenn an Ihren Rechner ein Drucker angeschlossen ist, der sich über CUPS ansteuern lässt (das System ist mit Treibern für fast alle gängigen Druckermodelle ausgestattet), können Sie den CUPS-Server `cupsd` starten, um selbst darauf zu drucken oder anderen Benutzern im Netzwerk den Zugriff auf den Drucker zu erlauben. Auch für den Zugriff auf die CUPS-Drucker anderer Hosts müssen Sie den `cupsd` auf Ihrem eigenen Rechner einrichten.

Die Konfiguration des Daemons steht normalerweise in der Konfigurationsdatei `/etc/cups/cupsd.conf`. Die wichtigsten Befehle sind `Allow` und `Deny`, mit denen Sie den jeweils angegebenen Hosts den Zugriff gewähren beziehungsweise verweigern können. `BrowseAllow` und `BrowseDeny` ermöglichen dagegen die Angabe von Hosts, deren Druckerinformationen Sie erhalten oder nicht erhalten möchten.

Samba

Der Dateiserver Samba ermöglicht die Freigabe von Verzeichnissen und Druckern an Windows-Clients. Der Name leitet sich von SMB ab, dem im vorigen Kapitel angesprochenen File Sharing-Protokoll der Windows-Betriebssysteme.

Wenn Sie Samba benutzen möchten, muss der Samba-Server `smbd` laufen. Die Konfiguration des Servers ist in der Datei `/etc/smb.conf` festgelegt. Sie verfügt über Dutzende möglicher Konfigurationsbefehle, die auf der Manpage `man smb.conf` dokumentiert sind. Die Datei ähnelt eher einer Windows-`ini`-Datei als einer typischen UNIX-Konfigurationsdatei: Unter verschiedenen Abschnitten, deren Namen in eckigen Klammern stehen, werden die Konfigurationsbefehle zeilenweise als `Name=Wert`-Paare gesetzt.

Die folgende kurze `smb.conf`-Datei ermöglicht beliebigen Windows-Benutzern den anonymen Vollzugriff auf das Verzeichnis `/export/pub` und auf einen Drucker vom Typ HP LaserJet:

smb.conf

```
[global]
netbios name  = Server
workgroup     = Workgroup
hosts allow   = 192.168.1.
log file      = /var/log/samba/log.%m
printing      = cups
```

```
guest account = nobody
security      = share

[pub]
comment     = Serververzeichnis für alle
path        = /export/pub
public      = yes
writable    = yes
printable   = yes
browseable  = yes
create mask = 0775

[hplj]
comment      = HP LaserJet
printer name = hplj
writable     = yes
public       = yes
printable    = yes
browseable   = yes
```

Die Gruppe `[global]` enthält zunächst die allgemeine Konfiguration: Der `netbios name` ist der Rechnername, der in der Windows-Netzwerkumgebung angezeigt werden soll. Wenn Sie ihn weglassen, wird stattdessen der TCP/IP-Hostname exportiert. Die `workgroup` gibt an, in welcher Windows-Netzwerk-Arbeitsgruppe der Samba-Server auftauchen soll. `hosts allow` enthält eine Liste von IP-Adress-Schemata, die auf den Server zugreifen dürfen – in diesem Beispiel das LAN mit der Adressgruppe 192.168.1.x. Die Angabe `%m` hinter dem `log file` gibt an, dass pro Monat eine neue Logdatei angelegt werden soll, die mit der Nummer des laufenden Monats endet. `security` gibt die weiter oben besprochene Windows-Freigabeebene an: `share` steht für Share Level Security, während `user` für User Level Security verwendet wird. Wenn Gäste zugreifen, werden ihre Aktionen unter dem lokalen Benutzerkonto `nobody` ausgeführt.

Unter dem selbst gewählten Namen `[pub]` wird das Verzeichnis `/export/pub` freigegeben. Das Setzen sämtlicher Optionen auf den Wert `yes` bedeutet, dass der vollständige Zugriff auf das Verzeichnis möglich ist. Die `create mask` gibt an, mit welchen Benutzerrechten neu angelegte Dateien gespeichert werden sollen. Ähnliche Einstellungen gelten auch für den Drucker.

Der SMB-Client Die Samba-Distribution enthält neben dem Server übrigens auch noch einen SMB-Client, mit dessen Hilfe Sie umgekehrt auf Windows-Freigaben im Netzwerk zugreifen können. Er wird über den Konsolenbefehl `smbclient` aufgerufen und bildet eine Art eigene Shell. Zunächst können Sie testen, welche Freigaben ein bestimmter Windows-Host überhaupt zur Verfügung stellt:

```
$ smbclient -L winbox
```

Sie erhalten eine Liste aller freigegebenen Ordner auf dem angegebenen Host, in diesem Fall `winbox`. Angenommen, die Liste enthält eine Freigabe namens `PUB` vom Typ `Disk`

(Festplatte; eigentlich Verzeichnis). Sie können folgendermaßen auf dieses Verzeichnis zugreifen:

```
$ smbclient \\\\winbox\\pub
```

Der NetBIOS-Freigabename des Verzeichnisses lautet eigentlich `\\winbox\pub`. Da die UNIX-Shell den Backslash aber für Escape-Sequenzen einsetzt, müssen Sie je einen durch zwei von ihnen darstellen. Anschließend können Sie eine Reihe verschiedener Befehle eingeben, um Dateioperationen an den Inhalten der Freigabe vorzunehmen – viele von ihnen entsprechen den Windows-Konsolenbefehlen, die in Kapitel 4, *Betriebssysteme*, erläutert wurden. Der Befehl `h` listet alle verfügbaren Befehle auf. Mittels `quit` oder `exit` können Sie den `smbclient` beenden.

netatalk

Der `netatalk`-Server ist eine freie Implementierung von AppleTalk und Apple File Sharing für UNIX-Systeme. Es ist in heterogenen Netzwerken sehr nützlich, dieselben Verzeichnisse mit Samba und `netatalk` gleichzeitig freizugeben, sodass die Windows- und MacOS-Rechner gleichzeitig zugreifen können. `netatalk` besteht aus drei einzelnen Daemons:

- `atalkd` stellt die grundlegende Unterstützung der AppleTalk-Protokollfamilie bereit und muss laufen, bevor die beiden anderen, eher anwendungsorientierten Daemons eingesetzt werden können.
- `afpd`, der AppleTalk Filing Protocol Daemon, dient der Freigabe von Verzeichnissen an Macs. Er stellt die freigegebenen Verzeichnisse sowohl über AppleTalk als auch über TCP/IP (standardmäßig über den TCP-Port 548) zur Verfügung.
- `papd` ist der Printer Access Protocol Daemon. Er ermöglicht die Freigabe von Druckern im AppleTalk-Netzwerk.

netatalk-Konfiguration

Die Konfiguration des `atalkd` ist denkbar einfach: In die Datei `/etc/atalk/atalkd.conf` müssen Sie nur die Namen der Netzwerkschnittstellen eintragen, über die AppleTalk ausgeführt werden soll – in den meisten Fällen genügt die Angabe `eth0` in einer einzelnen Zeile.

In die Konfigurationsdatei des `afpd` – `/etc/atalk/afpd.conf` müssen Sie in der Regel nichts Besonderes eintragen, wenn der AppleTalk-File-Server mit Standardoptionen laufen soll. Die mitgelieferte Beispieldatei enthält ansonsten genügend Kommentare, in denen besondere Einstellungen erläutert werden. Ähnlich sieht es mit der Druckerfreigabedatei `papd.conf` aus.

Die Datei `AppleVolumes.default` enthält die Namen der Verzeichnisse, die Sie über `netatalk` im Netzwerk freigeben möchten. Jeder Eintrag in dieser Datei enthält den Pfad, den Sie freigeben möchten, gefolgt von einem Leerzeichen und dem Namen, unter dem er in der MacOS-Auswahl erscheinen soll. Das folgende Beispiel gibt das Verzeichnis `/export/pub` unter dem Namen `Ordner im Netz` für alle Benutzer frei:

```
/export/pub "Ordner im Netz"
```

Da der Freigabename Leerzeichen enthält, muss er in Anführungszeichen stehen, weil dahinter noch Optionen folgen können. Die wichtigste Option ist `allow:`, gefolgt von einer durch Kommata (und ohne Leerzeichen) getrennten Liste von Benutzern und Gruppen, die auf den Server zugreifen dürfen. Alternativ können Sie über `deny:` bestimmte Benutzer ausschließen.

Eine weitere wichtige Konfigurationsdatei ist `Applevolumes.system`. Sie enthält eine Liste mit Zuordnungen von Dateitypen. In Kapitel 4, *Betriebssysteme*, wurde bereits erwähnt, dass MacOS den Dateityp anhand von Ressourceninformationen ermittelt. Die Liste in dieser Datei enthält in jeder Zeile eine Dateiendung, die einer File Type- und einer Creator-ID zugeordnet wird. Erfreulicherweise sind die meisten gängigen Dateitypen bereits vorhanden.

`netatalk` legt übrigens in jedem für den Mac-Zugriff freigegebenen Verzeichnis und allen seinen Unterverzeichnissen versteckte Verzeichnisse namens `.AppleDouble` an, in denen die Resource Fork-Informationen der MacOS-Dateien abgelegt werden.

14.2.4 Der Webserver Apache

Für die Bereitstellung von Webseiten im Internet wird ein Webserver (HTTP-Server) benötigt. Der bekannteste und verbreitetste Webserver überhaupt ist das Open-Source-Projekt Apache – genauer gesagt **Apache HTTP Server**, da die Apache Software Foundation noch etliche anderere interessante Softwareprojekte anbietet. Der Name Apache rührt daher, dass es sich ursprünglich um eine durch Patches (Flicken) erweiterte Version des alten NCSA-Webservers handelte – »a patchy web server«.[1]

In diesem Abschnitt wird die Installation und Konfiguration des Apache HTTP Servers in der aktuellen Version 2.0 beschrieben. Detailliertere Informationen über dieses Thema finden Sie in meinem Buch *Apache 2* (Bonn 2004, Galileo Press).

XAMPP

Wenn es lediglich um den Test von Webanwendungen geht, können Sie auch auf die manuelle Einrichtung von Apache und PHP verzichten und stattdessen die Distribution **XAMPP** herunterladen, die Apache, PHP, MySQL und weitere Server-Software in einem komfortablen, vorkonfigurierten Paket enthält. Sie können die Software unter **http://www.apachefriends.org/de/xampp.html** downloaden.

Apache-Grundlagen

Apache ist ein leistungsfähiger, mit zahlreichen komfortablen Funktionen ausgestatteter Webserver, der die vollständige HTTP/1.1-Spezifikation gemäß RFC 2616 erfüllt. Es handelt sich um den verbreitetsten Webserver (Marktanteil etwa 67 %) sowie um das wahrscheinlich erfolgreichste Open-Source-Programm der Welt.

Die aktuelle Version 2.0 wartet mit interessanten Neuerungen auf:

1 Die offizielle Apache-FAQ (http://httpd.apache.org/docs/misc/FAQ.html) unternimmt einen halbherzigen Versuch, diese Erklärung für die Namenswahl als Legende darzustellen.

- Eine Bibliothek namens **Apache Portable Runtime** (APR) abstrahiert wichtige Funktionen der verschiedenen Betriebssysteme. Auf diese Weise konnte Apache selbst sauberer implementiert werden, und insbesondere auf Nicht-UNIX-Systemen hat sich seine Performance erheblich verbessert.
- Durch so genannte **Multi-Processing-Module** (MPM) unterstützt Apache 2 verschiedene Laufzeitmodelle, das heißt unterschiedliche Lösungen zur gleichzeitigen Verarbeitung mehrerer Client-Verbindungen. Das Standard-UNIX-MPM `prefork` verwendet nur Prozesse; das ebenfalls stabile MPM `worker` setzt auf Threads. Einige andere MPMs setzen verschiedene Mischungen aus Prozessen und Threads ein. Windows und andere Nicht-UNIX-Systeme besitzen ihre eigenen optimierten MPMs.

  Beachten Sie, dass einige Drittanbieter-Module nicht threadsicher sind und daher nur mit `prefork` stabil zusammenarbeiten.
- Ein völlig neues Konzept der Version 2 sind die **Ein- und Ausgabefilter**. Sie ermöglichen die beliebige Manipulation der eintreffenden Client-Anfrage beziehungsweise der fertigen Server-Antwort. Auf diese Weise können Textersetzungen, Zeichensatzkonvertierungen oder Sicherheitsüberprüfungen durchgeführt werden. Ausgabefilter lassen sich sogar durch externe Programme oder Skripte realisieren.
- Ebenfalls neu ist der **Multiprotokoll-Support**. Er macht Apache potentiell zum Server für beliebige TCP-Anwendungsprotokolle (neben HTTP); erste Beispielimplementierungen demonstrieren dies anhand von FTP, Echo oder Daytime. Bisher ist zwar noch keines dieser Module praxisreif, aber auf lange Sicht ermöglicht diese Fähigkeit den Betrieb weiterer Serverdienste mit der Sicherheit und Stabilität von Apache.

Besonders interessant ist der modulare Aufbau des Servers – beinahe jede beliebige Funktionalität lässt sich durch Zusatzmodule nachrüsten,[2] und umgekehrt brauchen Sie nur diejenigen Features zu installieren, die Sie wirklich benötigen. Zahlreiche Module werden ab Werk mit Apache geliefert. Als Ergänzungen von Drittanbietern gibt es noch mehr davon; unter **http://modules.apache.org** befindet sich eine relativ vollständige Liste mit Download-Links. Bitte beachten Sie, dass Apache-1.3-Module nicht mit Apache 2 kompatibel sind.

Modul	Aufgaben	Lieferumfang	aktiv
`mod_access`	Zugriffskontrolle nach Hostname/IP-Adresse	ja	ja
`mod_alias`	Verzeichniszuordnung und Weiterleitung	ja	ja
`mod_auth`[3]	Authentifizierung (Benutzeranmeldung): klartextbasiert (Basic); Anmeldedaten aus Textdateien	ja	ja

Tabelle 14.1 Wichtige Apache-2-Module

2 In Ausgabe 2/2005 der Fachzeitschrift iX habe ich einen Artikel veröffentlicht, der in die Modulprogrammierung für Apache 2 einführt.

3 In der kommenden Apache-Version 2.2 werden die auth*-Module umbenannt und neu geordnet, damit sowohl die klartextbasierte Basic- als auch die verschlüsselte Digest-Authentifizierung ihre Anmeldeinformationen aus allen Datenquellen beziehen können

Modul	Aufgaben	Lieferumfang	aktiv
mod_auth_digest	Digest-Authentifizierung (verschlüsselt)	ja	nein
mod_auth_dbm	Basic-Authentifizierung aus datenbankähnlichen DBM-Dateien	ja	nein
mod_auth_ldap	Basic-Authentifizierung gegen einen LDAP-Server (z.B. OpenLDAP oder Active Directory)	ja	nein
mod_auth_mysql mod_auth_oracle usw.	Basic-Authentifizierung gegen diverse Datenbanken	nein	–
mod_autoindex	automatischer Index von Webserver-Verzeichnissen, die keine Startseite enthalten	ja	ja
mod_cgi mod_cgid	Ausführung von CGI-Skripten (klassische serverseitige Programmierung)	ja	ja
mod_dir	Laden der Startseite, wenn ein Verzeichnis angefordert wird	ja	ja
mod_log_config	benutzerdefinierte Logdateien	ja	ja
mod_mime	Typ-, Zeichensatz- und Sprachinformationen	ja	ja
mod_negotiation	Content-Negotiation (automatische Lieferung von Typ-, Sprach- und Zeichensatzvarianten nach Client-Wunsch	ja	ja
mod_perl	eingebetteter Perl-Interpreter für Server-Anwendungen und Perl-basierte Apache-Module	nein	–
mod_php	eingebetteter PHP-Interpreter (siehe Kapitel 17)	nein	–
mod_ssl	SSL-verschlüsselte Verbindungen zwischen Server und Client	ja	nein

Tabelle 14.1 Wichtige Apache-2-Module (Forts.)

Tabelle 14.1 zeigt einige der wichtigsten Apache-2-Module im Überblick. Für jedes Modul ist angegeben, ob es im Lieferumfang enthalten ist und ob es bei einer Standardinstallation automatisch aktiviert wird.

Apache installieren

Als Erstes müssen Sie den Apache-Webserver herunterladen. Wenn Sie den Download-Link auf der Website des Projekts, **http://httpd.apache.org**, anklicken, werden Sie automatisch auf einen Mirror in Ihrer Nähe umgeleitet. Wählen Sie die passende Version für Ihr Betriebssystem; Näheres wird im Folgenden beschrieben.

Viele Linux-Distributionen sowie MacOS X sind ab Werk mit dem Apache-Webserver ausgestattet. Wenn Ihr System dazugehört, können Sie diese Anleitung überspringen. Stellen Sie aber sicher, dass Apache 2.0 installiert ist und nicht die veraltete Version 1.3.[4]

UNIX-Installation

Unter UNIX wird Apache normalerweise aus dem Quellcode kompiliert; auch die Apache Group empfiehlt diese Methode. Entpacken Sie zunächst das Quellcode-Archiv:

```
# tar -xzvf httpd-2.0.53.tar.gz
```

Nun können Sie in das neue Verzeichnis wechseln:

```
# cd httpd-2.0.53
```

Vor der eigentlichen Kompilierung muss das Skript `configure` ausgeführt werden, das den Quellcode-Baum an Ihre Plattform und Ihre Wünsche apasst. Um alle Optionen des Skripts kennen zu lernen, können Sie zunächst Folgendes eingeben:

```
# ./configure --help |less
```

Die wichtigsten `configure`-Optionen sind folgende:

- `--prefix=/Verzeichnispfad` stellt das übergeordnete Verzeichnis für die Apache-Installation ein. Das Standardverzeichnis ist `/usr/local/apache2`.
- `--enable-layout=Layoutname` erlaubt die Auswahl eines **Installationslayouts**; es legt die Verzeichnisse für die einzelnen Komponenten fest. Die Layout-Definitionen stehen in der Datei `layout.config`. Nach dem leicht verständlichen Schema in dieser Datei können Sie auch Ihre eigenen Layouts hinzufügen.
- `--with-mpm=MPM-Modul` wählt das gewünschte Multi-Processing-Modul aus (siehe oben). Die Voreinstellung ist `prefork`. Solange Sie thread-sichere Module verwenden, kann `--with-mpm=worker` die bessere Wahl sein; dieses thread-basierte MPM ist speicherschonender.
- `--enable-so` ist fast lebenswichtig: Diese Option aktivert die Unterstützung für Dynamic Shared Objects (DSOs), damit Sie Module dynamisch hinzufügen können.
- `--enable-modules="modul1 modul2 ..."` kompiliert die angegebenen Module statisch ein. Die Modulnamen müssen hier ohne das Kürzel `mod_` angegeben werden – beispielsweise `"rewrite imap"` für `mod_rewrite` und `mod_imap`. Für einige Standardmodule gibt es auch die Kurzfassung `enable-modulname`.
- `--enable-mods-shared="modul1 modul2 ..."` kompiliert die angegeben Module als DSOs. Dadurch können sie jederzeit wieder entfernt werden. Für wichtige Module existiert die alternative Schreibweise `enable-modulname=shared`.
- `--enable-modules=most` oder `enable-mods-shared=most` kompiliert fast alle Module statisch beziehungsweise als DSOs. Sie sollten stets `most` statt `all` wählen; dies lässt vor allem diejenigen Module weg, mit denen es beim Kompilieren Schwierigkeiten gäbe.
- `--disable-modules="modul1 modul2 ..."` lässt die angegebenen Module explizit weg.

4 Der Einsatz von Version 1.3 ist nur dann unvermeidlich, wenn Sie sehr spezielle Zusatzmodule benötigen, die noch nicht auf Apache 2 portiert wurden.

Mit dem folgenden Beispiel wird Apache 2 zur Kompilierung fast aller Module als DSOs und zur Installation im Standardverzeichnis `/usr/local/apache2` vorbereitet:

```
# ./configure --enable-layout=Apache --enable-so \
--enable-mods-shared=most
```

Nach dem Durchlauf von `configure`, der etliche Minuten dauern kann, müssen Sie (als root!) die beiden Befehle zur Kompilierung und Installation aufrufen:

```
# make
# make install
```

Wenn die Installation abgeschlossen ist, lässt sich Apache am einfachsten über das Skript `apachectl` im `bin`-Verzeichnis Ihrer Installation steuern. Folgende Optionen sind besonders interessant:

- `apachectl start` startet den Server
- `apachectl stop` beendet Apache
- `apachectl restart` sorgt für einen Neustart – wichtig nach jeder Konfigurationsänderung
- `apachectl graceful` führt ebenfalls einen Neustart durch, wartet aber zunächst ab, bis alle aktuellen Client-Anfragen verarbeitet wurden.

Wie sich der Start von Apache 2 auf einem UNIX-System automatisieren lässt, können Sie übrigens in Kapitel 4, *Betriebssysteme*, als konkretes Beispiel für automatische Programmstarts nachlesen.

Windows-Installation

Die Windows-Version wird üblicherweise nicht manuell kompiliert, da ein Binärinstallationspaket im MSI-Format (Windows Installer) zur Verfügung steht. Doppelklicken Sie auf das Icon `apache_2.0.53-win32-x86-no_ssl.msi` und befolgen Sie die Installationsanweisungen. Der Dialog besteht aus folgenden Seiten, auf denen Sie jeweils **Next** anklicken müssen, um fortzufahren:

1. Kurze Information, dass Apache 2 installiert wird.
2. Anzeige der Apache-Lizenz – eine typische Open-Source-Lizenz, die sowohl die freie Verwendung als auch die beliebige Veränderung des Webservers gestattet. Wählen Sie die Option »I accept the terms in the license agreement.«
3. Informationstext über Apache 2 und Hinweise zu weiteren Informationsquellen.
4. Voreinstellungen einiger Konfigurationsdaten: Geben Sie unter **Network Domain** Ihren Domain-Namen ein, etwa `test.local` für einen nicht-öffentlichen Testserver. Als **Server Name** müssen Sie den DNS-Namen des Servers selbst angeben, zum Beispiel `www.test.local`. Die **Administrator's E-Mail Address** ermöglicht Benutzern den Versand einer Mitteilung über Serverfehler, da sie auf automatisch generierten Fehlermeldungsseiten angezeigt wird; üblich ist die Adresse **webmaster@<Domain>**. Auch für einen lokalen Test sollten Sie Apache als vollwertigen Produktions-Server (**For All Users, on Port 80, as a Service**) installieren.

5. Wenn Sie **Typical** wählen, werden nur gängige Komponenten installiert. **Custom** ermöglicht dagegen die freie Auswahl, was zu bevorzugen ist.
6. Wenn Sie **Custom** ausgewählt haben, nun eine Baumansicht mit den möglichen Komponenten der Installation angezeigt. In der Regel können Sie einfach die Wurzel anklicken und die Option **This Feature, and all subfeatures, will be installed on local hard drive** einstellen; dies erfordert etwa 50 MByte Festplattenspeicher. Am unteren Rand wird das Verzeichnis gewählt; der Vorgabewert ist **Apache Group** im Verzeichnis **Programme**.
7. Wenn Sie doch noch etwas ändern möchten, können Sie nun **Back** drücken; andernfalls beginnt ein Klick auf **Install** mit der eigentlichen Installation.

Wenn Sie Apache als Dienst installiert haben (siehe Punkt 4), startet er automatisch. Im Systray wird ein kleines Feder-Symbol angezeigt, der **Apache Service Monitor**. Mit der rechten Maustaste können Sie dieses Programm öffnen und Apache 2 steuern. Beispielsweise müssen Sie ihn nach Konfigurationsänderungen neu starten.

Grundlagen der Apache-Konfiguration

Apache 2 benutzt bei einer Standardinstallation nur eine einzige Konfigurationsdatei für alle Einstellungen. Sie heißt `httpd.conf` und liegt im `conf`-Verzeichnis der Apache-Installation. Sie besteht aus zahlreichen Konfigurationsanweisungen oder **Direktiven**, die folgendes Format haben:

```
Direktive Wert [Wert ...]
```

Daneben gibt es so genannte Container-Bereiche wie `<Directory> ... </Directory>`, die die Wirkung der umschlossenen Direktiven etwa auf ein einzelnes Verzeichnis, einige Dateien oder bestimmte HTTP-Methoden beschränken.

Im Folgenden werden nur kurz die allerwichtigsten Direktiven beschrieben. Zu jeder Direktive wird das Modul angegeben, in dem sie definiert ist (`core` ist die immer verfügbare Grundausstattung). Darüber hinaus werden die folgenden Buchstaben verwendet, um die Kontexte anzuzeigen, in denen eine Direktive stehen darf:

- **S** – Server-Kontext: Die Direktive steht nicht in einem Container und gilt serverweit.
- **V** – virtueller Host: Die Direktive kann in einem `<VirtualHost>`-Container stehen.
- **D** – Verzeichnis-Kontext: Die Direktive gilt für einen Verzeichnisbereich und darf sich in einem `<Directory>`-, `<Location>`- oder `<Files>`-Container befinden.
- **H** – die Direktive darf in einer `.htaccess`-Datei stehen, über die Sie Konfigurationsdaten in die einzelnen Verzeichnisse der Website selbst auslagern können.

  `.htaccess`-Dateien sind eigentlich nur erforderlich, wenn Sie Webspace ohne eigenen Server gemietet haben beziehungsweise umgekehrt virtuelle Hosts für andere User bereitstellen – auf Ihrem eigenen Server gehören in der Regel alle Direktiven in die `httpd.conf`.

Weitere Informationen finden Sie in der Apache-Dokumentation (**http://httpd.apache.org/docs-2.0**) sowie auf der Site zu meinem Apache-Buch (**http://buecher.lingoworld.de/apache2/dirs.php**).

Die Werte zahlreicher Direktiven sind Pfadangaben. Bitte beachten Sie in diesem Zusammenhang, dass Sie auch unter Windows den Slash / als Pfadtrennzeichen verwenden müssen. Außerdem müssen Pfade und andere Werte in Anführungszeichen stehen, sobald sie Leerzeichen enthalten.

`Alias URL-Pfad Verzeichnispfad`

Kontext: SV; Modul: `mod_alias`

Bindet einen `Verzeichnispfad`, der eigentlich außerhalb der Website liegt, unter dem `URL-Pfad` ein. Beispiel:

```
Alias /test /var/daten/test
```

Nun kann mittels `http://Server/test/...` auf die Inhalte des Verzeichnisses `/var/daten/test` zugegriffen werden.

`Allow from all | IP-Adresse | Hostname`

Kontext: DH; Modul: `mod_access`

Rechner mit den genannten Adressen dürfen auf den Verzeichnisbereich zugreifen, in dem die Direktive steht. `Allow` arbeitet in Kombination mit `Order` und `Deny` (siehe unten). Das folgende Beispiel erlaubt allen Rechnern den Zugriff auf den URL-Pfad `/info`:

```
<Location /info>
  Order allow,deny
  Allow from all
</Location>
```

`AllowOverride None | All | Direktiventyp [Direktiventyp ...]`

Kontext: D; Modul: `core`

Bestimmt, welche Direktiven innerhalb eines Verzeichnisbereiches in `.htaccess`-Dateien überschrieben werden dürfen. `All` steht für alle Arten von Direktiven; wichtige Einzeltypen sind etwa `AuthConfig` (Authentifizierungseinstellungen) oder `FileInfo` (Datei-Informationen wie etwa MIME-Einstellungen).

`AuthName Bereichsname`

Kontext: DH; Modul: `core`

Legt den Namen eines Authentifizierungsbereiches (»Realm«) fest. Browser zeigen diesen Bereichsnamen an, damit Benutzer wissen, welche Anmeldedaten sie eingeben müssen.

AuthType Basic | Digest

Kontext: DH; Modul: core

Bestimmt, wie Browser und Server Anmeldedaten austauschen: Basic bedeutet im Klartext, Digest verschlüsselt. Für Letzteres ist das Modul mod_auth_digest zuständig.

AuthUserFile Dateipfad

Kontext: DH; Modul: mod_auth

Verweist auf eine Textdatei, in der Benutzerdaten zur Überprüfung bei der Anmeldung gespeichert sind. Eine solche Datei lässt sich über das mit Apache gelieferte Kommandozeilenprogramm htpasswd erzeugen. Beispiel:

```
# htpasswd [-c] .htuser username
```

Dieses Kommando fragt zweimal nach dem neuen Passwort für username und speichert es verschlüsselt in der Datei .htuser im aktuellen Verzeichnis. Die Option -c (create) dient dazu, die entsprechende Datei neu anzulegen; dies ist beim ersten User erforderlich.

Der Dateipfad gilt als relativ zur ServerRoot (siehe unten), wenn Sie keinen absoluten Pfad angeben. Das folgende Beispiel wählt die Datei .htuser aus dem Verzeichnis credentials im Apache-Installationsverzeichnis als Datenquelle:

```
AuthUserFile credentials/.htuser
```

Aus Sicherheitsgründen darf die angegebene Datei sich auf keinen Fall innerhalb des Website-Verzeichnisses selbst befinden!

Deny from all | IP-Adresse | Hostname

Kontext: DH; Modul: mod_access

Verbietet den angegebenen Rechnern den Zugriff auf das Verzeichnis, in dem die Direktive steht. Das folgende Beispiel schließt alle Rechner vom URL-Pfad /geheim aus:

```
<Location /geheim>
  Order deny,allow
  Deny from all
</Location>
```

<Directory Verzeichnis> ... </Directory>

Kontext: SV; Modul: core

Umschließt Einstellungen für ein bestimmtes Verzeichnis der Website. Das folgende Beispiel verbietet .htaccess-Dateien auf dem gesamten Server (kann für einzelne Verzeichnisse wieder überschrieben werden):

```
<Directory />
  AllowOverride None
</Directory>
```

`DirectoryIndex Dateiname [Dateiname ...]`

Kontext: SVDH; Modul: `mod_dir`

Gibt Namen von Dokumenten an, nach denen Apache in der angegebenen Reihenfolge suchen soll, wenn nur ein Verzeichnis angefordert wurde (Startseiten). Die Voreinstellung ist `index.html`; das folgende Beispiel erlaubt zusätzlich `index.htm` und `index.php`:

```
DirectoryIndex index.html index.htm index.php
```

`DocumentRoot Verzeichnis`

Kontext: SV; Modul: `core`

Wurzelverzeichnis der Website, dem der URL-Pfad / zugeordnet ist. Die Voreinstellung ist `/htdocs` im Apache-Verzeichnis. Beispiel:

```
DocumentRoot /usr/local/apache2/htdocs
```

`Listen [IP-Adresse:]Port`

Kontext: S; Modul: MPM-Module

Gibt den TCP-Port an, an dem Apache lauscht. Wenn Sie IP-Adressen hinzufügen, wartet er nur an einzelnen Netzwerkschnittstellen auf Verbindungen. Standard:

```
Listen 80
```

Für andere Verwendungszwecke benötigen Sie mehrere `Listen`-Direktiven; etwa Port 443 für verschlüsselte SSL-Verbindungen über `mod_ssl`.

`LoadModule Modulname Dateipfad`

Kontext: S; Modul: `mod_so`

Wenn Module als Dynamic Shared Objects (DSOs) kompiliert wurden, müssen sie mit Hilfe dieser Direktive geladen und dadurch aktiviert werden. Der Modulname ist der Grundname mit angehängtem `_module` (bei `mod_autoindex` also zum Beispiel `autoindex_module`); der Dateipfad verweist in der Regel auf das Verzeichnis `modules` relativ zur `ServerRoot` (siehe unten). Beispiel:

```
LoadModule dir_module modules/mod_dir.so
```

`<Location URL-Pfad> ... </Location>`

Kontext: SV; Modul: `core`

Enthält Einstellungen für einen bestimmten URL-Pfad. Das folgende Beispiel stellt unterhalb von `http://Server/test` die Startseite `start.html` ein:

```
<Location /test>
  DirectoryIndex start.html
</Location>
```

```
Options None | All | Optionstyp [Optionstyp ...]
```

Kontext: SVDH; Modul: `core`

Setzt Verzeichnisoptionen. `None` verbietet alle Optionen, `All` erlaubt sie alle.[5] Wichtige Einzeloptionen sind etwa `Indexes` (automatische Erzeugung einer Indexseite durch `mod_autoindex`) oder `ExecCGI` (Ausführung von CGI-Skripten).

In untergeordneten Kontexten können Sie übrigens die Schreibweise `+Option` oder `-Option` verwenden, um gezielt Optionen zu den Einstellungen des übergeordneten Kontextes hinzuzufügen beziehungsweise daraus zu entfernen.

```
Order allow,deny | deny,allow
```

Kontext: DH; Modul: `mod_access`

Bestimmt die Reihenfolge, in der `Allow` und `Deny` ausgewertet werden. Betrachtet den vorderen Wert als Voreinstellung (meist mit dem Wert `All`) und den hinteren als Ausnahme. Beachten Sie, dass zwischen `allow,deny` beziehungsweise `deny,allow` kein Leerzeichen hinter dem Komma stehen darf. Das folgende Beispiel erlaubt nur Rechnern aus dem Netzwerk 192.168.0.0/24 den Zugriff auf den URL-Pfad `/intranet`:

```
<Location /intranet>
  Order deny,allow
  Deny from all
  Allow from 192.168.0
</Location>
```

```
Redirect [Status] URL-Pfad URL
```

Kontext: SVDH; Modul: `mod_alias`

Anfragen für den angegebenen `URL-Pfad` werden an die (externe) `URL` weitergeleitet. Das folgende Beispiel leitet alle Anfragen für `http://Server/hier` an entsprechende Ressourcen unter `http://woanders.com` weiter:

```
Redirect /hier http://woanders.com
```

```
Require user Username | group Groupname | valid-user
```

Kontext: DH; Modul: `core`

Gibt bei einer Authentifizierung an, welche Benutzer (`user`) oder Gruppen (`group`) sich anmelden dürfen. `valid-user` steht für alle Benutzer aus der aktuellen Datenquelle, zum Beispiel dem `AuthUserFile` (siehe oben).

```
Satisfy Any | All
```

Kontext: DH; Modul: `core`

5 Die Option `MultiViews`, die anhand von Dateiendungen automatisch mehrere Sprach-, Zeichensatz- oder Dateitypversionen für Content-Negotiation anbietet, ist nicht in `All` enthalten und muss bei Bedarf immer explizit angegeben werden.

Wenn Sie Authentifizierung und Zugriffskontrolle per IP-Adresse im gleichen Verzeichnis verwenden möchten, gibt `Satisfy` an, ob beide Kriterien erfüllt sein müssen (`All`) oder ob eines von ihnen genügt (`Any`).

`ScriptAlias URL-Pfad Verzeichnispfad`

Kontext: SV; Modul: `mod_alias`

Genau wie bei `Alias` wird der externe `Verzeichnispfad` unter dem angegebenen `URL-Pfad` eingebunden. Zusätzlich werden die Dateien im Verzeichnis als CGI-Skripte betrachtet. Das heißt, sie werden ausgeführt und ihre Ausgabe wird als dynamisches Dokument an den Client gesendet. Näheres über das Konzept erfahren Sie in Kapitel 17, *Webanwendungen*. Die übliche Voreinstellung bindet ein Verzeichnis namens `cgi-bin` ein:

```
ScriptAlias /cgi-bin /usr/local/apache2/cgi-bin
```

`ServerAdmin E-Mail`

Kontext: SV; Modul: `core`

Die E-Mail-Adresse des Server-Administrators, damit Benutzer Fehlermeldungen direkt an den Webmaster senden können. Beispiel:

```
ServerAdmin webmaster@lingoworld.de
```

`ServerName Domain-Name`

Kontext: SV; Modul: `core`

Gibt den Domain-Namen des Servers oder virtuellen Hosts an. Beachten Sie, dass der Server in der Öffentlichkeit nur dann tatsächlich unter diesem Namen verfügbar ist, wenn entsprechende Nameserver-Einträge existieren. Die nötigen Einzelheiten zur BIND-Konfiguration wurden bereits in Kapitel 13, *Netzwerktechnik*, erläutert. Beispiel:

```
ServerName www.lingoworld.de
```

`ServerRoot Verzeichnispfad`

Kontext: S; Modul: `core`

Das Dachverzeichnis, unter dem Apache installiert ist. Die Verzeichnisangaben in vielen Direktiven können relativ zu dieser Einstellung sein. Hier ein Beispiel für Windows:

```
ServerRoot "C:/Programme/Apache Group/Apache2/"
```

`<VirtualHost Host[:Port]> ... </VirtualHost>`

Kontext: S; Modul: `core`

Enthält Einstellungen für einen virtuellen Host, angegeben durch IP-Adresse, Hostame und/oder TCP-Port. Beachten Sie, dass die zugehörigen Listen-Direktiven (siehe oben) im Server-Kontext stehen müssen. Näheres über dieses komplexe Thema erfahren Sie in der Beschreibung dieser Direktive auf der Site zu meinem Buch »Apache 2«: **http://buecher.lingoworld.de/apache2/showdir.php?id=757**.

Hier noch einige Hinweise zu guten Voreinstellungen für die Verzeichnisse eines Produktions-Servers. Das Ziel ist ein vernünftiges Maß an Sicherheit, ohne die Benutzbarkeit allzu sehr einzuschränken.

Voreinstellungen

Zunächst sollten Sie sehr restriktive Voreinstellungen für alle Verzeichnisse des Server-Hosts vornehmen:

```
<Directory />
   # Alle Optionen ausschalten
   Options None
   # .htaccess ausschalten (für Sicherheit & Performance)
   AllowOverride None
   # ALLE Zugriffe verbieten
   Order deny,allow
   Deny from all
</Directory>
```

Anschließend werden die Einstellungen für die Website selbst, also die `DocumentRoot`, gesetzt. Das folgende Beispiel erlaubt alle Zugriffe und einige Optionen, lässt aber die Einstellung für `.htaccess`-Dateien durch einfache Nichterwähnung bestehen:

```
<Directory /usr/local/apache2/htdocs>
   # Einige Optionen aktivieren
   Options Indexes FollowSymLinks
   # Alle Zugriffe gestatten
   Order deny,allow
   Allow from all
</Directory>
```

Zu guter Letzt noch ein Beispiel für ein geschütztes Verzeichnis, dessen Inhalte Benutzer nur nach Anmeldung mit Benutzername und Passwort aufrufen dürfen. Es geht davon aus, dass sich die gewünschten Benutzerdaten in der Datei `.htuser` im Apache-`conf`-Verzeichnis befinden:

```
<Location /privat>
   AuthType Basic
   AuthName "Privater Bereich"
   AuthUserFile conf/.htuser
   Require valid-user
</Location>
```

Dies akzeptiert alle Benutzer/Passwort-Kombinationen aus der Datei `.htuser`. Wenn ein User einen URL-Pfad aus diesem Verzeichnis anfordert, erhält sein Browser den Status `401 Unauthorized` als Antwort und zeigt einen Dialog wie in Abbildung 14.1 an. Bei weiteren Zugriffen auf denselben Bereich sendet der Browser – zumindest innerhalb derselben Sitzung – die Anmeldedaten automatisch.

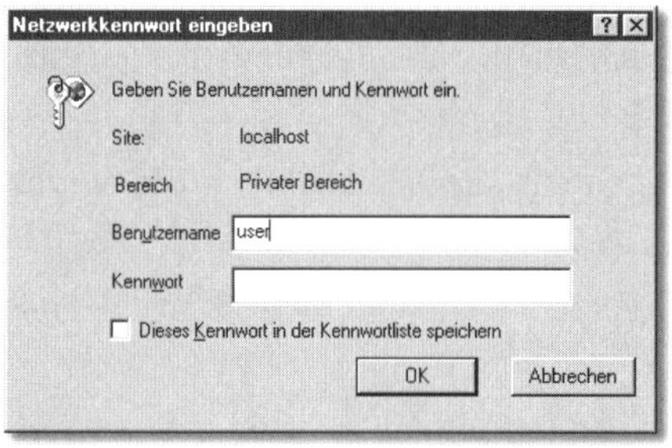

Abbildung 14.1 Aufforderung zur Benutzeranmeldung im Internet Explorer

14.3 Einführung in die Netzwerkprogrammierung

Die Programmierung von Netzwerkanwendungen ist ein spannendes und sehr umfangreiches Thema. Es gibt zahlreiche gute Bücher, die diese faszinierende Disziplin der Softwareentwicklung ausführlich beschreiben; in Anhang B werden einige von ihnen vorgestellt. In diesem Abschnitt wird speziell die Programmierung von TCP/IP-Netzwerkanwendungen beschrieben, die herausragende Bedeutung dieser Protokollfamilie muss nicht noch einmal betont werden. Die konkrete Programmiersprache, die hier verwendet wird, ist Perl – in kaum einer anderen Sprache sind die Schnittstellen für die Netzwerkprogrammierung so bequem zu benutzen. Allerdings lassen sich die Beispiele leicht in anderen Programmiersprachen nachvollziehen, weil die verwendete Programmierschnittstelle für fast alle Sprachen und Plattformen in ähnlicher Art verfügbar ist.

14.3.1 Die Berkeley Socket API

Die Grundlage für die Programmierung von TCP/IP-Anwendungen ist die Verwendung von **Sockets**. Die TCP/IP-Kommunikation zwischen zwei Programmen findet stets über zwei Sockets statt, die man als die beiden Enden einer Netzwerkverbindung verstehen kann, vergleichbar mit dem aus Hör- und Sprechmuschel bestehenden Telefonhörer: Wenn eine Netzwerkanwendung einer verbundenen Anwendung etwas mitteilen möchte, schreibt sie in ihr Socket hinein; die Anwendung an der Gegenstelle kann die Information aus ihrem eigenen Socket lesen. Anders als die in Kapitel 6, *Konzepte der Programmierung*, beschriebenen Pipes ist ein Socket-Paar stets bidirektional, kann also zum Lesen und zum Schreiben gleichzeitig verwendet werden.

Erfreulicherweise ist die Socket-Programmierung schon vor langer Zeit standardisiert worden. An der University of California in Berkeley, wo auch UNIX zu seiner vollen Blüte gereift ist, wurde eine Programmierschnittstelle für die Programmierung von TCP/IP-Netzwerkanwendungen geschrieben, die **Berkeley Socket API**. Eine API (Application Programming Interface) ist eine standardisierte Sammlung von Funktionen und Schnittstellen für die Programmierung bestimmter Anwendungen.

Die ursprüngliche Fassung der Berkeley Socket API wurde als Sammlung von Bibliotheken und Header-Dateien für die Programmiersprache C unter BSD-UNIX geschrieben. Genau dieser Umstand sorgt dafür, dass C, UNIX und das Internet bis heute eine untrennbare Einheit bilden. Dennoch sind in der Folgezeit Fassungen der Socket API für viele verschiedene Programmiersprachen und Betriebssysteme geschrieben worden. Beispielsweise verfügen alle Windows-Systeme über die leicht angepasste Windows Socket Library (WinSock). In diesem Abschnitt wird die Netzwerkprogrammierung am Beispiel der Programmiersprache Perl vorgestellt, da es eine Reihe interessanter Perl-Module gibt, die die Entwicklung von Netzwerkanwendungen erleichtern.

Das Perl-Modul Socket

Bevor Sie die Funktionen der Berkeley Socket API in Perl effizient verwenden können, sollten Sie mittels `use Socket` das Modul `Socket` importieren. Zwar sind die eigentlichen Funktionen in den Sprachkern von Perl eingebaut, aber ohne die zahlreichen Konstanten für bestimmte Einstellungen, die in diesem Modul definiert sind, ist ihre Verwendung undenkbar.

Die im Folgenden genannten Funktionen – die in C genauso lauten und ähnliche Parameter haben – dienen dem Einrichten und Konfigurieren von Sockets.

Sockets erzeugen

Der Befehl zur Erzeugung eines Sockets hat die folgende grundlegende Syntax:

```
socket (SOCK, $domain, $type, $proto);
```

Diese Anweisung erzeugt ein neues Socket, dem das Dateihandle `SOCK` für Lese- und Schreiboperationen zugeordnet ist (natürlich können Sie statt `SOCK` einen beliebigen Dateihandle-Bezeichner verwenden).

Socket-Eigenschaften

Der Parameter `$domain` enthält einen Wert für das Einsatzgebiet des Sockets. Die entsprechenden Konstanten werden im Modul Socket definiert: `AF_INET` bezeichnet ein Socket für eine TCP/IP-Verbindung, während `AF_UNIX` ein so genanntes UNIX-Domain-Socket erzeugt. UNIX-Domain-Sockets sind ein beliebtes Mittel für die Inter-Prozess-Kommunikation auf UNIX-Systemen. Sie verwenden als Kommunikationsbasis keine Netzwerkverbindung, sondern eine Pipe-ähnliche Datei im Dateisystem. Im Folgenden werden nur `AF_INET`-Sockets behandelt.

In `$type` wird eine Konstante für den Socket-Typ angegeben. Es existieren die beiden grundsätzlichen Typen `SOCK_STREAM` für ein Stream-Socket und `SOCK_DGRAM` für ein Datagramm-Socket. Stream-Sockets werden in aller Regel für TCP-Verbindungen verwendet, weil sie eine dauerhafte Verbindung zwischen zwei Netzwerkknoten erzeugen. Datagramm-Sockets sind dagegen für die UDP- und ICMP-Netzwerkkommunikation vorgesehen, weil sie verbindungslos sind.

Der vierte Parameter, `$proto`, erwartet schließlich einen Integer, der das zu benutzende Kommunikationsprotokoll angibt. Zwar existieren zur Angabe des Protokolls keine Konstanten, aber dafür können Sie die Funktion `getprotobyname()` verwenden. Genau wie die gleichnamige C-Bibliotheksfunktion beziehungsweise der entsprechende UNIX-Systemaufruf wandelt sie ein durch seinen Namen angegebenes Protokoll in die entsprechende Nummer um, indem sie es in der Standarddatei `/etc/protocols` nachschlägt. Für UNIX-Domain-Sockets wird dagegen die Konstante `PF_UNSPEC` (»kein bestimmtes Protokoll«) angegeben.

Die folgenden beiden Beispielzeilen erzeugen ein TCP-Stream-Socket beziehungsweise ein UDP-Datagramm-Socket:

```
socket (TCP_SOCK, AF_INET, SOCK_STREAM,
     getprotobyname ('tcp'));
socket (UDP_SOCK, AF_INET, SOCK_DGRAM,
     getprotobyname ('udp'));
```

Adressen und Ports

Wie die IP-Adressierung funktioniert und was TCP- und UDP-Ports zu bedeuten haben, wurde im vorigen Kapitel ausführlich erläutert. Für die Socket-Programmierung müssen Adressen und Ports in speziellen Strukturen gespeichert werden, die der C-Standardbibliothek entstammen. Zu diesem Zweck werden verschiedene Bibliotheksfunktionen zur Verfügung gestellt, die der Umwandlung von Hostnames, Adressen und Ports in das korrekte Format dienen:

- `gethostbyname ($hostname)`

  Diese Funktion wandelt den angegebenen Hostname in die entsprechende IP-Adresse um. Damit dies korrekt funktioniert, benötigen Sie Zugriff auf einen Namensdienst, der in der Lage ist, den entsprechenden Hostname aufzulösen, im Internet also beispielsweise auf einen DNS-Server. Das Ergebnis ist eine Struktur, die den Hostname und die in ASCII-Zeichen gepackte IP-Adresse enthält.

- `inet_aton ($host_oder_ip)`

  Mit Hilfe dieser Funktion wird ein Hostname oder eine IP-Adresse in dezimaler Vierergruppenschreibweise (zum Beispiel 192.168.0.9) in vier ASCII-Zeichen verpackt. Viele Socket-Funktionen benötigen diese Schreibweise. `inet_ntoa ($pack_adr)` erledigt übrigens die umgekehrte Aufgabe und wird mitunter benötigt, um die mit einem Datenpaket empfangene Adresse des Gegenübers zu entschlüsseln.

- `sockaddr_in ($port, $pack_adr)`

  Die Funktion `sockaddr_in` macht aus einer Port-Angabe und einer mittels `inet_aton` gepackten Adresse eine speziell verpackte Host/Port-Struktur, die Sie für die Angabe der Gegenstelle bei einer Netzwerkverbindung verwenden können. Das folgende Beispiel erstellt eine solche Struktur für den Zugriff auf Port 80 (den HTTP-Server) auf dem Host **www.galileo-computing.de**:

  ```
  $webserver = sockaddr_in
    (80, inet_aton ('www.galileo-computing.de'));
  ```

  Interessanterweise ist `sockaddr_in` gleichzeitig in der Lage, die umgekehrte Umwandlung vorzunehmen: Wenn Sie ein gepacktes Host/Port-Paar aus einem Datenpaket erhalten (siehe unten), können Sie es folgendermaßen entpacken:

  ```
  ($port, $host) = sockaddr_in ($pack_port_host);
  ```

▶ `getservbyname ($service, $proto)`

Statt der numerischen Angabe des Ports können Sie die so genannten Well-Known-Ports mit Nummern bis 1023, die bei gängigen Serverdiensten eingesetzt werden, auch durch ihren Namen angeben und per `getservbyname` umwandeln. Als zweites Argument benötigen Sie dazu das Transportprotokoll (`'tcp'` oder `'udp'`). Zum Beispiel können Sie folgendermaßen eine Verbindung zu dem FTP-Server **ftp.uni-koeln.de** herstellen:

```
$port = getservbyname ('ftp', 'tcp');
$ftpserver = sockaddr_in
    ($port, inet_aton ('ftp.uni-koeln.de'));
```

Verbindungen herstellen, Daten senden und empfangen

Was als Nächstes mit dem Socket geschieht, hängt zum einen davon ab, ob Sie ein Stream- oder ein Datagramm-Socket erzeugt haben und, falls es ein Stream-Socket ist, ob Sie gerade einen Client oder einen Server schreiben.

UDP-Sockets verwenden

UDP-Datagramm-Sockets können Sie nach dem Erstellen ohne weitere Formalitäten verwenden, um einfache Nachrichten zu versenden oder von anderen UDP-Anwendungen zu empfangen. Dazu werden die Anweisungen `send()` und `recv()` verwendet:

▶ `send (SOCK, $data, 0, $receiver);`

Diese Anweisung sendet den Dateninhalt `$data` über das Socket `SOCK` an den Empfänger `$receiver`. Der Empfänger wird als `sockaddr_in`-Struktur angegeben (siehe oben). Der dritte Parameter ist normalerweise 0; er kann in sehr seltenen Fällen einen speziellen Wert für besondere Routing-Einstellungen enthalten.

▶ `recv (SOCK, $data, $maxlength, 0);`

Die Anweisung `recv()` empfängt ein UDP-Datagramm. Der gelesene Wert wird in der Variablen `$data` gespeichert, während das Funktionsergebnis den Absender des Datagramms angibt. Von den meisten UDP-Servern können Sie Daten nur dann empfangen, wenn Sie zuvor mittels `send()` eine Anfrage an sie geschickt haben.

Auf UDP-Anwendungen wird hier nicht weiter eingegangen. Bei TCP-Sockets sieht die Angelegenheit komplizierter aus: Wenn Sie einen Server programmieren, der eine Dienstleistung zur Verfügung stellt, müssen Sie das Socket zum lauschenden (listening) Socket machen. Schreiben Sie dagegen einen Client, müssen Sie als Nächstes eine Verbindung zu einem Server-Socket herstellen.

TCP-Sockets verwenden

Beispielsweise können Sie folgendermaßen eine Verbindung zu dem Webserver **www.galileodesign.de** herstellen und ihm eine GET-Anfrage schicken, anschließend werden sämtliche zurückgegebenen Zeilen gelesen und am Bildschirm angezeigt:

```
#!/usr/bin/perl -w
use Socket;
use IO::Handle;
$port = getservbyname ('http', 'tcp');
$dest = sockaddr_in
    ($port, inet_aton ('www.galileodesign.de'));
```

```
socket (SOCK, AF_INET, SOCK_STREAM,
     getprotobyname ('tcp'));
connect (SOCK, $dest);
# Socket in den Autoflush-Modus schalten:
SOCK->autoflush (1);
# HTTP-Anfrage für Startseite senden:
print SOCK "GET / HTTP/1.0\n\n";
# Antwort des Servers zeilenweise ausgeben:
while ($line = <SOCK>) {
   chomp $line;
   print "$line\n";
}
```

Dieses Programm übernimmt tatsächlich die Hälfte der Funktionalität eines Browsers: Es richtet eine HTTP-Anfrage an einen Webserver und liest das erhaltene Dokument. Der kompliziertere Teil eines Browsers ist freilich nicht enthalten, nämlich derjenige, der den erhaltenen HTML-Code interpretiert und ein formatiertes Dokument daraus macht. Stattdessen wird die gesamte Ausgabe des Servers einfach angezeigt, und zwar nicht nur das eigentliche HTML-Dokument (die Startseite von Galileo Design), sondern auch sämtliche HTTP-Header.

TCP-Client-Funktionen

In diesem Programm werden einige neue Funktionen verwendet:

- `connect (SOCK, $dest);`

  Diese Anweisung stellt eine Verbindung zu einem TCP-Server her, der mit Hilfe der gepackten Adresse `$dest` angegeben wird. Anschließend können Sie das Socket wie ein Dateihandle verwenden, um Daten daraus zu lesen und hineinzuschreiben.

- `SOCK->autoflush(1);`

  Die Funktion `autoflush` ist im Modul `IO::Handle` definiert, das aus diesem Grund mittels `use` eingebunden wird. Sie sorgt dafür, dass Schreiboperationen in das Socket (beziehungsweise ein beliebiges Dateihandle) unmittelbar abgeschickt und nicht gepuffert werden, bis mehr Daten zusammenkommen. Wenn Sie die Zeile weglassen, bleibt das Programm einfach kommentarlos stehen.

Die restlichen Socket-Funktionen wurden bereits weiter oben erläutert. Die eigentliche Kommunikation mit dem Server erfolgt über die Funktion `print` und den Operator `<>`; die Verwendung dieser Anweisungen mit Dateihandles wurde bereits in Kapitel 5, *Grundlagen der Programmierung*, erläutert.

Interessant ist noch die eigentliche GET-Anfrage, die an den Webserver geschickt wird:

```
GET / HTTP/1.0
```

Es wird also die Startseite der Website (/) über das Protokoll HTTP 1.0 angefordert. In diesem Zusammenhang können Sie die aktuelle Variante HTTP 1.1 nicht verwenden, weil sie einen Host-Header erwartet. Die Anfrage muss, wie hier gezeigt, durch zwei Zeilenumbrüche abgeschlossen werden.

Für einen Server sind zusätzlich die folgenden Anweisungen wichtig:

TCP-Server-Funktionen

- `bind (SOCK, $addr);`

  Diese Anweisung bindet ein zuvor erzeugtes Socket an eine (lokale) `sockaddr_in`-Adresse. Sie können jede Ihrer lokalen Schnittstellenadressen, die Loopback-Adresse (127.0.0.1) oder die Konstante `INADDR_ANY` (für jede beliebige Adresse) verwenden.

  Noch wichtiger als die Adresse selbst ist übrigens der Port, den Sie mittels `sockaddr_in` in die Struktur einfügen, weil es der spezifische Port ist, auf dem der Server lauschen soll. Beachten Sie, dass Sie unter UNIX root-Rechte benötigen, um einen der Well-Known-Ports unter 1024 anzusprechen. Darüber hinaus ist es ein erhebliches Sicherheitsrisiko, ein selbst geschriebenes und nicht sicherheitsoptimiertes Programm auf einem solchen Port laufen zu lassen, den die Schnüffel-Tools potenzieller Angreifer standardmäßig auf Angriffsmöglichkeiten überprüfen.

  Das folgende Beispiel bindet ein Socket an jede beliebige Adresse des Servers und lauscht an Port 11.111:

  ```
  bind (SOCK, sockaddr_in (11111, INADDR_ANY));
  ```

- `listen (SOCK, $max_queue);`

  Die Anweisung `listen` benötigt ein mittels `bind` gebundenes Socket und wandelt es in ein lauschendes Socket um: Dieses Socket wartet auf den Verbindungsversuch eines Clients mittels `connect`, wie er weiter oben erläutert wurde. Das Argument `$max_queue` gibt die maximale Größe der Warteschlange dieses Sockets an, bestimmt also, wie viele Client-Verbindungen darauf warten können, akzeptiert zu werden. Normalerweise wird hierfür die Konstante `SOMAXCONN` verwendet, die den maximalen Wert enthält, den das Betriebssystem zulässt.

- `$remote_addr = accept (SOCK_CONN, SOCK);`

  Sobald auf dem lauschenden Socket eine Verbindung eingeht, wird die nächste Programmzeile ausgeführt – normalerweise enthält sie einen solchen `accept`-Befehl. `SOCK_CONN` ist ein neues, mit dem Client verbundenes Socket, das durch diese Anweisung erzeugt wird. Die gepackte Adresse des Clients steht im Funktionsergebnis.

Das Modul IO::Socket

Eine große Erleichterung für Perl-Programmierer ist die Verwendung des Moduls IO::Socket statt der bisher behandelten Bibliotheksbefehle. Das Modul stellt bequeme Funktionen zur Verfügung, die die meisten komplexen Umwandlungsbefehle überflüssig machen. Beachten Sie, dass die Anweisungen, die in diesem Unterabschnitt behandelt werden, nicht kompatibel zur C-Standardbibliothek und zur ursprünglichen Berkeley Socket-API sind.

Eingebunden wird das Modul folgendermaßen:

```
use IO::Socket;
```

Perl-Objektorientierung Beachten Sie, dass das Modul von IO::Handle abgeleitet ist und deshalb bereits die oben erwähnte Funktion `autoflush` beinhaltet. Die IO::*-Module verfolgen alle einen objektorientierten Ansatz, der hier einfach intuitiv verwendet wird. Auf die objektorientierte Programmierung mit Perl geht dieses Buch dagegen aus gutem Grund nicht ein – sie ist ziemlich komplex und umständlich und lässt sich nicht mit der Eleganz von Java-Klassen messen.[6]

Mit Hilfe der IO::Socket-API wird ein neues Socket folgendermaßen eingerichtet:

```
$sock = IO::Socket::INET->new (@args);
```

Beachten Sie, dass `$sock` formal kein Dateihandle ist, sondern eine Referenz auf ein Socket, die von der entsprechenden Funktion zurückgegeben wird. Wenn Sie die strenge Syntaxüberprüfung (`use strict`) verwenden, müssen Sie diese Variable also mittels `my` deklarieren. In allen anderen Belangen funktioniert die Referenz wie ein gewöhnliches Socket. Die Funktion `IO::Socket::INET->new` erzeugt übrigens nur Sockets vom Typ AF_INET; für UNIX-Domain-Sockets müssen Sie dagegen `IO::Socket::UNIX->new` aufrufen.

Socket-Eigenschaften bei IO::Socket Die Argumentliste `@args` gibt die Eigenschaften des Sockets als Name/Wert-Paare an. Die wichtigsten dieser Einstellungen sind folgende:

- `PeerAddr` gibt die Adresse des entfernten Hosts an. Sie können einen Hostname oder eine IP-Adresse verwenden. Wenn Sie `PeerAddr` angeben, wird nach der Erzeugung des Sockets automatisch `connect()` aufgerufen, es handelt sich also um eine Eigenschaft für ein Client-Socket.
- `PeerPort` ist der entfernte Port. Alternativ können Sie ihn auch, durch Doppelpunkt getrennt, bei `PeerAddr` angeben.
- `LocalAddr` gibt die lokale Adresse an.
- `LocalPort` ist der lokale Port. Wenn Sie nur `LocalPort`, aber nicht `LocalAddr` angeben, wird für die Adresse automatisch `INADDR_ANY` eingetragen – in der Regel genau das, was Sie benötigen.
- `Proto` ist der Name oder die Nummer des zu verwendenden Protokolls, also `'tcp'` oder `'udp'`.
- `Listen` gibt die Größe der Lauschwarteschlange an. Wenn dieses Argument vorhanden ist, wird darüber hinaus automatisch `listen()` aufgerufen, sodass das Socket zum lauschenden Socket wird.
- `Type` gibt den Socket-Typ an, also eine der Konstanten `SOCK_STREAM` oder `SOCK_DGRAM`.

IO::Socket-Objekte erzeugen Das folgende Beispiel erzeugt ein typisches TCP-Client-Socket, das eine Verbindung zum FTP-Server der Uni Köln herstellt:

```
my $sock = IO::Socket::INET->new
     (Proto    => 'tcp',
      PeerAddr => 'ftp.uni-koeln.de',
      PeerPort => 'ftp');
```

6 Deshalb wurde die gesamte Objektorientierung in der kommenden Perl-Version 6 grunderneuert.

Um dagegen ein lauschendes Socket einzurichten, das für einen Server verwendet werden kann, können Sie beispielsweise folgenden Befehl benutzen:

```
my $listen = IO::Socket::INET->new
     (Proto     => 'tcp',
      LocalPort => 22222,
      Listen    => SOMAXCONN);
```

Dieses Socket lauscht also auf Port 22.222 an jeder beliebigen Adresse des Hosts und lässt so viele wartende Verbindungsversuche zu, wie das Betriebssystem erlaubt.

14.3.2 Ein praktisches Beispiel

Mit dem Wissen aus dem vorigen Unterabschnitt ist es eigentlich kein Problem, beliebige Server und Clients in Perl zu programmieren. Wenn Sie wohlbekannte Protokolle implementieren möchten, müssen Sie die entsprechenden RFCs lesen und Punkt für Punkt abarbeiten. Für das Buch *Apache 2* habe ich zur Verdeutlichung des Grundprinzips einen kleinen Webserver geschrieben, der einen winzigen Ausschnitt der HTTP-Spezifikation erfüllt – die einfache Auslieferung statischer Dokumente funktioniert unproblematisch. Beschreibung und Downloadmöglichkeit finden Sie unter **http://buecher.lingoworld.de/apache2/server.html**.

Der Server

Das folgende Beispiel implementiert einen einfachen Server, der nach einer Client-Anmeldung jede Anfrage mit der Anzahl der bisherigen Anfragen dieses Clients sowie mit Datum und Uhrzeit beantwortet. Falls der Dateninhalt der Anfrage `"reset"` lautet, wird die Anzahl zurückgesetzt; bei `"exit"` wird die Verbindung beendet. Hier zunächst der Sourcecode:

```
#!/usr/bin/perl -w
use strict;
use IO::Socket;

# Lauschendes Socket erzeugen
my $listen = IO::Socket::INET->new
   (Proto     => 'TCP',
    LocalPort => 11111,
    Listen    => SOMAXCONN);

print "Server lauscht an Port 11111 ...\n";

# Logdatei zum Anhängen öffnen
open LOG, ">>log.txt";

# Accept-Schleife
while (1) {
   # Keine Anfrage? Nächster Durchlauf!
```

```
    next unless my $conn = $listen->accept();

    # Verbindungsaufbau - Child-Prozess erzeugen
    my $child = fork;
    if ($child == 0) {
       # Im Child-Prozess? Verbindung verarbeiten
       handle_conn ($conn);
       # Wieder da? Child beenden
       exit (0);
    }
}

sub handle_conn {

    my $anzahl = 0;

    my $sock = shift;
    my $peer = $sock->peerhost;

    print "  Connection from $peer\n";

    # Anfragen lesen
    while (my $request = <$sock>) {
       $request =~ s/\s*$//;
       # Beenden bei "exit"
       last if $request eq "exit";
       # reset?
       $anzahl = 0 if $request eq "reset";
       # Datum und Uhrzeit
       my $now = scalar localtime;
       # Anzahl erhöhen
       $anzahl++;
       # Ausgabe
       print $sock "${anzahl}. Anfrage: $now\n";
       # Log-Eintrag
       print LOG "${peer}: \"${request}\" ($now)\n";
    }
    print $sock "Bye.\n";
    print "  Connection closed by $peer\n";
}
```

Das lauschende Socket wird nach dem weiter oben gezeigten Schema erstellt; der Server lauscht an Port 11111. Die `accept()`-Schleife springt jeweils sofort mit `next()` zum nächsten Durchgang, falls kein Verbindungswunsch eines Clients eintrifft. Ist dies der Fall, wird zunächst mittels `fork()` ein Child-Prozess erstellt, der sich exklusiv um den neuen Client kümmert. Auf diese Weise kann der Server mehrere Clients gleichzeitig bedienen. Dieses einfache Nebenläufigkeitsmodell wird als Forking-Server bezeichnet; für Hochleistungsserver ist es nicht geeignet, da das Erstellen neuer Prozesse im laufenden Betrieb zu lange dauert.

Der Child-Prozess ruft die Subroutine `handle_conn()` auf. Sie liest die Client-Anfragen zeilenweise aus dem akzeptierten Socket; das Ersetzen von Whitespace am Ende – `s/\s*//` – ist wegen der unterschiedlichen Zeilenumbrüche sicherer als `chomp()`. Der Server reagiert je nach Befehl auf die Anfragen, wie oben dargestellt. Bei `"exit"` wird die Schleife mit `last()` beendet.

Wie es sich für einen Server gehört, führt er eine Logdatei über alle Client-Zugriffe. Jeder Eintrag hat das Format `Client-IP: "Anfrage" (Datum/Uhrzeit)`. Beispiel:

```
127.0.0.1: "reset" (Thu Jan 13 23:02:16 2005)
```

Der Client

Der Client ist noch trivialer als der Server und soll vor allem demonstrieren, dass es üblich ist, hinter den Kulissen andere Befehle zu verwenden als die Benutzereingaben. Er akzeptiert eine Eingabe nach der anderen, sendet sie – eventuell in modifizierter Form – an den Server und gibt dessen Antworten aus. Nach der Eingabe von `'x'` – dem Server-Befehl `"exit"` – wird er beendet. Hier das kurze Listing:

```
#!/usr/bin/perl -w
use strict;
use IO::Socket;

# Host von Kommandozeile oder localhost
my $host = $ARGV[0] || "localhost";

# Server-Verbindung
my $sock = IO::Socket::INET->new
   (Proto    => 'tcp',
    PeerAddr => $host,
    PeerPort => 11111);

print "<0> zurücksetzen, <X> beenden, <Enter> Info.\n";

# Kommunikations-Schleife
while (1) {
   print "> ";
   my $eingabe = <>;
   chomp $eingabe;

   # Je nach Eingabe Befehle an den Server senden

   if ($eingabe eq '0') {
      # Zähler zurücksetzen
```

```
        print $sock "reset\n";
    } elsif ($eingabe =~ /^x$/i) {
        # Verbindung beenden
        print $sock "exit\n";
    } else {
        # Normal: Anzahl/Datum erfragen
        print $sock "$eingabe\n";
    }

    # Serverantwort lesen
    my $antwort = <$sock>;
    $antwort =~ s/\s*$//;

    print "Antwort von $host: $antwort\n";

    # Beenden?
    last if $eingabe =~ /^x$/i;
}
```

14.4 Verteilte Anwendungen mit J2EE

In diesem Abschnitt werden Systeme vorgestellt, die weit über einfache Client-Server-Konfigurationen hinausgehen. Verteilte Anwendungen, auch Enterprise-Anwendungen genannt, bestehen aus zahlreichen Komponenten, die auf einem komplexen Gefüge aus Clients, Servern und Vermittlerdiensten aufsetzen, einem so genannten Framework. Die beiden wichtigsten Frameworks für verteilte Anwendungen, die zurzeit verbreitet sind, sind die Java 2 Enterprise Edition (J2EE) und das Microsoft .NET-Framework. Eine weitere Form verteilter Anwendungen sind Web Services – es handelt sich dabei um Dienste, die über das Web, also über HTTP zusammenwirken, um gemeinsam bestimmte Aufgaben zu erledigen. Web Services lassen sich übrigens mit Mitteln von J2EE, von .NET oder auch über andere Sprachen und APIs programmieren.

Bestandteile von Enterprise-Frameworks

Ein Framework für verteilte Anwendungen besteht aus vielen verschiedenen Komponenten, vor allem aus den folgenden:

- Zugriff auf Datenbanken
- Möglichkeiten der Kommunikation zwischen einzelnen Anwendungen auf verschiedenen Rechnern
- Eine Schnittstelle für Webanwendungen
- Eine Möglichkeit zur Verarbeitung von XML-Dateien
- Zugriff auf Namens- und Verzeichnisdienste

Tabelle 14.2 zeigt eine Übersicht über die Komponenten von J2EE und .NET, mit denen diese Anforderungen verwirklicht werden.

Funktion	J2EE-Komponente	.NET-Komponente
Datenbankschnittstelle	JDBC (siehe Kapitel 7)	ADO.NET (ActiveX Data Objects für .NET)
Direkte Kommunikation zwischen Anwendungen	Enterprise JavaBeans (EJB) Java Message Service (JMS)	u.a. .NET Message Queuing
Web-Schnittstelle	Java Servlets JavaServer Pages (JSP)	Active Server Pages für .NET (ASP.NET)
XML-Tools	SAX, DOM und andere (siehe Kapitel 15)	ADO.NET
Namens- und Verzeichnisdienste	Java Naming and Directory Interface (JNDI)	u.a. API für Active-Directory-Zugriffe

Tabelle 14.2 Verwirklichung der wichtigsten Bestandteile von Enterprise-Anwendungen in J2EE und .NET

Die Java2 Enterprise Edition ist im Wesentlichen eine Spezifikation, die durch die Hersteller von Application-Servern implementiert werden kann. Zwar erhalten Sie eine Referenzimplementierung sämtlicher wichtigen Klassen und Komponenten, wenn Sie die J2EE-Distribution von Sun herunterladen. In der Praxis werden Sie aber eher einen voll ausgestatteten Server eines anderen Herstellers verwenden. Diese Systeme reichen von der Open-Source-Implementierung JBoss bis hin zu teueren kommerziellen Systemen wie BEA WebLogic oder IBM WebSphere. Daneben existieren separate Implementierungen einzelner Bestandteile wie die Servlet-Engine Apache Tomcat.

Einige Bestandteile der Java Enterprise-Plattform werden in anderen Kapiteln dieses Buches vorgestellt: In Kapitel 8, *Datenbanken*, finden Sie eine kurze Einführung in die Arbeit mit der Datenbankschnittstelle JDBC; im nächsten Kapitel, *XML*, werden die XML-Programmierschnittstellen SAX und DOM vorgestellt. Als weitere wichtige Bestandteile der J2EE lernen Sie in den folgenden Unterabschnitten EJB und Servlets kennen.

14.4.1 Enterprise Java Beans (EJB)

Enterprise Java Beans (EJB) sind eine moderne, verteilte Komponentenarchitektur. Das komponentenbasierte Programmieren geht bezüglich der Universalität und der Wiederverwendbarkeit von Code im Grunde noch einen Schritt weiter als die Objektorientierung: Komponenten sind fertig kompilierte Programme oder Programmteile, die über bestimmte Schnittstellen mit anderen Programmen kommunizieren können. Gegenüber der klassischen OOP besitzt die Verwendung von Komponenten zwei Vorteile: Erstens können die verschiedenen Einzelkomponenten in unterschiedlichen Programmiersprachen geschrieben sein, und zweitens können Sie für einen bestimmten Zweck eine vorgefertigte Komponente einsetzen, deren Funktionieren garantiert ist. Gängige Komponentenmodelle sind Microsoft COM (Component Object Model) oder CORBA (Common Object Request Broker Architecture).

EJB-Vorteile

Verteilte Komponentenmodelle wie EJB haben noch einen zusätzlichen Nutzen: Es handelt sich um eine Client-Server-Architektur, bei der ein Client EJB-Komponenten nutzen kann, die auf beliebigen anderen Rechnern in einem Netzwerk laufen. Die herkömmliche Java-Lösung für die Kommunikation zwischen Programmen auf verschiedenen Rechnern ist die RMI (Remote Method Invocation) – wie der Name schon sagt, handelt es sich um eine Möglichkeit, Methoden aufzurufen, die sich nicht auf dem lokalen Rechner, sondern irgendwo im Netz befinden. Enterprise Java Beans können noch mehr als RMI, weil sie nicht nur einzelne Methoden, sondern komplexe Anwendungen und Geschäftsprozesse an entfernte Rechner zur Verfügung stellen.

Man unterscheidet drei verschiedene Arten von EJB:

- **Session-Beans** existieren nur für die Dauer einer einzelnen Verbindung, das heißt vom Beginn der Verbindung zwischen den beteiligten Rechnern bis zum Ende.
- **Entity-Beans** sind persistent, das bedeutet, dass sie zwischen zwei Verbindungen ihren Zustand beibehalten. Sie sind darüber hinaus an irgendein Entity gebunden, das heißt an ein unabhängiges Objekt aus einer Datenquelle wie zum Beispiel einer Datenbank.
- **Message Driven Beans** erfüllen die zusätzliche Aufgabe der asynchronen Kommunikation: Die beiden anderen Arten von Beans kommunizieren jeweils synchron mit dem Client, das heißt, sie müssen Ein- und Ausgabe zu bestimmten Zeitpunkten durchführen und aufeinander abstimmen. Message Driven Beans kommunizieren dagegen über den Java Message Service und können Nachrichten auf diese Weise genau dann verarbeiten, wenn sie dazu bereit sind.

EJBs implementieren

Die eigentliche EJB-Implementierung befindet sich auf der Serverseite. Es handelt sich um eine Klasse, die eines der Interfaces `javax.ejb.SessionBean`, `EntityBean` oder `MessageDrivenBean` implementiert. Auf dem Server muss ein EJB-Container vorhanden sein, der die Kommunikationsschnittstellen zur Verfügung stellt. Ein EJB-Container ist ein wichtiger Bestandteil eines J2EE-konformen Application-Servers.

Eine Enterprise Java Bean besteht aus drei Klassen beziehungsweise Interfaces:

- Das **Home-Interface** gibt Clients die Möglichkeit, EJB-Objekte zu erzeugen. Es gibt zwei Varianten von Home-Interfaces: Ein entferntes Home-Interface ermöglicht entfernten Rechnern im Netz die Nutzung der EJB, während ein lokales Home-Interface ihre Verwendung auch auf dem implementierenden Rechner selbst erlaubt.
- Das **Client-Interface** definiert die Methoden der Bean, auf die ein Client zugreifen kann. Es kann ebenfalls lokal oder entfernt sein.
- Die **Bean-Implementierung** enthält die konkreten Implementierungen aller Methoden, die über das Client-Interface exportiert werden.

An dieser Stelle finden Sie ein einfaches Beispiel für eine Session-Bean. Zunächst müssen Sie eine Reihe von Methoden des Interfaces `SessionBean` implementieren, anschließend werden die Geschäftsmethoden geschrieben, die die eigentliche Funktionalität der Bean zur Verfügung stellen. Das Beispiel stellt ein rudimentäres Konto zur Verfügung: Es enthält die drei Geschäftsmethoden `abheben (double betrag)`, `einzahlen (double betrag)` und `getKontostand()`. Es handelt sich um ein reines Guthabenkonto – es kann nur abgehoben werden, wenn Guthaben vorhanden ist. Hier zunächst der Code der Bean-Implementierung:

```
import javax.ejb.*;

public class KontoBean implements SessionBean {
   // Globale Variablen
   private SessionContext context = null;
   private double kontostand;

   // SessionBean-Implementierung
   /* Die Methoden müssen implementiert werden,
      aber die meisten enthalten in diesem einfachen
      Beispiel keine Funktionalität.
      Deshalb nur Ausgabe zu Kontrollzwecken.    */

   public void ejbCreate() {
      // Hier wird der Anfangskontostand (0) gesetzt.
      kontostand = 0;
   }

   public void ejbRemove() {
      System.out.println ("Bean entfernt.");
   }

   public void getSessionContext (SessionContext c) {
      // Session-Kontext vom Container entgegennehmen
      // und speichern
      context = c;
   }

   public void ejbActivate() {
      System.out.println ("Bean aktiviert.");
   }

   public void ejbPassivate() {
      System.out.println ("Bean passiviert.");
   }

   // Geschäftsmethoden
   public double abheben (double betrag) {
      if (kontostand < betrag)
         return 0;
      kontostand -= betrag;
      return betrag;
   }
```

```
    public void einzahlen (double betrag) {
        kontostand += betrag;
    }

    public double getKontostand() {
        return kontostand;
    }
}
```

Interfaces zur EJB-Veröffentlichung

Als Nächstes benötigen Sie noch die beiden weiter oben beschriebenen Interfaces. Das (entfernte, nicht lokale) Home-Interface sieht folgendermaßen aus:

```
import javax.ejb.*;
import java.rmi.RemoteException;

public interface KontoHome extends EJBHome {
    public Konto create()
        throws CreateException, RemoteException;
}
```

Die `create()`-Methode muss mit denselben Argumenten deklariert werden wie die Methode `ejbCreate()` der Bean-Implementierung – hier also ohne Argumente. Bei der Erzeugung können verschiedene Ausnahmen ausgelöst werden: Eine `RemoteException` ist ein RMI-Kommunikationsfehler (RMI wird als Kommunikationsbasis verwendet); eine `CreateException` wird dagegen ausgelöst, wenn aus irgendeinem Grund keine Bean erzeugt werden kann.

Das (ebenfalls entfernte) Client-Interface sieht zu guter Letzt so aus:

```
import javax.ejb.*;
import java.rmi.RemoteException;

public interface Konto extends EJBObject {
    public double abheben (int betrag)
        throws RemoteException;
    public void einzahlen (int betrag)
        throws RemoteException;
    public double getKontostand()
        throws RemoteException;
}
```

EJB-Deployment

Um die Bean tatsächlich verwenden zu können, ist zunächst ihre Veröffentlichung erforderlich, die auch als **Deployment** bezeichnet wird. Im Wesentlichen geht es darum, die soeben entwickelten Bestandteile der Bean zu kompilieren und in eine `jar`-Datei (ein Java-Archiv, ähnlich einer ZIP-Datei) zu verpacken, die im vorliegenden Fall `Konto.jar` heißt. Außer den kompilierten Klassen und Interfaces enthält sie noch ein Verzeichnis namens `META-INF`, in dem sich eine spezielle Bean-Beschreibungsdatei befindet, der so genannte Deployment-Deskriptor. Es handelt sich um eine XML-Datei namens `ejb-jar.xml`, die beispielsweise so aussieht (die eigentliche Struktur von XML-Dokumenten wird im nächsten Kapitel ausführlich beschrieben):

```
<?xml version="1.0"?>
<!DOCTYPE ejb-jar PUBLIC "-//Sun Microsystems, Inc.//DTD Enterprise
JavaBeans 1.1//EN"
"http://java.sun.com/j2ee/dtds/ejb-jar_1_1.dtd">
<ejb-jar>
  <display-name>Konto</display-name>
  <enterprise-beans>
    <session>
      <description>Ein einfaches
      Guthabenkonto</description>
      <ejb-name>KontoBean</ejb-name>
      <home>KontoHome</home>
      <remote>Konto</remote>
      <ejb-class>KontoBean</ejb-class>
      <session-type>Stateless</session-type>
      <transaction-type>Container</transaction-type>
    </session>
  </enterprise-beans>
</ejb-jar>
```

Hier sehen Sie zu guter Letzt einen Client, der die Konto-Bean auf einem entfernten Computer nutzt: **EJB-Clients**

```
import javax.naming.Context;
import javax.naming.InitialContext;
import javax.rmi.PortableRemoteObject;

public class KontoClient {
   public static void main(String[] args) {
      try {
         // Die EJB Über JNDI ermitteln
         Context initial  = new InitialContext();
         Object ref = initial.lookup("Konto");
         // Home-Interface referenzieren
         KontoHome home = (KontoHome)
              PortableRemoteObject.narrow
                  (ref, KontoHome.class);

         // Konto-Bean referenzieren
         Konto konto = home.create();

         // Konto-Methoden nutzen
         System.out.println ("Startguthaben: "
              + konto.getKontostand());
```

```
            konto.einzahlen (1000);
            System.out.println ("Neues Guthaben: "
                + konto.getKontostand());
            double betrag = konto.abheben (500);
            System.out.println ("Abgehoben: " + betrag
                + "; neues Guthaben: "
                + konto.getKontostand());
        }

        catch(Exception e) {
            System.out.println
                ("Ein Fehler ist aufgetreten!");
            e.printStackTrace();
        }
    }
}
```

14.4.2 Java Servlets

Die Java Servlet-API arbeitet mit einem Webserver zusammen, um die Ausgabe von Java-Klassen als dynamisch generierte Webseiten an Clients auszuliefern. Das Prinzip ähnelt dem klassischen CGI.

Falls Sie sich mit dem Thema Webanwendungen überhaupt noch nicht auskennen, sollten Sie zuerst Kapitel 17 durcharbeiten und erst danach den vorliegenden Unterabschnitt lesen.

Wenn Sie ein Servlet schreiben, steht Ihnen der vollständige Funktionsumfang der Java-Klassenbibliothek oder sogar der J2EE zur Verfügung – Sie können mit Datenbanken, Enterprise Java Beans, XML-Datenbeständen und vielen anderen Elementen arbeiten und den Zugriff darauf über das Web ermöglichen.

Hier sehen Sie ein kleines Beispiel für ein Java-Servlet. Es gibt die Quadrate der Zahlen 1 bis 15 als HTML-Seite aus:

```
import javax.servlet.*;
import javax.servlet.http.*;
import java.io.*;

public class QuadratServlet extends HttpServlet {
   public void doGet (HttpServletRequest req,
         HttpServletResponse resp)
         throws ServletException, IOException {
      resp.setContentType ("text/html");
      PrintWriter out = resp.getWriter();
      out.println ("<html>");
      out.println ("<head>");
      out.println ("<title>Quadratzahlen</title>");
```

```
        out.println ("</head>");
        out.println ("<body>");
        out.println ("<h1>Quadratzahlen 1<sup>2</sup>
            bis 15<sup>2</sup></h1>");
        for (int i = 1; i <= 15; i++) {
            out.println (i + "<sup>2</sup> = " + i * i
                + "<br />");
        }
        out.println ("</body>");
        out.println ("</html>");
    }
}
```

Die Methode `doGet()` implementiert die Antwort, die das Servlet auf eine HTTP-GET-Anfrage geben soll. Das `HttpServletRequest`-Objekt enthält die Einzelheiten dieser Anfrage, während die `HttpServletResponse` der Antwort entspricht, die über den Webserver an den Client übermittelt werden soll. Die Einzelheiten der Veröffentlichung des Servlets und der Zusammenarbeit mit dem Webserver entnehmen Sie bitte der Dokumentation Ihrer Servlet-Engine beziehungsweise Ihres Application-Servers.

JSP

Da die Ausgabe einzelner HTML-Zeilen über `println()`-Befehle recht umständlich und unübersichtlich ist, gibt es als alternative Lösung die Java Server Pages (JSP). Sie entsprechen eher dem Ansatz von PHP oder Microsofts ASP: An bestimmten Stellen innerhalb einer normalen HTML-Datei können Java-Anweisungen durch `<% ... %>` eingeschlossen werden.

14.4.3 Web Services

Eine besondere Form der verteilten Anwendungen sind Web Services. Es handelt sich um ein Framework für die Kooperation zwischen Komponenten. Die Besonderheit ist, dass diese Komponenten über HTTP-Verbindungen kommunizieren können. Auf diese Weise lassen sich sehr kundenfreundliche E-Commerce-Modelle einrichten: Angenommen, Sie möchten online eine Reise buchen. Sie besuchen die Website eines Reisebüros, um sich über Angebote zu informieren. Das Reisebüro könnte über einen Web Service automatisch im Hintergrund beim Reiseveranstalter nachfragen, ob noch Plätze zur Verfügung stehen, was sie kosten, und später vollautomatisch die Buchung vornehmen. Der Veranstalter könnte wiederum Web Services einsetzen, um alles Erforderliche mit der Fluggesellschaft und dem Hotel zu klären.

Viele wichtige Web-Dienstleister stellen öffentlich zugängliche Web Services zur Verfügung. Auf diese Weise können Sie Informationen und Dienste dieser Anbieter nahtlos in Ihre eigenen Web-Anwendungen integrieren. Besonders bekannt und beliebt sind verständlicherweise die Web Services von Sites wie Amazon, eBay oder Google.

Vorteile von Web Services

Der große Vorteil der Web Services ist ihre absolute Plattformneutralität: Das Angebot bestimmter Web Services und die Kommunikation zwischen ihnen und ihren Clients funktionieren über allgemein zugängliche, frei verfügbare Dokumentenstandards. Diese

Beschreibungs- und Kommunikationsdokumente werden in XML geschrieben. Die wichtigsten Bestandteile sind folgende:

- Das **Simple Object Access Protocol** (SOAP) ermöglicht die Kommunikation zwischen Web Services. Allerdings gibt es noch andere Protokolle, die alternativ für diese Kommunikation eingesetzt werden können.
- Die **Web Services Description Language** (WSDL) stellt eine Möglichkeit zur Beschreibung der Methoden und Datenstrukturen von Web Services bereit.
- Die **Universal Description, Discovery and Integration** (UDDI) dient gewissermaßen als globaler Katalog der Web Services und der von ihnen angebotenen Dienstleistungen. Sie können dort sowohl nach Web Services suchen als auch Ihre eigenen registrieren, wenn Sie sie der Öffentlichkeit anbieten möchten. Unter **www.uddi.org** erfahren Sie Näheres.

Die eigentliche Funktionalität eines Web Services kann in fast jeder Programmiersprache geschrieben werden – beliebte Varianten sind Java, die .NET-Sprachen, PHP oder Perl. In diesem Abschnitt wird als Beispiel die Implementierung in Java gezeigt.

Ein SOAP-Beispiel in Java

Als Beispiel wird hier eine Java-Klasse entwickelt, die das aktuelle Datum und die Uhrzeit über SOAP veröffentlicht. Um sie auszuprobieren, benötigen Sie eine SOAP-Implementierung, die mit Java zusammenarbeitet. Ein gutes Open-Source-Beispiel mit ausführlicher Online-Dokumentation ist Apache Axis, verfügbar unter **ws.apache.org/axis**. Die Java-Version benötigt einen J2EE-Application-Server oder Servlet-Container; die erste Wahl ist auch hier Jakarta Tomcat.

Der erste Bestandteil des Web Services ist die Java-Klasse `DateTimeService`:

```
import java.util.*;

public class DateTimeService {
   public String getDateTime() {
      Date d = new Date();
      DateFormat f = new SimpleDateFormat
          ("dd.MM.yyyy, HH:mm:ss");
      return (f (d));
   }
}
```

Wie Sie sehen, handelt es sich um eine gewöhnliche Klassendefinition ohne jegliche Besonderheiten, die darauf schließen ließen, dass es sich um einen Web Service handelt. In der Tat ist das auch gar nicht der Fall – die Klasse wird nur durch die Bereitstellung auf dem SOAP-Server zum Web-Service. Auf diese Weise können in beliebigen Sprachen geschriebene Clients über das Web die Methode `getDateTime()` aufrufen und ihren Rückgabewert entgegennehmen.

Speichern Sie den obigen Quellcode unter dem Dateinamen `DateTimeService.jws` im `axis`-Verzeichnis Ihres Servlet-Containers. Beim ersten Zugriff wird er automatisch kompiliert. In komplexeren Fällen benötigen Sie einen Deployment-Deskriptor für die Klasse, aber das führt hier zu weit.

Um den Web Service zu nutzen, muss ein Client über HTTP eine SOAP-Anfrage an den Server schicken. Es handelt sich um eine HTTP-POST-Anfrage, deren Nutzdaten aus einem speziellen XML-Dokument bestehen, dem SOAP-Envelope. Normalerweise werden solche Anfragen nicht manuell erzeugt, sondern durch ein spezielles Programm, den SOAP-Client. Hier sehen Sie einen Java-Client, der ebenfalls mit Apache Axis arbeitet und auf den `DateTimeService` zugreift, der auf dem lokalen Rechner läuft:

SOAP-Clients

```
import org.apache.axis.client.*;

public class DateTimeClient {
   public static void main(String [] args) {
      try {
         // URL des Web Service
         String endpoint =
             "http://localhost/axis/services/datetime";
         //Service- und Aufruf-Objekt erzeugen
         Service service = new Service();
         Call call = (Call) service.createCall();
         // Adresse und Methode des Aufrufs
         call.setTargetEndpointAddress (
                new java.net.URL (endpoint));
         call.setOperationName ("getDateTime"));
         // Aufruf absenden und Rückgabewert speichern
         String ret = (String) call.invoke();
         // Ausgabe
         System.out.println ("Heute ist " + ret);
      } catch (Exception e) {
         // Fehlerbehandlung
         System.err.println(e.toString());
      }
   }
}
```

Nach dem Kompilieren gibt jeder Aufruf von `java DataTimeClient` das Datum und die aktuelle Uhrzeit aus, die vom Web Service geliefert werden.

14.5 Zusammenfassung

Genau wie die im vorigen Kapitel vorgestellten Hardwarelösungen für den Netzwerkzugriff und die Protokollfamilien sind auch die Anwendungen von Netzwerken durch eine unüberschaubare Vielfalt gekennzeichnet. Im Grunde sind die Themen, die in den restlichen Kapiteln dieses Buches besprochen werden, ebenfalls Netzwerkanwendungen.

Die Grundlage jeder praktischen Netzwerknutzung bildet die Einrichtung des Netzzugangs auf einem Rechner. Dazu muss als Allererstes die Hardware installiert werden, anschließend werden Treiber und Protokolle installiert. Wie Sie gesehen haben, funktioniert dies in den einzelnen Betriebssystemen recht unterschiedlich.

Der nächste Schritt besteht darin, Clients und Server einzurichten und aufeinander abzustimmen. Alle gängigen Betriebssysteme enthalten eine eingebaute Datei-Server-Komponente: Sie können anderen Benutzern derselben Plattform den Zugriff auf Dateien und Verzeichnisse und meist auch auf Drucker ermöglichen. Einige Systeme sind sogar mit Servern für Fremdsysteme ausgestattet. Unter Mac OS X können Sie auch Windows-Clients bedienen, für UNIX sind die freien Server Samba für Windows- und `netatalk` für Mac OS-Clients verfügbar.

Die Möglichkeit von Verzeichnisfreigaben in Desktop-Betriebssystemen ist noch nicht mit ausgewachsenen Server-Betriebssystemen vergleichbar: Die Microsoft Windows Server-Familie oder Mac OS X Server bieten eine erheblich bessere Performance und erweiterte Optionen für Serverdienste. Etwas anders sieht das bei Linux und vielen anderen UNIX-Systemen aus: Sie sind von vornherein als Client- und Serversysteme konzipiert; durch die Installation bestimmter Programmpakete können Sie eine der beiden Rollen speziell betonen.

Als Beispiel für einen Internet-Anwendungsserver wurde anschließend ausführlich die Installation und Konfiguration des Webservers Apache behandelt. Wenn Sie diesen weltweit verbreitetsten Webserver auf Ihrem Rechner installieren, können Sie zahlreiche Varianten des dynamischen Web-Publishings testen. Sie benötigen den Apache insbesondere für das Ausprobieren der Beispiele in Kapitel 17, *Webanwendungen*.

Das selbstständige Programmieren von TCP/IP-Anwendungen wurde in diesem Kapitel ebenfalls kurz vorgestellt. In der Programmiersprache Perl geht dies besonders leicht, weil sich die Sockets, die Sie mit Hilfe der standardisierten Berkeley Socket API programmieren können, hier wie gewöhnliche Dateihandles verhalten. Noch einfacher wird die Netzwerkprogrammierung mit dem Modul IO::Socket.

Als Nächstes wurde die Entwicklung verteilter Anwendungen mit der Java 2 Enterprise Edition angesprochen. Diese ist mit zahlreichen Schnittstellen für Enterprise-Anwendungen ausgestattet; Sie können beispielsweise auf Datenbanken, das Web, XML-Datenbestände oder Namens- und Verzeichnisdienste zugreifen.

Eine spezielle Form der verteilten Anwendung bilden schließlich die Web Services. Es handelt sich um Komponenten, die miteinander über das Web, also über HTTP-Verbindungen kommunizieren beziehungsweise kooperieren können. Dies ermöglicht eine wirklich plattformneutrale Zusammenarbeit von Programmen.

15 XML

More matter, with less art.
– William Shakespeare

XML, die **Extensible Markup Language** (erweiterbare Auszeichnungssprache), ist kein bestimmtes Dokumentformat, sondern eine Metasprache zur Definition beliebiger Auszeichungssprachen. Diese Sprachen können Textdokumente, Vektorgrafiken, multimediale Präsentationen, Datenbanken oder andere Arten von strukturierten Daten beschreiben. XML wurde vom World-Wide-Web-Konsortium (W3C) entworfen und standardisiert. Es handelt sich um eine schlanke, moderne und an Internet-Bedürfnisse angepasste Weiterentwicklung der klassischen Metasprache **SGML** (Standard Generalized Markup Language), die Ende der 60er-Jahre des vorigen Jahrhunderts erfunden und in den 80ern entscheidend weiterentwickelt wurde.

Die XML-Spezifikation selbst enthält nur wenige formale Regeln für den Aufbau von Dokumenten. Wenn Sie sich an diese – weiter unten erläuterten – Regeln halten, erzeugen Sie ein **wohlgeformtes** XML-Dokument. Darüber hinaus besteht die Möglichkeit, Standards für XML-Dokumentformate zu definieren und Dokumente von diesen Standards abhängig zu machen. Dokumente, die auf solchen Formatdefinitionen basieren, sind nicht nur wohlgeformt, sondern auch **gültig**. Die klassische, bereits in SGML bekannte Form für solche Dokumentklassen ist die **Document Type Definition** oder **DTD**. Moderne Alternativen, die zum einen leistungsfähiger sind und zum anderen selbst in reinem XML verfasst werden, sind **XML Schema** und **RELAX NG** (siehe **http://www.relaxng.org**).

Vorteile von Klartextformaten

Grundsätzlich bietet die Verwendung klartextbasierter Dokumentformate eine Reihe von Vorteilen gegenüber Binärdateien:

- Sämtliche Konfigurations- und Strukturinformationen sind für Menschen lesbar und können notfalls auch manuell geändert werden.
- Die Dokumente lassen sich auf jedem beliebigen Computersystem in einem einfachen Texteditor öffnen und eventuell bearbeiten. Der reine Textinhalt erschließt sich auch Anwendern, die die verwendeten Auszeichnungsbefehle nicht verstehen.
- Der Austausch von Dokumenten mit anderen Anwendungen, neuen Versionen einer Anwendung oder Programmiersprachen ist erheblich einfacher als bei Binärformaten.

Die interessanteste Frage ist eher, was XML gegenüber anderen textbasierten Auszeichnungssprachen auszeichnet. Zunächst haben fast alle textbasierten Formate außer XML spezielle Aufgaben: Beispielsweise dient **LaTeX** dem Erstellen von Vorlagen für den professionellen Satz; **PostScript** beschreibt dagegen fertig formatierte Ausgabeseiten für High-end-Drucker und -Belichter. Diese beiden Formate wurden bereits in Kapitel 12, *Datei- und Datenformate*, angesprochen. Des Weiteren besitzen UNIX-Serveranwendungen und viele andere Programme jeweils ein eigenes, ASCII-basiertes Konfigurationsdateiformat. In Kapitel 14, *Netzwerkanwendungen*, werden zum Beispiel die Konfigurationsdateien des File-Servers Samba und des Webservers Apache erläutert.

Universelles XML

XML ist dagegen eine **universelle** Sprache; es spielt keine Rolle, ob Sie Ihre Musik-CD-Sammlung, Ihre Doktorarbeit oder Ihre Geschäftsdaten in einem XML-Dokument speichern. Wichtig ist allerdings, zu verstehen, dass XML immer nur die Struktur und den Aufbau der Daten beschreibt. Das Layout der Druck- oder Webversion von Textinhalten muss durch eine externe Stil- oder Formatierungssprache beschrieben werden, beispielsweise durch das weiter unten beschriebene XSLT. Auch die Aufbereitung und Darstellung von Datendokumenten ist nicht im XML-Format selbst festgelegt, sondern wird durch Programmierung oder durch ein spezielles Anwendungsprogramm durchgeführt.

Übrigens werden in der Praxis gar nicht so oft neue Dokumentformate für eigene Anwendungen entwickelt. Der überwiegende Anteil der Anwendungen von XML beruht auf dem Einsatz vorhandener XML-basierter Sprachen. Beispiele sind hier etwa die Webseiten-Auszeichnungssprache **XHTML**, das Vektorgrafikformat **SVG** oder die beliebte Handbuch- und Dokumentationssprache **DocBook**. XHTML wird in Kapitel 16, *HTML, CSS und Webdesign*, ausführlich erläutert.

Eine wichtige Frage wurde bisher noch nicht angesprochen: Wie werden XML-Dokumente editiert und abgespeichert? Darauf gibt es keine allgemein gültige Antwort. Prinzipiell handelt es sich bei XML-Dokumenten um Textdateien, Sie können sie also mit Ihrem bevorzugten Texteditor eingeben. Wichtig ist nur, dass der gewählte Editor den Zeichensatz unterstützt, den das XML-Dokument verwendet.

XML-Editoren

Neben den einfachen Texteditoren werden inzwischen Unmengen spezieller XML-Editoren angeboten, sowohl Open-Source-Lösungen als auch kommerzielle Programme. Bekannte kommerzielle Editoren sind beispielsweise XMLSpy für Win32 von der österreichischen Firma Altova (**www.xmlspy.com**) oder der Java-basierte Oxygen XML-Editor (**www.oxygenxml.com**). Zu den Open-Source-Lösungen gehört beispielsweise der ebenfalls in Java geschriebene Editor Xerlin (**www.xerlin.org**).

Ein guter XML-Editor bietet neben dem direkten Bearbeiten der XML-Codes die Möglichkeit, XML-Dokumente in einer Baumansicht oder anderweitig visuell zu editieren. Außerdem sollten zusätzliche Formate wie DTDs, XML Schema, XSLT und so weiter unterstützt werden.

Abgesehen davon verwenden viele Anwendungsprogramme XML-basierte Datenformate, beispielsweise OpenOffice oder die neuesten Versionen der Microsoft-Office-Programme. Dennoch käme wohl kaum jemand auf die Idee, diese Dokumente von Hand mit Hilfe eines Text- oder XML-Editors zu bearbeiten.[1] Ebenso gibt es spezielle Editoren für besondere XML-Formate wie XHTML oder SVG. Letzteres lässt sich beispielsweise leicht aus Adobe Illustrator exportieren.

Dateiendungen und MIME-Types

Gespeichert werden XML-Dokumente entweder als Datei mit der Endung `.xml`, wenn es sich um allgemeine XML-Dokumente handelt, oder mit einer speziellen Dateierweiterung, falls ein besonderes XML-Format verwendet wird. Zum Beispiel werden XHTML-Dokumente üblicherweise mit der Endung `.htm` oder `.html` gespeichert; SVG-Dateien besitzen dagegen die Erweiterung `.svg`.

1 Ein unbestreitbarer Vorteil besteht aber natürlich darin, dass es relativ leicht ist, Programme zu schreiben, die diese Formate generieren.

Der für Webserver und E-Mail-Anwendungen wichtige MIME-Type allgemeiner XML-Dokumente ist `text/xml`, während spezielle Formate entweder einen ganz eigenen Typ wie `text/html` oder eine Kombination wie `image/svg+xml` bilden. Beachten Sie, dass ein SVG-Dokument zwar formal noch immer ein Textdokument ist, aber den Verwendungszweck eines Bildes erfüllt – deshalb der Haupttyp `image`.

15.1 Der Aufbau von XML-Dokumenten

Jedes XML-Dokument besteht aus einer Hierarchie ineinander verschachtelter Steueranweisungen, die als **Elemente** oder **Tags** bezeichnet werden, und kann zusätzlich einfachen Text enthalten. Die XML-Tags werden in spitze Klammern gesetzt, also zwischen ein <-Zeichen und ein >-Zeichen. Sie können ein oder mehrere Attribute in der Form `attribut="wert"` enthalten. Jedes Tag wird unter Angabe seiner Bezeichnung geöffnet (zum Beispiel `<test>`) und weiter unten im Dokument durch eine Wiederholung mit vorangestelltem Slash (/) wieder geschlossen (etwa `</test>`). Wahrscheinlich haben Sie eine solche Syntax schon einmal gesehen, wenn Sie sich den Quellcode von HTML-Dokumenten angesehen haben, die ähnlich aufgebaut sind.

15.1.1 Die grundlegenden Bestandteile von XML-Dokumenten

Hier sehen Sie ein einfaches XML-Dokument, in dem eine Übersicht über einige Bücher zum Thema XML geboten wird:

```
<?xml version="1.0" encoding="utf-8" standalone="yes"?>
<xml-buecher>
  <buch isbn="3898423611">
    <autor>
      <name>Bongers</name>
      <vorname>Frank</vorname>
    </autor>
    <titel>XSLT 2.0</titel>
    <auflage>1</auflage>
    <ort>Bonn</ort>
    <jahr>2004</jahr>
    <verlag>Galileo Computing</verlag>
  </buch>
  <buch isbn="389842488X">
    <autor>
      <name>Vonhoegen</name>
      <vorname>Helmut</vorname>
    </autor>
    <titel>Einstieg in XML</titel>
    <auflage>2</auflage>
    <ort>Bonn</ort>
    <jahr>2004</jahr>
    <verlag>Galileo Computing</verlag>
  </buch>
```

```
    <buch isbn="3897213397">
      <autor>
        <name>Harold</name>
        <vorname>Eliotte Rusty</vorname>
      </autor>
      <autor>
        <name>Means</name>
        <vorname>W. Scott</vorname>
      </autor>
      <titel>XML in a Nutshell</titel>
      <auflage>3</auflage>
      <ort>Köln</ort>
      <jahr>2005</jahr>
      <verlag>O&apos;Reilly</verlag>
    </buch>
    <!-- und viele weitere Bücher -->
</xml-buecher>
```

Die xml-Steueranweisung

Jedes XML-Dokument beginnt mit einer `xml`-Steueranweisung, die die verwendete XML-Version (bisher immer 1.0) und den Zeichensatz des Dokuments angibt:

```
<?xml version="1.0" encoding="utf-8" standalone="yes"?>
```

Die hier verwendete Zeichencodierung `utf-8` ist eine spezielle Schreibweise des Unicode-Zeichensatzes: Die ASCII-Zeichen 0 bis 127 benötigen nur 1 Byte, alle anderen Unicode-Zeichen dagegen 2 bis 4. Selbstverständlich können Sie auch andere Zeichensätze angeben, zum Beispiel `iso-8859-1` für den USA/Westeuropa-Standardzeichensatz oder `gb2312` für Chinesisch (VR China). Dazu muss der verwendete Zeichensatz allerdings von Ihrem Text- oder XML-Editor unterstützt werden.

Das Attribut `standalone` gibt an, ob sich das Dokument auf ein externes Formatdokument wie eine DTD oder ein XML Schema bezieht oder nicht – `yes` besagt, dass das Dokument selbstständig ist und nicht von einer solchen Standardisierung abhängt.

Steueranweisungen (auch **PI**, Processing Instructions) können in XML-Dokumenten an beliebiger Stelle vorkommen. Es handelt sich um Anweisungen für interpretierende Geräte oder Programme, die mit dem Dokument selbst nichts zu tun haben.

XML-Elemente

Es ist wichtig, dass *genau ein* Tag das gesamte Dokument umschließt. Das Wurzelelement des vorliegenden Dokuments sieht folgendermaßen aus:

```
<xml-buecher>
  <!-- umschlossener Inhalt -->
</xml-buecher>
```

Innerhalb des Wurzelelements sind weitere Elemente mit ihren Unterelementen und Textinhalten verschachtelt. Das Wichtigste ist dabei, dass Sie auf die korrekte Reihenfolge bei der Verschachtelung achten. Eine Schreibweise wie die folgende ist nicht gestattet:

Verschachtelung von Tags

```
<autor><name>Vonhoegen</autor></name>
```

Richtig muss es folgendermaßen lauten:

```
<autor><name>Vonhoegen</name></autor>
```

Die hierarchische Gliederung von XML-Dokumenten ergibt eine Art Baumdiagramm. Das Wurzelelement bildet logischerweise die Wurzel, die verschachtelten Elemente sind die Äste und Zweige und die Textinhalte die Blätter. Abbildung 15.1 zeigt einen Ausschnitt des XML-Bücher-Dokuments in Form eines solchen Diagramms.

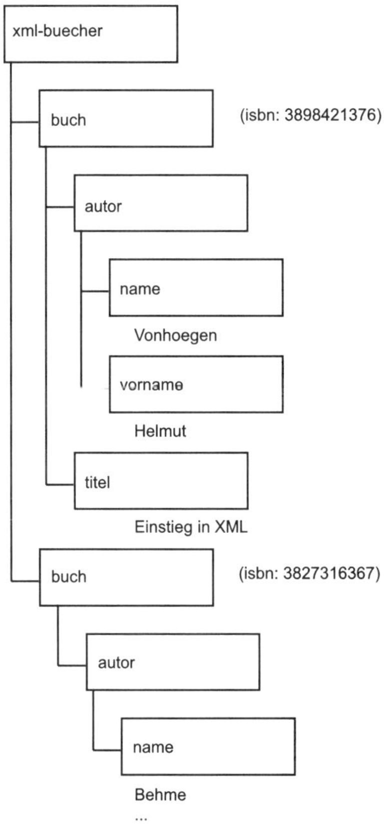

Abbildung 15.1 Hierarchie eines XML-Dokuments als Baumdiagramm

Die **Namen** von Tags und den weiter unten besprochenen Attributen dürfen aus Buchstaben und Ziffern sowie aus den folgenden Sonderzeichen bestehen: _ (Unterstrich), - (Bindestrich) und . (Punkt). Das erste Zeichen darf keine Ziffer sein. Es wird zwischen Groß- und Kleinschreibung unterschieden.

Wie bereits indirekt erwähnt, muss jedes XML-Tag, das geöffnet wurde, auch wieder geschlossen werden. Erst das öffnende und das schließende Tag zusammen ergeben das eigentliche Element. Geschlossen wird ein Tag durch die Wiederholung seines Namens mit vorangestelltem Slash (/). In der Regel steht zwischen den beiden Tags Inhalt, der aus tiefer verschachtelten Tags oder aus einfachem Text bestehen kann. Mitunter kommt es jedoch vor, dass ein Element **leer** ist, also keinen weiteren Inhalt enthält.

Leere Tags Zum Beispiel könnte die Bücherliste für jedes Buch ein zusätzliches Element enthalten, das auf den Dateinamen und den MIME-Type einer Abbildung des Buchcovers verweist. Für diese Angaben würden sich Attribute (siehe nächster Unterabschnitt) besonders gut eignen:

```
...
<titel>Einstieg in XML</titel>
<cover datei="einstieg_xml.gif" type="image/gif">
</cover>
...
```

Da alle erforderlichen Informationen über das Cover-Bild bereits in den Attributen stehen, benötigt das Element `cover` keinen verschachtelten Inhalt. Falls Sie bereits Kenntnisse in HTML haben, könnten Ihnen die dort verwendeten »Einfach-Tags« wie der Zeilenumbruch `<br>` vertraut sein. In XML ist eine solche Ausnahme nicht zulässig, die Schreibweise stammt noch aus SGML. Als »Entschädigung« bietet XML allerdings eine kurzgefasste Schreibweise für leere Elemente an. Das `cover`-Element könnten Sie entsprechend dieser Syntax auch folgendermaßen schreiben:

```
<cover datei="einstieg_xml.gif" type="image/gif" />
```

Der Slash am Ende des Tags ersetzt also das vollständige schließende Tag. Das Leerzeichen vor dem End-Slash ist nach der eigentlichen XML-Syntax nicht erforderlich. Allerdings ist es nützlich, um kompatiblen Code für Browser abzuliefern, die nur HTML, aber nicht das neue XHTML verstehen. Der oben erwähnte Zeilenumbruch wird in der voll kompatiblen Fassung also so geschrieben:

```
<br />
```

Alte Browser ignorieren den Slash einfach, während XML-Parser kein Problem mit dem Leerzeichen haben. Falls Sie dagegen einfach `<br/>` schreiben, versteht ein älterer Browser Sie möglicherweise nicht, weil er dies für ein unbekanntes Tag hält.

Genaueres über klassisches HTML im Unterschied zu XHTML erfahren Sie in Kapitel 16, *HTML, CSS und Webdesign*.

Attribute

Das Element `buch` enthält jeweils ein Attribut namens `isbn`. Attribute stehen nur beim öffnenden Tag und werden beim schließenden niemals wiederholt. Die Form ist stets `attributname="attributwert"` oder `attributname='attributwert'`. Die doppelten oder einfachen Anführungszeichen sind zwingend erforderlich. Zwischen dem Attributnamen, dem Gleichheitszeichen und dem öffnenden Anführungszeichen ist kein Abstand erlaubt, während mehrere Attribute durch Whitespace voneinander getrennt werden, genau wie Tag-Name und Attribut.

Allgemein werden Attribute häufig verwendet, um Ordnungskriterien oder Meta-Informationen für Elemente anzugeben. Allerdings ergäbe sich kein Unterschied im Informationsgehalt des Dokuments, wenn Sie statt

Verwendungszweck von Attributen

```
<buch isbn="3898423611">
   ...
</buch>
```

die folgende Schreibweise wählen würden:

```
<buch>
   <isbn>3898423611</isbn>
   ...
</buch>
```

Beachten Sie jedoch, dass Attribute immer nur für Informationen geeignet sind, die nur einmal vorkommen. Es ist nämlich nicht zulässig, zwei Attribute gleichen Namens in ein und demselben Tag zu verwenden. Außerdem ist ein Attribut naturgemäß nicht für mehrgliedrige Angaben geeignet, die eigentlich verschachtelt werden müssen.

Das folgende Beispiel zeigt einen extrem schlechten Stil bei der Verwendung von Attributen, da es vor allem die erste Regel missachtet:

```
<buch isbn="3827316367" autor1="Howard, Eliotte Rusty" autor2="Means,
W. Scott">
   ...
</buch>
```

Was machen Sie, wenn ein Buch zehn Autoren hat (bei Anthologien oder umfangreichen wissenschaftlichen Werken ist das keine Seltenheit)?

Noch übler ist die folgende Schreibweise, die beide Regeln ignoriert:

```
<buch isbn="3827316367" autor-name1="Howard"
autor-vorname1="Eliotte Rusty" autor-name2="Means"
autor-vorname2="W. Scott">
  ...
</buch>
```

Diese beiden schlechten Beispiele sollten Sie so schnell wie möglich wieder vergessen; sie sind zwar formal zulässig, stilistisch aber vollkommen indiskutabel.

Entity-Referenzen

Beim dritten Buch steht als Verlagsangabe `O'Reilly`. Wahrscheinlich haben Sie bereits erraten, dass es sich um den O'Reilly-Verlag handelt. `'` ersetzt in einem XML-Dokument den Apostroph.

Eingebaute XML-Entities

Einige Zeichen sind in XML-Dokumenten nicht zulässig, sondern müssen durch spezielle Escape-Sequenzen ersetzt werden, die als **Entity-Referenzen** bezeichnet werden. Eine Entity-Referenz beginnt mit einem &-Zeichen, darauf folgt ein spezieller Code und am Ende ein Semikolon. Tabelle 15.1 zeigt die fünf Zeichen, die nicht gestattet sind, und die passenden Entity-Referenzen.

Zeichen	Entity-Referenz	Bedeutung
<	<	less than
>	>	greater than
&	&	Ampersand (»and per se and«)
'	'	Apostroph
"	"	quotation mark

Tabelle 15.1 Die fünf Standard-Entity-Referenzen in XML

Alle diese Zeichen haben im XML-Code eine spezielle Bedeutung: < und > umschließen die Tags. Die Werte von Attributen stehen in Anführungszeichen oder wahlweise in einfachen Anführungszeichen (Apostrophen). Das &-Zeichen schließlich leitet eben die Entity-Referenzen ein.

Numerische Entity-Referenzen

Neben diesen vorgefertigten Entity-Referenzen können Sie in XML auch beliebige Unicode-Zeichen numerisch angeben. Die Syntax ist entweder `&#Dezimalcode;` oder `&#xHexadezimalcode;`. Beispielsweise können Sie ein »Registered Trademark« (®) durch die Zeichenfolge `®` (dezimal) oder `®` (hexadezimal) erzeugen.

Schließlich können Sie eigene Entities definieren und in Ihren Dokumenten Referenzen darauf verwenden. Dies ermöglicht Ihnen den schnellen Zugriff auf häufig benötigte Sonderzeichen oder sogar XML-Codeblöcke. Die Definition von Entities wird innerhalb von DTDs durchgeführt, die weiter unten behandelt werden.

CDATA-Abschnitte

Der normale Text in XML-Dokumenten besteht aus so genannten **PCDATA**-Abschnitten; »PCDATA« steht für »parsed character data«. Dies bedeutet, dass einige Sonderzeichen innerhalb des Textes gemäß ihrer speziellen XML-Bedeutung behandelt werden – es sei denn, Sie verwenden die im vorigen Unterabschnitt vorgestellten Entity-Referenzen.

In einigen Fällen können Entity-Referenzen sehr störend sein. Stellen Sie sich zum Beispiel eine XML-Version des vorliegenden Kapitels vor – andauernd werden XML-Codebeispiele gezeigt. Diese müssen in normalen Textabschnitten die Entity-Referenzen verwenden.

Der folgende Code ist die XML-Entsprechung eines Ausschnitts aus dem vorigen Unterabschnitt:

```
<para>
  Das <code>cover</code>-Element könnten Sie nach dieser
```

```
  Syntax auch folgendermaßen schreiben:
</para>
<codeblock>
  &lt;cover datei=&quot;einstieg_xml.gif&quot;
  type=&quot;image/gif&quot; /&gt;
</codeblock>
<para>
  Der Slash am Ende des Tags ersetzt also das komplette
  schließende Tag.
</para>
```

Das XML-Codebeispiel zwischen den Tags `<codeblock>` und `</codeblock>` ist durch die Häufung von Entity-Referenzen absolut unleserlich. Um solche Probleme zu vermeiden, haben sich die XML-Entwickler ein spezielles Format für solche Textblöcke ausgedacht, die so genannten **CDATA**-Abschnitte. Diese Abkürzung bedeutet »character data«. Innerhalb dieser speziellen Bereiche sind alle Sonderzeichen erlaubt und werden nicht als XML interpretiert.

Ein CDATA-Abschnitt wird durch die Sequenz `<![CDATA[` eingeleitet und durch `]]>` abgeschlossen. Mit Hilfe eines CDATA-Abschnitts wird das obige Beispiel sofort viel lesbarer:

```
<para>
  Das <code>cover</code>-Element könnten Sie nach dieser
  Syntax auch folgendermaßen schreiben:
</para>
<codeblock>
<![CDATA[
  <cover datei="einstieg_xml.gif"
  type="image/gif" />
]]>
</codeblock>
<para>
  Der Slash am Ende des Tags ersetzt also das komplette
  schließende Tag.
</para>
```

Es versteht sich von selbst, dass die Zeichenfolge `]]>` innerhalb eines CDATA-Blocks unzulässig ist – schließlich beendet sie eben diesen Block. Genau deshalb wurde eine so unwahrscheinliche Zeichensequenz gewählt.

15.1.2 Wohlgeformtheit

Jedes XML-Dokument muss eine Reihe formaler Regeln erfüllen, um **wohlgeformt** zu sein. XML-Dateien, die diesen Regeln nicht genügen, werden von XML-Parsern in Anwendungen und Programmiersprachen nicht verarbeitet, sondern erzeugen Fehlermeldungen. In diesem Unterabschnitt werden die Regeln für die Wohlgeformtheit noch einmal explizit erläutert. Zwar wurden sie bereits am Rande erwähnt, sind aber wichtig genug, um genauer erklärt zu werden.

Regeln für die Wohlgeformtheit

Hier sehen Sie zunächst eine kurze Liste aller Regeln für die Wohlgeformtheit:

- Ein XML-Dokument benötigt genau ein **Wurzelelement**: Ein bestimmtes Element muss alle anderen Elemente und Textinhalte umschließen.
- Alle Elemente müssen korrekt ineinander verschachtelt werden; das zuletzt geöffnete Element wird als Erstes wieder geschlossen.
- Jedes Element besteht aus einem öffnenden und einem schließenden Tag; »Einfach-Tags« wie in klassischem HTML gibt es nicht. Für leere Tags existiert die spezielle Kurzfassung mit dem End-Slash.
- Attribute haben die Form `name="wert"`. Der Wert muss stets in Anführungszeichen stehen.
- Die Namen von Elementen und Attributen dürfen nur Buchstaben, Ziffern, Unterstriche, Bindestriche und Punkte enthalten. Es wird zwischen Groß- und Kleinschreibung unterschieden. Das erste Zeichen darf keine Ziffer sein.
- Bestimmte Zeichen sind in XML-Dokumenten nicht zulässig: `<`, `>`, `&`, `"` und `'` müssen durch die **Entity-Referenzen** `<`, `>`, `&`, `"` beziehungsweise `'` ersetzt werden. Die Definition weiterer Entity-Referenzen ist zulässig.
- CDATA-Blöcke ermöglichen die beliebige Verwendung der Sonderzeichen, die normalerweise durch Entity-Referenzen ersetzt werden müssen. Ein CDATA-Abschnitt steht zwischen `<![CDATA[` und `]]>`.

Die meisten dieser Regeln wurden weiter oben bereits ausführlich genug erläutert. Im Folgenden wird allerdings noch einmal die Bedeutung des Wurzelelements und der korrekten Verschachtelung von Tags hervorgehoben.

Wurzelelemente

Die Forderung nach einem Wurzelelement bedeutet, dass Code wie der folgende kein vollständiges XML-Dokument bildet:

```
<buch>
  <titel>Einstieg in XML</titel>
</buch>
<buch>
  <titel>XML im Unternehmen</titel>
</buch>
```

Dies ist bestenfalls ein Dokument-Fragment. Manche XML-fähigen Anwendungen sind in der Lage, mit solchen Fragmenten umzugehen. Sie dürfen sich allerdings niemals darauf verlassen. Korrekt wäre dagegen folgende Fassung:

```
<xml-buecher>
  <buch>
    <titel>Einstieg in XML</titel>
  </buch>
  <buch>
    <titel>XML im Unternehmen</titel>
```

```
  </buch>
</xml-buecher>
```

Das Element `xml-buecher` ist das Wurzelelement des gesamten Dokuments; die Tags `<xml-buecher>` und `</xml-buecher>` umschließen alle anderen Inhalte.

Bei vielen vordefinierten XML-basierten Dokumentformaten ist das Wurzelelement ein Hinweis auf das Format selbst. Beispielsweise lautet das Wurzelelement eines XHTML-Dokuments `html`. Der gesamte Inhalt von HTML-Dokumenten wird also von den Tags `<html>` und `</html>` umschlossen.

Korrekte Verschachtelung

Wie bereits erwähnt, muss die korrekte Verschachtelungsreihenfolge von XML-Elementen beachtet werden. Tags werden von außen nach innen geöffnet und in umgekehrter Reihenfolge wieder geschlossen. Das zuletzt geöffnete Tag wird demnach zuerst geschlossen.

Diese Regel ist im Grunde leicht zu merken und einzuhalten. Vielleicht verwirrt es Sie aber in dem Fall, dass zwei Tags unmittelbar hintereinander geöffnet werden, die Sie später auch wieder gleichzeitig schließen möchten.

Verschachtelungsfehler

Stellen Sie sich beispielsweise vor, Sie hätten für die Formatierung eines Textdokuments zwei Elemente namens `fett` und `kursiv` definiert und wollten nun einige Wörter fett *und* kursiv darstellen. In diesem Fall könnte es leicht passieren, dass Sie denken: Diese Wörter sollen fett und kursiv sein. Wenig später denken Sie sich: Dieses Wort soll schon nicht mehr fett und nicht mehr kursiv sein. Dieser Sprachgebrauch würde die folgende Formulierung in XML nahe legen:

```
Dieser Text ist <fett><kursiv>fett und kursiv</fett></kursiv> und die-
ser nicht mehr.
```

Allerdings ist dieses Konstrukt absolut verboten. Die richtige Syntax lautet natürlich folgendermaßen:

```
Dieser Text ist <fett><kursiv>fett und kursiv</kursiv></fett> und die-
ser nicht mehr.
```

Gute XML- oder HTML-Editoren weisen im Übrigen schon während der Eingabe darauf hin, dass Sie eine falsche Verschachtelung verwendet haben.

15.2 DTDs und XML Schema

Bereits in der Einleitung wurde erwähnt, dass XML-Dokumente neben der Wohlgeformtheit zusätzlich von einem Standard abhängen können. Ein solcher Standard enthält Regeln, die bestimmen, welche Elemente und Attribute erforderlich oder zulässig sind und in welcher Reihenfolge sie stehen müssen beziehungsweise dürfen. Die traditionelle Methode, um einem XML-Dokument derartige Beschränkungen aufzuerlegen, ist die Document Type Definition (DTD). Dieses Format wurde bereits für SGML entworfen und mit einigen notwendigen Änderungen und Ergänzungen für XML übernommen. Eine neuere, rein XML-basierte Alternative, die obendrein mehr Möglichkeiten bietet, ist XML Schema. Beide Sprachen werden in diesem Abschnitt behandelt.

15.2.1 Document Type Definitions (DTDs)

Eine Document Type Definition, die einen bestimmten XML-Dateityp definiert, steht in der Regel in einer externen Datei mit der Endung `.dtd`. Um ein XML-Dokument an die Regeln dieser DTD zu binden, müssen Sie noch vor dem Wurzelelement eine `<!DOCTYPE>`-Deklaration hineinschreiben. Hier wird die URL oder allgemeiner die ID der verwendeten DTD angegeben. Es kann sich dabei um eine `SYSTEM`-ID handeln, die stets eine URL benötigt, oder um eine `PUBLIC`-ID, die sich auf eine öffentlich standardisierte DTD bezieht.

DTD-Bezug im Dokument

Angenommen, es existiert eine DTD für das XML-Dokument aus dem vorigen Abschnitt, die sich im gleichen Verzeichnis befindet wie das Dokument. Die passende `<!DOCTYPE>`-Angabe verwendet in diesem Fall eine `SYSTEM`-ID und lautet folgendermaßen:

```
<!DOCTYPE xml-buecher SYSTEM "xml-buecher.dtd">
```

Genauso gut kann diese DTD in einem anderen Verzeichnis im Dateisystem oder sogar auf einem anderen Server im Internet liegen. Die DTD-Datei `xml-buecher.dtd` liegt unter anderem unter **http://buecher.lingoworld.de/fachinfo/listings/15/common/xml-buecher.dtd**. Wenn Sie sich auf diese URL beziehen möchten (immer mit der Gefahr, dass sie geändert oder entfernt werden könnte), funktioniert dies folgendermaßen:

```
<!DOCTYPE xml-buecher SYSTEM "http://buecher.lingoworld.de/fachinfo/
listings/15/common/xml-buecher.dtd">
```

Eine `PUBLIC`-ID verwendet dagegen ein standardisiertes Format, um die DTD unabhängig von ihrer konkreten URL zu kennzeichnen. Eine Anwendung, die ein Dokument auf der Grundlage dieser DTD validiert (ihre Gültigkeit überprüft), muss allerdings eine eingebaute Version der DTD enthalten oder wissen, wie sie diese online finden kann. Deshalb werden in der Praxis nur wenige öffentliche DTDs häufig verwendet. Das folgende Beispiel zeigt einen Verweis auf die XHTML-DTD des W3C:

```
<!DOCTYPE html PUBLIC "-//W3C//DTD XHTML 1.0 Strict//EN">
```

Um sicherzustellen, dass die DTD auf jeden Fall gefunden wird, wenn der Validator sie benötigt, wird in der Praxis meist zusätzlich eine URL angegeben:

```
<!DOCTYPE html PUBLIC "-//W3C//DTD XHTML 1.0 Strict//EN"
    "http://www.w3.org/TR/xhtml1/DTD/xhtml1-strict.dtd">
```

Definition einer DTD

DTDs beschreiben, welche Elemente und Attribute in welcher Reihenfolge in einem Dokument zulässig sind, und welche Daten sie jeweils enthalten dürfen.

Elemente definieren

Ein Element wird mit Hilfe einer `<!ELEMENT>`-Deklaration angegeben. Formal sieht diese Deklaration folgendermaßen aus:

```
<!ELEMENT elementname (elementinhalt)>
```

Der Elementinhalt kann aus einer Liste verschachtelter Elemente bestehen oder auf einfachen Textinhalt hinweisen. Enthält ein Element verschachtelte Tags, dann werden für diese wiederum `<!ELEMENT>`-Definitionen angegeben.

Die zulässigen Attribute für ein Element werden dagegen in eine <!ATTLIST>-Angabe geschrieben. Die formale Schreibweise ist folgende:

Attribute definieren

```
<!ATTLIST elementname attr1 TYP #REQUIRED
                      attr2 TYP #IMPLIED
                      ...>
```

Der häufigste TYP für Attribute ist CDATA, also die Angabe beliebiger Zeichen. #REQUIRED oder #IMPLIED geben an, ob das Attribut erforderlich ist oder nicht. Ein Attribut mit der Angabe #REQUIRED muss angegeben werden, #IMPLIED definiert dagegen ein optionales Attribut. Eine dritte zulässige Angabe ist #FIXED, was für ein vorgegebenes Attribut steht: Wird es nicht angegeben, ist es dennoch automatisch mit seinem Standardwert vertreten; wenn Sie es explizit angeben, muss es dagegen den vorgegebenen Wert besitzen.

Übrigens können Sie auch für jedes Attribut eine eigene <!ATTLIST>-Definition schreiben. In keinem der beiden Fälle ist die Reihenfolge der Attribute innerhalb des Elements verbindlich.

Hier sehen Sie eine vollständige DTD für das weiter oben vorgestellte Dokument xml-buecher.dtd. Die zusätzlich erläuterte Erweiterung um ein cover-Element für eine Abbildung des Buchcovers ist bereits enthalten:

```
<!ELEMENT xml-buecher (buch+)>
  <!ELEMENT buch (autor+, titel, cover, auflage, ort,
  jahr, verlag)>
  <!ATTLIST buch isbn CDATA #REQUIRED>
    <!ELEMENT autor (name, vorname)>
      <!ELEMENT name (#PCDATA)>
      <!ELEMENT vorname (#PCDATA)>
    <!ELEMENT titel (#PCDATA)>
    <!ELEMENT cover EMPTY>
    <!ATTLIST cover datei CDATA #REQUIRED
                    type  CDATA #REQUIRED>
    <!ELEMENT auflage (#PCDATA)>
    <!ELEMENT ort (#PCDATA)>
    <!ELEMENT jahr (#PCDATA)>
```

Übrigens ist die Reihenfolge, in der Sie die Deklarationen in der DTD vornehmen, vollkommen gleichgültig. Allerdings können Sie leicht durcheinander kommen, wenn Sie sich nicht dauerhaft an eine selbst gewählte Reihenfolge halten. Eine empfehlenswerte Reihenfolge, die auch im vorliegenden Beispiel verwendet wird und in vielen gut geschriebenen DTDs anzutreffen ist, funktioniert nach den folgenden Regeln:

- Als Erstes wird das Wurzelelement deklariert.
- Falls das Wurzelement Attribute besitzt, folgt als Nächstes seine <!ATTLIST>-Deklaration.
- Anschließend werden nacheinander alle unterhalb des Wurzelements zulässigen Elemente in der angegebenen Reihenfolge deklariert.

- Nach jedem Element folgt – falls vorhanden – seine <!ATTLIST>-Angabe; anschließend werden wiederum alle in diesem Element zulässigen Elemente durch ihre <!ELEMENT>-Angaben deklariert.

Auf diese Weise enthält die DTD ein genaues Abbild der Verschachtelung der durch sie beschriebenen XML-Dokumente. Dies können Sie zusätzlich durch Einrückungen verdeutlichen.

Die meisten Elemente in der gezeigten DTD enthalten im Übrigen keine weiter verschachtelten Elemente mehr, sondern das Inhaltsmodell (#PCDATA), also beliebigen Text. Das Element `cover` besitzt dagegen die spezielle Angabe `EMPTY` – es handelt sich um ein leeres Tag, das keine weiteren Inhalte aufweisen darf. Wie bereits weiter oben erläutert, muss es später im Dokument nicht umständlich als `<cover ...></cover>` geschrieben, sondern kann durch `<cover .../>` abgekürzt werden.

Elemente deklarieren

Im vorigen Unterabschnitt haben Sie die <!ELEMENT>-Deklaration schon grundsätzlich kennen gelernt. Die häufigsten Formen dieser Deklaration sind die Aufzählung der zulässigen Elemente oder `#PCDATA` für einfachen Text.

Die umfangreichste Liste von Elementen in der Beispiel-DTD enthält die Angabe für das Element `buch`:

```
<!ELEMENT buch (autor+, titel, cover, auflage, ort,
jahr, verlag)>
```

In dieser Schreibweise bedeutet die Definition, dass innerhalb des Elements `buch` alle angegebenen Elemente in der vorgegebenen Reihenfolge vorkommen müssen. Wie weiter unten genauer erläutert wird, bedeutet das + hinter `autor`, dass ein Buch einen oder auch mehrere Autoren besitzen kann.

Alternativangaben

Statt einer festgelegten Reihenfolge können Sie auch eine Liste von Alternativen angeben. Das folgende Beispiel zeigt ein Element namens `anschrift`, das entweder das Element `postfach` oder `strasse` enthalten kann:

```
<!ELEMENT anschrift (postfach | strasse)>
```

Die beiden folgenden Alternativen sind gültige Verwendungen des Elements `anschrift`:

```
<anschrift>
  <postfach>1234567</postfach>
</anschrift>

<anschrift>
  <strasse>Alte Straße 12</strasse>
</anschrift>
```

Solche Angaben lassen sich durch Klammern auch verschachteln. Diese verbesserte Version von `anschrift` verlangt entweder ein Postfach oder eine Straße und eine Hausnummer:

```
<!ELEMENT anschrift (postfach | (strasse, hausnr))>
```

Sie können sogar Alternativen und Pflichtangaben beliebig mischen, wie die folgende vollständige Fassung einer Anschrift zeigt:

```
<!ELEMENT anschrift (name, (postfach | (strasse, hausnr)), plz, ort)>
```

Eine Anschrift besteht also aus einem Namen, gefolgt von einem Postfach oder einer Straße und Hausnummer, anschließend kommt die Postleitzahl und zum Schluss der Ort. Die beiden folgenden Anschriften erfüllen dieses Format:

```
<anschrift>
  <name>Galileo Press</name>
  <strasse>Gartenstr.</strasse>
  <hausnr>24</hausnr>
  <plz>53229</plz>
  <ort>Bonn</ort>
</anschrift>

<anschrift>
  <name>MICROGRAFX (Deutschland) GmbH</name>
  <postfach>14 18</postfach>
  <plz>85704</plz>
  <ort>Unterschleißheim</ort>
</anschrift>
```

Alternativen können auch helfen, wenn Ihnen die Reihenfolge bestimmter Elemente egal ist. Die folgende Variante der `buch`-Deklaration stellt es frei, die Reihenfolge von `ort` und `jahr` beliebig zu vertauschen:

```
<!ELEMENT buch (autor+, titel, cover, auflage,
((ort, jahr) | (jahr, ort)), verlag)>
```

Zu viele verschiedene Reihenfolgen können Sie also nicht zulassen, weil die Liste sonst erheblich zu lang würde.

Einfacher Text als Alternative

Sie können einer Liste von Alternativen auch `#PCDATA` voranstellen, um statt der möglichen Tags auch beliebigen Text zuzulassen. Beispielsweise könnte eine Anschrift neben einem Postfach oder einer Straße/Hausnummer-Folge auch einen anderen Zusatz enthalten, der als einfacher Text ausgedrückt wird:

```
<!ELEMENT anschrift (name, (#PCDATA | postfach | (strasse, hausnr)),
plz, ort)>
```

Auf diese Weise könnten Sie auch anders formulierte Anschriften, wie man sie manchmal in ländlichen Gegenden findet (»Gutshof Erlenbach« oder Ähnliches), ohne Probleme angeben.

Häufigkeitsangaben

Jedes Element und jede Gruppe von Inhalten kann in einem XML-Dokument auch mehrmals vorkommen. Zu diesem Zweck bietet die DTD-Sprache verschiedene Modifikatoren an, die Sie hinter ein Element oder einen geklammerten Ausdruck setzen können, um seine Häufigkeit anzugeben:

- ? – Der Inhalt darf einmal oder keinmal vorkommen.
- + – Der Inhalt muss mindestens einmal vorkommen.
- * – Der Inhalt darf beliebig oft vorkommen.

Beispielsweise können Personen nicht nur einen Vornamen haben, sondern auch mehrere. Um diese Vornamen voneinander zu trennen, könnten Sie das Element `autor` in der `xml-buecher`-DTD folgendermaßen verfeinern:

```
<!ELEMENT autor (name, vorname+)>
```

Dadurch könnten Sie den ersten Autor von »XML in a Nutshell« folgendermaßen angeben:

```
<autor>
  <name>Harold</name>
  <vorname>Eliotte</vorname>
  <vorname>Rusty</vorname>
</autor>
```

Auch die Angabe `?` für ein- oder keinmal kann sehr nützlich sein. Bei dem `buch`-Beispiel ist es etwa angebracht, das Cover-Bild optional zu setzen, weil für manche Bücher vielleicht keines verfügbar ist:

```
<!ELEMENT buch (autor+, titel, cover?, auflage,
((ort, jahr) | (jahr, ort)), verlag)>
```

Das Gleiche gilt für die Angabe von Postleitzahl oder Straße und Hausnummer bei Anschriften: Große Postempfänger besitzen manchmal ihre eigene Postleitzahl, die eine weitere Angabe überflüssig macht. Die ultimative Fassung des Elements `anschrift` sieht demnach so aus:

```
<!ELEMENT anschrift (name, (#PCDATA | postfach |
(strasse, hausnr))?, plz, ort)>
```

Der Modifikator `*` für beliebig oft (auch keinmal) könnte beispielsweise nützlich sein, um die Adels- oder akademischen Titel einer Person anzugeben. Die folgende Definition berücksichtigt so gut wie alle Eventualitäten bei der Angabe von Personennamen:

```
<!ELEMENT person (anrede, titel*, vorname+, name, geburtsname?)>
```

Eine Person kann nach diesem Schema beliebig viele Titel tragen, einen oder mehrere Vornamen führen und einen vom aktuellen Namen abweichenden Geburtsnamen haben oder auch nicht. Die folgenden Beispiele genügen diesem Modell:

```
<person>
  <anrede>Herr</anrede>
  <titel>Dr.</titel>
  <vorname>Klaus</vorname>
  <vorname>Peter</vorname>
  <name>Schmitz</name>
</person>
```

```
<person>
  <anrede>Frau</anrede>
  <titel>Prof.</titel>
  <titel>Dr.</titel>
  <vorname>Annette</vorname>
  <name>Schmitz</name>
  <geburtsname>Müller</geburtsname>
</person>
```

Die folgende kleine DTD definiert ein Format für einfache Textdokumente mit wenigen Auszeichnungsmöglichkeiten:

```
<!ELEMENT dokument ((ueberschrift?, absatz+)+)>
  <!ELEMENT ueberschrift (#PCDATA)>
  <!ELEMENT absatz ((#PCDATA | fett | kursiv)+)
    <!ELEMENT fett (#PCDATA)>
    <!ELEMENT kursiv (#PCDATA)>
```

Ein Dokument kann laut dieser DTD einen oder mehrere Blöcke enthalten, die aus einer oder keiner Überschrift und einem oder mehreren Absätzen bestehen. Eine Überschrift enthält nur einfachen Text. Ein Absatz dagegen kann einen oder mehrere Teile enthalten, die aus einfachem Text, einem fetten oder einem kursiven Bereich bestehen. Die fetten oder kursiven Bereiche enthalten wiederum einfachen Text.

Das folgende kurze Beispiel zeigt ein Dokument, das sich an diese DTD hält:

```
<dokument>
  <ueberschrift>XML</ueberschrift>
  <absatz>
    <fett>XML</fett> ist ein vom <kursiv>W3C</kursiv>
    definiertes Metaformat für die Definition von
    <kursiv>Auszeichnungssprachen</kursiv>.
  </absatz>
  <absatz>
    Inzwischen gibt es Unmengen von Formaten, die
    auf XML basieren, beispielsweise <fett>XHTML</fett>,
    <fett>SVG</fett> oder <fett>MathML</fett>.
  </absatz>
</dokument>
```

Wenn Sie das Dokument mit geeigneten Mitteln – die weiter unten in diesem Kapitel vorgestellt werden – verarbeiten, könnte es in einem fertigen Layout zum Beispiel folgendermaßen aussehen:

> **XML**
>
> **XML** ist ein vom *W3C* definiertes Metaformat für die Definition von *Auszeichnungssprachen*. Inzwischen gibt es Unmengen von Formaten, die auf XML basieren, beispielsweise **XHTML**, **SVG** oder **MathML**.

Attribute definieren

Formal ein wenig einfacher, aber inhaltlich dafür komplexer als bei den Elementen sind die DTD-Regeln für die Definition von Attributen. Wie oben beschrieben, werden Attribute mit Hilfe einer `<!ATTLIST>`-Deklaration angegeben. Beispielsweise befindet sich in der `xml-buecher`-DTD die folgende Attributliste für das Element `cover`:

```
<!ATTLIST cover datei CDATA #REQUIRED
                type  CDATA #REQUIRED>
```

Jede Attributangabe besteht aus dem Attributnamen (hier `datei` und `type`), dem Attributtyp (im Beispiel `CDATA` für einen beliebigen Textinhalt) und der Angabe, ob das Attribut erforderlich ist (in diesem Fall `#REQUIRED` für erforderlich).

Alternativ könnten Sie die beiden Attribute des Elements `cover` auch folgendermaßen angeben:

```
<!ATTLIST cover datei CDATA #REQUIRED>
<!ATTLIST cover type  CDATA #REQUIRED>
```

Es ist mit keiner der beiden Definitionsmethoden möglich, eine bestimmte Reihenfolge der Attribute eines Elements festzulegen. Wegen der besonderen Bedeutung der Attribute als nähere Bestimmungen eines Elements wäre dies auch gar nicht wünschenswert. Es spielt überhaupt keine Rolle, ob zuerst der Dateiname oder zuerst der MIME-Type einer Buchcover-Abbildung angegeben wird; beide sind erforderlich, um das Bild in einer eventuellen Anwendung korrekt darstellen zu können.

Attributtypen

Was Attributangaben besonders komplex macht, ist die Tatsache, dass es zehn verschiedene Attributtypen gibt. Der häufigste von allen ist `CDATA` für einen beliebigen Textstring. Fast genau so häufig wird der spezielle Inhaltstyp »Aufzählung« verwendet. Für diesen Typ wird kein spezielles Schlüsselwort angegeben, sondern lediglich eine in Klammern stehende, durch `|`-Zeichen getrennte Liste von Alternativen.

Beispielsweise definiert die folgende `<!ATTLIST>` die Attribute eines Elements namens `farbe`, das die Intensität einer der drei RGB-Grundfarben `rot`, `gruen` oder `blau` angibt:

```
<!ATTLIST farbe ton         (rot|gruen|blau) #REQUIRED
                intensitaet CDATA            #REQUIRED>
```

Trotz der vielen verschiedenen Attributtypen gibt es keine vernünftige Möglichkeit, die Intensität auf eine ganze Zahl zwischen 0 und 255 einzuschränken – es sei denn, Sie haben Lust, statt `CDATA` die vollständige Liste `(0 | 1 | 2 | ... | 254 | 255)` einzugeben. Absolut unmöglich ist im Übrigen die Beschränkung auf einen bestimmten Datentyp wie »ganze Zahl«, »Datum/Uhrzeit« oder Ähnliches. Für solche Feinheiten ist das weiter unten vorgestellte XML Schema geeigneter.

Was die verschiedenen Attributtypen dagegen zu bieten haben, sehen Sie übersichtlich in Tabelle 15.2.

<table>
<tr><th>Typ</th><th>Erläuterung</th><th>Beispiele</th></tr>
<tr><td>CDATA</td><td>beliebiger Text</td><td>"Hallo", "25"</td></tr>
<tr><td>(Aufzählung)</td><td>Liste möglicher Alternativen wie (rot | gruen | blau)</td><td>"kreuz" aus ("kreuz" | "pik" | "herz" | "karo")</td></tr>
<tr><td>NMTOKEN</td><td>Darf nur die Zeichen enthalten, die in XML-Tag-Namen erlaubt sind. Ermöglicht eine stärkere Inhaltskontrolle als CDATA.</td><td>"13.05.2003", "hallo", "funny-names"</td></tr>
<tr><td>NMTOKENS</td><td>Liste mehrerer NMTOKEN-Werte. XML-Parser behandeln Leerzeichen als Trennzeichen für mehrere Einzelwerte.</td><td>"kueche diele bad"
(Parser bildet die Einzelwerte kueche, diele und bad)</td></tr>
<tr><td>ID</td><td>Werte wie bei NMTOKEN; jeder Wert muss jedoch im gesamten XML-Dokument einmalig sein. Dies ist nützlich für eindeutige Schlüssel.</td><td>"isbn3898421376", "B12345"
(leider ist eine reine Zahl verboten, weil sie kein gültiger XML-Name ist)</td></tr>
<tr><td>IDREF</td><td>Bezug auf ein Attribut vom Typ ID eines anderen Elements. Dient der Definition von Bezügen wie in relationalen Datenbanken.</td><td>(siehe ID)</td></tr>
<tr><td>IDREFS</td><td>Eine durch Leerzeichen getrennte Liste mehrerer IDs, auf die Bezug genommen wird.</td><td>"isbn3898421376 isbn3898423557"</td></tr>
<tr><td>ENTITY</td><td>Verweist auf ein innerhalb der DTD definiertes Entity (Standard-Entities wie lt oder quot sind nicht zulässig).</td><td>(Entities werden weiter unten genau erläutert)</td></tr>
<tr><td>ENTITIES</td><td>Eine durch Leerzeichen getrennte Liste mehrerer ENTITY-Werte</td><td></td></tr>
<tr><td>NOTATION</td><td>Der Wert eines speziellen DTD-Konstrukts vom Typ <!NOTATION>, das die Abkürzung von SYSTEM- oder PUBLIC-IDs ermöglicht.</td><td>"gif", bezogen auf:
<!NOTATION gif SYSTEM "image/gif">
<!NOTATION
jpg SYSTEM "image/jpeg">
<!NOTATION png SYSTEM "image/png">
<!ATTLIST bild typ NOTATION(gif |
jpg | png)></td></tr>
</table>

Tabelle 15.2 Die zulässigen Attributtypen

Die meisten dieser Attributtypen werden Sie in eigenen DTDs wahrscheinlich niemals verwenden. Die allermeisten Aufgaben können Sie mit CDATA und Aufzählungen erledigen; wenn Sie XML für datenbankähnliche Aufgaben einsetzen, werden Sie wahrscheinlich auch ID und IDREF beziehungsweise IDREFS nützlich finden.

Notwendigkeit von Attributangaben

Die letzte Angabe innerhalb einer Attribut-Definition gibt an, ob das Attribut erforderlich ist oder nicht, und besagt, ob es einen Standardwert für dieses Attribut gibt. Die vier möglichen Werte sind folgende:

- #REQUIRED – das Attribut muss auf jeden Fall angegeben werden; es gibt keinen Standardwert.
- #IMPLIED – das Attribut kann weggelassen werden; einen Standardwert gibt es auch hier nicht.
- #FIXED – das Attribut hat stets den hinter #FIXED angegebenen Standardwert. Wird es nicht angegeben, dann wird es vom Parser trotzdem mit dem Standardwert ausgewertet. Falls es explizit angegeben wird, muss es dagegen genau den Standardwert aufweisen.
- Literal – wenn Sie statt einem der drei Schlüsselwörter nur einen Standardwert in Anführungszeichen angeben, hat das Attribut diesen Standardwert, wenn Sie es weglassen. Geben Sie es dagegen explizit an, dann erhält es den entsprechenden Wert.

Die folgende kleine DTD definiert einen einfachen Farbverlauf aus zwei RGB-Farben. Das leere Element rgb besitzt verschiedene Attribute, um Rot/Grün/Blauwert und Deckkraft (alpha) zu definieren:

```
<!ELEMENT verlauf (rgb, rgb)>
  <!ELEMENT rgb EMPTY>
  <!ATTLIST rgb rot   CDATA "255"
                gruen CDATA "255"
                blau  CDATA "255"
                alpha CDATA "100">
```

Die Standard-RGB-Farbe ist demnach Weiß mit einer Deckkraft von 100 %. Einen Verlauf von Schwarz nach Weiß, beide mit 100 % Deckkraft, können Sie also mit minimalem Aufwand folgendermaßen definieren:

```
<verlauf>
  <rgb rot="0" gruen="0" blau="0" />
  <rgb />
</verlauf>
```

Ein XML-Parser, der die DTD verarbeitet und diese Elemente liest, ergänzt sie automatisch zu folgender Langform:

```
<verlauf>
  <rgb rot="0" gruen="0" blau="0" alpha="100" />
  <rgb rot="255" gruen="255" blau="255" alpha="100" />
</verlauf>
```

Entities

Entities bieten vor allem die Möglichkeit, häufig vorkommende XML-Blöcke abzukürzen sowie Zeichen darzustellen, die im aktuellen Zeichensatz des XML-Dokuments nicht vorkommen. Im XML-Dokument werden die in der DTD definierten Entities durch **Entity-Referenzen** angegeben. Die fünf fest in XML eingebauten Entity-Referenzen wurden bereits weiter oben erwähnt.

Weitere Entities können Sie auf einfache Art und Weise innerhalb einer DTD definieren. Das folgende Entity definiert eine Copyright-Zeile:

```
<!ENTITY copymsg "Copyright 2005 by Galileo Computing">
```

Wenn Sie an irgendeiner Stelle eines XML-Dokuments, das von dieser DTD abhängt, die Entity-Referenz `&copymsg;` verwenden, wird sie automatisch durch den String `"Copyright 2005 by Galileo Computing"` ersetzt. Entities können aber nicht nur reinen Text enthalten, sondern auch XML-Auszeichnungen. Das folgende Beispiel kürzt ein vollständiges Buch gemäß der oben vorgestellten Buch-DTD auf das Entity `&xmlbuch;` herunter:

```
<!ENTITY xmlbuch '
  <buch isbn="389842488X">
    <autor>
      <name>Vonhoegen</name>
      <vorname>Helmut</vorname>
    </autor>
    <titel>Einstieg in XML</titel>
    <cover datei="einstieg_xml.gif" type="image/gif" />
    <auflage>2</auflage>
    <ort>Bonn</ort>
    <jahr>2004</jahr>
    <verlag>Galileo Computing</verlag>
  </buch>
'>
```

Beachten Sie im obigen Beispiel die einfachen Anführungszeichen, in denen der Code für das Buch steht – sie ermöglichen, dass Sie die doppelten Anführungszeichen der enthaltenen Attributwerte einfach stehen lassen können.

Externe Entity-Definitionen

Längere Entities müssen Sie nicht innerhalb der DTD selbst definieren, sondern können sie in eine externe XML-Datei schreiben. Auf diese Datei wird dann in der Entity-Deklaration mit Hilfe einer `SYSTEM`-ID verwiesen:

```
<!ENTITY buch2 SYSTEM "buch2.xml">
```

Damit die Entity-Referenz `&buch2;` aufgelöst werden kann, muss im Verzeichnis, in dem sich die DTD befindet, eine formal korrekte XML-Datei namens `buch2.xml` vorliegen.

15.2.2 Namensräume

Eine besondere Eigenschaft von XML-Dokumenten besteht darin, dass Sie mehrere Dokumenttypen miteinander vermischen können. Zu diesem Zweck wurden die **Namensräume** (englisch »Name Spaces«) eingeführt, die die Unterscheidung von Elementen aus verschiedenen DTDs zulassen.

Der **Standard-Namensraum** eines Dokuments zeichnet sich dadurch aus, dass Sie seine Elemente ohne spezielles Präfix verwenden können. Werden weitere Namensräume eingebunden, dann wird deren Elementen ein Namensraum-Präfix vorangestellt, das durch einen Doppelpunkt vom eigentlichen Elementnamen getrennt wird.

Namensräume mischen

Angenommen, Sie fügen in die XML-Bücher-Datei ein neues Element namens `beschreibung` ein, das eine kurze Beschreibung des Buchinhalts im HTML-Format enthält. Zu diesem Zweck können Sie den verwendeten HTML-Tags das Namensraum-Präfix `html` voranstellen, um sie von den Elementen des Standard-Namensraums zu unterscheiden. Hier ein kurzes Beispiel:

```
<buch isbn="389842488X">
  <autor>
    <name>Vonhoegen</name>
    <vorname>Helmut</vorname>
  </autor>
  <titel>Einstieg in XML</titel>
  <cover datei="einstieg_xml.gif" type="image/gif" />
  <beschreibung>
     <html:p>Dieses Buch f&uuml;hrt Sie in die
     Grundlagen der <html:b>Auszeichnungssprache
     XML</html:b> des <html:i>W3C</html:i> ein.
     </html:p>
  </beschreibung>
  <auflage>2</auflage>
  <ort>Bonn</ort>
  <jahr>2004</jahr>
  <verlag>Galileo Computing</verlag>
</buch>
```

Die in der obigen Beschreibung verwendeten HTML-Auszeichnungen definieren einen Absatz, Fett- und Kursivschrift. Sie werden im nächsten Kapitel, *HTML, CSS und Webdesign*, genauer erläutert.

Namensräume einbinden

Namensräume werden mit Hilfe von `xmlns`-Angaben innerhalb eines Elements in das Dokument eingebunden. In der Regel stehen sie im Wurzelelement. Der Standard-Namensraum wird einfach als `xmlns` bezeichnet, während zusätzliche Namensräume mit `xmlns:namensraum` angegeben werden. Das folgende Beispiel bindet das `xml-buecher`-Format als Standard-Namensraum und das HTML-Format als Erweiterung ein:

```
<xml-buecher xmlns="http://buecher.lingoworld.de/fachinfo/listings/15/
common/xml-buecher" xmlns:html="http://www.w3.org/1999/xhtml">
```

Unter den angegebenen URLs muss sich kein spezielles Dokument befinden, das den Namensraum definiert – allerdings ist es üblich, dort eine kurze Beschreibung des Namensraums im HTML-Format abzulegen. Wichtig ist nur, dass verschiedene Namensraum-Angaben auch unterschiedliche URLs verwenden.

15.2.3 XML Schema

XML Schema bietet eine alternative Möglichkeit, Standards für XML-Dokumente einzurichten. Gegenüber DTDs besitzt dieses Format vor allem zwei Vorteile:

- Die zulässigen Inhalte für Elemente und Attribute können wesentlich genauer angegeben werden.
- Das Format ist selbst XML-basiert, verwendet also keine separate Syntax wie DTDs, sondern besteht aus wohlgeformten XML-Dokumenten.

Eine Schema-Definition steht in einer Datei mit der Endung .xsd. Die meisten aktuellen XML-Parser unterstützen ein Schema als Alternative zu einer DTD für die Validation von Dokumenten.

Hier ein einfaches Schema für Adresslisten-Dokumente auf der Basis des weiter oben definierten Adress-Beispiels:

```
<?xml version="1.0"?>
<xs:schema xmlns:xs="http://www.w3.org/2001/XMLSchema">
  <xs:element name="adressliste">
    <xs:complexType>
      <xs:element name="person" minOccurs="1"
      maxOccurs="unbounded">
        <xs:complexType>
          <xs:sequence>
            <xs:element name="anrede"
            type="xs:string" />
            <xs:element name="titel" type="xs:string"
            minOccurs="0" />
            <xs:element name="vorname" type="xs:string"
            maxOccurs="unbounded" />
            <xs:element name="name" type="xs:string" />
            <xs:element name="anschrift">
              <xs:complexType>
                <xs:choice>
                  <xs:element name="strasse"
                  type="xs:string" />
                  <xs:element name="plz"
                  type="xs:string" />
                </xs:choice>
              </xs:complexType>
            </xs:element>
          </xs:sequence>
        </xs:complexType>
      </xs:element>
    </xs:complexType>
  </xs:element>
</xs:schema>
```

Grundsätzlich wird jedes Element mit Hilfe einer <xs:element>-Deklaration angegeben. Elemente, die nur einfachen Textinhalt und keine verschachtelten Elemente oder Attribute besitzen, benötigen im Schema das Attribut type, das den zulässigen Typ des Inhalts angibt. Einige zulässige Typen sind "xs:string" für beliebigen Text, "xs:integer" für ganze Zahlen oder "xs:language" für eine ISO-Sprachangabe wie en (Englisch) oder de (Deutsch). Diese und andere Inhaltstypen können sowohl für Elemente als auch für Attribute verwendet werden.

Verschachtelte Elemente

Elemente, die verschachtelte Elemente, gemischten Inhalt oder Attribute enthalten dürfen, benötigen zur Angabe dieser Komponenten einen <xs:complexType>-Block. Für verschachtelte Elemente steht innerhalb dieses Blocks entweder ein einzelnes Element, eine durch einen <xs:sequence>-Abschnitt umschlossene Liste aufeinander folgender Elemente oder eine durch <xs:choice> umhüllte Aufzählung von Alternativen.

Attribute – die im obigen Beispiel nicht vorkommen – werden übrigens folgendermaßen deklariert:

```
<xs:attribute name="isbn" type="xs:integer" />
```

Angenommen, Sie möchten ein Element buchtitel deklarieren, dessen Inhalt einfacher Text ist und das ein Attribut namens isbn enthält. Da Elemente mit Attributen immer einen <xs:complexType>-Block benötigen, in dem ihr Inhalt definiert wird, können Sie nicht mehr einfach type="xs:string" schreiben. Stattdessen sieht die Definition nun so aus:

```
<xs:element name="buchtitel">
  <xs:complexType>
    <xs:simpleContent>
      <xs:extension base="xs:string">
        <xs:attribute name="isbn" type="xs:string" />
      </xs:extension>
    </xs:simpleContent>
  </xs:complexType>
</xs:element>
```

Der <xs:simpleContent>-Block gibt an, dass das Element trotz des <xs:complexType> nur einfachen Inhalt und keine verschachtelten Tags enthält. <xs:extension> gibt den Inhaltstyp des Elements selbst an (hier "xs:string"), während die hineinverschachtelten <xs:attribute>-Elemente die Attribute und ihre Datentypen definieren.

Interessant ist schließlich noch die Möglichkeit, über minOccurs und maxOccurs die minimale und die maximale Anzahl von Elementen eines Typs anzugeben. Beide haben den Standardwert 1; ein Element ohne weitere Angaben muss genau einmal vorkommen. Ein spezieller Wert für maxOccurs ist "unbounded". Das entsprechende Element darf unbegrenzt oft vorkommen.

Schemas einbinden

Das folgende kurze Beispiel genügt dem oben definierten Schema und zeigt außerdem, wie Sie die Verwendung des Schemas im XML-Dokument angeben[2]:

2 Die hier sehr verkürzt behandelte Schema-Spezifikation wird noch erheblich komplexer, wenn Namensräume ins Spiel kommen. xsi:noNamespaceSchemaLocation bindet nur Schema-Definitionen ein, die keine speziellen Namensräume deklarieren.

```
<?xml version="1.0"?>
<adressliste xmlns:xsi="http://www.w3.org/2001/XMLSchema-instance"
xsi:noNamespaceSchemaLocation="adressen.xsd">
  <person>
    <anrede>Herr</anrede>
    <titel>Doktor</titel>
    <vorname>Dieter</vorname>
    <name>Heinze</name>
    <anschrift>
      <strasse>Alte Straße 34</strasse>
    </anschrift>
  </person>
  <person>
    <anrede>Frau</anrede>
    <vorname>Maria</vorname>
    <vorname>Theresia</vorname>
    <name>Huber</name>
    <anschrift>
      <postfach>1234567</postfach>
    </anschrift>
  </person>
</adressliste>
```

Über dieses kurze Beispiel hinaus ist XML Schema eine sehr umfangreiche Sprache, die sehr detaillierte Definitionen für Dokumentformate ermöglicht. Der kleine Einblick in diesem Unterabschnitt hat hoffentlich gezeigt, dass die Möglichkeiten von Schema weit über DTDs hinausgehen. Wenn Sie alle Möglichkeiten ausschöpfen möchten, sollten Sie das Buch *XML Schema* von Marco Skulschus und Marcus Wiederstein (Bonn 2004, Galileo Computing) lesen.

15.3 XSLT

Wenn Sie dem Kapitel bis hierhin gefolgt sind, wird Ihnen aufgefallen sein, dass Sie zwar eine Reihe verschiedener XML-Dokumente und -Fragmente gesehen haben, aber noch kein Screenshot oder eine andere Darstellung eines fertig verarbeiteten Dokuments. Das liegt daran, dass XML einzig und allein die Struktur eines Dokuments beschreibt. Für das Layout sind separate Formatierungsangaben zuständig, die meist in der **Extensible Stylesheet Language (XSL)** verfasst werden.

XSL-Komponenten

XSL besteht aus zwei verschiedenen Komponenten: Die in diesem Abschnitt behandelten **XSL-Transformations (XSLT)** beschreiben die Umwandlung (Transformation) beliebiger XML-Dokumente in andere Formate wie HTML oder PDF, während **XSL Formatting Objects (XSL-FO)** eine eigene Sprache zur Definition von Formatierungen und Stilen bilden. Eine dritte Alternative für die Formatierung bieten die am häufigsten für HTML-Dokumente eingesetzten **Cascading Stylesheets (CSS)**, die im nächsten Kapitel erläutert werden.

Ein XSLT-Dokument beschreibt, welche Elemente und Attribute eines XML-Eingabedokuments in welche Bestandteile eines Ausgabedokuments umgesetzt werden. Um die einzelnen Komponenten des Eingabedokuments zu identifizieren, verwendet XSLT eine Sprache namens **XPath**, die den Zugriff auf die Baumstruktur jedes XML-Dokuments ermöglicht.

XSLT-Prozessoren

Um XSLT einsetzen zu können, benötigen Sie eine spezielle Anwendung namens XSLT-Prozessor. Dieses Programm nimmt ein XSLT-Stylesheet und ein XML-Dokument entgegen und erzeugt gemäß der Regeln des Stylesheets das gewünschte Ausgabedokument.

Einer der bekanntesten XSLT-Prozessoren ist **Apache Xalan**, den Sie unter **xml.apache.org/xalan** herunterladen können. Es handelt sich um eine Java-Anwendung, die Sie von der Kommandozeile aus folgendermaßen aufrufen können:

```
$ java org.apache.xalan.xslt.Process -IN xml-buecher.xml -XSL
buecher2htm.xsl -OUT xml-buecher.html
```

Der Kommandozeilenparameter `-IN` gibt, wie Sie wahrscheinlich richtig vermutet haben, das Eingabedokument an, `-XSL` bezeichnet die XSLT-Stylesheet-Datei mit der Endung `.xsl` und `-OUT` die Ausgabedatei.

Die häufigste Umwandlung – und die einzige, die in diesem kurzen Unterabschnitt demonstriert wird – ist diejenige von allgemeinem XML nach HTML.

Hier ein kurzes XSLT-Stylesheet, das die zu Beginn dieses Kapitels vorgestellte Datei `xml-buecher.xml` in ein einfaches HTML-Dokument umwandelt:

```
<?xml version="1.0" encoding="iso-8859-1"?>
<xsl:stylesheet version="1.0"
     xmlns:xsl="http://www.w3.org/1999/XSL/Transform">
  <xsl:template match="xml-buecher">
  <html>
    <head>
      <title>XML-Bücher</title>
    </head>
    <body>
      <h1>XML-Bücher</h1>
    <xsl:for-each select="buch">
      <h2><xsl:value-of select="titel" /></h2>
      <p>
        von
        <xsl:for-each select="autor">
          <xsl:value-of select="vorname" />
          <xsl:value-of select="name" />,
        </xsl:for-each>
      </p>
      <p>
        <xsl:value-of select="ort" />,
        <xsl:value-of select="jahr" />
      </p>
```

```
        <p>
          <xsl:value-of select="verlag" />
        </p>
      </xsl:for-each>
      </body>
    </html>
    </xsl:template>
  </xsl:stylesheet>
```

Damit dieses XSLT-Stylesheet korrekt mit `xml-buecher.xml` zusammenarbeitet, müssen Sie auch dessen Zeichensatz in `iso-8859-1` umwandeln. Die XML-Steueranweisung des Dokuments sieht demnach genauso aus wie bei der hier gezeigten XSL-Datei.

Wenn Sie das Stylesheet über den weiter oben gezeigten Xalan-Aufruf oder mit Hilfe eines anderen XSLT-Prozessors verwenden und die entstandene HTML-Datei im Browser öffnen, erhalten Sie ein Ergebnis wie in Abbildung 15.2.

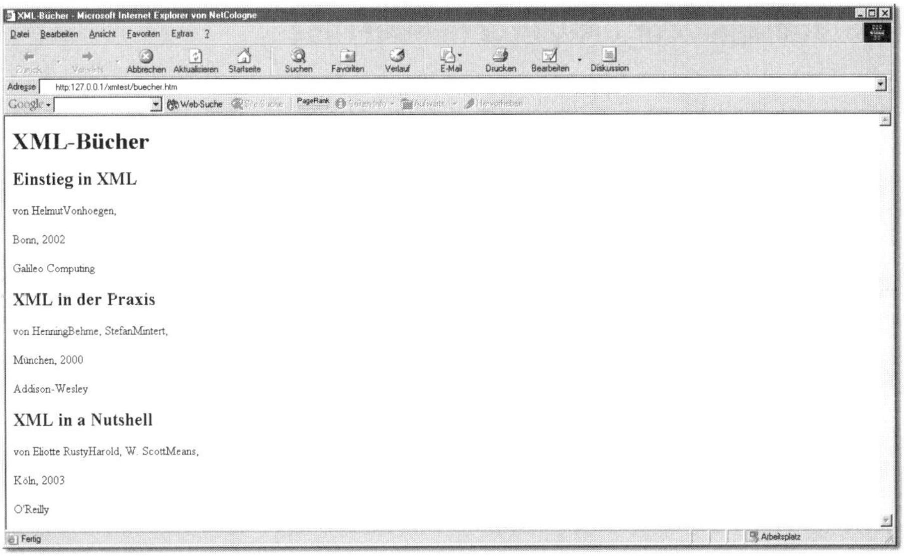

Abbildung 15.2 Das mittels XSLT erzeugte HTML-Dokument im Browser

Wenn Sie mit HTML-Code noch nichts anfangen können, lesen Sie zunächst Kapitel 16, *HTML, CSS und Webdesign*. Ansonsten sollten Sie sich den Quellcode des XSLT-Beispiels genauer anschauen. Wie Sie sehen, wird die gesamte Struktur des HTML-Dokuments einfach aufgeschrieben, umschlossen und unterbrochen von XSLT-Angaben, die die Inhalte bestimmter Elemente aus `xml-buecher.xml` an den passenden Stellen einfügen.

Wichtige XSLT-Formatangaben

Im Einzelnen werden im Beispiel die folgenden XSLT-Elemente verwendet:

- `xsl:stylesheet` ist das Wurzelelement des gesamten XSLT-Stylesheets.
- `xsl:template` erwartet als Inhalt des Attributs `match` den Namen eines XML-Elements aus dem Dokument, dessen Inhalte verarbeitet werden sollen. Bevor Sie die erste Zeile

des Ausgabedokuments schreiben, müssen Sie mittels `xsl:template` das Wurzelelement des Eingabedokuments auswählen. Zu diesem Zweck bietet XSLT die Kurzfassung `match="/"` an.

- `xsl:for-each` funktioniert ähnlich wie `xsl:template`. Allerdings durchläuft es sämtliche Elemente des unter `select` angegebenen Typs in einer Schleife.
- `xsl:value-of` liest den Textinhalt eines Elements, das PCDATA- oder CDATA enthält. Wenn Sie dem Attributwert von `select` ein `@` voranstellen, wird nicht der Wert eines Elements ausgelesen, sondern der Wert eines Attributs des aktuellen Elements, das zuvor mittels `xsl:template` oder `xsl:for-each` ausgewählt wurde.

Neben den hier verwendeten XSLT-Konstrukten existiert noch eine Reihe weiterer, die den Rahmen dieses Kapitels sprengen würden. Das Wichtigste, was Sie beachten müssen, ist die korrekte Reihenfolge bei der Konstruktion von XSLT-Stylesheets: Sie müssen sowohl die Hierarchie des Eingabedokuments mittels `xsl:template`- und `xsl:foreach`-Tags korrekt verarbeiten, als auch die Wohlgeformtheit des Ausgabedokuments beachten.

15.4 Grundlagen der XML-Programmierung

Da XML innerhalb weniger Jahre zu einem der wichtigsten Datenformate geworden ist, wird es von fast allen Programmiersprachen unterstützt. Das wichtigste Instrument der XML-Programmierung ist ein **XML-Parser**, der die einzelnen Komponenten von XML-Dokumenten voneinander trennt und ihre Wohlgeformtheit überprüft. Die Ausgabe eines solchen Parsers kann anschließend durch ein selbst geschriebenes Programm verarbeitet werden.

XML-Parser

Wie man einen XML-Parser selbst schreiben könnte, soll an dieser Stelle nicht erörtert werden. Im Grunde handelt es sich um ein sehr komplexes Gefüge regulärer Ausdrücke, die ein wohlgeformtes XML-Dokument beschreiben. Da es für die meisten Programmiersprachen unzählige fertige Parser gibt, müssen Sie sich das nicht antun.

In diesem Abschnitt werden die beiden gängigsten XML-Programmiermodelle beschrieben. Die verwendete Programmiersprache ist Java, obwohl beide Modelle auch von anderen Sprachen wie Perl, PHP oder dem .NET-Framework unterstützt werden. Das erste Modell ist das ereignisbasierte **SAX** (Simple API for XML), das zweite das baumbasierte **DOM** (Document Object Model).

Wenn Sie SAX und DOM in Java-Programmen verwenden möchten, benötigen Sie zuerst einen Parser, der diese Modelle unterstützt und die Parsing-Ergebnisse an Ihr Programm weitergibt. Sehr empfehlenswert ist der Parser **Apache Xerces**, den Sie unter **http://xml.apache.org/xerces2-j/index.html** herunterladen können. Wenn Sie ihn für eine andere Programmiersprache als Java benötigen, können Sie sich selbst unter **xml.apache.org** umsehen. Die aktuelle Version von Xerces für Java ist zurzeit 2.6.2. Sein Vorteil ist, dass er sowohl DOM als auch SAX unterstützt und die notwendigen Java-Klassen für beide enthält.

Um Xerces und die XML-Klassen aus Ihrem Java-Programm heraus zu verwenden, müssen Sie den Pfad der Datei `xercesImpl.jar` (bei älteren Versionen `xerces.jar`) in Ihren Java-

Classpath aufnehmen. Wie die Umgebungsvariable `CLASSPATH` manipuliert wird, steht in Kapitel 5, *Grundlagen der Programmierung*.

15.4.1 SAX

Wie bereits erwähnt, ist die Simple API for XML ein **ereignisbasiertes** Programmiermodell für XML-Anwendungen. Der Parser verarbeitet ein XML-Dokument und ruft an bestimmten Stellen, die Sie festlegen können, Ihre Verarbeitungsfunktionen auf. Das Callback-Verfahren, bei dem Ihre eigenen Methoden von außen aufgerufen werden, wurde bereits in Kapitel 6, *Konzepte der Programmierung*, erläutert.

Um SAX zu verwenden, müssen Sie zunächst eine Reihe von Klassen importieren. Die schnellste und einfachste Importanweisung ist folgende:

```
import org.xml.sax.*;
```

Eine Parser-Instanz erzeugen

Als Nächstes müssen Sie eine Instanz Ihres bevorzugten SAX-Parsers anlegen. Das folgende Beispiel erzeugt eine Instanz des Xerces-SAX-Parsers:

```
public String pclass =
    "org.apache.xerces.parsers.SAXParser";
public XMLReader parser =
    XMLReaderFactory.createXMLReader (pclass);
```

`XMLReader` ist ein Interface, das einen SAX-fähigen Parser beschreibt. Der Vorteil gegenüber einer konkreten Klasse liegt auf der Hand: Wenn Sie von Xerces auf einen anderen Parser umsteigen müssen oder wollen, brauchen Sie nur den Wert der Variablen `pclass` zu ändern; alles andere bleibt bestehen. Aus demselben Grund wird kein Konstruktor aufgerufen, sondern eine Methode einer Factory-Klasse.

Ein XML-Dokument parsen

Damit der Parser etwas zu tun hat, müssen Sie ihm nun ein XML-Dokument vorsetzen. Dies geschieht mit Hilfe einer `InputSource`-Instanz. Wenn Sie die Datei `xml-buecher.xml` im aktuellen Verzeichnis als Eingabedokument verwenden möchten, sieht der entsprechende Code folgendermaßen aus:

```
InputSource source =
    new InputSource (new java.io.FileInputStream (

        new java.io.File ("xml-buecher.xml")));
source.setSystemId ("xml-buecher.xml");
```

Der `InputSource`-Konstruktor erwartet die Übergabe eines `InputStreams`, der im vorliegenden Fall aus einer lokalen Datei gebildet wird. Die Methode `setSystemId()` des `InputSource`-Objekts stellt die XML-Datei auch gleich als `SYSTEM`-ID ein, damit relative Pfadangaben innerhalb des XML-Codes korrekt aufgelöst werden.

Nachdem Sie nun den Parser und das XML-Eingabedokument eingerichtet haben, können Sie die Methode `parse()` aufrufen, um das Dokument tatsächlich zu verarbeiten:

```
parser.parse (source);
```

SAX-Event-Handler

Damit nun aber die vom Parser gemeldeten Ereignisse wie Beginn und Ende eines Elements oder Auftreten eines Attributs von Ihrem Programm verarbeitet werden können, müssen Sie es als **Handler** für die jeweiligen Ereignisse registrieren. Der wichtigste Handler für SAX-Ereignisse ist `org.xml.sax.ContentHandler`, der sich um XML-Ereignisse wie Elemente und Attribute kümmert.

Die drei anderen möglichen Handler werden hier nicht weiter besprochen; es handelt sich um `org.xml.sax.EntityResolver`, der – wie der Name vermuten lässt – Entity-Referenzen auflöst; `ErrorHandler` zur Bearbeitung von Parsing-Fehlern und `DTDHandler` zur Validierung des Dokuments anhand einer DTD.

Um Ihr eigenes Programm als `ContentHandler` zu registrieren, muss es dieses Interface und alle seine Methoden implementieren, ob Sie die Funktionalität dieser Methoden nun benötigen oder nicht. Diese spezielle Eigenschaft von Java-Interfaces wird in Kapitel 6, *Konzepte der Programmierung*, näher erläutert. Außerdem muss eine Instanz der Klasse vorliegen, die als Handler registriert wird – Sie müssen diese Instanz mit Hilfe der Methode `setContentHandler()` der `XMLReader`-Instanz angeben. Alternativ können Sie auch eine separate Klasse schreiben, eine Instanz davon erzeugen und als Handler registrieren. Schematisch sieht diese Registrierung, die noch vor dem `parse()`-Aufruf stehen muss, folgendermaßen aus:

```
parser.setContentHandler (handler);
```

In Tabelle 15.3 sehen Sie eine Liste aller Callback-Methoden, die Sie für einen `ContentHandler` implementieren müssen. Beachten Sie bitte, dass Sie keine dieser Methoden jemals selbst aufrufen werden. Stattdessen werden sie nacheinander vom XML-Parser aufgerufen, wenn er die betreffenden Komponenten eines XML-Dokuments antrifft.

SAX-Callback-Methode	Erläuterung
`public void setDocumentLocator (Locator locator)`	Wird zu Beginn des Parsings aufgerufen und richtet den `Locator` ein, der jeweils auf die Position im XML-Dokument verweist, an der sich der Parser gerade befindet.
`public void startDocument () throws SAXException`	Wird beim eigentlichen Beginn des Parsing-Prozesses aufgerufen.
`public void endDocument () throws SAXException`	Wird stets am Ende der Verarbeitung aufgerufen, sowohl wenn das Dokument fertig verarbeitet ist als auch bei Abbruch durch einen Fehler.
`public void startPrefixMapping (String prefix, String uri) throws SAXException`	Wird vor dem Start eines Elements aufgerufen, das ein Namensraum-Präfix besitzt.
`public void endPrefixMapping (String prefix) throws SAXException`	Wird nach dem Abschluss eines Elements mit Namensraum-Präfix aufgerufen.

Tabelle 15.3 Alle Callback-Methoden von ContentHandler

SAX-Callback-Methode	Erläuterung
`public void startElement (String namespaceURI, String localName, String qName, Attributes attrs) throws SAXException`	Eines der wichtigsten SAX-Callbacks. Es wird bei jedem Antreffen eines öffnenden Tags aufgerufen und liefert die Namensraum-URI, den einfachen Elementnamen, den »qualified name« (Name mit Namensraum-Präfix) und eine Aufzählung der Attribute.
`public void endElement (String namespaceURI, String localName, String qName) throws SAXException`	Wird bei jedem Antreffen eines schließenden Tags aufgerufen. Folgerichtig liefert die Methode dieselben Elementinformationen wie `startElement()` außer den Attributen.
`public void characters (char ch[], int start, int length) throws SAXException`	Gibt einfachen Text aus dem Dokument als Array aus einzelnen Zeichen zurück. Zur Kontrolle werden die Nummer des Startzeichens und die Länge mit angegeben, weil keine Garantie besteht, dass ein ganzer Textabschnitt auf einmal zurückgegeben wird.
`public void ignorableWhitespace (char ch[], int start, int length) throws SAXException`	Gibt ignorierbaren Whitespace als Array von Zeichen zurück. Wird nur aufgerufen, wenn das Dokument sich auf eine DTD oder ein Schema bezieht, deren Inhaltsdefinitionen Whitespace übrig lassen. Andernfalls wird Whitespace nämlich von `characters()` behandelt.
`public void processingInstruction (String target, String data) throws SAXException`	Reagiert auf Steueranweisungen im Dokument, allerdings nicht auf die `<?xml?>`-Steueranweisung am Dokumentbeginn. Sonstige Steueranweisungen sind für Befehle an XML-Anweisungen vorgesehen.
`public void skippedEntity (String name) throws SAXException`	Reicht alle Entity-Referenzen an den ContentHandler durch, die nicht vom Parser aufgelöst werden können.

Tabelle 15.3 Alle Callback-Methoden von ContentHandler (Forts.)

Die Beispielanwendung in **Listing 15_01** tut etwas recht Nützliches mit der XML-Bücherliste: Sie schreibt die meisten Informationen aus dem XML-Dokument über JDBC in eine Datenbanktabelle in der MySQL-Datenbank `buchliste`, die über MySQL/ConnectorJ (siehe Kapitel 8, *Datenbanken*) angebunden ist. Explizit weggelassen werden nur die Autoren: Ein Buch kann mehrere Autoren haben; dafür benötigt ein sauberes relationales Datenbankmodell mehrere Tabellen. Diese Komplexität wäre für ein einfaches Beispiel fehl am Platze.

Die Komplexität des Beispiels ergibt sich insbesondere daraus, dass die einzelnen Bestandteile des XML-Dokuments, die für die Datenbank relevant sind, in verschiedenen Methoden des Programms gefunden werden: `startElement()` leitet den Beginn des jeweiligen Elements ein und beginnt damit die Sammlung der nachfolgenden Zeichen in `characters()`, um das entsprechende Feld der Datenbank mit Inhalt zu füllen. Bei `endElement()` ist der entsprechende Text vollständig und wird in die Datenbank geschrieben. Da sich vor und hinter dem eigentlichen Inhalt Whitespace befinden kann, wird dieser zunächst zeichenweise entfernt.

Auch die etwas seltsame Aufgabenverteilung zwischen der Methode `main()` und dem eigentlichen »Arbeitstier« `makeDB()` ist sicherlich erklärungsbedürftig: Die globale Variable `info`, die den Namen des aktuellen Elements speichert, könnte nicht in der statischen Methode `main()` verwendet werden. Umgekehrt kann das Programm selbst nicht statisch sein, weil der registrierte `ContentHandler` eine Instanz sein muss. Deshalb wird in `main()` eine Instanz von `XMLBuecherDB` selbst erzeugt und an `makeDB()` übergeben, da `main()` wiederum nicht auf ein globales `XMLBuecherDB`-Objekt zugreifen dürfte.

15.4.2 DOM

Das **Document Object Model** wurde vom W3C standardisiert und kann von vielen verschiedenen Programmiersprachen aus verwendet werden. Beispielsweise wird in Kapitel 18, *JavaScript*, die Anwendung von DOM in einem Browser zur Manipulation von HTML-Dokumenten besprochen.

In diesem kurzen Unterabschnitt wird dagegen gezeigt, wie Sie DOM in einem Java-Programm einsetzen können. Der große Unterschied zu SAX besteht darin, dass DOM beim Parsing zunächst ein vollständiges Baummodell des XML-Dokuments errichtet, das Sie anschließend in aller Ruhe durchqueren und modifizieren können. Die Äste, Zweige und Blätter des Baums entsprechen den Elementen, Attributen und Textinhalten eines XML-Dokuments.

DOM-Parser

Um DOM in einem Java-Programm zu verwenden, benötigen Sie zunächst einen DOM-fähigen Parser. Auch in diesem Fall ist Apache Xerces eine gute Wahl. Zu Beginn Ihres Programms müssen Sie die Parser-Klasse und die DOM-Klassen importieren:

```
import org.w3c.dom.*;
import org.apache.xerces.parsers.DOMParser;
```

Um ein XML-Dokument durch den `DOMParser` zu schicken, können Sie folgendermaßen verfahren:

```
DOMParser parser = new DOMParser();
String xmlFile = "meinedatei.xml";
parser.parse (xmlFile);
```

Anschließend kann der gesamte XML-Dokumentbaum vom Parser entgegengenommen werden. Er befindet sich in einem `Document`-Objekt:

```
Document doc = parser.getDocument ();
```

Das Objekt `doc` besteht aus einer Reihe ineinander verschachtelter Knoten; dies sind Objekte vom Typ `Node`. Am sinnvollsten lassen sie sich in einer rekursiven Prozedur durchwandern:

```
recurseNode (doc);
```

Die entsprechende Prozedur `recurseNode()` kann beispielsweise folgendermaßen aussehen:

```
public void recurseNode (Node knoten) {
   int typ = node.getNodeType(); // Knotentyp
   switch (typ) {
      // Je nach Knotentyp reagieren;
      // bei Knoten mit Kindknoten recurseNode()
      // rekursiv aufrufen
   }
}
```

Erfreulicherweise brauchen Sie sich die verschiedenen Knotentypen nicht numerisch zu merken, sondern können auf eine Reihe symbolischer Konstanten zurückgreifen, die das Interface `Node` exportiert. Tabelle 15.4 enthält eine Übersicht über die verfügbaren Knotentypen.

Knotentyp	**Bedeutung**
`Node.ELEMENT_NODE`	ein XML-Element
`Node.TEXT_NODE`	einfacher Text
`Node.CDATA_SECTION_NODE`	ein CDATA-Abschnitt
`Node.COMMENT_NODE`	ein XML-Kommentar
`Node.PROCESSING_INSTRUCTION_NODE`	eine Steueranweisung
`Node.ENTITY_REFERENCE_NODE`	eine Entity-Referenz
`Node.DOCUMENT_TYPE_NODE`	eine DOCTYPE-Deklaration

Tabelle 15.4 Die verfügbaren DOM-Knotentypen

Die Rekursion über die Kindknoten eines Objekts ist übrigens auch keine schwierige Angelegenheit: Ein Aufruf der Methode `getChildNodes()` eines Knotens gibt eine Liste aller direkten Kindobjekte zurück. Diese Liste können Sie mit Hilfe einer einfachen `for`-Schleife bearbeiten:

```
public void recurseNode (Node knoten) {
   // aktuellen Knoten verarbeiten ...
   // Rekursion über seine "Kinder":
   NodeList kinder = knoten.getChildNodes();
   if (nodes != null) {
      for (int i = 0; i < kinder.getLength(); i++) {
         recurseNode (kinder.item(i));
      }
   }
}
```

Mit DOM lassen sich Unmengen sinnvoller Anwendungen schreiben. Einige Beispiele finden Sie in Kapitel 18, *JavaScript*, für die in Webbrowser eingebaute DOM-Variante.

15.5 Zusammenfassung

So gut wie jede Anwendung oder Programmiersprache behauptet heutzutage, XML-kompatibel zu sein. Nach dem Erfolg von HTML ist dem W3C-Konsortium mit diesem Format der nächste große Wurf gelungen. XML ist plattformneutral, einfach durch Programme zu verarbeiten und kann notfalls mit einem beliebigen Texteditor gelesen und editiert werden.

Jedes XML-Dokument besteht aus ineinander verschachtelten Elementen, den so genannten Tags, deren Attributen und einfachem Text. Die wichtigste Bedingung, die ein XML-Dokument erfüllen muss, ist die Wohlgeformtheit – es handelt sich um die korrekte Verschachtelungsreihenfolge und eine Reihe weiterer formaler Kriterien. Zusätzlich hängen die meisten XML-Dokumente von einer Dokumentvorlage ab, die durch eine DTD oder ein XML Schema formuliert werden kann. Ein derart standardisiertes Dokument ist nicht nur wohlgeformt, sondern auch gültig im Sinne der Vorlage.

Um das eigentliche XML-Format herum werden vom W3C und anderen Gremien und Institutionen eine Reihe zusätzlicher Formate, Programmierschnittstellen und sonstiger Hilfsmittel bereitgestellt. Besonders aktiv ist in diesem Zusammenhang die Apache Software Foundation; unter **xml.apache.org** finden Sie Unmengen von Tools und APIs für die XML-Verarbeitung und -Programmierung.

16 HTML, CSS und Webdesign

Das Bild ist ein Modell der Wirklichkeit.
– Ludwig Wittgenstein

Die Gestaltung und Programmierung von Webauftritten ist inzwischen der wichtigste Zweig der Digitalmedienproduktion. Dieses Kapitel und die nächsten drei beschäftigen sich mit verschiedenen Aspekten der Erstellung von Websites:

- Im vorliegenden Kapitel wird zunächst (X)HTML vorgestellt, die grundlegende Sprache, in der Webseiten geschrieben werden. Hinzu kommen die Grundlagen der Formatierung mit Cascading Stylesheets (CSS). Anschließend werden die gestaltungstechnischen Aspekte des Webdesigns behandelt. Insbesondere werden die beiden Macromedia-Programme Fireworks und Dreamweaver besprochen, die der Vorbereitung und Erstellung komplexer Weblayouts dienen.
- Kapitel 17, *Webanwendungen*, behandelt das Erzeugen von Websites aus Vorlagen und dynamischen Daten. Konkret wird die beliebte Kombination aus der Skriptsprache PHP und der freien Datenbank MySQL beschrieben. Hinzu kommt ein kurzer Einstieg in das freie Content-Management-System TYPO3.
- Kapitel 18, *JavaScript*, beschäftigt sich mit der gleichnamigen Skriptsprache, die innerhalb von Webbrowsern zur dynamischen Änderung der HTML-Elemente selbst eingesetzt wird.
- In Kapitel 19, *Flash MX 2004*, wird schließlich das gleichnamige Animations- und Autorenprogramm behandelt, das die Erstellung multimedialer Webinhalte mit vergleichsweise wenig Aufwand und für ein sehr großes Publikum ermöglicht – fast alle verbreiteten Browser sind in der Lage, Flash-Inhalte anzuzeigen.

16.1 HTML und XHTML

HTML steht für **Hypertext Markup Language** (Auszeichnungssprache für Hypertext, also Text mit integrierten Querverweisen). HTML-Code sieht im Wesentlichen genauso aus wie das im vorigen Kapitel vorgestellte XML – die gemeinsame Wurzel von XML und HTML ist die Auszeichnungssprache SGML. Das klassische HTML ist eine bestimmte SGML-DTD; es sind also nur ganz bestimmte Tags in einer vorgegebenen Anordnung erlaubt. Die aktuelle (und vorläufig letzte) Version dieser Sprache ist HTML 4.01.

XHTML

Da in herkömmlichem HTML eine Reihe von Freiheiten gestattet sind, die in XML nicht mehr gelten, wurde vom W3C inzwischen eine neue HTML-Variante namens XHTML eingeführt, die von XML abgeleitet ist und für die dieselben Regeln gelten wie für alle anderen XML-Dokumente. Allerdings sind alle bisher verfügbaren Browser tolerant genug, die gelockerte Syntax der alten HTML-Versionen weiterhin zuzulassen.

Die neue Version XHTML 2.0 wird gerade entwickelt; beim W3C steht unter **http://www.w3.org/TR/xhtml2/** ein »Working Draft« bereit. Der Schwerpunkt ist eine stärkere Orientierung an XML-Standards – zum Beispiel XForms statt der klassischen HTML-Formulare. Bis Browser diese Neuerungen zuverlässig unterstützen, dürften aber noch ein bis zwei Jahre vergehen. Bis dahin ist die – in diesem Kapitel beschriebene – Version 1.0 zu empfehlen.

16.1.1 Die Grundstruktur von HTML-Dokumenten

In der Praxis wird vielfach noch immer der »normale« HTML-Code eingesetzt. Deshalb wird hier kurz der Aufbau klassischer HTML-Dokumente erläutert; Sie benötigen für den Unterabschnitt keine XML-Vorkenntnisse. In den restlichen Beispielen in diesem Kapitel und im gesamten Buch verwende ich dagegen konsequent die strengere XHTML-Syntax.

HTML-Tags

Im Wesentlichen besteht ein HTML-Dokument neben dem eigentlichen Text aus den **Tags**, den HTML-Formatierungsbefehlen. Ein Tag wird von spitzen Klammern (< und >) umschlossen. Es gibt zwei verschiedene Arten von Tags:

- die **Einfach-Tags** oder **leeren Tags**, die an einer einzelnen Stelle im Dokument ein bestimmtes Element setzen (etwa den Zeilenumbruch `<br>`).
- **Container-Tags**, die geöffnet und wieder geschlossen werden und anderen Inhalt umschließen – etwa die Anweisung `<b>...</b>` für fett gesetzten Text.

Attribute

Einige HTML-Tags besitzen darüber hinaus einen oder mehrere durch Leerzeichen getrennte **Parameter** oder **Attribute**, die in der Form `Attribut=Wert` angegeben werden und die Einzelheiten des Tags näher bestimmen. Dabei ist es in klassischem HTML üblich, Text-Werte in Anführungszeichen zu setzen, Zahlenwerte jedoch nicht. Formal gesehen dürfen Sie die Anführungszeichen immer dann weglassen, wenn der Parameterwert selbst *kein* Leerzeichen enthält. Hier ein Beispiel:

```
<font face="Arial, Helvetica, sans-serif" size=4> ... </font>
```

Zwischen dem öffnenden und dem schließenden Tag wird serifenlose Schrift in der HTML-Schriftgröße 4 verwendet.

Grundsätzlich besteht eine HTML-Seite aus einem **Head** (Kopf), der den **Titel** der Seite und andere Meta-Informationen enthält, und dem **Body** (Körper), in dem der eigentliche Inhalt des Dokuments steht.

Daraus ergibt sich der folgende grundlegende Aufbau einer HTML-Seite:

```
<html>
  <head>
    <title> Titel des Dokuments </title>
  </head>
  <body>
    Der sichtbare Inhalt
  </body>
</html>
```

Im Einzelnen bedeuten die diversen Bestandteile des Dokuments Folgendes:

- `<html>` teilt dem Browser mit, dass HTML-Code folgt.
- `<head>` leitet den Dokumentkopf ein.

- <title> leitet den Titel des Dokuments ein.
- </title> schließt den Titel; ein Schrägstrich (Slash) vor dem Tag-Namen bedeutet, dass die entsprechende Auszeichnung an dieser Stelle endet.

  An dieser Stelle folgen eventuell weitere technische Informationen, die nicht zum sichtbaren Inhalte der Seite gehören.
- </head> schließt den Kopf.
- <body> leitet den eigentlichen, sichtbaren Inhalt des Dokuments ein.
- Der Inhalt selbst besteht aus Text und weiteren ineinander verschachtelten HTML-Tags.
- </body> schließt den Inhalt.
- </html> schließt das gesamte Dokument.

Im Head *muss* das Element <title> vorkommen, alle anderen Head-Angaben sind freiwillig. Der Titel des Dokuments ist ein wichtiges Strukturelement, das an folgenden Stellen angezeigt wird:

- In der Titelleiste eines Browserfensters erscheint er zusammen mit dem Namen des Browsers selbst.
- Er steht in der Liste der Favoriten, Bookmarks oder Lesezeichen Ihres Browsers, wenn Sie die Seite dort ablegen.
- In den Ergebnislisten von Suchmaschinen wird der Titel als anklickbarer Link für eine Fundstelle verwendet.

Gute Dokumenttitel

Ein geeigneter Titel sollte den Namen der Website beziehungsweise des Anbieters sowie den Namen der einzelnen Seite enthalten. Hier einige gute Beispiele:

- HTML-Kurs – Die erste Webseite
- Galileo Computing, Buch – Apache 2
- Müller GmbH: Produkte

Über dem Dokument-Start-Tag <html> steht häufig eine DOCTYPE-Verarbeitungsanweisung, wie sie auch für XML-Dokumente verwendet wird:

```
<!DOCTYPE HTML PUBLIC "-//W3C//DTD HTML 4.01 Transitional//EN">
```

Statt der Formatierungsvorschrift Transitional, die veraltete HTML 3.2-Tags zulässt, ist auch die Variante Strict möglich, die reines HTML 4.0 verlangt. Wichtig ist eine solche Anweisung für HTML-Validatoren. Dies sind Programme, die den HTML-Code auf Gültigkeit überprüfen – die Verarbeitungsanweisung teilt ihnen mit, mit welcher HTML-Version sie den Code vergleichen sollen.

XHTML-Grundstruktur

Die Grundstruktur von XHTML-Dokumenten ist im Wesentlichen mit der HTML 4.0-Struktur identisch. Allerdings beginnen solche Dateien mit einer XML-Kopfzeile. Das gesamte Grundgerüst sieht in XHTML so aus:

```
<?xml version="1.0" encoding="UTF-8"?>
<!DOCTYPE html PUBLIC "-//W3C//DTD XHTML 1.0 Strict//EN"
   "http://www.w3.org/TR/xhtml1/DTD/xhtml1-strict.dtd">
```

```
<html xmlns="http://www.w3.org/1999/xhtml">
  <head>
    <title> Hier steht der Titel </title>
  </head>
  <body>
    Hier folgt der Inhalt
  </body>
</html>
```

Falls Sie mit XML nicht vertraut sind, empfehle ich Ihnen die Lektüre von Kapitel 15, *XML*. Darüber hinaus sollten Sie folgende Unterschiede zwischen HTML und XHTML beachten:

- In HTML ist die Groß- und Kleinschreibung der Tags und ihrer Attribute egal, in XHTML *müssen* sie kleingeschrieben werden.
- Während es in HTML die oben erwähnten »Einfach-Tags« gibt, muss in XHTML jedes Tag geschlossen werden – auch dann, wenn es keinen Inhalt umschließt.

  Beispiel: Das HTML-Tag `<br>` (break) definiert einen einfachen Zeilenumbruch. In klassischem HTML wird es einfach so notiert:

  ```
  Eine Zeile.<br>Neue Zeile.
  ```

  In XHTML müssen Sie dagegen Folgendes schreiben:

  ```
  Eine Zeile.<br></br>Neue Zeile.
  ```

  Eine Alternative dazu ist die spezielle XML-Kurzform für solche »leeren« Tags:

  ```
  Eine Zeile.<br />Neue Zeile.
  ```

  `<br />` ist kein »Einfach-Tag« (so etwas gibt es in XML nicht mehr), sondern öffnendes und schließendes Tag in einem.
- Die Werte aller Attribute müssen ohne Ausnahme in Anführungszeichen stehen. Das obige Beispiel mit der Schriftformatierung muss in XHTML so lauten:

  ```
  <font face="Arial, Helvetica, sans-serif" size="4">
  ... </font>
  ```

16.1.2 Textstrukturierung und -formatierung

Bei der Textformatierung in HTML ist zu beachten, dass der Browser sich grundsätzlich nicht für Textformatierungen im Quelltext interessiert. Ob Sie ein Leerzeichen oder zehn setzen, ob Sie einen Zeilenumbruch erzeugen oder nicht: Der Browser setzt den gesamten Fließtext einfach hintereinander. Er erzeugt nur dann automatische Zeilenumbrüche, wenn der rechte Fensterrand erreicht wird.

Zeilenumbrüche Wollen Sie dagegen willkürlich einen Zeilenumbruch erzeugen, dann müssen Sie das folgende HTML-Tag verwenden:

```
<br />
```

Beachten Sie jedoch, dass Sie auf keinen Fall die Zeilenlänge von Fließtext bestimmen dürfen, indem Sie hinter jede Zeile ein `<br />` setzen. Sie riskieren sonst, dass sich bei einer anderen Browserfenster-Größe erzwungene und automatische Zeilenumbrüche abwechseln und auf diese Weise den Zeilenfall völlig zerstören. Sie dürfen feste Zeilenumbrüche also nur an Stellen verwenden, an denen tatsächlich eine neue Zeile beginnen soll, beispielsweise für einfache Aufzählungen, Sinnabschnitte oder Gedichtzeilen.

Sonderzeichen

Ein weiteres Problem ist die Darstellung der Umlaute und anderer Sonderzeichen: Um weltweit kompatibel zu sein, verwendet HTML zunächst nur reinen ASCII-Code, also die 128 international identischen Zeichen. Es gibt zwei Möglichkeiten, dies zu ändern.

Sie können zum einen im Head den Zeichensatz angeben, der im Dokument verwendet wird. Dazu dient ein so genanntes `<meta>`-Tag, das Konfigurationsinformationen in Form von Name/Wert-Paaren enthält (Näheres siehe unten). Um beispielsweise `iso-latin-1` – den Standardzeichensatz für die USA und Westeuropa – einzustellen, lautet das entsprechende Tag folgendermaßen:

```
<meta http-equiv="content-type"
content="text/html;charset=iso-8859-1" />
```

Entity-Referenzen

Alternativ können Sie die deutschen Umlaute und viele andere Sonderzeichen durch **Entity-Referenzen** erzeugen. Dies sind spezielle Zeichenfolgen im HTML-Code, die durch den Browser automatisch ersetzt werden. Jede Sonderzeichendefinition beginnt mit einem `&`-Zeichen und endet mit einem Semikolon. Dazwischen befindet sich ein Kürzel, das jeweils das Sonderzeichen beschreibt. Diese Sonderzeichen müssen ohne Abstand in den Fließtext eingebunden werden, damit sie normal im Wort erscheinen.

Tabelle 16.1 zeigt einen Überblick über die gängigsten Sonderzeichencodierungen.

Zeichen	Codierung	Erläuterungen
Umlaute und diakritische Zeichen:		
ä	`ä`	a-Umlaut
ö	`ö`	o-Umlaut
ü	`ü`	u-Umlaut
Ä	`Ä`	A-Umlaut
Ö	`Ö`	O-Umlaut
Ü	`Ü`	U-Umlaut
ß	`ß`	S-Z-Ligatur

Tabelle 16.1 Die wichtigsten HTML-Umlaute und -Sonderzeichen

Zeichen	Codierung	Erläuterungen
é	`é`	e mit Akut
è	`è`	e mit Gravis
ê	`ê`	e mit Zirkumflex
à	`á`	a mit Akut
ç	`ç`	c mit Cedille
ø	`ø`	o mit / (Slash)
œ	`œ`	o-e-Ligatur
æ	`æ`	a-e-Ligatur
ñ	`ñ`	n mit Tilde
Wegen Gefahr von Missverständnissen codierte Zeichen:		
<	`<`	less than
>	`>`	greater than
"	`"`	quotation mark
&	`&`	Ampersand (»and per se and«)
Weitere Sonderzeichen:		
€	`€`	Euro
£	`£`	Pfund Sterling
¥	`¥`	Yen
¡	`¡`	inverse exclamation mark
¿	`¿`	inverse question mark
©	`©`	Copyright
®	`®`	Registered Trademark
§	`§`	section
„	`„`	Anführungszeichen 99 unten (Deutsch Anfang)
“	`“`	Anführungszeichen 66 oben (Deutsch Anfang, Englisch Ende)

Tabelle 16.1 Die wichtigsten HTML-Umlaute und -Sonderzeichen (Forts.)

Zeichen	Codierung	Erläuterungen
”	`”`	Anführungszeichen 99 oben (Englisch Anfang)
«	`«`	left angular quote (Deutsch Ende; Französisch Anfang)
»	`»`	right angular quote (Deutsch Anfang; Französisch Ende)

Tabelle 16.1 Die wichtigsten HTML-Umlaute und -Sonderzeichen (Forts.)

Bei den Entity-Referenzen ist übrigens auf Groß- und Kleinschreibung zu achten, damit sie korrekt funktionieren.

Geschützte Leerzeichen

Ein weiteres wichtiges Sonderzeichen konnte leider nicht in der Tabelle untergebracht werden, da es für sich allein vollkommen unsichtbar ist: Das Zeichen ` ` steht für Non-Breaking Space (nicht umbrechendes Leerzeichen) und erfüllt zwei wichtige Aufgaben:

- Da der Browser Wörter und andere Elemente, die im HTML-Code durch beliebig viel Whitespace (Leerzeichen, Zeilenumbrüche, Tabulatoren) voneinander getrennt sind, stets durch genau ein Leerzeichen trennt, kann das ` ` zur Erzeugung mehrerer aufeinander folgender Leerzeichen verwendet werden.
- Wenn Sie Wörter oder andere Inhalte in derselben Zeile zusammen halten möchten, können Sie sie durch dieses Zeichen voneinander trennen, da es – seinem Namen entsprechend – den Zeilenumbruch verhindert. Um etwa »Windows XP« zusammenzuhalten, müssten Sie im HTML-Code `Windows XP` schreiben.

Absätze und Überschriften

Zur Kennzeichnung von Absätzen wird das folgende HTML-Tag eingesetzt:

```
<p> ... </p>
```

Das `p` steht für »paragraph« (Absatz). Falls Sie sich entschließen, Ihren Text durch Absätze zu gliedern, sollten Sie dies im gesamten Dokument tun – oder es ganz lassen; wie immer kann Inkonsequenz zu unvorhergesehenen Problemen führen.

Absatzausrichtung

Neben der Einteilung von Texten in Sinnabschnitte besitzen Absätze eine weitere Fähigkeit: Über das Attribut `align` können Sie die Textausrichtung bestimmen.

```
<p align="left"> ... </p>
```

erzeugt einen linksbündigen Absatz; das ist allerdings Standard und wird deshalb in der Regel nicht angegeben. Anders sieht es aus, wenn Sie einen Zeichensatz mit der Laufrichtung von rechts nach links verwenden, beispielsweise für Arabisch. In diesem Fall wäre der Standard die rechtsbündige Ausrichtung.

```
<p align="center"> ... </p>
```

erzeugt einen zentrierten Absatz. Mit

```
<p align="right"> ... </p>
```

wird ein rechtsbündiger Absatz erzeugt. Zu guter Letzt existiert noch die folgende Einstellung:

```
<p align="justify"> ... </p>
```

Dies erzeugt einen Absatz mit Blocksatz. Für Bildschirmlayouts ist dies in der Regel nicht ratsam, zumal Blocksatz ohne eine leistungsfähige automatische Silbentrennung nicht besonders ästhetisch wirkt.

Überschriften

Einen Sonderfall der Absätze bilden die **Überschriften**. Sie können in HTML in sechs verschiedenen Hierarchiestufen verwendet werden:

```
<h1>...</h1>
<h2>...</h2>
   ...
<h6>...</h6>
```

Das h steht für »headline« (Überschrift). Browser stellen die verschiedenen Stufen in der Regel durch unterschiedliche Schriftgrößen dar. In einem Dokument wird normalerweise genau eine <h1>-Überschrift als Hauptüberschrift verwendet, die weitere Gliederung des Inhalts erfolgt meist durch <h2> bis <h4>. Noch weitergehende Unterteilungen sind eher selten und können ein Zeichen dafür sein, dass Sie die Inhalte besser auf mehrere Einzeldokumente verteilen sollten.

Beachten Sie, dass die <h...>-Tags auf keinen Fall für die allgemeine Einstellung der Schriftgröße verwendet werden dürfen: Zum einen sind Überschriften eigenständige Absätze, zum anderen werden sie standardmäßig fett dargestellt.

Auch Überschriften kennen das Attribut align mit denselben Werten wie Absätze.

Vorformatierter Text

Als Letztes gibt es noch die spezielle Formatierung <pre>. Sie erzeugt im engeren Sinne keine Absätze, sondern vorformatierten Text (pre steht für »preformatted«). Text zwischen diesen beiden Tags wird mitsamt allen Leerzeichen und Zeilenumbrüchen aus dem HTML-Code dargestellt – interessant ist dies zum Beispiel, um Programmquelltexte auf Webseiten zu veröffentlichen, da diese auf eine sauber eingerückte Darstellung angewiesen sind. Hier ein kleines Beispiel:

```
<pre>
public class HelloWorld {
   public static void main(String args[])
   {
      system.out.println ("Hello, World!");
   }
}
</pre>
```

Auch zur Darstellung von ASCII-Art – kleinen Zeichnungen, die nur aus ASCII-Zeichen bestehen – ist vorformatierter Text geeignet. Wunderschöne künstlerische Beispiele finden Sie etwa unter **www.ascii-art.de**; hier folgt dagegen mein eigenes bescheidenes Werk:

ASCII-Art

```
<pre>

  o 0
 o  ___
||__|o| _________ _________ _________
|     |-\__THE__/-\__WEB__/-\_TRAIN_/
/00-00\   0   0     0   0     0   0

</pre>
```

Zeichenformatierung

Innerhalb der Absätze können Sie auch einzelne Wörter, Zeichen oder beliebige Passagen besonders formatieren. Die Tags, die dafür zur Verfügung stehen, sind ausdrücklich nicht absatzbildend, sollten aber gerade deshalb auch nur innerhalb eines Absatzes und nicht über mehrere hinweg verwendet werden.

Struktur kontra Layout

Aufgrund der Entwicklungsgeschichte von HTML gibt es zwei verschiedene Arten von Tags zur Auszeichnung von Zeichen: die älteren **Struktur-Tags**, die die Bedeutung bestimmter Zeichen beschreiben, und die neueren **Layout-Tags**, die das Aussehen von Zeichen bestimmen. Die Struktur-Tags werden seit langem kaum noch eingesetzt. Aber auch die Layout-Tags werden allmählich seltener verwendet, weil sie mehr und mehr durch die konsequenter durchdachten Cascading Stylesheets ersetzt werden.

Zeichenformatierungs-Tags können beliebig ineinander verschachtelt werden, wichtig ist natürlich die korrekte Reihenfolge: Wie überall in HTML und XML muss das zuletzt geöffnete Tag als erstes wieder geschlossen werden. Beispielsweise können Sie Text folgendermaßen fett und kursiv setzen:

```
<b><i>fett und kursiv</i></b>
```

Tabelle 16.2 zeigt eine Übersicht über alle Zeichenformatierungs-Tags.

Tag	Wirkung	Beispiel
Layout-Tags:		
`<i>...</i>`	kursiv (italic)	*kursiv*
`<b>...</b>`	fett (bold)	**fett**
`<u>...</u>`	unterstrichen (underlined)	unterstrichen
`<strike>...</strike>`	durchgestrichen	~~durchgestrichen~~
`<sup>...</sup>`	hochgestellt (superscript)	normal ^{hochgestellt}

Tabelle 16.2 Die wichtigsten Tags zur Zeichenformatierung

Tag	Wirkung	Beispiel
`<sub>...</sub>`	tiefgestellt (subscript)	normal $_{\text{tiefgestellt}}$
`<tt>...</tt>`	Festbreitenschrift (teletype)	Festbreitenschrift
Struktur-Tags:		
`<em>...</em>`	betont (emphasis); wird meist kursiv dargestellt	*betont*
`<strong>...</strong>`	stark hervorgehoben; wird meist fett dargestellt	**stark betont**
`<code>...</code>`	Quellcode – zur Darstellung von Programmierbeispielen usw.; meist durch Festbreitenschrift dargestellt	Code
`<address>... </address>`	Adressangaben; meist kursiv dargestellt	*Gartenstraße 24, D-53229 Bonn*

Tabelle 16.2 Die wichtigsten Tags zur Zeichenformatierung (Forts.)

Die Auszeichnung `<u>...</u>` für unterstrichenen Text sollten Sie vermeiden – die meisten Benutzer würden vermuten, dass es sich um einen Hyperlink handelt, und sich ärgern, wenn er sich nicht anklicken lässt.

Hoch- und tiefgestellter Text eignet sich besonders für mathematische und technische Belange. Beispielsweise können Sie mit Hilfe des folgenden HTML-Codes den Satz des Pythagoras darstellen:

```
a<sup>2</sup>+b<sup>2</sup>=c<sup>2</sup>
```

Dies ergibt die folgende Ausgabe im Browser:

$a^2+b^2=c^2$

Schriftformatierung

Für die Einstellung der eigentlichen Schriftattribute werden traditionell die HTML-Tags `<font>...</font>` verwendet. Offiziell gelten sie seit HTML 4.0 als unerwünscht und sollen durch Stylesheets ersetzt werden, allerdings werden sie nach wie vor von allen Browsern unterstützt.

Schriftgröße

Das Interessante am `<font>`-Tag ist, dass es ohne Attribute überhaupt keine Bedeutung hat. Es dient lediglich als Träger seiner Attribute, die die Schriftart, -größe und -farbe regeln.

```
<font size="3">...</font>
```

stellt die Schriftgröße 3 ein. Die HTML-Schriftgrößen reichen von 1, der kleinsten Schrift, bis 7. Die Standardschriftgröße für Text ohne Angabe ist 3. Die Einstellung der Schriftgröße, die Sie in den meisten Browsern vornehmen können, bezieht sich auf diese HTML-Größe. Die anderen Werte sind dann entsprechend größer oder kleiner.

Neben der absoluten Angabe der sieben HTML-Schriftgrößen können Sie auch eine relative Vergrößerung oder Verkleinerung angeben. Beispielsweise vergrößert der folgende Code den Text um zwei Stufen:

```
<font size="+2">...</font>
```

Diese Anweisung verkleinert die Schrift dagegen um drei Stufen:

```
<font size="-3">...</font>
```

Mit Hilfe des Attributs `face` wird angegeben, welche Schriftart verwendet werden soll. Da es nur wenige Schriften gibt, die auf allen Computersystemen zur Verfügung stehen, und da diese auch noch unterschiedlich heißen, sind eigentlich nur folgende Kombinationen interessant: **Schriftart**

- `<font face="Arial, Helvetica, sans-serif"> ... </font>`
  Dies ist die Standardangabe für gewöhnliche serifenlose Schrift. Aus der Liste der Schriftarten, die Sie angeben, verwendet der Browser die erste, die auf dem Rechner installiert ist. Die hier angegebene Reihenfolge ist die sinnvollste: Die Schrift Arial ist unter Windows und Mac OS X immer verfügbar. Da sie bildschirmfreundlicher ist als die Helvetica, ist es ratsam, sie zuerst zu nennen. Falls keine der beiden Schriften verfügbar ist, wählt der Browser irgendeine serifenlose Schrift aus; dies ist besonders für UNIX-Systeme wichtig.
- `<font face="Verdana, Arial, Helvetica, sans-serif"> ... </font>`
  Dies ist eine weitere Variante für serifenlose Schriften: Falls verfügbar, wird die Schriftart Verdana verwendet. Sie ist bildschirmfreundlicher und eleganter als Arial und Helvetica.
- `<font face="Times New Roman, Times, serif"> ... </font>`
  Dies ist die entsprechende Standardeinstellung für Serifenschrift.
- `<font face="Georgia, Times New Roman, Times, serif"> ... </font>`
  Dies ist die entsprechende angenehmere Angabe für Serifenschriften; sie zieht die speziell bildschirmorientierte Schrift Georgia vor.
- `<font face="Courier New, Courier, mono"> ... </font>`
  Mit dieser Einstellung wird die übliche Festbreitenschrift eingestellt; einfacher und schneller geht dies allerdings mit Hilfe der bereits erwähnten Tags `<tt>...</tt>`. Wenn Sie möchten, können Sie der Liste wieder eine nettere Festbreitenschrift wie Lucida Console voranstellen.

Allgemein gilt, dass Sie jede beliebige Schrift angeben können – da es jedoch wahrscheinlich ist, dass exotischere Schriften auf den meisten Systemen nicht verfügbar sind, ist es stets wichtig, Alternativen anzugeben. Dafür können Sie sich an die obigen Beispiele halten. Andernfalls würde der Browser einfach seine voreingestellte Standardschrift verwenden; dies ist fast immer die Times beziehungsweise Times New Roman.

Beispielsweise könnte es sein, dass Sie eine Überschrift in der Schriftart Bauhaus formatieren möchten. Da es sich um eine serifenlose Schrift handelt (wenn auch um eine recht eigenwillige), sähe die passende Angabe so aus:

```
<font face="Bauhaus, Verdana, Arial, Helvetica, sans-serif"> ...
</font>
```

Wenn Sie für Überschriften und andere einzelne Wörter oder Zeichen eine bestimmte Schrift erzwingen möchten, bleibt Ihnen nur noch, sie in Ihrem Bildbearbeitungsprogramm als Bild abzuspeichern und ins Dokument einzubetten. Für Text, der als Bild gespeichert wird, ist das Dateiformat GIF zu empfehlen.

Beachten Sie, dass all diese Informationen zur Schriftart auch für die weiter unten behandelte Einstellung per Stylesheet gelten.

Schriftfarbe Schließlich können Sie über den Parameter `color` die Schriftfarbe einstellen. Beispielsweise stellt das folgende Tag die Schriftfarbe Rot ein:

```
<font color="#FF0000"> ... </font>
```

Es handelt sich bei der Angabe um den hexadezimalen RGB-Wert der Farbe Rot. Der Umgang mit Farben in HTML wird weiter unten näher beschrieben.

Im Übrigen können auch mehrere `<font>`-Parameter im gleichen Tag stehen. Die folgende Kombination ist ohne Weiteres zulässig:

```
<font face="Arial, Helvetica, sans-serif" size=4> ... </font>
```

Dabei ist zu beachten, dass `</font>` dann natürlich auch sämtliche Einstellungen gleichzeitig aufhebt.

16.1.3 Listen und Aufzählungen

Listen und Aufzählungen sind ein gutes Mittel zum Ordnen von Informationen. Da HTML ursprünglich für die wissenschaftliche Dokumentation erfunden wurde, ist es nicht weiter verwunderlich, dass einige Möglichkeiten zur Erstellung solcher Listen angeboten werden.

Nicht nummerierte Aufzählungen

Eine nicht nummerierte Aufzählung oder »bullet list« wird von den folgenden Tags umschlossen:

```
<ul>...</ul>
```

`ul` steht dabei für »unordered list« (englisch für unsortierte Liste).

Innerhalb dieses Bereiches werden die einzelnen Listenpunkte durch `<li>`-Tags umschlossen:

```
<li>Einzelinformation</li>
```

`li` bedeutet »list item« (Listenpunkt). In HTML 4.0 ist das `<li>` ein Einfach-Tag, das nur *vor* dem Text des Listeneintrags stehen muss; XHTML kennt diese Schreibweise natürlich nicht.

Aufzählungszeichen Das Attribut `type` kann sowohl beim `<ul>`- als auch beim einzelnen `<li>`-Tag stehen und gibt den gewünschten Stil der Aufzählungspunkte an. Die folgenden Werte sind möglich:

- disc – ein gefüllter runder Punkt
- circle – ein Kreis, also ein innen hohler runder Punkt
- square – ein quadratischer Punkt

Wenn Sie das Attribut weglassen, werden verschachtelte Listen je nach Ebene nacheinander mit den drei Punktarten versehen.

Der folgende Codeabschnitt erzeugt eine Aufzählung mit vier Unterpunkten:

```
<h3>Bei XHTML zu beachten:</h3>
<ul>
  <li>XML-Header verwenden</li>
  <li>Jedes Tag schlie&szlig;en</li>
  <li>Alle Tags klein schreiben</li>
  <li>Attributwerte immer in Anf&uuml;hrungszeichen</li>
</ul>
```

Ein Beispiel, wie so etwas im Browser aussieht, finden Sie weiter unten bei den verschachtelten Listen in Abbildung 16.1.

Nummerierte Listen

```
<ol>...</ol>
```

bezeichnet eine nummerierte Liste (»ordered list«). Auch in dieser Liste wird ein Listenpunkt durch <li> angegeben.

Nummerierungsart

Das <ol>-Tag kennt den Parameter type, der die Art der verwendeten Aufzählung angibt. Dabei sind folgende Werte möglich:

- "1" – arabische Ziffern (Standard)
- "A" – Großbuchstaben
- "a" – Kleinbuchstaben
- "I" – römische Zahlen
- "i" – kleingeschriebene römische Zahlen, also i, ii, iii, iv und so weiter

Das Attribut start bezeichnet dagegen den Wert, mit dem die Nummerierung beginnt. Unabhängig vom jeweiligen type muss der Wert numerisch angegeben werden.

Soll etwa eine alphabetische Liste mit D. beginnen, dann schreiben Sie den folgenden HTML-Code:

```
<ol type="A" start=4> ... </ol>
```

Verschachtelte Listen

Nummerierte und nicht nummerierte Listen können beliebig ineinander verschachtelt werden. Dabei gehört das jeweilige <li> immer zu derjenigen Liste, die zuletzt geöffnet wurde.

Der folgende Codeabschnitt erzeugt eine nummerierte Hauptliste, in die jeweils nicht nummerierte Aufzählungen verschachtelt sind:

```
<h3>Was Sie f&uuml;r das Surfen im Web ben&ouml;tigen</h3>
<ol>
  <li>Eine DF&Uuml;-Verbindung</li>
  <ul>
    <li>DSL</li>
    <li>ISDN</li>
    <li>Modem</li>
  </ul>
  <li>Einen Account bei einem Provider</li>
  <ul>
    <li>Reine Provider</li>
    <li>Online-Dienste (AOL &amp; Co.)
  </ul>
  <li>Einen Browser</li>
  <ul>
    <li>Firefox</li>
    <li> Internet Explorer</li>
    <li>sonstige ...</li>
  </ul>
</ol>
```

Abbildung 16.1 zeigt, wie diese Liste im Browser dargestellt wird.

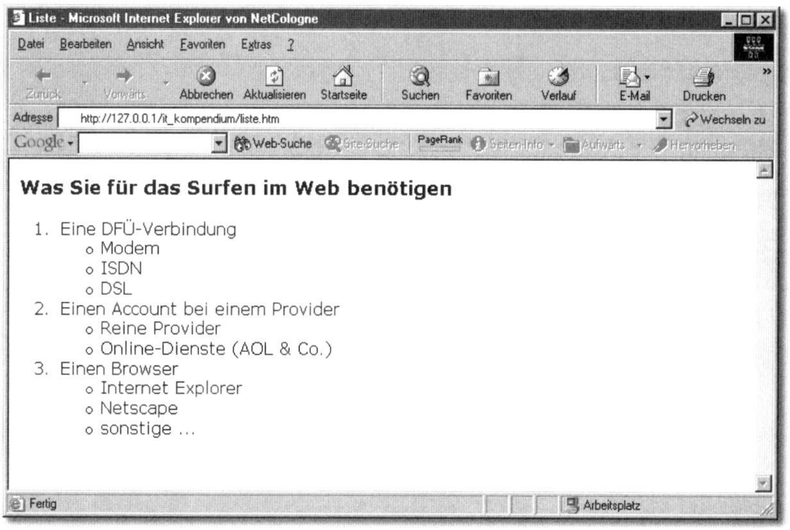

Abbildung 16.1 Eine verschachtelte Liste

Definitionslisten

```
<dl> ... </dl>
```

bezeichnet eine so genannte **Definitionsliste** (definition list), auch Glossarliste genannt. In einer solchen Liste wechseln sich ausgerückte Begriffe und ihre eingerückten Definitionen ab.

Ein zu definierender Begriff steht zwischen den folgenden Tags:

```
<dt> ... </dt>
```

`dt` bedeutet »definition title«. Die anschließende Definition steht zwischen diesen Tags:

```
<dd> ... </dd>
```

Dies ist die Abkürzung für »definition data«.

Der folgende Code zeigt ein Beispiel:

```
<h3>Web-Sprachen</h3>
<dl>
  <dt>HTML</dt>
  <dd>Klassische Auszeichnungssprache f&uuml;r
  Webseiten</dd>
  <dt>XHTML</dt>
  <dd>Moderne, XML-basierte Variante von HTML</dd>
  <dt>JavaScript</dt>
  <dd>Skriptsprache zur dynamischen Manipulation von
  Webseiten-Inhalten</dd>
</dl>
```

In Abbildung 16.2 ist die Umsetzung des Beispiels im Browser zu sehen.

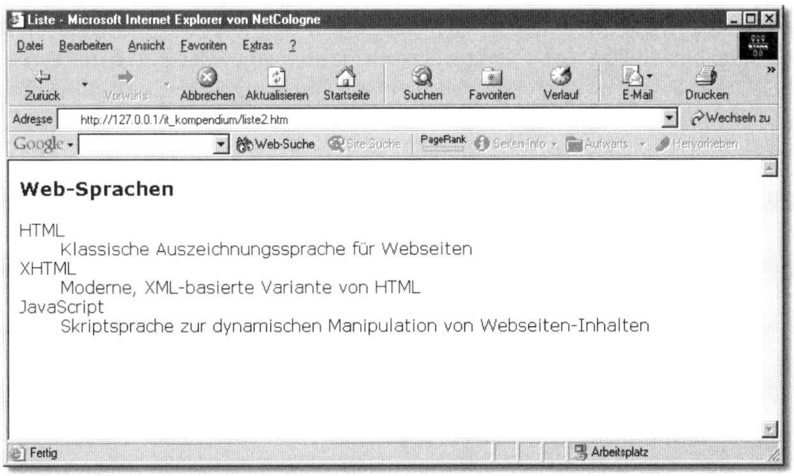

Abbildung 16.2 Eine Definitionsliste

16.1.4 Farben in HTML

Da HTML den Aufbau von Dokumenten für die Bildschirmdarstellung beschreibt, werden Farben grundsätzlich im RGB-Format kodiert – jede Farbe kann als eine additive Mischung aus rotem, grünem und blauem Licht angesehen werden kann. Näheres über Farbmodelle finden Sie in Kapitel 9, *Bildbearbeitung und Grafik*.

Eine HTML-Farbangabe enthält für jede der drei Primärfarben einen eigenen Wert zwischen 0 und 255. Dieser Wert wird hexadezimal angegeben. Das Hexadezimalsystem wird zusammen mit anderen Zahlensystemen in Kapitel 2, *Mathematische und technische Grundlagen*, erläutert. Tabelle 16.3 zeigt einige Beispiele.

Rotwert	Grünwert	Blauwert	HTML-Farbcode	Farbe
0	0	0	#000000	Schwarz
255	0	0	#FF0000	Rot
0	255	0	#00FF00	Grün
0	0	255	#0000FF	Blau
255	255	0	#FFFF00	Gelb
255	0	255	#FF00FF	Magenta
0	255	255	#00FFFF	Cyan
255	255	255	#FFFFFF	Weiß

Tabelle 16.3 Beispiele für HTML-Farbcodes

Die Web-Palette

Übrigens ist es aus Kompatibilitätsgründen empfehlenswert, nicht alle 16,7 Millionen theoretisch möglichen Farben zu verwenden, sondern eine eingeschränkte Palette aus genau 216 Farben, die von Netscape als »Web Safe Colors« (websichere Farben) definiert wurde. Sie besteht aus denjenigen Farbcodes, bei denen alle drei Komponenten (rot, grün und blau) durch 51 dezimal beziehungsweise 33 hexadezimal teilbar sind, also einen der Werte 00, 33, 66, 99, CC oder FF aufweisen. Weiter unten im Webdesign-Abschnitt wird dies näher erläutert.

Vor den hexadezimalen Farbcodes steht grundsätzlich ein #-Zeichen. Alternativ unterstützen die meisten Browser eine Reihe von Farbnamen wie `white`, `black` oder `red`. Diese Art der Farbangabe ist nicht sonderlich empfehlenswert: Zum einen stammen die meisten dieser Farben nicht aus der Web-Palette, zum anderen sind ihre Namen schwer nachvollziehbar: Reines RGB-Grün (#00FF00) heißt `lime`, während `green` für das nicht websichere Grün mit halbem Helligkeitswert (#008000) steht. Ebenso heißt die HTML-Farbe #00FFFF `aqua` statt Cyan.

Die Einstellungen für die verschiedenen Standardfarben des Dokuments werden als Attribute des Body-Tags eingetragen:

```
<body bgcolor="#000000" text="#FFFFFF" link="#FFFF00" vlink="#FF9900"
alink="#FFFF66">
```

bgcolor (hier Schwarz) setzt die Hintergrundfarbe, text die Standard-Textfarbe (im Beispiel Weiß). link bestimmt die Farbe, in der Hyperlinks angezeigt werden (Gelb), während vlink die Farbe der bereits besuchten Links darstellt (Orange). alink schließlich ist die Farbe eines Hyperlinks, der gerade angeklickt wird (Hellgelb).

Sie können die Standard-Textfarbe mit Hilfe des bereits gezeigten <font>-Tags vorübergehend überschreiben:

```
<font color="#9999FF">...</font>
```

stellt die Textfarbe auf Hellblau um.

Beachten Sie, dass alle diese Einstellungen in modernen XHTML-Dokumenten bevorzugt über Stylesheets vorgenommen werden sollten.

16.1.5 Hyperlinks

Hyperlinks sind die wichtigsten Elemente von HTML-Dokumenten. Erst durch diese Verknüpfungen entsteht **Hypertext**, also eine Struktur verknüpfter Dokumente. Sie können sowohl auf andere Dokumente innerhalb Ihrer eigenen Website als auch auf fremde Websites und andere Arten von Internet-Ressourcen wie FTP-Download-Sites, Newsgroups oder E-Mail-Adressen verweisen.

Grundsätzlich wird ein Hyperlink durch das folgende Tag gesetzt:

```
<a href="URL_des_neuen_Dokuments">Anklickbarer Text</a>
```

Lokale Hyperlinks

Innerhalb derselben Website werden meist **relative URLs** eingesetzt. Sie geben den Pfad der verknüpften Ressource relativ zum aktuellen Dokument an. Zwei Punkte als Verzeichnisname (..) bedeuten dabei, dass das jeweils übergeordnete Verzeichnis angesprochen werden soll. Näheres über die Logik von UNIX-Verzeichnishierarchien erfahren Sie in Kapitel 4, *Betriebssysteme*; das grundlegende Konzept der URL wurde bereits in Kapitel 13, *Netzwerktechnik*, erläutert.

Hier sehen Sie ein Beispiel für Dokumente, die in einer Verzeichnishierarchie auf einem Webserver verteilt sind:

```
/      (Dokumentenwurzel der Website)
|
+-- index.html
|
+-- [kontakt]
|     |
|     +-- mail.html
|
+-- [neu]
      |
      +-- news.html
```

Im obersten Verzeichnis befindet sich die Startseite, in diesem Fall heißt sie `index.html`. Welche Namen für Startseiten akzeptiert werden, müssen Sie auf dem Webserver einstellen (siehe Kapitel 14, *Netzwerkanwendungen*) beziehungsweise mit Ihrem Hosting-Provider abklären. Eine definierte Startseite für eine Website wird benötigt, damit Besucher einfach den Domainnamen oder einen Verzeichnisnamen aufrufen können, ohne ein bestimmtes Dokument anzufordern.

Hyperlink-Beispiele

Um zum Beispiel einen Hyperlink von der Datei `index.html` im Wurzelverzeichnis auf die Datei `mail.html` im Verzeichnis `kontakt` zu erzeugen, gilt folgende Syntax (der Link-Text sei hier »E-Mail-Adressen«):

```
<a href="kontakt/mail.html">E-Mail-Adressen</a>
```

Ein Link von der Datei `mail.html` zurück zu `index.htm` funktioniert folgendermaßen (Link-Text: »Homepage«):

```
<a href="../index.htm">Homepage</a>
```

Ein Link von `mail.html` auf `news.html` im Verzeichnis `neu` (mit dem Link-Text »Neueste Nachrichten«) lautet dann:

```
<a href="../neu/news.html">Neueste Nachrichten</a>
```

Hyperlinks auf andere Websites und Internetdienste

Bei Hyperlinks auf andere Server im Internet müssen Sie eine vollständige URL angeben. Als Beispiel sehen Sie hier einen Hyperlink auf die Website von Galileo Computing:

```
<a href="http://www.galileocomputing.de">Galileo Computing</a>
```

Natürlich kann ein Hyperlink nicht nur allgemein auf eine Website, sondern auch auf ein bestimmtes Dokument auf einem anderen Webserver verweisen, wenn Sie dessen URL kennen. Beispielsweise zeigt folgender Link auf die erste Seite der Präsentation von Christian Ullenbooms Klassiker »Java ist auch eine Insel« bei Galileo Computing:

```
<a href="http://www.galileocomputing.de/katalog/buecher
/titel/gp/titelID-757">Java ist auch eine Insel</a>
```

Bedenken Sie jedoch, dass nicht alle Webmaster sorgfältig mit den Adressen einzelner Dokumente umgehen – sie können sich häufig ändern, sodass ein solcher Link plötzlich ins Leere zeigt und einen unangenehmen »Fehler 404« (Dokument nicht gefunden) produziert. Falls Sie auf Ihren Websites also Linklisten betreiben, sollten Sie diese regelmäßig überprüfen; hilfreich ist auch eine Feedback-Möglichkeit für User (»defekten Link melden«). Umgekehrt sollten Sie die Adressen der einzelnen Dokumente Ihrer eigenen Sites auch dann nach Möglichkeit nicht ändern (oder unter den alten URLs zumindest Hinweise und Weiterleitungen speichern), wenn Sie wesentliche Änderungen an Design oder Inhalten vornehmen – es ist für andere genauso ärgerlich, wenn ein Link auf eines Ihrer Dokumente plötzlich nicht mehr funktioniert.

Bei einer Datei, die Sie über einen Hyperlink ansprechen, muss es sich nicht unbedingt um ein HTML-Dokument handeln. Sie können etwa andere Arten von Dokumenten verlinken, mit denen Browser üblicherweise selbst zurechtkommen, beispielsweise GIF- oder JPEG-

Bilder, MP3-Audiodateien oder PDF-Dokumente. Falls der Browser mit einem Dateityp nichts anfangen kann, fragt er nach, ob er die Datei dem Betriebssystem zum Öffnen mit einem geeigneten Programm übergeben oder ob er sie auf die Festplatte speichern soll.

Genau so funktioniert übrigens ein einfacher Download-Link: Es handelt sich einfach um einen Hyperlink auf eine Datei, die ein Browser nicht selbst anzeigen kann, etwa ein ausführbares Programm oder eine ZIP-komprimierte Datei.

Download-Hyperlinks

Abgesehen davon können Sie nicht nur Links auf andere Websites einrichten, sondern auch auf Ressourcen, die über andere Protokolle angesprochen werden. Voraussetzung ist natürlich, dass es sich um Protokolle handelt, mit denen die Browser der meisten Benutzer umgehen können oder für die ein Protokollhilfsprogramm definiert ist, das Ressourcen dieses Typs verarbeitet. Sehr verbreitet sind beispielsweise Download-Links auf Anonymous-FTP-Server, die fast jeder Browser beherrscht, und mit deren Hilfe Downloads schneller und effizienter funktionieren als über HTTP. Sehen Sie sich zum Beispiel den folgenden Link an:

```
<a href="ftp://ftp.uni-koeln.de/mirrors/redhat.com/
redhat/linux/8.0/en/iso/i386/psyche-i386-disc1.iso">
RedHat Linux 8.0, CD 1</a>
```

Es handelt sich um einen Link auf das ISO-Image der ersten CD von Red Hat Linux 8.0, und zwar im Red-Hat-Mirror-Verzeichnis des Rechenzentrums der Uni Köln.

Downloads erzwingen

Wenn Sie Dokumente zum Download anbieten möchten, die der Browser eigentlich anzeigen kann – einschließlich Textdateien oder JPEG-Bildern –, können Sie sie in Archive (ZIP, GNUZip oder ähnliche) verpacken. Eine professionellere Alternative besteht in einer Änderung der Webserver-Konfiguration für das entsprechende Verzeichnis: es geht darum, für die fraglichen Dokumente den MIME-Type `application/octet-stream` (allgemeine Binärdatei) zu erzwingen. Bei Apache bietet sich hierzu eine `.htaccess`-Datei an.

Kopieren Sie die gewünschten Dateien in ein separates Verzeichnis innerhalb der Website. Erstellen Sie innerhalb dieses Verzeichnisses eine Textdatei namens `.htaccess` und schreiben Sie folgende Zeile hinein:

```
ForceType application/octet-stream
```

Für den entsprechenden Konfigurationskontext muss die `AllowOverride`-Option `FileInfo` gesetzt sein (siehe Kapitel 14, *Netzwerkanwendungen*). Außerdem müssen Sie sicherstellen, dass sich in dem entsprechenden Verzeichnis und allen Unterverzeichnissen *nur* solche Download-Dateien befinden.

Ein Browser, der auf eine Datei aus diesem Verzeichnis stößt, zeigt diese nun nicht mehr an, sondern bietet sie wie beschrieben zum Download an. Schwierigkeiten macht nur noch der Microsoft Internet Explorer, der gern »schlauer als der MIME-Type« ist und versucht, den Dateityp selbst zu erkennen.

E-Mail-Links Eine andere Variante ist ein Hyperlink auf eine E-Mail-Adresse. Wenn dieser Link angeklickt wird, öffnet der Browser automatisch ein Mail-Fenster im bevorzugten E-Mail-Programm des Anwenders, in dem die angegebene Adresse bereits als Empfänger eingetragen ist. Hierzu dient das »Pseudo-Protokoll« mailto:

```
<a href="mailto:ich@mein-provider.de">Senden Sie mir eine Mail</a>
```

Sie können sogar den Betreff der neu zu erzeugenden E-Mail angeben:

```
<a href="mailto:ich@mein-provider.de?subject=Feedback">
Geben Sie mir Feedback!</a>
```

Der Link erzeugt wiederum ein Mail-Fenster für eine neue E-Mail, in das sowohl der Empfänger als auch der Betreff bereits eingetragen sind.

Seiteninterne Hyperlinks

Bei sehr umfangreichen Seiten, deren Länge sich über mehrere Bildschirmhöhen erstreckt, bietet es sich an, einzelne Passagen der Seite per Hyperlink erreichbar zu machen. Zu diesem Zweck werden so genannte **Anker** oder **Textmarken** gesetzt, die einen bestimmten Punkt im Dokument als Ziel für einen Hyperlink definieren. Beim Anklicken eines Links, der auf einen Anker verweist, wird der Inhalt des Browserfensters automatisch so gescrollt, dass sich die entsprechende Stelle am oberen Rand befindet.

Die Syntax für einen Ankerpunkt lautet folgendermaßen:

```
<a name="name_des_ankers"></a>
```

Gemäß HTML-Spezifikation ist dieses Tag leer. Dennoch werden in manchen HTML-Referenzen Inhalte wie Text oder Überschriften dazwischen gesetzt, wovon dringend abzuraten ist. In jedem Fall sollten Sie das Tag *nicht* mit dem XML-End-Slash schließen, sondern das </a> explizit hinschreiben – auch ältere Browser erwarten, dass es geschlossen wird, verstehen aber die XML-Kompaktschreibweise nicht.

Ein Hyperlink auf einen solchen Ankerpunkt erfolgt innerhalb derselben Datei mit Hilfe der folgenden Syntax:

```
<a href="#name_des_ankers">Zum Ankerpunkt</a>
```

Sie können auch aus einer anderen Datei heraus direkt auf die entsprechende Dokumentstelle zugreifen:

```
<a href="Dateiname#name_des_ankers">Zum Ankerpunkt</a>
```

Es versteht sich von selbst, dass Dateinamen in Websites aus diesem Grund kein #-Zeichen enthalten dürfen!

Auf sehr vielen Websites ist es gängige Praxis, ganz oben auf jede Seite unmittelbar nach dem <body>-Tag einen Anker zu setzen – beispielsweise folgendermaßen:

```
<a name="oben"></a>
```

Am unteren Rand des Dokuments befindet sich dann entsprechend ein Hyperlink, um wieder ganz nach oben zu gelangen:

```
<a href="#oben">nach oben</a>
```

Dies bietet sich insbesondere dann an, wenn sich die Hauptnavigation jeweils ganz oben in den Dokumenten befindet.

16.1.6 Bilder in Webseiten einbetten

Ein Bild ist stets eine externe Datei, die erst zum Zeitpunkt des Ladens dynamisch vom Browser eingebettet wird. Bilder können in den komprimierten Dateiformaten GIF, JPEG oder PNG vorliegen. Der genaue Unterschied zwischen ihnen wird weiter unten erläutert; hier sei bereits vorweggenommen, dass JPEGs besser für Fotos und andere halbtonreiche Bilder geeignet sind, während sich die beiden anderen Formate eher für flächige Grafiken mit wenigen Farben eignen.

Grundsätzlich wird ein Bild mit Hilfe des folgenden Tags in eine Webseite eingebettet: **Bilder einbetten**

```
<img src="URL_des_Bildes" />
```

Für die Angabe der URLs von lokalen oder auf anderen Servern liegenden Bildern gelten die Regeln, die weiter oben bereits für Hyperlinks erläutert wurden.

Für Suchmaschinen, sehbehinderte Benutzer oder reine Textbrowser ist es praktisch, dass sich für jedes Bild ein Alternativtext angeben lässt:

```
<img src="URL" alt="Text" />
```

In manchen Browsern wird dieser Text auch als Tooltipp angezeigt, wenn Sie mit der Maus über das Bild fahren – hierzu ist allerdings das Attribut `title` besser geeignet, das Sie für beliebige Tags verwenden können.

Um den Betrachtern Ihrer Website das Warten auf das Laden der Bilder so angenehm wie möglich zu machen, gibt es verschiedene Möglichkeiten:

- Geben Sie im Tag stets die Originalgröße des Bildes an – die Syntax für die entsprechenden Attribute sieht so aus:

  ```
  <img src="URL" height="[Höhe in Pixeln]"
  width="[Breite in Pixeln]" />
  ```

  Der vorher geladene Text kann dann bereits dargestellt werden, da klar ist, wie er positioniert werden soll. Eine Skalierung des Bildes über die Attribute `height` und `width` ist hingegen nicht zu empfehlen – wenn auch grundsätzlich möglich. Stattdessen sollte das Bild in einem Bildbearbeitungsprogramm von vornherein auf die gewünschte Größe gebracht werden.
- Mit Hilfe des Tags

  ```
  <img src="URL1" lowsrc="URL2" />
  ```

  können Sie bestimmen, dass statt des hochauflösenden Bildes »URL1« zunächst einmal eine niedrigauflösende Variante »URL2« geladen wird – das Bild »URL2« muss natürlich vorhanden sein und sollte tatsächlich eine erheblich geringere Dateigröße aufweisen. Beispielsweise können Sie es schwarzweiß machen, anderweitig mit viel weniger Farben abspeichern oder seine Bildgröße verringern.

Bildpositionierung

Über den `align`-Parameter können Bilder positioniert werden:

```
<img src="URL" align="left" />
```

setzt das Bild an den linken Rand des Fensters; der Text umfließt rechts den rechteckigen Umriss des Bildes.

```
<img src="URL" align="right" />
```

platziert das Bild am rechten Rand; der Text umfließt links den Umriss des Bildes.

Bei diesen beiden Formatierungen können Sie das Umfließen jederzeit beenden und weiteren Text unter dem Bild weiterführen, indem Sie ein `<br />` mit dem speziellen Attribut `clear` einfügen:

- `<br clear="left" />` beendet nur linksseitiges Umfließen,
- `<br clear="right" />` hebt rechtsseitiges Umfließen auf und
- `<br clear="all" />` beendet beides.

Die Attributwerte `"top"`, `"middle"` und `"bottom"` setzen das Bild in den normalen Fluss einer Textzeile, wobei der Text entsprechend an die Oberkante des Bildes, auf die Mittellinie oder an die Unterkante gesetzt wird. Andere Angaben wie `"absmiddle"` oder `"baseline"`, die Sie manchmal in HTML-Dokumenten oder in der Literatur finden, gehören nicht zum HTML-Standard, sondern werden nur von bestimmten Browsern interpretiert.

Mit Hilfe der Attribute `hspace="Anzahl_Pixel"` und `vspace="Anzahl_Pixel"` können Sie den Abstand des Bildes nach links und rechts beziehungsweise nach oben und unten festlegen.

Bilder als Hyperlinks

Wenn Sie ein Bild als Hyperlink definieren möchten, können Sie dies folgendermaßen erreichen:

```
<a href="URL"><img src="Bild-URL" /></a>
```

Hierbei wird um das Bild standardmäßig ein Rahmen in der aktuellen `link`- beziehungsweise `vlink`-Farbe gezogen. Durch die Angabe von

```
<img src="Bild-URL" border="0" />
```

lässt sich dies vermeiden.

Image-Maps

Anstatt ein ganzes Bild zu einem durchgehenden Hyperlink zu machen, besteht auch die Möglichkeit, einzelne Bereiche des Bildes anklickbar zu machen und jeweils individuell auf einen Klick in die jeweiligen Regionen zu reagieren. Grundsätzlich werden zwei verschiedene Arten dieser so genannten Image Maps unterschieden: die nur noch selten verwendeten **serverseitigen Image-Maps** und die **clientseitigen Image-Maps**.

Serverseitige Image-Maps

Bei einer serverseitigen Image-Map wird einfach das Attribut `ismap` in das `<img>`-Tag gesetzt; in HTML 4.0 ohne Wert, in XHTML mit einem beliebigen – die beste Wahl ist `ismap="ismap"`. Das Bild wird als normaler Hyperlink auf ein serverseitiges Skript verwendet, das in der Lage ist, die übertragenen Mauskoordinaten des Bildes zu verarbeiten. Beispielsweise übergibt der folgende Link die Koordinaten an das Perl-CGI-Skript `coords.pl` im Verzeichnis `/cgi-bin`:

```
<a href="/cgi-bin/coords.pl"><img src="test.jpg" ismap="true"
width="200" height="200" /></a>
```

Die Koordinaten werden einfach an die URL angehängt, es wird also statt `/cgi-bin/coords.pl` die URL `/cgi-bin/coords.pl?100,100` aufgerufen, wenn der Benutzer genau in der Bildmitte klickt.

Das folgende kleine Perl-Skript erzeugt ein HTML-Dokument, das einfach die Koordinaten ausgibt:

```
#!/usr/bin/perl -w
use strict;
my $coords = $ENV{'QUERY_STRING'};
my ($x, $y) = split (/,/, $coords);
print "Content-type: text/html\n\n";
print "<html><head><title>Koordinaten</title></head>";
print "<body>Koordinaten: x=$x, y=$y</body></html>\n";
```

Bessere Dienste als ein selbst geschriebenes Skript leistet übrigens das Apache-Standardmodul `mod_imap`; genau wie die clientseitigen Image-Maps ermöglicht es die Definition von Bereichen mit verschiedenen Formen.

Clientseitige Image-Maps

Bei einer clientseitigen Image-Map wird ein Bild mit beliebig vielen anklickbaren Bereichen versehen (so genannten **Hot-Spots**), die jeweils getrennt als Hyperlinks angezeigt werden sollen. Eine solche Image Map wird durch die Angabe des Attributs `usemap="#Map-Name"` erzeugt. Mit diesem Map-Namen muss eine `<map>`-Definition übereinstimmen, die die einzelnen Hot-Spots definiert. Das Bild selbst muss (und sollte) dabei kein Hyperlink sein. Eine solche Map-Definition sieht zum Beispiel folgendermaßen aus:

```
<img src="probe.gif" width="400" height="400" alt="Map-Bild" use-
map="#mymap" />
<map name="mymap">
  <area shape="rect" coords="10, 10, 100, 100"
  href="rechteck.htm" alt="Rechteckiger Bereich" />
  <area shape="circle" coords="300, 300, 50"
  href="kreis.htm" alt="Kreisf&ouml;rmiger Bereich" />
  <area shape="poly" coords="150, 150, 200, 10, 250, 150"
  href="polygon.htm" alt="Polygonförmiger Bereich" />
</map>
```

Die einzelnen `<area>`-Tags definieren die anklickbaren Bereiche. Das Attribut `shape` gibt die Form des jeweiligen Bereichs an:

- `shape="rect"` gibt mit Hilfe des Attributs `coords` die linke obere und die rechte untere Ecke eines Rechtecks (in Pixeln) an.
- `shape="circle"` (Kreis) verlangt als `coords` die Angabe des Mittelpunkts (X- und Y-Koordinate) und den Radius in Pixeln.
- `shape="poly"` (Polygon) erwartet eine Reihe aufeinander folgender X- und Y-Koordinaten.

`href` definiert wie bei einem Hyperlink die Adresse, auf die ein Mausklick in diesen Bereich verzweigen soll. `alt` erzeugt wie gehabt Alternativtexte und manchmal Tooltipps.

Hintergrundbilder

Statt einer Hintergrundfarbe können HTML-Dokumente auch ein Hintergrundbild erhalten. Zu diesem Zweck wird in das `<body>`-Tag das zusätzliche Attribut `background` geschrieben:

```
<body background="hintergrund.gif">
```

Ist das Browserfenster größer als das Bild, dann wird das Bild automatisch gekachelt, das heißt horizontal und vertikal wiederholt, bis das Fenster vollständig ausgefüllt ist.

Ein zusätzliches Attribut in Bezug auf das Hintergrundbild versteht nur der Internet Explorer:

```
<body background="verlauf.jpg" bgproperties="fixed">
```

Diese Einstellung sorgt dafür, dass das Bild im Seitenhintergrund fixiert wird, es wird also nicht mit dem Dokument gescrollt. Es ist allerdings empfehlenswerter, diese Option mit Hilfe von Stylesheets einzustellen (siehe nächsten Abschnitt).

16.1.7 Tabellen

Eines der wichtigsten Gestaltungsmittel für Webseiten sind HTML-Tabellen. Sie werden nicht nur für die tabellarische Anordnung von Informationen verwendet, sondern vor allem zur Verteilung beliebiger Inhalte im Dokument.

Eine Tabelle steht im HTML-Dokument zwischen den beiden folgenden Tags:

```
<table> ... </table>
```

Tabellen bestehen aus mehreren Zeilen, die in einzelne Zellen aufgeteilt werden; der eigentliche Inhalt darf nur innerhalb der einzelnen Zellen stehen:

```
<table>
  <tr>
    <td>
      <!-- Hier steht der Zellinhalt -->
    </td>
    <!-- eventuell weitere Zellen -->
  </tr>
  <!-- eventuell weitere Zeilen -->
</table>
```

Die Zeilen mit den <!-- ... -->-Bereichen sind übrigens HTML-Kommentare. Sie können sich über beliebig viele Zeilen erstrecken. Bedenken Sie, dass sie zwar vom Browser ignoriert werden, dass aber jeder Benutzer den Quellcode einer Webseite einsehen und damit auch die Kommentare lesen kann.

Tabellenbestandteile

Zwischen <tr> und </tr> (Abkürzung für »table row«) steht eine einzelne Zeile, die aus einer beliebigen Anzahl von Zellen bestehen kann. Natürlich sollten alle Zeilen einer Tabelle in der Regel gleich viele Zellen besitzen, anderweitig sind keine Spalten definiert. Dennoch sorgt der Browser dafür, dass untereinander liegende Zellen mit der gleichen Breite gezeichnet werden.

Die einzelne Tabellenzelle steht innerhalb der Tags <td> ... </td> (td bedeutet »table data«). Nur zwischen diesen beiden Tags dürfen die eigentlichen Tabelleninhalte stehen. Für **Überschriftzellen** mit Spalten- oder Zeilenüberschriften existiert auch das spezielle Tag <th> ... </th> (»table heading«), das an den entsprechenden Stellen statt der <td>-Tags gesetzt werden kann und den Text der Zelle in der Regel fett und in der Zelle zentriert setzt.

Zu guter Letzt existiert noch das optionale Tag <caption> ... </caption>, das nicht in eine Zeile oder Zelle gesetzt wird, sondern unmittelbar hinter das öffnende <table>-Tag. Es handelt sich um ein Tag zur Beschriftung der Tabelle. Sein einziges Attribut align kann die Werte "top" (über der Tabelle, der Standardwert) oder "bottom" (unter der Tabelle) annehmen.

Der folgende Codeausschnitt zeigt ein vollständiges Beispiel:

```
<table border="2">
  <caption>Bestandteile von HTML-Tabellen</caption>
  <tr>
    <th>Element</th>
    <th>Erl&auml;uterung</th>
  </tr>
  <tr>
    <th>table</th>
    <td>Die eigentliche Tabelle</td>
  </tr>
  <tr>
    <th>tr</th>
    <td>Tabellenzeile</td>
  </tr>
  <tr>
    <th>td</th>
    <td>Tabellenzelle</td>
  </tr>
</table>
```

Abbildung 16.3 zeigt, wie diese Tabelle im Browser dargestellt wird.

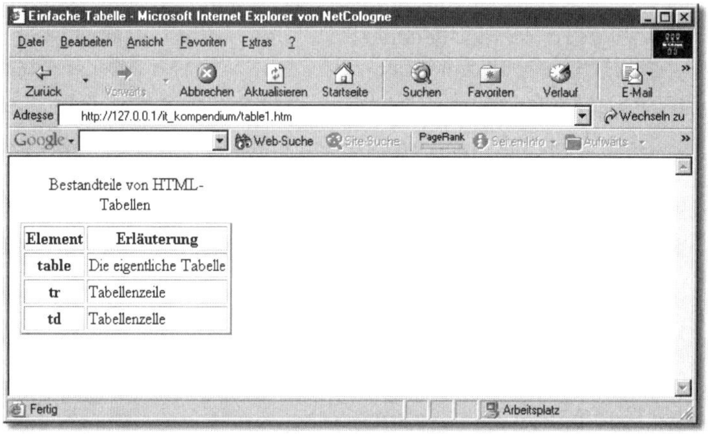

Abbildung 16.3 Browserdarstellung einer einfachen Tabelle

Das im <table>-Tag verwendete Attribut `border` sorgt dafür, dass ein sichtbarer Tabellenrahmen gezeichnet wird – hier mit einer Breite von zwei Pixeln.

Tabellen-Attribute

Es gibt verschiedene Attribute, die die einzelnen Tabellenbestandteile auf verschiedene Art und Weise einrichten. Zunächst werden hier die Attribute des <table>-Tags behandelt:

- `align="left"|"right"|"center"` richtet die Tabelle im Fenster aus. Bei `"left"` und `"right"` wird sie wie ein entsprechend formatiertes Bild von Text umflossen; `"center"` setzt sie absatzbildend in die Fenstermitte. Wenn Sie gar kein `align` angeben, wird die Tabelle absatzbildend nach links gesetzt.
- `width="..."|"...%"` gibt die Breite der Tabelle in Pixeln beziehungsweise in Prozent der Fensterbreite an. Der Wert wird ignoriert, falls die Inhalte der Tabelle nicht in die angegebene Breite hineinpassen.
- `height="..."|"...%"` gibt die Höhe der Tabelle in Pixeln beziehungsweise in Prozent der Fensterhöhe an. Auch dieser Wert wird ignoriert, falls die Inhalte der Tabelle sonst nicht passen.
- `border="..."` setzt die Breite des Tabellenrahmens in Pixeln. Beachten Sie, dass in modernen Browsern ohne Angabe des `border`-Parameters eine Tabelle ohne Rand erzeugt wird. Da dies bei älteren Browsern jedoch nicht so sein muss, sollte für eine unsichtbare Layout-Tabelle immer ausdrücklich `border="0"` gesetzt werden
- `cellpadding="..."` gibt die Entfernung des jeweiligen Zellinhaltes zum Zellrand in Pixeln an.
- `cellspacing="..."` gibt die Breite der Zellränder in Pixeln an.
- `bgcolor="#......"` setzt die Hintergrundfarbe der Tabelle.
- `background="..."` platziert ein Hintergrundbild mit der angegebenen URL in der Tabelle. Beim Internet Explorer wird es unter die gesamte Tabelle gesetzt und bei Bedarf

gekachelt; bei Netscape dagegen wird es ärgerlicherweise in jede einzelne Zelle hineingesetzt.

- `bordercolor="#......"` gibt die Farbe des Tabellenrahmens und der Zellränder an. Netscape bildet automatisch eine hellere und eine dunklere Version der angegebenen Farbe, um den Relief-Effekt des Rahmens zu erhalten. Der Internet Explorer färbt dagegen den gesamten Rand einfarbig ein, sobald Sie `bordercolor` angeben; zum Ausgleich kennt er die beiden speziellen Attribute `bordercolorlight` und `bordercolordark`, die für das Einfärben des linken und oberen beziehungsweise rechten und unteren Randes zuständig sind. Insgesamt empfiehlt es sich aber ohnehin, die Ränder mit Hilfe von Style zu formatieren.

Zellenparameter

Das `<td>`-Tag unterstützt eine ganze Reihe von Attributen, die hier zum großen Teil aufgelistet werden.

- `align="center"|"right"|"left"|"justify"` richtet den Inhalt der Zelle horizontal aus (linksbündig, rechtsbündig, zentriert, Blocksatz). Standard ist die linksbündige Ausrichtung.
- `valign="middle"|"top"|"bottom"` richtet den Zellinhalt vertikal aus (oben, mittig, unten). Standard ist die mittige Ausrichtung.
- `colspan="..."` gibt an, dass sich diese Zelle über die angegebene Anzahl von Spalten der Tabelle erstrecken soll; natürlich gibt es dann in der entsprechenden Zeile der Tabelle weniger Zellen.
- `rowspan="..."` gibt an, dass sich die Zelle über die angegebene Anzahl von Zeilen der Tabelle erstrecken soll. Die Definition erfolgt in der obersten Zeile, in der die Zelle beginnt; in allen betroffenen Zeilen braucht die betreffende Zelle nicht mehr definiert zu werden.
- `width="..."|"...%"` setzt die Zellbreite in Pixeln beziehungsweise relativ zur gesamten Tabelle. Wird die Breite jeder Zelle in Pixeln angegeben, so sollte eine Angabe der Tabellenbreite unterbleiben. Es genügt übrigens, wenn Sie diese Angaben einmal in den Zellen der obersten Zeile vornehmen (alternativ verstehen neuere Browser auch die im nächsten Unterabschnitt vorgestellten `<colgroup>`-Tags).

  Generell muss zu `width`-Angaben noch gesagt werden, dass die Breitenangabe ignoriert wird, wenn der Inhalt einer Zelle in der jeweiligen Spalte zu breit ist, um in der gewünschten Zellbreite angezeigt zu werden.
- `height="..."|"...%"` stellt die Höhe der Zelle in Pixeln beziehungsweise in Prozent der Tabellenhöhe ein. Auch hier wird die vollständige Darstellung des Inhalts gegenüber der Höhenangabe bevorzugt.
- `nowrap="nowrap"` – in HTML 4.0 auch ohne Wertangabe – verhindert Zeilenumbrüche innerhalb einer Zelle. Es funktioniert in fast jedem Browser, gilt aber als veraltet und wird durch eine entsprechende Stylesheet-Angabe ersetzt.

Inhalt einer Zelle können beliebige Elemente sein, die HTML unterstützt, also Texte, Bilder und Hyperlinks. Natürlich kann ein `<td> ... </td>` auch wieder eine weitere Tabelle enthalten.

Um das komplexe Zusammenspiel dieser Parameter zu verstehen – insbesondere die Zusammenfassung von Zellen per `rowspan` und `colspan` –, sollten Sie sich **Listing 16_01** vornehmen.

Neuere Entwicklungen

Beachten Sie, dass die folgenden Möglichkeiten nur vom Internet Explorer ab 4.0, von Netscape ab 6.0 und von Mozilla unterstützt werden.

Tabellenbereiche

Eine moderne Möglichkeit der Tabellenformatierung ist die Aufteilung in Tabellenkopf, Tabellenkörper und Tabellenfuß. Diese Bereiche erfüllen zwei wichtige Zwecke: Erstens werden Kopf und Fuß beim Ausdrucken längerer Tabellen auf jeder Druckseite wiederholt, zweitens können sie mit den weiter unten gezeigten Anzeigeoptionen für die Gitternetzlinien kombiniert werden.

Der Kopf steht zwischen `<thead>` und `</thead>`; `<tbody>` und `</tbody>` umrahmen den Körper; der Fuß wird zwischen `<tfoot>` und `</tfoot>` gesetzt. Jede dieser Gruppen kann im Prinzip beliebig viele Tabellenzeilen enthalten, in der Regel werden Kopf und Fuß jedoch recht kurz sein.

Gitternetzlinien einzeln steuern

Im `<table>`-Tag können Sie über das neue Attribut `rules` steuern, welche Gitternetzlinien zwischen Zellen gezeichnet werden sollen und welche nicht. Grundvoraussetzung dafür, dass überhaupt sichtbare Linien angezeigt werden, ist die Anwesenheit des Attributs `border` mit einem Wert, der größer als 0 ist. Die möglichen Werte für `rules` sind folgende:

- `rules="none"` – keine Linien (`border` zeigt nur noch den Außenrahmen an)
- `rules="rows"` – es werden nur Zeilen-, aber keine Spaltentrennlinien gezeichnet.
- `rules="cols"` – es werden Spalten-, aber keine Zeilentrennlinien gezeichnet.
- `rules="groups"` – um die drei oben erläuterten Bereiche `thead`, `tbody` und `tfoot` wird jeweils ein eigener Rahmen gezeichnet.
- `rules="all"` – alle Gitternetzlinien werden gezeichnet; dies ist der Standardfall.

Rahmenlinien einzeln steuern

Mit Hilfe des `<table>`-Attributs `frame` können Sie angeben, welche Teile des Außenrahmens angezeigt werden sollen:

- `frame="none"` – es wird kein Außenrahmen gezeichnet; `border` zeigt nur noch die inneren Gitternetzlinien gemäß `rules`-Definition an.
- `frame="above"` – es wird nur oben ein Rand gezeichnet.
- `frame="below"` – der Rand wird nur unten gesetzt.
- `frame="lhs"` – es wird nur ein linker Rand gezeichnet (`lhs` steht für »left hand side«).
- `frame="rhs"` – nur rechts wird eine Rahmenlinie gesetzt (»right hand side«).
- `frame="hsides"` – beide horizontalen Randlinien werden gezeichnet, das heißt oben und unten.

- `frame="vsides"` – es werden nur die vertikalen Linien angezeigt, also links und rechts.
- `frame="box"` – alle Randlinien werden gezeichnet; dies ist der Standardfall.

Spaltenbreiten angeben

Wenn Sie die Breitenangaben für Tabellenzellen (und damit -spalten) übersichtlicher gestalten möchten, können Sie für neuere Browser zu Beginn der Tabellendefinition einen `<colgroup>`-Bereich (»column group«, steht für »Spaltengruppe«) einrichten.

Innerhalb des Containers `<colgroup> ... </colgroup>` wird für jede einzelne Spalte ein leeres `<col>`-Tag gesetzt, das die Breite der entsprechenden Spalte definiert. Diese Breitenangabe erfolgt wie gewohnt über das Attribut `width` und kann drei verschiedene Arten von Werten ausdrücken: Eine einfache Zahl (zum Beispiel `width="200"`) bezeichnet den angegebenen Wert in Pixeln, eine Zahl mit Prozentzeichen (etwa `"30%"`) ist der angegebene Prozentsatz der Tabellenbreite, und eine Zahl mit angehängtem Sternchen (`"3*"`) gibt anteilige Breiten wie in einem Cocktail-Rezept an (»1 Teil Rum, 3 Teile Cola«).

Das `<colgroup>`-Tag kann auch das optionale Attribut `span` enthalten, das die Anzahl der Spalten angibt. In diesem Fall steht auch die `width`-Angabe (in Pixeln) direkt in diesem Tag und gilt als Einheitsbreite für alle Spalten.

Hier ein kleines Beispiel:

```
<table border="2">
  <colgroup>
    <col width="100" />
    <col width="300" />
  </colgroup>
  <tr>
    <td>100 Pixel breit</td>
    <td>300 Pixel breit</td>
  </tr>
</table>
```

Die Tabelle besteht nur aus einer Zeile mit zwei Zellen, die linke ist 100 Pixel breit, die rechte 300 Pixel. Aus Sicherheitsgründen sollten Sie die enstprechenden Werte für ältere Browser auch noch einmal in die `<td>`-Tags schreiben.

Listing 16_02 definiert eine Tabelle, in der die drei Tabellenbereiche mit unterschiedlichen Rahmenoptionen definiert werden.

Tabellenbasiertes Seitenlayout

Da Tabellen in HTML nicht nur dem klassischen Zweck dienen, Textinformationen tabellarisch anzuordnen, sondern in der Regel auch für das gesamte Seitenlayout zuständig sind, finden Sie an dieser Stelle ein alltägliches Beispiel für Letzteres. Aus mehreren guten Gründen, die weiter unten erläutert werden, sollten Sie solche Lösungen für die meisten Sites den beliebten Frames vorziehen.

Das Beispiel ist für ein klassisches News- oder Portal-Site-Layout geeignet. Es ist dreispaltig angelegt, wobei die beiden äußeren Spalten feste Breiten haben und eingefärbt werden, während die mittlere Spalte den Rest der Fensterbreite einnimmt und in der Seitenhintergrundfarbe eingefärbt wird. Über diesem Drei-Spalten-Layout befinden sich in einer eigenen Tabelle links ein Logo und daneben ein Werbebanner. Hier sehen Sie den HTML-Code für eine solche Seite:

```
<!-- Logo und Banner: Eigene Tabelle -->
<table border=0 cellspacing=8>
  <tr>
    <td>
      <img src="logo.gif" width="100" height="80"
      alt="Logo" />
    </td>
    <td valign="bottom">
      <font size=2>- Anzeige -</font><br>
      <a href="http://site-des-inserenten.com">
      <img src="banner.gif" width="480" height="68"
      alt="Werbebanner" /></a>
    </td>
  </tr>
</table>
<!-- Das eigentliche Layout -->
<table border=0 width="100%" cellspacing=8
cellpadding=4>
  <tr>
    <td bgcolor="#9999FF" valign="top">
      Navigation
      <br />
      <img src="pixel.gif" width="120" height="1" />
    </td>
    <td valign="top" width="100%">
      <h1>Top News</h1>
      <!-- hier weiterer Text nach Belieben -->
    </td>
    <td bgcolor="#9999FF" valign="top">
      Unternavigation
      <br />
      <img src="pixel.gif" width="120" height="1" />
    </td>
  </tr>
</table>
```

Dieses Layout verwendet zwei Tricks, um die Tabelle nach Möglichkeit in Form zu halten:

- Die beiden äußeren Zellen enthalten keine Breitenangabe, sondern ein auf die entsprechende Breite skaliertes »Pixel-GIF«. Es handelt sich dabei um ein 1x1 Pixel großes transparentes Bild vom Typ GIF, das häufig als Abstandhalter eingesetzt wird.

- Die mittlere Zelle enthält die eigentlich inkorrekte Breitenangabe 100 % – auf diese Weise werden die beiden äußeren Zellen jeweils an den Rand gedrückt und können nicht breiter werden als das jeweilige Pixel-GIF.

Abbildung 16.4 zeigt ein Beispiel für dieses Layout in Aktion.

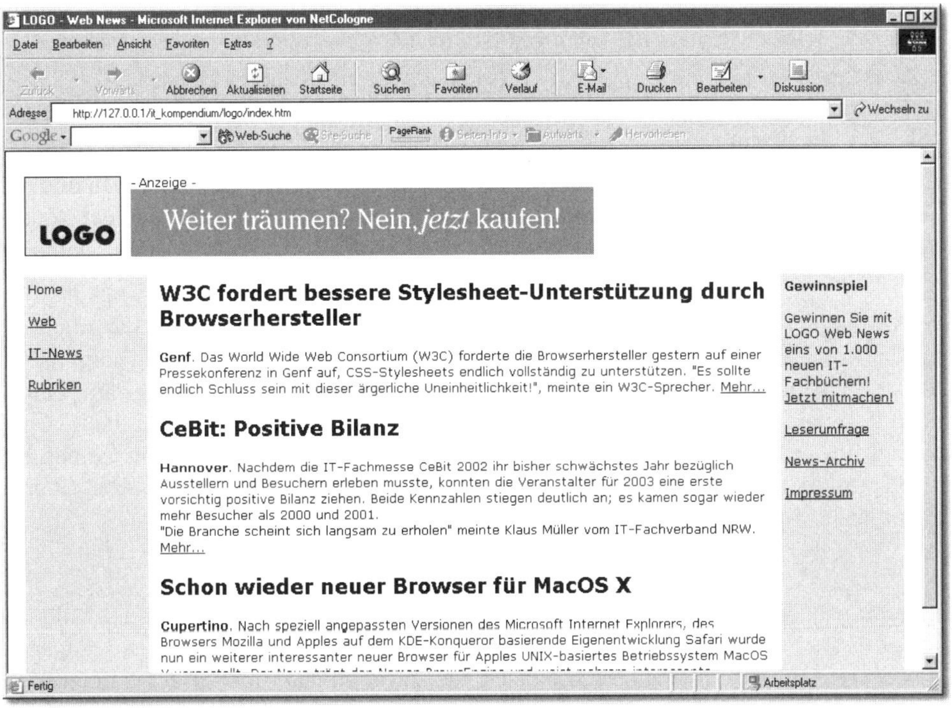

Abbildung 16.4 Beispiel für ein tabellenbasiertes News-Site-Layout

Der große Vorteil dieses Layouts besteht darin, dass es sich einer beliebigen Bildschirmauflösung und Browserfenstergröße anpasst. Allerdings wird der Fließtext in der mittleren Spalte bei besonders großen Monitoren zu breit und damit schlecht lesbar. Eine Variante dieses Layoutmusters, die viele Sites inzwischen nutzen, gibt deshalb keine 100 % Breite für die große Tabelle an, sondern einen festen Pixelwert von beispielsweise 700. In diesem Fall sollte allerdings auch die Hauptinhaltszelle eine eigene Hintergrundfarbe erhalten, die sich von der des Browserfensters abhebt.

16.1.8 Formulare

Suchmaschinen, Bestellseiten oder Webforen bestehen aus diversen Eingabeelementen wie Textfeldern oder Auswahlknöpfen. Der übergeordnete Container für eine Gruppe solcher interaktiven Elemente ist das **HTML-Formular**. Seine Definition enthält eine URL, an die sämtliche eingegebenen Daten versandt werden. Formulare bilden also das Frontend webbasierter Anwendungen.

Jedes Formular steht zwischen den folgenden Tags:

```
<form action="URL" method="Versandmethode">
  <!-- beliebiges HTML mit Formularelementen -->
</form>
```

Als **Action-URL** wird meist die Adresse eines Server-Skripts angegeben. Eine verbreitete Technik für solche Skripte, PHP 5, wird in Kapitel 17, *Webanwendungen*, beschrieben.

Theoretisch ist auch die Angabe einer E-Mail-Adresse möglich; genau wie bei einem E-Mail-Hyperlink wird dazu eine Pseudo-URL nach dem Muster `"mailto:E-Mail-Adresse"` eingesetzt. Das Problem dieser Variante besteht jedoch darin, dass neuere Versionen des Internet Explorers und einige andere Browser diese Aufforderung falsch verstehen und ein leeres Mail-Fenster öffnen, wenn das Formular abgeschickt wird. Das führt zu der Konsequenz, dass auch der Versand per E-Mail nur dann wirklich zuverlässig klappt, wenn er durch ein Server-Skript vorgenommen wird.

Versandmethoden

Das Attribut `method` gibt an, über welche HTTP-Methode die Daten versendet werden sollen (siehe auch Kapitel 13, *Netzwerktechnik*): `"post"` versendet sie separat und sorgt dafür, dass sie vom Server so interpretiert werden, als würden sie dort direkt per Tastatur eingegeben (Standardeingabe). `"get"` hingegen hängt die Formulardaten direkt an die URL an, in der Form `url?daten`. Beispielsweise verwenden Suchanfragen an Suchmaschinen oft diese Form, sodass zum Beispiel die URL einer Suche nach dem Begriff »html« bei Google (in minimaler Form) folgendermaßen aussieht:

```
http://www.google.de/search?q=html
```

Der Parameter `q=html` wird also an das Programm `search` übermittelt. Hinter den Kulissen befragt dieses Programm daraufhin Googles Datenbank, nimmt die Ergebnisse entgegen und generiert wiederum eine HTML-Seite daraus, die es an den Browser des Anfragenden zurücksendet.

Der Vorteil der Methode `"get"` besteht darin, dass Sie die URL in der Favoritenliste Ihres Browsers ablegen können. Allerdings ist sie nicht für größere Datenmengen geeignet, da die Maximallänge für URLs 2000 Zeichen beträgt.

Ein weiteres (optionales) Attribut ist `enctype`; es gibt den MIME-Type der übertragenen Formulardaten an. Der Standardwert ist `"application/x-www-form-urlencoded"`; dieses Format ersetzt in den Formulardaten alle Zeichen, die in URLs nicht gestattet sind oder in Formulardaten eine Sonderbedeutung haben, durch passende Escape-Sequenzen: Leerzeichen werden zu +-Zeichen; die meisten Satzzeichen und alle Nicht-ASCII-Zeichen werden durch ein %-Zeichen und ihren zweistelligen hexadezimalen Code im Zeichensatz ersetzt. Falls Sie den Datei-Upload über ein Formular (siehe Kapitel 17, *Webanwendungen*) ermöglichen möchten, müssen Sie den Typ `"multipart/form-data"` wählen.

Formularelemente

Innerhalb des Containers `<form> ... </form>` können Sie eine Reihe unterschiedlicher Eingabeelemente definieren. Die meisten von ihnen verwenden das `<input>`-Tag:

```
<input type="Elementtyp" name="Elementname"
value="Wert" />
```

type gibt an, um welche Art von Eingabeelement es sich überhaupt handelt – beispielsweise ein Textfeld (type="text") oder ein Absendeknopf (type="submit"). name und value bilden ein Name/Wert-Paar, das als Name=Wert mit den Formulardaten versandt wird. Je nach konkretem Eingabeelement kommt das eine oder andere Spezialattribut hinzu.

- <input type="radio" name="..." value="..." /> definiert einen so genannten **Radio-Button**. Der Name stammt daher, dass dieser Button sich so verhält wie die Knöpfe an alten Radios: Wird einer von ihnen gedrückt, springt der zuvor ausgewählte automatisch heraus. Mit Radio-Buttons können Sie dem Benutzer die Auswahl einer einzigen Option aus mehreren Alternativen ermöglichen. name bezeichnet dabei den Namen der Gruppe, zu der der Radio-Button gehört. value ist der Inhalt, der als Auswahl für diese Gruppe in den Formulardaten erscheinen soll. Der Text, mit dem der Button beschriftet werden soll, wird einfach hinter das Tag gesetzt.
- <input type="checkbox" name="..." value="..." /> definiert eine **Checkbox**, mit der Benutzer mehrere Optionen an- und wieder abwählen können. Der optionale Parameter checked="checked" kann bei Checkboxen und Radiobuttons stehen und hat zur Folge, dass die entsprechende Option innerhalb ihrer Gruppe bereits ausgewählt ist.
- <input type="text" name="..." size="..." maxlength="..." /> bietet ein Feld zur Texteingabe; optional gibt size die Breite in Zeichen und maxlength die maximale Eingabelänge an. Der ebenfalls optionale Parameter value="..." sorgt dafür, dass der betreffende Text bereits voreingetragen im Textfeld steht.
- <input type="password" name="..." size="..." maxlength="..." /> funktioniert im Prinzip genau wie ein Textfeld – mit dem Unterschied, dass die Eingabe als »****« angezeigt wird.
- <input type="submit" value="..." /> stellt einen Button zur Verfügung, der durch Mausklick den Inhalt des Formulars an die URL versendet, die im <form>-Tag angegeben wurde. value hat hier eine etwas andere Bedeutung: Es enthält den Text, mit dem der Button beschriftet wird.
- <input type="reset" value="..." /> setzt alle Einträge, die der Benutzer im Formular vorgenommen hat, auf den Ursprungszustand zurück. value enthält wiederum die Beschriftung des Buttons.
- <input type="button" value="..." /> stellt eine allgemeine Schaltfläche zur Verfügung, deren Aussehen einem Absende- oder Lösch-Button entspricht. In Zusammenarbeit mit JavaScript (siehe Kapitel 18) kann sie ein benutzerdefiniertes Ereignis auslösen.
- <input type="hidden" name="..." value="..." /> ist im engeren Sinne kein Eingabefeld, denn es wird vom Browser nicht angezeigt und Benutzer können keine Eingabe vornehmen. Es handelt sich um eine festgelegte Angabe, die zusammen mit den vom Benutzer eingegebenen Formulardaten übertragen wird. Nützlich sind Hidden-Felder etwa für Ordnungszwecke (welches Formular wurde eigentlich versandt?) oder für Zwischenwerte, die von serverseitigen Programmen generiert wurden und wieder mit

den Daten verschickt werden müssen, um vom nächsten Skript aus darauf zurückzugreifen.

- `<input type="file" name="..." />` bietet die Möglichkeit, den Pfad einer lokalen Datei einzutippen oder über einen mitgelieferten Button interaktiv auszuwählen. Wenn das Empfängerskript über eine entsprechende Einrichtung verfügt, wird die angegebene Datei zusammen mit den anderen Formulardaten hochgeladen. In Kapitel 17, *Webanwendungen*, finden Sie ein entsprechendes PHP-Skript mit weiteren Hinweisen. Beachten Sie, dass der Formulardatentyp über das `<form>`-Attribut `enctype` auf `"multipart/form-data"` gesetzt werden muss, damit es funktioniert.

Neben den diversen `<input>`-Varianten gibt es noch weitere Formularelemente, die über eigenständige Tags gebildet werden.

Auswahlmenüs Außer Checkboxen und Radiobuttons kann ein Formular auch noch Menüs enthalten, aus denen der Benutzer auswählen kann. Diese Menüs haben in HTML folgende Syntax:

```
<select name="..." size="...">
  <option value="..."> 1. Auswahlmöglichkeit </option>
  <option value="..."> 2. Auswahlmöglichkeit </option>
  <!-- bei Bedarf weitere Optionen -->
</select>
```

Diese Struktur stellt ein Menü zur Verfügung, das die verschiedenen Auswahlmöglichkeiten enthält. Die zusätzliche Option `multiple="true"` bei `<select>` ermöglicht die Auswahl mehrerer Felder – allerdings muss dabei die Taste [Strg] beziehungsweise [⌘] (Mac) festgehalten werden, worauf Sie die Benutzer hinweisen sollten.

`name` enthält wiederum den Namen, mit dem der übertragene Wert in den Formulardaten versehen wird. `size` gibt die Anzahl der sichtbaren Zeilen an; wird diese von der Anzahl der Optionen überschritten, erscheint automatisch ein Rollbalken. Der von den meisten Autoren verwendete Sonderfall `size="1"` erzeugt ein relativ elegantes Pulldown-Menü.

Das `<option>`-Tag bestimmt durch das Attribut `value` wiederum den zu übertragenden Wert für die Formulardaten. Darüber hinaus kennt es den zusätzlichen Parameter `selected="selected"`, der innerhalb eines Select-Menüs nur auf ein einziges `<option>`-Tag angewandt werden sollte und dafür sorgt, dass die entsprechende Option vorausgewählt ist.

Mehrzeilige Textbereiche Die Texteingabe in ein Formular ist auch mehrzeilig möglich, und zwar über das folgende Tag:

```
<textarea name="..." rows="..." cols="..."></textarea>
```

Dieses Tag stellt ein Eingabefeld mit der durch `cols` angegebenen Breite und der mittels `rows` eingestellten Höhe zur Verfügung. Sollte zwischen dem öffnenden und dem schließenden Tag Text stehen, so erscheint er als vorgefertigter Eintrag im Feld. Auch wenn Sie keinen Text hineinschreiben, sollten Sie das Tag explizit schließen und nicht per XML-End-Slash, weil ältere Browser ihn nicht verstehen und in diesem Fall einfach den Rest des Dokuments in das Textfeld schreiben.

Der optionale Parameter wrap gibt die Art des Zeilenumbruchs an, der verwendet werden soll:

- wrap="none" setzt keine automatischen Zeilenumbrüche; Benutzer können beliebig in derselben Zeile weiterschreiben (Standard bei älteren Browsern; funktioniert bei moderneren oft gar nicht mehr).
- wrap="virtual" bricht am rechten Feldrand um, jedoch nur in der Darstellung; der gespeicherte Text enthält keine Zeilenumbrüche (Standard bei den meisten aktuellen Browsern).
- wrap="physical" setzt dagegen Zeilenumbrüche in den eigentlichen Text, wenn er am rechten Feldrand umgebrochen wird.

Das Beispiel in **Listing 16_03** verwendet fast alle oben gezeigten Formularelemente für *den* Klassiker – ein Pizza-Bestellformular.

16.1.9 Einbetten von Multimedia-Dateien

Moderne Browser können verschiedene Zusatzkomponenten beinhalten, so genannte Plug-ins (Firefox und andere Mozilla-Derivate) beziehungsweise ActiveX-Controls (Internet Explorer für Windows). Dadurch unterstützt der Browser zusätzlich zu den Standard-Elementen verschiedene andere Dateiformate.

Sie können zum Beispiel Sounds oder Digitalvideos abspielen lassen. Zu den bekanntesten Plug-in-Dateien gehören die Formate Flash und Shockwave von Macromedia.

Plug-in-Syntax

Browser aus der Netscape-Tradition verwenden zum Einbetten von Plug-in-Dateien das Tag <embed>; sofern ein entsprechender Player bereits installiert ist, versteht auch der Internet Explorer diese Schreibweise. Der folgende Code bettet die MP3-Sound-Datei extreme.mp3 in das Dokument ein und spielt sie nach dem Laden automatisch ab:

```
<embed src="extreme.mp3" width="200" height="100" autostart="true"
type="audio/mp3"></embed>
```

width und height bestimmen bei einem Sound die Anzeigegröße der verwendeten Player-Komponente; an dieser Stelle werden einige Buttons wie Play, Stop oder Lautstärkeregelung angezeigt. Das genaue Aussehen ist nicht vorhersagbar, es hängt vom verwendeten Player ab, beispielsweise sehen QuickTime und der Windows Media Player recht unterschiedlich aus. Alternativ können Sie mit hidden="true" dafür sorgen, dass gar keine Regler angezeigt werden. Das optionale Attribut loop="true" spielt den Sound in einer Schleife ab.

Für Digitalvideo (QuickTime, Video for Windows, MPEG und so weiter) stehen im Prinzip dieselben Optionen zur Verfügung; naturgemäß sind die Attribute width und height hier wichtiger als bei Sound. Die MIME-Types für die wichtigsten Plug-in-Formate finden Sie in Tabelle 16.4.

Format	Dateiendung	MIME-Type
MP3-Sound	.mp3	`audio/mp3` oder `audio/mpeg`
WAVE-Sound	.wav	audio/wav
AIFF-Sound	.aif, .aiff	audio/aiff
Sun AU-Sound	.au	audio/au
MPEG-Video	.mpg, .mpeg	video/mpeg
QuickTime-Video	.mov, .qt	video/quicktime
Video for Windows	.avi	video/avi
Macromedia Flash	.swf	application/x-shockwave-flash
Macromedia Director	.dcr	application/x-director

Tabelle 16.4 Die wichtigsten MIME-Types für Multimedia-Plug-in-Formate

Je nach eingebettetem Dateiformat werden noch weitere Attribute unterstützt. Beim Einbetten von Macromedia Flash-Filmen werden besonders viele Optionen angeboten; dieses Thema wird in Kapitel 19 ausführlich behandelt.

Objekte einbetten

Der Microsoft Internet Explorer bietet ein intelligenteres Modell für Multimedia-Komponenten an, die so genannte ActiveX-Technologie: Wenn zum ersten Mal eine Datei eines unbekannten Typs eingebettet wird, lädt der Browser automatisch die passende Komponente herunter, genannt ActiveX-Control, und installiert sie, während der Browser läuft.

ActiveX-Sicherheitsprobleme

Leider ist damit ein enormes Sicherheitsrisiko verbunden: Ein ActiveX-Control hat dieselben Befugnisse wie ein lokales Programm – theoretisch könnte Ihnen jemand eine Komponente unterjubeln, die Ihr System massiv beschädigt. Sie sollten darauf achten, nur signierte Controls zu akzeptieren, und auch diese nur per Anfrage. Vor dem Download einer Komponente erscheint dann ein Bestätigungsfenster, in dem der Anbieter genannt wird. Seine Identität wird durch ein elektronisches Zertifikat garantiert. Sie sollten dem Download nur zustimmen, wenn Sie wissen, was Sie tun.

Das folgende Beispiel zeigt, wie die Director-Shockwave-Datei `test.dcr` eingebettet wird:

```
<object classid="clsid:166B1BCA-3F9C-11CF-8075-444553540000" code-
base="http://download.macromedia.com/pub/shockwave/
cabs/director/sw.cab#version=8,5,1,0" width="320"
height="240">
<param name="src" value="test.dcr" />
</object>
```

Die 128 Bits lange Class-ID ist die eindeutige Registriernummer der jeweiligen ActiveX-Komponente. Diese Nummer kann sich wahrscheinlich kein Mensch merken. Sie können sie allerdings bei Microsoft oder beim Anbieter der jeweiligen Komponente nachschlagen.

Im Zweifelsfall hilft auch die Angabe classid="CLSID:05589FA1-C356-11CE-BF01-00AA0055595A", die für alle Audio- und Videoformate zuständig ist.

codebase gibt die Download-Adresse für das ActiveX-Control an. Die meisten anderen Optionen werden als separate <param>-Tags eingebettet; hier beispielsweise die Angabe src, die die URL der eingebetteten Datei angibt.

Browserübergreifende Lösung

Da Netscape und ähnliche Browser gar kein ActiveX unterstützen und das <object>-Tag deshalb nicht verstehen, wird in der Regel einfach ein entsprechendes <embed>-Tag hineinverschachtelt:

```
<object classid="clsid:166B1BCA-3F9C-11CF-8075-444553540000"
codebase="http://download.macromedia.com/pub/shockwave/
cabs/director/sw.cab#version=8,5,1,0" width="320"
height="240">
<param name="src" value="test.dcr" />
<embed src="test.dcr" width="320" height="240"
type="application/x-director"
pluginspage="http://www.macromedia.com/shockwave/download/"></embed>
</object>
```

Java-Applets einbetten

Die früher gern für Web-Multimedia eingesetzten Java-Applets werden heute nur noch selten verwendet. Die meisten ihrer früheren Aufgaben können mit erheblich weniger Aufwand und geringerer Ladezeit erledigt werden, beispielsweise mit Hilfe von Flash.

Wollen Sie dennoch ein Java-Applet einbetten, dann erfolgt dies mit Hilfe des <applet>-Tags. Das folgende Beispiel bettet ein Applet namens Malen.class mit der Anzeigegröße 400 x 400 Pixel in das Dokument ein:

```
<applet code="Malen.class" width="400" height="400"></param>
```

Auch innerhalb des <applet>-Blocks können <param>-Tags wie bei <object> stehen, spezielle Java-Anweisungen nehmen die entsprechenden Parameter entgegen. Etwas mehr über Java-Applets erfahren Sie in Kapitel 6, *Konzepte der Programmierung*.

16.1.10 Frames

HTML bietet die Möglichkeit, in einem Browserfenster mehrere Dokumente gleichzeitig anzuzeigen. Dies erlaubt es beispielsweise, beim Surfen durch eine Website eine ständige Menüleiste an einem Rand des Fensters aufrechtzuerhalten.

Das Tag <frameset>, das dafür verwendet wird, ersetzt das <body>-Tag auf der Seite, die grundsätzlich die Frames, das heißt die entsprechende Einteilung, einrichtet und die gewünschten Seiten in die Frames hineinlädt.

Das <frameset>-Tag definiert entweder eine horizontale Unterteilung des Browserfensters über das Attribut cols oder eine vertikale Unterteilung mit Hilfe von rows. Der Wert des jeweiligen Attributs ist eine durch Kommata getrennte Liste der jeweiligen Frame-Maße.

Die Angaben können entweder in Prozent des Browserfensters erfolgen (und sollten in diesem Fall die Summe 100 % ergeben), oder es können konkrete Pixelwerte angegeben werden. Im letzteren Fall benötigt mindestens ein Frame die spezielle Angabe `*`, die für einen beliebigen Wert steht. Andernfalls besteht keine Möglichkeit, die unterschiedliche Größe von Browserfenstern abzufangen.

Innerhalb des Containers `<frameset> ... </frameset>` steht eine Reihe von `<frame>`-Tags, diese definieren nacheinander die entsprechenden Frames und laden je ein Dokument hinein. Statt eines `<frame>`-Tags können Sie auch stets ein weiteres `<frameset>` setzen, um mehrere Framesets ineinander zu verschachteln.

Hier ein typisches Beispiel:

```
<frameset cols="120,*">
  <frame src="navi.htm" />
  <frame src="start.htm" />
</frameset>
```

Es wird ein horizontal unterteiltes Frameset aus zwei Frames eingerichtet. Das linke Frame ist 120 Pixel breit, das rechte beliebig. In die beiden Frames werden (von links nach rechts) die beiden Dateien `navi.htm` und `start.htm` geladen.

Verschachtelte Framesets

Das folgende komplexere Beispiel zeigt ein verschachteltes Frameset: Angenommen, es soll ein Frame mit einer Hauptüberschrift über die gesamte Bildschirmbreite verteilt dargestellt werden, darunter links ein schmales Frame mit einem Menü und rechts ein breites, das die eigentlichen Inhaltsseiten enthält:

```
<frameset rows="25%,75%">
  <frame src="titel.htm" noresize="true" />
  <frameset cols="150,*">
    <frame src="menu.htm" noresize="true" />
    <frame src="seite.htm" noresize="true" />
  </frameset>
</frameset>
```

Hier wird also der Bildschirm zunächst in zwei übereinander liegende Bereiche eingeteilt. Anschließend wird mit dem `<frame ...>`-Tag angegeben, aus welcher Quelle (»source«) der Inhalt des entsprechenden Frames stammen soll. Als Nächstes wird ein weiteres Frameset definiert, das den verbleibenden unteren Bildschirmbereich noch einmal in zwei horizontale Frames aufteilt. Das Attribut `noresize` im `<frame>`-Tag bewirkt, dass Benutzer die Größe der Frames nicht durch Ziehen mit der Maus verändern können.

Hyperlinks in Framesets

Enthält ein Frame einen Hyperlink, so wird die verknüpfte Seite zunächst in dasselbe Frame hineingeladen, sofern nichts anderes angegeben wurde. Dies ist zum Beispiel im Fall einer ständigen Menüleiste nicht wünschenswert.

Um diesen Effekt zu vermeiden, muss das einzelne Frame zunächst einen Namen als Bezugspunkt erhalten:

```
<frame src="..." name="..." />
```

Soll das Anklicken eines Hyperlinks zur Folge haben, dass die verknüpfte Seite in dieses benannte Frame geladen wird, muss der Name des Frames in dem Link als Wert des Attributs `target` eingesetzt werden:

```
<a href="..." target="...">...</a>
```

Standard-Targets

Neben den selbst definierten gibt es auch noch einige vordefinierte `target`-Namen:

- `"_blank"` – ein neues, leeres Browserfenster; kann bei Verweisen auf fremde Inhalte verwendet werden. Es ist schlicht geschmacklos und möglicherweise sogar illegal, fremde Webseiten innerhalb eines eigenen Framesets darzustellen, da es den falschen Eindruck erweckt, Sie hätten die fremden Inhalte selbst erstellt.
- `"_top"` – das ganze Browserfenster; alle bisherigen Frames werden damit aufgehoben.
- `"_parent"` – das jeweils übergeordnete Frameset. Allerdings funktioniert dies nur, wenn mehrere einzelne Frameset-Dateien ineinander geladen wurden, und nicht bei Framesets, die von vornherein verschachtelt sind. In solchen Fällen ist es ohnehin sicherer, `"_top"` zu verwenden und dann eine ganz neue Frameset-Definitionsdatei zu laden.
- `"_self"` – das aktuelle Frame oder Fenster, in dem auch der Link steht. Diese zunächst sinnlos erscheinende Angabe kann notwendig werden, wenn Sie ein eigenes Standard-Target definieren.

Ein Standard-Target wird mit Hilfe der folgenden Angabe im Head eines Dokuments eingerichtet:

```
<base target="..." />
```

Alle Hyperlinks aus diesem Dokument werden in das angegebene Frame hineingeladen. Dies ist ideal für Navigationsleisten, bei denen praktisch alle Links in einem Hauptinhalts-Frame geöffnet werden.

Randlose Frames

In der Regel werden völlig randlose Frames ohne Abstände benötigt. Dafür muss eine Menge Schreibarbeit geleistet werden, da verschiedene Browser unterschiedliche Vorstellungen von Frame-Attributen haben:

```
<frameset rows|cols="..." border="0" frameborder="0" framespacing="0">
  <frame src="..." frameborder="0" marginheight="0"
  marginwidth="0" />
  <frame src="..." frameborder="0" marginheight="0"
  marginwidth="0" />
</frameset>
```

Eine weitere Eigenschaft des `<frame>`-Tags, `scrolling`, gibt an, ob für das Frame Rollbalken angezeigt werden sollen. Mögliche Werte sind `"yes"` für erzwungene Rollbalken, `"no"` für unterdrückte Rollbalken sowie `"auto"` für Rollbalken bei Bedarf – Letzteres ist Standard. Bei Frames mit relevantem Inhalt sollten Sie niemals die Anzeige der Rollbalken mit `"no"` abschalten, weil diese Inhalte sonst in einem zu kleinen Browserfenster nicht angezeigt werden.

»Dummy«-Framesets

Geeignet ist die Einstellung `scrolling="no"` dagegen für Frames, die lediglich als Abstandhalter dienen: Ein beliebtes und weit verbreitetes Website-Layout verwendet ein »Dummy«-Frameset, um unabhängig von der Monitorauflösung einen Anzeigebereich fester Größe in die horizontale und vertikale Browserfenstermitte zu setzen. Die Abstandhalter-Datei (im folgenden Beispiel `dummy.htm`), die dabei in alle äußeren Frames hineingeladen wird, definiert lediglich eine Hintergrundfarbe und enthält als einzigen Inhalt zwischen `<body>` und `</body>` ein ` `, also ein geschütztes Leerzeichen, damit sie eine gültige HTML-Datei ist. Das folgende Beispiel lädt die Datei `inhalt.htm` in einen festgelegten Bereich in der Browserfenstermitte:

```
<frameset rows="*, 400, *" border="0" frameborder="0" framespacing="0"
/>
  <frame src="dummy.htm" frameborder="0" marginheight="0"
  marginwidth="0" scrolling="no" />
  <frameset cols="*, 700, *" border="0" frameborder="0"
  framespacing="0">
    <frame src="dummy.htm" frameborder="0"
    marginheight="0" marginwidth="0" scrolling="no" />
    <frame src="inhalt.htm" frameborder="0"
    marginheight="0" marginwidth="0" />
    <frame src="dummy.htm" frameborder="0"
    marginheight="0" marginwidth="0" scrolling="no" />
  </frameset>
  <frame src="dummy.htm" frameborder="0" marginheight="0"
  marginwidth="0" scrolling="no" />
</frameset>
```

Sollte man Frames verwenden?

Vielleicht fragen Sie sich gerade, weshalb Frames in diesem Kapitel so kurz und knapp behandelt werden, während die meisten HTML-Bücher dieses Thema endlos breittreten. Nun – der Hauptgrund besteht darin, dass Sie Frames nur in Ausnahmefällen verwenden sollten! Das liegt daran, dass Frames zwar dem Webmaster eine Menge Arbeit sparen, den Anwendern Ihrer Seiten jedoch fast nur ärgerliche Nachteile bringen.

1. Besucher einer umfangreichen Site können keine Bookmarks für einzelne Dokumente anlegen, wenn die Site Frames verwendet: Es wird immer nur die Adresse des Haupt-Framesets gespeichert.
2. Viele Browser bekommen darüber hinaus Probleme mit ihrer History (der Liste der zuvor besuchten Seiten), sobald Frames ins Spiel kommen – in der Praxis äußert sich dies in Fehlfunktionen der Vorwärts- und Rückwärts-Buttons des Browsers.
3. Der wichtigste Nachteil schadet nicht nur den Anwendern, sondern auch dem Site-Betreiber selbst: Framebasierte Websites erhalten nicht genügend Treffer in Suchmaschinen! Das Problem ist, dass Sie einer Suchmaschine nur den Zutritt zum Haupt-Frameset erlauben dürfen. Die einzelnen Dokumente sind tabu, weil sie ohne das umgebende Frameset nicht vollständig sind. Bitte lassen Sie auch die Finger von JavaScript-Lösun-

gen, die das Frameset automatisch nachladen – so etwas ist in puncto Benutzerfreundlichkeit keine stabile und sichere Lösung. Zwar wird in Kapitel 18, *JavaScript*, kurz angerissen, wie es funktioniert – aber *don't try this at home*!

Es gibt allerdings einige wenige Ausnahmefälle, in denen die Verwendung von Frames angebracht ist: Ein bestimmter Unterbereich Ihrer Website könnte ein Nachschlagewerk oder Glossar enthalten, bei dem die Navigation am sinnvollsten in einem Frame aufgehoben ist. Weiterhin ergeben Frames kein Problem, solange sie für eine Offline-Dokumentation benutzt werden, beispielsweise ein HTML-basiertes elektronisches Handbuch.

16.1.11 Meta-Tags und Suchmaschinen

Im Head eines HTML-Dokuments können Sie neben dem Titel – übrigens der wichtigsten Information für Suchmaschinen – eine Reihe zusätzlicher Informationen unterbringen, von denen einige für den Browser und andere für Suchmaschinen gedacht sind. Die meisten dieser Informationen stehen in so genannten `<meta>`-Tags. Der Aufbau dieser Tags ist folgender:

```
<meta name="..." content="..." />
```

oder

```
<meta http-equiv="..." content="..." />
```

Die Attribute `name` beziehungsweise `http-equiv` geben den Namen oder die Kategorie einer zu definierenden Information an, `content` enthält ihren Wert. Der Unterschied zwischen der `name`- und der `http-equiv`-Variante besteht darin, dass eine `http-equiv`-Information (»http equivalent«) einem HTTP-Header-Feld entspricht. In der Regel handelt es sich um wichtige Verarbeitungsoptionen für den Browser. Eine der wichtigsten Informationen dieses Typs gibt den MIME-Type und den Zeichensatz der Webseite an und überschreibt den Standardwert, den der Webserver liefert:

```
<meta http-equiv="content-type" content="text/html; charset=iso-8859-1"
/>
```

Andere Zeichensätze sind beispielsweise `iso-8859-9` für türkischen Text oder `iso-8859-7` für Griechisch. Näheres über Zeichensätze und verwandte Themen finden Sie in Kapitel 12, *Datei- und Datenformate*.

Automatischer Refresh

Eine weitere häufig verwendete Variante ist das automatische erneute Laden der aktuellen Seite beziehungsweise die Weiterleitung auf eine andere. Dazu wird folgendes Tag gesetzt:

```
<meta http-equiv="refresh" content="10" />
```

Unter `content` wird die Anzahl der Sekunden angegeben, nach der die Seite erneut geladen werden soll. Nützlich ist dies bei Dokumenten, deren Inhalte häufig durch serverseitige Informationen aktualisiert werden, beispielsweise Sportergebnisse oder Börsenkurse.

Die folgende Variante lädt statt der bisherigen Seite nach fünf Sekunden das Dokument `test.htm`:

```
<meta http-equiv="refresh" content="5;url=test.htm" />
```

Dies ist beispielsweise nützlich, wenn die eigene Site auf eine neue Adresse umgezogen ist, die bekannt gemacht werden soll.

Suchmaschinen-Informationen

Zunächst einmal müssen Sie wissen, welche Informationen Suchmaschinen überhaupt auswerten. Die wichtigste Angabe ist, wie bereits erwähnt, der weiter oben beschriebene Dokumenttitel:

```
<title>...</title>
```

Weiterhin sind einige Meta-Tags sehr wichtig:

```
<meta name="description" content="Kurze Beschreibung der Website/ein-
zelnen Seite" />
```

Bei Frame-Sites können Sie aus bereits erläuterten Gründen nur die Startseite mit solchen Informationen versehen; hier sollte das Tag die gesamte Site beschreiben. Bei framelosen Websites sollte jeweils ein kurzer Hinweis auf die gesamte Website und anschließend eine Beschreibung des jeweiligen Dokuments erfolgen. Die meisten Suchmaschinen werten etwa 150 bis 200 Zeichen aus.

Mit dem folgenden Meta-Tag können Sie eine Reihe relevanter Schlüsselwörter angeben, die vor allem als Suchbegriffe für die Site dienen sollen:

```
<meta name="keywords" content="..." />
```

Ein ungefährer Richtwert sind etwa 20 bis 50 Schlüsselwörter. Wichtig ist, dass die meisten Suchmaschinen keine Wiederholungen dulden. Ab der dritten Wiederholung werden Sie womöglich sogar aus der Datenbank einer Suchmaschine entfernt.

Die Begriffe »Künstler, Künstlerin, Künstlerbedarf« stellen beispielsweise keine Wiederholung dar. Verboten wäre dagegen die Liste »Künstler, künstler, KÜNSTLER«. Sie sollten die Schreibweise »Künstler« wählen, denn bei fast allen Suchmaschinen funktioniert die Suchbegriffseingabe nach dem folgenden Schema: Kleinschreibung findet alle Varianten, gemischte Groß-/Kleinschreibung findet genau die eingegebene Variante.

Sie sollten die folgenden Arten von Schlüsselwörtern verwenden:

- Angaben über das Tätigkeitsfeld, den Zweck oder das Interessengebiet der Website
- Geografische Angaben wie Gemeinde oder Bundesland
- Namen wichtiger Personen

Vermeiden sollten Sie dagegen die folgenden Arten von Wörtern:

- Allgemeine Wörter, Füll- und Flickwörter
- Wörter, die zwar viele Hits bringen, aber nichts mit der eigenen Site zu tun haben
- Markennamen, insbesondere der Konkurrenz – sie können zu rechtlichen Problemen führen

Der in älteren Dokumentationen oft empfohlene Text in Hintergrundfarbe ist für viele Suchmaschinen ebenfalls ein guter Grund zum Ignorieren. Auch die schnelle automatische

Weiterleitung über mehrere Pseudo-Tunnelseiten hinweg, die vermeintlich das Unterbringen von mehr relevantem Text ermöglicht, wird oft nicht toleriert.

Das Meta-Tag `robots` steuert den Zugriff von Suchmaschinen auf die aktuelle Seite sowie die Beachtung von Hyperlinks:

```
<meta name="robots" content="[no]index, [no]follow" />
```

`index` bedeutet, dass die aktuelle Seite indiziert werden soll, während `noindex` die Seite ignoriert. `follow` folgt automatisch den Hyperlinks auf der aktuellen Seite, `nofollow` folgt den Links nicht.

Bei allen normalen, nicht framebasierten Websites sollte auf jeder öffentlichen Einzelseite `index, follow` verwendet werden. Auf der Startseite von Frame-Websites sollte dagegen `index, nofollow` stehen, damit die Einzelseiten nicht indiziert werden.

Das `robots`-Meta-Tag wird nicht von allen Suchmaschinen unterstützt. Zusätzlich sollte im obersten Verzeichnis der Site die Textdatei `robots.txt` liegen, die folgende Angaben enthalten kann:

`User-agent` ist der Name, mit dem sich die Suchmaschinensoftware beim Server meldet. In der Regel wird `User-agent: *` verwendet, was für alle Suchmaschinen steht.

`Disallow: /verzeichnis` bedeutet, dass alle Dateien und Unterverzeichnisse unterhalb von `/verzeichnis` für Suchmaschinen gesperrt sind.

Zu guter Letzt sollten Sie daran denken, dass selbst die besten Meta-Tags nicht gegen inhaltsreichen und gut strukturierten Text ankommen. Bild- oder Flash-lastige Seiten haben es im Ranking der Suchmaschinen relativ schwer.

Anmeldung bei Suchmaschinen

Nachdem Sie die genannten Informationen eingetragen haben, müssen Sie sich bei den einzelnen Suchmaschinen anmelden. Dabei ist zwischen echten Suchmaschinen wie Google, AltaVista oder Lycos und redaktionell betreuten Katalogen wie Yahoo oder web.de zu unterscheiden.

Bei den echten Suchmaschinen gibt es irgendwo einen Link wie »Seite anmelden« oder Ähnliches. Sie müssen hier lediglich die URL der Website und eventuell eine E-Mail-Adresse für Rückfragen eingeben. In den nächsten Tagen nach der Anmeldung besucht die Suchmaschine die Website und indiziert sie gemäß des `robots`-Meta-Tags und der Datei `robots.txt`.

Bei den Katalogen müssen Sie in der Regel ein umfangreiches Formular ausfüllen. Der Katalogbetreiber entscheidet daraufhin selbst, ob die Site aufgenommen wird oder nicht.

Auch die »automatische« Anmeldung bei mehreren Suchmaschinen ist möglich. Dazu können Sie Programme verwenden, die auf dem eigenen Rechner installiert werden, beispielsweise HelloEngines (**www.helloengines.de**). Daneben existieren auch Websites, die diese Dienstleistung durchführen, zum Beispiel den Hit Counter Killer (**www.submit4free.de**).

16.2 Cascading Stylesheets (CSS)

CSS sind kein integraler Bestandteil von HTML, gehören aber zu den Neuerungen, die das W3C bereits seit der HTML-4.0-Spezifikation empfiehlt und fördert. Durch Stylesheets wird die Struktur eines HTML-Dokuments vollständig von seinem Inhalt getrennt. Dies macht die Dokumente einerseits erheblich übersichtlicher, weil die unzähligen layoutorientierten Tags entfallen, und ermöglicht zum anderen die saubere Definition des Layouts an zentraler Stelle.

Konkret geht es darum, Stilvorlagen für das Aussehen beliebiger HTML-Elemente zu definieren. Das bedeutet, dass Sie mit Hilfe von CSS sehr konkret in das Layout einer Webseite oder einer ganzen Site eingreifen können, indem Sie etwa festlegen, dass alle Überschriften vom Typ `<h1> ... </h1>` rot, zentriert und in kursiver 36-Punkt-Helvetica erscheinen sollen.

Die Arbeit mit Stylesheets hat folgende Vorteile:

- Die Erzeugung eines immer wiederkehrenden, einheitlichen Layouts wird erheblich vereinfacht – einmal festgelegt, können bestimmte Formatierungen automatisch wiederholt werden.
- Es ist mit Hilfe von Stylesheets erstmals möglich, Elemente auf einer Webseite pixelgenau zu platzieren – im Extremfall sogar übereinander. Auf diese Weise können Sie beispielsweise Text mit Schatten oder Text auf einem Bild realisieren.
- In Zusammenarbeit mit JavaScript können Elemente, die CSS zur Stilfestlegung verwenden, dynamisch in ihren Eigenschaften verändert werden. In diesem Zusammenhang spricht man gern von DHTML (Dynamic HTML). Das W3C empfiehlt dazu die Verwendung eines allgemeinen Objektmodells, das alle Elemente des Browsers und des HTML-Dokuments standardisiert (DOM, Document Object Model).

Leider kommt man aber auch nicht umhin, einige gravierende Nachteile von CSS aufzuführen:

- CSS sind eine relativ neue Entwicklung und werden bei weitem nicht von jedem Browser unterstützt. Der Microsoft Internet Explorer ab 3.0 und der Netscape Navigator ab 4.0 beherrschen grundsätzlich den Umgang mit Stylesheets. Neuere Versionen kommen der Originalspezifikation des W3C sogar erstaunlich nah. Aber die volle CSS-Unterstützung bietet noch kein existierender Browser; einige unterstützen CSS gar nicht.

  Die Verwendung von CSS ist also mit Vorsicht zu genießen: Wenn Sie auf gleichzeitige Layouteinstellungen mit alten »HTML-Bordmitteln« verzichten, dann ist in einem CSS-unfähigen Browser gar keine Formatierung mehr zu finden. Im Zweifelsfall müssen also zwei Versionen jeder Seite existieren, was erheblichen Mehraufwand bedeutet.
- Das pixelgenaue Platzieren hat ebenfalls seine Tücken: Da die Monitor- beziehungsweise Browserfenstergröße bei jedem Benutzer anders ist, gibt es keine allgemein optimalen Werte.

16.2.1 Platzieren von Stylesheets

Stylesheet-Angaben können an verschiedenen Stellen im Dokument oder in einer eigenen Datei stehen. Sie haben folgendes Schema:

```
selektor {
   attribut: wert;
   attribut: wert
}
```

Der **Selektor** gibt an, welches Objekt oder welche Gruppe von Objekten durch diese Stylesheet-Angabe formatiert werden soll. Es werden vier verschiedene Arten von Selektoren verwendet:

- **Element**. Hier wird der Name eines HTML-Tags angegeben, und zwar ohne seine Klammern. Beispiele: `h1` oder `td`. Jedes Auftreten des Tags wird automatisch mit den angegebenen Formaten versehen.

  Möglich ist auch eine durch Komma getrennte Liste mehrerer HTML-Tags, für die gemeinsame Einstellungen gelten sollen. Es ist auch kein Problem, differierende Einstellungen noch einmal separat für jedes dieser Tags vorzunehmen.
- **Klasse**. Der Name einer Klasse beginnt mit einem Punkt. Ein HTML-Tag kann mit dem speziellen Attribut `class="klassenname"` versehen werden, damit es zusätzlich zu seinem normalen Stil diese speziellen Einstellungen erhält. Sie können sowohl eine Klasse für ein bestimmtes HTML-Tag einrichten (etwa `h2.blau`), die entsprechend nur für diese Art von Elementen verwendet werden kann, oder aber eine allgemeine Klasse wie `.zitat`, die Sie jedem beliebigen Tag zuweisen können.

  Allgemeine CSS-Klassen werden häufig im Zusammenhang mit zwei besonderen Tags verwendet: `<div> ... </div>` ist ein absatzbildendes Element, genauer gesagt sogar eine frei schwebende, beliebig positionierbare Ebene (»DHTML-Layer«). `<span> ... </span>` kann dagegen beliebige Elemente innerhalb eines Absatzes umfassen und ihnen auf diese Weise Stylesheet-Formate zuweisen.
- **Unabhängiger Stil**. Ein unabhängiger Stil wird einem einzelnen Element im Dokument zugewiesen. Sein Name beginnt mit einer Raute (#); das gewünschte Element erhält diesen Stil über das Universalattribut `id="stilname"` (hier ohne Raute). Am häufigsten werden unabhängige Stile verwendet, um über das Tag `<div>` DHTML-Layer zu erzeugen. In diesem Fall darf eine solche `id`-Definition nur für ein einziges Element im Dokument verwendet werden.
- **Pseudoformate.** Diese Sonderform der Stylesheet-Angabe definiert die verschiedenen Stadien von Hyperlinks oder verschiedene Bereiche von Absätzen. Die Schreibweise für jeden der Hyperlink-Selektoren ist `a:zustand`, wobei der Zustand einen der folgenden Werte annehmen kann:
  - `a:link` ist der Grundzustand des Hyperlinks.
  - `a:visited` beschreibt bereits besuchte Hyperlinks.

- a:hover bezeichnet einen Hyperlink, der gerade vom Mauszeiger berührt wird; dieser Zustand ermöglicht einen Rollover-Effekt für Hyperlinks, allerdings nur im Internet Explorer.
- a:active ist der aktuell angeklickte Hyperlink.

Der CSS-Code kann an folgenden Stellen definiert werden:

- In einem <style> ... </style>-Bereich im Head des Dokuments. Konkret sieht eine solche Angabe folgendermaßen aus:

  ```
  <style type="text/css">
  <!--
     /* Konkrete CSS-Angaben */
  -->
  </style>
  ```

  Die Verschachtelung der eigentlichen Stylesheet-Angaben in einen HTML-Kommentar ist üblich und verhindert, dass alte, CSS-unfähige Browser diese Angaben im Body der Seite ausgeben. Innerhalb solcher CSS-Blöcke und in externen CSS-Dateien können Sie Kommentare im C-Stil verwenden, wie oben gezeigt:

  ```
  /* Kommentar */
  ```

- In einer externen Datei, einer Textdatei mit der Dateiendung .css. Eine solche Datei darf nur CSS und keinerlei HTML enthalten, auch keine <style>-Tags. Eingebunden wird eine solche Datei im Head eines HTML-Dokuments, und zwar folgendermaßen:

  ```
  <link rel="stylesheet" href="format.css" />
  ```

  Eine moderne Alternative für das Einbinden von externen CSS-Dateien, die allerdings leider nicht von allen Browsern unterstützt wird, ist die Verwendung einer XML-Steueranweisung. Diese kann nicht nur in HTML-Dokumenten, sondern in beliebigen XML-Dokumenten stehen und ein Stylesheet einbinden, das das Aussehen der diversen XML-Elemente definiert:

  ```
  <?xml-stylesheet type="text/css" href="format.css"?>
  ```

  Die Verwendung externer Stylesheet-Dateien ist besonders vorteilhaft, um einer umfangreichen Website ein einheitliches Layout zuzuweisen, das darüber hinaus an einer zentralen Stelle geändert werden kann.

- Innerhalb eines einzelnen HTML-Tags. Dazu dient das spezielle HTML-Attribut style="...". Beispiel:

  ```
  <p style="...">
  <!-- Absatz mit spezieller Formatierung -->
  </p>
  <p>
  <!-- Hier gilt wieder das normale Absatzformat -->
  </p>
  ```

16.2.2 Stylesheet-Wertangaben

Bevor die einzelnen Attribute beschrieben werden, sollten Sie sich einen Überblick über die Arten von Werten verschaffen, die Attribute überhaupt annehmen können. Sie unterscheiden sich zum Teil erheblich von den Werten, die Sie traditionellen HTML-Attributen zuweisen können: Zum einen haben Sie oft viel mehr Auswahlmöglichkeiten, zum anderen sind die Angaben in der Regel konkreter und eindeutiger.

Im Einzelnen sind die folgenden Arten von Werten möglich:

- **Festgelegte Werte**. Viele Attribute kennen eine Reihe unterschiedlicher konkreter Angaben. Beispielsweise erhält das Attribut `font-family` eine Liste bevorzugter Schriftarten. Ein anderes Beispiel ist die Eigenschaft `text-align`, die die Textausrichtung angibt. Sie kann die festgelegten Werte `left`, `right`, `center` und `justify` annehmen.
- **Numerische Werte**. Die Angabe numerischer Werte erfordert eine Zahl und eine angehängte Maßeinheit ohne trennendes Leerzeichen. Tabelle 16.5 zeigt die möglichen Maßeinheiten.

Maßeinheit	**Bedeutung**	**Hinweise**
px	Pixel	Die häufigste und wichtigste Maßeinheit
pt	Punkt	Der DTP-Punkt, 1/72 Zoll. Wird gern für die Schriftgröße verwendet.
mm	Millimeter	Diese Angaben sind von der Bildschirmgröße und -auflösung abhängig. Gebrochene Werte mit Punkt trennen: `2.5cm`, nicht `2,5`.
cm	Centimeter	
in	Inch (1" = 2,54 cm)	
em	Breite des M	Entspricht dem Geviert, also der Höhe der aktuellen Schriftart.
ex	Breite des x	Wird manchmal als relative Angabe für Wort- oder Zeichenabstände verwendet.
%	Prozent	Im Allgemeinen relativ zum umgebenden Element (Tabellenzelle, Browserfenster). Bei Schriftangaben relativ zur Schriftgröße.

Tabelle 16.5 Maßeinheiten für numerische Stylesheet-Werte

- **Farben**. Zulässig sind die bereits weiter oben beschriebenen HTML-Farbangaben. Eine andere Möglichkeit ist `rgb(rotwert, grünwert, blauwert)`. Die drei Werte können dezimal zwischen 0 und 255 oder in Prozent angegeben werden.

16.2.3 Stylesheet-Eigenschaften

In diesem Unterabschnitt werden die wichtigsten Stylesheet-Attribute aufgelistet und erläutert. Wichtig ist, dass nicht alle Formatangaben bei jedem HTML-Tag zulässig sind. Bei den meisten Attributen ist relativ offensichtlich, für welche Tags sie geeignet sind; bei anderen finden Sie entsprechende Hinweise.

Textformatierung und Typografie

Die folgenden Attribute beschreiben die verschiedenen Aspekte der typografischen Auszeichnung. Sie sind bei fast jedem beliebigen Tag zulässig.

- `font-family`
  Eine durch Komma getrennte Liste von Schriftarten; entspricht der traditionellen HTML-Angabe `<font face="...">`. Beispiel:

  ```
  font-family: Verdana, Arial, Helvetica, sans-serif
  ```

- `font-size`
  Die Angabe der Schriftgröße, meist in Punkt (`12pt`) oder Pixeln (`20px`). Die Pixel-Angabe ist zu bevorzugen. Sie wird plattformübergreifend identisch interpretiert, während Windows und MacOS unterschiedliche Vorstellungen von der Abbildung der Punkt-Angabe auf dem Monitor haben.

Ein Vorteil der klassischen HTML-Größenangaben besteht darin, dass sich die Schrift per Browsereinstellung vergrößern oder verkleinern lässt, während sie relativ zueinander gleich bleiben – das ist besonders für Menschen mit eingeschränkter Sehfähigkeit wichtig. Mit Stylesheets lässt sich dies nachahmen, wenn Sie Schriftgrößen in Prozent angeben. Setzen Sie Fließtext auf `100`% und Überschriften entsprechend größer.

- `font-style`
  Dient dazu, Schrift kursiv zu setzen. Die festgelegten Werte sind folgende: `normal`, `italic` (kursiv), `oblique` (elektronisch schräggestellt, kein separater Kursiv-Schnitt).
- `font-weight`
  Gibt an, wie fett die Schrift dargestellt werden soll. Mögliche Werte sind entweder die festgelegte Angaben `normal`, `bold` (fett) und `extra-bold` (besonders fett) oder glatte numerische Hunderterschritte von 100 (extra light) bis 900 (black, also ultrafett). Die meisten verfügbaren Schriften definieren allerdings keineswegs neun verschiedene Stufen.
- `text-decoration`
  Gibt an, dass der Text mit Linien versehen, das heißt unterstrichen werden soll und Ähnliches: `none` (keine Linie), `underline` (unterstrichen), `overline` (Linie darüber) oder `line-through` (durchgestrichen).
- `letter-spacing`
  Gibt den Zeichenabstand oder die Laufweite des Textes an. Der Standardwert ist `0pt`; positive Werte erzeugen gesperrten Text, negative verengen die Laufweite.

Absatz- und Bereichsformatierung

Die folgenden CSS-Attribute sind zur Formatierung aller absatzbildenden Elemente geeignet, beispielsweise für <p>-Elemente, aber auch für Tabellenzellen und ähnliche Tags.

- `text-align`
  Gibt die Textausrichtung mit den möglichen Werten `left` (linksbündig), `right` (rechtsbündig), `center` (zentriert) oder `justify` (Blocksatz) an.
- `text-indent`
  Gibt den Einzug an, also die Einrückung der ersten Zeile eines Bereichs. Der Wert ist numerisch. Positive Werte erzeugen einen eingerückten Einzug, während negative für einen hängenden Einzug sorgen. Für Letzteres ist allerdings eine zusätzliche Verschiebung des linken Innenrandes mittels `margin-left` erforderlich.
- `line-height`
  Bestimmt die Zeilenhöhe durch einen numerischen Wert. Der Standardwert ist etwas größer als die aktuelle Schriftgröße; ein höherer Wert erzeugt einen größeren Zeilenabstand.
- `vertical-align`
  Dies ist die vertikale Ausrichtung des Elements; entspricht dem bekannten `valign` bei Tabellenzellen.
- `display`
  Diese spezielle Angabe ist bei HTML im Grunde überflüssig, da für HTML-Tags klar ist, ob sie absatzbildend sind oder nicht. Wenn Sie CSS dagegen für allgemeine XML-Dokumente einsetzen, ist dieses Format sehr wichtig. Mögliche Werte sind `block`, wenn ein Element absatzbildend sein soll, oder `inline` für ein innerhalb einer Zeile stehendes Element.

Rahmen und Linien

Die folgenden CSS-Attribute regeln die Abstände und Rahmeneinstellungen beliebiger Elemente.

- `margin-top`, `margin-bottom`, `margin-left`, `margin-right`
  Diese vier Attribute bestimmen den Abstand des Bereichs zur Umgebung nach oben, unten, links und rechts. Der Wert ist numerisch. Alternativ gibt `margin` einen identischen Abstand auf allen vier Seiten an.
- `padding-top`, `padding-bottom`, `padding-left`, `padding-right`
  Diese Attribute geben den inneren Abstand eines Elements zu seinem Rand an. Auch hier ermöglicht ein einfaches `padding` eine einheitliche Angabe für alle vier Seiten. Der Unterschied zu den `margin`-Einstellungen zeigt sich, wenn eine sichtbare Rahmenlinie verwendet wird: `padding` setzt den inneren Raum bis zu diesem Rahmen, während `margin` den Außenabstand des Rahmens zur Umgebung festlegt.
- `border-top`, `border-bottom`, `border-left`, `border-right`
  Die Werte für diese Attribute sind eine durch Leerzeichen getrennte Liste von Linienattributen für den äußeren Rand auf der angegebenen Seite eines beliebigen Elements. Stattdessen können Sie mit `border` einen einheitlichen Rahmen auf allen vier Seiten festlegen.

Der erste Wert ist die Linienstärke mit den möglichen Werten `thin` (dünn), `medium` (mittel), `thick` (dick) oder einem beliebigen numerischen Wert. Alternativ kann dieser Wert in Stylesheets auch separat als `border-width` (beziehungsweise `border-top-width` und so weiter) angegeben werden.

Es folgt die Angabe des Linienstils. Möglich sind die folgenden Werte: `solid` (einfache, durchgezogene Linie), `dotted` (gepunktet), `dashed` (gestrichelt), `double` (doppelter Rahmen) sowie die verschiedenen Relief-Effekte `groove`, `ridge`, `inset` und `outset`. Diese Angabe können Sie auch einzeln über das Attribut `border-style` setzen oder Angaben für die Rahmen auf den einzelnen Seiten machen, beispielsweise `border-left-style`.

Schließlich wird die Linienfarbe eingestellt. Hier ist jede beliebige HTML- oder CSS-Farbangabe möglich. Sie lässt sich auch als Einzelwert über `border-color` oder pro Seite durch Attribute wie `border-left-color` festlegen.

Hier zwei Beispiele, um das Ganze zu verdeutlichen:

```
border: medium solid #FF0000
```

Auf allen vier Seiten sollen durchgezogene Randlinien mittlerer Dicke in Rot gesetzt werden.

```
border-top: 4 dashed #0000FF;
border-bottom: 4 dashed #0000FF;
border-left-width: 2;
border-left-style: dotted;
border-left-color: #009900
```

Diese verschiedenen Einstellungen sorgen (unter Nichtberücksichtigung des guten Geschmacks) dafür, dass oben und unten 4 Pixel dicke, gestrichelte blaue Randlinien erscheinen, während sich links eine nur 2 Pixel starke, gepunktete blaue Linie befindet.

Farben und Bilder

Fast jedem Tag, zumindest jedem mit Textinhalt, können mit Hilfe der folgenden Angaben Text- und Hintergrundfarbe oder ein Hintergrundbild zugewiesen werden.

- `color`
  Stellt die Vordergrund- beziehungsweise Textfarbe ein.
- `background-color`
  Definiert die Hintergrundfarbe. Jedes beliebige Element kann indiviuell eingefärbt werden, sowohl absatzbildende Tags als auch Textauszeichnungs-Elemente.
- `background-image`
  Legt ein Hintergrundbild für das Element fest. Der Wert ist die URL des Bildes.
- `background-attachment`
  Bestimmt, ob das Hintergrundbild fixiert wird oder mit der Seite gescrollt wird. Die entsprechenden Werte lauten `fixed` oder `scroll`, wobei Letzteres Standard ist.

- `background-repeat`
  Dieses Attribut bestimmt, ob und in welche Richtung ein Hintergrundbild gekachelt werden soll. Die zulässigen Werte sind `repeat` (in beide Richtungen kacheln), `repeat-x` (nur horizontal wiederholen), `repeat-y` (nur vertikal) oder `no-repeat` (keine Wiederholung, nur Einzelbild).

16.2.4 Layer erzeugen und positionieren

Eine zusätzliche Aufgabe von CSS besteht in der Definition von Eigenschaften für so genannte Dynamic-HTML-Layer. Es handelt sich um unabhängige Ebenen, die frei über der eigentlichen Webseite »schweben« und beliebig positioniert werden können. Nachdem ein Layer erstellt wurde, können seine CSS-Eigenschaften wie Position oder Sichtbarkeit mit Hilfe der Skriptsprache JavaScript nachträglich geändert werden (siehe Kapitel 18).

Technisch gesehen wird ein Layer durch ein `<div>`-Tag gebildet, das dafür ein `id`-Attribut mit einem eindeutigen Namen und die CSS-Eigenschaft `position` benötigt. Praktischerweise kann das `id`-Attribut auch gleich zur Definition der Stylesheet-Formatierung für den Layer über eine unabhängige Stildefinition verwendet werden.

Für Layer werden die folgenden speziellen Formate definiert:

- `position`
  Abgesehen davon, dass ein `<div>` ohne diese Angabe kein Layer, sondern lediglich eine Art Absatz ist, legt das Attribut über seinen Wert die Art der Positionsangaben für den Layer fest: Der Wert `absolute` bedeutet, dass die Positionsangaben in Pixeln erfolgen, während `relative` sie in Prozent des Browserfensters angibt.
- `left`
  Die x-Position des Layers, das heißt sein Abstand vom linken Seitenrand. Der Wert wird je nach `position`-Festlegung in Pixeln (zum Beispiel `100px`) oder in Prozent (beispielsweise `30`%) angegeben.
- `top`
  Diese Eigenschaft gibt entsprechend die y-Position des Layers an, also den Abstand vom oberen Rand.

Alternativ können auch `right` und `bottom` (der Abstand vom rechten beziehungsweise unteren Rand) verwendet werden.

- `z-index`
  Dieses Attribut gibt die »Stapelreihenfolge« von Layers an: Je höher der Wert, desto weiter liegt der Layer im Vordergrund. Falls `z-index` weggelassen wird, werden die Layers des Dokuments einfach in der Reihenfolge gestapelt, in der sie im HTML-Code definiert werden.

Layer-Beispiele

Auf dem Bild `test.jpg`, das sich 100 Pixel vom oberen und 100 Pixel vom linken Rand entfernt befindet, soll der Text »Hallo« erscheinen.

Dazu werden zunächst in einem <style>-Block im Head die folgenden unabhängigen Formate definiert:

```
#bild {
   position: absolute;
   top: 100px;
   left: 100px;
   z-index: 1
}
#text {
   position: absolute;
   top: 110px;
   left: 110px;
   z-index: 2;
   font-size: 18pt;
   color: #FFFF00
}
```

Anschließend werden im Body des HTML-Dokuments die beiden Layer definiert:

```
<div id="bild"><img src="test.jpg" width="200" height="200" alt="Bild
mit Text darauf" /></div>
<div id="text">Hallo</div>
```

Das nächste Beispiel versieht einen Text mit einem »Schlagschatten«; der Text wird einmal in Dunkelgrau und einmal in einer anderen Farbe leicht verschoben übereinander gesetzt.

Als Erstes erfolgt wieder die Stylesheet-Definition im Head:

```
#schrift {
   postion: absolute;
   top: 10px;
   left: 10px;
   z-index: 2;
   color: #FF0000;
   font-family: Arial, Helvetica, sans-serif;
   font-size: 24pt;
   font-weight: bold
}

#schatten {
   postion: absolute;
   top: 14px;
   left: 7px;
   z-index: 1;
   color: #333333;
   font-family: Arial, Helvetica, sans-serif;
   font-size: 24pt;
```

```
    font-weight: bold
  }
```

Diese Definitionen können nun folgendermaßen für Layers verwendet werden:

```
<div id="schrift">Wenn wir &uuml;ber den Schatten streiten,<br />
&uuml;bersehen wir das Wesentliche.<br />
-- Aesop</div>
<div id="schatten"> Wenn wir &uuml;ber den Schatten streiten,<br />
&uuml;bersehen wir das Wesentliche.<br />
-- Aesop </div>
```

Abbildung 16.5 zeigt die Darstellung beider Layer-Beispiele im gleichen HTML-Dokument. Dazu wurden lediglich die `z-index`-Werte angepasst, um vier verschiedene »Stufen« zu erhalten.

Abbildung 16.5 Beispiel für frei schwebende DHTML-Layers und CSS-Formatierungen

16.3 Grundgedanken zum Webdesign

Es gibt ein grundlegendes Problem, das den wichtigsten Unterschied zwischen Web- und Printdesign ausmacht: Beim Printdesign wird ein Layout für ein Ausgabemedium einer festgelegten Größe erstellt, sodass die Platzierung von Inhalten und Elementen von vornherein millimetergenau erfolgen kann. Beim Webdesign dagegen ist das Ausgabemedium der Browser des einzelnen Betrachters; Größe, Auflösung und Farbtiefe sowie die unterstützten technischen Fähigkeiten eines solchen Programms können vollkommen verschieden sein.

Webdesign bedeutet daher, einen sinnvollen Mittelweg zwischen erzwungenem Purismus und Aktualität um jeden Preis zu finden. Es kann also weder die Lösung sein, gar keine neueren Entwicklungen zu benutzen, weil vereinzelte Browser sie nicht anzeigen können, noch dürfen Sie sich ohne Alternative auf die neuesten Features verlassen, sobald die Betaversion eines neuen Browsers am Horizont erscheint.

Webdesign-Richtlinien

Websites sollten so erstellt werden, dass sie bei den meisten Besuchern so angezeigt werden wie ursprünglich geplant, und alle Benutzer zumindest Zugriff auf den eigentlichen Inhalt erhalten – dazu gehört inzwischen auch ausdrücklich die Rücksicht auf behinderte Benutzer; besonders Blinde und Sehbehinderte haben nichts davon, wenn Ihre Site nur aus Bildern besteht! In den USA besteht für Sites des öffentlichen Dienstes inzwischen die gesetzliche Vorschrift, Sehbehinderten Zugang zu verschaffen; in Europa sind entsprechende Gesetze in Vorbereitung.

Natürlich müssen Sie auch beim Webdesign die Grundsätze der Gestaltung beherzigen, die in Kapitel 10 für den DTP-Bereich erläutert wurden. Andererseits gelten für das Medium World Wide Web auch einige spezielle Regeln, ähnlich wie für das Design von Offline-Multimedia-Anwendungen.

Wie bereits angedeutet, besteht die größte Herausforderung beim Webdesign darin, der sehr unterschiedlichen technischen Ausstattung vieler User gerecht zu werden. Der wichtigste Punkt sind die unterschiedlichen Hardwarevoraussetzungen wie Bildschirmauflösung und Farbtiefe.

Andere Aspekte des Webdesigns, beispielsweise die Auswahl geeigneter Schriften sowie die Erstellung tabellenbasierter Layouts, wurden bereits im HTML-Teil beschrieben.

16.3.1 Bildschirmauflösung und Farbtiefe

Die Mehrheit der Benutzer verwendet heute eine Bildschirmauflösung von 1.024 x 768 Pixeln. Dies ist die Standardauflösung für einen 17-Zoll-Röhrenmonitor. Inzwischen ist auch die noch höhere Auflösung von 1.280 x 1.024 Pixeln verbreitet, die häufig für 17-Zoll-LCD- und 19-Zoll-Röhrenmonitore eingesetzt wird. Erstere sind in letzter Zeit sehr günstig geworden und daher die am häufigsten verkauften Neugeräte.

800 x 600 berücksichtigen

Das Problem ist allerdings, dass auch heute noch eine bedeutende Minderheit eine Auflösung von 800 x 600 Pixeln verwendet. Sie müssen also auch diese Benutzer berücksichtigen.

Eine Website sollte so aufgebaut werden, dass sie unter der Auflösung 800 x 600 Pixeln vollständig sichtbar ist, in der Regel also ohne horizontalen Rollbalken. Andererseits sollten die Dokumente aber auch auf Bildschirmen mit einer Auflösung von 1.024 x 768 oder sogar 1.280 x 1.024 Pixeln nicht zu »leer« wirken.

Um Ihre Webseiten auf einem 800 x 600 Pixel großen Bildschirm vollständig darstellen zu können, müssen Sie daran denken, dass auch das Browserfenster selbst einen gewissen Platz einnimmt: Horizontal müssen Sie die Fensterränder und eventuell den Platz für einen Rollbalken abziehen. Vertikal wird noch erheblich mehr Platz für Browserelemente verwendet: Die Titelleiste, die verschiedenen Bedienelemente und die Statusleiste des Browserfensters können 100 Pixel und mehr benötigen.

Die effektiv nutzbare Fläche beträgt daher vorsichtig geschätzt etwa 750 x 450 Pixel. Dies bedeutet wenig Platz und außerdem ein recht ungünstiges Format – die Fläche ist sehr breit und relativ niedrig.

Neben den genannten üblichen Werten verwenden einige wenige Benutzer sogar eine noch geringere Auflösung wie etwa 640 x 480. Es ist nicht nötig, ein Design an diese Werte anzupassen: Es schadet nichts, wenn eine Webseite nicht auf einen solchen Bildschirm passt und deshalb mit Rollbalken in beiden Richtungen angezeigt wird. Allerdings sollten sogar diese Anwender die Seite benutzen können. Das bedeutet zum Beispiel, dass wichtige Inhalte nicht in ein Frame gehören, dessen Rollbalken ausgeschaltet sind. Bei einer zu geringen Auflösung sind diese Inhalte ansonsten schlicht nicht erreichbar.[1]

Praktikable Vorschläge, wie Sie Layouts für Webseiten erstellen können, die unter verschiedenen Auflösungen funktionieren, finden Sie zum Teil bereits weiter oben in den HTML-Abschnitten.

Grundlegende Layout-Regeln

Die beiden wichtigsten Punkte, die Sie beim Erstellen solcher Layouts beachten sollten, sind im Übrigen folgende:

- Verwenden Sie in Ihren Dokumenten Bereiche mit fester und andere mit variabler Breite. In der Regel sollten Navigationsleisten und andere gleich bleibende Elemente eine feste Breite besitzen, während der Bereich mit den eigentlichen Inhalten sich variabel an die Größe des Browserfensters anpassen kann.
- Fließtext sollte niemals über die gesamte Breite des Browserfensters laufen, seine Lesbarkeit wird dadurch zu sehr beeinträchtigt: Es ist bei zu breiten Zeilen sehr schwer, die korrekte nächste Zeile zu finden, zumal es auf dem Bildschirm nicht praktikabel ist, mit dem Finger mitzulesen. Verwenden Sie beispielsweise Tabellenzellen mit fester Breite, um den Anzeigebereich für Fließtext zu begrenzen.

Farbtiefe und Farbpaletten

So gut wie alle Rechner sind heute in der Lage, mindestens 16 Bit Farbe (65.536 Farben), eher sogar 24 Bit True Color (16,7 Millionen Farben) anzuzeigen. Auf die wenigen, die insgesamt nur 256 Farben darstellen können, muss nicht mehr allzu viel Rücksicht genommen werden. Allerdings ist es wichtig, zwischen den Farben in Bilddateien und den unmittelbar im HTML-Dokument angegebenen Text- und Hintergrundfarben zu differenzieren.

Die Web-Palette

Für die Farben, die Sie im Dokument selbst verwenden, ist es trotz der verbreiteten Unterstützung höherer Farbtiefen empfehlenswert, nur Farben aus der Web-Palette zu verwenden. Bei dieser Farbpalette, die bereits weiter oben im Zusammenhang mit HTML-Farbangaben besprochen wurde, handelt es sich um eine spezielle Farbpalette, die lediglich aus 216 Farben besteht: alle Kombinationen derjenigen Rot-, Grün- und Blautöne, die durch

1 Als ich 1997 gerade dabei war, den Internetzugang auf einem alten PC mit der Auflösung 640 x 480 einzurichten, wollte ich mir von diesem Rechner aus eine Pizza bestellen. Nachdem ich die Bestellung fertig zusammengestellt hatte, befand sich ausgerechnet der Bestellung abschicken-Button in einem solchen Frame.

51 teilbar sind – 0, 51, 102, 153, 204 und 255. Die Palette wurde zu einem Zeitpunkt von Netscape definiert, als die meisten Computer lediglich 256 Farben darstellen konnten. Die Farben der Web-Palette haben den Vorteil, dass sie in den Systempaletten von Windows, MacOS und den meisten UNIX-Varianten vorkommen.

Auch heute noch kommt es bei Farben, die nicht in der Web-Palette definiert sind, aufgrund von Farbprofilen und systemspezifischen Einstellungen zu Abweichungen zwischen den verschiedenen Systemen, aber auch zwischen einer Browser-Farbangabe und derselben Farbe, die in einem Bild verwendet wird. Demzufolge ist es empfehlenswert, schon bei der Entwicklung von Farbschemata für Websites oder sogar für die Neuentwicklung des Corporate Designs eines Unternehmens auf die websicheren Farben zurückzugreifen. Dies ist zugegebenermaßen recht schwierig, weil von den wenigen Farben der Web-Palette auch noch viele ungeeignet für den Druck sind.

Bestehendes CD berücksichtigen

Wenn ein Corporate Design (CD) bereits besteht, müssen Sie sich natürlich auch beim Erstellen einer Website daran halten. Wenn die Farben des bestehenden CD nicht in der Web-Palette vorkommen, können Sie für Hintergrundfarbe, Schrift oder Rahmen und Linien durchaus die nächstgelegenen Webfarben verwenden. Allerdings könnte es sein, dass diese Farben sich nicht mit den Originalfarben des Firmenlogos oder -schriftzugs vertragen, die Sie natürlich nicht einfach ändern dürfen. Im letzteren Fall bietet es sich nur noch an, entweder die Original-Firmenfarben zu verwenden oder aber das CD vollständig neu zu entwickeln.

Das größte Problem bei der Farbgebung ist allerdings, dass für eine Website mindestens fünf verschiedene Farben benötigt werden: zunächst einmal die Hintergrundfarbe der Seite, dann die allgemeine Textfarbe, die Linkfarbe, die Farbe besuchter Hyperlinks sowie die Farbe aktiver Hyperlinks. Darüber hinaus könnten auch noch Farben für abzusetzende Bereiche hinzukommen, also etwa Tabellenzellhintergründe.

Farbkontraste

Die allgemeine Textfarbe und die Linkfarben müssen so beschaffen sein, dass sie auf allen verwendeten Hintergrundfarben genügend Kontrast erzeugen, um lesbar zu bleiben. Andererseits benötigen die beiden Hintergrundfarben wiederum genügend Kontrast zueinander.

Im Allgemeinen gilt auf dem Bildschirm, dass helle Schrift auf dunklem Grund angenehmer wirkt als umgekehrt; sie wird als ruhiger und weniger blendend empfunden.

Bei Bildern ist es dagegen nicht immer empfehlenswert, sie auf die Farben der Web-Palette umzurechnen beziehungsweise zu reduzieren. In der Regel führt dieser Versuch zu recht unansehnlichen Ergebnissen.

Bei Fotos und anderen Halbtonbildern, die im JPEG-Format abgespeichert werden, müssen Sie sich keine Gedanken über Farbpaletten machen: Da sie eine beliebige Farbtiefe unterstützen, muss sich der Browser beziehungsweise das Betriebssystem um eine Reduktion kümmern, falls die volle Anzahl der Farben des Bildes nicht angezeigt werden kann. Dasselbe gilt für die aufgrund ihres hohen Speicherbedarfs eher selten verwendeten 32-Bit-PNGs.

Bei den palettenbasierten Formaten GIF und 8-Bit-PNG müssen Sie dagegen zwei verschiedene Fälle unterscheiden:

- Soll ein vorhandenes Bild, auf dessen Farbgebung Sie keinen Einfluss haben, in einem dieser Formate gespeichert werden, dann sollten Sie sich zunächst eine flexible Farbpalette für das Bild berechnen lassen. Anschließend können Sie versuchen, diese angepasste Palette auf möglichst wenige Farben zu reduzieren, um die Dateigröße des Bildes zu verkleinern. Das genaue Verfahren wird weiter unten im Abschnitt 20.5 über Fireworks erläutert.
- Wenn Sie eine flächige Grafik mit wenigen Farben neu erstellen, die als GIF oder PNG-8 gespeichert werden soll, dann sollten Sie von vornherein Farben aus der Web-Palette einsetzen. Inzwischen bieten alle Bildbearbeitungsprogramme spezielle Verfahren zum Auswählen dieser Farben an.

16.3.2 Die technischen Fähigkeiten der Browser

Die zweite wichtige Herausforderung beim Webdesign besteht darin, den vielen verschiedenen Browsern gerecht zu werden, die heutzutage auf dem Markt sind. Zwar ist es im Grunde kein Problem für Benutzer, jeweils die neueste Version ihres Browsers zu installieren, weil die meisten Browser kostenlos zum Download angeboten werden – aber zwingen können Sie nun einmal niemanden dazu. Schließlich gibt es noch immer eine Menge Anwender mit langsamen Internetzugängen über Modem, für die der Download eines 30 MByte großen Browsers nicht zumutbar ist, zumal, wenn sie keinen Sinn darin sehen.

Neben den vier oder fünf Browsern, die allgemein bekannt und verbreitet sind, gibt es noch einige Dutzend, die für seltener verwendete Plattformen entworfen wurden oder mit speziellen Fähigkeiten ausgestattet sind. Es ist vollkommen illusorisch, auch nur einem Bruchteil dieser Browser gerecht werden zu wollen. Letzten Endes haben solche Nischenprodukte aber ohnehin nur eine Chance, wenn sie sich weitgehend an die Darstellungsstandards der wichtigeren Varianten halten, weil die meisten Webdesigner ihre Dokumente für diese optimieren.

Die absolute Mehrheit der User setzt heutzutage den Microsoft Internet Explorer in den Versionen 5.x und 6.x ein. Auch wenn sich das sehr konsistent anhört, bestehen zum Teil erhebliche Unterschiede zwischen den Windows- und den Mac-Versionen dieses Browsers. Da gerade viele Designer Macintosh-Rechner verwenden, ist es besonders wichtig, die erstellten Dokumente auf der insgesamt häufiger eingesetzten Windows-Plattform zu testen. Letzten Endes gehört es ohnehin zur Sorgfaltspflicht jedes Webmasters, die Website gründlich auf verschiedenen Browsern unter diversen Betriebssystemen zu testen.

Ein ähnlich großer Unterschied besteht zwischen den Netscape-Versionen der 4.x-Generation auf der einen Seite und den neuen Versionen ab 6.0 sowie den Open-Source-Varianten Mozilla und Firefox auf der anderen: Bei der Entwicklung der neuen Generation wurde gewissermaßen »kein Stein auf dem anderen« gelassen. Zwar besitzen diese Browser eine viel geringere Verbreitung als der Internet Explorer – aber bedenken Sie, dass es neben Mac OS und Windows noch andere Betriebssysteme wie Linux und weitere UNIX-Varianten gibt, unter denen letzterer nicht zur Verfügung steht.

In welchen Browsern testen?

Im Idealfall sollten Sites für den Internet Explorer ab 4.0, Netscape 4.x und Netscape ab 6.x beziehungsweise Mozilla eingerichtet und getestet werden. Wenn die Seiten unter Opera, dem KDE Konqueror und Apples Safari auch problemlos laufen, ist das umso erfreulicher.

Letztlich fördern Sie die Verbreitung freier Browser von unabhängigen Entwicklern, wenn Sie Ihre Seiten auch für diese selteneren Versionen anpassen.

Alle diese Browser verfügen über sehr unterschiedliche Fähigkeiten. Bezüglich normalem HTML fallen diese Unterschiede nicht weiter ins Gewicht. Beispielsweise gibt es leichte Unterschiede bei der Tabellenformatierung – da hilft nur Ausprobieren. Größere Unterschiede gibt es dagegen etwa bei der CSS-Unterstützung. Wenn Sie sich auf die weiter oben vorgestellten, grundlegenden CSS1-Formatierungen beschränken, kann allerdings nicht viel passieren.

Darüber hinaus sind die JavaScript-Fähigkeiten und insbesondere die DHTML-Objektmodelle der Browser völlig unterschiedlich. Näheres zu diesem Thema und den Umgang damit finden Sie in Kapitel 18, *JavaScript*.

16.4 Web-Bildbearbeitung mit Fireworks MX 2004

Macromedia Fireworks ist ein speziell für die Belange des Webdesigns optimiertes Bildbearbeitungsprogramm. Neben klassischen Bildbearbeitungsfunktionen wie Farbkorrektur und Filter verfügt es über Vektorgrafikfunktionen sowie eine Reihe spezieller Tools, die nicht nur Bilder, sondern vorgefertigte HTML-Bausteine exportieren. Abbildung 16.6 zeigt die Arbeitsoberfläche von Fireworks im Überblick.

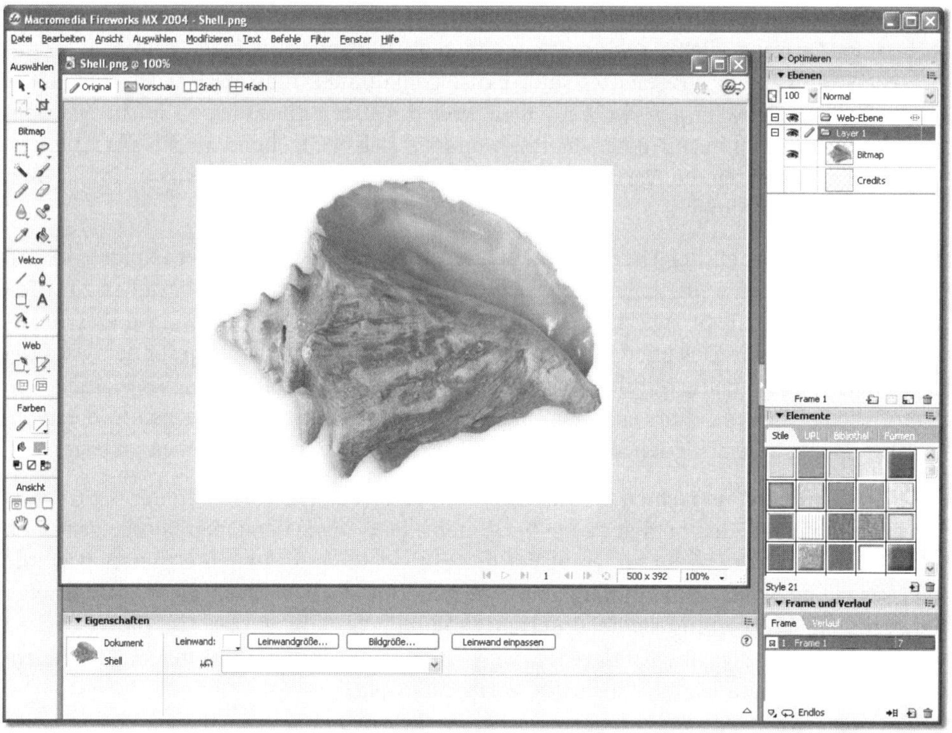

Abbildung 16.6 Die Arbeitsoberfläche von Fireworks MX 2004

In diesem Abschnitt werden einige spezielle Fähigkeiten von Fireworks vorgestellt. Um die hier gezeigten Lösungen sinnvoll umsetzen zu können, sollten Sie über Grundkenntnisse in der allgemeinen Bildbearbeitung verfügen. Die eigentlichen Bildbearbeitungsfähigkeiten von Fireworks werden in diesem Buch nämlich nicht beschrieben; alles, was Sie über Ebenen, Masken oder Farbkorrekturen wissen müssen, erfahren Sie in Kapitel 9, *Bildbearbeitung und Grafik*, am Beispiel des Programms Adobe Photoshop. Im gleichen Kapitel wird auch das Vektorgrafikprogramm Adobe Illustrator vorgestellt, was für das Verständnis der zahlreichen vektororientierten Funktionen von Fireworks hilfreich ist.

Fireworks-Arbeitsmittel

Die wichtigsten Arbeitsmittel von Fireworks sind folgende:

- Die **Werkzeugpalette** (**Fenster** · **Werkzeuge** beziehungsweise `Strg` + `F2`) enthält eine Reihe verschiedener Mal- und Zeichenwerkzeuge, Auswahlhilfsmittel und weitere Arbeitshilfen.
- Die **Eigenschaften-Leiste** (**Fenster** · **Eigenschaften** oder `Strg` + `F3`) ist kontextsensitiv, enthält also je nach ausgewähltem Objekt unterschiedliche Optionen und Einstellungen.
- Mit Hilfe der **Optimieren-Palette** (**Fenster** · **Optimieren**, Taste `F6`) wird eingestellt, unter welchem Dateiformat das aktuelle Bild oder der markierte Bildteil exportiert werden soll. Fireworks unterstützt die wichtigsten Dateiformate für das Web, für Offline-Multimedia-Produktionen oder auch für Print-Arbeiten. Neben dem grundlegenden Format können Sie verschiedene Optionen einstellen.
- Dokumentfenster verfügen neben den heute selbstverständlichen Hilfsmitteln wie Linealen, herausziehbaren Hilfslinien und einem einstellbaren Zoomfaktor über vier verschiedene Ansichtsmodi, die über die vier Schaltflächen links oben ausgewählt werden können: **Original** zeigt das Bild so, wie es geöffnet und bearbeitet wurde. **Vorschau** ist eine Ansicht der in der Optimieren-Palette eingestellten Formatoptionen. Über **2fach** und **4fach** können Sie zwei beziehungsweise vier frei einstellbare Ansichten miteinander vergleichen.

Ebenen

Fireworks arbeitet mit der **Ebenentechnik**, ist also in der Lage, verschiedene Bilder und Zeichnungen wie auf transparenten Folien übereinander zu legen. Die Ebenenpalette (**Fenster** · **Ebenen** oder Taste `F2`) funktioniert fast genau wie in Photoshop (siehe Kapitel 9). Ebenen können Bitmap-Bilder, Vektorzeichnungen oder Text enthalten.

Arbeitsdateien werden in Fireworks im PNG-Format abgespeichert. Dennoch sollten Sie eine Arbeitsdatei niemals unmittelbar in eine Webseite einbetten: Ebenen, Vektorgrafik und andere Zusatzinformationen werden in dieser Datei mitgespeichert, ein Browser kann damit aber nichts anfangen. Fireworks-Arbeitsdateien sind deshalb für das Web deutlich zu groß. Sie sollten die gewünschte Komprimierung also stets über die Optimieren-Palette einstellen und das Bild anschließend über **Datei** · **Exportieren** speichern, selbst dann, wenn Sie ausdrücklich das PNG-Format wünschen.

16.4.1 Bilder optimiert für das Web speichern

Wenn Sie ein Bild in Fireworks bearbeiten und für den Webeinsatz exportieren möchten, müssen Sie zuerst die korrekte Auflösung für das Bild einstellen. Die rechnerische Auflösung von Bildern für den Bildschirmeinsatz – etwa für das Web – beträgt immer 72 Pixel pro Inch, weil Browser und andere bildschirmorientierte Anzeigeprogramme diesen Wert zugrunde legen. Mit der Realität hat diese Angabe überhaupt nichts zu tun; beispielsweise erscheint ein einzelner Pixel bei einer Auflösung von 800 x 600 auf einem iMac-Monitor erheblich kleiner als bei der Darstellung durch einen Beamer auf einer Leinwand.

Insofern sollten Sie sich merken, dass die einzige interessante Maßeinheit für die Web-Bildbearbeitung der Pixel ist; alle anderen Angaben wie cm oder Inch, die in der DTP-Welt eine wichtige Rolle spielen, sind hier relativ zu den 72ppi zu sehen und daher ohne Bedeutung.

Bildgröße und Auflösung

Bildgröße und Auflösung werden in Fireworks über den Dialog **Modifizieren · Leinwand · Bildgröße...** eingestellt. Falls die Auflösung bereits **72 Pixel/Zoll** beträgt, müssen Sie keine Änderung vornehmen. Andernfalls sollten Sie zunächst nur die Auflösung korrekt einstellen, ohne die tatsächliche Bildgröße zu manipulieren. Zu diesem Zweck müssen Sie das Auswahlfeld **Bild neu auflösen** deaktivieren und anschließend den neuen Wert für die Auflösung eintragen. Diesen Schritt müssen Sie zunächst mit **OK** bestätigen; wenn Sie die Bildgröße selbst ändern möchten, rufen Sie denselben Dialog einfach erneut auf.

Um die Bildgröße zu ändern, müssen Sie **Bild neu auflösen** wieder ankreuzen. Wichtig ist, dass Sie nur die Werte im oberen Abschnitt des Dialogs unter **Pixelabmessungen** ändern dürfen, eine Änderung im unteren Bereich hätte die erneute Umstellung der Auflösung zur Folge. Nützlich ist übrigens das Optionsfeld **Proportionen beschränken**: Es sorgt dafür, dass bei der Änderung eines Wertes der jeweils andere proportional umgerechnet wird; es findet also keine Verzerrung des Bildes statt.

Neben dem Ankreuzfeld **Bild neu auflösen** können Sie die **Interpolationsmethode** auswählen. Dabei handelt es sich um die Rechenmethode für das Hinzufügen beziehungsweise Weglassen von Pixeln. Möglich sind hier folgende Werte:

- Für eine illustrative Grafik mit wenigen, flächigen Farben, die als GIF gespeichert werden soll, wird **Nächster Nachbar** ausgewählt; Pixel werden einfach nach Bedarf in ihrer Originalfarbe verdoppelt oder weggelassen. Das Ergebnis ist, dass die skalierte Version auf keinen Fall geglättet wird.
- Für Halbtonbilder mit vielen Farben, die kaum farbgleiche Flächen enthalten und eher als JPEG gespeichert werden, sollte **Bikubisch** eingestellt werden. Bei dieser Methode bestimmen alle acht umgebenden Pixel die neue Farbe eines Pixels mit; das Ergebnis ist ein stark geglättetes Bild.
- In allen anderen Fällen, zum Beispiel bei Schwarz-Weiß-Fotos, die als JPEG gespeichert werden, oder Farbfotos, die wegen erwünschter Transparenz als GIF gespeichert werden, könnten die dazwischen liegenden Methoden besser geeignet sein: **Bilinear** betrachtet nur die vier horizontal und vertikal benachbarten Pixel zur Bestimmung der neuen Farbe; es wird in diesem Fall zwar geglättet, aber nicht ganz so stark. **Weich** glättet sogar noch weniger.

Allgemein gilt, dass Sie ein Bild nicht zu stark vergrößern sollten, weil die Qualität ansonsten zu sehr leiden würde – schließlich kann ein Bildbearbeitungsprogramm keine Informationen hinzuerfinden.

16.4.2 Das passende Dateiformat wählen

Die meisten Browser unterstützen ohne Plug-in-Unterstützung drei verschiedene Bilddateiformate: GIF, JPEG und PNG. In diesem Unterabschnitt wird anhand von Fallbeispielen erläutert, welches dieser Formate Sie wann verwenden sollten.

GIF – Graphics Interchange Format

Das GIF-Format wurde seit 1987 im Auftrag von CompuServe entwickelt, war also von Anfang an als spezielles Online-Bildformat gedacht.

Ein GIF unterstützt maximal eine Farbtiefe von 8 Bits, das heißt, es zeigt höchstens 256 Farben aus einer angepassten Farbpalette an. Für Fotos und andere halbtonreiche Bilder mit Farbverläufen oder Ähnlichem ist es daher in der Regel nicht geeignet.

Andererseits wird ein GIF verlustfrei komprimiert; es verwendet auf jeden Fall die LZW-Komprimierung, die beim TIFF-Format optional zur Verfügung steht. Da bei dieser Kompressionsmethode nebeneinander liegende, farbgleiche Pixel beziehungsweise wiederkehrende Muster zu einer Einheit zusammengefasst werden, wird ein solches Bild stärker komprimiert, je weniger Farben es enthält.

GIF-Transparenz

Ein weiteres unterstütztes Merkmal von GIF-Dateien ist die **Transparenz**. Die Farbtabelle eines Bildes kann den speziellen Eintrag »transparent« enthalten, um die Anzeige einzelner Pixel zu unterdrücken. Allerdings ist keine echte Alpha-Transparenz möglich; Pixel werden entweder mit voller Deckkraft angezeigt oder gar nicht.

Angenehm ist auch die Tatsache, dass ein GIF **interlaced** abgespeichert werden kann: In diesem Fall wird es beim Laden nicht zeilenweise von oben nach unten aufgebaut, sondern die Zeilen werden versetzt geladen. Gerade bei langsameren Internetverbindungen hat dies den Vorteil, dass Bilder schon während des Ladevorgangs im Ganzen erkennbar werden.

Es handelt sich bei GIF übrigens nicht einfach um ein Dateiformat für ein einzelnes Bild, sondern um ein Hüllformat für mehrere Bilder innerhalb derselben Datei. Der Header einer GIF-Datei kann Anweisungen enthalten, die die Anzeigedauer der einzelnen Bilder bestimmen. Dies ergibt die bekannten animierten GIFs, die beispielsweise häufig als Werbebanner auf Webseiten eingesetzt werden.

JPEG – Joint Photographic Expert Group

Das JPEG-Format wurde ab 1991 von einer unabhängigen Expertenkommission entwickelt. Im engeren Sinne ist JPEG der Name dieser Kommission; das Bildformat heißt eigentlich **JFIF** (JPEG File Interchange Format).

JPEG-Bilder unterstützen eine beliebige Farbtiefe von bis zu 8 Bits pro Kanal (bei den für das Web verwendeten RGB-Bildern also 24 Bits oder mehr als 16,7 Millionen Farben).

JPEG-Komprimierung

Die Komprimierung von Bildern dieses Dateiformats erfolgt stets verlustbehaftet. Sie basiert auf der farbphysiologischen Erkenntnis, dass Helligkeitsunterschiede erheblich stärker vom menschlichen Auge wahrgenommen werden als Farbtonschwankungen. Aus diesem Grund wird der Helligkeitswert jedes einzelnen Pixels gespeichert, während jeweils nur der Durchschnitt der Farbtöne aus einem quadratischen Bereich gespeichert wird. Die Größe dieses Quadrats ist der wichtigste Gesichtspunkt der einstellbaren JPEG-Qualität.

Besonders gut geeignet ist das JPEG-Format für Fotos und andere halbtonreiche Bilder. Dagegen eignet es sich überhaupt nicht für Illustrationen mit größeren gleichfarbigen Flächen, für die das GIF-Format oder eventuell PNG gewählt werden sollte.

Ähnlich wie GIF-Bilder interlaced abgespeichert werden können, besteht bei JPEG die Möglichkeit, das so genannte Progressive-JPEG-Format auszuwählen. Es geht sogar noch einen Schritt weiter als Interlaced-GIF, indem es ein JPEG-Bild nicht nur zeilenweise, sondern in beide Richtungen versetzt lädt. Der einzige Nachteil dieser Variante besteht darin, dass ganz alte Browser (zum Beispiel die 3er-Versionen von Netscape und Internet Explorer) sie nicht unterstützen und stattdessen gar kein Bild anzeigen.

Bitte beachten Sie, dass Sie ein Bild, das bereits als JPEG abgespeichert wurde, nicht noch einmal in diesem Format speichern sollten – bei jedem JPEG-Kompressionsvorgang kommt es erneut zum Verlust von Bilddetails. Sie sollten also stets eine Arbeitskopie in einem verlustfreien Format wie Fireworks PNG, Photoshop PSD oder TIFF behalten.

JPEG-Nachteile

Einer der größten Nachteile von JPEG-Dateien besteht darin, dass sie keine Transparenz unterstützen. Bilder in diesem Format sind auf jeden Fall rechteckig. Dies ist der einzige Grund, warum Sie manchmal gezwungen sind, Fotos im eigentlich völlig ungeeigneten GIF-Format zu speichern. Abgesehen davon ist JPEG ein Dateiformat für genau ein Bild und unterstützt daher keine Animation wie das GIF-Format. Allerdings können Sie eine Abfolge von JPEG-Bildern mit Hilfe von JavaScript abspielen, was in Kapitel 18 am Beispiel einer Diashow demonstriert wird.

PNG – Portable Network Graphics

Ab den 4er-Versionen der beiden wichtigsten Browser wird auch das PNG-Format allgemein im Web unterstützt. Es wurde zunächst aus lizenzrechtlichen Gründen entwickelt: Vor einigen Jahren erlangte ein amerikanisches Unternehmen ein Patent auf die LZW-Komprimierung, die für das GIF-Format verwendet wird. Daraufhin begann dieses Unternehmen, von Providern, Webmastern und Herstellern von Bildbearbeitungsprogrammen Lizenzgebühren für die Verwendung von GIFs zu kassieren. Aus diesem Grund wurde PNG (gesprochen »Ping«) als freie Alternative zum GIF-Dateiformat entwickelt.

PNG-Farbtiefen

PNG kann jedoch auch erheblich mehr als GIF: Während die 8-Bit-Variante genau dieselben Optionen bietet wie ein entsprechendes GIF, und dabei auch noch etwas mehr Speicherplatz belegt, ist das 24-Bit-PNG aus einem wichtigen Grund sehr interessant: Als einziges Web-Dateiformat unterstützt es echte Alpha-Transparenz, das heißt, die Deckkraft eines Pixels kann in 256 Stufen von voll deckend bis absolut durchsichtig frei gewählt werden. Dies ermöglicht beispielsweise geglättete Ränder auf beliebigen Hintergründen und teiltransparente Bildteile wie Autofenster oder Brillengläser.

Nebenbei ist PNG, wie bereits erwähnt wurde, das eigene Dateiformat von Fireworks. Aus den oben angesprochenen Gründen sollten Sie allerdings Ihre Arbeitsdatei nicht auf einer Webseite veröffentlichen.

16.4.3 Den Export des Bildes vorbereiten und durchführen

Bevor Sie ein Bild endgültig für den Einsatz auf einer Webseite exportieren, sollten Sie im Dokumentfenster zuerst auf die Registerkarte **Vorschau** umschalten oder sogar auf **2fach** beziehungsweise **4fach**, um die Vor- und Nachteile verschiedener Formate zu vergleichen.

Oben im Dokumentfenster, neben den vier Karteireitern, steht im Vorschaumodus die zu erwartende Dateigröße für die aktuell eingestellte Optimierung sowie die voraussichtliche Download-Zeit bei einem Modem mit 56,6 kBit/s. Bei 2fach oder 4fach stehen diese Angaben unter jeder einzelnen Detailansicht.

Im Folgenden werden die Einstellungen näher erläutert, die für die verschiedenen weborientierten Dateiformate in der **Optimieren**-Palette vorgenommen werden können. Die nicht für das Web gedachten Formate TIFF und BMP werden hier nicht näher erläutert.

Ganz oben in der Optimieren-Palette können Sie unter **Einstellungen** einige vorgefertigte Exportoptionen auswählen. Mit Hilfe des Plus-Buttons können Sie die aktuellen eigenen Einstellungen als Vorauswahl hinzufügen, über den Minus-Button können Sie eine solche Sammlung von Optionen wieder entfernen.

JPEG-Einstellungen und -Export

Wählen Sie zunächst unmittelbar unter den **Einstellungen** das grundlegende Dateiformat **JPEG** aus.

Die unter **Matt** ausgewählte Farbe wird als neue Hintergrundfarbe an transparenten Stellen des Bildes eingesetzt, da JPEG – wie bereits erwähnt – keine Transparenz unterstützt.

Unter **Qualität** wird der JPEG-Kompressionsfaktor eingestellt. Die möglichen Werte reichen von 0 (sehr schlechte Qualität, kleinste Datei) bis 100 (hervorragende Qualität, aber große Datei). Es ist ratsam, ungefähr bei 50 bis 60 % anzufangen und den Wert je nach Anschein langsam noch weiter zu senken, solange die Qualität akzeptabel bleibt. Ist sie dagegen bereits zu schlecht, müssen Sie möglicherweise einen höheren Wert wählen.

Selektive Qualität bietet die Möglichkeit, das Bild automatisch in verschiedene Bereiche zu unterteilen, die je nach Bedarf verschieden stark komprimiert werden. Exportiert werden sie dabei im Endeffekt als mehrere Einzelbilder; dabei ist es möglich, den benötigten HTML-Code automatisch von Fireworks generieren zu lassen.

JPEG-Fehler beseitigen

Die Option **Glätten** sorgt für ein mehr oder weniger starkes Weichzeichnen, das den gefürchteten JPEG-Artefakten (Treppenfehlern bei zu glatten Farbflächen) entgegenwirken kann. Auf der anderen Seite werden klare, kontrastreiche Linien durch zu starkes Glätten unscharf und matschig.

Nachdem Sie alle Einstellungen nach Ihren Wünschen vorgenommen haben, können Sie den Befehl **Datei • Exportieren** aufrufen, um das Bild mit den gewählten Optionen zu speichern. Für solche einfachen JPEG-Exporte reicht hier unter **Dateityp** die Einstellung **Nur Bilder**; andere Optionen erzeugen automatisch HTML-Code oder Ähnliches.

GIF-Einstellungen und -Export

Wenn Sie GIF-Bilder ohne Transparenz erstellen möchten, funktioniert das folgendermaßen:

GIF-Paletten

Als Dateiformat wird in der Optimieren-Palette **GIF** eingestellt. Daneben können Sie über **Matt** die Farbe bestimmen, in der transparente Bereiche des Bildes eingefärbt werden sollen. Anschließend müssen Sie eine geeignete Farbpalette auswählen. Hier gibt es eine Reihe von Möglichkeiten, die je nach Bild und Verwendungszweck unterschiedlich gut geeignet sind:

- **Adaptiv** erzeugt eine Palette, die sich möglichst nah an den Farben des eigentlichen Bildes orientiert. Besonders gut geeignet ist sie für den Fall, dass Sie gezwungen sind, ein Foto als GIF zu speichern, zum Beispiel, weil Sie Transparenz benötigen.
- **WebSnap-Adaptiv** bildet einen Kompromiss zwischen der Web216-Palette und der Einstellung »Adaptiv«; Fireworks versucht, möglichst viele Farben aus der Web-Palette zu wählen. Bei dieser Option handelt es sich um die Voreinstellung, die für die meisten Fälle am besten geeignet ist.
- **Web 216** ist die bereits erwähnte websichere Farbpalette. Sie liefert das kompatibelste Ergebnis für alle Arten von Browsern, ist jedoch für viele Bilder ungeeignet, weil die Farben des Bildes nicht zu den Farben dieser Palette passen. Wenn Sie selbst Grafiken erstellen, die Sie als GIF-Bilder in eine Website einbetten möchten, sollten Sie von vornherein bevorzugt Farben aus der Web-Palette verwenden.

Alle anderen Möglichkeiten sind Spezialpaletten, die im Wesentlichen für andere Zwecke als das Web besser geeignet sind – beispielsweise werden für Multimedia-Autorensysteme wie Macromedia Director traditionell eher die Windows- beziehungsweise die MacOS-Systempalette eingesetzt.

Farbanzahl reduzieren

Neben der Palette können Sie die maximale Anzahl der Farben auswählen, die verwendet werden soll. Fireworks wählt die häufiger vorkommenden Farben aus und lässt die selteneren weg. Je weniger Farben das Bild letzten Endes hat, desto kleiner wird die Datei. Der Versuch, die Anzahl der Farben zu reduzieren, lohnt sich also immer.

Der einstellbare **Verlust** mit Werten von 0 bis 100 verkleinert die Datei durch das künstliche Erzeugen von Verlusten. Wie Sie wissen, ist GIF eigentlich ein verlustfrei komprimierendes Format; diese Einstellung führt den Verlust willkürlich herbei.

Das **Rastern** kompensiert Farben, die in der Tabelle nicht vorkommen, durch die zufällige Streuung vorhandener Nachbarfarben. Das sieht allerdings bei einer zu starken Rasterung nicht besonders vorteilhaft aus und vergrößert zudem die Datei.

GIF-Transparenz einstellen

Wenn Sie transparente GIFs herstellen möchten, müssen Sie zusätzlich eine der beiden möglichen Einstellungen aus dem Transparenz-Popup der Optimieren-Palette auswählen:

- **Indextransparenz**: Zunächst werden alle vollständig transparenten Bereiche aus dem Originalbild zu transparenten Pixeln des GIF-Bildes; alle Pixel mit einer höheren Deckkraft als 0 werden dagegen voll deckend gezeichnet. Ganz bestimmte Farben der Farbtabelle werden also transparent gesetzt. Geeignet ist diese Einstellung für grafische Darstellungen mit harten, pixeligen, vorzugsweise horizontal oder vertikal geraden Rändern.

- **Alpha-Transparenz**: Hier wird die Transparenz genau aus der Ebenentransparenz des Bildes erzeugt. Alle Pixel mit mittlerer Deckkraft werden mit der eingestellten Matt-Farbe gemischt, um einen nahtlosen Übergang zu einer bestimmten Dokument-Hintergrundfarbe herzustellen.

Ganz unten in der Optimieren-Palette wird die aktuelle Farbtabelle angezeigt. Hier sind diejenigen Farben, die aus der Web-Palette stammen, mit einer kleinen Raute gekennzeichnet. Mit den darunter liegenden Buttons können Sie von links nach rechts folgende Operationen durchführen:

- Der erste Button, **Farbe in Transparenz hinzufügen**, setzt die nächste im Bild oder in der Palette angeklickte Farbe transparent.
- Mit Hilfe des zweiten Buttons, **Farbe aus Transparenz entfernen**, können Sie die nächste in der Originalansicht des Bildes angeklickte Farbe wieder deckend machen, das heißt sie aus den transparenten Farben der Palette wieder entfernen.
- Der dritte Button, **Farbe für Transparenz wählen**, setzt alle bisher transparenten Farben auf deckend zurück und macht allein die Farbe transparent, die als nächste angeklickt wird.
- Der erste Button in der zweiten Gruppe, **Farbe bearbeiten**, öffnet den eingebauten Farbwähler des Betriebssystems und ermöglicht das Ersetzen der aktuell in der Palette angeklickten Farbe durch eine andere.
- Der Würfel-Button, **Websicher machen**, ersetzt die zurzeit in der Palette ausgewählte Farbe gegen die nächstgelegene Farbe aus der Web-Palette.
- Das Vorhängeschloss, **Farbe sperren**, schützt eine Farbe davor, dass sie durch Auswählen einer anderen Palettenoption oder durch Reduzieren der Farbanzahl entfernt oder in die Web-Palette verschoben wird. Bestimmte Farben eines Bildes, beispielsweise Firmenfarben oder die verschiedenen Grün-Töne von Pflanzen, sollten auf diese Weise geschützt werden.
- Die beiden letzten Buttons ermöglichen das Hinzufügen beziehungsweise Entfernen von Farben.

Wie bereits angedeutet, gibt es zwei verschiedene Arten der GIF-Transparenz. Bei der einen Variante werden harte, in Kurven pixelige Kanten verwendet; dafür können solche Bilder auf beliebigen Hintergründen platziert werden. Die andere Form ist für die Verwendung auf einer bestimmten Hintergrundfarbe optimiert – alle Pixel mit weniger als 100 Prozent Deckkraft werden mit dieser Farbe gemischt, um einen nahtlosen Übergang zu ermöglichen.

Wenn Sie die »allgemein gültige« Transparenz für einen beliebigen Hintergrund herstellen möchten, müssen Sie schon während der Bildbearbeitung bei allen Werkzeugen, die auf die Außenkonturen entlang des transparenten Bereichs wirken sollen, in der Eigenschaften-Leiste jegliches Glätten ausschalten – und zwar sowohl bei den Zeichen- als auch bei den Auswahlwerkzeugen: Bei den Auswahlwerkzeugen müssen Sie beispielsweise **Rand: Hart** einstellen, bei Text die Option **Kein Anti-Alias**.

Vor dem Exportieren müssen Sie anschließend in der Optimieren-Palette unter **Matt** die Hintergrundfarbe auf **Transparent** (das rot durchgestrichene Quadrat oben im Dialog) stellen.

Weiche Kanten entfernen

Bei den meisten freizustellenden Objekten, die sich bereits auf transparentem Hintergrund befinden, ergibt sich beim Erstellen eines transparenten GIFs ein anderes Problem: Am Rand des Objekts existieren falschfarbige (oft weiße) Pixel, die sich auf andersfarbigem Hintergrund als unangenehme »Blitzer« bemerkbar machen. Sie können folgendermaßen vorgehen, um diese unerwünschten Randpixel loszuwerden:

- Wählen Sie den transparenten Bereich mit dem Zauberstab aus; als Optionen sollten Sie **Rand: Hart** einstellen, die **Toleranz** (notwendige Farbähnlichkeit) dagegen je nach Bedarf.
- Zoomen Sie anschließend die Bildansicht stark, um die Anzahl der störenden Pixel um die Auswahl herum einzuschätzen.
- Wählen Sie zum Schluss **Auswählen · Auswahlrahmen erweitern...** und geben Sie die gewünschte Anzahl von Pixeln ein, um die Sie die Auswahl ausweiten möchten. Anschließend können Sie den ausgewählten Hintergrundbereich mit der Taste `Entf` löschen.

Wollen Sie dagegen eine Transparenz erzeugen, die für eine bestimmte Hintergrundfarbe optimiert ist, dann dürfen Sie bei den jeweiligen Werkzeugen ohne Einschränkung das Glätten verwenden; je nach gewünschtem Effekt sind verschiedene Stärken möglich. Bei Text hängt der Anti-Alias-Grad beispielsweise von der Schriftgröße ab.

Vor dem Exportieren wird **Matt** dann auf die jeweils gewünschte Farbe eingestellt.

PNG-Einstellungen und Export

Über das Format **PNG 8** braucht hier kaum ein Wort gesagt zu werden: Die Einstellmöglichkeiten und das Ergebnis sind mit einem entsprechenden GIF absolut identisch. Allerdings belegt eine 8-Bit-PNG-Datei ein wenig mehr Speicherplatz als ein GIF mit denselben Einstellungen. Insofern brauchen Sie 8-Bit-PNGs eigentlich nie zu verwenden, zumal der Inhaber des LZW-Patents inzwischen keine Lizenzgebühren mehr einfordert.

Bei **PNG 24** beziehungsweise **PNG 32** können Sie dagegen außer der Hintergrundfarbe **Matt** überhaupt keine Einstellungen vornehmen. Das liegt daran, dass PNG 24 überhaupt keine Transparenz unterstützt, sondern lediglich dazu dient, ein Bild verlustfrei mit seiner ursprünglichen Farbtiefe auf eine Webseite zu stellen. Das PNG-32-Format bietet dagegen echte Alpha-Transparenz, es gibt deshalb das Bild verlustfrei und mit allen seinen Deckkraft-Schwankungen wieder. Der Preis, den Sie dafür zahlen müssen, ist allerdings eine recht stolze Dateigröße und damit eine relativ lange Ladezeit.

Dateiformate im Vergleich

In Abbildung 16.7 werden verschiedene Dateiformate direkt miteinander verglichen: Ein grauer Kreis wird jeweils einmal auf weißem und einmal auf schwarz-weißem Schachbrett-Hintergrund dargestellt. Während das JPEG-Format aufgrund der Darstellungsfehler, der Dateigröße und der fehlenden Transparenz in beiden Fällen ungeeignet ist, sind die Favoriten für den jeweiligen Hintergrund verschiedene: Auf weißem Hintergrund sollten Sie eindeutig das für Weiß optimierte zweite Bild mit der Einstellung **Matt: weiß** verwenden.

Auf dem Schachbrett können Sie sich entweder für das optimal geglättete, aber recht große 32-Bit-PNG, oder für das erste, leicht pixelige, aber dafür erheblich kleinere Transparent-GIF entscheiden.

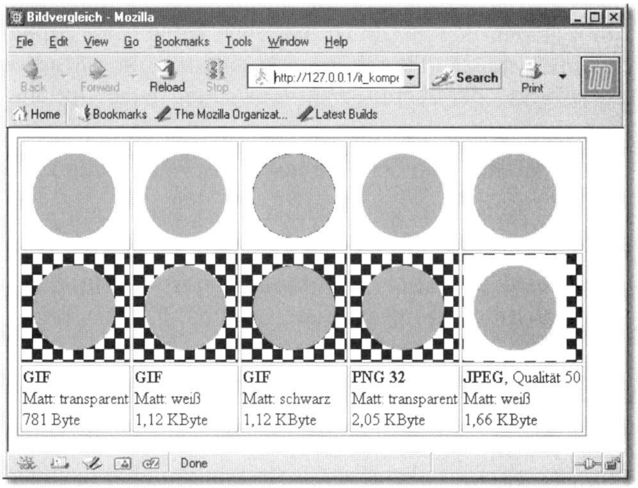

Abbildung 16.7 Verschiedene Bilddateiformate im Vergleich

16.4.4 Animierte GIFs erstellen

Auch wenn das in Kapitel 19 ausführlich vorgestellte Programm Flash in den meisten Fällen die erheblich bessere Wahl für Animationen im Web darstellt, ist das animierte GIF in bestimmten Bereichen trotzdem noch immer gefragt – das häufigste Anwendungsgebiet dürfte wohl nach wie vor das Werbebanner sein. Die blinkenden und flackernden Aufzählungszeichen, Trennlinien oder Mail-Buttons aus den Kindertagen des WWW sind dagegen inzwischen erfreulicherweise fast ausgestorben.

Die einfachste Art und Weise, in Fireworks ein animiertes GIF zu erstellen, ist die automatische Animation einer Ebene oder eines Vektorobjekts. Diese funktioniert folgendermaßen:

1. Markieren Sie ein Objekt im Bild, das animiert werden soll. Hier ist nicht gemeint, dass Sie im Bildbearbeitungsmodus mit Hilfe von Lasso, Zauberstab oder ähnlichen Auswahlwerkzeugen einen Teil einer Bitmap-Ebene auswählen sollen, sondern dass Sie mit dem normalen Auswahlpfeil ein ganzes Objekt auswählen müssen – in der Regel handelt es sich um den gesamten Inhalt einer Ebene.
2. Wählen Sie **Modifizieren · Animation · Auswahl animieren...** Im entsprechenden Dialog müssen Sie anschließend alle relevanten Einstellungen vornehmen:
   - Unter **Bilder** wird eingestellt, aus wie vielen Einzelbildern die Animation bestehen soll.
   - Verschieben bestimmt, um wie viele Pixel das Objekt insgesamt bewegt werden soll.
   - Unter **Richtung** wird die Richtung der Bewegung in Grad angegeben.

- Der Wert unter **Skalieren auf** legt fest, dass die Endgröße den angegebenen Prozentsatz der Anfangsgröße betragen soll.
- Die **Opazität** legt die Entwicklung der Deckkraft fest. Die Änderung der Opazität funktioniert nur auf einer voll deckenden Hintergrundfarbe. Sie kann auf transparentem Hintergrund nicht funktionieren, da das GIF-Format eben keine echte Alpha-Transparenz kennt. Gegebenenfalls müssen Sie die Hintergrundfarbe unter **Modifizieren · Leinwand · Leinwandfarbe** oder über die Matt-Einstellung in der Optimieren-Palette anpassen.
- Unter **Drehen** wird schließlich ein Drehwinkel in Grad sowie dessen Richtung angegeben.

Wenn Sie diesen Dialog im Nachhinein wieder aufrufen möchten, um etwas zu ändern, müssen Sie das entsprechende Objekt erneut anklicken und **Modifizieren · Animation · Einstellungen...** wählen. In der Eigenschaften-Leiste steht ein Großteil dieser Optionen ebenfalls zur Verfügung.

Symbole

Das animierte Objekt wird durch diese Vorgehensweise in ein festes Symbol konvertiert; die Symbole sind in der Bibliothek (**Fenster · Bibliothek**) zu finden.

Nachdem Sie eine Animation eingerichtet haben, können Sie die Dauer und die Reihenfolge der Frames (Einzelbilder) der Animation in der Frame-Palette (**Fenster · Frames** oder `Shift` + `F2`) einstellen. Die Dauer für ein Frame wird durch Doppelklick auf die rechts neben dem Namen stehende Zahl eingestellt. Wenn Sie die Dauer mehrerer Frames gleichzeitig einstellen möchten, können Sie diese Frames zunächst mit Klick und `Shift` + Klick markieren. Ein anschließender Doppelklick auf die Dauer eines dieser Frames stellt den eingetragenen Wert für alle ein. Gemessen wird die Dauer in Hundertstelsekunden.

Mit Hilfe der Buttons unten im Dokumentfenster können Sie sich eine Animation probeweise ansehen. Als Exportformat müssen Sie in der Optimieren-Palette **Animiertes GIF** auswählen.

16.4.5 Segmente und Verhalten

Durch **Segmente** (oder Slices) wird ein Gesamtbild in mehrere Einzelbilder aufgeteilt, wobei Fireworks automatisch den passenden HTML-Code generieren kann, um diese Bilder in einer Tabelle zusammen zu halten.

Segmente können beispielsweise für das Erledigen folgender Aufgaben verwendet werden:

- Ein großes Bild mit unterschiedlichen Regionen kann unterteilt werden, um diese Bereiche jeweils auf andere Art und Weise zu komprimieren. Beispielsweise könnten Sie das größtmögliche Rechteck in der Mitte des Bildes als JPEG abspeichern und die nicht rechteckigen Ränder als GIF, weil sie Transparenz benötigen.
- Einzelne Teile des Bildes können mit einem Verhalten versehen werden, etwa mit einem Rollover-Effekt oder mit interaktiven Popup-Menüs. Auch den nötigen JavaScript-Code für solche Verhaltensweisen kann Fireworks automatisch schreiben.

Nah verwandt mit den Segmenten sind die Hotspots, die für das automatische Erstellen von Image Maps verwendet werden können. Sie werden mit Hilfe der drei Hotspot-Werkzeuge (Rechteck, Kreis oder Polygon) im Abschnitt **Web** der Werkzeugpalette aufgezogen; in der Eigenschaften-Leiste werden anschließend die Hyperlink-Eigenschaften für den jeweiligen Hotspot eingestellt. Im Gegensatz zu Segmenten erzeugen Hotspots nur eine Bilddatei, aber zusätzlichen HTML-Code für die Image Map. Image Maps

Einfachste Methode: Segmentierung durch Hilfslinien

Wenn Sie Slicing ohne weitere Optionen durchführen möchten, etwa bei Rollover-Regionen, deren JavaScript-Code Sie selbst schreiben möchten, dann genügt die folgende einfache Variante:

1. Blenden Sie die Lineale ein (**Ansicht · Lineale**).
2. Ziehen Sie aus den Linealen Hilfslinien nach Bedarf heraus.
3. Wählen Sie **Datei · Exportieren...** Unter **Dateityp** müssen Sie **HTML und Bilder** auswählen. Unter **HTML** erzeugt die Einstellung **HTML-Datei exportieren** eine vollständige neue HTML-Datei. **In Zwischenablage kopieren** legt den HTML-Code in die Zwischenablage, damit Sie ihn an der gewünschten Stelle in eine bestehende Seite einfügen können.

   Wählen Sie unter Segmente die Option Segmente entlang Hilfslinien erstellen aus.

Vollwertige Segment-Objekte

Diese werden mit dem Segmentierwerkzeug erzeugt, dem grünen Quadrat mit dem roten Rand und dem Messer im **Web**-Abschnitt der Werkzeugpalette (Taste K). Wählen Sie dieses Werkzeug einfach aus und ziehen Sie so viele Segmente auf wie nötig – gegebenenfalls können Sie vorher Hilfslinien anlegen, um exakte Segmente zu erzeugen, da die Hilfslinien magnetisch sind.

Nachdem Sie solche echten Segment-Objekte erzeugt haben, können Sie ihnen zum einen mit Hilfe der Optimieren-Palette jeweils ein eigenes Exportformat zuweisen. Darüber hinaus können Sie ihnen in der Verhaltenspalette eine Reihe verschiedener Verhalten zuweisen. Klicken Sie einfach das betreffende Segment an und wählen Sie mit Hilfe des Plus-Buttons das gewünschte Verhalten aus.

Das Verhalten »Einfaches Rollover«

Das simpelste Beispiel für ein Verhalten ist das **Einfache Rollover**: In jedem Segment, in dem dieses Verhalten definiert ist, wird beim Darüberrollen mit der Maus der Inhalt von Frame 2 des Dokuments gezeigt, ansonsten der Inhalt von Frame 1.

Im Einzelnen funktioniert das Erstellen solcher Rollover-Zustände folgendermaßen:

1. Definieren Sie mit Hilfe des Segmentierwerkzeugs die Segmente, denen dieses Verhalten zugewiesen werden soll.
2. Erzeugen Sie die Rollover-Verhalten für die Segmente: Markieren Sie jeweils das gewünschte Segment mit dem Standard-Auswahlpfeil. Tragen Sie in der Eigenschaften-

Leiste unter **Hyperlink** die URL ein, auf die der entsprechende Link verweisen soll, und wählen Sie **Einfaches Rollover** aus dem Popup-Menü unter dem Plus-Button in der Verhalten-Palette.

3. Fügen Sie ein zweites Frame hinzu, das den gewünschten Rollover-Zustand des Bildes enthält:

   Öffnen Sie die Frame-Palette. Duplizieren Sie das erste Frame, indem Sie es auf das Symbol **Neues Frame** am unteren Rand der Palette ziehen, wenn der Rollover-Zustand nur eine geringfügige Modifikation des Normalzustands ist. Durch einfachen Klick auf dieses Symbol erzeugen Sie dagegen ein neues, leeres Frame, wenn der Rollover-Zustand völlig anders aussehen soll.

4. Erstellen Sie im zweiten Frame die entsprechenden Rollover-Zustände der Bereiche.
5. Wählen Sie schließlich **Datei • Exportieren...**, um die einzelnen Bilder sowie ein fertiges HTML-Dokument mit dem für das Rollover notwendigen JavaScript-Code zu erzeugen.

   Unter **Segmente** müssen Sie diesmal **Segmente exportieren** auswählen; in der Regel wird auch **Bereiche ohne Segmente einschließen** aktiviert.

   Über den Button **Optionen...** können Sie den Dialog **HTML-Einstellungen** öffnen, in dem bestimmt werden kann, wie der exportierte HTML-Code beschaffen sein soll. Auf der Registerkarte **Allgemein** werden die Haupteinstellungen für die HTML-Datei vorgenommen. Die wichtigste Einstellung ist hier **HTML-Stil**: Je nachdem, mit welchem Programm Sie Ihre HTML-Dokumente erstellen, können Sie eine der Optionen auswählen. Am häufigsten wird Fireworks in Zusammenarbeit mit dem weiter unten beschriebenen Dreamweaver eingesetzt – die Option **Dreamweaver HTML** beziehungsweise **Dreamweaver XHTML** ist nach meiner Erfahrung außerdem diejenige, die in der Mehrzahl der Browser am besten funktioniert. Auf der Registerkarte **Tabelle** können Sie das Tabellenlayout näher bestimmen, während unter **Dokumentspezifisch** vor allem die Zusammensetzung der Bilddateinamen gewählt werden kann.

Das Verhalten »Bild austauschen«

Im Unterschied zum einfachen Rollover bietet das Verhalten **Bild austauschen** eine Reihe zusätzlicher Optionen. Beispielsweise muss das Segment, in dem das Rollover stattfindet, nicht dasselbe sein wie das Segment, in dem das Bild ausgetauscht wird.

In dem Dialog des Verhaltens **Bild austauschen** können Sie die folgenden Optionen einstellen:

- Ganz oben wird das Segment ausgewählt, das ausgetauscht werden soll. Sie können entweder links oben in der Liste den Namen oder rechts oben in der schematischen Übersicht das Abbild des passenden Segments anklicken. Voreingestellt ist das Segment, dem Sie das Verhalten zuweisen.
- Als Nächstes können Sie unter **Zeigt ausgetauschtes Bild aus** wählen, woher das Austauschbild stammen soll. Sie können sich entweder für ein bestimmtes Frame oder für eine externe Datei entscheiden.

- Wenn Sie **Bilder vorausladen** aktivieren, wird ein JavaScript hinzugefügt, das die Austauschbilder bereits beim Öffnen des HTML-Dokuments lädt. Dies ist in der Regel empfehlenswert.
- Durch die Option **Bild bei onMouseout wiederherstellen** wird das ursprüngliche Bild beim Herausziehen des Mauszeigers wiederhergestellt – je nach konkretem Verwendungszweck ist diese Option angebracht.

Das Verhalten »Navigationsleistenbild festlegen«

Mit Hilfe dieses Verhaltens können Sie aus einem Segment ein vollwertiges Element einer Navigationsleiste machen, also einen Hyperlink, der anders als das einfache Rollover mindestens drei verschiedene Zustände hat: Frame 1 ist der Normalzustand, Frame 2 der Rollover-Zustand und Frame 3 der Gedrückt-Zustand. Optional können Sie Frame 4 als separaten Zustand für ein Rollover mit bereits gedrückter Maustaste festlegen, wenn Sie **OverDown-Status einschließen (Frame 4)** ankreuzen.

Leider muss dieses Verhalten für jedes an der Navigationsleiste beteiligte Segment einzeln ausgewählt werden.

Das Verhalten »Popup-Menü anzeigen«

Aus einem Segment heraus wird bei Rollover (oder einem anderen Ereignis, falls dies in der Verhalten-Palette verändert wird) ein Menü auf einem frei schwebenden DHTML-Layer eingeblendet. Dieses Menü kann in mehrere Untermenüs verschachtelt werden; jeder Eintrag kann ein Hyperlink sein. Ein solches Menü wird folgendermaßen eingerichtet:

1. Wählen Sie das gewünschte Segment aus und fügen Sie in der Verhalten-Palette das Verhalten **Popup-Menü anzeigen** hinzu. Im erscheinenden Dialog werden auf vier Registerkarten der Inhalt, das Erscheinungsbild, erweiterte Einstellungen und die Position des Menüs relativ zum Segment eingestellt.
2. Um einen Menüeintrag hinzuzufügen, können Sie unter der Rubrik **Text** einfach den gewünschten Text eingeben. Unter **Hyperlink** können Sie die URL eingeben, auf die eine Auswahl dieses Menüeintrags verweisen soll (falls er nicht noch Untermenüpunkte enthält). Außerdem kann unter **Ziel** wie üblich das Zielfenster oder -frame für den Link angegeben werden. Nachdem die Eingabe vollständig ist, können Sie den Plus-Button oder `Enter` drücken, um den nächsten Eintrag einzufügen.

   Falls der aktuelle Eintrag ein Untermenüeintrag sein soll, markieren Sie ihn einfach unten in der Liste und klicken Sie rechts oben auf den Button **Menü einrücken**; der Button links daneben (**Menü nach außen rücken**) stuft den Eintrag wieder eine Ebene höher.

   Wenn Sie einen Eintrag wieder entfernen möchten, wählen Sie ihn einfach aus und drücken Sie den Minus-Button.

   Die Einstellung des Aussehens für das Menü erklärt sich intuitiv von selbst.

16.5 Webdesign mit Macromedia Dreamweaver MX 2004

Mit Hilfe von Dreamweaver können Sie Websites visuell gestalten. Sie legen also unmittelbar das Layout an und sehen im Editor im Wesentlichen dasselbe wie ein Benutzer im Browser. Wie bereits erläutert wurde, kann man beim Webdesign dennoch nur bedingt von WYSIWYG sprechen, weil die Gegebenheiten bei den einzelnen Anwendern der Website verschieden sind. Andererseits können Sie in Dreamweaver auch recht komfortabel HTML-Code editieren.

Zusätzlich verfügt Dreamweaver über einige Funktionen, um automatisch serverseitigen Code einzufügen – vor allem für den Zugriff auf Datenbanken. Diese Funktionen automatisieren einige Programmierschritte, die im nächsten Abschnitt besprochen werden.

16.5.1 Bearbeiten von HTML-Dokumenten

Per Voreinstellung erzeugt Dreamweaver XHTML-Dokumente. Wenn Sie klassische HTML-4.01-Dokumente haben möchten, müssen Sie im **Datei · Neu...**-Dialog die Option **Dokument XHTML-kompatibel machen** deaktivieren.

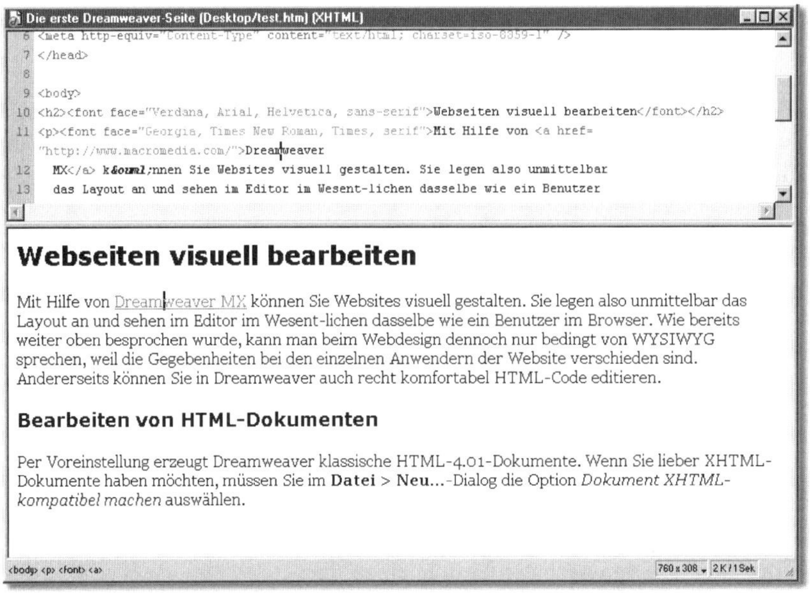

Abbildung 16.8 Das Dokumentfenster in kombinierter Code- und Entwurfsansicht

Unten links im Dokumentfenster (siehe Abbildung 16.8) wird die vollständige Verschachtelungshierarchie der HTML-Tags angezeigt, in der sich die aktuelle Auswahl befindet. Jedes übergeordnete Element – bis hin zu `<body>` – kann angeklickt und dadurch ausgewählt werden. Das ist besonders bei verschachtelten Tabellen eine bequeme Angelegenheit.

Rechts unten können Sie mehrere voreingestellte Fenstergrößen auswählen, die bequemerweise mit korrespondierenden Angaben der Bildschirmgrößen versehen sind, für die sie sich eignen. So können Sie schnell testen, für welche Umgebungen Ihr Layout geeignet ist. Daneben wird die Dateigröße und die zu erwartende Ladezeit des Dokuments inklusive Bildern angezeigt.

Voreingestellte Fenstergrößen

Abbildung 16.9 Die Dokument-Symbolleiste von Dreamweaver

Eines der wichtigsten Bedienelemente sind die drei Buttons ganz links in der in Abbildung 16.9 gezeigten Dokument-Symbolleiste (**Ansicht · Symbolleisten · Dokument**). Damit können Sie zwischen der Codeansicht (nur HTML-Code), der Code- und Entwurfsansicht (beide Ansichten übereinander) und der Entwurfsansicht (nur Layout) hin- und herwechseln.

Solange bei der kombinierten Ansicht im Entwurfsbereich gearbeitet wird, aktualisiert sich der HTML-Code automatisch. Arbeiten Sie dagegen oben im HTML-Code, wird das Layout nicht automatisch aktualisiert, sondern erst dann, wenn Sie in der Eigenschaften-Leiste auf **Aktualisieren** klicken, `F5` drücken oder das Dokument speichern.

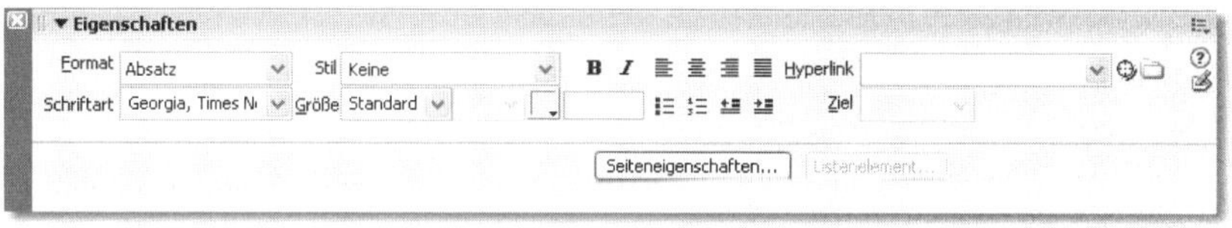

Abbildung 16.10 Die Eigenschaften-Leiste von Dreamweaver mit den Optionen für Text

Wie in Fireworks ist die Eigenschaften-Leiste auch hier kontext-sensitiv: Je nach ausgewähltem Element (etwa Text, Tabellenelemente oder Bildern) werden verschiedene Bearbeitungsmöglichkeiten angeboten. Für Text gibt es beispielsweise die folgenden Bedienelemente (siehe Abbildung 16.10):

- Im Menü **Format** wird das aktuelle Absatz- beziehungsweise Bereichsformat eingestellt: **Keine** bedeutet, dass der Text ohne umschließendes absatzbildendes Element in seiner Umgebung steht. **Absatz** ist ein gewöhnlicher HTML-Absatz, das heißt ein `<p>...</p>`-Bereich. **Überschrift 1** bis **Überschrift 6** stehen für die wichtigste bis unwichtigste HTML-Überschrift. **Vorformatiert** schließlich setzt die Tags `<pre>` und `</pre>` um den aktuellen Bereich herum; jedes Leerzeichen und jeder Zeilenumbruch aus dem HTML-Code werden in der Browseransicht übernommen.

  Übrigens erzeugen Sie mit Hilfe der Taste `Enter` einen neuen Absatz, während `Shift` + `Enter` einen einfachen Zeilenumbruch bewirkt, also ein `<br />`.

  In der Entwurfsansicht wird nur ein Leerzeichen angenommen, außer im Modus »Vorformatiert«. Geschützte Leerzeichen (die Entity-Referenz ` `) werden mit `Strg` + `Shift` + `     ` (Windows) beziehungsweise `Alt` + `     ` (Mac) erzeugt.

Die wichtigste Neuerung in Dreamweaver MX 2004 gegenüber der Vorgängerversion besteht darin, dass alle Formatierungen automatisch als CSS vorgenommen werden und nicht mehr über <font>-Tags oder ähnliche veralteten Methoden.

- Das Popup-Menü **Stil** enthält eine Liste der bisher durch Ihre Formatierungen erzeugten CSS-Klassen. Zudem finden Sie hier die Optionen **Stil umbenennen** (die automatisch zugewiesenen Bezeichnungen Stil1, Stil2 und so weiter sind nicht sonderlich hilfreich) sowie **Stile verwalten**, um die weiter unten beschriebene CSS-Palette zu öffnen.
- Als Nächstes kann aus einem Popup-Menü die gewünschte Schriftart ausgewählt werden. Neben der Voreinstellung **Standardschrift** (keine Angabe im HTML-Code) stehen die weiter oben im HTML-Abschnitt beschriebenen Listen zur Verfügung.
- Im Menü **Größe** können Sie die Schriftgrößen in Form verschiedener Arten von Stylesheet-Angaben einstellen.
- Im darauf folgenden Popup-Menü kann die Schriftfarbe ausgewählt werden. Die Voreinstellung ist keine spezielle Angabe; es wird die Standard-Schriftfarbe des Dokuments verwendet, die unter **Modifizieren · Seiteneigenschaften** eingestellt wird. Im Popup stehen zunächst die 216 Webfarben automatisch zur Verfügung. Ein Klick auf den Farbkreis rechts oben öffnet den Systemfarbwähler, um eine beliebige RGB-Farbe einzustellen. Mit Hilfe des durchgestrichenen Felds kehren Sie zur Dokument-Standardfarbe zurück.
- Die Buttons **B** und **I** setzen den Text fett beziehungsweise kursiv.
- Die nächsten vier Buttons ermöglichen die Auswahl der Absatzausrichtung (linksbündig, zentriert, rechtsbündig oder Blocksatz).

Erweiterte Textoptionen

In der zweiten Reihe stehen einige erweiterte Einstellungen zur Verfügung – auch dann, wenn Sie oben auf Stylesheet-Formatierung umgeschaltet haben.

- Unter **Hyperlink** können Sie das aktuell markierte Element (Text oder Bild) schnell und einfach zum Link machen. Die URL für den Link können Sie auf vier verschiedene Arten einstellen:
  - Tippen Sie die URL in das Textfeld ein.
  - Wählen Sie eine bereits verwendete URL aus dem Popup-Menü aus.
  - Ziehen Sie den rechts daneben liegenden Point-and-Shoot-Knopf auf das gewünschte Dokument in der Palette **Dateien**.
  - Klicken Sie auf das Ordnersymbol und wählen Sie die Datei aus dem Dialog aus.

  Alternativ können Sie einen Hyperlink übrigens mit Hilfe des Ketten-Symbols erstellen, das sich ganz links auf der Registerkarte »Allgemein« der Einfügen-Palette befindet.
- Unter **Ziel** wird gegebenenfalls ausgewählt, wohin der Hyperlink die verknüpfte URL laden soll. Sie können entweder den Namen eines Frames eintragen oder eines der vier HTML-Standardziele auswählen.

Listen erstellen

Die nächsten vier Buttons ermöglichen das Erstellen einfacher oder auch verschachtelter Listen und Aufzählungen:

- **Ungeordnete Liste** erzeugt eine einfache Aufzählung.
- **Geordnete Liste** erstellt dagegen eine nummerierte Liste.
- **Text-Negativeinzug** rückt die Verschachtelung von Listen um eine Ebene nach links, das heißt nach oben in der Hierarchie.
- **Texteinzug** rückt die Listenverschachtelung dagegen um eine Ebene ein.

Die Listeneingabe mit Hilfe dieser Buttons funktioniert ganz einfach; Sie können folgendermaßen vorgehen:

1. Durch einen Klick auf »Ungeordnete Liste« beziehungsweise »Geordnete Liste« wird eine Liste des entsprechenden Typs angelegt. `Enter` erzeugt jeweils einen neuen Listeneintrag, das heißt ein neues `<li>`-Element.
2. Durch »Texteinzug« erzeugen Sie eine verschachtelte Liste; »Text-Negativeinzug« kehrt wieder zur übergeordneten Liste zurück.
3. Ein letzter Klick auf »Text-Negativeinzug« in der äußersten Liste verlässt die Aufzählungen und stellt wieder einen normalen Absatz her.
4. Die Listeneigenschaften können Sie einstellen, indem Sie die Eigenschaften-Leiste durch Klick auf den kleinen Pfeil ganz rechts unten erweitern und im unteren Bereich auf **Listenelement** klicken. Im erscheinenden Dialog finden Sie die verschiedenen Aufzählungs-Stile sowie – bei nummerierten Listen – die Anfangsposition.

Tag-Inspektor

Ein weiteres praktisches Hilfsmittel ist der **Tag-Inspektor** (**Fenster · Tag-Inspektor** oder Taste `F9`). Er ermöglicht die bequeme Bearbeitung der Attribute und CSS-Optionen des aktuellen Tags auf einen Blick.

16.5.2 Hinzufügen verschiedener Elemente

Mit Hilfe der Palette **Einfügen** können Sie alle Elemente erstellen, die auf Webseiten vorkommen können, beispielsweise Tabellen, Bilder oder DHTML-Layers. Die Palette verfügt über insgesamt acht Menüpunkte (oder Registerkarten, je nach Einstellung) für verschiedene Kategorien von Elementen und Objekten:

- **Allgemein** enthält einige der wichtigsten Objekte wie Bilder, Tabellen oder Hyperlinks.
- **Layout** ermöglicht das Einrichten so genannter Layout-Tabellen – es handelt sich um Tabellen, in denen Zellen frei im Dokument platziert und verschoben werden können.
- **Formulare** ermöglicht das Erstellen von HTML-Formularen und ihren Elementen.
- **Text** enthält einige wichtige Textelemente wie Überschriften oder Listen. Der erste Button auf der Registerkarte ist der Font-Tag-Editor, der das komfortable Einstellen der einzelnen Attribute des HTML-Tags `<font>` ermöglicht.
- **HTML** bietet Buttons zum Einfügen von Tabellen, Frames und Head-Elementen in der Codeansicht.
- **Anwendung** bietet Zugriff auf einige automatisierte Funktionen serverseitiger Programmiersprachen wie PHP, ASP.NET oder ColdFusion. Vor allem die Verbindung mit Datenbanken und das Erzeugen von SQL-Abfragen wird erleichtert. Die serverseitige Webprogrammierung wird in Kapitel 17 vorgestellt.

- Der erweiterbare Bereich **Flash-Elemente** enthält konfigurierbare SWF-Komponenten. Im Auslieferungszustand ist lediglich ein Element zur Bildbetrachtung enthalten; im Web werden entsprechende Komponenten zum Download angeboten.
- Unter **Favoriten** können Sie Ihre bevorzugten Elemente gruppieren.

Die wichtigsten Objekte befinden sich auf der Registerkarte »Allgemein«, die in Abbildung 16.11 zu sehen ist.

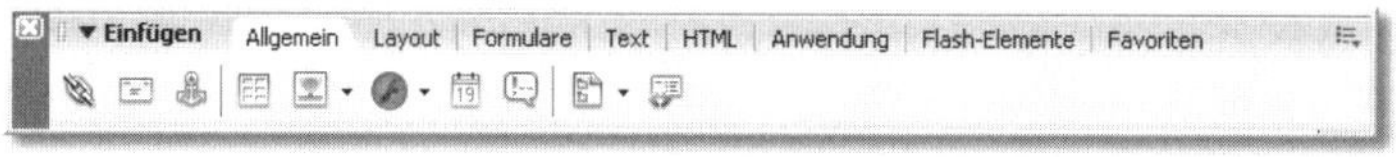

Abbildung 16.11 Die Palette »Einfügen« mit ihrer wichtigsten Registerkarte »Allgemein«

Im Folgenden werden die wichtigsten Objekte dieser Registerkarte der Palette beschrieben. Die ersten drei erzeugen einen Hyperlink, einen E-Mail-Hyperlink sowie einen Anker für seiteninterne Hyperlinks.

Tabellen einfügen

Mit einem Klick auf den vierten Button der Allgemein-Registerkarte in der Einfügen-Palette rufen Sie den Tabellen-Dialog auf. Hier werden zunächst die grundlegenden Eigenschaften der Tabelle festgelegt, die natürlich später wieder geändert werden können. Sie entsprechen den weiter oben ausführlich beschriebenen HTML-Attributen des `<table>`-Tags.

Zelleigenschaften

Nachdem Sie die Eigenschaften der Tabelle eingestellt haben, können Sie durch Klick in die jeweilige Zelle deren Inhalt bearbeiten. Die Eigenschaften-Leiste enthält dabei im oberen Bereich die üblichen Textoptionen beziehungsweise andere Einstellungen, falls anderer Inhalt bearbeitet wird. In der unteren Hälfte befinden sich dagegen die Einstellmöglichkeiten für die Attribute der Zelle, die ebenfalls ihren HTML-Entsprechungen nachempfunden sind.

Links im unteren Bereich der Eigenschaften-Leiste befinden sich unter dem Begriff **Zelle** zwei Buttons für das Aufteilen einer Zelle in mehrere beziehungsweise das Vereinen mehrerer Zellen zu einer. Die `rowspan`- beziehungsweise `colspan`-Attribute der entsprechenden Zellen werden automatisch eingestellt.

Wenn Sie die Eigenschaften der gesamten Tabelle bearbeiten möchten, können Sie den Rand der Tabelle mit der Maus anklicken. Durch Ziehen der Anfasser am rechten Rand, am unteren Rand und an der rechten unteren Ecke der Tabelle kann die Höhe beziehungsweise Breite der Tabelle festgelegt werden. Die Buttons in der Eigenschaften-Leiste ermöglichen anschließend die Konvertierung der Größenangaben in Pixel beziehungsweise Prozent. Das Löschen dieser Werte beziehungsweise der Klick auf die entsprechenden Buttons entfernt die festgelegten Angaben wieder.

Bilder einfügen

Bilder und ihre Optionen

Mit Hilfe der Optionen im Popup-Menü neben dem Tabellen-Button werden auf verschiedene Weise Bilder eingesetzt. Ein Klick auf den Button **Bild** öffnet den Dialog **Bildquelle**

auswählen. Dort kann ein Bild aus dem lokalen Dateisystem gewählt werden. Sinnvollerweise sollte das Bild natürlich im selben Ordner liegen wie das Dokument, wahlweise kann es auch in einem Unterordner oder zumindest innerhalb der Hauptordnerhierarchie der geplanten Website liegen. Eventuell müssen Sie es in einen dieser Ordner kopieren, bevor Sie es einbetten.

Nachdem ein Bild geladen ist, können Sie im oberen Teil der Eigenschaften-Leiste seine wichtigsten Eigenschaften einstellen, zum Beispiel die Breite oder Höhe des Bildes, einen Alternativtext und so weiter. Im unteren Bereich können Sie mit Hilfe intuitiv verständlicher grafischer Werkzeuge eine Image Map anlegen, indem Sie mit den entsprechenden Werkzeugen die drei Arten von Hotspots auf dem Bild aufziehen und ihnen anschließend Hyperlink-URLs und andere Eigenschaften zuweisen.

Die nächste Option fügt einen **Bildplatzhalter** ein. Dieser definiert einen leeren, benannten Anzeigeplatz für ein Bild. Geeignet sind solche Platzhalter für JavaScript-Funktionen, die automatisch wechselnde Bilder an einer solchen Position anzeigen können.

Mit Hilfe der nachfolgenden Option wird ein **Rollover-Bild** eingefügt. Im Gegensatz zum normalen Bild müssen zwei verschiedene Bild-URLs angegeben werden. Außerdem kann über **Rollover-Bild vorausladen** erzwungen werden, dass das Austauschbild bereits vor der ersten Mausberührung geladen wird; dies ist dringend zu empfehlen. Im Übrigen muss ein eindeutiger Name für das Bild eingegeben werden, weil die automatisch erzeugte JavaScript-Programmierung ihn zur Identifikation des Bildes verwendet.

Fireworks HTML

Die Auswahl **Fireworks HTML** dient zur Einbindung einer automatisch von Fireworks erzeugten HTML-Datei an einer bestimmten Stelle im Dokument, die Segmente, Rollovers und andere Funktionen definiert. HTML-Dateien, die nicht in Fireworks erstellt wurden, werden als solche erkannt und zurückgewiesen.

Der Vorteil besteht darin, dass die umgebenden HTML-Elemente der Fireworks-Seite automatisch entfernt werden. Es wird lediglich der relevante Bild- und Funktionsinhalt übernommen.

Navigationsleisten erstellen

Der Menüpunkt **Navigationsleiste** baut automatisch eine Leiste aus mehreren Rollover-Bildern mit Hyperlink-Funktion auf. Sie benötigen für jeden Menüpunkt mindestens zwei Bilder (besser drei oder vier), um die vier Zustände **Up-Bild** (Bild wird nicht berührt), **Over-Bild** (Mauszeiger berührt das Bild), **Down-Bild** (Maustaste gedrückt) und eventuell auch noch das **Over bei Down-Bild** (mit bereits gedrückter Maustaste berühren) zu definieren. Der erste Menüpunkt ist beim Aufruf des Dialogs bereits eingetragen, allerdings sollten Sie seinen Namen dem Verwendungszweck anpassen. Weitere Menüpunkte werden mit Hilfe des Plus-Buttons oben links hinzugefügt, entfernt werden Punkte mit dem daneben liegenden Minus-Knopf. Rechts daneben liegen zwei Schaltflächen, um den ausgewählten Menüpunkt weiter nach vorn beziehungsweise nach hinten im Menü zu verschieben.

Unter dem Punkt **Wenn angeklickt, gehe zu URL** wird die URL angegeben, zu der der Link führen soll; die Auswahl unter **in** ermöglicht die Definition des Frames oder Fensters, in das der Link geladen werden soll.

Zu guter Letzt können Sie ganz unten unter **Einfügen** die grundsätzliche Aufbaurichtung der Menüleiste wählen (horizontal oder vertikal). Beachten Sie, dass diese Entscheidung endgültig ist, sie kann im Nachhinein nicht mehr geändert werden. Alle anderen Aspekte der Navigationsleiste können Sie später mittels **Modifizieren · Navigationsleiste** ändern.

Weitere Elemente

Flash einbetten

Der Button **Flash** dient zum Einbetten einer komprimierten `.swf`-Datei, also einem für das Web optimierten Flash-Film und dem Einstellen seiner Eigenschaften. Diese Eigenschaften werden in Kapitel 19 genau erläutert.

Der Button **Datum** fügt das aktuelle Datum und/oder die Uhrzeit in einem wählbaren Format ein. Die Option **Beim Speichern automatisch aktualisieren** sorgt dafür, dass bei jedem Speichern des Dokuments die aktuellen Werte eingetragen werden. Dies ist besonders nützlich für »Zuletzt geändert«-Angaben.

Die Schaltfläche **Tabellendaten** importiert eine beliebige Textdatei und formatiert ihren Inhalt als Tabelle. Die Zellen werden an einem frei wählbaren Trennzeichen unterteilt, die Zeilen orientieren sich jeweils an Zeilenumbrüchen.

Mittels **Kommentar** können Sie einen HTML-Kommentar einfügen.

Die Schaltfläche **Vorlagen** enthält Elemente für die weiter unten beschriebenen Vorlagedateien.

Der letzte Button auf der Registerkarte ist die **Tag-Auswahl**. Sie bietet Anwendern, die mit HTML vertraut sind, die Möglichkeit, HTML-Tags anhand ihres Namens auszuwählen und einzufügen, wobei die verschiedenen Attributwerte im Dialog erfragt werden. Unter **Tag-Info** werden dieselben Informationen über HTML-Tags angeboten wie in der **Referenz**-Palette, deren Inhalte größtenteils aus O'Reilly-Büchern zum jeweiligen Thema stammen.

Neben HTML sind hier auch Tags und Befehle anderer Sprachen übersichtlich angeordnet, insbesondere für serverseitige Skriptsprachen wie ASP.NET, JSP, ColdFusion und PHP.

Arbeiten in der Layoutansicht

Mit Hilfe der Registerkarte **Layout** in der Einfügen-Palette können Sie zwischen drei Dokument-Ansichten umschalten, der Standardansicht, der erweiterten Tabellenansicht und der Layoutansicht. Die erweiterte Tabellenansicht erleichtert das Auswählen und Bearbeiten von Tabellenbestandteilen. In der Layoutansicht können mit Hilfe der beiden entsprechenden Buttons spezielle flexible Tabellen und Zellen erzeugt werden, die **Layouttabellen** und **Layoutzellen**. Nach einem Klick auf die jeweilige Schaltfläche können Sie das Element an einer beliebigen Stelle im Dokument aufziehen Die Layoutzellen sind innerhalb der Layouttabelle frei verschieb- und skalierbar. Nach dem Zurückschalten in die Standardansicht wird die Layouttabelle zu einer (manchmal ziemlich komplexen) normalen Tabelle, kann aber durch erneutes Umschalten in die Layoutansicht wieder bequem bearbeitet werden.

In der oberen Leiste der Layouttabelle steht für die einzelnen Spalten in »Optionen« ein Popup-Menü zur Verfügung: Um die Breite einer Spalte unverrückbar festzulegen, können

Sie **Platzhalterbild hinzufügen** (ein transparentes Ein-Pixel-GIF) auswählen. Die Option **Spalte automatisch strecken** entfernt dagegen die feste Breitenangabe einer Spalte, sodass sich ihre Breite automatisch aus der Tabellenbreite und der Breite des Browserfensters ergibt.

Um die Eigenschaften einer bestimmten Layoutzelle oder der gesamten Layouttabelle in der Eigenschaften-Leiste zu editieren, müssen Sie sie an ihrem Rand anklicken, um sie zu markieren. Die wichtigsten Einstellungen sind die Hintergrundfarben der Tabelle und der Zellen sowie die Zellauffüllung (der Innenabstand) und der Zellraum (Außenabstand) für die Tabelle.

Formulare

HTML-Formulare werden in Dreamweaver mit Hilfe der Registerkarte **Formulare** in der Einfügen-Palette erstellt. Tabelle 16.6 zeigt eine kurze Übersicht aller angebotenen Formularelemente in ihrer Reihenfolge; die Optionen wurden bereits im HTML-Abschnitt genau erläutert.

Element	Erläuterungen
Formular	Umschließt alle Elemente, deren Inhalt gemeinsam versandt werden soll. Dreamweaver zeichnet in der Entwurfsansicht einen gestrichelten Rahmen, um den Formularbereich zu kennzeichnen.
Textfeld	In der Eigenschaften-Leiste kann zwischen Einzeilig, Mehrzeilig und Kennwort gewählt werden, um die verschiedenen Arten von Textfeldern zu erstellen.
Verstecktes Feld	Automatisches Feld mit festgelegtem Namen und Wert für eigene Konfigurationsinformationen.
Textbereich	Schneller Zugriff auf ein mehrzeiliges Textfeld; auch hier kann wieder auf die beiden anderen Arten von Textfeldern umgeschaltet werden.
Kontrollkästchen	Erzeugt eine Checkbox; aus einer Gruppe können beliebig viele angekreuzt werden.
Optionsschalter	Erstellt einen Radiobutton. Wichtig ist der gemeinsame Name für alle Buttons einer Gruppe.
Optionsschalter-gruppe	Bietet die Möglichkeit, auf komfortable Weise eine Gruppe von Radiobuttons anzulegen.
Liste/Menü	Mit dieser Funktion können Sie ein Select-Menü einrichten, entweder als Popup-Menü oder als mehrzeilige Liste.
Sprungmenü	Richtet ein Select-Menü mit Hilfe automatisch erstellter JavaScript-Funktionen als Liste von Hyperlinks ein.
Bildfeld	Ermöglicht das Einbetten eines Bildes als angepassten Absendeknopf.
Dateifeld	Stellt ein Auswahlfeld für eine Datei zum Upload zur Verfügung.

Tabelle 16.6 Die Formularfunktionen in Dreamweaver

Element	Erläuterungen
Schaltfläche	Gemeinsame Funktion für das Einrichten von Absendeknöpfen, Zurücksetzen-Buttons und allgemeinen Buttons. Letztere können für den Aufruf von JavaScript-Funktionen verwendet werden.
Bezeichnung	Erzeugt das Tag `<label> ... </label>`, das statt einfachem Text zum Beschriften von Radiobuttons oder Checkboxen verwendet werden kann, aber keinen besonderen Effekt hat.
Feldgruppe	Erstellt das HTML-Element `<fieldset> ... </fieldset>`, eine beschriftete Umrandung für eine Gruppe von Formularelementen.

Tabelle 16.6 Die Formularfunktionen in Dreamweaver (Forts.)

Mit Frames arbeiten

Rechts in der der Registerkarte **Layout** der Einfügen-Palette finden Sie ein Popup-Menü, um zu der existierenden Datei ein Frame hinzuzufügen. Der blaue Bereich repräsentiert dabei das aktuelle Dokument; die weißen Bereiche werden als neue Frames hinzugefügt.

Frameset-Dateien

Beachten Sie, dass beim Hinzufügen eines Frames zu einer Einzeldatei, die noch keine Frames enthält, zwei neue Dateien erzeugt werden: die Datei, die in das neue Frame hineingeladen wird, sowie die Frameset-Definitionsdatei. Aus diesem Grund stehen im Menü **Datei** anschließend die komfortablen neuen Funktionen **Frameset speichern (unter...)** beziehungsweise **Frame speichern (unter...)** zur Verfügung.

Das Einstellen der Frameset- und Frame-Eigenschaften ist ein wenig unübersichtlich verteilt: Wenn Sie den Rand des Framesets im Dokumentfenster anklicken, stehen in der Eigenschaften-Palette die Optionen für das Frameset zur Verfügung. Ganz rechts in der Eigenschaften-Leiste befindet sich ein Frame-Wähler. Wenn Sie darin eines der Frames anklicken, können Sie diejenigen Eigenschaften dieses Frames einstellen, die im `<frameset>`-Tag definiert werden, insbesondere seine Breite und Höhe.

Frame-Eigenschaften

Wenn Sie dagegen die Eigenschaften eines Frames selbst einstellen möchten, beispielsweise seinen Namen oder die Möglichkeit zur nachträglichen Größenänderung, können Sie mit gedrückter `Alt`-Taste in das entsprechende Frame klicken. Alternativ können Sie die Palette **Frames** zu Hilfe nehmen, die über **Fenster · Andere · Frames** beziehungsweise `Shift` + `F2` aufgerufen wird. Hier können Sie in die symbolische Darstellung der einzelnen Frames hineinklicken, um ihre Optionen einzustellen. Um wieder das Frameset zu bearbeiten, können Sie auch in dieser Palette auf seinen Rand klicken.

16.5.3 Website-Funktionen

Mit Hilfe der Site-Verwaltung können Sie einzelne Dokumente zu einer kompletten Website verbinden. Dreamweaver sorgt dafür, dass sie im gleichen Ordner zusammengehalten werden und ermöglicht die automatische Verbindung mit einer Online-Version der Site.

Sites definieren

Als Erstes wird mittels **Site · Sites verwalten** und dem Button **Neu** eine neue Website definiert. Unter der Registerkarte **Grundeinstellungen** können Sie einen Schritt-für-Schritt-Assistenten verwenden, der nacheinander die folgenden Optionen erfragt:

- Den Namen der Website.
- Wird serverseitige Programmierung (ASP.NET, JSP, PHP und so weiter) verwendet? Wenn ja, welche Sprache?
- Sollen die Dateien der Site während der Bearbeitung auf dem lokalen Rechner, auf einem Server im lokalen Netzwerk oder auf dem Server des Providers liegen? Üblicherweise wird hier der lokale Rechner gewählt. Zusätzlich muss das Verzeichnis angegeben werden, in dem die Site gespeichert werden soll.

  Im Übrigen wird hier der lokale Ordner gewählt, in dem die Dateien der Site gespeichert werden. Falls dieser Ordner bereits Dokumente enthält, werden diese in der Site-Ansicht angezeigt.
- Wie soll die Verbindung zum entfernten Server hergestellt werden? Die häufigste Wahl, die von den meisten Providern unterstützt wird, ist **FTP**. Falls Sie eine Verbindung wählen, müssen Sie an dieser Stelle die genauen Zugangsdaten eingeben, die Sie von Ihrem Webhoster erfahren haben sollten.
- Wenn im vorigen Schritt eine Verbindung eingerichtet wurde, können Sie nun auf Wunsch das **Auschecken** aktivieren. Dies verhindert bei einer Website, die von mehreren Personen bearbeitet wird, dass dasselbe Dokument gleichzeitig an zwei Stellen modifiziert wird.
- Zum Schluss wird eine Zusammenfassung angezeigt. Wenn alles in Ordnung ist, können Sie auf **Fertig** klicken.

Auf der Registerkarte **Erweitert** können Sie dagegen alle Einstellungen in beliebiger Reihenfolge und mit erheblich mehr Optionen vornehmen.

Site-Verwaltung

Nachdem die Site definiert ist, erscheint in der Palette **Site** (**Fenster · Site** oder `F8`) ein Ordner mit dem Namen der Site, den Sie aufklappen können, um die Dateien der Site zu bearbeiten oder neu zu erstellen. Im separaten Menü **Ansicht** dieser Palette können Sie von **Site-Dateien** auf **Sitemap** umschalten, dazu muss zunächst eine Datei als Homepage ausgewählt werden: Klicken Sie die Datei mit der rechten Maustaste an (auf dem Mac `Ctrl` + Klick) und wählen Sie **Als Homepage festlegen** aus.

Die Sitemap zeigt eine Baumansicht aller Link-Beziehungen der Website an. Die Wurzel dieses Baums bildet die soeben angelegte Homepage. Im **Ansicht-**Menü der Palette können Sie optional **Seitentitel anzeigen** einblenden, um statt der Dateinamen die Titel zu sehen.

In beiden Ansichten kann jede Datei per Doppelklick zum Bearbeiten geöffnet werden; ansonsten funktionieren auch Verschieben, Löschen oder Umbenennen ähnlich wie in der Dateiverwaltung des Betriebssystems.

16

Elemente und Bibliothek

Eine interessante Funktion übernimmt die Palette **Elemente** (**Fenster · Elemente** oder `F11`) in Dreamweaver: Sie enthält in verschiedenen Kategorien alle Objekte, die innerhalb des Site-Ordners liegen beziehungsweise bereits auf der Site verwendet wurden. Im Einzelnen handelt es sich um Bilder, um die bereits verwendeten Farben, alle externen URLs, Flash-Filme, Shockwave-Filme, Video-Filme, Skripte (verwendete JavaScript-Elemente) und Vorlagen. Von jedem angeklickten Element wird eine Vorschau gezeigt; per Drag and Drop kann es an einer bestimmten Stelle auf einer Seite verwendet werden.

Die Bibliothek

Besonders interessant ist die unterste Kategorie, die so genannte **Bibliothek**: Hierhin können Sie beliebige Auswahlen aus einem Dokument ziehen und mit einem Namen versehen. Diese benannten Elemente können Sie wiederum an eine beliebige Stelle in Dokumenten ziehen, um sie anzuwenden. Wenn Sie ein Bibliothekselement doppelklicken, können Sie es nachträglich bearbeiten – es ist eine separate Datei mit der Endung `.lbi` (für »Library Item«). Sobald Sie es speichern, werden alle Stellen aktualisiert, an denen Sie es verwendet haben.

Arbeiten mit Vorlagen

Eine Vorlage ist ein spezielles Dokument mit der Dateiendung `.dwt` (»Dreamweaver Template«), das eine Mischung aus festgelegten und austauschbaren Bereichen enthält. In einer Vorlage werden bearbeitbare Bereiche angelegt, in denen sich auf jeder Seite anderer Inhalt befinden kann. Werden die Inhalte der Vorlage außerhalb der bearbeitbaren Bereiche nachträglich geändert, dann werden diese auch auf den Seiten, die diese Vorlage verwenden, automatisch aktualisiert, natürlich mit Sicherheitsabfrage.

Hinter den Kulissen realisiert Dreamweaver die Verwendung der Vorlage auf den Einzelseiten durch HTML-Kommentare, die die bearbeitbaren Bereiche von den festgelegten abgrenzen. Sie können sowohl in der Entwurfs- als auch in der Codeansicht nur innerhalb der bearbeitbaren Bereiche arbeiten.

Vorlagen definieren

Eine Vorlage wird folgendermaßen definiert:

1. Sie sollten bereits eine Site definiert und ausgewählt haben – Vorlagen werden immer pro Site angelegt und in dem speziellen Ordner Templates im Site-Ordner abgespeichert.
2. Wählen Sie **Datei · Neu**...

   Die passende Kategorie ist **Einfache Seite**, als Seitentyp müssen Sie rechts **HTML-Vorlage** auswählen.
3. Erstellen Sie nun alle Inhalte, die auf jeder Seite gleich aussehen sollen, direkt auf der Vorlagen-Seite.
4. Auf der Registerkarte **Allgemein** der Einfügen-Leiste können Sie nun im Popup-Menü **Vorlagen** verschiedene Optionen für Austauschbereiche finden. Die wichtigste ist ein einfacher **Bearbeitbarer Bereich**, den Sie mit Klick auf den dritten Button in der Leiste an der aktuellen Position auf der Seite einfügen. Anschließend muss ein Name für diesen Bereich festgelegt werden.

   Wenn Sie auf jeder Einzelseite selbst bestimmen möchten, wie die Inhalte des bearbeitbaren Bereichs formatiert werden sollen, dürfen Sie nun keinerlei Formatierung am Inhalt dieses Bereichs vornehmen. Sobald Sie ein Absatzformat wie Absatz oder Überschrift 1 und so weiter anlegen, bleiben Sie in diesem einen Absatz gefangen; bei der Verwendung von Schriftformatierung sind Sie sogar noch weiter eingeschränkt.
5. Zu guter Letzt können Sie nun die Vorlage speichern. Für eine Site können beliebig viele Vorlagen angelegt werden.

Nun können Sie eine Seite erstellen, die von einer Vorlage abhängt: Wählen Sie wieder **Datei · Neu...** und wechseln Sie in dem Dialog auf die Registerkarte **Vorlagen**. Wählen Sie hier die passende Vorlage aus und drücken Sie **OK**.

CSS-Stile

Die Einrichtung und Verwendung von Stylesheets funktioniert in Dreamweaver recht einfach. Abgesehen von der bereits beschriebenen automatischen Definition durch Textauszeichnungen ist die Palette **CSS-Stile** zuständig, die über **Fenster · CSS-Stile** oder `Shift` + `F11` aufgerufen wird.

Ganz unten in dieser Palette können Sie mit dem zweiten Button von links, **Neuer CSS-Stil**, eine Stylesheet-Formatierung einrichten. Es erscheint ein Dialog, in dem Sie verschiedene Einstellungen vornehmen können:

- Als Erstes wird der Typ des Stylesheets festgelegt: Ein benutzerdefinierter Stil oder eine Klasse wird in der Liste der CSS-Palette erscheinen und kann einem Absatz oder ausgewählten Zeichen einzeln zugewiesen werden. Beachten Sie, dass der Name der Klasse mit einem Punkt beginnen muss, zum Beispiel kann er `.test` lauten.

  HTML-Tag neu definieren legt das grundsätzliche Aussehen für ein bestimmtes HTML-Tag fest, das Sie aus der Liste auswählen können. Spätestens hier haben Sie es auch in Dreamweaver mit den Original-HTML-Namen der Tags zu tun – um Stylesheets zu verwenden, müssen Sie also beispielsweise wissen, dass `p` ein Absatz oder `h1` eine Hauptüberschrift ist. Die Tag-Definitionen erscheinen später nicht in der CSS-Palette, weil sie den entsprechenden Tags ohnehin automatisch zugewiesen werden.

  CSS-Selektor verwenden bietet schließlich den Zugriff auf die vier Zustände von Hyperlinks, die weiter oben im CSS-Abschnitt besprochen wurden.

- Unter **Definieren in** wird festgelegt, ob die CSS-Formate in einer externen Datei oder innerhalb der lokalen Datei gespeichert werden sollen. Wenn Sie sich das erste Mal für eine externe Datei entscheiden, müssen Sie sie im nächsten Schritt speichern. Beim nächsten CSS-Stil, den Sie anlegen, steht diese Datei dann automatisch zur Auswahl.

  Wenn Sie später eine neue Seite erstellen, können Sie auf die externe Stylesheet-Datei zugreifen, indem Sie den Button ganz links unten in der CSS-Palette, **Stylesheet anfügen**, auswählen. Im entsprechenden Dialog könenn Sie zwischen **Verknüpfung** und **Import** wählen. Letzterer bindet die externe CSS-Datei nicht per `<link>`-Tag ein, sondern übernimmt ihren Datenbestand in die Seite selbst. Das bedeutet allerdings, dass sich die CSS-Formate auf dieser Seite nicht mehr automatisch mit der externen Datei ändern.

Die eigentlichen Stile definieren

Nachdem Sie festgelegt haben, was für ein Stylesheet Sie definieren möchten, gelangen Sie in einen umfangreichen Dialog, in dem die einzelnen Formatierungen vorgenommen werden. Links finden Sie verschiedene Kategorien, rechts die konkreten Einstellungen. Im Großen und Ganzen sind die Optionen selbsterklärend. Beachten Sie aber bitte, dass Dreamweaver manche Einstellungen, die er anbietet, selbst nicht anzeigen kann. Beispielsweise sehen Sie erst im Browser den ausgewählten Stil von Rahmenlinien; Dreamweaver zeigt immer durchgezogene Linien an.

Wie bereits erwähnt werden Tag- und Selektor-Definitionen den Elementen automatisch zugewiesen. Um einem Absatz einen speziellen Stil zuzuweisen, klicken Sie die gewünschte Klasse einfach in der CSS-Palette an. Dasselbe gilt für markierten Text, der bei Zuweisung einer CSS-Klasse automatisch mit `<span> ... </span>` umschlossen wird.

Wenn Sie CSS-Definitionen ändern möchten, müssen Sie **Stylesheet bearbeiten** aus dem Paletten-Popup auswählen. Es öffnet sich ein Dialog, in dem Sie die internen Stylesheets oder die verknüpfte CSS-Datei zum Bearbeiten auswählen können.

16.5.4 Layers und Verhalten

Dreamweaver ist in der Lage, automatisch Dynamic HTML (eine Kombination aus JavaScript und CSS) für bestimmte grundlegende Verhaltensweisen zu schreiben. Grundlage dieser Funktionen sind vor allem die Layers (DHTML-Ebenen), die durch `<div>`-Tags mit einer einmaligen, eindeutigen Bezeichnung gebildet werden.

In Kapitel 18, *JavaScript*, lernen Sie, solche Skripte von Hand zu schreiben – unter anderem werden Sie bemerken, wie schwierig es ist, den unterschiedlichen Browserversionen gerecht zu werden. Glücklicherweise bemerkt ein automatisch erzeugtes Dreamweaver-Skript selbst, in welchem Browser es gerade läuft, und verhält sich entsprechend.

Einen Layer erzeugen

Klicken Sie auf den fünften Button in der Einfügen-Palette, Registerkarte Allgemein und ziehen Sie an der gewünschten Stelle im Dokument einen Rahmen auf. Diese Funktion erzeugt ein unabhängig über die CSS-Eigenschaften `position`, `top` und `left` positioniertes `<div>`-Objekt. In der Entwurfsansicht wird es in zwei separaten Teilen angezeigt: Ein kleines gelbes Anker-Element zeigt an, wo die Definition der Ebene im HTML-Code steht; ein Rahmen stellt die Ebene selbst dar. Ein Klick auf das Anker-Element oder das kleine Quadrat links oben über dem Ebenenrand ermöglicht das Einstellen der Layer-Optionen in der Eigenschaften-Leiste. An Letzterem können Sie den Layer auch ziehen, um seine Position zu ändern.

Layer-Eigenschaften

Geben Sie dort als **Ebenen-ID** einen eindeutigen Namen ein. Die anderen wichtigen Einstellungen sind Position, Größe, Z-Index (Stapelreihenfolge) und Sichtbarkeit (Sie können eine Ebene über »Verhalten« ein- und ausblenden).

Verhalten verwenden

Verhalten sind automatisch erstellte JavaScript-Anweisungen, die bestimmte dynamische Veränderungen durchführen. Sie werden in der gleichnamigen Palette (**Fenster · Verhalten** oder `Shift` + `F3`) zugewiesen.

Wenn beim Erstellen eines Verhaltens nichts ausgewählt ist, wird ein automatisch auszuführendes Body-Verhalten erstellt. Ansonsten können Sie einen Link auswählen, wodurch ein Verhalten erzeugt wird, das auf eine Mausaktion am Hyperlink (Anklicken, Darüberrollen und so weiter) reagiert. Schließlich können Sie auch noch einem Formularelement ein Verhalten zuweisen.

Mit dem Plus-Button in der Verhaltens-Palette kann ein neues Verhalten für die aktuelle Auswahl erstellt werden. Wichtige Verhalten sind zum Beispiel folgende:

- **Ebenen ein-/ausblenden**: Ein durch seinen (in der Liste auswählbaren) Namen gekennzeichneter Layer kann ein- beziehungsweise ausgeblendet werden.
- **Ebene ziehen**: Ein ausgewählter Layer kann mit gedrückter Maustaste gezogen werden.
- **Zeitleiste**: eine Aktion auf der Zeitleiste (siehe unten) starten.
- **Gehe zu URL**: durch das gewählte Ereignis zu einer bestimmten URL springen.
- **Browserfenster öffnen**: ein neues, angepasstes Fenster mit einstellbaren Eigenschaften öffnen.
- **Text definieren**: Sie können den Text eines Layers oder in der Statusleiste des Browserfensters dynamisch ändern.
- **JavaScript aufrufen**: Eine selbst definierte JavaScript-Funktion wird aufgerufen. Wie Sie solche Funktionen schreiben können, erfahren Sie in Kapitel 18, *JavaScript*.

Ereignisse definieren

Nach Auswahl eines Verhaltens und Einstellung seiner Eigenschaften in einem jeweils speziellen Dialog müssen Sie in der Verhaltens-Palette in der Zeile des neuen Verhaltens das Popup-Menü öffnen, um zu wählen, von welchen Ereignissen dieses Verhalten abhängen soll.

Bei Body-Verhalten stehen beispielsweise folgende Ereignisse zur Verfügung:

- `onLoad`: Die Seite wird gerade geladen.
- `onUnload`: Die Seite wird gerade verlassen.

Bei Links können Sie zum Beispiel diese Ereignisse wählen:

- `onMouseOver`: Der Mauszeiger hat soeben den Link berührt.
- `onMouseOut`: Der Mauszeiger hat den Link wieder verlassen.
- `onClick`: Die Maustaste wurde gerade gedrückt.

Für Formularelemente (vor allem Textfelder) sind etwa folgende Ereignisse abrufbar:

- `onFocus`: Das Element wurde gerade aktiviert, zum Beispiel durch [Tab] oder Mausklick.
- `onBlur`: Das Element wurde gerade verlassen, weil ein anderes aktiviert wurde.

Mit der Zeitleiste arbeiten

Im Original-Auslieferungszustand von Dreamweaver MX 2004 wurden die Zeitleisten vergessen. Diesen und einige weitere Fehler behebt das kostenlose Upgrade, das Sie unter **http://www.macromedia.com/support/dreamweaver/downloads_updaters.html** herunterladen können. Achten Sie bitte auf die richtige Sprach- und Betriebssystemversion.

Die Zeitleiste bietet die Möglichkeit, eine zeitlich definierte Abfolge von Verhalten zu definieren, beispielsweise kann ein Layer animiert werden. Sie öffnen die Zeitleiste über **Fens-**

ter · Zeitleisten oder [Alt] + [F9]. Sie sieht fast so aus wie das Drehbuch in Director (Kapitel 11, *Multimedia*).

Mehrere Zeitleisten

Falls mehrere unabhängige zeitgesteuerte Verhaltensweisen auftreten sollen, müssen Sie **Zeitleiste hinzufügen** aus dem Optionen-Popup rechts oben in der Palette auswählen, um eine weitere Zeitleiste einzurichten – alle auf einer Zeitleiste definierten Ereignisse finden auf jeden Fall gleichzeitig statt. Links oben befindet sich ein Popup-Menü, mit dem Sie zwischen den verschiedenen einzelnen Zeitleisten wechseln können.

Mit **Objekt hinzufügen** aus dem Optionen-Popup wird der aktuell angeklickte Layer aus der Palette **Ebenen** (**Fenster · Ebenen** oder [F2]) in die Zeitleiste gesetzt.

Der Balken bestimmt Anfangszeitpunkt und Endzeitpunkt des Layers. Mit **Schleife** läuft die Zeitleiste in einer Schleife ab. **Auto-Wdg.** fügt ein `onLoad`-Verhalten zum Body hinzu, um diese Zeitleiste sofort nach dem Laden der Seite abzuspielen. Wenn Sie die Zeitleiste manuell starten möchten, müssen Sie einem entsprechenden Link das Verhalten **Zeitleiste; Zeitleiste abspielen** zuweisen.

Unter **Bps** wird die Abspielgeschwindigkeit »Bilder pro Sekunde« eingestellt.

An jeder Stelle, an der sich im Balken ein runder Punkt (Keyframe oder Schlüsselbild genannt) befindet, können Sie die Position des Layers explizit einstellen. Die Zwischenpositionen entstehen durch Tweening (automatisches Berechnen der Zwischenbilder). Anfangs befinden sich automatisch am Anfang und am Ende des Balkens Schlüsselbilder; weitere lassen sich aus dem Popup über **Schlüsselbild hinzufügen** einrichten.

16.6 Zusammenfassung

Nach über 12 Jahren öffentlicher Verfügbarkeit kann man HTML als ausgereift bezeichnen. So gut wie alle erforderlichen strukturellen Auszeichnungen lassen sich vornehmen. Für das Dokumentlayout wird mit CSS inzwischen eine sehr mächtige eigenständige Sprache angeboten.

Ein wenig wechselhaft ist nur die Geschichte von HTML, was sich in den heute noch nebeneinander verwendeten Versionen und der unterschiedlichen Unterstützung durch verschiedene Browser widerspiegelt.

Im Grunde kann man feststellen, dass HTML ganz zu Anfang nur zur Auszeichnung von Dokumentstrukturen gedacht war, dann aber von den Browserherstellern Netscape und Microsoft immer stärker mit Layout-Tags durchsetzt wurde. Erst 1997 gelang es dem W3C, sich mit HTML 4.0 von den Vorgaben der Browserfirmen zu lösen und durch die Einführung von CSS ein effizientes Modell anzubieten, mit dem sich das Layout separat behandeln lässt.

Der bisher jüngste Schritt war die Entwicklung von XHTML – nach der Einführung von XML war es notwendig geworden, HTML auf der Grundlage der XML-Regeln neu zu definieren, um es zu diesem neuen Standard für allgemeine Auszeichnungssprachen kompatibel zu machen.

Das WWW ist ein anderes Medium als eine Druckseite und erfordert deshalb eine andere Herangehensweise an Designaufgaben. Sie können zum Beispiel nicht von einer festen Größe des Ausgabemediums ausgehen, sondern müssen Dokumente so anlegen, dass sie bei unterschiedlichen Bildschirmauflösungen verwendbar sind und gut aussehen. Darüber hinaus müssen Sie sich mit den diversen Inkompatibilitäten der verschiedenen Browser auseinander setzen.

Das Programm Macromedia Fireworks ist eine integrierte und vernünftige Lösung für die Bearbeitung von Webgrafiken. Im ersten Schritt können Sie damit auf einfache Art und Weise die für das Web benötigten Bilddateiformate GIF, JPEG und PNG erstellen. Darüber hinaus bietet das Programm Unmengen von Möglichkeiten, um Gruppen von Bildern animiert oder interaktiv zu exportieren.

Macromedia Dreamweaver ist der Marktführer bei den grafisch orientierten Website-Editoren. Gerade die gelungene Kombination aus visueller und codeorientierter Dokumentbearbeitung macht die Software zu einem gelungenen Entwurf, mit dem sich schnell und produktiv arbeiten lässt. Beachten Sie aber bitte, dass die Anwendung eines grafischen Webseiten-Editors nichts bringt, wenn man nicht zumindest über HTML-Grundkenntnisse verfügt: Wenn Sie nicht verstehen, was der Webseiteneditor in Wirklichkeit tut, werden Sie niemals komplexere Probleme damit lösen können.

17 Webanwendungen

The nice thing about standards is that there are so many of them to choose from.
– Andrew S. Tanenbaum, Informatikprofessor

Als das Web erfunden wurde, waren Websites nichts weiter als eine Ansammlung statischer HTML-Dokumente. Irgendwann wurden die zu präsentierenden Datenmengen jedoch zu umfangreich, um »zu Fuß« entsprechende Dokumente zu schreiben. Dieses Kapitel stellt eines der beliebtesten Verfahren zur serverseitigen Erzeugung von Webseiten aus dynamischen Inhalten vor: die Kombination aus der Skriptsprache PHP und der Datenbank MySQL.

17.1 Grundlagen

Das Grundprinzip von Webserver-Anwendungen ist immer dasselbe: Wenn ein Benutzer eine bestimmte URL anfordert, die auf eine solche Anwendung verweist, liefert der Webserver nicht einfach ein fertiges Dokument aus. Stattdessen startet er irgendeine Art von Programm, das aus einer Vorlage und variablen Daten on-the-fly eine Webseite erstellt, und liefert diese dynamisch erzeugte Seite an den Browser des Besuchers aus. Bei dem Programm, das der Webserver aufruft, kann es sich je nach verwendeter Server-Lösung um ein externes Programm handeln, das separat gestartet wird, oder aber um ein Modul des Webservers selbst. Letzteres ist erheblich effizienter – der Webserver kann die Anfrage selbst bearbeiten und muss kein separates Programm starten. Bedenken Sie, dass bei einem externen Programm für jeden Aufruf ein neuer Prozess gestartet wird, was bei vielen zeitgleichen Benutzern zu erheblichen Engpässen führen kann.

Wenn Sie die Beispiele in diesem Kapitel ausprobieren möchten, benötigen Sie grundsätzlich Zugang zu einem Webserver. Sie können eine Webserver-Software wie Apache auf Ihrem eigenen Rechner installieren (siehe Kapitel 14, *Netzwerkanwendungen*). Wenn Sie bereits eine öffentlich zugängliche Website betreiben, können Sie auch den Webserver Ihres Providers verwenden – allerdings stehen nicht bei allen Tarifen aller Hosting-Dienste serverseitige Funktionen zur Verfügung. Dies müssen Sie übrigens auch prüfen, bevor Sie sich für einen bestimmten Provider beziehungsweise für eine bestimmte Server-Technologie entscheiden.

17.1.1 Konkurrenztechnologien

Neben dem in diesem Kapitel ausführlich vorgestellten PHP und den in Kapitel 14, *Netzwerkanwendungen*, angesprochenen Java-Technologien Servlets und JSP gibt es noch zahlreiche weitere Sprachen und Schnittstellen für die Webserver-Programmierung. Hier nur noch zwei weitere im Schnellüberblick:

- **CGI** (Common Gateway Interface) ist die klassische Kommunikationsschnittstelle zwischen Webservern und externen Programmen. Der Standard gilt unverändert seit 1995. Er definiert im Wesentlichen folgende Vorgehensweise: Wenn eine Client-Anfrage eine

Ressource anfordert, die auf ein CGI-Programm verweist, wird dieses vom Webserver als externer Prozess gestartet. Dabei kann der Server Daten aus HTML-Formularen an das Programm weiterreichen. Alles, was das Programm auf die Standardausgabe schreibt, nimmt der Server entgegen und sendet es dem Client als Antwort. Die beliebteste Programmiersprache für CGI-Skripte ist Perl, zumal es ein Zusatzmodul namens CGI.pm gibt, das die CGI-Programmierung durch praktische Funktionen erleichtert. Falls Sie allerdings Apache benutzen und Ihre Webanwendungen in Perl schreiben möchten, sind Sie nicht mehr auf CGI angewiesen. Stattdessen können Sie `mod_perl` verwenden; dieses Modul integriert den Perl-Interpreter direkt in den Webserver.

- Microsofts Technologie zur Webprogrammierung heißt **ASP** (Active Server Pages). Sie ist ein integraler Bestandteil des Microsoft Internet Information Servers. Ähnlich wie bei PHP können auch ASP-Codeblöcke direkt in ein HTML-Dokument hineingeschrieben werden; in diesem Fall zwischen die Markierungen `<%` und `%>`. Die klassischen Active Server Pages wurden ausschließlich in VBScript geschrieben, einer abgespeckten Variante von Visual Basic. Im Rahmen des Microsoft .NET-Frameworks wurde ASP zu ASP.NET weiterentwickelt. Deshalb können die Skripte nun in jeder Sprache geschrieben werden, die die .NET Common Language Runtime (CLR) verarbeiten kann – zurzeit sind dies C#, C++ und Visual Basic.

17.1.2 Content-Management, Weblogs & Co.

Ein Grund für den Einsatz serverseitiger Programmierung – neben den hier behandelten Webanwendungen – sind wartungsfreundlichere Websites: Wenn Inhalte in einer durchdachten Datenbankstruktur gespeichert und mit Hilfe von Platzhaltern in den Rahmen eines Site-Designs eingefügt werden, gelingt die Aktualisierung – besonders auch von Inhalten, die auf vielen verschiedenen Seiten vorkommen – schneller und fehlerfreier. Wenn noch einfache Editoren (oder Webformulare) für die reinen Inhalte hinzukommen, können Redakteure oder Autoren die Site aktualisieren und ergänzen, ohne sich um das Design oder die Programmierung kümmern zu müssen.

Dieses Verfahren wird als **Content-Management** bezeichnet. Es gibt zahllose Softwarelösungen für diese Aufgabe, die so genannten **Content-Management-Systeme** (CMS). Sie reichen vom einfachen Anfänger-Tool bis zum umfangreichen Online-Redaktionssystem; in beiden Kategorien gibt es sowohl Open-Source- als auch kommerzielle Programme.

TYPO3

Der Shootingstar unter den Content-Management-Systemen ist zurzeit die Open-Source-Lösung **TYPO3**. Das System ist in PHP implementiert, kann eine beliebige Datenbank einsetzen (am häufigsten wird wohl MySQL gewählt) und läuft sowohl unter Windows als auch unter beliebigen UNIX-Varianten. Ein Highlight ist die eingebaute Sprache TypoScript, über die Sie das System und die verwalteten Sites sehr flexibel an Ihre Bedürfnisse anpassen können.

Wie jedes CMS verfügt TYPO3 über verschiedene Arbeitsmodi und entsprechende Berechtigungen: Administratoren bearbeiten die Grundstruktur der Sites, während Designer, Entwickler und Redakteure unterschiedliche Freiheitsgrade besitzen, um bestimmte Teile der Site zu ändern oder zu ergänzen.

Sie können die Software unter **http://www.typo3.org** herunterladen. Es stehen verschiedene Pakete zur Auswahl: Wählen Sie beispielsweise das **QuickStart package**, um TYPO3 zusammen mit einer umfangreichen Tutorial-Site zu installieren – so lernen Sie interaktiv und in der Praxis den Umgang mit dem CMS. Das **Testsite package** enthält ebenfalls eine vorgefertigte Website, allerdings mit Features für Fortgeschrittene. Das **Dummy package** ist die richtige Wahl, wenn Sie mit einer echten Site loslegen möchten: Es enthält eine zum Bearbeiten vorkonfigurierte, aber völlig leere Website.

Der »kleine Bruder« eines CMS sind die weit verbreiteten **Weblogs** oder kurz **Blogs**. Es handelt sich um Internettagebücher, in denen der jeweils neueste Eintrag ganz oben auf der Startseite erscheint. Zudem lassen sich die Einträge auf beliebige Kategorien verteilen, so dass sie auf Wunsch entsprechend gefiltert dargestellt werden können. Viele Blogs besitzen auch kalendarische Archive und verschiedene Suchfunktionen. Blogs

Die einfachste Möglichkeit, ein Blog zu betreiben, ist der Beitritt zu einer freien oder kommerziellen Blogging-Community wie **http://www.antville.org**, **http://blogg.de** oder **http://www.blogger.de**. Dies hat zwei Vorteile: Der Server eines solchen Betreibers ist fertig zum Bloggen eingerichtet; sobald Sie einen Account haben, können Sie loslegen. Außerdem generiert ein solches Blog-System automatisch so genannte **Newsfeeds**, XML-basierte Zusammenfassungen der neuesten Schlagzeilen. Diese werden automatisch von Suchmaschinen und speziellen Blog-Sammlungen durchsucht – wenn Sie häufig interessante Inhalte veröffentlichen, könnte Ihr Blog durchaus populär werden. Inzwischen lesen (und zitieren) sogar Journalisten der Tagespresse manchmal Weblogs.

Viel flexibler ist natürlich der Betrieb von Blogging-Software auf dem eigenen Webserver beziehungsweise im eigenen Webspace. Es gibt unzählige Blogging-Systeme; sehr viele von ihnen sind Open Source. Wichtig ist, dass das von Ihnen gewählte mit einer Datenbank und einer Programmiersprache zusammenarbeitet, die Ihr Webhoster unterstützt. Einige Beispiele sind: Blogging-Software

- **Antville**. Open Source, in Java geschrieben. Download unter **http://www.antville.org**.
- **Slash**. Die Engine, auf der Slashdot läuft – eine der bekanntesten IT-Communities und die »Mutter aller Weblogs«. Die Site und die Perl-basierte Software gibt es unter **http://www.slashdot.org**.
- **MovableType** ist ebenfalls Perl-basiert. Für private Anwender ist diese kommerzielle Lösung kostenlos. Näheres unter **http://www.movabletype.org**.
- **Nucleus** (**http://www.nucleuscms.org**) ist eigentlich ein ausgewachsenes CMS, aber für den Einsatz als Blogging-Software vorkonfiguriert. Es ist freie Software und wurde in PHP geschrieben.

Einen aussagekräftigen Vergleichstest von vier Blogging- und CMS-Tools finden Sie im Blog von Bill Grady: **http://www.billgrady.com/mt/archives/000063.php**.

Ideal für die Zusammenarbeit vieler Autoren, die ihr Wissen zusammentragen möchten, sind **Wikis**. Diese Sites können sofort von jedem beliebigen Benutzer online bearbeitet werden. Das bekannteste Wiki ist die Online-Enzyklopädie **Wikipedia**; Sie finden ihre deutsche Sektion unter **http://de.wikipedia.org**. Wikis

Die Software der Wikipedia ist das PHP- und MySQL-basierte Open-Source-Tool **MediaWiki**. Sie können es unter **http://wikipedia.sourceforge.net** herunterladen und für eigene Wiki-Projekte einsetzen.

17.2 PHP

Eines der beliebtesten Werkzeuge zur Erstellung dynamischer Web-Inhalte für kleine und mittlere Websites ist die Sprache **PHP**. Der Name dieser 1995 von Rasmus Lerdorf unter der ursprünglichen Bezeichnung **Personal Homepage Tools** entwickelten Server-Skriptsprache steht inzwischen für das rekursive Akronym **PHP:Hypertext Preprocessor**.

PHP-Download

Die Sprache ist für viele verschiedene Plattformen wie Windows und etliche UNIX-Varianten verfügbar. Besonders verbreitet ist die Kombination aus dem Betriebssystem Linux, dem Webserver Apache, der freien Datenbank MySQL und der Programmiersprache PHP (manchmal auch Perl oder Python) – kurz einem LAMP-System. Unter dem Betriebssystem Windows wird dieselbe Softwarekombination WAMP genannt.

Praktisch ist in diesem Zusammenhang, dass aktuelle Linux-Distributionen komplett mit all diesen Komponenten ausgeliefert werden, so dass Sie sofort nach der Systeminstallation mit der Entwicklung einer LAMP/WAMP-Site beginnen können. Wie Sie den Apache-Webserver für das Ausführen von PHP-Skripten konfigurieren, erfahren Sie in Kapitel 14, *Netzwerkanwendungen*.

PHP-Dokumente

Einer der größten Vorteile von PHP gegenüber klassischem CGI ist, dass der PHP-Interpreter gewöhnliche HTML-Dateien akzeptiert, in denen speziell markierte PHP-Abschnitte verarbeitet und durch ihre Ausgabe ersetzt werden: Sie müssen kein HTML mehr ausgeben, sondern können PHP-Anweisungen an die passende Stelle des HTML-Dokuments schreiben.

Der PHP-Code wird in einen Bereich hineingeschrieben, der folgendermaßen gekennzeichnet wird:

```
<?php
   // PHP-Anweisungen
?>
```

Ein solcher Bereich kann an einer beliebigen Stelle im HTML-Dokument stehen, sogar innerhalb von HTML-Tags oder ihren Attributwerten. Außerdem können sich HTML- und PHP-Blöcke an einer beliebigen Stelle und selbst innerhalb derselben Zeile abwechseln. Konstrukte wie das folgende sind ohne weiteres möglich und können sehr praktisch sein:

```
<?php if ($punkte > 100) { ?>
   <h2>Herzlichen Gl&uuml;ckwunsch!</h2>
<?php } else { ?>
   <h2>Sie sollten noch &uuml;ben!</h2>
<?php } ?>
```

Dieses Beispiel gibt die Überschrift »Herzlichen Glückwunsch!« aus, wenn die Variable `$punkte` einen höheren Wert als 100 hat, ansonsten »Sie sollten noch üben!«. Die folgende Schreibweise ist synonym, aber unhandlicher:

```
<?php

   if ($punkte > 100) {
      echo "<h2>Herzlichen Gl&uuml;ckwunsch!</h2>";
   } else {
      echo "<h2>Sie sollten noch &uuml;ben!</h2>";
   }

?>
```

17.2.1 PHP installieren

PHP bietet zwei verschiedene Betriebsmodi für die Zusammenarbeit mit dem Apache-Webserver: als externer CGI-Interpreter oder als Modul (Letzteres wird im PHP-Jargon als Server-API- oder kurz SAPI-Modul bezeichnet). Beide Versionen haben ihre Vor- und Nachteile:

- Die CGI-Variante wird seit der ersten PHP-Version unterstützt, ist also seit fast zehn Jahren unzähligen Praxistests ausgesetzt. Sie kann daher mit Recht als stabil und ausgereift bezeichnet werden. Dafür leidet sie unter den bereits erwähnten Nachteilen von CGI: Das Forking eines neuen Child-Prozesses (oder das Erzeugen eines neuen Threads) für jeden Aufruf eines PHP-CGI-Skripts erzeugt bei stark belasteten Websites schnell Speicher- und Performance-Engpässe.
- Die SAPI-Unterstützung wurde erst mit der PHP-Version 4 eingeführt und galt lange als experimentell. Inzwischen ist sie allerdings durchaus praxistauglich; immer mehr Sites benutzen PHP als Server-Modul, vor allem natürlich mit Apache. Durch das direkte Einfügen des PHP-Interpreters in den Webserver kann dieser PHP-Skripte ohne zusätzliche Belastung unmittelbar ausführen. Selbstverständlich benötigt Ihre Apache-Installation DSO-Unterstützung, damit diese Variante eingesetzt werden kann.

In diesem Unterabschnitt wird die Installation und Konfiguration beider PHP-Einsatzarten erklärt.

Der ohnehin große Funktionsumfang von PHP lässt sich durch zahlreiche Bibliotheken der PHP-Anbieter oder auch von Drittanbietern erweitern. Die zentrale Plattform für solche Erweiterungen ist **PEAR**, das **PHP Extension and Application Repository**. Auf der zugehörigen Website **http://pear.php.net** finden Sie unzählige Bibliotheken und fertige Anwendungen.

Installation unter UNIX

Auf UNIX-Systemen ist – wie bei freier Software üblich – die Kompilierung des Quellcodes zu bevorzugen. Zunächst einmal müssen Sie sich das Quellcode-Paket der gewünschten PHP-Version besorgen. Sie finden die aktuelle Release von PHP 5 (zurzeit 5.0.3) auf der Site **www.php.net** oder den dort angegebenen Mirrors.

Zunächst einmal müssen Sie das Archiv entpacken:

```
# tar -xzvf php-5.0.3.tar.gz
```

Wechseln Sie anschließend in das neu erstellte Verzeichnis, in dem sich der entpackte Quellcode-Baum befindet:

```
# cd php-5.0.3
```

Build-Konfiguration

Nun wird das `configure`-Skript aufgerufen. Die allgemeinen Optionen wie `--prefix` (Basisverzeichnis) sind Autoconf-Standard und wurden in Kapitel 14, *Netzwerkanwendungen*, bereits für Apache erläutert; andere Kommandozeilenargumente, insbesondere die zahlreichen Schalter im Format `--enable-feature` oder `--with-option`, sind PHP-spezifisch. Geben Sie folgenden Befehl ein, wenn Sie alle Optionen in Ruhe lesen möchten:

```
# ./configure --help |less
```

Sie sollten auf jeden Fall die Option `--with-mysql` verwenden, um die wichtige MySQL-Unterstützung zu aktivieren. Wenn Sie PHP 5 und eine MySQL-Version ab 4.1.2 verwenden, sollten Sie besser die `mysqli`-Extension aktivieren. Diese bietet eine moderne, objektorientierte Schnittstelle zu MySQL-Datenbanken. In diesem Fall empfiehlt es sich, die traditionelle Schnittstelle mit der Option `--without-mysql` explizit zu deaktivieren. Weiter unten wird die Programmierung mit beiden Varianten erläutert.

Eine weitere Entscheidung, die Sie schon an dieser Stelle treffen müssen, ist die Frage, ob Sie PHP als CGI- oder als SAPI-Variante verwenden möchten. Für Letzteres ist nämlich die Option `--with-apxs2[=/Pfad/zu/apxs]` erforderlich, wenn Sie die notwendigen Anpassungen nicht manuell vornehmen möchten. Der Modul-Installer `apxs` befindet sich im `bin`-Verzeichnis der Apache-Installation.

configure-Beispiel

Hier sehen Sie einen `configure`-Aufruf, der die Makefiles zur Installation als SAPI-Modul mit `mysqli`-Unterstützung in das Basisverzeichnis `/usr/local/php5` erstellt, wenn sich `apxs` unter `/usr/local/apache2/bin` und MySQL unter `/usr/local/mysql` befindet:

```
# ./configure --prefix=/usr/local/php5 --without-mysql \
--with-mysqli=/usr/local/mysql/bin/mysql_config \
--with-apxs2=/usr/local/apache2/bin/apxs
```

Wünschen Sie dagegen traditionelle CGI-Unterstützung und die klassische MySQL-Extension, können Sie folgende Variante des Konfigurationsbefehls einsetzen:

```
# ./configure --prefix=/usr/local/php5 --with-mysql
```

Wenn `configure` beendet wurde, erfolgen der eigentliche Build-Vorgang und die anschließende Installation über die beiden folgenden bekannten Befehle:

```
# make
# make install
```

Wenn Sie PHP mit der Option `--with-apxs2` konfiguriert haben, sollte Ihre `httpd.conf`-Datei automatisch folgende Zusatzzeile erhalten haben:

```
LoadModule php5_module modules/libphp5.so
```

In beiden Fällen müssen Sie selbst dafür sorgen, dass Apache 2 Dateien mit der Endung `.php` (oder, wenn Sie möchten, auch mit den veralteten Endungen `.php3`, `.php4` oder

.phtml) als PHP-Skripte betrachtet. Dazu wird im gewünschten Konfigurationskontext eine der folgenden Zeilen eingesetzt:

```
AddType application/x-httpd-php .php
# Alternative zur Verknüpfung weiterer Endungen:
AddType application/x-httpd-php .php .php3 .php4 .phtml
```

Wenn Sie PHP als CGI-Anwendung verwenden möchten, müssen Sie httpd.conf um folgende Zeilen erweitern:

```
Alias /php/ /usr/local/php5/bin/
AddType application/x-httpd-php .php
Action application/x-httpd-php "/php/php"
```

Suchen Sie sich am besten für jede der drei Zeilen eine Stelle, an der dieselbe Direktive verwendet wird, oder kommentieren Sie die ganze Direktivengruppe als »PHP-CGI-Konfiguration«.

Installation unter Windows

Für Windows wird PHP bevorzugt in Binärform angeboten; die eigenständige Kompilierung ist etwas komplexer als bei Apache und soll hier nicht vertieft werden. PHP-Release-Versionen (zurzeit 5.0.3) werden für Windows in zwei verschiedenen Varianten angeboten:

- **Installer**. Dieses Paket ist eine EXE-Datei, die Sie per Doppelklick starten können. Es unterstützt ausschließlich die CGI-Version von PHP. Sie müssen hier einige Fragen beantworten – unter anderem die nach dem Installationsverzeichnis. Da sich die Einzelheiten oft ändern, wird hier nicht näher darauf eingegangen – einige Einstellungen entsprechen Optionen der weiter unten angesprochenen php.ini-Datei. Für einige Webserver wie Microsoft IIS oder OmniHTTPd kann der Installer auch gleich automatisch die PHP-Konfiguration vornehmen, für Apache aber leider nicht.
- **ZIP-Archiv**. Dieses Paket enthält den vollständigen Leistungsumfang von PHP: Neben der CGI-Funktionalität werden die SAPI-Module für diverse Webserver mitgeliefert, unter anderem auch für Apache 2.

Die Einrichtung der ZIP-Datei erfordert ein wenig Handarbeit. Im Wesentlichen müssen Sie die folgenden Schritte durchführen:

1. Entpacken Sie das ZIP-Archiv (zurzeit heißt es php-5.0.3-Win32.zip). Als Verzeichnis empfiehlt sich beispielsweise **C:\PHP**; die Ausführungen in den nachfolgenden Punkten gehen von diesem Vorschlag aus.
2. Das Verzeichnis, in das Sie PHP entpackt haben, enthält eine Datei namens php.ini-dist. Es handelt sich um die vorgefertigte Version der Konfigurationsdatei php.ini. Sie müssen diese Datei nach %SystemRoot% (zum Beispiel **C:\Windows**) kopieren und dort in php.ini umbenennen.

3. Nehmen Sie an Ihrer neuen `php.ini`-Datei folgende – an Ihr System anzupassenden – Änderungen vor (die entsprechenden Zeilen sind bereits enthalten; sie enthalten aber noch keine Pfadangabe):

```
doc_root = C:\Apache2\htdocs   ; Ihre Apache-DocumentRoot
extension_dir = C:\PHP\        ; Ihr PHP-Verzeichnis
```

   Wie Sie sehen, wird in der Windows-Version dieser Datei der systemübliche Backslash (\) als Pfad-Trennzeichen verwendet. Das Semikolon leitet einen Kommentar ein, der bis zum Zeilenende reicht.

4. Kopieren Sie die Datei `php5ts.dll` aus Ihrem PHP-Verzeichnis nach `%SystemRoot%\System32` (bei Windows 95, 98 und Me in das Unterverzeichnis `System` im Windows-Ordner).

5. Nehmen Sie zu guter Letzt folgende Ergänzungen an Ihrer `httpd.conf`-Datei vor:

```
LoadModule php5_module "C:/PHP/php5apache2.dll"
AddType application/x-httpd-php .php
```

   Für die CGI-Variante müssen Sie diesen Schritt weglassen und stattdessen die folgenden Zeilen zur Datei `httpd.conf` hinzufügen:

```
ScriptAlias /php/ "c:/php/"
AddType application/x-httpd-php .php
Action application/x-httpd-php "/php/php.exe"
```

17.2.2 Die PHP-Konfigurationsdatei php.ini

Wie bereits im Zusammenhang mit der Installation erwähnt wurde, besitzt PHP ein Konfigurationsdatei namens `php.ini`. Wie der Dateiname vermuten lässt, wurde ihre Syntax (auch unter UNIX) den klassischen Windows-INI-Dateien nachempfunden:

- Sie enthält verschiedene Abschnitte, die durch Schlüsselwörter in eckigen Klammern eingeleitet werden. Beispiel:

```
[PHP]
```

- Jede Einstellung steht in einer eigenen Zeile und hat das Format `Name=Wert`. Beispiel:

```
doc_root = /usr/local/apache2/htdocs
```

  Unter Windows wird in Pfaden übrigens, wie bereits erwähnt, der plattformspezifische Backslash (\) verwendet.

- Ein Semikolon leitet einen Kommentar ein, der bis zum Ende der jeweiligen Zeile reicht. Beispiel:

```
; doc_root: Die DocumentRoot der Website
doc_root = "C:\Programme\Apache Group\Apache2\htdocs" ; Win32
```

php.ini-Optionen

In Tabelle 17.1 finden Sie die wichtigsten Optionen für die Datei. Beachten Sie, dass die Syntax in der Regel toleranter ist, als es in der Tabelle den Anschein erweckt. Die Boolean-Alternativen `On|Off`, `"On"|"Off"` und `"1"|"0"` sind beispielsweise in der Regel synonym

– die Angaben stammen aber aus der Originaldokumentation, so dass Sie auf der sicheren Seite sind, wenn Sie sich daran halten.

<table>
<tr><th>Einstellung</th><th>Standardwert</th><th>Bedeutung</th></tr>
<tr><td>short_open_tag = On|Off</td><td>On</td><td>Bestimmt, ob <? ... ?> statt <?php ... ?> erlaubt ist</td></tr>
<tr><td>asp_tags = On|Off</td><td>Off</td><td>Bestimmt, ob die ASP-Syntax <% ... %> statt <?php ... ?> zulässig ist</td></tr>
<tr><td>precision = "INT"</td><td>"14"</td><td>Genauigkeit von Fließkommazahlen als Ziffernanzahl</td></tr>
<tr><td>y2k_compliance = On|Off</td><td>Off</td><td>Jahr-2000-Kompatibilität (funktioniert nur mit neueren Browsern)</td></tr>
<tr><td>expose_php = On|Off</td><td>On</td><td>Bestimmt, ob die PHP-Existenz z.B. in den ServerTokens veröffentlicht wird</td></tr>
<tr><td>memory_limit = "...M|K|B"</td><td>"8M"
(8 Megabyte)</td><td>Maximale Speichermenge, die ein Skript verbrauchen darf. Existiert nur, wenn PHP mit --enable-memory-limit kompiliert wurde</td></tr>
<tr><td>track-vars = "On"|"Off"</td><td>"On"</td><td>Anfrage- und Server-Daten werden in $_ENV, $_GET, $_POST, $_COOKIE und $_SERVER zur Verfügung gestellt.</td></tr>
<tr><td>arg_separator.output = "STRING"</td><td>"&"</td><td>Trennzeichen in Query-Strings, die von PHP erzeugt wurden</td></tr>
<tr><td>arg_separator.input = "STRING"</td><td>"&"</td><td>Trennzeichen für die Auswertung von Query-Strings (jedes Zeichen des Wertes wird einzeln geprüft, z.B. "&;")</td></tr>
<tr><td>variables_order = "STRING"</td><td>"EGPCS"</td><td>Reihenfolge, in der Variablenarten für register_globals ausgewertet werden: E = Umgebungsvariablen, G = GET-Felder, P = POST-Felder, C = Cookies, S = Server-Variablen</td></tr>
<tr><td>register_globals = "On"|"Off"</td><td>"Off"</td><td>Stellt Formularfelder, Umgebungsvariablen, Server-Variablen und Cookies automatisch als globale Variablen mit ihrem Feldnamen bereit. Praktisch, aber sicherheitstechnisch riskant; daher seit 4.2 standardmäßig "Off"</td></tr>
<tr><td>register_argc_argv = "On"|"Off"</td><td>"On"</td><td>Stellt GET-Variablen und Kommandozeilenargumente als C-ähnliche argc / argv bereit</td></tr>
</table>

Tabelle 17.1 Die wichtigsten Optionen der Datei php.ini

Einstellung	Standardwert	Bedeutung
register_long_arrays = "On"|"Off"	"On"	Definiert $HTTP_POST_VARS und $HTTP_GET_VARS zusätzlich zu $_POST und $_GET (seit 5.0 konfigurierbar; davor immer eingeschaltet)
post_max_size = "...M|K|B"	"8M"	Maximale Größe von POST-Daten
auto_prepend_file = "DATEIPFAD"	""	Include-Datei, die automatisch am Kopf jeder Datei importiert wird
auto_append_file = "DATEIPFAD"	""	Include-Datei, die automatisch am Fuß jeder Datei importiert wird
default_mimetype = "TYPE/SUB-TYPE"	"text/html"	Standardtyp für den Header Content-Type
default_charset = "ZEICHENSATZ"	"iso-8859-1"	Standardzeichensatz für den Header Content-Type
always_populate_raw_post_data = "0"|"1"	"0"	Bestimmt, ob $HTTP_RAW_POST_DATA (POST-Daten ohne Variablenaufteilung) immer erzeugt wird
allow_webdav_methods = "0"|"1"	"0"	Bestimmt, ob WebDAV-Methoden zulässig sind
include_path = "PFAD1[:PFAD2:...]"	Umgebungsvar. PHP_INCLUDE_PATH	Verzeichnisse, in denen nach Include-Dateien gesucht wird
doc_root = "PFAD1[:PFAD2:...]"	PHP_INCLUDE_PATH	Übergeordnetes Verzeichnis für PHP-Skripte (z.B. Apache- DocumentRoot)
user_dir = "VERZEICHNIS"	NULL	Name des Benutzerverzeichnisses mit PHP-Dateien
extension_dir = "PFAD"	Umgebungsvar. PHP_EXTENSION_DIR	Verzeichnis mit Extension-Dateien, die beim PHP-Start geladen werden
cgi.rfc2616_headers = "0"|"1"	"0"	Ausgeschaltet Status:-Header; eingeschaltet RFC-2616-Header
file_uploads = "0"|"1"	"1"	Datei-Uploads zulässig
upload_tmp_dir = "PFAD"	NULL (Systemvorgabe)	Temp-Verzeichnis für Uploads
upload_max_filesize = "...M|K|B"	"2M"	Maximale Größe für Upload-Datei
sql.safe_mode = "0"|"1"	"0"	Sicheres SQL; Schutz vor SQL-Injection

Tabelle 17.1 Die wichtigsten Optionen der Datei php.ini (Forts.)

17.2.3 Die ersten PHP-Beispiele

Im folgenden ersten Beispiel für ein vollständiges PHP-Dokument wird die Überschrift »Hallo, hier PHP!« ausgegeben:

```
<html>
<head>
<title>PHP-Gru&szlig;</title>
</head>
<body>
<?php

   echo "<h1>Hallo, hier PHP!</h1>";

?>
</body>
</html>
```

Die Ausgabe der Anweisung `echo()` wird an der entsprechenden Stelle in den normalen HTML-Code eingefügt. Wichtig ist natürlich, dass der Inhalt dieser Ausgabe an der entsprechenden Stelle formal in den HTML-Code passt. Der gesamte PHP-Block im obigen Beispiel erzeugt beispielsweise die folgende Ausgabe:

```
<h1>Hallo, hier PHP!</h1>
```

Das nächste Beispiel definiert zuallererst einige Farbangaben als PHP-Variablen – der Vorteil ist, dass sie sich dadurch leicht seitenweit austauschen lassen:

```
<?php

   $hgfarbe = "#000000";
   $textfarbe = "#FFFFFF";
   $texthfarbe = "#00FFFF";
   $linkfarbe = "#FFFF00";
   $vlinkfarbe = "#FF9900";
   $thgfarbe = "#000066";

?>
<html>
  <head>
    <title>Leicht austauschbare Farben</title>
  </head>
  <body bgcolor="<?php echo $hgfarbe; ?>"
  text="<?php echo $textfarbe; ?>"
  link="<?php echo $linkfarbe; ?>"
  vlink="<?php echo $vlinkfarbe; ?>">
    <h1><font color="<?php echo $texthfarbe; ?>">
    Dynamische Farben</font></h1>
```

```
    Normaler Text
    <table border="<?php echo $thgfarbe; ?>">
      <tr>
        <td>Tabellentext</td>
      </tr>
    </table>
  </body>
</html>
```

17.2.4 PHP-Sprachgrundlagen

Der Sprachkern von PHP wurde stark von Programmiersprachen wie C und Perl inspiriert. PHP ist ursprünglich eine prozedurale Sprache, wurde aber in neueren Versionen um objektorientierte Merkmale erweitert.

Wie die meisten anderen Skriptsprachen ist PHP nicht typisiert, eine Variable kann also nacheinander Werte beliebiger Datentypen annehmen. Grundlegende Kontrollstrukturen wie Fallentscheidungen und Schleifen funktionieren genau wie in C und in allen davon abgeleiteten Sprachen.

Variablendefinition und -verwendung

Bezeichner

Variablenbezeichner beginnen grundsätzlich mit einem $-Zeichen. Anders als in Perl gibt es keine besonderen Zeichen, die Arrays oder Hashes kennzeichnen. Hinter dem $ können Buchstaben, Ziffern und Unterstriche folgen; das erste Zeichen darf keine Ziffer sein. Es wird zwischen Groß- und Kleinschreibung unterschieden.

Funktions- und **Klassennamen** kommen dagegen ohne Dollar-Zeichen aus, abgesehen davon werden Groß- und Kleinschreibung weder bei selbst definierten noch bei eingebauten Funktions- und Klassennamen unterschieden. Allerdings wäre es sehr schlechter Programmierstil, dies auszunutzen.

Variablenerzeugung

Eine Variable kann in PHP auf verschiedene Arten erzeugt werden: zum einen durch die erste Wertzuweisung (Initialisierung), zum anderen durch Formulardaten-Übergabe. Wertzuweisungen sehen genauso aus wie in den meisten anderen Programmiersprachen:

```
$test = 9;
$text = "hallo";
```

In dem Moment, in dem einer Variablen zum ersten Mal ein Wert zugewiesen wird, existiert sie. Eine Deklaration im eigentlichen Sinn gibt es nicht.

Variablen haben in PHP auch keinen festgelegten Datentyp. Sie können einer Variablen nacheinander verschiedene Arten von Werten zuweisen, zum Beispiel:

```
$a = 5;      // Ganzzahl
$a = 3.78;   // Fließkommazahl
$a = "hi";   // String
```

Mitunter werden die Werte von Variablen in einem neuen Zusammenhang automatisch anders interpretiert. Hier sehen Sie zwei Beispiele:

```
$b = "67";        // String, wegen Anführungszeichen
$c = $b + 9;      // Ergebnis: 76

$a = 22;          // Ganzzahl
$b = $a . "33";   // "2233"
```

Operatoren

Genau wie in Perl ist der Verkettungsoperator für Strings der Punkt (.) und nicht das in Java und JavaScript verwendete Pluszeichen, das häufig wegen der Verwechslung mit der numerischen Addition Ärger bereitet. Die meisten anderen Operatoren entsprechen ebenfalls ihrer Verwendung in Perl. Der einzige wichtige Unterschied zu Perl besteht darin, dass Strings in PHP mit den normalen Vergleichsoperatoren wie ==, != oder <= verglichen werden und nicht mit speziellen Operatoren. Genaueres über die Perl-Operatoren finden Sie in Kapitel 5, *Grundlagen der Programmierung*.

Variablen gelten in PHP ab dem Zeitpunkt ihrer Wertzuweisung im gesamten Dokument. Es gibt keine untergeordneten Gültigkeitsbereiche innerhalb von Blöcken wie Fallentscheidungen oder Schleifen. Die Ausnahme bilden Variablen, die innerhalb der weiter unten behandelten Funktionen definiert werden: Sie sind lokal und gelten nur innerhalb der jeweiligen Funktion.

Dynamische Variablen

Der in einer Variablen gespeicherte Wert kann automatisch als Name einer anderen Variablen betrachtet werden, indem vor die Variable ein weiteres $-Zeichen gesetzt wird. Beispiel:

```
$n = "i";
// $$n entspricht der Variablen $i.
```

Arrays

Wie in den meisten anderen Programmiersprachen gibt es auch in PHP die Möglichkeit, **Arrays** zu bilden. Ein Array ist eine Variable, die eine Liste von Werten enthält, auf die über einen **Index** zugegriffen werden kann. PHP unterscheidet nicht grundsätzlich zwischen einem gewöhnlichen Array mit numerischen Indizes und einem Hash, bei dem die Indizes Strings sind: In jedem Array können beide Indexarten gleichzeitig existieren.

Um ein klassisches Array mit numerischen Indizes zu erzeugen, genügt es, einem einzelnen Element dieses Arrays einen Wert zuzuweisen:

```
$monate[0] = "Januar";
```

Mit Hilfe der eingebauten Funktion `array()` können Sie auch gleich ein numerisches Arrays mit mehreren Elementen erzeugen:

```
$jahreszeiten = array ("Fruehling", "Sommer", "Herbst",
                       "Winter");
```

Besonders interessant ist im Übrigen die Tatsache, dass Sie leere eckige Klammern statt eines konkreten Indexes verwenden können, um ein Element am Ende des Arrays anzufügen:

```
$wochentage[] = "Sonntag";
$wochentage[] = "Montag";
// und so weiter
```

Über die Funktion `array_push($array, $wert1, $wert2, ...)` können Sie aber auch eine Liste mehrerer Elemente am Ende des Arrays einfügen. Umgekehrt liefert die Funktion `array_pop($array)` das letzte Element des Arrays zurück und entfernt es aus dem Array.

Hash-Funktionalität

Um ein Hash oder assoziatives Array zu erzeugen, können Sie ebenfalls mit der Zuweisung des Wertes für ein einzelnes Element beginnen:

```
$monate['jan'] = "Januar";
```

Wenn Sie die Werte mehrerer Elemente gleichzeitig zuweisen möchten, funktioniert dies mit Hilfe der folgenden Form der Funktion `array()`:

```
$wochentage = ('So' => "Sonntag",
               'Mo' => "Montag",
               'Di' => "Dienstag",
               'Mi' => "Mittwoch",
               'Do' => "Donnerstag",
               'Fr' => "Freitag",
               'Sa' => "Samstag");
```

Im Grunde ist die Verwendung einfacher Anführungszeichen für die Indizes und doppelter für die Werte nicht vorgeschrieben, aber eine gängige Konvention. Wie in Perl werden innerhalb doppelter Anführungszeichen Variablen und alle üblichen Esacpe-Sequenzen ausgewertet, innerhalb von einfachen aber nicht (lediglich `\'` für ein einzelnes Anführungszeichen als solches und `\\` für einen Backslash werden erkannt):

```
$geld = 100;

echo ("Ich habe $geld \$.");
  // Ausgabe: Ich habe 100 $.
echo ('Ich habe auch $geld $.');
  // Ausgabe: Ich habe auch $geld $.
```

Die Funktion `sizeof($array)` liefert die Anzahl der Elemente im Array zurück. Auf diese Weise können Sie alle Elemente eines numerischen Arrays in einer Schleife ausgeben, zum Beispiel folgendermaßen:

```
$zimmer = array("Wohnzimmer", "Schlafzimmer",
                "Kinderzimmer", "Arbeitszimmer");
$zahl = sizeof($zimmer);
for ($i = 0; $i < $zahl; $i++) {
```

```
    echo ($zimmer [$i]."<br />");
}
```

Das kleine Beispiel gibt untereinander die Bezeichnungen der vier Zimmer aus. Bei Hashes sollten Sie dagegen eine andere Methode verwenden, die Elemente aufzuzählen: Die Funktion `each($array)` gibt bei jedem Aufruf das nächste Schlüssel-Wert-Paar zurück. Dieses Paar können Sie mit Hilfe von `list()` einer Liste aus zwei Variablen zuweisen. Das Ganze funktioniert so:

```
$rechner = array ('cpu' => "Pentium 4",
                  'ram' => "512 MB DDR-RAM",
                  'hdd' => "Maxtor 120 GB",
                  'dvd' => "8xDVD / 40xCD");
reset ($rechner);  // Sicherheitshalber auf Anfang
while (list ($key, $val) = each ($rechner)) {
    echo ("$key: <b>$val</b><br />");
}
```

Strings zerlegen

Interessant ist auch noch die Funktion `explode()`. Sie funktioniert nach folgendem Schema:

```
$array = explode ($muster, $string);
```

Die Funktion zerlegt den String `$string` an den Stellen, an denen `$muster` vorkommt, in die einzelnen Elemente des Arrays `$array`. Zum Beispiel:

```
$string = "a,b,c,d";
$array = explode (",", $string);
/* $array[0] ist "a"
   $array[1] ist "b"
   $array[2] ist "c"
   $array[3] ist "d" */
```

Wenn Sie statt eines einfachen Strings einen regulären Ausdruck als Trennzeichen angeben möchten, müssen Sie die Anweisung `split()` statt `explode()` verwenden.

Die umgekehrte Aufgabe erledigt die Funktion `implode()`, die die Elemente eines Arrays – getrennt durch das angegebene Muster – zu einem String zusammenfasst:

```
$string = implode ($muster, $array);
```

Hier sehen Sie ein Beispiel:

```
$array = array ("So", "Mo", "Di", "Mi", "Do",
     "Fr", "Sa");
$string = implode (", ", $array);
   // $string ist "So, Mo, Di, Mi, Do, Fr, Sa";
```

Mehrdimensionale Arrays

Auch mehrdimensionale Arrays sind kein Problem. Das folgende Beispiel definiert die Variable `$jahr` als Aufzählung der Jahreszeiten mit ihren Monaten:

```
$jahr = array (
   'fruehling' => array("März", "April", "Mai"),
   'sommer' => array("Juni", "Juli", "August"),
   'herbst' => array("September", "Oktober", "November"),
   'winter' => array("Dezember", "Januar", "Februar")
);
```

Wenn Sie nun beispielsweise auf den zweiten Monat im Sommer zugreifen möchten, können Sie die Schreibweise `$jahr['sommer'][1]` verwenden – die Rückgabe lautet natürlich »Juli«.

Perl-kompatible reguläre Ausdrücke

Beinahe der gesamte in Kapitel 6, *Konzepte der Programmierung*, beschriebene Perl-Komfort für reguläre Ausdrücke steht erfreulicherweise auch in PHP zur Verfügung. Die Syntax der regulären Ausdrücke selbst ist praktisch identisch, allerdings unterscheidet sich ihre Handhabung ein wenig, da PHP mit konventionellen Funktionen statt mit seltsamen Sonderzeichen operiert.

Suchen Die Funktion `preg_match($regexp, $string)` überprüft, ob der reguläre Ausdruck `$regexp` auf den String `$string` passt. Das folgende Beispiel gibt eine Meldung aus, wenn `$eingabe` nicht komplett aus Ziffern besteht:

```
if (preg_match ("/\D/", $eingabe)) {
   echo ("Dies ist keine Zahl!");
}
```

Innerhalb der String-Anführungszeichen steht der reguläre Ausdruck zwischen zwei `//` (Slashes). Hinter dem schließenden Slash können – wie in Perl – Modifikatoren stehen; der wichtigste ist `i`, um Unterschiede zwischen Groß- und Kleinschreibung zu ignorieren. Das folgende Beispiel sucht nach PHP in beliebiger Schreibweise:

```
if (preg_match ("/php/i", $eingabe)) {
   echo ("PHP gefunden!");
} else {
   echo ("PHP nicht vorhanden!");
}
```

Ersetzen `preg_replace ($regexp, $ersatz, $string[, $limit])` ersetzt den regulären Ausdruck `$regexp` in `$string` durch den Ersatztext `$ersatz`. Normalerweise wird jedes Vorkommen von `$regexp` ersetzt; der optionale Parameter `$limit` gibt die maximale Anzahl von Ersetzungen an. Die folgende Anweisung ersetzt in `$eingabe` jedes Vorkommen von »Perl« in beliebiger Schreibweise durch »PHP«:

```
$eingabe = preg_replace ("/perl/i", "PHP", $eingabe);
```

Mit Hilfe von `$n` (mit `n`-Werten zwischen 0 und 99) können Sie sich im Ersatztext auf geklammerte Ausdrücke aus dem regulären Ausdruck beziehen. Das folgende Beispiel fügt an den korrekten Stellen einer ISBN die Bindestriche ein:

```
$isbn = preg_replace ("/(\d)(\d{5})(\d{3})(\d)/",
                      "$1-$2-$3-$4", $isbn);
```

Aus 3898426688 (der unformatierten ISBN des vorliegenden Buches) würde so beispielsweise 3–89842–668–8.

In PHP-Versionen vor 4.0 musste der Bezug auf geklammerte Ausdrücke durch `\\n` statt `$n` dargestellt werden. Diese Option wird zwar nach wie vor unterstützt, aber nicht mehr empfohlen.

Kommentare

PHP unterstützt drei verschiedene Arten von Kommentaren, um es Programmierern leicht zu machen, die verschiedene Sprachen beherrschen. Als Erstes wird der einzeilige Kommentar im C++-Stil unterstützt:

```
// einzeiliger Kommentar
```

Dabei wird der Rest der Zeile ignoriert. Auch der mehrzeilige Kommentar im C-Stil ist erlaubt:

```
/* mehr-
   zeiliger
   Kommentar */
```

Hier werden alle betroffenen Zeilen ignoriert. Schließlich ist auch noch der einzeilige Kommentar im Stil von Perl und der UNIX-Shell-Sprachen zulässig:

```
# einzeiliger Kommentar
```

Funktionen

Eine PHP-Funktion ist ein benannter Codeblock, der mit seinem Namen aufgerufen wird. Ständig wiederkehrende Anweisungsfolgen in Funktionen zu verpacken, schafft Übersicht und schont Ressourcen, da eine Funktion innerhalb eines Skripts nur einmal kompiliert wird. Die allgemeine Syntax ist einfach:

```
function funktionsname() {
   // Anweisungen ...
}
```

Nach Ausführung der letzten Anweisung wird die Kontrolle an die aufrufende Stelle zurückgegeben. Wie bereits erwähnt, können Funktionen lokale Variablen enthalten: Jede Variable, die in einer Funktion verwendet wird, ist lokal – sogar dann, wenn im globalen Code eine gleichnamige Variable existiert. Betrachten Sie etwa den Wert der beiden Variablen namens `$a` im folgenden Beispiel:

```
function a_aendern() {
   $a = 9;   // lokales $a hat den Wert 9.
}
```

```
$a = 7;  // globales $a hat den Wert 7.
a_aendern();
// $a hat hier wieder den Wert 7.
```

Zugriff auf globale Variablen

Wenn Sie innerhalb einer Funktion auf eine globale Variable zugreifen möchten, müssen Sie am Anfang der Funktion ausdrücklich das Schlüsselwort `global` verwenden. Hier sehen Sie das Beispiel von oben noch einmal, allerdings wird innerhalb der Funktion auf die globale Variable `$a` zugegriffen:

```
function a_aendern() {
   global $a;
   $a = 9;   // globales $a hat nun den Wert 9.
}

$a = 7;  // globales $a hat den Wert 7.
a_aendern();
// $a hat jetzt den Wert 9.
```

Eine Funktion kann Parameter entgegennehmen. Zu diesem Zweck müssen Sie bei der Definition die Namen der gewünschten Parametervariablen in den Klammern des Funktionskopfes angeben:

```
function top_cell ($inhalt) {
   echo ("<td valign=\"top\">$inhalt</td>");
}
```

Diese Funktion gibt den übergebenen Wert, der in der Parametervariablen `$inhalt` gespeichert wird, als Tabellenzelle mit der häufig verwendeten vertikalen Ausrichtung oben aus. Parametervariablen haben innerhalb der Funktion dieselbe Bedeutung wie lokale Variablen – der Standardfall beim Funktionsaufruf ist in PHP der Call by Value, das heißt die Übergabe eines Wertes ohne Rückbezug auf die aufrufende Stelle. Betrachten Sie dazu das folgende Beispiel:

```
function halbieren ($wert) {
   $wert /= 2;
}

$zahl = 9;  // $zahl hat den Wert 9.
halbieren ($zahl);
// $zahl hat weiterhin den Wert 9.
```

Referenzübergabe

Wenn Sie stattdessen einen Call by Reference benötigen, das heißt den Wert der Variablen verändern möchten, mit der die Funktion aufgerufen wird, müssen Sie der entsprechenden Parametervariablen bei der Funktionsdefinition ein `&`-Zeichen voranstellen. Wenn Sie die Funktion `halbieren()` folgendermaßen umschreiben, wird `$zahl` also tatsächlich halbiert:

```
function halbieren (&$wert) {
   $wert /= 2;
}
```

```
$zahl = 10;  // $zahl hat den Wert 10.
halbieren ($zahl);
// $zahl hat nun selbst den Wert 5.
```

Beachten Sie bei einem Call by Reference, dass Sie der Funktion eine Variable übergeben müssen. Ein konstanter Wert ist nicht gestattet und erzeugt eine Fehlermeldung.

Eine Funktion kann auch einen Wert zurückgeben, so dass Sie das Ergebnis an der aufrufenden Stelle in einem Ausdruck einsetzen können. Dafür ist die Anweisung `return` zuständig. Sie verlässt die Funktion sofort und gibt den entsprechenden Wert zurück. Hier ein Beispiel:

```
function verdoppeln ($wert) {
   return $wert * 2;
}
```

Wenn Sie diese Funktion aufrufen, wird der Wert des übergebenen Arguments verdoppelt. Der fertig berechnete Ausdruck wird anschließend zurückgegeben. Sie können einen Aufruf dieser Funktion in einem beliebigen Ausdruck verwenden. Bevor dieser Ausdruck ausgewertet wird, erfolgt die Ausführung der Funktion, und es wird mit dem zurückgegebenen Wert weitergerechnet. Beispiel:

```
echo (verdoppeln ($zahl));
```

Diese Anweisung gibt den doppelten Wert der Variablen `$zahl` aus.

Beachten Sie, dass eine Funktion mehrere `return`-Anweisungen enthalten kann, die von Fallentscheidungen abhängen. Sie benötigen noch nicht einmal `else`-Blöcke für solche `if`-Anweisungen, weil `return` die Ausführung der Funktion unmittelbar beendet. Die folgende Funktion macht sich das zunutze, um einen übergebenen Ausdruck daraufhin zu überprüfen, ob er ein Integer zwischen 1 und 4 ist:

```
function antworttest ($antwort) {
   if (!is_int ($antwort)) {
      return false;
   }
   if ($antwort < 1 || $antwort > 4) {
      return false;
   }
   // An dieser Stelle kann $antwort nur OK sein.
   return true;
}
```

In dem Beispiel wird als Erstes überprüft, ob `$antwort` überhaupt ein Integer ist – falls nicht, wird sofort `false` zurückgegeben. Anschließend wird geprüft, ob `$antwort` außerhalb des zulässigen Bereichs liegt – in diesem Fall erfolgt ebenfalls die Rückgabe von `false`. Wenn keine der beiden `if`-Abfragen zutrifft, wird automatisch `false` zurückgegeben.

Datentypen testen

Die verwendete eingebaute Funktion `is_int()` liefert übrigens `true` zurück, wenn es sich bei dem übergebenen Wert um einen Integer handelt, andernfalls `false`. In PHP stehen eine Reihe solcher Funktionen zur Verfügung, um die Datentypen von Ausdrücken zu testen, beispielsweise `is_string()`, `is_float()`, `is_array()` oder `is_null()`, die das übergebene Argument daraufhin überprüfen, ob es ein String, eine Fließkommazahl, ein Array beziehungsweise leer ist.

Eine ähnliche Aufgabe erfüllen die Funktion `isset()` beziehungsweise `isunset()`, die überprüfen, ob eine Variable überhaupt jemals definiert wurde. Mit Hilfe der Anweisung `unset()` können Sie PHP sogar anweisen, eine Variable vollständig zu vergessen.

Klassen und Objekte

Auch wenn PHP ursprünglich als prozedurale Skriptsprache entwickelt wurde, unterstützt sie seit der Version 4 eine einfache Art der Objektorientierung, die in PHP 5 nochmals erweitert wurde. Sie können Klassen mit Eigenschaften, Methoden und Konstruktoren definieren und voneinander ableiten. Wenn Sie mit diesen Grundbegriffen der Objektorientierung nichts anfangen können, lesen Sie bitte den Abschnitt *Java* in Kapitel 5, *Grundlagen der Programmierung*.

Das folgende Beispiel definiert eine Klasse namens `Tabelle`, die verschiedene Methoden zur Ausgabe von HTML-Tabellenelementen enthält, definiert ein Objekt dieser Klasse und ruft die entsprechenden Methoden auf:

```
class Tabelle {
   function tab_start($border) {
      echo "<table border=\"$border\">\n";
   }

   function tab_end() {
      echo "</table>\n";
   }

   function tr_start() {
      echo "<tr>\n";
   }

   function tr_end() {
      echo "</tr>\n";
   }

   function td($content, $align, $valign) {
      echo ("<td align=\"$align\"
           valign=\"$valign\">$content</td>\n");
   }
}
```

```
$tab = new Tabelle();
$tab->tab_start (2);
$tab->tr_start();
$tab->td ("Linke Zelle", "left", "top");
$tab->td ("Rechte Zelle", "left", "top");
$tab->tr_end();
$tab->tab_end();
```

Klassen definieren

Wie Sie im Beispiel sehen, wird eine Klasse mit dem Schlüsselwort `class` deklariert. Die Methoden sind einfache Funktionen, die in den Block der Klasse hineinverschachtelt werden. Ein Objekt einer Klasse wird über den Operator `new` erzeugt und ruft, falls vorhanden, den Konstruktor der Klasse auf (siehe unten). Der Zugriff auf Methoden und Eigenschaften eines Objekts erfolgt mit Hilfe des Operators `->`.

Das Beispiel erzeugt die folgende HTML-Ausgabe:

```
<table border="2">
<tr>
<td align="left" valign="top">Linke Zelle</td>
<td align="left" valign="top">Rechte Zelle</td>
</tr>
</table>
```

Als Eigenschaften einer Klasse gelten automatisch alle Variablen, die in der Klasse, aber nicht innerhalb einer Methode definiert werden. Aus einer Methode heraus wird das Schlüsselwort `$this` verwendet, um auf Eigenschaften zuzugreifen. Das folgende Beispiel zeigt den Umgang mit einer Eigenschaft:

```
class Test {
   $wert = 0;

   function setWert ($wert) {
      $this->wert = $wert;
   }

   function getWert () {
      return $this->wert;
   }
}

$obj = new Test();
$obj->wert = 2;  // Kein guter Stil!
```

Zunächst wird die Variable `$wert` mit dem Wert 0 initialisiert. Die Methode `setWert()` ändert sie auf einen von außen angegebenen Wert. `getWert()` gibt den Inhalt von `$wert` dagegen zurück. Beachten Sie, dass der Variablenname hinter `$this` und dem Zugriffsoperator `->` nicht mit einem weiteren Dollarzeichen versehen wird.

In der letzten Zeile des Beispiels wird der Wert der Eigenschaft `$wert` von außen geändert, was im Sinne der OOP als sehr schlechter Programmierstil gilt. Eine bessere Fassung der letzten Zeile lautet natürlich:

```
$obj->setWert (2);
```

In PHP 5 wurden die aus Java bekannten Geheimhaltungsstufen `public`, `private` und `protected` eingeführt (siehe Kapitel 5, *Grundlagen der Programmierung*). Damit können Sie Eigenschaften und Methoden wirkungsvoll vor irrtümlichen Zugriffen von außen schützen.

Wenn Sie einen expliziten Konstruktor definieren möchten: Es handelt sich um eine Funktion, die denselben Namen trägt wie die Klasse; eine PHP-5-Alternative ist der spezielle Funktionsname `__construct()`. Innerhalb des Konstruktors werden typischerweise Initialisierungsarbeiten vorgenommen, die zu Beginn des Lebenszyklus eines Objekts notwendig sind. Insbesondere können die übergebenen Parameter als Anfangswerte für die Eigenschaften des Objekts gesetzt werden. Die folgende verbesserte Fassung der Klasse `Tabelle` definiert die wichtigsten Tabellen- und Zelleneigenschaften durch einen Konstruktoraufruf und stellt Methoden bereit, um die Zelleneinstellungen nachträglich zu ändern:

```
class Tabelle {
   // Eigenschaften deklarieren (optional):
   var $bgcolor, $border, $align, $valign;

   // Konstruktor:
   function Tabelle ($bg, $b, $a, $va) {
      $this->bgcolor = $bg;
      $this->border = $b;
      $this->align = $a;
      $this->valign = $va;
   }

   function tab_start() {
       echo "<table border=\"{$this->border}\"
            bgcolor=\"{$this->bgcolor}\">\n";
   }

   function tab_end() {
      echo "</table>\n";
   }

   function tr_start() {
      echo "<tr>\n";
   }

   function tr_end() {
      echo "</tr>\n";
   }
```

```
   function td($content) {
      echo "<td align=\"{$this->align}\"
           valign=\"{$this->valign}\">$content</td>\n";
   }

   function setAlign ($a) {
      $this->align = $a;
   }

   function setVAlign ($va) {
      $this->valign = $va;
   }
}
$tab = new Tabelle ("#CCCCCC", 2, "left", "top");
$tab->tab_start();
$tab->tr_start();
$tab->td ("Normale<br/>Zelle");
$tab->setVAlign ("bottom");
$tab->td ("Inhalt unten");
$tab->tr_end();
$tab->tab_end();
```

Die HTML-Ausgabe dieses Beispiels sieht so aus:

```
<table border="2" bgcolor="#CCCCCC">
<tr>
<td align="left" valign="top">Normale<br />Zelle</td>
<td align="left" valign="bottom">Inhalt unten</td>
</tr>
</table>
```

Innerhalb von doppelten Anführungszeichen können Sie bei der Funktion `echo()` einen Ausdruck in geschweifte Klammern setzen, damit er ausgewertet und ausgegeben wird – ein komplexer Ausdruck wie `$this->valign` könnte ohne dieses Hilfsmittel nicht innerhalb eines Ausgabestrings verwendet werden.

Vererbung

Die Vererbung funktioniert in PHP, ähnlich wie in Java, mit Hilfe des Schlüsselworts `extends`. Das folgende Beispiel leitet von der Klasse `Tabelle` die Klasse `FestTabelle` ab, deren Breite und Höhe zusätzlich angegeben werden können:

```
class FestTabelle extends Tabelle {
   // Neue Eigenschaften deklarieren:
   var $width, $height;

   // Konstruktor:
   function FestTabelle ($w, $h, $bg, $b, $a, $va) {
      $this->width = $w;
```

```
        $this->height = $h;
        $this->Tabelle ($bg, $b, $a, $va);
    }

    // Überschriebene Methode:
    function tab_start() {
        echo "<table border=\"{$this->border}\"
              bgcolor=\"{$this->bgcolor}\"
              width=\"{$this->width}\"
              height=\"{$this->height}\"";
    }
}

$ftab = new FestTabelle
     ("100%", "100%", "#FFFF00", 2, "left", "top");
$ftab->tab_start();
$ftab->tr_start();
$ftab->td ("Hallo");
$ftab->td ("Welt!");
$ftab->tr_end();
$ftab->tab_end();
```

Beachten Sie, dass der Konstruktor einer abgeleiteten Klasse nicht automatisch den Kostruktor der Elternklasse aufruft. Im obigen Beispiel wird er explizit als `$this-> Tabelle()` aufgerufen, um die Eigenschaften zu setzen, die bereits in der übergeordneten Klasse existieren.

Include-Dateien

Damit die Objektorientierung ihren Hauptnutzen entfalten kann, nämlich den der einfachen Wiederverwendbarkeit von Code, sollten Sie die Klassendefinitionen in externe Dateien schreiben, die Sie zur Laufzeit importieren können. Eine externe Datei besitzt meist die Dateiendung `.inc` und wird mit Hilfe der Anweisung `include()` importiert. Auch in einer solchen Include-Datei muss PHP-Code innerhalb eines Blocks der Form `<?php ... ?>` stehen, um ausgeführt zu werden, andernfalls wird der Inhalt als HTML-Code interpretiert. Die `include()`-Anweisung selbst funktioniert folgendermaßen:

```
include ("extern.inc");
```

Wenn sich die Datei in einem anderen Verzeichnis befindet als das PHP-Skript, muss nach der üblichen URL-Logik der Pfad angegeben werden.

17.2.5 Webspezifische Funktionen

Die Hauptaufgabe von PHP ist das Erstellen dynamischer Webanwendungen. Zu diesem Zweck werden eine Reihe spezieller Funktionen und Fähigkeiten angeboten. Dazu gehört das Auslesen von Formulardaten, das Erzeugen und Lesen von Cookies oder auch das Session-Tracking. Letzteres steuert eine Funktionalität bei, die HTTP von Hause aus nicht besitzt: Es ermöglicht das Verfolgen der Aktivitäten eines Benutzers über mehrere besuchte Seiten hinweg. Dies ist wichtig für Warenkorbsysteme oder andere Anwendungen, bei denen eine Reihe aufeinander folgender Aktivitäten registriert werden muss.

Formulardaten auslesen

Bereits in Kapitel 16, *HTML, CSS und Webdesign*, haben Sie HTML-Formulare und ihre beiden Versandmethoden GET und POST kennen gelernt. In PHP stehen empfangene Formulardaten je nach Methode in einem der beiden Arrays `$_GET` oder `$_POST` zur Verfügung. Ein `name=wert`-Paar aus dem Formular wird dabei als `$_GET['name']` beziehungsweise `$_POST['name']` angesprochen.

Betrachten Sie als Beispiel das folgende kurze Formular:

```
<form action="auswert.php" method="get">
  Name: <input type="text" name="user" /><br />
  E-Mail: <input type="text" name="mail" /><br />
  <input type="submit" value="Abschicken" />
</form>
```

Wenn ein Benutzer den Button **Abschicken** anklickt, wird das PHP-Skript `auswert.php` aufgerufen. Da die HTTP-Methode GET ausgewählt wurde, befinden sich die Formulardaten in dem Array `$_GET`. Der folgende Codeblock liest sie und gibt sie aus:

```
$user = $_GET['user'];
$mail = $_GET['mail'];
echo ("Hallo $user.<br />");
echo ("Best&auml;tigung geht an $mail.");
```

Hilfsfunktion cgi_param()

Sicherer ist es, wenn Sie zuerst überprüfen, ob die gewünschten Formularfelder überhaupt Daten enthalten. Da leere Felder in älteren PHP-Versionen einfach als leere Strings erscheinen, in neueren aber als undefiniert gelten – die Funktion `isset()` liefert `false` –, sollten Sie beides prüfen. Aus alldem ergibt sich folgende praktische Funktion, die Sie am besten in jedes PHP-Skript einbauen oder per `include()` laden:

```
function cgi_param ($feld, $default) {
   // Variable zunächst auf Default-Wert setzen
   $var = $default;
   // HTTP-Methode ermitteln
   $meth = $_SERVER['REQUEST_METHOD'];
   if ($meth == "GET") {
      if (isset($_GET[$feld] && $_GET[$feld] != "") {
         $var = $_GET[$feld];
      }
   } elseif ($meth == "POST") {
      if (isset($_POST[$feld] && $_POST[$feld] != "") {
         $var = $_POST[$feld];
      }
   }
```

```
    // Ermittelten Wert zurückgeben
    return $var;
}
```

Die Funktion erwartet als Parameter den Namen des auszulesenden Feldes sowie einen Default-Wert, der geliefert wird, falls das Feld nicht verfügbar oder leer ist. Die beiden Felder aus dem obigen Formularbeispiel lassen sich mit Hilfe dieser Funktion folgendermaßen lesen:

```
$user = cgi_param ("user", "");
$mail = cgi_param ("mail", "");
```

Die restlichen Skriptbeispiele in diesem Kapitel gehen ohne weitere Prüfung davon aus, dass diese Funktion verfügbar ist. Kopieren Sie sie einfach in einen PHP-Block am Beginn jeder Datei oder speichern Sie sie in einer Include-Datei.

Datei-Uploads

Bereits im vorigen Kapitel haben Sie das spezielle HTML-Formularfeld kennen gelernt, das Benutzern den Versand einer lokalen Datei mit dem Formular ermöglicht. Es handelt sich um ein `<input>`-Element mit dem Attribut `type="file"`. Damit der Upload funktionieren kann, muss das Formular mit der HTTP-Methode `POST` und der speziellen MIME-Codierung `multipart/form-data` versandt werden. PHP verarbeitet optional ein zusätzliches Formularfeld mit der Bezeichnung `MAX_FILE_SIZE`, das die maximal zulässige Dateigröße in Byte enthält und meist als Hidden-Formularfeld gesetzt wird. Sollte der angegebene Wert größer sein als die `php.ini`-Einstellung `upload_max_filesize` (siehe oben), wird er ignoriert.

Das folgende Beispiel definiert ein Formular für den Versand einer GIF-Bilddatei (dies wird erst auf dem Server geklärt!) von maximal 400 Kilobyte Größe:

```
<form action="bildupload.php" method="post" enctype="multipart/form-data">
  <input type="hidden" name="MAX_FILE_SIZE" value="409600" />
  Bitte eine GIF-Bilddatei w&auml;hlen:<br />
  <input type="file" name="bild" />
  <br />
  <input type="submit" value="Abschicken" />
</form>
```

Die Datei lässt sich in PHP über das globale Array `$_FILES` auslesen; der Index ist der Feldname. Das entsprechende Array-Element ist wiederum ein Array mit folgenden Elementen:

- `tmp_name`: der temporäre Dateiname, unter dem der Server die hochgeladene Datei gespeichert hat,
- `type`: der MIME-Type der Datei (aus der Dateiendung oder aus dem `Content-Type`-Header des Formularabschnitts ermittelt),

- size: Größe der Datei oder 0 bei einem Fehler,
- name: ursprünglicher Pfad und Dateiname der Datei auf dem Client-Rechner,
- error: Fehlercode bei einem Upload-Fehler. Seit PHP 4.3.0 sind die angegebenen symbolischen Konstanten definiert, in früheren Versionen nur die in Klammern angebenen numerischen Werte:
  - UPLOAD_ERR_OK (0): kein Fehler,
  - UPLOAD_ERR_INI_SIZE (1): Datei ist größer als die in php.ini angegebene Höchstgrenze upload_max_filesize,
  - UPLOAD_ERR_FORM_SIZE (2): Datei ist größer als die mit dem Formular übertragene Höchstgrenze MAX_FILE_SIZE,
  - UPLOAD_ERR_PARTIAL (3): Die Datei wurde nur zum Teil hochgeladen,
  - UPLOAD_ERR_NO_FILE (4): Es wurde gar keine Datei hochgeladen.

Das folgende PHP-Fragment kopiert die hochgeladene Datei unter dem Namen bild.gif in das Verzeichnis des Skripts selbst, falls es sich um eine Bilddatei vom Typ GIF handelt:

```
if (is_uploaded_file ($_FILES['bild']['tmp_name'])) {
   if ($_FILES['bild']['type'] == 'image/gif') {
      move_uploaded_file ($_FILES['bild']['tmp_name'],
           "bild.gif");
   } else {
      echo ("Falscher Dateityp!<br />");
   }
} else {
   echo ("Upload-Fehler (Datei zu gro&szlig;)? <br />");
}
```

Sessions

Eines der interessantesten Web-Features von PHP ist das **Session-Tracking**. HTTP ist ein zustandsloses Protokoll, das heißt, jede Client-Anfrage steht für sich allein. Für größere Webanwendungen, die sich über viele Seiten erstrecken, wird deshalb ein Verfahren zur Datenweitergabe an nachfolgende Anfragen benötigt. PHP stellt sehr praktische Funktionen zur Verwaltung von Session-Daten bereit.

Beachten Sie, dass Sie Session-Befehle in einen PHP-Block zu Beginn Ihres Skripts setzen müssen: Session-Daten werden als Cookies übertragen, wenn der Client dies zulässt, ansonsten über eine Session-ID im Query-String. Beides erfordert, dass das eigentliche geparste Dokument noch nicht begonnen hat, so dass mit dem ersten Zeichen Ihres Skripts die Sequenz <?php einsetzen muss.

Jedes Skript, das auf Session-Daten zugreifen soll, muss zunächst folgende Anweisung enthalten:

```
session_start();
```

Anschließend können Sie das spezielle Array `$_SESSION` mit Name-Wert-Paaren bestücken oder Werte von einer zuvor besuchten Seite daraus lesen. Aus dem soeben erwähnten Grund muss das Lesen vor dem Schreibzugriff erfolgen:

```
// Stückzahl auslesen
$stueckzahl = $_SESSION ['stueck'];
// GET-Formularfeld zahlungsart auslesen
$zahlungsart = $_GET ['zahlungsart'];
// Zur zukünftigen Verwendung in Session speichern*
$_SESSION ['zahlungsart'] = $zahlungsart;
```

Cookies

Für die meisten Anwendungen ist die Verwendung von Session-Daten gegenüber Cookies vorzuziehen. Der einzige Nachteil von Sessions besteht darin, dass die Daten beim nächsten Besuch eines Benutzers nicht mehr zur Verfügung stehen. Dies lässt sich oft durch die Speicherung der Daten in einer Datenbank und eine persönliche Anmeldung beheben.

Dennoch gibt es Fälle, in denen Cookies praktischer sind – es kann für einen Besucher unter Umständen nützlich sein, Einstellungen, die er auf einer Seite vorgenommen hat, beim nächsten Besuch wieder vorzufinden. Sie sollten allerdings niemals eine Webanwendung programmieren, die von Cookies abhängt: Aufgrund des Missbrauchs, der häufig zu Werbe- und Usertracking-Zwecken mit Cookies getrieben wird, schalten viele Benutzer sie generell ab.

In PHP wird ein Cookie mit Hilfe der folgenden Funktion gesetzt:

```
setcookie ($name, $wert[, $verfallsdatum[, $pfad
     [, $domain[, $secure]]]])
```

Hier eine Übersicht über die Parameter:

- `$name`. Der Name des Cookies, über den es später wieder abgefragt werden kann,
- `$wert`. Der Wert, den Sie für den entsprechenden Namen festlegen möchten,
- `$verfallsdatum`. Der Verfallszeitpunkt für das Cookie in Sekunden seit `EPOCH`. Sie können einfach `time() + $sekundenzahl` verwenden, da die Funktion `time()` den aktuellen Zeitpunkt in diesem Format liefert. Wenn Sie diesen Wert weglassen, erzeugen Sie automatisch ein Session-Cookie, das nur während der aktuellen Client-Sitzung gilt,
- `$pfad`. Der URL-Pfad, unter dem das Cookie zur Verfügung steht,
- `$domain`. Die Domain, unter der das Cookie gültig ist,
- `$secure`. Wenn Sie diesen Wert auf `1` setzen, wird das Cookie nur über eine gesicherte HTTPS-Verbindung übertragen.

Wie bereits erwähnt, werden Cookies als HTTP-Header gesetzt. Deshalb muss dieser Befehl – genau wie die Session-Anweisungen – vor jeglichem HTML-Code in der PHP-Datei stehen. Die folgende Anweisung setzt ein sieben Tage gültiges Cookie namens `lastvisit`, dessen Wert die aktuelle Uhrzeit ist:

```
setcookie ("lastvisit", time(), time() + 7 * 24 * 60 * 60);
```

Die Cookies, die der Client bei der Anfrage mitgeschickt hat, können Sie aus dem globalen Array `$_COOKIE` lesen. Dieses Beispiel liest das Cookie `lastvisit` und speichert seinen Wert in einer gleichnamigen Variablen:

```
$lastvisit = $_COOKIE['lastvisit'];
```

Diese Variable lässt sich im weiteren Verlauf des Skripts etwa so verwenden:

```
$lastvisitformat = date ("d.m.Y, H:i", $lastvisit);
echo ("Ihr letzter Besuch: $lastvisitformat <br />");
```

Die Funktion `date ($format, $sek_seit_epoch)` erzeugt formatierte Datumsangaben; ihre Parameter werden weiter unten näher erläutert.

17.2.6 Gästebücher und Counter mit Textdateien

PHP kann Textdateien lesen und schreiben, die sich auf demselben Host befinden wie das Skript selbst. Textdateien können auf vielfältige Weise für die Web-Programmierung nützlich sein:

- Der Austausch von Seiteninhalten kann erleichtert werden. Statt des PHP-Skripts selbst muss eventuell nur noch der Inhalt der Textdatei bearbeitet werden – eine Vorstufe zum vollswertigen Content-Management.
- In einer Textdatei können sowohl Session-basierte als auch allgemeine Daten zwischengespeichert werden. Beispielsweise kann die bisherige Anzahl von Besuchern für einen Counter gespeichert werden.
- Textdateien können als einfachere Alternative zu Datenbanken eingesetzt werden, wenn nicht allzu viele Daten zu verwalten sind oder wenn irgendwo keine Datenbank zur Verfügung steht.[1]

Textdateien lesen

Das folgende erste Beispiel zeigt, wie die erste Zeile einer Textdatei gelesen wird. Die Datei `test.txt` befindet sich im selben Verzeichnis wie das Skript, so dass nur der Dateiname als Pfad benötigt wird:

```
// Datei zum Lesen öffnen
$fh = fopen ("test.txt", "r");
// Die erste Zeile, maximal aber 100 Zeichen lesen
$line = fgets ($fh, 100);
// Datei schließen:
fclose ($fh);
echo ("In der Textdatei steht: <b>$line</b>");
```

Für das Öffnen einer Datei ist die Funktion `fopen()` mit der folgenden Syntax zuständig:

```
$fh = fopen ($dateiname, $modus);
```

1 PHP 5 enthält allerdings eine eingebaute Miniatur-Datenbank namens SQLite, die für diesen Zweck eventuell zu bevorzugen wäre.

Die Datei `$dateiname` wird geöffnet. `$modus` zeigt an, auf welche Weise auf diese Datei zugegriffen wird. Die wichtigsten Modi sind folgende:

- `"r"` steht für read (lesen).
- `"w"` bedeutet write (schreiben). Falls die Datei noch nicht existiert, wird sie neu angelegt. Existierte sie bereits, dann wird ihr bisheriger Inhalt gelöscht.
- `"a"` ist der Modus append (anhängen). Falls die Datei noch nicht existiert, wird sie neu angelegt. Existierte sie bereits, dann wird alles, was hineingeschrieben wird, an den bisherigen Inhalt angehängt.

Das Ergebnis des Öffnens ist ein **Dateideskriptor**: Für jede offene Datei wird eine eindeutige ganze Zahl erzeugt, die diese Datei identifiziert. Sie können das Ergebnis von `fopen()` einer Variablen zuweisen, über die dann jeweils der Zugriff auf die Datei erfolgt.

Für das Lesen aus einer Textdatei ist die folgende Anweisung zuständig:

```
$line = fgets ($fh, $laenge);
```

`fgets()` liest aus der Datei, die durch `$fh` repräsentiert wird, die also zuvor mittels `fopen()` zum Lesen geöffnet wurde. Es wird bis zum nächsten Zeilenumbruch oder bis zur maximalen Länge von `$laenge` Zeichen gelesen, je nachdem, was zuerst auftritt. Um auf jeden Fall ganze Zeilen zu lesen, sollte der Wert von `$laenge` recht hoch angesetzt werden.

Erst seit PHP 4.2 ist die Angabe der Länge optional, wurde dann allerdings als 1.024 angenommen. Seit PHP 4.3 bedeutet das Weglassen der Längenangabe eine beliebige Länge. Da bei den meisten Providern nicht immer die neueste PHP-Version läuft, sollten Sie immer eine Länge angeben, wenn Sie es nicht genau wissen.

```
fclose ($fh);
```

Diese Anweisung schließt eine Datei, die zuvor mittels `fopen()` geöffnet wurde. Es ist guter Stil, alle Dateien selbst zu schließen, die Sie nicht mehr benötigen. Am Ende eines Skripts werden Dateien trotzdem automatisch geschlossen.

Das folgende zweite Beispiel zeigt, wie Sie alle Zeilen einer Textdatei lesen können:

```
// Datei öffnen
$fh = fopen ("test.txt", "r");
// Schleife
while (!feof ($fh)) {
   $line = fgets ($fh, 1024);
   echo ("$line<br>\n");
}
fclose ($fh);
```

Die neue Funktion `feof()` hat die folgende Syntax:

```
$ende = feof ($fh);
```

Sie überprüft, ob beim nächsten Lesen aus der angegebenen Datei noch etwas kommen würde oder ob bereits das Dateiende (End Of File) erreicht ist.

Im obigen Beispiel wird die folgende Formulierung als Bedingung für die Schleife verwendet:

```
!feof($fh)
```

Wie Sie aus früheren Kapiteln wissen sollten, ist `!` der Verneinungs-Operator, das logische Nicht. Er verkehrt logische Werte in ihr Gegenteil. Schließlich soll gerade dann weiter aus der Datei gelesen werden, wenn EOF noch nicht erreicht ist.

Ein rudimentäres Gästebuch

Das folgende Beispiel ist ein rudimentäres Gästebuch. Zum Lesen und zur Ausgabe des Inhalts der Textdatei wird der Code aus dem vorigen Beispiel übernommen:

```
<html>
<head>
<title>PHP-Gaestebuch 1</title>
</head>
<body>
<h1>G&auml;stebuch</h1>
<?php

   // Hier Funktion cgi_param() einfügen!

   // Gibt es eine Nachricht zum Anhängen?
   $msg = cgi_param ("msg", "");
   if ($msg) {
      // Datei zum ANHÄNGEN öffnen:
      $fh = fopen ("gast.txt", "a");
      // Eine Trennlinie in die Datei schreiben:
      fputs ($fh, "<hr size=3 width=\"80%\">\n");
      // Die Daten in die Datei schreiben
      // Benutzername oder Vorgabewert "Anonymous"
      $name = cgi_param ("user", "Anonymous");
      // E-Mail-Adresse eingegeben?
      $mail = cgi_param ("mail", "");
      if ($mail) {
         fputs ($fh, "<a href=\"mailto:$mail\">
              <b>$name</b></a> schrieb:<br /><br />");
      } else {
         fputs ($fh, "<b>$name</b> schrieb:
              <br /><br />");
      }
      // Nachrichtentext oder "nichts"
      $comment = cgi_param ("comment", "nichts");
      fputs ($fh, "$comment\n");
      fclose ($fh);
   }
```

```
?>
<form action="gast.php" method="post">
  <input type="hidden" name="msg" value="1" />
  <h2>Kommentar hinzuf&uuml;gen</h2>
  Ihr Name:
  <input type="text" name="user" size="30" />
  <br />
  Ihre E-Mail:
  <input type="text" name="mail" size="30" />
  <br />
  Ihr Kommentar:<br />
  <textarea name="comment" cols="40" rows="10">
  </textarea>
  <br />
  <input type="submit" value="Abschicken" />
</form>
<h2>Bisherige Eintr&auml;ge:</h2>
<?php

   if ($fh = fopen ("gast.txt", "r")) {
      while (!feof ($fh)) {
         $line = fgets ($fh, 500);
         echo ("$line<br>\n");
      }
      fclose ($fh);
   } else {
      echo "Noch keine Eintr&auml;ge.";
   }

?>
</body>
</html>
```

In Textdateien schreiben

Die Anweisung fputs() wird zum Schreiben in eine Textdatei verwendet:

```
fputs ($fh, $text);
```

schreibt den String $text in die Datei. Beachten Sie, dass nicht automatisch ein Zeilenumbruch angehängt wird. Wenn Sie Text zeilenweise in die Datei schreiben möchten, sollten Sie Folgendes schreiben:

```
fputs ($fh, "$text\n");
```

Ganz unten im Skript wird fopen() einfach als Bedingung für eine if-Abfrage verwendet. Das ist eine nützliche Schreibweise, weil $fh den Wert 0 erhält, wenn die Datei gast.txt nicht existiert oder wenn ein Fehler auftritt. In diesem Fall wird der else-Block ausgeführt, der darauf hinweist, dass keine Einträge vorhanden sind.

Alle anderen Anweisungen in dem einfachen Gästebuch-Beispiel wurden bereits erläutert. Interessant ist möglicherweise noch, dass in die Gästebuchdatei `gast.txt` fertiger HTML-Code hineingeschrieben wird, der später durch das PHP-Skript in das Ausgabedokument eingefügt wird.

Datum und Uhrzeit

Ein richtiges Gästebuch sollte natürlich auch Datum und Uhrzeit eines Postings enthalten. In diesem Unterabschnitt werden die wichtigsten PHP-Funktionen zum Ermitteln der Systemzeit und ihrer Bestandteile vorgestellt.

Die Funktion `time()` ermittelt einen POSIX-Zeitstempel, das heißt die Anzahl der Sekunden, die seit dem 01. Januar 1970 um 00:00 Uhr GMT vergangen sind. Mit Hilfe der Funktion `date()` kann eine solche Zeitangabe formatiert werden:

```
date ($format, $time)
```

Datums- und Uhrzeitformate

`$format` ist ein Format-String, der beliebige Zeichen zur Trennung der Datums- und Uhrzeitkomponenten enthalten kann. Die Komponenten selbst werden durch die Verwendung folgender Buchstaben ermittelt:

- `j` ist der Tag im Monat.
- `d` steht ebenfalls für den Tag, gibt ihn allerdings zweistellig an (aus 9 wird etwa 09).
- `w` gibt den Wochentag als Zahlenwert an, wobei 0 für Sonntag steht, 1 für Montag, bis 6 für Samstag.
- `n` ist der numerisch angegebene Monat.
- `m` ist noch einmal die Nummer des Monats, aber zweistellig.
- `y` gibt das zweistellige Jahr an.
- `Y` bedeutet ebenfalls das Jahr, allerdings vierstellig.
- `G` ist die Stunde im 24-Stunden-Format.
- `H` ist ebenfalls die Stunde im 24-Stunden-Format, jedoch mit erzwungener Zweistelligkeit.
- `i` gibt die Minuten zweistellig an.
- `s` steht für die zweistelligen Sekunden.

Datum und Uhrzeit sollen zum Gästebuch in folgender Form hinzugefügt werden:

Peter Schmitz schrieb am 28.08.2002 um 15:19 Uhr:

Die passenden Datums- und Uhrzeitangaben werden vor dem Öffnen der Datei zum Anhängen erstellt:

```
$jetzt = time();   // Sekunden seit EPOCH
$datum = date ("d.m.Y", $jetzt);
$zeit = date ("H:i");
```

Diese Angaben werden zur Ausgabe in die Datei hinzugefügt:

```
if ($mail) {
   fputs ($fh, "<a href=\"mailto:$mail\"><b>$name</b>
        </a> schrieb am $datum um $zeit: <br /><br />");
} else {
   fputs ($fh, "<b>$name</b> schrieb am $datum um $zeit:
        <br /><br />");
}
```

Das Gästebuch in der korrekten Reihenfolge

Das vorige Beispiel fügt den neuesten Eintrag unten in der Liste ein. In den meisten Gästebüchern befindet sich der neueste Eintrag dagegen oben, der älteste unten.

Um dies zu erreichen, sind zwei mögliche Ansätze denkbar:

1. In eine ganz neue Datei wird zuerst der aktuelle Eintrag geschrieben, darunter die Inhalte der bisherigen Datei. Anschließend wird die bisherige Datei umbenannt, etwa in `gast_alt.txt`, und die neue in `gast.txt`.
2. Jeder Eintrag wird in einer separaten Datei gespeichert; die Dateinamen sind durchnummeriert (etwa `eintrag1.txt` bis `eintrag356.txt`). In einer Schleife werden nun die Nummern von der höchsten bis hinunter zur 1 durchlaufen, die jeweilige Datei wird geöffnet und ihr Inhalt ausgegeben.

   Die Gesamtzahl der Einträge wird in einer separaten Datei aufbewahrt. Der Nachteil besteht darin, dass dieser Ansatz bei hoher Zugriffszahl viel Performance kostet.

Der Code für das Eintragen ins Gästebuch nach dem ersten der beiden Ansätze sieht folgendermaßen aus:

```
// Gibt es eine Nachricht zum Anhängen?
$msg = cgi_param ("msg", "");
if ($msg) {

   // Datum und Uhrzeit ermitteln:
   $jetzt = time(); // Sekunden seit EPOCH
   $datum = date ("d.m.Y", $jetzt);
   $zeit = date ("H:i");
   // Neue Datei zum Schreiben öffnen:
   $fh = fopen ("gast_neu.txt", "w");
   // Die Daten in die Datei schreiben
   // Username oder "Anonymous"
   $name = cgi_param ("user", "Anonymous");
   // E-Mail-Adresse eingegeben?
   $mail = cgi_param ("mail"; "");
   if ($mail) {
      fputs ($fh, "<a href=\"mailto:$mail\"><b>$name</b>
         </a> schrieb am $datum um $zeit:<br /><br />");
```

```
    } else {
       fputs ($fh, "<b>$name</b> schrieb am $datum um
            $zeit: <br /><br />");
    }
    $comment = cgi_param ("comment", "nichts");
    fputs ($fh, "$comment\n");
    // Eine Trennlinie in die Datei schreiben:
    fputs ($fh, "<hr size=3 width=\"60%\"><br>\n");
    // Die alten Einträge in die neue Datei kopieren:
    $fh2 = fopen ("gast.txt", "r");
    while (!feof ($fh2)) {
       $line = fgets ($fh2, 500);
       fputs ($fh, "$line");
    }
    // Dateien schließen:
    fclose ($fh);
    fclose ($fh2);
    // Dateien umbenennen:
    rename ("gast.txt", "gast_alt.txt");
    rename ("gast_neu.txt", "gast.txt");
}
```

Die Anweisung `rename()` zum Umbenennen von Dateien hat die folgende Syntax:

```
rename ($altname, $neuname);
```

Die Anweisung benennt die Datei `$altname` in `$neuname` um. Beide Parameter sind Strings; es wird nicht mit Dateideskriptoren gearbeitet. Die umzubenennende Datei sollte zuvor mittels `fclose()` geschlossen werden, falls sie offen war.

Windows-Besonderheit

Die oben gezeigte Lösung funktioniert in dieser Form nur unter PHP für UNIX. Die UNIX-Version von PHP ruft intern das Systemprogramm `mv` auf, dem es egal ist, wenn die Datei, die den neuen Dateinamen bilden soll, bereits existiert. Die Windows-Version verwendet dagegen den Befehl `rename`, der dies verbietet.

Für Windows muss die Lösung daher folgendermaßen ergänzt werden (wobei sie allerdings auch unter UNIX funktioniert):

```
// ... nach dem Schreiben des Eintrags
// Dateien schließen:
fclose ($fh);
fclose ($fh2);
// Dateien umbenennen:
if (file_exists ("gast_alt.txt")) {
   // gast_alt.txt löschen, falls bereits vorhanden
   unlink ("gast_alt.txt");
}
unlink ("gast.txt");
rename ("gast_neu.txt", "gast.txt");
```

Der Befehl `unlink()` löscht die angegebene Datei. Auch bei diesem Befehl ist das Argument der Dateiname.

Listing 17_01 bietet eine recht elegante Lösung des zweiten Ansatzes für ein Gästebuch in der richtigen Reihenfolge. Die Änderungen werden durch ausführliche Kommentare im PHP-Code erläutert. Beachten Sie, dass Sie die Zählerdatei `number.txt` vor der ersten Ausführung manuell erzeugen und mit dem Wert 0 füllen müssen.

Diese Lösung ist beispielsweise dann geeigneter, wenn nicht der Inhalt des ganzen Gästebuchs auf derselben Seite angezeigt werden soll, sondern zum Beispiel je 10 oder 20 Einträge. Da die Einträge in einzelnen Dateien liegen, ist der Zugriff auf einen Teil der Daten erheblich einfacher.

Ein kleiner Counter

Neben Gästebüchern sind Besucherzähler eine der beliebtesten Anwendungen für die dynamische Serverprogrammierung. Auch wenn der tiefere Sinn eines Counters nicht unbedingt einsichtig ist, soll eine Lösung hier nicht fehlen.

Der Inhalt einer Textdatei enthält die bisherige Besucheranzahl; diese Zahl wird gelesen, angezeigt und um 1 erhöht. In der hier gezeigten Form kann der Counter in eine beliebige PHP-Seite mit eingebaut werden, die Ausgabe erfolgt als Text. Hier der Code:

```
<?php
   // Datei mit den bisherigen Zugriffszahlen lesen
   $nfile = fopen ("besucher.txt", "r");
   $besucher = fgets ($nfile, 10);
   fclose ($nfile);
   // Eventuellen Zeilenumbruch entfernen
   $besucher = chop ($besucher);
   // Wert um 1 erhöhen
   $besucher++;
   // Ausgabe
   echo ("Sie sind der $besucher. Besucher!");
   // Neuen Wert in der Textdatei speichern
   $nfile = fopen ("besucher.txt", "w");
   // Eine Sperre erwerben, um die Datei zu blockieren
   flock ($nfile, 2);
   // Den neuen Wert schreiben
   fputs ($nfile, $besucher);
   // Die Sperre aufheben
   flock ($nfile, 3);
   fclose ($nfile);

?>
```

In diesem Code werden zwei neue Anweisung verwendet: `flock()` zum Sperren einer Datei für andere Zugriffe und `chop()` zum Entfernen von Whitespace am String-Ende. `flock()` besitzt folgende allgemeine Syntax:

Dateien sperren

```
flock ($fh, $modus);
```

Diese Funktion sperrt die geöffnete Datei mit dem Dateihandle `$fh` für anderweitige Zugriffe beziehungsweise hebt eine solche Sperre wieder auf. Der Modus 2 errichtet eine exklusive Sperre, der Modus 3 setzt sie wieder zurück.

An der Stelle, an der die Sperre errichtet wird, wartet das Skript ab, bis eine eventuelle andere Sperre auf dieselbe Datei wieder aufgehoben wird. Die Verwendung von `flock()` wird immer dann dringend empfohlen, wenn in derartige Dateien geschrieben wird – es könnten mehrere gleichzeitige Zugriffe erfolgen. Auch bei den Schreibzugriffen in den Gästebuch-Skripten wäre eine solche Sperre sinnvoll.

`chop()` entfernt sämtlichen Whitespace (Leerzeichen, Tabulatoren und vor allem Zeilenumbrüche) vom Ende eines Strings und gibt die »gesäuberte« Version zurück.

Userprüfung für Counter

Ein weiteres Problem beim Counter ist folgendes: Greift derselbe Benutzer hintereinander mehrmals auf die Seite zu, dann wird er auch mehrmals gezählt – dies verfälscht das Ergebnis.

In der folgenden verbesserten Lösung werden zwei Kontrollmechanismen eingeführt, um dies zu verhindern:

1. Die IP-Adresse des jeweiligen Besuchers wird gespeichert.
2. Die Browser-Kennung eines Besuchers wird ebenfalls gesichert.

Falls innerhalb einer Stunde jemand wiederkommt, der dieselben Merkmale erfüllt, wird er nicht gezählt.

Innerhalb von PHP wird auf die beiden Informationen, die in Umgebungsvariablen zur Verfügung stehen, als `$_SERVER['REMOTE_ADDR']` (IP-Adresse des entfernten Client-Rechners) beziehungsweise `$_SERVER['HTTP_USER_AGENT']` (Browsersignatur) zugegriffen.

Die beiden Werte werden nebst einer Zugriffszeit in der Textdatei `users.txt` gespeichert. Bei jedem Zugriff wird dort nachgeschlagen, ob der entsprechende Besucher schon einmal da war. Ein Eintrag in dieser Datei hat die folgende Form:

```
IP###Browser-ID###Zeitstempel
```

Hier sehen Sie ein Beispiel:

```
194.13.18.51###Mozilla (compatible; MSIE 6.0; Win32)###1030123456
```

Dies ist das zugehörige Listing:

```
<?php

   // Datei mit den bisherigen Zugriffszahlen lesen
   $nfile = fopen ("besucher.txt", "r");
   $besucher = fgets ($nfile, 10);
```

```
fclose ($nfile);
$besucher = chop ($besucher);
// War dieser Besucher innerhalb der letzten 60 Min.
// bereits hier?
$jetzt = time();
$user = $REMOTE_ADDR;
$browser = $HTTP_USER_AGENT;
// Annahme: Besucher war noch nicht hier.
$visited = false;
// Bisherige Benutzereinträge lesen
$vfile = fopen ("besucherinfo.txt", "r");
while (!feof ($vfile)) {
   $info = fgets ($vfile, 100);
   $infos = explode ("###", $info);
   if ($user == $infos[0] &&
        $browser == $infos[1]) {
      // 1 Std., d.h. 60*60 Sek., noch nicht vorbei?
      if ($infos[2] + 3600 >= $jetzt)
      {
         // Aha! Der war schon hier!
         $visited = true;
         break;
      }
   }
}
fclose ($vfile);
if (!$visited) {
   // Wert um 1 erhöhen
   $besucher++;
   // Neue Anzahl in der Textdatei speichern
   $nfile = fopen ("besucher.txt", "w");
   // Eine Sperre erwerben
   flock ($nfile, 2);
   // Den neuen Wert schreiben
   fputs ($nfile, $besucher);
   // Die Sperre aufheben
   flock ($nfile, 3);
   fclose ($nfile);
   // Info über diesen Besucher schreiben
   $vfile = fopen ("besucherinfo.txt", "a");
   flock ($vfile, 2);
   fputs ($vfile, "$user###$browser###$jetzt\n");
   flock ($vfile, 3);
   fclose ($vfile);
}
```

```
    // Ausgabe
    echo ("Sie sind der $besucher. Besucher!");

?>
```

Um das Ganze einfacher ausprobieren zu können, können Sie die 3600 (Sekunden) vorübergehend auf einen viel niedrigeren Wert setzen, zum Beispiel auf 30: Sehr schnelles Aktualisieren des Dokuments ändert die Anzahl nicht, ein erneutes Laden nach 30 Sekunden aber durchaus.

Grenzen dieser Counter-Lösung

Beachten Sie schließlich, dass auch diese Lösung nicht perfekt ist: Wenn sich zwei verschiedene Rechner hinter demselben NAT-Gateway oder Proxy-Server befinden, und der gleiche Browser auf ihnen läuft, werden ihre Zugriffe nur als ein einzelner gewertet. Um diese Gefahr zu vermindern, können Sie die hier angebotene Lösung mit einem Cookie kombinieren.

17.2.7 Zugriff auf MySQL-Datenbanken

Wie bereits erwähnt, gibt es zwei verschiedene PHP-Schnittstellen für den Zugriff auf MySQL-Datenbanken: die klassische `mysql`-Schnittstelle und die Neuentwicklung `mysqli`. Letztere existiert nur in PHP 5 und arbeitet nur mit MySQL ab Version 4.1 zusammen und ermöglicht die objektorientierte Programmierung von Datenbankanwendungen.

Eine Testdatenbank

Die nachfolgenden einfachen MySQL-Beispiele beziehen sich alle auf eine kleine Datenbank namens `buecher`, in der eine einzige gleichnamige Tabelle enthalten ist. Die Felder dieser Datenbanktabelle sehen Sie in Tabelle 17.2.

Damit die Beispiele nicht allzu umfangreich werden, ist die Tabelle sehr einfach gehalten: Das relationale Datenbankmodell würde eigentlich nicht erlauben, dass der Autor (dessen Name aus Vor- und Nachnamen besteht) in einem einzelnen Feld steht – eigentlich darf er nicht einmal in derselben Tabelle stehen, weil ein Buch mehrere Autoren besitzen kann und weil ein und derselbe Autor mehrere Bücher geschrieben haben kann. Letzteres gilt auch für den Verlag. In den Beispielinhalten erscheint deshalb jeweils nur der Nachname des Autors, und es werden nur Bücher von Einzelautoren aufgenommen.

Feldbezeichnung	Datentyp
isbn	`char(10)`, Primärschlüssel
autor	`varchar(30)`
titel	`varchar(40)`
verlag	`varchar(30)`

Tabelle 17.2 Inhalte der Beispieldatenbanktabelle buecher

Sie können diese Tabelle mit dem MySQL Query Browser oder einem anderen grafischen Datenbankverwaltungstool anlegen. Alternativ können Sie die MySQL-Konsole öffnen (Befehl `mysql` im Verzeichnis `bin` Ihrer MySQL-Installation) und nacheinander folgende SQL-Befehle eintippen (die Antworten des MySQL-Clients wurden hier weggelassen):

```
mysql> create database buecher;
mysql> use buecher;
mysql> create table buecher (isbn char(10) primary key, autor varchar(3
0), titel varchar(40), verlag varchar(30));
```

`create database` und `create table` sind SQL-Standardbefehle zum Erzeugen einer neuen Datenbank beziehungsweise Tabelle; `use <Datenbank>` ist dagegen ein interner Befehl des MySQL-Clients, der zur Auswahl der gewünschten Datenbank verwendet wird.

Als Nächstes benötigt die Datenbank einige Beispielinhalte. Sie können entweder die Werte aus Tabelle 17.3 übernehmen oder Ihre eigenen benutzen.

ISBN	Autor	Titel	Verlag
3898423816[2]	Möhrke	Besser PHP programmieren	Galileo Computing
3897213494	Friedl	Reguläre Ausdrücke	O'Reilly
3897211793	Hunt	TCP/IP-Netzwerkadministration	O'Reilly
3898425576	Lubkowitz	Webseiten programmieren und gestalten	Galileo Computing
3827320933	Perlman	Bridges, Router, Switches ...	Addison-Wesley
3898424685	Wolter	Flash MX 2004	Galileo Design

Tabelle 17.3 Beispieldatensätze für die Datenbanktabelle buecher

Natürlich können Sie sich die Mühe machen, die Werte Zeile für Zeile von Hand einzufügen. Hier nur ein Beispiel:

```
mysql> insert into buecher values ('3898423816', 'Möhrke', 'Besser PHP
programmieren',
'Galileo Computing');
```

Alternativ können Sie auch die Datei `mkbuecher.sql` aus der Listing-Sammlung zu diesem Kapitel (**http://buecher.lingoworld.de/fachinfo/listings/kap17.html**) ausführen. Dies funktioniert im MySQL-Kommandozeilen-Client folgendermaßen:

```
mysql> source mkbuecher.sql
```

Die mysql-Schnittstelle

Hier wird zunächst einmal die Vorgehensweise für die klassische Schnittstelle vorgestellt; weiter unten lernen Sie dieselben Anweisungen für `mysqli` kennen.

2 Die Bindestriche stehen an standardisierten Stellen innerhalb der ISBN, sodass sie nicht in der Datenbynk gespeichert zu werden brauchen.

Als Erstes müssen Sie eine Verbindung zum MySQL-Server herstellen. Dies funktioniert mit Hilfe der klassischen Schnittstelle so:

```
$connID = mysql_connect ($host[, $user[, $passwort]]);
```

Angenommen, der Datenbank-Server läuft auf demselben Host wie Apache, der Benutzername ist `dbuser` und das Passwort `strengGeheim`. Dann wird der Befehl folgendermaßen aufgerufen:

```
$connID = mysql_connect ("localhost", "dbuser",
     "strengGeheim");
```

Sie sollten es bei einem Produktivsystem dringend vermeiden, anonyme Zugriffe auf den Datenbank-Server zuzulassen. Es sollte also keine Webanwendung geben, bei der ein Zugriff auf MySQL ohne Benutzername und Passwort möglich ist.

Die Verbindungskennung `$connID` ist übrigens im Erfolgsfall ein positiver Integer, andernfalls erhält die Variable den Wert 0. Deshalb könnte die konkrete Verwendung folgendermaßen aussehen:

```
$connID = mysql_connect ("localhost", "dbuser",
     "strengGeheim");
if ($connID) {
   // Datenbankverarbeitung ...
} else {
   echo ("Fehler: Kein Datenbankzugrif m&ouml;glich!<br />");
}
```

Als Nächstes müssen Sie die Datenbank auswählen, auf die zugegriffen wird. Dies geschieht mit Hilfe des Befehls `mysql_select_db()`. Der erste Parameter ist der Name der gewünschten Datenbank. Optional können Sie die Verbindungskennung angeben – dies ist aber nur erforderlich, wenn mehrere Datenbankverbindungen bestehen. Beispiel:

```
mysql_select_db ("buecher");
// Falls mehrere Datenbankverbindungen geöffnet sind:
mysql_select_db ("buecher", $connID);
```

Nun können Sie der Datenbank SQL-Abfragen senden. Dies geschieht mit Hilfe der Funktion `mysql_query ($abfrage[, $connID])`. Die Verbindungskennung braucht auch hier wieder nur angegeben zu werden, wenn Sie mehrere Datenbankverbindungen gleichzeitig verwenden. Der Rückgabewert ist eine Ergebnis-Kennung, deren Inhalt Sie mit weiteren Funktionen auslesen können, oder false, wenn die Abfrage fehlschlägt. Im letzteren Fall liefert die Funktion `mysql_error()` eine Fehlerbeschreibung.

Hier ein Beispiel für eine Auswahlabfrage:

```
$result = mysql_query
     ("SELECT * FROM buecher WHERE verlag LIKE "Galileo%");
```

Die einzelnen Zeilen des Ergebnisses lassen sich mit Hilfe von `mysql_fetch_row ($result)` oder `mysql_fetch_array ($result)` auslesen. Trotz der unterschiedlichen Bezeichnungen liefern beide ein Array. Der Unterschied ist, dass die Indizes bei `mysql_` `fetch_row()` numerisch und bei `mysql_fetch_array()` die eigentlichen Feldnamen sind. Sie können beide Funktionen in einer `while()`-Schleife aufrufen, weil sie `false` zurückgeben, falls kein weiterer Datensatz mehr vorhanden ist. Hier ein Beispiel für `mysql_fetch_row()`:

```
echo ("<table border=\"2\"><tr>");
echo ("<th>Autor</th><th>Titel</th><th>Verlag</th>");
echo ("</tr>");
while ($record = mysql_fetch_row ($result)) {
   $autor = $record[0];
   $titel = $record[1];
   $verlag = $record[2];
   echo ("<tr>");
   echo ("<td>$autor</td>");
   echo ("<td>$titel</td>");
   echo ("<td>$verlag</td>");
   echo ("</tr>");
}
echo ("</table>");
```

Mit `mysql_fetch_array()` sieht der relevante Ausschnitt der `while()`-Schleife dagegen so aus:

```
while ($record = mysql_fetch_array ($result)) {
   $autor = $record['autor'];
   $titel = $record['titel'];
   $verlag = $record['verlag'];
   // ... wie gehabt ...
}
```

Bei den unterschiedlichen Arten von Änderungsabfragen (`UPDATE`, `INSERT`, `DELETE` und `REPLACE`) gibt es natürlich kein Ergebnis in Form zurückgegebener Datensätze. Stattdessen können Sie über die Funktion `mysql_affected_rows()` erfahren, wie viele Datensätze geändert (beziehungsweise hinzugefügt oder gelöscht) wurden. Beispiel:

```
// Neues Buch hinzufügen
$result = mysql_query
     ("INSERT INTO buecher VALUES ('3898423832',
     'Throll', 'MySQL', 'Galileo Computing')");
// Hat es funktioniert?
if (mysql_affected_rows() == 1) {
   echo ("Buch erfolgreich hinzugef&uuml;gt.<br />");
} else {
   echo ("Buch konnte nicht hinzugef&uuml;gt werden.<br />");
}
```

Wenn Sie eine Abfrage durchführen, die besonders viele Datensätze liefert, sollten Sie anschließend den Speicher leeren, den das Ergebnis belegt hat:

```
mysql_free_result ($result);
```

Zum Schluss sollten Sie die Datenbankverbindung ordnungsgemäß schließen:

```
mysql_close ($connID);
     // $connID entfällt, wenn eindeutig
```

Die mysqli-Schnittstelle

Die neuen `mysqli_*`-Anweisungen können sowohl prozedural als auch objektorientiert verwendet werden. Wenn Sie die prozedurale Schreibweise verwenden, unterscheiden sie sich nicht sehr stark von den gerade vorgestellten klassischen `mysql_*`-Funktionen. Die wichtigste Besonderheit ist, dass Sie die Verbindungskennung nicht mehr weglassen können. Deshalb ist der objektorientierte Zugriff zu bevorzugen – hier wird für jede Verbindung ein eigenes MySQL-Objekt erzeugt.

Hier sehen Sie zunächst sämtliche Anweisungen aus dem `mysql`-Beispiel unter Verwendung der prozeduralen Form der `mysqli`-Schnittstelle:

```
$connID = mysqli_connect ("localhost", "dbuser",
     "strengGeheim", "buecher");
$result = mysqli_query ($connID,
     "SELECT * FROM buecher WHERE verlag LIKE "Galileo%");
echo ("<table border=\"2\"><tr>");
echo ("<th>Autor</th><th>Titel</th><th>Verlag</th>");
echo ("</tr>");
while ($record = mysqli_fetch_row ($result)) {
   $autor = $record[0];
   $titel = $record[1];
   $verlag = $record[2];
   echo ("<tr>");
   echo ("<td>$autor</td>");
   echo ("<td>$titel</td>");
   echo ("<td>$verlag</td>");
   echo ("</tr>");
}
echo ("</table>");
mysqli_free_result ($result);
mysqli_close ($connID);
```

Die objektorientierte Variante von `mysqli` verursacht weniger Schreibarbeit und ist erheblich praktischer. Da die Verbindung und das Ergebnis Objekte sind, entfällt beim Aufruf der verschiedenen Methoden das Präfix `mysqli_` und auch die Angabe der Verbindungskennung. Hier sehen Sie das gesamte Beispiel noch einmal in objektorientierter Syntax:

```
$conn = new mysqli ("localhost", "dbuser",
     "strengGeheim", "buecher");
$result = $conn->query
     ("SELECT * FROM buecher WHERE verlag LIKE "Galileo%");
```

```
echo ("<table border=\"2\"><tr>");
echo ("<th>Autor</th><th>Titel</th><th>Verlag</th>");
echo ("</tr>");
while ($record = $result->fetch_row ()) {
   $autor = $record[0];
   $titel = $record[1];
   $verlag = $record[2];
   echo ("<tr>");
   echo ("<td>$autor</td>");
   echo ("<td>$titel</td>");
   echo ("<td>$verlag</td>");
   echo ("</tr>");
}
echo ("</table>");
$result->free();
$conn->close();
```

17.2.8 Zwei größere Beispiele

Zum Abschluss soll die Betrachtung zweier etwas größerer, datenbankbasierter PHP-Praxisbeispiele nicht fehlen: ein Quizspiel und ein Diskussionsforum. Wie bei umfangreicheren Listings üblich, finden Sie den Quellcode im Web, während hier nur ausgewählte Codezeilen erläutert werden.

Ein Quizspiel

Das folgende Beispiel zeigt, wie Sie mit Hilfe von PHP und MySQL ein kleines Multiple-Choice-Quiz erstellen können. Das Schema funktioniert wie bei den populären Quiz-Sendungen im Fernsehen: Für jede Frage sind vier Antwortmöglichkeiten vorgegeben, von denen genau eine richtig ist.

In der einzigen Datenbanktabelle `FRAGEN` der neuen Datenbank `QUIZ` werden die Quizfragen nach dem folgendem Schema untergebracht:

Feldbezeichnung	Datentyp	Eigenschaften
`NR`	`INT`	`auto_increment`, Primärschlüssel
`FRAGE`	`TEXT`	
`ANTW1`	`VARCHAR`	Länge 100
`ANTW2`	`VARCHAR`	Länge 100
`ANTW3`	`VARCHAR`	Länge 100
`ANTW4`	`VARCHAR`	Länge 100
`KORREKT`	`ENUM`	mögliche Werte '1' bis '4'

Tabelle 17.4 Die Tabelle »FRAGEN« mit den Quizfragen und -antworten

Für die Antworttexte bietet sich eher VARCHAR an als CHAR, weil ein CHAR immer so viel Speicher belegt wie die maximale Zeichenanzahl, während ein VARCHAR immer nur so viel Speicher benötigt, wie gerade Zeichen vorhanden sind.

Diese Datenbanktabelle verletzt – relativ bewusst – die in Kapitel 7, *Datenbanken*, vorgestellten Normalisierungsregeln: Es widerspricht dem relationalen Modell, in ein und derselben Tabelle mehrere Felder mit gleichbedeutendem Inhalt zu haben (hier die Antworten). Beachten Sie aber, dass eine solche »Denormalisierung« bei nachvollziehbaren Datenstrukturen manchmal auch in der Praxis angewendet wird – besonders, um die Performance umfangreicher Datenbanken zu verbessern.

Im ersten Skript sollen alle Fragen untereinander geschrieben werden; die Anzahl der verfügbaren Fragen soll beliebig sein. Unter der jeweiligen Frage stehen in einer untergeordneten Liste die Antworten, jeweils mit Radiobuttons zum Ankreuzen. Durch das Abschicken des Formulars sollen die Daten an ein zweites Skript übertragen werden, das die Auswertung im Stil »Sie haben 15 von 18 Fragen richtig beantwortet« ausgibt.

Listing 17_02 enthält die beiden Dateien für das Quizspiel: In `frag.php` werden die Fragen gestellt; die Auswertung der Antworten erfolgt in `auswert.php` vorgenommen. Die Skripte sind je zweimal vorhanden: Im Verzeichnis `mysql` finden Sie sie in klassischer Schnittstellen-Syntax, in `mysqli` die objektorientierte moderne Schreibweise. Suchen Sie sich einfach diejenige aus, die mit Ihrer PHP- und MySQL-Version funktioniert.

Ein Diskussionsforum

Eine der beliebtesten Webanwendungen sind neben den bereits beschriebenen Gästebüchern und Countern die allgegenwärtigen Diskussionsforen. In diesem Unterabschnitt wird ein einfaches, datenbankbasiertes Forum vorgestellt. Es handelt sich in vielerlei Hinsicht um eine erweiterbare Rohfassung: Eine ausgereifte Variante sollte beispielsweise automatisch den beantworteten Beitrag zitieren, eine Suchfunktion anbieten oder die Benutzereingaben auf Vollständigkeit und erlaubtes HTML überprüfen.

Ein Skript – verschiedene Seiten

Das Skript macht es von bestimmten übergebenen Werten abhängig, welcher Inhalt gerade angezeigt wird. Der Listenanzeigemodus, die Anzeige eines einzelnen Postings und die Eingabe eines neuen Beitrags erfolgen, wenn die Seite mittels GET angefordert wird. Die Daten, die den jeweiligen Modus aktivieren, werden nicht per Formular übergeben, sondern in den diversen Hyperlinks an die URLs angehängt (zum Beispiel `forum.php?list=1&offen=1` für die aufgeklappte Variante der Listenansicht).

Lediglich das Formular zum Schreiben beziehungsweise Beantworten eines Beitrags wird mittels POST übertragen. Ein Hidden-Feld namens `save` weist das Skript an, die übergebenen Formulardaten in der Datenbank zu speichern.

Die Datenbank `forum`, auf die das Skript zurückgreift, enthält nur eine einzige Tabelle mit dem Namen POSTINGS. Ihre Spalten werden in Tabelle 17.5 gezeigt.

Feldbezeichnung	Datentyp	Eigenschaften
ID	INT	Primärschlüssel; auto_increment
PID	INT	
USER	VARCHAR	Länge 30, Index
MAIL	VARCHAR	Länge 30
TIME	INT	
TITLE	VARCHAR	Länge 30, Index
TEXT	TEXT	Volltext

Tabelle 17.5 Aufbau der Tabelle »POSTINGS« für das Forum

Das Feld `ID` enthält eine automatisch erzeugte, eindeutige Nummer für jedes Forums-Posting. `PID` (»Parent-ID«) ist die Nummer des beantworteten Postings oder 0, falls es sich um einen neuen Originalbeitrag handelt. In TIME wird einfach der aktuelle Rückgabewert von `time()` gespeichert; bei der Anzeige eines einzelnen Postings wird er mittels `date()` formatiert. Für die zukünftige Implementierung einer Suchfunktion wurden bereits alle benötigten Indizes gesetzt.

Interessant ist noch, wie die einzelnen Beiträge als Threads angezeigt werden. Für die Liste werden zunächst alle Beiträge mit der Parent-ID 0 ausgewählt, und zwar in umgekehrter Reihenfolge (über die Klausel `ORDER BY ID DESC`), damit das neueste Posting ganz oben steht.

Um die Antworten auf einen bestimmten Beitrag und wiederum deren Antworten zu zeigen, wird sowohl in der aufgeklappten Liste als auch beim einzelnen Posting die rekursive Funktion `show_follow_ups()` aufgerufen: Sie sucht zunächst alle Beiträge heraus, deren Parent-ID die übergebene ID ist, um die unmittelbaren Antworten auf das angegebene Posting zu finden. Die Daten dieser Antworten stellt sie dar und ruft sich anschließend für jede dieser Antworten rekursiv selbst auf, um wiederum deren Antworten zu finden und so weiter. Der zusätzliche Übergabeparameter `$indent` wird vor dem rekursiven Aufruf erhöht und sorgt für eine immer weitere Einrückung der Postings.

In **Listing 17_03** finden Sie das vollständige Forums-Skript, das zusätzlich mit einigen Kommentaren versehen wurde, um es noch verständlicher zu machen. Auch hier sind wieder die beiden Fassungen `mysql` und `mysqli` enthalten.

17.3 Zusammenfassung

Es gibt zahlreiche Lösungen für die Erstellung serverseitiger Anwendungen, die je nach konkretem Einsatzzweck unterschiedlich gut geeignet sind. Neben Technologien zum Selbstprogrammieren wie PHP, CGI, ASP.NET oder JSP sind auch Lösungen für Redaktionen, größere Teams oder weniger technisch versierte Benutzer verfügbar. Die wichtigsten von ihnen sind Content-Management-Systeme (CMS) wie TYPO3, Weblogs und Wikis.

Ausführlicher wurde in diesem Kapitel PHP vorgestellt, eine moderne Skriptsprache, die speziell für das Schreiben serverseitiger Webprogramme optimiert wurde. Ihre Syntax erinnert an Perl, allerdings ohne die kryptischen Kürzel und Sonderzeichen; die aktuelle Version 5 wurde aber auch um moderne objektorientierte Konzepte erweitert, die beinahe an Java heranreichen.

Zusammen mit einer MySQL-Datenbank bietet PHP-Scripting eine der praktischsten und umfassendsten Lösungen für dynamische Websites. Von Vorteil ist außerdem, dass viele Webhoster PHP und MySQL auf ihren Servern anbieten, so dass Sie auch ohne eigenen Server solche Websites betreiben können.

18 JavaScript

Kaffeehäuser haben etwas vom Wesen gut eingespielter Geigen. Sie geben Resonanz, schwingen mit und verleihen spezifische Klangfarbe.
– Billy Wilder

Anders als die im vorigen Kapitel vorgestellten Web-Anwendungen wird JavaScript clientseitig ausgeführt, genauer gesagt im Webbrowser. Dies eröffnet neue Möglichkeiten, da Sie nicht mehr nur statische Seiten und Formulare anbieten können, sondern »lebendige« Sites mit direkter Interaktivität. JavaScript ist – zusammen mit Flash, dem Kapitel des nächsten Themas – die wichtigste Technologie für clientseitige Dynamik.

18.1 JavaScript-Einführung

JavaScript wurde 1995 von Netscape unter dem ursprünglichen Namen LiveScript entwickelt. Mit Beginn der Sun-Netscape-Alliance wurde sie dann – angesichts des großen Erfolgs von Suns Programmiersprache Java – in JavaScript umbenannt.

JavaScript kontra Java

Diese Namensähnlichkeit führt allerdings immer wieder zu Missverständnissen: JavaScript ist nicht Java und hat auch nicht allzu viel damit zu tun. Zwar stammt auch bei JavaScript die grundlegende Syntax aus der C-Tradition, aber mehr Gemeinsamkeiten gibt es eben nicht. Während Java eine vollständige Programmiersprache zur Entwicklung eigenständiger Anwendungen ist, handelt es sich bei JavaScript um eine Skriptsprache, die nur in einer bestimmten Umgebung läuft – insbesondere in Webbrowsern.

Auch in einigen anderen Umgebungen werden Varianten von JavaScript angewandt:

- Webserver von Netscape unterstützen eine spezielle serverseitige Variante von JavaScript. Da sie im Vergleich zu Apache oder Microsoft IIS kaum noch eine Rolle spielen, ist dies nicht mehr der Rede wert.
- Adobe Acrobat, das Programm zur Erstellung und Bearbeitung von PDF-Dokumenten (siehe Kapitel 10, *DTP und digitale Druckvorstufe*), verwendet JavaScript zur Anpassung und Erweiterung.
- In die aktuelle Version von Macromedia Director (siehe Kapitel 11, *Multimedia*) wurde JavaScript als Zweitsprache neben Lingo eingebaut.
- Unter Windows können Arbeitsabläufe mit Hilfe des Windows Scripting Host unter anderem per JavaScript automatisiert werden.
- Schließlich ist auch ActionScript – die eingebaute Programmiersprache von Macromedia Flash (siehe Kapitel 19) – nach dem Vorbild von JavaScript entwickelt worden.

ECMAScript

Begünstigt wird diese Entwicklung durch die Tatsache, dass der Sprachkern von JavaScript vor einigen Jahren bei der ECMA (European Computer Manufacturer Association) festgeschrieben wurde; der Standard, auf den sich neben JavaScript zum Beispiel auch ActionScript bezieht, heißt ECMA-262.

In diesem Buch bleibt die Betrachtung von JavaScript auf seinen Einsatz in Webbrowsern beschränkt. Nach der ausführlichen Beschreibung der klassischen Funktionen und Fähigkeiten der Sprache wird am Ende des Kapitels Dynamic HTML (DHTML) vorgestellt. Mit Hilfe dieser Technik werden die Elemente der Webseite selbst dynamisch und können bewegt, verändert oder sogar durch andere ersetzt werden.

Sicherheit

Es sollte noch ein Wort zur Verfügbarkeit und Sicherheit von JavaScript gesagt werden. In der JavaScript-Implementierung der Browser – insbesondere im Internet Explorer – treten immer wieder Sicherheitslücken auf. Deshalb schalten einige Benutzer JavaScript in ihren Browsern ganz ab – zumindest, bis ein entsprechendes Sicherheitsupdate zur Verfügung steht. Es ist also nicht ratsam, Websites so anzulegen, dass relevante Inhalte nur mit eingeschaltetem JavaScript betrachtet werden können.

Abgesehen von diesem Sicherheitsproblem unterstützen die verschiedenen Browser unterschiedliche Versionen von JavaScript. In diesem Kapitel werden deshalb so genannte Browserweichen vorgestellt, mit deren Hilfe Sie ermitteln können, in welchem Browser ein Skript gerade läuft. Falls Sie allerdings vorhaben, Skripts zu schreiben, die in fast jedem Browser funktionieren, müssen Sie sich mit gewissen Einschränkungen des Funktionsumfangs abfinden.

18.2 JavaScript im HTML-Dokument

JavaScript-Anweisungen werden in der Regel unmittelbar in HTML-Dokumente hineingeschrieben. Sie stehen zwischen den speziellen HTML-Tags `<script>` und `</script>`. Das HTML-Tag `<script>` muss für die Verwendung von JavaScript durch spezielle Attribute angepasst werden, weil es auch noch andere – allerdings selten genutzte – Browser-Skriptsprachen gibt:

```
<script language="JavaScript" type="text/javascript">
```

Dabei ist die unterschiedliche Schreibweise von »JavaScript« in den beiden Attributen verbindlich. Im Übrigen ist es erlaubt – und üblich – den eigentlichen JavaScript-Code folgendermaßen zwischen HTML-Kommentare zu setzen:

```
<script language="JavaScript" type="text/javascript">
<!--

   // Hier steht der eigentliche Code

// -->
</script>
```

Dadurch wird verhindert, dass ganz alte Browser, die kein JavaScript verstehen, den Code als normalen Text ausgeben. Beachten Sie bitte den einzeiligen JavaScript-Kommentar `//` vor dem Ende des HTML-Kommentars `-->`. Diese Schreibweise ist notwendig, weil sonst versucht würde, `-->` als JavaScript zu interpretieren, was eine Fehlermeldung ergibt. Außerdem darf in der Kommentar-Beginnzeile `<!--` kein JavaScript-Code stehen, da er sonst ignoriert würde.

Ob ein solcher Skript-Block im Head oder im Body einer HTML-Seite steht, ist vom jeweiligen Einzelfall abhängig: Allgemeine Initialisierungen und Funktionsdefinitionen stehen im Head, dagegen steht Code, der etwas in das HTML-Dokument selbst ausgibt, im Body.

Head oder Body?

Wenn Sie bestimmte JavaScript-Codeblöcke in mehreren Dateien benötigen, können Sie sie auch in externe JavaScript-Dateien auslagern und an der passenden Stelle im Dokument importieren. Eine solche Datei erhält die Dateiendung `.js` und darf nur JavaScript-Code enthalten, kein HTML. Eingebunden wird eine solche Datei mit Hilfe der folgenden Variante des `<script>`-Tags:

```
<script language="JavaScript" type="text/javascript" src="extern.js">
</script>
```

Statt `extern.js` müssen Sie die korrekte URL der verknüpften Datei angeben. Innerhalb dieses speziellen Skript-Blocks selbst darf kein JavaScript-Code stehen. Dennoch ist in diesem Fall davon abzuraten, das leere Tag durch den XML-End-Slash abzuschließen, weil ältere Browser damit nicht zurechtkommen und auf dem expliziten `</script>` bestehen.

18.2.1 Erstes Beispiel: Ausgabe ins Dokument

Das folgende erste Beispiel gibt an einer bestimmten Stelle im Dokument das unvermeidliche »Hallo, Welt!« aus:

```
<html>
<head>
<title>Das erste JavaScript</title>
</head>
<body>
<h1>JavaScript spricht:</h1>
<script language="JavaScript" type="text/javascript">
<!--

   document.write ("Hallo, Welt!");

// -->
</script>
```

Natürlich ist dieses Beispiel vollkommen unnütz; die Ausgabe von statischem Text kann man auch mit reinen HTML-Mitteln erledigen. Die Methode `document.write()` ist auch eher zur Ausgabe der Werte dynamischer Ausdrücke geeignet als für String-Literale. Beispielsweise führen die beiden folgenden Anweisungen zu einer unterschiedlichen Ausgabe:

```
document.write ("3 + 5");  // Ausgabe: 3 + 5
document.write (3 + 5);    // Ausgabe: 8
```

Abgesehen davon ist das Textformat des Dokuments bekanntermaßen HTML. Deshalb kann `document.write()` nicht nur reinen Text ausgeben, sondern auch HTML-Tags enthalten, die einfach vom Browser interpretiert werden.

HTML ausgeben

Beispielsweise ergibt die Anweisung

```
document.write ("<h1>Hallo, Welt!</h1>");
```

die Ausgabe »Hallo, Welt!« als Hauptüberschrift.

Anführungszeichen-Probleme

Ein kleines Problem dabei ist, dass viele HTML-Tags Attribute besitzen, deren Werte in Anführungszeichen stehen. Mitten in einem String, der aufgrund der Logik von `document.write()` ohnehin in Anführungszeichen steht, funktioniert das nicht:

```
document.write ("<font color="#FF0000">Rot</font>");
```

führt zu einer Fehlermeldung: Der erste String ist bei dem Anführungszeichen vor `#FF0000` zu Ende; was danach kommt, versteht JavaScript nicht. Wie in anderen Programmiersprachen schafft auch hier die Escape-Sequenz `\"` Abhilfe:

```
document.write ("<font color=\"#FF0000\">Rot!</font>");
```

Hier noch eine Erweiterung des ersten Beispiels: Der Browser soll den Benutzer zuerst nach dessen Namen fragen und anschließend beispielsweise Folgendes ausgeben:

```
Hallo, Welt!
Hallo, Peter!
```

prompt( )

Zur Eingabe des Namens wird die Methode `prompt()` verwendet. Es handelt sich um eine Methode des aktuellen Browserfenster-Objekts `window`, das in der Regel nicht explizit erwähnt wird. Seine Eigenschaften und Methoden sehen daher wie globale Elemente aus.

`prompt()` gibt ein Dialogfeld mit einer Eingabeaufforderung, einem Textfeld und einem **OK**- sowie einem **Abbrechen**-Button aus. Die Eingabe des Benutzers in das Textfeld ist der Rückgabewert dieser Methode – sie wartet, bis einer der Buttons **OK** oder **Abbrechen** gedrückt wurde und gibt dann einen Wert zurück. Bei **OK** ist es die Eingabe, bei **Abbrechen** die leere Referenz `null`.

Beispiel:

```
var eingabe = prompt ("Bitte etwas eingeben!", "");
```

Dies öffnet ein Dialogfeld mit dem Aufforderungstext »Bitte etwas eingeben!« und einem leeren Vorgabewert – das Texteingabefeld ist also »ab Werk« leer (wenn Sie das zweite Argument ganz weglassen, geben bestimmte Internet Explorer-Versionen im Textfeld ein lästiges »Undefined« aus).

Nachdem das Dialogfeld abgearbeitet ist, besitzt der Ausdruck

```
prompt ("Bitte etwas eingeben!", "")
```

einen bestimmten Wert. Dieser Wert wird, wie oben zu sehen, der Variablen `eingabe` zugewiesen. Diese Variable wird – erkennbar an dem (optionalen) Schlüsselwort `var` – gerade erst neu deklariert.

Das Skript zur persönlichen Begrüßung des Benutzers sieht so aus:

```
<script language="JavaScript" type="text/javascript">
<!--
```

```
    var eingabe =
         prompt ("Bitte Ihren Namen eingeben!", "");
    document.write ("<h1>Hallo, Welt!<br>");
    document.write ("Hallo, " + eingabe + "!</h1>");
//-->
</script>
```

Neu ist hier die Zeile

```
document.write ("Hallo, " + eingabe + "!</h1>");
```

Die Verkettung von Strings per +-Operator funktioniert genau wie in Java. Die Probleme mit der automatischen Typkonvertierung sind in JavaScript allerdings noch größer, weil es Variablen standardmäßig nicht typisiert sind. Der folgende kleine Addierer verdeutlicht das Problem:

String-Verkettung

In zwei `prompt()`-Felder werden zwei Zahlen eingegeben. Anschließend werden diese Zahlen addiert; das Ergebnis wird im Dokument in der Form `Zahl1 + Zahl2 = Ergebnis` ausgegeben.

Der nahe liegende Ansatz

```
var z1 = prompt ("Bitte die erste Zahl!", "");
var z2 = prompt ("Bitte die zweite Zahl!", "");
document.write (z1 + " + " + z2 + " = " + z1 + z2);
```

funktioniert nicht: Da der Browser im obigen Ansatz erst einmal angefangen hat, Strings zu verketten, macht er damit auch bei `z1 + z2` weiter – Sie erhalten ein Ergebnis wie `9 + 7 = 97`.

Auch die Formulierung

```
// ... Eingabe wie gehabt
document.write (z1 + " + " + z2 + " = " + (z1 + z2));
```

schlägt fehl. Und noch nicht einmal dies hier funktioniert:

```
// ... Eingabe
var ergebnis = z1 + z2;
document.write (z1 + " + " + z2 + " = " + ergebnis);
```

Das Problem des zweiten und dritten Ansatzes ist, dass Benutzereingaben zunächst immer als Strings betrachtet werden. Deshalb nutzen weder die Klammern noch die separate Variable; die Eingaben haben stets die Werte `"9"` und `"7"`, statt `9` und `7`.

Demzufolge müssen `z1` und `z2` zuerst explizit in Zahlen umgewandelt werden. Dies geschieht mit Hilfe der globalen Methoden `parseInt()` beziehungsweise `parseFloat()`.

parseInt()

`parseInt()` versucht, aus dem Parameterwert einen Integer zu ermitteln. Die Methode beginnt ganz links und arbeitet sich Zeichen für Zeichen vor. Bei der ersten Nicht-Ziffer bricht sie ab:

```
parseInt ("3")                // Ergebnis: 3
parseInt ("3.99999")          // Ergebnis: 3
parseInt ("3MännerImSchnee") // Ergebnis: 3
parseInt ("Die3vonDerTankstelle")
                              // Ergebnis: NaN
```

`NaN` steht für »Not a Number« – keine Zahl, wo eine erwartet wurde.

parseFloat( )

`parseFloat()` versucht dasselbe mit Fließkommazahlen (Floating Point Numbers). Hier ist neben den Ziffern genau ein Dezimalpunkt (`.`) zulässig:

```
parseFloat ("3")             // Ergebnis: 3.0
parseFloat ("3.99999")       // Ergebnis: 3.99999
parseFloat ("3.1.29")        // Ergebnis: 3.1
parseFloat ("3.0MännerImSchnee")
                             // Ergebnis: 3.0
```

Die Lösung für die Addierer-Aufgabe lautet daher folgendermaßen:

```
var z1 = prompt ("Bitte die erste Zahl!", "");
var z2 = prompt ("Bitte die zweite Zahl!", "");
var ergebnis = parseFloat (z1) + parseFloat (z2);
document.write (z1 + " + " + z2 + " = " + ergebnis);

/* Alternative für die letzten beiden Zeilen:
   document.write (z1 + " + " + z2 + " = "
      + (parseFloat (z1) + parseFloat (z2)));    */
```

Falls Sie nicht addieren, sondern subtrahieren, multiplizieren oder dividieren möchten, brauchen Sie die explizite Typkonvertierung übrigens nicht durchzuführen – da es diese Operationen nur für Zahlen gibt, werden die Eingaben automatisch umgewandelt.

Die neueste ECMAScript-Spezifikation bietet die Option, den Datentyp von Variablen bei der Deklaration festzulegen. Viele Browser unterstützen dies noch nicht, sodass Sie in JavaScript nicht damit arbeiten sollten. Syntax und Funktionsweise werden im nächsten Kapitel im Zusammenhang mit ActionScript 2.0 erläutert.

String-Vergleiche

Ein wichtiger Unterschied zu anderen Programmiersprachen bezüglich der Operatoren besteht darin, dass Sie in JavaScript die Vergleichsoperatoren nicht nur auf numerische Werte, sondern auch auf Strings anwenden können. Die Frage ist natürlich, wann ein String beispielsweise »kleiner« als ein anderer ist.

Die Regeln dafür sind recht einfach: Verglichen wird das erste Zeichen zweier Strings, das sich voneinander unterscheidet – bei »Japan« und »JavaScript« also beispielsweise das dritte. »Kleiner« ist dabei derjenige String, bei dem das verglichene Zeichen weiter vorn im Zeichensatz steht; also gilt `"Japan" < "JavaScript"`. Bei ASCII sind beispielsweise alle Großbuchstaben »kleiner als« jeder Kleinbuchstabe.

Außerdem ist ein kürzeres Wort immer »kleiner als« ein längeres, dessen Beginn das kürzere ist: `"Java" < "JavaScript"`.

18.3 Formulare und Event-Handler

Die Ein- und Ausgabe über `prompt()`-Boxen und das Schreiben in das Dokument sind zwar zum Erlernen von Operatoren und Ausdrücken hilfreich, entsprechen aber ansonsten nicht der üblichen Arbeit mit JavaScript. `prompt()` sollte nur für Test- und Debugging-Zwecke eingesetzt werden, genau wie seine beiden Kollegen `alert()` – nur Ausgabe in einer Box mit **OK**-Button – und `confirm()` – Ausgabe mit Auswahl zwischen **OK**- und **Abbrechen**-Button, die `true` beziehungsweise `false` zurückgeben.

Im »richtigen Leben« werden in der Regel HTML-Formulare zur Ein- und Ausgabe verwendet.

Event-Handler

Das einzige Problem besteht darin, dass Skripts aus Formularen heraus explizit aktiviert werden müssen: Die bisherigen Beispiele mit den `prompt()`-Boxen liefen automatisch beim Dokumentaufruf ab, ein Formular steht dagegen die ganze Zeit auf der Seite zur Verfügung, und Benutzer müssen entscheiden können, wann sie das entsprechende Skript aufrufen möchten. Dazu werden so genannte **Event-Handler** (deutsch etwa »Ereignisverarbeiter«) verwendet: Formal gesehen handelt es sich bei ihnen um HTML-Attribute, die jedoch den speziellen Zweck haben, JavaScript-Code auszuführen, der ihren Parameterwert bildet.

Hier zunächst ein kleines Beispieldokument, das beides verwendet:

```
<html>
  <head>
    <title>Erster Formulartest</title>
  </head>
  <body>
    <h1>Der Gru&szlig;-o-Mat</h1>
    <form name="formular">
      Dein  Name:
      <input type="text" name="user" size="40" />
      <input type="button" value="OK"
      onclick="document.formular.gruss.value = 'Hallo '
      + document.formular.user.value + '!';" />
      <br />
      <input type="text" name="gruss" size="60"
      readonly="true" />
    </form>
  </body>
</html>
```

Dazu sind einige Erläuterungen erforderlich:

- Diejenigen Formularelemente, auf die JavaScript zugreift, erhalten bequemerweise jeweils einen Namen (das Attribut `name`). Das Formular selbst heißt `formular`; die beiden Textfelder heißen `user` für die Eingabe (bitte niemals `name` verwenden, da dieses Wort in JavaScript eine feste Bedeutung besitzt) und `gruss` für die Ausgabe.
- Das Ausgabefeld `gruss` besitzt die spezielle Eigenschaft »schreibgeschützt«, die durch das Attribut `readonly="readonly"` eingerichtet wird. Die klassische Schreibweise ist `readonly` ohne Parameterwert. Da das vorliegende HTML-Dokument jedoch in XHTML geschrieben ist, wird formal ein Wert für das Attribut benötigt.
- Der Button (das `<input>`-Tag mit dem Attribut `type="button"`, also allgemeiner Button) besitzt einen Event-Handler. `onclick="..."` führt die als Wert übergebenen JavaScript-Anweisungen aus, sobald der Button angeklickt wird, in dem der Event-Handler steht. Formal gesehen ist `onclick` (und jeder andere Event-Handler) ein HTML-Attribut, deshalb gelten die entsprechenden Regeln: Zwischen `onclick`, dem Gleichheitszeichen und dem beginnenden Anführungszeichen darf kein Leerzeichen stehen. Innerhalb der Anführungszeichen des Attributwerts gilt dagegen die JavaScript-Syntax – mit einer Ausnahme: Es dürfen nur einfache Anführungszeichen (`'`) verwendet werden! Ein doppeltes Anführungszeichen würde sonst vom Browser als Ende des HTML-Attributs erkannt. Auch `\"` funktioniert nicht, weil HTML diese Schreibweise nicht kennt.
- Die eigentliche JavaScript-Anweisung, also der Wert des Attributs `onclick`, ist folgende:

  ```
  document.formular.gruss.value =
  
        'Hallo ' + document.formular.user.value + '!';
  ```

  Es wird auf das Unterobjekt `gruss` (das Textfeld) des Unterobjekts `formular` (das Formular) des Dokument-Objekts zugegriffen, und zwar auf dessen Eigenschaft `value` – es handelt sich um den Wert oder genauer den Inhalt des Textfelds. Auf dieselbe Weise erfolgt der Zugriff auf den Wert oder Inhalt des Textfelds `user`, das heißt auf die Benutzereingabe. Durch die Wertzuweisung wird der passende Gruß in das Ausgabefeld geschrieben.

18.3.1 Zugriff auf Formulare und ihre Elemente

Grundsätzlich befinden sich alle Formulare einer Seite, das heißt alle `<form>...</form>`-Bereiche, in einem Objekt-Array namens `document.forms[]`: Das erste Formular auf einer Seite ist `document.forms[0]`, das zweite `document.forms[1]` und so weiter.

Wird einem Formular – wie im Beispiel oben – ein Name zugewiesen, dann erfolgt der Zugriff komfortabler: Das Formular kann entweder einfach als

```
document.Formularname
```

angesprochen werden – dazu muss der Formularname aber auf jeden Fall den formalen Regeln für JavaScript-Bezeichner entsprechen –, oder aber es wird mittels

```
document.forms["Formularname"]
```

der Name (statt der Nummer) als String-Index verwendet. Jedes JavaScript-Array kann – wie in PHP – numerisches Array und Hash in einem sein. Natürlich bleibt auch nach einer Namensvergabe der Zugriff über die Nummer möglich.

Auf dieselbe Weise werden alle Elemente eines Formulars als `document.Formular.elements[]` in einem Array zusammengefasst. Elemente sind alle Textfelder, Textbereiche, Auswahlfelder, Radiobutton-Gruppen, Checkbox-Gruppen, Buttons und Hidden-Felder in der Reihenfolge, in der sie im HTML-Dokument definiert wurden.

Formularelemente

Falls ein Element einen Namen besitzt (das Attribut `name`), kann dieser wieder als Objektbezeichner (`document.Formular.Elementname`) oder als Hash-Index (`document.Formular.elements["Elementname"]`) verwendet werden.

Nehmen Sie zum Beispiel an, das erste Formular in einem HTML-Dokument sähe folgendermaßen aus:

```
<form name="test">
  <input type="text" name="eingabe" />
  <input type="button" value="OK" />
</form>
```

Dann kann der Zugriff auf das Textfeld `eingabe` auf verschiedene Arten erfolgen:

Alle Zugriffsarten

```
document.forms[0].elements[0]
document.forms[0].elements["eingabe"]
document.forms[0].eingabe

document.forms["test"].elements[0]
document.forms["test"].elements["eingabe"]
document.forms["test"].eingabe

document.test.elements[0]
document.test.elements["eingabe"]
document.test.eingabe
```

Sie können also den numerischen Zugriff, die Objektnamen und die Hash-Indizes beliebig mischen.

18.3.2 Kleiner Rechner mit einem Formular

Da es ziemlich wartungsunfreundlich und unübersichtlich wäre, größere Codemengen direkt in einen Event-Handler zu schreiben, ist es empfehlenswert, stattdessen in einem Skript im Head des Dokuments Funktionen zu definieren und sie dann über die Event-Handler aufzurufen.

Im Folgenden wird ein kleiner, formularbasierter Taschenrechner vorgestellt; Sie können zwei Zahlen eingeben und durch Anklicken der gewünschten Operation das Ergebnis ermitteln.

Funktionen Die Syntax für **JavaScript-Funktionen** ist mit der im vorigen Kapitel beschriebenen PHP-Funktionssyntax identisch: Auf das Schlüsselwort `function` folgt der Bezeichner der Funktion, anschließend steht in Klammern die (möglicherweise leere) Parameterliste. Den Rumpf der Funktion bildet schließlich ein Block, also ein Bereich in geschweiften Klammern. Das einzige Feature der PHP-Funktionen, das in JavaScript nicht funktioniert, ist der Call by Reference durch das &-Zeichen vor einem Parameter.

Für das Rechner-Beispiel wird zunächst in einem `<script>`-Block im Head die folgende Funktion definiert:

```
function rechnen (op) {
   // Eingaben lesen
   var z1 = document.rechner.z1.value;
   var z2 = document.rechner.z2.value;
   // Sind es keine Zahlen?
   if (z1 != parseFloat (z1) ||
      z2 != parseFloat (z2)) {
      // Mindestens eine ist keine Zahl!
      document.rechner.erg.value = "Keine Zahl!";
      // Rücksprung aus der Funktion heraus
      return;
   }
   // Wenn wir HIER sind, waren es Zahlen!
   var erg;
   switch (op) {
      case "+":
         erg = parseFloat (z1) + parseFloat (z2);
         break;
      case "-":
         erg = z1 - z2;
         break;
      case "*":
         erg = z1 * z2;
         break;
      case "/":
         if (z2 == 0)
            erg = "0 VERBOTEN!";
         else
            erg = z1 / z2;
         break;
      default:
         erg = "KANN NICHT SEIN!";
   }
   document.rechner.erg.value = erg;
}
```

Das Formular mit den Eingabefeldern und den Buttons zum Aufrufen dieser Funktion im Body sieht dann so aus:

```
<form name="rechner">
  1. Zahl:
  <input type="text" name="z1" size="20" />
  2. Zahl:
  <input type="text" name="z2" size="20" />
  <br />
  <input type="button" value=" + "
  onclick="rechnen ('+');" />
  <input type="button" value=" - "
  onclick="rechnen ('-');" />
  <input type="button" value=" * "
  onclick="rechnen ('*');" />
  <input type="button" value=" / "
  onclick="rechnen ('/');" />
  <br />
  <input type="text" name="erg" size="40"
  readonly="true" />
</form>
```

18.3.3 Die Hintergrundfarbe dynamisch ändern

Im folgenden größeren Beispielskript kann der Benutzer in drei Textfelder getrennt dezimale Werte zwischen 0 und 255 eingeben, die in Hexadezimalwerte umgerechnet und zur – automatisch angepassten – Hintergrundfarbe des Dokuments zusammengesetzt werden.

Farbumrechnung

Den Kern dieser Anwendung bildet die (selbst geschriebene) Funktion `decToHex()`, die einen Dezimalwert zwischen 0 und 255 entgegennimmt und den entsprechenden Hexadezimalwert zurückgibt. Diese Funktionsdefinition wird in einen Skript-Block im Head gesetzt und lautet folgendermaßen:

```
function decToHex(dec) {
   var hexnums = new Array
      ("0", "1", "2", "3", "4", "5", "6", "7",
       "8", "9", "A", "B", "C", "D", "E", "F");
   var sechzehner = Math.floor (dec / 16);
   var einer = dec % 16;
   var hex = hexnums[sechzehner] + hexnums[einer];
   return hex;
}
```

Als Erstes wird ein Array konstruiert, in dem die Liste der Hexadezimalziffern (0 bis F) so abgelegt ist, dass jeder Index dem jeweiligen Ziffernwert entspricht: `hexnums[5]` hat zum Beispiel den Wert `"5"`; `hexnums[13]` wäre dagegen `"D"`.

Anschließend wird die »Sechzehnerstelle« ermittelt. Der dezimale Wert wird durch 16 geteilt; mittels `Math.floor()` wird er auf die nächstniedrigere Ganzzahl abgerundet. Ebenso wird durch die Modulo-Operation der Rest der Division als »Einerstelle« gespeichert. Beides sind Werte zwischen 0 und 15.

Schließlich werden diese beiden Werte als Indizes auf `hexnums[]` angewandt, um die korrekten Hexadezimalstellen zusammenzufügen. Mit Hilfe von `return` wird dieses Ergebnis zurückgegeben.

Im Übrigen funktioniert die Anwendung folgendermaßen:

In die drei Textfelder `r`, `g` und `b` des Formulars `colorpicker` werden die drei Farbwerte eingegeben. Ein Klick auf **OK** ruft die Funktion `setColor()` auf, in der die drei Einzelwerte in Hexadezimalwerte umgerechnet und als neue Hintergrundfarbe gesetzt werden. Zusätzlich wird diese neue Farbe in das schreibgeschützte Textfeld `hexcolor` geschrieben.

Die Funktion `setColor()` sieht folgendermaßen aus:

```
function setColor () {
   // Werte einlesen
   var r = document.colorpicker.r.value;
   var g = document.colorpicker.g.value;
   var b = document.colorpicker.b.value;
   // Werte überprüfen
   if (r < 0 || r > 255 || r != parseInt (r))  {
      alert ("Fehlerhafter Rot-Wert!");
      return;
   }
   if (g < 0 || g > 255 || g != parseInt (g))  {
      alert ("Fehlerhafter Gruen-Wert!");
      return;
   }
   if (b < 0 || b > 255 || b != parseInt (b))  {
      alert ("Fehlerhafter Blau-Wert!");
      return;
   }
   // HIER stehen auf jeden Fall korrekte Werte!
   var c = "#" + decToHex (r)
         + decToHex (g) + decToHex (b);
   document.bgColor = c;
   document.colorpicker.hexcolor = c;
}
```

Im Body des Dokuments wird dann das folgende Formular definiert:

```
<form name="colorpicker">
  <table border="0" cellspacing="0" cellpadding="4">
    <tr>
```

```
        <td bgcolor="#FF0000">
          <font color="#FFFFFF">ROT:</font>
          <input type="text" name="r" size="10" />
        </td>
        <td bgcolor="#00FF00">
          <font color="#000000">GR&Uuml;N:</font>
          <input type="text" name="g" size="10" />
        </td>
        <td bgcolor="#0000FF">
          <font color="#FFFFFF">BLAU:</font>
          <input type="text" name="b" size="10" />
        </td>
        <td>
          <input type="button" value=" OK "
          onclick="setColor ();" />
        </td>
      </tr>
      <tr>
        <td colspan="4" align="center" bgcolor="#FFFFFF">
          <font color="#000000">HEXADEZIMAL:</font>
          <input type="text" name="hexcolor" size="20"
          readonly="true" />
        </td>
      </tr>
    </table>
  </form>
```

Ausbau zum Komfort-Farbwähler

Zusätzlich zu den bisher vorhandenen Elementen sollen zwei Radiobuttons hinzugefügt werden, die dem Benutzer die Wahl zwischen dem Einstellen der Hintergrundfarbe und der allgemeinen Textfarbe – `document.fgColor` – lassen.

Radiobuttons ansprechen

Radiobuttons werden folgendermaßen angesprochen: Die Radiobutton-Gruppe ist ein Array der einzelnen Radiobuttons (bei Checkboxen ist es genauso). Sie können auf die einzelnen Radiobuttons einer Gruppe mittels

```
document.Formular.Radiobuttongruppe[Button-Nr.]
```

zugreifen, wobei `Button-Nr.` bei 0 beginnt und die Buttons in der Reihenfolge im HTML-Dokument anspricht.

Die Eigenschaft `checked` ist für den einzelnen Button `true`, wenn er ausgewählt beziehungsweise angekreuzt ist, ansonsten `false`.

Im Body des Farbwählers müssen Sie über der Tabellenzeile mit dem Hexadezimalwert die folgende Ergänzung vornehmen:

```
<tr>
  <td colspan="4" bgcolor="#FFFFFF">
    <font color="#000000">
    <input type="radio" name="colortype" value="bg" />
    Hintergrundfarbe
    <input type="radio" name="colortype" value="fg" />
    Textfarbe
  </td>
</tr>
```

Ergänzen Sie anschließend in der Funktion `setColor()` die Anweisung

```
document.bgColor = c;
```

folgendermaßen:

```
if (document.colorpicker.colortype[0].checked)
   document.bgColor = c;
else if (document.colorpicker.colortype[1].checked)
   document.fgColor = c;
else
   alert ("Sie haben nicht den Bereich ausgewaehlt!");
```

Damit überhaupt Text in der allgemeinen Textfarbe existiert, können Sie Folgendes über die gesamte Tabelle setzen:

```
<h1>Der Farbw&auml;hler</h1>
<h2>W&auml;hl deine Farbe!</h2>
```

Das `<body>`-Tag sollte daraufhin so ergänzt werden:

```
<body bgcolor="#000000" text="#FFFFFF">
```

18.3.4 Formularauswertung

Es ist eine praktische Angelegenheit, HTML-Formulare schon vor dem Absenden direkt im Browser per JavaScript ein wenig auf Plausibilität zu überprüfen: Sind alle Pflichtfelder ausgefüllt worden? Haben bestimmte Felder Werte, die gewisse formale Kriterien erfüllen (zum Beispiel Postleitzahlen oder E-Mail-Adressen)? Die wichtigsten Möglichkeiten bieten die eingebauten String-Methoden sowie reguläre Ausdrücke. Beide werden im Folgenden vorgestellt.

String-Methoden

Jeder String-Ausdruck kann in JavaScript als Objekt betrachtet werden, und eine Reihe von Methoden können zum Zugriff auf dieses Objekt angewandt werden:

- Die Eigenschaft `String.length` gibt die Länge eines Strings in Zeichen an. Beispiele:

```
"Bill Gates".length  // liefert 10
"".length            // liefert 0
```

▶ `String.charAt (Pos)` liefert das Zeichen eines Strings an der Position Nummer `Pos`. Die erste Position ist 0, die letzte ist `String.length - 1`. Beispiel:

```
"JavaScript".charAt (4)  // liefert "S"
```

▶ `String.substring (Anf_Pos, End_Pos)` gibt den Teilstring eines Strings an, beginnend mit dem Zeichen an der Position `Anf_Pos` (ab 0) bis `vor` das Zeichen `End_Pos`: `End_Pos` gibt das erste Zeichen an, das nicht mehr vorkommen soll (»bis ausschließlich ...«). Beispiele:

```
"JavaScript macht Spass".substring (11, 16)
   // liefert "macht"
"Java aber noch mehr!".substring (0, 5)
   // liefert "Java"
var text = "Hallo liebe Welt!";
text.substring (text.length - 4, text.length)
   // liefert "Welt!"
```

▶ `String.indexOf (Teilstring)` gibt die erste Position (ab 0) an, an der `Teilstring` in einem String beginnt, oder `-1`, wenn `Teilstring` gar nicht im String vorkommt. Beispiele:

```
"javascript".indexOf ("ja")           // liefert 0
"javascript".indexOf ("nein")         // liefert -1
"in den Rhein hinein".indexOf ("ein") // liefert 9
```

▶ `String.lastIndexOf (Teilstring)` gibt die letzte Position (ab 0) an, an der `Teilstring` im String beginnt, oder `-1`, wenn `Teilstring` nicht im String vorkommt. Beispiele:

```
"in den Rhein hinein".lastIndexOf ("in")  // 17
"javascript".lastIndexOf ("no")           // -1
```

Hier zwei Beispiele zur Untersuchung von Eingaben mit diesen Methoden:

1. Untersuchung einer E-Mail-Adresse

   Die Variable `mail` sei der Inhalt eines Texteingabefeldes. Er soll darauf überprüft werden, ob es sich formal um eine E-Mail-Adresse handeln kann. Der folgende Codeblock führt entsprechende Tests durch:

```
// Annahme: E-Mail ist gültig:
var mailOK = true;
// E-Mail-Adresse vorhanden?
if (!mail)
   mailOK = false;
// "@"-Zeichen überhaupt vorhanden?
if (mail.indexOf ("@") == -1)
   mailOK = false;
// "@"-Zeichen am ANFANG oder am ENDE?
```

```
if (mail.indexOf ("@") == 0 ||
      mail.lastIndexOf ("@") == mail.length - 1)
   mailOK = false;
// MEHR als ein "@"-Zeichen?
if (mail.indexOf ("@") != mail.lastIndexOf ("@"))
   mailOK = false;
if (!mailOK) {
   alert ("E-Mail-Adresse ungültig!");
}
```

2. Untersuchung einer Postleitzahl

   Die Variable `plz` soll darauf untersucht werden, ob sie eine gültige deutsche Postleitzahl enthält (fünf Stellen, nur Ziffern):

```
// Annahme: PLZ gültig!
var plzOK = true;
// PLZ zu lang oder zu kurz?
if (plz.length != 5) {
   plzOK = false;
} else {
   for (i = 0; i < 5; i++) {
      if (plz.charAt (i) < "0" ||
            plz.charAt (i) > "9")
         plzOK = false;
   }
}
if (!plzOK) {
   alert ("Postleitzahl inakzeptabel!");
}
```

Den Eingabefokus setzen

Eine benutzerfreundliche Erweiterung kann übrigens darin bestehen, den Cursor bei der Formularüberprüfung automatisch in das Textfeld zu setzen, in dem der erste Fehler gefunden wurde. Schematisch funktioniert das folgendermaßen:

```
document.Formular.Element.focus();
```

Hier die konkrete Schreibweise für ein Feld namens `kunde` im Formular `bestell`:

```
document.bestell.kunde.focus();
```

Reguläre Ausdrücke

Die Syntax für reguläre Ausdrücke in JavaScript wurde aus Perl übernommen (siehe Kapitel 6, *Konzepte der Programmierung*). Ihre Verwendung funktioniert allerdings anders.

RegExp-Konstrukte

Wie in Perl stehen RegExp-Konstrukte auch in JavaScript nicht in Anführungszeichen, sondern zwischen zwei /-Zeichen:

```
/RegExp/
```

Als Erstes sehen Sie hier die einfachste JavaScript-Form für den Einsatz regulärer Ausdrücke: Die Methode

```
String.match (/RegExp/)
```

gibt `true` zurück, wenn der String dem Muster `RegExp` entspricht, ansonsten `false`.

Auf diese Weise lässt sich zum Beispiel die Postleitzahl viel schneller und einfacher überprüfen:

```
var plz = document.bestell.plz.value;
if (!plz.match (/^\d{5}$/)  {
   alert ("Dies ist keine gueltige PLZ!");
}
```

Der reguläre Ausdruck `/^\d{5}$/` trifft auf genau fünf beliebige Ziffern zu, beschreibt also eine deutsche Postleitzahl.

Auch der Test der E-Mail-Adresse beschränkt sich nun auf die folgende Kurzfassung:

```
if (!mail.match (/^[^\@]+\@[^\@]+$/)) {
   alert ("E-Mail-Adresse ungueltig!");
}
```

Selbst für Namen ließe sich eine Art Plausibilitätskontrolle durchführen: Der Ausdruck `/[^\s]+\s+[^\s]+/` verlangt mindestens zwei Blöcke von Zeichen (»Nicht-Leerzeichen«), die durch mindestens ein Whitespace-Element voneinander getrennt sind.

Für die Auswertung einer Namenseingabe mit der Bezeichnung `kunde` könnte folgender Code verwendet werden:

```
if (!kunde.match (/[^\s]+\s+[^\s]+/)) {
   alert ("Bitte VOR- und NACHNAMEN angeben!");
}
```

Fortgeschrittene RegExp-Beispiele

Um die Verwendung regulärer Ausdrücke in JavaScript zu verdeutlichen, folgen noch einige praktische Beispiele.

In Web-Foren, Gästebüchern oder ähnlichen Anwendungen besteht theoretisch die Möglichkeit, HTML-Code einzugeben und damit den Browsern der anderen Benutzer unterzuschieben. Im Extremfall schreibt jemand so etwas wie:

```
<script language="JavaScript">
window.location.href="http://meinewerbung.com";
</script>
```

Durch diesen Code erfolgt sofort ein Sprung zur angegebenen Seite (solche »automatischen Hyperlinks« werden weiter unten erläutert); das Forum/Gästebuch ist damit ausgeschaltet!

HTML-Tags entfernen

Insofern ist es für solche Anwendungen wünschenswert, gar keine HTML-Tags zuzulassen oder sie zumindest auf harmlose Textformatierungs-Tags zu beschränken.

Finden lassen sich HTML-Tags in Strings relativ leicht durch den folgenden Ausdruck:

```
/<[^>]+>/
```

Das Problem ist, dass in einer Zeile mehrere HTML-Tags vorkommen können – dieser Ausdruck findet nur das erste von ihnen. Darüber hinaus genügt das Finden allein noch nicht, um den schädlichen Code durch harmlosen zu ersetzen.

Für Letzteres wird statt der Methode `String.match()` die Methode `String.replace()` verwendet, die einen regulären Ausdruck findet und an dessen Stelle einen beliebigen String setzt. Beispielsweise ersetzt

```
eingabe = eingabe.replace (/<[^>]+>/, "");
```

den ersten <>-Ausdruck im String `eingabe` durch gar nichts.

Das zweite Problem – das Finden und Ersetzen aller derartigen Ausdrücke im String – funktioniert wie in Perl mit Hilfe des Modifizierers `/g` (für »global«). Die korrekte Form der Anweisung lautet also allgemein so:

```
String.replace (/RegExp1/g, String2);
```

Im HTML-Tag-Beispiel müssen Sie also Folgendes schreiben:

```
eingabe = eingabe.replace (/<[^>]*>/g, "");
```

Sonderzeichen ersetzen

Ein anderes interessantes Beispiel bietet die folgende Funktion `convert()`, die »normale« Umlaute und einige andere wichtige Sonderzeichen durch die passenden HTML-Entity-Referenzen ersetzt:

```
function convert () {
   var ein = document.beitrag.eingabe.value;
   // Windows (iso-latin-1) Umlaute:
   ein = ein.replace (/ä/g, "&auml;");
   ein = ein.replace (/ö/g, "&ouml;");
   ein = ein.replace (/ü/g, "&uuml;");
   ein = ein.replace (/Ä/g, "&Auml;");
   ein = ein.replace (/Ö/g, "&Ouml;");
   ein = ein.replace (/Ü/g, "&Uuml;");
   ein = ein.replace (/ß/g, "&szlig;");
   // Mac-Umlaute:
   ein = ein.replace (/Š/g, "&auml;");
   ein = ein.replace (/š/g, "&ouml;");
   ein = ein.replace (/Ÿ/g, "&uuml;");
   ein = ein.replace (/_/g, "&Auml;");
   ein = ein.replace (/…/g, "&Ouml;");
   ein = ein.replace (/†/g, "&Uuml;");
   ein = ein.replace (/§/g, "&szlig;");
   // Sonstige Sonderzeichen:
   ein = ein.replace (/</g, "&lt;");
   ein = ein.replace (/>/g, "&gt;");
```

```
    ein = ein.replace (/"/g, "&quot;");
    document.beitrag.eingabe.value = ein;
}
```

Diese Lösung berücksichtigt bereits das Problem, dass Umlaute im Mac-Zeichensatz an anderer Stelle stehen als im Windows-Zeichensatz (iso-latin-1). Die entsprechenden Mac-Sonderzeichen habe ich mit Hilfe des kleinen Textkonverterprogramms **AscOnA** erzeugt, das unter **http://www.medienwerkstatt-online.de/products/ascona/ascona.html** zum Download bereitsteht. (Wenn Sie das Skript auf einem Mac öffnen, sehen natürlich die Umlaute im zweiten Teil korrekt aus, während im ersten Teil seltsame Sonderzeichen angezeigt werden.)

Treffer-Variablen

Wie in Perl können bestimmte Teile der durch reguläre Ausdrücke gefundenen Treffer im Ersetzungs-String verwendet werden: Jeder Teil eines regulären Ausdrucks, der in runde Klammern gesetzt wird, wird bei einem Treffer in einer automatischen Eigenschaft namens `$1` bis `$9` abgelegt – es sind mit anderen Worten neun Speicherplätze möglich.

Es handelt sich um Eigenschaften des globalen Objekts `RegExp`, sie werden also als `RegExp.$1` bis `RegExp.$9` angesprochen. Sie können im Ersetzungs-String durch das übliche + verkettet werden. Leider stehen sie ausgerechnet in der Methode `replace()` nicht zur Verfügung; stattdessen müssen Sie ein `RegExp`-Objekt konstruieren und dessen Methode `exec()` ausführen. Hier ein kleines Beispiel:

In der Variablen `kunde` stehen Vor- und Nachname eines Kunden in der Form **Larry Wall**. Diese beiden Bestandteile sollen in **Wall, Larry** vertauscht werden. Dies funktioniert folgendermaßen:

```
var muster = /([^\s]+)\s+([^\s]+)/;
muster.exec (kunde);
kunde = RegExp.$2 + ", " + RegExp.$1;
```

`([^\s]+)` beschreibt ein oder mehrere Nicht-Leerzeichen, die durch die runden Klammern in `RegExp.$1` gespeichert werden. `\s+` steht für beliebig viel Whitespace; darauf folgt der zweite Klammerausdruck `([^\s]+)`, der wiederum ein oder mehrere Nicht-Leerzeichen beschreibt und in `RegExp.$2` abgelegt wird.

18.4 Datums- und Uhrzeit-Funktionen

Für viele Anwendungen ist es wichtig, mit Datum und Uhrzeit zu operieren. Erinnern Sie sich beispielsweise noch an die Jahr-2000-Countdowns auf jeder zweiten Website? Die meisten von ihnen wurden damals in JavaScript realisiert.

Die Klasse Date

Der Schlüssel zu Datum und Uhrzeit in JavaScript ist die Klasse `Date`. Sie definiert die Eigenschaften und Methoden für **Datumsobjekte**. Ein Datumsobjekt kapselt eine Zeitangabe sowie eine Reihe von Methoden, um diverse Aspekte von Datum und Uhrzeit zu extrahieren. Wie Sie sich bei einer Sprache aus dem erweiterten UNIX-Umfeld sicher denken können, werden Zeitangaben auch in JavaScript POSIX-konform als verstrichene Zeitspanne seit dem idealisierten UNIX-Erfindungsdatum EPOCH (01.01.1970, 00:00 Uhr UTC) gespeichert.

Ein Datumsobjekt wird über den folgenden Konstruktoraufruf erstellt:

```
RefVar = new Date ();
```

In `RefVar` wird ein Verweis auf ein neu erstelltes `Date`-Objekt gespeichert, das die aktuelle Systemzeit enthält.

Hier ein Beispiel:

```
var jetzt = new Date();
// in 'jetzt' befindet sich nun die akt. Systemzeit!
```

Bestimmtes Datum

Alternativ können Sie dem Konstruktor auch explizit eine Datums- und Uhrzeitangabe übergeben, um einen bestimmten Zeitpunkt zu codieren. Die Syntax für diese Zeitangabe ist folgende:

```
RefVar = new Date ("Monat Tag, Jahr Std:Min:Sek");
```

Hier ein Beispiel:

```
var gestern = new Date("01 21, 2005 21:31:00");
```

Eine weitere mögliche Schreibweise verwendet statt des Strings die einzelnen Zeitangaben als Liste numerischer Argumente:

```
RefVar = new Date
     (Jahr, Monat, Tag, Stunden, Minuten, Sekunden);
```

Konkretes Beispiel:

```
var letztesJahr = new Date (2004, 1, 21, 21, 31, 0);
```

Wenn Sie keine konkrete Uhrzeit benötigen, können Sie die drei letzten Parameter auch weglassen; in diesem Fall wird einfach 00:00 Uhr eingetragen.

18.4.1 Datums- und Uhrzeit-Methoden

Nachdem das Datumsobjekt erstellt wurde, besteht die Möglichkeit, mit Hilfe einer Reihe von Methoden die einzelnen Felder des Datums und der Uhrzeit zu extrahieren (im Folgenden wird wieder das Beispiel `jetzt` für das Datumsobjekt verwendet):

- `jetzt.getYear()` gibt das »kurze« (zweistellige) Jahr zurück. Die Verwendung dieser Methode ist nicht empfehlenswert: Beim Internet Explorer gibt sie für die Jahre bis 1999 die Werte 00–99 zurück und für die Jahre danach die vierstellige Jahresangabe 2000 usw. Bei Mozilla-Browsern geht es dagegen einfach weiter: 1999 ergibt 99, 2000 ergibt 100, 2001 führt zu dem Wert 101 und so weiter.
- `jetzt.getFullYear()` gibt das vierstellige (und überall identische) Jahr zurück.
- `jetzt.getMonth()` ist der numerische Monat. Er zählt allerdings anders als im normalen Kalender ab 0 (Januar hat den Wert 0, Februar die 1, und es geht weiter bis zum Dezember mit dem Wert 11). Auf diese Weise kann der Wert leicht auf ein Array mit Monatsnamen angewandt werden.
- `jetzt.getDate()` liefert den Tag im Monat von 1 bis 31.

- `jetzt.getDay()` gibt den Wochentag in numerischer Form zurück: 0 steht für Sonntag, 1 für Montag und schließlich 6 für Samstag.
- `jetzt.getHours()` gibt die Stunde zwischen 0 und 23 zurück.
- `jetzt.getMinutes()` liefert die Minute zwischen 0 und 59.
- `jetzt.getSeconds()` gibt die Sekunde zwischen 0 und 59 zurück.

Ortszeit kontra UTC

Jede dieser Methoden besitzt auch noch eine Variante mit eingeschobenem `UTC`, beispielsweise `getUTCHours()` oder `getUTCSeconds()`. Während die normalen Versionen die Bestandteile von Datum und Uhrzeit in Ortszeit zurückgeben, liefern die `UTC`-Varianten die Bestandteile der ortsunabhängigen Universal-Zeit (GMT ohne Sommerzeit).

Neuere JavaScript-Versionen bieten zu jeder `get*`-Methode eine entsprechende `set*`-Methode[1], mit deren Hilfe Sie die einzelnen im `Date`-Objekt gespeicherten Werte nachträglich ändern können. Selbstverständlich ändert dies nicht die tatsächliche Systemzeit.

Einige weitere Methoden ermöglichen die Ausgabe von Datum und Uhrzeit als vollständigen String:

- `jetzt.toString()` gibt Datum und Uhrzeit als String zurück.
- `jetzt.toTimeString()` liefert nur die Uhrzeit als String.
- `jetzt.toUTCString()` gibt UTC-Datum und -Uhrzeit als String zurück.
- `jetzt.toUTCTimeString()` gibt nur die UTC-Uhrzeit als String zurück.
- `jetzt.toLocaleString()` gibt Datum und Uhrzeit in der Schreibweise als String zurück, die der aktuellen Ländereinstellung des Browsers/Betriebssystems entspricht.
- `jetzt.toLocaleTimeString()` liefert nur die Uhrzeit in lokaler Schreibweise.

18.4.2 Timeout – die JavaScript-»Stoppuhr«

Die `window`-Methode `setTimeout()` ermöglicht es, einzustellen, dass bestimmte Anweisungen nach Ablauf einer festgelegten Zeitspanne ausgeführt werden sollen. Auf diese Weise lässt sich beispielsweise eine automatisch laufende Uhr in einem Textfeld realisieren.

Die allgemeine Form sieht so aus:

```
setTimeout (Anw_String, Millisec);
```

Der `Anw_String` enthält die auszuführenden Anweisungen in Form eines Strings. `Millisec` gibt die Wartezeit in Millisekunden an, nach deren Verstreichen die Anweisungen ausgeführt werden sollen.

`setTimeout()` gibt eine Referenz auf das Timeout zurück, das Sie einer Variablen zuweisen können. Auf diese Weise können Sie es mit Hilfe der Methode `clearTimeout()` bei Bedarf vorzeitig abschalten.

1 Aus naheliegenden Gründen gibt es keine `setDay()`-Methode, schließlich hängt der Wochentag vom Datum ab.

In diesem kleinen Beispiel wird ein Timeout gesetzt, das nach einer Sekunde die Funktion `wecken()` aufruft:

```
var stoppuhr = setTimeout ("wecken();", 1000);
```

Falls Sie es sich anders überlegen und den einprogrammierten Aufruf von `wecken()` wieder löschen möchten, geht das folgendermaßen:

```
clearTimeout (stoppuhr);
```

Mit `setTimeout()` und `clearTimeout()` sind die Methoden `setInterval()` und `clearInterval()` eng verwandt. Die Methode `setInterval()` weist dieselbe Syntax auf wie `setTimeout()`. Allerdings ruft sie die Anweisungen im String nicht nur einmal nach Verstreichen der Wartezeit auf, sondern in regelmäßigen Abständen, die durch die Zeitangabe geregelt werden. Entsprechend ist `clearInterval()` für das Löschen einer solchen automatischen Wiederholung zuständig.

18.4.3 Ein ausführliches Beispiel

Das komplexe Beispiel in **Listing 18_01** enthält ein Textfeld und zwei Buttons mit der Beschriftung **Zeit** beziehungsweise **Laufschrift**. Wird auf den Button **Zeit** geklickt, dann erscheinen Datum und Uhrzeit (mit automatischer Aktualisierung) in dem Textfeld, bei Klick auf **Laufschrift** wird dagegen eine solche angezeigt.

Der im <body>-Tag verwendete Event-Handler `onload` führt die als Attributwert übergebenen Anweisungen automatisch beim Laden des Dokuments aus:

```
<body onload="feld();">
```

Die entsprechende Funktion `feld()` wird dadurch einmal in Gang gesetzt und fordert ihren eigenen Neuaufruf per `setTimeout()` an:

```
setTimeout ("feld();", 100);
```

Dies ist übrigens keine Rekursion: Die Funktion ruft sich nicht selbst erneut auf, sondern weist den »Timeout-Manager« des Browserfensters an, sie nach einer Wartezeit von einer Zehntelsekunde erneut aufzurufen.

Ein Klick auf einen der beiden Buttons ändert im Übrigen nur den Wert der globalen Variablen `zustand`, die in der Funktion `feld()` abgefragt wird, um zu entscheiden, ob die Uhr oder die Laufschrift angezeigt wird. Hier das Beispiel für den **Laufschrift**-Button:

```
<input type="button" value="Laufschrift"
       onclick="zustand = 'lauf';" />
```

18.5 Manipulation von Bildern

Ein Bildobjekt im HTML-Dokument kann mit Hilfe von klassischem JavaScript nicht geändert werden: Die Position, die Anzeigegröße auf der Seite und der visuelle Inhalt eines bestimmten Bildes sind vordefiniert. Es besteht jedoch die Möglichkeit, an der Position, an der ein Bild angezeigt wird, nachträglich ein anderes anzuzeigen: Für JavaScript ist ein Bildobjekt eine Anzeigeposition für Bilder im Dokument; die wichtigste Eigenschaft – die Quell-URL `src` – kann nachträglich geändert werden.

Alle Bilder im Dokument befinden sich in dem Array `document.images[]`. Jedes Bild kann entsprechend durch seine Position im Dokument angesprochen werden:

```
document.images[0]   // erstes Bild im Dokument
document.images[7]   // achtes Bild im Dokument usw.
```

Benannte Bilder

Alternativ ist es möglich, einem Bild einen Namen zu geben. Dafür müssen Sie zu dem HTML-Tag `<img>` das Attribut `name="Bildname"` hinzufügen. Wie bei Formularen entstehen dadurch zwei weitere Zugriffsmöglichkeiten:

- Der Bildname als Objektbezeichner: `document.Bildname`
- Der Bildname als Hash-Index: `document.images ["Bildname"]`

Die Eigenschaft eines Bildes, die geändert wird, um ein anderes Bild an die entsprechende Stelle zu setzen, ist `Bildobjekt.src` – der neue Wert muss eine gültige URL sein.

18.5.1 Erstes Beispiel: Austauschen eines Bildes auf Knopfdruck

Auf einer Seite wird das 100 x 40 Pixel große Bild `vorher.gif` angezeigt. Bei Klick auf einen daneben stehenden Link wird es durch das Bild `nachher.gif` ersetzt.

JavaScript-Hyperlinks

Die einfachste Art, einen Hyperlink mit dem Aufruf von JavaScript zu beauftragen, besteht in der Verwendung einer `"javascript:"`-Pseudo-URL:

Es wird also nicht das (ebenfalls funktionierende)

```
<a href="#" onclick="tuWas();">Los!</a>
```

verwendet, sondern die einfachere Form:

```
<a href="javascript:tuWas();">Los!</a>
```

Der fertige HTML-Code im Body sieht folgendermaßen aus:

```
<img src="vorher.gif" name="bild" width="100" height="40" alt="Das Wech
selbild" />
<a href="javascript:wechsel();">&Auml;ndern!</a>
```

Die im Head definierte Funktion `wechsel` lautet so:

```
function wechsel() {
      document.images[0].src = "nachher.gif";
}
```

Die eigentliche Bildwechselanweisung

```
document.images[0].src = "nachher.gif";
```

funktioniert in dieser Schreibweise allerdings nur dann, wenn es sich bei dem auszutauschenden Bild um das erste auf der Seite handelt. Sicherer sind die Schreibweisen

```
document.bild.src = "nachher.gif";
```

oder

```
document.images["bild"].src = "nachher.gif";
```

– wie Sie oben im HTML-Code sehen, wurde dem Bild das name-Attribut mit dem Wert "bild" zugewiesen.

Rollover-Effekte

Um daraus ein einfaches Rollover zu basteln, können Sie den separaten Hyperlink weglassen und stattdessen das Bild selbst als Link verwenden. Die beiden Event-Handler onmouseover und onmouseout sorgen dafür, dass ein Link für Mausberührungen empfindlich wird.

Diese beiden Event-Handler rufen die selbst definierten Funktionen rollover() und rollout() auf:

```
function rollover() {
   document.bild.src = "nachher.gif";
}

function rollout() {
   document.bild.src = "vorher.gif";
}
```

Im HTML-Body wird folgender Link- und Bild-Code notiert:

```
<a href="#" onmouseover="rollover();" onmouseout="rollout();"><img src=
"vorher.gif" name="bild" width="100" height="40" alt="Rollover-
Bild" border="0" /></a>
```

18.5.2 Vorausladen von Bildern

Ein großes Problem bei der bisherigen Rollover-Lösung besteht darin, dass das Austauschbild erst dann geladen wird, wenn der Mauszeiger das ursprüngliche Bild berührt, sodass sich eine zu große Verzögerung ergibt.

Die Lösung besteht darin, dass Bilder mit Hilfe von JavaScript vorausgeladen werden können. Sie können also geladen werden, obwohl sie nicht im HTML-Code eines Dokuments angefordert werden.

Image-Objekte

Zu diesem Zweck werden unabhängige Bild-Objekte (Image-Objekte) eingesetzt. Wie Bilder auf einer Seite besitzen diese Objekte die Eigenschaft src, die Quell-URL. Sobald diese zugewiesen wird, beginnt der Browser im Hintergrund mit dem Laden des entsprechenden Bildes; wenn es dann später durch Rollover angefordert wird, befindet es sich bereits im Browser-Cache.

Ein Image-Objekt wird folgendermaßen erzeugt:

```
RefVar = new Image();
```

Anschließend wird eine Bilddatei in das Image-Objekt geladen:

```
RefVar.src = "Bild_URL";
```

Für das erste Rollover-Beispiel müsste also über den Funktionen der folgende globale Code ergänzt werden:

```
var ladebild = new Image();
ladebild.src = "nachher.gif";
```

Alternativ kann dieser Code auch in einer separaten Funktion stehen, die durch `onload` aufgerufen wird.

18.5.3 Eine gut funktionierende Rollover-Lösung

In den letzten Jahren habe ich immer wieder mit verschiedenen Rollover-Ansätzen experimentiert. Herausgekommen ist letztendlich eine recht brauchbare und allgemein gültige Lösung, die es ermöglicht, auf einer Seite beliebig viele Rollover-Hyperlinks an jeder gewünschten Stelle einzusetzen.

Hier zunächst der vollständige HTML-Code eines Dokuments, das diese Lösung einsetzt – die numerischen JavaScript- und HTML- Kommentare 1 bis 7 beziehen sich auf die weiter unten folgende technische Dokumentation:

```
<html>
  <head>
    <title>Sicheres Rollover</title>
      <script language="JavaScript"
      type="text/javascript">
      <!--

        /* Bilder vorausladen */

        // Grundbildnamen anlegen:
        var bildnamen = new Array
             ("home", "news", "mail");      // - 1 -

        // Die verschiedenen Bildobjekt-Arrays anlegen:
        var normbilder = new Array ();
        var rollbilder = new Array ();

        // Die einzelnen Bildobjekte erzeugen und die
        // Bilddateien hineinladen:

        for (i = 0; i < bildnamen.length; i++)  {
            // - 2 -
            var key = bildnamen[i];          // - 3 -
            normbilder[key] = new Image();  // - 4 -
            normbilder[key].src = key + "0.gif";
            rollbilder[key] = new Image();
            rollbilder[key].src = key + "1.gif";
        }
```

```
         /* Die eigentliche Austausch-Funktion */

         function swapImage (bildname, zustand) {
            // - 5 -
            if (zustand == 1) { // - 6 -
               // zustand 1 ist Rollover:
               document.images[bildname].src =
                  rollbilder[bildname].src;
            } else {
               // Zurück zum Normalzustand:
               document.images[bildname].src =
                    normbilder[bildname].src;
            }
         }

      //-->
      </script>
    </head>
    <body>
      <h1>Nur Test...</h1>
      <!-- 7 -->
      <a href="#" onmouseover="swapImage ('home', 1);"
      onmouseout="swapImage ('home', 0);"><img
      src="home0.gif" name="home" width="50" height="30"
      alt="Home" border="0" /></a><br />

      <a href="#" onmouseover="swapImage ('news', 1);"
      onmouseout="swapImage ('news', 0);"><img
      src="news0.gif" name="news" width="50" height="30"
      alt="News" border="0" /></a><br />

      <a href="#" onmouseover="swapImage ('mail', 1);"
      onmouseout="swapImage ('mail', 0);"><img
      src="mail0.gif" name="mail" width="50" height="30"
      alt="Mail" border="0" /></a><br />

      <h2>Das war's...</h2>
    </body>
  </html>
```

Konventionen zur Verwendung des Skripts

Die folgenden Grundregeln müssen beachtet werden, wenn Sie diese Lösung für eigene Dokumente einsetzen möchten:

- Die Reihenfolge der Rollover-Bilder im Dokument ist egal – obwohl es logischer ist, ihre Namen im Skript in der gleichen Reihenfolge zu definieren, wie sie im Body auftauchen.
- Es ist erst recht egal, wie viele Nicht-Rollover-Bilder davor oder dazwischen eingeschoben werden – dies beseitigt eine der Hauptschwächen der üblichen Rollover-Lösungen.
- Jedes Bildpaar aus »Normal«-Bild und Rollover-Bild benötigt einen eindeutigen Grundnamen: Beispielsweise könnte der Grundname `home` lauten; die beiden konkreten Bilder wären dann `home0.gif` und `home1.gif` für den Normal- beziehungsweise Rollover-Zustand.
- Der Name des Normalbildes muss die 0 hinter dem Grundnamen tragen, beim Rollover-Bild ist es die 1.
- Ist die Endung `.jpg` oder `.png` statt `.gif`, so müssen Sie dies nicht nur im Body beim Einbetten der Bilder anpassen, sondern auch beim Vorausladen. Beispiel:

  ```
  rollbilder[key].src = key + "1.jpg";
  ```

  Innerhalb einer Seite funktioniert diese Lösung jedoch immer *nur* mit GIFs, *nur* mit JPEGs oder *nur* mit PNGs. Um diese Einschränkung zu umgehen, müssten Sie mehrere Funktionen (`swapGIFs()`, `swapJPEGs()` und so weiter) und je mehrere Sätze globaler Variablen wie `rollgifs`, `normgifs`, `gifnamen` und `rolljpegs`, `normjpegs`, `jpegnamen` anlegen. Selbst dann benötigt immer noch jedes einzelne Bild einen individuellen Grundnamen.
- Wenn die Bilder in einem anderen Verzeichnis liegen als das HTML-Dokument, müssten Sie auch das beim Vorausladen angeben. Befinden sich die Bilder beispielsweise in `../bilder`, dann wird der Code folgendermaßen angepasst:

  ```
  normbilder[key].src = "../bilder/" + key + "0.gif";
  ```

- Im Body muss ein Bild, das diese Funktionalität nutzen soll, auf diese Weise eingebettet werden (hier am Beispiel eines Bildes mit dem Grundnamen `test`):

  ```
  <a href="Ziel-URL" onmouseover="swapImage
  ('test', 1);" onmouseout="swapImage
  ('test', 0);"><img src="test0.gif" name="test"
  ... /></a>
  ```

  Wichtig sind hier vor allem diese Punkte:
  - Der Grundname muss als erstes Argument in den Funktionsaufrufen bei den Event-Handlern angegeben werden.
  - Je nach Event-Handler muss der korrekte Zustand als zweites Argument beim Funktionsaufruf angegeben werden: `1` bei `onmouseover`, 0 bei `onmouseout`.
- Im `src`-Attribut von `<img>` muss der korrekte Bilddateiname angegeben werden: `[grundname]0.gif` (siehe Diskussion oben bezüglich anderem Dateityp oder anderem Pfad).
- Im `name`-Attribut muss der Grundname als Wert angegeben werden.

Technische Erläuterungen

Die Nummern der folgenden Aufzählung beziehen sich auf die nummerierten Kommentare im Listing weiter oben.

1. Es wird ein neues Array namens `bildnamen` angelegt, in dem die »Grundnamen« der beteiligten Bilder aufgelistet sind. Diese werden verwendet

   - als Hash-Indizes (Schlüssel) für den Zugriff auf die Arrays, die die Bildobjekte enthalten;
   - als Hash-Indizes für den Zugriff auf die Bilder im Dokument (`document.images[]`) sowie
   - als »Wurzelbestandteil« zur Komposition der Bild-Dateinamen.

   Diese identische Benennung auf drei wichtigen Ebenen (Bildobjekte im Dokument, Bilddateinamen und unabhängige Bildobjekt-Arrays) vereinfacht den Zugriff und das Zusammenspiel aller Komponenten.

2. Alle Elemente des Bildnamen-Arrays – und damit alle vorauszuladenden Bilder – werden nacheinander in einer Schleife behandelt:

   ```
   for (i = 0; i < bildnamen.length; i++)
   ```

   Die Zählervariable `i` beginnt bei 0, dem Index für das erste Element von `bildnamen`. Dabei muss `i` so viele Durchläufe erleben, wie `bildnamen` Elemente besitzt. Die Anzahl der Elemente eines Arrays erhalten Sie durch die Eigenschaft `ArrayVar.length`.

3. Das aktuelle Element des Arrays `bildnamen`, das im momentanen Schleifendurchlauf an der Reihe ist, wird in der Variablen `key` abgelegt. Rein theoretisch können Sie sich diesen Schritt sparen und überall, wo im weiteren Verlauf des Schleifenrumpfs `key` steht, synonym `bildnamen[i]` eintragen. Allerdings wären Formulierungen wie diese ein wenig umständlich:

   ```
   normbilder [bildnamen [i]] = new Image ();
   normbilder [bildnamen [i]].src =
         bildnamen [i] + "0.gif";
   ```

4. Für das aktuelle Element des Bildobjekte-Arrays `normbilder[]` wird ein neues Bildobjekt erstellt. Beachten Sie, dass der Index für dieses Array nicht der numerische Wert `i` ist, sondern der Zeichenkettenwert, der in Schritt 3 aus `bildnamen[]` heraus in der Variablen `key` abgelegt wurde.

   In der nächsten Zeile wird als Quell-URL (`src`) des neuen Bildobjekts der zusammengesetzte Dateiname festgelegt: Der in `key` gespeicherte Grundbildname, die 0 für »Normalzustand« und die Endung (hier `.gif`) werden verkettet. Sollten die Bilder in einem anderen Verzeichnis liegen, dann muss dies noch vor dem Wert `key` angegeben werden. Durch diese zweite Zeile wird das eigentliche Vorausladen in Gang gesetzt.

   Dasselbe geschieht in den nächsten beiden Zeilen für das entsprechende Rollover-Bild. Das Array ist hier allerdings nicht `normbilder[]`, sondern `rollbilder[]`, und statt der 0 als Namensbestandteil für ein »Normalbild« wird die 1 für ein Rollover-Bild notiert.

5. Der Funktionskopf der Funktion `swapImage()` ist so definiert, dass die Funktion zwei Argumente erwartet, nämlich Werte für die Parametervariablen `bildname` und `zustand`.

   Wenn die Funktion später aus Event-Handlern im Body aufgerufen wird, müssen stets zwei Werte übergeben werden: `bildname` enthält dabei den jeweiligen Grundnamen; `zustand` bezeichnet die Zustände »Normal« oder »Rollover« wieder durch 0 beziehungsweise 1.

6. Hat der übergebene Wert von `zustand` den Wert 1, dann handelt es sich um den Rollover-Zustand: Die Quell-URL des durch den Index `bildname` bezeichneten Bildes im Dokument (`document.images[bildname].src`) wird auf die Quell-URL des entsprechenden Elementes im Array `rollbilder[]` gesetzt, also auf den Wert `rollbilder[bildname].src`.

   Ebenso läuft das Ganze ab, wenn der `else`-Teil aktiviert wird. Dieser ist für den Zustand 0 zuständig; es wird entsprechend das aktuelle Normalbild eingestellt, indem das durch `bildname` indizierte Bild im Dokument auf die Quell-URL des entsprechenden Elementes von `normbilder[]` gesetzt wird.

7. In den Hyperlinks im Dokument rufen die beiden Event-Handler `onmouseover` und `onmouseout` jeweils die Funktion `swapImage()` auf. `onmouseover` bedeutet, dass der Mauszeiger den Bereich des Links berührt, und löst deshalb zum Beispiel die folgende Anweisung aus:

   ```
   swapImage ('home', 1);
   ```

   `'home'` muss hier natürlich je nach konkretem Bild ausgetauscht werden; die 1 beschreibt dagegen stets den Zustand »Rollover«.

   `onmouseout` bedeutet dagegen, dass der Mauszeiger den Linkbereich verlässt, weshalb in dem entsprechenden Aufruf

   ```
   swapImage ('home', 0);
   ```

   der Zustandswert 0 verwendet wird.

18.5.4 Weitere Beispiele

Die drei folgenden Beispiele zeigen andere Anwendungsmöglichkeiten für das Austauschen von Bildern: Eine Diashow, eine Digitaluhr aus Bildern und ein Bildpaare-Suchspiel verdeutlichen die vielfältigen Fähigkeiten dieser Funktion.

Die Diashow

Auf vielen Websites werden JavaScript-Diashows eingesetzt, um größere Mengen von Bildern zu präsentieren. Die folgende Beispiellösung bietet eine Reihe von Buttons für verschiedene Funktionen:

- Stopp auf Knopfdruck
- Start auf Knopfdruck
- Richtungswechsel

- Manuell weiter
- Manuell zurück
- Erhöhen und Vermindern der Geschwindigkeit (1 bis 5 Sekunden im Sekundenabstand)

Abbildung 18.1 zeigt eine Momentaufnahme der fertigen Diashow.

Diashow-Grundfunktion

Im Grunde funktioniert eine Diashow recht ähnlich wie das Rollover: Eine Anzahl von Bildern (hier sechs Stück) namens `dia0.jpg`, `dia1.jpg` und so weiter wird nacheinander an einer Stelle im Dokument angezeigt. Die einzige Besonderheit gegenüber dem Rollover ist, dass die Diashow überhaupt erst beginnen sollte, wenn alle Bilder fertig geladen sind. Um dies herauszufinden, wird die Eigenschaft `Bildobjekt.complete` aller vorausgeladenen Bilder abgefragt. Sie hat den Wert `true`, wenn das jeweilige Bild bereits geladen ist, ansonsten `false`.

In **Listing 18_02** finden Sie das vollständige Beispiel.

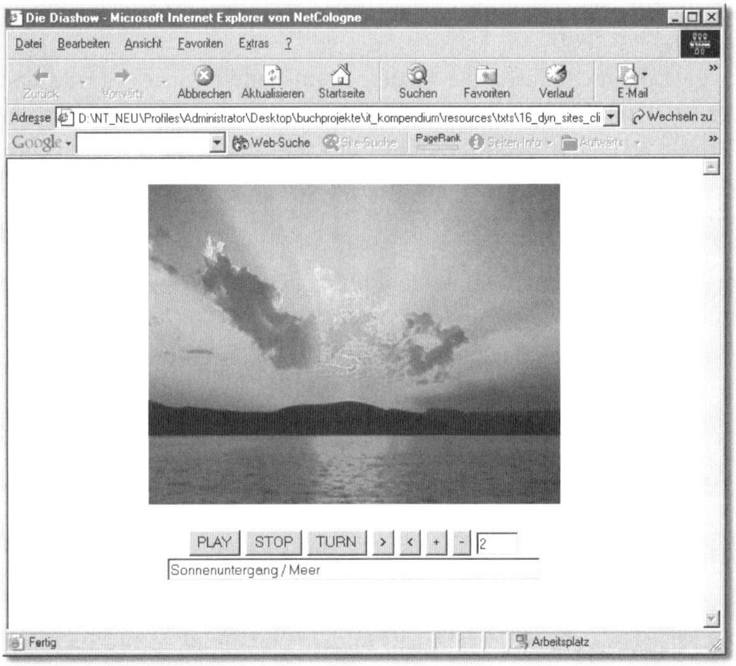

Abbildung 18.1 Die Diashow in Aktion

Die »Bilderuhr«

Im folgenden Beispiel werden die Ziffern einer Digitaluhr als Bilder angezeigt – speichern Sie einfach die Ziffern Ihrer Lieblingsschrift als gleich große Bilder mit den Namen `0.gif` bis `9.gif` ab. Hinzu kommt ein Doppelpunkt-Bild mit dem Namen `trenn.gif` – dieses kann ruhig schmaler sein als die anderen Bilder.

Sie finden das Beispiel in **Listing 18_03**. Wenn Sie das Kapitel bis hier durchgearbeitet haben, müssten Sie es eigentlich ohne weitere Erläuterung verstehen.

Ein Bildpaare-Suchspiel

Das letzte Beispiel für die Arbeit mit Bildern ist ein richtiges kleines Spiel: Acht Kartenpaare liegen »verdeckt« (dargestellt durch ein spezielles »Rückseiten-Bild« in einem 4x4-Quadrat) und sollen durch Anklicken (als Hyperlinks) »aufgedeckt« werden. Werden zwei gleiche Karten gefunden, dann verschwinden sie; zwei verschiedene werden dagegen durch Anklicken der nächsten Karte automatisch geschlossen. Wenn alle Karten abgeräumt sind, erscheint die Meldung, wie viele Versuche benötigt wurden.

Zufallsgenerator

Für dieses Spiel muss der JavaScript-Zufallsgenerator verwendet werden: Die argumentlose Methode `Math.random()` erzeugt eine pseudozufällige Fließkommazahl zwischen 0 und 1. Durch entsprechende Umrechnung kann eine Zufallszahl aus dem gewünschten Zahlenbereich erzeugt werden. Beispielsweise können Sie folgendermaßen einen Würfelwurf simulieren (eine Ganzzahl von 1 bis 6):

```
Math.ceil (Math.random() * 6)
```

Eine Lottozahl (Wertebereich 1 bis 49) wird dagegen so erzeugt:

```
Math.ceil (Math.random() * 49)
```

Die Methode `Math.ceil()` rundet den übergebenen Wert übrigens stets auf die nächsthöhere Ganzzahl auf.

Ein weiteres Problem beim Suchspiel besteht darin, dass es jede Karte genau zweimal gibt; es muss also jeweils überprüft werden, ob die zufällig erzeugte Karte bereits verteilt wurde oder nicht.

Lottozahlen

Als kleine Vorstufe zeigt das folgende Skript eine Simulation der offiziellen Ziehung der Lottozahlen: Aus dem Zahlenraum 1 bis 49 müssen insgesamt sieben Zahlen (sechs plus Zusatzzahl) ausgewählt werden, ohne dass eine von ihnen doppelt vorkommen darf.

Die Zahlen sollen per Skript im Dokument ausgegeben werden. Das Listing sieht so aus:

```
var lottozahlen = new Array();
for (i = 0; i < 7; i++) {
   do {
      // Zufallszahl erzeugen:
      var zahl = Math.ceil (Math.random() * 49);
      // War diese Zahl schon da?
      // Annahme: Nein!
      var schonda = false;
      // Alle bisherigen Zahlen überprüfen:
      for (j = 0; j < i; j++) {
         if (lottozahlen[j] == zahl)
            schonda = true;
      }
   } while (schonda);
```

```
}
// Ausgabe:
for (i = 0; i < 6; i++) {
   document.write
       (lottozahlen[i] + "   ");
}
document.write ("<br />");
document.write
   ("<b>Zusatzzahl: " + lottozahlen[6] + "</b>");
```

Nach diesen Vorarbeiten kann nun das eigentliche Spiel implementiert werden.

In einem Array werden die Entsprechungen der 16 Karten zur Bildung der Grunddateinamen und zum Mischen abgelegt. Dabei sollten die beiden Karten eines Paares sich unterscheiden – beispielsweise könnten `"a0"` und `"b0"` für die beiden Karten des ersten Paares verwendet werden. In diesem ersten Array liegen die Paare in geordneter Reihenfolge vor, sodass sie durch eine Schleife gebildet werden können:

```
var vorrat = new Array();
for (i = 0; i < 7; i++) {
   vorrat.push ("a" + i);
   vorrat.push ("b" + i);
}
```

push() und pop() Die Array-Methode `Array.push(Ausdr)` hängt den Wert von `Ausdr` an das Ende des Arrays an. `Array.pop()` erhält dagegen als Wert das letzte Element des Arrays, das dadurch tatsächlich aus dem Array entfernt wird.

In einem anderen Array wird die eigentliche Verteilung der Karten vorgenommen – es enthält pro möglicher Position ein Element, auf das genau eine Karte gelegt wird. Die Karten werden per Zufallsgenerator aus dem vorherigen Array verteilt; dabei findet eine Kontrolle statt, welche Karten bereits verteilt sind (wie bei den Lottozahlen):

```
var karten = new Array();
for (i = 0; i < 16; i++) {
   do {
      // Zufällige Karte wählen
      var karte = parseInt (Math.random (16));
      // War diese Zahl schon da?
      var schonda = false;
      for (j = 0; j < i; j++) {
         if (karten[j] == karte)
            schonda = true;
      }
   } while (schonda);
   karten.push (karte);
}
```

Schließlich wird noch ein drittes Array benötigt, das den aktuellen Status jeder einzelnen Karte speichert: Ist sie noch verfügbar oder schon weg? Anfangs sind natürlich alle Karten noch vorhanden:

```
var nochda = new Array();
for (i = 0; i < 16; i++) {
   nochda.push (true);
}
```

Nun folgen die letzten Vorbereitungen: Es muss eine Variable geben, die die Anzahl der Versuche zählt – `versuche` – sowie eine weitere, die die aktuell offenen Karten zählt (0, 1 oder 2):

```
var versuche = 0;
var offene = 0;
```

Die Variable `paare` zählt die bereits gefundenen Kartenpaare:

```
var paare = 0;
```

Die nächsten beiden Variablen merken sich die Karten, die aufgedeckt wurden:

```
var offen1, offen2;
```

Das Timeout zum automatischen Schließen beider Karten muss ebenfalls global gespeichert werden, damit es bei vorzeitigem Klick auf eine weitere Karte wieder zurückgesetzt werden kann:

```
var stoppuhr = null;
```

Schließlich werden die acht möglichen Karten in das Array `kartenbilder` vorausgeladen.

Wird eine Karte angeklickt, so muss eine Funktion aufgerufen werden, die die folgenden Aufgaben erledigt:

- Überprüfen, ob die Karte bereits weg ist. Falls dem so ist, wird nichts weiter getan.
- Überprüfen, ob bereits zwei Karten offen sind. In diesem Fall werden die beiden Karten sofort geschlossen; anschließend wird die neue Karte geöffnet.
- Überprüfen, ob die angeklickte Karte bereits offen ist. Sollte sie offen sein, wird ein Fehler-`alert()` ausgegeben.
- Das Kartenbild der angeklickten Karte auswechseln: Statt der »Rückseite« wird das entsprechende Bild angezeigt.

Falls die Karte, die gerade geöffnet wird, die zweite Karte ist, müssen einige weitere Überprüfungen stattfinden: Die neue Karte wird mit der anderen geöffneten verglichen. Falls sie übereinstimmen, werden beide entfernt: An ihre Positionen wird ein leeres Bild gesetzt; ihr Status wird auf »weg« geändert. Falls sie *nicht* übereinstimmen, wird dagegen das Timeout gesetzt, um sie nach einer gewissen Zeit automatisch zu schließen.

- Die Anzahl der Versuche um 1 erhöhen.
- Die Anzahl der bereits gefundenen Paare überprüfen. Sind alle gefunden, erscheint eine Gewinnmeldung und das Spiel ist zu Ende.

Im Body müssen nun die 16 Bilder eingebettet werden. Für das erste Bild sieht das beispielsweise so aus:

```
<a href="javascript:klick(0);"><img src="rueck.gif" name="k0" width="10
0" height="100" border="0"></a>
```

Für alle weiteren Bilder werden die Nummer im `klick()`-Aufruf und die Nummer im Bildnamen entsprechend erhöht.

Listing 18_04 enthält das gesamte HTML-Dokument; die erforderlichen Änderungen für den Mac-Explorer sind als Kommentare angegeben.

18.6 Browser- und Fenster-Optionen

Neben den bereits behandelten Aspekten des HTML-Dokuments sind auch Browserfenster mit verschiedenen Unterobjekten, Eigenschaften und Methoden ausgestattet. Außerdem existieren noch eine Reihe anderer Objekte, die beispielsweise den verwendeten Webbrowser oder die Bildschirmeigenschaften beschreiben. Diese Objekte werden im vorliegenden Abschnitt behandelt.

18.6.1 Browser-Eigenschaften

Es ist in vielen Skripts erforderlich, verschiedene Varianten von Anweisungen für unterschiedliche Webbrowser, Versionen und Rechnerplattformen zu verwenden. Damit Sie solche so genannten **Browserweichen** schreiben können, müssen Sie zunächst ermitteln, in welchem Browser das Skript gerade läuft.

Der Browser wird über das globale Objekt `navigator` angesprochen; es besitzt drei Eigenschaften, die nur gelesen, aber nicht geändert werden können:

- `navigator.appName` ist der Name des Browsers. Mögliche Werte sind etwa `Microsoft Internet Explorer` oder `Netscape`.
- `navigator.appVersion` liefert Informationen über die Version des Browsers (Versionsnummer, Plattform, Betriebssystem und so weiter). Der Wert beginnt grundsätzlich mit der Versionsnummer und kann deshalb mittels `parseInt()` oder auch `parseFloat()` bearbeitet werden, um die Hauptversion beziehungsweise Unterversion zu ermitteln.

  Der Internet Explorer 6.0 unter Windows NT liefert beispielsweise das Ergebnis `4.0 (compatible; MSIE 6.0; Windows NT 4.0)`, während Mozilla den Wert `5.0 (Windows; en-US)` zurückgibt. Sie müssen also die Werte dieser Eigenschaften genauer untersuchen, um alle Informationen zu erhalten – beispielsweise ist der Wert `4.0` beim Internet Explorer absolut irreführend.
- `navigator.userAgent` gibt schließlich den Wert aus, den der Browser bei HTTP-Abfragen an Webserver in der Option `User-Agent` versendet. Dieser Wert ist erst recht mit Vorsicht zu genießen: Erstens »tarnen« sich viele seltener verwendete Browser wie Opera gern als Internet Explorer, zweitens kann der Inhalt selbst je nach Browser ziemlich seltsam sein: Der Internet Explorer gibt beispielsweise den Wert `Mozilla/4.0 (compatible; MSIE 6.0; Windows NT 4.0)` an, während der »echte« Mozilla die aus-

führliche Information Mozilla/5.0 (Windows; U; WinNT4.0; en-US; rv:1.2.1) Gecko/20021130 ausgibt.

Dass viele Browser intern »Mozilla« heißen, hat historische Gründe: Der Drache »Mozilla« war das Maskottchen der ursprünglichen NCSA-Mosaic-Entwickler. Dieser Browser ist der gemeinsame Vorfahr von Netscape, Internet Explorer und dem heutigen Mozilla (der Open-Source-Version von Netscape).

Um nun beispielsweise im Internet Explorer anderen Code auszuführen als in anderen Browsern, können Sie die folgende Browserweiche verwenden:

```
if (navigator.appName.indexOf ("Microsoft") >= 0)  {
   // Internet-Explorer-Anweisungen
} else {
   // Nicht-MSIE-Anweisungen
}
```

Das nächste Beispiel läuft nur in Browsern ab der Versionsnummer 4.0, die bei den beiden Klassikern Internet Explorer und Netscape erhebliche Neuerungen eingeführt hat:

```
if (parseInt (navigator.appVersion) >= 4)  {
   // Anweisungen für 4er-Browser
} else {
   alert ("Leider ist Ihr Browser zu alt!");
}
```

Schließlich können Sie folgendermaßen unterscheiden, ob das Skript unter Windows, auf dem Mac oder einer anderen Plattform läuft:

```
if (navigator.appVersion.match (/win/i))  {
   // Windows-Anweisungen
} else if (navigator.appVersion.match (/mac/i))  {
   // MacOS-Anweisungen
} else {
   // Anweisungen für andere Systeme
}
```

Mitunter ist es weniger interessant, die aktuelle Browserversion selbst zu ermitteln, als zu überprüfen, ob der Browser ein bestimmtes Feature unterstützt. Einige solcher Tests werden weiter unten im Abschnitt über DHTML verwendet, weil die verschiedenen Browser-Objektmodelle auf diese Weise einfacher ermittelt werden können als über die Browserversion.

18.6.2 Automatische Hyperlinks – History und Location

Das Browserfenster-Unterobjekt history enthält eine Liste der bisher besuchten Seiten, bildet also den Verlauf oder die History des Browsers ab.

Mit Hilfe der Methoden dieses Objekts können Sie die Funktionalität der Vorwärts- und Rückwärts-Buttons des Browsers nachbilden:

- history.back() springt zur vorher besuchten Seite zurück.
- history.forward() bewegt sich um eine Seite vorwärts.
- history.go (Seitenzahl) bewegt sich in der History um die angegebene Anzahl von Seiten vorwärts (positive Werte) beziehungsweise rückwärts (negative Werte).

Noch interessanter ist das window-Unterobjekt location, dessen Eigenschaft href verwendet werden kann, um eine neue Seite in das Browserfenster zu laden. Das Verfahren dient mit anderen Worten als automatischer Hyperlink.

Beispielsweise lädt die folgende Anweisung die Website von Google in das aktuelle Fenster:

```
location.href = "http://www.google.de";
```

Für die URL, die der Eigenschaft zugewiesen wird, gelten natürlich dieselben Regeln wie bei gewöhnlichen HTML-Hyperlinks.

Zugriff auf Frames

Mit Hilfe der location können Sie auch die Inhalte anderer Fenster oder Frames ändern. Wenn Sie auf Frames zugreifen möchten, können Sie dies über das Objekt top tun, das dem äußersten Frameset entspricht, oder über parent, das unmittelbar übergeordnete Frameset. Die Frames sind Unterobjekte eines solchen Framesets und können entweder numerisch über das Array frames[] angesprochen werden oder anhand des Namens, der ihnen bei der Erstellung im <frame>-Tag zugewiesen wurde.

Die folgende Anweisung lädt die Datei test.htm in das erste Frame des Haupt-Framesets im Browserfenster:

```
top.frames[0].location.href = "test.htm";
```

Das erste Frame ist je nach Frameset-Richtung das oberste oder das am weitesten links stehende Frame.

Das nächste Beispiel lädt die Datei mail.htm in ein Frame des Haupt-Framesets mit der Bezeichnung inhalt:

```
top.inhalt.location.href = "mail.htm";
```

Mit diesen Anweisungen ist es ein Leichtes, durch einen einzigen Hyperlink die Inhalte mehrerer Frames gleichzeitig auszutauschen, was mit Hilfe von HTML nicht möglich ist.

Fremdes Frameset verlassen

Manche Website-Betreiber setzen die Zielangabe bei Links auf fremde Sites fahrlässig oder sogar absichtlich falsch: Sie laden die externe Seite in ein Frame ihres eigenen Framesets hinein. Um zu verhindern, dass Ihre eigenen Seiten davon betroffen werden, können Sie den folgenden Code in ein Skript im Head Ihrer Startseite setzen:

```
if (location.href != top.location.href)
   top.location.href = location.href;
```

Mit anderen Worten: Wenn die Adresse des äußersten Framesets nicht der Adresse des aktuellen Fensters entspricht, ist der Beweis erbracht, dass sich die eigene Seite in einem unerwünschten Frame befindet. In diesem Fall wird sie einfach im obersten Frameset neu geladen.

Eigenes Frameset nachladen

Auch das umgekehrte Problem kann auftreten: Manchmal verlinken Suchmaschinen oder fremde Site-Betreiber einzelne Seiten, die eigentlich Teil eines Framesets sind. Dies können Sie mit Hilfe des folgenden Codes erkennen und daraufhin die Startseite (hier: `index.htm`) laden:

```
if (location.href == top.location.href)
   location.href = "index.htm";
```

Hier ist der unerwünschte Zustand gerade dann gegeben, wenn das aktuelle Fenster und das äußerste Frameset identisch sind.

Das Nachladen eines Framesets ist keine vernünftige Alternative zu einer modernen Website, die von vorn herein ohne Frames auskommt. Die Gründe wurden bereits in Kapitel 16, *HTML, CSS und Webdesign* erläutert.

Neue Browserfenster öffnen

Sehr viele Websites öffnen bestimmte Inhalte in neuen, speziell angepassten Browserfenstern. Beispiele sind etwa die nervigen Werbe-Popups, aber auch Spiele oder Präsentationen, die sich so den passenden Rahmen für ihre Wirkung schaffen.

Allgemein wird ein neues Fenster mit Hilfe einer Anweisung der folgenden Form geöffnet:

```
RefVar = open (URL, TargetName, FeatureListe);
```

`URL` ist ein String, der die URL des Dokuments angibt, das in dieses neue Fenster hineingeladen werden soll. Es gelten dieselben Regeln wie für HTML-Hyperlinks. Falls Sie explizit ein leeres Browserfenster erzeugen möchten, dessen Inhalt dynamisch per JavaScript erstellt wird, ist die passende URL der leere String `""`.

`TargetName`, ebenfalls ein String, weist dem neuen Fenster einen Namen zu, der durch das `target`-Attribut eines Hyperlinks angesprochen werden kann. Beachten Sie, dass die Angabe eines solchen Target-Namens nicht im Zusammenhang mit der URL `""` für leere Fenster funktioniert. Falls Sie also die URL leer lassen, sollte auch der Target-Name der leere String sein.

Die `FeatureListe` ist ebenfalls ein String. Sie enthält eine durch Komma getrennte Liste von `Eigenschaft=Wert`-Paaren, die bestimmte Einstellungen für das Fenster vornehmen. Bitte beachten Sie, dass die Liste keinerlei Whitespace enthalten darf.

Die wichtigsten einstellbaren Eigenschaften sind folgende:

- `menubar` – Menüleiste ein- oder ausblenden (mögliche Werte sind `1` oder `yes` für das Einblenden und `0` oder `no` zum Ausblenden).
- `toolbars` – Symbolleiste(n) ein- oder ausblenden.
- `location` – Adressleiste ein- oder ausblenden.
- `directories` – allgemeine Link-Leiste(n) ein- oder ausblenden.
- `status` – die Statusleiste ein- oder ausblenden.

- `scrollbars` – Rollbalken ein- oder ausblenden.
- `width` – Fensterbreite in Pixeln.

  Beim Internet Explorer gibt diese Eigenschaft die nutzbare (innere) Fensterbreite an, bei Netscape dagegen die Gesamtfensterbreite.
- `innerWidth` – innere Breite des Fensters (nur Netscape).
- `height` – Höhe in Pixeln; zwischen den beiden Browsern besteht derselbe Unterschied wie bei der Breite.
- `innerHeight` – innere Höhe des Fensters (nur Netscape).
- `resizable` – die Größe des Fensters kann durch den Benutzer geändert werden/nicht geändert werden.
- `screenX` – der linke Rand des Fensters soll den in Pixel angegebenen Abstand vom linken Bildschirmrand haben.
- `screenY` – der obere Rand des Fensters soll den angegebenen Abstand vom oberen Bildschirmrand haben.

  Leider ist die Angabe von `screenX` und `screenY` nicht sehr sicher. Besser ist es, das Fenster nachträglich mit Hilfe der Methode `moveTo (xPos, yPos)` an die gewünschte Position zu verschieben.

Hier sehen Sie einige Beispiele für spezielle Fenster:

- Das Dokument `test.htm` soll in ein 300 x 300 großes Fenster geladen werden. Das Fenster soll völlig ohne Bedienleisten, aber mit Rollbalken nach Bedarf ausgestattet sein:

  ```
  var fenster=open ("test.htm", "",
  "menubar=0,toolbars=0,location=0,directories=0,
  status=0,width=300,height=300");
  ```

  Hier wird die `scrollbars`-Angabe ganz weggelassen, deshalb zeigt das Fenster das Standardverhalten: Rollbalken werden nur dann angezeigt, wenn sie benötigt werden.
- Es soll ein neues, leeres Browserfenster geöffnet werden; seine innere Größe soll in jedem Browser 200 x 200 Pixel betragen und es soll nie Rollbalken enthalten:

  ```
  // Netscape?
  var nav = (navigator.appName.indexOf ("Netscape")
     >= 0) ? true : false;
  // Fenster-Featureliste basteln:
  var features=
       "menubar=0,toolbars=0,location=0,directories=0,
       status=0,scrollbars=0,";
  if (nav)
     features += "innerWidth=200,innerHeight=200";
  else
     features += "width=200,height=200";
  var fenster = open ("", "", features);
  ```

- Es soll in ein neues, leeres Fenster hineingeschrieben werden:

```
fenster.document.open ();
fenster.document.write
     ("Text und <i>HTML</i>!");
```

Am Ende der Ausgabe sollte Folgendes stehen:

```
fenster.document.close ();
```

`document.open()` und `document.close()` entsprechen etwa `<body>` und `</body>` in statischen HTML-Dokumenten.

Nach `document.open()` können Sie auch noch einige Eigenschaften des neuen Dokument-Objekts einstellen; beispielsweise die Hintergrundfarbe:

```
fenster.document.bgColor = "#FF0000";
```

Beachten Sie, dass der Zugriff über `document.open()` und `document.close()` im Internet Explorer 5 für Macintosh (möglicherweise auch in anderen Browsern) nicht funktioniert. Eine allgemeinere und bessere Variante, die in allen Browsern läuft, verzichtet auf die `document.open()`- und `document.close()`-Anweisungen und übergibt dem neuen Fenster stattdessen ein vollständiges, neu erzeugtes HTML-Dokument:

```
var username = document.frm.user.value;
var fenster = open ("", "",
     "menubar=0,toolbars=0,location=0,directories=0,
     status=0,width=320,height=240");
fenster.document.write
     ("<html><head><title>
     Das neue Fenster!</title></head>\n");
fenster.document.write
     ("<body bgcolor=\"#FF0000\" text=\"#FFFFFF\">");
fenster.document.write
     ("<h1>Hallo, " + username + "!</h1>");
fenster.document.write ("</body></html>");
```

Bildschirmmaße ermitteln

Im Zusammenhang mit separaten Browserfenstern ist noch das globale Objekt `screen` interessant: Seine Eigenschaften `width` und `height` liefern die aktuelle Bildschirmbreite und -höhe in Pixeln, während `availWidth` und `availHeight` die Bildschirmmaße abzüglich fester Elemente wie der Windows-Taskleiste oder der Mac-Menüleiste angeben.

Die folgende Funktion nimmt eine URL sowie die gewünschte Höhe und Breite entgegen und öffnet die URL in einem Browserfenster ohne Bedienelemente, das genau in die Bildschirmmitte gesetzt wird:

```
function customWin (url, w, h) {
   var screenw = screen.width;
   var screenh = screen.height;
   var xpos = (screenw - w) / 2;
   var ypos = (screenh - h) / 2;
```

```
    var mywin = open (url, "",
        "menubar=0,toolbars=0,location=0,directories=0,
        status=0,width=" + w + ",height=" + h);
    mywin.moveTo (xpos, ypos);
    return mywin;
}
```

Die Funktion gibt eine Referenz auf das neu geöffnete Fenster zurück, damit die aufrufende Stelle weitere Methoden dieses Fensters aufrufen kann.

Der folgende Aufruf verwendet die Funktion, um die Datei `spiel.htm` in einem 480 x 360 Pixel großen Fenster anzuzeigen:

```
var spielwin = customWin ("spiel.htm", 480, 320);
```

Vollbildfenster Die folgende Funktion öffnet die übergebene URL in einem Vollbildfenster. Dabei wird berücksichtigt, dass nur der Internet Explorer für Windows in der Lage ist, das Fenster über die Bildschirmränder hinaus zu verschieben und damit ein echtes Vollbild zu erzeugen. Alle anderen Browser verwenden einfach die maximal mögliche Bildschirmgröße.

```
function fullscreen (url) {
    var win;  // das Fensterobjekt

    // Internet Explorer für Windows?
    var ie;
    var br = navigator.appName;
    var bv = navigator.appVersion;
    if (br.indexOf ("Microsoft") >= 0
          && bv.match (/win/i))
        ie = true;
    else
        ie = false;

    if (ie) {
        var w = screen.width;
        var h = screen.height;
        w += 4;
        h += 24;
        var features = "width=" + w + ",height="
            + h + ",";
        features +=
            "titlebar=0,menubar=0,toolbars=0,location=0,
            directories=0,status=0,resizable=0";
        win = open (url, "", features);
        win.moveTo (-4, -24);
    } else {
        var w = screen.availWidth - 10;
        var h = screen.availHeight - 30;
```

```
        var features = "width=" + w + ",height="
           + h + ",";
        features +=
           "titlebar=0,menubar=0,toolbars=0,location=0,
           directories=0,status=0,resizable=0";
        win = open (url, "", features);
        win.moveTo (0, 0);
     }
     return win;
  }
```

Fenster-Methoden

Neben `open()` sollten Sie auch noch einige Methoden von Fensterobjekten kennen. Die wichtigsten sind folgende:

- `moveTo (x, y)` – verschiebt das Fenster an die angegebene Position auf dem Bildschirm (gemessen an seiner linken oberen Ecke).
- `moveBy (dx, dy)` – verschiebt das Fenster um die angegebene Anzahl von Pixeln. Positive Werte verschieben es nach rechts beziehungsweise unten, negative Werte nach links oder nach oben.
- `resizeTo (w, h)` – ändert die Fenstergröße nachträglich auf `w` Pixel Breite und `h` Pixel Höhe.
- `resizeBy (dw, dh)` – verändert die Breite und die Höhe des Fensters um die angegebene Pixelanzahl.
- `focus()` – stellt das angesprochene Fenster in den Vordergrund und aktiviert es.
- `close()` - schließt das Fenster.

Andere `window`-Methoden haben Sie im Lauf dieses Kapitels bereits kennen gelernt, beispielsweise `alert()` oder `setTimeout()`.

Werbe-Popups verbannen

Die Methode `focus()` ist hilfreich, wenn Sie eine preisgünstige oder kostenlose Webpräsenz betreiben, die durch ein Werbe-Popup (teil-)finanziert wird. Der Code zum Einblenden des Popups wird bei der Auslieferung der jeweiligen Seite automatisch vom Webserver eingefügt; dagegen können Sie nichts tun. Aber Sie können zumindest Ihr eigenes Fenster in den Vordergrund setzen: Schreiben Sie in das `<body>`-Tag den Event-Handler `onload="self.focus();"` hinein. Bedenken Sie aber bitte, dass Ihr Hoster von den Popups lebt: Verwenden Sie diesen Code nur auf einzelnen Seiten, deren Ästhetik durch das Werbefenster besonders stark gestört würde.

Die Objektreferenz `self` bezeichnet übrigens (wie ihr Synonym `window`) das aktuelle Browserfenster. Ein anderer wichtiger Bezug ist das Objekt `self.opener` – es stellt einen Verweis auf das Browserfenster zur Verfügung, durch das das aktuelle Fenster geöffnet wurde.

Über die Namen anderer Browserfenster oder Frames können Sie mit Hilfe der üblichen Punktschreibweise auch auf deren JavaScript-Objekte, -Funktionen und -Variablen zugreifen. Beispielsweise ruft die folgende Anweisung die Funktion `test()` im Fenster `newwin` auf:

```
newwin.test ();
```

18.7 DHTML und DOM

Seit 1998 die 4er-Versionen der beiden wichtigsten Browser eingeführt wurden, ist das Schlagwort **Dynamic HTML** (kurz DHTML) eine der Lieblingsvokabeln aller Webdesigner. Für einen Begriff, der gar keine einheitliche Technologie beschreibt, ist das bemerkenswert: Die Bezeichnung DHTML ist in den Marketingabteilungen von Microsoft und Netscape entstanden. Es handelt sich um die Zusammenarbeit zwischen Stylesheets zur Formatierung von HTML-Inhalten und neueren JavaScript-Fähigkeiten.

Verschiedene Objektmodelle

Insbesondere wurden in den 4er-Browsern zum ersten Mal so genannte **Objektmodelle** eingeführt, die es ermöglichen, einen Großteil der Elemente in HTML-Dokumenten anzusprechen und auch nach dem Laden des Dokuments noch dynamisch zu verändern. Ärgerlicherweise müssen Sie in der Praxis drei verschiedene Objektmodelle berücksichtigen, die zueinander inkompatibel sind:

- Das W3C hat das **Document Object Model** (DOM) standardisiert. Es ermöglicht konsequent die nachträgliche Änderung jedes beliebigen Elements eines HTML-Dokuments, indem es das Dokument als hierarchisch verschachtelte Baumstruktur versteht. Das DOM ist nicht nur für JavaScript und HTML gedacht, sondern wurde in vielen verschiedenen Programmiersprachen für den Zugriff auf XML-Dokumente aller Art implementiert. In Kapitel 15, *XML*, wird beispielsweise die Verwendung des DOM in Java kurz eingeführt.

  DOM wird von folgenden Browsern interpretiert: Internet Explorer ab 5.0, Netscape ab 6.0, Mozilla und Opera ab 6.0.
- Der Internet Explorer ab der Version 4.0 unterstützt ein eigenes Objektmodell, dessen Möglichkeiten fast genau so weit gehen wie bei DOM. Allerdings funktioniert der Zugriff auf die Elemente völlig anders. Dieses Modell kann auch in neueren Explorer-Versionen verwendet werden, obwohl sie auch DOM unterstützen.
- Das eigene Objektmodell des Netscape Communicators 4.x bietet deutlich weniger Möglichkeiten als die beiden anderen. Es beschränkt sich im Grunde auf die Manipulation von Layer-Objekten, das heißt auf spezielle `<div>`-Tags, die frei positioniert werden können und die Netscape mit einem eigenständigen `document`-Objekt zur Inhaltsänderung ausgestattet hat.

  Das wirklich Ärgerliche an diesem Objektmodell ist allerdings, dass es von Netscape-Versionen ab 6.0 sowie den Mozilla-Browsern gar nicht mehr unterstützt wird; diese verwenden nur noch DOM. Deshalb sind viele alte DHTML-Sites im Web, die lediglich zwischen dem alten Internet Explorer- und dem alten Netscape Objektmodell unterscheiden, in neueren Netscape-Versionen und unter Mozilla nicht mehr lauffähig.

18.7.1 W3C-DOM

Mit Hilfe von DOM können Sie auf jedes einzelne Element einer Webseite zugreifen. Dazu wird das Objekt als Baum-Modell aus verschiedenen Arten von **Knoten** betrachtet. Jeder Knoten kann beliebig viele **Kindknoten** besitzen. Jeder Knoten besitzt einen der in Tabelle 18.1 gezeigten Knotentypen, der über seine Eigenschaft `nodeType` abgefragt werden kann:

Knotentyp	Bedeutung
1	Element (HTML-Tag)
2	Attribut (funktioniert so nicht!)
3	einfacher Text
8	HTML-Kommentar
9	das Dokument selbst

Tabelle 18.1 DOM-Knotentypen für HTML-Dokumente

Es existieren zwei verschiedene Möglichkeiten, auf einen Knoten vom Typ HTML-Tag zuzugreifen:

- Die Methode

  ```
  document.getElementById (ID-String)
  ```

  liefert eine Referenz auf das Tag zurück, dem über das Attribut `id` eine spezielle ID zugewiesen wurde. Beispielsweise können Sie auf einen Absatz, der so definiert wurde,

  ```
  <p id="test">Spezieller Absatz, Marke test</p>
  ```

  mit Hilfe dieser DOM-Methode zugreifen:

  ```
  document.getElementById ("test")
  ```

- Mit Hilfe der Methode

  ```
  document.getElementsByTagName (Tag-String)
  ```

  erhalten Sie eine Referenz auf ein Array aller Elemente, die dem angegebenen HTML-Tag entsprechen. Beispielsweise entspricht der folgende Ausdruck dem dritten `<p>`-Tag einer Seite:

  ```
  document.getElementsByTagName ("p")[2]
  ```

Auf Text- und Kommentarknoten können Sie nicht direkt zugreifen. Sie sind stets Kindknoten der umschließenden HTML-Tags. Auf die Kindknoten eines Elements sowie auf seinen Elternknoten und seine »Geschwister« können Sie mit Hilfe der in Tabelle 18.2 gezeigten Eigenschaften zugreifen:

Eigenschaft	Bedeutung
`Knoten.firstChild`	liefert das erste Kindelement von `Knoten`
`Knoten.childNodes[]`	ein Array aller Kindknoten von `Knoten`
`Knoten.lastChild`	liefert den letzten Kindknoten von `Knoten`
`Knoten.parentNode`	liefert den übergeordneten Knoten
`Knoten.nextSibling`	liefert den nächsten »Geschwisterknoten«, also den nachfolgenden Kindknoten desselben Elternknotens
`Knoten.previousSibling`	liefert den vorigen »Geschwisterknoten«
`Knoten.hasChildNodes()`	diese Methode liefert `true`, wenn `Knoten` Kindelemente besitzt, ansonsten `false`

Tabelle 18.2 Zugriff auf DOM-Kindknoten

Textknoten-Eigenschaften HTML-Tag-Knoten besitzen die Eigenschaft `nodeName`, die den Namen des eigentlichen HTML-Tags enthält. Text- und Kommentarknoten weisen dagegen die Eigenschaft `nodeValue` auf, die den Textinhalt enthält. `nodeValue` liefert möglicherweise etwas anderes zurück als Sie erwarten. Betrachten Sie beispielsweise den folgenden Auszug aus dem Body eines HTML-Dokuments:

```
<p id="test">Dies ist der <i>alte</i> Text.</p>
<script language="JavaScript" type="text/javascript">
<!--

   alert (document.getElementById ("test")
          .firstChild.nodeValue);

//-->
</script>
```

Die `alert()`-Anweisung greift zunächst über die Methode `getElementById()` auf den Absatz mit der ID `test` zu. Anschließend liest sie per `nodeValue` den Textinhalt ihres ersten Kindknotens (`firstChild`). Vielleicht überrascht es Sie, zu hören, dass das Ergebnis *nicht* so lautet:

```
Dies ist der alte Text
```

Vielmehr bekommen Sie lediglich Folgendes zu sehen:

```
Dies ist der
```

Der Text »Dies ist der« bildet den ersten Kindknoten des Absatzes, das HTML-Tag `<i>...</i>` ist der zweite und der restliche »Text« der letzte.

Textknoten ändern Das nächste Beispiel verwendet einige dieser Methoden und Eigenschaften zur Anzeige der aktuellen Uhrzeit im Fließtext eines Absatzes. Der Absatz selbst wird so definiert:

```
<p id="uhr">Uhrzeit</p>
```

Im Head steht folgende Funktion, die im `<body>`-Tag im Event-Handler `onload` aufgerufen werden sollte:

```
function zeit () {
   var jetzt = new Date();
   var std = jetzt.getHours();
   var min = jetzt.getMinutes();
   var sek = jetzt.getSeconds();
   var zeitangabe = std < 10 ? "0" : "";
   zeitangabe += std + ":";
   zeitangabe += min < 10 ? "0" : "";
   zeitangabe += min + ":";
   zeitangabe += sek < 10 ? "0" : "";
   zeitangabe += sek;
   document.getElementById ("uhr").firstChild.
      nodeValue = "Es ist " + zeitangabe + " Uhr";
   setTimeout ("zeit();", 1000);
}
```

Das Thema Datums- und Uhrzeitanzeige wurde bereits weiter oben in diesem Kapitel behandelt. Neu ist hier lediglich die Zeile

```
document.getElementById ("uhr").firstChild.
      nodeValue = "Es ist " + zeitangabe + " Uhr";
```

Über `getElementById()` wird der Absatz mit der ID `uhr` angesprochen. Dessen erster Kindknoten `firstChild` ist der Absatztext, der mit Hilfe einer Wertzuweisung an seine Eigenschaft `nodeValue` geändert wird.

Eine DOM-Baum-Anzeige

Das folgende Beispiel durchwandert rekursiv den DOM-Baum des aktuellen Dokuments und gibt in einem separaten Fenster Informationen über alle Knoten aus, die es dabei findet. Abbildung 18.2 zeigt das Skript bei der Arbeit.

Hier zunächst der Quellcode des gesamten HTML-Dokuments:

```
<html>
  <head>
    <title>DOM-Baumdiagramm</title>
    <script language="JavaScript">
    <!--

        var infofenster;

        function initDOMTree () {
           infofenster =
              open ("", "", "width=400,height=400");
           showDOMTree (document, 0);
```

```
    }

    function showDOMTree (knoten, indentation)  {
       var typ = knoten.nodeType;
       var typtext, info;
       switch (typ) {
          case 1:
             typtext = "HTML-Tag";
             info = knoten.nodeName;
             break;
          case 3:
             typtext = "Text";
             info = knoten.nodeValue;
             break;
          case 8:
             typtext = "Kommentar";
             info = knoten.nodeValue;
             break;
          case 9:
             typtext = "Dokument";
             info = "Das ganze HTML-Dokument";
             break;
          default:
             typtext = "Anderer Typ";
             info = "XML-Dokument?";
       }
       // Einrücken
       for (var i = 0; i < indentation; i++) {
          infofenster.document.write
               ("    ");
       }
       infofenster.document.write ("<b>" + typtext
            + "</b> (<i>" + info + "</i>)<br />");
       // Kinder rekursiv bearbeiten
       if (knoten.hasChildNodes ()) {
          for (var j = 0;
               j < knoten.childNodes.length; j++) {
             showDOMTree (knoten.childNodes[j],
                indentation + 1);
          }
       }
    }

  //-->
  </script>
</head>
```

```
  <body onload="initDOMTree();">
    <!-- Jetzt geht's los! -->
    <font size="4" color="#FF0000">Hier sehen Sie
    <i>die DOM-Baumstruktur <b>des aktuellen
   <u>Dokuments</u></b></i>.</font>
  </body>
</html>
```

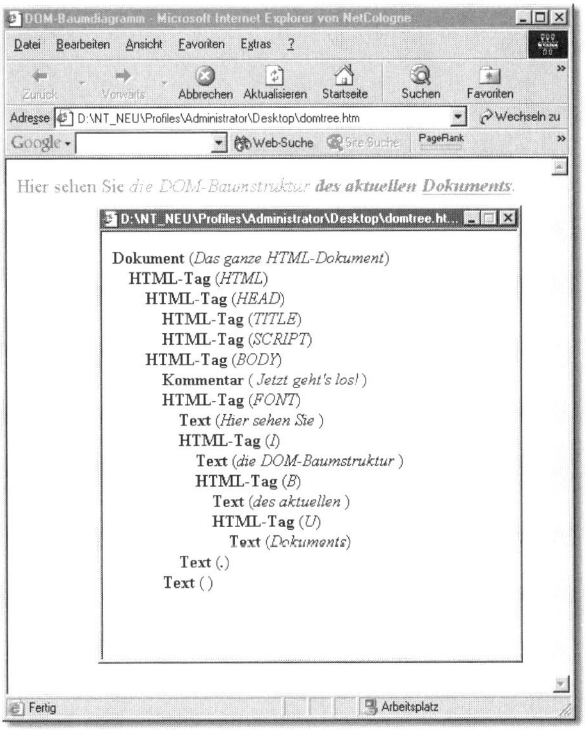

Abbildung 18.2 Die Diashow in Aktion

Im Grunde verwendet das Skript nur Funktionen, die bereits besprochen wurden, und benötigt deshalb nicht viel an Erläuterungen.

Für die eigentliche Rekursion wird mit Hilfe der Methode `knoten.hasChildNodes()` überprüft, ob überhaupt Kindknoten vorhanden sind. Ist dies der Fall, dann werden sie in einer Schleife über alle Elemente des Arrays `knoten.childNodes[]` durchlaufen. Für jedes Kindelement wird wiederum die Funktion selbst aufgerufen; dabei wird der um 1 erhöhte Wert der Variablen `indentation` übergeben, um jeweils die korrekte Einrückung vorzunehmen.

Beachten Sie bitte zuletzt, dass die explizite Deklaration der Schleifenzähler `i` und `j` mittels `var` hier absolut notwendig ist, weil sie ansonsten als globale Variablen betrachtet würden und so bei der Rekursion die falschen Werte hätten.

DOM-Anwendung in der Praxis

Das wichtigste Anwendungsgebiet von DOM ist es, nachträglich Veränderungen an Struktur und Inhalt des Dokuments vorzunehmen. Am häufigsten wird es verwendet, um die Positionierung und andere per Stylesheet definierte Eigenschaften von **Layers** zu ändern. Die bereits in Kapitel 16, *HTML, CSS und Webdesign*, vorgestellten Layers sind frei schwebende `<div>`-Elemente, die über das CSS-Attribut `position` an eine bestimmte Stelle gesetzt werden. Die festgelegte Position kann nachträglich geändert werden, um Animationen zu erzeugen. Abgesehen davon können Sie auch jede andere CSS-Eigenschaft ändern, beispielsweise Farben, Schriftformatierungen, die generelle Sichtbarkeit oder die Stapelreihenfolge.

CSS-Formatierungen dynamisch ändern

Über die DOM-Eigenschaft `style` können Sie auf die Stylesheet-Formatierungen von Layers (und beliebigen anderen HTML-Elementen) zugreifen und diese dynamisch ändern. Dabei besitzt `style` jeweils Untereigenschaften, deren Namen mit den Original-CSS-Attributen übereinstimmen. So können Sie etwa über `top` und `left` die Position eines absolut positionierten Layers ändern oder mittels `color` die Schriftfarbe modifizieren. Die einzige Besonderheit gilt für diejenigen Attribute, deren CSS-Name einen Bindestrich enthält: Statt dieses Sonderzeichens wird in üblicher JavaScript-Bezeichner-Konvention der darauf folgende Buchstabe großgeschrieben – aus `background-color` wird beispielsweise `backgroundColor`; `text-align` wird zu `textAlign`.

Die Werte für die jeweiligen Stil-Eigenschaften sind Strings, deren Inhalt auf dieselbe Weise festgelegt wird wie bei Stylesheet-Angaben. Betrachten Sie zum Beispiel den folgenden Absatz:

```
<p id="info">Der Hintergrund dieses Absatzes kann gelb werden!</p>
```

Mit Hilfe der folgenden JavaScript-Anweisung können Sie seinen Hintergrund wie versprochen gelb einfärben:

```
document.getElementById ("info").style
     .backgroundColor = "#FFFF00";
```

Interessant ist in diesem Zusammenhang, dass neuere Browser Event-Handler wie `onmouseover` oder `onmouseout` für beinahe jedes Element unterstützen. So ist es zum Beispiel inzwischen weit verbreitet, in umfangreichen Tabellen die Zeile oder Zelle, in der sich der Cursor gerade befindet, durch Änderung der Hintergrundfarbe hervorzuheben. Die folgende Funktion kann durch einen solchen Handler aufgerufen werden, um die Farbänderung durchzuführen:

```
function betonen (id, farbe) {
   document.getElementById (id).
      style.backgroundColor = farbe;
}
```

Hier sehen Sie eine Tabellenzeile, die bei Mausberührung mit Hilfe dieser Funktion ihre eigene Hintergrundfarbe ändert:

```
<tr id="zeile" style="background-color: #FFFF00"
onmouseover="betonen ('zeile', '#FFFF99');"
```

```
  onmouseout="betonen ('zeile', '#FFFF99');">
    <td>DOM</td>
    <td>IE 4.0-Objektmodell</td>
    <td>Netscape-Objektmodell</td>
  </tr>
```

Die Manipulation der Eigenschaften von Layer-Objekten funktioniert im Prinzip genauso. Denken Sie daran, dass ein `<div>`-Element nur dann zum echten Layer wird, wenn es mit Hilfe des CSS-Attributs `position` auf eine feste Position gesetzt wird. Da sich HTML-Tag-Knoten am leichtesten über ihre ID ansprechen lassen, liegt es nahe, die CSS-Formatierung für den Layer in einer unabhängigen Stilangabe vorzunehmen, die dem Layer dann gleichzeitig mit seiner ID zugewiesen wird.

Layers manipulieren

Das folgende Beispiel lässt nach einer Wartezeit von drei Sekunden nach dem Laden einen Layer mit einem Bild von links in den sichtbaren Bereich des Fensters fahren; anschließend bleibt er fünf Sekunden stehen und wird schließlich ausgeblendet. Auf immer mehr Sites ist heute Werbung nach diesem Schema zu sehen. Hier das Listing:

```
<html>
  <head>
    <title>Aufdringliche Werbung</title>
    <style type="text/css">
    <!--

      #werbung {
         position: absolute;
         top: 100px;
         left: -200px
      }

    -->
    </style>

    <script language="JavaScript"
    type="text/javascript">
    <!--

       // Aktuelle Position
       var x = -200;

       function werbungZeigen() {
          x += 5;
          document.getElementById ("werbung").style.
               left = x + "px";
          if (x >= 100)
             setTimeout ("werbungSchliessen ();",
                  5000);
```

```
            else
               setTimeout ("werbungZeigen ();", 50);
         }

         function werbungSchliessen() {
            document.getElementById ("werbung")
                .style.visibility = "hidden";
         }

         setTimeout ("werbungZeigen();", 3000);

      //-->
      </script>
   </head>
   <body>
      <div id="werbung"><img src="werbung.gif"
      width="198" height="198"></div>
      ... beliebiger Inhalt ...
   </body>
</html>
```

Eine überzeugendere Anwendung als dieses Beispiel, das Anwender verärgern könnte, finden Sie im letzten Unterabschnitt dieses Kapitels, in dem browserübergreifende Lösungen präsentiert werden.

Dokumentinhalte verändern und austauschen

Die Struktur des DOM-Baums, den ein HTML-Dokument bildet, kann beliebig manipuliert werden, um Inhalte vollständig gegen andere auszutauschen. Zu diesem Zweck sind Knoten-Objekte mit einer Reihe von Methoden ausgestattet, die entsprechende Manipulationen ermöglichen. Tabelle 18.3 zeigt hierzu eine Übersicht.

Methode	Knotentyp(en)	Bedeutung
`createElement(Tagname)`	`document`	erzeugt einen neuen HTML-Tag-Knoten vom angegebenen Typ
`createTextNode (Text)`	`document`	erzeugt einen neuen Textknoten mit dem angegebenen Inhalt
`hasAttribute (Name)`	`element` (HTML-Tag)	`true`, wenn das Tag das genannte Attribut besitzt
`getAttribute (Name)`	`element`	gibt das Attribut mit dem angegebenen Namen zurück
`setAttribute (Name, Wert)`	`element`	setzt das mit `Name` bezeichnete Attribut auf `Wert`

Tabelle 18.3 Die wichtigsten Methoden zur Manipulation von Knoten

Methode	Knotentyp(en)	Bedeutung
`removeAttribute (Name)`	`element`	entfernt das genannte Attribut
`appendChild (Knoten)`	alle	hängt `Knoten` als letztes neues Kind an
`removeChild (Knoten)`	alle	entfernt den angegebenen Kindknoten
`replaceChild (neuKnoten, altKnoten)`	alle	ersetzt altKnoten durch neuKnoten

Tabelle 18.3 Die wichtigsten Methoden zur Manipulation von Knoten

Das folgende Listing tauscht den Inhalt eines vollständigen Absatzes aus, der aus mehreren Text- und Elementknoten besteht:

```
<html>
  <head>
    <title>Eine Geschichte in zwei Teilen</title>
      <script language="JavaScript"
      type="text/javascript">
      <!--

        function weiter() {
           var k1 = document.createTextNode
                ("Hier folgt der zweite Teil des ");
           var k2 = document.createElement ("b");
           var k2a = document.createTextNode
                ("kurzen");
           k2.appendChild (k2a);
           var k3 = document.createTextNode
                (" Textes.");
           document.getElementById ("story")
                .replaceChild (k1, document.
                getElementById ("story").firstChild);
           document.getElementById ("story")
                .appendChild (k2);
           document.getElementById ("story")
                 .appendChild (k3);
        }

    //-->
    </script>
  </head>
  <body>
    <div id="story"><p>Dies ist ein <i>kurzer</i>
    Text. Er besteht aus zwei Teilen. Den zweiten Teil
    k&ouml;nnen Sie durch Klick auf den Link
```

```
    &quot;Weiter&quot; lesen.</p></div>
    <p><a href="javascript:weiter();">Weiter</a></p>
  </body>
</html>
```

Da von Anfang an bekannt ist, dass der komplette Inhalt des `<div>`-Elements mit der ID `story` ausgetauscht werden soll, wurde dieser insgesamt zwischen die Tags `<p>` und `</p>` gepackt. Eine mögliche Alternative bestünde darin, sämtliche Kindknoten von `story` mit Hilfe einer Schleife zu entfernen:

```
while (document.getElementById ("story")
      .hasChildNodes()) {
   document.getElementById ("story").removeChild
       (document.getElementById ("story").firstChild);
}
```

In der vorliegenden Lösung werden zunächst die Knoten für den Ersatztext von Grund auf neu erzeugt: die beiden Textknoten `k1` und `k3` sowie der dazwischen liegende Elementknoten `k2` vom Typ `"b"` (das HTML-Tag `<b>`) und sein Text. Anschließend wird der bisher einzige Kindknoten von `story`, das `<p>`-Element, mittels `replaceChild()` durch `k1` ersetzt; die beiden folgenden Knoten `k2` und `k3` werden durch `appendChild()` angefügt.

Praktisch gesehen wird in diesem Beispiel der Text »Dies ist ein *kurzer* Text. Er besteht aus zwei Teilen.« gegen den neuen Inhalt »Hier folgt der zweite Teil des **kurzen** Textes.« ausgetauscht.

18.7.2 Das klassische Internet-Explorer-Modell

Ähnlich wie beim W3C-DOM können Sie in Microsofts eigenem Objektmodell, das mit dem Internet Explorer 4.0 eingeführt wurde, im Prinzip auf jedes einzelne Element einer Webseite zugreifen. Auch hier bietet sich als einfachste Möglichkeit der Zugriff auf diejenigen HTML-Tags an, denen über ein `id`-Attribut eine eindeutige ID zugewiesen wurde. Aktuelle Internet Explorer-Versionen seit 5.0 unterstützen gleichzeitig das DOM und auch das Microsoft-Objektmodell.

document.all Jedes Element, das eine ID besitzt, ist ein Element des großen Objekt-Arrays `document.all`, in dem die jeweilige ID den Index oder ein entsprechendes benanntes Unterobjekt bildet. Beispielsweise können Sie auf die Tabellenzeile

```
<td id="wichtig">wichtiger Inhalt</td>
```

mit Hilfe der folgenden Formulierung zugreifen:

```
document.all.wichtig
```

Die Alternative ist:

```
document.all ["wichtig"]
```

Auch bei diesem Objektmodell ist die wichtigste Eigenschaft eines solchen Objekts, auf die Sie zugreifen können, die CSS-Formatierung `style`.

Betrachten Sie etwa den folgenden Absatz:

```
<p id="demo">Dies ist ein Absatz.</p>
```

Über die folgende Anweisung können Sie den Text dieses Absatzes nachträglich fett setzen:

```
document.all.demo.style.fontWeight = "bold";
```

Auch die Manipulation von Layers funktioniert entsprechend. Sehen Sie sich beispielsweise diese Layer-Definition an:

```
<div id="ebene" style="position: absolute; left: 100px; top: 100px">
Test</div>
```

Unter Verwendung der folgenden Anweisungen können Sie den Layer `ebene` auf eine neue Position (200 Pixel vom linken Rand und 200 vom oberen entfernt) setzen:

```
document.all.ebene.style.left = "200px";
document.all.ebene.style.top = "200px";
```

Selbstverständlich muss die CSS-Formatangabe zur Positionierung des Layers auch hier nicht unbedingt in einem `style`-Attribut innerhalb des Tags vorgenommen werden, sondern kann auch als unabhängiger Stil für die ID des Layers oder auf andere Art erfolgen.

Inhalte austauschen

Eine weitere interessante Eigenschaft der Objekte in `document.all` ist `innerHTML`: Indem Sie ihr einen anderen Wert zuweisen, können Sie beliebige Inhalte des Dokuments ändern.

Zum Beispiel soll der Inhalt des kursiven Textbereichs im folgenden Absatz geändert werden:

```
<p>Dies ist der <i id="kursiv">alte</i> Text.</p>
```

Dies gelingt mit Hilfe der Anweisung:

```
document.all.kursiv.innerHTML = "neue";
```

18.7.3 Das klassische Netscape-Modell

Netscape hat mit dem Communicator 4.0 ein eigenes DHTML-Objektmodell eingeführt. Gegenüber DOM und dem Microsoft-Modell besitzt es nur sehr beschränkte Möglichkeiten. Genau aus diesem Grund wurde es mit dem Nachfolger der 4.x-Versionen von Netscape, der Version 6.0, vollständig abgeschafft: Neuere Netscape-Versionen und die Open-Source-Variante Mozilla unterstützen nur noch das W3C-DOM.

Grenzen dieses Modells

Über das alte Netscape-Modell können Sie keine beliebigen Inhalte des HTML-Dokuments modifizieren. Geändert werden können lediglich die CSS-Eigenschaften von Layer-Objekten.

Die Layers selbst werden genauso erzeugt wie beim Internet Explorer und wie in Kapitel 16, *HTML, CSS und Webdesgin*, gezeigt: Es wird ein `<div>`-Tag mit einer eindeutigen ID und mit festgelegter Formatierung eingerichtet.

In JavaScript wird ein Layer über das Array `document.layers` angesprochen. Die zugewiesene ID des jeweiligen `<div>`-Elements wird wiederum als Index beziehungsweise Unterobjekt dieses Objekts verwendet:

Ein Layer, den Sie über

```
<div id="test" style="position: absolute; left: 10px; top: 10px">Textin
halt</div>
```

erzeugt haben, kann per JavaScript folgendermaßen referenziert werden:

```
document.layers.test
```

Die zulässige Alternative ist

```
document.layers ["test"]
```

CSS-Manipulation Die einzelnen CSS-Eigenschaften des Layers sind unmittelbare Eigenschaften des Objekts; ein übergeordnetes `style`-Objekt gibt es nicht. Die CSS-Attribute selbst sind dieselben wie bei den anderen Objektmodellen, allerdings werden numerische Werte als Integer zugewiesen statt als Strings mit integrierter Maßeinheit. Die Maßeinheit muss demzufolge bei der ursprünglichen Stylesheet-Definition verbindlich festgelegt werden und kann sich im Nachhinein nicht mehr ändern.

Zum Beispiel können Sie den Layer `test` auf diese Weise weiter nach rechts verschieben:

```
document.layers.test.left = 50;
```

Die eigentliche Besonderheit der Netscape-Layer offenbart sich, wenn Sie auf ihre Inhalte zugreifen möchten: Layer-Elemente besitzen in diesem Objektmodell ein eigenes inneres `document`-Objekt, ihre Inhalte sind nicht unmittelbar Teil des HTML-Dokuments. Dies wird besonders beim Zugriff auf Bilder oder Formulare deutlich.

Angenommen, Sie möchten das folgende in einem Layer befindliche Bild gegen ein anderes austauschen:

```
<div id="rahmen" style="position: absolute; left: 200px; top: 100px">
<img src="test.gif" name="bild" width="300" height="200" /></div>
```

Dieses Bild wird nicht etwa – wie möglicherweise erwartet – als `document.bild` angesprochen, sondern so:

```
document.rahmen.document.bild
```

Ärgerlicherweise erfolgt der Zugriff auf das Bild in allen anderen Browsern – etwa im Internet Explorer, aber auch in neuen Netscape-Versionen – über `document.bild`.

Andererseits bietet das innere `document`-Objekt eines Layers die Möglichkeit, den kompletten Inhalt des Layers nachträglich auszutauschen. In dem Layer `rahmen` aus dem obigen Beispiel soll statt des Bildes der Text »Kein Bild mehr« erscheinen. Das gelingt mit Hilfe der Technik, die weiter oben für angepasste Browserfenster vorgestellt wurde:

```
document.rahmen.document.open();
document.rahmen.document.write ("Kein Bild mehr");
document.rahmen.close();
```

Die Inhalte, die Sie mittels `write()` in das `document`-Objekt des Layers hineinschreiben, können übrigens beliebigen HTML-Code enthalten.

18.7.4 Browserübergreifende Lösungen

Natürlich wäre es ideal, wenn es von heute auf morgen nur noch DOM-fähige Browser gäbe. Leider werden jedoch die verschiedensten Varianten parallel genutzt. Insofern nützt das ganze DHTML eigentlich nur, wenn Sie Skripts schreiben, die automatisch den aktuellen Browser ermitteln und mit allen drei Objektmodellen umgehen können.

An dieser Stelle ist die praktische Anwendung von Browserweichen gefragt, die bereits weiter oben im Abschnitt über die Browser- und Fenstereigenschaften besprochen wurden. Der gute alte Hinweis, dass Seiten nur für bestimmte Browser optimiert seien, wirkt nun einmal eher unprofessionell. Sie sollten zumindest den Internet Explorer und Netscape ab Version 4.0 unterstützen.

Die Auswahl der DHTML-Features, die Sie mit Hilfe browserübergreifender Lösungen anwenden können, ist nicht allzu groß. Besonders das alte Netscape-Modell bietet aufgrund seiner Beschränkung auf die Manipulation von Layers nur relativ wenige Möglichkeiten. In diesem Unterabschnitt werden die beiden wichtigsten Verfahren so vorgestellt, dass sie in allen Versionen der beiden Browser ab den 4er-Versionen laufen: die Layer-Animation sowie der Austausch von Text innerhalb eines Layers.

Verallgemeinerte Layer-Animation

Als praxisnahes Beispiel für die Animation von Layers sehen Sie hier eine funktionierende Analoguhr: Drei farbige, als Zeiger dienende Punkte werden entsprechend der Systemzeit auf kreisförmigen Bahnen um das Zifferblatt herumbewegt (siehe Abbildung 18.3).

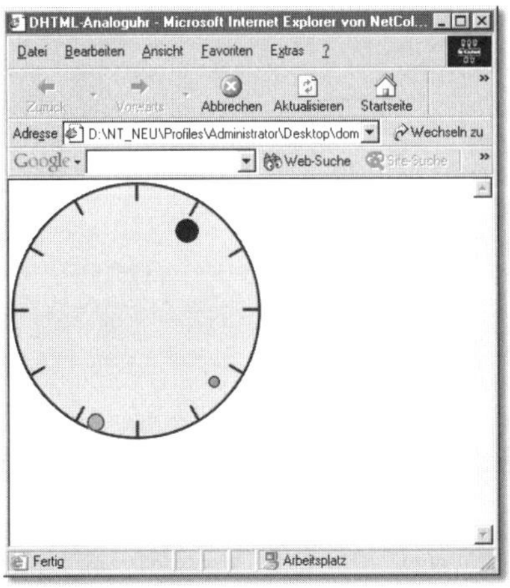

Abbildung 18.3 Momentaufnahme der DHTML-Analoguhr um 13:34

Das folgende Listing zeigt das vollständige Dokument:

```
<html>
<head>
<title>DHTML-Analoguhr</title>
<script language="JavaScript" type="text/javascript">
<!--

   // DHTML-Version ermitteln
   var dom = document.getElementById ? true : false;
   var ie = document.all ? true : false;
   var n4 = document.layers ? true : false;

   // Globale Variablen
   var std_radius = 80;
   var min_radius = 100;
   var sek_radius = 90;
   var x = 110;
   var y = 110;

   function zeit () {
      var jetzt = new Date();
      var std = jetzt.getHours();
      var min = jetzt.getMinutes();
      var sek = jetzt.getSeconds();
      if (std > 11)
         std -= 12;  // 12-Stunden-Anzeige!

      // Winkel ermitteln
      var std_winkel = std * 30 - 90 + min * 0.1 - 90;
      var min_winkel = min * 6 - 90 + sek * 0.1 - 90;
      var sek_winkel = sek * 6 - 90;

    // Zeigerpositionen berechnen
      var std_y = Math.round (y + std_radius *
         Math.sin (std_winkel * Math.PI / 180)) - 10;
     var std_x = Math.round (x + std_radius *
         Math.cos (std_winkel * Math.PI / 180)) - 10;
      var min_y = Math.round (y + min_radius *
         Math.sin (min_winkel * Math.PI / 180)) - 8;
      var min_x = Math.round (x + min_radius *
         Math.cos (min_winkel * Math.PI / 180)) - 8;
      var sek_y = Math.round (y + sek_radius *
         Math.sin (sek_winkel * Math.PI / 180)) - 5;
      var sek_x = Math.round (x + sek_radius *
         Math.cos (sek_winkel * Math.PI / 180)) - 5;

      // Zeiger setzen
```

```
        if (dom) {
           document.getElementById ("std").style.top
               = std_y + "px";
           document.getElementById ("std").style.left
               = std_x + "px";
           document.getElementById ("min").style.top
               = min_y + "px";
           document.getElementById ("min").style.left
               = min_x + "px";
           document.getElementById ("sek").style.top
               = sek_y + "px";
           document.getElementById ("sek").style.left
               = sek_x + "px";
        } else if (ie) {
           document.all.std.style.top  = std_y + "px";
           document.all.std.style.left = std_x + "px";
           document.all.min.style.top  = min_y + "px";
           document.all.min.style.left = min_x + "px";
           document.all.sek.style.top  = sek_y + "px";
           document.all.sek.style.left = sek_x + "px";
        } else if (n4) {
           document.layers.std.top  = std_y;
           document.layers.std.left = std_x;
           document.layers.min.top  = min_y;
           document.layers.min.left = min_x;
           document.layers.sek.top  = sek_y;
           document.layers.sek.left = sek_x;
        }
        setTimeout ("zeit();", 1000);
     }

//-->
</script>
</head>
<body onload="zeit();">
<div id="zifferblatt" style="position: absolute; top: 0px; left: 0px"><
img src="zifferblatt.gif" width="220"
eight="220" /></
div><div id="std" style="position: absolute; top: 90px; left: 10px">
<img src="std_zeiger.gif" width="20" height="20" /></div>
<div id="min" style="position: absolute; top: 92px; left: 20px">
<img src="min_zeiger.gif" width="15" height="15" /></div>
<div id="sek" style="position: absolute; top: 95px; left: 30px">
<img src="sek_zeiger.gif" width="10" height="10" /></div>
</body>
</html>
```

DHTML-Browserweiche

Zunächst fällt auf, dass hier eine völlig andere Art der Browserweiche zum Einsatz kommt als die weiter oben besprochenen: Den Variablen `dom`, `ie` und `n4` werden versuchsweise die DHTML-Objekte von DOM, dem klassischen Internet Explorer-Modell beziehungsweise dem alten Netscape-Modell als Werte zugewiesen. Das Ergebnis dieser Wertzuweisung ist jeweils eine Objektreferenz, wenn die Zugriffsart funktioniert, oder `null`, wenn sie fehlschlägt. Auf diese Weise können die DHTML-Modelle weiter unten einfach über Formulierungen wie `if (dom)` oder `if (ie)` abgefragt werden.

Die herkömmliche Browserweiche hat für DHTML-Zwecke einen großen Nachteil: Da auch neuere Internet Explorer-Versionen als Hauptversionsnummer 4.0 melden, würden alle Varianten dieses Browsers eben als Internet Explorer 4.0 behandelt. Neuere Versionen könnten dann nicht von den DOM-Vorteilen profitieren.

Berechnung der Zeigerpositionen

Das Interessanteste an dem vorliegenden Skript ist wahrscheinlich das mathematische Verfahren, nach dem die Positionen der Zeiger auf dem Zifferblatt berechnet werden.

Der erste Schritt besteht darin, aus der jeweiligen Stunden-, Minuten- oder Sekundenangabe den korrekten Winkel zu berechnen. Dazu werden einfach die 12 möglichen Stunden- beziehungsweise 60 möglichen Minuten- und Sekundenangaben durch Multiplikation auf 360 verteilt: Zum Beispiel können Sie aus Gründen der Klarheit statt der bereits vereinfachten Angabe `sek * 6` auch `sek / 60 * 360` schreiben.

Für den Stundenzeiger wird noch der anteilige Minutenwert und für den Minutenzeiger der entsprechende Sekundenwert hinzuaddiert, damit diese beiden Zeiger kontinuierlich mitlaufen. Zu guter Letzt müssen noch 90 abgezogen werden, da der Startpunkt 12 Uhr nicht links liegt, sondern oben.

Im zweiten Schritt muss nun der Winkel in x- und y-Werte auf einem Kreis mit einem bestimmten Radius umgerechnet werden. Wenn die Sinus-Werte der Winkel als x-Koordinaten und die Cosinus-Werte als y-Koordinaten betrachtet werden, lassen sich daraus die korrekten auf 1 bezogenen Grundwerte ermittelt, die nur noch mit dem Radius multipliziert und zum jeweiligen Achsenwert des Mittelpunkts addiert werden müssen. Dies ergibt etwa für den Stundenzeiger (Radius 80 Pixel) die Werte $sin(x) * 80 + 110$ und $cos(y) * 80+110$.

Das einzige kleine Problem besteht darin, dass die trigonometrischen Funktionen in JavaScript das Bogenmaß verwenden; für die Umrechnung aus dem Winkelmaß gilt $360 = 2\pi$.

Als Letztes wird noch der Radius des jeweiligen Zeigerbildes abgezogen, um die Zeiger wirklich korrekt zu positionieren.

Nach abgeschlossener Berechnung können die drei Zeiger-Layers auf die berechneten x- und y-Werte gesetzt werden. Zu diesem Zweck wird abgefragt, welches zu Beginn der Funktion ermittelte Objektmodell unterstützt wird, damit jeder Browser mit der für ihn passenden Syntax angesprochen wird.

Austausch von Layer-Inhalten

Als Beispiel für den Austausch von Textinhalten wird im folgenden Listing im Layer `dauer` angezeigt, wie lange der Besucher bereits die Seite betrachtet:

```
<html>
<head>
<title>Ihre Verweildauer</title>
<script language="JavaScript" type="text/javascript">
<!--

   // DHTML-Version ermitteln
   var dom = document.getElementById ? true : false;
   var ie = document.all ? true : false;
   var n4 = document.layers ? true : false;

   // Bisherige Verweildauer
   var zeit = 0;

   function zeigeDauer() {
      var infostr = "Sie sind bereits " + zeit
          + " Sekunden hier.";
      if (dom)
         document.getElementById ("dauer").
             firstChild.nodeValue = infostr;
      else if (ie)
         document.all.dauer.innerHTML = infostr;
      else if (n4) {
         with (document.layers.dauer.document) {
            open();
            write (infostr);
            close();
         }
      }
      zeit++;
      setTimeout ("zeigeDauer();", 1000);
   }

//-->
</script>
</head>
<body onload="zeigeDauer();">
<div id="dauer" style="position: absolute; top: 10px;
left: 10px">So lange sind Sie schon hier!</div>
</body>
</html>
```

Als Erstes wird wieder ermittelt, welche DHTML-Version unterstützt wird. Anschließend wird der anzuzeigende String gebastelt, der dann je nach Browser auf die passende Art und Weise dargestellt wird.

Beachten Sie bitte, dass Sie in einen solchen Ausgabestring *kein* HTML hineinschreiben dürfen, wenn das Skript auch in DOM-Browsern funktionieren soll: Während die traditionelle Netscape-Methode sowie die alte Internet Explorer-Eigenschaft `innerHTML` damit kein Problem haben, stellen HTML-Tags unter DOM separate Knoten dar, die nicht einfach als String in die `nodeValue` eines Textknotens eingetragen werden dürfen.

18.8 Zusammenfassung

Mit JavaScript können Sie HTML-Dokumente auch noch manipulieren, nachdem sie in den Browser des Anwenders geladen wurden. JavaScript-Anweisungen können auf unterschiedliche Art und Weise aufgerufen werden: Sie können in `<script>`-Tags an bestimmten Stellen im Body stehen, um bereits während des Dokumentaufbaus Text auszugeben; im Head werden häufig Initialisierungen vorgenommen und Funktionen definiert. Abgesehen davon können Sie JavaScript gezielt über Hyperlinks oder Event-Handler aufrufen.

Die Palette der Objekte, die Sie mit Hilfe von JavaScript manipulieren können, ist inzwischen recht umfangreich. Klassisches JavaScript ermöglicht beispielsweise die Änderung von Formularen, Bildern oder von Eigenschaften des Browserfensters. Daneben werden alle üblichen Möglichkeiten der Programmierung geboten, Sie können wie in jeder anderen Sprache mit Variablen oder Kontrollstrukturen umgehen.

In neueren Browsern bietet DHTML die Möglichkeit, das Dokument nachträglich vollständig umzubauen. Sie können Elemente an eine beliebige Stelle bewegen, können sie ein- und ausblenden oder ihren Inhalt ändern. Die konsequenteste Verwirklichung eines DHTML-Ansatzes ist das Document Object Model (DOM), aber auch die eigenen Objektmodelle der Microsoft- und Netscape-Browser der Version 4.0 besitzen beachtliche Fähigkeiten.

19 Flash MX 2004

Manche Menschen wollen immer glänzen, obwohl sie keinen Schimmer haben.
– Heinz Erhardt

Das 1996 in seiner ersten Version veröffentlichte Programm Macromedia Flash ist eine umfassende Lösung zum Erstellen von Animationen und interaktiven Anwendungen im Web. Die Besonderheit von Flash bestand von Anfang an darin, dass es Vektorgrafik statt Bitmaps verwendet. Es ist offensichtlich, dass die relativ Speicherplatz sparende Vektorgrafik für die relativ geringe Bandbreite von Internetzugängen besonders gut geeignet ist. Trotzdem blieb Flash relativ lange die einzige allgemein verfügbare Darstellungsmöglichkeit für Vektorgrafik im WWW.

Eine der wenigen Alternativen ist das XML-basierte SVG-Format, das jedoch zu spät eingeführt wurde und noch zu wenig unterstützt wird, als dass es Flash Konkurrenz machen könnte. Da es sich um ein reines Textformat handelt, bietet es sich jedoch zum Beispiel für die programmgesteuerte Visualisierung dynamischer Daten an, die über das Flash-Format nur mit Hilfe zusätzlicher Bibliotheken funktioniert.

Verbreitung von Flash

Da der Flash-Player heute in viele Browser bereits ab Werk eingebaut ist und für fast alle anderen zum Download bereitsteht, sind Flash-Inhalte im Web für die Mehrheit der Benutzer zugänglich. Deshalb wurden und werden Unmengen von Websites mit Flash gestaltet, entweder zur Umsetzung künstlerisch-ästhetischer Ideen oder wenn interaktive, animierte Inhalte gewünscht werden. Im Grunde ist es auch einfacher und kompatibler, für den Transport anderer Multimedia-Inhalte Flash einzusetzen, als sich auf das in Kapitel 16, *HTML, CSS und Webdesign*, besprochene Verwirrspiel der unterschiedlichen Plug-in-Formate einzulassen.

Obwohl Flash vektorbasiert arbeitet, können zusätzlich fast alle gängigen Bitmap-Dateiformate importiert werden. Auch die Integration von Sounds und – seit der neuesten Version – Videodateien funktioniert leicht und mit effizienter Datenkompression. Ein weiterer Vorteil von Flash besteht darin, dass die Konturen sämtlicher im Film eingesetzten Schriftarten mitgespeichert werden: Anders als bei HTML-Dokumenten können Sie beliebige Schriften (TrueType und PostScript) verwenden, die die Besucher Ihrer Website dann genauso sehen.

Hier erhalten Sie einen ersten praktischen Einstieg in die Arbeit mit dem Programm. Wenn Sie mehr wissen möchten, empfehle ich Ihnen mein Buch *Flash MX 2004* (O'Reilly Verlag).

Dieses Kapitel ist in fünf Teile gegliedert:

- Flash-Arbeitsumgebung und -Werkzeuge
- Animationstechniken
- Medienintegration
- Flash-Filme exportieren und in Webseiten einbetten
- Interaktivität mit ActionScript

19.1 Arbeitsumgebung und Werkzeuge

In einem Flash-Dokumentfenster können Sie auf der gesamten Arbeitsfläche Zeichnungen erstellen und Objekte platzieren. Allerdings ist es wahrscheinlich, dass Inhalte, die Sie außerhalb der Bühne (dem anfangs weißen Rechteck in der Mitte der Arbeitsfläche) anlegen, nicht zu sehen sein werden, wenn Sie den Flash-Film standardgemäß in eine Webseite einbetten. Deshalb sollten Sie Ihr Layout von Anfang an nur auf der Bühne anlegen – wenn Ihnen die Größe der Bühne nicht gefällt, können Sie sie mit Hilfe der Option **Modifizieren • Dokument** (STRG + J) ändern; auch die Bühnenhintergrundfarbe kann in diesem Dialog eingestellt werden.

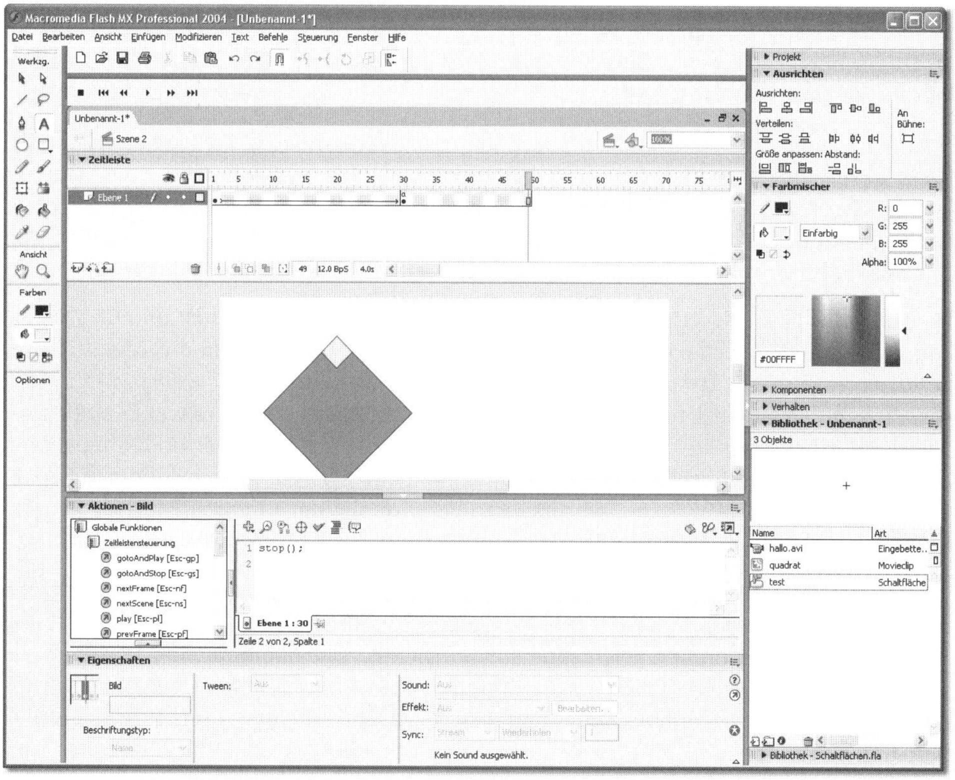

Abbildung 19.1 Die Flash-Arbeitsumgebung

In Abbildung 19.1 wird die Arbeitsumgebung von Flash MX 2004 gezeigt. Die wichtigsten Arbeitsmittel sind die **Werkzeugpalette** (**Fenster • Werkzeuge** oder STRG + F2, falls sie gerade nicht angezeigt wird) und die kontextsensitive **Eigenschaften-Leiste** (**Fenster • Eigenschaften** beziehungsweise STRG + F3), wie sie auch Dreamweaver und Fireworks (siehe Kapitel 16, *HTML, CSS und Webdesign*) verwenden. Diese Leiste zeigt praktischerweise die für das jeweils ausgewählte Objekt wichtigsten Befehle auf einen Blick an und gestaltet die Arbeit mit Flash so erheblich übersichtlicher als noch in den Vorgängerversionen, die allmählich im Chaos der Paletten zu versinken drohten.

Zeichnungen und Objekte werden in Flash auf **Ebenen** angeordnet. Während die Verwendung von Ebenen in anderen Grafikprogrammen optional ist, haben sie in Flash eine wichtige Bedeutung: Wenn Sie unterschiedliche Animationen gleichzeitig abspielen möchten, müssen diese auf verschiedenen Ebenen liegen.

Ebenen

Jede einzelne Ebene besitzt eine innere Anordnung von Objekten:

- Ganz unten (im Hintergrund) auf der Ebene liegen Formen, das heißt offene Zeichnungen, die noch ohne weiteres mit Hilfe der Zeichenwerkzeuge manipuliert werden können.
- Darüber liegen beliebig viele geschlossene Objekte wie Gruppierungen, Text und Symbolinstanzen (vergleichbar mit den Sprites in *Director*; siehe Kapitel 11, *Multimedia*), deren Anordnung im Vorder- oder Hintergrund geändert werden kann.

Für die Formen steht dabei im Hintergrund einer Ebene nur eine einzelne Schicht zur Verfügung: Im Unterschied zu anderen Vektorgrafikprogrammen stanzen Zeichnungen einander aus, wenn sie sich überlappen. Dies können Sie nur verhindern, indem Sie einzelne Zeichnungen sofort nach ihrer Erstellung gruppieren.

Ausgewählte Objekte werden mit dem Menübefehl **Modifizieren · Gruppieren** oder durch die Tastenkombination `Strg` + `G` gruppiert; mit Hilfe von **Modifizieren · Gruppierung aufheben** beziehungsweise `Strg` + `Shift` + `G` werden sie wieder entgruppiert. Gruppen können beliebig tief ineinander verschachtelt werden.

Gruppen bearbeiten

Wenn Sie den Inhalt einer Gruppe bearbeiten möchten, ohne die Gruppierung tatsächlich aufzuheben, können Sie auf eine Gruppe doppelklicken: Alle anderen Inhalte verblassen, und neben dem Namen der aktuellen Szene unterhalb der Zeitleiste erscheint ein Icon mit der Beschriftung »Gruppe«. Sie können die Bestandteile der Gruppe bearbeiten, als wären sie nicht gruppiert, und ohne andere Zeichnungen auf der Ebene zu gefährden. Wenn Sie mit dem Bearbeiten der Gruppenelemente fertig sind, können Sie einfach ins Leere doppelklicken oder den Namen der aktuellen Szene anklicken.

19.1.1 Zeichnungen erstellen

Zeichnungen in Flash bestehen aus zwei verschiedenen Komponenten: Konturlinien und Füllungen. Anders als in herkömmlichen Vektorgrafikprogrammen können diese beiden Bestandteile gezeichneter Objekte voneinander getrennt werden. Je nach ausgewähltem Werkzeug werden automatisch nur Konturlinien, nur Füllungen oder beides zusammen erstellt.

Zeichenmodi

Flash verfügt über zwei verschiedene Zeichenmodi für Vektorgrafik, zwischen denen permanent hin- und hergeschaltet werden kann: Einen klassischen Bézierkurven-Modus, wie ihn auch die Vektorzeichenprogramme FreeHand oder Illustrator (siehe Kapitel 9, *Bildbearbeitung und Grafik*) verwenden, sowie einen intuitiven Zeichenmodus, in dem Sie Kurven ohne Kenntnis der komplexen Pfadwerkzeuge einfach mit dem Mauszeiger verschieben können. Sie wählen diese beiden Modi aus, indem Sie zwischen dem links oben in der Werkzeugpalette befindlichen Standard-Auswahlpfeil (für den intuitiven Modus) und dem rechts oben stehenden Unterauswahlwerkzeug (für den Bézier-Modus) wechseln.

Der Auswahlpfeil Der **Standard-Mauszeiger** (Taste [V]) dient dem Auswählen von Zeichnungen und Objekten. Die folgenden Optionen stehen dabei zur Verfügung:

- Ein einzelner Klick auf eine Linie oder Füllung wählt die Füllung beziehungsweise das Liniensegment bis zu den nächsten Eckpunkten aus. Ebenso können geschlossene Objekte (Gruppen, Instanzen oder Text) durch einen Einzelklick ausgesucht werden. Der Unterschied zwischen den Objekten zeigt sich an der Art der Markierung: Offene Zeichnungen werden mit einer Schraffur überzogen, während bei geschlossenen Objekten nur ein Begrenzungsrechteck erscheint. Abgesehen davon wird der Objekttyp links oben in der Eigenschaften-Leiste angezeigt, sobald Sie ein Objekt auswählen – beispielsweise **Form** (für eine offene Zeichnung) oder **Gruppe**.
- Ein Doppelklick auf eine Füllung wählt die Füllung selbst und alle unmittelbar mit ihr verbundenen Konturlinien aus.
- Ein Doppelklick auf eine Konturlinie wählt diese Linie und alle mit ihr verbundenen Linien gleichen Stils aus.
- Wenn Sie im Leeren anfangen zu ziehen, können Sie eine rechteckige Auswahl aufziehen. Sie können auf diese Weise beliebige Teile von Formen markieren. Um dagegen geschlossene Objekte mit aufzunehmen, müssen Sie sie vollständig in die Auswahl einschließen.
- Etwas Besonderes geschieht, wenn Sie an einem explizit *nicht* ausgewählten Eckpunkt einer Zeichnung ziehen: Der Eckpunkt wird zusammen mit den angrenzenden Linien und Formen verschoben. Entsprechend können Sie durch Ziehen an einer nicht ausgewählten Linie oder Kurve den Kurvenverlauf ändern. Wenn Sie dabei die Taste [Alt] beziehungsweise [Strg] drücken, wird außerdem ein zusätzlicher Eckpunkt eingefügt.

Wenn Sie die Taste [Shift] festhalten, können Sie mehrere Objekte aus- und wieder abwählen. Mit der Tastenkombination [Strg] + [A] können Sie auch alle Objekte auf einmal auswählen.

Werkzeugoptionen Wenn Sie ein bestimmtes Werkzeug aussuchen, werden ganz unten in der Werkzeugleiste jeweils dessen **Optionen** angezeigt, dies sind zusätzliche Unterwerkzeuge und Einstellmöglichkeiten. Der Auswahlpfeil besitzt die folgenden Optionen:

- **Der Magnet** Der **Magnet** ist eine Alternative für die Funktion **Ansicht · Ausrichten** beziehungsweise [Strg] + [Shift] + [#]: Wenn die Option aktiviert wird, dann rasten Objekte an Eckpunkten und Linien ein, sobald sie in deren Nähe gezogen werden. Sie können dieses Verhalten auf der Registerkarte »Bearbeitung« unter **Bearbeiten · Voreinstellungen** ([Strg] + [U]) genau einstellen.
- **Begradigen und Glätten** Die Buttons **Glätten** und **Begradigen** können eingesetzt werden, wenn eine Zeichnung markiert ist. Jeder Klick auf **Glätten** rundet Kurven etwas mehr ab, klicken Sie dagegen auf **Begradigen**, dann werden Kurven und Linienzüge schrittweise gerader.

Das Lasso Im Gegensatz zum Auswahlpfeil dient das **Lasso** (Taste [L]) dazu, durch freies Ziehen beliebig geformte Teile von Zeichnungen auszuwählen. Eine Option ist das Polygon-Lasso: Durch Klicken können Sie miteinander verbundene, gerade Linien erzeugen; per Doppelklick wird die Auswahl abgeschlossen. Die andere Option, der Zauberstab, dient lediglich der Auswahl farbähnlicher, nebeneinander liegender Pixel importierter Bitmaps.

Einfügen und an Position einfügen

Wenn Sie eine Auswahl erstellt haben, kommt es häufig vor, dass Sie ihren Inhalt über die Zwischenablage ausschneiden oder kopieren und wieder einfügen. Beachten Sie dabei, dass die normale Einfüge-Option **Bearbeiten • Einfügen** beziehungsweise Strg + V die Inhalte einfach in der Bühnenmitte platziert. Wenn Sie sie wieder an der ursprünglichen Stelle einfügen möchten, müssen Sie die Option **Bearbeiten • An Position einfügen** oder Strg + Shift + V verwenden.

Stift- und Unterauswahlwerkzeug

Das **Stiftwerkzeug** (Taste P) und das **Unterauswahlwerkzeug** (Taste A) sind für den erst in Flash 5 eingeführten Bézierkurven-Modus zuständig. Im Wesentlichen funktionieren sie wie die entsprechenden Werkzeuge in Adobe Illustrator, die in Kapitel 9, *Bildbearbeitung und Grafik*, vorgestellt wurden.

Kurz gefasst besitzen die beiden Werkzeuge folgende Funktionen:

- Ein Klick mit dem Stiftwerkzeug erzeugt einen Eckpunkt, durch Ziehen entsteht dagegen ein Kurvenwendepunkt. Mehrmaliges Klicken oder Ziehen erstellt verbundene Pfade. Ein abschließender Klick auf den Ursprungspunkt beziehungsweise das Ziehen daran erzeugt eine geschlossene Form, die automatisch mit dem aktuellen Füllmuster gefüllt wird.
- Wenn Sie das Stiftwerkzeug mit gedrückter Strg-Taste verwenden, bietet es die wichtigsten Funktionen des Unterauswahlwerkzeugs, das heißt, Sie können bestehende Punkte auswählen und ziehen.
- Ein Klick mit dem Stiftwerkzeug auf eine vorhandene Kurve (achten Sie auf das kleine Pluszeichen am Cursor) fügt einen zusätzlichen Eckpunkt hinzu. Wollen Sie einen Punkt zu einer geraden Linie zwischen zwei Eckpunkten hinzufügen, müssen Sie zunächst eine Kurve aus dieser Linie machen (siehe unten).
- Ein Klick mit dem Stift auf einen Kurvenwendepunkt (kleiner Winkel am Cursor) wandelt diesen in einen Eckpunkt um. Ein Klick auf einen Eckpunkt (am Cursor erscheint dabei ein kleines Minus) löscht diesen ganz.
- Mit dem Unterauswahlwerkzeug können Sie entweder direkt die einzelnen Punkte verschieben oder nach Klick auf einen Kurvenwendepunkt an dessen Anfassern ziehen, um den Kurvenverlauf zu ändern. Wenn Sie bei Letzterem die Alt-Taste gedrückt halten, wird der Kurvenwendepunkt in einen Eckpunkt zwischen zwei unabhängigen Kurven mit jeweils eigenem Anfasser umgewandelt.
- Um einen Eckpunkt in einen Kurvenwendepunkt umzuwandeln und damit aus einer geraden Linie eine Kurve zu machen, ziehen Sie mit dem Unterauswahlwerkzeug und gedrückter Alt-Taste am entsprechenden Eckpunkt.

Beide Werkzeuge besitzen keine zusätzlichen Optionen.

Das Transformieren-Werkzeug

Das Frei-Transformieren-Werkzeug (Taste Q) dient der Modifikation der Skalierung, des Drehwinkels und der parallelogrammförmigen Neigung beliebiger ausgewählter Objekte. Wenn Sie keines der optionalen Unterwerkzeuge aktivieren, können Sie folgende Operationen durchführen:

- **Skalieren** (mit gedrückter Shift-Taste proportional) durch Ziehen an den Anfasserpunkten.
- **Drehen** durch Ziehen neben den vier Eck-Anfassern, während der Cursor ein kreisförmiger Pfeil wird.
- **Parallelogrammförmig neigen** durch Ziehen in der Nähe der Seitenmitten-Anfasser – der Cursor wird zum doppelten Pfeil, der in die beiden möglichen Richtungen zeigt.
- **Verschieben des Mittelpunktes**, indem Sie ihn einfach ziehen.

Die vier Unterwerkzeuge haben die folgende Bedeutung:

- **Drehen und Neigen**. Solange dieses Werkzeug aktiv ist, können Sie die Auswahl durch Ziehen an den Eckanfassern drehen und durch Ziehen an den Seitenmitten-Anfassern neigen.
- **Skalieren**. Wenn Sie dieses Unterwerkzeug auswählen, können Sie die Auswahl an den Eckanfassern proportional und an den Seitenmitten-Anfassern nichtproportional skalieren.
- **Verzerren**. Das Unterwerkzeug funktioniert nur bei offenen Zeichnungen und dient der perspektivischen Verzerrung, Sie können jeden Eck- und Seitenmitten-Anfasser einzeln verschieben.
- **Umhüllen**. Wirkt ebenfalls nur bei offenen Zeichnungen. Um die Auswahl erscheinen eine Reihe von Anfassern, die jeweils als Bézierkurven die Umrandung der Zeichnung beschreiben und entsprechend verschoben werden können.

Weitere – größtenteils selbsterklärende – Transformationsfunktionen finden Sie im Menü **Modifizieren · Transformieren**. Vielleicht arbeiten Sie auch lieber exakter und verwenden die **Transformations-Palette** (**Fenster · Transformation** oder Strg + T). Hier können Sie proportionale und nichtproportionale Skalierung sowie Drehen und Neigen per Eingabe vornehmen. Ein besonders cleveres Hilfsmittel ist dabei der Kopier-Button (der kleine Knopf links unten): Er erstellt eine Kopie der aktuellen Auswahl und wendet die Transformation auf diese an; diesen Vorgang können Sie beliebig oft wiederholen.

Zeichnen Sie beispielsweise ein Oval und verschieben Sie seinen Mittelpunkt nach außen an eines seiner schmalen Enden. Geben Sie dann in der Transformations-Palette einen Drehwinkel von zum Beispiel 15 ein, und drücken Sie immer wieder auf den Kopier-Button. So entsteht eine Blume, wie in Abbildung 19.2 zu sehen.

Wenn Sie die einzelnen Blütenblätter korrekt hintereinander stellen möchten, müssen Sie das Original vor der ersten Kopieraktion gruppieren. Dann können Sie zum Schluss die Optionen unter **Modifizieren · Anordnen** verwenden, um die richtige Stapelreihenfolge herzustellen.

Ähnlich hilfreich ist die **Info-Palette** (**Fenster · Info** oder STRG + I); sie zeigt Informationen über die aktuell markierten Objekte an:

- **B** und **H** geben die Breite und Höhe des Objekts in Pixeln an und können per Eingabe geändert werden. (»Bruchteile von Pixeln« kommen zustande, weil Objekte skalierbar sind und Flash deshalb intern mit kleineren Einheiten rechnet. Wenn die Kommawerte

Sie stören, können Sie sie mit Hilfe der Option **Ansicht · An Pixeln ausrichten** abmildern).

- **X** und **Y** bezeichnen die horizontale und vertikale Position auf der Bühne. Die linke obere Bühnenecke besitzt übrigens die Koordinaten 0,0. Innerhalb der weiter unten behandelten Symbole ist der Mittelpunkt 0,0. Die Position des Objekts wird entweder an der linken oberen Ecke seines Begrenzungsrechtecks oder am Mittelpunkt gemessen – dies ist durch Klick auf einen der beiden Punkte in dem kleinen Anfasser-Rechteck einstellbar.
- Das **Pipettensymbol** zeigt Farbinformationen – beim Bewegen der Maus über Zeichnungen werden die Werte der darunter liegenden Farbe angezeigt.
- Neben dem kleinen **Fadenkreuz** sehen Sie schließlich die Mauskoordinaten.

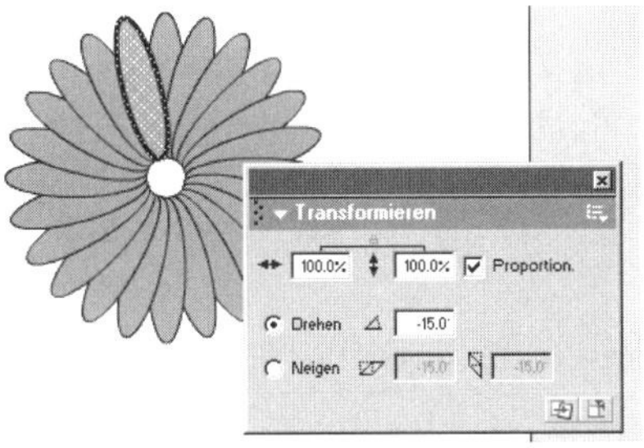

Abbildung 19.2 Durch Kopieren der Transformation erstellte Blume

In den **Dokumenteigenschaften** (**Modifizieren · Dokument** beziehungsweise [STRG] + [J]) können Sie die Maßeinheit für diese Angaben einstellen. Ratsam sind eigentlich fast nur Pixel als Einheit – alles andere ergibt für das bildschirmorientierte Flash wenig Sinn.

Das Linienwerkzeug

Mit dem **Linienwerkzeug** (Taste [N]) können Sie gerade Konturlinien ziehen. Wenn Sie dabei [Shift] gedrückt halten, beschränkt sich die Richtung der Linien auf Vielfache von 45.

Bei ausgewähltem Linienwerkzeug können Sie in der Eigenschaften-Leiste die Linienattribute auswählen: Farbe, Stärke und Art der Linie. Die Schaltfläche **Benutzerdefiniert** öffnet einen Dialog für weitere Optionen.

Auch das Linienwerkzeug besitzt keine Werkzeugoptionen.

Bitte beachten Sie, dass grafisch aufwändige Linien schädlich für die Performance von Animationen sind, außerdem verbrauchen sie relativ viel Speicher, was im Web zu langen Ladezeiten führt.

Oval- und Rechteckwerkzeug

Das **Ellipsenwerkzeug** (Taste [O]) dient dem Zeichnen von Ellipsen, die aus einer Konturlinie der aktuell eingestellten Form und einer Füllung mit dem aktuellen Füllmuster besteht. Wird zusätzlich die [Shift]-Taste festgehalten, entstehen stattdessen Kreise. Auf dieselbe Weise zeichnet das **Rechteckwerkzeug** (Taste [R]) Rechtecke und mit [Shift] Quadrate. Das Werkzeug besitzt eine Option zum Einstellen abgerundeter Ecken, das Ellipsenwerkzeug hat dagegen keine Optionen.

Das Freihandwerkzeug Mit dem **Freihandwerkzeug** (Taste [Y]) können Sie beliebige Kurven und Linien ohne Füllung zeichnen, während Sie die Maustaste gedrückt halten. Die einzige Option betrifft die Auswahl des Zeichenstils:

- Der Modus **Tinte** behält Ihre Zeichnung exakt mit allen Kurven, Ecken und Kanten bei.
- **Glätten** sorgt dafür, dass besonders unruhige Kurvenverläufe ein wenig abgerundeter verlaufen.
- **Begradigen** schließlich verwendet statt Kurven vornehmlich zusammengesetzte gerade Linien. Außerdem wird in diesem Modus die so genannte Formerkennung aktiviert: Wenn Sie ungefähr eine einfache Form zeichnen, beispielsweise ein Rechteck oder ein Oval, dann wird Ihre Zeichnung beim Loslassen der Maustaste in diese Form konvertiert. Auch für diesen Modus können Sie das genaue Verhalten mittels **Bearbeiten · Voreinstellungen** ([STRG] + [U]) anpassen.

Der Pinsel Im Gegensatz zum Freihandwerkzeug zeichnet der **Pinsel** (Taste [B]) nur Füllungen ohne Außenlinien. Das Werkzeug besitzt drei Optionen: Die **Pinselart** bestimmt, welche Bestandteile offener Zeichnungen auf der aktuellen Ebene vor dem Übermalen geschützt werden. Die beiden anderen Optionen – **Pinselgröße** und **Pinselform** – erklären sich von selbst.

Hier eine Übersicht über die fünf möglichen Pinselart-Einstellungen:

- **Normal malen** übermalt sämtliche anderen Zeichnungen.
- **Füllen** übermalt alle Füllungen und lässt Linien bestehen.
- **Im Hintergrund malen** verschont grundsätzlich alle bestehenden Zeichnungen und bemalt lediglich freie Flächen.
- **In Auswahl malen** erfordert zunächst das Erstellen einer Auswahl mit den weiter oben beschriebenen Auswahlwerkzeugen, anschließend werden nur Füllungen im Bereich der Auswahl bemalt.
- **Innen malen** schließlich malt nur innerhalb oder nur außerhalb einer Füllung oder der durch Konturlinien abgeschlossenen Form – je nachdem, wo Sie mit dem Malen begonnen haben.

Der Effekt der jeweiligen Pinselart tritt erst ein, wenn Sie die Maustaste loslassen – vorher sieht es so aus, als würde einfach alles übermalt.

Die letzte Option – **Füllung sperren** – wird weiter unten beim Farbeimer näher erläutert, der dieselbe Option besitzt.

Der Radiergummi Das **Radiergummi-Werkzeug** (Taste [E]) entfernt alle Teile offener Zeichnungen, über die es gezogen wird.

Es besitzt drei verschiedene Optionen: Der **Radiermodus** definiert eckige und runde Werkzeuge in mehreren Größen. Die **Radiergummiform** bestimmt – ähnlich der Pinselart des Pinsels –, was eigentlich radiert werden soll:

- **Normal radieren** entfernt Linien und Füllungen zugleich.
- **Füllungen radieren** lässt nur Füllungen verschwinden, während Linien verschont werden.

- **Linien radieren** macht das Gegenteil des vorigen Modus.
- **Ausgewählte Füllungen radieren** radiert nur Füllungen innerhalb einer Auswahl.
- **Innen radieren** sorgt dafür, dass nur innerhalb der Füllung radiert wird, in der damit begonnen wurde.

Das Unterwerkzeug **Wasserhahn** schließlich löscht bei jedem Klick genau eine Linie oder Füllung.

Farben und Füllungen

In der Werkzeugpalette stehen ständig zwei Auswahlfelder für Konturfarbe und Füllung zur Verfügung. Darunter befinden sich drei Buttons:

- **Zurücksetzen auf Standardfarben** (weiße Füllung, schwarze Linien)
- **Keine Farbe**. Kann als Füllfarbe gewählt werden, wenn eines der drei Werkzeuge Rechteck, Oval oder Zeichenstift aktiv ist – auf diese Weise werden geschlossene Pfade ohne Füllung erzeugt, die ansonsten gefüllt würden. Als Linienfarbe sorgt diese Einstellung dagegen dafür, dass Rechteck und Oval ohne umgebende Konturlinien gezeichnet werden.
- **Farben austauschen**. Vertauscht die Füllfarbe und die Linienfarbe.

Die eigentliche Farbauswahl funktioniert folgendermaßen: Auf dem Popup-Menü der jeweiligen Farbart in der Werkzeugpalette befinden sich, falls nichts geändert wurde, sämtliche 216 Webfarben; ganz links sind für den schnellen Zugriff noch einmal die sechs möglichen Graustufen sowie die Primär- und Sekundärfarben (Rot, Grün, Blau sowie Cyan, Magenta Gelb) untergebracht. Bei der Auswahl der Füllfarbe sind ganz unten zusätzlich die verfügbaren Verläufe zu finden.

Die zuletzt angeklickte der beiden Farbarten kann übrigens auch aus der Palette »Farbtöne« ausgewählt werden – hier stehen zunächst dieselben Farben zur Verfügung.

Der Farbeimer

Der **Farbeimer** (Taste [K]), das Füllwerkzeug in Flash, ist für ein Vektorgrafikprogramm eigentlich recht unüblich. Ist eine normale Farbe ausgewählt, so wird ein im Inneren angeklickter, geschlossener Pfad damit gefüllt. Bei einem Verlauf wird dessen Zentrum an die Stelle des Klicks gesetzt. Bei einem *linearen* Verlauf kann auch sofort gezogen werden statt nur zu klicken – dann weist der Verlauf automatisch in die gewählte Richtung.

- Die Option **Lückengröße** dient dazu, auch Pfade füllen zu können, die nicht ganz geschlossen sind (etwa feine Freihandzeichnungen). Der Nachteil ist, dass damit auch Engstellen eines geschlossenen Pfads als Grenzen für die Füllung interpretiert werden. Die jeweils passende Lückengröße müssen Sie einfach ausprobieren.
- Die Option **Füllung sperren** (das Vorhängeschloss) steht bei Farbeimer und Pinsel zur Verfügung. Sie dient dazu, denselben Verlauf über mehrere einzelne Objekte hinweg verwenden zu können – er wird dann nicht absolut für jedes Einzelobjekt neu berechnet, sondern erstreckt sich relativ über die Gesamtheit dieser Objekte.

  Dazu wird zunächst ein Objekt ohne Schloss gefüllt, dann wird das Schloss betätigt, anschließend werden die restlichen Objekte gefüllt. Objekte, die so behandelt wurden, können nachträglich sogar mit dem Unterauswahlwerkzeug verschoben werden und nehmen relativ wieder die passende Füllung an. Ein Verschieben mit dem normalen Auswahlpfeil »überlebt« die Füllung dagegen nicht: Hier bleibt die augenblickliche absolute Füllung erhalten.

Das Füllungstransformations-Werkzeug

Das Werkzeug **Füllungstransformation** (Taste [F]) betrifft ebenfalls Verläufe – falls vorher beim Füllen das Schloss verwendet wurde, auch über mehrere Objekte hinweg. Bei Klick auf eine Füllung stehen verschiedene Anfasser zur Verfügung, um diese nachträglich zu verändern.

- Bei einem linearen Verlauf können Sie dessen Zentrum verschieben (der Anfasser in der Mitte der Auswahl). Sie können am Anfasser in der Mitte einer der Seitenlinien seine seitliche Ausdehnung verändern (kann schmaler oder breiter werden). Schließlich kann auch der Drehwinkel eine andere Richtung annehmen – dazu dient der Anfasser am Ende einer der Seitenlinien.
- Beim kreisförmigen Verlauf können Sie ebenfalls das Zentrum verlagern. Mit den drei Anfassern auf der Kreislinie lassen sich – angefangen beim eckigen – die folgenden Einstellungen vornehmen: Verschiebung in eine Richtung, um aus dem Kreis ein Oval zu machen, Änderung der absoluten Ausdehung (Skalierung), Drehwinkel – dieser ist nur für Ovale interessant, nicht für Kreise.
- Schließlich können auch Bitmap-Füllungen transformiert werden (ihre eigentliche Zuweisung wird weiter unten behandelt). Neben der Verschiebung des Mittelpunkts können Sie mit den eckigen Anfassern die Skalierung und mit den runden die Drehung beziehungsweise Neigung verändern.

Das Tintenfass

Das **Tintenfass-Werkzeug** (Taste [S]) dient dem Hinzufügen von Konturen mit den aktuell gewählten Linieneinstellungen zu Zeichnungen, die noch keine Konturlinien besitzen oder deren Konturen eine andere Form aufweisen. Das Werkzeug besitzt ansonsten keine Optionen. Wie beim Linienwerkzeug können aber in der Eigenschaften-Leiste die Linienoptionen eingestellt werden.

In der Palette **Farbtöne** (**Fenster · Farbtöne** oder [STRG] + [F9]) befinden sich oben die Einzelfarben, unten die Verläufe.

Aus dem Popup-Menü rechts oben am Palettenrand lassen sich verschiedene Bearbeitungsoptionen wählen:

- **Füllmuster duplizieren**. Das aktuelle Muster wird in der Palette dupliziert und kann nun geändert werden.
- **Füllmuster löschen**. Das aktuelle Muster wird entfernt.
- **Farben hinzufügen**. Aus einer gespeicherten Palette werden alle Farben und Verläufe hinzugefügt, die noch nicht vorhanden sind.
- **Farben ersetzen**. Eine gespeicherte Palette wird geladen; alle Farben aus der vorhandenen Palette verschwinden, wenn sie nicht auch in der geladenen enthalten sind.
- **Standardfarben laden**. Die Palette wird auf die Voreinstellung zurückgesetzt.
- **Farben speichern**. Die aktuelle Palette wird gespeichert, entweder als Flash-Farbtabelle (`.clr`) mit allen Paletteninfos, aber nur in Flash verwendbar, oder als Photoshop-kompatible allgemeine Farbtabelle (`.act`).

- **Als Standard speichern**: Die aktuelle Palette wird als neue Standardpalette abgespeichert und geladen, sobald **Standardfarben laden** gewählt wird sowie beim Erstellen eines neuen Films. Dies ist zum Beispiel sinnvoll, wenn Sie festgelegte Firmenfarben oder Designvorgaben beachten müssen.
- **Farben entfernen**. Löscht alle Farben außer Schwarz, Weiß und dem linearen schwarzweißen Verlauf aus der Palette.
- **Web 216**. Diese Option setzt die Palette auf die **absoluten Werkseinstellungen** zurück; sie können auch durch die Option **Als Standard speichern** nicht verändert werden.
- **Nach Farben sortieren**. Sortiert die Palette nicht mehr getrennt nach den drei Primärfarben, sondern nach den einzelnen Farbtönen in verschiedenen Sättigungs- und Helligkeitsstufen. Kann nur durch das Laden einer anderen Palette rückgängig gemacht werden!

In der Palette **Farbmischer** (**Fenster · Farbmischer** oder `Shift` + `F9`) kann die **Art** der Füllung ausgewählt werden:

Aus (keine Füllung) steht nur zur Verfügung, wenn Rechteck, Oval oder Zeichenstift aktiv sind. **Massiv** bezeichnet eine einzelne Farbe. Als Nächstes folgen die beiden Verläufe **Linearer** und **Radial**. **Bitmap** schließlich kachelt ein importiertes Pixelbild über die gefüllten Formen und wird später behandelt.

Wird eine der beiden Verlaufsarten ausgewählt, so kann der entsprechende Verlauf hier editiert werden: Mit Klick auf den Farbverlaufsbalken wird eine weitere Farbmarkierung hinzugefügt – insgesamt sind acht Markierungen möglich. Überflüssige Farbpfeile können einfach nach unten weggezogen werden. Sie können die Markierungen auch nach links und rechts verschieben. Bei Klick auf einen Farbpfeil kann aus dem Popup links daneben die eigentliche Farbe ausgewählt werden.

Außerdem befindet sich unten ein Feld, in dem alle RGB-Farben zur Auswahl stehen; daneben kann separat die Helligkeit der aktuellen Auswahl geändert werden.

Rechts oben können die Werte für Rot, Grün und Blau unmittelbar eingestellt werden, außerdem ein Wert für **Alpha**, von 100 % – vollständig deckend – bis 0 % – durchsichtig – regelbare Deckkraft der Farbe.

Im Paletten-Popup gibt es die Option, zwischen **RGB** (dezimale Werte; auch alle Nicht-Webfarben zur Auswahl) und HSB (Hue / Saturation / Brightness; hier **FSH** genannt – Farbton / Sättigung / Helligkeit) zu wählen. Außerdem existiert die Option **Füllmuster hinzufügen**: Die aktuelle Farbe beziehungsweise der gerade bearbeitete Verlauf wird zur Palette hinzugefügt.

19.1.2 Mit Text arbeiten

Das Textwerkzeug

Die Texteingabe erfolgt durch Betätigen des **Textwerkzeugs** (Taste `T`). Dabei entsteht

- durch Klick ein Textrahmen mit **variabler** Breite (rechts am Textrahmen ist ein kleiner Kreis zu sehen; je nach Textart oben beziehungsweise unten),
- durch Ziehen ein Textrahmen mit **fester** Breite (angezeigt durch ein kleines Quadrat).

Während des Texteingabemodus kann durch Doppelklick auf das Symbol am rechten Rand die Umwandlung in eine Box mit variabler Breite erfolgen, durch Ziehen am Symbol wird sie dagegen in die feste Breite konvertiert.

Abbildung 19.3 Texteinstellungen in der Eigenschaften-Leiste

Zeicheneinstellungen

Zeicheneinstellungen betreffen im Texteingabemodus alle ausgewählten und alle zukünftigen Zeichen. Ist ein Textbereich per Auswahlpfeil markiert, gelten die folgenden Einstellungen dagegen für alle seine Zeichen.

Durch Anklicken mit dem Auswahlpfeil kann der Textrahmen beliebig transformiert werden, dennoch ist Texteingabe weiter möglich. Durch Doppelklick mit dem Pfeil oder Anklicken mit dem Textwerkzeug wird wieder in den Texteingabemodus gewechselt.

Die diversen Textoptionen werden in der Eigenschaften-Leiste eingestellt (siehe Abbildung 19.3).

Sie können die **Schriftart** (Symbol »A«) und rechts daneben die **Schriftgröße** einstellen; noch weiter rechts die **Farbe** (entspricht der aktuellen Füllfarbe, sofern diese kein Verlauf ist). Daneben befinden sich die Einstellungen für **fett**, **kursiv** und **Alias-Text** (Glätten ausschalten; ideal für kleine Schrift, die sonst zu matschig wirkt). Darunter kann über das Symbol »A|V« die **Laufweite**, das heißt der Zeichenabstand, eingestellt werden. Daneben wird die **Zeichenposition** gewählt (normal, hoch- oder tiefgestellt). Wenn Sie »Unterschneiden« ankreuzen, werden Kerning-Regeln (Laufweitenausgleich) auf die Zeichen angewandt – wichtig ist diese bei besonders großen Schriften.

Das ganz unten im auf- und zuklappbaren Bereich der Eigenschaften-Palette liegende Kettensymbol dient dem Erstellen von **Links**: Markierter Text wird zu einem Hyperlink auf die hier eingegebene URL.

Wie bereits erwähnt, werden die Umrisslinien der verwendeten Zeichen standardmäßig in das Endprodukt (den SWF-Film) eingebettet, dadurch kann in Flash jede beliebige Schrift benutzt werden, die auf dem eigenen Rechner zur Verfügung steht.

Absatzeinstellungen

Es werden die Eigenschaften des aktuellen Absatzes beziehungsweise der markierten Absätze verändert.

Rechts oben in der Eigenschaften-Leiste befinden sich vier Buttons für die Absatzausrichtung. Sie sollten Ihnen aus anderen Programmen vertraut sein.

Alle weiteren Einstellungen verbergen sich hinter der Schaltfläche **Format**: der **Einzug** der ersten Zeile, der **Zeilenabstand** (in Punkt, Standard 2pt), der **linke Rand** und der **rechte Rand**. Außer dem Zeilenabstand erfolgen alle Angaben standardmäßig in Pixeln.

Textoptionen

Zunächst wird ganz links im Eigenschaften-Dialog die grundlegende Eigenschaft des Textrahmens festgelegt:

Statischer Text kann immer nur den zuvor beim Erstellen eingegebenen Text enthalten. Die einzigen Optionen bei dieser Textsorte sind folgende:

- **Geräteschriftarten verwenden** spart Speicher und damit Ladezeit, weil die Konturen der Schrift nicht mit eingepackt werden. Dafür eignen sich die Allgemein-Schriftarten **_sans**, **_serif** und **_typewriter** ganz unten in der Liste der Schriftarten – allerdings ist das Ergebnis nicht besonders ansehnlich.
- **Auswählbar** (der kleine Knopf mit dem Symbol »A|b|«) besagt, dass der Text während der Filmwiedergabe vom Benutzer markiert und in die Zwischenablage kopiert werden kann.

Dynamischer Text kann zur Laufzeit über ActionScript verändert werden, etwa für Statusinformationen und Ähnliches. Auch in Spielen wird diese Textart häufig verwendet. Sie bietet folgende zusätzliche Optionen:

- **Zeilentyp** (links neben der Option **Auswählbar**): **Einzeilig** – der Rahmen besteht nur aus einer Zeile; **Mehrzeilig** – der Rahmen besitzt mehrere Zeilen; **Mehrzeilig, kein Umbruch** – wie Mehrzeilig, aber ohne automatischen Zeilenumbruch.
- Unter ***Var***. wird ein Bezeichner für eine Variable eingegeben, die automatisch mit dem Textrahmen verbunden ist. Auf diese Weise kann mit Hilfe der einfachen Skript-Zuweisung

  ```
  Variable = Ausdruck;
  ```

  ein bestimmter Inhalt angezeigt werden.
- **HTML** (das Tag-Klammer-Symbol <> rechts neben »Auswählbar«) erlaubt die rudimentäre Formatierung des Textes mit Hilfe einfacher HTML-Tags.
- **Rand** (das Kästchen-Symbol rechts daneben) zeichnet einen sichtbaren Rahmen.
- Schließlich erfüllt die Schaltfläche **Zeichen...** einen sehr wichtigen Zweck: Da Flash nicht »wissen« kann, was später einmal in dieser Box stehen soll, können Sie hier auswählen, *welche* Zeichen-Konturen der gewählten Schrift für diese Textbox eingepackt werden sollen. Es stehen verschiedene Zeichengruppen zur Auswahl; außerdem können Sie einzelne Zeichen per Eingabe wählen.

Texteingabe stellt ein Feld zur Verfügung, in das Benutzer zur Laufzeit des SWF-Films Text eintippen können. In Verbindung mit der ActionScript-Anweisung `getURL()` kann auf diese Weise per Flash ein Webformular realisiert werden. Auch in Spielen und anderen Anwendungen kann die Texteingabe sehr nützlich sein. Die einzige zusätzliche Option gegenüber **dynamischem Text** ist **Maximale Zeichenanzahl**; die Voreinstellung **0** bedeutet nicht etwa »keine Zeichen«, sondern »beliebig viele«.

19.1.3 Die restlichen Werkzeuge

Die drei noch nicht besprochenen Werkzeuge dienen nicht der Erstellung von Zeichnungen oder der Modifikation von Objekten, sondern sind gewissermaßen Hilfswerkzeuge, die bestimmte Aufgaben erleichtern.

Die Pipette

Die **Pipette** (Taste [I]) übernimmt den angeklickten Füll- oder Linienstil oder die Texteinstellungen der Auswahl und stellt dann je nachdem den Farbeimer (mit aktiviertem Vorhängeschloss) oder das Tintenfass zur Verfügung, um diesen Stil auf andere Objekte zu übertragen.

Das Hand-Werkzeug

Die **Hand** (Taste [H]) dient dem Verschieben der Ansicht und ist eine angenehme Alternative zu den Rollbalken. Statt dieses Werkzeug explizit auszuwählen, können Sie aber einfach zwischendurch die [ ] festhalten.

Die Lupe

Die **Lupe** (Taste [M] oder [Z]) dient der Vergrößerung oder Verkleinerung der Ansicht. Durch Klick oder Aufziehen eines Rahmens können Sie die aktuelle Ansicht vergrößern.

Sie können in den Optionen explizit auf Verkleinern umschalten oder einfach mit gedrückter [ALT]-Taste klicken. Ein Doppelklick auf das Werkzeug selbst stellt die Originalgröße 100 % wieder her.

Auch unter **Ansicht · Skalierung** finden Sie verschiedene Standardwerte für den Zoomfaktor der Bühne, außerdem rechts oben über der Bühne neben den Szenen-/Symbolauswahl-Popups.

Schnelles Vergrößern oder Verkleinern funktioniert über die Tastenkombinationen [STRG] + [+] beziehungsweise [STRG] + [-]. [STRG] + [1] schaltet auf 100 %; [STRG] + [2] entspricht der Menüoption **Alles zeigen** (die Bühne so zeigen, dass alle Inhalte passen); [STRG] + [3] schließlich entspricht der Option **Bild einblenden** (die Bühne genau in das Dokumentfenster einpassen).

Beachten Sie, dass keine dieser Optionen die tatsächliche Filmgröße manipuliert.

19.2 Animationstechniken

Die wahrscheinlich bekannteste Anwendung von Flash besteht in der Erstellung von Animationen. Das Programm besitzt eine Reihe mächtiger Werkzeuge und Verfahren, um verschiedene automatische, aber auch manuelle Animationen zu erstellen.

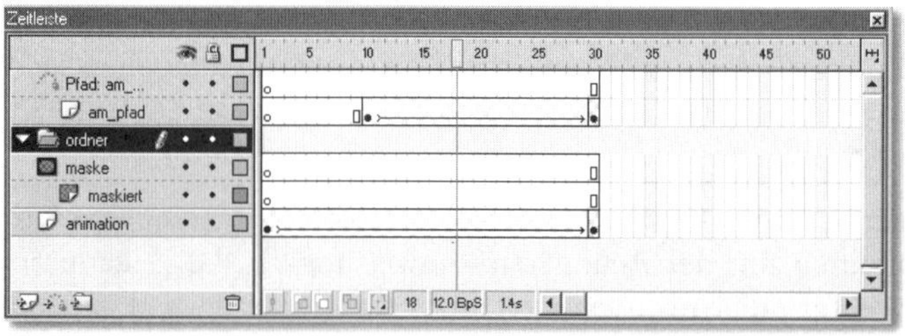

Abbildung 19.4 Die Zeitleiste mit verschiedenen Arten von Frames und Ebenen

Der grundlegende Arbeitsbereich für das Erstellen von Animationen ist die **Zeitleiste** (siehe Abbildung 19.4), die sich im oberen Bereich des Dokumentfensters befindet und mit Hilfe der Option **Fenster · Zeitleiste** beziehungsweise [Strg] + [Alt] + [T] ein- und ausgeblendet werden kann. In der Zeitleiste sehen Sie waagerecht die zeitliche Abfolge der einzelnen Bilder (**Frames**) des Films. Spezielle Bilder, die durch einen kleinen Punkt in ihrer Zelle gekennzeichnet werden, heißen **Schlüsselbilder** (**Keyframes**); sie markieren Änderungen des Ebeneninhalts sowie Beginn und Ende von **Tweening**-Animationen (Animationen mit automatisch berechneten Zwischenzuständen). Senkrecht liegen die Inhalte auf verschiedenen **Ebenen** übereinander.

19.2.1 Elemente und Begriffe der Zeitleiste

Die Ebenen funktionieren so ähnlich wie ihre gleichnamigen Pendants in Photoshop (siehe Kapitel 9, *Bildbearbeitung und Grafik*). Beispielsweise erscheinen Ebenen, die in der Zeitleiste höher liegen, weiter im Vordergrund als die tiefer gelegenen.

Auf *jeder einzelnen* Ebene liegen ganz unten die offenen Zeichnungen; darüber sind Gruppen, Instanzen und Text in frei einstellbarer Anordnung angesiedelt. Jede Tweening-Animation erfordert eine eigene Ebene.

Die einfachste Form der Animation ist allerdings die **Einzelbild-Animation**: Es werden einzelne Zeichnungen angefertigt, die nacheinander abgespielt werden. Dafür wird jede einzelne Veränderung durch ein eigenes Schlüsselbild markiert. In der Zeitleiste wird einfach jeweils nach einem gewünschten Zeitabschnitt ein neues Keyframe eingefügt – der Zeitabschnitt lässt sich anhand der Filmabspielgeschwindigkeit berechnen. Der Standardwert beträgt 12 Bilder pro Sekunde. Dies ist normalerweise eine Maximalangabe, so dass der Film auf langsameren Rechnern auch langsamer abgespielt wird.

Einzelbild-Animation

Frames bearbeiten

Ein Schlüsselbild können Sie einfügen, indem Sie das gewünschte Bild in der Zeitleiste anklicken und dann

- [F6] drücken oder
- **Einfügen · Zeitleiste · Schlüsselbild** oder
- die rechte Maustaste drücken (auf dem Mac: [Ctrl] + Maustaste) und aus dem Kontextmenü »Schlüsselbild einfügen« auswählen.

Ein solches Schlüsselbild ist eine Kopie des zeitlich vorangehenden, das heißt, der Inhalt ist zunächst identisch mit dem vorigen Zustand und kann dann verändert werden. Beachten Sie bitte, dass nach Erstellung des Schlüsselbildes zunächst sein gesamter Inhalt auf der Bühne markiert ist.

Schlüsselbilder

Soll der alte Inhalt vollständig durch etwas anderes ersetzt werden, so ist es ratsamer, ein **leeres Schlüsselbild** einzufügen. Dazu müssen Sie ebenfalls das gewünschte Frame anklicken und

- [F7] drücken oder
- **Einfügen · Zeitleiste · Leeres Schlüsselbild** wählen *oder*

- rechte Maustaste (Windows) beziehungsweise [Ctrl] + Maustaste (Mac) und **Leeres Schlüsselbild einfügen** wählen.

Danach können Sie etwas völlig Neues zeichnen. Das Schlüsselbild kann aber auch leer bleiben, um einen alten Inhalt ab einem bestimmten Zeitpunkt loszuwerden.

Bilder verschieben und markieren

Schlüsselbilder können mit der Maus verschoben werden, wenn dazwischen freie Bilder liegen. Das Verschieben erfolgt dann sogar über andere Schlüsselbilder hinweg. Mit gedrückter [Strg]-Taste geht es leichter; wird dagegen die [Alt]-Taste festgehalten, dann wird das Schlüsselbild sogar dupliziert.

Sollen beliebige Bilder markiert werden (auch über Schlüsselbilder hinweg oder irgendwo zwischen diesen), dann muss beim Ziehen die [Shift]-Taste festgehalten werden. Mit Hilfe des Kontextmenüs können die ausgewählten Bilder dann beispielsweise gelöscht werden (**Bild entfernen** oder [Shift] + [F5]), aber auch kopiert, ausgeschnitten und so weiter.

Wenn Sie Frames aus mehreren Ebenen kopieren, müssen beim Einfügen auch wieder genauso viele Ebenen markiert sein, da andernfalls zusätzliche Ebenen eingeschoben werden. Beachten Sie außerdem, dass der Kontextmenübefehl zum Einfügen kopierter Bilder die Bezeichnung **Bilder einfügen** trägt, während **Bild einfügen** einfach die Dauer einer Sequenz oder einer Ebene verlängert.

Bilder einfügen/entfernen

Um die Dauer zwischen zwei Schlüsselbildern (die Zeit, in der das Gleiche angezeigt bleibt oder die eine Tweening-Animation dauert) zu verlängern, können Sie zunächst mit gedrückter [Shift]-Taste klicken (markiert ein Frame) oder ziehen (markiert mehrere Frames) und anschließend

- [F5] drücken oder
- **Einfügen · Zeitleiste · Bild** wählen oder
- **Bild einfügen** aus dem Kontextmenü wählen.

Es werden genauso viele Frames hinzugefügt, wie bereits markiert sind. Zwei aufeinander folgende Schlüsselbilder werden voneinander getrennt, indem Sie auf dem vorderen der beiden entsprechend ein Bild einfügen.

Markierte Frames können Sie mit [Shift] + [F5] beziehungsweise **Bild entfernen** aus dem Kontextmenü löschen. Wollen Sie dagegen Schlüsselbilder löschen, ohne die Dauer der Ebene zu vermindern, müssen Sie die Tastenkombination [Shift] + [F6] beziehungsweise den Kontextmenübefehl **Schlüsselbild löschen** verwenden.

Ebenen bearbeiten

Ebenen dienen dazu,

- Objekte, und zwar auch offene Zeichnungen, nach vorn oder hinten zu stellen.
- die Arbeit mit komplexen oder alternativen Zeichnungen einfacher zu organisieren (besonders die Optionen »Ausblenden« und »Sperren« sind hier sehr hilfreich).
- Bewegungs-Tweening mehrerer Objekte überhaupt erst zu ermöglichen, da beim Bewegungs-Tweening nur *ein* Objekt pro Ebene beziehungsweise pro Keyframe animiert werden kann.

▶ Ebenen werden mit Hilfe von **Einfügen · Zeitleiste · Ebene** oder durch Klick auf den kleinen weißen **Neue Ebene**-Button unter der Ebenenleiste erstellt. Dabei wird die neue Ebene automatisch über der aktiven Ebene (gekennzeichnet durch das Stiftsymbol) angelegt. Die neu eingefügte Ebene wird automatisch zur neuen aktiven Ebene. Ihre Dauer ist genauso lang wie die der darunter liegenden Ebene, das heißt, sie enthält gleich viele Frames; Sie können die Dauer verlängern, indem Sie das gewünschte Schluss-Frame anklicken und dort mit `F5` ein **Bild** einfügen.

Ebenen können einfach durch Ziehen an der Position ihrer Bezeichnung verschoben werden: Ziehen nach oben holt sie weiter nach vorn; Ziehen nach unten stellt sie weiter in den Hintergrund.

Wenn Sie Objekte mehrerer Ebenen auf einer Ebene zusammenfassen möchten, müssen Sie alle gewünschten Objekte markieren und mit `Strg` + `X` ausschneiden. Das Einfügen mit `Strg` + `Shift` + `V` fügt sie dann alle auf der aktuellen Ebene ein. Falls es sich bei den Objekten allerdings um offene Zeichnungen handelt, so entsteht auf der Zielebene wieder das Ausstanz-Problem.

Umbenennen einer Ebene erfolgt einfach durch Doppelklick auf den Ebenennamen. Das Symbol links neben dem Namen zeigt den Typ der Ebene an, beispielsweise »normale Ebene« (ein weißes Blatt) oder »Pfad-Ebene« (ein kleines Bogen-Symbol).

Ebenen-Anzeigemodi

Die drei Bedienelemente rechts neben dem Namen dienen dem Ein- und Ausblenden, dem Sperren und Entsperren sowie dem Umschalten zwischen Kontur- und Normalmodus einer Ebene. Durch Klick auf die Symbole Auge, Schloss und Quadrat *über* allen Ebenen können auch schnell alle Ebenen auf einmal entsprechend behandelt werden.

Der **Konturmodus** dient besonders dazu, schnell zu bestimmen, welche Objekte eigentlich zu welcher Ebene gehören, da normalerweise jede Ebene ihre eigene Konturfarbe besitzt (einzustellen in den **Ebeneneigenschaften** durch Doppelklick auf das Ebenensymbol). Außerdem werden auf diese Weise darunter liegende Objekte sichtbar.

Mit Hilfe des Ordner-Buttons unter den Ebenen können Sie einen **Ebenen-Ordner** erstellen. In diesen können Sie markierte Ebenen hineinziehen, um besseren Überblick in der Zeitleiste zu erhalten. Auch der Ebenen-Ordner wird per Doppelklick umbenannt. Die Ebenen-Ordner können sogar ineinander verschachtelt werden.

Die Anzeige der Position in der Zeitleiste erfolgt durch das rosa Rechteck in der Zahlenmarkierung und die daran hängende rote Linie; dies ist der so genannte **Abspielkopf**. Falls Sie sich einmal ganz woanders auf der Zeitleiste befinden, können Sie den ersten Knopf links unten darin betätigen: **Bild zentrieren** sorgt dafür, dass derjenige Ausschnitt der Zeitleiste angezeigt wird, in dessen Mitte der Abspielkopf liegt.

Das Abspielen des Films steuern

Die Steuerung des Abspielkopfs können Sie entweder unmittelbar durch Ziehen mit der Maus am rosa Rechteck oder mit Hilfe der Tasten `.` (ein Frame weiter) beziehungsweise `,` (ein Frame zurück) vornehmen. Ganz zurückspulen können Sie mittels **Steuerung · Zurückspulen** oder `Strg` + `Alt` + `R`.

Den Film abspielen oder stoppen können Sie mit **Steuerung · Abspielen / Stopp** (derselbe Menüpunkt; die Beschriftung wechselt jeweils) oder einfach mit `Enter`.

Eine Alternative bietet das Steuerungsfenster (**Fenster · Symbolleisten · Steuerung**) mit seinen intuitiv verständlichen Schaltflächen für **Stopp, Zurückspulen, ein Frame zurück, Abspielen, ein Frame vor** sowie **ganz ans Ende springen**.

Zeitleistenoptionen

Die Zeitleiste verfügt darüber hinaus über einige Optionen und Werkzeuge, mit deren Hilfe Sie verschiedene Einstellungen vornehmen können. Diese Optionen sind folgende:

- Rechts oben an der Zeitleiste befindet sich ein kleines Popup-Menü, in dem die Anzeige der Zeitleiste verändert werden kann:

  Die Optionen **Sehr klein** bis **groß** verändern die Anzeigebreite der einzelnen Frames. **Reduziert** vermindert die Anzeigehöhe der Ebenen in der Zeitleiste, wenn es ausgewählt wird. **Getönte Bilder** ist standardmäßig angekreuzt und zeigt die Frames mit gefülltem Hintergrund an; ein Ausschalten führt zu einer Anzeige wie in Flash 3, die auf manchen Notebooks oder Beamern sinnvoller, weil kontrastreicher sein mag. Die beiden Optionen **Vorschau** und **Vorschau im Kontext** zeigen in Schlüsselbildern Miniaturen der einzelnen Inhalte an, wobei **Vorschau im Kontext** sie in Größe und Position relativ zur gesamten Bühne darstellt.
- Unter der Zeitleiste, neben dem Button **Bild zentrieren**, befinden sich die Einstellmöglichkeiten für den so genannten **Zwiebelschaleneffekt**. Diese Optionen bieten eine gewisse Erleichterung beim Erstellen von Einzelbildanimationen: Wenn Sie die Buttons **Zwiebelschale** oder **Zwiebelschalenkonturen** aktivieren, erscheinen die vor und hinter dem aktuellen Frame liegenden Inhalte aller sichtbaren, offenen Ebenen in abgeschwächter Form beziehungsweise in der Konturfarbe der jeweiligen Ebene. Oben in der Zeitleiste erscheinen zwei Markierungen, mit denen Sie einstellen können, wie viele Frames Sie gleichzeitig sehen möchten.

  Mit dem nächsten Button, **Mehrere Bilder bearbeiten**, können Sie sogar die Inhalte aller Frames innerhalb des Zwiebelschalenbereichs gleichzeitig modifizieren. Da dies zu einer Reihe von unerwünschten Nebeneffekten führen kann, sollten Sie die Option jeweils unmittelbar nach Gebrauch wieder ausschalten.
- Links neben den Zwiebelschicht-Buttons werden die folgenden Informationen angezeigt:
  - Aktuelles Frame (Position des Abspielkopfs)
  - Tatsächliche Abspielrate
  - Verstrichene Zeit (vom Anfang der Szene bis zum aktuellen Frame)

19.2.2 Bewegungs-Tweening

Tweening ist eine Abkürzung für »In-Betweening« und bezeichnet die Animationstechnik des automatischen Berechnens von Zwischen-Frames, wie es auch in Director (Kapitel 11, *Multimedia*) und anderen in diesem Buch vorgestellten Programmen verwendet wird.

Das im vorliegenden Abschnitt vorgestellte **Bewegungs-Tweening** ergänzt automatisch die Zustände zwischen zwei Positionen beziehungsweise Transformationen desselben Objekts.

Nur ein Objekt pro Ebene darf auf diese Weise behandelt werden; es muss außerdem ein geschlossenes Objekt sein, also eine Gruppe, Text oder eine Symbolinstanz.

Bewegungs-Tweening Schritt für Schritt

Es folgt eine kurze Schritt-für-Schritt-Anleitung für die einfachste Form des Bewegungs-Tweenings: eine normale Positionsänderung.

1. Zeichnen Sie das Objekt, das animiert werden soll.
2. Markieren und gruppieren Sie das Objekt (**Bearbeiten · Gruppieren** beziehungsweise STRG + G).
3. Fügen Sie im gewünschten zeitlichen Abstand ein Schlüsselbild ein (F6).
4. Wählen Sie die Zielposition des Objekts durch Verschieben, während sich der Abspielkopf auf dem End-Schlüsselbild befindet.
5. Wechseln Sie wieder ins Start-Schlüsselbild.
6. Passen Sie gegebenenfalls die Startposition des Objekts an.
7. Stellen Sie in der Eigenschaften-Leiste **Tween** auf **Bewegung**. Die diversen Optionen müssen Sie zunächst nicht beachten.
8. Spielen Sie den Film ab, um das Ergebnis zu begutachten (**Steuerung · Abspielen** oder Enter).

Bewegungs-Tweening-Optionen

Neben der einfachen Positionsänderung stehen beim Bewegungs-Tweening noch einige weitere Optionen zur Verfügung:

- **Skalierung**. Die Skalierung eines Objekts – egal, ob proportional oder nicht – wird in das Bewegungs-Tweening mit aufgenommen, wenn in den Tweening-Optionen in der Eigenschaften-Leiste **Skalieren** angekreuzt ist. Wenn nicht, dann wird das Objekt mit seiner ursprünglichen Größe bewegt und springt auf dem Ziel-Schlüsselbild plötzlich auf seine neue Größe.

  Ein spezifisches Problem bei der Skalierung besteht darin, dass die Konturlinien beim Vergrößern in dem Maße dicker werden, indem das Objekt größer wird. Am Endpunkt der Animation »springen« sie dann plötzlich wieder auf ihre Ursprungsgröße zurück. Für dieses Problem gibt es zwei verschiedene Lösungsansätze:

  - Ganz auf Konturlinien verzichten. Das ist nicht immer praktikabel, denn durch den zu geringen Kontrast können sich »matschige« Übergänge ergeben.
  - Die Konturlinien können (am besten auf der größten Stufe, die das Objekt einnehmen soll) in Füllungen umgewandelt werden. Dazu müssen Sie die Zeichnung noch vor dem Gruppieren vollständig markieren und **Modifizieren · Form · Linien in Füllungen konvertieren** wählen. Dennoch sollte auch hier soweit wie möglich sparsam mit Konturlinien umgegangen werden, als Füllungen verbrauchen sie nämlich noch mehr Speicherplatz.
  - Wenn Sie Symbole verwenden (siehe unten), was ohnehin praktischer ist als die Arbeit mit Gruppen, gibt es dieses Problem nicht mehr.

- **Drehung**. Die Drehung des Objekts wird bei normalen Voreinstellungen ebenfalls mit in das Tweening aufgenommen. Die normale Voreinstellung der Option **Drehen** ist **Automatisch**. Bei dieser Einstellung dreht sich das Objekt so weit, wie die Drehwinkel von Start- und Zielzustand des Objekts auseinander liegen, und zwar in jeweils kürzere Richtung.

  Die Einstellung **Aus** bedeutet: Das Objekt wird gar nicht gedreht, sondern springt bei Erreichen des Zielframes abrupt auf seinen neuen Drehwinkel.

  Die Option **...-mal** bezieht sich auf die expliziten Richtungsangaben **Nach rechts** und **Nach links**; sie bedeutet: Das Objekt dreht sich sooft wie angegeben. Gibt es außerdem einen Winkelunterschied, so werden so viele ganze Drehungen durchgeführt wie eingestellt; die erforderliche automatische Drehung kommt noch hinzu.
- Andere Formen der Transformation, etwa Verzerrung oder horizontale/vertikale Spiegelung werden einfach in das Tweening mit aufgenommen; das Verhalten ist nicht näher einstellbar und muss daher einfach ausprobiert werden.
- **Abbremsen**. Hier bezeichnen positive Werte (1 bis 100) ein **Abbremsen am Ende**, das bedeutet, dass die Animation zum Ende hin langsamer wird. Der Prozentwert gibt an, wie viele Frames des Animationsverlaufs betroffen sind: Bei 100 % etwa wird über den gesamten Verlauf abgebremst, bei 50 % nur über die letzte Hälfte der Frames (bei 40 Frames beispielsweise nur über die letzten 20). Bewerkstelligt wird das Abbremsen in Wirklichhkeit durch kleiner werdende Abstände zwischen den Objektpositionen in den einzelnen Frames.

  Bei negativen Werten findet dagegen ein **Abbremsen am Anfang** statt, das heißt eine Beschleunigung. Der Wert bezeichnet den Prozentsatz von Frames ab dem Anfang der Animationssequenz, über den beschleunigt wird; am Ende bleibt die Geschwindigkeit dann konstant.

  Wichtig sind diese Optionen beispielsweise bei Objekten, die »auf Sie zu« zu kommen scheinen oder die sich scheinbar »von Ihnen weg« bewegen: Da sie dabei größer beziehungsweise kleiner werden, müssen auch die Abstände zwischen den einzelnen Positionen im gleichen Maße größer oder kleiner werden; ansonsten scheint ein Objekt, das nach vorn kommt, immer langsamer zu werden, während eines, das sich von Ihnen wegbewegt, immer schneller aussieht. Um hier gegenzusteuern, wird bei einem Objekt, das eine lineare Geschwindigkeit vorgaukeln soll, einfach mit 100 % Sequenzlänge beschleunigt beziehungsweise verlangsamt.

Bewegungs-Tweening an einem Pfad

Damit Bewegung nicht immer nur linear erfolgen muss, gibt es die Möglichkeit, einen Pfad festzulegen, an dem ein Objekt entlang bewegt werden soll. Dazu werden so genannte Pfad-Ebenen verwendet.

Pfad-Ebenen

Eine Pfad-Ebene wird durch Klick auf das kleine Pfadsymbol **Pfad-Ebene einfügen** (neben dem weiter oben beschriebenen Symbol **Neue Ebene**) erzeugt. Dabei hängt automatisch die zuvor aktive Ebene von der Pfad-Ebene ab (wird eingerückt darunter angezeigt). Eine Pfad-Ebene, von der keine anderen Ebenen mehr abhängen, hat als Symbol nicht mehr den Bogen, sondern einen Hammer – sie wird nicht angezeigt, hat aber auch sonst keine besondere Funktion. In alten Flash-Versionen wurde sie gern zur Simulation von Hilfslinien verwendet.

Um eine Animation an einem Pfad entlang zu bewegen, sind folgende Schritte erforderlich – am besten in der genannten Reihenfolge:

1. Erstellen Sie das Objekt, das animiert werden soll.
2. Markieren und gruppieren Sie es.
3. Wählen Sie das **Frei-Transformieren**-Werkzeug und verschieben Sie den Mittelpunkt an die Stelle, an der das Objekt im Pfad verankert werden soll – selbst, wenn der Mittelpunkt in der Mitte des Objekts bleiben soll, ist es sinnvoll, ihn pro forma ein wenig hin- und herzuziehen, weil er dann permanent angezeigt wird und das Objekt auf diese Weise einfacher in den Pfad eingehängt werden kann.
4. Erstellen Sie das Ziel-Keyframe, wobei die Endposition des Objekts jetzt noch nicht genau festgelegt werden muss.
5. Erstellen Sie die Pfad-Ebene (Klick auf das kleine Pfad-Symbol unter den Ebenen); aktivieren Sie sie gegebenenfalls durch Klick auf ihren Namen.
6. Zeichnen Sie den Pfad, der die Bewegung vorgeben soll – es sollte ein nicht zusammenhängender Pfad sein; falls Sie zum Beispiel einen Kreis oder ein Rechteck wünschen, sollten Sie mit dem normalen Auswahlpfeil oder dem Lasso ein Stückchen markieren und löschen, damit es einen festen Anfangs- und Endpunkt gibt. Farbe und Linieneigenschaften spielen dagegen keine Rolle; der Pfad wird im Endprodukt ohnehin nicht angezeigt.
7. Stellen Sie sicher, dass **Ausrichten an Objekten** markiert ist – der Magnet bei den Optionen des normalen Auswahlpfeils oder die Option **Ansicht · Ausrichten**.
8. Fassen Sie das Objekt in seinem Start-Keyframe nahe seines Mittelpunkts (Ankerpunkts) an, und bewegen Sie es langsam auf den Anfangspunkt des Pfads zu – durch die Magnetoption wird der Mittelpunkt merklich in den Pfad einrasten.
9. Wiederholen Sie dieses Vorgehen im Ziel-Keyframe mit dem Endpunkt des Pfads.
10. Falls noch nicht geschehen, stellen Sie jetzt das Bewegungs-Tweening in der Eigenschaften-Leiste ein (für die **Objekt**-Ebene und nicht für die Pfad-Ebene). Bei normaler Einstellung bestimmt der Pfad nur die Position des Objekts; wird zusätzlich **an Pfad ausrichten** angekreuzt, so bestimmt der Pfad auch den Drehwinkel des Objekts – dann sollte aber zur Sicherheit das **Drehen** auf **Automatisch** eingestellt werden.

Die Option **An Pfad ausrichten** ist im Übrigen nicht zu verwechseln mit dem einfachen **Ausrichten** in den Tweening-Optionen: Letzteres erspart Ihnen lediglich die Arbeit, das Objekt manuell in den Pfad einzuhängen – es rastet automatisch im nächstgelegenen Extrempunkt des Pfads ein.

19.2.3 Maskenebenen verwenden

Eine Maske ist eine spezielle Ebene, die festlegt, welche Stellen der von ihr abhängigen Ebene(n) angezeigt werden sollen. Die Regel dafür ist ganz einfach:

Alle Stellen der Maske, die mit irgendeiner Sorte von Inhalt bedeckt sind, werden in maskierten Ebenen angezeigt, alle anderen bleiben unsichtbar. Alpha-Transparenz innerhalb einer Maske, wie in Photoshop, ist leider nicht möglich.

Ebenentyp Maske

Eine Maske wird erstellt, indem die Ebenenoptionen einer Ebene aufgerufen werden (Doppelklick auf das Ebenensymbol); in diesem Dialog wird der Ebenentyp **Maske** angekreuzt.

Eine darunter liegende Ebene, die maskiert werden soll, wird – ebenfalls in ihren Ebenenoptionen auf **Maskiert** gestellt.

Es ist möglich, sowohl den Inhalt der maskierten Ebene als auch den Inhalt der Maske selbst beliebig zu animieren.

Die einzige Einschränkung besteht darin, dass Maske und Animation am Pfad nicht miteinander kombinierbar sind. Wenn es denn unbedingt sein muss, können Sie zunächst die Animation am Pfad erstellen, dann die Frames dieser Animation mit gedrückter [Shift]-Taste alle auswählen und anschließend **Modifizieren · Zeitleiste · In Schlüsselbilder konvertieren** wählen. Die Animation besteht nun aus unabhängigen Einzelbildern (und verbraucht Unmengen an Speicher!). Der Pfad kann jetzt gelöscht werden, und die Ebene mit den Einzelbildern ist als Maske einsatzbereit.

Der Maskierungseffekt wird in der Arbeitsumgebung von Flash nur angezeigt, wenn sowohl die Maske als auch die maskierten Ebenen gesperrt sind.

19.2.4 Form-Tweening

Diese zweite Form des Tweenings dient dazu, unterschiedliche Zeichnungen ineinander zu überführen, es ist also eine Art Morphing. Wichtig ist, dass es nur mit offenen Zeichnungen funktioniert, nicht mit Gruppen oder Ähnlichem. Außerdem dürfen sich beliebig viele Objekte auf einer solchen Ebene befinden. Das Verhalten richtet sich dann nach der Grundregel, dass Flash »lieber« Form- und Farbänderungen durchführt als Positionsänderungen.

Das Form-Tweening wird ebenfalls in der Eigenschaften-Leiste eingestellt; das Popup-Menü **Tween** wird einfach auf **Form** gestellt.

Die einzigen beiden Optionen sind hier das bereits bekannte **Abbremsen** sowie der **Effekt**: Die Einstellung **Verteilt** erzeugt etwas rundere Zwischenformen, **Winkelförmig** eher eckige. Oftmals gibt es auch gar keinen Unterschied, zum Beispiel dann nicht, wenn eines der beiden Schlüsselbilder gar keine Ecken enthält – etwa nur einen Kreis.

Text zerlegen

Falls Sie vorhaben, diese Art des Tweenings mit Text durchzuführen, müssen Sie diesen zunächst in Pfade zerlegen (er ist dann natürlich in Wirklichkeit gar kein Text mehr). Normaler Text verhält sich nämlich wie eine Gruppe und kann daher für Bewegungs-Tweening, aber nicht für Form-Tweening eingesetzt werden. Das Zerlegen erfolgt durch zweimalige Anwendung der Option **Modifizieren · Teilen** oder [Strg] + [B]. Beim ersten Mal wird der Text dadurch in einzelne Buchstaben zerlegt, beim zweiten Mal in Vektoren.

Sollen bestimmte Punkte einer Form in bestimmte andere Punkte der Zielform übergehen, so können diese Punkte durch so genannte **Formmarken** markiert werden.

Um Formmarken zu verwenden, muss das Form-Tweening bereits eingestellt sein. Wechseln Sie dann in das Start-Keyframe der Animation und wählen Sie **Modifizieren · Form · Formmarke hinzufügen** oder drücken Sie [Strg] + [Shift] + [H] (die Tastenkombination funktioniert manchmal erst ab der zweiten Formmarke). In der Bühnenmitte erscheint ein kleiner roter Kreis mit dem Buchstaben »a« (die nächste Formmarke hat ein »b« und so weiter; pro Ebene sind also 26 Formmarken möglich). Diese Formmarke wird mit dem normalen Auswahlpfeil angefasst und bei aktiviertem Magneten (wichtig!) an einem Eckpunkt oder einer Konturlinie »eingehängt«. Anschließend können weitere Formmarken hinzugefügt werden, mit denen genauso verfahren wird.

Formmarken verwenden

Wählen Sie anschließend das Ziel-Keyframe aus; hier finden Sie die Formmarken in umgekehrter Reihenfolge (also die letzte zuoberst) in der Bühnenmitte vor. Nehmen Sie sie wieder mit dem Auswahlpfeil und platzieren Sie sie mit Einrasten an Eckpunkten oder Linien. Sobald eine Formmarke in beiden Keyframes platziert ist, erscheint sie im Start-Keyframe gelb und im Ziel-Keyframe grün, ansonsten in beiden rot.

Eine Formmarke kann wieder gelöscht werden, indem sie im Start-Keyframe mit gedrückter [Ctrl]-Taste (Mac) beziehungsweise mit der rechten Maustaste (Windows) angeklickt wird. Aus dem Kontextmenü können Sie dann **Marke löschen** auswählen. Die Bezeichnungen der restlichen Formmarken rücken nach.

19.2.5 Arbeiten mit Symbolen und Instanzen

Ein **Symbol** ist gewissermaßen eine Vorlage für beliebig viele Objekte. Objekte auf der Bühne, die von einem Symbol abstammen, heißen **Instanzen** dieses Symbols – es ist kein Zufall, dass dieser Name den Instanzen einer Klasse in der objektorientierten Programmierung entspricht, denn Flash-Symbolinstanzen sind den OO-Instanzen sehr ähnlich.

Symbole besitzen gegenüber der Verwendung gruppierter Zeichnungen eine Reihe von Vorteilen:

Vorteile von Symbolen

- Sie sparen Speicherplatz und damit Ladezeit, da gleiche Formen nur noch einmal in der Datei abgelegt werden müssen.
- Sie vereinfachen besonders die Erstellung von Bewegungs-Tweening: Wenn statt einer Gruppierung zwei Instanzen desselben Symbols als Start- und Ziel-Objekt verwendet werden, kann das Aussehen des Symbols im Nachhinein beliebig verändert werden, ohne dass Sie das Tweening neu erstellen müssten.
- Sie können dafür verwendet werden, ineinander verschachtelte Animationen zu erstellen.

Ein Symbol wird mit Hilfe der Option **Einfügen · Neues Symbol** oder [Strg] + [F8] erzeugt. Mittels [F8] oder **Einfügen · In Symbol konvertieren** können Auswahlen auch nachträglich in Symbole umgewandelt werden – an der Position der ursprünglichen Auswahl entsteht dann automatisch eine Instanz des neuen Symbols.

Bei jeder der beiden Methoden öffnet sich anschließend der Dialog **Symboleigenschaften**. Hier sollte ein sinnvoller Name für das Symbol eingegeben werden; außerdem kann einer von drei Symboltypen ausgewählt werden:

Symboltypen

- **Grafik**. Dieses Symbol kann beliebige Zeichnungen, Gruppen, Instanzen, Ebenen, Animationen und so weiter enthalten.
- **Schaltfläche**. Eine Schaltfläche kann vom Benutzer angeklickt werden, um ActionScript-Befehle in Gang zu setzen.
- **Movieclip**. Sie können in dieses Symbol dieselben Bestandteile einfügen wie in ein Grafiksymbol. Allerdings besitzt ein Movieclip eine eigene, unabhängige Zeitleiste, ist also quasi ein »Film im Film«: Er kann unabhängig vom Hauptfilm starten, stoppen und ActionScript ausführen; seine Eigenschaften können per Skript gesteuert werden.

Der praktische Unterschied zwischen Grafik und Movieclip (abgesehen von den im Abschnitt 19.5 behandelten ActionScript-Features) ist folgender: Enthält ein Grafiksymbol Animationen, so werden diese nur über die Länge der Zeitleiste des Hauptfilms abgespielt, bei einem Movieclip laufen sie unabhängig vom Hauptfilm weiter.

Beachten Sie außerdem, dass Grafiksymbole aus irgendeinem Grund erheblich mehr Speicher verbrauchen als Movieclips gleichen Inhalts. Deshalb gibt es in der Regel keinen wichtigen Grund, Grafiksymbole einzusetzen.

Wenn Sie ein neues Symbol erstellen, befinden Sie sich nach der Einstellung der Symboloptionen in der Bearbeitung des Symbols. Links oben, neben dem aktuellen Szenennamen, wird nun der Name und das Icon des aktuellen Symbols angezeigt.

Im Übrigen sehen Sie nun keine Bühnenränder mehr, sondern eine durchgehende Arbeitsfläche. Außerdem wird in der Bühnenmitte ein Kreuz angezeigt, das den festen Mittelpunkt (Ankerpunkt) des Symbols darstellt.

Ansonsten kann innerhalb des Symbols wie gewohnt gearbeitet werden.

Ist die Bearbeitung des Symbols abgeschlossen, dann kommen Sie durch

- **Bearbeiten · Dokument bearbeiten** (Strg + E) oder
- Klick auf den Szenennamen ganz links oben oder
- Auswahl der zu bearbeitenden Szene im Popup-Menü oben, dem zweiten von rechts

wieder zurück in den Hauptfilm. Das Symbol befindet sich nun in der **Bibliothek** des Films, die mit **Fenster · Bibliothek**, Strg + L oder F11 angezeigt wird. Hier finden Sie nicht nur die Symbole des Films, sondern auch externe Ressourcen, das heißt importierte Sounds, Bitmaps und Videofilme.

Symbolinstanzen erzeugen

Ein Symbol kann nun von hier aus angeklickt und auf die Bühne gezogen werden; durchaus auch wiederum in die Bearbeitung eines anderen Symbols hinein. Es entsteht eine Instanz dieses Symbols.

Die Bibliotheken aller geöffneten Filme erscheinen übereinander – die Bibliothek des aktuellen Films erkennen Sie daran, dass der Hintergrund der Liste nicht grau, sondern weiß ist. Sie können sich aber durchaus auch aus den Bibliotheken anderer Filme »bedienen« – die entsprechenden Symbole oder Ressourcen werden dann natürlich auch der aktuellen Bibliothek hinzugefügt. Dies geschieht allerdings nicht, wenn sich im aktuellen Film bereits ein Symbol gleichen Namens befindet.

Die innere Animation von Movieclips kann dabei in der normalen Arbeitsumgebung von Flash nicht angezeigt werden – hierzu muss **Steuerung · Film testen** oder [Strg] + [Enter] betätigt werden. Dieser Befehl exportiert den Film mit den aktuellen Standardeinstellungen als SWF (Shockwave-Flash-Datei), das in einem eigenen Fenster geöffnet wird. Durch Schließen dieses Fensters endet die entsprechende Vorschau. Die erzeugte SWF-Datei wird in dem Ordner abgelegt, in dem sich die zugehörige FLA-Datei befindet. Deshalb können Sie diese Funktion auch nicht nutzen, wenn Sie eine FLA-Datei von einer CD-ROM geöffnet haben.

Um ein Symbol im Nachhinein wieder zu bearbeiten, wird es entweder aus dem **Symbole bearbeiten**-Popup ganz rechts oben im Dokumentfenster ausgewählt, oder es wird im Vorschaubereich der Bibliothek ein Doppelklick auf das Symbol ausgeführt. Ein Doppelklick auf eine Instanz auf der Bühne führt dagegen dazu, dass zwar ebenfalls das Symbol bearbeitet wird, es wird allerdings weiterhin im Rahmen dieser Instanz im Bühnenzusammenhang angezeigt – wie bei der Bearbeitung von Gruppeninhalten wird der Rest der Bühne dabei abgeschwächt angezeigt.

19.2.6 Anwendungsbeispiel: Bauanleitung für ein Fahrrad

Seit 1998 habe ich jedem meiner Flash-Kurse als abschließende Übung zum Thema Animation die Aufgabe gestellt, ein Fahrrad aus verschiedenen Symbolen zusammensetzen. Die folgende Schritt-für-Schritt-Anleitung beschreibt, wie Sie das Fahrrad erstellen können. In Abbildung 19.5 sehen Sie das Ergebnis.

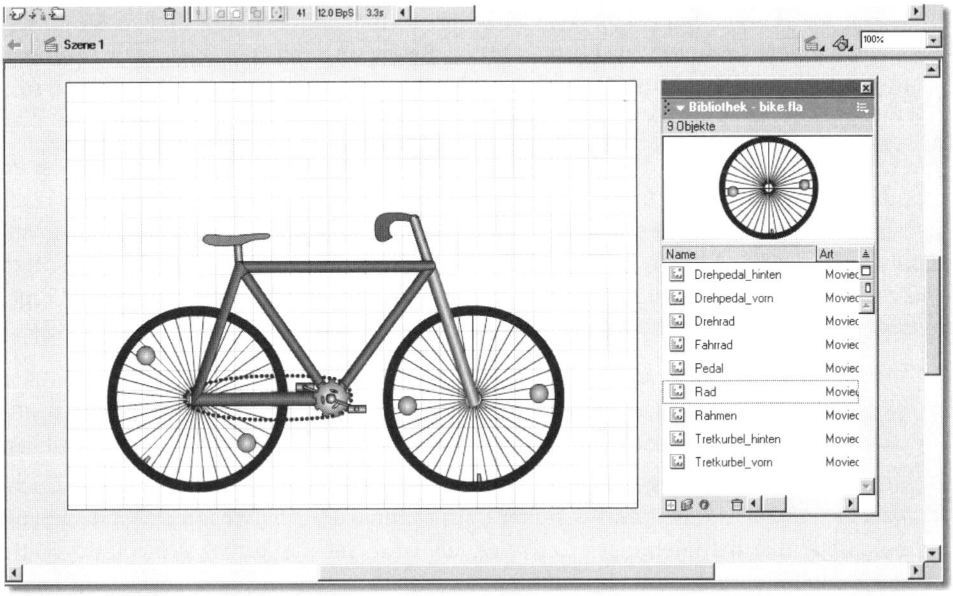

Abbildung 19.5 Das fertige Fahrrad und seine Bibliothek

Rad und Rahmen Als Erstes werden die verschiedenen Grundbestandteile – das Rad und der Rahmen – erstellt.

1. Wählen Sie **Einfügen · Symbol erstellen** (Strg + F8). Nennen Sie das neue Symbol **Rad** und wählen Sie den Symboltyp **Movieclip** aus.
2. Erstellen Sie in diesem Symbol das Bild eines Fahrrad-Rades, dessen Nabe sich am Symbolmittelpunkt (Fadenkreuz auf der Arbeitsfläche) befindet. Um später die Drehung deutlicher erscheinen zu lassen, sollten Sie auch ein Ventil und Reflektoren hinzufügen.

   Für die konzentrischen Kreise, die den Reifen, den Schlauch und die Nabe bilden, sowie für die einmal um den Mittelpunkt laufenden Speichen bietet sich die weiter oben beschriebene Duplizier-Funktion der **Transformieren**-Palette an.

   Erstellen Sie ein weiteres Movieclip-Symbol, namens **Rahmen**. Zeichnen Sie darin einen Fahrradrahmen mitsamt Sattel und Lenker.

Als Nächstes wird das sich drehende Rad als eigenständiges Symbol erstellt:

1. Erstellen Sie ein neues Symbol, das Sie **Drehrad** nennen. Wählen Sie als Symbolart wieder **Movieclip** aus.

   Ziehen Sie das Symbol **Rad** aus der Bibliothek in den Arbeitsbereich des Symbols **Drehrad**, so dass der Mittelpunkt der **Rad**-Instanz wiederum auf dem Mittelpunkt des neuen Symbols zu liegen kommt.
2. Fügen Sie in einem hinreichenden Abstand (je nach Größe des Rades 10 bis 20 Bilder weiter) ein Schlüsselbild ein.
3. Klicken Sie mit der Maus auf den Punkt des Start-Schlüsselbildes. Stellen Sie in der Eigenschaftenleiste unter **Tween** die Option **Bewegung** mit den folgenden Optionen ein: **Drehung**, **Nach rechts**, **1 mal** – wenn Ihr Fahrrad von rechts nach links fahren soll, dann wählen Sie natürlich die umgekehrte Drehrichtung!

Pedale und Tretkurbeln Nun werden die Pedale und die Tretkurbeln erstellt. Das »Unangenehme« an Pedalen ist im Grunde genommen, dass sich auf der einen Seite die Achse mit den beiden Tretkurbeln als Ganzes dreht, auf der anderen Seite jedoch die beiden Pedale selbst sich zwar um den Mittelpunkt (die Achse) drehen, jedoch dabei ihren absoluten Winkel beibehalten. Insofern sind die Pedale bei weitem der komplexeste Bestandteil des Fahrrads. Folgende Vorgehensweise hilft hier weiter:

1. Erstellen Sie ein neues Movieclip-Symbol namens **Pedal**. Zeichnen Sie hier das Bild eines einzelnen Pedals. Dies ist in seiner einfachsten Form ein kleines, waagerecht ausgedehntes Rechteck, aber natürlich sind hier auch »fortgeschrittene« Varianten denkbar.
2. Erstellen Sie ein zweites Movieclip-Symbol, das Sie **Tretkurbel_vorn** nennen. Zeichnen Sie hier einen Kreis oder – schöner – ein Zahnrad, dessen Achse sich auf dem Symbolmittelpunkt befinden muss. Zeichnen Sie dann eine Tretkurbel, die von der Mitte des Zahnrads ausgeht und ein gutes Stück herausragt.
3. Erstellen Sie nun ein Movieclip-Symbol mit der Bezeichnung **Drehpedal_vorn**. Ziehen Sie hier das Symbol **Tretkurbel_vorn** so ins Bild, dass Mittelpunkt auf Mittelpunkt liegt. Benennen Sie die – bisher einzige – Ebene in **Tretkurbel** um. Fügen Sie in hinreichendem Abstand ein Schlüsselbild ein (Faustregel: die Hälfte der Bilder, die das Rad

für die Drehung benötigt). Stellen Sie nun beim Anfangs-Schlüsselbild Bewegungs-Tweening ein, mit der Option **Drehung: Nach rechts, 1 mal** (oder entsprechend nach links, siehe oben.)

4. Fügen Sie über der Ebene **Tretkurbel** eine weitere Ebene ein, die Sie **Pedal** nennen.
5. Erstellen Sie zur Ebene **Pedal** eine Pfad-Ebene, und zwar einen Kreis, bei dem Sie an der Position der Tretkurbel ein kleines Stück ausschneiden.
6. Wechseln Sie wieder auf die Ebene **Pedal**. Ziehen Sie das Symbol **Pedal** ins Bild und lassen Sie es an der rechten (bei Drehung entgegen dem Uhrzeigersinn an der linken) Stelle der Öffnung des Pfads einrasten. Achten Sie zuvor darauf, dass der Magnet eingeschaltet ist!
7. Fügen Sie am Ende der Sequenz ein Schlüsselbild ein und ziehen Sie das Pedal auf den anderen Extrempunkt des Pfads. Schalten Sie nun das Bewegungs-Tweening für diese Ebene ein.
8. Duplizieren Sie das Symbol **Tretkurbel_vorn**, indem Sie in der Bibliothek aus dem Popup-Menü **Optionen** rechts oben den Punkt **Duplizieren** auswählen. Nennen Sie das neue Symbol **Tretkurbel_hinten** und als Symboltyp wählen Sie, wie immer, **Movieclip**.
9. Bearbeiten Sie die neue **Tretkurbel_hinten** per Doppelklick in der Bibliothek: Entfernen Sie das Zahnrad und lassen Sie nur die Kurbel stehen.
10. Duplizieren Sie auch das Symbol **Drehpedal_vorn** und nennen Sie das neue Symbol **Drehpedal_hinten**.
11. Bearbeiten Sie **Drehpedal_hinten** derart, dass Sie die Ebene **Tretkurbel** in den Vordergrund (als oberste der Ebenen) verschieben. So landet das hintere Pedal korrekt *hinter* der Tretkurbel.

    Nun müssen Sie auf der Ebene **Tretkurbel** sowohl im Start- als auch im End-Schlüsselbild die Instanz von **Tretkurbel_vorn** gegen **Tretkurbel_hinten** austauschen: Wählen Sie sie jeweils aus und klicken Sie in der Eigenschaften-Leiste auf die Schaltfläche **Austauschen**. Wählen Sie dort statt der eingestellten **Tretkurbel_vorn** das Symbol **Tretkurbel_hinten** aus und drücken Sie auf **OK**.

Das Fahrrad fertig stellen

Zu guter Letzt wird nun das fertige Fahrrad erstellt:

1. Erstellen Sie ein neues Symbol. Nennen Sie es **Fahrrad** und wählen Sie als Symboltyp wieder **Movieclip**.
2. Ziehen Sie den **Rahmen** aus der Bibliothek auf die Bearbeitungsfläche, am besten mit der Stelle, an die die Tretkurbeln kommen, auf den Mittelpunkt.
3. Ziehen Sie das **Drehrad** zweimal aus der Bibliothek an die entsprechenden Stellen am Rahmen.
4. Ziehen Sie das Symbol **Drehpedal_vorn** an die passende Stelle.
5. Ziehen Sie das Symbol **Drehpedal_hinten** genau darauf. Wählen Sie, während es allein markiert ist, zweimal **Modifizieren • Transformieren • Um 90 nach links** (Tastenkombination [Strg] + [Shift] + [7]), um es um insgesamt 180 zu drehen. Sie dürfen es nicht stattdessen spiegeln, sonst würden die Pedale sich nachher gegenläufig drehen. Wählen Sie für diese Instanz nun noch **Modifizieren • Anordnen • In den Hintergrund**.

6. Zeichnen Sie nun die Kette. Die Erfahrung zeigt, dass es sich nicht lohnt, Zeit für die Erstellung einer animierten Kette zu verschwenden.

Sie können das Fahrrad nun einfach an den linken Bühnenrand ziehen, zum Beispiel 80 Frames weiter hinten ein Schlüsselbild einfügen, und es dort nach rechts ziehen. Anschließend können Sie auf dem Start-Schlüsselbild das Bewegungs-Tweening aktivieren. Wählen Sie nun **Steuerung · Film testen** oder `Strg` + `Enter`, um das Ergebnis anzusehen.

19.2.7 Arbeiten mit Farbeffekten

Ein **Farbeffekt** ist in der Lage, eine Symbolinstanz farblich zu verändern. Das Besondere dabei: Dieser Farbeffekt wird bei einem Bewegungs-Tweening dieser Instanz mit verändert.

Der Farbeffekt wird in der Eigenschaften-Palette unter **Farbe** eingestellt, nachdem die betreffende Instanz markiert wurde. Sie können sich für einen von vier Effekten entscheiden, wobei der letzte (**Erweitert**) sehr komplex ist, aber alle drei anderen enthält, so dass auf diese Weise auch verschiedene Effekte gekoppelt werden können.

- **Helligkeit**. Die Instanz hat den Ursprungswert 0 %, der ihrem eigentlichen Aussehen entspricht. Wenn der Wert erhöht wird, dann wird die Instanz heller, bis sie bei +100 % ganz weiß ist. Wird der Wert dagegen vermindert, dann wird sie dunkler, bis sie bei –100 % ganz schwarz ist.
- **Farbton**. Es kann auf die übliche Art und Weise (Palette, RGB-Werte oder Farbmischfeld) eine beliebige Farbe ausgewählt werden. Diese wird zur Instanz hinzugemischt, und zwar mit einer Intensität zwischen 0 % (gar nicht) und 100 % (die Farbe ist voll deckend; die ursprüngliche Instanz ist nicht mehr zu sehen).
- **Alpha**. Die Deckkraft der Instanz wird verändert. Der Grundwert ist 100 % (voll deckend) und kann bis 0 % (absolut unsichtbar) herunter gedreht werden.
- **Erweitert**. Hier können die drei Farbkanäle (R, G, B) sowie Alpha (Deckkraft) getrennt voneinander eingestellt werden.

  Der linke Wert (Voreinstellung 100 %) kann von 100 % bis –100 % geregelt werden und bestimmt den relativen Anteil der jeweiligen Grundfarbe am ursprünglichen Objekt. Der rechte Wert (Voreinstellung 0) kann von +255 bis –255 geregelt werden und bedeutet das zusätzliche absolute Hinzufügen oder Abziehen der jeweiligen Farbe.

  Besonderheit bei **Alpha**: Durch **Hinzufügen** auf der rechten Seite können Sie eine Instanz, die bereits Füllungen mit einem geringeren Alpha-Wert als 100 % enthält, wieder deckender machen.

19.3 Medienintegration

In diesem Abschnitt werden der Import verschiedener Ressourcen und die Arbeit mit ihnen vorgestellt; dazu gehören Sound, Bitmaps und Digitalvideo. Beachten Sie, dass importierte Dateien immer in den eigentlichen Datenbestand des Flash-Films übernommen werden und dabei dessen Dateigröße entsprechend erhöhen. Es findet niemals eine Verknüpfung statt, wie sie beispielsweise bei Director möglich ist.

Für den Import der diversen externen Dateien stehen zwei verschiedene Optionen zur Verfügung: **Datei • Importieren • In Bühne importieren** (Strg + R) platziert das Objekt – soweit möglich – im aktuellen Frame auf der Bühne beziehungsweise Arbeitsfläche. Zusätzlich wird es in der Bibliothek abgelegt, was bei der Variante **Datei • Importieren • In Bibliothek importieren** ausschließlich der Fall ist.

19.3.1 Sound

Mit Hilfe des Import-Dialogs können Sie Sounddateien der folgenden Formate importieren: **WAV** (Windows Standard-Soundformat), **AIFF** (Apple Standard-Soundformat), **MP3**, **Sun AU** und **Sound Designer II.**

Soundeigenschaften

Importierte Sounds werden zunächst in der Bibliothek abgelegt; mit den **Eigenschaften** aus dem Bibliotheks-Popup können ihre diversen Komprimierungseinstellungen verändert werden. Zunächst einmal ist **Dokumenteinstellungen verwenden** angekreuzt, so dass der Sound die Standard-Soundkomprimierung des Films verwendet, die beim weiter unten behandelten SWF-Export eingestellt werden kann. Wird diese Checkbox deaktiviert, dann können für den jeweiligen Sound individuelle Einstellungen vorgenommen werden. Je nach Qualitätsbedarf kann die MP3-Bitrate herauf- oder heruntergesetzt werden. Es sollten aber nie die anderen (völlig veralteten) Kompressionsarten ADPCM oder Raw verwendet werden – sie werden nur noch aus Gründen der Kompatibilität mit alten Flash-Playern unterstützt.

Ein Sound wird verwendet, indem das Schlüsselbild (am besten auf einer separaten Ebene), das ihn enthalten soll, in der Zeitleiste markiert wird, und der entsprechende Sound nach Anklicken eines Schlüsselbildes in der Eigenschaften-Leiste aus dem Popup-Menü neben **Ton** ausgewählt wird. Hier stehen alle bereits importierten Sounds zur Verfügung. Alternativ kann der Sound auch einfach aus der Bibliothek auf die Bühne gezogen werden, wenn das passende Schlüsselbild markiert ist.

In der Eigenschaften-Leiste können Einstellungen für den Sound vorgenommen werden; am wichtigsten ist die Einstellung **Sync** (für Synchronisation), die das Abspielverhalten des Sounds bestimmt. Es existieren vier mögliche Werte: Die ersten drei betreffen Varianten des so genannten Ereignis-Sounds, die vierte ist der Stream-Sound.

Ereignis- kontra Stream-Sound

Ereignis-Sound beschreibt kurze, an bestimmten Punkten auftretende Soundeffekte wie zum Beispiel Button-Geräusche. Bei Stream-Sound handelt es sich um längere Sounds wie Hintergrundmusik oder Sprachsequenzen, die nicht vorausgeladen, sondern während des Ladens abgespielt (gestreamt) werden. Die wichtigste Besonderheit besteht in der genauen Synchronisation von Bild und Ton – anders als üblich lässt Flash in Sequenzen mit Stream-Sound lieber Frames aus, als den Gesamtfilm langsamer abzuspielen.

Die drei Einstellungen für Ereignis-Sound sind folgende:

- **Ereignis**. Der Sound wird im aktuellen Keyframe gestartet. Auch dann, wenn das Keyframe in einer Schleife mehrmals abgespielt wird und der vorherige Abspielvorgang des Sounds noch nicht beendet war; der gleiche Sound kann sich mehrfach überlagern.

- **Anfang**. Dieser Sound wird ebenfalls im aktuellen Keyframe gestartet, aber nur dann, wenn er nicht bereits läuft. Andernfalls wird das Keyframe übergangen, und er startet erst in einem Durchlauf neu, in dem er bereits beendet wurde.
- **Stopp**. Kann in einem späteren Keyframe auf einen Sound angewendet werden, der mit **Start** in Gang gesetzt wurde, um sein Abspielen punktgenau zu beenden.

Die Einstellung **Wiederholen** dient dazu, den Sound mehrmals (in einer Schleife) abzuspielen; eine Alternative ist die **Endlosschleife**.

Als Nächstes kann ein **Effekt** für den Sound bestimmt werden: Jeder Sound, auch Mono, belegt standardmäßig beide Soundkanäle (links und rechts). Das Volumen beider Kanäle kann unabhängig voneinander eingestellt und über die Zeit verändert werden. Dazu kann entweder einer der vorgefertigten Effekte ausgewählt werden oder der Effekt wird bearbeitet.

Benutzerdefinierte Effekte

Für einen benutzerdefinierten Effekt können Sie auf **Bearbeiten** klicken. In einem zusätzlichen Fenster werden beide Kanäle mit den Soundwellen angezeigt (linker Kanal oben, rechter Kanal unten). Mit Hilfe der »Lupen« kann die zeitliche Auflösung verfeinert beziehungsweise vergröbert werden. Die Buttons **Uhr/Film** stellen die Zeitanzeige von Sekunden auf Frames um und umgekehrt.

Die Pegel der beiden Kanäle werden angepasst, indem an den passenden Stellen hineingeklickt wird. Die entstehenden Anfasser können nach oben (volle Lautstärke) und unten (Ton aus) gezogen werden. Dabei sind die horizontalen Positionen der Anfasser in beiden Kanälen gleich, der Lautstärkewert kann jedoch unterschiedlich sein. Maximal sind acht solcher Anfasser möglich. Ein Anfasser wird wieder entfernt, indem er einfach nach oben oder unten weggezogen wird.

19.3.2 Bitmaps importieren und verwenden

Auch wenn Flash vornehmlich mit Vektorgrafik arbeitet, können Sie Bitmaps importieren, um sie einfach als geschlossene Bilder oder Füllmuster einzusetzen oder sogar in Vektorgrafiken zu konvertieren.

Der Import erfolgt wiederum über die Optionen unter **Datei · Importieren**. Die möglichen Formate sind **GIF, JPEG, PNG, BMP, PICT, TIFF,** Photoshop (**PSD**), **MacPaint,** und **TGA** (Targa).

Das importierte Bitmap wird als in sich geschlossenes Objekt in der Bühnenmitte im aktuellen Keyframe der aktiven Ebene platziert, aber auch in der Bibliothek, von wo es beliebig oft wieder benutzt werden kann. Das Objekt verhält sich zunächst wie eine Gruppe, kann also beliebig transformiert und für Bewegungs-Tweening eingesetzt werden.

Bitmaps zerlegen

Außerdem kann es in einzelne Farbkomponenten zerlegt werden, genauer gesagt in eine Vektorform, die das Bitmap selbst als (gekacheltes) Füllmuster verwendet. Dazu müssen Sie es markieren und **Modifizieren · Teilen** auswählen oder `Strg` + `B` drücken. Die entstehende Form kann nun mit Hilfe beliebiger Auswahl- und Vektorverformungswerkzeugen verformt oder transformiert werden.

Eine besondere Option nur für zerlegte Bitmaps ist der **Zauberstab**, ein Unterwerkzeug des Lassos. Er wählt zusammenhängende Flächen gleicher beziehungsweise ähnlicher Farbe aus. Mit Klick auf den Button neben dem Zauberstab (das Zauberstabsymbol mit »...«) können dessen Optionen eingestellt werden: Der **Schwellenwert** 0 bis 200 legt fest, wie ähnlich die ausgewählten Farben einander sein müssen: Bei 0 wird nur exakt dieselbe Farbe ausgewählt, bei höheren Werten werden auch ähnliche Farben ausgewählt. **Glätten** sorgt für Anti-Alias an Kanten und Kurven.

Bitmaps nachzeichnen

Zu guter Letzt kann ein Bitmap auch **vektorisiert** werden. Dazu wird **Modifizieren • Bitmap nachzeichnen** auf das (noch nicht zerlegte!) Bitmap angewendet. Die Optionen bedeuten Folgendes:

- **Farbschwelle** (0–500). Wie ähnlich müssen sich Farben sein, um eine gemeinsame Vektorform zu bilden? 0 bedeutet identisch, 500 beliebig unterschiedlich.
- **Kleinste Fläche** (1–1000). Wie viele Pixel müssen mindestens zusammenkommen, um eine eigene Vektorform zu bilden?
- **Kurvenanpassung**. Wie nah sollen sich die berechneten Kurven an den Originalpixeln des Bitmaps orientieren?
- **Kantenschwelle**. Wie viele Eckpunkte sollen produziert werden?

Allgemein ergeben sehr feine Einstellungen ein exaktes Ergebnis, das jedoch als Vektorgrafik relativ unbrauchbar ist, weil viel zu viele Kurven entstehen: Das Ergebnis verbraucht sogar noch mehr Speicher als das ursprüngliche Bitmap! Sehr grobe Einstellungen sind dagegen relativ weit vom Original entfernt, erzeugen aber einigermaßen erträgliche Vektorgrafik. Insgesamt ist die Option am ehesten für flächige Grafik beziehungsweise Strichzeichnungen geeignet, aber nur bedingt für Fotos.

19.3.3 Digitalvideo

Auf sehr einfache Art und Weise können Sie in Flash Digitalvideofilme importieren und abspielen: Sobald ein Film importiert und aus der Bibliothek auf die Bühne gebracht wurde, wird er einfach zusammen mit der Zeitleiste des Flash-Films abgespielt und angehalten.

Der Import des Films erfolgt wie immer über die Importbefehle im Menü **Datei**. Unterstützt werden alle gängigen Videoformate, das heißt QuickTime (`.mov`), Microsoft Video for Windows (`.avi`), MPEG (`.mpg`) und so weiter. Um die Videokomprimierung innerhalb von Flash kümmert sich das moderne und effiziente Codec **Sorensen Spark**.

Nachdem Sie eine Videodatei zum Import ausgewählt haben, wird ein mehrseitiger Dialog angezeigt, in dem Sie allerlei Einstellungen für dieses Video vornehmen können. Unter anderem geht es um Kompressionseinstellungen, Zuschnitt oder Skalierung, Farboptionen und ähnliches. Die Optionen unterscheiden sich zum Teil je nach Dateityp und sind zu umfangreich, um hier näher beschrieben zu werden.

Ist ein Film erst einmal importiert, so ist seine Handhabung extrem einfach: Wenn Sie ihn auf die Bühne ziehen, wird er automatisch mit den Frames seiner Ebene abgespielt.

Da Video extrem einfach in Flash integriert werden kann, und der Flash-Player das bei weitem verbreitetste Web-Plug-in ist, entwickelt sich SWF allmählich zur bevorzugten Plattform für Video im Web.

19.4 Filme exportieren und in Webseiten einbetten

In diesem Unterabschnitt werden Möglichkeiten vorgestellt, einen Flash-Film für diverse Verwendungszwecke zu exportieren und anschließend in unterschiedlichen Umgebungen einzubetten. Neben der verbreitetsten Art der Verwendung, nämlich dem Export des Films als SWF-Datei und deren Einbettung in ein HTML-Dokument, gibt es noch eine Reihe weiterer Anwendungsmöglichkeiten.

19.4.1 Überblick über die Exportfunktionen

Es existieren verschiedene Menübefehle, die alle in irgendeiner Form mit dem Export eines Films zu tun haben. Hier zunächst eine kleine Übersicht über diese Optionen und ihren jeweiligen Verwendungszweck:

- **Datei · Film exportieren...** exportiert den aktuell bearbeiteten Film in verschiedene Exportformate. Das am häufigsten gewählte Format ist hier natürlich **SWF**. Interessant ist aber auch das Format **Animiertes GIF**, mit dem Sie zum Beispiel auf einfache Art und Weise ein Werbebanner erstellen können. Die verschiedenen Videoformate werden dagegen verwendet, um Flash-Filme für Fernseh- und sonstige Filmproduktionen zu verwenden (vielleicht ist Ihnen auch schon aufgefallen, dass es immer mehr Trailer oder auch Werbefilme gibt, die ganz offensichtlich mit Flash erstellt wurden).
- **Datei · Bild exportieren...** exportiert nur das aktuelle Frame, in dem sich der Abspielkopf befindet, in verschiedene Vektor- und Bitmap-Dateiformate. Dient zum Beispiel der Erstellung eines Vorschau-Bildes für einen Link auf einen bestimmten Flash-Film oder auch der Bereitstellung eines Ersatzbildes für Umgebungen, in denen kein Flash-Player zur Verfügung steht.
- **Datei · Einstellungen für Veröffentlichungen...** und **Datei · Veröffentlichen** fassen auf intelligente Art eine Reihe verschiedener Export-Optionen zusammen. Besonders hilfreich ist hier, dass beim Export einer SWF-Datei auch gleich eine passende HTML-Datei automatisch erstellt werden kann, die den nötigen Code für die Einbettung des Films enthält. Ein nettes Zusatzformat sind so genannte Projektoren: Hier wird der Flash-Film zusammen mit einer Player-Komponente als ausführbares Programm gespeichert, so dass er auf einem beliebigen Computer auch ganz ohne Flash-Player betrachtet werden kann. Diese Veröffentlichungsmethode ist von Macromdias Multimedia-Authoring-Programm Director (siehe Kapitel 11, *Multimedia*) bekannt – da die wichtigste Zielplattform für Director-Produktionen nicht das Web, sondern die Multimedia-CD-ROM beziehungsweise -DVD ist, ist es wichtig, ein selbstständig lauffähiges Programm zu erzeugen.
- **Steuerung · Film testen** und **Steuerung · Szene testen** wurden bereits weiter oben besprochen; sie dienen primär dazu, den Film beziehungsweise die aktuelle Szene unter den Bedingungen einer Web-Umgebung zu testen. Viele Aspekte eines Flash-Films, zum Beispiel die verschachtelte Animation innerhalb von Movieclips oder bestimmte Inter-

aktionsmöglichkeiten, laufen in der Arbeitsumgebung von Flash nämlich nicht. Beide Optionen exportieren natürlich eine SWF-Datei. Der Hauptunterschied zu **Film exportieren** besteht darin, dass an dieser Stelle keine Einstellungen vorgenommen werden können.

19.4.2 Der einfache Export einer SWF-Datei

Im Folgenden werden die grundlegenden Optionen für den Export eines Flash-Films als SWF-Datei behandelt, wie sie für den Einsatz auf einer Webseite benötigt wird.

Wählen Sie als Erstes den Menübefehl **Datei · Film exportieren...** Es werden eine Reihe verschiedener Exportformate angeboten, wie QuickTime oder Animiertes GIF und so weiter. Im Moment sollte Sie jedoch nur das standardmäßig voreingestellte Format **Flash Player** (Dateiendung `.swf`) interessieren.

Nach Wahl des Ordners, Eingabe des Dateinamens und Klick auf **OK** wird ein umfangreicher Dialog mit verschiedenen Export-Optionen angezeigt:

Die Einstellung **Ladereihenfolge** bestimmt, in welcher Reihenfolge übereinander liegende Ebenen geladen werden. Der Standardwert **Nach oben** besagt, dass die unterste Ebene zuerst geladen wird, anschließend die weiter oben liegenden Ebenen. **Nach unten** bedeutet dagegen, dass mit der obersten Ebene begonnen wird. Im Allgemeinen ist die Einstellung **Nach oben** sinnvoller; **Nach unten** ist möglicherweise angebracht, wenn Sie einen grafisch sehr aufwändigen, aber inhaltlich nicht sonderlich wichtigen Hintergrund erstellt haben.

Unter **Optionen** finden Sie die folgenden Auswahlfelder:

- **Größenbericht erstellen**. Es wird eine Textdatei mit verschiedenen Informationen über den Film angelegt, insbesondere über den Speicherbedarf der einzelnen Frames, Szenen, Symbole und sonstigen Ressourcen.
- **Vor Import schützen**. Sorgt dafür, dass die SWF-Datei nicht wieder in Flash zurückimportiert werden kann. Da im Web eine Reihe von »Flash Unprotectors« kursieren, die diesen »Schutz« wieder aufheben, ist das allerdings keine besonders sichere Methode.
- **Trace-Aktion übergehen**. Wenn Sie dieses Feld ankreuzen, werden sämtliche Aufrufe der ActonScript-Aktion `trace()` nicht mit exportiert. Das ist nützlich, denn `trace()` dient während der Entwicklung interaktiver Flash-Anwendungen der Fehlersuche in Skripten – diese Option ermöglicht den Export öffentlicher Versionen des Films, ohne dass Sie mühevoll alle `trace()`-Aktionen manuell deaktivieren müssten.
- **Fehlersuche zugelassen**. Ermöglicht das erweiterte Debugging von Flash-Filmen und sollte nur während der Entwicklung angekreuzt werden. Diese Option funktioniert insbesondere in Zusammenarbeit mit dem Flash Debug Player, der für Entwickler sehr nützlich ist und bei Macromedia kostenlos heruntergeladen werden kann (zurzeit unter **www.macromedia.com/support/flash/downloads.html**). Damit Import und Fehlersuche nicht jedem beliebigen Betrachter Ihres Films ermöglicht werden, können Sie diese Funktionen mit Hilfe der Funktion **Passwort** schützen. Hunderprozentige Sicherheit bietet dies aber ebenso wenig wie das oben erwähnte **Vor Import schützen**.

Bitmap- und Soundqualität

Die Option **JPEG-Qualität** legt den Komprimierungsfaktor für Bitmaps fest, die Sie im Film verwendet haben. Dies betrifft allerdings nur solche Bilder, denen Sie in der Bibliothek des Films keine eigenständige Einstellung zugewiesen haben (Näheres dazu weiter oben im Abschnitt über Bitmaps). Die Qualitätsstufe ist hier von 0 bis 100 beliebig wählbar, wobei 0 die schlechteste Qualität bei geringster Dateigröße und 100 die beste Qualität bei hoher Dateigröße bedeutet. In der Regel gibt es wenig Grund, den voreingestellten Faktor 50 zu ersetzen, zumal es ohnehin sinnvoller ist, jedes importierte Bild individuell zu behandeln.

Die nächsten drei Einstellungen betreffen die Komprimierung von Sounds in Ihrem Film. Sie können separate Einstellungen für Stream-Sound und Ereignis-Sound vornehmen. Grundsätzlich ist es kaum sinnvoll, ein anderes internes Sound-Format als MP3 zu wählen; es gibt – zumindest in Flash – nichts, was bei verhältnismäßig guter Qualität einen so hohen Komprimierungsfaktor zulässt. Das Ankreuzfeld **Sound-Einstellungen übergehen** zwingt sämtlichen Sounds in Ihrem Film die soeben vorgenommenen Einstellungen auf, auch denjenigen Sounds, die in der Bibliothek eigentlich eine individuelle Einstellung besitzen.

Zu guter Letzt dient das Auswahlmenü **Version** dazu, den Film für ältere Versionen des Flash-Players zu exportieren. Dabei gehen allerdings kommentarlos alle diejenigen Funktionen Ihres Films verloren, die von der jeweiligen Version noch nicht unterstützt wurden. Nützlich ist diese Möglichkeit zum Beispiel, wenn Sie Flash-Filme als Bestandteil von Multimedia-Produktionen verwenden möchten, die mit Director erstellt werden: Ältere Director-Versionen unterstützen das neueste SWF-Format nicht.

19.4.3 SWF-Filme in HTML einbetten

Die einfachste Möglichkeit, einen Flash-Film in eine HTML-Seite einzubetten, besteht in der Verwendung des folgenden Code-Abschnitts:

```
<embed src="bike.swf" width="550" height="400" play="true" loop="true"
quality="high" type="application/x-shockwaveflash"></embed>
```

Es handelt sich hierbei um die klassische Netscape-Plug-in-Syntax. Grundsätzlich versteht auch der Microsoft Internet Explorer diese Formulierung, kann jedoch auf diese Weise einige seiner spezifischen Vorteile nicht nutzen. Wenn Sie das `<embed>`-Tag so einsetzen, wird der SWF-Film in allen Browsern abgespielt, in denen bereits ein passendes Plug-in (Firefox, Opera und so weiter) beziehungsweise ActiveX-Control (Internet Explorer) installiert ist.

Zusätzliche Optionen wie das automatische Finden der Plug-in-Download-Seite für Mozilla-kompatible Browser oder gar der automatische Download der ActiveX-Komponente funktionieren auf diese Weise nicht. Ein solches Konstrukt gehört also niemals auf die Startseite einer Website, und eigentlich sollten Sie einen Flash-Film so überhaupt nicht einbetten. Allerdings ist diese Minimal-Schreibweise mitunter recht bequem, um während der Entwicklung einer Site kurz etwas auszuprobieren.

Hier eine kurze Übersicht über die Attribute, die im <embed>-Tag verwendet wurden:

<embed>-Attribute

- src gibt die Quell-URL des Films an. Bis einschließlich Version 4 des Flash-Players durfte hier keine relative URL angegeben werden. Der Flash-Film musste also entweder im selben Verzeichnis liegen wie die HTML-Datei oder es musste auf eine absolute URL zurückgegegriffen werden. Noch heute sollte dieses Vorgehen aus Sicherheitsgründen bevorzugt werden. Im obigen Beispiel wurde als URL die Datei **bike.swf** im aktuellen Verzeichnis angegeben.
- width und height geben die Breite und Höhe des sichtbaren Filmbereichs in Pixeln an. Prinzipiell besteht hier die Möglichkeit der Skalierung, da es sich bei Flash-Filmen bekanntlich um Vektorgrafik handelt. Allerdings sollten Sie darauf achten, proportional zu skalieren – andernfalls wird der Film zwar nicht verzerrt, aber es könnten Bereiche angezeigt werden, die außerhalb der eigentlichen Bühne liegen. Alternativ können Sie die Größe mittels nachgestelltem %-Zeichen auch relativ zum Browserfenster festlegen (beispielsweise setzen die Angaben width="100%" height="100%" den Film auf Fenstergröße).
- Das Attribut play sollte stets angegeben werden und immer den Wert "true" aufweisen, da einige Flash-Player sonst Probleme bereiten könnten. play="false" ist dagegen nicht das Mittel der Wahl, wenn der Film zunächst stehen bleiben soll. Wenn Sie dies erreichen möchten, sollten Sie lieber am Anfang des eigentlichen Films die ActionScript-Anweisung stop() setzen.
- loop dient der Festlegung, ob der Film in einer Schleife oder nur einmal abgespielt werden soll – zumindest theoretisch. In der Praxis wird dieses Attribut aus Kompatibilitätsgründen geschrieben und auf "true" gesetzt, wenn der Film in einer Schleife laufen soll (was standardmäßig ohnehin der Fall ist). Soll er dagegen tatsächlich nur einmal abgespielt werden und dann stehen bleiben, dann müssen Sie ohnehin eine stop()-Aktion an das Ende des Films setzen. In diesem Fall spielt es aber auch keine Rolle mehr, welchen Wert Sie dem Attribut loop zuweisen.
- quality legt die Abspielqualität des Films fest. Je höher die Qualität, desto länger dauert die Ladezeit. Bei Streaming-Verhalten (dem Standard in allen Flash-Playern) ruckelt der Film möglicherweise, im Zweifelsfall müssen Sie ihn **vorausladen** (siehe letzten ActionScript-Unterabschnitt unter *Filme vorausladen*).

  Mögliche Werte für quality sind unter anderem: "low" (dauerhaft mit niedriger Qualität abspielen), "high" (immer hohe Qualität), "auto" (der Player entscheidet je nach verfügbarer Downloadrate selbst), "autolow" (der Player entscheidet noch immer selbst, bevorzugt aber im Zweifelsfall "low") und "autohigh" (bei grundsätzlich automatischer Auswahl wird eher "high" gewählt).

  Niedrige Qualität taugt, wenn überhaupt, nur für sehr schnelle Animationen; bei standbildlastigen Sequenzen ist sie absolut unbrauchbar.
- type schließlich ist ein allgemeines Attribut für die Plug-in-Einbettung mit <embed> und gibt den MIME-Type der einzubettenden Komponente an. Bei SWF-Filmen ist der korrekte Typ "application/x-shockwave-flash".

Erweiterte Einbettungs-Optionen

Da der Internet Explorer für Windows seit der Version 3.0 neben den klassischen (Netscape-)Plug-ins auch die Verwendung so genannter ActiveX-Controls beherrscht, ist es sinnvoll, dies beim Einbetten von Filmen auch explizit zu nutzen. Bei ActiveX-Controls handelt es sich um Softwarekomponenten, die bei Bedarf automatisch heruntergeladen und in den laufenden Browser installiert werden. Eine solche Komponente muss im Windows-Betriebssystem registriert werden, was ebenfalls automatisch geschieht. Ein klassisches Plug-in müssen Sie im Unterschied dazu herunterladen, dann den Browser schließen, das Plug-in installieren und den Browser anschließend neu starten.

ActiveX und Sicherheit

Neben dem Komfort, den ActiveX-Controls bieten, sind sie jedoch leider auch wegen einer ganz anderen Eigenschaft ins Gerede gekommen: Sie stellen ein nicht zu unterschätzendes Sicherheitsrisiko dar. Das Problem ist, dass ein ActiveX-Control als lokales Programm Zugriff auf alle Betriebssystemfunktionen besitzt. Für einigermaßen geübte Programmierer ist es demnach kein Problem, ActiveX-Controls zu programmieren, die etwa die Festplatte formatieren oder sämtliche Inhalte derselben vom Internet aus zugänglich machen. Wird ein solches Control installiert, dann kann es sofort ohne weitere Nachfrage sein zerstörerisches Werk beginnen, da es wie gesagt automatisch installiert wird. Sie sollten daher als Windows-Anwender dringend darauf achten, den Internet Explorer folgendermaßen zu konfigurieren:

- Es dürfen nur **signierte** ActiveX-Controls installiert werden. Eine Signatur ist die Bestätigung einer anerkannten Registrierungsautorität (zum Beispiel VeriSign) über die Identität des Anbieters.
- Auch signierte ActiveX-Controls dürfen nur auf Nachfrage installiert werden, denn es nützt Ihnen überhaupt nichts, wenn Sie die Bestätigung erhalten, dass ein gefährlicher Angreifer wirklich er selbst ist.

Konsultieren Sie zu diesen Themen unbedingt die Internet-Explorer-Hilfe oder Ihren Administrator!

Wenn das Flash-ActiveX-Control bereits im Internet Explorer installiert ist, spielt er ohne weiteres Filme ab, die mittels `<embed>` eingebettet wurden. Die automatische Installation des Players wird allerdings nur durch das `<object>`-Tag unterstützt. Da Netscape und andere Browser dieses Tag jedoch nicht verarbeiten, ist es ratsam und in der Praxis üblich, `<object>` und `<embed>` ineinander zu verschachteln. Der Internet Explorer für Windows führt in diesem Fall das `<object>`-Tag aus und ignoriert das darin eingebettete `<embed>`; Netscape dagegen übergeht `<object>` und hält sich stattdessen nur an das `<embed>`-Tag.

Die vollständige Einbettung eines Films mit `<object>` und verschachteltem `<embed>` könnte folgendermaßen aussehen:

```
<object classid="clsid:D27CDB6E-AE6D-11cf-96B8-444553540000"
codebase="http://download.macromedia.com/pub/shockwave/
cabs/flash/swflash.cab#version=7,0,0,0" width="550"
height="400">
    <param name="quality" value="high" />
    <param name="loop" value="true" />
```

```
    <param name="play" value="true" />
    <param name="movie" value="bike.swf" />
    <embed type="application/x-shockwave-flash" width="550"
height="400" play="true" movie="bike.swf" loop="true"
quality="high" src="bike.swf"></embed>
</object>
```

Das `<object>`-Tag nimmt die meisten Einstellungen über separate `<param>`-Tags (Parameter) entgegen. Der Parameter `"movie"` enthält beispielsweise die URL des Flash-Films. Die `<param>`-Tags funktionieren von ihrer Struktur her wie `<meta>`-Tags: `name`/`value`-Paare liefern den jeweiligen Parameternamen und dessen Wert.

<param>-Tags

Als direkte Attribute im `<object>`-Tag selbst stehen nur die so genannte **Class-ID**, die Registriernummer des ActiveX-Controls, die beim Anbieter oder bei Microsoft nachgeschlagen werden muss, und die **Codebase**, die direkte Download-URL der ActiveX-Komponente.

19.4.4 Die Funktion »Veröffentlichen«

Die Funktion **Datei · Veröffentlichen** erstellt automatisch den Flash-Export (`.swf`-Datei) und eine HTML-Datei, in die der Film mit wählbaren Optionen ordnungsgemäß eingebettet ist.

Das Veröffentlichen erfolgt in zwei Schritten:

1. **Datei · Einstellungen für Veröffentlichungen...**

   Auf der ersten Registerkarte, »Formate«, werden zunächst die zu exportierenden Dateitypen ausgewählt. Standardmäßig sind HTML- und SWF-Datei angekreuzt, und das sollte als Voreinstellung beim Verlassen des Dialogs auch so bleiben! Falls Sie vorübergehend andere Einstellungen verwenden möchten, sollten Sie diese vornehmen und innerhalb des Dialogs sofort auf **Veröffentlichen** klicken, denn es erspart Ihnen Verwirrung bei späteren Versuchen, wenn Sie die Dateitypen anschließend sofort wieder auf HTML und SWF zurücksetzen.

   Die meisten der angebotenen Dateiformate besitzen eine eigene Registerkarte. Die Optionen unter »Flash« entsprechen genau den Einstellmöglichkeiten unter **Datei · exportieren**. Auf der Registerkarte »HTML« können Sie im Einzelnen festlegen, wie der automatisch generierte HTML-Code zur Einbettung Ihres Films beschaffen sein soll. Folgende Einstellungen können hier vorgenommen werden:

   - **Vorlage** sollte im Allgemeinen auf »Nur Flash« stehen bleiben; andere Einstellungen sind exotisch und nur im Einzelfall vertretbar. Mit Hilfe der Schaltfläche **Info** können Sie sich über die verfügbaren Optionen jeweils näher informieren.
   - Unter **Größe** bestehen die Auswahlmöglichkeiten »An Film anpassen«, »Pixel« und »Prozent«. Bei der Auswahl von »An Film anpassen« werden Höhe und Breite des Films in Pixeln automatisch eingetragen. »Pixel« dient der Festlegung einer benutzerdefinierten Pixelgröße; unter »Prozent« können Sie selbst Prozentwerte eintragen.
   - **Abspielen** legt verschiedene Optionen für das Abspielverhalten des Films auf der Webseite fest: »Beim Beginn« bedeutet, dass der Film unabhängig von eventuellem

ActionScript automatisch ab dem Filmbeginn abgespielt wird, was im Allgemeinen nicht sonderlich ratsam ist. »Menü anzeigen« regelt, ob dem Benutzer im Browser ein Kontextmenü zur Steuerung des Films zur Verfügung gestellt werden soll oder nicht. »Wiederholung« stellt analog zum HTML-Attribut `loop` die Schleifeneinstellung ein oder aus; auch hier reicht einfaches Deaktivieren nicht sicher aus, um das standardmäßige Schleifenverhalten des Films zu deaktivieren. »Geräteschriftarten verwenden« sorgt schließlich dafür, dass keine Schriften exportiert werden; stattdessen werden Standardschriften des Rechners verwendet, auf dem der Film gerade läuft. Dies spart zusätzlichen Speicherplatz, dafür sieht das Ergebnis aber in der Regel ziemlich unerfreulich aus.

- **Qualität** entspricht genau dem weiter oben besprochenen HTML-Attribut `quality`.
- **Fenstermodus** legt fest, ob der Flash-Film einen eigenständigen Anzeigebereich (Fenster) auf der Seite erhalten oder einfach andere Elemente verdecken soll. Die Option **Durchsichtig ohne Fenster** hat nur im Internet Explorer für Windows einen Effekt und bedeutet, dass die Hintergrundfarbe des Films unterdrückt wird, so dass der Film durchsichtig erscheint.
- **HTML-Ausrichtung** bestimmt, wie der Film im Browserfenster ausgerichtet werden soll.
- **Skalieren** legt fest, ob der Film selbst skaliert oder ob er abgeschnitten wird, falls er nicht in seiner Originalgröße angezeigt wird.
- **Flash-Ausrichtung** bestimmt, wie der Flash-Film in seinem Anzeigebereich ausgerichtet wird; dies hat nur dann Bedeutung, wenn der Anzeigebereich nicht der eigentlichen Filmgröße entspricht.

2. Das eigentliche Veröffentlichen

   Falls Sie exotische Einstellungen vorgenommen haben, sollten Sie sofort im oben beschriebenen »Einstellungen«-Dialog auf die Schaltfläche **Veröffentlichen** klicken und anschließend die Einstellungen wieder auf Standard zurücksetzen. Auf diese Weise können Sie im Normalfall einfach **Datei · Veröffentlichen** auswählen, um eine HTML-Datei plus SWF-Film mit Ihren bevorzugten Einstellungen auf Knopfdruck zu erzeugen.

   Die HTML- und die SWF-Datei werden in denselben Ordner exportiert wie der ursprüngliche Arbeits-Flash-Film und tragen denselben Dateinamen, allerdings mit den Dateiendungen `.html` beziehungsweise `.swf`.

19.5 Interaktivität mit ActionScript

ActionScript ist seit Flash 4 der Name der in Flash eingebauten einfachen Programmiersprache. Seit Flash 5 ist die Sprache **ECMA-Script**-kompatibel, basiert also auf derselben Syntaxgrundlage wie JavaScript. Natürlich sind aber die Objekte, mit denen gearbeitet wird, ganz andere als bei der JavaScript-Variante in Webbrowsern.

In der aktuellen Version Flash MX 2004 wurde ActionScript erheblich erweitert. Die bedeutendsten Neuerungen sind eine Java-ähnliche Objektorientierung (wird hier nicht näher behandelt) sowie die Möglichkeit der Typisierung von Variablen und Funktionen. Die neue Version wird als ActionScript 2.0 bezeichnet.

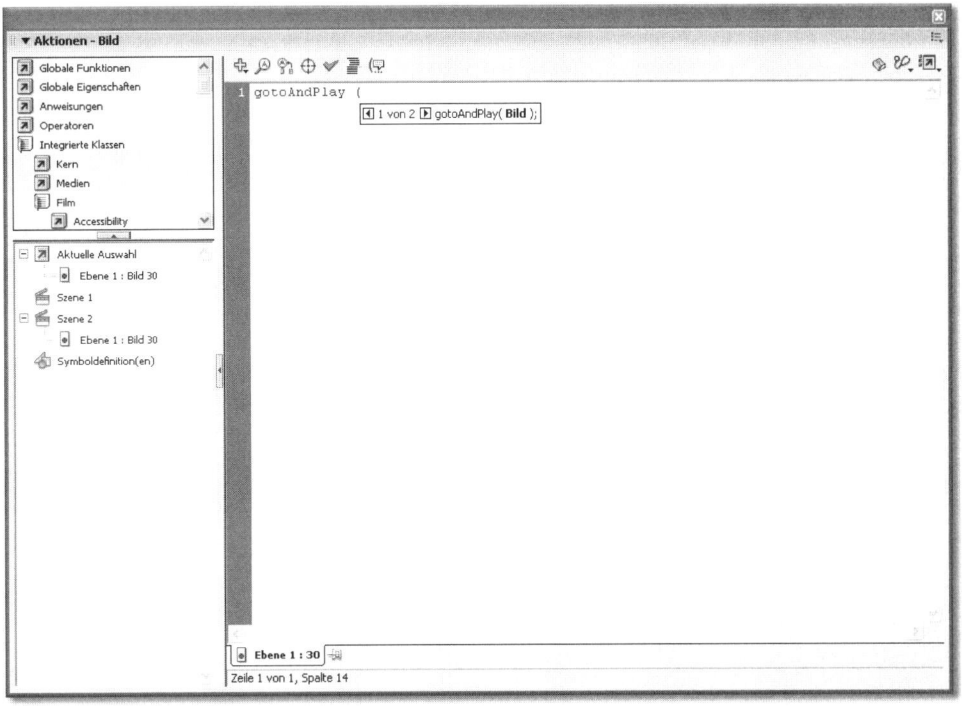

Abbildung 19.6 Die Aktionen-Palette

Die Eingabe von ActionScript erfolgt über die **Aktionen-Palette** (siehe Abbildung 19.6); sie wird mit **Fenster · Aktionen** oder [F9] eingeblendet.

Dieses Fenster enthält links eine Sammlung aller möglichen Aktionen, Operatoren, Objekte und so weiter, die per Doppelklick in das aktuelle Skript übernommen werden können. Darunter sehen Sie eine Art Baumdiagramm aller Elemente des Films, die mit Skripten ausgestattet sind. Rechts ist das aktuell bearbeitete Skript selbst zu sehen.

19.5.1 Erstes Beispiel: ein Film, der am Ende anhält

Wie Sie bei der Verwendung der Funktion **Film testen** wahrscheinlich bereits bemerkt haben, werden Filme standardmäßig in einer Schleife ausgeführt. Das vorliegende erste ActionScript-Beispiel verändert dieses Verhalten, indem es den Film nach dem ersten Ablauf am Ende anhält.

1. Erstellen Sie eine beliebige Animation.
2. Markieren Sie das letzte Keyframe des Films (egal welcher Ebene) und öffnen Sie dann das Aktionenfenster.
3. Wählen Sie unter **Globale Funktionen · Zeitleistensteuerung** per Doppelklick die Aktion **stop** aus – im rechten Bereich erscheint die syntaktisch korrekte Fassung

   ```
   stop ();
   ```

Das Keyframe selbst besitzt nun in der Zeitleiste außer seinem Keyframe-Punkt noch ein kleines »*a*«, das darauf hindeutet, dass dieses Frame Aktionen enthält. Um diese nachträglich zu bearbeiten, wird einfach das Frame angeklickt und die Aktionen-Palette wieder geöffnet.

Bildaktionen-Ebene

Um nicht durcheinander zu kommen, wenn die Aktionen auf beliebigen Ebenen verteilt sind, ist es besser, eine separate Ebene *nur* für Bildaktionen einzurichten (beispielsweise ganz oben in der Zeitleiste) und entsprechend zu benennen, etwa »Steuerung«, »Kontrolle« oder »Aktionen«.

19.5.2 Schaltflächen verwenden

Eine Schaltfläche (Button) wird verwendet, um Benutzeraktionen einzuleiten. Es handelt sich um ein spezielles Symbol vom Typ **Schaltfläche**. Innerhalb dieses Symbols existieren keine durchnummerierten Frames mehr in der Zeitleiste, sondern vier speziell benannte:

- **Up** ist der Normal- oder Ruhezustand des Buttons, wenn er nicht mit dem Mauszeiger in Berührung kommt.
- **Darüber** ist der Zustand des Buttons, während er vom Mauszeiger berührt wird.
- **Gedrückt** bezeichnet den Zustand, in dem der Button (beziehungsweise die Maustaste) heruntergedrückt wird.
- **Aktiv** ist im eigentlichen Sinn kein Zustand, sondern definiert den sensitiven Bereich des Buttons. Dieser Bereich ist nicht sichtbar, sondern kann mit einem Hotspot in einer HTML-Image-Map verglichen werden. Er wird besonders verwendet, wenn die drei Zustände unterschiedlich groß sind oder keine gefüllten Formen aufweisen, zum Beispiel, wenn sie nur Text enthalten.

Generell gilt: Um einen Zustand explizit zu setzen, muss ein Keyframe in seinem Bereich existieren, ansonsten wird der vorherige Zustand weiterverwendet.

Falls Buttons Animation enthalten sollen, wird einfach im entsprechenden Zustands-Keyframe eine Movieclip-Instanz eingefügt.

Button-Aktionen

Ihre Aktionen erhalten Buttons ähnlich wie Keyframes: Die Button-Instanz wird auf der Bühne ausgewählt, anschließend wird die Aktionen-Palette geöffnet oder der letzte Button rechts unten in den Instanzeigenschaften angeklickt. Die Beschriftung der Aktionen-Palette lautet nun **Objektaktionen** statt **Bildaktionen**.

Damit der Button auf einen Mausklick reagieren kann, müssen Sie die gewünschten Anweisungen durch einen **Event-Handler** umschließen. In ActionScript sehen diese schematisch wie folgt aus:

```
on (Ereignis [, Ereignis]) {
   // Anweisung(en)
}
```

Wichtige Ereignisse sind etwa `press` (Drücken der Maustaste), `release` (Loslassen der Maustaste), `rollOver` (Mausberührung) oder `rollOut` (Mausentfernung).

Folgendermaßen können Sie den Film aus dem vorigen Beispiel per Knopfdruck neu starten:

1. Erstellen Sie eine Schaltfläche beliebigen Aussehens mit der Beschriftung »Noch mal«.
2. Fügen Sie eine neue Ebene namens **Buttons** in den Film ein.
3. Fügen Sie in dieser neuen Ebene am Ende des Films ein Schlüsselbild ein.
4. Weisen Sie der Button-Instanz folgendes Skript zu:

```
on (release) {
   play ();
}
```

Jeder Klick auf den **Noch mal**-Button lässt die Animation nun erneut ablaufen.

19.5.3 Navigation

Mit Hilfe der Navigations-Aktionen `gotoAndPlay()` und `gotoAndStop()` wird ein Sprung zu einem bestimmten Frame durchgeführt. Dazu muss das gewünschte Zielframe bezeichnet werden. Im einfachsten Fall wird die Nummer des Bildes angegeben. Die folgende Anweisung springt zu Bild Nummer 7 und spielt den Film an dieser Stelle weiter ab:

```
gotoAndPlay (7);
```

Praktischer als Nummern sind Bildbezeichnungen. Wenn Sie ein Schlüsselbild markieren, können Sie sie in der Eigenschaften-Leiste eingeben. Die folgende Anweisung springt zu einem Bild mit der Bezeichnung `test` und hält dort an:

```
gotoAndStop ("test");
```

Mit Szenen arbeiten

Noch übersichtlicher lassen sich längere Flash-Filme mit Hilfe von **Szenen** organisieren. Eine Szene ist eine Ordnungseinheit im Film, die es erleichtert, verschiedene logische oder inhaltliche Teile auseinander zu halten.

Jede Szene beginnt zunächst einmal mit einer leeren Zeitleiste, einer einzigen Ebene und völlig ohne Inhalt; die Frames werden in jeder einzelnen Szene ab 1 gezählt. Beim späteren Abspielen des Films laufen alle Szenen ohne Pause hintereinander ab.

Die Verwaltung der Szenen erfolgt in der **Szene**-Palette (**Fenster · Szene** oder [Shift] + [F2]). Hier können Sie jede Szene anklicken, um in ihr zu arbeiten – das geht allerdings einfacher über das Szenen-Popup, die kleine Film-Klappe rechts oben im Dokumentfenster. Sie können in der Szenen-Palette per Doppelklick eine Szene umbenennen und durch Ziehen nach oben oder unten ihre Reihenfolge vertauschen. Die Buttons unten in der Palette dienen von links nach rechts dem **Duplizieren** der aktuellen Szene, dem Erstellen einer **neuen Szene** und dem **Löschen** der aktuellen Szene.

Ein weiterer Vorteil von Szenen besteht darin, dass Sie nicht für jeden Test Ihrer aktuellen Arbeit den gesamten Film exportieren müssen: Über **Steuerung · Szene testen** können Sie einzelne Szenen als Vorschau exportieren.

Goto-Aktionen mit Szenen

In den `goto*()`-Funktionen kann als erster Parameter die Szene angegeben werden, zu der gesprungen werden soll. Das folgende Beispiel springt zu Bild 1 in der Szene `game` und spielt den Film dort weiter ab:

```
gotoAndPlay ("game", 1);
```

Die folgende Syntax hält den Film dagegen nach einem Sprung zum Bild `ende` in der Szene `schluss` an:

```
gotoAndStop ("schluss", "ende");
```

19.5.4 Andere Filme laden: die loadMovie-Funktionen

Die `loadMovie*`-Funktionen benötigen fertige SWF-Filme, das heißt das Endprodukt Ihrer Arbeit und keine bearbeitbaren FLA-Dateien. Die SWF-Dateien müssen also bereits exportiert worden sein, und ihr Name und relativer Pfad zueinander müssen bekannt sein.

Im vorliegenden Beispiel werden zwei Filme namens `film1.swf` und `film2.swf` verwendet, die im selben Ordner liegen.

Um nun von `film1.swf` aus – hier mit Hilfe eines Buttons – `film2.swf` aufzurufen, werden folgende Anweisungen eingegeben:

```
on (release) {
   loadMovieNum ("film2.swf", 0);
}
```

Die allgemeine Syntax der Funktion `loadMovieNum()` lautet:

```
loadMovieNum (URL, Stufe[, Methode]);
```

Die **URL** gibt den gewünschten Film an. **Stufe** ist 0, wenn Sie den aktuellen Film (und übrigens alle anderen Filme) ersetzen möchten, oder ein höherer Wert, um den neuen Film ebenenähnlich über den vorhandenen zu laden. Die optionale **Methode** kann `"POST"` oder `"GET"` sein und sorgt dafür, dass alle Variablen mit der entsprechenden HTTP-Methode an den neuen Film versandt werden. Näheres über diese Versandmethoden erfahren Sie in den Kapiteln 16, *HTML, CSS und Webdesign* und 17, *Webanwendungen*.

Wichtig ist in diesem *Zusammenhang* auch die Funktion `unloadMovieNum()`. Ihr einziges Argument ist **Stufe**, wodurch der aktuell auf der entsprechenden Stufe befindliche Film entfernt wird. Bemerkenswert ist, dass ein Film, der sich auf einer bestimmten Stufe befindet, sich auch »selbst entfernen« kann, wenn er diese Stufe angibt. Das folgende Beispiel entlädt den Film auf Stufe 2:

```
unloadMovieNum (2);
```

Es ist technisch ohne weiteres möglich, den Film auf Stufe 0 zu entladen. Dann ist allerdings gar kein Film mehr vorhanden!

Bitte beachten Sie, dass grundlegende Filmeigenschaften an den zuerst geladenen Film angepasst und im Nachhinein nicht mehr geändert werden – insbesondere Hintergrundfarbe, Bühnengröße und Abspielrate. Dabei ist es egal, ob der erste Film durch den Ladevorgang ersetzt oder auf einer höheren Stufe überlagert wird.

Ein Film auf einer höheren Stufe ist im Übrigen an allen Stellen, an denen er keinen Inhalt hat, durchscheinend und deckt die darunter liegenden Filme nicht ab. Buttons auf darunter liegenden Filmen bleiben sogar dann aktiv, wenn sie nicht mehr sichtbar sind, das heißt, wenn sie durch beliebige Inhalte abgedeckt sind.

Im Unterschied zu `loadMovieNum()` lädt `loadMovie()` einen externen Film in eine benannte Movieclip-Instanz; der bisherige Inhalt derselben wird dadurch ersetzt. Es gibt zwei verschiedene Schreibweisen für diese Funktion:

```
loadMovie (URL, Instanz[, Methode]);  // globale Funktion
Instanz.loadMovie (URL[, Methode]);   // Instanz-Methode
```

Die beiden folgenden Anweisungen laden die Datei `test.swf` nach beiden Varianten in die Movieclip-Instanz `rahmen`:

```
loadMovie ("test.swf", "rahmen");
rahmen.loadMovie ("test.swf");
```

Im Allgemeinen ist die Methoden-Schreibweise zu bevorzugen.

19.5.5 Steuern von Movieclips

Jede Movieclip-Instanz ist im Prinzip ein eigenständiger kleiner »Film im Film«. Eine solche Instanz verfügt über eine eigene Zeitleiste, die unabhängig von der Zeitleiste des Hauptfilms gestartet, angehalten und gesteuert werden kann.

Movieclip-Instanzen können mittels ActionScript gesteuert werden. Genauer gesagt kann jede Zeitleiste jeder anderen unabhängigen Zeitleiste Befehle erteilen. Die allgemeine Schreibweise ist diese:

```
andere_zeitleiste.methode(...);
```

Instanzen-Hierarchie

Dabei kann `methode(...)` fast jede gewöhnliche ActionScript-Funktion sein. Es ist nur wichtig zu wissen, mit welcher Syntax andere Zeitleisten angesprochen werden. Hierfür gelten die folgenden Regeln:

- Eine Instanz innerhalb der aktuellen Zeitleiste wird einfach anhand ihres in der Eigenschaften-Leiste definierten Namens angesprochen. Soll beispielsweise eine Instanz namens `test` angehalten werden, so lautet die Syntax für diese Anweisung:

  ```
  test.stop();
  ```

- Enthält das Symbol einer Instanz innerhalb der aktuellen Zeitleiste wiederum eine benannte Movieclip-Instanz und so weiter, dann werden die Bezeichnungen der verschachtelten Instanzen durch Punkte voneinander getrennt. Wenn zum Beispiel die Instanz `test` aus dem vorigen Beispiel ihrerseits eine Instanz namens `kreis` enthält, die zu ihrem Frame `ende` springen und anhalten soll, dann schreiben Sie Folgendes:

  ```
  test.kreis.gotoAndStop ("ende");
  ```

- Um die Zeitleiste anzusprechen, in der sich die aktuell bearbeitete Instanz befindet, wird der spezielle Bezug `_parent` verwendet. Wenn zum Beispiel `test` aus `kreis` heraus zum Weiterspielen aufgefordert werden soll, dann lautet der entsprechende Befehl:

```
_parent.play ();
```

- Wenn Sie aus einer beliebig tiefen Verschachtelung heraus den Hauptfilm ansprechen möchten, dann lautet die spezielle Bezeichnung dafür `_root`. Die folgende Anweisung schickt beispielsweise den Hauptfilm zu seinem Frame `anfang` und spielt ihn von dort ab:

```
_root.gotoAndPlay ("anfang");
```

Die Movieclip-Methoden-Version der `goto*()`-Anweisungen unterstützt keine Szenen. Falls Sie also aus einer anderen Zeitleiste heraus den Hauptfilm ansprechen, dann dürfen Sie nur ein Frame als Sprungziel angeben. Erfreulicherweise sind Frame-Bezeichnungen auch über Szenengrenzen hinweg gültig.

- Schließlich werden die auf anderen Stufen geladenen Filme über die spezielle Zielangabe `_levelN` angesprochen – `N` entspricht dabei der Nummer der jeweiligen Stufe. Um etwa den Film auf Stufe 3 anzuhalten, können Sie die folgende Anweisung benutzen:

```
_level3.stop ();
```

Auf dieselbe Weise erfolgt der Zugriff auf Variablen in anderen Zeitleisten sowie auf die weiter unten behandelten Eigenschaften von Movieclips.

Praxisbeispiel: ein kleiner Spielautomat

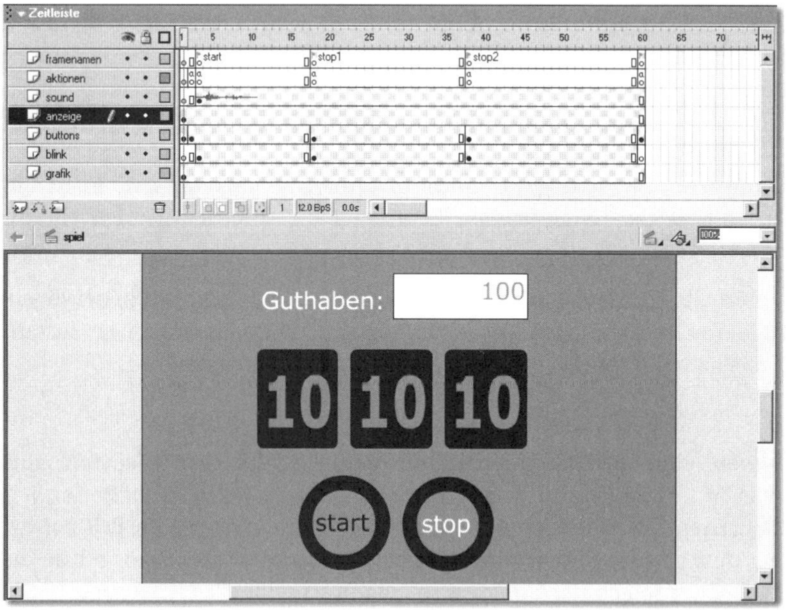

Abbildung 19.7 Der Spielautomat und seine Zeitleiste

Per Klick auf einen Start-Button wird der Automat gestartet. Es werden 10 Cent vom angezeigten Guthaben abgezogen. Anschließend laufen drei Walzen (Instanzen eines Symbols, das aus einer Abfolge von Schlüsselbildern mit verschiedenen Werten besteht); sie werden nacheinander automatisch – oder vorzeitig per Knopfdruck – gestoppt. Wenn alle drei Walzen dasselbe Symbol anzeigen, wird der entsprechende Betrag zum Guthaben addiert und angezeigt.

In Abbildung 19.7 wird das Ergebnis gezeigt.

1. Erstellen Sie ein Movieclip-Symbol namens `walze`. Es enthält ein Rechteck und darauf in mehreren aufeinander folgenden Keyframes unterschiedliche Beträge oder Symbole (Obst, Spielkarten, Sonnen, Kronen und so weiter).

   Da ich kein besonders fähiger Zeichner bin, ist mein klassisches Unterrichtsbeispiel folgendermaßen aufgebaut: Seine Dauer beträgt 20 Frames, und es besitzt in jedem zweiten Frame ein Keyframe; die Symbole sind die Werte 10 (häufig), 20 (seltener), 30 und 40 (sehr selten) sowie das Euro-Zeichen (einmal).

   Fügen Sie eine weitere Ebene ein, die Sie `aktionen` nennen. Innerhalb dieser Ebene muss jedes Bild ein Schlüsselbild sein und erhält jeweils eine Aktion, die die Variable `betrag` auf den aktuellen Walzenwert setzt. Angenommen, der aktuelle Walzenwert ist 10 – in diesem Fall lautet die einzugebende Aktion einfach:

   ```
   betrag = 10;
   ```

2. Ziehen Sie das Symbol `walze` dreimal auf die Bühne; die Instanzen werden als `walze1`, `walze2` und `walze3` bezeichnet. Die entsprechende Ebene erhält den Namen `grafik`.
3. Legen Sie zwei Schaltflächen-Symbole namens `play` und `stop` mit entsprechender Beschriftung an; diese werden in der Ebene `buttons` auf die Bühne gezogen.
4. Erstellen Sie eine neue Ebene mit dem Namen `anzeige` und zeichnen Sie dort ein dynamisches Textfeld. Weisen Sie ihm in der Eigenschaften-Leiste unter `Var.` den Variablennamen `guthaben` zu. Wählen Sie unter **Zeichen** als einzubettende Schriftsymbole **Ziffern [0..9]** aus. Setzen Sie die Absatzformatierung auf rechtsbündig (für Zahlen ideal) und die Schriftfarbe auf rot.
5. Erzeugen Sie ein Movieclip-Symbol namens `gewinnsound`. Es erhält zwei Ebenen; die Ebene `sound` enthält ab dem zweiten Frame einen passenden Sound, die Ebene `aktionen` bekommt im ersten Frame die Aktion

   ```
   stop();
   ```

   Sie verhindert, dass der Sound automatisch abgespielt wird.

   Ziehen Sie das Symbol auf die neue Ebene `sound` und nennen Sie die – durch einen Punkt dargestellte, aber eigentlich unsichtbare – Instanz ebenfalls `gewinnsound`, wie das Symbol selbst.
6. Eine weitere Ebene, `framenamen`, erhält Schlüsselbilder mit den folgenden Frame-Bezeichnungen:
   - Frame 3: Bezeichnung `start`
   - Frame 18: Bezeichnung `stop1`

- Frame 38: Bezeichnung `stop2`
- Frame 60: Bezeichnung `stop3`

Die genauen Positionen der drei Frames `stop1` bis `stop3` sind nicht ganz so wichtig; sie sollten nur nicht zu nah aufeinander folgen, damit die drei Walzen eine hinreichende Laufzeit erhalten.

7. Eine weitere Ebene namens `aktionen` erhält in einigen Frames Keyframes mit den folgenden Frame-Aktionen:

- Frame 2:

```
// Walzen auf zufällige Anfangspositionen setzen:
walze1.gotoAndStop
   (Math.ceil (Math.random() * 20));
walze2.gotoAndStop
   (Math.ceil (Math.random() * 20));
walze3.gotoAndStop
   (Math.ceil (Math.random() * 20));
// Startguthaben setzen:
guthaben = 100;
// den Hauptfilm zunächst anhalten:
stop ();
```

- Frame `start`:

```
// Kosten für ein Spiel abziehen
guthaben -= 10;
// Noch Guthaben vorhanden? Sonst bankrott!
if (guthaben < 0)
   gotoAndPlay ("bankrott", 1);
```

- Frame `stop1`:

```
// Walze 1 anhalten:
walze1.stop ();
```

- Frame `stop2`:

```
// Walze 2 anhalten:
walze2.stop ();
```

- Frame `stop3`:

```
// Walze 3 anhalten:
walze3.stop ();
// Gewinn überprüfen:
if (walze1.betrag == walze2.betrag
   && walze2.betrag == walze3.betrag)  {
   guthaben += walze1.betrag;
   gewinnsound.play ();
}
```

```
// Hauptfilm ebenfalls anhalten und auf Neustart
// per Play-Button warten:
stop ();
```

8. Die Buttons erhalten je nach Position im Film unterschiedliche Aktionen, indem auf der Ebene `buttons` an den entsprechenden Stellen jeweils Keyframes eingefügt werden:
   - Stop-Button in Frame 2:

     ```
     on (release) {
        // Walze 1 vorzeitig stoppen:
        gotoAndPlay ("stop1");
     }
     ```

   - Play-Button in Frame 2:

     ```
     on (release) {
        // Die drei Walzen starten:
        walze1.play ();
        walze2.play ();
        walze3.play ();
        // Den Hauptfilm für den Ablauf starten:
        play ();
     }
     ```

   - Stop-Button im Frame `stop1`:

     ```
     on (release) {
        // Walze 2 vorzeitig stoppen:
        gotoAndPlay ("stop2");
     }
     ```

   - Stop-Button im Frame `stop2`:

     ```
     on (release) {
        // Walze 3 vorzeitig stoppen:
        gotoAndStop ("stop3");
     }
     ```

   - Play-Button im Frame `stoprechts`:

     ```
     on (release) {
        // Die Walzen neu starten:
        walze1.play ();
        walze2.play ();
        walze3.play ();
        // Einen neuen Durchlauf beginnen:
        gotoAndPlay ("start");
     }
     ```

9. Erstellen Sie zu guter Letzt die separate Szene **bankrott**, die eine passende Meldung enthält.

19.5.6 Eigenschaften von Movieclip-Instanzen

Verschiedene Aspekte von Movieclips oder des Hauptfilms können nicht nur in der Arbeitsumgebung von Flash bearbeitet, sondern auch dynamisch per ActionScript modifiziert werden.

Jede dieser Eigenschaften hat die Syntax:

```
instanz._eigenschaft
```

Die Namen aller Eigenschaften beginnen mit einem Unterstrich.

Eigenschaften können in beliebigen Ausdrücken verwendet werden, wodurch ihr Wert ausgelesen und entsprechend verwendet wird. Geändert werden Eigenschaften dagegen per Wertzuweisung, so wie bei Variablen.

Beispielsweise könnten Sie folgendermaßen die aktuelle Breite der Instanz `kreis` in das Textfeld `ausgabe` schreiben:

```
ausgabe = kreis._width;
```

Das folgende Beispiel setzt die x-Position der Instanz `rechteck` auf 300:

```
rechteck._x = 300;
```

Tabelle 19.1 enthält eine Übersicht über die wichtigsten Eigenschaften und ihre Bedeutung.

`_width`	Breite der Instanz in Pixeln
`_height`	Höhe der Instanz in Pixeln
`_x`	horizontale Position, gemessen am Ankerpunkt der Instanz
`_y`	vertikale Position
`_rotation`	Drehwinkel in Grad
`_xscale`	horizontaler Skalierungsfaktor in Prozent
`_yscale`	vertikaler Skalierungsfaktor
`_xmouse`	horizontale Mausposition
`_ymouse`	vertikale Mausposition
`_visible`	Sichtbarkeit (true/false)
`_alpha`	Deckkraft, 0 bis 100

Tabelle 19.1 Die wichtigsten Eigenschaften von Movieclip-Instanzen

19.5.7 Verschiedene ActionScript-Lösungen

Im Folgenden werden in knapper Form einige häufig benötigte ActionScript-Lösungen vorgestellt. Selbstverständlich kann diese inzwischen sehr umfangreiche und komplexe Skriptsprache hier noch nicht einmal ansatzweise vollständig behandelt werden. Wenn Sie anhand der hier gezeigten Beispiele und Anregungen auf den Geschmack kommen, finden Sie in *Anhang B, Kommentiertes Literaturverzeichnis,* einige Empfehlungen für gute Flash- und ActionScript-Bücher.

Typisierte Variablen und Funktionen (ActionScript 2.0)

Die neueste Fassung von ECMA-262, auf der ActionScript 2.0 basiert, enthält die Möglichkeit, Variablen und Funktionen feste Datentypen zuzuweisen. Auf diese Weise können Sie sauberer und kontrollierter programmieren; gerade bei größeren Projekten vermeiden Sie dadurch Fehler und sparen Entwicklungszeit. Um eine Variable mit einem festen Typ zu versehen, gilt diese Deklarationssyntax:

```
var Variable: Typ [=Anfangswert];
```

Das folgende Beispiel deklariert eine Variable namens a als numerisch:

```
var a: Number;
```

Daraufhin führt dieser Versuch zu einer Fehlermeldung:

```
a = "Text";
```

Die wichtigsten primitiven Datentypen sind `Number` (allgemeine Zahl), `String` (Zeichenkette) und `Boolean` (`true` oder `false`).

Neben Variablen können Sie auch Funktionen einen Typ zuweisen. Das folgende Beispiel weist sowohl den beiden Parametervariablen als auch der Funktion selbst den Datentyp `Number` zu:

```
function produkt (z1: Number, z2: Number): Number {
   return z1 * z2;
}
```

Um die Typisierung verwenden zu können, müssen Sie beim Export Ihrer Filme **ActionScript 2.0** (und mindestens Flash Player 6) einstellen. Andernfalls verhalten sich Ihre SWF-Dateien unvorhersagbar.

ActionScript-Hyperlinks per getURL( )

Mit Hilfe der Funktion `getURL()` können Sie aus einem Flash-Film heraus einen Web-Hyperlink einrichten. Die Funktion nimmt als Argument mindestens eine URL entgegen; für diese gelten dieselben Regeln wie für URL-Angaben in HTML-Hyperlinks. Die folgende Anweisung öffnet die Homepage von Galileo Computing in dem Fenster oder Frame, in dem bisher der SWF-Film eingebettet ist:

```
getURL ("http://www.galileo-computing.de");
```

Ein optionales zweites Argument (Ziel) ist für die Angabe verantwortlich, in welches Fenster oder Frame die URL geladen werden soll. Es entspricht damit der `target`-Angabe bei HTML-Links. Dieses Beispiel öffnet die Datei **info.htm** in einem neuen Fenster:

```
getURL ("info.htm", "_blank");
```

Flash-Formulare

Schließlich existiert noch ein drittes Argument, die Methode. Wie bei `loadMovie*()` kann es die Werte `"GET"` oder `"POST"` annehmen und sorgt dafür, dass alle zurzeit definierten Variablen über die angegebene HTTP-Methode an die verknüpfte URL versandt werden. Dadurch können Sie die Funktionalität von HTML-Formularen in Flash simulieren. Beispielsweise ruft die folgende Anweisung das serverseitige Skript `forum.php` auf und sendet ihm die aktuellen Variablen mittels `GET`:

```
getURL ("forum.php", "_self", "GET");
```

Die eigentlich überflüssige Target-Angabe `_self` steht an dieser Stelle, weil das `GET`/`POST`-Argument auf jeden Fall das dritte sein muss.

Schließlich können Sie sogar JavaScript-Funktionen des Dokuments aufrufen, in das die SWF-Datei eingebettet wird. Dazu wird eine `javascript:`-Pseudo-URL verwendet. Das folgende Beispiel ruft die im umgebenden HTML-Dokument definierte JavaScript-Funktion `ausgabe()` auf:

```
getURL ("javascript:ausgabe();");
```

Natürlich funktioniert das nicht nur mit selbst definierten, sondern auch mit vorgefertigten JavaScript-Anweisungen.

Buttons mit »Dauerfeuer«-Funktion erstellen

Besonders bei Spielen ist es manchmal lästig, dass Sie Buttons *immer wieder neu* betätigen müssen, um dieselbe Aktion mehrmals hintereinander auszulösen. Das Problem ist, dass Flash-Buttons nur auf Zustandsänderungen reagieren, aber nicht auf Dauerzustände.

Packen Sie den Button in einen Movieclip ein, der bei Klick auf den Button beginnt, die gewünschte Aktion in einer Schleife auszuführen, und beim Loslassen des Buttons wieder damit aufhört.

Auf eine Ebene des Movieclips gehört also durchgehend der Button. Er erhält folgende Aktion:

```
on (press) {
   // Beim Drücken zur eigentlichen Aktion springen:
   gotoAndPlay (3);
}

on (release) {
   // Beim Loslassen wieder stehenbleiben:
   gotoAndStop (1);
}
```

Nun wird Frame 1 einer weiteren Ebene mit einem einfachen `stop()` versehen. Frame 3 erhält die eigentliche Aktion, die der Button auslösen soll – allerdings müssen Sie den geänderten Bezug beachten, da der Button nun verschachtelt innerhalb eines Movieclips liegt: Beispielsweise müssen Sie `_root` ansprechen, um von hier aus den Hauptfilm zu steuern. Schließlich erhält Frame 4 die Aktion `gotoAndPlay (3);`, um die Aktion in einer Schleife auszuführen.

Den Mauszeiger ausblenden

Das globale Objekt `Mouse` besitzt zwei Methoden: `Mouse.hide()` blendet den Mauszeiger aus, `Mouse.show()` zeigt ihn wieder an. In vielen Spielen ist es ratsam, den Cursor nicht anzuzeigen – insbesondere, wenn eine Spielfigur durch einfache Mausbewegung gesteuert wird.

Allgemeine Steuerungsaufgaben erledigen

Falls Sie bestimmte ActionScripts immer wieder ausführen oder auf allgemeine Mausbewegungen reagieren müssen, können Sie einen speziellen Steuerungs-Movieclip verwenden. Es handelt sich um eine beliebige Movieclip-Instanz – Sie können ruhig explizit ein vollkommen leeres Symbol verwenden –, der bestimmte Instanzaktionen zugewiesen werden: Die passende Aktion heißt `onClipEvent()` und umschließt auf ähnliche Weise wie das `on()` eines Buttons einen Block von Aktionen, die bei Eintritt eines bestimmten Ereignisses ausgeführt werden sollen. Dies sind die wichtigsten:

- `onClipEvent (load)`. Löst Aktionen aus, die *einmal* ausgeführt werden, wenn die Instanz zum ersten Mal auf der Bühne erscheint.
- `onClipEvent (enterFrame)`. Diese Aktionen werden bei jedem einzelnen Framewechsel ausgeführt, das heißt in einer sehr schnellen Endlosschleife.
- `onClipEvent (mouseDown)`. Die Aktionen werden ausgeführt, wenn irgendwo die Maustaste gedrückt wird.
- `onClipEvent (mouseUp)`. Diese Aktionen werden beim Loslassen der Maustaste an einer beliebigen Stelle ausgeführt.

Movieclip-Instanzen einfärben

Sie können eine Movieclip-Instanz mit einer beliebigen Farbe einfärben. Diese Farbe bedeckt die gesamte Form der Instanz, so dass Sie ein einheitlich gefärbtes Objekt erhalten; Linien, verschiedenfarbige Füllungen oder Verläufe sind nicht mehr zu sehen.

Das Einfärben erfolgt in zwei Schritten: Als Erstes wird ein mit der Instanz verknüpftes `Color`-Objekt erzeugt, anschließend wird die Methode `setRGB()` dieses Objekts aufgerufen, um die gewünschte Farbe einzustellen. Das Argument von `setRGB()` ist eine Zahl zwischen 0 und 16.777.216, also die numerische Darstellung eines 24-Bit-RGB-Farbwerts. Am einfachsten ist es, den Wert durch vorangestelltes `0x` als hexadezimale Konstante einzutragen, da Sie auf diese Weise einfach einen HTML-Farbwert übernehmen können. Beispielsweise steht `0xFF9900` für Orange.

Das folgende Beispiel färbt die Instanz `kugel` rot:

```
var kugelfarbe = new Color (kugel);
kugelfarbe.setRGB (0xFF0000);
```

Sie können den RGB-Wert alternativ auch aus den einzelnen Werten der drei Farbkanäle berechnen. Dazu eignet sich die folgende Schreibweise besonders gut, weil sie effizient ausgeführt wird und relativ übersichtlich ist:

```
rotwert << 16 | gruenwert << 8 | blauwert
```

Der Rotwert wird um 16 Bit nach links verschoben, der Grünwert um 8 Bit, der Blauwert bleibt unverändert. Anschließend werden die drei Teilwerte bitweise durch »Oder« verknüpft, was in diesem Fall der Addition entspricht, weil sich die Bits der Werte durch die Verschiebung nirgends überschneiden. Der Ausdruck ist also äquivalent mit der folgenden recht unhandlichen Fassung:

```
rotwert * 65536 + gruenwert * 256 + blauwert
```

Das folgende Beispiel färbt die Instanz `wuerfel` nach diesem Schema hell-cyan ein:

```
var wuerfelfarbe = new Color (wuerfel);
wuerfelfarbe.setRGB (204 << 16 | 255 << 8 | 255);
```

Dynamische Farbeffekte

Mit Hilfe der Methode `setTransform()` des `Color`-Objekts können Sie eine wesentlich exaktere Kontrolle über die Färbung einer Instanz erhalten: Die Methode bietet alle Möglichkeiten des Farbeffekts **Erweitert**, den Sie in der Eigenschaften-Leiste für eine Instanz einstellen können. Das Argument der Methode ist ein **Transformations-Objekt**: ein einzelnes, allgemeines Objekt, das acht benannte Werte kapselt. Das folgende Beispiel zeigt, wie die Methode auf die Instanz `quadrat` angewandt wird; in den Kommentaren wird die Bedeutung der acht Werte im Transformations-Objekt erläutert:

```
var quadTrans = new Object();  // allgemeines Objekt
quadTrans.ra = 100;  // Rot-Prozent -100 bis +100
quadTrans.rb = 0;    // Rot-Änderung -255 bis +255
quadTrans.ga = 100;  // Grün-Prozent -100 bis +100
quadTrans.gb = 0;    // Grün-Änderung -255 bis +255
quadTrans.ba = 100;  // Blau-Prozent -100 bis +100
quadTrans.bb = 0;    // Blau-Änderung -255 bis +255
quadTrans.aa = 100;  // Alpha-Prozent -100 bis +100
quadTrans.ab = 0;    // Alpha-Prozent -255 bis +255
var quadColor = new Color (quadrat);
quadColor.setTransform (quadTrans);
```

Wie bereits für den Farbeffekt **Erweitert** erläutert wurde, beschreiben die Prozentwerte die Intensität des jeweiligen Kanals im ursprünglichen Symbol, während die Änderungswerte dem Einfärben dienen, das heißt das Bild gleichmäßig mit der entsprechenden Farbe bedecken.

Kollisionen von Instanzen ermitteln

Besonders für Flash-Spiele ist es oft wichtig zu ermitteln, ob Movieclip-Instanzen einander berühren oder ob sie sich an einer bestimmten Position befinden. Zu diesem Zweck existiert die Movieclip-Methode `hitTest()`, die bei einer Berührung `true` zurückgibt oder `false`, wenn die getestete Berührung nicht stattfindet.

Es gibt zwei verschiedene Versionen von `hitTest()`, die unterschiedliche Argumente verwenden:

```
clip.hitTest (anderer_clip)
```

überprüft, ob die beiden Instanzen `clip` und `anderer_clip` einander berühren. Bei beiden Instanzen wird das Begrenzungsrechteck getestet, das heißt der gesamte rechteckige Bereich, der das Objekt genau umschließt. Beispielsweise überprüft die folgende Anweisung, ob die Instanz `ball` die Instanz `schlaeger` berührt:

```
if (ball.hitTest (schlaeger)) {
   // entsprechende Aktionen
}
```

Die zweite Form der Methode `hitTest()` sieht folgendermaßen aus:

```
clip.hitTest (x, y, form_testen)
```

`x` und `y` sind Koordinaten auf der Bühne; es wird überprüft, ob sich der angegebene Punkt innerhalb der getesteten Instanz befindet. Für das Argument `form_testen` kann `true` oder `false` eingesetzt werden. Bei `true` wird die exakte Form der Instanz ausgewertet, `false` begnügt sich dagegen mit dem Begrenzungsrechteck. Sie sollten die exakte Form nur dann testen, wenn es wirklich nötig ist. Die Variante mit Formtest benötigt erheblich mehr Ressourcen.

Das nächste Beispiel überprüft mit genauer Formüberprüfung, ob sich der Mauszeiger im Bereich der Instanz `dreieck` befindet:

```
if (dreieck.hitTest (_xmouse, _ymouse, true)) {
   // beliebige Anweisungen
}
```

Movieclip-Instanzen automatisch erstellen

Manchmal ist es nützlich, Objekte nicht von vornherein auf die Bühne zu setzen, sondern per ActionScript zu bestimmen, wann Sie wie viele von ihnen benötigen. Stellen Sie sich beispielsweise ein »Space Invaders-Spielchen« mit einer dynamischen Anzahl gegnerischer Raumschiffe vor.

ActionScript bietet verschiedene Methoden zur dynamischen Erzeugung von Movieclip-Instanzen an. Die drei wichtigsten sind diese:

- `duplicateMovieClip()`. Diese Aktion erzeugt eine Kopie einer bestehenden Movieclip-Instanz. Die drei benötigten Parameter sind der **Name der zu duplizierenden Clip-Instanz** (gegebenenfalls mit Verschachtelungsangabe in Punkt-Schreibweise) als String, ein selbstgewählter **Name für die neue Instanz** (ebenfalls als String) sowie die **Tiefe**. Letztere bestimmt die Stapelreihenfolge für dynamisch erzeugte Objekte: Je höher der Wert, desto weiter im Vordergrund liegt die neue Instanz.

- `clip-instanz.attachMovie()`. Die Aktion `attachMovie()` »hängt« an die benannte **Clip-Instanz** eine völlig neu erstellte Instanz an. Die drei Parameter sind der **Name des Originalsymbols**, der **neue Instanzname** und die bereits erwähnte **Tiefe**. Als Name des Originalsymbols können Sie nicht einfach den in der Bibliothek zu lesenden Namen eines Symbols verwenden. Stattdessen müssen Sie das betreffende Symbol in der Bibliothek auswählen, unter der **Verknüpfung** aus den Symboleigenschaften die Option **Export für ActionScript** aktivieren und explizit einen Exportnamen festlegen.
- `clip-instanz.createEmptyMovieClip()`. Erzeugt eine neue, leere Movieclip-Instanz – etwa um einen externen Film hineinzuladen. Die beiden Parameter sind der gewünschte **Name für die neue Instanz** und die **Tiefe**.

Einige Beispiele für diese Aktionen werden im nächsten Unterabschnitt angeführt und dort kommentiert.

Mit ActionScript zeichnen

Eine wichtige Neuerung der Vorgängerversion Flash MX bestand darin, dass Sie per ActionScript automatisch Zeichnungen anfertigen können. Verschiedene Movieclip-Methoden ermöglichen das Erstellen von Linien, Kurven und Füllungen. Das folgende Beispiel zeichnet einfache schwarze Freihandlinien, solange Sie die Maustaste gedrückt halten:

- Erstellen Sie ein Movieclip-Symbol namens **stift**, das das Bild eines Bleistifts enthält. Der Registrierpunkt muss auf der Spitze der Mine liegen. Ziehen Sie das Symbol auf die Bühne und nennen Sie die Instanz ebenfalls **stift**.
- Erzeugen Sie ein weiteres Moviecliep-Symbol mit dem Namen **steuerclip**. Lassen Sie es vollkommen leer und ziehen Sie es auf die Bühne. Aktivieren Sie die Instanz und weisen Sie ihr das folgende Skript zu:

```
// Initialisierung:
onClipEvent (load) {
   // Eine Kopie des Stifts namens stift1 erstellen,
   // damit er im Vordergrund liegt:
   duplicateMovieClip
      ("_root.stift", "stift1", 100);
   // Den ursprünglichen Stift unsichtbar machen:
   _root.stift._visible = 0;
   // stift1 mit der Maus bewegen:
   startDrag ("_root.stift1", true);
   // Den Mauszeiger ausblenden:
   Mouse.hide();
   // leeren Movieclip als Leinwand erzeugen:
   _root.createEmptyMovieClip("canvas", 0);
   // Linienstärke 2 Pixel, schwarz, Alpha 100:
```

```
    _root.canvas.lineStyle (2, 0x000000, 100);
    // Zurzeit wird nicht gemalt:
    _root.malen = false;
}

// Beginn des Malens (Maustaste unten):
onClipEvent (mouseDown) {
    // Es wird gemalt:
    _root.malen = true;
    // "Pinsel" auf Mausposition:
    _root.canvas.moveTo
        (_root._xmouse, _root._ymouse);
}

// Ende des Malens (Maustaste oben):
onClipEvent (mouseUp) {
    // Es wird nicht mehr gemalt:
    _root.malen = false;
}

// Schleife, die bei Bedarf malt:
onClipEvent (enterFrame) {
    // Wird gerade gemalt?
    if (_root.malen) {
        // Linie bis zur aktuellen Mausposition:
        _root.canvas.lineTo
            (_root._xmouse, _root._ymouse);
    }
}
```

Filme vorausladen

Normalerweise werden Flash-Filme im Internet **streaming** abgespielt, das heißt, ein Frame wird angezeigt, sobald genügend Daten geladen sind. Eigentlich ist dieses Verhalten wünschenswert, da es den Benutzern den Genuss Ihrer Werke ohne Wartezeit ermöglicht. Allerdings kann es vorkommen, dass an manchen Stellen eines Films eine zu hohe Datenmenge benötigt wird, um den Stream aufrechtzuerhalten.

Messen können Sie die zu erwartenden Ladezeiten auch offline: Wählen Sie im **Film testen**-Fenster die Option **Ansicht · Bandbreiten-Profiler**. Hier können Sie sich für verschiedene Verbindungsgeschwindigkeiten anzeigen lassen, ob die Ladezeiten der Frames und Szenen im Rahmen liegen. Wenn ein Balken über die waagerechte Mittellinie hinausragt, dann kann das Frame an der entsprechenden Stelle mit der eingestellten Bandbreite nicht rechtzeitig geladen werden – der Film wird hier ruckeln.

Wenn Sie Passagen oder Movieclips vorausladen möchten, können Sie die Eigenschaften `_totalframes` (Gesamtzahl der Frames) und `_framesloaded` (Anzahl der bereits geladenen Frames) einer beliebigen Zeitleiste miteinander vergleichen.

Das folgende Beispielskript kann einem Steuerungs-Clip am Anfang eines Films als Instanzaktion zugewiesen werden. Es geht davon aus, dass sich auf der Bühne des Hauptfilms eine Instanz namens **fbalken** befindet, die einen Fortschrittsbalken darstellt, und setzt dessen Breite prozentual auf die bereits geladenen Frames. Beachten Sie, dass das zugrunde liegende Symbol seinen Ankerpunkt am linken Rand des eigentlichen Balkens haben muss, damit der Balken korrekt von links nach rechts vergrößert wird.

Der Hauptfilm muss zunächst per allgemeinem `stop()` angehalten werden. Wenn er vollständig geladen ist, wird er ab dem benannten Frame `start` abgespielt. Hier das passende Skript:

```
onClipEvent (enterFrame) {
   // Fortschrittsbalken setzen:
   prozent = _root._framesloaded
          / _root._totalframes * 100;
   _root.fbalken._xscale = prozent;
   // Prüfen, ob fertig geladen wurde:
   if (_root._framesloaded == _root._totalframes)
      gotoAndPlay ("start");
}
```

Normalerweise brauchen Sie den ganzen Hauptfilm nur selten vorauszuladen: Wenn Sie ein gewisses Stück vorausladen und den Film dann abspielen, geht der Ladevorgang im Hintergrund automatisch weiter.

19.6 Zusammenfassung

Mit Flash können Sie multimediale, interaktive Websites erstellen. Auf der Basis von Vektorgrafik können Sie Zeichnungen erstellen und diese beliebig anordnen und animieren. Im Übrigen lassen sich verschiedene Arten externer Medien integrieren, insbesondere Bitmaps, Sound und Digitalvideo.

Wegen der extrem hohen Verbreitung des Flash-Plug-ins kann die große Mehrheit der Webbenutzer Flash-Inhalte im Browser betrachten. Abgesehen davon werden die SWF-Dateien aufgrund effizienter Komprimierung sehr klein und können deshalb schnell geladen werden. Aus diesen Gründen eignet sich dieses Format besser als alle anderen zur Vermittlung beliebiger Multimedia-Inhalte.

Zudem ermöglicht die eingebaute Programmiersprache ActionScript die Erstellung stark interaktiver Anwendungen, was Flash zu einer beliebten Plattform für Internet-Spiele, E-Learning und Unterhaltung macht. Da die grundlegende Syntax von ActionScript derjenigen von JavaScript entspricht, ist sie für die meisten Webentwickler leicht erlernbar.

Natürlich bietet Macromedia Flash noch erheblich mehr Möglichkeiten als in diesem Kapitel Berücksichtigung finden konnten. Nachdem Sie hier die Grundlagen erlernt haben, können Sie nun experimentieren: Gehen Sie im Web auf die Suche nach gelungenen Flash-Lösungen und fragen Sie sich, wie diese wohl realisiert worden sein könnten. Daraufhin können Sie versuchen, etwas Ähnliches zu erstellen.

20 Computer- und Netzwerksicherheit

Well, there's egg and bacon; egg sausage and bacon; egg and spam; egg bacon and spam; egg bacon sausage and spam; spam bacon sausage and spam; spam egg spam spam bacon and spam; spam sausage spam spam bacon spam tomato and spam.[1]
– Monty Python's Flying Circus

Wer Computer einsetzt, besonders mit Verbindung zum Internet, ist vielfältigen und täglich anwachsenden Bedrohungen ausgesetzt. Angriffe durch Viren oder E-Mail-Würmer, staatliche und privatwirtschaftliche Schnüffelei oder gar gezielte Angriffe durch Cracker können zu gravierenden Schäden bis hin zu völligem Datenverlust führen. Dieses Kapitel ergänzt die gezielten Sicherheitstipps zu einzelnen Themen, die Sie bisher an Ort und Stelle erhalten haben, und stellt allgemeinere Konzepte und Lösungen vor.

Absolute Sicherheit?

Bitte beachten Sie zunächst Folgendes: Wenn Sie hundertprozentige Sicherheit möchten, dann müssen Sie auf jegliche Netzwerkteilnahme völlig verzichten und dürfen niemals fremde Datenträger benutzen! Eigentlich müssten Sie sogar Ihre gesamte Software, vom Betriebssystem über Compiler und Treiber bis zu den Anwendungen, selbst schreiben.[2] Mit anderen Worten: IT-Sicherheit kann in der realen Welt immer nur ein Kompromiss sein; der Aufwand der Absicherung und die Wichtigkeit der zu schützenden Daten müssen in einem vernünftigen Verhältnis zueinander stehen.

Wichtig ist auch, dass Sie sich intensiv mit den technischen Grundlagen von Computersystemen und Netzwerken beschäftigen müssen, bevor Sie sich ernsthaft um die Sicherheit kümmern können. Natürlich sollten auch – und gerade – Anfänger die hier gesammelten Sicherheitstipps umsetzen, aber Verantwortung für die Absicherung Dritter sollte nur übernehmen, wer sich wirklich auskennt.

Im Einzelnen werden in diesem Kapitel folgende Themen behandelt:

- **PC-Gefahren**. Hier geht es um die alltäglichen Bedrohungen von Desktop-Rechnern durch »Malware« – Sammelbegriff für Viren, Würmer, Trojaner, Spyware und so weiter. Zugleich werden wichtige Gegenmaßnahmen beschrieben.
- **Netzwerk- und Server-Sicherheit**. Hier werden Server-relevante Themen wie Sicherheitslücken und Exploits, Rootkits, Cross Site Scripting (XSS) oder SQL Injection – und natürlich mögliche Gegenmaßnahmen – angesprochen. Daneben erhalten Sie eine Einführung in den Einsatz von Kryptografie.

Über das ganze Buch verteilt finden Sie weitere Sicherheitshinweise, die sich jeweils auf die einzelnen Themen beziehen.

---

1 Dieser Sketch hat dazu geführt, dass »Spam« (eine bekannte amerikanische Dosenfleischmarke) zum Synonym für unerwünschte Werbe-E-Mails wurde.

2 Natürlich auch nur unter der hypothetischen Voraussetzung, dass Sie sich hervorragend mit Sicherheitsthemen auskennen.

20.1 PC-Gefahren

Sobald Sie eine Netzwerk- oder Internetverbindung herstellen, lauern zahlreiche potentielle Gefahren auf handelsübliche Desktop-Rechner: Tag und Nacht durchforsten automatisierte Skripte die Netze der großen Provider und suchen nach Schwachstellen in Programmen und Sicherheitseinstellungen. E-Mails mit gefährlichen Anhängen verbreiten sich exponentiell, indem sie sich aus den Adressbüchern bekannter E-Mail-Programme bedienen. Regierungen und Konzerne wollen – aus unterschiedlichen Gründen – möglichst lückenlos über Ihre Gewohnheiten Bescheid wissen. Und nicht zuletzt können alle heruntergeladenen Daten und jeder externe Datenträger Viren enthalten, die schlimmstenfalls Ihre eigenen gesammelten Daten vernichten.

Diese etwas drastische Einleitung soll Ihnen nicht etwa Angst machen, sondern Sie für viele verschiedene Gefahren auf einmal sensibilisieren. Es gibt zwar keine Allheilmittel gegen die hier angesprochenen Probleme, aber doch eine größere Palette vernünftiger und nicht zu aufwändiger oder einschränkender Maßnahmen. Die wichtigsten werden im Folgenden vorgestellt.

20.1.1 Viren und Würmer

Ein **Computervirus** ist ein Programm oder Skript mit schädigender Wirkung. Die Bezeichnung Viren ist angebracht, weil diese Programme die Fähigkeit besitzen, sich selbst zu vervielfältigen. Inzwischen gibt es mehrere Hunderttausend solcher Schädlinge. Ein Virus im engeren Sinne manipuliert den Binärcode eines ausführbaren Programms; seine Schadenswirkung und Weiterverbreitung entfaltet sich durch die Ausführung dieser Programme. Noch verbreiteter sind inzwischen **Würmer**, die sich per E-Mail und über offene Netzwerkverbindungen verbreiten.

Weitaus die meisten Viren und Würmer gibt es für Windows – kein Wunder, schließlich ist es das verbreitetste Betriebssystem. Das ist kein Grund, sich über diese Plattform lustig zu machen; inzwischen sind auch einige Viren für Linux und Mac OS X bekannt geworden. Seltenere UNIX-Varianten sind dagegen durch die exotische Hardware und ihren geringen Verbreitungsgrad effektiv geschützt.

Klassische Viren

Echte Viren bestehen aus mehreren der folgenden Teile, manchmal auch aus allen:

- Der **Vermehrungsteil** enthält die Befehle für die Verbreitung des Virus.
- Der **Erkennungsteil** überprüft, ob der Computer bereits von demselben Virus befallen ist, und wirkt in diesem Fall nicht weiter.
- Der **Schadensteil** wird manchmal auch als Payload (»Nutzlast«) bezeichnet. Er kann beliebigen Schaden am befallenen System anrichten, von unerwünschten Meldungen und Tönen über gelöschte Dateien bis hin zu formatierten Datenträgern.
- Der **Bedingungsteil** kann dafür sorgen, dass der Virus nur unter bestimmten Umständen aktiv wird, etwa an einem speziellen Datum oder nach Eingabe eines festgelegten Wortes.

- Der **Tarnungsteil** schließlich versucht, den Virus vor dem Benutzer oder sogar vor Antivirenprogrammen zu verbergen.

Geschichte

Der Begriff »Virus« wurde 1981 geprägt. Viren waren zunächst rein akademische Forschungsprojekte, die dem Studium von Sicherheitsproblemen dienten. Erst 1982 wurde der erste »In the wild«-Virus entdeckt; seitdem vervielfacht sich die Anzahl der bekannten Viren Jahr für Jahr. Verbreitungswege und Tarnmechanismen wurden dabei immer ausgefeilter. Im gleichen Maße mussten die Antivirenprogramme aufgerüstet werden; inzwischen ist nur noch dann einigermaßen Verlass auf sie, wenn die enthaltenen Virendefinitionen regelmäßig aktualisiert werden und wenn heuristische Erkennungsmechanismen, das heißt wahrscheinlichkeitsbasierte Annäherungen, verwendet werden.

Hier zunächst ein Überblick über die wichtigsten Virentypen; beachten Sie, dass viele konkrete Viren zu mehreren dieser Arten gleichzeitig gehören können:

- **Bootsektor-Viren**, bekannt seit 1986, befallen den Master Boot Record von Datenträgern. Bereits das einfache Lesen einer infizierten Diskette kann den Virus auslösen und die Festplatte befallen. Von nun an wird der Virus bei jedem Bootvorgang ausgeführt. Die meisten Bootsektor-Viren sind speicherresident; sie bleiben also aktiv, bis der Computer wieder heruntergefahren wird. In diesem Zeitraum infizieren sie jede eingelegte Diskette.
- **Dateiviren** gibt es ebenfalls seit 1986. Sie befallen ausführbare Programme und werden beim Start dieser Programme ausgeführt. Sobald sie im Speicher sind, versuchen sie, weitere Programme zu infizieren.
- **Makroviren** benötigen nicht einmal ausführbare Programme, sondern befallen die Dateien bestimmter Anwendungsprogramme, die über eine Skript- oder Makrosprache programmierbar sind. Am häufigsten sind Microsoft Office-Dokumente betroffen, weil sie sehr weit verbreitet sind und weil die Makrosprache VBA (Visual Basic for Applications) mächtige Befehle zur Steuerung von Windows und Office enthält. Zudem befallen die meisten Office-Makroviren sofort die Standard-Vorlagedateien und infizieren so jedes neu erstellte Dokument. Bis zum Aufkommen zahlreicher E-Mail-Würmer um 1999 war dies die häufigste Virenart.
- **Stealth-Viren** (deutsch: Tarnkappen-Viren) verfügen über einen besonders wirkungsvollen Tarnungsteil. Sie manipulieren Verzeichniseinträge, ändern die Wirkung von Systembefehlen oder manipulieren sogar Antivirenprogramme, um ihre Existenz zu verbergen. Zahlreiche neuere Bootsektor- und Dateiviren gehören zu dieser Kategorie.
- **Polymorphe Viren** sind noch gefährlicher als Stealth-Viren. Eingebaute Algorithmen zur Verschlüsselung und Selbstmodifikation sorgen nämlich dafür, dass jede Kopie des Virus eine neue Gestalt annimmt. Klassische Virensuchverfahren sind gegen diese Bedrohung völlig machtlos.

Würmer

Im Gegensatz zu Viren hängen sich Würmer nicht an Dateien oder Bootsektoren an, sondern verbreiten sich über Netzwerke. Ein Großteil von ihnen wird über ausführbare E-Mail-Attachments in Gang gesetzt, andere nutzen schlecht geschützte oder fehlerhaft implementierte Netzwerkfreigaben zur Verbreitung. Der Morris-Wurm von 1988 ist zwar der bekannteste Klassiker, aber die zweifelhafte Ehre, der erste Wurm gewesen zu sein, gebührt dem 1987 entstandenen »Tannenbaum«-Wurm. Er zeichnete einen Tannenbaum auf den Bildschirm und versandte sich an sämtliche auf dem Rechner gefundenen E-Mail-Adressen.

Mail-Würmer

Für die bekannten E-Mail-Würmer ist fast immer die Mitwirkung des Users erforderlich: Erst wenn dieser – von Neugier und Unkenntnis getrieben – den Dateianhang einer befallenen Mail öffnet, wird der Schädling in Gang gesetzt. Einmal gestartet, versendet sich ein solcher Mail-Wurm an alle im Adressbuch und in lokalen Dateien gefundenen E-Mail-Adressen. Die meisten E-Mail-Würmer enthalten zudem gefährliche Schadensroutinen. Der erste neuere Wurm, nach seiner Betreffzeile »ILOVEYOU« genannt, ersetzte beispielsweise sämtliche JPEG- und MP3-Dateien auf dem Rechner durch Kopien seiner selbst.

Die meisten E-Mail-Würmer benutzen eine doppelte Dateiendung für ihre gefährliche Fracht: Vor Endungen wie `.vbs` (Visual Basic Script), durch die sie ausführbar werden, wird eine Erweiterung wie `.jpg` oder `.txt` gesetzt. Da Windows die Endungen bekannter Dateitypen standardmäßig ausblendet, werden diese Dateien für harmlose Bilder oder Texte gehalten, so dass es leicht zu einem fatalen Doppelklick kommt.

Bisher haben es glücklicherweise nur wenige Mail-Würmer geschafft, durch bloßes Anzeigen der Nachricht aktiviert zu werden. Eine dieser unrühmlichen Ausnahmen war Nimda von 2001 – ein überaus aggressiver und gefährlicher Wurm, der sich nicht nur über E-Mail verbreitete, sondern auch über diverse Sicherheitslücken im Microsoft Internet Information Server und im Internet Explorer.

Microsoft-Sicherheitslücken

Überhaupt nutzen die meisten aktuellen Würmer akute Sicherheitsprobleme der Software von Microsoft aus; neben Windows selbst sind besonders Outlook beziehungsweise Outlook Express, der Internet Explorer und der Windows Media Player betroffen. Bezeichnenderweise handelt es sich also um Programme, die tief in das System integriert sind, weil sie zu dessen automatisch vorinstalliertem Lieferumfang gehören. Diese Geschäftspolitik von Microsoft sorgt übrigens nicht nur für massive Sicherheitsmängel, sondern hat auch eine Reihe von Monopolklagen vor amerikanischen und europäischen Gerichten provoziert. Deshalb zeichnet sich ab, dass Microsoft seine Haltung in diesem Punkt zu überdenken beginnt – zumindest ist Sicherheit in letzter Zeit das zentrale Thema öffentlicher Verlautbarungen des Konzerns.

Gegenmaßnahmen

Um sich vor Viren und Würmern zu schützen, sollten Sie eine Reihe kombinierter Sicherheitsmaßnahmen durchführen. Nur eine sorgfältige Beachtung der nachfolgenden Punkte kann Sie einigermaßen vor Schäden bewahren.

- **Verwenden Sie Antiviren-Software**. Es ist unabdingbar, dass auf jedem Computer – insbesondere solchen mit Netzwerk- oder Internetzugang – ein aktuelles Antiviren-Programm installiert wird. Geeignete Produkte sind etwa Norton Antivirus von Symantec sowie die Programme von McAfee, Kaspersky oder G-DATA. Der Hersteller ist gar nicht so wichtig; viel bedeutender sind die folgenden drei Punkte:

    - Die Virendefinitionen müssen regelmäßig, am besten täglich, aktualisiert werden. Verantwortungsvolle Antiviren-Programme erledigen dies automatisch, sobald eine Internetverbindung hergestellt wird.
    - Das Programm sollte über eine Wächter-Komponente verfügen, die ständig im Hintergrund aktiv ist und den Zugriff auf sämtliche Datenträger und Dateien überwacht.
    - Die Wächterfunktion sollte sich auch auf E-Mails ausweiten lassen. Da die meisten Antiviren-Programme dies durch einen lokalen Mail-Proxy realisieren, verlangsamt diese Maßnahme den E-Mail-Empfang. Die zusätzliche Sicherheit sollte Ihnen dieses kleine Opfer wert sein!

- **Installieren Sie regelmäßig alle Patches**. Fehlerfreie Software gibt es nicht. Viel mehr kommt es darauf an, dass bekannt gewordene Sicherheitslücken möglichst schnell geschlossen werden. Aufgrund der aktiven Communities und des Viele-Augen-Prinzips klappt dies in der Welt der freien Software meist rascher und zuverlässiger als bei kommerziellen Programmen, bei denen Sie den Launen des Herstellers ausgeliefert sind – beispielsweise wird ein dringend nötiger Bugfix aus geschäftspolitischen Gründen manchmal erst mit der nächsten kostenpflichtigen Vollversion geliefert.

  Umso wichtiger ist es, dass Sie zumindest jeden erhältlichen Sicherheitspatch sofort installieren. Zu diesem Zweck sollten Sie regelmäßig zuverlässige IT-News wie **heise.de** oder **golem.de** verfolgen. Automatische Upgrade-Funktionen sind dagegen eher mit Vorsicht zu genießen – es ist bereits vorgekommen, dass gerade diese Schnittstellen zur Installation von Malware missbraucht wurden. Erst recht sollten Sie **niemals** ein angebliches Sicherheitsupdate installieren, das per E-Mail gesendet oder verlinkt wird. In den meisten Fällen handelt es sich dabei um eine Phishing-Attacke (siehe unten).

- **Verwenden Sie eine Firewall**. Da viele Bedrohungen von offenen Netzwerkschnittstellen ausgehen, lohnt es sich, diese zu kontrollieren und soweit wie möglich dicht zu machen. Windows XP mit Service Pack 2 enthält bereits eine einigermaßen zufrieden stellende Desktop-Firwall; bei älteren Windows-Varianten können Sie beispielsweise die für Privatanwender kostenlose **Kerio Personal Firewall** installieren. Durch die grafische Konfigurationsoberfläche ist die Definition von Regeln bei dieser Firewall sehr einfach; zudem verfügt sie über einen »Lernmodus«, in dem Sie für jeden Vorfall ad hoc eine Verhaltensweise wählen oder als Regel festlegen können.

- **Sichern Sie wichtige Daten regelmäßig**. Irgendwann erfolgt möglicherweise ein besonders heftiger Angriff, der allen Vorsichtsmaßnahmen trotzt und tatsächlich Daten vernichtet. Deshalb ist es überaus wichtig, dass Sie regelmäßig – am besten täglich – alle wichtigen Daten sichern. Wenn Sie wiederbeschreibbare CDs oder DVDs dafür verwenden, verursacht dies nicht einmal laufende Kosten. Bequemerweise lässt sich Brennsoftware zudem so einstellen, dass sie beim Abmelden alle Daten aus den angegebenen Ordnern auf einen Datenträger brennt und anschließend den Rechner herunterfährt.

  Datensicherung ist nicht einmal nur im unmittelbaren Hinblick auf die Sicherheit wichtig, sondern schützt auch vor Datenverlust durch Hardwareschäden.

- **Öffnen Sie niemals unerwartete E-Mail-Anhänge**. Neuere E-Mail-Würmer sind polymorph; sie generieren bei jedem automatischen Versand neue Betreffzeilen und Texte. Zuweilen bedienen sie sich dabei sogar vorhandener Mails, so dass sie immer schlechter von harmlosen, absichtlich versandten Nachrichten zu unterscheiden sind. Wenn Ihnen jemand ein Attachment schickt, sollten Sie sich stets vergewissern, dass es absichtlich versandt wurde.

- **Arbeiten Sie im Alltag nicht mit Administrator-Rechten**. Bei der Installation von UNIX-Systemen ist es weit verbreitet, dass auf die besondere Bedeutung des root-Benutzerkontos hingewiesen wird. Gleichzeitig wird oft angeboten, einen ersten Standardbenutzer einzurichten. Unter Windows ist der automatisch beim Systemstart angemeldete Benutzer dagegen uneingeschränkter Administrator. Dies birgt enorme Risiken; Sie sollten dringend ein Benutzerkonto mit eingeschränkten Rechten einrichten und sich nur dann als Administrator anmelden, wenn Sie Systemverwaltungsaufgaben zu erledigen haben.

  Leider wird diese Empfehlung durch manche Programme torpediert, die mit Standard-Benutzerrechten nicht funktionieren. In diesem Fall sollten Sie versuchen, die benötigten Rechte einzeln zu setzen; immerhin erlaubt Windows hier relativ feine Abstufungen. Wenn es gar nicht anders geht, sollten Sie sogar erwägen, auf eine andere Software auszuweichen; außerdem ist es ratsam, diesen Punkt bei Ihrer nächsten Kauf- oder Einführungsentscheidung zu berücksichtigen.

- **Wechseln Sie Browser und Mailclient**. Viele Angriffe betreffen nicht die gesamte Windows-Plattform, sondern nur die mitgelieferte Standardsoftware. Besonders häufig werden Sicherheitslücken im Browser Internet Explorer und im E-Mail-Client Outlook Express ausgenutzt, weil diese am häufigsten eingesetzt werden. Die einfache Antwort: Steigen Sie um! Es gibt genügend Alternativen. Ein schneller, schlanker, standardkonformer Browser ist beispielsweise Mozilla Firefox, aus derselben Open-Source-Gemeinde stammt auch der Mailer Thunderbird. Beide importieren bequem Konten, Favoriten und Einstellungen der Microsoft-Tools.

  Der Browsercheck unter **http://www.heise.de/security/dienste/browsercheck/** ermöglicht Ihnen die gezielte Überprüfung Ihres Browsers auf bekannte Schwachstellen.

- **Passen Sie die Sicherheitseinstellungen Ihres Browsers an**. Ob Sie nun bei den genannten Microsoft-Produkten bleiben oder die Software wechseln – setzen Sie sich stets genau mit den Einstellungsmöglichkeiten auseinander. Einige Hinweise, beispielsweise über die ActiveX-Problematik im Internet Explorer, finden Sie in Kapitel 16, *HTML, CSS und Webdesign*, sowie in Kapitel 19, *Flash MX 2004*.

- **Blenden Sie die Dateiendungen ein**. Es ist vollkommen unverständlich, warum Microsoft die Erweiterungen bekannter Dateitypen seit Windows 95 ausblendet. Öffnen Sie **Extras • Ordneroptionen** eines beliebigen Verzeichnisses und deaktivieren Sie die Option **Erweiterungen bei bekannten Dateitypen ausblenden** (Windows XP und 2000); bei älteren Windows-Versionen heißt der Eintrag anders und befindet sich unter dem Menüpunkt **Ansicht**.

20.1.2 Trojaner und Backdoors

Eine weitere Bedrohung von Desktop-Rechnern entsteht durch Programme, die im Geheimen unerwünschte Funktionen ausführen. Das reicht von der relativ harmlosen, meist anonymen Auswertung von Daten für die gezielte Einblendung von Werbebannern über den Missbrauch fremder PCs als Virenschleudern oder Spam-Relays bis hin zu ausgewachsenen Backdoors, über die Angreifer auf Ihrem Rechner fast so arbeiten können, als säßen sie davor.

Funktionsweise

In vielen Fällen sind Sie »selbst schuld«, wenn Sie so einen ungebetenen Gast auf Ihren Computer einladen. Oft erhalten Sie ihn nämlich durch Download und Installation eines angeblich nützlichen oder unterhaltsamen Programms. Daher stammt auch die Bezeichnung Trojaner – kurz für Trojanisches Pferd, also eine harmlos wirkende Hülle mit schädlichen Inhalten.[3]

Seltener gelingt es Crackern, derartigen Code bereits durch den bloßen Besuch bestimmter Websites auszuführen, indem sie gezielt Sicherheitslücken in der Scripting- oder Plugin-Engine des Browsers ausnutzen. Installieren Sie regelmäßig Updates und Patches und führen Sie von Zeit zu Zeit den oben erwähnten Browsercheck aus, um die Anfälligkeit Ihres Browsers gegenüber solchen Angriffen zu testen.

Backdoors

Backdoors sind die gefährlichsten Schädlinge, die durch Trojaner installiert werden können. Dabei können diese Programme selbst eigentlich recht nützlich sein: Bekannte Backdoors wie SubSeven, Back Orifice oder WinGate wurden als »Remote Administration Tools« geschrieben, die den unter Windows herrschenden Mangel an standardisierten Fernwartungsschnittstellen wie Telnet oder SSH wettmachen sollen. Administratoren könnten diese Tools also ganz bewusst auf PCs in ihrem Netzwerk installieren, um die Rechner bequem und zeitsparend verwalten zu können.

Gefährlich wurden diese Programme erst, als verantwortungslose oder böswillige Menschen auf die »Idee« kamen, sie durch Trojaner zu verbreiten. Da die meisten Backdoors eine Komponente enthalten, die einen Rechner über die dynamisch zugewiesene IP-Adresse hinaus eindeutig kennzeichnet, kann der Cracker vom Installationszeitpunkt an auf Ihrem Rechner beliebig ein- und ausgehen, sobald dieser mit dem Internet verbunden ist.

Für den Schutz vor Trojanern gelten ähnliche Regeln wie die weiter oben bei den Viren und Würmern genannten. Aktuelle Antivirenprogramme enthalten unter anderem Erkennungsregeln für bekannte Trojaner und Backdoor-Installationsprogramme. Im Übrigen können die weiter unten angesprochenen Firewalls Anhaltspunkte liefern, da sie verdächtige Netzwerkaktivitäten melden oder sogar unterbinden können.

20.1.3 Weitere Schädlinge

Neben den besonders gefährlichen Viren, Würmern und Trojanern gibt es noch einige weitere Varianten von Malware mit unterschiedlichem Gefährdungspotential: Spam oder Hoaxes nerven vor allem, nehmen aber auch unnötig Zeit und Netzwerkbandbreite in Anspruch; Spy- und AdWare spähen Ihre Surfgewohnheiten und andere Daten aus; 0190-Dialer können sogar Unsummen an Geld kosten. Es folgt eine – nicht vollständige – Auflistung alltäglicher Plagegeister und möglicher Gegenmaßnahmen.

3 Der »Trojaner« sind eigentlich Sie selbst – schließlich holen Sie das Pferd in Ihr digitales Troja; anschließend schlüpfen die versteckten Krieger (hier: Schadensroutinen) heraus und greifen an.

Dialer

0190-Dialer gehören zu den gefährlichsten Arten von Malware. Sie werden manchmal über Sicherheitslücken installiert, öfter aber als spezielle Form von Trojanern: Manche betrügerischen Websites geben an, dass der »kostenlose Download spezieller Zugangssoftware« erforderlich sei, um bestimmte Inhalte sehen zu können. Der Download kostet in der Tat nichts, aber nach der Installation wird der Internetzugang nicht mehr über den bisherigen Provider hergestellt, sondern über 0190- oder 0900-»Mehrwert«-Rufnummern, für die entweder ein hoher Minutenpreis oder eine noch höhere Gebühr pro Einwahl fällig wird. Oft steigen Telefonrechnungen nach dem Befall durch einen Dialer um mehrere hundert Euro.

Anti-Dialer-Gesetz

Seit Mitte 2003 gilt in der Bundesrepublik ein Gesetz, das dem Einsatz von Dialern engere Grenzen setzt: Jeder Dialer muss bei der Regulierungsbehörde für Telekommunikation und Post (RegTP) registriert werden, und vor der Installation muss der Benutzer durch eine eigenhändige Texteingabe zustimmen. Hüten Sie sich also **dringend** vor Sites, auf denen Sie nach dem Klick auf einen Link zur Eingabe von »OK« oder Ähnlichem aufgefordert werden![4] Übrigens blüht das Dialer-Unwesen trotzdem munter weiter, weil das Gesetz im Ausland nicht gilt und weil es zum Wesen der Kriminalität gehört, sich nicht an Gesetze zu halten.

Völlig unverständlich ist in diesem Zusammenhang das Verhalten der Deutschen Telekom und anderer Telefongesellschaften: Während sie den Dialer-Betreibern trotz verschlungener Beteiligungen über unzählige Schein- und Briefkastenfirmen zuverlässig das ergaunerte Geld zukommen lassen, behaupten sie gegenüber ihren Kunden oft genug, die Betreiber gar nicht ermitteln zu können. Der Gipfel der Unverschämtheit war die Behauptung eines Telekom-Sprechers in einem c't-Interview, die Telekom selbst würde an den Dialern fast nichts verdienen.

Schutz vor Dialern

Es gibt verschiedene Möglichkeiten, der Gefahr durch Dialer zu entgehen:

- Spezielle **Schutzprogramme** verhindern manchmal die Installation, immer aber die Anwahl von Mehrwertdienst-Rufnummern durch Modem oder ISDN-Karte.
- Wenn Sie keine Mehrwertdienst-Rufnummern benötigen, können Sie die entsprechenden Vorwahlen (019x, 0137x, 0900) bei vielen Telefongesellschaften komplett sperren lassen. Falls diese Einschränkung für Sie nicht in Frage kommt, können Sie alternativ eine monatliche Höchstgrenze für Ihre Telefongebühren festlegen lassen – darüber hinaus werden dann keinerlei ausgehende Verbindungen mehr hergestellt.
- Steigen Sie komplett auf DSL um. Da es sich nicht um ein Telefonwahlverfahren handelt, sind Sie hier vor normalen Dialern sicher. Komplett heißt allerdings, dass nicht nur Ihr Internetzugang über DSL läuft, sondern dass Sie auch ein eventuell vorhandenes Modem oder ISDN-Adapter für Fax- oder Telefoniedienste aus dem Rechner entfernen müssen.

4 Verwechseln Sie dies nicht mit den so genannten CAPTCHAs: Auf manchen Sites werden Sie aufgefordert, einen Code abzutippen, der verzerrt in einem Bild zu sehen ist. Dies dient lediglich dazu, Skripten den Zugriff auf die Dienstleistung der Seite zu verweigern: Menschen können das CAPTCHA ohne weiteres lesen, Programme nicht.

Viele fundierte Informationen zu Dialern, technische und rechtliche Tipps sowie Download-Links zu verschiedenen Schutzprogrammen bietet übrigens die Site **http://www.dialerschutz.de**.

Spy- und AdWare

Viele kostenlose Tools und Programme sind werbefinanzierte **AdWare** – als Gegenleistung dafür, dass Sie nichts bezahlen, müssen Sie sich Werbeeinblendungen gefallen lassen. Das hört sich zunächst nach einem fairen Geschäft an; bei einigen seriösen Anbietern wie dem Browserhersteller Opera ist es dies auch in der Tat. Unfair wird es erst, wenn das Programm Ihr Surfverhalten oder Ihre lokalen Dateien durchsucht, um die Werbung aufgrund der vorgefundenen Informationen an Ihre Bedürfnisse und Ihren Geschmack anzupassen. Im Webbrowser lässt sich dieses erweiterte Usertracking einfach ausschalten, indem Sie die Annahme von Cookies verweigern. Bei allen anderen Arten von Software können Sie dagegen nicht wissen, auf welche Weise die Bespitzelung durchgeführt wird und wie weit sie geht.

Noch viel ärgerlicher sind Anwendungsprogramme, die regelmäßig »nach Hause telefonieren« – viele von ihnen suchen nämlich nicht nur nach Online-Updates, sondern informieren ihren Hersteller auch gleich über diverse Aspekte Ihres Systems und der vorgefundenen Softwarebasis.

Softwareaktivierung

Eine Variante dieses Verfahrens ist die von Microsoft seit Windows XP eingeführte und von immer mehr Softwarefirmen übernommene Unart der »Aktivierung« – Sie können die Software nur noch nutzen, wenn Sie sie über Internet oder Telefon freischalten. Falls Sie Programme mit Aktivierungszwang benötigen (einige in diesem Buch behandelte gehören leider dazu), dann sollten Sie auf jeden Fall die telefonische Variante wählen. Bei der schnelleren und bequemeren Internetaktivierung können Sie sich über den Inhalt der verschlüsselten Daten, die das Aktivierungstool versendet, nicht sicher sein; beim Telefon sind es auf jeden Fall weniger Informationen.

Das empfehlenswerte, kostenlose Windows-Programm **Spybot Search & Destroy** bekämpft recht zuverlässig viele verschiedene Arten von Spy- und AdWare; neben einschlägigen Softwarekomponenten werden beispielsweise auch bestimmte Registry-Einträge oder Tracking-Cookies entfernt. Sie können das Tool unter **http://www.safer-networking.org/de** herunterladen. Sie sollten es regelmäßig laufen lassen und seine SpyWare-Definitionen stets aktualisieren.

Phishing-Attacken

Als »Phishing« wird das Erschleichen von Passwörtern und anderen Zugangsdaten durch Überlistung von Benutzern verstanden. Die bekannteste Variante sind Phishing-Mails: Eine pompös aufgemachte HTML-E-Mail mit gefälschter Adresse, die genau dem Corporate Design einer bekannten Site wie eBay, Amazon oder T-Online entspricht, fordert Sie auf, Ihre Zugangsdaten einzugeben. Wird eine solche Mail über bekannte Spam-Kanäle versendet, ist es sehr wahrscheinlich, dass sie Hunderttausende echter Kunden der betreffenden Unternehmen erreicht.

Eine zweite Möglichkeit besteht darin, Websites mit unscheinbaren Änderungen am Domain-Namen einzurichten und User durch Links auf diese Seiten zu locken. Bei oberflächlicher Ansicht bemerkt man einen vertauschten Buchstaben (»`voiksbank`«) oder zusätzliche Anhänge (»`www.ebay.com.19837847586.com`«) manchmal nicht.

Schutz vor Phishing

Einige Ratschläge können Ihnen helfen, nicht auf Phishing-Attacken hereinzufallen:

- Geben Sie persönliche Daten oder Anmeldeinformationen **niemals** in ein Formular ein, das per E-Mail versandt oder verlinkt wurde.
- Banken, Versicherungen oder E-Commerce-Plattformen fragen Sie nie nach Ihren Zugangsdaten – es sei denn, Sie besuchen absichtlich deren Sites und möchten Transaktionen durchführen, für die eine Anmeldung erforderlich ist.
- Brechen Sie Vorgänge stets ab, wenn Sie sich unsicher fühlen, und fragen Sie gegebenenfalls telefonisch beim (vermeintlichen) Betreiber der entsprechenden Site nach. Besonders stutzig sollten Sie werden, wenn sensible Webtransaktionen über HTTP statt über verschlüsseltes HTTPS durchgeführt werden (auch ohne Phishing eine sehr schlechte Idee!).[5] Auch wenn das Verschlüsselungszertifikat abgelaufen ist oder von einem unbekannten Aussteller stammt (der Browser meldet beides), sollten Sie nicht fortfahren.

Spam & Co. – die Nervensägen

Wenn Sie E-Mail benutzen, erhalten wahrscheinlich auch Sie jeden Tag Angebote für Geschäftsbeziehungen mit nigerianischen Exilprinzen, gefälschte Rolex-Uhren, Hypotheken mit niedrigen Zinsen, die Aufwertung diverser Körperteile, billige OEM-Software und natürlich Pornographie. Die Rede ist von **Spam** oder Unsolicited Commercial Email (UCE). Der direkte Schaden durch Spam-Mails kommt vor allem durch die Verstopfung von Mailservern und die massenhafte Verschwendung von Netzwerkbandbreite zustande; indirekt (und für Endbenutzer viel gravierender) schaden solche unerwünschten Zusendungen vor allem durch den Zeitaufwand, den ihre Beseitigung verursacht. Ärgerlich ist zudem, dass die gesamte Nützlichkeit von E-Mail durch diese Belästigung allgemein nachlässt.

Erste Hilfe

Zunächst einmal ist eines sehr wichtig: Folgen Sie **niemals** einem in der Spam-Mail enthaltenen Link! Es handelt sich entweder um den Versuch, Ihnen Viren und Trojaner unterzujubeln, oder jemand verdient durch die Einblendung einiger hundert Popup-Werbebanner Geld an Ihnen. Auch den in vielen Spam-Nachrichten enthaltenen »Abbestell«- oder »Blacklist«-Link sollten Sie keinesfalls betätigen: Er dient dem Spammer ausschließlich als Hinweis darauf, dass Ihre E-Mail-Adresse tatsächlich aktiv ist – Sie haben die Mail offensichtlich erhalten und darauf reagiert. Solche Adressen sind besonders begehrt und werden auf dem Spam-Markt zu etwas höheren Preisen gehandelt als »unbestätigte« Empfänger.[6]

---

5 Der Gipfel ist das Online-Bestellverfahren für Tickets zur Fußball-WM 2006: Auf Verdacht (es ist ein Losverfahren) sollen unzählige persönliche Daten, darunter Personalausweisnummer und Bankverbindung, eingegeben werden – und das auch noch über eine offene Verbindung ohne SSL-Schutz!

6 Noch selbstverständlicher sollte sein, dass Sie im Leben nicht daran denken, die angeblich angebotenen Produkte zu bestellen! Besonders hartnäckigen Spammern gelingt es tatsächlich, einige Menschen zur Überweisung von Geld zu überreden.

Aus demselben Grund sollten Sie selbst im Zorn davon absehen, auf Spam zu antworten – häufig sind die Absenderadressen ohnehin gefälscht, und falls nicht, bestätigen Sie wieder einmal, dass Ihre Adresse existiert. Darüber hinaus verschlimmern Sie die Verschwendung von Netzwerkbandbreite, die durch Spam ohnehin entsteht.

Die allgemein gültige Regel lautet daher: **Löschen Sie Spam immer sofort**! Unternehmen Sie nichts anderes.

Natürlich ist es praktisch, wenn Ihnen ein Programm beim Aussortieren der Spam-Mails behilflich ist; ein Allheilmittel gibt es aber nicht. Die einzige Möglichkeit besteht darin, »lernende« Spam-Filter einzusetzen. Solchen Programmen können Sie anhand Ihres täglichen Mail-Aufkommens den Unterschied zwischen »Ham« (erwünschte Mails) und Spam beibringen. Manche E-Mail-Clients (zum Beispiel das mit Mac OS X gelieferte Apple Mail) enthalten bereits ab Werk ein solches Modul. Ansonsten gibt es zahlreiche Zusatzlösungen von Drittanbietern.

SpamAssassin

Eines der vielversprechendsten Projekte ist die seit der neuen Version 3.0 unter dem Dach der Apache Software Foundation entwickelte Open-Source-Software **SpamAssassin**. Das umfangreiche, durch verschiedene Module erweiterbare Perl-Programm verwendet eine Mischung aus Regeln und statistischen Methoden sowie der oben genannten Lernfähigkeit.

SpamAssassin lässt sich auf UNIX-Systemen einfach als Filter verwenden, bevor Sie Ihre Mails mit Ihrem Standard-Mailclient entgegennehmen. Als Spam erkannte Nachrichten werden nicht etwa gelöscht, sondern von SpamAssassin mit zusätzlichen Headern (`X-Spam-*`) versehen. In den meisten Clients lassen sich Regeln festlegen, die die Mails nach diesen Headern sortieren oder gar automatisch löschen.

Noch praktischer ist es, den SpamAssassin gleich vor den lokalen Mailserver zu schalten, um alle Nachrichten zu kennzeichnen, bevor sie an die User verteilt werden. Entsprechende Lösungen lassen sich sehr flexibel gestalten, da SpamAssassin neben Anwendungsprogrammen auch einige Perl-Module enthält, die sich in eigenen Skripten nutzen lassen. Bitte beachten Sie aber, dass gesetzliche Einschränkungen dieses Vorgehen bei öffentlich oder kommerziell genutzten Servern ohne Zustimmung der User beziehungsweise Kunden verbieten könnten.

Sie können diese nützliche Software unter **http://www.spamassassin.org** herunterladen. Eine ausführliche Dokumentation und einige Zusatztools finden Sie dort ebenfalls. Die Seite **http://www.openhandhome.com/howtosa300.html** enthält übrigens eine genaue Anleitung, wie Sie SpamAssassin unter Windows installieren und einsetzen können.

Der Standard-Mailclient Microsoft Outlook Express kann E-Mails nicht anhand von Headern sortieren. Die einzige Möglichkeit besteht darin, ein kleines Zusatzskript zu schreiben, das bei Auftreten bestimmter Header den Betreff oder den Body der Nachricht selbst modifiziert.

Fast ebenso nervig wie Spam sind die zahlreichen Hoaxes und Kettenbriefe, die von besorgten oder vermeintlich wohlmeinenden Usern freiwillig an alle Bekannten und Geschäftspartner versandt werden.

Hoaxes Ein **Hoax** (deutsch: Scherz) warnt vor angeblich äußerst gefährlichen Viren oder Sicherheitsproblemen. Es werden haltlose Behauptungen aufgestellt, etwa, dass der genannte Virus mehrere völlig verschiedene Betriebssysteme befallen oder gar Hardware zerstören könne. Oft werden solche »Nachrichten« mit großen Namen geschmückt: »Microsoft, IBM und AOL warnen vor einem neuen, überaus gefährlichen Virus ...«

Auch solche Nachrichten dürfen Sie ausschließlich löschen. Falls der unmittelbare Versender Ihnen persönlich bekannt ist, weisen Sie ihn darauf hin, dass auch er solche Mails in Zukunft nicht mehr weiterleiten, sondern kommentarlos vernichten soll. Nicht zuletzt sind diese »manuellen Würmer« ein gefundenes Fressen für Spammer: Durch die zigfache Weiterleitung an möglichst viele Personen sind solche Mails oft randvoll mit aktuellen, funktionierenden E-Mail-Adressen.

Kettenmails Eine weitere Seuche sind die unsäglichen **Kettenmails**, eine moderne Form der früher populären – und schon damals nervtötenden – Kettenbriefe. Viele Kettenmails enthalten irrwitzige Versprechungen (»Wenn du diese Mail an fünf Bekannte verschickst, geht dein größter Wunsch in Erfüllung«) oder Drohungen (»Wenn du sie *nicht* weiterschickst, wirst du nackt, allein und ohne Geld qualvoll an einer unendlich schmerzhaften Krankheit verenden«). Geben Sie die einzige passende Antwort: Löschen Sie diesen Unfug!

Weisen Sie Bekannte, die Ihnen solche Mails senden, darauf hin, dass sie sinnlos Bandbreite verschwenden und möglicherweise sogar mit den Gefühlen von Menschen spielen. Egal ob esoterischer Mumpitz, religiöse, finanzielle oder amouröse Heilsversprechungen oder die Hilfe durch einen Cent pro weitergeleiteter Mail, die ein armes, unglückliches Kind in der dritten Welt angeblich erhält: Sie **wissen** doch ganz genau, dass das alles gar nicht stimmen kann!

20.2 Netzwerk- und Serversicherheit

Wie Sie bereits im ersten Abschnitt gesehen haben, birgt der Transport von Daten über öffentliche Netze vielfältige Gefahren. Hier werden einige Maßnahmen vorgestellt, die diese Gefahren vermindern; völlig abstellen lassen sie sich nie, solange Sie mit dem Netzwerk verbunden sind.

20.2.1 Servergefahren

Beachten Sie, dass die im ersten Abschnitt für Desktop-PCs genannten Gefahren prinzipiell auch Serverrechner treffen können. In diesem Unterabschnitt geht es dagegen um Gefahren, die es vornehmlich auf Serverdienste und -anwendungen, aber auch auf deren Benutzer abgesehen haben.

- **Exploits**. Die Basis der meisten Angriffe auf Server ist die Ausnutzung (Exploit) bekannter Sicherheitslücken in Programmen. Solche Anfälligkeiten, beispielsweise für Overflows oder für die illegale Eingabe von Programmcode, kommen immer wieder vor. Die meisten Entdecker nutzen diese Lücken glücklicherweise nicht aus, sondern informieren den Hersteller der Software sowie bekannte Sicherheits-Mailinglisten wie Bugtraq. Bei Open-Source-Programmen steht oft innerhalb weniger Tage ein Patch zur Verfügung, der die Sicherheitslücke schließt; bei kommerzieller Software kann es mitunter einige Wochen dauern oder gar erst in der nächsten Hauptversion behoben werden. Wichtig ist, dass Sie **verfügbare** Patches oder Upgrades immer sofort installieren; wenn Sie für einen Server verantwortlich sind, sollten Sie Bugtraq (**http://www.securityfocus.com**), den Heise-Sicherheits-Newsletter (**http://www.heisec.de)** und andere Sicherheitsinformationen abonnieren.

- **DoS-Attacken**. Eine der häufigsten Arten von Angriffen auf Server sind die so genannten Denial-of-Service-Attacken (DoS). Dabei wird der Serverdienst durch Überlastung zum Absturz gebracht. DoS benötigt nicht unbedingt Sicherheitslücken, sondern sendet oft technisch korrekte (aber viel zu viele) Anfragen an den Server. Gerade das macht es schwer, den Angriff abzuwehren; viele prominente Sites wie Amazon, Yahoo oder vor kurzem heise.de waren schon betroffen. Solange der Angriff aus einer einzigen Quelle stammt, lässt er sich bereits am Router herausfiltern. Häufiger verwenden DoS-Attacken aber gespoofte (gefälschte) Absender-IP-Adressen oder greifen gar von vielen Hunderten durch Trojaner gesteuerten PCs gleichzeitig an – dies wird als Distributed Denial of Service (DDoS) bezeichnet.
- **Crackerangriffe**. Einige Angriffe auf Server erfolgen mit dem Ziel, die Kontrolle zu übernehmen und den Server für eigene Zwecke zu missbrauchen, beispielsweise als Spam-Relay oder Lagerstätte für illegale Inhalte. Beachten Sie, dass Sie technisch und vor allem rechtlich für Ihren Server verantwortlich sind; die Entschuldigung, dass mehrere hundert Hollywood-Blockbuster oder widerliche Nazi-Propaganda durch einen Angriff dort gelandet seien, zählt vor Gericht möglicherweise nicht. Wenn Sie also einen öffentlichen Server betreiben, sind Sie in der Pflicht, sich intensiv um dessen Sicherheit zu kümmern – regelmäßig Updates und Patches installieren, Passwörter ändern, Logdateien untersuchen und so weiter (siehe unten).
- **Rootkits**. Bei der gefährlichste Variante eines Crackerangriffs wird ein so genanntes Rootkit installiert. Es ersetzt gezielt Systemdateien und -programme durch manipulierte Versionen, um den Angriff zu verschleiern. Beispielsweise könnte eine Rootkit-Version von `ps` (siehe Kapitel 4, *Betriebssysteme*) einen laufenden Backdoor-Prozess ausblenden. Die beste Chance, Rootkits zu erkennen, besteht in der Installation eines Intrusion Detection Systems (siehe unten).
- **Webattacken**. Besonders verbreitet sind Angriffsversuche auf Webtransaktionen. Da sie im Klartext ablaufen, ist es relativ leicht, Session-IDs, Formulardaten oder Anmeldeinformationen auszuspionieren und einzusetzen. Ein Beispiel ist das so genannte **Cross-Site-Scripting** (XSS). Es verwendet einfache Tricks wie zum Beispiel Forenbeiträge, um mit JavaScript angereicherte Hyperlinks zu verbreiten, die nicht nur eine bestimmte URL anfordern, sondern dieser gleichzeitig spezielle Daten zusenden, die dazu führen, dass der Angreifer aus dem Besuch des Opfers auf der entsprechenden Site Informationen abgreifen kann.
- Eine Weiterentwicklung des XSS-Szenarios sind **Man-in-the-Middle-Attacken** wie etwa das **Session-Hijacking**. Sie machen sich einen gravierenden Sicherheitsmangel vieler Sites zunutze, die auf Verschlüsselung verzichten, nachdem sich ein Benutzer einmal gegenüber dem Webserver identifiziert hat. Gelingt es einem Angreifer, die URL einer Client-Anfrage aus einer solchen Session zu stehlen, kann er die nächste Anfrage unter der angeblichen Identität des ursprünglichen Users senden und erhält so mögli-

cherweise private Informationen; im schlimmsten Fall handelt es sich bei der angegriffenen Site um das Homebanking-Interface eines Geldinstituts.[7]

- Weit verbreitet sind Angriffe auf **CGI-Skripte und Webanwendungen**. Das liegt nahe, weil diese oft überaus schlampig und ohne Sicherheitsbewusstsein programmiert werden. Wenn es genügt, an eine Formulareingabe ein Semikolon und einen Shell-Befehl anzuhängen, um den Server anzugreifen, dann läuft etwas schief. Für Webanwendungen gilt daher noch mehr als für alle anderen Computerprogramme: Misstrauen Sie jeder Benutzereingabe und überprüfen Sie sie gründlich. Hinzu kommen natürlich auch hier Exploits; Webserver und Sprachen-Interpreter sind – wie jede Software – nicht fehlerfrei.
- **SQL-Injection**. Sehr viele Webanwendungen setzen auf eine relationale Datenbank auf – in Kapitel 17, *Webanwendungen*, wurde das beliebte Beispiel PHP/MySQL vorgestellt. Da Eingaben aus Webformularen besonders häufig für SQL-Abfragen eingesetzt werden, kann es leicht passieren, dass Angreifer versuchen, diese Abfragen ein wenig zu verlängern.

  Stellen Sie sich zum Beispiel vor, ein Formular enthält das folgende Feld:

  ```
  Suche nach: <input type="text" name="such" />
  ```

  Ein PHP-Skript verwendet den Wert aus diesem Feld folgendermaßen:

  ```
  $such = $_GET['such'];
  $result = mysql_query ("select * from info where
      beschreibung like '%$such%';");
  ```

  Jemand gibt in das Feld `such` Folgendes ein:

  ```
  test%'; delete from info;
  ```

  Die SQL-Abfrage wird also folgendermaßen ergänzt:

  ```
  select * from info
  where beschreibung like '% test%';
  delete from info; %';
  ```

  Der Inhalt der Tabelle info wird vollständig gelöscht; der »Müll« hinter dem Semikolon nach `info` wird ignoriert. Natürlich können Angreifer den Quellcode des PHP-Skripts nicht sehen und wissen daher zum Beispiel nicht, wie die Datenbanken und Tabellen heißen. In der Praxis werden solche Angriffsversuche aber auch nicht manuell in die Formulare eingetippt, sondern durch automatisierte Skripte ausgeführt.

  Auch hier gilt, dass Sie Formulareingaben dringend genau untersuchen und säubern müssen, bevor Sie Ihre Datenbank damit füttern.

7 Einer Bank, die solche hochsensiblen Transaktionen auf so unsichere Art und Weise handhabt, sollten Sie als Kunde allerdings sofort den Rücken kehren. Schließlich würden Sie auch keinen Schuhkarton statt eines stählernen Schließfachs mieten.

20.2.2 Wichtige Gegenmaßnahmen

Es ist wichtig, Serverrechner mit Hilfe diverser Schutzmaßnahmen gegen Angriffe abzusichern. Die folgende Liste enthält einige der wichtigsten:

- **Firewalls**. Selbstverständlich können Sie einen Server, dessen Aufgabe die Bereitstellung von Dienstleistungen über ein Netzwerk ist, nicht vollständig hinter einer Firewall verbergen. Vielmehr sollten Sie über eine intelligente Verteilung der betroffenen Rechner im Netzwerk nachdenken. Möglicherweise können Sie Proxy-Dienste verwenden, um eine Firewall zwischen dem eigentlichen Server und Backend-Servern, etwa für Anwendungen oder Datenbanken, zu überbrücken.

  Wenn Sie Linux verwenden, ist die Firewall in Form des mächtigen Paketfilters `iptables` bereits im Kernel enthalten; für andere Systeme gibt es vergleichbare Lösungen. Beachten Sie aber, dass ein Paketfilter auf dem einzelnen Host kein Ersatz für einen **Bastion-Host** ist, der sämtlichen Traffic zwischen einem Backend-Netzwerk und dem Internet filtert.

- **Intrusion Detection Systems** (IDS). Angriffe oder Angriffsversuche sind nicht immer leicht zu erkennen. Am besten ist es, Sie installieren eine Software, die unerwünschte Änderungen erkennt und Alarm gibt. Eine gute Wahl für Linux ist beispielsweise das Open-Source-Programm `tripwire`; Sie können es unter **http://www.tripwire.org** herunterladen. Genau genommen ist tripwire kein »richtiges« IDS, sondern ein allgemeiner, frei konfigurierbarer Warndienst, der bei Änderungen am System Alarm schlägt.

  Ein anderes empfehlenswertes und weit verbreitetes Open-Source-IDS ist Snort. Es handelt sich um ein echtes Network Intrusion Detection System (NIDS). Download-Links und weitere Informationen finden Sie unter **http://www.snort.org**. Auf der Site **http://www.datanerds.net/~mike/snort.html** wird übrigens auch eine Win32-Version angeboten.

  Beachten Sie, dass Sie ein IDS unbedingt installieren müssen, bevor der betreffende Rechner an das Netzwerk oder ans Internet angeschlossen wird.

- **chroot-Umgebung**. Auf UNIX-Systemen gibt es eine interessante Sicherheitsmaßnahme für Serverdienste: Sie können Programme in einen `chroot`-»Käfig« sperren. Das bedeutet, dass der Software vorgegaukelt wird, ihr lokales Unterverzeichnis sei das Wurzelverzeichnis des Dateisystems. Beachten Sie allerdings, dass auch dies keine absolute Sicherheit gewährleistet – es gibt immer wieder Sicherheitslücken in den eingesperrten Programmen oder in den `chroot`-Implementierungen, die es einem Angreifer ermöglichen, aus der `chroot`-Umgebung zu entkommen.

  Die Einrichtung einer solchen Umgebung ist vor allem deshalb nicht ganz einfach, weil Sie herausfinden müssen, welche Verzeichnisse und Dateien das Programm außer seinem eigenen Installationsumfang benötigt, um ausgeführt werden zu können. Die genaue Konfiguration hängt stark vom jeweiligen Serverdienst und von Ihrem konkreten System ab. Auf der Website zum Buch finden Sie einige Links mit Anleitungen.

- **»Crackertools«**. Im ersten Moment hört es sich vielleicht merkwürdig an, aber eine der beste Schutzmaßnahmen vor Angriffen besteht darin, die Werkzeuge der potentiellen Angreifer zu benutzen, um Sicherheitslücken zu erkennen und nach Möglichkeit zu schließen. Eines der wertvollsten Tools in dieser Sparte ist **Nessus**. Dieses freie Programm funktioniert unter zahlreichen UNIX-Varianten; Sie können es unter **http://www.nessus.org** herunterladen. Für Windows ist ein ähnliches Programm namens **NeWT** verfügbar; die Website ist **http://www.tenablesecurity.com/products/newt.shtml**.

- **Geschulte Mitarbeiter**. Die beste technische Sicherheitsmaßnahme nützt nichts, wenn die User nicht darüber Bescheid wissen. Menschliches Versagen ist immer die größte Sicherheitslücke; einige der erfolgreichsten Cracker haben nicht nur durch ausgeklügelte technische Maßnahmen Zugriff auf geschützte Systeme erlangt, sondern vor allem durch »Social Engineering« – siehe beispielsweise »Die Kunst der Täuschung« von Kevin Mitnick, einem verurteilten Cracker.

  Beispielsweise ist der vernünftige Umgang mit Passwörtern weithin unbekannt. Beachten Sie deshalb besonders die folgenden Punkte und weisen Sie auch Ihre Kollegen darauf hin:

  - Passwörter dürfen niemals sinnvolle Wörter sein, sondern müssen möglichst wirre Kombinationen aus Groß- und Kleinbuchstaben, Ziffern und Sonderzeichen sein.
  - Passwörter müssen regelmäßig gewechselt werden. Wenn Ihr Betriebssystem eine Möglichkeit bietet, die Benutzer nach einer bestimmten Zeit zur Änderung zu zwingen, sollten Sie sie nutzen.
  - Ein Passwort wird niemals aufgeschrieben! Ein sicheres Passwort, das man sich dennoch leicht merken kann, ergibt sich am einfachsten aus den Anfangsbuchstaben eines möglichst sinnlosen Satzes; einige Zeichen sollten allerdings keine Buchstaben sein. Ein Beispiel finden Sie in Kapitel 4, *Betriebssysteme*.
  - Administratoren, Mitarbeiter von Internetprovidern, Polizisten oder Staatsbeamte fragen *niemals* nach dem Passwort. Wer auch immer Sie also danach fragt, ist ein Betrüger.
  - Passwörter sind erst der Anfang – die vorgestellten Maßnahmen zur Passwortsicherheit sind wichtig. Für sich allein sind sie aber noch lange keine ausreichende Absicherung; das sollten sowohl Sie als auch die restlichen Benutzer wissen.

20.2.3 Kryptografie

Die Verschlüsselung von Nachrichten als Strategie zum Überleben in einer oft feindlichen Umwelt ist jahrtausendealt. Politische, wirtschaftliche oder militärische Informationen mussten geheim gehalten werden. Da das Internet ein allgemein nutzbares Kommunikationsnetz ist, wurde Kryptografie für beinahe jeden interessant.

Cäsar-Code

Die Codes früherer Zeiten waren eher einfach: Bekannt ist zum Beispiel der Cäsar-Code, bei dem jeder Buchstabe im Alphabet durch lineare Verschiebung durch einen anderen ersetzt wird. Der »Schlüssel« ist hier die Anzahl der Stellen, um die die Buchstaben verschoben werden. Tabelle 20.1 zeigt das bekannte Beispiel ROT13, das sie um 13 Stellen verschiebt.

A	B	C	D	E	F	G	H	I	J	K	L	M	N	O	P	Q	R	S	T	U	V	W	X	Y	Z
N	O	P	Q	R	S	T	U	V	W	X	Y	Z	A	B	C	D	E	F	G	H	I	J	K	L	M

Tabelle 20.1 Cäsar-Code oder ROTn: Verschiebung der Buchstaben um n Stellen, hier das Beispiel ROT13

Mit Hilfe der Tabelle dürfte es Ihnen keine Schwierigkeiten bereiten, den folgenden Satz zu lesen: »Irefpuyhrffryhat ybuag fvpu, qraa avpug nyyrf trug wrqra rgjnf na«. Das Praktische an den 13 Stellen ist, dass das Alphabet genau halbiert wird, so dass Verschlüsselung und Entschlüsselung derselbe Vorgang sind. Das folgende Perl-Skript leistet entsprechend beides:

```
#!/usr/bin/perl -w
use strict;
print "Nachricht: ";
my $msg = <>;
$msg =~ tr/a-z/n-za-m/;
$msg =~ tr/A-Z/N-ZA-M/;
print "ROT13: $msg\n";
```

Natürlich ist ROT13 in den Augen der Kryptoanalyse (der Wissenschaft von der Entschlüsselung) ein Witz; der schnellste Ansatz ist eine Häufigkeitsanalyse (welcher Buchstabe kommt in einer Sprache am häufigsten vor?) – je länger der Text, desto schneller führt sie zum Ziel.

Moderne Verfahren

Durch die moderne Mathematik und vor allem die Einführung der Computertechnik wurden erheblich komplexere Verschlüsselungsverfahren geschaffen, die sich nicht mehr ohne weiteres – zum Teil sogar gar nicht – knacken lassen. Das wichtigste Merkmal für eine gute Verschlüsselung ist allerdings eine ausreichende Schlüssellänge; das ausgeklügeltste Verfahren nützt nichts, wenn sich der Schlüsselraum, also die Gesamtheit aller möglichen Schlüssel, in wenigen Minuten durch einen Brute-Force-Angriff durchprobieren lässt.

Zunächst sollten Sie einige Grundbegriffe kennen, die im Zusammenhang mit der modernen Kryptografie im IT-Bereich häufig verwendet werden:

- **Symmetrische Verschlüsselung**. Bei dieser klassischen Form der Verschlüsselung wird zur Verschlüsselung und zur Entschlüsselung derselbe Schlüssel verwendet. Damit dies sicher ist, muss der Schlüssel selbst vor Außenstehenden verborgen werden. Für Internetverbindungen ist dieses Verfahren deshalb nicht geeignet.
- **Asymmetrische Verschlüsselung**. Diese Form der Kryptografie wird auch als **Public-Key-Verfahren** bezeichnet. Für die Verschlüsselung wird ein anderer Schlüssel verwendet als zur Entschlüsselung. Einer der beiden Schlüssel ist öffentlich (Public Key), der andere geheim (Private Key). Jeder, der an einem solchen Verschlüsselungsverfahren teilnehmen möchte, kann seinen öffentlichen Schlüssel verteilen. Wer diesem Teilnehmer eine Nachricht senden möchte, kann sie mit dessen öffentlichem Schlüssel verschlüsseln. Der andere Teilnehmer kann sie daraufhin mit seinem privaten Schlüssel dechiffrieren. Genau dieses Verfahren liegt Internet-Kryptografielösungen wie SSL oder PGP zugrunde.

- **Einwegverschlüsselung**. Bei dieser besonderen Form der Verschlüsselung ist die Dechiffrierung nicht vorgesehen und (sofern der Algorithmus korrekt arbeitet) auch nicht möglich. Einwegverschlüsselung wird beispielsweise für Passwörter verwendet: Anstatt das Passwort für den Vergleich mit der Benutzereingabe zu entschlüsseln (was ein erhebliches Sicherheitsrisiko wäre), wird die Eingabe nach demselben Verfahren chiffriert wie das verschlüsselt gespeicherte Passwort.
- **Digitale Signatur**. Eine Signatur wird benutzt, um die Identität eines Absenders zu gewährleisten. Damit dies wirklich sichergestellt ist, muss die Signatur von einer vertrauenswürdigen Zertifizierungsstelle beglaubigt werden. Anschließend kann der Anbieter Inhalte mit seinem privaten Schlüssel signieren; mit seinem öffentlichen Schlüssel können Empfänger seine Identität überprüfen.
- **Message-Digest**. Ein Message-Digest-Algorithmus (auch Message Authentication Code oder kurz MAC genannt) berechnet aus einem recht langen Inhalt eine möglichst kurze Zeichenfolge, die die Eindeutigkeit des ursprünglichen Inhalts gewährleistet. Eine Änderung des Inhalts sollte zuverlässig auch den Digest-Wert verändern. Dies gewährleistet die Integrität von Inhalten wie E-Mails, Webseiten oder Downloads.

Es gibt im Computer- und Netzwerkbereich zahlreiche Einsatzmöglichkeiten für Kryptografie. Hier nur einige der wichtigsten:

- **E-Mail-Verschlüsselung**. Die Verschlüsselung von E-Mail-Nachrichten mit Hilfe von PGP (Pretty Good Privacy) oder dessen Open-Source-Variante GnuPG ist eines der beliebtesten Einsatzgebiete für Kryptografie. Es handelt sich um ein Public-Key-Verfahren. Wenn ich jemandem eine verschlüsselte Nachricht senden möchte, kann ich sie mit *seinem* öffentlichen Schlüssel verschlüsseln, der allgemein verfügbar sein darf. Der Empfänger kann die Mail dann ausschließlich mit seinem privaten Schlüssel entschlüsseln. In moderne E-Mail-Clients lässt sich PGP oder GPG leicht integrieren, so dass es auf Knopfdruck zur Verfügung steht.
- **SSL/TLS für Webseiten**. Sicherheitsrelevante Webtransaktionen sollten nicht im Klartext durchgeführt werden, sondern ebenfalls verschlüsselt ablaufen. Dazu wird gesichertes HTTP (HTTPS) über SSL oder das modernere TLS verwendet. Neben der Verschlüsselung wird die Identität des Anbieters garantiert; er muss ein digitales Zertifikat verwenden, das idealerweise von einer anerkannten Zertifizierungsstelle (CA, Certification Authority) beglaubigt wurde. Eine ausführliche Anleitung, wie Sie eine SSL-gesicherte Website mit Apache 2 einrichten können, finden Sie auf der Site zu meinem Buch *Apache 2* unter **http://buecher.lingoworld.de/apache2/ mod_ssl.html**.
- **SSH** (Secure Shell). Die Fernadministration von UNIX-Servern ist eine angenehme und oft zeitsparende Angelegenheit. Dazu wird traditionellerweise das Protokoll und Programm Telnet verwendet. Dieses ist allerdings extrem unsicher, weil sämtliche Daten im Klartext übertragen werden. SSH ist eine verschlüsselte Lösung für dieses Problem. Um mit einem SSH-Server zu kommunizieren, benötigen Sie ein entsprechendes Client-Terminal. Auf UNIX-Rechnern ist dafür in der Regel das Programm `ssh` vorinstalliert; für Windows gibt es beispielsweise **PuTTY** (Download etwa unter **http://www.chiark.greenend.org.uk/~sgtatham/putty/ download.html**).

- **VPN** (Virtual Private Networks). Verteilte IT-Infrastrukturen mit mehreren, weit voneinander entfernten Standorten sind ein Problem: Eine dedizierte Standleitung zwischen ihnen ist oft zu teuer, das Internet ist dagegen zu unsicher und verlangt lästige Einschränkungen durch die mangelnden Fähigkeiten der verfügbaren Protokolle. Die Lösung heißt VPN: Ein voll ausgestattetes, frei konfigurierbares Netzwerk wird über das Internet »getunnelt«. Verschlüsselung ist übrigens kein integrierter Bestandteil eines VPN, sondern muss von den verwendeten Protokollen selbst geleistet werden.

20.3 Zusammenfassung

Die Sicherheit ist eines der wichtigsten Themen im Umgang mit Computern und Netzwerken. Angesichts der allgegenwärtigen Bedrohungen durch Viren, Cracker oder Spionage kann man gar nicht vorsichtig genug sein, gleichzeitig können Sie ein System aber auch nicht so sehr abschotten, dass es unbenutzbar wird. IT-Sicherheit ist also immer ein Kompromiss oder besser ein Balanceakt.

Einfache Desktop-PCs werden eher selten durch »persönlich« gemeinte Angriffe heimgesucht; hier überwiegen vor allem allgemeine Gefahren: Viren, Würmer und Trojaner können Daten vernichten oder preisgeben; Dialer oder Phishing-Attacken sind virtuelle Raubüberfälle, die Sie viel Geld kosten können. Schützen Sie sich durch einen vernünftigen Mix verschiedener Maßnahmen: Installieren Sie Antivirensoftware mit automatischen Updates und Wächterfunktion, verwenden Sie eine Desktop-Firewall und sichern Sie vor allem regelmäßig Ihre wichtigsten Daten.

Bei Servern sieht es etwas anders aus: Hier finden durchaus persönliche Angriffe durch Cracker statt, die Ihre Daten stehlen oder den Server für ihre eigenen Zwecke missbrauchen könnten. Entsprechend müssen Sie bei der Absicherung noch vorsichtiger sein. Befolgen Sie gewissenhaft alle Ratschläge aus diesem Kapitel und bleiben Sie auch darüber hinaus immer wachsam.

Beachten Sie, dass dieses Kapitel nur ein sehr kurzer Einstieg in das komplexe Thema Sicherheit war. Sie sollten sich unbedingt weiterführende Literatur besorgen und sich gezielt mit den Sicherheitsfunktionen Ihres Betriebssystems und Ihrer Anwendungssoftware vertraut machen. Zudem ist es wichtig, dass Sie die im gesamten Buch besprochenen Grundlagen der verschiedenen Komponenten verstehen, bevor Sie diese professionell absichern können. Umgekehrt darf (relative) Unwissenheit aber auch keine Ausrede sein; *mindestens* die bekannten Sicherungsmaßnahmen müssen ergriffen werden.

A Glossar

Auch wenn ein Zwerg riesige Mengen von Informationen täglich in sich aufnimmt, so bleibt er doch nur ein riesiger Zwerg.
– Dr. Ernst R. Hauschka

Damit er nicht zu riesig wird, enthält der Glossar keine allgemeinen, sondern nur unbekanntere Fachbegriffe, die so knapp wie möglich erläutert werden.

Access Point Zentraler Verteilerknoten in einem → Wireless LAN.

Active Directory LDAP-basierter → Verzeichnisdienst; wichtiger Bestandteil der Microsoft-Betriebssysteme Windows 2000 Server und Windows Server 2003.

ActiveX Technologie von Microsoft, mit deren Hilfe sich im Internet Explorer automatisch Komponenten herunterladen und installieren lassen. Sehr praktisch, aber bei schlechter Konfiguration auch unsicher.

ADSL → DSL

AdWare Für Endanwender kostenlose Software, die durch die Einblendung von Werbebannern finanziert wird. Kann zum Problem werden, wenn durch Ausspionieren des Users ermittelt wird, welche Banner geeignet sind. → Spyware

AGP Accelerated Graphics Port; spezieller Steckplatz für die Grafikkarte auf dem Mainboard.

Algorithmus Schritt-für-Schritt-Beschreibung einer Problemlösung aus der Mathematik oder Informatik.

Alphakanal Farbkanal, der den Transparenzgrad jedes einzelnen Pixels in einem Bitmap-Bild regelt.

ALU **Arithmetic-Logical Unit** die Recheneinheit eines Mikroprozessors.

ANSI American National Standards Institute, legt Normen und Industriestandards in den USA fest und entspricht somit der DIN in Deutschland. Im Computerbereich sind beispielsweise der ANSI-C-Standard und der ANSI-Zeichensatz, die erste standardisierte 8-Bit-Erweiterung von ASCII, relevant.

Anti-Alias Kantenglättung bei der Bildschirmdarstellung von Grafiken. Da Pixel quadratisch sind, sehen Kurven und diagonale Linien in einer bestimmten Farbe treppenförmig aus. Dem wird durch zusätzliche Pixel entgegengewirkt, deren Farbe einen Mittelwert zwischen den kontrastierenden Pixeln bildet.

Antiqua Grundform der Druckschrift seit der Renaissance; Gegenbegriff zur Fraktur. Innerhalb der Antiqua-Gruppe sind allerdings viele verschiedene Formen zu unterscheiden.

API Application Programming Interface; Schnittstelle, über die Programmierer auf die Funktionen eines Betriebssystems oder einer Anwendung zugreifen können.

AppleTalk Ursprünglicher Netzwerkprotokollstapel von Apple zur Vernetzung von Macintosh-Rechnern.

Application Server Serversoftware, die eine Umgebung für verteilte Anwendungen bereitstellt.

ARP Address Resoultion Protocol; Protokoll der TCP/IP-Familie zur Umsetzung der IP-Adressen in die Hardware-Adressen von Ethernet-Karten.

ARPA Auch DARPA: Defense Department's Advanced Research Projects' Agency. Agentur des US-Verteidigungsministeriums, die Forschungsprojekte koordiniert und finanziert. Das 1969 von dieser Institution ins Leben gerufene ARPANet war der Vorläufer des Internets.

Array Variable, die mehrere über einen Index ansprechbare Werte enthalten kann.

ASCII Erster weit verbreiteter, standardisierter Computerzeichensatz mit 7 Bit Datenbreite (128 Zeichen), ausreichend für alle Buchstaben der englischen Sprache sowie Ziffern, Satzzeichen, einige Sonderzeichen und Spezialfunktionen.

ASCII-/Binärmodus Unterschiedliche Datenübertragungsverfahren: Beim ASCII-Modus werden Zeilenumbrüche in das passende Format für die jeweilige Plattform umgewandelt, beim Binärmodus bleiben die Daten absolut intakt.

ASP.NET Microsoft-Technologie für vorlagenbasierte Websites mit dynamischen Inhalten; Teil des .NET-Frameworks.

Assembler Die Maschinensprache des jeweiligen Prozessors, dargestellt in Form von Kürzeln (Mnemonics), die von Menschen gelesen werden können. Außerdem die Bezeichnung für ein Programm, das diese Schreibweise in die eigentliche Maschinensprache umwandelt.

AT-Befehlssatz Auch Hayes-Befehlssatz; Satz ASCII-basierter Steuerbefehle für fast alle Modems, die alle mit der Zeichenfolge AT beginnen.

ATM Asynchronous Transfer Mode; Hochgeschwindigkeits-Fernnetzwerk auf der Basis von Lichtwellenleitern.

Ausdruck Beliebige Verknüpfung aus Konstanten, Variablen und Operatoren in einer Programmiersprache, die letztendlich einen konkreten Wert ergibt.

Aussage Logischer Satz, der entweder wahr oder falsch sein kann. In der Mathematik eine Gleichung oder Ungleichung.

Autonomes System (AS) Begriff aus der Routing-Technik: Zusammengesetzte Einheit aus Netzwerken, für die derselbe Betreiber verantwortlich ist. Innerhalb eines AS werden interne Routing-Protokolle eingesetzt, über mehrere AS hinweg externe.

AWT Abstract Windowing Toolkit; Klassenbibliothek zur Programmierung von Grafik- und GUI-Anwendungen in Java. Wird inzwischen durch die Swing- und Java2D-APIs ergänzt.

Backdoor Unerwünschte Schnittstelle, über die ein Angreifer auf einem fremden Rechner Operationen durchführen kann. Meist durch → Trojaner installiert.

Berechenbarkeit Kriterium eines Problems, für das eine Lösung gesucht wird: Nur zur Lösung berechenbarer Probleme kann ein Algorithmus erstellt werden.

Berkeley Socket API Programmierumgebung für TCP/IP-Netzwerkanwendungen. Ursprünglich eine C-Bibliothek unter BSD-UNIX, inzwischen aber unter vielen Betriebssystemen und Programmiersprachen verfügbar.

Bezeichner Name einer Variablen, Funktion, Klasse oder Methode. Je nach Programmiersprache gelten unterschiedliche Konventionen für Bezeichner.

BGP Border Gateway Protocol; sehr häufig verwendetes externes Routing-Protokoll.

Big-Endian-Architektur Spezielle Hardware-Architektur: Bei Zahlen, die mehrere Byte breit sind, wird das höchstwertige Byte am Ende gespeichert. Gegenteil: Little-Endian-Architektur

Bildauflösung Pixeldichte in einem Bitmap, gemessen meist in Pixeln pro cm oder pro Inch. Die Ausgabeauflösung für den Druck wird dagegen in dpi (Dots per Inch) beziehungsweise Dots pro cm angegeben.

Binary Coded Decimals (BCD) Speicherung von Dezimalzahlen im binären Format: Je 4 Bit werden für die Zahlen von 0 bis 9 verwendet.

Binäre Suche Schnelle Suche in einer bereits sortierten Datenmenge durch fortgesetztes Halbieren.

BIOS Basic Input/Output System; ROM-Baustein mit der Firmware des Personal Computers, die die wichtigsten Hardwarekomponenten überprüft und den Start des Betriebssystems einleitet.

Bitmap Computergrafik, bei der einzelne, farbige Bildpunkte (Pixel) gespeichert werden. Besonders geeignet für digitalisierte Fotos und andere Halbtonbilder.

Blue Book Erweiterter Standard für die Mixed-Mode-CD (CD mit Audio- und Daten-Tracks).

Boolesche Algebra Von George Boole entwickelte Algebra der binären Logik, die die verschiedenen logischen Operationen formal beschreibt.

Bridge Erweiterung eines Netzwerk-Hubs, die eine Verbindung zwischen zwei verschiedenen Verkabelungsstandards bereitstellt. Beispiel: Ein 10/100 Base T-Hub mit zusätzlichem BNC-Anschluss für 10 Base 2.

Brute-Force-Attacke »Rohe Gewalt«: Versuch, ein Passwort oder einen sonstigen Code durch einfaches Durchprobieren aller Kombinationsmöglichkeiten zu knacken.

BSD Berkeley System Distribution; eine der beiden grundsätzlichen UNIX-Entwicklungslinien. Entstand durch die Weiterentwicklung des ursprünglichen UNIX an der University of California, Berkeley.

Bus Mastering Moderne Technologie für den direkten Austausch von Daten zwischen Arbeitsspeicher und Peripherie; entlastet die CPU.

C Imperative Programmiersprache, die 1971 geschaffen wurde, um das Betriebssystem UNIX plattformübergreifend zu implementieren.

C++ In den 80er-Jahren entwickelte objektorientierte Erweiterung von C.

C# Neu entwickelte Programmiersprache von Microsoft für die Entwicklung von .NET-Anwendungen; ähnelt in vielerlei Hinsicht Java.

C-Standardbibliothek Plattformübergreifend standardisierte Bibliothek von C-Funktionen. Da fast alle Betriebssysteme in C programmiert wurden, ist die Standardbibliothek der Grund dafür, dass vieles unter verschiedenen Systemen sehr ähnlich funktioniert.

Callback-Methode Methode, die geschrieben wird, weil bekannt ist, dass ein externes Programm oder ein Objekt einer API eine Methode mit dem entsprechenden Namen aufrufen wird.

Carbon API für die Entwicklung von Anwendungen, die sowohl zu MacOS X als auch zu MacOS 9 kompatibel sind.

CGI Common Gateway Interface; Standard für den Datenaustausch zwischen einem Programm, das Webseiten aus dynamischen Daten generiert, und einem Browser. Insbesondere Konventionen für die Verarbeitung von Formulardaten.

Child-Prozess Ein Prozess, der durch den UNIX-Systemaufruf `fork()` von einem anderen abgeleitet wurde.

CIDR-Adressierung Classless Inter-Domain Routing; Standard für die IP-Adressierung, die die Trennung zwischen Netzwerk- und Host-Teil der Adresse an einer beliebigen Stelle ermöglicht.

Cocoa API für die Entwicklung grafischer MacOS X-Anwendungen, genauer gesagt für die moderne grafische Oberfläche Aqua.

Cookies Informationen im Textformat, die ein Browser im Auftrag einer Webservers speichert und ihm beim nächsten Besuch wieder zurückgibt. Dienen der Speicherung von Konfigurationsdaten über eine Sitzung hinweg.

CSMA/CA Carrier Sense Multiple Access with Collision Avoidance. Netzzugangsverfahren, bei dem mehrere Stationen auf dasselbe Übertragungsmedium zugreifen. Vor dem eigentlichen Senden erfolgt eine Sendeankündigung, um Datenkollisionen zu vermeiden. Wird zum Beispiel für Wireless LAN verwendet.

CSMA/CD Carrier Sense Multiple Access with Collision Detection. Netzzugangsverfahren, vor allem für Ethernet; vergleichbar mit CSMA/CA. Allerdings kann es zu Datenkollisionen kommen, weil eine Station einfach sendet, sobald das Medium frei ist.

CSS Cascading Style Sheets; spezielle Sprache für die Formatierung von Inhalten auf Webseiten.

CUPS Common UNIX Printing System; Druckumgebung für den standardisierten Druckerzugriff unter verschiedenen UNIX-Systemen.

Daemon Im Hintergrund laufender UNIX-Prozess, der eine beliebige Dienstleistung zur Verfügung stellt, meist einen Serverdienst.

DARPA → ARPA.

Datagramm IP-Datenpaket.

Deadlock Unauflösbare Verklemmung zweier Prozesse, die beim Wettstreit (Race Condition) um eine Ressource in einen Zustand geraten, in dem sie sich gegenseitig am Weiterkommen hindern.

Default Gateway Router, der nicht für die Verbindung zu einem speziellen Netzwerk verantwortlich ist, sondern für all diejenigen Verbindungen, für die kein anderer Router konfiguriert ist.

Defragmentierung Aufräumen der Fragmentierung einer Festplatte: Im Laufe der Zeit liegen immer weniger Dateien als geschlossene Einheit auf dem Datenträger, sondern werden auf freie Zuordnungseinheiten verteilt. Dies verlangsamt den Plattenzugriff beträchtlich.

Deklaration Formale Definition einer Variablen oder Funktion; in manchen Programmiersprachen erforderlich.

DeMorgan-Theorem Sagt aus, dass die Verneinung des logischen Und der Verneinung und Oder-Verknüpfung der einzelnen Operanden entspricht und umgekehrt. Also $\neg(A \land B) = \neg A \lor \neg B$ beziehungsweise $\neg(A \lor B) = \neg A \land \neg B$

Denial of Service-Angriff Attacke auf einen Server, die diesen so stark mit (oft fehlerhaften) Anfragen überlastet, dass er nicht mehr in der Lage ist, seinen eigentlichen Dienst zu versehen.

Deployment Inbetriebnahme einer Enterprise-Anwendung, eines Web-Services oder anderer verteilter Dienste.

DHCP Dynamic Host Configuration Protocol; ermöglicht es Hosts, ihre IP-Konfiguration beim Booten von einem zentralen Server zu laden.

DHTML Dynamic HTML; Kombination aus HTML, CSS und JavaScript, die die dynamische Änderung von Elementen einer Webseite ermöglicht.

Dickte Gesamte Breite, die ein bestimmter Buchstabe einnimmt.

DIN Deutsches Institut für Normung; zentrale Autorität für Normen und Industriestandards in Deutschland. Bekannt sind beispielsweise die DIN-Papierformate, die Schriftklassifizierung nach DIN oder das DIN-66001-Flussdiagramm.

Disc-at-once Technik, bei der der gesamte Brennvorgang einer Audio-CD ohne Unterbrechung durchgeführt wird. Einige ältere Audio-CD-Player bestehen auf solche CDs.

DMA-Kanal Direct Memory Access ist eine ältere Technik für den direkten Datenaustausch zwischen RAM und Peripherie (–> Bus Mastering).

DNS Domain Name System; hierarchisches Namenssystem für Internet-Hosts; definiert Namen wie **www.galileocomputing.de**.

DOM Document Object Model; API für den Zugriff auf die Baumstruktur eines XML- oder HTML-Dokuments. Definiert vom W3C und in vielen Programmiersprachen realisiert.

DoubleWord (DWord) Allgemeine Bezeichnung für 32 Bit (4 Byte oder 2 Words).

DSL Digital Subscriber Line; Internetzugang über serielle Leitungen mit hoher Geschwindigkeit dank hochfrequenter Signale. ADSL (Asymmetric DSL) bietet eine hohe Download-, aber niedrige Upload-Datenrate (eher für Privatkunden geeignet), während bei SDSL (Symmetric DSL) beide Geschwindigkeiten gleich sind.

DTD Document Type Definition; eine Vorlage für ein spezielles SGML- oder XML-Dokumentformat.

DTP Desktop Publishing; die komplette Herstellung fertiger Druckvorlagen an einem Computerarbeitsplatz.

Eclipse Freie, integrierte Entwicklungsumgebung (IDE). Ursprünglich für Java entworfen, aber durch Plugins für beliebige Sprachen und Umgebungen erweiterbar.

ECMA European Computer Manufacturers' Association; Gremium zur Standardisierung von Sprachen, Formaten oder Schnittstellen im IT-Bereich. Bekannt ist etwa ECMA-262 oder ECMAScript, der standardisierte Sprachkern von JavaScript.

EIDE Enhanced Integrated Device Electronics; Standardanschluss für interne Laufwerke.

Eingabeaufforderung Auch Prompt; Zeichen zur Eingabebereitschaft in einer Konsole. Je nach Betriebssystem und konkreter Shell unterschiedlich aufgebaut.

Endlicher Automat → Turing-Maschine.

Enterprise-Anwendung Verteilte Client-Server-Anwendung zur Ausführung verschiedener Geschäftsprozesse.

Enterprise Java Beans Verteiltes Komponentenmodell für die Zusammenarbeit mit entfernten Java-Anwendungen.

Escape-Sequenz Spezielle Schreibweise eines nicht darstellbaren Zeichens in einem String. In C und verwandten Sprachen zum Beispiel durch ein Backslash realisiert: `\n` ist eine Zeilenumbruch, `\"` ein Anführungszeichen innerhalb normaler Anführungszeichen und so weiter.

Ethernet Standard für lokale Netzwerke, der das CSMA/CD-Verfahren verwendet. Hardwaretechnisch über verschiedene Kabeltypen realisiert, vor allem Twisted-Pair- oder Koaxialkabel.

Extreme Programming (XP) Agiler Softwareentwicklungsprozess, bei dem die Tätigkeit des Programmierens im Mittelpunkt steht. Typische Merkmale sind das Programmieren in Paaren, der Verzicht auf umfangreiche Entwürfe sowie sehr kurze Release-Zyklen.

Farbaddition Mischverfahren der Lichtfarben. Die drei Primärfarben Rot, Grün und Blau beleuchten eine dunkle Fläche (zum Beispiel den Bildschirm) und vermischen sich zu allen erforderlichen Farben.

Farbkanäle Aufteilung der Grundfarben eines Farbmodells in einzelne Komponenten, die separat gespeichert werden.

Farbseparation Umrechnung von RGB-Farbe in CMYK-Farbe für die Ausgabe auf einem speziellen Gerät (Drucker, Belichter und so weiter). Je nach Verfahren können unterschiedliche Ergebnisse herauskommen.

Farbsubtraktion Mischverfahren der Körper- oder Pigmentfarben. Die Grundfarben Cyan, Magenta und Gelb sowie die Kontrastfarbe Schwarz werden durch Übereinanderdruck zu verschiedenen Farben gemischt.

Farbtiefe Bit-Breite der Farbkanäle beziehungsweise der Farbwerte eines Bildes.

FAT File Allocation Table, Dateizuordnungstabelle. Sammelname für verschiedene Windows-Dateisysteme (FAT 16, FAT 32).

FDDI Fiber Distributed Data Interface; LAN- und WAN-Standard auf der Basis eines ringförmigen Lichtwellenleiter-Netzes.

FIFO First In, First Out; Speichermodell der Queue (Warteschlange). Daten werden am einen Ende hereingeschoben und am anderen herausgeholt.

Firewall Hard- oder Software-Filter, der zwischen zwei Netzwerken (zum Beispiel einem lokalen Netzwerk und dem Internet) arbeitet, um Datenpakete nach einstellbaren Kriterien wie Adressen, Ports oder Inhalten auszufiltern.

FireWire Auch IEEE 1394; schnelle serielle Leitung (400 MBit/s); wird für den digitalen Videoschnitt, aber auch immer häufiger für den Anschluss externer Laufwerke verwendet.

Fließkommazahl Im wissenschaftlichen Format (Exponentialschreibweise) gespeicherte Zahl, bei der der Exponent die (variable) Position des Kommas bestimmt.

FTP File Transfer Protocol; Protokoll für die Übertragung von Dateien über ein TCP/IP-Netzwerk.

Funktion In der Mathematik eine Vorschrift, die für einen Eingabewert x einen bestimmten Ausgabewert f(x) berechnet. In einem Computerprogramm eine in sich geschlossener Block von Anweisungen, der mit seinem Namen und eventuellen Parametern aufgerufen wird und einen Wert zurückgeben kann.

GAN Global Area Network; Netzwerk, das über Kontinente hinweg reicht. Das größte GAN ist das Internet.

Gestaltungsraster Rastersystem, das der Vereinheitlichung eines Layouts dient: Bestimmte Bereiche werden für spezielle Elemente wie Satzspiegel, Abbildung oder Schmuckelement reserviert.

Grafische Benutzeroberfläche Auch GUI (Graphical User Interface). Mit der Maus bedienbare Benutzerschnittstelle eines Betriebssystems, bei der Befehle durch Anklicken von Symbolen oder Drag and Drop erteilt werden.

Green Book Standard für die CDi (CD-interactive), einen frühen Multimedia-Versuch von Philips.

Handshake Aushandlung der Leitungsmodalitäten zwischen zwei Modems. Drei-Wege-Handshake: Beginn einer TCP-Verbindung.

HTTP HyperText Transport Protocol. TCP/IP-Anwendungsprotokoll zur Übertragung von Webseiten vom Server an den Browser.

Hybrid-CD CD-ROM mit einer Datenpartition für Windows (ISO 9660) und einer weiteren für MacOS (HFS).

Hypertext Text mit eingebauten, automatischen Querverweisen, die durch Anklicken ein anderes Dokument öffnen oder an eine andere Stelle blättern.

I/O-Basisadresse Systemressource; die Speicheradresse, über die die CPU mit einem bestimmten Gerät kommuniziert.

IANA Internet Assigned Numbers Association; zentrale Autorität für die Vergabe von IP-Adressen.

ICMP Internet Control Message Protocol. Einfaches Protokoll, das IP-Datagramme zu Testzwecken an entfernte Rechner versendet, um Verbindungen zu überprüfen. Mit diesem Protokoll arbeitet das Dienstprogramm `ping`.

IEEE Institute of Electrical and Electronics Engineers; internationale Vereinigung von Elektronik-Ingenieuren, die bestimmte Standards beschließt. Bekannt sind etwa IEEE 802, eine Sammlung von Netzwerkstandards, oder IEEE 1394, der FireWire-Anschluss.

IMAP Internet Message Access Protocol; modernes Protokoll für den Betrieb von E-Mail-Postfächern. In einem IMAP-Postfach können die Nachrichten beliebig in Ordner sortiert und gelagert werden.

Integer Ganze Zahl.

Intrusion Detection System Software zur Erkennung böswilliger Angriffe oder Angriffsversuche.

Inverse Kinematik Technik der 3-D-Animation: Durch die Definition von Gelenken wird ein komplettes Objekt realistisch mitbewegt, wenn ein einzelner Teil des Objekts verschoben wird.

IP (Internet Protocol) Das Vermittlungsprotokoll der TCP/IP-Familie. Übernimmt die Adressierung der Hosts und die Übertragung der Daten über verschiedene Netzwerke hinweg. Die klassische Version, IPv4, verwendet 32 Bit lange Adressen; da diese knapp zu werden drohen, wurde inzwischen IPv6 mit 128-Bit-Adressen entworfen.

IrDA InfraRed Data Association. Standard für die Infrarot-Datenübertragung zwischen dem Computer und externen Peripheriegeräten.

IRQ Interrupt Request; Systemressource: Nummer eines Kommunikationskanals zur Ansteuerung von Peripheriegeräten.

ISA Industry Standard Architecture; allmählich aussterbender Steckplatz für Erweitungskarten auf der Mainboard. Nur 16 Bit breit und mit 8,33 MHz Taktrate ausgestattet.

ISDN Integrated Services Digital Network; europäischer Standard für digitale Telefonie. Ein ISDN-Anschluss bietet zwei separate Kanäle für Telefongespräche, Faxe oder Datenübertragung mit je 64 kBit/s (B-Kanäle) sowie einen separaten Kanal für Verwaltungsdaten (D-Kanal).

ISO International Organization for Standardization; erlässt internationale Normen und Industriestandards. Im IT-Bereich sind etwa die ISO-8859-Zeichensätze oder das CD-ROM-Dateiformat ISO 9660 relevant.

Java Objektorientierte Programmiersprache von Sun Microsystems mit dem Vorteil, dass einmal kompilierte Programme dank einer leicht portierbaren Ausführungseinheit, der virtuellen Java-Maschine (JVM), auf vielen verschiedenen Plattformen laufen.

JavaScript Skriptsprache, die die dynamische, interaktive Modifikation von Webseiten im Browser ermöglicht.

JDBC Java-Schnittstelle für die Datenbankprogrammierung; es sind Treiber für viele verschiedene Datenbanksysteme verfügbar.

JFC Java Foundation Classes; Klassenbibliothek zur Programmierung von Grafik- und GUI-Anwendungen.

Joliet Erweiterung des ISO-9660-Dateiformats für die Verwendung langer Window-Dateinamen.

JUnit Framework für → Unit-Tests in Java.

Kapitälchen Spezielles Alphabet, in dem speziell aufbereitete Großbuchstaben an die Stelle von Kleinbuchstaben treten.

KDE K Desktop Environment; Desktop-Arbeitsumgebung für UNIX-Systeme.

Kerning Auch Unterschneidung oder Laufweitenausgleich; Anpassung der Abstände zwischen speziellen Buchstabenkombinationen.

Keyframe Spezielles Frame (Einzelbild) in der Animations- und Videotechnik, das eine Zustandsänderung markiert.

Koaxialkabel Kabeltyp, bei dem eine innere leitende Schicht von einer Isolationsschicht und einer weiteren leitenden Schicht umgeben ist. Bekannt als Antennenkabel; wird auch in der Netzwerktechnik eingesetzt.

Kommandozeile Benutzerschnittstelle im Dialogbetrieb: Ein Benutzer gibt Befehle in Textform ein, die sofort ausgeführt werden.

Komplexität Angabe der Größenordnung für die Laufzeit eines Algorithmus.

Konsole → Kommandozeile.

LAMP-System Webserversystem, auf dem eine Kombination aus dem Betriebssystem Linux, dem Webserver Apache, der Datenbank MySQL und der Skriptsprache PHP beziehungsweise Perl oder Python laufen.

LAN Local Area Network; lokales Netzwerk.

LaTeX System für den professionellen Textsatz, besonders für wissenschaftliche Publikationen. Basiert auf dem Satzprogramm TeX von Donald E. Knuth.

LCD Liquid Crystal Display; elektronisches Anzeigesystem auf der Basis von Flüssigkristallen.

LDAP Lightweight Directory Access Protocol; verbreiteter Verzeichnisdienst.

LED-Drucker Vereinfachte Form des Laserdruckers, bei der die Belichtung durch eine Reihe von Leuchtdioden durchgeführt wird.

LIFO Last In, First Out; Speichermodell des Stacks (Stapel). Daten werden »oben« aufgelegt und wieder heruntergeholt.

Lineare Suche Suchverfahren, das in einer unsortierten Liste ein Element nach dem anderen mit dem gesuchten Wert vergleicht.

Literal »Wörtlich« gemeinte Konstante in einem Computerprogramm.

Little-Endian-Architektur Spezielle Hardware-Architektur: Bei Zahlen, die mehrere Byte breit sind, wird das höchstwertige Byte am Anfang gespeichert. Gegenteil: Little-Endian-Architektur.

Login Benutzeranmeldung an einem UNIX-System.

MAC-Adresse Hardware-Adresse einer Ethernet-Karte und anderer Netzwerkgeräte.

MAN Metropolitan Area Network; Netzwerk, das ein komplettes Stadtgebiet umfasst.

MIDI Musical Instruments' Digital Interface; Standard für die Kommunikation mit digitalen Musikinstrumenten (Synthesizern).

MIME Multipurpose Internet Mail Extension; Standard für die Angabe von Datentypen, der ursprünglich für E-Mail-Attachments entwickelt wurde, aber auch im Web eine wichtige Rolle spielt.

MMU Memory Management Unit; Teil der CPU, der für die Speicherverwaltung zuständig ist.

Mounten Einbinden eines Datenträgers in das Dateisystem beziehungsweise einen Verzeichnisbaum.

MP3 MPEG 1 Audio Layer 3; Format für die Audiokomprimierung, das auf hörphysiologischen Messungen basiert und so vornehmlich Bereiche weglässt, die von den meisten Menschen nicht gehört werden.

MPEG Motion Picture Expert Group; diverese Formate zur effizienten Speicherung von Digitalvideo mit hoher Qualität.

MTU Maximum Transmission Unit; maximale Größe für IP-Datenpakete über eine bestimmte Leitung.

NAT Network Address Translation; Umsetzung privater IP-Adressen in öffentliche zum Übergang in öffentliche Netze.

NetBEUI NetBIOS Extended User Interface; klassisches Microsoft-Netzwerkprotokoll für kleine LANs.

NFS Network File System; bevorzugtes Netzwerk-Dateisystem unter UNIX.

NNTP Network News Transport Protocol; Protokoll für die Übertragung von Newsgroup-Daten.

Normalisierung Herstellung der Normalform einer relationalen Datenbank, in der es keine Redundanzen und Inkonsistenzen gibt.

NURBS Non-Uniform Rational B-Splines; spezielle Form von 3-D-Objekten, die aus der Transformation von Splines (Vektorformen) entstehen.

Nyquist-Theorem Auch Shannon-Theorem; besagt, dass für die Darstellung von Daten einer bestimmten Frequenz mindestens die doppelte Trägerfrequenz (Sampling-Rate) erforderlich ist.

O-Notation Darstellungsform für die Komplexität von Algorithmen: Eine Funktion f(N) besitzt die Komplexitätsklasse O(g(N)), wenn sich f(N) für große N der Funktion g(N) annähert.

Objektorientierung Modernes Programmierverfahren, bei dem Datenstrukturen und Funktionen eine Einheit bilden (Kapselung).

ODBC Open Database Connectivity; Microsoft-Datenbankschnittstelle, die in die Windows-Betriebssysteme integriert ist.

Orange Book Standard für die beschreibbare und die wiederbeschreibbare CD (CD-R beziehungsweise CD-RW).

OSI-Referenzmodell Standardmodell für die Netzwerkkommunikation mit sieben Schichten (Funktionsebenen).

OSPF Open Shortest Path First; Routing-Protokoll.

Parent-Prozess UNIX-Prozess, aus dem ein anderer durch den Systemaufruf `fork()` abgeleitet wird.

Partitionierung Unterteilung der Festplatte in mehrere Abteilungen, die sich wie separate Datenträger verhalten.

PCI Peripheral Component Interface; aktueller Anschluss für Einsteckkarten auf der Mainboard mit 32 Bit und 33 MHz.

PCMCIA Personal Computer Memory Card International Association; Anschluss für Memory-Cards und Erweiterungsmodule an Notebooks.

PDF Portable Document Format; Dateiformat von Adobe, das in der Druckvorstufe immer häufiger als PostScript-Ersatz verwendet wird. Auch im Web werden oft PDFs zum Download angeboten. Wichtigster Vorteil: Alle im Dokument verwendeten Schriften werden mit in die Datei gepackt.

PDF-X Sammlung von Konventionen für den Einsatz von PDF-Dokumenten in der professionellen Druckvorstufe.

Perl Practical Extraction and Report Language; Skriptsprache aus dem UNIX-Bereich, die vor allem von Systemadministratoren und für die CGI-Programmierung verwendet wird.

PGP Pretty Good Privacy; beliebtes Tool zur Verschlüsselung und digitalen Signatur von E-Mails.

Phishing Diebstahl von persönlichen Daten, Anmeldeinformationen und Passwörtern mit Hilfe gefälschter E-Mails oder Websites.

PHP Rekursives Akronym für PHP:Hypertext Preprocessor; verbreitete Sprache für serverseitige Web-Anwendungen.

Pipe Verknüpfung der Ausgabe eines Programms mit der Eingabe eines anderen.

Plug & Play Automatische Konfiguration von Hardware: Geräte werden beim Anschließen automatisch erkannt.

POP3 Post Office Protocol, Version 3. Häufigstes Protokoll für E-Mail-Postfächer.

POSIX Standardisierung der Eigenschaften, die ein UNIX-System besitzen muss.

PostScript Druckseitenbeschreibungssprache von Adobe; wird von hochwertigen Druckern und Belichtern direkt verstanden.

PPP Point-to-Point Protocol; Verfahren für den Netzwerkzugriff über eine serielle Stand- oder Wählleitung.

Preflight Simulation der Ausgabe eines DTP-Projekts, um fehlende oder problematische Elemente zu finden.

Primärschlüssel Eindeutiges Identifikationsmerkmal eines Datensatzes in einer relationalen Datenbank.

Prompt → Eingabeaufforderung.

Proof Hochwertiger Farbausdruck, der das gewünschte Aussehen des späteren Druckbildes zu Testzwecken möglichst genau darstellen soll.

Proprotionalschrift Schrift, in der die einzelnen Zeichen je nach ihrer Breite unterschiedlich viel Platz einnehmen.

Prozess Aufgabe, die von einem Betriebssystem gleichzeitig mit anderen Aufgaben durchgeführt wird. Jedem Prozess stehen aus seiner eigenen Sicht die vollständigen, ungeteilten Systemressourcen zur Verfügung; das System betreibt Prozessmanagement, um zwischen ihnen umzuschalten.

Prädikatenlogik Mathematisch-formale Schreibweise der Aussagelogik; begründet 1879 von Gottlob Frege.

Punkt (Point) Maßeinheit für die Schriftgröße. Heute ist in der Regel der DTP-Punkt ($^1/_{72}$ Inch) gemeint, obwohl es eine Reihe leicht abweichender Einheiten gibt, die ebenfalls Punkt heißen.

Queue → FIFO.

QuickSort Schnelles Sortierverfahren, das durch rekursive »Teile-und-Herrsche«-Aufrufe funktioniert.

Race Condition Wettstreit mehrerer Prozesse um eine Systemressource.

RAID Redundant Array of Independent (oder Inexpensive) Disks. Logischer Zusammenschluss mehrerer Festplatten zur Steigerung der Geschwindigkeit oder der Sicherheit.

Raytracing 3-D-Rendering-Verfahren, bei dem die Wirkung eines Lichtstrahls von der beleuchteten Stelle aus rückwärts gerechnet wird.

RDBMS Relational Database Management System. Programm zur Verwaltung relationaler Datenbanken.

Register Rechenzelle der CPU.

Registermaschine Automaten- beziehungsweise Rechnersimulation, die das von-Neumann-Modell realisiert.

Reguläre Ausdrücke In verschiedenen Programmiersprachen und Anwendungen verfügbares Verfahren für Mustervergleiche zum Suchen und Ersetzen.

Rekursion Problemlösung durch ineinander verschachtelte Aufrufe derselben Funktion.

Relationale Datenbank Datenbank, die aus mehreren miteinander verknüpften Tabellen besteht.

RFC Request For Comments; Dokument zur öffentlichen Darstellung von Internet-Protokollen und -Standards.

RIP Routing Information Protocol; wichtiges internes Routing-Protokoll unter UNIX.

RISC Reduced Instruction Set Computing; CPU-Architektur, die durch einen stark verkleinerten Befehlssatz effizienter arbeitet.

RMI (Remote Method Invocation) Aufruf von Methoden entfernter Java-Klassen für Enterprise-Anwendungen.

Router Rechner, der eine Verbindung zwischen zwei verschiedenen Netzwerken vermittelt.

Samba SMB-Server für UNIX-Systeme; gewissermaßen eine freie Windows-Server-Implementierung.

Sampling Digitalisierung von Audio durch regelmäßige Messungen pro Sekunde.

SAX Simple API for XML; ereignisbasierte Parsing-API für XML-Dokuemente in verschiedenen Programmiersprachen.

Schaltalgebra → Boolesche Algebra.

Schichtenmodell Modell der Netzwerkkommunikation oder sonstigen Datenübertragung, das verschiedene Funktionsebenen unterscheidet – beim OSI-Referenzmodell zum Beispiel sieben.

SCSI Small Computer System Interface; ein paralleler Anschluss für interne und externe Peripherie, besonders wichtig für Festplatten in Server-Systemen.

SDSL → DSL.

SGML Standard Generalized Markup Language; klassische Meta-Sprache zur Formulierung beliebiger Auszeichnungssprachen wie etwa das herkömmliche HTML.

Shannon-Theorem → Nyquist-Theorem.

Shell → Kommandozeile.

Signal UNIX-Mechanismus zur Benachrichtigung von Prozessen. Wird über den Systemaufruf `kill()` übermittelt.

SOAP Simple Object Access Protocol; Kommunikationsprotokoll für Web Services.

Socket Ein Endpunkt der TCP/IP-Datenkommunikation.

Solaris UNIX-kompatibles Betriebssystem von Sun Microsystems.

Spline Vektorform, insbesondere in einem 3-D-Programm.

SpyWare Software, die Informationen über den Rechner, das System und die installierte Software an ihren Hersteller oder an Angreifer weitergibt. Wird manchmal für zielgruppengerechte Werbung eingesetzt (→ AdWare).

SQL Structured Query Language; Standard-Abfragesprache für relationale Datenbanken.

SSH Secure Shell; Sichere Variante von Telnet, deren Daten über eine verschlüsselte Verbindung übertragen werden.

Stack → LIFO.

Stack-Overflow Programmabsturz durch Überfüllung des System-Stacks, also des Stapelspeichers für Rücksprungadressen.

String Zeichenkette, also ein Textblock in einem Computerprogramm.

Subnet Mask Bitmaske, die angibt, welche Bits einer IP-Adresse das Netzwerk und welche den Host darstellen.

Subnetting Unterteilung eines IP-Netzes einer herkömmlichen Klasse in mehrere Teilnetze.

Supernetting Verbindung mehrerer IP-Netze einer herkömmlichen Klasse zu einem Gesamtnetz.

SVG Streaming Vector Graphics; XML-basiertes Format für animierte, interaktive Vektorgrafik im Web.

Symbolische Konstante Platzhalter in einem Computerprogramm, der für einen konstanten Wert steht, beispielsweise für einen Umrechnungsfaktor.

Syslog Einrichtung des Betriebssystems UNIX für die automatische Protokollierung von Fehlern und sonstigen Ereignissen.

System V Das klassische AT&T-UNIX.

Systemaufruf Aufruf einer Funktion, die der Kernel des Betriebssystems bereitstellt.

Systemvariable Auch Umgebungsvariable; eine systemweit gültige Variable, in der eine Einstellung des Betriebssystems gespeichert ist.

Task Scheduler Prozess im Kernel eines Betriebssystems, der die Rechenzeit an die unterschiedlichen Prozesse verteilt.

TCP Transmission Control Protocol; zuverlässiges Transportprotokoll der Internet-Protokollfamilie.

TCP/IP Transmission Control Protocol / Internet Protocol; die Internet-Protokollfamilie, benannt nach ihrem wichtigsten Transportprotokoll und ihrem Vermittlungsprotokoll.

Telnet Terminal-Emulation in einem TCP/IP-Netzwerk.

Terminal Endgerät eines Rechners seit den 60er Jahren: Ein- und Ausgabeeinheit; zunächst umgebauter Fernschreiber, später mit Monitor ausgestattet. Heute gibt es fast nur noch virtuelle Terminals, also Programme, die eine Terminal-Umgebung bereitstellen.

Terminator Abschlusswiderstand, beispielsweise bei SCSI oder bei koaxial-basiertem Ethernet.

Test-driven Development Softwareentwicklungsmethode, bei der stets zuerst ein automatischer Test (→ Unit-Test) geschrieben wird; neuer Code wird nur hinzugefügt, wenn der Test scheitert.

TFT Thin Flat Transistor; hochwertigstes Verfahren zur Steuerung von LCD-Displays: Jedes einzelne Flüssigkristall wird durch einen eigenen Transistor angesteuert.

Thread Leichtgewichtige Alternative zu einem Prozess; meist laufen innerhalb eines Prozesses mehrere Threads. Besonderheit: Ein Thread teilt sich einen Speicherbereich und alle Ressourcen mit den anderen Threads seiner Gruppe.

Timesharing Verfahren für den gleichzeitigen Betrieb mehrerer Terminals an einem Computer.

Token-Passing Netzzugangsverfahren, bei dem ein »Rederecht« in Form eines speziellen Datenmusters herumgereicht wird.

Token-Ring-Netzwerk LAN-Standard von IBM; ringförmiges Netzwerk, das nach dem Token-Passing-Verfahren arbeitet.

Top Level Domain Oberste Ordnungseinheit von Domain-Namen im Internet. Man unterscheidet Länder-Top Level Domains (ccTLDs) wie .de für Deutschland oder .uk für Großbritannien und generische TLDs wie .com oder .org.

Track-at-once Technik, bei der der Brennvorgang einer Audio-CD Track für Track einzeln durchgeführt wird. Gegenbegriff: Disc-at-once.

Trojaner Eigentlich »trojanisches Pferd«; angeblich nützliches Programm, das hinter den Kulissen Schaden anrichtet, indem es z. B. eine → Backdoor oder → SpyWare installiert.

TrueType Vektorbasiertes Format für Schriften, entwickelt von Microsoft und Apple. TrueType-Fonts können gleichermaßen auf Bildschirm und Drucker ausgegeben werden.

TTL Time-to-Live; Anzahl der Router, die ein IP-Datagramm passieren kann: Jeder Router zieht 1 von diesem Wert ab; bei 0 wird das Paket verworfen. Dies verhindert, dass unzustellbare Datagramme ewig im Netz kreisen.

Turing-Maschine Auch endlicher Automat; Automatenmodell nach Alan Turing: Eine Maschine aus einem Endlosband mit Feldern, die je ein Zeichen eines bestimmten Zeichenvorrats aufnehmen können. Jeder Arbeitsschritt liest das Zeichen unter dem Schreib/Lesekopf, kann ein neues schreiben und das Band um einen Schritt bewegen. Je nach gelesenem Zeichen und vorherigem Zustand wechselt die Maschine in einen anderen ihrer endlich viele Zustände.

Turing-Vollständigkeit Eigenschaft einer Programmiersprache oder einer Maschine, die sämtliche von einer Turing-Maschine lösbaren (und damit sämtliche berechenbaren Probleme überhaupt) lösen kann.

Tweening Kurzform von In-Betweening; Animationstechnik, bei der aus einem Anfangs- und einem Endzustand automatisch Zwischenbilder berechnet werden.

UDDI Universal Description, Discovery and Integration. Registrierungsdienst für Web Services.

UDP User Datagram Protocol; schnelles, verbindungsloses Transportprotokoll der Internet-Protokollfamilie.

UML Unified Modeling Language; Technologie zur Modellierung von Enterprise-Anwendungen durch Diagramme, die nicht nur Programmabläufe, sondern auch Geschäftsprozesse abbilden.

Unicode Neu entwickelter Computerzeichensatz mit dem Ziel, die Zeichen sämtlicher Schriftsysteme der Welt zu standardisieren. Die Zeichenbreite beträgt je nach Bereich 1 bis 4 Byte.

Unified Process Softwareentwicklungsprozess, der im Zusammenhang mit der → UML entstand. Iterativer Prozess (mehrere Release-Zyklen bis zum fertigen Produkt), der sich ausgehend von Anwendungsfällen (Use Cases) vor allem auf die Architektur der Software konzentriert.

Unit-Test Auch Klassentest; automatisierter Softwaretest, mit dem sich die ordnungsgemäße Funktionalität von Klassen und Programmen leicht überprüfen wird. Inzwischen existiert für fast jede Sprache ein xUnit-Framework (zum Beispiel JUnit für Java oder PHPUnit).

Unterschneidung → Kerning.

URL Uniform Resource Locator; eindeutige Adresse eines Dokuments im Internet. Besteht aus dem Zugriffsverfahren (Protokoll), dem Hostnamen und dem Dateipfad.

USB Universal Serial Bus; moderne serielle Schnittstelle für externe Peripheriegeräte.

Usenet Die klassische Hierarchie der Internet-Newsgroups.

UTF-8 Spezielle Schreibweise für Unicode-Zeichen, in der ASCII-Zeichen mit einem Byte auskommen, während alle anderen Zeichen zwei bis vier Byte belegen.

Vektorgrafik Computergrafik, bei der Kurven und Linien auflösungsunabhängig als mathematische Formeln gespeichert werden.

Vererbung Fachbegriff der Objektorientierung: Weitergabe der Eigenschaften einer Klasse an einer abgeleitete Klasse.

Verteilte Anwendung → Enterprise-Anwendung.

Verzeichnisdienst Verteilter Informationsdienst, der der Verbreitung von Informationen über Ressourcen und der zentralen Verwaltung von Zugriffsrechten dient. Beispiele: LDAP, Active Directory, NIS (Network Information Service).

Virus Selbstreproduzierender Code, der sich z.B. an Dateien (Dateivirus) oder Anwendungsskripte (Makrovirus) anhängt; enthält oft gefährliche Schadensroutinen.

VLSM Variable Length Subnet Mask; asymmetrische Aufteilung eines IP-Netzes in Teilnetze unterschiedlicher Größe.

Von-Neumann-Rechner Rechnermodell nach John von Neumann, dem im Wesentlichen alle heutigen Computer genügen.

VPN Virtual Private Network; Tunnelung eines privaten Netzwerks über das Internet, um die Kosten für eine dedizierte Standleitung zu sparen.

W3C World Wide Web Consortium; Zusammenschluss von Herstellern und Einzelpersonen, die die Standards für World Wide Web, HTML und verwandte Technologien festlegt.

WAN Wide Area Network; Netzwerk, dessen Bereich ein größeres, überregionales Gebiet umfasst. Manchmal auch einfach der allgemeine Gegenbegriff zum LAN (lokalen Netzwerk).

Web Service Verteilte Anwendung, die World Wide Web-Technologien zur Kommunikation verwendet.

White Book Standard für die Video-CD (nicht DVD).

Win32 Sammelbezeichnung für alle 32-Bit-Windows-Betriebssysteme von Microsoft: Windows 95, 98 und Me sowie die NT-Familie mit Windows NT, 2000, XP und Server 2003.

Win32 API Systemschnittstelle zur Programmierung von Windows-Anwendungen.

Wireless LAN (WLAN) Standard für drahtlose Funknetze nach IEEE 802.11.

Wohlgeformtheit Eigenschaft von XML-Dokumenten, in denen die Elemente korrekt verschachtelt sind und andere Standards eingehalten werden.

Word Allgemeine Bezeichnung für 16 Bit (2 Byte).

Wortbreite Eigenschaft eines Prozessors oder einer Datenleitung; gibt an, wieviele Bit parallel verarbeitet oder transportiert werden können.

WSDL Web Service Definition Language. XML-basierte Sprache zur Beschreibung von Web Services.

Wurm Schädlicher Code, der sich über diverse Netzwerkprotokolle verbreitet; am häufigsten per E-Mail.

WYSIWYG What You See Is What You Get; Arbeitsweise des Desktop Publishing: Ein Dokument wird am Bildschirm so erstellt, wie es später im Druck aussehen wird.

X Window Der X Window Server oder X-Server stellt die grundlengende Funktionalität für den Betrieb grafischer Benutzeroberflächen unter UNIX bereit.

XHTML XML-basierte Neudefinition von HTML.

XML eXtensible Markup Language; auf → SGML aufbauende Meta-Sprache für die Definition beliebiger Auszeichnungssprachen mit spezieller Optimierung für den Netzwerk- und Internet-Gebrauch.

XML Schema XML-basierte Sprache für die Definition von Dokumentformaten; mächtiger als DTDs.

XSL-FO eXtensible Stylesheet Language, Formatting Objects. Definition spezieller Layout-Anweisungen für die visuelle Darstellung von XML-Dokumenten.

XSLT eXtensible Stylesheet Language Transformation. Satz spezieller Anweisungen für die Umwandlung von XML-Dokumenten in andere Formate wie HTML oder PDF.

Zeiger Referenz auf eine Variable oder Funktion beziehungsweise allgemein auf eine Speicheradresse.

B Kommentiertes Literaturverzeichnis

Auch eine Fülle von Büchern ersetzt den guten Lehrer nicht.
– Chinesisches Sprichwort

In dieser Aufzählung finden Sie einige ausgewählte, weiterführende Bücher zu jedem Thema dieses Buches. Ich habe überwiegend nur solche Titel aufgenommen, die ich selbst gelesen habe oder als Nachschlagewerk verwende. Die Liste ist zunächst einmal nach den Kapiteln dieses Buches gegliedert; die Reihenfolge innerhalb dieser Abschnitte entspricht weitgehend der Themenanordnung in den Kapiteln selbst.

Unter **http://buecher.lingoworld.de/fachinfo/tipps.php** finden Sie jeweils die aktualisierte Fassung dieser Liste. Praktischerweise enthält die Seite auch Bestell-Links, über die Sie jedes Buch bei Amazon beziehungsweise Galileo Press bestellen können.

B.1 Allgemeine Einführungen und Überblicke

- Gumm, Heinz-Peter; Sommer, Manfred: **Einführung in die Informatik**, 6. Auflage. München 2004, Oldenbourg Verlag.

  Eine gründliche Einführung in eine Vielzahl von Themen der modernen Informatik, die stets mit gutem Praxisbezug präsentiert werden.

- Schneider, Uwe; Werner, Dieter (Hrsg.): **Taschenbuch der Informatik**, 5. Auflage. Leipzig 2004, Fachbuchverlag Leipzig.

  Kompaktes Schnellnachschlagewerk für die wichtigsten Fachbegriffe und -bereiche der Informatik.

- Hübscher, Heinrich et al.: **IT-Handbuch IT-Systemelektroniker/-in, Fachinformatiker/-in**, 3. Auflage. Braunschweig 2004, Westermann.

  Sammlung von Kurzinformationen und Tabellen zu den wichtigsten Ausbildungsinhalten der IT-Berufe.

- Precht, Martin; Meier, Nikolaus; Tremel, Dieter: **EDV-Grundwissen**, 7. Auflage. München 2001, Addison-Wesley.

  Ein Buch mit einem ähnlichen Ansatz wie das vorliegende, mit knapp 700 Seiten allerdings kompakter und dafür weniger praxisorientiert.

B.2 Mathematische und technische Grundlagen

- Brill, Manfred: **Mathematik für Informatiker**, 2. Auflage. München 2004, Hanser.

  Ein praxisorientiertes und gut verständliches Lehrbuch, das die für Informatiker relevanten Themen der Mathematik an Beispielen aus der Welt der Computer darstellt.

- Knuth, Donald E.: **The Art of Computer Programming**. Reading 1999, Addison-Wesley. Bisher 3 Bände: I. Fundamental Algorithms, II. Seminumerical Algorithms, III. Sorting and Searching.

Sehr gründliche Betrachtung verschiedener Algorithmen aus dem Blickwinkel der Mathematik und Theorie sowie als Programmierbeispiele für einen Modellprozessor. Band I führt dieses Modell ein und zeigt die Implementierung diverser Grundlagen, Band II beschäftigt sich ausführlich mit den Themen Zufallsgeneratoren und Arithmetik, Band III behandelt schließlich Such- und Sortieralgorithmen. Der lang erwartete Band IV, Combinatorial Algorithms, erscheint inzwischen in kleineren Teilbänden.

- Knuth, Donald E.: **Arithmetik**. Berlin / Heidelberg 2001, Springer.

  Deutsche Übersetzung eines der beiden Kapitel aus Band II von Art of Computer Programming. Beschäftigt sich ausführlich mit der Arithmetik von Ganz- und Fließkommazahlen.

B.3 Hardware

- Thompson, Robert Bruce; Fritchman Thompson, Barbara: **PC Hardware in a Nutshell**, 3. Auflage. Sebastopol 2003, O'Reilly & Associates.

  Ein praxisorientiertes, interessantes und unterhaltsames Buch zu den vielfältigen Aspekten der Hardware. Es enthält nicht nur allgemeine Informationen zur Funktion der diversen Komponenten, sondern auch wertvolle Praxistipps und Kaufempfehlungen. Und außerdem erfahren Sie, wie Sie Ihre Tastatur mit Hilfe von Spülmaschine und Backofen in neuem Glanz erstrahlen lassen können!

- Tanenbaum, Andrew S.; Goodman, James: **Computerarchitektur**. München 2001, Pearson Studium.

  Dieser Band behandelt ausführlich und fundiert die theoretische Seite der Hardware und der Rechnerarchitektur, indem er nacheinander die verschiedenen Ebenen dieses Aufbaus betrachtet.

B.4 Betriebssysteme

- Tanenbaum, Andrew S.: **Moderne Betriebssysteme**. München 2002, Pearson Studium.

  In diesem Buch wird zunächst in zahlreichen interessanten Kapiteln die gesamte Theorie der Betriebssystemtechnik geschildert: Prozess- und Speichermanagement, Gerätetreiber, Dateisysteme und so weiter. Anschließend werden die beiden konkreten Beispiele Linux und Windows 2000 genauer untersucht.

- Mauerer, Wolfgang: **Linux Kernelarchitektur**. München 2003, Hanser.

  Das Buch beschreibt ausführlich den Aufbau und die Bestandteile des aktuellen Linux-Kernels 2.6. 750 Seiten mit Insider-Informationen für alle, die den Kernel verstehen und beispielsweise Treiber programmieren möchten.

- Kofler, Michael: **Linux. Installation, Konfiguration, Anwendung**, 7. Auflage. München 2004, Addison-Wesley.

  Michael Kofler, einer der vielseitigsten deutschsprachigen EDV-Buch-Autoren, widmet sich in der siebten Auflage seines bekannten Standardwerks allen relevanten Themen zur erfolgreichen Inbetriebnahme und Anwendung eines Linux-Systems.

- Siever, Ellen; Spainhour, Stephen; Hekman, Jessica P.; Figgins, Stephen: **Linux in a Nutshell**. Köln 2001, O'Reilly Verlag.

  Kompakte Referenz zu allen wichtigen Befehlen und Tools des Betriebssystems Linux.

- Willemer, Arnold: **Wie werde ich UNIX-Guru?** 2. Auflage. Bonn 2004, Galileo Press.

  Diese praxisnahe und angenehm zu lesende Einführung stellt alle wichtigen Aspekte vor, die man kennen muss, um erfolgreich mit einem UNIX- beziehungsweise Linux-System zu arbeiten.

- Frisch, Eileen: **UNIX System-Administration**, 2. Auflage. Köln 2003, O'Reilly Verlag.

  Sehr umfangreiches Werk, das auf wirklich alle Aspekte der Systemadministration eingeht. Es ist für beliebige UNIX-Arbeitsumgebungen vom Linux-Einzelplatzrechner bis zum großen Unternehmen mit Unmengen von Servern geeignet.

- Pogue, David: **MacOS X – The Missing Manual, Panther-Ausgabe**. Köln 2004, O'Reilly Verlag.

  Auf sympathische, humorvolle Art und Weise beschreibt das Allround-Talent David Pogue (Broadway-Regisseur, Komponist, Magier und Journalist) alle wesentlichen Aspekte der aktuellen MacOS X-Version 10.3 (Panther). Die von ihm herausgegebene Reihe »The Missing Manual« hat es sich zur Aufgabe gemacht, die gedruckten Handbücher zu ersetzen, die heute bei der meisten Software fehlen.

- Bünning, Uwe; Krause, Jörg: **Windows XP Professional**. München 2002, Hanser.

  Eine sehr ausführliche Übersicht zu Einrichtung, Administration und Anwendung des aktuellen Microsoft-Betriebssystems.

B.5 Grundlagen der Programmierung

- Kaiser, Ulrich; Kecher, Christoph: **C / C++. Von den Grundlagen zur professionellen Programmierung**, 3. Auflage. Bonn 2005, Galileo Press.

  Dieses Buch beginnt bei mathematischen Grundlagen der Algorithmen und führt als gute, sehr ausführlich gehaltene Mischung aus Lehr- und Praxisbuch in die Programmierung mit C und – darauf aufbauend – mit C++ ein.

- Kernighan, Brian W.; Ritchie, Dennis M.: **Programmieren in C. ANSI-C**. München 1990, Hanser.

  Dass der »K&R« kein Buch ist, das die tagesaktuellen Features der modernsten Compilergeneration behandelt, merken Sie bereits am Erscheinungsjahr. Es handelt sich stattdessen um die Übersicht und Referenz der Programmiersprache C von ihren Entwicklern selbst. Das Buch ist technisch sehr exakt und außerdem sehr kompakt: Mancher Nebensatz hat so viel Gehalt wie drei Absätze in anderen Werken.

- Tondo, Clovis L.; Gimpel, Scott E.: **Das C-Lösungsbuch**. München 1990, Hanser.

  Jeder Absatz im K&R-Buch endet mit mehreren weiterführenden Übungsaufgaben. In diesem Buch wird zu jeder Aufgabe eine ausführlich kommentierte Lösung präsentiert.

- Ullenbohm, Christian: **Java ist auch eine Insel**, 4. Auflage. Bonn 2004, Galileo Press.

  Umfassender, methodischer und praxisorientierter Überblick über fast alle Aspekte der Programmierung mit dem Java 2 SDK, Version 5.

- Flanagan, David: **Java in a Nutshell**, 4. Auflage. Köln 2003, O'Reilly Verlag.

  Kurze Einführung und kompakte Referenz aller Klassen des Sprachkerns der Java 2 Standard Edition. Besonders die sehr übersichtlich gegliederte Schnellreferenz ist für alle Java-Programmierer sehr wertvoll.

- Schwartz, Randal L.; Phoenix, Tom: **Einführung in Perl**, 2. Auflage. Köln 2002, O'Reilly Verlag.

  Auf unterhaltsame Art und Weise führt dieser Band von »Just Another Perl Hacker« Randal Schwartz und seinem Kollegen Tom Phoenix in die Programmiersprache Perl ein. Grundbegriffe der Programmierung sollten allerdings schon vorhanden sein.

- Wall, Larry; Christiansen, Tom; Orwant, Jon: **Programmieren mit Perl**. Köln 2001, O'Reilly Verlag.

  Larry Wall, der Erfinder von Perl, und zwei weitere bekannte Mitglieder der Perl-Gemeinde haben in diesem umfangreichen Buch, dem berühmten »Kamel-Buch«, die meisten Aspekte der Sprache ausführlich, gründlich und mit viel Humor dokumentiert.

B.6 Konzepte der Programmierung

- Christiansen, Tom; Torkington, Nathan: **Perl Kochbuch**, 2. Auflage Köln 2004, O'Reilly Verlag.

  Das Perl-Kochbuch enthält einsatzfertige Perl-Codebeispiele für fast alle Lebenslagen, die überdies fundiert erklärt werden und so nicht nur praktische Lösungen bieten, sondern auch die eigenen Programmierkenntnisse verbessern.

- Darwin, Ian F.: **Java Kochbuch**, 2. Auflage. Köln 2005, O'Reilly Verlag.

  Eine ähnlich praktische Rezeptsammlung wie das Perl Kochbuch, diesmal für Java.

- Friedl, Jeffrey E. F.: **Reguläre Ausdrücke**, 2. Auflage. Köln 2003, O'Reilly Verlag.

  Eine ausführliche Referenz zur Anwendung regulärer Ausdrücke in verschiedenen Programmiersprachen mit zahlreichen Praxisbeispielen.

- Herold, Helmut: **Linux/Unix-Systemprogrammierung**, 3. Auflage. München 2004, Addison-Wesley.

  Dieses Buch enthält fast alles über die Programmierung mit Linux- und UNIX-Systemaufrufen.

- Warkus, Matthias: **GNOME 2, Das Entwicklerbuch**. Bonn 2002, Galileo Press.

  Dieses Buch behandelt kompetent und übersichtlich eine Alternative für die Programmierung von GUI-Anwendungen: Die Entwicklung von GNOME-Anwendungen mit der Klassenbibliothek GtK+. Für die Arbeit mit diesem Buch sind gute C-Kenntnisse erforderlich.

- Holzner, Steve: **Eclipse**. Köln 2004, O'Reilly Verlag.

  Praxisorientiertes Eclipse-Arbeitsbuch, das die wichtigsten Aspekte dieser IDE beschreibt. Den Schwerpunkt bildet die Java-Programmierung, es werden aber auch Themen wie Webentwicklung und Eclipse-Plugin-Programmierung angesprochen.

▶ Beck, Kent; Gamma Erich: **Eclipse erweitern**. München 2005, Addison-Wesley.

Ausführliche Anleitung zur Entwicklung von Eclipse-Plugins. Als Beispiel wird in mehreren Zyklen ein JUnit-Plugin entwickelt.

B.7 Software-Engineering

▶ Zuser, Wolfgang; Grechenig, Thomas; Köhle, Monika: **Software Engineering mit UML und dem Unified Process**. München 2004, Pearson Studium

Kompakte Übersicht über Software-Engineering-Prozesse mit den Schwerpunkten Unified Process und UML. Alle Phasen des Entwicklungsprozesses werden praxisnah beschrieben.

▶ Grässle, Patrick; Baumann, Henriette; Baumann, Philippe: **UML 2.0 projektorientiert**, 3. Auflage. Bonn 2004, Galileo Press.

Dieses Buch beschreibt den Einsatz der UML im gesamten Softwareentwicklungsprozess anhand eines durchgehenden Praxisbeispiels. Dadurch erschließt sich ihr unmittelbarer Nutzen viel schneller und deutlicher als durch die üblichen Referenzhandbücher.

▶ Beck, Kent: **Extreme Programming – das Manifest**. München 2003, Addison-Wesley.

Dieser schmale Band bietet einen kompakten Überblick über die Motivation und die Arbeitsmethoden des Extreme Programming.

▶ Gamma, Erich; Helm, Richard; Johnson, Ralph E.; Vlissides, John: **Design Patterns**. Reading 1997, Addison-Wesley.

Der Klassiker zum Thema Entwurfsmuster – nach einem verständlichen Einstieg in den Umgang mit Entwurfsmustern wird ein Katalog von 23 zeitlosen und überaus nützlichen Mustern präsentiert, die wohl jeder Entwickler eines Tages benötigen wird.

▶ Fowler, Martin: **Refactoring**. Reading 1999, Addison-Wesley.

Dieses Buch lehrt die Kunst der Umstrukturierung in vorhandenem Code. Auf diese Weise können Sie Schritt für Schritt schlechtes Codedesign verbessern und historischen Ballast aus Programmen abwerfen.

▶ Beck, Kent: **Test Driven Development by Example**. Reading 2002, Addison-Wesley.

An durchgehenden, praxisnahen Beispielen demonstriert Kent Beck die Vorteile der »Test first«-Strategie mit xUnit-Frameworks. Nach dem Schema Red – Green – Refactor wird zuerst ein Unit-Test geschrieben, der fehlschlagen muss. Anschließend wird Code hinzugefügt, der den Test erfüllt. Schließlich werden durch Refactoring Duplikate und Ungenauigkeiten entfernt. Das Ergebnis: Sie gelangen in überschaubaren Schritten zu stabilen, funktionierenden Programmen.

▶ Spinellis, Diomidis: **Code Reading**. Reading 2003, Addison-Wesley.

Das Kommunikationsmittel von Open-Source-Entwicklern ist der Quellcode selbst. Wer Open-Source-Projekte verstehen und möglicherweise dazu beitragen möchte, muss den Code lesen können. Das heißt, in Tausenden oder gar Millionen Zeilen das Wesentliche zu finden. An realen Beispielen wie NetBSD oder Apache werden verschiedene Strategien vermittelt, die möglichst schnell und sicher zum Ziel führen.

B.8 Datenbanken

- Kemper, Alfons; Eickler, Andre: **Datenbanksysteme. Eine Einführung**, 5. Auflage. München 2004, Oldenbourg.

  Eine komplette Übersicht über die theoretischen Grundlagen verschiedener Datenbanksysteme. Neben den üblichen relationalen Datenbanken werden beispielsweise auch objektorientierte und XML-Datenbanken ausführlich behandelt.

- Kersken, Sascha: **Praktischer Einstieg in MySQL mit PHP**. Köln 2005, O'Reilly Verlag (erscheint ca. Mai 2005).

  Neben einem gründlichen Einstieg in Datenbankdesign und -verwaltung mit MySQL führt dieses Buch anhand eines Praxisbeispiels in die Programmierung datenbankbasierter Webanwendungen mit PHP 5 ein.

- DuBois, Paul: **MySQL 4**. Müchen 2004, Markt & Technik.

  Sehr ausführliches Handbuch, das alle Aspekte der MySQL-Datenbankadministration und -programmierung umfassend behandelt.

- DuBois, Paul: **MySQL Kochbuch**. Köln 2003, O'Reilly Verlag.

  In der beliebten O'Reilly-Kochbuch-Reihe legt derselbe Autor diese umfangreiche Sammlung von Lösungen für MySQL-Probleme aus der Praxis vor.

- Gennick, Jonathan: **SQL kurz & gut**. Köln 2004, O'Reilly Verlag.

  Sehr praktische Taschenreferenz der wichtigsten SQL-Abfragen und -Funktionen in verschiedenen »Dialekten« (MySQL, MS SQL Server, Oracle u.a.).

B.9 Bildbearbeitung und Grafik

- Kelby, Scott: **Photoshop CS für digitale Fotografie**. München 2004, Addison-Wesley.

  Trotz seines Titels ist dieses Buch durch aus eine vollständige Anleitung für die Arbeit mit dem Bildbearbeitungsprogramm Photoshop. Durch unzählige praktische Profitipps werden gute praktische Kenntnisse vermittelt.

- Schuler, Günter: **Photoshop CS – Retusche, Montage & Farbkorrektur**. Bonn 2004, Galileo Press.

  Dieses Buch konzentriert sich ganz auf die Profi-Themen rund um Photoshop: Nach einer umfangreichen Einführung in theoretische Grundlagen wird vor allem die professionelle Bildretusche und -korrektur vermittelt.

Vernünftige deutschsprachige Literatur zu Adobe Illustrator CS ist noch nicht erschienen. Am besten versuchen Sie, ein Buch zur nicht allzu unterschiedlichen Vorgängerversion 10 gebraucht zu erwerben. Gelungen finde ich zum Beispiel das Workshop-orientierte Buch **Illustrator 10** von Jürgen Schöntauf und Vera Sartorius (Bonn 2002, Galileo Press).

B.10 Desktop Publishing und digitale Druckvorstufe

- Khazaeli, Cyrus Dominik: **Crashkurs Typo und Layout**. Hamburg 2001, rororo.

  Eine kostengünstige und kompakte Übersicht über die wichtigsten Themen von Satz und Layout.

- Gorbach, Rudolf Paulus: **Typografie professionell**. Bonn 2001, Galileo Press.

  Neben den typographischen Fachbegriffen und dem Grundwissen von Satz, Layout und Gestaltung werden zahlreiche praktische Hinweise zur Auswahl der richtigen Schriften und ihrer Verwendung gegeben.

- Grüder, Christoph; Leyhe, Thomas: **Adobe InDesign CS**. Bonn 2004, Galileo Press.

  Eine umfassende Übersicht über (fast) alle Aspekte der Satz- und Layoutherstellung mit InDesign.

- Merz, Thomas; Drümmer, Olaf: **Die PDF- & PostScript-Bibel**. Heidelberg 2002, dpunkt Verlag.

  Eine ausführliche Übersicht über die meisten Aspekte des PostScript- und PDF-Workflows für Print und Web.

B.11 Multimedia

- Henning, Peter A.: **Taschenbuch Multimedia**. Leipzig 2003, Fachbuchverlag Leipzig.

  Kompakte Referenz zu den wichtigsten Verfahren, Formaten und Werkzeugen der On- und Offline-Multimedia-Produktion.

- Koren, Gerhard; Buchinger, Franz: **Adobe Premiere Pro 1.5**. Bonn 2004, Galileo Press.

  Praxisorientiertes Buch über den Videoschnitt mit Adobe Premiere. Neben den Programmgrundlagen enthält es zahlreiche Workshops.

- Immler, Christian: **3ds max Kompendium**. München 2005, Markt & Technik.

  Umfassende Einführung und Referenz zur 3D-Modellierung und -Animation mit 3ds max in den Versionen 6 und 7.

- Eberl, Marcus; Jacobsen, Jens: **Director MX und Lingo, Kompendium**. München 2004, Markt und Technik.

  Seit Jahren erscheint zu jeder neuen Director-Version eine weitere Fassung dieses engagierten und umfassenden Werks über Multimedia-Authoring. Dabei werden nicht nur die Änderungen am Programm selbst, sondern auch der Wandel in der Multimedia-Szene insgesamt berücksichtigt. Dieser Band bezieht sich zwar noch auf die vorige Version, wird aber mit einem Ergänzungsheft geliefert, das die Neuerungen der Version MX 2004 zusammenfasst.

B.12 Datei- und Datenformate

- Fischer, Sven: **Grafikformate GE-PACKT**. Bonn 2001, mitp.

  Eine kompakte Übersicht über die meisten Bild- und Grafikdateiformate und ihre Anwendung.

- The Unicode Consortium: **The Unicode Standard, Version 4.0**. Reading 2003, Addison-Wesley.

  Ein ausführlicher Überblick über sämtliche Teilzeichensätze des Unicode-Standards mitsamt allen Zeichensatztabellen.

B.13 Netzwerktechnik

- Tanenbaum, Andrew S.: **Computernetzwerke**, 4. Auflage. München 2003, Pearson Studium.

  Eine wissenschaftlich orientierte, umfassende Übersicht über verschiedenste Aspekte der Netzwerktechnik und -theorie.

- Peterson, Larry L.; Davie, Bruce: **Computernetze. Ein modernes Lehrbuch**. Heidelberg 2000, dpunkt Verlag.

  Ebenfalls ein Lehrbuch, das theoretische Grundlagen der Netzwerktechnik erläutert. Der Schwerpunkt liegt bei TCP/IP.

- Perlman, Radia: **Interconnections, Bridges and Routers**. Reading 1999, Addison-Wesley.

  Die Autorin dieses Buches hat selbst eine Reihe von Netzzugangsverfahren erfunden und mitgeprägt, beispielsweise den Spanning-Tree-Algorithmus für Bridges. Aus diesem Grund erläutert sie in jedem Kapitel zunächst alle Aspekte des jeweiligen Problems, das es zu lösen gilt, und stellt anschließend verschiedene Geräte oder Protokolle vor, die eine Lösung bieten. Das Ganze ist nicht nur technisch fundiert, sondern auch ausgesprochen angenehm und kurzweilig zu lesen. (Anm.: Die deutsche Ausgabe ist zurzeit leider vergriffen.)

- Hunt, Craig: **TCP/IP-Netzwerkadministration**, 3. Auflage. Köln 2002, O'Reilly Verlag.

  Die dritte Auflage dieses Klassikers berücksichtigt neben der bewährten Mischung aus Protokolltheorie und Administrationspraxis auf UNIX-Systemen auch neuere Entwicklungen wie NAT oder IPv6.

- Wegner, J.D.; Rockell, Robert: **IP Addressing und Subnetting**. Bonn 2000, mitp.

  Dieses Buch erläutert sehr detailliert und mit praktischer Relevanz die »Zahlenmagie« der IP-Adressierung. Nach der Klassenlogik werden die Verfahren CIDR und VLSM genau untersucht; auch auf die IPv6-Adressierung wird eingegangen.

- Hagen, Silvia: **IPv6, Grundlagen – Funktionalität – Integration**. Norderstedt 2004, BoD.

  Eine umfassende Übersicht über die neue Version des IP-Protokolls mit Erläuterung der theoretischen Konzepte und Anleitungen zum IPv6-Einsatz in der Praxis.

- Liu, Cricket: **DNS & BIND Kochbuch**. Köln 2003, O'Reilly Verlag.

  Kompakte Sammlung praktischer Anleitungen zur Konfiguration des DNS-Servers BIND.

B.14 Netzwerkanwendungen

- Schemberg, Axel; Linten, Martin: **PC-Netzwerke**, 2. Auflage. Bonn 2004, Galileo Press.

  Das Buch beschreibt alle wesentlichen Aspekte der praktischen Vernetzung von Personal Computern und ihrer Anwendung. Einen Schwerpunkt bildet zum Beispiel die Einrichtung des freien Linux-Routers fli4l.

- Ts, Jay; Eckstein, Robert; Collier-Brown, David: **Samba**, 2. Auflage. Köln 2003, O'Reilly Verlag.

  Das Buch bietet eine sehr gründliche Einführung in die Arbeitsweise des freien Windows-Dateiservers Samba sowie viele praktische Hinweise zu seiner Verwendung.

- Kersken, Sascha: **Apache 2**. Bonn 2004, Galileo Press.

  Umfassende Anleitung zur Installation, Konfiguration, Programmierung und praktischen Anwendung des Apache-Webservers in der aktuellen Version 2.

- Dent, Kyle D.: **Postfix**. Köln 2004, O'Reilly Verlag.

  Postfix ist ein moderner, freier Mail-Server, der mit besonderem Augenmerk auf Sicherheitsanforderungen entworfen wurde. Dieses Buch bietet sowohl einen verständlichen Einstieg in die Thematik als auch praxisnahe Informationen zur Konfiguration.

- Stein, Lincoln D.: **Network Programming with Perl**. Reading 2000, Addison-Wesley.

  Lincoln D. Stein, als Entwickler des Perl-Moduls CGI.pm ein bekannter Kopf der Perl-Community, stellt in diesem Buch alle wichtigen Aspekte der Programmierung von Client-Server-Anwendungen für TCP/IP-Netzwerke vor. (Anm.: Zwischenzeitlich gab es eine deutsche Ausgabe, die inzwischen leider ausverkauft ist.)

- Farley, Jim; Crawford, William; Flanagan, David: **Java Enterprise in a Nutshell**. Köln 2002, O'Reilly Verlag.

  Der erste Teil des Buches ist ein kompakter Einstieg in die Programmierung mit der J2EE: Mit praktischen Beispielen werden Konzepte und Techniken wie Enterprise JavaBeans, Servlets und JSP, JDBC-Datenbankanbindung oder JNDI für den Zugriff auf Namens- und Verzeichnisdienste erläutert. Der zweite Teil ist eine knappe, aber umfassende Referenz aller J2EE-Klassen.

- Wenz, Christian; Hauser, Tobias: **Web Services mit PHP**. Bonn 2003, Galileo Press.

  Zunächst beschreibt das Buch kompakt und verständlich die grundlegende Funktionsweise von Web Services, anschließend wird ihre Implementierung in PHP erläutert.

B.15 XML

- Vonhoegen, Helmut: **Einstieg in XML**, 2. Auflage. Bonn 2004, Galileo Press.

  Eine gute und methodische Einführung in das XML-Format und die praktische Arbeit mit XML-Dokumenten.

- Harold, Elliotte Rusty; Means, W. Scott: **XML in a Nutshell**, 3. Auflage. Köln 2005, O'Reilly Verlag.

In diesem Buch werden in übersichtlicher Form alle wichtigen Aspekte von XML und seinem Umfeld erläutert: Wohlgeformtheit, DTDs, XML Schema, XSLT, XSL-FO sowie die Programmier-APIs SAX und DOM.

- Skulschus, Marco; Wiederstein, Marcus: **XML Schema**. Bonn 2004, Galileo Press.

  Sehr ausführliche und praxisorientierte Anleitung zur Erstellung von XML-Dokumentvorlagen mit der Definitionssprache XML Schema.

- Bongers, Frank: **XSLT 2.0**. Bonn 2004, Galileo Press.

  Methodische Einführung und sehr umfassende Referenz zu sämtlichen Elementen der Dokumenten- und Formattransformation mit XSLT in der neuen Version 2.0.

- McLaughlin, Brett: **Java & XML**. Köln 2002, O'Reilly Verlag.

  Eine methodische Einführung in die Programmierung XML-basierter Anwendungen mit Java. Im ersten Teil werden die grundlegenden APIs vorgestellt: SAX, DOM sowie die sehr interessante Alternative JDOM, die der Autor zusammen mit Jason Hunter selbst entwickelt hat. Im zweiten Teil werden zahlreiche APIs höherer Ebenen vorgestellt, die für spezielle Anwendungszwecke optimiert sind: XML-RPC, Web Services, Content Syndication und XML Data Binding.

- Ray, Eric T.; McIntosh, Jason: **Perl & XML**. Köln 2002, O'Reilly Verlag.

  Ein weiterer interessanter Titel zur XML-Programmierung, diesmal mit Perl. Sehr unterhaltsam geschrieben!

B.16 HTML, CSS und Webdesign

- Taglinger, Harald: **Jetzt lerne ich HTML**, 3. Auflage. München 2003, Markt & Technik.

  Harald Taglinger ist der Autor der legendären »Axel«-Glossen über einen sozial überforderten Computerfreak im Netzkulturmagazin Telepolis (**www.heise.de/tp**), die übrigens ebenfalls als Buch erschienen sind (».EXE ungelöst. Die Axel-Files«. Hannover 2001, Heise Verlag). Mit diesem Band legt er eine leicht verständliche, unterhaltsame und praxisorientierte Einführung in HTML vor.

- Münz, Stefan; Nefzger, Wolfgang: **HTML & Web-Publishing Handbuch**. München 2002, Franzis'.

  Stefan Münz dürfte vielen durch sein engagiertes, umfangreiches Online-Tutorial SelfHTML (**http://de.selfhtml.org**) bekannt sein. Dieses Buch ist die erweiterte Druckfassung von SelfHTML. Genau wie in der Online-Version wird nicht nur auf HTML eingegangen, sondern auch auf zahlreiche weitere Aspkete des Web-Publishings wie Webdesign-Richtlinien, JavaScript, CGI-Programmierung mit Perl sowie XML.

- Laborenz, Kai: **CSS-Praxis**, 3. Auflage. Bonn 2005, Galileo Press.

  Eine gelungene Einführung und Übersicht über die Gestaltung von Webseiten mit Cascading Style Sheets.

- Niederst, Jennifer: **Webdesign in a Nutshell**. Köln 2002, O'Reilly Verlag.

  Eine gute Übersicht über die verschiedenen Technologien, die gutes Webdesign ausmachen: Neben einem designorientierten Überblick über HTML und CSS werden besonders Aspekte wie Farbwahl, Bilddateiformate, Typographie und Benutzerfreundlichkeit in den Mittelpunkt gestellt.

- Schneider, Andreas; Knapp, Ronald; Wallner, Marcus: **Webdesign mit Photoshop 7**. Bonn 2002, Galileo Press.

  Sehr praxisnah wird der Workflow guten Webdesigns mit zahlreichen Funktionen von Photoshop 7 vorgestellt.

- Beer, Richard; Gailus, Susann: **Dreamweaver MX 2004**. Bonn 2004, Galileo Press.

  Umfangreiches Werk zur neuesten Dreamweaver-Version, aufgeteilt in einen Teil zu den Standardfunktionen zur Webseitengestaltung und einen weiteren zur Erstellung dynamischer Inhalte mit PHP, MySQL und so weiter.

B.17 Webanwendungen

- Kästner, Martin: **Perl fürs Web**. Bonn 2002, Galileo Press.

  Praktisch und anschaulich geschriebenes Buch über die CGI-Programmierung mit Perl. Es enthält zahlreiche Praxisbeispiele.

- Günther, Ulrich: **PHP 5 – Ein praktischer Einstieg**. Köln 2004, O'Reilly Verlag.

  Praxisorientierter Schnelleinstieg in die Entwicklung datenbankgestützter Websites mit PHP 5.

- Lerdorf, Rasmus; Tatroe, Kevin: **Programmieren mit PHP**. Köln 2002, O'Reilly Verlag.

  Der PHP-Erfinder Lerdorf und sein Co-Autor stellen ausführlich alle wichtigen Aspekte der Programmierung dynamischer Web-Anwendungen mit PHP vor. Leider werden die Neuerungen von PHP 5 hier noch nicht behandelt.

- Bergmann, Sebastian: **Professionelle Softwareentwicklung mit PHP 5**. Heidelberg 2005, dpunkt Verlag.

  In diesem Buch wird der Einsatz von Methoden der professionellen objektorientierten Softwareentwicklung mit PHP erläutert, beispielsweise Entwurfsmuster und Unit-Tests.

- Lubkowitz, Mark: **Webseiten programmieren und gestalten**. 2. Auflage, Bonn 2005, Galileo Press.

  Ein ausführliches und umfassendes Werk über fast alle Aspekte der Webgestaltung und -programmierung. Unter anderem werden auch die CGI-Programmierung mit Perl und Webanwendungen mit PHP und MySQL besprochen.

  Beachten Sie zum Thema Webanwendungen auch die Bücher unter B.8, *Datenbanken*.

B.18 JavaScript

- Koch, Stefan: **JavaScript. Einführung, Programmierung und Referenz**, 3. Auflage. Heidelberg 2001, dpunkt Verlag.

  Umfassend, kompetent und verständlich beschreibt Stefan Koch in diesem Buch die meisten wichtigen Themen rund um die clientseitige Web-Programmierung mit JavaScript. Zurecht gilt dieses Buch als die beste deutschsprachige JavaScript-Referenz.

- Flanagan, David: **JavaScript, kurz & gut**. Köln 2003, O'Reilly Verlag.

  Nützliche, kompakte Taschenreferenz aus O'Reillys bewährter Reihe »kurz & gut«.

B.19 Flash MX 2004

- Wolter, Sascha; Thiele, Marc: **Flash MX 2004. Grundlagen und Praxiswissen**, 4. Auflage. Bonn 2004, Galileo Press.

  Die neueste Auflage des deutschsprachigen Flash-Standardwerks wurde noch einmal erweitert: Das Buch enthält nicht nur alle wichtigen Aspekte der Animation und Medienintegration mit Flash, sondern auch einen methodischen Einstieg in ActionScript.

- Kersken, Sascha: **Flash MX 2004**. Köln 2004, O'Reilly Verlag.

  Mein eigenes Buch zum Thema Flash ist eine kompakte Einführung in die wichtigsten Funktionen und Aspekte von Flash. Im Gegensatz zu den meisten Anfängerbüchern behandelt es auch diverse ActionScript-Aspekte, einschließlich der Kooperation zwischen Flash und (PHP-)Serveranwendungen.

- Bhangal, Sham: **Flash Hacks**. Sebastopol 2004, O'Reilly Media.

  Jedes Buch der »Hacks«-Reihe bietet genau 100 praktische Tipps und Tricks zu einem Thema. Im vorliegenden Band finden Sie Hacks zu allen wichtigen Themen rund um Flash wie Grafik, Medienintegration, Animationstechniken, ActionScript-Programmierung und Server-Integration. Zu jedem Hack wird nebenbei gezielt Hintergrundwissen vermittelt.

- Moock, Colin: **ActionScript für Flash MX. Band I: Tutorial**. Köln 2003, O'Reilly Verlag.

  Die deutsche Übersetzung des Standardwerks »Action Script, The Definitive Guide« wurde wegen ihres immensen Umfangs in zwei Bände aufgeteilt. Der vorliegende Band I enthält Anleitungen und Tutorials zu fast allen Aspekten der Flash-Programmierung mit ActionScript. Colin Moock begeistert dabei nicht nur durch sein Fachwissen, sondern auch durch seine Gabe, Programmierneulinge und erfahrene Entwickler gleichzeitig anzusprechen, ohne erstere zu überfordern und letztere zu langweilen.

- Moock, Colin: **ActionScript für Flash MX. Band II: Referenz**. Köln 2003, O'Reilly Verlag.

  Dies ist der zweite Band der Übersetzung von »ASDG«. Er bietet eine ausführliche Referenz sämtlicher Funktionen, Klassen und Objekte von ActionScript in Flash MX. Allerdings werden diese Elemente nicht einfach aufgezählt, sondern durch zahlreiche Praxisbeispiele lebendig und gut verständlich dokumentiert.

- Moock, Colin: **Essential ActionScript 2.0**. Sebastopol 2004, O'Reilly Media.

  Und noch einmal Moock: In gewohnter Qualität stellt er hier speziell die Neuerungen der mit Flash MX 2004 gelieferten ActionScript-Version 2.0 vor, insbesondere die praktischen Vorteile der Objektorientierung und Typisierung.

B.20 Computer- und Netzwerksicherheit

- Eckert, Claudia: **IT-Sicherheit** (Studienausgabe). München 2005, Oldenbourg.

  Umfangreiches, eher akademisch orientiertes Lehrbuch zu vielen wichtigen Themen der Computer- und Netzwerksicherheit. Hier geht es vor allem darum, die Thematik von Grund auf zu verstehen, als um praktische Anleitungen, die schnell veralten.

- Barrett, Daniel J.; Silverman, Richard E.; Byrnes, Robert G.: **Linux Sicherheits-Kochbuch**. Köln 2003, O'Reilly Verlag.

  Nützliche Sammlung von Maßnahmen und Lösungen für allerlei Sicherheitsprobleme – die Themen sind unter anderem Firewalls, Intrusion Detection Systems, Zugriffskontrolle sowie die Absicherung einzelner Internet-Dienste.

- Peikari, Cyrus; Chuvakin, Anton: **Kenne deinen Feind – Fortgeschrittene Sicherheitstechniken**. Köln 2004, O'Reilly Verlag.

  Die verschiedenen Aspekte der Bedrohungen, denen Programme und Netzwerke ausgesetzt, werden hier zunächst aus der Sicht eines potentiellen Angreifers geschildert. Wer diese Perspektive versteht, kann sich erheblich besser wehren. Zudem ist es nützlich für die Sicherheit des eigenen Systems, selbst Angriffe mit den realen Mitteln von Crackern auszuprobieren.

Index

!, Operator 235
!=, Operator 236
!~, Perl-Operator 294
#, Perl-Kommentar 271
#define, Präprozessor-Direktive 251
#endif, Präprozessor-Direktive 251
#ifdef, Präprozessor-Direktive 251
#include, C-Präprozessor-Direktive 230
#include, Präprozessor-Direktive 250
$, Operator in RegExp 293
$, Perl-Variablen 266, 267
$, PHP-Variablen 818
$/, Perl-Variable 517
$_, Perl-Variable 269
$0, UNIX-Systemvariable 174
%, Operator 235
%, Perl-Variablen 268
&&, Operator
als Perl-Fallentscheidung 273
C 235
Perl 273
&, Dereferenzierungs-Operator 245
&, Operator, C 236
*, Operator 235
RegExp 291
++, Operator 237
+, Operator 235
JavaScript-String-Verkettung 859
RegExp 291
String-Verkettung, Java 255, 256
-, Operator 235, 247
--, Operator 237
., Perl-Operator 272
.htaccess-Dateien, Apache 657
.NET-Framework 48
/, Operator 235
//, Java-Kommentar 257
/etc/exports, NFS-Konfigurationsdatei 648
/etc/passwd, Konfigurationsdatei 172
/etc/shadow, Konfigurationsdatei 173
<a>, HTML-Tag 735
<applet>, HTML-Tag 755
<area>, HTML-Tag 741
<b>, HTML-Tag 727
<body>, HTML-Tag 721

, HTML-Tag 722
<caption>, HTML-Tag 743
<colgroup>, HTML-Tag 747
<dd>, HTML-Tag 733
<dl>, HTML-Tag 733
<dt>, HTML-Tag 733
<embed>, HTML-Tag 753
<font>, HTML-Tag 728
<form>, HTML-Tag 750
<frame>, HTML-Tag 756
<frameset>, HTML-Tag 755
<h1> bis <h6>, HTML-Tags 726
<head>, HTML-Tag 720
<html>, HTML-Tag 720
<i>, HTML-Tag 727
<img>, HTML-Tag 739
<input>, HTML-Tag 751
<li>, HTML-Tag 730
<map>, HTML-Tag 741
<meta>, HTML-Tag 723, 759
<object>, HTML-Tag 754
<ol>, HTML-Tag 731
<p>, HTML-Tag 725
<pre>, HTML-Tag 726
<script>, HTML-Tag 856
<select>, HTML-Tag 752
<style>, HTML-Tag 764
<table>, HTML-Tag 742
<td>, HTML-Tag 743
<textarea>, HTML-Tag 752
<th>, HTML-Tag 743
<title>, HTML-Tag 721
<tr>, HTML-Tag 743
<ul>, HTML-Tag 730
=, Operator 237
==, Operator 236
=~, Operator 294
=~, Perl-Operator 276
? ,, Operator 238
?, Operator
RegExp 291
@, Perl-Variablen 267
@_, Perl 274
^, Operator
C 236
in RegExp 291, 293
_framesLoaded, ActionScript-Eigenschaft 970
_totalFrames, ActionScript-Eigenschaft 969
``, Operatoren 297
{}, Anweisungsblock 239
|, Operator 236
in RegExp 293
||, Operator 235
als Perl-Fallentscheidung 272
Perl 272
~, Operator 236
0190-Dialer 978
1:1-Relation, RDBMS 359
1:n-Relation, RDBMS 359
10 Base 2, Ethernet-Standard 560
10 Base 5, Ethernet-Standard 561
10 Base T, Ethernet-Standard 562
100 Base T, Ethernet-Standard 562
1000 Base FL, Ethernet-Standard 563
1000 Base TX, Ethernet-Standard 563
16-Bit-Anwendungen, unter Win32 215
3D Now! (CPU-Befehlserweiterung) 105

3-D-Animation 467
Arbeitsablauf 467
Echtzeit-Rendering 467
Film-Rendering 467
Inverse Kinematik 469
Kamera 468
Keyframes 470
NURBS 470
Objekte bewegen 468
Radiosity 474
Raytracing 474
Rendering 468
3-D-Grafik 467
Anwendungsbereiche 467
Beleuchtung 468
in Director 493
Materialien 467
Modeling 467
Texturen 467
3DPI, Director-Xtra 493
3ds max
Animation 473
Ansicht verändern 470
Arbeitsoberfläche 469
Beleuchtung 473
Drehobjekte 471
Kamera 473
Kameraperspektive 473
Keyframes 470
Maps, Material 472
Material zuweisen 472
Modeling 470
Objekte erstellen 469
Objekte modifizieren 469
Objekthierarchie 469
Primitive (geometrische Figuren) 470
Rendering 474
Splines 471
8.3 (MS-DOS-Dateinamensschema) 169

A

Abakus 34
Abfrage, RDBMS
Änderungsabfrage 373
Auswahlabfrage 361, 373
Einfügeabfrage 373
Löschabfrage 373
Abfragen, RDBMS, SQL 362
Abgeleitete Klasse 260
Absatz
Ausrichtung 431
Blocksatz 431
Hurenkind 433
linksbündig 431
rechtsbündig 431
Schusterjunge 433
Typographie 430
Zeilenfall 432
zentriert 431
Absätze
HTML 725
Absoluter Pfad 165, 168
Absorption, Farbe 388
accept(), Perl-Funktion 669
Access Point 991
Access, Datenbank 365
Acrobat Distiller 448
ActionListener 313
actionPerformed(), AWT-Methode 313
ActionScript 952
_framesLoaded, Eigenschaft 970
_totalFrames, Eigenschaft 969
Aktionen-Palette 953
attachMovie (), Methode 968
Color, Objekt 965
createEmptyMovieClip(), Methode 968
Dauerfeuer-Buttons 964
duplicateMovieClip(), Methode 967
Event Handler 954
Event-Handler 954
Farbeffekte 966
Filme laden 956
Formularfunktionen 964
getURL(), Funktion 963
hitTest(), Methode 967
Hyperlinks 963
Instanzen, Eigenschaften 962
Kollisionen ermitteln 967
loadMovie()-Funktion 956
Mauszeiger ausblenden 965
Mouse, Objekt 965
Mouse.hide(), Methode 965
Mouse.show(), Methode 965
Movieclip-Eigenschaften 962
Movieclip-Hierarchie 957
Movieclips automatisch erzeugen 967
Movieclips einfärben 965
Movieclips steuern 957
Movieclips zur Steuerung 965
Navigation 955
on, Anweisung 954
onClipEvent()-Handler 965
stop(), Funktion 953
Zeichenfunktionen 968
Active Directory 646, 991
Active Server Pages → ASP.NET
ActivePerl 265
ActiveX 991
ActiveX-Objekte 754
Ada, Programmiersprache 35
Addierer (Schaltung) 77
Addiermaschinen 34
Addierwerk (Schaltung) 77
Addition, Operator 235
Administrator, Windows-Benutzer 224
Administratorendokumentation 336
Admin-Rechte 976
Adobe
Acrobat 447
Audition 455
Illustrator 387, 412
InDesign 437, 440
PDF-Format 447
Photoshop 387
Photoshop Elements 387
PostScript 526
Type Manager (ATM) 440
Adobe PostScript 141
Adressbus 101
Wortbreite 102
Adressierung, Speicher 69
ADSL 573

AdWare 979
afpd, netatalk-Dienst 651
Aggregatfunktionen, SQL 379
Agile Softwareentwicklung 338
AGP 119, 991
AI → Künstliche Intelligenz
AIFF, Audio-Dateiformat 533
AIX, Betriebssystem 148
Akteure (UML) 341
Aktivitätsdiagramme (UML) 344
Akustikkoppler 541
Al Chwarismi (arab. Mathematiker) 33
Algebra
  boolesche 55, 80
  Definition 80
  lineare 80
  zur Algorithmendarstellung 80
Algorithmen 33, 80, 277
  algebraische Darstellung 80
  Anschaulich-sprachliche Darstellung 81
  Berechenbarkeit 81
  Binäre Suche 285
  BubbleSort 279
  Diagrammdarstellung 81
  entwickeln 277
  Komplexität 82
  Lineare Suche 83, 284
  O-Notation der Komplexität 83
  Permutationen 83
  Pseudocode-Darstellung 81
  QuickSort 282
  Sortieren 279
  Suche 284
Algorithmus 991
  Größter gemeinsamer Teiler (GGT) 277
Alias (MacVerknüpfung) 211
ALOHANet 559
Alpha, Prozessor 103, 105
Alphabet
  Geschichte 421
  Griechisches 422
  Lateinisches 422
  Phönizisches 421
Alphakanal 991
  Photoshop 402
ALRM, Signal 159
Altair 8800, früher Mikrocomputer 39
ALU 100, 991
AMD 100
Amiga 41
Amigos, drei 339
Amplitude, Audio 50
Analog, Unterschied zu Digital 48
Analoguhr, JavaScript-Anwendung 909
Analyse, Software-Engineering 330
  Lastenheft 331
  Objektorientierte Analyse 331
  Pflichtenheft 332
  Strukturierte Analyse 331
Analytical Engine 34
Änderungsabfrage 373
AND-Schaltung 75
  Aufbau mit Transistoren 75
  mit einfachen Mitteln nachbauen 73
AND-Verknüpfung 56
  Wahrheitstabelle 57
Anführungszeichen
  PHP 820
  verschiedene, Bedeutung in Perl 271
Angewandte Informatik 26
Animation
  Doble Buffering 309
  Fahrrad, Flash 939
  Flash 928
  Java, AWT 309
  Tweening, Flash 932
Animierte GIFs 785
Anschnitt, Bilder im 436
ANSI 991
  C-Standard 248
ANSI-Zeichensatz 520
Anti-Alias 991
  Photoshop 400
Antiqua 426, 991
Antiqua-Varianten 428
Antivirenprogramme 974
Antville, Blog-Tool 809
Anweisungen, C 231
Anweisungsblock 239
Anwenderdokumentation 336
Anwendung
  DDN-Modell-Schicht 547
  OSI-Schicht 545
Anwendungsfalldiagramme (UML) 341
Anwendungsfälle 336
Anwendungsserver 557
Apache
  .htaccess-Dateien 657
  Authentifizierung 663
  Autostart (UNIX) 202
  Direktiven 658
  Filter 653
  Grundkonfiguration 663
  htpasswd-Dienstprogramm 659
  HTTP-Server 652
  Installation, UNIX 655
  Installation, Windows 656
  Konfiguration 657
  Module 653
  Multi-Processing-Module 653
  Multiprotokoll-Support 653
  Verzeichnisschutz 663
  Virtuelle Hosts 662
  Xalan 710
  XAMPP, integrierter Server 652
  Xerces 712
Apache Portable Runtime (APR) 653
API 991
Apple
  MacOS X 206
  Macintosh 150
  QuickTime 207
Apple II 40, 149
Apple Macintosh 41

Apple-Menü, Wichtige Befehle 209
AppleTalk 629, 991
Einrichten, MacOS X 638
Protokollstapel 630
Vergleich zu TCP/IP 631
Applets, Java 251, 304, 316
Application Server 557, 991
Java 675
APR → Apache Portable Runtime (APR)
Aqua, MacOS X-Oberfläche 148, 207
Arabische Zahlen 34
Arbeitsspeicher 98
des virtuellen Prozessors 88
Arbeitsverzeichnis 165
anzeigen, UNIX 181
wechseln, UNIX 181
wechseln, Windows 222
Archivdateien, tar 205
ARCNet
Netzwerk 569
A-Record (DNS) 613
ArgoUML, Tool 340
Arithmetic-Logical Unit → ALU
Arithmetische Operatoren
C 235
SQL 378
Arithmetisch-logische Einheit → ALU
ARP 991
TCP/IP-Netzzugang 577
ARPA 539, 991
ARPANet 539
Anwendungen 540
MilNet 541
technische Grundidee 539
ursprüngliche Aufgabe 539
Arrays 245, 992
Anzahl der Elemente, Perl 280
aus Strings, Perl 269
C 245
Deklaration, C 245
mehrdimensionale, PHP 821
Perl 267
PHP 819
zur C-String-Darstellung 246
zusammenfassen, Perl 269
Artificial Intelligence → Künstliche Intelligenz
AS, SQL-Klausel 378
ASCII 992
Zeichensatz 51
ASCII-Art 727
ASCII-Code 518
Erweiterungen 519
IBM-Erweiterung 519
Steuerzeichen 519
Tabelle 519
ASCII-Modus 992
ASP.NET 808, 992
Assembler 43, 992
Mnemonics 44
Nicht-x86 107
Praktische Anwendung 44
x86-Beispiele 107
Asymmetrische Verschlüsselung 987
AT&T 46, 147
UNIX System V 148
AT&T Bell Laboratories 46
atalkd, netatalk-Dienst 651
Atari 41, 149
Atari 800XL 41, 149
Atari ST 41
AT-Befehlssatz 992
Athlon, Prozessor 100, 105
ATM (Adobe Type Manager) 440, 992
ATM, Asynchronous Transfer Mode 568
atomar, Information in RDBMS 362
attachMovie (), ActionScript-Methode 968
attrib, Windows-Befehl 222
Attribute (Windows-Dateien) 168
Attribute, HTML 720
Audio
Adobe Audition 455
Arrangements 458
Aufnahme 454
Aufnahmequelle wählen 454
Digitale Bearbeitung 453
Digitalisierung 453
in Director 493
in Flash 943
MIDI-Sequencer 454
MIDI-Tracks einfügen 455
Wave-Editoren 454
zeit- und wertdiskret 51
Audio-CD 129
über Soundkarte abspielen 142
Audio-Dateiformate 533
AIFF 533
MP3 534
MP4 534
OGG Vorbis 534
WAV 533
Audiodaten 50
Sampling 50
Sampling-Rate 51
Sampling-Tiefe 51
Tonkanäle 51
Audition, Wave-Editor 455
Amplitudeneffekte 457
Effekte 456
Sound-Arrangements 458
Störungen entfernen 457
Tracks bearbeiten 455
Wellen- und Spektralansicht 456
Zeit- und Tonhöhen-Effekte 457
Auflicht-Scanner 135
Auflösung
bei der Digitalkamera 136
der Grafikkarte 137
Auflösung, Bild 50
Aufnahme, Audio 454
Ausbildung 26
Fachinformatiker 27
Informatikkaufleute 28
IT-Systemelektroniker 28
IT-Systemkaufleute 28
Mediengestalter 29
Prüfung 28
Studienfächer 31
Ausdruck 992

Ausdrücke
Bedingungen 239
C 234
Perl 270
Ausgabe
in Dateien, C 249
Konsole, C 248
Perl 266
Ausgabeeinheit 97
Ausgabegeräte 123, 136
Drucker 140
Grafikkarte 137
Monitor 138
Ausgabesteuerung, durch das Betriebssystem 145
Ausgabeumleitung
in UNIX-Shells 177
Windows 221
Auslagerungsdatei 162
Ausnahmen
auslösen 263
FileNotFoundException, Java 264
IOException, Java 264
Java 255, 263
Java, IOException 255
Ausrichten, Illustrator 418
Aussage 992
Aussageformen 54
Aussagelogik 53
Aussagen 53
falsche 54
mathematische 54
wahre 54
Auswahl, Illustrator 413
Auswahl, Photoshop 399
Ellipse 399
Glätten 400
Lasso 400
Maskierungsmodus 403
mit Kanal 402
Rechteck 399
Weiche Kante 400
Zauberstab 400
Auswahlabfrage 361, 373
Authentifizierung, Apache 663
AUTO_INCREMENT, SQL-Feldoption 377
Autoflush-Modus 668
Automatentheorien 25, 79
Registermaschine 87
Turing-Maschine 85
Automatisch starten
System V Init 202
UNIX 202
Automatische Variablen 234
Autonomes System 992
Autonomes System (AS), Routing 592
Autorensysteme 474
Average Case (Komplexität) 82
AVI, Video-Dateiformat 535
awk 264, 290
AWT 992
AWT, Java 304
Ereignisbehandlung 304

B

Babbage, Charles 34
Back Orifice, Backdoor 977
Backdoors 977
background-attachment, CSS-Angabe 768
background-color, CSS-Angabe 768
background-image, CSS-Angabe 768
background-repeat, CSS-Angabe 769
Backtick, Operator 297
Backups 975
Band, der Turing-Maschine 85
Barock-Antiqua 426
bash (Borne Again Shell) 174
BASIC 45
Basic Input/Output System → BIOS
BASIC, Programmiersprache 39, 45
Basis, bei Stellenwertsystemen 65
Bastion-Host 985
Batch Processing → Stapelverarbeitung
Batch-Datei, Windows 223
Baum, Datenstruktur 288
Binärbaum 288
Baum-Topologie, Netzwerk 552
BCD → Binaray Coded Decimals
BEA WebLogic-Server 675
Beck, Kent 338
Bedingter Sprung 106
Befehle
Dateiverwaltung, UNIX 179
des virtuellen Prozessors 89
Systemverwaltung, UNIX 185
Textmanipulation, UNIX 183
UNIX 179
Windows-Konsole 222
Befehlstabelle 101
der CPU 101
Befehlszeiger (CPU-Register) 100
Behavioral Patterns → Verhaltensmuster
Bell Laboratories 147
Bemer, Robert 518
Benutzer
Administrator, Windows 224
an- und abmelden, Windows 219
Gruppe hinzufügen, UNIX 188
hinzufügen, UNIX 188
Home-Verzeichnis 165, 168
Passwort ändern, UNIX 188
root 159, 172
Verwaltung, MacOS X 212
Verwaltung, Windows 224
Zugriffsrechte 166
Benutzermodus 153, 158
Benutzeroberfläche 145
grafische 146, 150, 157
Konsole 146, 157
Benutzerrechte, ändern, UNIX 182
Berechenbarkeit 25, 992
Berechenbarkeit von Algorithmen 81

Berechenbarkeit, Halteproblem 81
Berkeley Socket API 664, 992
Berkeley, Universität 148, 193, 664
UNIX-Version 148
Berners-Lee, Tim 541
Beschaffungsmanagement 329
Beschreibbare DVDs 133
Besitzer, wechseln (Datei) 183
Best Case (Komplexität) 82
Betriebssystem
Aufbau 151
Aufgaben 145
Benutzermodus 153
Benutzeroberfläche 145
Bibliothek 156
Booten 153
BSD-UNIX 148
CP/M 149
Darwin 148, 207
Dateiverwaltung 145
Dialogverarbeitung 147
Ein- und Ausgabesteuerung 145
FreeBSD 148
Gerätetreiber 154
Geschichte 146
herunterfahren 190
HP UX 148
IBM AIX 148
ITS (Incompatible Timesharing System) 147
Kernel 152
Kernelmodus 153
Konsole 157
Linux 148, 149, 151, 169
MacOS X 148, 206
Minix 151
MS-DOS 150
MULTICS 147
Multitasking 154, 158
Neustart 190
OS/2 150
Prozessmanagement 145
Shell 157
Speichermanagement 145
Stapelverarbeitung 147
Sun Solaris 148
Systemaufrufe 108, 153, 155
Systemprogramme 155
Task Scheduler 153
Threads 152, 161
Timesharing 147
Unicode-Unterstützung 522
UNIX 46, 148
UNIX System V 148
Verwaltungsbefehle, UNIX 185
VMS 150
Win32 API 156
Windows 213
Windows 2000 151, 214
Windows 95 151, 214
Windows 98 151, 214
Windows Me 151, 214
Windows NT 150, 214
Windows Server 214
Windows XP 151, 214
Windows, Versionsübersicht 214
Zeichensatzeinstellung 523
Bewegungsdaten 355
Bezeichner 992
C 232
in PHP 818
Bézier, Pierre 412
Bézierkurven → Pfade
BGP 992
BGP, Routing-Protokoll 594
Bibliothek des Betriebssystems 156
Big-Endian-Architektur 992
Big-Endian-Plattformen 527
BIGINT, SQL-Datentyp 375
Bikubische Interpolation, Bildgröße 396
Bildauflösung 392, 992
Druckauflösung 392
im Webdesign 778
Photoshop 395
Scannen 394
Bildbearbeitung 387
Alphakanal 402
Anti-Alias 400
Arbeitsflächengröße 397
Auswahl 399
Bildauflösung 392
Bildauflösung einstellen 395
Bildgröße 392
Bildgröße einstellen 395
Bildgrößeninterpolation 396
Bildschirmauflösung 393
Farbkorrektur 403
Farbmodelle 389
Farbmodus 398
Farbtiefe 391
für Websites 776
Histogramm 404
Praxis 394
Scan-Auflösung 394
Transformation 403
Bilddateiformate 530
BMP 533
GIF 531, 779
im Webdesign 779
JPEG 532, 779
Photoshop 530
PICT 533
PNG 532, 780
PSD 530
TIFF 531
Bilddaten
Auflösung 50
digitale 50
Farbkanal 50
Farbtiefe 50
Bilddatenbank 356
Bilder in HTML einbetten 739
Bildgröße 392
Bikubische Interpolation 396
Bilineare Interpolation 396
im Webdesign 778
Interpolation 396
Photoshop 395
Pixelwiederholung, Interpolation 396
Bildplatzhalter 437
Bildschirmauflösung 393
Bildwiederholrate (Monitor) 138
Bilineare Interpolation, Bildgröße 396
bin, UNIX-Verzeichnis 164

Binärbaum, Datenstruktur 288
C 288
Binärdaten 49, 64
Binäre Suche 285, 992
Java 285
Binärmodus 992
Binary Coded Decimals 73, 992
BINARY, SQL-Feldoption 376
bind(), Perl-Funktion 669
BIND, DNS-Serversoftware 608
BIND-Nameserver 610
A-Record 613
CNAME-Record 614
Installation 610
Konfiguration 611
MX-Record 615
NS-Record 614
PTR-Record 613
Reverse-Lookup-Zone 611
SOA-Record 613
Zonendaten-Dateien 612
Zonendefinition 611
Bio-Computer 42
Bioinformatik 32
BIOS 99, 110, 992
Aufgaben 111
beim Macintosh 114
Betriebssystem starten 111
Boot-Reihenfolge 112
CMOS löschen 112
CMOS-RAM 111
eingebaute Routinen 111
POST 111
POST beschleunigen 112
Power Management einstellen 113
Setup 111
Update 113
BIOS-Setup 111
Einstellmöglichkeiten 112
Einstellungen zurücksetzen 113
BIOS-Update 113
Anleitung 114
Motivation 113
Bit 64
Bit-Komplement, Operator 236
Bitmap 992
Photoshop-Farbmodus 398
Bitmap-Grafik 50, 387
Bitmap-Schrift 440
Bit-Operatoren 236
Bitübertragung, OSI-Schicht 544
Bit-Verschiebung, links 236
Bit-Verschiebung, rechts 236
Bitweise Exklusiv Oder, Operator 236
Bitweise Oder, Operator 236
Bitweise Und, Operator 236
Blindtext 437
in InDesign generieren 438
BLOB, SQL-Datentyp 376
Block, Anweisungen 239
Blockgeräte (block devices) 154
Blocksatz 431
in HTML 726
Silbentrennung 432
Blogs → Weblogs
Blue Book (Mixed-Mode-CD) 130, 993
Bluescreen, Video-Transparenz 465
Bluetooth 123
BMP, Bilddateiformat 533
Booch, Grady 339
Boole, George 55
boolean, Java-Datentyp 256
Boolesche Algebra 55, 80, 993
Java-Datentyp 256
Booten 153
BSD-Startskripte 204
LILO 202
MacOS X-Startvolume 211
System V Init 202
Boot-Reihenfolge einstellen 112
Bootsektor-Viren 973
border, CSS-Angabe 767
BorderLayout 312
Borland 317
Bourne Again Shell (bash) 174
Bourne-Shell 174
Boyce-Codd-Normalform, RDBMS 363
Branch Prediction → Sprungvorhersage
break
C-Anweisung 241
Schleifen abbrechen 283
Bridge 562, 993
Broadcast, IP-Protokoll 579
Browserweiche, DHTML-Stil 912
Brute-Force-Attacke 173, 993
BSD 993
BSD-Startskripte 204
BSD-UNIX 148
FreeBSD 148
BubbleSort, Algorithmus 279
Java 280
Buchstaben
Bestandteile 424
Geschichte 421
Großbuchstaben 424
Kapitälchen 425
Kleinbuchstaben 425
Buffer im Emacs-Editor 196
BufferedReader
Java-Klasse 254, 263
BufferedReader, Java-Klasse, readLine(), Methode 255
Bunte Bücher (CD-Standards) 129
BURN-Proof-Technologie 131
Bus 115
Bluetooth 123
Definition 99
der CPU 101
drahtloser 122
EIDE 120
FireWire 122
Funk-Schnittstelle 123
Hot-Plugging 122
Infrarot 123
IrDA 123
Kartensteckplätze 119
Laufwerksanschlüsse 120
paralleler 122
PS/2 122

RS-232 122
SCSI 121
serieller 122
USB 122
Bus Mastering 118, 993
Bus-Topologie, Netzwerk 552
Button, AWT-Klasse 311
Byron, Ada → Lovelace, Ada
Byte 70
byte, Java-Datentyp 256

C
C 993
C# 48, 993
C++ 48, 993
C, Programmiersprache 46, 148, 228, 235, 243
#define, Präprozessor-Direktive 251
#endif, Präprozessor-Direktive 251
#ifdef, Präprozessor-Direktive 251
#include, Präprozessor-Direktive 230, 250
-, Operator 247
ANSI-Standard 248
Anweisungen 230, 231
Anweisungsblock 239
Arithmetische Operatoren 235
Arrays 245
Ausdrücke 234
Bezeichner 232
Binärbäume 288
Bit-Operatoren 236
break-Anweisung 241
char 233
Compiler 228
Datentypen 233
Datentypkonvertierung 235
Datum und Uhrzeit 250
difftime()-Funktion 250
double 233
Escape-Sequenzen 231
exec()-Funktion 297
Exponentialschreibweise 234
Fallentscheidungen 239
fgets()-Funktion 249
Fließkomma-Datentypen 233
Fließkomma-Literale 234
float 233
Flusskontrolle 236
fopen()-Funktion 249
for()-Schleife 243
fork()-Funktion 296
fprintf()-Funktion 249
fscanf()-Funktion 249
Funktionen 243
Funktionsaufrufe 231, 244
Funktionsrückgabewert 231
ganzzahlige Datentypen 233
Geschichte 228
getchar() 248
gets()-Funktion 231, 248
globale Variablen 234
Header-Datei 248
Hexadezimalzahlen 234
int 233
int, Funktionsdatentyp 230
Integer-Literale 234
Kommandozeilenparameter 244
Kommentare 232
kompilieren 229
Kontrollstrukturen 232, 239
Listen 286
Literale 234
localtime()-Funktion 250
Logische Operatoren 235
lokale Variablen 234
long 233
main()-Funktion 230, 243
malloc()-Funktion 287
mem.h 287
NULL 250
Oktalzahlen 234
Präprozessor 250
printf()-Funktion 230, 248
return-Anweisung 231, 243
scanf()-Funktion 241, 248
Schleifen 242
short 233
Speicher reservieren 287
Standardbibliothek 156, 247
static-Deklaration 234
statische Variablen 234
stddef.h 234
stdio.h 230, 248
strcat(), Funktion 249
strcmp()-Funktion 249
strcpy()-Funktion 249
strftime()-Funktion 250
string.h 249
String-Literale 235
struct 247
Strukturen 247
switch/case 241
Syntax 231
sys/types.h 296
time()-Funktion 250
time.h 250
time_t, Datentyp 250
Umgang mit Whitespace 232
Variablen 233
Variablen, Gültigkeitsbereich 234
Variablendeklaration 230, 232, 233
Vergleichsoperatoren 236
void, Funktionsdatentyp 243
Vorzeichen in Datentypen 233
wchar_t 234
Wertzuweisung 232
while()-Schleife 242
Zeichen-Literale 235
Zeiger 244
C64 41, 149
Cache 101
bei Festplatten 128
Level 1 101
Level 2 101
Call by Reference 245
Call by Value 245
Callback-Methode 302, 993
Canvas, AWT-Klasse 304
CAPTCHAs 978
Carbon 993
MacOS X-API 207
Cäsar-Code 986
Cascading Style Sheets → CSS

case, Befehl in Shell-Skripten 191
CASE-Tools 340
cat, UNIX-Befehl 183
catch(), Java 255
CAV → Konstante Winkelgeschwindigkeit
CBT (Computer Based Training) 452
CCD
  bei der Digitalkamera 136
  beim Scanner 135
C-Compiler 228
  GCC 228
CD
  beschreibbare 130
  Brennsoftware 131
  BURN-Proof-Technologie 131
  Datenformate 131
  Disc-at-once 130
  Hybrid-CD 132
  ISO-9660-Format 131
  Joliet-Format 131
  Lead-In-Area 130
  Lead-Out-Area 130
  Multisession 130
  Track-at-once 130
cd, UNIX-Befehl 181
cd, Windows-Befehl 222
CD-Brennsoftware 131
CDE, Window-Manager 198
CDi 130
CD-R 130
CD-ROM 129
  Geschwindigkeit 130
CD-RW 130
CD-Standards 129
  Blue Book 130
  Green Book 130
  Orange Book 130
  Red Book 129
  White Book 130
  Yellow Book 129
CD-Text 129
Central Processing Unit → Prozessor
Centronics-Anschluss 122
CGI 807, 993
  Sicherheitsprobleme 984
char, C-Datentyp 233
CHAR, SQL-Datentyp 376
charAt(), Java-Methode 257
Chatbot Eliza 84
chgrp, UNIX-Befehl 183
Child-Prozess 159, 993
Chip 36
Chipsatz 99
chmod, UNIX-Befehl 182
chomp, Perl-Funktion 266
Chomsky, Noam 48
chown, UNIX-Befehl 183
Chroma-Keying, Videotransparenz 465
chroot-Umgebung 985
CHS (Festplattenadressierung) 126
CIDR, IP-Adressierung 581
CIDR-Adressierung 993
circuit switching 538
CISC-Prozessor 104
  Beispiele 105
class, Java-Schlüsselwort 254
CLASSPATH, Umgebungsvariable 252
Clear-CMOS-Jumper 112
Client, Netzwerk 554
close, Perl-Anweisung 275
closedir, Perl-Anweisung 275
Cluster (Dateisystem) 163
CLV → Konstante lineare Geschwindigkeit
Cmd.exe, WinNT-Shell 221
CMOS-RAM 111
  löschen 112
CMS → Content-Management
CMYK, Photoshop-Farbmodus 399
CMYK-Farbe 50, 389
  Farbseparation 390
CNAME-Record (DNS) 614
Cobol 45
Cobol, Programmiersprache 45
Cocoa 993
Cocoa, MacOS X-API 207
Code-Review 335
Color, ActionScript-Objekt 965
Color, AWT-Klasse 307
color, CSS-Angabe 768
Color-Management 388
COM, Microsoft-Komponentenmodell 675
COMMAND.COM, MS-DOS-Shell 221
Commit (Transaktionen) 364
Commodore 41, 149
Commodore Amiga 41
Common Gateway Interface → CGI
Compact Disc 129
compareTo(), Java-Methode 256
Compiler 44, 107
  Java 253
Computer Science → Informatik
Computer, Definition 32
Computergrafik 387
  Bitmaps 387
  Farbmodelle 389
  Farbtiefe 391
  Programme 387
  Vektorgrafik 387
Computersystem, schematischer Aufbau 95
Computerviren → Viren
connect(), Perl-Funktion 668
Connection, JDBC-Klasse 383
Constant Angular Velocity → Konstante Winkelgeschwindigkeit
Constant Linear Velocity → Konstante lineare Geschwindigkeit
Container-Tags, HTML 720
ContentHandler, SAX-Interface 714
Content-Management 808
  TYPO3 808
Cookies 993
Cookies, in PHP 834
Coprozessor → Koprozessor

copy, Windows-Befehl 222
CORBA, Komponentenmodell 675
Corel Draw 387
Corporate Design beim Webdesign berücksichtigen 774
Cosinuskurve, zeichnen, AWT 307
COUNT, SQL-Funktion 379
cp, UNIX-Befehl 180
CP/M, Betriebssystem 149
C-Programmiersprache, char, Datentyp 230
CPU 98
  alte Bedeutung 99
CPU → Prozessor
CR, Mac-Zeilenumbruch 516
crack (Passwort-Knackprogramm) 172
Crackerangriffe 983
Crackertools 985
CREATE DATABASE, SQL-Befehl 373
CREATE TABLE, SQL-Befehl 373
createEmptyMovieClip(), ActionScript-Methode 968
CreateProcess(), Windows-Systemaufruf 160
Creational Patterns → Erzeugungsmuster
Creator ID, HFS 213
CRLF, Windows-Zeilenumbruch 516
Crosslink-Ethernet-Kabel 562
Cross-Site-Scripting 983
CRT → Röhrenmonitor
csh (C-Shell) 174
C-Shell 174
CSMA/CA 993
CSMA/CA, Netzzugangsverfahren 566
CSMA/CD 993
CSMA/CD, Netzzugangsverfahren 559
CSS 762, 993
  Absatzformatierung 767
  Abstand vom linken Rand 769
  Abstand vom oberen Rand 769
  Anzeigeart 767
  Aufgabe 762
  Ausrichtung 767
  Außenrand 767
  background-attachment 768
  background-color 768
  background-image 768
  background-repeat 769
  Bilder 768
  border 767
  color 768
  display 767
  Einzug 767
  Element (Tag) formatieren 763
  Externe Dateien 764
  Farbangaben 766
  Farben 768
  Feste Werte 765
  fett 766
  font-family 766
  font-size 766
  font-style 766
  font-weight 766
  Formate dynamisch ändern, DOM 902
  für XML-Dokumente 709
  Hintegrundfarbe 768
  Hintergrund befestigen 768
  Hintergrund kacheln 769
  Hintergrundbild 768
  in Dreamweaver 801
  Innenabstand 767
  Klassen 763
  kursiv 766
  Laufweite 766
  Layer 769
  Layer, Beispiele 769
  left 769
  letter-spacing 766
  line-height 767
  Linien 767
  margin 767
  Nachteile 762
  Numerische Werte 765
  padding 767
  position 769
  Positionsart 769
  Pseudoformate 763
  Rahmen 767
  Schriftart 766
  Schriftgröße 766
  Selektor 763
  Stapelreihenfolge 769
  Struktur 763
  style, HTML-Attribut 764
  style, HTML-Tag 764
  text-align 767
  text-decoration 766
  Textfarbe 768
  Textformatierung 766
  text-indent 767
  top 769
  Unabhängige Stile 763
  unterstrichen 766
  vertical-align 767
  vertikale Ausrichtung 767
  Wertangaben 765
  Zeilenhöhe 767
  z-index 769
CSS Vorteile 762
C-Standardbibliothek 156, 247, 993
CUPS 993
CUPS, UNIX-Drucksystem 648
  Scheduler 649
  Starten 649
Cutler, David 150
CygWin 228

D

Daemon 189, 993
DARPA 539
Darstellung, OSI-Schicht 545
Darwin, Betriebssystem 148, 207
Data Fork, HFS 212
Datagramm 994
Datagramm-Sockets 665
date(), PHP-Funktion 839
Date, JavaScript-Klasse 873
DATE, SQL-Datentyp 375

date, UNIX-Befehl 187
Formatierung 187
Datei 145
Besitzer wechseln, UNIX 183
Gruppe wechseln, UNIX 183
String lesen aus, C 249
Zugriffsrechte ändern 182
Dateiattribute 168
Windows, ändern 222
Dateien
Attribute ändern 222
Ausgabe in, C 249
bearbeiten, Perl 274
Eingabe aus, C 249
Kopieren 211
kopieren 180, 219, 222
löschen 222
löschen unter UNIX 181
Öffnen, C 249
Schließen, C 249
Umbenennen 211
umbenennen 180, 222
verarbeiten, Java 263
Verschieben 211
verschieben 180, 219, 222
Verwaltung 163
Dateierweiterung 169
Anzeige einschalten 169
Dateiformate 515
AIFF 533
Audio 533
AVI 535
Bilder 530
binäre 527
BMP 533
GIF 531, 779
JPEG 532, 779
MP3 534
MP4 534
MPEG 535
OGG Vorbis 534
PICT 533
PNG 532, 780
PostScript 526
QuickTime 535
Text 515
textbasierte 524
TIFF 531
Video 534
WAV 533
Dateihandles, Perl 275
Dateinamen
Endung 180
Endung sichtbar machen 169
Erweiterung 169, 180
Groß- und Kleinschreibung 165
MS-DOS 169
UNIX-Platzhalter 179
unter UNIX 165, 179
unter Windows 168
Dateiserver 554
Dateisystem, virtuelles 163
Dateisysteme 163
Benutzerrechte 166
CD 131
erzeugen 186
ext3 186
FAT 12 215
FAT 16 215
FAT 32 216
Fehlerprüfung (UNIX) 186
inodes 166
Journaling-Funktion 186
Laufwerksbuchstaben 167
Links 166
Linux 164
MacOS X 212
Mounten 166
mounten 185
NTFS 216
reiserfs 186
UNIX 164
UNIX-Pfadangaben 165
UNIX-Verzeichnisbaum 164
Windows 167, 215
Windows-Pfadangaben 167
Zuordnungseinheiten 163
Dateiverwaltung 145, 163
unter UNIX 179
Dateiviren 973
Daten
Bewegungsdaten 355
Ordnungsdaten 355
Rechendaten 355
Stammdaten 355
Datenanalyse 331
Datenbank 355
1:1-Relation 359
1:n-Relation 359
Abfragen, objektorientierte 367
Access 365
atomare Information 362
Auswahlabfrage 361
Bild- und Multimedia- 356
Boyce-Codd-Normalform 363
Datenarten 355
Datenfeld 357
Datensatz 357
Einzeltabelle 356
Einzeltabelle, Definition 357
Einzeltabelle, Grenzen 358
Entity 357
erzeugen, SQL 373
FileMaker 365
Filterung 358
freie Server 365
Fremdschlüssel 359
Funktionen 358
Grenzen der RDBMS 365
IBM DB2 365
Index 359
Join-Abhängigkeiten 364
kommerzielle Server 365
Konsistenz 358
löschen, SQL 374
m:n-Relation 359
Microsoft SQL Server 365
MySQL 368
Normalformen 362
Normalisierung 362
objektorientierte 356, 365
ODBC 382
ODL 366
OQL 367
Oracle 365
PostgreSQL 365
Primärschlüssel 359
Programmierung 382
relationale 356, 358
Relationen 359
Schlüssel 359

Sortieren 358
SQL 362
Suchen 358
Tabelle erzeugen, SQL 373
Tabelle löschen, SQL 374
Transaktionen 364
Typen 356
Volltextdatenbank 356
XML 356
Datenbanken, SQL 372
Datenbus 101
Wortbreite 102
Datenfeld 357
Datenformate 515
Text 515
Datenkomprimierung 529
Datenpakete 538
Frames 559
Datensatz 357
Datensicherung 975
Datenstrukturen 80, 277, 285
Bäume 288
Queue 285
Stack 285
Datenträgerverwaltung, Windows 225
Datentypen
boolean, Java 256
ganzzahlige, C 233
Java 255
Umwandlung, C 235
Variablen, C 233
Datenübertragung
Paketvermittlung 538
parallele 115
Schaltkreisvermittlung 538
serielle 115
Datenübertragung, Geschwindigkeitsmessung 117
Datenverarbeitung
Elektrische 25
Elektronische 25
Manuelle 25
Mechanische 25
DATETIME, SQL-Datentyp 375
Datum und Uhrzeit
C 250
date-Befehl, UNIX 187
Differenzen berechnen 250
EPOCH 156
Ermitteln, C 250
formatieren (UNIX) 187
Formatieren, C 250
JavaScript 873
PHP 839
SQL 375
DB2, RDBMS 365
DBMS (Database Management System) 355
dd (Didot-Punkt) 422
DDN-Schichtenmodell 545
Anwendungsschicht 547
Host-zu-Host-Transportschicht 546
Internetschicht 546
Netzzugangsschicht 546
DDR-RAM 109
De Marco, Tom 331
Deadlock 160, 994
Debian GNU/Linux 171
DEC 46
DEC → Digital Equipment Corporation (DEC)
DECIMAL, SQL-Datentyp 375
Deckkraft, Photoshop 406
default
switch/case-Vorgabewert 241
Default Gateway 994
DEFAULT, SQL-Feldoption 377
defined, Perl 273
Defragmentierung 994
Defragmentierung (Festplatten) 126
Deklaration 994
Deklarative Programmiersprachen 48
del, Windows-Befehl 222
DELETE, SQL-Abfrage 381
DeMorgan-Theorem 58, 994
Denial of Service 983
Denial of Service, Netzwerkangriff 642
Denial of Service-Angriff 994
Deployment 994
Dereferenzierung, Perl 270
Design Patterns
→ Entwurfsmuster
Desktop Publishing 421
dev, UNIX-Verzeichnis 164
Dezimalsystem 65
in Dual umrechnen 67
in Hexadezimal umrechnen 68
DFÜ
Akustikkoppler 541
Mailboxen 541
Online-Dienste 541
Praxis 569
über ISDN 573
DFÜ, PPP-Protokoll 570
DHCP 595, 994
DHCP-Server, Windows Server 2003 646
DHTML 896, 994
Browserübergreifende Lösungen 909
in Dreamweaver erstellen 802
Layer-Inhalte austauschen 912
DHTML-Layer, manipulieren, DOM 903
Diagrammtypen (UML) 339
Dialer 978
Dialogverarbeitung 147
Diascanner 136
Diashow, JavaScript-Anwendung 883
Dickte 994
Dickte, Typographie 423
Didot, François 422
Didot-Punkt, Schriftgröße 422
Dienste, Windows 225
diff, UNIX-Befehl 185
Differential Engine 34
difftime(), C-Funktion 250
dig, TCP/IP-Dienstprogramme 643
Digital Equipment Corporation (DEC) 38
Digital Versatile Disc → DVD
Digital, Unterschied zu Analog 48

Digitaldruck 438
Digitale Signatur 988
Digitalisierung 50
Digitalkamera 136
Auflösung 136
Dijkstra, Edsger W. 325, 594
DIMM-Module (RAM) 109
DIN 994
Papierformat 433
Schriftfamilien 426
dir, Windows-Befehl 222
Director 474
1-Bit-Bitmaps 485
3-D-Darsteller 493
3DPI-Xtra 493
Arbeitsoberfläche 476
Audio per Lingo steuern 510
Auwahl 487
Besetzung 477
Bitmap-Darsteller 483
Bitmaps importieren 492
Bühne 476
Darsteller 483
Darsteller importieren 491
Darsteller-Optionen 483
Drehbuch 478
Drehbuch-Elemente 479
Drehwerkzeug 487
Eigenschafteninspektor 481
Einfache Animation 479
Farbeffekte 482
Farbtiefe 484
Felddarsteller 490
Feldwerkzeug 488
Filmschleifen 494
Filmsteuerung 477
Formwerkzeuge 487
Frame-Markierungen 497
Frames 479
Geschichte 475
Import 491
Kanäle, Drehbuch 478
Keyframe 480
Lingo 494
Malfenster 483
Palettenkanal, Drehbuch 478
Projekt exportieren 511
Registrierpunkt 484
Rollover-Effekt 503
Skript-Darsteller 497
Skriptkanal, Drehbuch 479
Sound einsetzen 493
Sound importieren 493
Soundkanal, Drehbuch 479
Sprite-Eigenschaften 482
Sprites 479
Steuerpult 477
Tempokanal, Drehbuch 478
Textdarsteller 489
Textwerkzeug 487
Tweening-Optionen 481
Übergangskanal, Drehbuch 479
Vektordarsteller 490
Video per Lingo steuern 511
Werkzeugpalette 486
Disc-at-once 130, 994
Disjunktion, logische 57
Diskettenlaufwerk 128
diskrete Mengen 50
Diskussionsforum, PHP-Skript 851
display, CSS-Angabe 767
Division, Operator 235
DMA-Kanal 118, 994
DMA-Kanal, Direct Memory Access 118
DNA-Computer 42
DNS 994
BIND, Serversoftware 608
Master- und Slave-Nameserver 609
Subdomain 607
Top-Level-Domain 607
Zone 607
DNS (Domain Name System) 606
DNS-Server, Windows Server 2003 646
do/while()-Schleife 242
DocBook 686
Dock
Dock-Menü MacOS X
Dock-Menü 210
MacOS X 208, 210
DOCTYPE, Verarbeitungsanweisung, HTML 721
DOCTYPE-Angabe
XML 696
Document Object Model
→ DOM
Document Type Definition
→ DTD
document.all, Internet Explorer-Eigenschaft 906
document.bgColor, JavaScript-Eigenschaft 868
document.forms, JavaScript 862
document.images, JavaScript 877
document.layers, alter Netscape-Layer-Zugriff 908
document.write(), JavaScript-Methode 857
Dokumentation 335
Administratorendokumentation 336
Anwenderdokumentation 336
Entwicklerdokumentation 335
Dokumentation, Software-Engineering, Javadoc 321
Dokumentstruktur
HTML 720
DOM 716, 994
Baumstruktur anzeigen, JavaScript-Anwendung 899
CSS-Formate ändern 902
Document-Objekt 716
Dokumenthierarchie ändern 904
DOMParser 716
für XML 716
getChildNodes(), Methode 717
in JavaScript 897
Kindknoten 717
Klassen importieren 716
Knoten-Eigenschaften 898
Knotentypen 717

Parser 716
Praktische Anwendung, JavaScript 902
Textknoten 898
Domain Name System 606
Domain Name System (DNS)
BIND-Nameserver 610
Round-Robin-Verfahren 614
Domain-Namen, Schema 607
DOMParser, Java-Klasse 716
Doppelte Anführungszeichen, Perl 271
DOS 150
DoS → Denial of Service
DOSKEY 221
Double Buffering, Animationstechnik 309
double, C-Datentyp 233
DOUBLE, SQL-Datentyp 375
DoubleWord (DWord) 994
DoubleWord, 32 Bit 70
Download, HTML-Hyperlinks 737
Drag and Drop 155
Drahtlose Netzwerke 564
Arten 565
Gründe für den Einsatz 564
Wireless LAN 565
Drahtlose Schnittstellen 122
Drain, Stromausgang des Transistors 74
DRAM 108
drawLine(), AWT-Methode 306
drawOval(), AWT-Methode 306
drawPolygon(), AWT-Methode 306
drawRect(), AWT-Methode 306
drawString, AWT-Methode 308
Dreamweaver 790
Bibliothek 799
Bilder einfügen 794
Code-Ansicht 791
CSS 801
DHTML erstellen 802
Dokument einrichten 790
Entwurfsansicht 791
Flash einbetten 796
Formate 791
Formulare 797
Frames erstellen 798
Layers erstellen 802
Layoutansicht 796
Listen 792
Navigationsleisten erstellen 795
Rollover 795
Tabellen 794
Textoptionen 791
Verhalten 802
Vorlagen 800
Website-Verwaltung 798
Zeitleiste 803
Drei Amigos 339
Drei-Wege-Handshake, TCP 603
DROP DATABASE, SQL-Befehl 374
DROP TABLE, SQL-Befehl 374
Druck
Ausschießen 439
Computer to Plate 439
Digital 438
Offset 438
Proof 439
Druckauflösung 392
Drucker 140
GDI-Drucker 141
im Netzwerk freigeben, Windows 645
Kugelkopfdrucker 140
Laserdrucker 141
LED-Drucker 141
Matrixdrucker 140
Nadeldrucker 140
Schriftarten 142
Thermosublimationsdrucker 141
Thermotransferdrucker 141
Tintenstrahldrucker 140
Treiber 141
Typenraddrucker 140
Druckraster 392
Rasterwinkel 392
Druckserver, Print-Server 555
DSL 573, 994
ADSL 573
Anschließen 574
Einrichten, MacOS X 638
SDSL 573
über Fernsehkabel 574
über Sattelit 574
DSSS, WLAN-Technik 565
DTD 696, 994
Alternativen angeben 698
Attributdeklaration 702
Attributnotwendigkeit 704
Attributtypen 702
definieren 696
Elementdeklaration 698
Entites aus externen Dateien 705
Entities deklarieren 704
Externe Entity-Deklarationen 705
Häufigkeitsangabe 699
Klammern 698
DTP 421, 994
Ausschießen 439
Preflight 438
Seite einrichten 438
Texterfassung 438
DTP-Punkt, Schriftgröße 422
du, UNIX-Befehl 186
Dualsystem 49, 65
in Dezimal umrechnen 67
in Hexadezimal umrechnen 69
in Oktal umrechnen 68
Dualzahlen, mit Vorzeichen speichern 71
Duplex, Photoshop-Farbmodus 398
duplicateMovieClip(), ActionScript-Methode 967
Durchlicht-Scanner 135
Durchschuss, Typographie 424
DV-Camcorder 459

DVD 132
beschreibbare 133
Video auslesen 460
DVD+R 133
DVD+RW 133
DVD-R 133
DVD-RAM 133
DVD-ROM 132
Dateiformat 133
Geschwindigkeit 132
DVD-RW 133
DVI, Dateiformat 526
dvips, Dienstprogramm 526
DWord → DoubleWord, 32 Bit
Dynamic HTML 896
Dynamic RAM → DRAM

E

each(), PHP-Funktion 821
Ebenen
Flash 917, 930
Photoshop 407
spezielle, Photoshop 410
Ebenenmaske, Photoshop 409
echo(), PHP-Anweisung 817
Echte Obermenge 62
Echte Teilmenge 62
Eclipse 318
Installation 318
Java-Entwicklung mit 319
Perspektiven 319
Refactoring 322
Software-Engineering mit 318
Sprachpakete 318
ECMA 994
ECMAScript 855
EDO-RAM 109
EDV → Elektronische Datenverarbeitung
Effizienz der CPU 104
EIDE 120, 994
anschließen 120
im Vergleich zu SCSI 120
Ein-/Ausgabe 146
C 248
Dateien, Java 263
Dateien, Perl 274
Dialogverarbeitung 147
Fehler 255
Java 254
Lochkarten 146
Perl 266
Stapelverarbeitung 147
Terminal 147
Timesharing 147
Einfache Anführungszeichen, Perl 271
Einfügeabfrage 373
Eingabe
aus Dateien, C 249
Konsole, C 248
Perl 266
String, C 248
Zeichen, C 248
Eingabeaufforderung 995
UNIX 173
Windows 221
Eingabeaufforderung → Konsole
Eingabeeinheit 97
Eingabegeräte 123, 134
Digitalkamera 136
Maus 134
Scanner 135
Tastatur 134
Eingabesteuerung, durch das Betriebssystem 145
Eingabeumleitung
in UNIX-Shells 178
Windows 221
Eingabevervollständigung 176
Einsteckkarten 119
einbauen 119
Einwegverschlüsselung 988
Einzeltabellendatenbank 356
Definition 357
Filterung 358
Funktionen 358
Grenzen 358
Sortieren 358
Suchen 358
EJB → Enterprise Java Beans
El Torito (Booten von CD) 201
Elektrische Datenverarbeitung 25
Elektrische Geräte 35
Elektrizität 35
Elektromechanik 35
Elektronenröhre 36
Elektronik 35
Elektronische Datenverarbeitung 25
Elektronische Geräte 35
Element einer Menge 61
Eliza 84
else, C 240
elsif, Perl 273
Elternklasse 260
Emacs, Texteditor 195
Befehlseingabe 196
Befehlsschreibweise 196
Buffer 196
erweiterte Funktionen 197
Fenster wechseln 196
löschen 197
markieren 197
Modi 196
Navigation 197
Speichern 197
Suchfunktionen 197
Text ersetzen 197
E-Mail
Attachment 622
Entwicklung 540
Hoaxes 982
HTML-Hyperlinks auf 738
IMAP-Protokoll 624
Kettenmails 982
Multipart-Nachrichten 622
POP3-Protokoll 623
RFC-822-Nachricht 621
SMTP-Protokoll 619
Spam 980
Verschlüsselung 988
E-Mail-Protokolle 619
E-Mail-Server 555
Embedded Systems 99
Endlicher Automat 85
Endlosschleifen 283
Endung (Dateiname) 169, 180
Engelbart, Douglas 150
ENIAC, Röhrenrechner 36

Enterprise Java Beans 675, 995
Client-Interface 676
Deployment 678
Deployment-Deskriptor 679
Entity-Beans 676
Home-Interface 676
Implementierung 676
Message Driven Beans 676
Session-Beans 676
Vorteile 676
Enterprise-Anwendung 995
Enterprise-Anwendungen 674
Entity, Datenbank 357
Entity-Referenzen
HTML 723
XML 692, 704
Entwicklerdokumentation 335
Entwicklungsprozess, Software 336
Agile Entwicklungsprozesse 338
Extreme Programming 338
Unified Process 336
Entwicklungsumgebung, integrierte → IDE
Entwurf, Software-Engineering 333
Schnittstellen 334
Standalone-Systeme 333
Verteilte Systeme 333
Entwurfsmuster 345
Absicht 346
Alias 346
Beispiel Singleton 346
Bestandteile 345
Beteiligte 346
Codebeispiele 346
Einordnung 345
Einsatzbeispiele 346
Erzeugungsmuster 345
Implementierung 346
Konsequenzen 345, 346
Lösung 345
Motivation 346
Name 345
Problem 345
Querverweise 346
Singleton (als Beispiel) 346
Struktur 346
Strukturmuster 345
Verhaltensmuster 345
Verwendungszweck 346
Zusammenspiel 346
ENUM, SQL-Datentyp 376
EPOCH 156
EPROM 110
EPS, Dateiformat 526
Unterschiede zu PostScript 527
eq, Perl-Operator 272
equals(), Java-Methode 256
Ereignisanzeige, Windows 225
Ereignisbehandlung 303
Java, AWT 313
Ereignisprozeduren, Lingo 495
Ereignisse, AWT 304
Erweiterung (Dateiname) 169, 180
Erzeugungsmuster 345
Escape-Sequenz 995
Escape-Sequenzen 185
C 231
in RegExp 292
etc, UNIX-Verzeichnis 165
Ethernet 558, 995
10 Base 2-Standard 560
10 Base 5-Standard 561
10 Base T-Standard 562
100 Base T-Standard 562
1000 Base FL-Standard 563
1000 Base TX-Standard 563
Bridge 562
Crosslink-Kabel 562
Entwicklung 40
Hardware 560
Hardware-Adresse 558
Hub 562
Koaxialkabel 560
MAC-Adresse 558
Switch 562
Thicknet Coaxial 561
Thinnet Coaxial 560
Twisted-Pair-Kabel 561
Vorläufer ALOHANet 559
Ethernet-Kabeltypen 560
Euklidische Geometrie 80
EVA-Prinzip 95
Event Handler, Lingo 495
Event Handling 303
Event-Handler, ActionScript 954
Exabyte 70
Exceptions
auslösen 263
FileNotFoundException 264
IOException 264
Java 263
Exceptions, Java 255
IOException 255
exec(), C-Funktion 297
executeQuery(), JDBC-Methode 383
exit, UNIX-Befehl 177
Exklusiv-Oder 58
Expert-Zeichensatz 426
explode(), PHP-Funktion 821
Exploits 982
Explorer, Ordneransichten, Windows 220
Explorer, Windows-Dateimanager 219
Exponentialschreibweise 72
C 234
Exponentielle Komplexität 84
ext3, Linux-Dateisystem 186
extends, Java-Vererbung 260
extends, PHP-Schlüsselwort 829
Extensible Markup Language → XML
Extreme Programming 338
Eigenschaften 338
Programmieren in Paaren 338
Test-first-Verfahren 338, 351

F

Fachinformatiker 27
Anwendungsentwicklung 28
Projektarbeit 326
Prüfung 28
Systemintegration 28
Fahrrad, Flash-Projekt 939
Fakultät 281

Fallentscheidungen
Bedingung 239
C 239
durch logische Operatoren, Perl 272
in Shell-Skripten 191
switch/case 241
unless, Perl 273
Fallentscheidungs-Operator 238
Falsche Aussagen 54
false, Java 256
Farbaddition 50, 389, 995
Farbbalance, Photoshop 404
Farbe 388
CMYK 389
Color-Management 388
Farbaddition 389
Farbmodelle 389
Farbseparation 390
Farbsubtraktion 389
Farbtiefe 391
HSB-Modell 390
im Webdesign 773
Komplementärfarben 389
Körperfarben 389
Lab-Modell 390
Pigmentfarben 389
Primärfarben 389
Prozessfarben 390
Reflektion und Absorption 388
RGB 389
Sättigung 390
Vierfarbdruck 389
Volltonfarben 390
Farben
Ändern per JavaScript 868
in HTML 734
Farbkanal, Bild 50
Farbkanäle 995
Farbkanäle, Photoshop 401
Farbkorrektur 403
Farblaserdrucker 141
Farbmodelle 389
Farbmodus, Photoshop 398
Bitmap 398
CMYK 399
Duplex 398
Graustufen 398
Indizierte Farben 398
Lab 399
Mehrkanal 399
RGB 398
Farbpalette 398
Websichere Farben 773
Farbseparation 390, 995
Einstellungen, Photoshop 399
UCR 390
Farbsubtraktion 50, 389, 995
Farbtabelle 398
Farbtiefe 391, 995
der Grafikkarte 137
Director 484
Farbtiefe, Bild 50
Farbverlauf, Photoshop 406
Farbverläufe
Illustrator 416
Fast Ethernet 562
FAT 995
FAT 12, Dateisystem 215
FAT 16, Dateisystem 215
FAT 32, Dateisystem 216
FAT-Dateisysteme
FAT 12 215
FAT 16 215
FAT 32 216
fclose(), PHP-Funktion 836
FDDI 995
FDDI, Netzwerk 568
Fenster, programmieren 311
Fensterbedienung
MacOS X 208
Windows 218
feof(), PHP-Funktion 836
Festbreitenschrift 425
Festplatte, belegten Platz ermitteln (UNIX) 186
Festplatten 125
Anschlüsse 120
Cache 128
CHS-Adressierung 126
Defragmentierung 126
EIDE 120
formatieren 186
Geschwindigkeit 128
Konstante Winkelgeschwindigkeit 128
LBA-Adressierung 126
Mittlere Zugriffszeit 128
Partitionierung 126
RAID 127
SCSI 121
Festplattengrößen 70
Festwertspeicher → ROM
fg, UNIX-Befehl 175
fgets(), C-Funktion 249
fgets(), PHP-Funktion 836
FHSS, WLAN-Technik 565
FIFO 995
FIFO → First In, First Out
File Type ID, HFS 213
FileMaker, Datenbank 365
FileNotFoundException, Java 264
File-Server 554
fillOval(), AWT-Methode 306
fillRect(), AWT-Methode 306
Finder
MacOS X 208, 210
Ordneransichten, MacOS X 210
finger, UNIX-Dienstprogramm 172
Firewall 975
Bastion-Host 985
iptables 985
Firewalls 985
FireWire 122, 995
Fireworks 387, 776
Animierte GIFs 785
Arbeitsoberfläche 777
Bild austauschen, Verhalten 788
Bildauflösung 778
Bildgröße 778
Ebenen 777
GIF speichern 782
Image Maps 787
JPEG speichern 781
Navigationsleisten 789
PNG speichern 784
Popup-Menüs 789

Rollover-Verhalten 787
Segmente 786
Symbole 786
Verhalten 787
First In, First Out 285
Flachbettscanner 135
Flags, des virtuellen Prozessors 90
Flash 915
ActionScript 952
Aktionen-Palette 953
Animationstechniken 928
Ansicht verschieben 928
Arbeitsumgebung 916
Auswahlpfeil 918
Automatisches Ausrichten 918
Bandbreiten-Profiler 969
Begradigen 922
Bewegungs-Tweening 932
Bewegungs-Tweening am Pfad entlang 934
Bibliothek 938
Bitmaps importieren 944
Bitmaps vektorisieren 945
Bitmaps zerlegen 944
Dokumenteigenschaften 916
Drehen und Neigen 920
Ebenen 917, 930
Ebenen-Ansicht 931
Einzelbild-Animation 929
Ellipsenwerkzeug 921
Ereignis-Sound 943
Exportieren 946
Fahrrad, Animationsworkshop 939
Farbeffekte 942
Farbeffekte per ActionScript 966
Farbeimer 923
Farben 923
Farbtöne-Palette 924
Film abspielen 931
Film anhalten per ActionScript 953
Filme in HTML einbetten 948
Filme laden, ActionScript 956
Filme vorausladen 969
Form-Tweening 936
Formtweening, Formmarken 937
Formulare per ActionScript 964
Frames markieren 930
Frames verschieben 930
Freihandwerkzeug 922
Füllung sperren 923
Füllungen 923
Füllungstransformation 924
Glätten 922
Grafik, Symboltyp 938
Hand-Werkzeug 928
Hyperlinks per ActionScript 963
Importieren 942
in Dreamweaver einbetten 796
Instanzen 938
Instanzen erzeugen, JavaScript 967
Instanzen, Farbeffekte 942
Interaktivität 952
Keyframes 929
Lasso 918
Linienwerkzeug 921
Lupe 928
Magnet 918
Malmodus 922
Maskenebenen 935
Medienintegration 942
Movieclip, Symboltyp 938
Movieclip-Hierarchie 957
Movieclips einfärben, ActionScript 965
Movieclips steuern, ActionScript 957
Navigation, ActionScript 955
Objekte gruppieren 917
Pfade 919
Pinsel 922
Pipette 928
Preloader 969
Radiergummi 922
Rechteckwerkzeug 921
Schaltfläche, Symboltyp 938
Schaltflächen verwenden 954
Schaltflächen, Dauerfeuer 964
Schaltflächen-Aktionen 954
Skalieren 920
Sound importieren 943
Sound verwenden 943
Sound, Ereignis 943
Sound, Stream 943
Soundeigenschaften 943
Spielautomat, Beispielanwendung 959
Streaming-Funktion 969
Stream-Sound 943
SWF-Dateien exportieren 947
Symbole 937
Symbolinstanzen 938
Symboltypen 938
Szenen 955
Text zerlegen 936
Texteinstellungen 926
Textwerkzeug 925
Tintenfass 924
Transformations-Palette 920
Transformieren 919
Transformieren, Füllungen 924
Tweening, Bewegung 932
Tweening, Form 936
Vektorisieren von Bitmaps 945
Verbreitung 915
Veröffentlichen-Funktion 951
Verzerren 920
Video importieren 945
Werkzeugoptionen 918
Zeichenfunktionen 917
Zeichenstift 919
Zeichnen per ActionScript 968
Zeitleiste 929
Zeitleiste, Frames manipulieren 930
Zeitleistenoptionen 932
Zwiebelschaleneffekt 932
Flash-EPROM 110
Fließkomma-Literale 234

Fließkommazahlen 72
Exponentialschreibweise 72
Exponentialschreibweise, C 234
Flip-Flop (Schaltung) 78
float, C-Datentyp 233
FLOAT, SQL-Datentyp 375
Floating Point Numbers → Fließkommazahlen
FLOPS (CPU-Geschwindigkeit) 104
Flussdiagramm 81
Flusskontrolle 236
FM-Synthese (MIDI) 142
font-family, CSS-Angabe 766
font-size, CSS-Angabe 766
font-style, CSS-Angabe 766
font-weight, CSS-Angabe 766
fopen(), C-Funktion 249
fopen(), PHP-Funktion 835
for()-Schleife 243
for, Befehl, in Shell-Skripten 191
foreach, Perl-Schleife 269
fork(), C-Funktion 296
fork(), UNIX-Systemaufruf 158
Formale Logik 53
Formatieren, Datenträger 186
Fortran 45
Fortran, Programmiersprache 45
Foto-Multiplier (Trommelscanner) 136
FP-RAM 109
fprintf(), C-Funktion 249
fputs(), PHP-Funktion 838
Fraktur 428
Frame, AWT-Klasse 304, 311
Frames
in Dreamweaver 798
Schlüsselbilder 929
Frames, Datenpakete 559
Französische Renaissance-Antiqua 426
FreeBSD 148
FreeHand 387
Frege, Gottlob 53
Freie Software 170
Fremdschlüssel, RDBMS 359
Frequency Hopping 566
Frequenz, Audio 50
Front Side Bus 103
FSB → Front Side Bus
fscanf(), C-Funktion 249
fsck, UNIX-Befehl 186
FTP 617, 995
ASCII-/Binärmodus 619
Befehle 618
Clients 617
HTML-Hyperlinks auf 737
FULLTEXT, SQL-Schlüsselwort 377
function, JavaScript-Schlüsselwort 864
function, PHP-Schlüsselwort 823
Funk- Schnittstelle 123
Funktion 46, 995
Rückgabewert, C 231
Funktionale Programmiersprachen 48
Funktionen
Argumente 243
aufrufen 244
C 243
Call by Reference 245
Call by Value 245
iterative 282
Parameter 243
rekursive 281
Rückgabewert 243
SQL 379
Funktionsaufrufe, C 231
Fußgesteuerte Schleifen 242
fvwm2, Window-Manager 198

G
Gamma, Erich 318, 345
GAN 995
GAN, globales Netz 551
Ganze Zahlen 62
Gästebuch, PHP-Skript 842
Gate, Steuerungseingang des Transistors 74
gates (Gatter) → Logikschaltungen
Gates, Bill 39, 149
Gatter → Logikschaltungen
gcc, Befehl 229
UNIX-Besonderheiten 229
GCC, C-Compiler 228
starten 229
ge, Perl-Operator 272
Gebrochene Schriften 428
Gerätedateien 163, 164
Gerätetreiber 44, 145, 154, 636
Blockgeräte 154
für Drucker 141
installieren, Windows 223
Netzwerk, Windows 639
Zeichengeräte 154
Gestaltung
Anschnitt 436
Elemente anordnen 434
Goldener Schnitt 434
Grundregeln 433
Layout 435
Linien 436
Optische Mitte 435
Ornamente 437
Papierformat 433
Rahmen 436
Raster 437
Regeln im Webdesign 772
Schmuckelemente 437
Gestaltungsraster 437, 995
GET, HTTP-Befehl 627
zum HTML-Formularversand 750
getchar(), C-Funktion 248
getDate(), JavaScript-Methode 874
getDay(), JavaScript-Methode 875
getElementById(), JavaScript-Methode 897
getElementsByTagName(), JavaScript-Methode 897
getFullYear(), JavaScript-Methode 874

gethostbyname(), Systemaufruf 666
getHours(), JavaScript-Methode 875
getMinutes(), JavaScript-Methode 875
getprotobyname(), Systemaufruf 665
gets(), C-Funktion 231, 248
getSeconds(), JavaScript-Methode 875
getservbyname(), Systemaufruf 667
Getter-Methoden, Java 322
getURL(), ActionScript-Funktion 963
getYear(), JavaScript-Methode 874
Geviert, Typographie 424
GGT (Größter gemeinsamer Teiler) 277
GhostScript 526
GID (Group-ID) 172
von Prozessen 159
GIF, Bilddateiformat 531, 779
in Fireworks 782
GIFs, animierte, in Fireworks 785
Gigabit Ethernet 563
Gigabyte 70
GIMP, Bildbarbeitung 387
Glätten, Photoshop-Auswahl 400
Gleichheit 59
Gleichheit, Operator 236
Gleichung 54
Lösung 55
Gleichungen, lineare 55
Gleitkommazahlen → Fließkommazahlen
Global Area Network 551
global, PHP-Variablenmodifikation 824
Globale Variablen, C 234
GNOME, Desktop 157, 198, 200
Desk Guide 201
GNOME-Menü 201
Kontrollzentrum 201
Panel 201
Verknüpfungen erstellen 201
GNU Emacs, Texteditor 195
GNU General Public License 170
GNU Zip, Komprimierung 205
GNU-Projekt 170
go to, Lingo-Befehl 496
Goldener Schnitt 434
Gosling, James 251
GPL 170
Grafik 387
Grafikkarte 137
AGP 138
Auflösung 137
Farbtiefe 137
Geschwindigkeit 138
mit mehreren Monitoren 137
PCI 138
RAMDAC 138
Grafikprogramme 387
Grafische Benutzeroberfläche 146, 150, 157, 198, 996
Aqua, MacOS X 207
Drag and Drop 155
Ereignisse 303
Fensteranwendungen 311
GNOME 157, 198, 200
GtK+, Programmierumgebung 200
JFC 303
KDE 157, 198, 199
Luna (Windows XP) 217
Menüs programmieren 311
Nachrichten 303
Programmierung 303
Qt, Programmierumgebung 199
Quartz, Grafikbibliothek 207
Terminalfenster 173
UNIX 198
Widgets 303
Window-Manager 157
Windows 216
Windows 95 217
Windows 98 217
Windows XP 217
X Window 157, 198
Graphics, AWT-Klasse 304
Graphics2D, Java2D-Klasse 304
Graustufen, Photoshop-Farbmodus 398
Green Book (CDi) 130, 996
grep, UNIX-Befehl 184
Muster 184
GridLayout 312
Groß- und Kleinschreibung
HTML-Tags 722
igonorieren in RegExp 293
UNIX-Dateinamen 165
größer als, Operator 59, 236
größer oder gleich, Operator 237
Großrechner 38
Größter gemeinsamer Teiler 277
groupadd, UNIX-Befehl 188
Group-ID 172
von Prozessen 159
Grundlinie, Typographie 423
Grundlinienraster, InDesign 443
Grüner Balken (Unit-Test) 350
Gruppe
hinzufügen, UNIX 188
wechseln (Datei) 183
gt, Perl-Operator 272
GtK+, Grafikbibliothek 200
GUI → Grafische Benutzeroberfläche
Gültigkeitsbereich
Variablen, C 234
Variablen, Java 256
gunzip, UNIX-Befehl 205
gzip, Dateikomprimierung 205

H

Halbaddierer (Schaltung) 77
Halbleiter 37
Halteproblem (Berechenbarkeit) 81
Handschriftliche Antiqua 428
Handshake 996

Handshake, Modem-Kommunikation 571
Hard Links 166
Hardware
Ausgabegeräte 123, 136
BIOS 99
Bus 99, 115
Bus Mastering 118
Chipsatz 99
Digitalkamera 136
DMA-Kanal 118
Drucker 140
Eingabegeräte 123, 134
Grafikkarte 137
I/O-Basisadresse 118
IRQ 117
konfigurieren, Windows 223, 224
Maus 134
Monitor 138
Netzwerke 558
Onboard-Peripherie 99
Peripherie 123
Plug & Play 119
Prozessor 98
RAM 108
RAM-Speicher 98
Ressourcen 117
ROM-Speicher 98
Scanner 135
schematischer Aufbau 95
Schnittstellen 99
Soundkarte 142
Steuerung durch Betriebssystem 145
Tastatur 134
Zentraleinheit 98
Hardware Massenspeicher 123
Hardware-Interrupt 106
Harvard Mark I 36
Harvard Mark II 36
Hashes
PHP 820
Schlüssel 269
Hashes, Perl-Variablen 268
Hauptplatine → *Mainboard*
Hauptprogramm, main() als 47
Hauptspeicher 97
Hayes, Modem-Befehlssatz 571
Hayes-Befehlssatz 992
Header-Datei 248
Hello World 230
Helm, Richard 345
help, Windows-Befehl 157
Herunterfahren, Betriebssystem 190
Herunterfahren, Windows 219
Hewlett-Packard, HP UX, Betriebssystem 148
Hexadezimalsystem 66
in Dezimal umrechnen 68
in Dual umrechnen 69
Hexadezimalzahlen, C 234
Hex-Editoren 43, 527
HFS+, Dateisystem 212
HFS, Dateisystem 212
Data Fork 212
Resource Fork 213
HIER-Dokument, in UNIX-Shells 178
HIER-Dokumente
Perl 272
Variablensubstitution 272
Hintergrund (Prozesse) 175
Histogramm 404
History, UNIX-Shell 176
hitTest(), ActionScript-Methode 967
HKS, Sonderfarbskala 390
Hoaxes 982
Hollerith, Hermann 37
home, UNIX-Verzeichnis 165
Homecomputer 40, 149
Home-Verzeichnis 165, 168
Host-zu-Host-Transport, DDN-Modell-Schicht 546
Hot Spots 741
Hot-Plugging 122
HP UX, Betriebssystem 148
HPGL (Druckersprache) 141
hqx, Dateikomprimierung 213
HR/DSSS, WLAN-Technik 565
HSB-Farbmodell 390
HTML
Absatzausrichtung 725
Absätze 725
Absendeknopf 751
ActiveX-Objekte 754
Anker 738
applet-Tag 755
area-Tag 741
a-Tag 735
Attribute 720
Aufzählungen 730
Aufzählungszeichen wählen 731
AuswahlmenüHTML
Formulare, Auswahlmenü 752
Beschreibung für Suchmaschinen 760
Bilder als Hyperlinks 740
Bilder einbetten 739
Blocksatz 726
Body 720
body-Tag 721
br /-Tag 722
b-Tag 727
Button 751
caption-Tag 743
Checkboxen 751
Client-Side-Image Maps 741
colgroup-Tag 747
Container-Tags 720
CSS 762
dd-Tag 733
Definitionsliste 733
dl-Tag 733
DOCTYPE-Angabe 721
Dokumentkopf 720
Dokumentkörper 720
Dokument-Standardfarben 734
Dokumentstruktur 720
Dokumenttitel 721
Dokumenttyp 721
Download-Hyperlinks 737
dt-Tag 733
Dummy-Frames 758
Einfach-Tags 720
E-Mail-Hyperlinks 738
embed-Tag 753
Entity-Referenzen 723

Farben 734
Farbnamen 734
fett 727
Flash-Filme einbetten 948
font-Tag 728
form-Tag 750
Formulardaten-Codierung 750
Formulare 749
Formulare, Absendeknopf 751
Formulare, Button 751
Formulare, Checkboxen 751
Formulare, Hidden-Felder 751
Formulare, Löschknopf 751
Formulare, Passwortfelder 751
Formulare, Radiobuttons 751
Formulare, Reset-Button 751
Formulare, Schaltfläche 751
Formulare, Submit-Button 751
Formulare, Textbereich 752
Formulare, Textfelder 751
Formulare, Versandmethode 750
Formularelemente 750
Formular-URL 750
Frames 755
Frames benennen 757
Frames verschachteln 756
Frames, Hyperlinks 756
Frames, Nachteile 758
Frames, randlose 757
frameset-Tag 755
frame-Tag 756
FTP-Hyperlinks 737
Geeignete Titel 721
Geschütztes Leerzeichen 725
GET, Formularversandmethode 750
Glossarliste 733
Groß- und Kleinschreibung 722
h1 bis h6, Tags 726
Head 720
head-Tag 720
Hidden-Formularfelder 751
Hintergrundbilder 742
html-Tag 720
Hyperlink, Zielangabe 757
Hyperlinks 735
Hyperlinks ins Web 736
Hyperlinks, in Framesets 756
Image Maps, client-seitige 741
Image-Maps 741
Image-Maps, serverseitige 741
img-Tag 739
input-Tag 751
i-Tag 727
Java-Applets einbetten 755
Kommentare 743
kursiv 727
Layer 769
Layout mit Tabellen 747
Layout-Tags 727
leere Tags 720
Links 735
Listen 730
li-Tag 730
Löschknopf 751
map-Tag 741
meta, Tag 759
meta-Tag 723
Meta-Tags 759
MIME-Types 753
Multimedia einbetten 753
nicht nummerierte Liste 730
nummerierte Liste 731
Nummerierungsart wählen 731
object-Tag 754
ol-Tag 731
Passwortfelder 751
Pfadangaben in Links 735
Pixel-GIF 748
Plug-in-Formate einbetten 753
POST, Formularversandmethode 750
pre-Tag 726
p-Tag 725
Radiobuttons 751
Randlose Frames 757
Refresh 759
Reset-Button 751
robots.txt-Datei 761
Schaltfläche 751
Schlüsselwörter für Suchmaschinen 760
Schriftart 729
Schriftfarbe 730
Schriftformatierung 728
Schriftgröße 728
script-Tag 856
Seite neu laden 759
Seiteninterne Links 738
select-Tag 752
Server-Side-Image Maps 741
Sonderzeichen 723
Strict, Dokumenttyp 721
Struktur-Tags 727
Style Sheets 762
style-Attribut 764
style-Tag 764
Submit-Button 751
Suchmaschinen-Informationen 760
Tabellen 742
Tabellen als Layoutmittel 747
Tabellen ausrichten 744
Tabellen, Gitternetzlinien steuern 746
Tabellen, Rahmenlinien steuern 746
Tabellen-Attribute 744
Tabellenbeschriftung 743
Tabellenbreite 744
Tabellenhöhe 744
Tabellenrahmen 744
Tabellen-Spaltenbreite 747
Tabellenzeilen 743
Tabellen-Zellabstand 744
Tabellenzellen 743
Tabellenzellen verbinden 745
Tabellenzellen-Attribute 745
Tabellenzellen-Ausrichtung 745
table-Tag 742
Tags 720
Tag-Verschachtelung 727

Target, Hyperlink 757
td-Tag 743
textarea-Tag 752
Textbereich 752
Textfelder 751
Textformatierung 722
Textmarken 738
th-Tag 743
title-Tag 721
Transitional, Dokumenttyp 721
tr-Tag 743
Überschriften 726
ul-Tag 730
Validatoren 721
Verschachtelte Listen 731
vorformatierter Text 726
Web-Palette 734
XHTML 719
XHTML-Besonderheiten 722
XHTML-Grundstruktur 721
Zeichenformatierung 727
Zeichensatz angeben 723
Zeilenumbruch 722
Zielangabe für Hyperlinks 757
HTML-Formulare
in Dreamweaver 797
per JavaScript modifizeren 862
Überprüfen per JavaScript 868
htpasswd, Apache-Dienstprogramm 659
HTTP 627, 996
Header 628
Sitzung 627
Statuscodes 628
HTTP-Befehle 627
httpd.conf, Apache-Konfigurationsdatei 657
HTTP-Server 556
Hub 562
HUP, Signal 159
Hurenkind, Absatzfehler 433
Hybrid-CD 132, 996
Hyperlinks, HTML 735
Hypertext 541, 996

I

I/O → Ein-/Ausgabe
I/O-Basisadresse 118, 996
I/O-Kanäle 177
IANA 579, 996
IBM 40, 149
AIX, Betriebssystem 148
DB2 365
OS/2, Betriebssystem 150
IBM PC 40, 149
IBM WebSphere-Server 675
IC 36
ICMP 996
ICMP-Protokoll 601
IDE 317
Borland 317
Eclipse 318
MS Visual Studio 317
UCSD-Pascal 317
IEEE 996
IEEE 1394 995
IEEE 1394 → FireWire
IEEE 802.11 → Wireless LAN
IEEE, Netzzugangsverfahren 802.x 558
if(), C 239
if(), Fallentscheidung, nachgestellt, Perl 273
if, Befehl
in Shell-Skripten 191
if, Lingo 500
ifconfig, UNIX-Befehl 636
Illustrator 387
Angleichen, Werkzeug 419
Anordnung 419
Arbeitsoberfläche 412
Ausrichten 418
Auswahlwerkzeuge 413
Duplizieren 418
Effekte 417
Farben 415
Farbverläufe 416
Gruppieren 414
Konturen 415
Objekte anordnen 419
Objekte ausrichten 418
Objekte duplizieren 418
Pfade ändern 414
Pfade erstellen 412
Stapelreihenfolge 419
Stile 415
Stile speichern 418
Transformation 418
Transparenz 416
Zeichenstift 413
Zeichenwerkzeuge 415
Image Maps, in Fireworks 787
Image, AWT-Klasse 309
Bilddatei laden 309
Image, JavaScript-Klasse 878
Image-Maps 741
Imaginäre Zahlen 63
IMAP 624, 996
Imperative Programmiersprachen 46
Implementierung, Software-Engineering 334
implode(), PHP-Funktion 821
import, Java-Anweisung 254
include(), PHP-Funktion 830
InDesign 437, 440
Absatz 443
Absatzformate 446
Arbeitsablauf 443
Auswahl 441
Blindtext generieren 438
Buntstift 442
Daten importieren 444
eingebettete Rahmen 445
Grundlinienraster 443
Konturenführung (Umfließen) 445
Paletten 443
Pfade 441
Preflight 447
Rahmen 442, 444
Rahmen verketten 445
Rahmen, eingebettete 445
Seitenlayout 443
Textwerkzeug 442
Transformation 442
Werkzeuge 441
Zeichen 443
Zeichenformate 446
Zeichenstift 441
Index, im RDBMS 359

INDEX, SQL-Schlüsselwort 377
indexOf(), Java-Methode 257
Indizierte Farben, Photoshop-Farbmodus 398
inet_aton, Netzwerkprogrammierung 666
Informatik 25
Angewandte 26
Bioinformatik 32
Medieninformatik 32
medizinische 32
Praktische 26
Studium 31
Technische 26
Theoretische 25
Wirtschaftsinformatik 32
Informatikkaufleute 28
Informationen
analoge 49
digitale 49
Infrarot-Anschluss 123
init-Prozess 158
Inner Join, SQL 379
durch WHERE ausdrücken 380
INNER JOIN, SQL-Klausel 380
InnoDB-Tabellen (MySQL) 364
inode 166
Input/Output → Ein-/Ausgabe
InputStreamReader, Java-Klasse 254
INSERT, SQL-Abfrage 380
Instanzen 252
erzeugen, Java 256
Instruction Table → Befehlstabelle
int
C-Datentyp 233
Funktionsdatentyp, C 230
INT, Signal 190
INT, SQL-Datentyp 375
Integer 996
Integer, Java-Klasse 279
Integer-Literale 234
Integrationsmanagement 328
Integrierter Schaltkreis 36
Intel 39, 100
Intel-Assembler 107
Interfaces
Java 261
Runnable, Java 262
Serializable, Java 262
Internet
Anwendungsprotokolle 615
Dateiübertragung 617
Denial of Service-Angriff 642
Dokumentation 540
Geschichte 539
Offizielle Einführung 541
RFC 540
Standards 540
Transportprotokolle 601
Vorläufer ARPANet 539
Zugang per Modem 570
Zugang über DSL 573
Zugang über ISDN 571
Internet Explorer 775
ActiveX 754
klassisches Objektmodell 906
Internet, DDN-Modell-Schicht 546
Internet-Schichtenmodell 545
Anwendungsschicht 547
Host-zu-Host-Transportschicht 546
Internetschicht 546
Netzzugangsschicht 546
Interpolation, Bildgröße 396
Interpreter 39, 45, 264
Inter-Prozess-Kommunikation 160
System V IPC 160
über Pipes 160
über Signale 160
Interrupt Request → IRQ
Interrupts, Hardware- 106
Intrusion Detection Systems 985
Network-IDS 985
Snort 985
Inverse Kinematik 996
Inverse Kinematik, 3-D-Animation 469
IO::Socket 668, 669, 670, 671
IOException, Java 255, 264
IP-Adresse
für Sockets 666
Subnet Mask 581
Teilnetzmaske 581
Zuweisen, Linux 637
Zuweisen, Mac OS X 638
Zuweisen, Windows 639
IP-Adressen
Broadcast-Adresse 579
CIDR-Adressierung 581
CIDR-Berechnungen 583
IPv6 597
Klassen 578
Konzept 577
link local 580
Loopback 580
Netzwerkadresse 579
private 580
spezielle 580
Subnetting 582
Supernetting 582
VLSM 586
IPC → Inter-Prozess-Kommunikation
IP-Masquerading 596
IP-Protokoll
Adressverteilung 579
Datagramme 587
Default Gateway 589
Header 587
IPv6 597
Maximum Transmission Unit (MTU) 588
Multicasting 579
Network Address Translation (NAT) 596
Paketfragmentierung 588
Router 589
Routing 589
Routing-Protokolle 592
spezielle Adressen 580
TTL 592
IP-Routing
Beispiele 590
Routing-Tabellen 591
iptables 985
IPv4-Adressverteilung 579
IPv6 597

Adressaufbau 597
Datagramm-Header 599
Migration (Umstieg) 600
Motivation 597
Tunnelung 600
IPX/SPX, Netzwerkprotokoll 632
IrDA 123, 996
IRQ 117, 996
reserviert 118
Irreelle Zahlen 63
IS A-Beziehungen, OOP 342
is_float(), PHP-Funktion 826
is_int(), PHP-Funktion 826
is_null(), PHP-Funktion 826
is_string(), PHP-Funktion 826
ISA 119, 996
ISDN 571, 996
Anschließen 572
Kanalbündelung 572
Kanäle 572
ISO 996
ISO 9660 (CD-ROM-Format) 131
ISO-8859-Zeichensätze 520
Itanium, Prozessor 103
IT-Ausbildung 26
Fachinformatiker 27
Informatikkaufleute 28
IT-Systemelektroniker 28
IT-Systemkaufleute 28
Projektarbeit 326
Prüfung 28
Studienfächer 31
Iteration 282
ITS, Betriebssystem 147
IT-Sicherheit 971
IT-Systemelektroniker 28
IT-Systemkaufleute 28

J

J2EE 252, 675
Enterprise Java Beans 675
J2ME 252
J2SE 252
Jacobson, Ivar 339
Java 996
Installation 252
Virtuelle Maschine 251
Java Application-Server 675
Java Foundation Classes 303
Java Servlets 680
Beispiel 680
Java Virtual Machine (JVM) 251
java, Programm 254
Java, Programmiersprache 48, 251, 303
ActionListener 313
Animation, AWT 309
Applets 251, 304, 316
Ausnahmen 255, 263
Ausnahmen auslösen 263
AWT 304
Biddatei laden 309
Binäre Suche 285
boolean-Datentyp 256
BorderLayout 312
BufferedReader 254, 263
Button 311
byte-Datentyp 256
Callback-Methoden 302
Canvas 304
catch() 255
charAt()-Methode 257
class-Deklaration 254
CLASSPATH 252
Color 307
compareTo()-Methode 256
Connection, JDBC-Klasse 383
Dateien verarbeiten 263
Datenbankverbindung herstellen 383
Datentypen 255
drawLine()-Methode 306
drawOval()-Methode 306
drawPolygon()-Methode 306
drawRect()-Methode 306
drawString()-Methode 308
Eclipse-IDE 319
Eigenschaften 252
Ein- und Ausgabe 254
Einsatzgebiete 251
Enterprise Edition 675
equals()-Methode 256
Ereignisbehandlung 313
Exceptions 255, 263
executeQuery()-Methode 383
extends 260
false 256
fehlende Zeiger 257
FileNotFoundException 264
fillOval()-Methode 306
fillRect()-Methode 306
Frame 304, 311
Getter-/Setter-Methoden 322
Graphics2D, Klasse 304
Graphics-Klasse 304
GridLayout 312
Gültigkeitsbereich für Variablen 256
Image-Klasse 309
import-Anweisung 254
indexOf()-Methode 257
init(), Applets 316
InputStreamReader 254
Instanzen 252
Instanzen erzeugen 256
Integer-Klasse 279
Interfaces 261
IOException 255, 264
Java 280
*java.awt.** 304
*java.awt.event.** 304
*java.lang.** 257
*java.sql.** 382
*java.util.** 264
Java2D 304
Javadoc 321
*javax.swing.** 304
*javax.swing.event.** 304
*javax.swing.table.** 304
JDBC-Datenbankschnittstelle 382
JDBC-ODBC-Bridge 382
JDBC-Treiber laden 382
JFC 303
JFrame 304
Kapselung 253
Klassen 252
Kommentare 257
Kompilieren 253

Konstruktor 258
Label 311
lastIndexOf()-Methode 257
LayoutManager 312
length()-Methode 257
Lineare Suche 284
Listen 287
Listener 313
main()-Methode 254, 305
Math-Klasse 257
Menu 311
MenuBar 311
MenuItem 311
Methoden 252
MouseListener 313
MouseMotionListener 313
new 256
Object-Klasse 257
Objekte 252
Objektorientierung 252, 257
*org.xml.sax.** 713
*Package java.io.** 254
paint()-Methode 305
Panel 304, 311
parseInt()-Methode 279
print() 255
println() 255
private 258
Programme starten 254
protected 260
public 254, 258
readLine()-Methode 255
repaint()-Methode 309
ResultSet, JDBC-Klasse 384
RMI (Remote Method Invocation) 676
run()-Methode 300
Runnable-Interface 262, 300
SAX 713
SDK 251
SDK, Enterprise Edition (J2EE) 252
SDK, Micro Edition (J2ME) 252
SDK, Standard Edition (J2SE) 252
Serializable-Interface 262
Servlets 680
setColor()-Methode 307
setLayout() 312
show()-Methode 305
start()-Methode 300
Statement, JDBC-Klasse 383
static 254
String 255
String-Methoden 256
Strings vergleichen 256
String-Verkettung 255, 256
substring()-Methode 257
super 261
Swing 304
TextArea 311
TextField 311
this 258
Thread, Klasse 300
Threads 262, 300
throws-Klausel 263
true 256
try 255
try/catch-Blöcke 255
Überladen 259
Umwandlung von SQL-Datentypen 384
Unterschiede zu C 255
Unterstützung durch MacOS X 207
update()-Methode 309
Variablendeklaration 256
Vererbung 260
WindowListener 314
java.applet.*, Package 304
java.awt.*, Package 304
java.awt.event.*, Package 304
java.awt.Graphics, Klasse 304
java.io.*, Package 254
java.lang.*, Package 257
java.sql.*, Package 382
java.util.*, Package 264
Java2 Enterprise Edition 675
Java2 SDK 251
Enterprise Edition (J2EE) 252
Micro Edition (J2ME) 252
Standard Edition (J2SE) 252
Java2D-API 304
Java-Applets 304, 316
in HTML einbetten 755
init()-Methode 316
Javadoc 321
JavaScript 855, 996
+, Operator 859
Analoguhr, DHTML-Anwendung 909
angepasste Browserfenster öffnen 891
Ausgabe ins Dokument 857
außerhalb des Browsers 855
automatisierte Hyperlinks 890
Automatisierung in Dreamweaver 802
Bilder austauschen 876
Bilder vorausladen 878
Bildschirmgröße 893
Browserweiche 888
charAt(), String-Methode 869
CSS-Formate ändern, DOM 902
Date, Klasse 873
DHTML, browserübergreifende Lösungen 909
DHTML-Browserweiche 912
Diashow 883
document.all, Internet Explorer-Dokumentbaum 906
document.bgColor 868
document.forms, Formulare 862
document.images 877
document.layers, alte Netscape-Eigenschaft 908
document.write(), Methode 857
Dokumenthierarchie ändern, DOM 904
DOM, Objektmodell 897
DOM-Baumstruktur anzeigen 899
DOM-Knoteneigenschaften 898
DOM-Textknoten 898
ECMA-Standard 855
Event Handler 861

Externe Datei einbinden 857
Farben ändern 868
Fenstereigenschaften 891
Fenster-Methoden 895
Formular, Fokus setzen 870
Formulare überprüfen 868
Formularzugriff 862
Frames manipulieren 890
function, Schlüsselwort 864
Funktionen 864
Geschichte 855
getDate(), Methode 874
getDay(), Methode 875
getElementById(), DOM-Methode 897
getElementsByTagName(), DOM-Methode 897
getFullYear(), Methode 874
getHours(), Methode 875
getMinutes(), Methode 875
getSeconds(), Methode 875
getYear(), Methode 874
history-Objekt 889
Image, Klasse 878
in der Browser-History blättern 889
in HTML einbetten 856
indexOf(), String-Methode 869
Inhalte austauschen, Internet Explorer-Objektmodell 907
Internet Explorer-Objektmodell 906
klassisches Netscape-Objektmodell 907
lastIndexOf(), String-Methode 869
Layer-Inhalt austauschen, alle Browser 912
length, String-Eigenschaft 868
location-Objekt 890
Memory-Spiel 885
navigator-Objekt 888
open(), window-Methode 891
parseFloat(), Methode 860
parseInt(), Methode 859
prompt()-Methode 858
Reguläre Ausdrücke 870
Rollover, praxistaugliche Lösung 879
Rollover-Effekt 878
screen-Objekt 893
setTimeout(), Methode 875
Sicherheit 856
String, Klasse 868
String-Vergleiche 860
String-Verkettung 859
substring, String-Methode 869
Timeout 875
Vollbildfenster 894
Werbe-Popups verbannen 895
JavaServer Pages 681
javax.ejb.*, Java-Package 676
javax.swing.*, Package 304
javax.swing.event.*, Package 304
javax.swing.table.*, Package 304
Jaz-Laufwerk 128
JBoss, Java Application-Server 675
JDBC 997
JDBC, Java-Datenbankschnittstelle 382
JDBC-ODBC-Bridge 382
JFC 997
JFC (Java Foundation Classes) 303
JFrame, Swing-Klasse 304
Jobs, Steve 40, 149, 150
Johnson, Ralph 345
join, Perl-Anweisung 269
Join-Abhängigkeiten, RDBMS 364
Joins, SQL 379
Joliet 997
Joliet (CD-Format) 131
Joliet, Unterstützung auf dem Mac 132
Journaling-Dateisysteme 186
Joy, Bill 193, 251
JPEG, Bilddateiformat 532, 779
in Fireworks 781
JSP 681
JUnit 349
Beispiele 349
Grafische Oberfläche 350

K

Kabelanschluss als Internetzugang 574
Kanäle, Photoshop 401
Kapitälchen 425, 997
Kapselung 47, 253
Kartensteckplätze
AGP 119
ISA 119
PCI 119
PCMCIA 119
KDE 997
KDE, Desktop 157, 198, 199
Kontrollzentrum 200
Panel 200
Verknüpfungen erstellen 200
Kegelhöhe, Schriftgröße 422
Kernel 152
mach-Mikrokernel 152, 207
Mikrokernel 152
monolithischer 152
selbst kompilieren, Linux 205
Systemaufrufe 153, 155
Task Scheduler 153
Kernelmodus 153, 158
Kernighan, Brian 46, 148, 228
Kerning 997
Kerning, Typographie 424
Kettenmails 982
Keyframe 997
Keyframe, Director 480
Keyframes
3-D-Animation 470
Flash 929
keys, Perl 270
KI → Künstliche Intelligenz
Kildall, Gary 149
kill(), UNIX-Systemaufruf 159
KILL, Signal 159
kill, UNIX-Befehl 190

Kilobyte 70
Kindklasse 260
Klammern
  in RegExp 293
  Operatoren-Rangfolge verändern 238
Klassen 47, 252
  abgeleitete 260
  Elternklasse 260
  Instanzen erzeugen, Java 256
Klassendiagramme (UML) 341
Klassentests → Unit-Tests
Klassizistische Antiqua 428
Kleinbildscanner 136
Kleincomputer 38
kleiner als, Operator 59, 236
kleiner oder gleich, Operator 237
Knuth, Donald E. 525
Koaxialkabel 997
KOffice, KDE-Office-Paket 199
Kommandozeile 997
Kommandozeile → Konsole
Kommandozeilenparameter, C 244
Kommentare
  C 232
  in HTML 743
  Java 257
  Perl 271
  PHP 823
Kommunikation zwischen Prozessen 160
Kommunikationsmanagement 329
Kommunikationssteuerung, OSI-Schicht 544
Komplementärfarben 389
Komplexe Zahlen 63
Komplexität 997
  exponentielle 84
  logarithmische 84
  O-Notation 83
  polynomielle 84
  quadratische 84
Komplexität von Algorithmen 82
Komplexitätsklasse 82
Komponentenmodelle 675
kompress, Typographie 424
Komprimierung 529
  gzip 205
  hqx 213
  verlustbehaftete 529
  verlustrfreie 529
Konjunktion, logische 56
Konqueror, KDE-Browser 199
Konsole 146, 157
  Ausgabe, C 248
  Ausgabeumleitung 177
  Befehle, Windows 222
  Eingabe, C 248
  Eingabeaufforderung 173
  Eingabeaufforderung, Windows 221
  Eingabeumleitung 178
  Eingabevervollständigung 176
  Pipes 178
  Praktische Verwendung (UNIX) 171
  Windows 221
Konsole, Starten, Windows 221
Konstante lineare Geschwindigkeit 130
Konstante Winkelgeschwindigkeit 128
Konstanten, symbolische 251
Konstruktor, Java 258
  überladen 259
Kontextmenü, Mac OS X 211
Kontrollstrukturen 239
  C 232
  Fallentscheidung 239
  foreach, Perl 269
  Lingo 500
  Schleifen 242
  unless, Perl 273
Kooperatives Multitasking 154
Kopfgesteuerte Schleifen 242
Kopieren
  Dateien, Mac OS X 211
  Dateien, UNIX 180
  Dateien, Windows 219
  Dateien, Windows-Konsole 222
Koprozessor 100
Korn Shell (ksh) 174
Körperfarben 389
Kostenmanagement 329
Kritischer Pfad, Netzplan 330
Kryptoanalyse 987
Kryptografie 986
  asymmetrische Verschlüsselung 987
  Cäsar-Code 986
  Digitale Signatur 988
  Einwegverschlüsselung 988
  Grundbegriffe 986
  Message-Digest 988
  ROT13 986
  SSH 988
  SSL/TLS 988
  symmetrische Verschlüsselung 987
ksh (Korn Shell) 174
Kugelkopfdrucker 140
Künstliche Intelligenz 43
Kursiv, Schriftschnitt 425

L

Lab, Farbmodell 390
Lab, Photoshop-Farbmodus 399
Label, AWT-Klasse 311
Lamarr, Hedy 566
LAMP-System 810, 997
LAN 551, 997
  Technische Lösungen 551
  Wireless 564
Laserdrucker 141
  Farbe 141
Lasso-Auswahl, Photoshop 400
Last In, First Out 285
Lastenheft 331
lastIndexOf(), Java-Methode 257
Lasttests 335
LaTeX 997
LaTeX, Satzsprache 525
  Beispieldokument 525

Laufweite, Typographie 424
Laufwerke
Anschlüsse 120
magnetische 124
magneto-optische 124
optische 124
Laufwerksbuchstaben 167
Laufzeit 45
Laufzeitbibliothek, C 248
Lauschende Sockets 669
Layer-Animation, alle Browser 909
Layout
Anschnitt 436
Blindtext 437
Broschüren 435
Fachbücher 435
Kataloge 435
Linien 436
Prospekte 435
Rahmen 436
Romanseiten 435
Scribble 437
Seite einrichten 438
Tageszeitungen 435
Umfließen 436
Werbeanzeigen 436
Zeitschriften 435
LayoutManager
BorderLayout 312
GridLayout 312
LayoutManager, AWT 312
LBA (Festplattenadressierung) 126
LCD 997
LCD-Monitor 139
Funktionsprinzip 139
Nachteile 139
TFT 139
Vorteile 139
LDAP 997
le, Perl-Operator 272
Lead-In-Area (CD) 130
Lead-Out-Area (CD) 130
LED-Drucker 141, 997
Leere Menge 64
left, CSS-Angabe 769
Leibniz, Gottfried Wilhelm 34
Leichtgewichtige Entwicklungsprozesse 338
length(), Java-Methode 257
Lerdorf, Rasmus 810
Lernsoftware, CBT 452
less, UNIX-Befehl 183
letter-spacing, CSS-Angabe 766
Level-1-Cache 101
Level-2-Cache 101
LF, UNIX-Zeilenumbruch 516
Licht 388
Lichtfarben, RGB 50
Lichtwellen 388
Lichtwellenleiter 42
LIFO 997
LIFO → Last In, First Out
Ligaturen 425
LIKE, SQL-Klausel 378
Lilo, Linux-Bootmanager 202
Linear-Antiqua
serifenbetonte 428
serifenlose 428
Lineare Algebra 80
Lineare Geschwindigkeit, konstante 130
Lineare Gleichungen 55
Lineare Komplexität 83
Lineare Suche 83, 997
Java 284
line-height, CSS-Angabe 767
Lingo
Audio-Befehle 510
Cursor tauschen 504
Darsteller also Cursor 505
Darsteller-Skript 507
Eigenschaften 509
Eigenschaftslisten 510
Erstes Beispiel 494
Fallentscheidungen 500
Film-Skript 508
Frame-Skript 496, 507
globale Variablen 498
go to, Befehl 496
Gültigkeitsbereich von Variablen 498
if 500
Kontrollstrukturen 500
Listen 509
Navigationsbefehle 495
Positionen ermitteln 503
repeat-Schleife 500
Rollover-Effekt 503
Schleifen 500
Skript-Systematik 506
Sprite-Berührung testen 509
Sprite-Eigenschaften 503
Sprite-Skript 507
Strings verketten 502
Texte ändern 501
Variablen 498
Video-Befehle 511
Lingo, Director-Skriptsprache 494
Linien, Gestaltungselement 436
Linux 148, 149, 151, 169
$0, Systemvariable 174
/etc/passwd-Datei 172
/etc/shadow, Datei 173
als Server einrichten 647
Apache-Installation 655
Arbeitsverzeichnis anzeigen 181
auf NFS-Freigaben zugreifen 648
auf Windows-Server zugreifen 650
bash 174
Benutzerrechte 166
Bourne-Shell 174
cat-Befehl 183
cd-Befehl 181
chgrp-Befehl 183
Child-Prozess 159
chmod-Befehl 182
chown-Befehl 183
cp-Befehl 180
C-Shell 174
CUPS, Drucksystem 648
Daemon 189
date-Befehl 187
Dateibefehle 179
Dateibesitzer wechseln 183
Dateien kopieren 180
Dateien löschen 181

Dateien umbenenennen 180
Dateien verschieben 180
Datei-Endungen 180
Dateigruppe wechseln 183
Dateinamen 165, 179
Dateinamen-Platzhalter 179
Dateisysteme 164
Datum und Uhrzeit ändern 187
Datum und Uhrzeit formatieren 187
Debian-Distribution 171
diff-Befehl 185
Distributionen 170
du-Befehl 186
Emacs, Texteditor 195
Escape-Sequenzen 185
exit-Befehl 177
fg-Befehl 175
finger, Dienstprogramm 172
fork(), Systemaufruf 158
fsck-Befehl 186
Gerätedateien 163, 164
GNOME 157, 198, 200
GNU-Projekt 170
Grafische Benutzeroberfläche 198
grep-Befehl 184
groupadd-Befehl 188
Group-ID 159, 172
gunzip-Befehl 205
gzip-Komprimierung 205
Hard Links 166
Hardware-Plattformen 169
Hardware-Unterstützung 202
HIER-Dokument 178
Home-Verzeichnis 165
ifconfig-Befehl 636
init-Prozess 158
inodes 166
Installation 201
Installation von Software 204
IP-Adresse zuweisen 637
KDE 157, 198, 199
Kernel kompilieren 205
kill(), Systemaufruf 159
kill-Befehl 190
Konfiguration 201
Korn Shell 174
less-Befehl 183
Lilo, Bootmanager 202
Links (Dateisystem) 166
Login 171
ls-Befehl 181
Macintosh im Netz bedienen 651
make-Befehl 205
man-Befehl 157
Mandrake-Distribution 171
mkdir-Befehl 182
mkfs-Befehl 186
more-Befehl 183
mount-Befehl 166, 185
mv-Befehl 180
MySQL-Installation 369
netatalk-Server 651
Netzwerkkonfiguration 635
Neustart 190
NFS 647
Pager 183
Paketmanager 204
Parent-Prozess 159
passwd-Befehl 188
Passwort ändern 188
patch-Befehl 185
path, Umgebungsvariable 175
pause(), Systemaufruf 159
Pfadangaben 165
PHP-Installation 811
Pipes 178
Prozessmodell 158
Prozessverwaltung 189
ps-Befehl 159, 189
pstree-Befehl 189
pwd-Befehl 181
RedHat-Distribution 171
Reguläre Ausdrücke suchen 184
rm-Befehl 181
rmdir-Befehl 182
root, Benutzer 159, 172
route-Befehl 637
rpm, Paketmanager 204
Runlevel 203
Samba-Server 649
SaX, X-Konfigurationsprogramm 199
Shell 157, 171
Shell-Ausgabeumleitung 177
Shell-Eingabeumleitung 178
Shell-Eingabevervollständigung 176
Shell-History 176
Shell-Skripte 190
shutdown-Befehl 190
Software installieren 204
Standardrouter einrichten 637
startx-Befehl 199
su-Befehl 177
SUSE-Distribution 171
Swap-Partition 162
Symbolic Links 166
System herunterfahren 190
System V Init 202
Systemprogramme 169, 179
tar-Dateien 205
Textbefehle 183
Textdatei anzeigen 183
Textdateien vergleichen 185
Texteditoren 192
Treiber im Kernel installieren 636
Umgebungsvariablen setzen 176
umount-Befehl 186
useradd-Befehl 188
User-ID 159, 172
Verwaltungsbefehle 185
Verzeichnis anlegen 182
Verzeichnis löschen 182
Verzeichnis wechseln 181
Verzeichnisbaum 164
Verzeichnisbefehle 179
Verzeichnisinhalt anzeigen 181
vi, Editor 193
virtuelles Terminal 173
wc-Befehl 185
Window-Manager 157
Wörter zählen 185
X Window 157, 198

XConfugurator, X-Konfigurationsprogramm 199
yast, SUSE-Konfigurationstool 204
Zugriffsrechte 166
Lisp, Programmiersprache 48, 198
Listen
C 286
Java 287
Lingo 509
Perl 268
qw//, Perl 271
listen(), Perl-Funktion 669
Listener, AWT-Ereignisbehandlung 313
Literal 997
Literale 234
Fließkommazahlen 234
Integer 234
Strings 235
Zeichen 235
Literale, Perl 270
Little-Endian-Architektur 992, 997
Little-Endian-Plattformen 527
loadMovie(), ActionScript-Funktion 956
Local Area Network 551
LocalTalk 630
localtime(), C-Funktion 250
Lochkarte 37
Lochkarten 146
Logarithmische Komplexität 84
Logical Link Control (LLC) 544
Logik
AND 56
Aussageformen 54
Aussagelogik 53
Aussagen 53
Definition 53
Disjunktion 57
Formale Logik 53
Gleichung 54
Konjunktion 56
Lügende Kreter 82
Mathematische Aussagen 54
Operatoren, C 235
OR 56
Prädikatenlogik 48, 53
Schlussfolgerung 55
Term 54
Umkehrschluss 56
Ungleichung 54
Verknüpfungen 55
Wahre und falsche Aussagen 54
Widerspruch 82
XOR 58
Logikschaltkreis 73
Logikschaltungen
Addierwerk 77
AND/OR-Aufbau durch Transistoren 75
Flip-Flop 78
Gattersymbole 75
Halbaddierer 77
mit einfachen Mitteln nachbauen 73
Multiplexer 76
NAND-Schaltung 75
NOR-Schaltung 75
NOT-Schaltung 74
RS-Flip-Flop 78
Speicherzelle 78
Volladdierer 77
XOR-Schaltung 76
Login 997
Login (UNIX-Anmeldung) 171
Logische Operatoren
C 235
Short-Circuit-Logik 273
Logische Programmiersprachen 48
Logische Schlussfolgerung 55
Logische Verknüpfungen 55
in Programmiersprachen 60
Logisches Nicht, Operator 235
Logisches Oder, Operator 235
Logisches Und, Operator 235
Logo, Programmiersprache 48
Logos 53
Lokale Variablen, C 234
Lokales Netz, Entwicklung 40
Lokalisierung
MacOS X 212
long, C-Datentyp 233
LONGBLOB, SQL-Datentyp 376
LONGTEXT, SQL-Datentyp 376
Loopback, IP-Protokoll 580
Lorem Ipsum, Blindtext 438
Löschabfrage 373
Löschen
Dateien, UNIX 181
Dateien, Windows-Konsole 222
Verzeichnis, Windows 222
Lösung, einer Gleichung oder Ungleichung 55
Lösungsmenge 55
Lovelace, Ada 35
ls, UNIX-Befehl 181
LS-120-Laufwerk 128
lt, Perl-Operator 272
Luna, WinXP-Benutzeroberfläche 217
Lupe, Photoshop 397
LVALUE 237
Liste als 268

M

m, n-Relation, RDBMS 359
m//, Perl-Operator 291, 294
Mac 41
MacOS 9, MacPerl 265
MacOS X 148, 206
Alias 211
als Server einrichten 644
Anwendungsmenü 209
APIs 207
Apple-MenüApple-Menü MacOS X 208, 209
Aqua 148, 207
Aqua, praktische Anwendung 208
Aqua-Fenster 208
Architektur 206
Benutzerverwaltung 212
Carbon 207
Classic-Umgebung 207

Cocoa 207
Darwin 207
Data Fork 212
Dateien kopieren 211
Dateien umbenennen 211
Dateien verschieben 211
Dateisysteme 212
Desktop 208
Dock 208, 210
DSL einrichten 638
File Sharing 644
Finder 208, 210
Geschichte 206
HFS+-Dateisystem 212
HFS-Dateisystem 212
hqx-Format 213
IP-Adresse zuweisen 638
Java 207
Konfiguration 211
Kontextmenü 211
Landeseinstellungen 212
Menüleiste 208
Monitore, Systemeinstellungen 212
Netzwerkkonfiguration 637
OpenGL, 3D-Grafikbibliothek 207
Ordneransichten 210
Papierkorb 210
Quartz, Grafikbibliothek 207
QuickTime 207
Resource Fork 213
Server nutzen 644
Startvolume einstellen 211
Systemeinstellungen 211
Terminal starten 208
UNIX-Komponenten 208
Windows File Sharing 644
Mac9, Perl-Unterstützung 265
MAC-Adresse 558, 997
mach-Mikrokernel 152
Macintosh 41, 150
BIOS 114
Firmware-Update 115
Leonardo, ISDN-Leonardo, Mac-ISDN-DFÜ 573
MacOS X 206
Parameter-RAM 115
Serversysteme 643
MacPerl 265
Macromedia
Director 474
Dreamweaver 790
Fireworks 387, 776
Flash 915
FreeHand 387
Magnetbänder 125
Magnetbandspeicher 38
Magnetische Datenträger 124
Magnetbänder 125
Magnetscheiben 125
Magneto-optische Datenträger 124
Mail-Server 555
mailto, HTML-Hyperlink 738
main(), AWT-Methode 305
main(), C-Funktion 47, 230, 243
Kommandozeilenparameter 244
main(), Java-Methode 254
Mainboard 98
Chipsatz 99
Kartensteckplätze 119
Onboard-Peripherie 99
Mainframe 38
Majuskelziffern 426
make, UNIX-Befehl 205
Makefile 205
Makroviren 973
malloc(), C-Funktion 287
Malmodus, Photoshop 405
Malwerkzeuge, Photoshop 404
MAN 997
MAN, Stadtnetz 551
man, UNIX-Befehl 157
Mandrake, Linux-Distribution 171
Manetscheiben 125
Man-in-the-Middle-Angriff 983
Manuelle Datenverarbeitung 25
Marconi, Guglielmo 564
margin, CSS-Angabe 767
Mark I, Röhrenrechner 36
Mark II, Röhrenrechner 36
Maschinenbefehle 107
Maschinensprache 43
Massenspeicher 123
CD-ROM 129
Diskettenlaufwerk 128
DVD 132
Festplatten 125
Jaz-Laufwerk 128
LS-120 128
magnetische 124
magneto-optische 124
optische 124
Übersicht 124
Wechseldatenträger 128
Zip-Laufwerk 128
Master-Nameserver 609
Matching, Reguläre Ausdrücke 294
Math, Java-Klasse 257
Mathematische Aussagen 54
Mathematische Funktion, Undefiniertheitsstelle 82
Mathematische Variablen 54
Mathematischer Term 54
Matrixdrucker 140
Maus 134
MAX, SQL-Funktion 379
Maximum Transmission Unit (MTU) 588
md → mkdir, Windows-Befehl
MDI, Windows-Anwendungen 218
Mechanische Datenverarbeitung 25
Media Access Control (MAC) 544
Median, QuickSort 282
Mediävalziffern 426
MediaWiki, Wikipedia-Software 810
Mediengestalter 29
Bild/Ton 29
Medienberatung 29
Mediendesign 29
Medienoperating 29

Medientechnik 29
Prüfung 30
Medieninformatik 32
MEDIUMBLOB, SQL-Datentyp 376
MEDIUMINT, SQL-Datentyp 375
MEDIUMTEXT, SQL-Datentyp 376
Medizinische Informatik 32
Megabyte 70
Megapixel (Digitalkamera) 136
Mehrfachvererbung 261
Mehrkanal, Photoshop-Farbmodus 399
mem.h, C-Bibliothek 287
Memory Management Unit → MMU
Memory-Spiel, JavaScript-Anwendung 885
Mengen, diskrete 50
Mengenoperationen 60
Echte Teilmenge 62
Element 61
Leere Menge 64
Obermenge 62
Restmenge 64
Schnittmenge 63
Teilmenge 61
Vereinigungsmenge 64
Verknüpfungen 63
Menu, AWT-Klasse 311
MenuBar, AWT-Klasse 311
MenuItem, AWT-Klasse 311
Message-Digest 988
Message-Passing 303
METAFONT, TeX-Zeichensätze 525
Methoden 252
Callbacks 302
überladen 259
Metropolitan Area Network 551
Microsoft 39, 149
ASP.NET 808
MS-DOS 150
SQL-Server 365
Visual Studio 317
Windows 150, 213
Windows 2000 151
Windows 95 151
Windows 98 151
Windows Me 151
Windows NT 150
Windows XP 151
Windows, Versionsübersicht 214
Microsoft BizTalk Server 647
Microsoft Exchange Server 647
Microsoft Management Console (MMC) 225
Microsoft SQL Server 647
Microsoft Systems Management Server 647
MIDI 142, 997
FM-Synthese 142
in Wave-Editoren 455
Wavetable-Synthese 143
MIDI-Sequencer 454
Mikrokernel 152
mach 152, 207
Mikroprozessor 39, 98
Mikroprozessor → Prozessor
Mikrotypographie 429
Satzzeichen 429
Zahlen 430
MilNet 541
MIME 997
E-Mail-Nachricht 621
MIME-Multipart-Nachrichten 622
MIME-Nachrichtenheader 621
MIME-Type
HTML-Plug-in-Formate 753
XML-Dokumente 686
MIME-Types 621
im HTTP-Header 628
MIN, SQL-Funktion 379
Minicomputer 38
Minix, Lehrbetriebssystem 151
Minuskelziffern 426
MIPS (CPU-Geschwindigkeit) 104
MIPS, Prozessor 105
Mirroring (RAID) 127
MITS 39
Mittellänge, Schriftgröße 423
Mixed-Mode-CD 130
mkdir, UNIX-Befehl 182
mkdir, Windows-Befehl 222
mkfs, UNIX-Befehl 186
MMC (Microsoft Management Console) 225
MMU 102, 162, 997
Seitentabelle 162
MMX (CPU-Befehlserweiterung) 105
Mnemonics 44, 992
Modem 570
Anschließen 571
AT-Befehlssatz 571
Handshake 571
Hayes-Befehlssatz 571
Pulswahl 571
Tonwahl 571
Modularisierung von Programmen 46
Modularisierung, Programme 46, 243
Modularität, von UNIX 148
Module, Apache 653
Modulo, Operator 235
Modus, Photoshop 398
Moirée-Effekt, verhindern 392
Monitor 138
Bildwiederholrate 138
Konfiguration, MacOS X 212
LCD 139
mehrere verwenden 137
Röhrenmonitor 138
Zeilenfrequenz 138
Monlithischer Kernel 152
more, UNIX-Befehl 183
MosTek 41
MosTek 6502, Prozessor 103
Motherboard → Mainboard
Motorola 68000, Prozessorfamilie 103
mount, UNIX-Befehl 166, 185
Mounten 998
Dateisysteme 166, 185
NFS-Freigaben 648

Mouse, ActionScript-Objekt 965
MouseListener 313
MouseMotionListener 313
MovableType, Blog-Tool 809
MOV-Befehl
beim virtuellen Prozessor 89
x86-Assembler 107
move, Windows-Befehl 222
Mozilla 775
MP3, Audio-Dateiformat 534, 998
MP4, Audio-Dateiformat 534
MPEG 998
MPEG, Video-Dateiformat 535
MS-DOS 150
Kommandozeile 221
MS-DOS-Anwendungen, unter Win32 215
MTU 588, 998
Multi Document Interface → MDI, Windows-Anwendungen
Multicasting, IP-Protokoll 579
MULTICS 147
Multimedia 451
Autorensysteme 474
CBT 452
Einsatzgebiete 452
Medientypen 451
Vebreitungskanäle 451
Multimedia-Datenbank 356
Multimedia-Produktion 451
Multipart-E-Mails 622
Multiplexer (Schaltung) 76
Multiplikation, Operator 235
Multiplikator
bei Rambus-RAM 109
der Taktfrequenz 103
Multi-Processing-Module (MPM), Apache 653
Multisession-CD 130
Multitasking 154, 158
kooperatives 154
präemptives 154
Unterstützung durch CPU 101
mv, UNIX-Befehl 180
MX-Record, BIND-Nameserver 615
my, Perl-Variablendeklaration 267
MyISAM-Tabellen (MySQL) 364
MySQL 368
Datentypen 375
InnoDB-Tabellen 364
Installation (UNIX) 369
Installation (Windows) 370
JDBC-Anbindung 382
Konfiguration (Windows) 370
MyISAM-Tabellen 364
MySQL Administrator 370
MySQL Query Browser 370
mysqli, PHP-Schnittstelle 849
mysql-Kommandozeilen-Client 372
phpMyAdmin 368
Sicherheitshinweise (UNIX) 369
Sicherheitshinweise (Windows) 371
Testdatenbank 845
Transaktionen 364
MySQL Connector/J, JDBC-Schnittstelle 382
MySQL Grant Tables 369
mysqli-Schnittstelle 849

N

Nachrichtenübermittlung 303
Nadeldrucker 140
Namensräume, XML 705
Nameserver
BIND 610
Master 609
Slave 609
NAND-Schaltung 75
Nassi/Shneiderman-Diagramm 81
NAT 998
NAT, IP-Protokoll 596
IP-Masquerading 596
Natürliche Zahlen 62
navigator, JavaScript-Objekt 888
ne, Perl-Operator 272
Nebenläufigkeit 295
Nessus 986
netatalk
afpd 651
atalkd 651
Konfiguration 651
papd 651
Verzeichnisse freigeben 651
netatalk, Serverdienst 651
NetBEUI 998
NetBEUI, Netzwerkprotokoll 633
NetBIOS, Windows-Netzwerk 633
Netscape 775
klassisches Objektmodell 907
Netscape-Palette 734
netstat, TCP/IP-Dienstprogramm 642
Routing-Tabellen anzeigen 591
Network Address Translation (NAT) 596
Network File System → NFS
Netzplan 329
kritischer Pfad 330
Netzwerk 537
Anwendungsgebiete 537
Client-Server 553
Denial of Service-Angriff 642
Drucker freigeben, Windows 645
Geschichte 539
Hardware 537
Konfiguration 635
Konfiguration, Linux 635
Konfiguration, MacOS X 637
Konfiguration, Windows 639
lokales, Entwicklung 40
Netzwerkprogrammierung 664
Peer-to-Peer 553
Protokolle 537
Server konfigurieren 643
Topologie 552

Verkabelung 537
Zentralisierungsgrad 553
Netzwerk, Linux
→ Gerätetreiber
Netzwerk, OSI-Schicht 544
Netzwerkclient, Definition 554
Netzwerke
ARCNet 569
ATM 568
drahtlose 564
Ethernet 558
FDDI 568
Funktionsebenen 543
GAN (Global Area Network) 551
Hardware 558
IEEE 802-Standard 558
Klassifizierung 550
LAN (Local Area Network) 551
Logical Link Control 544
MAN (Metropolitan Area Network) 551
Media Access Control 544
OSI-Referenzmodell 543
Protokolle 576
Reichweite 551
Schichtenmodelle 543
TCP/IP-Protokolle 576
Token Ring 563
WAN (Wide Area Network) 551
Zugang per Modem 570
Zugang über DSL 573
Zugang über ISDN 571
Netzwerkhardware 558
Ethernet 560
ISDN-Adapter 572
Modem 570
Netzwerkprogrammierung 664
Berkeley Socket API 664
IO::Socket 669
sockaddr_in 666
Sockets 664
Netzwerkprotokolle 537
AppleTalk 629
IPX/SPX 632
NetBEUI 633
Netzwerkserver, Definition 553
Netzwerktopologie 552
Baum 552
Bus 552
logische 552
physikalische 552
Ring 552
Stern 552
Netzzugang, DDN-Modell-Schicht 546
Netzzugangsverfahren
CSMA/CA 566
CSMA/CD 559
IEEE 802-Standards 558
Token-Passing 563
Neumann, John von 36, 96
Neuronale Netze 43
Neustart, Betriebssystem 190
Neustart, Windows 219
new, Java-Operator 256
Newsgroups 625
Hierarchie 626
NNTP-Protokoll 625
NeXT 206
NFS 647, 998
/etc/exports, Konfigurationsdatei 648
auf andere Server zugreifen 648
Starten 648
Verzeichnisse freigeben 648
NNTP 625, 998
Header 625
Normalformen, RDBMS 362
Normalisierung 998
Normalisierung, RDBMS 362
NOR-Schaltung 75
NOT-Schaltung 74
Novell NetWare 543
NSFNet 541
nslookup, TCP/IP-Dienstprogramm 642
NS-Record (DNS) 614
NTFS, Dateisystem 216
Nucleus, Blog-Tool und CMS 809
Null, im Stellenwertsystem 34
NULL, leerer C-Zeiger 250
NULL, SQL-Feldoption 377
Null-terminierte Strings 246
NURBS 998
NURBS, 3-D-Animation 470
Nyquist-Theorem 453, 998

O

Oberlänge, Typographie 423
Obermenge 62
Object Database Management Group → ODMG
Object Definition Language 366
Object Management Group 339
Object Management Group (OMG) 339
Object Query Language → OQL
Object, Java-Klasse 257
Objective-C, Programmiersprache 207
Objekte 47, 252
Objektorientierte Analyse 331
Objektorientierte Datenbank 356, 365
Abfragen 367
ODL 366
OQL 367
Objektorientierung 47, 252, 998
Eigenschaften 252
Elternklasse 260
Ereignisse 303
im Software-Engineering 325
Instanzen 252
Instanzen erzeugen, Java 256
Interfaces, Java 261
IS A-Beziehungen 342
Java 257
Kapselung 47, 253
Kindklasse 260
Klassen 47, 252
Konstruktor 258

Methoden 252
Nachrichten 303
Objekte 252
Perl 670
PHP 826
Überladen 259
Vererbung 47, 260
ODBC 998
ODBC, Microsoft-Datenbankschnittstelle 382
Oder-Schaltung → OR-Schaltung
Oder-Verknüpfung → OR-Verknüpfung
ODL 366
ODMG 366
OFDM, WLAN-Technik 565
Offsetdruck 438
OGG Vorbis, Audio-Dateiformat 534
Oktalsystem 66
in Dual umrechnen 68
Oktalzahlen, C 234
OMG → Object Management Group
Onboard-Hardware 99
onClipEvent(), ActionScript-Handler 965
Online-Dienste 541
O-Notation 998
O-Notation (Komplexität) 83
OODBMS 366
OOP → Objektorientierung
Open Database Connectivity → ODBC, Microsoft-Datenbank
open, Perl-Anweisung 275
opendir, Perl-Anweisung 275
OpenGL, 3D-Grafikbibliothek 207
OpenType-Schrift 440
Opera, Browser 775
Operatoren 236
- 235
! 235
!= 236
!~ 294
$, RegExp 293
% 235
&&, C 235
&, C 236
*** 235
**, RegExp* 291
+ 235
+, Java-String-Verkettung 255, 256
+, RegExp 291
-, C 247
., Perl 272
/ 235
= 237
== 236
=~ 294
=~, Perl 276
? 238
?, RegExp 291
^, C 236
^, RegExp 291, 293
`` 297
| 236
|, RegExp 293
|| 235
~ 236
Addition 235
arithmetische 235
Backticks 297
Bit-Komplement 236
Bit-Verschiebung, links 236
Bit-Verschiebung, rechts 236
bitweise 236
Bitweise Exklusiv Oder 236
Bitweise Oder 236
Bitweise Und 236
C 235
Division 235
eq, Perl 272
Fallentscheidung 238
ge, Perl 272
Gleichheit 236
größer als 236
größer oder gleich 237
gt, Perl 272
kleiner als 236
kleiner oder gleich 237
le, Perl 272
logische 235
Logisches Nicht 235
Logisches Oder 235
Logisches Und 235
lt, Perl 272
m// 294
Mengen 60
Modulo 235
Multiplikation 235
ne, Perl 272
Perl 270
PHP 819
Post-Dekrement 238
Post-Inkrement 238
Prä-Dekrement 237
Prä-Inkrement 237
Rangfolge 238
Rangfolge durch Klammern ändern 238
s/// 294
Stringvergleiche, Perl 271
String-Verkettung, Java 255, 256
Subtraktion 235
tr/// 295
Ungleichheit 236
Vergleiche 59, 236
Wertzuweisung 237
opt, UNIX-Verzeichnis 164
Optionen, bei Systemprogrammen 175
Optische Datenträger 124
Optische Mitte 435
OQL 367
Oracle, Datenbank 365
Orange Book 998
Orange Book (CD-R, CD-RW) 130
ORDER BY, SQL-Klausel 379
Ordnungsdaten 355
org.w3c.dom.*, Java-Package 716
org.xml.sax.*, Java-Package 713
Ornamente, Gestaltungselement 437
OR-Schaltung 75
Aufbau mit Transistoren 75

mit einfachen Mitteln nachbauen 74
OR-Verknüpfung 56
OR-Vernüpfung, Wahrheitstabelle 58
OS/2, Betriebssystem 150
OSI-Referenzmodell 543, 998
Anwendungsschicht 545
Bitübertragungsschicht 544
Darstellungsschicht 545
Kommunikationssteuerungsschicht 544
Netzwerkschicht 544
Präsentationsschicht 545
Sicherungsschicht 544
Sitzungsschicht 544
Transportschicht 544
Vergleich mit der Praxis 545
Vergleich zum Internet-Schichtenmodell 545
OSPF 998
OSPF, Routing-Protokoll 594
Outsourcing 542
Overclocking → Übertakten

P

Paare, Extreme Programming 338
packet switching 538
padding, CSS-Angabe 767
Page Fault (Speicher) 162
Page File (Auslagerungsdatei) 162
Pager (seitenweise anzeigen) 183
Paging (Speicher) 102, 162
paint(), AWT-Methode 305
PaintShop Pro, Bildbearbeitung 387
Paketmanager, Linux 204
Paketvermittlung 538
Panel, AWT-Klasse 304, 311
Pantone, Sonderfarbskala 390
papd, Netatalk-Dienst 651
Papierformat 433
DIN 433
Nicht-DIN 434
Tageszeitungen 434
Papierkorb, MacOS X 210
Parallele Datenübertragung 115
Parallelport 122
Parameter
bei Systemprogrammen 175
von Perl-Subroutinen 274
Parameter-RAM (Mac) 115
Parameter-RAM, löschen 115
PARC, Xerox-Forschungszentrum 150
Parent-Prozess 159, 998
Parity Bit → Prüfbit
parseFloat(), JavaScript-Methode 860
parseInt(), Java-Methode 279
parseInt(), JavaScript-Methode 859
Partitionierung 998
praktische Durchführung 127
Partitionierung (Festplatten) 126
Pascal, Blaise 34
Pascal, Programmiersprache 46
passwd, UNIX-Befehl 188
Passwort, ändern, UNIX 188
Passwörter 986
Brute-Force-Attacke 173
crack (Knackprogramm) 172
Erzeugungstipps 173
patch, UNIX-Befehl 185
Patches, Sicherheit 975
path, Umgebungsvariable 175
Windows 221
pause(), UNIX-Systemaufruf 159
PC 40
Aufbau 97
Geschichte 149
Zentraleinheit 98
PC-Card → PCMCIA-Anschluss
PCDATA, Text in XML 692
PCI 119, 998
PCMCIA-Anschluss 119
PC-Netzwerke, Entwicklung 543
PDA (Personal Digital Assistent) 42
PDF 447
erstellen 448
InDesign 447
PDF-X 449, 998
PDP, Kleincomputerserie von DEC 148
PDP, Kleinrechnerserie von DEC 38, 46
PEAR, PHP-Erweiterungen 811
Pentium, Prozessorfamilie 100, 105
Peripherie
Ausgabegeräte 136
Digitalkamera 136
Drucker 140
Eingabegeräte 134
Einsteckkarten 119
Grafikkarte 137
Maus 134
Monitor 138
Scanner 135
Tastatur 134
Übersicht 123
Perl 998
Perl, Programmiersprache 264
!~-Operator 294
$ 266, 267
$/-Variable 517
$_ 269
$-Operator, RegExp 293
% 268
&&-Operator 273
**-Operator, RegExp* 291
+-Operator, RegExp 291
.-Operator 272
=~ 276
=~-Operator 294
?-Operator 291
@ 267
@_ 274
^-Operator, RegExp 291, 293
|| zur Fallentscheidung 272
||-Operator 272
|-Operator, RegExp 293
accept()-Funktion 669
ActivePerl-Distribution 265

alternative Zeichen in RegExp 291
Anführungszeichen 271
Array-Elementanzahl 280
Arrays 267
Arrays zusammenfassen 269
Ausdrücke 270
Ausgabe 266
Autoflush-Modus 668
Backticks 297
bind()-Funktion 669
chomp-Funktion 266
close 275
closedir 275
connect()-Funktion 668
Dateien bearbeiten 274
Dateihandles 275
defined 273
Dereferenzierung 270
die 273
Eingabe 266
elsif 273
eq-Operator 272
Ersetzen durch RegExp 294
foreach-Schleife 269
ge-Operator 272
gethostbyname()-Funktion 666
getprotobyname()-Funktion 665
getservbyname()-Funktion 667
gt-Operator 272
Hashes 268
HIER-Dokumente 272
if, nachgestelltes 273
IO 668, 669
join 269
keys 270
Kommentare 271
le-Operator 272
Listen 268
listen()-Funktion 669
Listenfunktionen 268
Literale 270
lt-Operator 272
m//-Operator 291
MacPerl 265
my 267
ne-Operator 272
Objektorientierung 670
open 275
opendir 275
-Operator 266
Operatoren 270
Parameter von Subroutinen 274
pipe() 299
Pipes verwenden 298
pop 268
print-Anweisung 266
Programmabbruch 273
Programme starten 265
push 268
q// 271
qq// 271
Queue 286
qw// 271
readdir 275
Referenzen 270
Reguläre Ausdrücke 276, 290
s///-Operator 276, 291, 294
Shebang 265
shift 268
Skalare 266, 267
Socket-Modul 665
split 269
Stack 286
strenge Wertüberprüfung 267
strict 267
Strings zerlegen 269
String-Vergleiche 271
String-Verkettung 272
sub 273
Subroutinen 273
tr///-Operator 295
unless 273
unshift 268
use-Direktive 267
Variablen 267
Variablenexistenz prüfen 273
Variablensubstitution 266
Verzeichnisse verarbeiten 275
-w, Modifikator 265
Warnungen aktivieren 265
Zeichengruppen in RegExp 291
Zeilenumbruch 517
Zeilenumbrüche entfernen 266
Perl, Programmiersprachen//-Operator 294
Perl-Anweisung 273
Permutationen 83
Personal Computer → PC
Personal Digital Assistant (PDA) 42
Petabyte 70
Pfad
absoluter 165, 168
in HTML-Hyperlinks 735
relativer 165, 168
unter UNIX 165
unter Windows 167
Pfade 412
ändern 414
Ankerpunkte 412
Effekte, Illustrator 417
Flash 919
Illustrator 412
InDesign 441
Photoshop 411
trainieren 414
Zeichenstift, Illustrator 413
PGP 988
Phishing 979
Photocaster, Director-Xtra 492
PhotoImpact, Bildbearbeitung 387
Photoshop 387
Alphakanal 402
Anti-Alias 400
Arbeitsflächengröße 397
Arbeitsoberfläche 394
Auswahl 399
Beschnittgruppen 410
Bildauflösung 395
Bildgröße 395
Bildgrößeninterpolation 396
Buntstift 404
Deckkraft 406
Ebenen 407
Ebenenmaske 409

Ebenenoptionen 408
Einstellungsebenen 410
Farbbalance 404
Farbkanäle 401
Farbkorrektur 403
Farbseparation, Einstellungen 399
Farbton 404
Farbverlauf 406
Filter 411
Füllebenen 410
Füllwerkzeug 406
Glätten 400
Hintergrundebene 407
Histogramm 404
Kopierstempel 406
Lasso 400
Lupe 397
Malmodus 405
Malwerkzeuge 404
Maskierungsmodus 403
Pfade 411
Pinsel 404
Radiergummi 407
Sättigung 404
Text 411
Tonwertkorrektur 403
Transformation 403
Zauberstab 400
Photoshop Elements 387
PHP 810, 999
$, Variablenbeginn 818
Anführungszeichen 820
Arrays 819
Arrays als Hashes 820
Arrays, mehrdimensionale 821
Bezeichner 818
Call by Reference 824
Cookies 834
Datei-Uploads 832
Datentyp testen 826
Datum und Uhrzeit 839
Diskussionsforum 851
Dokumentaufbau 810
Dynamische Variablen 819
each()-Funktion 821
echo()-Anweisung 817
erste Beispiele 817
explode()-Funktion 821
extends, Schlüsselwort 829
fclose()-Funktion 836
feof()-Funktion 836
fgets()-Funktion 836
fopen()-Funktion 835
fputs()-Funktion 838
function, Schlüsselwort 823
Funktionen 823
Funktionsparameter 824
Funktionswertrückgabe 825
Gästebuch, einfaches 837
Gästebuch, vollständiges 842
global 824
Globale Variablen 824
HTML ausgeben 817
implode()-Funktion 821
include()-Funktion 830
Include-Dateien 830
Installation 811
Installation, UNIX 811
Installation, Windows 813
is_float()-Funktion 826
is_int()-Funktion 826
is_null()-Funktion 826
is_string()-Funktion 826
Kommentare 823
Konstruktor 828
Mehrdimensionale Arrays 821
mysqli-Schnittstelle 849
Objektorientierung 826
Operatoren 819
PEAR-Erweiterungen 811
php.ini, Konfigurationsdatei 814
phpMyAdmin 368
preg_match()-Funktion 822
preg_replace()-Funktion 822
Quizspiel (MySQL-Anwendung) 850
Referenzen 824
Reguläre Ausdrücke 822
return-Anweisung 825
Sessions 833
sizeof()-Funktion 820
Sprachgrundlagen 818
Strings zerlegen 821
Textdateien verarbeiten 835
time()-Funktion 839
Variablen 818
Variablen, dynamische 819
Vererbung 829
Webspezifische Funktionen 830
XAMPP, integrierter Server 652
PHP, date()-Funktion 839
php.ini, Konfigurationsdatei 814
phpMyAdmin 368
Pica-Point, Schriftgröße 422
PICT, Bilddateiformat 533
PID (Prozess-ID) 158
Pigmentfarben 389
ping, TCP/IP-Dienstprogramm 640
Ergebnisse auswerten 641
Windows 641
Pipe 999
pipe(), Perl-Funktion 299
Pipeline (CPU-Warteschlange) 104
Pipes
Anwendung 298
in Programmiersprachen 296
in UNIX-Shells 178
Perl 298
Windows 221
zur Inter-Prozess-Kommunikation 160
Pixelgrafik 50, 387
Pixelwiederholung, Bildgrößeninterpolation 396
Planung, Software-Engineering 327
Platzhalter
in UNIX-Dateinamen 179
Windows-Dateinamen 221
Plug & Play 119, 999
PNG, Bilddateiformat 532, 780
in Fireworks 784
Polymorphe Viren 973
Polynomielle Komplexität 84

pop, Perl-Anweisung 268
POP3 623, 999
Befehle 624
Sitzung 623
Ports, TCP 603
Ports, UDP 605
position, CSS-Angabe 769
POSIX 999
POSIX-Standard 148
POST 111
POST (BIOS-Selbsttest) 111
POST, HTTP-Befehl 628
zum HTML-Formularversand 750
Post-Dekrement 238
PostgreSQL 365
Post-Inkrement 238
PostScript 141, 526, 999
Datei erzeugen 448
EPS 526
Farbe 448
PPD 526
PostScript-Schrift 440
Power Management 113
Power-On Self Test → POST
PowerPC, Prozessor 103
PPD, Druckerbeschreibungsdatei 526
PPP 999
PPP-Protokoll, DFÜ 570
Prä-Dekrement 237
Prädikatenlogik 48, 53, 999
Präemptives Multitasking 154
Prä-Inkrement 237
Praktische Informatik 26
Präprozessor, C 250
#define 251
#endif 251
#ifdef 251
#include 230, 250
Präsentation, OSI-Schicht 545
Preflight 999
Preflight, DTP-Test 438
preg_match(), PHP-Funktion 822
preg_replace(), PHP-Funktion 822
Premiere
A/B-Bearbeitung 462
Arbeitsablauf 463
Arbeitsoberfläche 461
Audio-Volumen 462
Clips bewegen 465
Filmdatei exportieren 466
Projektfenster 462
Projektvorgaben 461
Schnittfenster 462
Titel erzeugen 465
Transparenz 465
Überblendungen 465
Video-Deckkraft 462
Werkzeugleiste 463
Primärfarben 389
Primärschlüssel 359, 999
Primärschlüssel, einrichten, SQL 377
PRIMARY KEY, SQL-Feldoption 377
print(), Java-Methode 255
print, Perl-Anweisung 266
printf(), C-Funktion 230, 248
Formatangaben 231
println(), Java-Methode 255
Prisma 388
private, Java-Kapselung 258
Problemorientierte Programmiersprachen 44
Programmablaufplan 81
Programmgesteuerter Rechenautomat 32
Programmiersprachen 43
Ada 35
Algorithmen 277
Anweisungsblock 239
Assembler 43
BASIC 45
Baum, Datenstruktur 288
Binäre Suche 285
C 46, 148, 228
C# 48
C++ 48
Cobol 45
Compiler 44, 107
Datenstrukturen 277, 285
deklarative 48
Fortran 45
Funktion 46
funktionale 48
GUI-Programmierung 303
Imperative 46
Interpreter 45, 264
Iteration 282
Java 48, 251
Kontrollstrukturen, C 239
Lineare Suche 284
Lisp 48, 198
logische 48
Logo 48
Maschinensprache 43
mit Datenbanken arbeiten 382
Modularisierung 46, 243
Objective-C 207
objektorientierte 47
Objektorientierung 252
Pascal 46
Perl 264
PHP 810
Pipes 296
problemorientierte 44
Prolog 48
Prozedur 46
Prozedurale 46
Rekursion 281
Skriptsprachen 45, 264
SmallTalk 48
Sortier-Algorithmen 279
Strukturierung 46, 243
Such-Algorithmen 284
Systemaufrufe 108, 295
Threads 299
Turing-Vollständigkeit 87
Unicode-Unterstützung 522
Programmstrukturierung 46
Projektmanagement 328
Netzplan 329
Prolog, Programmiersprache 48
PROM 110
prompt(), JavaScript-Methode 858
Prompt, UNIX 173
Proof 439, 999

Proportionalschrift 425, 999
protected, Java-Kapselung 260
Prozedur 46
Prozedurale Programmiersprachen 46
Prozess 999
Management durch Betriebssystem 145
Prozessanalyse 331
Prozesse
als Baum anzeigen 189
Benutzermodus 158
Child-Prozess 159
Deadlock 160
Definition 158
duplizierte 296
im Benutzermodus 153
im Kernelmodus 153
in den Hintergrund stellen 175
init 158
Kernelmodus 158
Kommunikation 160
Multitasking 158
Parent-Prozess 159
Prozess-ID (PID) 158
Race Condition 160
Signalverarbeitung 159
Threads als Alternative 161
unter UNIX 158
Unterstützung durch CPU 101, 106
Verwaltung durch Betriebssysteme 158
Verwaltung, UNIX 189
Windows 160
Prozessfarben 390
Prozess-ID 158
Prozessmanagement 145
Prozessor 36, 98, 102
3D Now! 105
Adressbus-Wortbreite 102
Alpha 103, 105
als Bauteil 100
ALU 100
AMD 100
Arbeitsweise 105
Architektur 104
Athlon 100, 105
Aufbau 99
Bedingter Sprung 106
Befehlstabelle 101
Befehlszeiger 100
Bestandteile 100
Bus 101
Cache 101
CISC 104
Datenbus-Wortbreite 102
der Grafikkarte 137
Effizienz 104
FLOPS 104
Intel 100
Itanium 103
Maschinenbefehle 107
MIPS 104, 105
MMX 105
MosTek 6502 103
Motorola 68000-Familie 103
Pentium-Familie 100, 105
Pipeline 104
PowerPC 103
Prozesse 106
Register 100
Registerwortbreite 102
RISC 104
Sprungbefehle 106
Stack 106
Steuerbus-Wortbreite 102
Steuerwerk 100
Sun SPARC 105
Taktfrequenz 103
Übertakten 103
Unbedingter Sprung 106
Unterprogramm-Aufrufe 106
Wortbreite 102
Wortbreiten-Vergleich 103
Z80 103
Prozessor, virtueller 87
Prozessorarchitektur 104
Prozessverwaltung 158
Prüfbit 116
Prüfung
IT-Berufe 28
Mediengestalter 30
ps, UNIX-Befehl 159, 189
PS/2-Anschluss 122
PSD, Bilddateiformat 530
Pseudocode, zur Algorithmendarstellung 81
pstree, UNIX-Befehl 189
PTR-Record (DNS) 613
public, Java-Kapselung 254, 258
Public-Key-Verschlüsselung 987
Pulswahlverfahren 571
Punkt, Schriftgröße 422
push, Perl-Anweisung 268
pwd, UNIX-Befehl 181

Q

q//, Perl-Quoting 271
qq//, Perl-Quoting 271
Qt, Grafikbibliothek 199
Quadratische Komplexität 84
Qualitätsfaktor, Scan-Auflösung 394
Qualitätsmanagement 329
Quantencomputer 42
QuarkXPress 437
Quartz, Grafikbibliothek 207
Qubit 42
Queue, Datenstruktur 285
Perl 286
QuickSort 999
QuickSort, Algorithmus 282
Funktionsprinzip 282
Median 282
QuickTime, Multimedia-Technologie 207
QuickTime, Video-Dateiformat 535
qw//, Perl-Quoting 271

R

Race Condition 160, 999
Radiergummi, Photoshop 407
Rahmen, Gestaltungselement 436
RAID 127, 999
Levels 127
Mirroring 127
Stripe Set 127
Stripe Set mit Parity 127

RAM 98, 108
als Bauteil 108
Auslagerungsdatei 162
Bedeutung in der Speicherhierarchie 102
CMOS 111
DDR-RAM 109
der Grafikkarte 137
DIMM-Module 109
Dynamic 108
EDO 109
einbauen 109
empfohlene Menge 109
FP 109
Paging 162
Rambus 109
RD-RAM 109
RIMM-Module 109
SD-RAM 109
Segmentierung 162
Seitenfehler 162
SIMM-Module 109
Static 108
Verwaltung durch das Betriebssystem 161
virtuelle Adressierung 161
Rambus-RAM 109
RAMDAC (Grafikkarte) 138
Random Access Memory → RAM
Rangfolge, durch Klammern ändern 238
Rangfolge, Operatoren 238
Rasterweite 392
Rasterwinkel 392
Rational Unified Process 336
Rationale Zahlen 62
Raytracing 999
Raytracing, 3-D-Rendering 474
rd → rmdir, Windows-Befehl
RDBMS 358, 999
RD-RAM 109
readdir, Perl-Anweisung 275
readLine(), Java-Methode 255
Read-only Memory → ROM
REAL, SQL-Datentyp 375
Rechenautomat 32
Rechenbefehle, des virtuellen Prozessors 89
Rechendaten 355
Rechenmaschinen, mechanische 34
Rechentafel 34
Rechenwerk 97
Rechteckauswahl, Photoshop 399
Record (Datensatz) 357
Red Book (Audio-CD) 129
Red, Green, Refactor (TDD) 351
Reelle Zahlen 62
Refactoring 322
Referenzen, auflösen, Perl 270
Referenzen, Perl 270
Reflektion, Farbe 388
regedit, Windows-Dienstprogramm 225
RegExp → Reguläre Ausdrücke
Regionale Einstellungen, MacOS X 212
Register 999
der CPU 100
des virtuellen Prozessors 88
Wortbreite 102
Register (Schaltung) 79
Registermaschine 87, 999
Registrierdatenbank → Registry, Windows
Registry, Windows 225
Reguläre Ausdrücke 290, 999
!~, Operator 294
=~, Perl-Operator 294
Alternative Textteile 293
Alternative Zeichen 291
beliebig viele Zeichen 291
ein oder mehr Zeichen 291
ersetzen 294
Escape-Sequenzen 292
grep 184
Groß- und Kleinschreibung ignorieren 293
in PHP 822
JavaScript 870
Klammern 293
Leerzeichen 292
m//, Operator 294
m//-Operator 291
Matching 294
mehrere Treffer finden 293
Modifikatoren 293
Muster 291
optionale Zeichen 291
Perl 276, 290
s///, Operator 294
s///-Operator 291
Sonderzeichen 292
Teilausdrücke 293
Whitespace 292
Wortgrenzen 293
Wortzeichen 292
Zeichen ausschließen 291
Zeichenanzahl 292
Zeichengruppen 291
Zeilenanfang 293
Zeilenende 293
Ziffern 292
reiserfs, Linux-Dateisystem 186
Rekursion 281, 999
Relais 35
Relationale Datenbak, Join-Abhängigkeiten 364
Relationale Datenbank 356, 358, 999
1:1-Relation 359
1:n-Relation 359
Access 365
Änderungsabfrage 373
Arten 365
atomare Information 362
Auswahlabfrage 361, 373
Boyce-Codd-Normalform 363
Desktop-Datenbank 365
Einfügeabfrage 373
FileMaker 365
freie Server 365
Fremdschlüssel 359
Grenzen 365
Index 359
Java-Programmierung 382
JDBC 382
kommerzielle Server 365

Konsistenz 358
Löschabfrage 373
m:n-Relation 359
MySQL 368
Normalformen 362
Normalisierung 362
ODBC 382
PostgreSQL 365
Primärschlüssel 359
Primärschlüssel einrichten, SQL 377
Programmierung 382
Relationen 359
Schlüssel 359
SQL 362
Tabelle erzeugen, SQL 373
Tabelle löschen, SQL 374
Relationale Datenbanken, SQL 372
Relationen
im RDBMS 359
Relativer Pfad 165, 168
Remote Method Invocation → RMI, Java
Renaissance-Antiqua
Französische 426
Venezianische 426
rename, Windows-Befehl 222
repaint(), AWT-Methode 309
repeat, Lingo-Schleife 500
Replikation 539
Request For Comments → RFC
Resource Fork, HFS 213
Creator ID 213
File Type ID 213
Ressourcen
Hardware- 117
Plug & Play 119
Zuweisung 119
Ressourcenmanagement 329
Restmenge 64
ResultSet, JDBC-Klasse 384
return, C-Anweisung 231, 243
RFC 540, 999
1300 540
2131 und 2123, DHCP 595
1034 und 1035, DNS 607
959, FTP 617
2324, HTCPTP 540
2616, HTTP 627, 652
2060, IMAP 625
791, IP-Protokoll 577
2460, IPv6 597
2045 bis 2049, MIME 621
977, NNTP 625
2178, OSPF 594
1918, private IP-Adressen 581
1723, RIP-2 594
821, SMTP 619
2821, SMTP 619
3330, Spezial-IP-Adressen 581
793, TCP 601
854, Telnet 616
822, Textnachricht 621
2822, Textnachricht 621
768, UDP 601
1738, URL 627
RGB, Photoshop-Farbmodus 398
RGB-Farbe 50, 389
Rhapsody (MacOS X) 206
RIMM-Module (RAM) 109
Ring-Topologie, Netzwerk 552
RIP 1000
RIP, Routing-Protokoll 593
RISC 1000
RISC-Prozessor 104
Beispiele 105
Risikomanagement 329
Ritchie, Dennis 46, 148, 228
rm, UNIX-Befehl 181
rmdir, UNIX-Befehl 182
rmdir, Windows-Befehl 222
RMI (Remote Method Invocation) 1000
RMI, Java 676
robots.txt, Suchmaschinen-Info 761
Röhrenmonitor 138
Röhrenrechner 36
Rollback (Transaktionen) 364
Rollover-Effekt
Dreamweaver 795
in Fireworks 787
JavaScript 878
praktische JavaScript-Lösung 879
ROM 98, 110
Bauarten 110
Bedeutung 99
bei 8-Bit-Homecomputern 99
BIOS 110
Römische Zahlen 65
root, Benutzer 159, 172
Home-Verzeichnis 165
temporär arbeiten als 177
root, UNIX-Verzeichnis 165
root, unter MacOS X 212
Rootkits 983
ROT13 986
Roter Balken (Unit-Test) 350
Rouitng-Tabellen 591
Round-Robin-DNS 614
route, UNIX-Befehl 637
Router 1000
Router, IP-Protokoll 589
Routing
Autonomes System 592
IP-Protokoll 589
Routing-Protokolle 592
BGP 594
OSPF 594
RIP 593
Routing-Tabellen, anzeigen 591
rpm, Linux-Paketmanager 204
RS-232 122
RS-Flip-Flop 78
Rumbaugh, James 339
run(), Java-Methode 300
Runlevel 203
Runnable, Interface 300
Runnable, Java-Interface 262

S

s///, Perl-Operator 276, 291, 294
Samba 649, 1000
als Client für Windows-Server 650
Drucker freigeben 650
globale Parameter 650

Konfiguration 649
smb.conf, Konfigurationsdatei 649
starten 649
Verzeichnisse freigeben 650
Windows-Freigabeart 650
Sampling 1000
Sampling, Audio 50
Sampling, Audio-Digitalisierung 453
Sampling-Rate 51
Sampling-Tiefe, Audio 51
Satellit, DSL-Verbindung 574
Satz, Umfließen 436
Satzspiegel 430
SAX 1000
Beispielprogramm 715
ContentHandler, Interface 714
ContentHandler-Callbacks 714
ContentHandler-Methoden 714
Dokument parsen 713
DTDHandler, Interface 714
EntityResoler, Interface 714
ErrorHandler, Interface 714
Event-Handler 714
InputSource, Klasse 713
Parser-Instanz erzeugen 713
XMLReader-Interface 713
SAX (Simple API for XML) 713
SaX (X-Server-Konfigurationsprogramm) 199
sbin, UNIX-Verzeichnis 164
scanf(), C-Funktion 241, 248
Scanner 135
Auflicht 135
Bildauflösung 394
Diascanner 136
Durchlicht 135
Flachbettscanner 135
Kleinbildscanner 136
Qualitätsfaktor 394
Trommelscanner 135
Schall 453
Schallwellen 453
Schaltalgebra 26, 73
Schaltkreisvermittlung 538
Schaltung, Register 79
Schichtenmodell 1000
Alltagsbeispiel 547
Mail-Beispiel 549
Praxis 547
Schleifen
C 242
do/while() 242
Endlosschleifen 283
for() 243
foreach, Perl 269
fußgesteuerte 242
in Shell-Skripten 191
kopfgesteuerte 242
Lingo 500
mit break abbrechen 283
Schleifenrumpf 242
Schleifenzähler, Variable 242
Schlüssel
eines Hashes 269
im RDBMS 359
Schlussfolgerung, logische 55
Schlussfolgerung, Umkehrschluss 56
Schmuckfarben 390
Schnittmenge 63
Schnittstellen, Hardware 99
Schnittstellen, Softwareentwurf 334
Schreib-Lese-Kopf, der Turing-Maschine 85
Schreibschriften 428
Schriftart, in HTML einstellen 729
Schriftarten, im Drucker 142
Schriften
Bitmap 440
Dateien 439
OpenType 440
PostScript 440
TrueType 440
Schriftgröße
Dickte 423
Didot-Punkt 422
DTP-Punkt 422
in HTML 728
Kegelhöhe 422
Mittellänge 423
Oberlänge 423
Pica-Point 422
Punkt 422
traditionelle Namen 422
Unterlänge 423
Versalhöhe 423
Schusterjunge, Absatzfehler 433
screen, JavaScript-Objekt 893
Scribble, Layout-Planung 437
SCSI 121, 1000
anschließen 121
ID 121
Terminator 121
SCSI-ID 121
SDI, Windows-Anwendungen 218
SD-RAM 109
SDSL 573
sed 264, 290
Sedezimalsystem
→ Hexadezimalsystem
Segmentierung (Speicher) 162
Seiten (Speicher) 162
Seitenfehler (Speicher) 162
Seitentabelle (Speicher) 162
SELECT, SQL-Abfrage 377
Semikolon, Abschluss von Anweisungen 230
Sequenzdiagramme (UML) 343
Serialisierung 262
Serializable, Java-Interface 262
Serielle Datenübertragung 115
Bedeutung 116
Kontrollbit 116
Leitungskonventionen 116
Prüfbit 116
Startbit 116
Stoppbit 116
Serifenbetonte Linear-Antiqua 428
Serifenlose Linear-Antiqua 428
Server, Netzwerk 553
Server, Windows-Betriebssysteme 214

Serverdienste
Anwendungsserver 557
Application Server 557
Dateiserver 554
Druckserver 555
Einrichten, Linux 647
Einrichten, MacOS X 644
Einrichten, UNIX 647
Einrichten, Windows 644
File-Server 554
HTTP-Server 556
Mail-Server 555
netatalk 651
Print-Server 555
Samba 649
Übersicht 554
Webserver 556
Server-Gefahren 982
Serversysteme, Macintosh 643
Servlets, Java 680
Session-Hijacking 983
SET, SQL-Befehl 381
SET, SQL-Datentyp 376
setColor(), AWT-Methode 307
setLayout(), AWT-Methode 312
Setter-Methoden, Java 322
setTimeout(), JavaScript-Methode 875
SGML 1000
HTML-DTD 719
XML als moderne Version 685
sh (Bourne-Shell) 174
Shannon-Theorem 453
Share Level Security, Samba 650
Share Level Security, Windows-Freigabeart 645
Shebang
bei Shell-Skripten 190
Perl 265
Shell 157
Ausgabeumleitung 177
bash 174
Befehle, Windows 222
Bourne-Shell 174
Cmd.exe, WinNT 221
COMANND.COM, MS-DOS 221
C-Shell 174
Eingabeaufforderung 173
Eingabeumleitung 178
Eingabevervollständigung 176
ermitteln, welche läuft 174
Escape-Sequenzen 185
HIER-Dokument 178
History 176
Korn Shell 174
Pipes 178
Prozesse in den Hintergrund stellen 175
Shell-Skripte 190
UNIX 157
unter MacOS X 208
Windows 221
shell, Befehle als root ausführen 177
Shell-Skripte 190
Beispiel 192
case-Befehl 191
Fallentscheidungen 191
for-Befehl 191
if-Befehl 191
Schleifen 191
Shebang 190
Variablen 191
while-Befehl 191
shift, Perl-Anweisung 268
short, C-Datentyp 233
Short-Circuit-Logik 273
show(), AWT-Methode 305
shutdown, UNIX-Befehl 190
Sicherheit 971
Admin-Rechte 976
AdWare 979
Backdoors 977
Backups 975
CGI u. Webanwendungen 984
chroot-Umgebung 985
Crackerangriffe 983
Crackertools 985
Cross-Site-Scripting (XSS) 983
Dialer 978
Exploits 982
Firewall 975
Firewalls 985
Hoaxes 982
Intrusion Detection Systems 985
keine absolute 971
Kettenmails 982
Kryptografie 986
Man-in-the-Middle-Angriff 983
Menschliches Versagen 986
MySQL (UNIX) 369
MySQL (Windows) 371
Passwörter 986
Patches installieren 975
PC-Gefahren 972
Phishing 979
Rootkits 983
Server-Gefahren 982
Session-Highjacking 983
Social Engineering 986
Spam 980
SpyWare 979
SQL-Injection 984
Viren 972
Würmer 973
Sicherung, OSI-Schicht 544
SIGALRM, Signal 159
SIGHUP, Signal 159
SIGINT, Signal 190
SIGKILL, Signal 159
Signal 1000
Signale
an Prozesse senden 190
SIGALRM 159
SIGHUP 159
SIGINT 190
SIGKILL 159
SIGTERM 159
Verarbeitung durch Prozesse 159
zur Inter-Prozess-Kommunikation 160
Signatur, digitale 988
signed, C-Datentyp 233
SIGTERM, Signal 159

Silbentrennung, für Blocksatz 432
Silicon Valley 37
Silizium 37
SIMM-Module (RAM) 109
Simulation, eines Prozessors 87
Sinclair ZX Spectrum 149
Sinclair ZX81 40, 149
Sinclair, Clive 40
Single Document Interface → SDI, Windows-Anwendungen
Singleton, Entwurfsmuster 346
Implementierung (Java) 348
Sinuskurve, zeichnen, AWT 307
Sitzung, OSI-Schicht 544
sizeof(), PHP-Funktion 820
Skalare, Perl-Variablen 266, 267
Skriptsprachen 45, 264
Slash, Blog-Tool 809
Slave-Nameserver 609
Slots, Prozessoren 100
SMALLINT, SQL-Datentyp 375
Smalltalk 325
SmallTalk, Programmiersprache 48
smbclient, Samba-Dienst 650
SMB-Protokoll, Windows-Netzwerk 633
SMPTE-Zeitformat, für Video 462
SMTP 619
Befehle 620
Sitzung 620
Snort 985
SOAP 1000
Clients 683
SOAP, Web Services 682
SOA-Record (DNS) 613
Social Engineering 986
sockaddr_in, Netzwerkprogrammierung 666
Sockel, für Prozessoren 100
Socket 1000
Socket, Perl-Modul 665
Sockets 664
accept(), Funktion 669
Adressen 666
bind(), Funktion 669
connect(), Funktion 668
Datagramme senden und empfangen 667
Domain 665
erzeugen 665
IO 669
IP-Adresse 666
lauschende 669
listen(), Funktion 669
Protokoll 665
TCP 667
TCP-Client 668
TCP-Port 666
TCP-Server 669
Typ 665
UDP 667
Verbindung aufnehmen 669
Software installieren, Windows 223
Software-Engineering 325
Agile Entwicklungsprozesse 338
Analyse 330
CASE-Tools 340
Code-Review 335
Dokumentation 335
Entwicklungsprozesse 336
Entwicklungszyklus 326
Entwurfsmuster 345
Entwurfsphase 333
Extreme Programming 338
Implementierungsphase 334
in der IT-Ausbildung 326
Lastenheft 331
mit Eclipse 318
Objektorientierte Analyse 331
Objektorientierung 325
Pflichtenheft 332
Planungsphase 327
Projektmanagement 328
Projektphasen 326
Refactoring 322
Schnittstellen 334
Spiralmodell 327
Strukturierte Analyse 331
Test-first-Verfahren 338, 351
Testphase 335
UML 339
Unified Process 336
Unit-Tests 335, 348
Wasserfallmodell 327
Softwareentwicklung → Software-Engineering
Softwarekrise 325
Softwaretechnik → Software-Engineering
Solaris 1000
Solaris, Betriebssystem 148
Sonderfarben 390
HKS-Skala 390
Pantone-Skala 390
Sortier-Algorithmen 279
BubbleSort 279
QuickSort 282
Soundeffekte 456
Soundkarte 142
Anschlüsse 142
Audio-CDs abspielen 142
MIDI 142
SP-DIF-Anschlüsse 142
Source, Stromeingang des Transistors 74
Spam 980
SpamAssassin 981
SP-DIF-Anschlüsse 142
Special Files → Gerätedateien
Spectrum, Homecomputer 149
Speicher
Management durch Betriebssystem 145
RAM 98
ROM 98
virtueller 102
Speicher reservieren, C 287
Speicheradressierung 69
Speichermanagement 145
Speicherseiten 162
Speicherverwaltung 161
x86-Systeme 162

Speicherzelle (Schaltung) 78
Spektrum 388
Spielautomat, Flash-Anwendung 959
Spiralmodell 327
splendid, Typographie 424
Spline 1000
split, Perl-Anweisung 269
Sprache (Umgangssprache), zur Algorithmendarstellung 81
Sprites, Director 479
Sprungbefehle
bedingte 106
beim virtuellen Prozessor 90
der CPU 106
unbedingte 106
Sprungvorhersage 102
Sprungvorhersage → Prozessor
SpyWare 979
SQL 362, 372, 1000
Aggregatfunktionen 379
Änderungsabfrage 373, 381
Arithmetische Operatoren 378
AS-Klausel 378
Auswahlabfrage 373, 377
AUTO_INCREMENT, Feldoption 377
BIGINT, Datentyp 375
BINARY, Feldoption 376
BLOB, Datentyp 376
CHAR, Datentyp 376
COUNT-Funktion 379
CREATE DATABASE, Befehl 373
CREATE TABLE, Befehl 373
DATE, Datentyp 375
Datentypen 375
Datentypen in Java 384
Datentypen, Aufzählung 376
Datentypen, Binärobjekte 376
Datentypen, Datum und Uhrzeit 375
Datentypen, Fließkomma 375
Datentypen, ganzzahlige 375
Datentypen, Text 375
DATETIME, Datentyp 375
DECIMAL, Datentyp 375
DEFAULT, Feldoption 377
DELETE-Abfrage 381
DOUBLE, Datentyp 375
DROP DATABASE, Befehl 374
DROP TABLE, Befehl 374
Einfügeabfrage 373, 380
ENUM, Datentyp 376
Felder mit Nullen füllen 376
Feldoptionen 376
Feldwert einmalig machen 377
FLOAT, Datentyp 375
Funktionen 379
Indizes erstellen 377
Inner Join 379
Inner Join durch WHERE ausdrücken 380
INNER JOIN-Klausel 380
INSERT-Abfrage 380
INT, Datentyp 375
Joins 379
LIKE-Klausel 378
LONGBLOB, Datentyp 376
LONGTEXT, Datentyp 376
Löschabfrage 373, 381
MAX-Funktion 379
MDEIUMBLOB, Datentyp 376
MEDIUMTEXT, Datentyp 376
MIN-Funktion 379
Mustervergleich 378
NULL, Feldoption 377
ORDER BY-Klausel 379
Primärschlüssel einrichten 377
PRIMARY KEY, Feldoption 377
REAL, Datentyp 375
SELECT-Abfrage 377
SET, Datentyp 376
SET-Befehl 381
SMALLINT, Datentyp 375
Sortieren 379
Standardwert angeben 377
SUM-Funktion 379
TEXT, Datentyp 376
TIME, Datentyp 375
TIMESTAMP, Datentyp 375
TINYBLOB, Datentyp 376
TINYINT, Datentyp 375
TINYTEXT, Datentyp 376
UNSIGNED, Feldoption 376
UPDATE-Abfrage 381
VARCHAR, Datentyp 376
Vergleichsoperatoren 378
Volltextindex 377
WHERE-Klausel 378
YEAR, Datentyp 375
ZEROFILL, Feldoption 376
SQL-Injection 984
SQL-Server, Microsoft 365
SRAM 108
SSH 988, 1000
SSH (Secure Shell) 616
SSL 988
Stack
der CPU 101, 106
des virtuellen Prozessors 91
Java-Klasse 264
Stack Pointer → Stack-Zeiger
Stack, Datenstruktur 285
Perl 286
Stack-Overflow 106, 1000
Stack-Zeiger 101, 106
Stallman, Richard 170
Stammdaten 355
Standardausgabe (stdout) 177
Standardausgabe, Java 255
Standardeingabe (stdin) 177
Standardfehlerausgabe 303
Standard-Fehlerausgabe (stderr) 177
Stapelverarbeitung 147
Startbit 116
Startvolume, MacOS X-Einstellung 211
startx, X Window starten 199
Statement, JDBC-Klasse 383
Static RAM → SRAM
static, Java-Methoden 254
static, Variableneigenschaft, C 234
Statische Variablen 234

stddef.h, C-Bibliothek 234
stderr 303
stderr, Standard-Fehlerausgabe 177
stdin, Standardeingabe 177
stdio.h, C-Bibliothek 230, 248
stdout, Standardausgabe 177
Stealth-Viren 973
Stellenwertsystem 34, 64
Basis 65
Stern-Topologie, Netzwerk 552
Steuerbus 101
Wortbreite 102
Steuerwerk 96
der CPU 100
Stoppbit 116
strcat(), C-Funktion 249
strcmp(), C-Funktion 249
strcpy(), C-Funktion 249
Stream-Sockets 665
strftime(), C-Funktion 250
strict, Perl 267
String 230, 1000
aus Datei lesen, C 249
Eingabe, C 248
String, Java-Datentyp 255
string.h, C-Bibliothek 249
String-Literale 235
Strings
aufteilen, Java 257
aus Arrays, Perl 269
Darstellung in C 246
Darstellung, C 230
einlesen, C 231
einzelne Zeichen lesen, Java 257
Funktionen in C 249
in GUI schreiben 308
Java 255
Kopieren, C 249
Länge ermitteln, Java 257
Null-terminierte 246
Position ermitteln, Java 257
vergleichen, C 249
vergleichen, JavaScript 860
vergleichen, Perl 271
Verketten, C 249
Verkettung, Java 255, 256
Verkettung, Perl 272
zerlegen, Perl 269
zerlegen, PHP 821
Strings, Operationen in Java 256
String-Verkettung, Perl 272
Stripe Set (RAID) 127
Stripe Set mit Parity (RAID) 127
Stroustrup, Bjarne 48
struct, C 247
Structural Patterns → Strukturmuster
Structured Query Language → SQL
Strukturen, C 247
Strukturierte Analyse 331
Strukturierung von Programmen 46
Strukturierung, Programme 46, 243
Strukturmuster 345
Studiengänge, Informatik 31
Style Sheets → CSS
su, UNIX-Befehl 177
sub, Perl-Subroutine 273
Subdomain (DNS) 607
Subnet Mask 1000
Subnet Mask, IP-Adresse 581
Subnetting 1000
Subnetting, IP-Netze teilen 582
Subroutinen
Parameter 274
Wertrückgabe 274
Subroutinen, Perl 273
SubSeven, Backdoor 977
substring(), Java-Methode 257
Subtraktion, Operator 235
Such-Algorithmen 284
Binäre Suche 285
Lineare Suche 284
Suchmaschinen
Anmeldung bei 761
HTML aufbereiten für 760
robots.txt-Datei 761
SUM, SQL-Funktion 379
Sun Microsystems
Java 251
Solaris, Betriebssystem 148
Sun SPARC, Prozessor 105
super, Java 261
Supernetting 1000
IP-Netze zusammenfassen 582
Superuser 159, 172
SUSE Linux
Installation 201
yast 204
Yast, Installationsprogramm 636
SUSE Linux-Distribution 171
SVG 1000
SVG (Scalable Vector Graphics) 686
Swap-Partition 162
Swapping (Speicher) 102
SWF, Dateiformat, aus Flash exportieren 947
Swing, Java 304
Ereignisbehandlung 304
Tabellen 304
Switch 562
switch/case-Fallentscheidung 241
default-Wert 241
Symbolic Links 166
Symbolische Konstante 251, 1000
Symmetrische Verschlüsselung 987
sys/types.h, C-Bibliothek 296
Syslog 189, 1001
System V 1001
System V Init 202
System V IPC 160
System V, UNIX 148
System.err, Java 303
System.out, Java 255
Systemanalyse 331
Systemaufruf 1001
Systemaufrufe 108, 153, 155
CreateProcess() 160
fork() 158
kill() 159

pause() 159
programmieren 295
UNIX 156
Win32 API 156
Systembefehle
UNIX 179
UNIX-Dateimanipulation 179
UNIX-Systemverwaltung 185
UNIX-Textmanipulation 183
Systemkonfiguration
MacOS X 211
Windows 223
Systemprogramme 155
Linux 169
Optionen 175
Parameter 175
UNIX 179
UNIX-Dateimanipulation 179
UNIX-Systemverwaltung 185
UNIX-Textmanipulation 183
Systemsteuerung, Windows 223
Systemvariable 1001
Systemvariablen
path 175
setzen (UNIX) 176
Systray, Windows 219

T
Tabelle
erzeugen, SQL 373
löschen, SQL 374
Tabellen, in HTML 742
Tags, HTML 720
Tags, XML 687
Taktfrequenz
der CPU 103
der Mainboard 103
Multiplikator 103
praktische Bedeutung 104
Tanenbaum, Andrew 152
tar-Datei 205
Task Scheduler 153, 1001
Taskleiste, Windows 218
Systray 219
Tastatur 134
Zeichensatzeinstellung 523
TCP 601, 1001
Drei-Wege-Handshake 603
Funktionsweise 601
im Vergleich zu UDP 601
Paket-Header 601
Ports 603
Urgent Data 604
Verbindungsaufbau 603
TCP/IP 576, 1001
Anwendungsprotokolle 615
ARP, Netzzugang 577
DHCP 595
Dienstprogramme 640
DNS 606
Domain Name System 606
FTP, Anwendungsprotokoll 617
HTTP, Anwendungsprotokoll 627
ICMP-Protokoll 601
IMAP, Anwendungsprotokoll 624
Loopback-Interface 580
Nameserver 606
Netzzugang 576
NNTP, Anwendungsprotokoll 625
POP3, Anwendungsprotokoll 623
Routing 589
Routing-Protokolle 592
SMTP, Anwendungsprotokoll 619
Telnet, Anwendungsprotokoll 616
Transportprotokolle 601
TCP/IP-Dienstprogramme 640
dig 643
netstat 642
nslookup 642
ping 640
traceroute 641
tracert, Windows 641
TCP/IP-Schichtenmodell 545
TCP-Client-Socket, mit IO 670
TCP-Client-Sockets 668
TCP-Header 601
TCP-Port, für Sockets 666
TCP-Ports 603
Well-Known Ports 604
TCP-Server-Socket, mit IO 671
TCP-Server-Sockets 669
tcsh (erweiterte C-Shell) 174
TDD → Test-driven Development
T-DSL → DSL
Technische Informatik 26
teilerfremd 277
Teilmenge 61
Teilnetzmaske, IP-Adresse 581
Telefongespräch als Schichtenmodell 547
Telefonleitung
Pulswahl 571
Telefonverbindung 538
Telnet 616, 1001
Terabyte 70
Term 54
TERM, Signal 159
Terminal 37, 147, 1001
unter grafischer Oberfläche 173
virtuelles 173
Terminator 1001
SCSI 121
Test, Software-Engineering 335
Code-Review 335
Lasttests 335
Unit-Tests 335, 348
Test-driven Development 351
Test-first-Verfahren 338, 351
Testgetriebene Entwicklung → Test-driven Development
TeX, Textsatzsystem 525
Text
Datei anzeigen, Windows-Konsole 222
Dateien vergleichen 185
Dateiinhalt anzeigen (UNIX) 183
Editoren, UNIX 192
Emacs, Editor 195

Manipulationsbefehle, UNIX 183
vi, Editor 193
Wörter zählen, UNIX 185
TEXT, SQL-Datentyp 376
text-align, CSS-Angabe 767
TextArea, AWT-Klasse 311
Textdatei
anzeigen, Windows-Konsole 222
Inhalt anzeigen (UNIX) 183
Textdateiformate, Vorteile 685
text-decoration, CSS-Angabe 766
Texteditor
Emacs 195
für XML verwenden 686
unter UNIX 192
vi 193
vim 193
TextField, AWT-Klasse 311
text-indent, CSS-Angabe 767
TFT 1001
TFT-Monitor 139
Theoretische Informatik 25
Thermosublimationsdrucker 141
Thermotransferdrucker 141
Thicknet Coaxial, Ethernet 561
Thinnet Coaxial, Ethernet 560
this, Java 258
Thompson, Ken 147
Thread 1001
Thread, Java-Klasse 300
Threads 152, 161
in Programmiersprachen 299
Java 262, 300
run() 300
Runnable-Interface 300
throws-Klausel, Java 263
TIFF, Bilddateiformat 531
time(), C-Funktion 250
time(), PHP-Funktion 839
TIME, SQL-Datentyp 375
time.t, C-Bibliothek 250
time_t, C-Datentyp 250
Timesharing 147, 1001
TIMESTAMP, SQL-Datentyp 375
Tintenstrahldrucker 140
Bubble-Technik 140
Piezo-Technik 140
TINYBLOB, SQL-Datentyp 376
TINYINT, SQL-Datentyp 375
TINYTEXT, SQL-Datentyp 376
Titel, HTML-Dokument 721
TLS → SSL
Token-Passing 1001
Token-Passing, Netzzugangsverfahren 563
Token-Ring-Netzwerk 563, 1001
Tomlinson, Ray 540
Tonkanäle, Audio 51
Tonwahlverfahren 571
Tonwertkorrektur, Photoshop 403
Top Level Domain 1001
Top Level Domain, Länder 608
top, CSS-Angabe 769
Top-Level-Domain (DNS) 607
Top-Level-Domain, Generic 608
Torvalds, Linus 149, 169
tr///, Perl-Operator 295
traceroute, TCP/IP-Dienstprogramm 641
Track-at-once 130, 1001
Transaktionen (RDBMS) 364
in MySQL 364
Transformation
Illustrator 418
InDesign 442
Photoshop 403
Transistor 36, 37, 74
TFT 139
Transistorrechner 36
Transparenz, Illustrator 416
Transport, OSI-Schicht 544
Treiber → Gerätetreiber
Triode 37
tripwire 985
Trojaner → Trojanische Pferde
Trojanische Pferde 976
Trolltech 199
Trommelscanner 135
Foto-Multiplier 136
true, Java 256
TrueType 1001
TrueType-Schrift 440
try, Java 255
try/catch-Blöcke, Java 255
TTL 1001
TTL, IP-Datagramm 592
Turing, Alan 84
Turing-Maschine 85, 1001
Band 85
Beispiele 85, 86
einfaches Beispiel 85
komplexeres Beispiel 86
Schreib-Lese-Kopf 85
Zeichenvorrat 85
Zustände 85
Turing-Test 84
Turing-Vollständigkeit 87, 1001
TV-Tunerkarte, für Digitalvideo-Aufnahmen verwenden 460
Tweening 1002
Director 481
Flash 932
Twisted-Pair-Kabel 561
Kategorien 561
type, Windows-Befehl 222
Typecasting, C 235
Typenraddrucker 140
TYPO3, CMS 808
Typographie 421
Absatz 430
Antiqua 426
Antiqua-Varianten 428
Barock-Antiqua 426
Buchstabenentwicklung 421
Dickte 423
Durchschuss 424
Expert-Zeichensatz 426
Festbreitenschrift 425
Fraktur 428
Französische Renaissance-Antiqua 426
Gebrochene Schriften 428
Gemeine 425

Gestaltung 433
Geviert 424
Großbuchstaben 424
Grundlinie 423
Handschriftliche Antiqua 428
Hurenkind 433
Kapitälchen 425
Kapitale 424
Kegelhöhe 422
Kerning 424
Klassizistische Antiqua 428
Kleinbuchstaben 425
kompress 424
kursiv 425
Laufweite 424
Ligaturen 425
Majuskeln 424
Majuskelziffern 426
Mediävalziffern 426
Mikrotypographie 429
Minuskeln 425
Minuskelziffern 426
Mittellänge 423
Oberlänge 423
Proprotionalschrift 425
Satzspiegel 430
Satzzeichen 429
Schreibschriften 428
Schriftfamilien 426
Schriftwahl 428
Schusterjunge 433
Serifenbetonte Linear-Antiqua 428
Serifenlose Linear-Antiqua 428
splendid 424
Unterlänge 423
Unterschneidung 424
Venezianische Renaissance-Antiqua 426
Versalhöhe 423
Versalien 424
Zahlen 430
Zeile 430
Zeilenabstand 424
Zeilenfall 432
Ziffern 426

U

Überladen 259
Übertakten 103
UCR, Under Color Removal 390
UCSD-Pascal 317
UDDI 1002
UDDI, Web Services 682
UDF 133
UDP 604, 1002
Anwendungsbeispiel 604
im Vergleich zu TCP 601
Paketheader 605
Ports 605
UDP-Header 605
UDP-Ports 605
UID (User-ID) 172
von Prozessen 159
Umbenennen
Dateien, Mac OS X 211
Dateien, UNIX 180
Umfangsmanagement 328
Umfließen, Elemente durch Text 436
Umfließen, InDesign 445
Umgebungsvariablen
CLASSPATH 252
path 175
setzen (UNIX) 176
Setzen unter Windows 221
Umkehrschluss 56
UML 81, 339, 1002
Akteure 341
Aktivitätsdiagramme 344
Anwendungsfalldiagramme 341
ArgoUML, Tool 340
Diagrammtypen 339
Klassendiagramme 341
Praktischer Einsatz 340
Sequenzdiagramme 343
Version 2.0 339
umount, UNIX-Befehl 186
Umrechnung
Dezimal nach Dual 67
Dezimal nach Hexadezimal 68
Dual nach Dezimal 67
Dual nach Hexadezimal 69
Dual nach Oktal 68
Hexadezimal nach Dezimal 68
Hexadezimal nach Dual 69
Oktal nach Dual 68
Zahlensysteme 67
Unbedingter Sprung 106
Undefiniertheitsstelle (Funktion) 82
Und-Schaltung → AND-Schaltung
Und-Verknüpfung → AND-Verknüpfung
Ungleichheit 59
Ungleichheit, Operator 236
Ungleichung 54
Lösung 55
Unicode 521, 1002
BMP-Teilmenge 521
Tabelle wichtiger Teilzeichensätze 521
Unterstützung durch Software 522
UTF-8-Codierung 521
Unicode, Zeichensatz 52
Unified Modeling Language → UML
Unified Process 336
Aktivitäten 337
Anwendungsfälle 336
Artefakte 337
Phasen 337
Rollen 337
Vorgehen 337
UNIQUE, SQL-Schlüsselwort 377
Unit-Tests 335, 348
Grüner Balken 350
JUnit-Framework 349
Motivation 348
Roter Balken 350
Universal Disk Format → UDF
University of California, Berkeley 148, 193, 664
UNIX 46, 148
$0, Systemvariable 174
/etc/passwd-Datei 172

/etc/shadow, Datei 173
als Server einrichten 647
Apache-Installation 655
Arbeitsverzeichnis anzeigen 181
auf NFS-Freigaben zugreifen 648
auf Windows-Server zugreifen 650
bash 174
Benutzerrechte 166
Berkeley System Distribution (BSD) 148
Bourne-Shell 174
BSD 148
BSD-Startstkripte 204
cat-Befehl 183
cd-Befehl 181
chgrp-Befehl 183
Child-Prozess 159
chmod-Befehl 182
chown-Befehl 183
cp-Befehl 180
C-Shell 174
CUPS, Drucksystem 648
Daemon 189
Darwin 148
date-Befehl 187
Dateibefehle 179
Dateibesitzer wechseln 183
Dateien kopieren 180
Dateien löschen 181
Dateien umbenennen 180
Dateien verschieben 180
Datei-Endungen 180
Dateigruppe wechseln 183
Dateinamen 165, 179
Dateinamen-Platzhalter 179
Dateisysteme 164
Datum und Uhrzeit ändern 187
Datum und Uhrzeit formatieren 187
diff-Befehl 185
du-Befehl 186
Emacs, Texteditor 195
Escape-Sequenzen 185
exit-Befehl 177
fg-Befehl 175
finger, Dienstprogramm 172
fork(), Systemaufruf 158
fsck-Befehl 186
Gerätedateien 163, 164
GNOME 157, 198, 200
Grafische Benutzeroberfläche 198
grep-Befehl 184
groupadd-Befehl 188
Group-ID 159, 172
gunzip-Befehl 205
gzip-Komprimierung 205
Hard Links 166
HIER-Dokument 178
Home-Verzeichnis 165
HP UX 148
IBM AIX 148
ifconfig-Befehl 636
init-Prozess 158
inodes 166
Installation von Software 205
IP-Adresse zuweisen 637
KDE 157, 198, 199
kill(), Systemaufruf 159
kill-Befehl 190
Korn Shell 174
less-Befehl 183
Links (Dateisystem) 166
Linux 148, 149, 151, 169
Login 171
ls-Befehl 181
Mac OS X 148, 208
Macintosh im Netz bedienen 651
make-Befehl 205
man-Befehl 157
Minix 151
mkdir-Befehl 182
mkfs-Befehl 186
Modularität 148
more-Befehl 183
mount-Befehl 166, 185
mv-Befehl 180
MySQL-Installation 369
netatalk-Server 651
Neustart 190
NFS 647
Pager 183
Parent-Prozess 159
passwd-Befehl 188
Passwort ändern 188
patch-Befehl 185
path, Umgebungsvariable 175
pause(), Systemaufruf 159
Pfadangaben 165
PHP-Installation 811
Pipes 178
POSIX-Standard 148
Prozessmodell 158
Prozessverwaltung 189
ps-Befehl 159, 189
pstree-Befehl 189
pwd-Befehl 181
Reguläre Ausdrücke suchen 184
rm-Befehl 181
rmdir-Befehl 182
root, Benutzer 159, 172
route-Befehl 637
Runlevel 203
Samba-Server 649
Shell 157, 171
Shell-Ausgabeumleitung 177
Shell-Eingabeumleitung 178
Shell-Eingabevervollständigung 176
Shell-History 176
Shell-Skripte 190
shutdown-Befehl 190
Software installieren 205
startx-Befehl 199
su-Befehl 177
Sun Solaris 148
Swap-Partition 162
Symbolic Links 166
Syslog 189
System herunterfahren 190
System V 148
Systemaufrufe 156
Systemprogramme 179
tar-Dateien 205
Textbefehle 183
Textdatei anzeigen 183
Textdateien vergleichen 185

Texteditoren 192
Umgebungsvariablen setzen 176
umount-Befehl 186
useradd-Befehl 188
User-ID 159, 172
Verwaltungsbefehle 185
Verzeichnis anlegen 182
Verzeichnis löschen 182
Verzeichnis wechseln 181
Verzeichnisbaum 164
Verzeichnisbefehle 179
Verzeichnisinhalt anzeigen 181
vi, Editor 193
virtuelles Terminal 173
wc-Befehl 185
Window-Manager 157
Wörter zählen 185
X Window 157, 198
Zugriffsrechte 166
UNIX System V Init 202
unless, Perl-Fallentscheidung 273
unshift, Perl-Anweisung 268
unsigned, C-Datentyp 233
UNSIGNED, SQL-Feldoption 376
Unterlänge, Typographie 423
Unterprogramm, Aufruf durch CPU 106
Unterschneidung, Typographie 424
update(), AWT-Methode 309
UPDATE, SQL-Abfrage 381
URL 1002
Schema 629
URL, Web-Adresse 627
USB 122, 1002
Use Cases → Anwendungsfälle
use, Perl-Direktive 267
Usenet 625, 1002
User Level Security, Samba 650
User Level Security, Windows-Freigabeart 645
useradd, UNIX-Befehl 188
User-ID 172
von Prozessen 159
Users, MacOS X-Verzeichnis 165
usr, UNIX-Verzeichnis 164
UTF-8 1002
UTF-8, Unicode-Codierung 521

V

V.24-Schnittstelle 122
Validatoren, HTML 721
Validierung
HTML 721
var, UNIX-Verzeichnis 165
VARCHAR, SQL-Datentyp 376
Variablen
Arrays, Perl 267
automatische (lokale) 234
C 233
Datentypen, C 233
Deklaration, C 230, 232, 233
Deklaration, Java 256
deklarieren, Perl 267
Existenz testen, Perl 273
globale 234
Gültigkeitsbereich, C 234
Hashes, Perl 268
in Programmiersprachen 60
in Shell-Skripten 191
Lingo 498
lokale 234
mathematische 54
Perl 267
PHP 818
Schleifenzähler 242
Skalare, Perl 266, 267
statische 234
Substitution, Perl 266
Substitution, Shell-Skripte 192
Typecasting 235
Variablensubstituition, in Shell-Skripten 192
Variablensubstitution
in Perl-HIER-Dokumenten 272
Perl 266
VAX, Minicomputer-Serie von DEC 38
Vektorgrafik 50, 387, 1002
Illustrator 412
Vektorrechnung 80
Venezianische Renaissance-Antiqua 426
Vereinigungsmenge 64
Vererbung 47, 260, 1002
Interfaces, Java 261
Vergleichsoperationen 59
beim virtuellen Prozessor 90
Umkehrung 59
Vergleichsoperatoren 236
SQL 378
Verhaltensmuster 345
Verknüpfungen, logische 55
Versalhöhe, Schriftgröße 423
Verschieben
Dateien, MacOS X 211
Dateien, UNIX 180
Dateien, Windows 219
Verschlüsselung
→ Kryptografie
Verteilte Anwendung 674
Aufgaben 674
Frameworks im Vergleich 675
J2EE-Plattform 675
vertical-align, CSS 767
Verzeichnis
anlegen, UNIX 182
anlegen, Windows 222
Arbeitsverzeichnis anzeigen, UNIX 181
Inhalt anzeigen, UNIX 181
löschen, UNIX 182
löschen, Windows 222
wechseln, UNIX 181
wechseln, Windows 222
Verzeichnisdienst 1002
Active Directory 646
Verzeichnisse, verarbeiten, Perl 275
vi, Texteditor 193
Befehlsmodus 193
Dateibefehle 195
Editiermodus 193
kopieren 194

Löschen 194
Navigation 193
Suchfunktionen 194
Video
Analog-Schnittkarte 460
Dateiformate 534
digitalisieren 459
DV-Camcorder 459
DVD auslesen 460
in Flash importieren 945
Schnittsoftware 460
SMPTE-Zeitformat 462
Video-Dateiformate 534
AVI 535
MPEG 535
QuickTime 535
Video-DVDs
auf dem PC abspielen 133
Region-Code 133
Videoschnitt 459
A/B-Bearbeitung 462
Analog-Schnittkarte 460
Arbeitsablauf 463
Bluescreen 465
Filmdatei exportieren 466
Software 460
Titel erzeugen 465
TV-Karte 460
Überblendungen 465
Vierfarbdruck 389
vim, Texteditor 193
Viren 44, 972
Antivirenprogramme 974
Aufbau 972
Bootsektor-Viren 973
Dateiviren 973
Makroviren 973
polymorphe 973
Schutzmaßnahmen 974
Stealth-Viren 973
Virtual Private Network → VPN
Virtuelle Hosts 662
Virtuelle Maschine, Java 251
Virtueller Prozessor 87
Arbeitsspeicher 88
Aufbau 88
Befehle 89
Beispielprogramme 92
Flags 90
Rechenbefehle 89
Register 88
Sprungbefehle 90
Vergleichsoperationen 90
virtueller Prozessor, Stack 91
Virtueller Speicher 102, 161
Visual Studio, IDE 317
Vlissides, John 345
VLSM 1002
VLSM, variable IP-Teilnetze 586
VMS, Betriebssystem 150
void, Datentyp
Zeiger auf 287
void, Funktionsdatentyp, C 243
Volladdierer (Schaltung) 77
Vollbildfenster, JavaScript 894
Volltextdatenbank 356
Volltonfarben 390
von Neumann, John 36, 96
Von-Neumann-Rechner 87, 96, 1002
VPN 989

W

-w, Perl-Modifikator 265
W3C, DOM 716
Wahre Aussagen 54
Wahrheitstabelle 57
AND-Verknüpfung 57
NAND-Verknüpfung 75
NOR-Verknüpfung 75
OR-Verknüpfung 58
XOR-Verknüpfung 59
Wall, Larry 264
WAN 551, 1002
Technische Lösungen 551
Warnock, John 40
Warnungen, in Perl aktivieren 265
Wasserfallmodell 327
WAV, Audio-Dateiformat 533
Wavetable-Synthese (MIDI) 143
wc, UNIX-Befehl 185
wchar_t, C-Datentyp 234
Wearable Computers 42
Web Services 681, 1002
Beschreibungsdatei 682
Clients 683
Definition 681
registrieren 682
SOAP 682
Sprachen 682
UDDI 682
WSDL 682
Webanwendungen
CGI 807
Grundprinzip 807
Sicherheitsprobleme 984
Web-Browser
Funktionsunterschiede 775
Internet Explorer 775
KDE Konqueror 199
Mozilla 775
Netscape 775
Opera 775
Webdesign 771
Bildauflösung 778
Bildbearbeitung 776
Bildgröße 778
Bildschrimäuflösung 772
Corporate Design berücksichtigen 774
Farbkontraste 774
Farbpalette 773
Farbtiefe 773
Grundregeln 772
Layout-Regeln 773
mit Dreamweaver 790
Test in verschiedenen Browsern 775
Web-Palette verwenden 773
WebLogic, Java Application Server 675
Weblogs 809
Blogging-Communities 809
Weblog-Software 809
Web-Palette 773
Web-Safe Colors 734
Webserver 556
Apache 652
Programmierung 807
Websichere Farben 734

Websites
Design 771
Erstellen in Dreamweaver 790
in Dreamweaver verwalten 798
robots.txt-Datei 761
Test im Browser 775
Zugang für Sehbehinderte 772
Wechseldatenträger 128
CD-ROM 129
Diskettenlaufwerk 128
DVD 132
Jaz-Laufwerk 128
LS-120 128
Zip-Laufwerk 128
Weiche Auswahlkante, Photoshop 400
Weiß, Mischung aller Lichtfarben 388
Weizenbaum, Joseph 84
Well-Known Ports, Tabelle einiger wichtiger 605
wertdiskret 51
Wertrückgabe, Perl-Subroutinen 274
Wertuweisung, Operator 237
Wertzuweisung, C 232
What You See Is What You Get → WYSIWYG
WHERE-Klausel, SQL 378
while()-Schleife 242
while, Befehl, in Shell-Skripten 191
White Book 1003
White Book (Video-CD) 130
Whitespace
in C-Programmen 232
in RegExp 292
Wide Area Network 551
Widerspruch, logischer 82
Widgets 303
Wikipedia 809
Wikis 809
Wildcards
in UNIX-Dateinamen 179
Windows-Dateinamen 221
Win32 1003
Umgang mit 16-Bit-Anwendungen 215
Win32 API 156, 1003
WindowListener, AWT-Klasse 314
Window-Manager 198
CDE 198
fvwm2 198
Windows 150, 213
16-Bit-Versionen 213
2000 151, 214
2000 Server 214
95 151, 214
98 151, 214
Active Directory 646
als Server einrichten 644
Anzeige-Konfiguration 223
Apache-Installation 656
attrib-Befehl 222
auf Netzwerkrechner zugreifen 645
Ausgabeumleitung 221
Batch-Datei 223
Benutzer-An- und Abmeldung 219
Benutzerverwaltung 224
cd-Befehl 222
copy-Befehl 222
CreateProcess(), Systemaufruf 160
CygWin 228
Dateiattribute 168
Dateiattribute ändern 222
Dateien kopieren 219
Dateien löschen, Konsole 222
Dateien umbenennen 222
Dateien verschieben 219, 222
Dateinamen 168
Dateinamen-Platzhalter 221
Dateisysteme 167, 215
Datenträgerverwaltung 225
del-Befehl 222
Desktop-Konfiguration 223
Dienste 225
dir-Befehl 222
DOSKEY 221
Drucker freigeben 645
durch UNIX-Server bedienen 649
Eingabeaufforderung 221
Eingabeumleitung 221
Entwicklung 213
Ereignisanzeige 225
Explorer 219
Fenster 218
Freigabeart 645
Hardware-Konfiguration 223, 224
help-Befehl 157
herunterfahren 219
Home-Verzeichnis 168
IP-Adresse zuweisen 639
Konsole 221
Konsole starten 221
Konsolenbefehle 222
Laufwerksbuchstaben 167
MDI-Anwendung 218
Me 151, 214
Microsoft Management Console (MMC) 225
mkdir-Befehl 222
MMC (Microsoft Management Console) 225
move-Befehl 222
MySQL-Installation 370
Netzwerkdrucker nutzen 645
Netzwerkkonfiguration 639
Netzwerktreiber 639
Netzwerkverbindungen einrichten 639
neu starten 219
NT 150, 214
NT Server 214
NT-Familie 214
Oberfläche 216
Ordner freigeben 645
Ordner-Ansichten 220
path, Umgebungsvariable 221
Pfadangaben 167
PHP-Installation 813
Pipes 221
Prompt 221
Prozessmodell 160

regedit, Dienstprogramm 225
Registry 225
rename-Befehl 222
rmdir-Befehl 222
SDI-Anwendungen 218
Server 2003 214
Serverpakete 647
Serversysteme 646
Server-Versionen 214
Share Level Security 645
Software installieren 223
StartmenüStartmenü, Windows 218
Systemkonfiguration 223
Systemsteuerung 223
Systray 219
Taskleiste 218
Textdatei anzeigen, Konsole 222
type-Befehl 222
Umgebungsvariablen setzen 221
User Level Security 645
Versionsübersicht 214
Verzeichnis anlegen 222
Verzeichnis löschen 222
Verzeichnis wechseln 222
Verzeichnisinhalt, Konsole 222
Win32 API 156
XP 151, 214
Windows 2000 151, 214
Server 214
Shell 221
Windows 2000 Server 646
Windows 95 151, 214
Oberfläche 217
Windows 98 151, 214
Oberfläche 217
Windows Me 151, 214
Windows NT 150, 214
Server 214
Shell 221
Windows Server 2003 214, 646
als DHCP-Server 646
als DNS-Server 646
als Webserver 646
Server-Rollen 646
Varianten 646
Windows XP 151, 214
Oberfläche 217
Shell 221
WinGate, Backdoor 977
Winkelgeschwindigkeit, konstante 128
WinTel-PC 40
Wireless LAN 564, 565
Access Point 567
Basic Service Set (BSS) 566
Extended Servive Set (ESS) 567
Frequency Hopping 566
Frequenzbereiche 566
Hardware 566
Sicherheit 567
Übertragungstechnik 565
Wirelesse LAN, CSMA/CA-Verfahren 566
Wirth, Niklaus 46
Wirtschaftsinformatik 32
WLAN → Wireless LAN
Wohlgeformtheit 1003
Wohlgeformtheit, XML-Dokumente 693
Word, 16 Bit 70
World Wide Web 626
Geschichte 541
HTTP-Protokoll 627
Komponenten 542
URL 627
Worst Case (Komplexität) 82
Wortbreite 39, 69, 1003
der CPU 102
verschiedener CPUs 103
Wörter zählen (Textdateien) 185
Wozniak, Steve 40, 149
WSDL 1003
WSDL, Web Services 682
Würmer 973
Schutzmaßnahmen 974
WYSIWYG 39, 1003

X

X Window 157, 198, 1003
Konfiguration 198
SaX, SUSE-Konfigurationsprogramm 199
starten 199
XConfiguratoe, RedHat-Konfigurationsprogramm 199
X11R6 198
x86-Assembler, Beispiele 107
Xalan, XSLT-Prozessor 710
XAMPP 652
XConfigurator (X-Server-Konfigurationsprogramm) 199
Xerces, XML-Parser 712
XEROX PARC 39
Xerox PARC 150
XFree86 198
XHTML 719, 1003
Besonderheiten 722
Dokumentstruktur 721
XML 685, 1003
Attributdeklaration (DTD) 702
Attribute 687, 690
Attribute, falsche Verwendung 691
Attribute, Verwendung 691
Beispieldokument 687
CDATA-Blöcke 692, 693
CSS verwenden 709
Dateiendung 686
Datenbank 356
DocBook 686
DOCTYPE-Angabe 696
Dokument parsen, SAX 713
Dokumenteingabe 686
Dokument-Fragmente 694
Dokumentstruktur 687
DTD 696
DTD definieren 696
DTD, Attribute deklarieren 702
DTD, Elemente deklarieren 698
DTD, Entities deklarieren 704
EJB-Deployment-Deskriptor 679

Elementdeklaration (DTD) 698
Elemente (Tags) 688
Entitites deklarieren (DTD) 704
Entity-Referenzen 692, 704
Entity-Referenzen vermeiden 693
Entity-Referenzen, numerisch 692
Hierarchie 689
in Datenbank schreiben, Beispielprogramm 715
leere Tags 690
leere Tags, Kurzfassung 690
mehrere Namensräume 706
MIME-Types 686
Namensräume 705
Namensräume, mehrere im Dokument 706
Parser 712
Parser, Xerces 712
PCDATA 692
Processing Instructions (PI) 688
Programmierung 712
Programmierung, SAX 713
PUBLIC-ID 696
SAX 713
Schema 706
Schema-Beispiel 707
SGML-Erbe 685
Sonderzeichen 691
spezielle Editoren 686
Standalone-Dokument 688
Standard-Namensraum 705
Steueranweisungen 688
SVG 686
SYSTEM-ID 696
Tag-Namen 689
Tags 687
Tag-Verschachtelung 689
Universalität 686
Verschachtelte Tags 689
verschachtelte Tags 695
Verschachtelungsfehler 695
Web Services 681
wichtige Dokumentformate 686
Wohlgeformtheit 693
Wurzelelement 694
Xerces, Parser 712
XHTML 686
xmlns-Angabe 706
xml-Steueranweisung 688
XSL 709
XSL-FO 709
XSLT 709
Zeichensätze 688
XML Schema 706, 1003
Attribute deklarieren 708
Elemente deklarieren 707
Verschachtelte Elemente 708
XML-Datenbank 356
XML-Editoren 686
XMLReader, Java-Interface 713
XOR-Schaltung 76
XOR-Verknüpfung 58
XP → Extreme Programming
X-Server 157, 198
Konfiguration 198
über das Netzwerk betreiben 616
XSL 709
XSL Formatting Objects 709
XSL-FO 709, 1003
XSLT 709, 1003
Prozessor 710
Wichtige Elemente 711
Wurzelelement 711
Xalan, Prozessor 710
xsl
for-each, Tag 712
template, Tag 712
value-of, Tag 712
XSLT-Prozessor 710
XSS → Cross-Site-Scripting

Y

YaST, SUSE-Installationsprogramm 636
YaST, SUSE-Konfigurationstool 204
YEAR, SQL-Datentyp 375
Yellow Book (CD-ROM) 129

Z

Z3, erster funktionierender Computer 35
Z80, Prozessor 103
Zahlen, Typographie 430
Zahlenmengen
Ganze Zahlen 62
Imaginäre Zahlen 63
Irreelle Zahlen 63
Komplexe Zahlen 63
Natürliche Zahlen 62
Rationale Zahlen 62
Reelle Zahlen 62
Zahlensysteme 64
Dezimalsystem 65
Dualsystem 65
Hexadezimalsystem 66
Oktalsystem 66
Römische Zahlen 65
Schreibweise 69
Umrechnung 67
Zauberstab, Photoshop 400
Zeichen
alternative in RegExp 291
aus Strings lesen, Java 257
ausschließen in RegExp 291
beliebig viele, in RegExp 291
Darstellung, C 233
eines oder mehr, in RegExp 291
Eingabe, C 248
genaue Anzahl, in RegExp 292
Gruppen in RegExp 291
optionale, in RegExp 291
Wortbestandteile in RegExp 292
Zeichengeräte (char devices) 154
Zeichenkette → String
Zeichen-Literale 235
Zeichensatz, in HTML angeben 723
Zeichensätze 51, 518
ANSI 520

ASCII 51
Codepage 520
Eingabe chinesischer Zeichen 524
Unicode 52, 521
Zeichenstift, InDesign 441
Zeichenvorrat
der Turing-Maschine 85
Zeiger 244, 1003
auf beliebigen Datentyp 287
auf nichts (NULL) 250
fehlende in Java 257
für Call by Reference 245
Zeile, Typographie 430
Zeilenabstand 424
optischer 424
Zeilenfall 432
Zeilenfrequenz (Monitor) 138
Zeilenumbruch
auf verschiedenen Plattformen 516
HTML 722
konvertieren 517
Perl-Programme 517
Zeilenumbrüche, entfernen, Perl 266
zeitdiskret 51
Zeitmanagement 328
Netzplan 329
Zentraleinheit 98
alte Bedeutung 99
ZEROFILL, SQL-Feldoption 376
Ziffern
in RegExp 292
Majuskelziffern 426
Mediävalziffern 426
Minuskelziffern 426
Typographie 426
z-index, CSS-Angabe 769
Zip-Laufwerk 128
Zugriffsrechte 166
ändern, UNIX 182
Zuordnungseinheiten (Dateisystem) 163
Zuse, Konrad 35
Zustände, der Turing-Maschine 85
Zweierkomplement 71
ZX Spectrum 149
ZX81 40, 149

Best Of Galileo

Carsten Möhrke

Besser PHP programmieren

Professionelle Programmiertechniken für PHP 5

648 S., mit CD
39,90 Euro
ISBN 3-89842-648-3

Christian Ullenboom

Java ist auch eine Insel

Programmieren für die Java 2-Plattform in der Version 5 (Tiger-Release 1.5)

1416 S., aktualisierte und erweiterte Auflage, 2004, mit CD
49,90 Euro
ISBN 3-89842-747-1

Steffen Wendzel, Johannes Plötner

Einstieg in Linux

Eine distributionsunabhängige Einführung

528 S., 2004, mit DVD
29,90 Euro
ISBN 3-89842-481-2

Mark Lubkowitz

Webseiten programmieren und gestalten

2. Auflage

1150 S., 2. Auflage 2005, mit CD
39,90 Euro
ISBN 3-89842-557-6

Axel Schemberg, Martin Linten

PC-Netzwerke

2. Auflage

624 S., 2., aktualisierte und erweiterte Auflage 2004, mit DVD, 24,90 Euro
ISBN 3-89842-496-0

Galileo Computing